TRAITÉ

DE

CHIMIE ORGANIQUE.

Paris. — Typographie de Firmin Didot frères, rue Jacob, 56.

TRAITÉ

DE

CHIMIE ORGANIQUE,

PAR

M. CHARLES GERHARDT.

TOME PREMIER.

PARIS,
CHEZ FIRMIN DIDOT FRÈRES,
IMPRIMEURS DE L'INSTITUT DE FRANCE,
RUE JACOB, N° 56.

MÊME MAISON A LEIPZIG.

M DCCC LX.

AVERTISSEMENT DE L'AUTEUR.

La dernière édition française du Traité de Chimie de Berzelius n'ayant pas été achevée par suite de la mort du célèbre chimiste suédois, je m'étais chargé, d'après le désir des Éditeurs, de compléter cet important ouvrage, que la haute réputation de l'auteur plaçait au premier rang parmi les livres de science. Il comprenait, outre quatre volumes consacrés à la Chimie minérale, deux volumes contenant une partie de la Chimie organique, exposée dans le sens des théories que Berzelius a soutenues jusqu'à la fin de ses jours.

J'ai cru de mon devoir de respecter le travail de cet illustre maître, tel qu'il l'a composé et publié de son vivant. Indépendamment d'un grand nombre de faits décrits dans leurs moindres détails, et qui seront toujours consultés avec fruit, il offre un ensemble de doctrines qui conserveront leur intérêt historique.

Mais, depuis une dizaine d'années des changements si profonds se sont opérés dans les idées générales, qu'il m'a paru impossible de me conformer à la marche suivie par Berzelius dans sa Chimie organique.

Aussi le livre que j'offre au lecteur est-il entièrement nouveau. On y retrouvera cependant les traditions de l'ancienne école toutes les fois qu'elles ne sont pas incompatibles avec les faits vérifiés par l'expérience. J'y ai maintenu la nomenclature usuelle, préférant modifier le sens des noms plutôt que leur forme; j'y ai même fait le sacrifice de ma notation, pour m'en tenir aux formules anciennes, afin de mieux démontrer par l'exemple combien l'usage de ces dernières est irrationnel, et de laisser au temps le soin de consacrer une réforme que les chimistes n'ont pas encore généralement adoptée.

J'essaye d'ailleurs, dans cet ouvrage, et le lecteur m'en saura gré, je l'espère, de concilier les théories relatives à certaines questions fondamentales sur lesquelles les chimistes sont encore divisés. Je crois être parvenu, en effet, à mettre d'accord les défenseurs des idées dualistiques avec les partisans des types unitaires : en introduisant la notion de *série* (1) dans les considérations moléculaires, et en remplaçant, dans l'interprétation de beaucoup de phénomènes, la notion générale de *combinaison binaire* par celle de *substitution,* je retranche de chacune des doctrines divergentes ce qu'elles ont d'absolu, et je les relie entre elles de la manière la plus naturelle. Un type n'est plus pour moi qu'un jalon de série, au lieu d'être un système permanent qui conserve son intégrité, malgré le remplacement de ses composants par d'autres corps, et c'est en ce sens que je rapporte au même type l'acide sulfurique, la potasse, l'alcool, l'éther. Un radical n'est plus pour moi un corps nécessairement isolable : mes radicaux sont des dérivés d'un même type (hydrogène ou métal), et à ce titre, ils sont souvent des êtres déjà doubles, comme le cyanogène, qui est du cyanure de cyanogène, ou l'éthyle, qui est de l'éthylure d'éthyle. On trouvera la démonstration de ces propositions dans la QUATRIÈME PARTIE de l'ouvrage.

Depuis que la Chimie organique s'est scientifiquement constituée, trois hommes éminents ont surtout dirigé le mouvement des esprits dans la recherche des vérités nouvelles : M. Liebig, par sa théorie des radicaux composés; M. Dumas, par sa théorie des types chimiques et mécaniques, et M. Laurent, dont la science déplore la perte récente, par sa théorie des noyaux. Chacune de ces théories a eu ses partisans et ses détracteurs : on a dit sur elles tout ce qui pouvait leur être favorable ou contraire, et cependant aucune d'elles n'a été ni entièrement consolidée, ni entiè-

(1) Voy. pag. 122, PRINCIPES DE LA CLASSIFICATION SÉRIAIRE.

rement renversée. C'est que chacune de ces théories est vraie dans la limite des faits sur lesquels elle se fonde, et chacune d'elles s'écarte plus ou moins de la vérité dès qu'on dépasse cette limite pour viser à l'absolu.

En subordonnant ces théories à la notion de *série*, je les ai fondues ensemble pour n'en faire qu'une qui les résume toutes, et qui précise le sens de chacune.

Le lecteur jugera si cet essai m'a réussi.

Avant de pouvoir tenter le rapprochement des diverses doctrines, il y avait à éprouver les matériaux de la discussion par une méthode excluant toute spéculation moléculaire. Cette méthode, je l'ai pratiquée pendant dix ans, avec assez de rigueur, j'ose le dire, puisqu'elle m'a souvent attiré le reproche de faire de l'algèbre chimique. J'en considère encore l'application comme nécessaire, indispensable, pour l'analyse et le contrôle des faits; mais je comprends aussi que la science, après sa méthode, réclame sa philosophie, et aujourd'hui le moment me semble venu où il convient d'édifier, le terrain ayant été suffisamment préparé par les derniers travaux de MM. Malaguti, Williamson, Hofmann, Chancel, Cahours, Würtz, Frankland, et de plusieurs autres chimistes distingués.

Ch. GERHARDT.

Paris, juin 1853.

TRAITÉ DE CHIMIE ORGANIQUE.

INTRODUCTION.

§ 1. La chimie organique s'occupe de l'étude des lois d'après lesquelles se métamorphosent les matières qui constituent les plantes et les animaux ; elle a pour but la connaissance des moyens propres à *composer* les substances organiques en dehors de l'économie vivante.

§ 2. Les organes des plantes et des animaux sont constitués par des composés infiniment nombreux, bien plus variés, sous le rapport des caractères chimiques, que les corps de la nature minérale, mais soumis, comme ces derniers, à des lois d'attraction et de combinaison, entièrement indépendantes des phénomènes vitaux. Ces composés organiques, le plus souvent formés des mêmes éléments, *carbone*, *hydrogène*, *oxygène*, *azote*, s'engendrent les uns les autres au sein de l'organisme, et reproduisent ainsi, sur une échelle plus vaste, les différents types de combinaison que nous offre la chimie minérale : on y rencontre, en effet, des composés semblables, pour les caractères, aux acides, aux alcalis, aux sels minéraux ; seulement ces composés organiques sont plus compliqués sous le rapport de la constitution. En chimie minérale, les éléments entrent rarement dans la constitution d'une molécule pour plus de cinq ou six atomes ; la plupart des composés minéraux, particulièrement les combinaisons métalliques, ne renferment même qu'un ou deux atomes de chaque élément. Il n'en est pas de même des composés organiques : on en connaît qui renferment 20, 30, 40 ou 50 atomes et même plus ; la molécule du sucre de canne, par exemple, contient $C^{24}\ H^{22}\ O^{22}$, la molécule de la quinine, $C^{40}\ H^{24}\ N^{2}\ O^{4}$, la molécule de l'acide palmitique $C^{32}\ H^{32}\ O^{4}$.

Le carbone est l'élément organique par excellence, car il se trouve engagé dans tous les composés organiques sans exception; aussi peut-on toujours mettre en évidence leur nature particulière en isolant par l'action du feu le carbone qu'ils renferment. A cet effet, on place une parcelle de la matière dans un petit tube de verre fermé par un bout, ou sur une lame de platine, et on la calcine à l'aide de la lampe à alcool : la substance organique se détruit ainsi, ses éléments volatils, oxygène, hydrogène et azote, se dégagent, à l'état de gaz ou de vapeurs, en combinaison avec une partie du carbone, tandis qu'une autre partie du carbone est mise à nu sous la forme d'un résidu noir. Si la matière qu'on essaye ainsi appartient à la classe des corps volatils sans décomposition, elle ne se charbonne pas par ce traitement, et il faut pour obtenir cet effet faire passer sa vapeur à travers un tube préalablement chauffé au rouge. Beaucoup de matières organiques, d'ailleurs, comme les huiles et les essences, sont inflammables, et dégagent, en brûlant, de l'acide carbonique, dont on peut constater l'identité par les moyens usuels.

L'hydrogène et le carbone sont les éléments constitutifs d'un certain nombre de gaz ou de liquides volatils et de quelques autres corps : le grisou des houillières, le gaz qui se produit par la putréfaction des débris organiques au sein des eaux stagnantes, le gaz qu'on prépare pour les besoins de l'éclairage par la distillation de la houille, l'essence de térébenthine, l'essence de citron, le caoutchouc, tous ces composés ne renferment que du carbone et de l'hydrogène.

Toutefois l'oxygène se trouve associé à ces deux éléments dans la majorité des composés organiques. On constate la présence de l'oxygène dans la plupart des acides et des alcalis végétaux, dans les matières grasses, le sucre, l'amidon; la substance ligneuse dont est formé le squelette des plantes se compose aussi de carbone, d'hydrogène et d'oxygène.

L'azote enfin, sans être aussi commun que les trois éléments précédents, les accompagne d'une manière constante dans quelques corps, comme l'albumine, la fibrine, la caséine, qui forment la partie essentielle des organes et des fluides chez les animaux, ainsi que des substances végétales dont ils se nourrissent. Les alcalis végétaux, l'indigo et beaucoup d'autres matières comptent aussi l'azote parmi leurs éléments.

A part le carbone, l'hydrogène, l'oxygène et l'azote, que l'on comprend ordinairement sous le nom d'*éléments organiques*, on trouve dans un petit nombre de produits organiques du soufre, du phosphore et même des métaux, comme le potassium, le sodium, le calcium, le fer : ainsi la bile des animaux renferme un sel de soude formé par un acide sulfuré (acide choléique), le jaune d'œuf contient des sels de soude et d'ammoniaque et un acide phosphoré (acide phosphoglycérique); les lichens qui viennent sur les pierres calcaires se composent, souvent pour la moitié de leur poids, du sel de chaux d'un autre acide organique (acide oxalique), etc.

§ 3. Le chimiste ne se borne pas à étudier les composés organiques qui s'extraient directement des parties végétales ou animales; appelant à son aide les agents dont l'usage lui est familier, les acides énergiques, les alcalis, le chlore, le feu, l'électricité même, il métamorphose de mille manières les produits de la végétation et de la vie animale, il y introduit des éléments nouveaux, et il arrive ainsi à créer lui-même des composés nombreux et variés, dont la nature n'offre souvent aucun exemple. Le chlore, le brome, l'iode, la plupart des métaux, l'arsenic, l'antimoine, l'étain, ainsi associés par lui aux éléments organiques, donnent naissance à des combinaisons extrêmement remarquables. Le chimiste cherche à produire celles-ci, non dans le but de satisfaire sa curiosité ou d'en tirer des applications utiles aux arts industriels : à ce dernier point de vue, sans doute, elles auraient déjà une importance réelle : ces combinaisons, en apparence si éloignées par leurs caractères et leur composition des produits naturels, sont pour le chimiste d'un intérêt scientifique plus élevé ; elles lui servent, en effet, à découvrir les lois de transformation des composés que la nature vivante façonne elle-même ; elles lui enseignent les moyens d'imiter ou plutôt de reproduire exactement ces mêmes composés dans ses cornues et ses creusets, au lieu de les extraire des parties animales ou végétales où elles sont toutes préparées ; elles contribuent à rapprocher la science de plus en plus de son véritable but, qui est la connaissance des moyens de composer tous les corps, la connaissance des moyens de décomposition n'en étant que le préliminaire obligé. Les combinaisons naturelles et les produits factices de nos laboratoires sont les anneaux d'une même chaîne que les mêmes lois tiennent rivés les uns aux autres, comme le prouvent surabondamment les nombreuses reproductions dues à la science moderne.

Aujourd'hui le chimiste n'extrait plus des fourmis l'acide que ces insectes sécrètent et qui porte leur nom; il trouve plus d'avantage à le préparer avec le sucre, la fécule ou la gomme. Rarement il extrait encore des *oxalis* ou des *rumex* l'acide oxalique employé dans la fabrication des toiles peintes; car le sucre, la fécule ou la gomme le lui fournissent plus promptement et à meilleur compte. Avec le sang, la corne ou la chair, il fabrique des cyanures, et avec ceux-ci l'urée, ce principe dont l'extraction directe de l'urine exige des opérations longues et repoussantes. Avec la cire, il prépare l'acide de la graisse d'homme et de mouton, l'acide du succin, l'acide contenu dans le beurre. Avec le succin et l'acide nitrique, il obtient le camphre des laurinées, etc.

Le chimiste peut aussi transformer en sucre la fécule, le bois, la gomme, le principe amer des saules; en essence d'amandes amères, en acide benzoïque, le blanc d'œuf, la fibre musculaire, la colle forte; en acide butyrique, le sucre; en essence d'ulmaire, le principe cristallisable contenu dans l'écorce des saules et des peupliers.

Certes ces exemples, qu'il serait aisé de multiplier, démontrent bien l'identité des lois d'attraction auxquelles sont soumis les produits factices et les produits naturels; il n'y a de différence que dans les moyens employés pour leur réalisation et dans les conditions mises en œuvre par l'art et par la nature pour la manifestation des affinités chimiques. Mais est-ce à dire que l'organisme des plantes et des animaux soit une espèce de laboratoire où se façonnent les divers appareils nécessaires aux fonctions vitales, en vertu de simples réactions chimiques que nous pourrions un jour copier ou imiter? Est-ce à dire que ces premiers succès de la chimie organique ne soient que les précurseurs de conquêtes bien autrement puissantes, par lesquelles le chimiste ravirait à la nature le secret de la création des organes et des appareils eux-mêmes, dont il saurait déjà composer la matière à l'aide d'autres matières? Ce serait s'abuser étrangement que de nourrir un pareil espoir.

Jamais le chimiste ne saura produire, dans son laboratoire, ni un muscle, ni un nerf, ni une feuille, ni une fleur, ni la plus légère fibre; car, à supposer même qu'il apprenne à composer toutes les matières qui constituent les muscles, les nerfs, les feuilles, les fleurs, les fibres végétales, il manquera toujours de la libre disposition de cet agent inconnu qui coordonne ces matières en organes doués de vie, c'est-à-dire doués d'un mouvement propre, différent de celui qu'impriment à la matière les attractions chimiques.

Il faut donc, dans l'étude des êtres vivants, distinguer deux catégories de substances : les *substances organiques* et les *substances organisées*. Les substances organiques présentent, comme les combinaisons minérales, une composition définie et des caractères déterminés ; elles sont le plus souvent susceptibles de cristalliser, ou, quand la chaleur les volatilise sans les altérer, elles ont un point d'ébullition constant sous une pression donnée ; elles constituent donc des *espèces chimiques*, des *principes immédiats*. Le sucre, le ligneux, l'urée, la quinine, sont de ce nombre ; l'étude de leurs transformations appartient tout entière à la chimie. Il n'en est pas de même des substances organisées, comme le sang, la chair, les feuilles, les fleurs : ce sont de simples *mélanges* de substances organiques, mélanges dont la composition est rarement constante, et qui se modifient de la manière la plus variée, suivant le rôle qu'ils sont appelés à jouer dans l'économie vivante. Ces mélanges ne présentent pas de forme cristalline, comme la plupart des espèces chimiques qu'on en peut extraire, mais ils ont généralement l'aspect de globules dont la disposition n'offre rien de régulier.

L'étude de ces substances organisées est, sans doute, du ressort de la chimie, quant à la composition de leurs différentes parties et aux rapports que cette composition établit entre elles ; mais cette étude n'est pour la chimie qu'un objet secondaire, étranger même à son but, si on la considère comme la science des métamorphoses de la matière. Qu'importe, en effet, au chimiste l'origine d'un composé ? Peu lui importe que ce composé soit contenu dans telle plante ou dans telle partie animale, qu'il soit extrait du tabac, du quinquina, du cerveau ou de l'urine ; lorsqu'il étudie les métamorphoses de la silice, il ne s'enquiert pas non plus de son origine, il ne demande pas non plus si elle vient du grès, du granit ou du cristal de roche.

Dans le langage usuel, on confond souvent la chimie organique, telle que nous la concevons comme science primordiale, avec la *chimie physiologique*, c'est-à-dire avec l'ensemble des connaissances que la chimie offre à l'étude des phénomènes de la végétation et de la vie animale : c'est comme si l'on identifiait la minéralogie ou la géologie avec la chimie, à laquelle elles empruntent des lumières, ou l'astronomie avec la géométrie, qui lui sert d'instrument.

Nous éviterons une semblable confusion, pour n'appliquer le nom de *chimie organique* qu'à cette partie de la science humaine qui s'occupe de métamorphoser les substances organiques, c'est-à-dire de composer les substances organiques avec d'autres substances.

§ 4. Les moyens qui servent à réaliser ces métamorphoses sont les mêmes qu'en chimie minérale : la chaleur, l'électricité, et surtout la mise en contact de corps doués d'affinités différentes. Trois moyens généraux sont particulièrement usités en chimie organique : l'*oxydation*, la *réduction* et la *substitution*.

Les agents d'oxydation, d'un emploi très-familier aux chimistes, produisent les effets les plus variés. C'est que les substances organiques renferment du carbone et de l'hydrogène; et lorsqu'elles sont mises en présence d'autres corps aisément désoxydables, comme l'acide nitrique, ou en présence d'un mélange qui dégage du gaz oxygène, comme un mélange de peroxyde de manganèse et d'acide sulfurique, le carbone ou l'hydrogène des substances organiques peut se combiner avec l'oxygène pour former de l'acide carbonique ou de l'eau : mais cette oxydation est plus ou moins complète, suivant les circonstances où l'on opère, de telle sorte qu'une partie seulement du carbone ou de l'hydrogène s'oxyde alors, et que la matière organique se convertit en une autre, moins carbonée et moins hydrogénée. Si la molécule de l'acide stéarique, par exemple, renferme $C^{34}H^{34}O^4$, elle ne donnera pas immédiatement, sous l'influence de l'acide nitrique, 34 molécules d'acide carbonique $= 34\,CO^2$, et 34 molécules d'eau $= 34\,HO$; mais on obtiendra d'abord un nombre moins considérable de molécules d'eau et d'acide carbonique, et en même temps une nouvelle matière organique, moins carbonée et moins hydrogénée que l'acide stéarique ; l'expérience démontre en effet qu'en chauffant l'acide stéarique avec de l'acide nitrique plus ou moins concentré, on obtient successivement, suivant la température et les proportions du mélange,

de l'acide caprique. . . $C^{20}H^{20}O^4$,
— subérique. . . $C^{16}H^{14}O^8$,
— pimélique. . . $C^{14}H^{12}O^8$,
— œnanthylique. $C^{14}H^{14}O^4$,
— adipique. . . $C^{12}H^{10}O^8$,

de l'acide caproïque. . . $C^{12}H^{12}O^4$,
— succinique. . . $C^8 H^6 O^8$,
— butyrique. . . $C^8 H^8 O^4$, etc.

Chacun de ces produits d'oxydation donne à son tour, par une nouvelle oxydation, d'autres corps de plus en plus simples, jusqu'à ce qu'enfin tout le carbone soit converti en acide carbonique et tout l'hydrogène en eau.

On conçoit, d'après cet exemple, la haute utilité qu'offre l'emploi des agents d'oxydation. En les appliquant à une matière organique, le chimiste ne la détruit pas, il ne la ramène pas brusquement aux formes simples de la chimie minérale, mais il lui fait parcourir une série d'états intermédiaires, il la métamorphose en une série de corps organiques nouveaux ; avant de convertir l'acide du suif en acide carbonique et en eau, derniers termes de l'oxydation, il le transforme en acide du beurre ou en acide du succin. Oxyder les matières organiques, c'est donc ramener des molécules complexes à des formes de plus en plus simples.

La chimie organique tire un parti très-avantageux de ce moyen de métamorphose, et c'est même celui qu'elle applique avec le plus de succès dans la plupart des cas. Il n'en est pas de même des moyens inverses ou de réduction, c'est-à-dire des moyens qui consistent à compliquer des molécules simples, à enlever de l'oxygène à des molécules très-oxygénées ou à fixer sur elles du carbone et de l'hydrogène. On réussit quelquefois, en plaçant certaines matières organiques sous l'influence du gaz sulfureux, de l'hydrogène sulfuré ou d'autres agents réducteurs, à fixer sur ces matières 1 ou 2 atomes d'hydrogène ; mais cette hydrogénation, qui ne va jamais bien loin, n'est pas comparable, pour l'énergie des effets, à cette oxydation qu'on peut déterminer à l'aide des agents opposés ; on ne connaît pas non plus de moyens de carburation qui puissent rivaliser avec ces derniers. S'il est aisé au chimiste de fixer de l'oxygène sur l'acide stéarique, de manière à le transformer peu à peu en composés plus simples, en acide butyrique ou en acide succinique, il ne lui est pas également facile de remonter des acides butyrique ou succinique à l'acide stéarique, c'est-à-dire de réduire ces produits d'oxydation ou d'y fixer de nouveaux atomes de carbone et d'hydrogène, pour régénérer l'acide stéarique avec lequel on les avait obtenus.

Un moyen de réduction ou de désoxydation qui produit souvent de bons effets, c'est la *fermentation* ou la *putréfaction*. Certaines matières oxygénées, lorsqu'elles se trouvent en présence d'autres substances végétales ou animales très-complexes, au moment où celles-ci fermentent ou se pourrissent, perdent dans ces circonstances une certaine quantité d'oxygène, et éprouvent une véritable réduction comparable à la réduction que subissent certains oxydes métalliques sous l'influence du gaz hydrogène : c'est ainsi, par exemple, que l'acide malique $C^8H^6O^{10}$ se convertit en acide succinique $C^8H^6O^8$, lorsqu'on abandonne avec du fromage pourri le malate de chaux brut préparé avec le suc de sorbier.

Quant aux moyens de substitution, la chimie a su les utiliser, dans ces dernières années, non-seulement pour remplacer dans les matières organiques certains corps simples par d'autres corps simples, pour remplacer certains métaux par d'autres métaux, comme dans les combinaisons minérales ; elle a su encore étendre ces substitutions à des groupes formés de plusieurs éléments, ou, comme on dit, à des *radicaux composés*, à des *radicaux organiques*. On a reconnu, en effet, qu'il existe un grand nombre de composés organiques qui présentent des phénomènes de double décomposition analogues à ceux qui caractérisent les sels de la chimie minérale, de telle sorte qu'on peut, par voie d'échange, remplacer, dans ces matières organiques, des groupes composés de carbone et d'hydrogène (par exemple, C^2N^3 méthyle), ou de carbone, d'hydrogène et d'oxygène (par exemple, $C^{14}H^5O^2$ benzoïle), ou de carbone et d'azote (par exemple, C^2H cyanogène), par d'autres groupes semblables, qui produisent ainsi de nouvelles combinaisons dont les propriétés sont extrêmement rapprochées des propriétés des substances primitives où l'on a effectué cet échange. Bien mieux, en prenant les combinaisons minérales elles-mêmes, et en substituant, par voie de double décomposition, des groupes organiques à certains d'entre leurs éléments, on parvient à produire des combinaisons organiques dont les caractères ressemblent, au plus haut degré, aux caractères de ces combinaisons minérales. C'est ainsi qu'on peut remplacer l'hydrogène de l'ammoniaque NH^3, en partie ou en totalité, par les groupes méthyle C^2N^3, éthyle C^4H^5, amyle $C^{10}H^{11}$, de manière à produire de nouveaux alcalis, volatils comme l'ammoniaque, tels que

La méthylamine. . . . . . . $N\begin{cases} H \\ H \\ C^2H^3 \end{cases} = C^2H^5N$,

La diméthylamine. . . . . . $N\begin{cases} H \\ C^2H^3 \\ C^2H^3 \end{cases} = C^4H^7N$,

La triméthylamine. . . . . . $N\begin{cases} C^2H^3 \\ C^2H^3 \\ C^2H^3 \end{cases} = C^6H^9N$,

L'éthylamine. . . . . $N\begin{cases} H \\ H \\ C^4H^5 \end{cases} = C^4H^7N$,

L'amylamine. . . . . $N\begin{cases} H \\ H \\ C^{10}H^{11} \end{cases} = C^{10}H^{13}N$,

etc.

La triméthylamine est l'alcali particulier auquel la saumure des harengs doit son odeur; elle paraît aussi être contenue dans la vulvaire (*chenopodium vulvaria*). On peut l'obtenir artificiellement par double décomposition en faisant réagir sur l'ammoniaque l'éther iodhydrique de l'esprit de bois (iodure de méthyle) :

$$N\begin{cases} H \\ H \\ H \end{cases} + 3[(C^2H^3I] = N\begin{cases} C^2H^3 \\ C^2H^3 \\ C^2H^3 \end{cases} + 3[HI].$$

Ammoniaque. Éther iodhydrique de l'esprit de bois. Triméthylamine. Acide iodhydrique.

Voici un autre exemple non moins instructif. On connaît les chlorures de bore, de silicium, de phosphore : ce sont des gaz ou des liquides volatils, très-mobiles, fumant à l'air humide, et que l'eau décompose en acide chorhydrique et en acides, borique, silicique ou phosphoreux. Or, en substituant certains groupes organiques au bore, au silicium ou au phosphore, on produit de semblables liquides volatils, mobiles, fumants, que l'eau décompose, comme les précédents, en acide chlorhydrique et en un acide organique. En substituant, par exemple, au phosphore le groupe acétyle $C^4H^3O^2$, on obtient le chlorure acétique, décomposable par l'eau en acide chlorhydrique et en acide acétique; cette substitution s'effectue simplement par la mise en contact du chlorure phosphoreux et de l'acétate de potasse; on obtient alors, par double décomposition, du chlorure acétique et du phosphite de potasse :

$$PCl^3 + 3\,[(C^4H^3O^2)O,KO] = 3\,[(C^4H^3O^2)\,Cl] + PO^3, 3KO.$$

Chlorure phosphoreux. Acétate de potasse. Chlorure acétique. Phosphite de potasse.

§ 5. Je viens d'esquisser rapidement les principaux moyens auxquels le chimiste a recours pour composer des matières organiques. Il en est beaucoup d'autres d'une application moins générale, sur lesquels j'aurais encore à fixer l'attention du lecteur; il me resterait aussi à lui exposer quelques principes généraux, à lui développer quelques théories relatives à la constitution et aux fonctions chimiques des composés organiques : mais il me paraît préférable de réserver ces questions pour plus tard. Les lois de chimie organique, en effet, sont des corollaires qui se déduisent d'un ensemble de faits ou d'expériences que le lecteur a besoin de connaître d'abord, s'il veut apprécier la portée de ces lois, et à l'intelligence desquels il lui suffit d'ailleurs de se préparer par une étude complète de la chimie minérale. Avant de donner les généralités et les développements théoriques, je ferai donc la description de tous les composés organiques aujourd'hui connus, en la faisant simplement précéder des notions nécessaires d'analyse. Comme la science est loin d'être achevée, une partie seulement de ces composés (le plus grand nombre, d'ailleurs) pourra être classée au point de vue de leurs métamorphoses, c'est-à-dire en séries naturelles suivant leur mode de génération; il faudra donc provisoirement séparer les corps déjà sériés des corps à sérier. Cette étude des détails sera suivie de celle des généralités. Enfin, l'ouvrage sera terminé par une exposition des faits chimiques qui intéressent plus particulièrement la physiologie des plantes et des animaux.

Voici quelle est, d'après ce plan, la division de l'ouvrage :

Ire PARTIE. *Analyse organique.*
IIe PARTIE. *Séries organiques.*
IIIe PARTIE. *Corps à sérier.*
IVe PARTIE. *Généralités et développements théoriques.*
Ve PARTIE. *Documents physiologiques.*
Chimie végétale.
Chimie animale.

PREMIÈRE PARTIE.

ANALYSE ORGANIQUE.

ANALYSE IMMÉDIATE.

Extraction et séparation des principes immédiats.

§ 6. Le nombre des combinaisons formées par les éléments organiques, carbone, hydrogène, oxygène et azote, est tellement considérable, qu'on ne peut pas, comme en chimie minérale, déterminer les proportions des principes immédiats contenus dans les parties végétales ou animales, par le dosage direct des éléments dont se composent ces principes. On est obligé, dans la plupart des cas, d'extraire ceux-ci en nature, à l'aide de solvants appropriés, et de modifier les procédés de dosage et de séparation suivant les propriétés de chaque substance en particulier. Ce genre d'analyse présente d'autant plus de difficultés que beaucoup de matières organiques se transforment en général très-promptement sous l'influence des différents réactifs.

Lorsqu'il s'agit de déterminer la nature des principes immédiats contenus dans une partie organique, par exemple dans une herbe ou dans une racine, on commence par la sécher d'une manière complète à 100 ou 120 degrés, en la maintenant pendant quelque temps dans une étuve chauffée à cette température. Cette dessiccation préalable rend non-seulement les dosages plus exacts, mais elle facilite encore la division et la pulvérisation de la matière à analyser; il faut, bien entendu, tenir compte de la perte d'eau qu'elle éprouve par cette dessiccation. La matière étant convenablement desséchée, on en fait deux parts : l'une, destinée à la recherche des substances minérales, est soumise à l'*incinération* (§ 13); l'autre, servant à la recherche des substances organiques, est traitée à épuisement par différents solvants neutres, tels que l'éther, l'alcool, l'eau. Ces solvants, employés successivement, extraient certaines catégories de substances, et en laissent d'autres à l'état insoluble; on trouve les proportions des substances dissoutes et des substances insolubles, soit en déterminant la perte de poids qu'éprouve la matière soumise à l'analyse par l'épuisement au moyen de l'un ou de l'autre solvant, et après l'expulsion subséquente par la chaleur de l'excédant du solvant employé, soit en évaporant les solutions éthérées, alcooliques ou aqueuses, et en prenant le poids du résidu. Il est avantageux de se servir, pour ces opérations, des *appareils extracteurs* qu'on trouvera décrits plus bas (§ 10).

Il convient aussi d'employer les solvants dans l'ordre indiqué : l'éther d'abord, puis l'alcool, et enfin l'eau. L'éther dissout particulièrement les matières grasses et cireuses, les résines, les matières camphrées; l'alcool dissout moins bien les mêmes substances, mais par contre il dissout certaines autres, qui résistent à l'action de l'éther; l'eau est un dissolvant des matières sucrées, gommeuses et amylacées.

Dans quelques cas, le sulfure de carbone, l'essence de térébenthine et le chloroforme peuvent aussi s'employer avec avantage comme solvants à la place de l'éther.

D'autres fois l'acide chlorhydrique ou sulfurique convenablement dilué peut être utilisé, surtout lorsqu'il s'agit de l'extraction des alcalis végétaux; il en est de même de l'ammoniaque et de la potasse diluée qui peuvent servir à l'extraction des acides végétaux. Enfin, l'acétate et le sous-acétate de plomb sont fréquemment employés pour précipiter à l'état de sels de plomb insolubles, qu'on peut ensuite décomposer par l'hydrogène sulfuré, les acides végétaux ou d'autres substances semblables qu'on a préalablement extraites à l'aide des différents solvants.

Il serait impossible de fixer des règles générales et précises pour l'emploi des solvants que nous avons mentionnés, et pour la marche qu'il convient de suivre dans chaque opération spéciale, à l'effet de déterminer exactement la nature et les proportions des substances extraites par ces solvants. C'est au chimiste à utiliser sous ce rapport, avec intelligence, les connaissances qu'il s'est déjà acquises par l'étude des propriétés des substances organiques connues; il existe d'ailleurs, pour beaucoup d'entre elles, des procédés d'analyse particuliers, que nous décrirons en leurs lieu et place.

§ 7. Il est rare qu'un solvant extraie d'une partie végétale ou animale une substance unique; ordinairement on obtient des mélanges de deux ou de plusieurs substances qu'on ne parvient à séparer que par des cristallisations réitérées; il ne faut jamais négliger, dans ces circonstances, d'examiner à la loupe ou au microscope les différents dépôts cristallins pour s'assurer de leur pureté ; l'aspect plus ou moins homogène de la matière apprend souvent, sous ce rapport, bien plus que l'emploi des réactifs chimiques. Les cristallisations fractionnées sont souvent très-avantageuses ; du reste, le principe du *fractionnement*, appliqué à d'autres opérations, est fort à recommander pour la séparation des substances dont la solubilité et les autres propriétés sont peu différentes ; c'est ainsi qu'on peut effectuer la séparation de certains acides gras en dissolvant le mélange dans l'alcool, précipitant la solution en partie par l'acétate de plomb, décomposant le précipité par un acide minéral pour en séparer les acides gras, redissolvant ceux-ci dans l'alcool, précipitant de nouveau en partie seulement, et répétant ces dissolutions et ces précipitations partielles jusqu'à ce qu'enfin l'acide gras extrait du précipité offre un point de fusion constant. On verra plus loin comment les saturations fractionnées (§ 12) permettent d'effectuer la séparation de certains acides volatils.

§ 8. On applique souvent la distillation fractionnée pour séparer des huiles volatiles. On place le mélange dans une cornue tubulée, et on le distille, en observant la marche d'un thermomètre fixé par la tige dans le bouchon de la tubulure et plongeant par le réservoir dans la vapeur du liquide bouillant. La colonne mercurielle ne s'arrête à aucun point fixe, tant qu'il distille un mélange de liquides de volatilité différente ; mais on arrive très-souvent à un point d'ébullition constant, c'est-à-dire qu'on parvient à isoler l'une ou l'autre substance contenue dans un semblable mélange, en fractionnant les produits de la distillation, en ne recueillant que les portions qui passent entre certaines limites de température assez rapprochées, et en soumettant les portions ainsi distillées à de nouvelles distillations fractionnées.

Ce genre de séparation réussit surtout dans les cas où les liquides composant le mélange ont des points d'ébullition assez éloignés entre eux, et où l'on peut disposer d'une quantité de matière assez grande pour multiplier les fractionnements ; mais il est à peine praticable, dans les conditions ordinaires, lorsque la différence entre les points d'ébullition est moindre de 40 à 50 degrés. Cependant on y parvient quelquefois, dans ce dernier cas, en faisant bouillir le mélange des deux liquides sous une pression beaucoup plus faible que la pression ordinaire de l'atmosphère, parce qu'alors le rapport entre les tensions de leurs vapeurs devient souvent beaucoup moindre. Supposons, par exemple, qu'on ait un mélange d'alcool et d'éther; voici quel est le rapport des tensions de leurs vapeurs à différentes températures :

Température.	Tension de la vapeur d'alcool.	Tension de la vapeur d'éther.	Rapport entre les deux tensions.
+ 34°,7	103^{mm}	760^{mm}	0,103
0°	12,5	182	0,068
— 10°	6,4	113,5	0,056

On voit par le tableau précédent qu'à la température de 34°,7, qui est la température d'ébullition de l'éther sous la pression ordinaire, le rapport entre la tension de la vapeur d'alcool et la tension de la vapeur d'éther est égal à 0,103, tandis que ce rapport n'est plus que de 0,068 à zéro, et de 0,056 à 10 degrés au-dessous de zéro; il passera donc d'autant moins d'alcool à la distillation du mélange d'alcool et d'éther qu'elle sera effectuée à une température plus basse. Ce résultat peut s'obtenir si l'on opère la distillation en faisant le vide dans l'appareil distillatoire, après avoir placé la cornue et le récipient où le liquide doit se condenser, dans des mélanges réfrigérants de température différente, celui qui entoure le récipient étant maintenu dans le mélange le plus froid. On peut, par exemple, placer la cornue A (fig. 1) dans de la

Fig. 1.

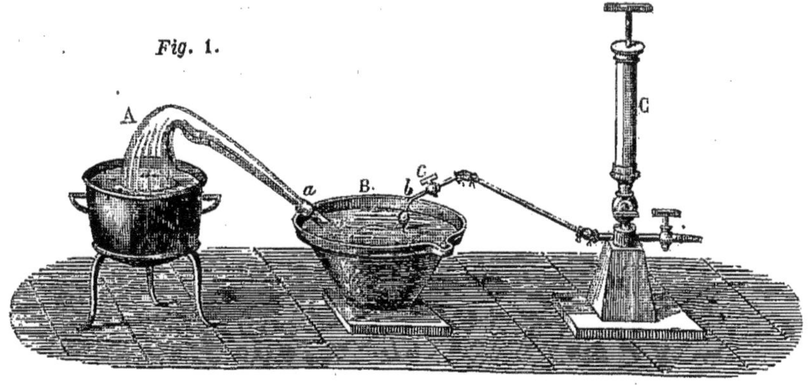

glace pilée, et le récipient B dans un mélange de glace et de chlorure de calcium cristallisé; on recouvre de cire à cacheter le bouchon *a* qui attache ces deux pièces, afin qu'il tienne le vide, et l'on ajuste de même en *b*, à la tubulure du récipient, le bouchon portant un tube en plomb et muni d'un robinet *c*, au moyen duquel l'appareil distillatoire est mis en communication avec une pompe C faisant le vide. La distillation s'établit alors à la faveur de la différence de température qui existe entre la cornue et le récipient; dès qu'elle est en train, on ferme le robinet; pour l'arrêter on n'a qu'à rouvrir celui-ci et à laisser rentrer l'air dans l'appareil.

§ 9. Lorsque l'air altère les substances organiques à leur température d'ébullition, on les distille dans un courant de gaz hydrogène ou d'acide carbonique sec. On fixe, à cet effet, dans la tubulure de la cornue un tube communiquant avec un appareil où l'on dégage ce gaz, et plongeant jusqu'au fond du liquide bouillant; on remplit de gaz tout l'appareil distillatoire, et l'on continue d'en dégager pendant toute la durée de la distillation.

Au lieu de distiller les liquides altérables dans un gaz inerte, on peut aussi les chauffer dans un courant de vapeur d'eau; les vapeurs de beaucoup d'huiles organiques ont, en effet, une tension assez grande à la température de 100° pour être entraînées par la vapeur aqueuse et se condenser avec elle. La plupart des essences auxquelles les plantes doivent leur parfum peuvent être isolées par ce moyen.

§ 10. *Appareils extracteurs à distillation continue.* — Lorsqu'il s'agit d'extraire d'une partie végétale ou animale la totalité des principes solubles dans l'éther, dans l'alcool ou dans d'autres véhicules volatils, il faut des soins minutieux et beaucoup de temps pour opérer, avec ces liquides, des filtrations, des lavages à épuisement et des distillations successives; l'action de l'air, d'ailleurs, outre qu'elle occasionne des pertes, vient parfois compliquer les résultats en donnant naissance à de nouveaux produits.

Ces difficultés sont en grande partie écartées si l'on fait usage de l'extracteur à distillation continue imaginé par M. Payen[1].

Cet appareil (fig. 2) se compose d'un ballon A, surmonté d'une allonge B; la pointe effilée de celle-ci entre jusqu'à la moitié de la profondeur du ballon. Les parties supérieures de ces deux vases communiquant entre elles par un tube latéral *cd*, l'ensemble du système offre deux capacités closes; il est donc nécessaire de pourvoir aux dilatations et aux contractions des vapeurs : telle est la

[1] PAYEN, *Ann. de Chim. et de Phys.* [3] VIII, 59.

fonction du tube de sûreté à triple effet E, dont la première boule f condense d'ailleurs une portion des vapeurs, et fait retomber le produit liquide dans l'allonge.

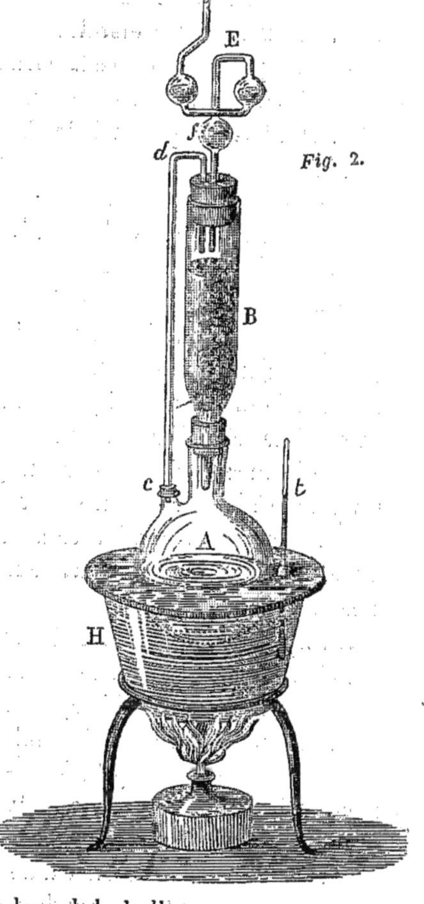

Fig. 2.

Lorsqu'on veut se servir de l'appareil pour épuiser une substance par l'alcool ou par l'éther, en concentrant tous les produits des lavages, on garnit le col de l'allonge avec un tampon de fil de coton (lavé préalablement, ainsi que tous les bouchons, avec les mêmes liquides); on remplit la panse de l'allonge, aux deux tiers de la hauteur, avec la substance en poudre sèche, on verse dessus le liquide, en quantité suffisante pour mouiller toutes les parties, remplir les interstices, filtrer dans le ballon et remplir à moitié. On assujettit alors les bouchons à l'embouchure de l'allonge et à la tubulure du ballon; on fait plonger celui-ci à moitié dans un bain-marie H. L'appareil reste maintenu dans sa position verticale à l'aide d'un support ordinaire qui embrasse le col du ballon.

Le bain-marie, recouvert d'une plaque en deux parties, est chauffé par une lampe à alcool, dont la mèche peut être assez abaissée pour que la température de l'eau, indiquée par un thermomètre t, soit entretenue à 38 ou 40 degrés centésimaux.

L'éther, dans le ballon, est ainsi porté et maintenu en ébullition, sa vapeur s'élève et se condense en partie dans le tube latéral; le liquide résultant de cette condensation retombe distillé sur la substance que contient l'allonge; l'excès de vapeur et l'air dilaté se dégagent par le tube de sûreté, mais une partie de la vapeur se condense dans les trois boules, dont la première verse immédiatement son liquide dans l'allonge, et concourt à l'épuisement de la substance. Afin de régulariser la filtration, on place à la surface bien nivelée de la substance pulvérulente trois disques de diamètres gradués, en papier à filtre. La concentration de la solution filtrée s'opère continuellement dans le ballon; elle alimente la distillation, qui fournit également, d'une manière continue, l'éther épuré à la substance, qui s'épuise par une filtration incessamment reproduite. On parvient sans peine à régler pour plusieurs heures consécutives la température nécessaire à cette sorte de circulation.

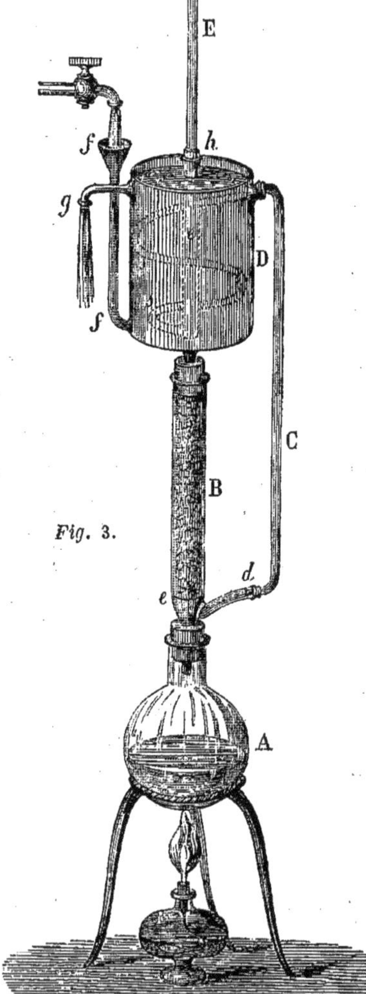

Fig. 3.

§ II. M. Émile Kopp[1] a introduit dans la construction de l'appareil de M. Payen des modifications qui le rendent moins fragile et d'un usage plus pratique. Ainsi modifié, l'appareil fonctionne sans exiger pour ainsi dire de surveillance, et opère l'extraction dans un temps fort court, et de la manière la plus complète.

L'appareil (fig. 3) se compose de cinq pièces distinctes, très-faciles à ajuster ou à changer.

A est un ballon ordinaire en verre, qu'on chauffe suivant les liquides qu'il contient, soit par une lampe à alcool, soit par une lampe à huile à flamme constante, comme une lampe-modérateur,

[1] E. Kopp, *Compt. rend. des Trav. de Chimie*, 1849, p. 305. — Voy. aussi : Kramer, *Ann. de Chim. et de Phys.* [3] XIV, 507.

lorsqu'il s'agit de liquides dont le point d'ébullition est peu élevé.

B est un cylindre en fer-blanc bien étamé, renfermant la substance sur laquelle doit réagir le liquide extracteur. A sa partie intérieure *c* se trouve une plaque percée de petites ouvertures, destinées à retenir la substance dans le tube et à l'empêcher de tomber dans le ballon A, et pouvant néanmoins laisser passer le liquide condensé, chargé de la substance qui y est soluble et qui doit se rendre dans le ballon.

Au-dessous de *c* se trouve soudé un tube qui va en s'élargissant de manière à pouvoir recevoir un bouchon en liége.

C est un tube en plomb destiné à établir la communication entre la partie inférieure du cylindre B et le réfrigérant D; il est fixé à ces parties de l'appareil au moyen de deux bouchons en liége; ce tube ne doit point être trop étroit, pour que la vapeur y circule aisément.

D est un réfrigérant cylindrique assez large, également en fer-blanc. Il contient un tube en fer-blanc *e*, qui passe par son axe et traverse son fond inférieur pour établir la communication avec la partie inférieure du réservoir B. On le surmonte à l'extrémité supérieure, au moyen d'un bouchon de liége, d'un long tube de verre tout droit E, qui permet de reconnaître si toutes les vapeurs sont condensées dans le réfrigérant. Un serpentin en plomb *s* reçoit à sa partie supérieure le tube C, et est soudé par sa partie inférieure au tube *e*. Le réfrigérant est refroidi par de l'eau froide qui descend par le tube *f*, et qui sort, après s'être échauffée, par l'ouverture *g*.

On peut faire porter facilement le réfrigérant D, le cylindre B et le ballon A par des cercles fixés à différentes hauteurs au moyen de vis, le long d'une tige verticale solidement établie sur une planche.

Voici maintenant la manière dont fonctionne l'appareil. On commence par placer à la partie inférieure du cylindre B, et sur la plaque percée de trous, une petite quantité de coton bien épuisé par de la potasse caustique bouillante, lavé à grande eau et séché ensuite.

On remplit presque entièrement le cylindre B de feuilles, herbes ou racines à épuiser, réduites en poudre grossière, et on les recouvre d'un autre petit tampon en coton. Au moyen d'un bouchon, on fixe le cylindre B ainsi chargé au réfrigérant par la partie inférieure du tube *e*; on y adapte également le ballon A, rempli aux trois quarts d'éther, d'alcool ou d'eau, en un mot du liquide destiné à opérer l'extraction, et on fixe le tout au support qui doit maintenir l'appareil. Enfin, on adapte le tube en verre E et le tube de communication en plomb C.

Lorsque les matières placées en B sont très-poreuses et capables de s'imbiber de beaucoup de liquide, on peut avant de chauffer, et après avoir enlevé le tube de verre E fixé en *h*, verser par l'ouverture supérieure du tube droit *e* une certaine quantité du liquide extracteur, jusqu'à ce qu'on en voie tomber les premières gouttes dans le ballon A. On a soin de remplir d'eau froide le réfrigérant D, et on s'arrange de manière à pouvoir renouveler cette eau par l'entonnoir *f*. On chauffe alors avec précaution, pour établir une ébullition régulière dans le ballon A. Les vapeurs, trouvant de la difficulté à traverser les petites ouvertures de la plaque *c*, se dégagent par *d*, montent dans le tube en plomb C et se rendent dans le serpentin *s*, où elles se condensent en totalité. Le liquide qui en résulte coule dans le tube *e*, et de là dans le cylindre B, où il rencontre la matière à extraire, dont il déplace les couches de liquide déjà chargées de matières solubles, et qu'il force à se rendre dans le ballon A. Là les matières non volatiles se concentrent de plus en plus, tandis que le liquide extracteur, se réduisant en vapeur, va de nouveau se condenser dans le serpentin et se mettre en contact avec la matière du cylindre B.

L'ébullition en A peut même être vive sans qu'on aperçoive une condensation de vapeurs dans le tube en verre E. Il est utile d'avoir des cylindres B de différentes dimensions, pour pouvoir extraire plus ou moins de matière à la fois au moyen du même appareil.

Tout liquide dont le point d'ébullition n'est pas trop élevé, et qui n'attaque pas le fer-blanc, peut être employé pour l'extraction, et permet de varier les méthodes de séparation. Lorsqu'il s'agit d'analyse immédiate quantitative, on remplit le cylindre B comme à l'ordinaire, et on le dessèche avec son contenu en le portant à 100° et en y faisant passer un courant d'air ou d'hydrogène sec. On en détermine ensuite le poids. On renouvelle la même opération après chaque extraction, soit par l'éther, par l'alcool, par l'esprit de bois ou par l'eau. Il est évident que chaque fois la perte de poids indiquera la quantité de matière dissoute ou enlevée.

L'appareil qu'on vient de décrire peut être recommandé à tous les pharmaciens qui s'occupent de l'analyse des substances médicamenteuses, dans le but d'en rechercher les principes actifs.

§ 12. *Méthode des saturations fractionnées.* — Nous reproduisons ici, comme susceptible d'être généralisé et d'être appliqué à la plupart des acides liquides et volatils, un procédé que M. Liebig[1] recommande comme avantageux pour découvrir dans un mélange d'acide valérique et d'acide butyrique la présence de petites quantités de l'un ou de l'autre acide, ou pour extraire ces acides d'un semblable mélange, dans un état de pureté propre à l'analyse élémentaire.

Ce procédé consiste à saturer par la potasse ou par la soude une partie du mélange acide, à ajouter le reste à cette partie neutralisée, et à soumettre le tout à la distillation.

Deux cas peuvent se présenter : si la quantité d'acide valérique contenue dans le mélange dépasse la proportion nécessaire à la saturation de la totalité de l'alcali, le résidu de la distillation ne renferme plus d'acide butyrique, mais il se compose de valérate pur. Si, au contraire, la quantité d'acide valérique est inférieure à cette proportion, le résidu renferme, outre du valérate, une certaine quantité de butyrate, mais l'acide distillé consiste en acide butyrique pur.

La quantité du mélange acide qu'il s'agit de neutraliser par l'alcali dépend de la quantité d'acide valérique qu'on présume y être contenue. A-t-on lieu, par exemple, d'y supposer 10 p. 100 d'acide valérique, on neutralise $^1/_{10}$ du mélange ; a-t-on un acide valérique contenant 10 p. 100 d'acide butyrique qu'on veut en séparer, il faut neutraliser les $^9/_{10}$ du mélange acide.

Il est aisé de remarquer qu'une seule opération fournit l'un des deux acides à l'état de pureté : ou le produit distillé se compose d'acide butyrique, et alors le résidu se compose d'un mélange de valérate et de butyrate ; ou le produit distillé renferme à la fois de l'acide butyrique et de l'acide valérique, et dans ce cas le résidu ne contient que du valérate.

En continuant de traiter de la même manière les acides mélangés passés à la distillation, ou restés comme résidus à l'état de sels, c'est-à-dire en les saturant de nouveau en partie et soumettant

[1] LIEBIG, *Ann. der Chem. u. Pharm.*, LXXI, 355.

le tout à la distillation, on parvient à obtenir à l'état de pureté une nouvelle portion de l'un ou de l'autre acide, et l'on arrive finalement à les séparer d'une manière complète, résultat qu'on n'atteindrait guère par la seule distillation du mélange acide.

On voit par ce qui précède que l'acide le moins volatil (l'acide valérique) déplace à une température élevée l'acide le plus volatil (l'acide butyrique).

Un mélange d'acide valérique et d'acide acétique, ou d'acide butyrique et d'acide acétique se comporte différemment, dans les mêmes circonstances. Lorsqu'on neutralise en partie un semblable mélange par la potasse, et qu'on le soumet ensuite à la distillation, ce n'est pas, comme on pourrait le croire, l'acide acétique qui passe de préférence, mais c'est l'acide valérique ou l'acide butyrique, bien que le point d'ébullition de l'acide acétique soit inférieur de 45° à celui de l'acide butyrique et de 56° à celui de l'acide valérique; la cause en est dans la formation d'un biacétate qui paraît n'être décomposé par aucun des deux autres acides.

Lorsqu'on soumet à la distillation une solution d'acétate neutre de potasse, à laquelle on ajoute un excès d'acide valérique, il passe de l'acide valérique, et le résidu se compose de biacétate et de valérate de potasse. Si l'on ajoute de l'acide valérique à du biacétate de potasse et qu'on distille, l'acide valérique passe seul, et le résidu ne renferme que du biacétate.

L'acide butyrique se comporte comme l'acide valérique en présence de l'acide acétique.

D'après cela, si l'on sature partiellement avec de la potasse de l'acide butyrique (ou valérique) mélangé d'acide acétique, et qu'on distille le produit, il peut arriver deux cas : le résidu se compose de biacétate et de butyrate (ou de valérate), et alors le produit distillé se compose d'acide butyrique (ou valérique), exempt d'acide acétique; ou bien le résidu ne renferme que du biacétate, et alors le produit contient encore de l'acide acétique, qu'on peut séparer de l'acide butyrique (ou valérique) par un nouveau traitement semblable.

Incinération des parties végétales et animales.

§ 13. On a vu plus haut que les parties végétales et animales renferment des sels minéraux, qu'on détermine à part en analysant les cendres de ces parties; l'incinération des matières organiques exige beaucoup de soins à cause des pertes que peut occasionner l'application d'une chaleur trop élevée. Plusieurs chimistes distingués se sont occupés de cette question, dans ces dernières années, particulièrement en Allemagne, et l'on doit principalement à MM. Erdmann, H. Rose, Heintz, Wackenroder et Strecker, de nombreux perfectionnements des méthodes relatives à ce genre d'analyse [1].

Les erreurs auxquelles on s'expose en n'opérant pas l'incinération avec des précautions particulières sont ordinairement causées par la volatilisation partielle des chlorures alcalins et la réduction partielle des sulfates et des phosphates. On peut les éviter, suivant M. Erdmann, en incinérant la matière dans un moufle chauffé à un rouge sombre qui ne se voie pas le jour, et dont la porte est laissée entr'ouverte de telle sorte que l'air puisse y circuler convenablement; tout le charbon se brûle alors d'une manière complète dans l'espace de quelques heures, sans qu'aucune matière minérale se volatilise.

M. Strecker recommande comme avantageuse la marche suivante: après avoir desséché la substance, on la carbonise légèrement, dans une capsule de platine ou de porcelaine, sur la lampe à alcool; on humecte le charbon ainsi produit avec une solution concentrée et pure de baryte caustique, en ayant soin d'en prendre assez pour que les cendres qu'on obtient par la combustion complète contiennent environ la moitié de leurs poids de baryte; on dessèche de nouveau le charbon humecté, et on le brûle enfin dans le moufle à une température aussi basse que possible. Les cendres ainsi produites ne fondent pas; mais elles restent toujours assez poreuses et légères pour que l'incinération s'achève d'une manière complète. Après avoir réduit les cendres en poudre fine (elles renferment évidemment un grand excès de carbonate de baryte), on procède à leur analyse d'après les méthodes usuelles. Lorsqu'on incinère des matières animales, il arrive souvent que le résidu renferme des cyanates; mais on détruit aisément l'acide cyanique en humectant les cendres avec de l'eau, et en les portant ensuite doucement au rouge.

[1] Erdmann, *Ann. der Chem. u. Pharm.*, LIV, 353. — H. Rose, *Ann. de Poggend.*, LXX, 449; LXXX, 84. — Heintz, *Ibid.*, LXXII, 113; LXXIII, 455. — Wackenroder, *Archiv d. Pharm.* [2] LIII, 1. — Strecker, *Ann. der Chem. u. Pharm.*, LXXIII, 339.

§ 14. M. Strecker a signalé, relativement à la carbonisation des matières organisées, plusieurs faits qui méritent d'être notés. Selon ce chimiste, le charbon d'une matière végétale ou animale peut être dépouillé d'autant plus complétement des substances minérales qu'il en renferme davantage. Ainsi, par exemple, le charbon du sang, pris en masse, contient de 12 à 15 pour 100 de matières minérales, dont un tiers seulement peut s'extraire par l'eau et l'acide chlorhydrique; mais si l'on coagule préalablement le sang en le chauffant à 100°, de manière à en séparer l'albumine, et qu'on carbonise la partie restée liquide, on obtient un charbon contenant plus de 80 pour 100 de matières minérales qu'on peut extraire en totalité par l'eau et l'acide chlorhydrique. Des expériences semblables, faites sur du sucre et de la caséine qu'on avait carbonisés après y avoir ajouté différents sels (acétate de potasse, phosphate de soude, sulfate de magnésie, chlorure de potassium et chlorure de sodium), ont également donné ce résultat que le charbon retenant les sels ou leurs bases avec d'autant plus d'énergie que ces substances y étaient renfermées en proportion moins considérable. Ceci rappelle la manière dont les alliages d'or et d'argent se comportent avec l'acide nitrique; on sait en effet que cet acide ne dissout tout l'argent d'un semblable alliage qu'autant que la proportion de ce métal atteint 75 centièmes.

Le charbon qu'on obtient avec le sang et la bile renferme ordinairement de petites quantités de cyanures et de sulfures.

Lorsqu'on carbonise du sucre avec du phosphate de soude tribasique, et qu'on lessive avec de l'eau le charbon produit, on obtient une solution contenant à la fois du carbonate et du pyrophosphate de soude; d'après cela, la présence des carbonates dans l'extrait aqueux d'une substance carbonisée ne prouve nullement que celle-ci contînt avant la carbonisation ces mêmes sels ou des sels formés par un acide organique.

§ 15. La marche suivie par M. Henri Rose pour l'analyse complète des cendres peut se résumer ainsi : on commence par carboniser la matière à une très-douce chaleur, on réduit le charbon en poudre fine, et, après l'avoir mêlé avec 20 à 30 grammes d'éponge de platine, on l'incinère, par portions, dans une capsule mince en platine, sur la lampe à esprit-de-vin. Lorsqu'on emploie environ 100 grammes de substance, l'incinération complète du charbon s'effectue dans l'espace de deux à trois heures. Il est important d'éviter, dans les matières qu'on traite ainsi, des mélanges de sable ou de parties terreuses. Les débris végétaux ont surtout besoin d'être préalablement purifiés de ces substances étrangères; lorsqu'on opère sur des graines, on les soumet à la lévigation; on enlève avec un tamis la poussière que l'eau en a détachée, et l'on complète cette purification en frottant avec un linge les graines lavées.

L'incinération étant faite, comme on vient de le dire, on maintient le mélange gris, composé de cendres et de platine, dans une étuve chauffée à 120°, jusqu'à ce que le poids du mélange reste constant. On l'épuise ensuite à l'eau bouillante; on évapore à siccité l'extrait aqueux, et l'on détermine le poids du résidu légèrement calciné. Si ce poids s'élève à quelques grammes, on peut faire de la matière plusieurs parts, pour en doser séparément certains corps. Dans le cas où la quantité du résidu est pour cela trop faible, on opère de la manière suivante : on sursature la matière dissoute dans l'eau par de l'acide nitrique dilué[1], et l'on précipite le *chlore* par du nitrate d'argent; si l'acide nitrique précipite un peu de silice, on sépare celle-ci d'abord par le filtre. Après avoir enlevé l'excès d'argent par l'acide chlorhydrique, on évapore à siccité, et l'on sépare la *silice* comme à l'ordinaire. On sursature par l'ammoniaque la liqueur filtrée, et l'on rassemble sur un filtre les *phosphates terreux* qui viennent alors se précipiter (dans le cas où les cendres auraient été acides); ces phosphates ayant été lavés et calcinés, on en détermine le poids, qu'on déduit du poids du résidu obtenu précédemment par la calcination de l'extrait aqueux des cendres; pour l'analyse ultérieure de ces phosphates, on les ajoute à la partie des cendres soluble dans l'acide nitrique. Le liquide séparé des phosphates par le filtre est additionné d'acide oxalique, pour précipiter la *chaux*, s'il y en avait; ensuite on précipite par le chlorure de baryum *l'acide sulfurique* et *l'acide phosphorique* (ainsi que l'excès d'acide oxalique ajouté précédemment), et l'on traite par l'acide chlorhydrique le précipité barytique, afin d'isoler le sulfate de baryte, dont on détermine le poids; l'excédant de baryte ayant été enlevé par de l'acide sulfurique dilué, on détermine l'acide phosphorique à l'état de phosphate ammoniaco-ma-

[1] S'il s'agit de doser l'acide carbonique, on fait cette saturation dans un appareil approprié.

gnésien. Enfin, le liquide séparé par filtration du sulfate et du phosphate barytiques, contient encore les *alcalis;* on enlève l'excédant de baryte par un mélange d'ammoniaque caustique et de carbonate d'ammoniaque, et l'on sépare le précipité au moyen du filtre; la liqueur filtrée étant évaporée, on obtient les alcalis à l'état de chlorures par la calcination du résidu.

Arrive la partie des cendres insoluble dans l'eau. On la traite à chaud par l'acide nitrique dilué, et l'on épuise le résidu par de l'eau additionnée du même acide; le résidu insoluble ne contient plus que de la silice. La solution nitrique renferme les *phosphates de chaux*, *de magnésie et de fer*, quelquefois aussi des traces de *phosphate de manganèse;* de plus, on y trouve des nitrates de *potasse*, de *soude*, de *chaux* et de *magnésie;* elle est exempte de chlore et d'acide sulfurique. M. Rose détermine l'acide phosphorique à l'aide du mercure métallique, d'après la méthode dont il est l'auteur, et il dose ensuite les alcalis par les procédés usuels.

Quant à la *silice* restée à l'état insoluble avec le platine, M. Rose traite le mélange par la potasse bouillante, filtre la solution, et en précipite la silice comme à l'ordinaire. Ensuite il dessèche de nouveau le platine dans l'étuve, et en détermine le poids, ce qui lui donne le poids des cendres employées; ce poids toutefois n'est pas rigoureusement exact, parce que l'acide carbonique des cendres ne peut s'évaluer que d'une manière approximative.

§ 16. M. Heintz suit à peu près la même marche que M. Rose. Il détermine l'acide phosphorique en précipitant par le nitrate de plomb la solution des cendres dans l'acide acétique, décomposant par l'acide sulfurique et l'alcool le précipité de chloro-phosphate de plomb, et précipitant le liquide filtré par l'ammoniaque et le sulfate de magnésie.

M. Wackenroder préfère incinérer la matière dans un creuset (garni intérieurement de fécule de pommes de terre, lorsque la cendre est fusible) ou dans un cylindre en tôle, muni d'un tube qui donne accès à l'air. Il considère l'addition, aux cendres, de l'acétate de chaux, et même aussi de la chaux carbonatée ou caustique, comme un moyen propre à faciliter l'incinération des substances fusibles (du sang, par exemple) riches en acide sulfurique ou phosphorique, et à empêcher la formation des cyanures et des sulfures.

Plusieurs autres modifications ont été proposées pour l'incinération prompte et complète des matières végétales et animales[1] : elles consistent surtout dans l'emploi du nitrate d'ammoniaque ou du nitrate de baryte.

§ 17. Suivant M. Caillat[2], on parvient, en traitant par l'acide nitrique étendu d'eau les débris de plantes, telles que luzerne, trèfle, sainfoin, à enlever la presque totalité des matières minérales qui s'y trouvent, de telle sorte que sur 10 grammes de substance employée la pulpe résidu ne laisse plus que 18 à 22 milligrammes de cendres. Ce résidu est constitué de silice et d'un peu de fer peroxydé. Le traitement des débris végétaux par l'acide nitrique a toujours fourni à M. Caillat une porportion de matières minérales plus grande que celle qu'il obtenait par l'incinération directe; la proportion de l'acide sulfurique surtout a constamment été plus forte. Le même chimiste a reconnu, par une expérience directe, que la perte d'acide sulfurique occasionnée par l'incinération est due à la décomposition d'une partie du sulfate de chaux : en mêlant intimement un poids déterminé de sulfate de chaux pur et calciné avec de l'amidon de froment converti en empois, et en incinérant la masse, il n'a plus trouvé dans les cendres recueillies la quantité d'acide sulfurique que contenait le sulfate employé. M. Caillat a en outre constaté, par une autre expérience, que le sulfate de chaux, converti en sulfure de calcium par l'influence de la matière organique à une haute température, passe en partie à l'état de carbonate de chaux par l'action de l'oxygène de l'air; ce gaz oxygène, brûlant à la fois le soufre du sulfure et une portion du charbon interposé, forme de l'acide sulfureux, qui se dégage, et de l'acide carbonique, dont une partie reste unie à la chaux.

Les faits précédents méritent toute l'attention des chimistes qui s'occupent d'analyses de cendres. La substitution de la voie humide à l'incinération me semblerait en effet fort avantageuse, car elle n'offrirait jamais ces pertes qu'on n'est pas toujours sûr d'éviter, même en incinérant les matières à une basse température. On y serait moins exposé en opérant la calcination en vase clos, dans un courant de gaz oxygène, et en faisant passer le gaz, après la

[1] F. Verdeil, *Ann. der Chem. u. Pharm.*, LXIX, 89. — F. Keller, *Ibid.*, LXX, 91. — Th. Way et G. Ogston, *Journ. of the Royal Agricult. Soc. of England*, VIII, part. 1.
[2] Caillat, *Compt. rend. de l'Acad.*, XXIX, 137.

combustion, dans une lessive alcaline qui retiendrait le gaz sulfureux et les chlorures volatilisés par une chaleur trop élevée.

ANALYSE ÉLÉMENTAIRE.

Opérations préliminaires.

§ 18. Avant de déterminer la proportion des éléments contenus dans un principe organique immédiat, l'expérimentateur a toujours soin de s'assurer de la pureté de la matière qu'il s'agit d'analyser.

Cet examen ne présente aucune difficulté, lorsque la matière est solide et cristallisable. L'homogénéité et la netteté des cristaux, vus au microscope, sont des caractères qui garantissent généralement un état de pureté satisfaisant. Le plus souvent il est nécessaire de faire subir à la matière deux ou plusieurs cristallisations avant de l'obtenir sous cette forme; dans certains cas, il peut aussi être utile de déterminer le point de fusion des produits des différentes cristallisations, la constance de ce point étant également un indice de pureté. Il ne faut pas non plus, avant de procéder à l'analyse d'une matière organique, négliger d'en brûler quelques parcelles sur une lame de platine, afin de constater l'absence des parties minérales; jamais une matière composée exclusivement d'éléments organiques ne laisse alors des cendres. Enfin, l'état de siccité parfaite de la matière est encore une condition à observer, si l'analyse doit donner des résultats exacts.

§ 19. Beaucoup de substances se dessèchent très-bien, si on les abandonne pendant quelques heures dans une atmosphère close, en présence de l'acide sulfurique concentré. La disposition généralement adoptée à cet effet dans les laboratoires est représentée figure 4. *a* est une large plaque en verre dépoli, sur laquelle s'appliquent exactement les bords, usés à l'émeri et enduits de suif, de la cloche *b*; *c* est un vase rempli d'acide sulfurique concentré, et portant un petit triangle sur lequel on place la capsule *d* contenant la matière à dessécher.

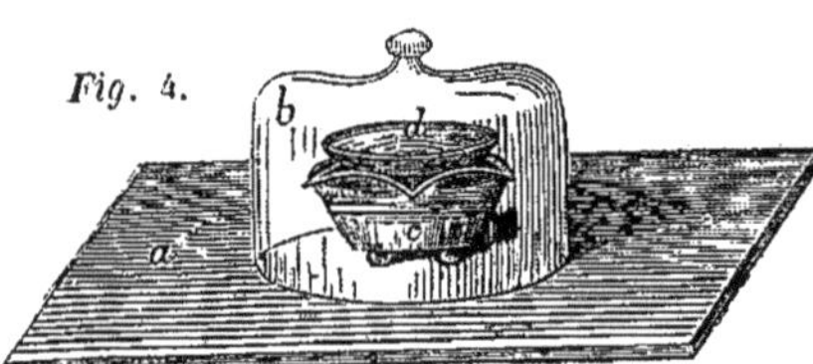

Fig. 4.

La figure 5 est une autre disposition du même genre. *a* représente un large vase à précipités dont les bords sont usés à l'émeri, et qui est rempli au quart ou au tiers d'acide sulfurique concentré. Ce vase se ferme à l'aide d'un disque en verre dépoli *b*, portant en son centre un bouchon auquel est suspendue une espèce de nacelle *c* en fil métallique, sur laquelle se place la capsule avec la matière à dessécher. On graisse légèrement les bords du vase *a* avant d'y appliquer le couvercle.

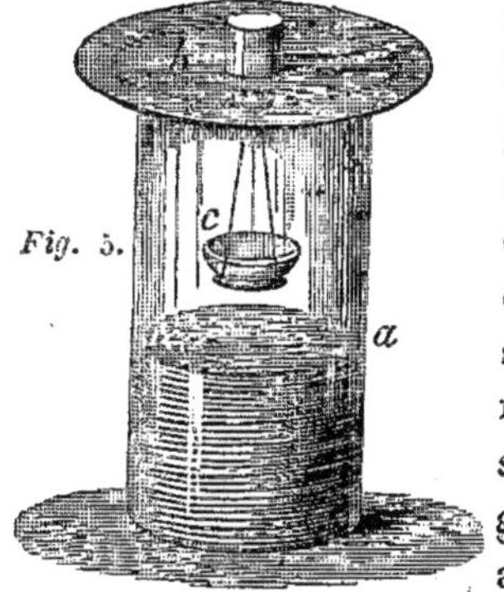

Fig. 5.

Lorsque le contact de l'air altère la matière, on la dessèche en l'abandonnant dans le vide de la machine pneumatique. Quelquefois les moyens précédents sont insuffisants, et la dessiccation complète de la matière exige le concours de la chaleur : dans ce cas, on la chauffe au bain-marie, ou dans une étuve portée à une température plus élevée. Beaucoup de sels réclament ce dernier genre de traitement, leur eau de cristallisation se dégageant par fractions à des températures différentes, qu'il peut être utile de connaître.

§ 20. La dessiccation des sels s'opère en général d'une manière bien plus prompte et plus complète si, au lieu de les soumettre simplement à l'action de la chaleur, on les chauffe dans un courant d'air sec ou pendant qu'on fait le vide dans l'appareil où ils se trouvent placés.

L'appareil représenté (fig. 6) sert à dessécher les sels dans un

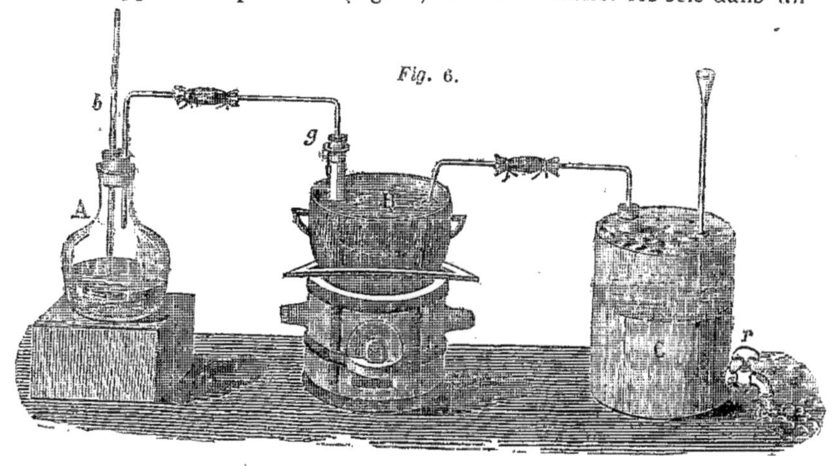

Fig. 6.

courant d'air sec. Il se compose de trois parties essentielles : d'une fiole (A contenant de l'acide sulfurique concentré, que l'air est obligé de traverser avant de passer sur la matière; d'un petit vase en verre B, recourbé en U, contenant la matière à dessécher et couché dans un bain; et d'un aspirateur C plein d'eau, qui détermine le courant d'air par l'écoulement de ce liquide. La fiole A porte un bouchon doublement percé : par l'un des trous passe un tube de verre, qui plonge au-dessous du niveau de l'acide sulfurique; l'autre trou reçoit un tube recourbé, fixé, par l'une de ses extrémités et au moyen d'une ligature en caoutchouc, à un petit tube également recourbé, qui s'adapte, à l'aide d'un bouchon *g*, à la large branche du vase en U contenant la matière.

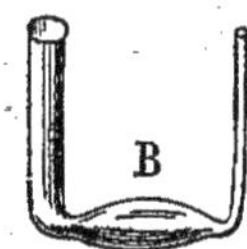

Fig. 7.

La forme de ce dernier est indiquée par la figure 7. La branche plus étroite du vase en U est à son tour liée, avec du caoutchouc, au tube coudé qui part de l'aspirateur C. Le bain dans lequel est couché le vase en U contient une solution de sel de cuisine ou de chlorure de calcium. Lorsque toutes les pièces de l'appareil sont ajustées, on tourne le robinet *r* de l'aspirateur de manière à déterminer l'écoulement de l'eau; l'air entre alors dans l'appareil par le tube *b*, se dessèche en traversant l'acide sulfurique et passe sur la matière placée en B, dont on voit alors l'humidité se condenser sur le tube coudé partant de l'aspirateur. La dessiccation est achevée dès que cesse cette condensation; on peut aussi de temps à autre détacher le vase en U, et, après l'avoir bien essuyé, vérifier par des pesées les pertes que la matière a éprouvées par la dessiccation.

§ 21. Une autre disposition usitée dans les laboratoires pour la dessiccation des matières organiques destinées à l'analyse consiste à les chauffer dans un petit tube fixé dans une étuve ou dans un bain, et mis en communication avec une petite pompe qui permet d'y faire le vide. Cette disposition est indiquée dans la figure 8 ci-jointe. *a* représente un petit creuset placé sur une lampe à alcool; ce creuset, rempli de sable ou d'huile, reçoit le petit tube *d*, où se trouve la matière à dessécher; le réservoir du thermomètre *t* plonge également dans le bain. A l'ouverture *i* du tube *d* est fixé, au moyen d'un bouchon, un second tube *b*, coudé, plus long et plus large que *d*, et rempli de fragments de chlorure de calcium; enfin, le tube *b* est mis en communication avec la petite pompe à main *c*.

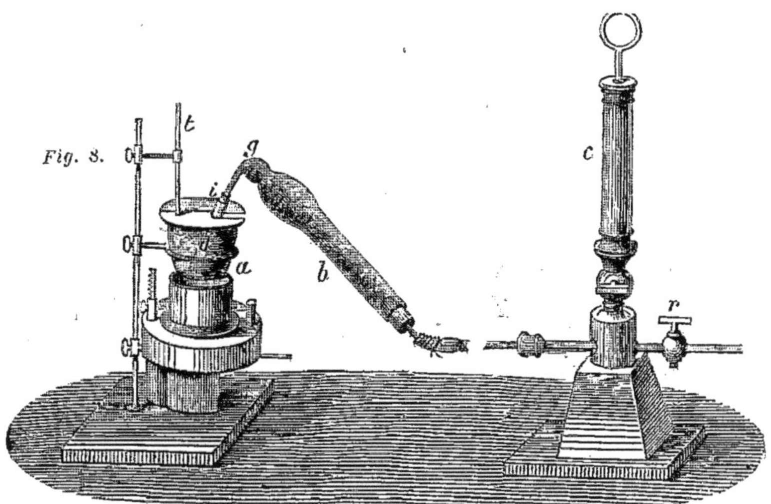

Fig. 8.

Lorsque le bain est arrivé à la température voulue, on fait fonctionner le piston de la pompe, le robinet *r* étant fermé; au bout de quelques minutes, on ouvre ce robinet pour laisser rentrer l'air; on le ferme de nouveau, on fait le vide, on ouvre encore une fois, et l'on répète cette manœuvre jusqu'à ce qu'on ne voie plus se condenser d'humidité dans la partie *g* du tube coudé, alors même qu'on la refroidit en l'entourant d'un peu de coton imbibé d'éther.

§ 22. La pureté des liquides volatils sans décomposition se reconnaît en général à la constance de leur point d'ébullition (§ 8). Toutefois ils peuvent encore contenir des traces d'humidité, qui, sans faire varier sensiblement leur point d'ébullition, peuvent néanmoins influencer d'une manière fâcheuse les résultats de l'analyse. On écarte cette cause d'erreur si l'on complète la dessiccation de la matière en y introduisant quelques fragments de chlorure de calcium fondu, qu'on y laisse séjourner pendant vingt-quatre heures. Dans la plupart des cas, ce corps enlève les dernières traces d'humidité; seulement avant de l'employer il faut bien s'assurer que la matière à analyser n'est pas de nature à y réagir; il convient aussi, après avoir laissé la matière en contact avec le chlorure de calcium, de la soumettre à une nouvelle distillation, afin d'en séparer le chlorure qu'elle peut avoir dissous; il faut avoir soin d'enlever d'abord les fragments solides et même de filtrer le liquide, car si on le distillait sur le chlorure, il pourrait arriver que la chaleur dégageât de nouveau l'eau absorbée par ce sel.

Dans quelques cas l'hydrate de potasse solide peut aussi s'employer comme agent de dessiccation ; on s'en sert surtout avec avantage pour dessécher les alcalis huileux.

§ 23. La matière à analyser étant bien pure et sèche, on procède au dosage des différents éléments dont elle se compose.

Les éléments organiques, carbone, hydrogène, oxygène et azote, se dosent à l'état *d'acide carbonique, d'eau, d'azote et d'ammoniaque.* Toutes les matières organiques peuvent être ramenées par les agents chimiques à ces quatre formes ultimes. Soumises à *la combustion*, en présence de corps aisément désoxydables, elles se transforment toutes en acide carbonique, en eau et en azote gazeux ; calcinées avec des alcalis hydratés, elles dégagent leur azote à l'état d'ammoniaque.

Lorsqu'elles contiennent du chlore, du soufre, du phosphore ou des métaux, ces éléments se dosent par des procédés semblables à ceux qui sont employés en chimie minérale.

Dosage du carbone, de l'hydrogène et de l'oxygène.

§ 24. Les premières analyses exactes de matières organiques ont été faites par MM. Gay-Lussac et Thénard[1] à l'aide du chlorate de potasse. Voici en quoi consistait le procédé de ces illustres chimistes. On formait, avec le chlorate et la matière à analyser, des boulettes qu'on faisait tomber peu à peu dans un tube de verre disposé verticalement et chauffé au rouge ; les gaz formés par la combustion s'échappaient par un tube latéral, et étaient recueillis sur le mercure. On prenait exactement le volume du mélange gazeux ainsi produit, et l'on y introduisait de la potasse caustique ; celle-ci absorbait tout l'acide carbonique, de manière que le gaz restant ne se composait plus que d'oxygène pur, ou, dans le cas où la matière employée avait été azotée, d'un mélange d'oxygène et d'azote. A l'aide de l'eudiomètre, on déterminait ensuite les proportions de ce dernier mélange. Ayant ainsi les poids de la matière brûlée, le poids du chlorate de potasse employé, la quantité de l'acide carbonique produit par la combustion et le volume de l'oxygène restant après l'introduction de la potasse, on pouvait déduire de ces données la composition de la matière. La différence

[1] Gay-Lussac et Thénard, *Recherches physico-chimiques*, Paris, 1811, II, 265.

entre l'oxygène contenu dans les gaz produits et l'oxygène renfermé dans le chlorate employé donnait l'oxygène disparu à l'état d'eau, et par conséquent l'hydrogène contenu dans la matière.

Le procédé de MM. Gay-Lussac et Thénard n'a d'autre défaut que d'exiger de la part de l'opérateur trop d'adresse et de précision; aussi n'est-il plus guère en usage aujourd'hui. Il n'en est pas moins vrai que l'invention de ce procédé a été pour la science moderne un des événements les plus considérables, par l'impulsion immense qu'en a reçue la chimie organique.

Plusieurs chimistes se sont occupés de simplifier le procédé de MM. Gay-Lussac et Thénard. Berzelius[1] y fit plusieurs modifications, et chercha surtout à recueillir l'eau directement; il mélangea le chlorate avec du sel marin, dans le but de rendre la combustion moins brusque, et de pouvoir introduire dans l'appareil toute la matière à la fois. Th. de Saussure[2] et Prout[3] employèrent l'oxygène gazeux. L'emploi de l'oxyde de cuivre, proposé par Gay-Lussac[4], fit faire un grand pas à l'analyse organique; mais ce furent surtout les importantes modifications imaginées par M. Liebig[5], qui rendirent cette opération aussi facile que précise.

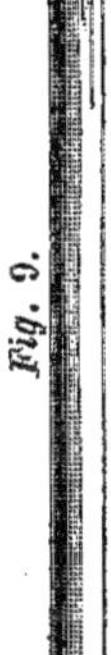
Fig. 9.

§ 25. La méthode d'analyse généralement employée aujourd'hui consiste à brûler la matière organique avec de l'oxyde de cuivre. Le poids de l'acide carbonique et le poids de l'eau produits par la combustion donnent le carbone et l'hydrogène qu'elle contient; l'oxygène se trouve par différence.

Lorsque la matière est pesée, on la mélange avec l'oxyde de cuivre, et l'on introduit ce mélange dans un tube de verre (fig. 9), étiré en pointe à l'une des extrémités. Ce tube doit avoir environ six décimètres de long, être assez large pour

[1] Berzelius, *Annals of Philos.*, IV, 323.

[2] Th. de Saussure, *Bibliothèque Britannique*, Genève, n° 448, p. 333.

[3] Prout, *Annals of Philos.*, XV, 190, et *Philos. Transact. of the Roy. Society of London*, 1827, p. 355.

[4] Gay-Lussac, *Annales de Chimie*, XCVI, 306.

[5] Liebig, *Ann. de Poggend.*, XVII, 391; XVIII, 357; XXI, 1; XXIV, 261; XXVII, 679. *Ann. der Chem. u. Pharm.*, XVI, 192. — Voyez quelques observations relatives à la combustion par l'oxyde de cuivre : Bérard, *Ann. de Chim. et de Phys.*, V, 290. — Berzelius, *Ann. de Poggend.*, XIX, 308; XLIV, 389. — Chevreul, *Recherches sur les corps gras*, 8.

qu'on y puisse introduire le petit doigt, et, étant enveloppé d'une feuille de clinquant, résister, sans fondre, à un bon feu de charbon. Après que le mélange d'oxyde et de matière est introduit, on remplit entièrement d'oxyde le reste du tube : cet oxyde ne s'emploie, bien entendu, qu'après avoir été fortement calciné, c'est-à-dire purgé de toute humidité et de toute poussière. Le tube de verre étant à peu près plein, on le couche sur une grille particulière, et l'on y fixe, au moyen d'un petit bouchon, un premier petit appareil (fig. 10), rempli de fragments de chlorure de calcium, et

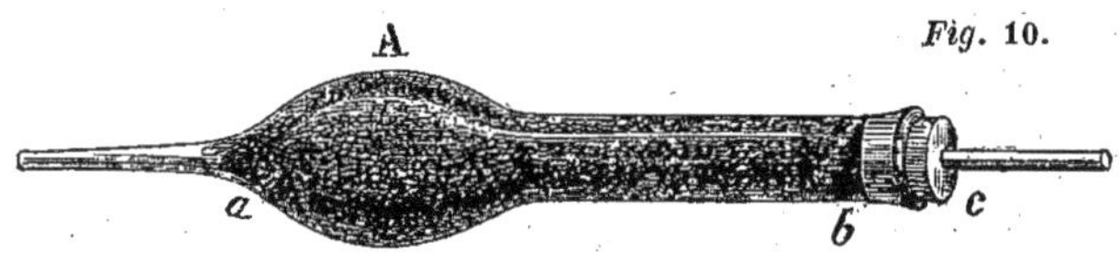

Fig. 10.

taré d'avance ; cet appareil sert à retenir toute la vapeur d'eau qui se dégage par la combustion de la matière. A cet appareil on adapte ensuite, à l'aide d'un petit tube en caoutchouc, un système de boules (fig. 11) dit *appareil à boules de Liebig,* rempli d'une

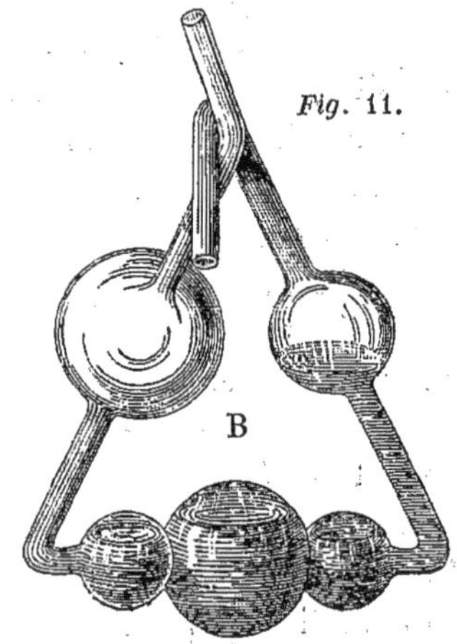

Fig. 11.

lessive de potasse caustique et également taré d'avance ; ce liquide est destiné à retenir tout le gaz carbonique.

Toutes les pièces de l'appareil étant bien ajustées (fig. 12 , on chauffe progressivement le tube sur la grille , dans toute sa longueur, en l'entourant de charbons rouges ; la partie antérieure, contenant l'oxyde seul , reçoit le premier feu, puis on avance peu

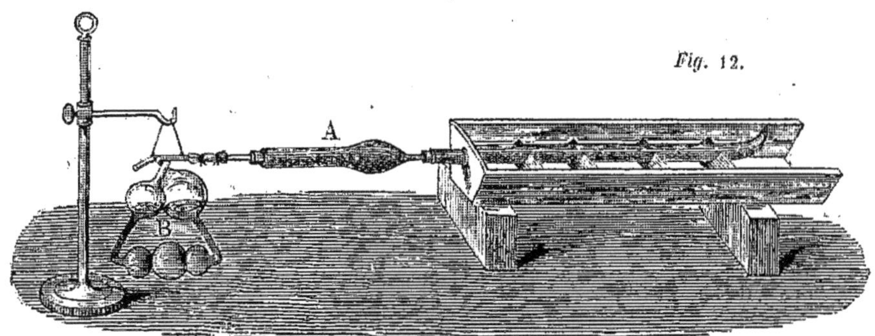

Fig. 12.

à peu vers l'extrémité effilée du tube, en se réglant sur le courant du gaz qui s'absorbe dans l'appareil à boules B, et produit un barbotement continu jusqu'à la fin de l'opération. Ces boules permettent non-seulement à l'expérimentateur de suivre et de régler la marche de la combustion, en diminuant ou en augmentant le feu, suivant que les bulles de gaz arrivent plus ou moins vite; elles ont encore pour but d'éviter que le liquide ne soit projeté hors de l'appareil par suite des changements incessants de pression déterminés par la production plus ou moins rapide du gaz.

La combustion achevée, on casse la pointe effilée du tube, et l'on aspire par l'extrémité libre de l'appareil à boules. Ceci a pour effet de faire rentrer l'air, et de chasser ainsi dans les deux récipients les dernières traces d'humidité et de gaz carbonique restées dans le tube à combustion. Enfin, on détache les deux appareils, et on les pèse de nouveau. Le poids qu'aura gagné l'appareil à chlorure A représente l'eau produite par la combustion, et donne par conséquent l'hydrogène contenu dans la matière; l'excédant de poids de l'appareil à boules B donne le poids de l'acide carbonique, et conséquemment celui du carbone.

§ 26. Dans les combustions par l'oxyde de cuivre, d'après le procédé qu'on vient de décrire, l'hydrogène est généralement un peu trop fort (de 2 à 3 millièmes), par l'effet du contact de l'air humide avec l'oxyde pendant qu'on le mélange avec la matière; le carbone, au contraire, est un peu trop faible, par l'effet d'une combustion imparfaite; la perte sur le carbone peut même dépasser un centième, si la matière n'est pas volatile et qu'elle n'ait pas été assez intimement mêlée avec l'oxyde.

Afin de rendre la combustion plus complète, on fait passer à la fin, sur la matière, du gaz oxygène, qu'on dégage par la calcination du chlorate de potasse. Pour cela, on mélange simplement 1 à 2 gr. de ce sel, préalablement fondu, avec l'oxyde qui doit occuper l'extrémité effilée du tube à combustion, et l'on chauffe ce mélange après que l'oxyde seul a brûlé la matière.

Au lieu d'employer l'oxyde de cuivre, quelques chimistes brûlent des matières difficilement combustibles avec du chromate de plomb, préalablement chauffé au rouge et réduit en poudre.

La disposition suivante me paraît préférable ; elle a l'avantage de rendre la combustion très-complète, et de donner surtout très-exactement l'hydrogène. Après avoir desséché le tube à analyse, on y introduit la matière à analyser, en la mêlant très-grossièrement avec un peu d'oxyde de cuivre chaud ; on recouvre le tout d'oxyde chauffé à 200 ou 250 degrés, et puisé directement dans le creuset où la calcination en a été faite. Il n'entre ainsi dans le tube aucune trace d'humidité. La combustion achevée, on brûle les dernières traces de charbon de la manière suivante (fig. 13) : on met dans un tube de verre

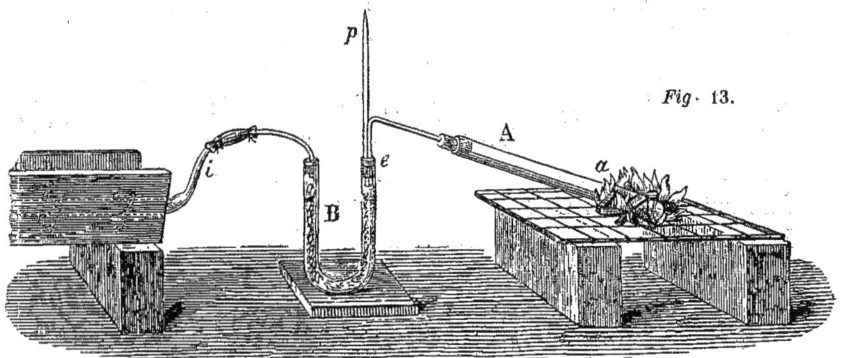

Fig. 13.

vert A, de 30 à 40 centimètres de longueur, 3 à 4 grammes de chlorate de potasse fondu ; ce tube s'adapte à un autre tube B, recourbé en U, et contenant dans la première branche de la potasse caustique en morceaux, dans la seconde du chlorure de calcium. Le bouchon *e* du tube en U est à deux trous, et reçoit, outre l'ajutage qui le joint au tube à chlorate, un autr etube *p*, effilé et fermé à la lampe. Enfin, e tube en U s'attache, au moyen d'un ajutage en caoutchouc, à l'extrémité *i* effilée et coudée du tube à combustion [1].

[1] LAURENT, *Ann. de Chim. et de Phys.* [3] XIX, 360.

Le tube à chlorate repose sur une grille ; on le chauffe en l'entourant peu à peu de charbons ; la partie *a*, vers laquelle tend à se porter le sel bousouflé, doit être maintenue assez chaude pour que le sel ne s'y solidifie pas. Il est bien plus aisé de régler le dégagement de l'oxygène dans un pareil tube que dans une cornue ; si le courant est trop rapide, un coup de pince sur les charbons l'arrête promptement ; au besoin, on brise la pointe du tube effilé *p*, qui sert ainsi de soupape de sûreté. Lorsque l'oxygène cesse d'être absorbé par le cuivre réduit, il se précipite avec rapidité dans l'appareil à boules ; à ce moment on brise la pointe effilée du tube *p*. On aspire ensuite l'air comme à l'ordinaire par l'extrémité libre de l'appareil à boules, afin de chasser l'oxygène qui se trouve dans le tube à combustion ; cet air, étant obligé de traverser le tube en U, s'y dépouille préalablement de son humidité et de son acide carbonique.

Il ne faut adapter l'extrémité *i* du tube à combustion à l'appareil à oxygène que lorsque la calcination est achevée ; alors on aspire par l'extrémité libre de l'appareil à boules, afin de faire d'abord un vide partiel dans le tube à combustion ; puis on en brise la pointe effilée, et on l'engage immédiatement dans l'ajutage en caoutchouc de l'appareil à oxygène. Un écran doit être interposé entre l'ajutage en caoutchouc et le tube à combustion.

A l'aide d'une tige de fer, on détache facilement le résidu de chlorure qui adhère au tube à oxygène ; il est donc inutile de le laver. La soupape de sûreté *p* se referme à la lampe, et lorsqu'elle est usée, on l'effile de nouveau ou on la remplace par un autre tube [1].

§ 27. La quantité de matière nécessaire à l'analyse varie de 3 à 5 décigrammes ; plus la matière est carbonée, moins il en faut pour une bonne combustion : 2 décigrammes suffisent même pour l'analyse d'un hydrogène carboné.

Les substances visqueuses ne peuvent pas être mêlées avec l'oxyde de cuivre, parce qu'il s'en attache toujours une petite quantité aux parois du mortier ou de la main en cuivre où l'on fait le mélange. On pèse ces matières dans une petite nacelle, formée par

[1] *Voy.* quelques observations relatives à la combustion dans le gaz oxygène : BRUNNER, *Ann. de Poggend.*, XXVI, 497 ; XXXIV, 325. — CLAUS, *Journ. f prakt. Chem.*, XXV, 256. — ERDMANN ET MARCHAND, *ibid.*, XXIII, 175 ; XXVII, 129. — HESS, *ibid.*, XVII, 98 et 399.

un bout de tube fendu longitudinalement, et l'on glisse la nacelle avec la matière dans le tube à combustion contenant déjà, à son extrémité effilée, une bonne couche d'oxyde.

Lorsque la substance à analyser est liquide et volatile, on la loge dans un petit tube fermé par un bout, qu'on fait ensuite glisser dans le tube à combustion. Si la volatilité de la substance est très-grande, il faut l'introduire dans une ampoule à longue queue effilée, et faire glisser, comme précédemment, l'ampoule pleine dans le tube à combustion. Quelquefois même l'excessive volatilité de la substance empêche d'employer cette dernière disposition : dans ce cas, on introduit la substance dans une ampoule en forme de petite cornue (fig. 14), et dont la queue soit assez étirée pour qu'on puisse immédiatement la fermer sur la lampe; on engage ensuite cette queue dans un tube en caoutchouc, déjà fixé lui-même à l'extrémité effilée, mais ouverte cette fois et plus large, du tube à combustion. Après avoir porté au rouge l'oxyde contenu dans ce tube, on casse la queue de l'ampoule, en appuyant cette queue à faux contre la paroi du tube à combustion; ensuite on détermine peu à peu la sortie du liquide volatil, soit en chauffant l'ampoule avec la main, soit en en approchant un petit charbon rouge. Si le liquide à analyser est tellement volatil qu'il entre en ébullition dès qu'on a cassé la queue de l'ampoule, il peut en résulter un dégagement de vapeur assez brusque pour faire manquer l'opération; on prévient aisément ce genre d'accident en plaçant l'ampoule, avant d'en casser la queue, dans un mélange réfrigérant; il est aisé ensuite de régler le dégagement de la vapeur en retirant pour un instant l'ampoule du mélange, et en l'y replaçant dès que l'ébullition commence à se manifester.

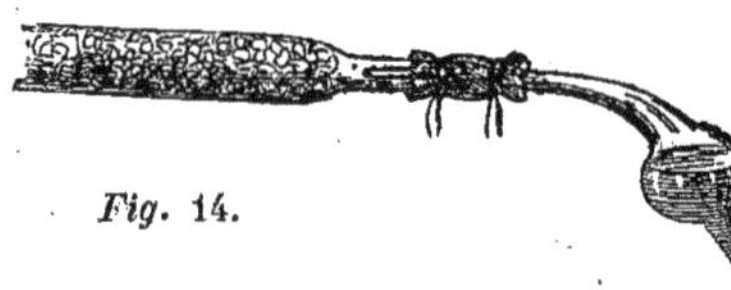
Fig. 14.

S'agit-il enfin d'analyser un gaz par la combustion avec l'oxyde de cuivre, on dispose l'appareil à combustion comme pour l'analyse des liquides très-volatils, et l'on fixe à la partie effilée du tube à combustion un ajutage qui fasse communiquer ce dernier avec le gazomètre ou avec l'appareil où se dégage le gaz à analyser. Ce procédé ne donne, bien entendu, que le rapport entre les poids de l'hydrogène et du carbone contenus dans le gaz, car on ne détermine pas préalablement le poids de la matière employée. On pourrait trouver ce poids en déterminant le volume du gaz brûlé et en cherchant, par une expérience préalable, la densité de ce gaz ; M. Regnault [1] emploie pour cela l'espèce de manomètre qui lui sert dans les opérations eudiométriques.

§ 28. La combustion des matières organiques par l'oxyde de cuivre exige de la part de l'expérimentateur une foule de soins minutieux indispensables pour la réussite de l'opération, mais elle est aussi le plus rigoureux, le plus mathématique de tous les procédés d'analyse chimique.

Le succès de la combu tion dépend en partie de l'état d'agrégation de l'oxyde de cuivre qu'on emploie. Il faut éviter de prendre un oxyde trop tendre, comme celui qu'on obtient par la calcination du nitrate de cuivre, car il arrive souvent qu'un semblable oxyde se tasse dans le tube à combustion au point de n'être plus perméable au gaz, et de déterminer ainsi dans le verre, ramolli par la chaleur, des bouffissures que la plus légère augmentation de tension du gaz suffit pour faire crever. L'oxyde de cuivre tendre est aussi fort hygrométrique et attire l'humidité pendant qu'on le mélange avec la matière. Il est préférable d'employer l'oxyde dur, qu'on obtient par le grillage de la tournure de cuivre dans un moufle ; cet oxyde est d'un excellent usage, et n'expose pas aux inconvénients dont je parle.

La concentration de la lessive de potasse destinée à l'absorption de l'acide carbonique est un autre point sur lequel il faut porter son attention. Si cette lessive était trop étendue, elle pourrait laisser échapper du gaz; si elle était trop concentrée, elle mousserait comme de l'eau de savon, et la mousse pourrait être entraînée hors de l'appareil par le dégagement du gaz. On prévient ces inconvénients par l'emploi d'une lessive d'une densité de 1,3, qu'on obtient en faisant dissoudre 1 partie d'hydrate de potasse solide du commerce dans 2 parties d'eau. Il ne faut pas non plus négliger le renouvellement assez fréquent de la lessive de potasse dans l'appareil à boules ; la même lessive peut servir à deux ou à trois opérations, si elle n'est pas trop chargée d'acide carbonique par l'analyse de matières très-carbonées. Il est avantageux de fixer à la branche de l'appareil à boules qui reste libre pendant la combustion une appendice avec de petits fragments de potasse caustique solide, afin d'y retenir les quel-

[1] REGNAULT, *Cours élément. de Chimie*, 3e édit., IV, 20. — *Voy.* aussi § 64.

ques bulles d'acide carbonique qui pourraient s'échapper par l'effet d'un dégagement de gaz trop brusque. Cet appendice *a* (fig. 15) fait corps avec l'appareil à boules et se pèse avec lui.

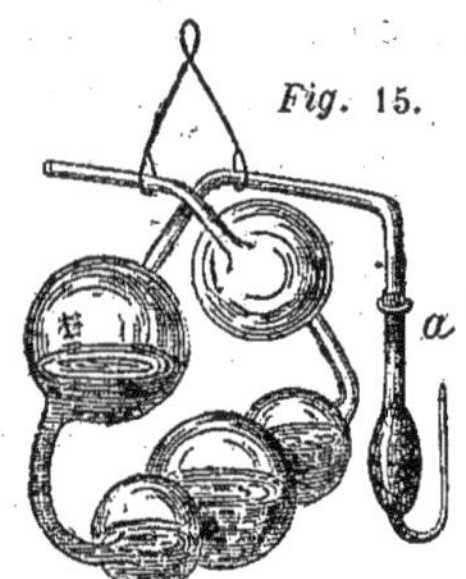

Fig. 15.

Quant au tube à chlorure de calcium (fig. 10), il est bon de placer le chlorure qu'il renferme entre deux tampons de coton, *a* et *b*, afin d'empêcher que de petites parcelles ne tombent hors du tube. On enveloppe le bouchon *c* de cire à cacheter, pour qu'il n'absorbe ou n'abandonne pas d'humidité pendant l'opération.

On peut aussi donner au tube à chlorure la forme d'un U (fig. 16); dans l'intérieur, et du côté tourné vers le tube à combustion, se trouve en *a* un autre petit tube vide, fermé par un bout, et destiné à recevoir la plus grande partie de l'eau qui vient se condenser dans le tube en U. Après chaque opération, on débouche ce dernier, et l'on verse l'eau qui s'est recueillie dans le petit tube *a;* cette disposition a cet avantage que le chlorure de calcium contenu dans le tube en U peut servir à un nombre considérable d'analyses, sans avoir besoin d'être renouvelé. On peut aussi remplacer le chlorure de calcium par des fragments de pierre ponce imprégnée d'acide sulfurique concentré.

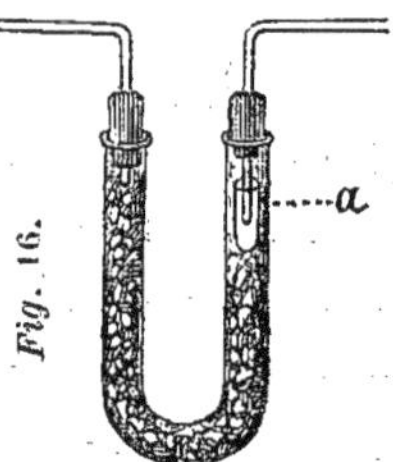

Fig. 16.

Le choix du bouchon devant fixer le tube à chlorure au tube à combustion est encore un point sur lequel doit se porter la sollicitude de l'opérateur. Le liége doit être bien sec et sans défauts; après l'avoir dégrossi, on l'ajuste aux dimensions convenables avec un couteau bien tranchant ou avec une râpe bien fine. Si l'on avait à craindre, par suite de quelque défaut, qu'il ne fermât pas hermétiquement, on n'aurait qu'à l'enduire d'un peu de caoutchouc fondu pour obtenir une fermeture parfaite.

Avant d'attacher les deux récipients au tube à comsbution, quelques chimistes mettent ce dernier en communication avec une petite pompe à main, et y font le vide, afin d'expulser du tube l'humidité que l'oxyde de cuivre a pu attirer pendant le mélange. Cette précaution devient entièrement inutile si l'on emploie de l'oxyde de cuivre dur, obtenu par le grillage, et qu'on opère d'ailleurs ainsi que nous l'avons dit § 26.

Au lieu de chauffer le tube à combustion avec du charbon, on peut aussi le chauffer au moyen d'un système de lampes à alcool. Hess[1] a le premier employé ce dernier procédé; MM. Erdmann et Marchand[2] ont décrit un appareil complet à l'aide duquel il peut s'exécuter très-commodément; mais le prix élevé de l'alcool, dans la plupart des pays d'Europe, lui fera toujours préférer le charbon comme combustible, dans les analyses organiques, alors surtout que l'emploi du charbon présente aussi l'avantage d'une plus grande simplicité dans la construction de l'appareil à combustion.

§ 29. Plusieurs causes d'erreurs se présentent dans les combustions organiques par l'oxyde de cuivre, lorsque la matière à brûler renferme du chlore, de l'azote, du soufre ou un métal alcalin.

Lorsque, dans le but de compléter la combustion, on fait passer à la fin du gaz oxygène dans le tube, celui-ci peut décomposer une petite quantité de chlorure de cuivre, et déterminer le dégagement d'une certaine quantité de chlore qu'absorbe ensuite l'appareil à boules. On peut éviter cette erreur[3], le plus souvent d'ailleurs légère, en plaçant dans la partie antérieure du tube à combustion une spirale en cuivre métallique très-mince, qu'on maintient au rouge pendant l'opération ; le chlore libre se combine alors avec le cuivre, et l'on obtient des résultats exacts, si l'on ne fait pas arriver le plus de gaz oxygène qu'il n'en faut pour la combustion complète de la substance.

Lorsqu'on brûle des matières fort azotées, il peut se former de la vapeur nitreuse, qui s'absorbe par la potasse, ce qu'on empêche aussi en plaçant dans la partie antérieure du tube à combustion de la tournure de cuivre, qui, chauffée au rouge, décompose les oxydes de l'azote.

Les matières sulfurées peuvent dégager de l'acide sulfureux. Pour parer à cet inconvénient, on fixe entre le tube à chlorure de calcium et le tube à boules un troisième tube, long de 10 à 12 centimètres, et rempli de peroxyde de plomb parfaitement sec[4],

[1] Hess, *Ann. de Poggend.*, XLVI, 179; XLVII, 212, ou *Journ. f. prakt. Chem.*, XVII, 98 et 399.

[2] Erdmann et Marchand, *Journ. f. prakt. Chem.* XXVII, 129.

[3] Staedeler, *Ann. der Chem. u. Pharm.*, LXIX, p. 334.

[4] Liebig, *Ann. der Chem. u. Pharm.*, XXVI, 270.

ou bien aussi l'oxyde manganoso-manganique récemment calciné[1].

Les sels à base de potasse, de soude, de baryte, de strontiane ou de chaux, donnent toujours une perte sur l'acide carbonique, lorsqu'on les brûle avec l'oxyde de cuivre, parce que les alcalis restent alors dans le tube à combustion en partie à l'état de carbonates. On évite cette cause d'erreur en ajoutant du phosphate de cuivre[2], ou de l'oxyde d'antimoine[3] à l'oxyde de cuivre avec lequel on mêle la matière, ou bien encore en la brûlant avec du chromate de plomb.

Lorsqu'on brûle des sels organiques, il est quelquefois avantageux de les loger dans une petite nacelle en platine, et de placer celle-ci dans le tube à combustion, de manière qu'on puisse la peser de nouveau après l'opération.

§ 30. Pour compléter la description de la méthode de combustion généralement suivie, nous allons indiquer par un exemple la manière dont on calcule les résultats des analyses effectuées par ce procédé. Supposons qu'on ait obtenu les résultats suivants :

$0^{gr},400$ matière employée.
$1^{gr},158$ excès de poids du tube à boules.
$0^{gr},379$ excès de poids du tube à chlorure.

Comme 100 p. d'acide carbonique renferment 27,272 p. de carbone, on a les rapports suivants :

$$100 : 27{,}272 :: 1{,}158 : x$$

$x = 0^{gr},3158$ carbone contenu dans $0^{gr},400$ de matière employée.

De même, comme 100 p. d'eau contiennent 11,111 hydrogène, on a les rapports suivants :

$$100 : 11{,}111 :: 0{,}379 : x$$

$x = 0^{gr},0421$ hydrogène contenu dans $0^{gr},400$ de matière employée.

Habituellement on ramène les quantités de carbone et d'hydrogène trouvées à l'analyse à 100 parties de matière. Deux nouvelles proportions conduisent à ce résultat :

$$0{,}400 : 0{,}3158 :: 100 : x$$

$x = 78{,}95$ carbone en 100 p. de matière.

[1] WOEHLER, *Annal. der Chem. u. Pharm.*, L, 13.

[2] LERCH, *ibid.*, XLIX, 216.

[3] DUMAS ET PIRIA, *Ann. de Chim. et de Phys.* [3], V, 365. — *Voy.* aussi, sur la combustion des sels de potasse : FELLEMBERG, *Ann. de Poggend*, XLIV, 447.

$$0{,}400 : 0{,}0421 :: 100 : x$$

$x = 10{,}52$ hydrogène en 100 p. de matière.

On obtient immédiatement la composition centésimale de la matière analysée : pour le *carbone*, en multipliant l'acide carbonique trouvé par 27,272 et divisant le produit par la matière employée ; pour l'*hydrogène*, en multipliant l'eau trouvée par 11,111, et divisant le produit par la matière employée.

Dans l'exemple précédent, on a ainsi :

$$\frac{1{,}158 \times 27{,}272}{0{,}400} = 78{,}95 \text{ carbone.}$$

$$\frac{0{,}379 \times 11{,}111}{0{,}400} = 10{,}52 \text{ hydrogène.}$$

Somme 89,47 carb. et hydrog. en 100 parties.

La différence de 89,47 sur 100 = 10,53 représente l'*oxygène* contenu dans la matière.

Elle renferme donc en 100 parties. . . . .
- 78,95 carbone.
- 10,52 hydrogène.
- 10,53 oxygène.

Après avoir ainsi établi la composition centésimale de la matière, on cherche les rapports des atomes de carbone, d'hydrogène et d'oxygène qu'expriment les résultats précédents ; de cette manière seulement la composition du corps devient comparable avec celle des autres substances organiques.

Dans les tables des poids atomiques, voici quels sont les nombres adoptés :

C	équivaut à	un poids de	6	carbone.
H	—	—	1	hydrogène.
O	—	—	8	oxygène.

Il s'agit donc de chercher combien de fois les poids de carbone, d'hydrogène et d'oxygène, fournis par l'analyse, contiennent respectivement ces poids atomiques. Effectuons les divisions :

$$\frac{78{,}95}{6} = 13{,}16 \text{ pour le carbone,}$$

$$\frac{10{,}52}{1} = 10{,}52 \text{ pour l'hydrogène,}$$

$$\frac{10{,}53}{8} = 1{,}32 \text{ pour l'oxygène.}$$

Ces trois quotients disent que dans la matière analysée les rapports des atomes de carbone C pesant 6, d'hydrogène H pesant 1, et d'oxygène O pesant 8, sont entre eux comme les nombres :

$$13,16 : 10,52 : 1,32.$$

La composition de la matière pourrait donc se représenter par

$$C^{13,16}\ H^{10,52}\ O^{1,32}$$

Mais on simplifie ces rapports en mettant l'un des coefficients égal à l'unité. Si l'on met égal à 1 le coefficient 1,32 de l'oxygène, on trouve pour C sensiblement le nombre 10, et pour H le nombre 8 ; de sorte que la formule précédente simplifiée devient :

$$C^{10}\ H^{8}\ O.$$

Après avoir établi les rapports précédents, il faut encore chercher l'équivalent de la matière soumise à l'analyse. On y arrive par des procédés que nous indiquerons plus loin (§ 46).

Dosage de l'azote.

§ 31. Lorsqu'une matière organique renferme de l'azote, elle dégage ordinairement de l'ammoniaque lorsqu'on la distille ou qu'on la fait fondre avec de l'hydrate de potasse. Cette ammoniaque se reconnaît déjà à l'odeur ou aux vapeurs blanches qu'elle occasionne lorsqu'on maintient par-dessus une baguette humectée d'acide chlorhydrique. Mais ces moyens de déterminer la présence de l'azote dans une substance organique deviennent presque impraticables lorsqu'on n'a à sa disposition que des quantités minimes ou presque impondérables de la substance à examiner. M. Lassaigne[1] a proposé d'employer dans ce dernier cas un procédé qui paraît très-convenable. Ce procédé repose sur la facilité avec laquelle se forme le cyanure de potassium lorsqu'on calcine au rouge obscur, et à l'abri de l'air, du potassium en excès avec une matière organique même très-peu azotée. Le produit de cette calcination étant délayé dans quelques gouttes d'eau distillée froide, donne une liqueur alcaline qui, mêlée avec un sel ferroso-ferrique soluble, occasionne un précipité bleu verdâtre que le contact de quelques gouttes d'acide chlorhydrique pur rend d'un beau bleu.

M. Lassaigne prescrit de faire cette opération de la manière suivante : On emploie un petit tube de verre long de 2 1/2 centimètres sur 1 1/2 millimètre de diamètre. Au fond de ce tube, fermé

[1] LASSAIGNE, *Comptes rendus de l'Acad.*, XVI, 387.

à l'une de ses extrémités, on met un petit morceau de potassium de la grosseur d'un grain de millet environ ; on le tasse légèrement avec un bout de fil de platine, puis on projette dessus la matière à calciner. Dans quelques circonstances, lorsque la matière est volatile, il faut la placer au-dessous du potassium, pour que les produits de la décomposition par la chaleur puissent réagir sur lui et produire du cyanure. Ces dispositions étant faites, on saisit le tube près de son extrémité ouverte, avec une pince, et on le chauffe peu à peu à la flamme d'une lampe à esprit de vin, jusqu'à ce que l'excès de potassium soit volatilisé à travers la matière organique carbonisée. On reconnaît facilement ce point à la vapeur verdâtre qui se montre à quelque distance de la partie chauffée. Après avoir porté au rouge obscur la partie du tube où était contenu le mélange, on retire le tube de la flamme et on le laisse refroidir. Pour enlever le produit de la calcination, on coupe le petit tube en deux parties par un trait de lime ; on les met dans une petite capsule de porcelaine, et l'on y verse quatre ou cinq gouttes d'eau distillée, pour dissoudre par l'agitation le cyanure formé. La liqueur qui en résulte, décantée du résidu charbonneux, ou essayée sans décantation avec une goutte de sulfate ferroso-ferrique, produit immédiatement un précipité verdâtre sale, qui, étant mis en contact avec une goutte d'acide chlorhydrique, devient d'un beau bleu foncé, si la matière essayée contient de l'azote, même en petite quantité. Dans le cas contraire, le précipité d'hydrate d'oxyde de fer, occasionné par l'addition du sel de fer, se redissout entièrement sans produire aucune coloration bleue.

Après s'être assuré de la présence de l'azote, on le dose, soit à l'état de gaz, soit à l'état d'ammoniaque.

§ 32. *Dosage de l'azote à l'état de gaz*[1]. — Lorsqu'on connaît la proportion de carbone contenue dans une substance organique, on peut quelquefois en doser l'azote, en déterminant le rapport des volumes d'acide carbonique et d'azote qu'elle dégage par la

[1] LIEBIG, *Ann. de Poggend.*, XVII, 391 ; XVIII, 357 ; XXI, 1 ; XXVII, 679. — DUMAS, *Ann. de Chim. et de Phys.*, XLIV, 133 et 172 ; XLVII, 198 et 324. — BUNSEN, *Ann. der Chem. u. Pharm.*, XXXVII, 27. — ERDMANN ET MARCHAND, *Journ. f. prakt. Chem.*, XIV, 206 ; XXII, 148. — MELSENS, *Comp. rend. de l'Acad.*, XX, 1437. — MULDER, *Ann. de Poggend.*, XL, 213 et 266. — *Voy.* aussi sur la détermination de l'azote à l'état de gaz, les modifications proposées par M. HEINTZ, *Ann. de Poggend.*, LXXXV, 263.

combustion. Ce procédé, employé par M. Liebig, est connu sous le nom de *procédé quantitatif*.

On effectue la combustion avec l'oxyde de cuivre dans un tube de verre couché sur une grille, comme lorsqu'il s'agit du dosage du carbone et de l'hydrogène. Il est inutile de prendre le poids de la substance avant de la brûler. On la mêle intimement avec 40 ou 50 fois plus d'oxyde de cuivre qu'il n'en faut pour sa combustion complète, et l'on introduit ce mélange dans le tube à combustion (fig. 17), de manière à lui faire occuper la moitié environ

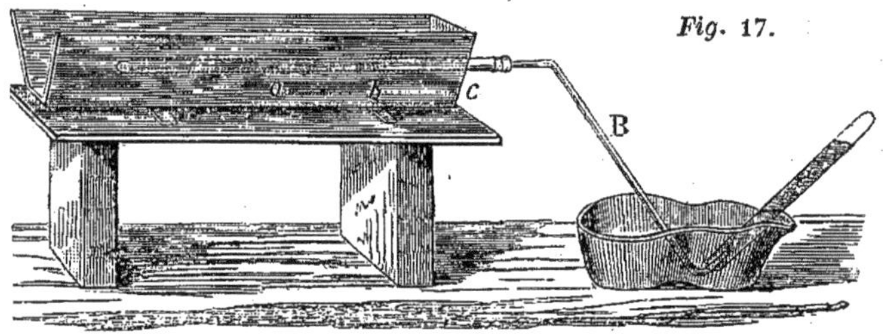

Fig. 17.

de la longueur de ce tube; l'autre moitié est remplie mi-partie d'oxyde de cuivre (de *a* en *b*) et mi-partie de tournure de cuivre (de *b* à l'orifice *c* du tube). Le cuivre métallique sert à décomposer le bioxyde d'azote, s'il venait à s'en former dans la combustion. On adapte au tube à combustion, au moyen d'un bouchon, le tube de dégagement *B*, qui se rend dans une petite cuvette sous le mercure. Il est prudent, avant de commencer l'opération, d'entourer le tube à combustion d'une feuille de clinquant. On commence ensuite par porter au rouge la couche de cuivre métallique et la couche d'oxyde de cuivre; puis on entoure de charbons rouges l'extrémité du tube à combustion, sur une longueur d'environ 3 centimètres, après avoir interposé un écran entre la partie chauffée et le reste du mélange. Les gaz qui se développent ainsi chassent peu à peu tout l'air de l'appareil. On continue alors la combustion d'en arrière en avant, et l'on recueille le mélange gazeux dans des éprouvettes exactement graduées. Ces éprouvettes doivent avoir 15 millimètres en diamètre, et 40 à 45 centimètres en longueur. On en remplit successivement sept ou huit, d'une capacité totale de 300 à 600 centimètres cubes. On introduit, l'une après l'autre, les éprouvettes pleines dans un grand vase cylindrique (fig. 18), rempli de mercure,

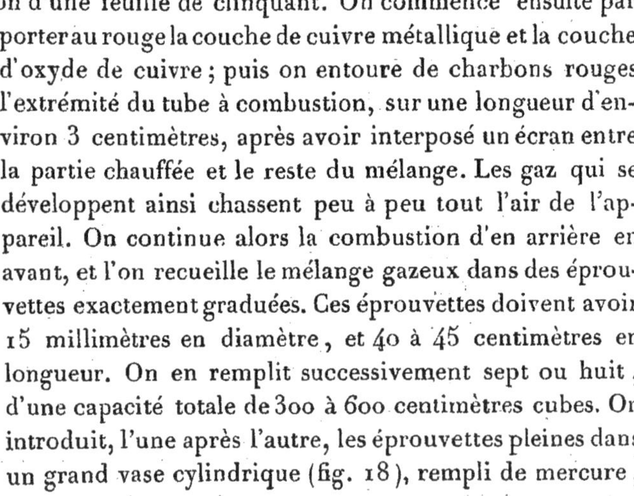
Fig. 18.

et l'on note le volume du gaz, après avoir mis la colonne intérieure du mercure de niveau avec la surface extérieure.

Ce volume étant déterminé, on fait passer dans chaque éprouvette une petite quantité de potasse caustique, à l'aide d'une pipette recourbée (fig. 19). Cette pipette porte dans sa courbure (en *a*) une couche de mercure qui fait équilibre à la lessive de potasse qu'elle renferme. Pour introduire celle-ci dans l'éprouvette, on n'a qu'à souffler légèrement en *b*, après avoir engagé sous l'éprouvette la pointe recourbée de la pipette; si cette pointe est longue d'environ 4 ou 5 centimètres, et qu'ainsi engagée elle s'élève au-dessus de la surface intérieure du mercure, on n'a qu'à soulever un peu l'éprouvette graduée pour que la pression extérieure y fasse entrer la lessive de potasse. On agite ensuite le mélange gazeux avec la potasse, pour faire absorber l'acide carbonique, et l'on note de nouveau le volume du gaz restant.

Fig. 19.

Il est important, dans ce genre d'expériences, d'examiner de temps à autre si le mélange gazeux qu'on recueille ne renferme pas de bioxyde d'azote : il suffit pour cela d'y laisser entrer de l'air, et de voir s'il se produit ou non des vapeurs rutilantes. Il est évident que la présence du bioxyde d'azote rend les essais entièrement fautifs ; on peut l'éviter en rendant plus intime le mélange de matière et d'oxyde de cuivre, et en augmentant la couche de cuivre métallique.

Supposons que les résultats de l'expérience soient ceux-ci :

	Mélange d'acide carbonique et d'azote.	Gaz restant après traitement par potasse.
1er tube :	96 c.c.	24 c.c.
2e —	106	26, 5
3e —	104	26
4e —	120	30
5e —	102	25, 5
6e —	94	23, 5
	622 c.c.	155 c.c. 5

622 = 155,5, — 466,5 représente l'acide carbonique contenu dans le mélange gazeux ; d'après cela, les volumes d'azote et d'acide carbonique dégagés par la matière soumise à l'analyse sont

entre eux comme 155,5 : 466,5, ou comme 1 : 3, c'est-à-dire comme N : 3 CO^2. La matière renferme donc 1 atome (double) d'azote, pesant 14, pour 3 atomes de carbone, pesant ensemble 3 fois 6 ou 18, d'après la table des poids atomiques.

Comme la proportion du carbone est donnée par une expérience antérieure, il est aisé d'en déduire, à l'aide du rapport précédent, la proportion de l'azote.

Le procédé que nous venons de décrire est assez sûr lorsque l'azote qu'il s'agit de déterminer n'est pas en proportion trop faible par rapport à l'acide carbonique. Suivant M. Liebig, il ne donne plus des résultats exacts lorsque la proportion de l'azote contenue dans une matière est moindre de 1 atome pour 8 atomes de carbone. (*Voy.* § 35, les modifications faites par M. Bunsen à ce procédé.)

§ 33. Un procédé de dosage plus généralement employé que le précédent consiste à mesurer directement le volume de l'azote produit par une quantité donnée de substance, et à transformer ce volume en poids par le calcul; c'est le procédé employé par M. Dumas. L'appareil à l'aide duquel on l'exécute a été modifié de bien des manières.

La combustion de la substance s'effectue dans un tube un peu plus long (0^m, 8) que les tubes à combustion ordinaires. On place au fond de ce tube, sur une longueur de 5 à 6 centimètres, une colonne de carbonate de plomb, et sur celle-ci une colonne d'oxyde de cuivre d'une longueur à peu près égale; puis on y introduit la matière organique mélangée avec l'oxyde de cuivre, on met par-dessus une colonne d'oxyde de cuivre d'environ 20 centimètres, et l'on remplit de tournure de cuivre le reste du tube. Le tube étant couché sur une grille à combustion ordinaire (fig. 20), on y fixe, au moyen d'un bon bouchon, enduit préalablement de caoutchouc fondu, un tube de verre *A* à trois branches : la branche *a* traverse le bouchon qui ferme le tube à combustion; la branche *b* est adaptée, au moyen d'un ajutage en caoutchouc, à un tube de verre *t* long de 8 décimètres et plongeant dans une cuvette remplie de mercure; la branche *c* est mise en communication, à l'aide d'un long tube de verre *f*, avec une petite pompe pneumatique *P*, placée sur le sol.

Avant de commencer la combustion, on fait le vide dans l'appareil, en faisant fonctionner le piston de la pompe; on voit alors s'élever le mercure dans le tube *t*, et si l'appareil ferme bien, le mercure y reste stationnaire après qu'on a tourné le robinet qui intercepte la communication entre le corps de pompe et l'appareil.

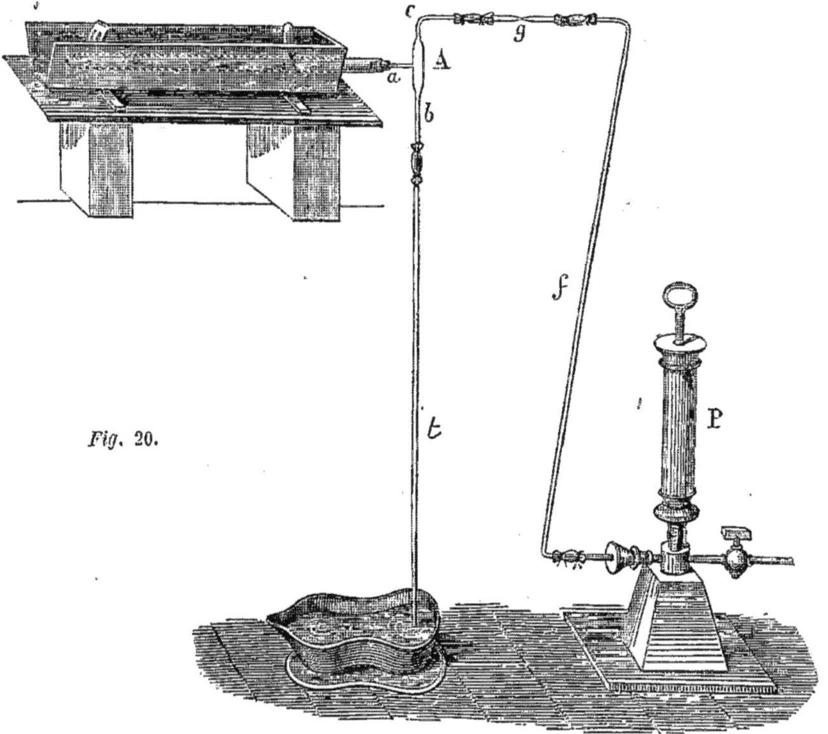

Fig. 20.

Pour chasser l'air de l'appareil d'une manière complète, on place ensuite un ou deux charbons rouges à l'extrémité du tube à combustion, afin de déterminer la décomposition d'une partie du carbonate de plomb; celui-ci dégage alors de l'acide carbonique, qui vient déprimer la colonne mercurielle dans le tube *t*. On fait de nouveau fonctionner la pompe, une ou deux fois, jusqu'à ce que le gaz qui se dégage sur le mercure de la cuvette soit absorbé sans résidu par une lessive de potasse.

On renverse alors sur la cuvette, juste au-dessus de l'orifice du tube de dégagement *t*, une éprouvette remplie de mercure, au haut de laquelle on a fait passer 50 à 60 centimètres cubes d'une lessive concentrée de potasse, destinée à l'absorption de l'acide carbonique.

Comme il arrive quelquefois que la petite pompe ne tienne pas bien le vide, il est bon de la détacher de l'appareil avant de commencer la combustion. Ceci peut se faire très-facilement à l'aide de la disposition suivante : la branche *c*, au lieu d'être directement liée au tube *f*, communique avec lui au moyen d'un petit tube *g*, étranglé au milieu ; lorsqu'on veut enlever la pompe, on n'a qu'à approcher de la partie étranglée du tube *g* la flamme d'une lampe à alcool ; en se détachant alors, la pointe du tube *g* reste parfaitement fermée, pourvu qu'on attende pour la dessouder que le mercure commence à s'élever dans le tube *t*, après la cessation du dégagement d'acide carbonique.

Ces dispositions étant prises, on enveloppe d'abord de charbons incandescents la partie antérieure du tube à combustion, où se trouve placé le cuivre métallique ; le bioxyde d'azote qui pourrait se dégager pendant la combustion, rencontrant du cuivre porté au rouge, se décomposerait aussitôt en gaz azote pur et en oxygène qui resterait fixé sur le métal. On chauffe ensuite progressivement la colonne d'oxyde de cuivre, ainsi que le mélange de matière et d'oxyde ; quand toute la matière est brûlée, on chauffe à son tour le reste du carbonate de plomb, afin de balayer l'appareil par un courant de gaz carbonique, et de chasser ainsi, dans l'éprouvette renversée sur la cuvette, les dernières traces d'azote restées dans l'appareil.

Pour mesurer le gaz qu'on a ainsi recueilli, on transporte l'éprouvette qui le renferme sur une grande terrine remplie d'eau, et on la débouche de manière à faire tomber le mercure et à le remplacer par de l'eau. On transvase ensuite le gaz dans une autre éprouvette plus petite et divisée en centimètres cubes, et, maintenant cette éprouvette, dans une position verticale, on met l'eau intérieure de niveau avec l'eau extérieure. Lorsque le gaz s'est mis en équilibre de température avec l'eau, on note son volume V, sa température t, et la hauteur du baromètre H au moment de l'observation.

§ 34. Pour trouver le poids du volume d'azote ainsi obtenu, on commence par ramener ce volume à la température et à la pression normales. V' étant le volume corrigé, on a

$$V' = \frac{V(H-f)}{760(1+0{,}00367\,t)}.$$

f représente la tension, en millimètres, de la vapeur d'eau, à la température à laquelle le volume V a été mesuré. Multipliant ensuite V' par 0,0012562, qui est le poids, en grammes, d'un centimètre cube d'azote à 0° et 760mm, on trouve le poids de l'azote recueilli dans l'expérience. Enfin, pour obtenir la proportion de l'azote contenue en 100 parties de matière, on multiplie le produit précédent par 100, et l'on divise le nouveau produit par la matière employée.

Voici un petit tableau[1] indiquant les valeurs de f, d'après M. Regnault[2], ainsi que les valeurs du dénominateur $760\ (1+0{,}00367\ t) = d$ pour les températures comprises entre 0° et 30°.

t	d	f	t	d	f
0	760,0	4,6	16	804,6	13,5
1	762,8	4,9	17	807,4	14,4
2	765,6	5,3	18	810,2	15,3
3	768,4	5,7	19	813,0	16,3
4	771,2	6,1	20	815,8	17,4
5	773,9	6,5	21	818,6	18,5
6	776,7	7,0	22	821,4	19,7
7	779,5	7,5	23	824,1	20,9
8	782,3	8,0	24	826,9	22,2
9	785,1	8,6	25	829,7	23,6
10	787,9	9,2	26	832,5	25,0
11	790,7	9,8	27	835,3	26,5
12	793,5	10,5	28	838,1	28,1
13	796,3	11,2	29	840,9	29,8
14	799,1	11,9	30	843,7	31,5
15	801,8	12,7			

§ 35. M. Bunsen[3] a modifié la méthode qualitative que nous avons exposée plus haut (§ 32), de manière à la rendre très-précise et applicable à de très-faibles quantités de matière : 5 centigrammes suffisent dans la plupart des cas pour une détermination d'azote d'après le procédé ainsi perfectionné.

On chauffe la substance au rouge, avec de l'oxyde de cuivre et du cuivre métallique, dans un tube hermétiquement fermé et préalablement vidé d'air, puis on recueille sur du mercure, dans une éprouvette graduée, le mélange gazeux contenu dans le tube, et l'on fait absorber l'acide carbonique par un fragment de potasse caustique. Le volume des gaz avant et après cette absorption donne le rapport entre l'acide carbonique et l'azote.

On emploie pour cette opération un tube de verre peu fusible, d'environ trois centimètres de diamètre intérieur, et d'une quaran-

[1] Pour effectuer ces calculs avec les logarithmes, on peut faire usage de la table § 71, où nous avons donné les logarithmes de $(1+0{,}00367\ t)$. — Log. 760 = 2, 88081.

[2] Regnanaut, *Ann. de Chim. et de Phys.* [3], XI, 334.

[3] Bunsen, *Dictionn. de Chimie de Liebig*, *Poggend. et Wœhler*, Supplém., 5e livraison, p. 200.

taine de centimètres de longueur. On l'étire par l'un des bouts, en conservant toutefois au verre assez d'épaisseur; on coupe le bout effilé par un trait de lime, et on l'étrangle un peu plus haut, comme dans la figure 21 ci-jointe (*a*). Ceci a pour but de donner à cette partie du tube assez de résistance contre la pression intérieure du gaz, qui ne manquerait pas de percer le verre ramolli par la chaleur si le tube était simplement étiré en pointe. Après avoir bien nettoyé le tube avec peu d'éther pour enlever toute matière grasse, on y introduit un mélange intime d'environ 5 grammes d'oxyde de cuivre calciné et de 3 à 5 centigrammes de la matière à analyser (qui n'a d'ailleurs pas besoin d'être pesée rigoureusement), ainsi qu'une petite quantité de tournure de cuivre réduite dans le gaz hydrogène. On étire ensuite l'autre bout du tube, à la distance de 20 centimètres environ de la partie déjà rétrécie, et on l'étrangle de la même manière.

Fig. 21.

Comme les volumes qu'il faut mesurer, dans ce procédé, sont assez faibles, le moindre mélange d'air pourrait occasionner des erreurs; il ne suffit donc pas de faire le vide dans le tube avant de le fermer. M. Bunsen le remplit d'abord de gaz hydrogène : il l'adapte, à cet eff, par l'un des bouts, à un flacon *A*, où se dégage ce gaz et par l'autre à une petite pompe pneumatique *P* (fig. 22). Le gaz traverse d'abord de l'acide sulfurique contenu dans le ré-

Fig. 22.

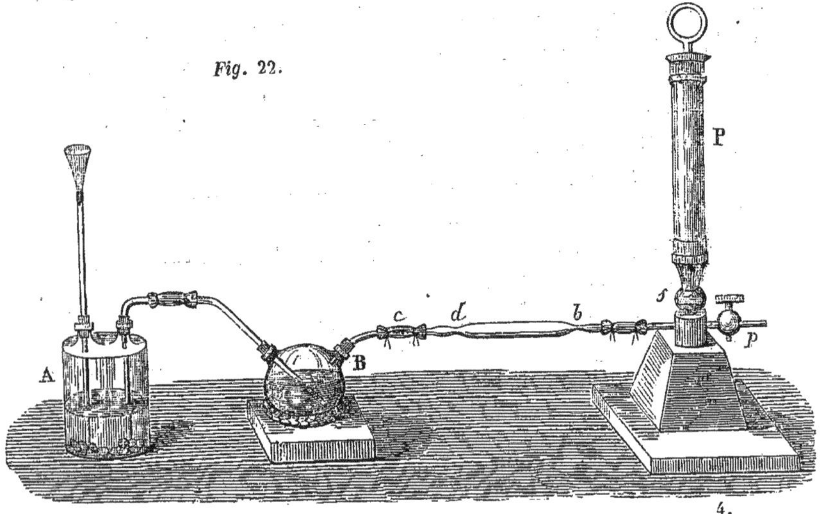

cipient B, où il se dessèche, et, après avoir balayé le tube à combustion, il sort par le robinet ouvert p de la pompe.

Après que le gaz hydrogène a passé pendant quelque temps, et qu'il a expulsé tout l'air, on ferme le robinet p, on débouche le flacon à gaz hydrogène, et on serre par le milieu le tube en caoutchouc c; on soulève le piston, pour raréfier l'air, dans l'appareil, et l'on ferme rapidement le robinet s; puis, après avoir légèrement incliné le tube db, de manière à faire glisser vers le milieu le mélange d'oxyde et de matière, on donne un coup de chalumeau en d pour détacher le tube de l'appareil à hydrogène; on fait le vide par un nouveau coup de piston, et l'on ferme enfin l'appareil à l'étranglement b.

Comme la plupart des matières organiques pour être complétement brûlées exigent une température à laquelle le verre se ramollit, et que les gaz pourraient alors le percer, M. Bunsen entoure de plâtre gâché le tube à combustion, et le renferme dans une enveloppe en forte tôle, percée de trous. Cette enveloppe se compose de deux moitiés qui, superposées, laissent un espace cylindrique de 6 centimètres de diamètre et de 33 centimètres de longueur; elles sont munies de rebords qui s'appliquent l'un contre l'autre; l'un des rebords est garni d'ouvertures qui viennent recevoir de petites traverses, placées sur le rebord de l'autre moitié et qu'on serre, après l'introduction du tube à combustion, au moyen de petits pitons. Afin de donner de la souplesse au plâtre, et d'éviter qu'il ne brise le verre par l'effet d'une dilatation inégale, on y mêle, avant de le gâcher, une poignée de poils de vache. Quand le plâtre s'est complétement durci, on place l'appareil dans un fourneau convenable, et on l'expose pendant une heure à la chaleur du rouge sombre. On le laisse ensuite refroidir; on retire le tube avec précaution, et on le vide, en cassant la pointe, dans une éprouvette graduée, sur le mercure.

§ 36. *Dosage de l'azote à l'état d'ammoniaque* [1]. — On doit à MM. Will et Varrentrapp un procédé de dosage fondé sur la propriété que possèdent les matières organiques azotées, même les cyanures, de dégager tout leur azote à l'état d'ammoniaque lorsqu'on les calcine avec de l'hydrate de potasse ou de soude. On re-

[1] Will et Varrentrapp, *Ann. der Chem. u. Pharm.*, XXXIV, 257; XLV, 95. En extrait : *Ann. de Chim. et de Phys.* [3], IV, 229. — Voyez aussi les observations suivantes : Reiset, *Ann. de Chim. et de Phys.* [3], V, 469; VIII, 232.

cueille l'ammoniaque dans l'acide chlorhydrique, et on la précipite par le bichlorure de platine; le poids du chloroplatinate d'ammoniaque ($PtCl^2, HCl, NH^3$), ou du platine résultant de la calcination de ce sel, donne le poids de l'azote. Cette méthode, très-exacte, ne convient pas toutefois à l'analyse des matières azotées artificielles obtenues par l'acide nitrique.

L'appareil (fig. 23) consiste en un tube à combustion de 0ᵐ6 de

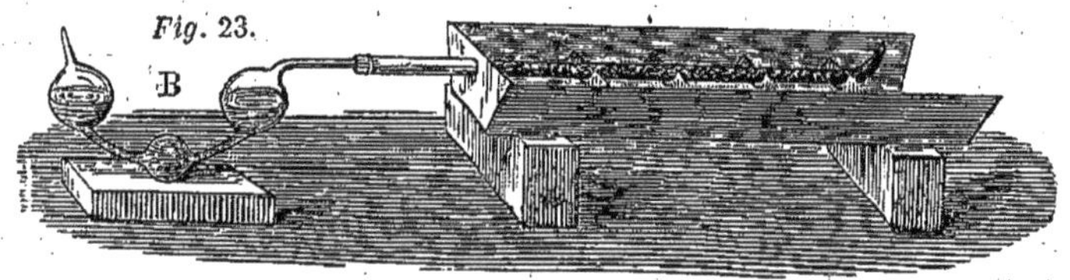

Fig. 23.

long, et un peu plus large que les tubes à analyses ordinaires; ce tube, fermé par un bout, reçoit à sa partie ouverte, au moyen d'un bouchon, un tube à boules *B* contenant de l'acide chlorhydrique de concentration ordinaire (1,13 de densité). On effectue la décomposition de la matière au moyen d'un mélange de chaux et d'hydrate de soude.

Ce mélange d'alcali et de chaux a l'avantage de ne pas attaquer le verre; il doit être fait dans des proportions telles qu'il ne fonde pas à la chaleur rouge, ou qu'il en soit tout au plus légèrement aggloméré; ce mélange se réduit aisément en poudre et n'attire pas trop rapidement l'humidité. La soude est préférable à la potasse, parce qu'elle renferme plus d'eau à poids égal, et qu'il suffit de la mélanger avec 2 p. de chaux pour avoir la consistance voulue. La potasse exige 3 p. de chaux. Le moyen le plus commode pour se procurer un semblable mélange consiste à mêler une certaine quantité de chaux avec une quantité correspondante de lessive alcaline d'un titre connu; on calcine la pâte au rouge dans un creuset, et on la réduit en poudre fine. On peut aussi pulvériser rapidement, dans un mortier un peu chaud, la potasse ou la soude récemment rougies, puis opérer le mélange avec de la chaux vive obtenue en poudre fine par la calcination de la chaux éteinte. Pour expulser toute l'humidité, on chauffe encore légèrement le mélange, et on l'enferme dans un flacon bouché à l'émeri.

Après avoir pesé la matière à analyser, on commence par remplir à moitié le tube à combustion, propre et sec, avec le mélange alcalin, afin d'avoir la mesure de la quantité nécessaire. Il est rare qu'on ait besoin, pour l'analyse, de plus de $0^{gr},400$ d'une matière pauvre en azote, et de moins de $0^{gr},200$ d'une matière fort azotée. Le mélange se fait avec un pilon, dans un mortier de biscuit, chauffé légèrement. Après avoir introduit dans le tube la matière mélangée avec la chaux sodée, on rince plusieurs fois le mortier avec celle-ci, et l'on achève de remplir le tube jusqu'à quelques centimètres de l'orifice; puis on remplit d'amiante l'espace compris entre la chaux sodée et le bouchon. On ajuste ensuite l'appareil à boules, et on place le tube à combustion sur une grille à analyses. On commence par faire rougir la chaux sodée placée en avant près du bouchon, et l'on continue de chauffer jusqu'à la pointe du tube. Il faut conduire la combustion assez rapidement pour qu'il n'y ait pas d'interruption dans le dégagement du gaz; on n'a pas à craindre qu'il se perde de l'ammoniaque, car elle s'absorbe très-rapidement et d'une manière complète. On s'expose plutôt, s'il y avait un moment d'arrêt, à une absorption de gaz assez brusque pour projeter l'acide chlorhydrique dans l'intérieur du tube à combustion.

Lorsque la matière azotée soumise à l'analyse ne dégage pas, pendant la calcination, assez de gaz hydrocarburé pour délayer le gaz ammoniaque, il est avantageux de mélanger la matière avec un peu de sucre ou avec une autre matière non azotée, de manière à développer, en même temps que l'ammoniaque, assez de gaz hydrocarburé pour empêcher une trop brusque absorption.

Quand le tube à combustion a été peu à peu chauffé au rouge et que le dégagement de gaz a tout à fait cessé (après que le mélange, d'abord noir, est redevenu entièrement blanc), on brise la pointe fermée du tube, et l'on aspire assez d'air pour balayer l'appareil et chasser toute l'ammoniaque dans le tube à boules. (Pour ne pas être incommodé par les vapeurs acides, on peut aspirer au moyen d'un tube rempli de fragments de potasse, qu'on fixe à la branche ouverte du tube à boules.)

On vide ensuite le tube à boules dans une petite capsule de porcelaine, on le lave (s'il y a des hydrocarbures huileux, avec un mélange d'alcool et d'éther), on y ajoute un léger excès de bichlorure de platine, et l'on évapore à siccité au bain-marie; on reprend le résidu par un mélange d'alcool fort (2 vol.) et d'éther, (1 vol.) et on le recueille sur un filtre taré; on le lave avec le même mélange, et on le sèche à 100° : 225 chloroplatinate d'ammoniaque correspondent à 14 azote. On peut aussi calciner le chloroplatinate et déduire l'azote du poids du résidu de platine : 99 platine correspondent à 14 azote.

Certaines matières organiques azotées fort stables ne dégagent pas toujours de l'ammoniaque pure par l'hydrate de potasse, mais de l'ammoniaque et de l'aniline. On ne peut donc pas, dans ce cas, peser le chloroplatinate; il faut le calciner et peser le platine, le chloroplatinate d'aniline renfermant le même nombre d'atomes d'azote que le chloroplatinate d'ammoniaque. Seulement, ainsi que le fait remarquer M. Hofmann [1], il faut alors, pour le lavage du chloroplatinate, employer de l'éther anhydre additionné de quelques gouttes d'alcool absolu; sans cela, une partie du chloroplatinate pourrait se dissoudre.

M. Nœllner [2] a proposé de faire absorber l'ammoniaque par une solution d'acide tartrique dans l'alcool absolu. Le bitartrate qui se forme alors est complétement insoluble dans ce liquide.

§ 37. Au lieu de recueillir l'ammoniaque dans l'acide chlorhydrique, et de la précipiter ensuite par le bichlorure de platine, M. Péligot [3] trouve plus avantageux de la faire absorber par un volume défini d'acide sulfurique titré, et de déterminer ensuite l'abaissement du titre de l'acide sulfurique par une solution alcaline également titrée.

La liqueur alcaline dont se sert M. Péligot est une dissolution de chaux dans l'eau sucrée. Lorsqu'on broie de la chaux éteinte avec une dissolution de sucre, elle se dissout en beaucoup plus grande proportion que dans l'eau pure; le saccharate de chaux qui prend naissance offre la même réaction alcaline que la chaux libre. Il se conserve sans s'altérer dans des flacons abrités du contact de l'acide carbonique de l'air; en présence de cet acide, il se trouble, mais il suffit alors de filtrer la liqueur pour qu'elle puisse de nouveau servir à déterminer le titre de l'acide sulfurique employé.

La matière azotée étant mélangée avec la chaux sodée et introduite dans le tube à combustion, qui est en verre peu fusible et qui peut n'avoir que 60 à 70 centimètres de longueur, on adapte à ce tube l'appareil à boules de MM. Will et Varrentrapp, au

[1] Hofmann, *Ann. der Chem. u. Pharm.*, LXVI, p. 133.
[2] Noellner, *Ibid.*, LXVI, 314.
[3] Péligot, *Journ. de Pharm.* [3], XI, 334.

moyen d'un bouchon en caoutchouc. On introduit dans cet appareil 10 centimètres cubes d'acide sulfurique titré, exactement mesurés avec une pipette étroite et graduée. L'acide que M. Péligot emploie contient 61^{gr},250 d'acide bouilli ($SO^3 HO$) par litre d'eau : 100 centimètres cubes de cette liqueur correspondent par conséquent à 2^{gr},12 d'ammoniaque ou bien à 1^{gr}, 75 d'azote.

La combustion est conduite comme à l'ordinaire. On verse l'acide titré qui a condensé l'ammoniaque, dans un verre à pied; on lave avec soin l'appareil qui le contenait; puis on donne à cette liqueur, étendue de beaucoup d'eau, une teinte rouge par l'addition de quelques gouttes de teinture de tournesol. Au moyen de la dissolution de saccharate de chaux, qui se trouve contenue dans une burette graduée en centimètres cubes et en dixièmes de centimètre cube, on sature exactement la liqueur acide, en prenant pour guide la teinte bleue qui se développe tout à coup dans la liqueur au moment où le point de saturation se trouve atteint. Comme on a déterminé par un essai préalable la quantité de saccharate de chaux qui sature 10 centimètres cubes du même acide sulfurique titré neuf, pris à l'état normal, en soustrayant de cette quantité celle qu'on vient de trouver pour l'acide qui a reçu l'ammoniaque de la substance azotée, on obtient le volume de la dissolution acide qui a été saturée par cette ammoniaque.

D'après cette méthode, un dosage d'azote peut s'exécuter en une demi-heure.

M. Bineau[1] a proposé une méthode semblable : il fait absorber l'ammoniaque par de l'acide chlorhydrique ou sulfurique d'un titre connu, et détermine l'abaissement du titre de l'acide par de la potasse ou de la soude également titrées.

M. Ullgren[2] pèse directement l'ammoniaque dégagée par les matières azotées, qu'on calcine avec la chaux sodée. Il adapte au tube à combustion un tube en U, contenant dans l'une des branches des fragments de potasse caustique pour retenir l'eau, et dans l'autre branche des rognures de caoutchouc pour absorber les hydrocarbures huileux; à ce tube en U s'en trouve fixé un second, rempli de sulfate de zinc anhydre et pesé d'avance. Ce second tube en U est destiné à l'absorption de l'ammoniaque; pour

[1] BINEAU, *Compt. rend. des Trav. de Chim.*, 1847, p. 166.
[2] ULLGREN, *Journ. f. prakt. Chem.* LV, 21.

que toute l'ammoniaque s'y rende, on maintient le premier tube en U dans un bain chauffé à 60 ou 70°.

Dosage du chlore, du brome et de l'iode.

§ 38. Il est aisé de s'assurer de la présence d'un de ces trois éléments dans une matière organique. On n'a qu'à maintenir un fragment de la matière dans la flamme d'une lampe à esprit de vin : on voit alors celle-ci se colorer sur les bords en vert bleuâtre. Si l'on a affaire à un liquide, on en imbibe une mèche ou une bande de papier, et l'on maintient celle-ci dans la flamme. Il y a d'ailleurs plusieurs corps chlorés ou bromés qui sont eux-mêmes inflammables : ils brûlent toujours avec une flamme fuligineuse bordée de vert. La solution du nitrate d'argent n'est précipitée que par les chlorhydrates, bromhydrates et iodhydrates des alcaloïdes; les autres corps organiques chlorés, bromés ou iodés ne la précipitent pas, à moins d'être décomposés au contact de l'eau, et de mettre ainsi en liberté de l'acide chlorhydrique, bromhydrique ou iodhydrique.

§ 39. La méthode qu'on emploie ordinairement pour doser le chlore, le brome et l'iode contenus dans les matières organiques est fondée sur la propriété qu'elles possèdent d'être entièrement décomposées par les alcalis minéraux à une très-haute température. On se sert pour cela de la chaux caustique, qu'on obtient aisément exempte de chlore par quelques lavages à l'eau froide. Le marbre calciné convient le mieux à cet usage, à cause de sa pureté.

On mêle la substance avec un peu de chaux, et l'on introduit le mélange dans un tube, fermé par un bout et un peu moins long que le tube servant à la combustion ordinaire par l'oxyde de cuivre ; le mélange n'occupant qu'environ le tiers ou le quart de la longueur du tube, on remplit le reste de chaux mêlée avec du verre grossièrement pilé, et l'on chauffe au rouge sur une grille, en commençant par l'extrémité ouverte du tube. L'addition des fragments de verre a pour but d'éviter que la chaux fasse bouchon et empêche les gaz de passer. Lorsqu'il s'agit de l'analyse d'un liquide, on en pèse 2 à 300 milligrammes dans un tout petit tube, qu'on fait glisser dans le tube à combustion, et qu'on recouvre ensuite de la chaux.

Quand la décomposition est achevée, on enlève le charbon,

on ferme le tube avec un bouchon, et, après l'avoir nettoyé des cendres, on l'introduit encore chaud, par la pointe fermée, dans un grand verre à pied rempli d'eau distillée; il se fend ainsi en plusieurs morceaux et se vide entièrement. Si l'on néglige de boucher d'abord l'extrémité ouverte du tube, les vapeurs d'eau entraîneraient de la chaux. On sature par l'acide nitrique pur, on filtre, et l'on précipite par le nitrate d'argent. On traite ensuite le précipité comme dans l'analyse ordinaire des matières minérales chlorées, bromées ou iodées.

Lorsqu'on précipite par du nitrate d'argent une solution contenant à la fois du chlorure et du bromure à base d'alcali, le bromure d'argent se précipite toujours avant le chlorure [1].

Il arrive quelquefois, dans le dosage de l'iode, qu'une partie de cet élément se transforme en iodate par la calcination avec la chaux; il suffit alors, pour convertir l'iodate en iodure, de faire passer du gaz sulfureux dans la liqueur acide, additionnée de nitrate d'argent, pendant qu'on la chauffe légèrement.

Dosage du soufre.

§ 40. Les matières organiques sulfurées répandent généralement une odeur fétide; toutefois, celles qui sont en même temps oxygénées ou qui résultent de l'action de l'acide sulfurique sur d'autres matières organiques, n'ont pas cette odeur caractéristique. Le dosage du soufre se fait par le même procédé dans les unes et les autres, sous forme de sulfate de baryte.

On ne réussit que rarement à transformer le soufre des matières non oxygénées en acide sulfurique, d'une manière complète, en les traitant par l'acide nitrique. Il est préférable d'employer le procédé suivant : on met, dans la partie fermée d'un tube à combustion long d'environ $0^m,4$ à $0^m,5$, une couche de $0^m,08$ d'un mélange intime de 8 p. de carbonate de potasse pur (ou de carbonate de soude) et de 1 p. de chlorate de potasse, puis la matière à analyser mêlée avec les mêmes sels, et enfin une nouvelle couche de $0^m,08$ du mélange précédent. Il est bon, comme dans les dosages du chlore, d'ajouter au mélange du verre en fragments grossiers, afin de livrer passage aux gaz. On chauffe le tube dans une grille à analyse, en commençant par la partie ouverte. La cal-

[1] FEHLING, *Journ. f. prakt. Chem*, XLV, 269.

cination étant achevée, on enlève les charbons et les cendres, on bouche le tube, et on l'introduit encore chaud, par la pointe fermée, dans un verre à pied rempli d'eau distillée, où il se fend alors et se vide. On ajoute de l'acide chlorhydrique pur, on filtre et l'on précipite la liqueur acide par le chlorure de baryum.

Lorsqu'on a affaire à des substances sulfurées très-volatiles et qui détonnent volontiers dans le gaz oxygène, on augmente la proportion du chlorate dans la première couche placée à l'extrémité fermée du tube; on introduit la substance dans une petite ampoule qu'on glisse dans le tube, l'ouverture de l'ampoule étant tournée vers cette première couche, et l'on remplit de carbonate de potasse le reste du tube à combustion. On commence par faire rougir ce carbonate, et l'on y fait peu à peu arriver la substance en vapeur; elle donne ainsi un mélange de sulfure, de sulfite et d'hyposulfite, que l'on convertit à la fin en sulfate en y faisant passer le gaz oxygène qui se dégage du chlorate, chauffé à son tour.

L'emploi du nitrate de potasse, au lieu du chlorate, dans les dosages du soufre, est moins avantageux, attendu qu'une partie du nitrate échappe toujours à la décomposition, de manière à donner ensuite une solution, qui précipitée par le chlorure de baryum donne un sel double de sulfate et de nitrate de baryte; on obtient alors un chiffre trop fort. On n'a d'ailleurs à craindre aucune explosion avec le chlorate si l'on chauffe progressivement.

Lorsqu'on examine la pureté du carbonate de soude qu'il s'agit d'employer au dosage du soufre, il faut se rappeler que, tout en étant exempt de sulfate, ce sel contient quelquefois des proportions assez fortes de sulfite et d'hyposulfite. Il faut, par conséquent, l'essayer toujours en en calcinant une petite quantité avec un peu de chlorate ou de nitrate de potasse : on ajoute ensuite du chlorure de baryum à la solution saturée par l'acide chlorhydrique pur.

On peut aussi employer la magnésie calcinée, si l'on manque de carbonate de soude ou de potasse pure.

§ 41. Le dosage du soufre des matières qui en contiennent très-peu se fait ordinairement de la manière suivante : on chauffe doucement la matière, légèrement humectée, dans une capsule d'argent, avec de l'hydrate de potasse exempt de sulfate; on introduit peu à peu du salpêtre dans la matière en fusion, en agitant constamment, et l'on élève finalement la température jusqu'à ce que la masse fondue paraisse entièrement blanche. Après le refroidissement, on fait dissoudre dans l'eau, on sursature par l'acide chlorhydrique, et l'on précipite par du chlorure de baryum. Le sulfate de baryte calciné, qu'on obtient ainsi, contient ordinairement un peu de baryte caustique (provenant d'un peu de nitrate) qu'il faut extraire avant la pesée, avec un peu d'acide acétique ou chlorhydrique dilué.

On se procure aisément de la potasse exempte de sulfate en dissolvant la potasse ordinaire dans l'alcool, et séparant par décantation la solution alcoolique qui surnage la partie aqueuse.

§ 42. M. Heintz[1] propose de doser le soufre des matières organiques par la combustion avec l'oxyde de cuivre, sous l'influence d'un courant d'oxygène. L'appareil consiste en un tube à combustion ordinaire auquel on adapte un tube semblable à celui qui sert dans la détermination de l'azote, d'après le procédé de MM. Will et Varrentrapp. Ce tube est rempli d'une lessive de potasse exempte de sulfate. Le tube à combustion est étiré en pointe à l'extrémité qui doit recevoir le tube à potasse, et recourbé à angle obtus; la pointe s'engage dans la branche ouverte de ce dernier, et y est fixée au moyen d'un tube en caoutchouc : de cette manière, l'acide sulfurique et l'acide sulfureux qui peuvent se dégager par une trop forte calcination du sulfate de cuivre, viennent se rendre dans la potasse, sans qu'il s'en perde la moindre trace. Quand la calcination est achevée, on vide la potasse dans un flacon contenant une solution chaude de chlorate de potasse dans l'acide chlorhydrique étendu; l'acide sulfureux se convertit ainsi en acide sulfurique. On retire alors tout le contenu *du tube à combustion*, et on le fait dissoudre, à une douce chaleur, dans le liquide précédent. La solution étant opérée, on précipite par du chlorure de baryum. (Comme preuve de l'exactitude de cette méthode, M. Heintz cite trois analyses de la taurine, qui lui ont donné : soufre 25,68-25,66-25,49; le calcul en exige 25,60. Il avait opéré sur 0,174 à 0,191 gr. de matière.)

Il importe de faire marcher la combustion avec assez de lenteur pour qu'il n'apparaisse pas de vapeurs dans les tubes. Cette méthode n'exige l'emploi que de très-peu de matière, et paraît surtout être avantageuse pour l'analyse des matières albuminoïdes.

[1] HEINTZ, *Ann. de Poggend.*, LXXI, 145; LXXXV, 424.

Dans une communication postérieure, le même chimiste a modifié le procédé précédent de la manière suivante : on introduit la matière mêlée avec de l'oxyde de cuivre, dans un tube étranglé aux deux bouts, comme pour le dosage de l'azote d'après le procédé de M. Bunsen (§ 35); on remplit le tube de gaz oxygène, et après l'avoir fermé, on l'expose, dans une enveloppe faite avec du plâtre et des poils de vache, à une chaleur modérée. Tout le soufre se convertit ainsi en sulfate de cuivre; si la chaleur est trop élevée, il peut se produire une certaine quantité d'acide sulfureux, mais cet acide, en réagissant sur l'oxyde de cuivre, se transforme de nouveau en sulfate. Après le refroidissement du mélange contenu dans le tube, on le fait dissoudre dans de l'acide chlorhydrique additionné de chlorate de potasse, et l'on précipite par le chlorure de baryum.

§ 43. M. Weidenbusch[1] dose de la manière suivante le soufre des matières albuminoïdes : il mélange la substance avec un excès de nitrate de baryte, et il ajoute au mélange de l'acide nitrique fumant, de manière à former une bouillie fluide. Il maintient ce mélange au bain de sable jusqu'à destruction complète de toute matière organique. La masse, desséchée ensuite à 100°, est fondue dans une capsule de platine; on la traite à chaud par l'acide acétique, de manière à dissoudre tout le carbonate et à ne laisser que du sulfate insoluble.

Dosage du phosphore.

§ 44. Le phosphore se dose en général à l'état de pyrophosphate de magnésie (PO^5, $2MgO$), comme dans l'analyse minérale. A cet effet, on calcine la matière organique avec un mélange de carbonate et de chlorate ou de nitrate de potasse, d'après le procédé qu'on emploie pour les substances sulfurées ; on ajoute à la solution acide du sulfate de magnésie et de l'ammoniaque en excès; on lave le précipité de phosphate ammoniaco-magnésien avec de l'eau ammoniacale, et on le calcine pour le faire passer à l'état de pyrophosphate de magnésie. 111 p. de ce pyrophosphate correspondent à 31 p. de phosphore.

Il est à remarquer que le pyrophosphate de magnésie, et le

[1] WEIDENBUSCH, *Ann. der Chem. u. Pharm.*, t. LXI, 371.

phosphate ammoniaco-magnésien, dissous dans les acides, ne sont plus complétement précipités par l'ammoniaque[1].

Dosage des métaux.

§ 45. Le dosage des métaux contenus dans les sels organiques s'effectue en général par les mêmes procédés que ceux qui servent en chimie minérale. Lorsque l'acide contenu dans un sel ne se compose que d'éléments organiques (carbone, hydrogène, oxygène, azote), il est avantageux, dans la plupart des cas, de soumettre le sel au grillage, afin de détruire ainsi toute la matière organique et de transformer la base du sel en métal, en oxyde ou en carbonate. La présence du chlore, du brome, de l'iode, du soufre ou du phosphore parmi les éléments du sel ne comporte pas toujours ce genre de traitement, à moins que la base ne puisse être dosée à l'état de chlorure ou de sulfate, et que la nature des éléments contenus dans le sel ne s'oppose pas à ce qu'on obtienne cette base sous cette forme, après le grillage. Lorsque ce genre d'analyse n'est pas applicable, il faut avoir recours aux procédés par voie humide, employés en chimie minérale.

Les sels organiques à base de *potasse* ou de *soude* se transforment par le grillage en carbonates, mais on ne les dose jamais sous cette forme; il est préférable de déterminer à l'état de sulfate la base qu'ils renferment. A cet effet, on grille les sels dans un petit creuset de platine, et l'on y ajoute ensuite une petite quantité d'acide sulfurique dilué, avec assez de précaution pour que l'effervescence causée par le dégagement de l'acide carbonique ne cause pas de projections; on évapore doucement à siccité, et l'on calcine de nouveau pour chasser l'excédant d'acide sulfurique. Quelquefois il est nécessaire d'ajouter à la matière quelques gouttes d'acide nitrique concentré, ou bien un fragment de nitrate d'ammoniaque, afin de mieux détruire les parcelles de charbon que le sulfate aurait enveloppées. La calcination du résidu de sulfate doit se faire au rouge, afin qu'il ne reste pas mêlé de bisulfate; il convient même de favoriser la destruction du bisulfate en posant sur le résidu un petit fragment de carbonate d'ammoniaque, avant de lui faire subir la dernière calcination.

[1] WEBER. *Journ. f. prakt. Chem.*, XLII, 206.

Les sels organiques à base de *baryte* ou de *strontiane* se transforment par la calcination en carbonates ; mais il est rare que le résidu ne soit pas mélangé de charbon, qu'il est souvent assez difficile de brûler complétement par une calcination prolongée. Dans ce cas, il faut encore avoir recours à l'acide sulfurique additionné d'acide nitrique, pour doser les bases en question, à l'état de sulfates. La *chaux* et la *magnésie* se déterminent sous la même forme.

Un simple grillage des sels de *fer* et de *cuivre* donne leurs bases sous forme d'oxydes Fe^2O^3 et CuO ; mais il est indispensable d'arroser le résidu de quelques gouttes d'acide nitrique, et de le soumettre ensuite à une nouvelle calcination. Les sels de *chrome* laissent par le grillage de l'oxyde chromique Cr^2O^3. Les sels à base de *zinc* donnent également un résidu d'oxyde ZnO ; comme le charbon de la matière organique réduirait à l'état métallique une certaine quantité de zinc, qu'une température trop élevée pourrait volatiliser, il faut faire la calcination à une température aussi basse que possible, arroser le résidu de quelques gouttes d'acide nitrique, et calciner ensuite au rouge.

Le grillage des sels de *manganèse*, de *nickel*, et de *cobalt* donne aussi leurs bases à l'état d'oxydes, mais d'une composition variable, qui ne permet pas de calculer avec précision la proportion de métal contenue dans le sel. Il faut donc calciner les sels dans une nacelle en platine, et placer ensuite cette nacelle dans un tube de verre ou de porcelaine qu'on chauffe au rouge, pendant qu'on y fait passer un courant de gaz hydrogène. On peut aussi calciner les sels dans une petite capsule de platine, déterminer le poids du résidu après l'incinération complète, et réduire par le gaz hydrogène un certain poids de ce résidu, dans un tube de verre à renflement. Le résidu laissé par les sels de cobalt et de nickel se compose alors de métal pur, celui des sels de manganèse est formé d'oxyde manganeux.

On peut soumettre au même traitement les sels d'*urane ;* le résidu, calciné dans le gaz hydrogène, consiste alors en oxyde uraneux UO.

L'incinération des sels de *bismuth*, d'*étain* et d'*antimoine* a besoin d'être faite dans des creusets ou des capsules en porcelaine, à cause de la facilité avec laquelle ces sels se réduisent à l'état métallique ; si l'on employait des vases en platine, ceux-ci seraient aisément percés par le métal. Un simple grillage avec addition d'acide nitrique, donne le bismuth et l'étain à l'état d'oxydes Bi^2O^3 et SnO^2. Mais le résidu qu'on obtient par le grillage des sels d'antimoine a besoin d'être réduit dans le gaz hydrogène et d'être dosé sous cette forme.

Les sels de *plomb* organiques se grillent dans une petite capsule en porcelaine, ou dans un petit tesson de verre. Le résidu se compose d'un mélange d'oxyde et de métal; on peut l'oxyder entièrement par quelques gouttes d'acide nitrique, calciner de nouveau et peser le résidu de massicot PbO. Un autre moyen de dosage consiste à peser le résidu d'oxyde et de métal, à l'arroser ensuite d'acide acétique, qui ne dissout que l'oxyde, à enlever la solution d'acétate de plomb par décantation à l'aide d'une pipette effilée, à laver deux ou trois fois, et à peser le résidu de plomb métallique après l'avoir desséché à une douce chaleur; la différence entre la première et la seconde pesée donne le poids de l'oxyde de plomb contenu dans le premier résidu. De ces deux données, on déduit alors le poids total du plomb renfermé dans la matière.

On peut enfin doser le plomb à l'état de sulfate, en arrosant la matière incinérée avec de l'acide sulfurique, additionné d'un peu d'acide nitrique pour le cas où le résidu du grillage contiendrait encore un peu de charbon. Après avoir évaporé l'excédant de l'acide ajouté, on pèse le résidu de sulfate.

Le dosage des sels d'*argent* est très-facile, puisqu'il suffit de les calciner pour qu'ils laissent de l'argent métallique. Il arrive pourtant parfois que le résidu renferme encore une certaine quantité de charbon, combiné chimiquement avec l'argent, et qu'il faut détruire pour ne pas avoir un dosage fautif; ce mélange se trahit ordinairement par la couleur du résidu, qui, au lieu d'être parfaitement blanc et brillant, est alors terne et jaune. L'addition, à ce résidu, de quelques gouttes d'acide nitrique, et une nouvelle calcination, donnent de l'argent métallique parfaitement pur.

Au lieu de doser l'argent à l'état de métal, il est quelquefois préférable de le déterminer par précipitation sous forme de chlorure. Les sels organiques à base d'argent dont l'acide renferme du chlore ou du brome donnent par la calcination du chlorure ou du bromure d'argent; mais ce résidu tient ordinairement emprisonné une si grande quantité de charbon qu'il vaut mieux recourir au dosage par voie humide qu'au grillage.

La plupart des sels organiques à base d'argent sont anhydres; il en est toutefois un certain nombre qui renferment de l'eau de cristallisation, comme le lactate, l'éthyl-sulfate, le nitropropionate, le citraconate, le mésaconate, le naphtionate, le mellitate, etc.

Les sels organiques à base de *mercure* sont traités d'après le même procédé que les sels minéraux pour le dosage du mercure. On les brûle avec de l'oxyde de cuivre dans un tube fermé par un bout et semblable aux tubes à combustion ordinaires, mais dont on recourbe, à la lampe, l'autre bout en forme de réservoir, après avoir introduit le mélange dans le tube; quand on chauffe le mélange, le mercure vient se condenser dans le réservoir qu'on détache ensuite, l'opération étant terminée, pour le peser d'abord plein, puis vide[1].

Enfin, les composés organiques qui contiennent du *platine* ou de *l'or*, comme les chloroplatinates et les chloraurates des alcalis, laissent par le grillage du platine ou de l'or métallique.

Détermination de la formule chimique des composés organiques.

§ 46. Pour trouver la formule chimique d'une substance, il ne suffit pas de déterminer d'une manière exacte les différents éléments qui la composent. L'analyse élémentaire ne donne en effet que les rapports d'après lesquels les éléments sont combinés dans les molécules organiques; mais elle n'indique pas d'une manière directe le poids de ces molécules.

Dans l'exemple que nous avons développé § 30, les rapports de carbone, d'hydrogène et d'oxygène contenus dans la substance analysée s'exprimaient de la manière la plus simple par

$$C^{10}H^{8}O.$$

Mais rien n'indique *a priori* que cette formule représente la molécule de la substance, car les mêmes rapports de composition pourraient tout aussi bien s'exprimer par

$$C^{20}H^{16}O^{2},$$

ou par

$$C^{30}H^{24}O^{3},$$

ou, enfin, par toute autre formule multiple de la première. Pour

[1] *Voy.* aussi sur le dosage du mercure : HINTERBERGER, *Journ. f. prakt. Chem.*, LVI, 155.

savoir quelle est celle d'entre les formules précédentes qui est l'expression véritable de la molécule de la substance, on a besoin de connaître l'équivalent de cette substance, ou bien quelques-unes de ses métamorphoses.

Lorsque la substance analysée présente les mêmes fonctions chimiques que certaines autres substances dont la formule est déjà connue, l'établissement de sa propre formule n'offre pas de difficultés, puisqu'il suffit alors de déterminer son équivalent par rapport à l'une ou à l'autre de ces substances connues. Cette détermination est surtout aisée, si la substance analysée appartient à la classe des acides ou des alcalis.

Lorsque la substance analysée n'a point d'analogues parmi les corps connus, il n'y a évidemment pas lieu de déterminer son équivalent, c'est-à-dire le poids qu'il faudrait de cette substance pour jouer le même rôle qu'un poids donné d'un autre corps qui lui serait semblable.

Le plus souvent on trouve alors la formule (le poids moléculaire) de la substance analysée, en s'appuyant sur ses métamorphoses, en cherchant quelque relation simple qui rattache sa composition à la composition de certains autres corps d'où elle résulte ou en lesquels elle est susceptible de se transformer, et dont la formule soit déjà connue.

Nous allons, par quelques exemples, donner une idée de la manière dont les chimistes procèdent dans ces deux cas. Pour en avoir une notion plus complète, le lecteur fera bien de consulter la QUATRIÈME PARTIE de cet ouvrage, spécialement consacrée aux généralités et aux développements théoriques.

§ 47. Ainsi que nous l'avons dit, les acides et les alcalis organiques sont les corps dont la formule se détermine le plus aisément, à l'aide de leur équivalent.

On a analysé, supposons, l'acide butyrique. Les résultats de la combustion sont :

Carbone.	54,54
Hydrogène. . . .	9,09
Oxygène.	36,37
	100,00

En divisant les nombres précédents par les poids atomiques

respectifs du carbone, de l'hydrogène et de l'oxygène, on trouve les quotients suivants :

$$\text{Carbone} \ldots \quad \frac{54,54}{6} = 9,090,$$

$$\text{Hydrogène} \ldots \quad \frac{9,09}{1} = 9,090,$$

$$\text{Oxygène} \ldots \quad \frac{36,37}{8} = 4,545.$$

Les rapports des atomes de carbone, d'hydrogène et d'oxygène contenus dans l'acide butyrique sont donc entre eux comme

$$9,090 : 9,090 : 4,545,$$

ou comme

$$2 : 2 : 1.$$

D'après cela la formule de l'acide butyrique est

$$C^2H^2O,$$

ou un multiple de cette expression.

Pour trouver quel est ce multiple, on a recours à l'analyse d'un sel de l'acide butyrique, par exemple à celle du butyrate d'argent, les sels d'argent étant ceux dont le dosage est le plus facile (§ 45). On sait par expérience que tous les acides pour produire un sel d'argent neutre échangent une quantité d'hydrogène représentée par H et pesant 1, pour une quantité d'argent représentée par Ag et pesant 108 : l'acide chlorhydrique HCl, par exemple transformé en sel d'argent devient Ag Cl. En déterminant la composition du butyrate d'argent, on apprend sur quelle quantité d'hydrogène de l'acide butyrique porte le remplacement de l'argent, car il n'est qu'un très-petit nombre d'acides organiques (acides oxalique, mésoxalique, croconique et mellitique) qui échangent la totalité de leur hydrogène pour des métaux, dans la formation des sels. On donne le nom d'*hydrogène basique* à l'hydrogène pouvant ainsi se remplacer.

Or voici la composition du butyrate d'argent, telle que la donne l'analyse :

Carbone.	24,61
Hydrogène.	3,59
Argent.	55,38
Oxygène.	16,42
	100,00

En opérant, comme précédemment, les divisions par les poids atomiques, on trouve :

$$\text{Carbone.} \dots \frac{24,61}{6} = 4,101,$$

$$\text{Hydrogène.} \dots \frac{3,59}{1} = 3,590,$$

$$\text{Argent.} \dots \frac{55,38}{108} = 0,512,$$

$$\text{Oxygène.} \dots \frac{16,42}{8} = 2,052.$$

D'après cela, le butyrate d'argent renferme du carbone, de l'hydrogène, de l'argent, et de l'oxygène dans les rapports de

$$4,101 : 3,590 : 0,512 : 2,052,$$

ou bien dans les rapports de

$$8 : 7 : 1 : 4.$$

Si la molécule du butyrate d'argent renferme 1 atome d'argent, les derniers rapports donnent évidemment la formule de ce sel, savoir :

$$C^8H^7AgO^4 = C^8H^7O^3,AgO.$$

Que l'on compare maintenant cette formule avec les rapports, trouvés à l'analyse, de l'acide butyrique,

$$C^2H^2O,$$
$$\text{ou } C^4H^4O^2,$$
$$\text{ou } C^6H^6O^3,$$
$$\text{ou } C^8H^8O^4, \text{ etc.,}$$

et l'on verra que la dernière formule

$$C^8H^8O^4 = C^8H^7O^3,HO$$

exprime la molécule de l'acide butyrique, attendu que c'est la seule formule contenant le même nombre d'atomes de carbone et d'oxygène que la formule du butyrate d'argent, et la seule formule où le remplacement de H par Ag ($H^8 - H + Ag$) puisse s'exprimer dans les rapports atomiques donnés par l'expérience.

On arriverait au même résultat par l'analyse de tout autre butyrate.

§ 48. Dans l'exemple précédent, nous avons supposé que le sel d'argent soumis à l'analyse ne contenait dans sa molécule qu'un seul atome d'argent : l'acide butyrique en effet est du nombre des acides organiques que leurs propriétés caractérisent comme *monobasiques*. On procéderait de même pour trouver la formule d'un acide *bibasique*, c'est-à-dire d'un acide dans la molécule duquel deux atomes d'hydrogène seraient basiques, et dont le sel d'argent neutre renfermerait par conséquent deux atomes d'argent. Mais l'analyse des sels d'un acide ne suffit pas pour déterminer s'il est monobasique ou bibasique ; nous ferons connaître ailleurs (QUATRIÈME PARTIE) les considérations sur lesquelles on s'appuie pour décider cette question.

Sans doute, les acides bibasiques donnent souvent, avec la même base, deux sels, un sel acide et un sel neutre, alors que les acides monobasiques ne donnent avec elle qu'un sel neutre : l'acide butyrique, par exemple, ne donne qu'un sel d'argent, qu'un sel de baryte, qu'un sel de chaux, tandis qu'il existe pour l'acide citraconique deux sels d'argent, deux sels de baryte, deux sels de chaux :

Acide butyrique. . . .	$C^8H^8O^4$	$= C^8H^7O^3,HO,$
Butyrate d'argent. . .	$C^8H^7AgO^4$	$= C^8H^7O^3,AgO,$
Butyrate de baryte. . .	$C^8H^7BaO^4$	$= C^8H^7O^3,BaO,$
Butyrate de chaux. . .	$C^8H^7CaO^4$	$= C^8H^7O^3,CaO.$
Acide citraconique. . .	$C^{10}H^6O^8$	$= C^{10}H^4O^6,2HO,$
Citraconates d'argent.	$C^{10}H^5AgO^8$	$= C^{10}H^4O^6,HO,AgO$
	$C^{10}H^4Ag^2O^8$	$= C^{10}H^4O^6,2AgO,$
Citraconates de baryte.	$C^{10}H^5BaO^8$	$= C^{10}H^4O^6,HO,BaO$
	$C^{10}H^4Ba^2O^8$	$= C^{10}H^4O^6,2BaO,$
Citraconates de chaux.	$C^{10}H^5CaO^8$	$= C^{10}H^4O^6,HO,CaO$
	$C^{10}H^4Ca^2O^8$	$= C^{10}H^4O^6,2CaO.$

Mais l'existence, parmi les citraconates, des deux espèces de sels, pour chaque base, ne prouve pas d'une manière certaine le caractère bibasique de l'acide citraconique ; elle ne démontre pas que la molécule de cet acide doive se représenter par

$$C^{10}H^6O^8,$$

plutôt que par

$$C^5H^3O^4,$$

parce que, sans rien changer aux rapports donnés par l'analyse pour les sels de l'acide citraconique, on pourrait tout aussi bien représenter les citraconates neutres par

$$C^5H^2MO^4 = C^5H^2O^3,MO,$$

et les citraconates acides par

$$\left.\begin{matrix} C^5H^2MO^4 \\ + C^5H^3\ O^4 \end{matrix}\right\} = \left.\begin{matrix} C^5H^2O^3,MO \\ + C^5H^2O^3,HO \end{matrix}\right\}$$

En d'autres termes, les citraconates acides pourraient être considérés comme des combinaisons d'un citraconate neutre, avec l'acide citraconique $C^5H^3O^4$, au lieu d'être envisagés comme de l'acide citraconique $C^{10}H^6O^8$ dans lequel la moitié seulement de l'hydrogène basique (1 atome sur 2) serait remplacée par son équivalent de métal.

On voit, par ce qui précède, que la détermination de la formule d'un acide organique exige non-seulement la connaissance de son équivalent, qui est donné par l'analyse d'un de ses sels, mais encore la connaissance de certains caractères chimiques qui définissent cet acide comme monobasique ou bibasique. Il est rare cependant qu'on procède à l'analyse d'un semblable acide, sans posséder déjà à ce dernier égard certaines données qui permettent de résoudre la question.

§ 49. Lorsqu'il s'agit d'établir l'équivalent d'un alcali organique, dans le but d'en trouver la formule, on combine cet alcali avec un acide dont la molécule soit connue, et l'on détermine la composition du sel produit. Quelquefois on analyse ainsi les sulfates, les chlorhydrates, les nitrates, les oxalates, etc., des alcalis organiques. Les sels les plus commodes pour ce genre de détermination sont les chloroplatinates, c'est-à-dire les combinaisons des alcalis avec l'acide chlorhydrique HCl et le chlorure platinique Pt Cl². Ces chloroplatinates laissent par la calcination un résidu de platine pur, dont le poids donne ensuite, par le calcul, l'équivalent de l'alcali qu'ils renferment. Ils ont en général une composition semblable à celle du chloroplatinate d'ammoniaque (NH^3, HCl, $PtCl^2$). Cependant un petit nombre d'alcalis donnent aussi des bichloroplatinates, dans lesquels les proportions d'acide chlorhydrique et de chlorure platinique sont doubles de celles renfermées dans les chloroplatinates neutres, de sorte qu'on éprouve quelquefois dans la détermination de la formule des alcalis organiques la même incertitude que dans la détermination de la formule des acides, l'analyse seule du chloroplatinate n'indiquant pas si la molécule de ce sel renferme une ou deux molécules d'acide chloroplatinique (HGl,PtGl² = PtGl³H) combinées avec une molécule d'alcali.

Voici un exemple. L'analyse de la quinine a donné :

Carbone.	74,07
Hydrogène. . . .	7,41
Azote.	8,64
Oxygène.	9,88
	100,00

En divisant ces nombres par les poids atomiques, on trouve

$$\text{Carbone.}\ \dots\ \frac{74,07}{6} = 12,345,$$

$$\text{Hydrogène.}\ \dots\ \frac{7,41}{1} = 7,410,$$

$$\text{Azote.}\ \dots\ \frac{8,64}{14} = 0,617,$$

$$\text{Oxygène.}\ \dots\ \frac{9,88}{8} = 1,236.$$

D'après cela, les rapports de carbone, d'hydrogène, d'azote et d'oxygène contenus dans la quinine sont entre eux comme

12,345 : 7,410 : 0,617 : 1,236.

On sait, par expérience, que la molécule des alcalis organiques renferme un, deux ou trois atomes (doubles) d'azote ; or, en faisant dans les rapports précédents l'azote égal à un, on a :

20 : 12 : 1 : 2,

c'est-à-dire que la formule de la quinine est représentée par

$C^{20}H^{12}NO^{2}$,

ou par un multiple de cette expression.

L'analyse d'un sel de quinine décidera s'il faut maintenir cette expression pour qu'elle représente la molécule de la quinine, ou s'il faut la doubler ou la tripler. Prenons, pour vérifier ce point, le chloroplatinate de quinine. On pourrait analyser ce sel d'une manière complète, et, sachant que les chloroplatinates contiennent une ou deux molécules d'acide chloroplatinique pour une molécule d'alcali organique, opérer comme dans le paragraphe précédent pour la détermination de l'équivalent des acides, c'est-à-dire qu'après avoir fait le platine égal à un dans les rapports obtenus à l'analyse du chloroplatinate (la molécule de l'acide chloroplatinique contenant un atome de platine), on pourrait comparer ces rapports avec les rapports obtenus à l'analyse de la quinine, et déduire de cette comparaison la formule de la quinine. Nous supposerons, pour plus de simplicité, qu'on n'ait dosé que le platine du chloroplatinate de quinine, et qu'on veuille de ce simple dosage déduire l'équivalent de la quinine, et subséquemment le poids de sa molécule.

Lorsqu'on calcine 100 p. de chloroplatinate de quinine (desséché à 140°), on obtient un résidu de

Platine. . . 26,86.

Or, puisque tous les chloroplatinates renferment 1 ou 2 molécules d'acide chloroplatinique plus 1 molécule d'alcali, il est évident qu'en ajoutant à la formule de l'acide chloroplatinique un certain nombre de fois les rapports précédemment obtenus à l'analyse de la quinine, et en calculant ensuite la proportion centésimale de platine correspondant à la formule ainsi composée, on devra obtenir la même quantité de platine que par la calcination du chloroplatinate de quinine. Ajoutons à H Cl, $PtCl^2 = PtCl^3H$ une fois les rapports $C^{20}H^{12}NO^2$, et nous aurons, en consultant les tables des poids atomiques :

		poids atomiques.		
Quinine.	C^{20}	20×6	=	120
	H^{12}	12×1	=	12
	N.	1×14	=	14
	O^2	2×8	=	16
Acide chloroplatinique.	Pt.	1×99	=	99
	Cl^3	$3 \times 35,5$	=	106,5
	H.	1×1	=	1
				368,5

D'après cela, 368,5 p. de chloroplatinate de quinine renferment 99 p. de platine, si ce sel est composé d'après la formule $C^{20}H^{12}NO^2,PtCl^3H$; qu'on calcule cette quantité de platine sur 100 p. de chloroplatinate, et l'on trouvera 26,86 p. de platine, nombre identique à celui qui a été obtenu par l'expérience. (Dans la pratique, bien entendu, le nombre observé diffère quelquefois du nombre calculé de 1 ou 2 millièmes, une coïncidence parfaite ne pouvant pas toujours être réalisée, à cause de l'imperfection des dosages.)

Si la formule $C^{20}H^{12}NO^2$, prise une fois, et transformée en chloroplatinate, n'avait pas donné une quantité de platine identique à celle qu'on a obtenue par l'expérience, on eût pris le double, le triple, le quadruple de cette formule, jusqu'à ce qu'on fût enfin arrivé à cette identité.

On vient de voir que les rapports $C^{20}H^{12}NO^2$ représentent l'équivalent de la quinine, car cette quantité remplace NH^3 dans le chloroplatinate d'ammoniaque. Mais est-ce à dire que la formule $C^{20}H^{12}NO^2$ exprime la molécule de la quinine ? Il est certain que, sans rien changer aux résultats de l'expérience, on pourrait tout aussi bien représenter la quinine par

$$C^{40}H^{24}N^2O^4,$$

et sa combinaison avec l'acide chloroplatinique par

$$C^{40}H^{24}N^2O^4,2PtCl^3H,$$

mais alors ce dernier sel serait un bichloroplatinate; pour vérifier ce point, il faudrait encore analyser d'autres sels de quinine, et voir laquelle des deux expressions $C^{20}H^{12}NO^2$ ou $C^{40}H^{24}N^2O^4$ mérite la préférence. Il est évident, d'après cela, que l'équivalent d'un alcali organique représente toujours sa molécule, si cet équivalent a été déterminé sur un sel neutre, ou la moitié de sa molécule si cet équivalent a été déterminé sur un bisel.

§ 50. Quant aux composés organiques dont on ne peut pas, comme dans le cas des acides et des alcalis, déterminer l'équivalent par l'analyse des sels, on trouve leur formule par l'étude de leurs métamorphoses : on cherche, à cet effet, quelque relation simple qui rattache leur composition à la composition de certains autres corps d'une formule connue.

L'indigo, par exemple, est jusqu'à présent sans analogues. L'analyse de ce corps donne les rapports

$$C^{16}H^5NO^2.$$

En oxydant l'indigo par l'acide nitrique, on obtient l'isatine

$$C^{16}H^5NO^4,$$

et en traitant l'isatine par la potasse, on obtient le sel de potasse de l'acide isatique,

$$C^{16}H^6KNO^6 = C^{16}H^6NO^5, KO.$$

Comme l'équivalent et par conséquent la formule de l'acide isatique se trouvent déterminés par la composition de ce sel de potasse, et que les formules précédentes de l'indigo et de l'isatine se rattachent à la formule de l'isatate de potasse par des relations très-simples (l'isatine est de l'indigo plus O^2, l'isatate de potasse est de l'isatine plus KO, HO), on est fondé à croire que les formules précédentes, et non des multiples de ces formules, représentent les molécules de l'indigo et de l'isatine. On arriverait à une conclusion semblable en appliquant les mêmes considérations à d'autres dérivés de l'indigo.

La simplicité des relations, entre les formules des corps qui résultent les uns des autres, est toujours une garantie de l'exactitude des formules adoptées, et la seule erreur qu'on puisse commettre dans leur appréciation, c'est de prendre pour l'expression de la molécule une formule qui en serait le double ou la moitié.

Il n'est guère possible, d'ailleurs, de donner à cet égard des règles absolues : mieux un corps est étudié sous le rapport de ses métamorphoses, plus il est facile d'établir la formule de sa molécule.

Lorsque les composés organiques sont volatils sans décomposition, on peut aisément déterminer leur formule en prenant la densité de leur vapeur. On a, en effet, reconnu que cette densité est toujours dans un rapport très-simple avec leur composition.

Suivant la notation qu'on adopte, la formule des substances organiques correspond toujours à 2 ou à 4 volumes de vapeur, c'est-à-dire qu'en divisant par 2 ou par 4 la somme des densités de vapeur des éléments qui composent une substance, on obtient sensiblement un nombre égal à la densité de vapeur trouvée expérimentalement pour cette substance. Nous reviendrons plus loin (§ 72) sur cette question.

Enfin, un point important à considérer dans l'appréciation des rapports qu'il convient de choisir comme formule d'un corps, c'est la *divisibilité* des nombres des atomes de carbone, d'hydrogène, d'oxygène, etc., qui expriment sa composition. Nous démontrerons ailleurs (QUATRIÈME PARTIE) que dans la notation suivie dans cet ouvrage les substances volatiles étant représentées par 4 volumes de vapeur, les atomes de carbone ainsi que les atomes d'oxygène ou de soufre, sont en nombres pairs ; que la somme des atomes d'hydrogène, d'azote, de phosphore, de métaux, de chlore, de brome, d'iode, forme aussi un nombre pair. Dans l'isatine, par exemple, on a 3 nombres pairs : 16 pour le carbone, 6 (c'est-à-dire, $5 + 1$) pour l'hydrogène et l'azote, 2 pour l'oxygène. Dans l'isatate de potasse, on a aussi 3 nombres pairs : 16 pour le carbone,

8 (c'est-à-dire 6 + 1 + 1 pour l'hydrogène, le potassium et l'azote), et 6 pour l'oxygène.

ANALYSE EUDIOMÉTRIQUE.

§ 51. Le nom d'*eudiomètres* n'a été donné, dans le principe, qu'aux appareils servant à déterminer la composition de l'air; mais aujourd'hui il a un sens plus étendu, et s'applique aux appareils qu'on emploie pour l'analyse des gaz en général. Cette partie de la science doit ses premiers perfectionnements à plusieurs savants célèbres, parmi lesquels il faut surtout citer Fontana[1], Schéele[2], Volta[3], et, plus tard, Saussure[4], MM. de Humboldt et Gay-Lussac[5], MM. Dumas et Boussingault[6], M. Brunner[7]. Mais, bornées presque exclusivement à l'analyse de l'air, les méthodes de ces chimistes n'ont été appliquées que dans ces dernières années à l'analyse des autres gaz, et notamment des gaz organiques.

M. Bunsen et plus récemment M. Regnault ont imaginé plusieurs dispositions ingénieuses, grâce auxquelles l'analyse eudiométrique est devenue aussi simple que précise.

Nous ferons connaître ces dispositions, après avoir rappelé au lecteur les principaux appareils que les chimistes emploient pour recueillir et pour transvaser les gaz en général, ainsi que les agents d'absorption dont ils se servent pour en effectuer la séparation.

Manière de recueillir et de transvaser les gaz.

§ 52. *Appareils pour recueillir les gaz.* — Les procédés qu'on emploie pour recueillir les gaz dépendent en général des circonstances dans lesquelles les gaz se produisent, et du degré de pureté auquel on désire les avoir; lorsqu'il s'agit d'en faire l'analyse, ils

1 Fontana, *Descrizione ed usi di alcuni strumenti per misurare la salubrità dell' aria*; Florence, 1770.

2 Scheele, *Ueber Luft und Feuer*, 64.

3 Volta, *Annali di Chimica*, de Brugnatelli, I, 171; II, 161; III, 36.

4 Saussure, *Ann. de Chim. et de Phys.*, II, 199; III, 170. — *Biblioth. univ. de Genève*, XLIV, 23 et 138; LVI, 130. — *Biblioth. univ. de Genève*, nouv. série, II, 170.

5 Humboldt et Gay Lussac, *Neues allgem. Journ. der Chemie* de A.-F. Gehlen, V, 45; et *Ann. der Physik* de L.-W. Gilbert, XX, 38.

6 Dumas et Boussingault, *Ann. de Chim. et de Phys.*, LXXVIII, 257.

7 Brunner, *Ann. de Poggend.*, XX, 274; XXIV, 569; XXXI, 1. — *Ann. de Chim. et de Phys.* [3], III, 305.

ont évidemment besoin d'être recueillis dans un état de pureté parfaite, mais cette condition ne peut pas être réalisée par tous les procédés.

On peut réduire à trois les méthodes qu'on emploie dans les laboratoires pour recueillir les gaz. La première consiste à les recevoir dans des ballons, munis de bons robinets et vidés préalablement au moyen de la machine pneumatique; elle a été employée avec succès par MM. Dumas et Boussingault dans leurs belles recherches sur la composition de l'air atmosphérique[1]. Cependant elle n'est pas très-commode; et comme il n'est pas possible d'ailleurs d'obtenir le vide absolu dans ces ballons, on ne s'en sert que rarement. Depuis quelques années l'industrie emploie un procédé semblable pour recueillir les gaz dans des espèces de sacs en toile rendue imperméable par du caouthouc.

La seconde méthode est fondée sur le déplacement de l'air par les gaz eux-mêmes qu'il s'agit de recueillir : on en fait usage lorsqu'on ne peut pas les recevoir sur l'eau ni sur le mercure, soit à cause de leur grande solubilité, soit à cause de l'action chimique qu'ils exercent sur ces liquides. Les gaz qui se distinguent par une pesanteur spécifique très-grande ou très-faible sont particulièrement propres à être recueillis par cette méthode. Lorsque les gaz sont plus pesants que l'air, comme, par exemple, le chlore ou l'acide carbonique, on fait arriver jusqu'au fond de l'éprouvette où on veut les recueillir l'orifice du tube par où ils se dégagent, et l'on accélère le courant de gaz; l'air se déplace ainsi peu à peu, à mesure que le gaz plus pesant s'élève dans l'éprouvette. On procède de même avec des gaz bien plus légers que l'air, comme par exemple l'hydrogène, seulement on renverse alors l'éprouvette de manière que son ouverture soit tournée vers le bas.

D'après la troisième méthode, on recueille les gaz sur l'eau ou sur le mercure. C'est la plus usitée dans les laboratoires de chimie, et celle qui présente dans les arts les applications les plus fréquentes.

L'eau est moins avantageuse que le mercure pour la conservation des gaz, parce qu'elle permet la diffusion entre le gaz confiné sur elle et l'air extérieur. Aussi, lorsqu'on a besoin de conserver un gaz pendant quelque temps, est-il avantageux de le recueillir

[1] Dumas et Boussingault, *Ann. de Chim. et de Phys.* [3], III, 257.

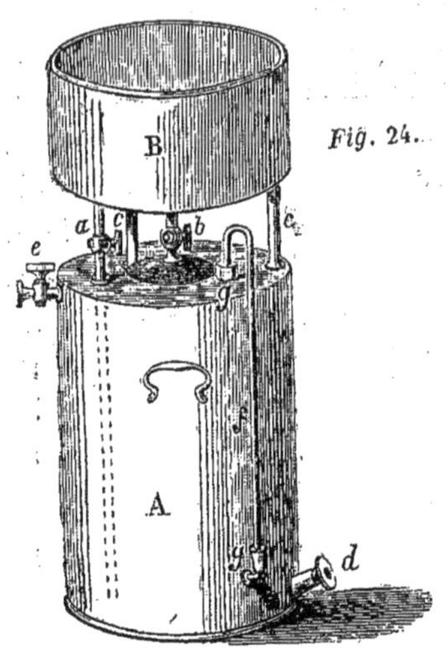

Fig. 24.

dans une fiole étroite qu'on bouche sous l'eau immédiatement après y avoir introduit le gaz, et qu'on tient ainsi renversée sur l'eau ; on peut même recouvrir le bouchon de cire à cacheter, s'il s'agit de conserver le gaz pendant très-longtemps.

Lorsqu'on a besoin de recueillir et de conserver de grandes quantités de gaz, on emploie dans les laboratoires un gazomètre qui a la forme représentée fig. 24.

Il se compose de deux caisses cylindriques, en cuivre ou en zinc : l'une *A*, fermée de tous côtés, et haute d'environ 0^{m},5, a un diamètre de 0^{m}33 ; l'autre *B*, ouverte par le haut et de même diamètre, n'a que 0^{m},16 de hauteur, et repose sur la caisse *A* au moyen des trois supports *c c a*. Les deux caisses communiquent entre elles par les tubes *b* et *a*, munis de robinets ; le tube *b* est fixé dans le centre de la paroi supérieure, légèrement voûtée, de la caisse *A*, et ne s'y enfonce pas davantage ; mais le tube *a* descend du fond de la caisse *B* jusqu'au fond de la caisse *A*. Cette dernière porte en outre, en *e*, sur la paroi latérale, un tube horizontal très-court, muni d'un robinet, pour donner issue au gaz confiné, et en *d*, au bas de la caisse, une ouverture pouvant se fermer hermétiquement au moyen d'un écrou ou d'un bouchon. Enfin le tube de verre *f*, qui se trouve mastiqué en *gg*, communique avec l'intérieur de la caisse *A*, et indique le niveau de l'eau dans l'appareil, par conséquent le volume du gaz qu'il renferme.

Pour remplir d'eau le réservoir *A*, on bouche avec soin l'ouverture *d*, on ouvre les trois robinets *b*, *a* et *e*, et l'on verse l'eau dans la caisse ouverte *B* ; quand la caisse inférieure est toute pleine, on referme les trois robinets, et l'on débouche *d*. C'est par cette deuxième ouverture qu'on introduit l'extrémité du tube de dégagement qui fournit le gaz qu'on veut enfermer dans le gazomètre ; à mesure que ce gaz déplace l'eau, celle-ci s'écoule par *d*. Quand le gazomètre est plein, on bouche de nouveau l'ouverture *d*, on verse de l'eau dans le réservoir supérieur, et l'on tourne le robinet *a* ; on met ainsi le gaz, confiné dans l'appareil, sous la pression d'une colonne d'eau s'élevant de la surface intérieure de l'eau de la caisse *A* jusqu'au niveau de l'eau contenue dans le réservoir supérieur *B*. Si l'on ouvre ensuite le robinet *e*, le gaz s'échappe par cette ouverture avec une vitesse correspondant à cette pression. On peut, de même, ouvrir le robinet *b*, lorsqu'on veut recueillir du gaz, dans une éprouvette renversée dans le réservoir supérieur.

§ 53. Le gazomètre que nous venons de décrire ne peut guère servir à des expériences exactes, où il importe, comme dans les opérations eudiométriques, d'avoir les gaz dans un état de pureté parfaite; l'eau en effet, comme nous l'avons déjà dit, n'empêche pas les gaz confinés sur elle de se mélanger avec une certaine quantité d'air. Il est donc indispensable de les recueillir sur le mercure.

Fig. 25.

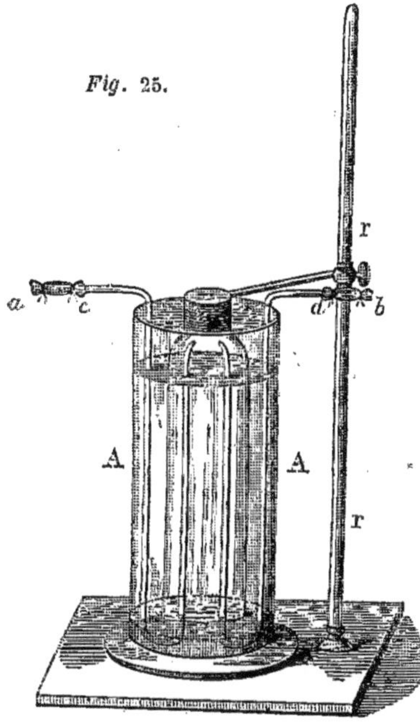

M. Bunsen [1] a construit pour cet usage un petit appareil d'une grande simplicité qu'on voit représenté fig. 25. Il se compose d'un grand verre cylindrique *A A*, au fond duquel une couche de cire à cacheter maintient dans une position verticale deux tubes de verre recourbés en U; l'une des branches de chacun de ces deux tubes s'applique contre la paroi du cylindre, tandis que l'autre branche s'élève librement vers le milieu du vase; il convient aussi que les deux branches disposées librement soient dans le même plan. Par-dessus ces deux dernières branches se trouve renversée une cloche de verre dont l'orifice repose sur le fond recouvert de cire à cacheter, tandis que la partie supérieure et fermée touche presque à l'extrémité ouverte des deux tubes en U.

Lorsqu'on remplit cet appareil de mercure, il importe que la paroi intérieure de la cloche ne retienne aucune bulle d'air, pou-

[1] BUNSEN, *Dict. de Chimie de Liebig, Poggend, et Woehler*, III, 401.

vant plus tard se mêler au gaz et le rendre impur. On évite cet inconvénient en versant le mercure par un entonnoir à l'ouverture duquel on a fixé un tube étroit, descendant jusqu'au fond du cylindre. Après avoir rempli celui-ci aux trois quarts, on enfonce doucement dans le mercure la cloche devant servir de réservoir à gaz, et on la maintient au moyen du support *r* dans la position la plus basse possible; l'air s'échappe alors par les extrémités ouvertes des tubes *a* et *b*. On verse ensuite avec précaution assez de mercure dans le cylindre pour que le niveau du métal liquide arrive jusqu'à la distance de 15 millimètres environ de l'orifice des deux tubes intérieurs.

Pour fermer et pour ouvrir à volonté les deux tubes de dégagement *a* et *b*, M. Bunsen a imaginé une disposition bien simple, qui présente les mêmes avantages qu'un robinet : elle consiste en un tube de caoutchouc dans l'intérieur duquel on glisse un bout de baguette en verre plein; on serre, avec un cordon, le caoutchouc sur le bout de baguette, pour intercepter le passage du gaz, et on desserre de même le caoutchouc pour donner issue au gaz.

Pour remplir le gazomètre, on met le tube *a*, portant un semblable ajutage en caoutchouc, en communication avec la source d'où se dégage le gaz qu'on veut recueillir, et on laisse s'échapper celui-ci pendant quelque temps par l'ajutage du tube *b*, jusqu'à ce qu'on soit certain d'avoir expulsé tout l'air du gazomètre. On serre alors l'ajutage *b* en *d*, pour empêcher la sortie du gaz, et à mesure que le gazomètre se remplit, on élève doucement la tige du support *r* qui maintient la cloche; enfin, avant que le gazomètre soit entièrement plein, on serre l'ajutage *a* en *c*. De cette manière, toute communication entre le gaz confiné et l'air extérieur se trouve parfaitement interceptée.

S'agit-il ensuite d'extraire de l'appareil une certaine quantité de gaz, on fixe hermétiquement un tube de dégagement à l'orifice extérieur de l'ajutage *d*, on desserre celui-ci, et l'on exerce sur la cloche une légère pression. Il faut, bien entendu, avant de recueillir le gaz, en laisser échapper les premières bulles, qui sont mélangées de l'air contenu dans le tube de dégagement.

§ 54. Le gaz destiné aux expériences eudiométriques doit évidemment être d'une pureté absolue. Lorsqu'on ne peut pas le recevoir directement dans l'eudiomètre, sur le mercure, M. Bunsen l'enferme dans des tubes de verre de 1 à 2 décimètres de longueur et de 20 millimètres environ de diamètre; ces tubes se laissent aisément vider dans l'eudiomètre, et contiennent un volume de gaz plus que suffisant pour les besoins de l'analyse.

Lorsque le gaz à recueillir se dégage d'une source quelconque, sous une certaine pression, on réunit entre eux, à l'aide d'ajutages en caoutchouc, quelques-uns de ces tubes, étirés en leurs extrémités de manière à pouvoir aisément les sceller et les détacher par un coup de chalumeau. On laisse d'abord passer le courant de gaz par ce système de tubes jusqu'à ce que tout l'air soit expulsé; on ferme ensuite les bouts étirés des deux tubes extrêmes, puis on détache de la même manière chaque tube séparément. Afin d'empêcher que le gaz ne perce le verre ramolli par la chaleur, il faut avoir soin de verser sur le tube, avant de le dessouder, quelques gouttes d'éther dont l'évaporation refroidit assez le gaz intérieur pour que le verre s'affaisse plutôt en dedans par le coup de chalumeau.

Dans les cas où la pression sous laquelle se dégage le gaz ne suffit pas pour le faire passer par le système de tubes dont nous venons de parler, on y supplée à l'aide d'une petite pompe pneumatique, qu'on fait fonctionner à l'extrémité opposée à celle par où entre le gaz.

Les gaz qui se dégagent sous l'eau, par exemple dans les marais, peuvent être recueillis dans de semblables tubes, à l'endroit même où ils prennent naissance. A cet effet, on scelle entièrement l'une des extrémités des tubes, on en étire l'autre de manière à lui donner la largeur d'un mince col d'entonnoir, et l'on y fixe un entonnoir au moyen d'un ajutage en caoutchouc. Ensuite on remplit d'eau tout l'appareil, on le renverse sous l'eau, et l'on maintient l'entonnoir sur la place où se dégagent les bulles de gaz. Si, comme il arrive parfois, l'entrée du gaz par l'ouverture étroite du tube effilé s'opère difficilement, on y remédie en passant sous l'eau un fil de clavecin assez fort, et en l'agitant doucement dans l'ouverture. Quand le tube est plein de gaz, on le retire de l'eau, après l'avoir placé avec l'entonnoir sur une petite capsule, celle-ci contenant assez d'eau pour confiner le gaz, et on détache le tube par un coup de chalumeau, au-dessus de l'ajutage en caoutchouc. Il faut, lors de cette dernière opération, que le niveau intérieur de l'eau, dans l'entonnoir, soit plus élevé que le niveau extérieur, parce que sans cela l'excès de pression du gaz enfermé percerait infailliblement le verre ramolli par la chaleur.

Lorsque les gaz se décomposent par la chaleur, comme certains gaz organiques, ou qu'ils sont susceptibles de détoner, comme un mélange d'hydrogène et d'oxygène, il faut renoncer à sceller au chalumeau les tubes qui les renferment. Dans ce cas, on obtient encore une fermeture excellente en serrant le caoutchouc avec un bon cordonnet de soie, entre l'entonnoir et l'effilure du tube, coupant le caoutchouc au-dessous de cette ligature, et trempant le bout coupé dans de la cire fondue. Un semblable scellement confine parfaitement le gaz pour quelques années[1].

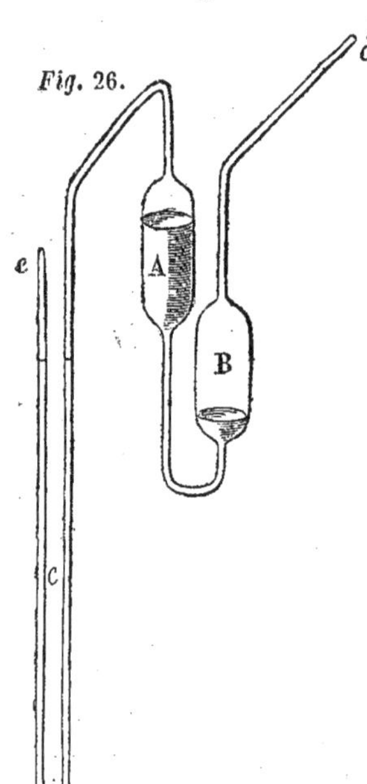

Fig. 26.

§ 55. *Pipettes pour transvaser les gaz.* — Lorsqu'il s'agit de transvaser un gaz d'une éprouvette dans une autre, ainsi que cela se présente souvent dans les expériences eudiométriques, il y a de l'avantage à se servir d'une pipette particulière, imaginée par M. Ettling[2]. Cette pipette, dont la forme est représentée par la figure ci-jointe, dispense de l'emploi de grandes cuves pneumatiques, et permet d'opérer avec facilité les transvasements sur les moindres quantités possibles de liquide intercepteur. A cet effet, on commence par remplir de liquide la boule *A* en aspirant avec la bouche à l'orifice *d*, après avoir enfoncé les deux branches *c* au-dessous du niveau du liquide de la cuve. On introduit ensuite l'extrémité ouverte *e* dans l'éprouvette d'où l'on veut extraire le gaz, et l'on aspire de nouveau en *d*; de cette manière le liquide intercepteur passe de *A* en *B*, et se trouve lui-même remplacé dans la boule *A* par le gaz; pour faire sortir ensuite celui-ci de la pipette, on n'a qu'à y souffler par l'orifice *d*. On peut ainsi introduire dans la pipette et en retirer toutes les quantités de gaz voulues.

§ 56. Lorsqu'on opère sur le mercure, la pipette précédente

[1] Kolbe, *Dict. de Chim. de Liebig, Poggend. et Woehler*, III, 403.
[2] Ettling, *Ann. der Chem. u. Pharm.*, LIII, 141.

n'est guère commode, à cause de la pression considérable que les poumons ont à surmonter pour la vider, en faisant passer la colonne mercurielle, par insufflation, de la boule *B* dans la boule supérieure *A*. On peut, il est vrai, diminuer cette pression en soulevant vers la surface du mercure la branche *c* remplie de ce liquide, au lieu de la tenir plongée jusqu'au fond de la cuve.

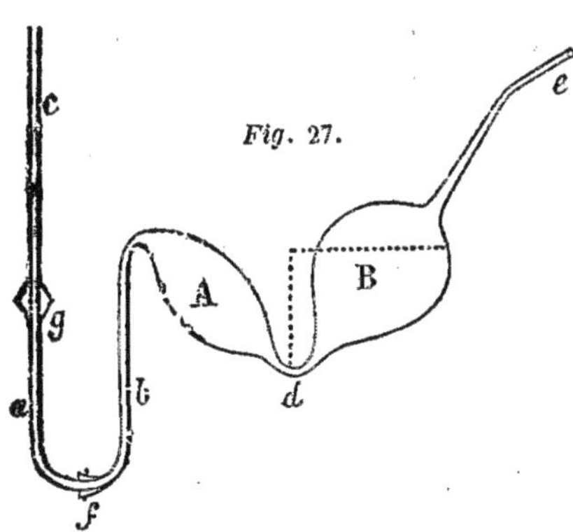

Fig. 27.

M. Pauli[1] propose de donner à la pipette une autre forme (fig. 27), qui n'offre pas les mêmes inconvénients.

Il recommande d'étirer uniformément les deux extrémités du renflement *A*, et de l'incliner sur le tube *b* sous un angle d'environ 45°, parce que sans cela des bulles d'air ou de gaz y restent toujours attachées quand on remplit la pipette de mercure ou qu'on en veut faire sortir le gaz. Ainsi que le montre la figure 27, l'extrémité du tube *a* est évasée sous forme d'entonnoir, de manière à pouvoir recevoir, à frottement, un autre tube *c* de même diamètre, et plus ou moins long suivant les besoins; il est aisé d'établir cet ajutage, qui n'a besoin que d'être imperméable au mercure. La branche *a* doit être plus haute que ne le serait la colonne mercurielle dans la boule *A*, la boule *B* étant remplie de gaz; de plus, le plan horizontal, passant par le tube *a* et la partie inférieure de la courbure *d* qui joint les deux boules, doit couper le tube *a* au-dessous de l'entonnoir *g*. La branche *a* est fixée à la branche *b* au moyen d'un bouchon, dans l'espèce d'entonnoir *f* qui termine également cette dernière branche.

Voici comment fonctionne la pipette ainsi modifiée. Pour la remplir, on couche le tube *a* horizontalement dans le mercure, et l'on aspire en *e*: le mercure s'élève alors dans le tube *b* et passe ensuite dans la boule A, qui se remplit entièrement. Quand la courbure *d* est également remplie, on met la branche *a* dans une position verticale; on passe le tube *c*, déjà rempli de mercure,

[1] PAULI, *Ann. der Chem. u. Pharm.*, LXXXIII, 96.

sous l'éprouvette d'où l'on veut extraire du gaz, et l'on fixe ce même tube, sous le mercure, à la branche *a*, en *g*. Lorsqu'il s'agit d'extraire du gaz d'une éprouvette assez haute qui en contient fort peu, on incline celle-ci autant que possible, et l'on tourne les tubes *c* et *a*, à l'aide du bouchon *f*, de manière à leur donner la même inclinaison qu'à l'éprouvette, le tube *b* restant dans une position verticale. Cette disposition diminue la pression qu'on a besoin de vaincre pour déterminer l'ascension du gaz dans la boule *A*, par l'effet de l'aspiration.

Lorsqu'on aspire en *e*, le mercure passe d'abord dans la boule *A*, et de là dans la boule *B*, tandis que le gaz le remplace dans la première boule. Dès que celle-ci est remplie de gaz, on passe l'extrémité du tube *c* sous le mercure, et l'on aspire de nouveau, de manière à remplir de mercure les tubes *a* et *c*; on détache ensuite le tube *c* et l'on place la branche mobile parallèlement à *b*; de cette manière, on peut conserver à volonté le gaz dans la pipette. Pour la vider, on n'a qu'à souffler en *e* : le mercure contenu dans la boule *B* vient alors déplacer le gaz de la boule A, et il ne faut qu'une très-faible pression pour le faire dégager par l'orifice *a*.

Quant à la dimension de la pipette qu'on vient de décrire, il suffit, pour les besoins usuels, que la boule *A* soit d'une capacité de 16, et la boule *B* d'une capacité de 24 centimètres cubes. On peut aussi, au lieu d'ajuster le tube *c* par frottement, le fixer à l'aide d'un bon bouchon ; seulement, dans ce cas, pour éviter l'adhésion des bulles de gaz, il faut préalablement recouvrir le bouchon d'une légère couche de protochlorure de mercure, en le trempant d'abord dans une solution de sublimé corrosif, puis dans du mercure; cette couche, en permettant au mercure de mouiller le bouchon, empêche toute adhésion. Il est convenable aussi de faire subir une semblable préparation au bouchon *f*, qui doit attacher la branche *a* à la branche *b*.

Réactifs pour absorber les gaz.

§ 57. Les chimistes ne manquent pas de substances qui absorbent aisément, et d'une manière complète, l'acide carbonique, l'acide sulfureux et plusieurs autres gaz; mais il n'en est que fort peu d'entre elles qui conviennent aux expériences eudiométriques. Les liquides surtout sont peu avantageux sous ce rapport, à cause des nombreuses erreurs dont leur emploi peut devenir la source : en effet, sans compter que le pouvoir absorbant des liquides varie quelquefois suivant qu'ils sont plus ou moins concentrés, et qu'il est toujours difficile d'enlever de l'eudiomètre un réactif liquide, l'absorption étant faite, on ne peut guère mesurer rigoureusement le volume d'un gaz au-dessus d'une couche liquide adhérant au verre, ni calculer d'une manière précise la tension des vapeurs émanant des liquides employés.

Les réactifs absorbants les plus convenables pour les analyses eudiométriques sont ceux qui à la fois occupent un volume extrêmement faible, et sont susceptibles d'être aisément introduits dans l'eudiomètre et extraits de cet instrument. On en forme de petites balles d'environ 6 millim. de diamètre, qu'on fixe à un fil métallique; pour donner une semblable forme à l'hydrate de potasse, au phosphore ou au chlorure de calcium; on fait fondre ces corps, et on les coule dans un moule à balles de pistolet, dans l'ouverture duquel se trouve placé un fil de clavecin bien décapé ou un fil de platine aboutissant au centre de la cavité sphérique. Après le refroidissement, les balles restent attachées chacune à un semblable fil.

Lorsque les réactifs absorbants ne présentent pas assez de consistance pour être façonnés en balles, comme, par exemple, l'acide sulfurique anhydre employé pour l'absorption du gaz oléfiant, on en imprègne des balles en coke, fixées à un fil de platine. Ces sortes de balles se préparent de la manière suivante, selon M. Bunsen : on pulvérise parties égales de houille grasse et de coke; on introduit ce mélange, ainsi que l'extrémité du fil de platine, dans un moule en fer, et l'on calcine la matière au rouge dans un bon feu de charbon. Comme les balles sont encore très-poreuses après ce traitement, on les trempe dans une solution concentrée de sucre, pour les calciner ensuite de nouveau dans la flamme de la lampe d'émailleur; ainsi trempées et calcinées à plusieurs reprises, les balles de coke acquièrent une dureté et une densité considérables.

§ 58. Voici les principaux réactifs absorbants dont l'emploi a été proposé.

L'*oxygène* peut s'absorber par le phosphore, les sulfures alcalins, le sulfate ferreux saturé de bioxyde d'azote, l'hydrate ferreux en suspension dans une solution alcaline, l'acide pyrogallique dissous dans un excès de potasse, le chlorure et le sulfite cuivreux dissous dans l'ammoniaque. A ces moyens d'absorption il faut encore ajouter la détonation de l'oxygène avec du gaz hydrogène, au moyen de l'étincelle électrique. Ce dernier procédé, proposé et mis en pratique pour la première fois par Volta, forme la base des méthodes eudiométriques modernes.

Le phosphore, employé pour la première fois par Berthollet[1], absorbe l'oxygène très-lentement, surtout à une basse température. On en fait une balle, et, après avoir humecté celle-ci autant que possible, on l'introduit dans le gaz, et on l'y abandonne tant qu'on remarque autour d'elle des nuages blancs d'acide phosphoreux, l'appareil étant exposé dans un lieu tempéré. Lorsque le gaz soumis à l'analyse contient du gaz oléfiant, de l'oxyde de méthyle ou d'autres substances qui, à l'instar des huiles essentielles, empêchent l'oxydation du phosphore à la température ordinaire, il est nécessaire de seconder par la chaleur l'action de la balle de phosphore; toutefois il ne faut pas chauffer jusqu'à la faire fondre. Comme la combustion du phosphore donne ainsi naissance à des vapeurs d'acide phosphoreux, dont on ne peut pas calculer la tension, il faut avant de mesurer le résidu gazeux enlever ces vapeurs à l'aide d'une balle de potasse préalablement humectée.

L'absorption de l'oxygène par les sulfures alcalins[2], ainsi que par les sulfites et les hyposulfites, s'opère avec une lenteur telle qu'on ne peut guère employer ces substances aux analyses eudiométriques; il faut en effet une trop grande quantité de liquide pour rendre l'absorption complète. Le sulfate ferreux, saturé de bioxyde d'azote, absorbe l'oxygène plus rapidement; mais comme après l'absorption de l'oxygène il faut absorber par une nouvelle dissolution de sulfate ferreux le bioxyde d'azote abandonné par la première liqueur, le même inconvénient d'une grande masse de liquide se présente également dans l'emploi de ce réactif. Quant à l'hydrate ferreux en suspension dans une

[1] BERTHOLLET, *Jour. de l'École Polyt.*, III, 274.
Voy. sur l'emploi du phosphore dans l'eudiométrie : GRAHAM, *Journ. de Chem. u. Physik* de Schweigger, LVII, 235. — VIOLA, *Journ. de Pharm.* XIII, 102.

[2] SCHEELE, *loc. cit.*

liqueur alcaline[1], on ne saurait guère non plus le recommander pour cet usage.

Il n'en est pas de même d'une dissolution alcaline d'acide pyrogallique. Cette liqueur absorbe l'oxygène aussi rapidement que la potasse absorbe l'acide carbonique; aussi peut-on s'en servir pour faire rapidement des analyses d'air[2], dans un tube gradué, si l'on ne prétend pas atteindre à une exactitude absolue. Une dissolution alcaline d'acide gallique absorbe aussi l'oxygène, mais moins rapidement que ne le fait l'acide pyrogallique; il en est de même d'une dissolution de tannin, dont la faculté d'absorption est encore moindre.

Le sulfite et le chlorure cuivreux, dissous dans l'ammoniaque, absorbent l'oxygène très-rapidement, il en est de même de la tournure de cuivre délayée dans l'ammoniaque liquide[3]. Comme celle-ci exhale du gaz, il faut évidemment après l'absorption de l'oxygène absorber aussi les vapeurs alcalines par de l'acide sulfurique.

On ne connaît aucun réactif propre à absorber l'*azote*.

Le *bioxyde d'azote* est absorbé par une solution de sulfate ferreux, mais l'absorption est toujours lente et incomplète. Par contre, la solution du manganate et celle du permanganate de potasse absorbent le bioxyde d'azote rapidement et d'une manière complète.

Le *protoxyde d'azote* s'absorbe lentement par le manganate et par le permanganate de potasse.

L'*acide carbonique* est complétement absorbé par la potasse caustique, solide ou en solution.

L'*oxyde de carbone* s'absorbe rapidement par une dissolution de chlorure cuivreux dans l'acide chlorhydrique. Les divers sels cuivreux dissous dans l'ammoniaque absorbent également le gaz oxyde de carbone.

Le *cyanogène* est immédiatement absorbé par la potasse. L'oxyde de mercure en suspension dans l'eau l'absorbe également, mais l'action est fort lente. Le cyanogène est encore absorbé par le chlorure cuivreux dissous dans l'acide chlorhy-

[1] DUPASQUIER, *Ann. de Chim. et de Phys.*, [3] IX, 247.
[2] LIEBIG, *Ann. der Chem. u. Pharm.*, XXVII, 107.
[3] LASSAIGNE, *Comp. rend. de l'Acad.*, XXI, 890.

drique ; il se produit un dépôt jaune de chrome, dont la couleur se modifie rapidement à l'air.

Le *gaz oléfiant* et la vapeur de certains autres *hydrocarbures* (benzine, cumène, tétrylène, etc.) sont fort bien absorbés par l'acide sulfurique fumant, très-chargé d'acide sulfurique anhydre. M. Bunsen emploie à cet effet un mélange d'environ parties égales d'acide sulfurique anhydre et d'acide sulfurique fumant ; ce mélange se prend en une masse cristalline à la température ordinaire. Pour l'introduire dans l'eudiomètre, on en imprègne une balle en coke, préparée comme nous l'avons dit plus haut (§ 57) ; on trempe la balle toute chaude dans le mélange, et on l'y laisse quelques instants, en ayant soin toutefois qu'elle ne se sursature pas, car l'excès d'acide pourrait encrasser les parois de l'eudiomètre. On introduit immédiatement la balle ainsi imprégnée dans le gaz, sur le mercure, et on l'y laisse séjourner pendant quelques heures ; ordinairement on observe alors dans le gaz, non une diminution de volume, comme on devrait le penser, mais une augmentation, due soit au dégagement d'une certaine quantité de gaz sulfureux produite par l'action de l'acide sulfurique sur le charbon, soit à la tension des vapeurs d'acide sulfurique anhydre ; la fin de l'absorption du gaz oléfiant ne se voit donc pas aussi bien que dans les autres cas ; toutefois, si la balle, après un séjour de quelques heures dans le gaz, répand des fumées blanches quand elle en est extraite et portée à l'air, on peut être assuré de l'absorption complète du gaz oléfiant et des vapeurs hydrocarbonées.

Après avoir employé l'acide sulfurique anhydre comme réactif absorbant, il faut toujours introduire dans le résidu gazeux du peroxyde de manganèse humide, attaché à un fil de platine, afin d'absorber à la fois les vapeurs d'acide sulfurique anhydre et le gaz sulfureux qui a pu se produire par l'action de l'acide sulfurique sur le mercure de l'eudiomètre.

Le gaz oléfiant est également absorbé par une dissolution de chlorure cuivreux dans l'ammoniaque.

L'*hydrogène sulfuré* est rapidement absorbé par une solution d'acétate de plomb ou de sulfate de cuivre.

Le *gaz sulfureux* est absorbé par le peroxyde de plomb, l'oxyde de mercure, et le peroxyde de manganèse, humectés d'eau, ainsi que par une solution de bichromate de potasse. M. Bunsen emploie de préférence le peroxyde de manganèse, qu'il façonne en balles de la manière suivante : On réduit le peroxyde en poudre fine, et, après l'avoir épuisé avec de l'acide nitrique faible, on en fait, avec de l'eau, une pâte épaisse, dont on remplit un moule à balles, préalablement mouillé à l'intérieur avec un peu d'huile d'olive; l'extrémité d'un fil de platine, roulée en spirale et placée entre les deux couches de pâte, avant qu'on les presse l'une contre l'autre, sert de support à la balle. Quand le moule est fermé, on le maintient pendant quelque temps à une température qui ne dépasse pas 100 degrés; alors, par l'évaporation d'une partie de l'eau, la balle de manganèse acquiert assez de consistance pour rester attachée au fil, après l'ouverture du moule. On peut lui donner plus de consistance par l'addition d'un peu de plâtre cuit à la pâte de manganèse.

Le *chlore* et l'*acide chlorhydrique* sont absorbés par la potasse. Le phosphate de soude cristallisé absorbe aussi le gaz chlorhydrique promptement et d'une manière complète.

L'*ammoniaque* et les vapeurs d'autres gaz alcalins (méthylamine, éthylamine) sont promptement absorbées par l'acide sulfurique dilué.

Enfin la vapeur d'*eau* s'absorbe parfaitement par le chlorure de calcium solide; on façonne ce sel en balles (§ 57) pour les usages eudiométriques.

Procédés eudiométriques.

§ 59. Deux genres d'opérations se présentent dans presque toutes les analyses de gaz : l'absorption de certains gaz par des réactifs appropriés, et la combustion des gaz carbonés et hydrogénés, en présence de l'oxygène, par l'étincelle électrique. La mesure des volumes gazeux, avant et après ces opérations, donne la composition du gaz soumis à l'analyse.

Lorsqu'on a l'habitude des manipulations délicates, ces expériences peuvent s'exécuter avec facilité, dans de simples éprouvettes graduées. M. Bunsen[1], qui s'est spécialement occupé de cette

[1] BUNSEN, *Ann. de Poggend.*, XLVI, 193; L, 81 et 637. — BUNSEN ET PLAYFAIR, *On the gases evolved from iron furnaces; Report on the British Associat. for the Advancem. of Science for* 1845. — En extrait : KOLBE, *Dictionn. de Liebig, Poggend. et Wœhler*, II, 1850.

question, a introduit tant de perfectionnements dans l'emploi des réactifs absorbants (§ 57 et 58), et a su si bien éviter les nombreuses sources d'erreur inhérentes à la méthode de Volta, que l'analyse eudiométrique est devenue entre ses mains aussi sûre que précise. Le procédé, simple et peu dispendieux, de cet habile expérimentateur mérite d'être vulgarisé dans les laboratoires.

Fig. 28.

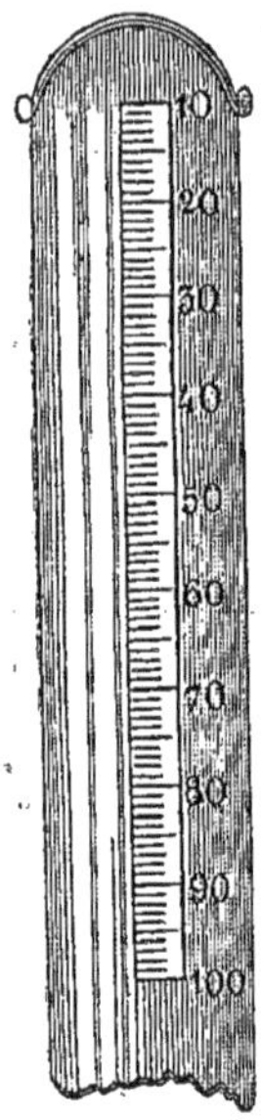

L'eudiomètre employé par M. Bunsen (fig. 28) se compose d'une éprouvette longue de 60 à 70 centimètres, et d'un diamètre intérieur d'environ 19 millimètres; l'épaisseur du verre ne dépasse pas 1 $^1/_2$ millimètre. A la partie supérieure et fermée de l'éprouvette, et en deux points opposés, se trouvent scellés deux minces fils de platine, qui sont recourbés à l'intérieur de manière à s'appliquer exactement sur les parois du verre, et dont les pointes sont rapprochées à la distance de 3 millimètres. Il importe beaucoup, pour la réussite des opérations, que cette disposition des fils soit exactement observée. A l'extérieur de l'éprouvette, l'extrémité des fils est roulée en forme d'œillet.

La division de l'éprouvette est arbitraire, et indépendante de sa capacité; au lieu de marquer celle-ci sur le verre, M. Bunsen préfère y mettre une simple division en millimètres, dont il apprécie ensuite la valeur en centimètres cubes par un jaugeage particulier.

Au lieu d'une cuve à mercure ordinaire en fonte ou en porcelaine, dont les parois, trop dures, brisent souvent les éprouvettes par le plus léger choc, il y a plus d'avantage à employer un gros bloc en bois massif, creusé en forme d'auge, d'une longueur d'environ un demi-mètre, d'une largeur et d'une épaisseur proportionnées à cette dimension. Cette cuve doit pouvoir contenir de 25 à 35 kilogrammes de mercure. L'une des parois latérales porte une échancrure carrée, où se trouve fixée une forte glace, espèce de fenêtre qui permet à l'œil, lorsqu'il s'agit de lire les divisions sur l'eudiomètre, de se placer exactement de niveau avec le mercure de la

Plusieurs chimistes ont employé avec succès le procédé de M. Bunsen; leurs analyses sont consignées dans les mémoires suivants :

SCHEERER ET LANGBERG, *Ann. de Poggend.*, LX, 489. — FRANKLAND ET KOLBE, *Ann. der Chem. u. Pharm.*, LXV, 269. — KOLBE, *ibid.*, LXIX, 257. — FRANKLAND, *ibid.*, LXXI, 171.

cuve. Il importe que le mercure employé pour les analyses eudiométriques soit entièrement pur de métaux étrangers, notamment de plomb et d'étain, dont la présence lui communique la propriété d'encrasser le verre.

Le local où l'on veut faire les opérations eudiométriques doit être autant que possible à l'abri des courants d'air, et en général de toutes les influences pouvant occasionner de brusques changements de température. On dispose l'eudiomètre de manière à l'éclairer assez pour que l'observateur puisse aisément lire les divisions. Il faut avoir soin aussi de suspendre tout à côté de l'instrument, et à la hauteur du gaz à mesurer, un thermomètre assez sensible, indiquant les dixièmes de degré. Une autre condition indispensable, c'est de mettre toujours au moins l'intervalle d'une demi-heure entre chaque opération eudiométrique et la lecture des divisions, afin que le gaz à mesurer puisse prendre la température de l'air ambiant; une heure d'intervalle n'est pas même de trop quand on a fait une détonation, ou qu'on a mis dans le voisinage du gaz une lampe allumée. Enfin un bon baromètre, dont on consulte la hauteur après chaque lecture, est également nécessaire à ce genre d'analyses.

Dans toutes les opérations eudiométriques, il faut éviter avec le plus grand soin que l'air ne se mélange avec les gaz à examiner; sous ce rapport, des précautions particulières sont à observer lorsqu'on remplit l'eudiomètre de mercure. Si l'on verse, en effet, du mercure dans une éprouvette par son extrémité ouverte, une infinité de petites bulles restent attachées aux parois du verre; on peut enlever les plus volumineuses d'entre elles en frottant contre les parois une tige en fil de fer, ou en agitant le mercure avec une grosse bulle d'air; mais ces moyens sont très-imparfaits. Il est préférable d'employer un entonnoir dans le col duquel est fixé, à l'aide d'un bouchon, un tube de verre étroit de la longueur de l'eudiomètre : on engage l'extrémité de ce tube jusqu'au fond de l'instrument, et l'on verse ensuite doucement le mercure par l'entonnoir; si l'eudiomètre a d'abord été bien nettoyé intérieurement, le mercure chasse ainsi tout l'air et s'applique sur les parois du verre, sans en retenir la plus légère bulle. Quand l'eudiomètre est plein jusqu'à déborder, on le ferme avec le pouce et on le renverse sur le mercure; ensuite on y introduit les gaz à examiner.

Lorsque ces gaz ne peuvent pas être pris à la source où on les dégage, comme c'est le plus souvent le cas, il convient d'en remplir des tubes de verre d'une longueur de 12 à 18 centimètres, et d'un diamètre de 20 millimètres; ces tubes sont ensuite hermétiquement scellés. Pour introduire le gaz dans l'eudiomètre, on casse sous le mercure la pointe des tubes, et l'on opère le transvasement en inclinant ceux-ci. (*Voy.* § 54.)

Lorsqu'il s'agit de ramener les volumes mesurés à la pression et à la température normales, il faut naturellement mettre en compte la dilatation causée par la tension de la vapeur d'eau dont les gaz sont saturés; mais on commettrait une grande erreur en mesurant des gaz dont la vapeur d'eau ne serait pas au maximum de tension. Les gaz doivent donc être entièrement secs ou parfaitement saturés de vapeur d'eau.

Comme la dessiccation du gaz initial fait souvent perdre du temps, il est préférable de le placer dans cette dernière condition, supposé toutefois que l'humidité n'altère pas le gaz soumis à l'analyse. On réalise aisément cette condition en suspendant à l'extrémité d'un fil de fer une goutte d'eau de la grosseur d'une tête d'épingle, et en frottant cette goutte contre la paroi intérieure de la tête de l'eudiomètre, sans d'ailleurs mouiller le reste du tube; cette quantité d'eau est plus que suffisante pour que le gaz introduit ensuite dans l'eudiomètre se sature de vapeur d'eau.

Fig. 29.

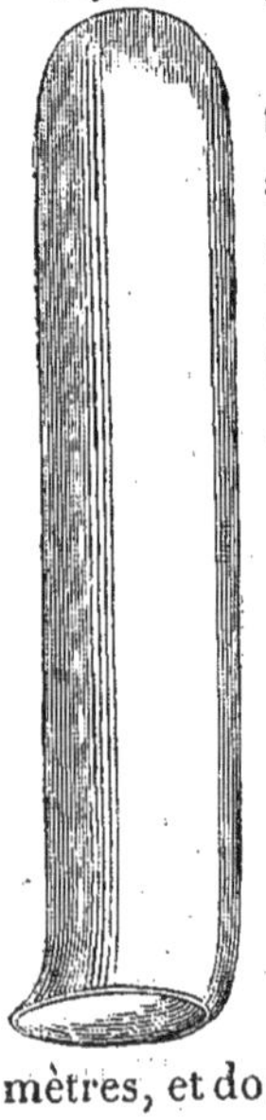

La même éprouvette ne peut pas servir à l'absorption et à la combustion du gaz. En effet, lorsqu'il s'agit, par exemple, de séparer l'acide carbonique d'avec l'oxyde de carbone, on ne saurait empêcher la balle de potasse servant à l'absorption de l'acide carbonique de se frotter contre la paroi de l'éprouvette et de s'y attacher légèrement; si l'on brûlait ensuite, dans la même éprouvette, l'oxyde de carbone avec de l'oxygène, ce résidu de potasse absorberait immédiatement une certaine quantité de l'acide carbonique, produit par la combustion, et l'on ne pourrait guère apprécier par le calcul l'étendue de cette perte.

M. Bunsen évite cette cause d'erreur en se servant d'une éprouvette particulière pour la séparation successive de tous les gaz absorbables : c'est un eudiomètre plus court que le précédent, long d'environ 20 centimètres, et dont l'extrémité ouverte est légèrement courbée (fig. 29);

il ne porte pas de fils de platine. Il sert à absorber l'acide sulfureux, l'acide carbonique, le gaz oléfiant, l'oxygène, etc.; ce n'est qu'après avoir enlevé ces gaz absorbables qu'on transvase dans le premier eudiomètre le résidu composé d'azote, d'oxyde de carbone, d'hydrogène, de gaz des marais, ou d'autres gaz combustibles.

§ 60. Pour faire saisir la marche suivie par M. Bunsen dans l'analyse des mélanges gazeux, nous allons prendre pour exemple l'analyse du gaz de l'éclairage. Ce gaz se compose de gaz des marais (hydrure de méthyle), d'hydrogène, d'oxyde de carbone, d'acide carbonique, de gaz oléfiant et d'air atmosphérique; il contient, en outre, des vapeurs d'hydrate de phényle, de naphtaline, de benzine et d'autres hydrocarbures.

La première série d'opérations s'exécute dans l'eudiomètre destiné aux absorptions. On commence par l'humecter avec une goutte d'eau; on le remplit de mercure, et l'on y introduit assez de gaz pour que le volume en occupe une hauteur de 100 à 130 millimètres. Quand l'appareil est suffisamment refroidi, on note exactement la hauteur du mercure soulevé dans l'eudiomètre, au-dessus du niveau du mercure de la cuve, ainsi que la température et la hauteur barométrique au moment de l'observation. On a ainsi le volume du gaz initial, humide.

Ce volume étant déterminé, on absorbe l'*acide carbonique* au moyen d'une balle de potasse préalablement humectée d'eau (§ 57). Pour accélérer l'absorption, il est avantageux d'employer, à cet usage de la potasse contenant encore de l'eau de cristallisation. Tant que la balle se trouve dans l'eudiomètre, l'extrémité du fil métallique qui la porte ne doit point passer hors du mercure, car, le fil métallique n'étant pas mouillé par le mercure, il s'établirait infailliblement le long de ce fil une diffusion entre le gaz confiné et l'air extérieur. Quand l'absorption est terminée, le gaz restant se trouve desséché par la potasse, et doit être porté en compte comme tel.

Suit l'absorption du *gaz oléfiant*. Elle s'effectue à l'aide d'une balle en coke, ainsi que nous l'avons dit plus haut (§ 58). Avant de déterminer le volume du gaz restant, on enlève l'acide sulfureux et les vapeurs d'acide sulfurique anhydre, à l'aide d'une balle en peroxyde de manganèse humecté d'une goutte d'eau : cette balle absorbe complétement l'acide sulfureux; de même, l'humidité qu'elle renferme hydrate l'acide sulfurique anhydre, et l'acide sulfurique concentré ainsi produit dessèche parfaitement le gaz restant. C'est alors seulement qu'on peut le mesurer. Cependant, si, comme dans l'exemple qui nous occupe, on a introduit une balle de potasse dans l'eudiomètre avant de faire l'absorption du gaz oléfiant, il se pourrait qu'une trace de carbonate de potasse, restée attachée aux parois de l'éprouvette, eût dégagé de l'acide carbonique par l'introduction de l'acide sulfurique; il faudrait donc encore, avant de déterminer le volume du gaz restant, introduire dans l'éprouvette une balle de potasse caustique.

Après avoir absorbé l'acide carbonique et le gaz oléfiant, on procède à l'absorption de l'*oxygène*. La méthode de Volta, qui consiste à faire détoner avec de l'hydrogène les mélanges gazeux contenant de l'oxygène, est sans contredit celle qui donne les résultats les plus exacts; mais elle n'est applicable que dans les cas où l'oxygène n'est pas déjà mélangé avec des gaz combustibles. Aussi M. Bunsen préfère absorber l'oxygène par une balle en phosphore humectée, en observant les précautions indiquées § 58. Lorsque tout l'oxygène est absorbé, on absorbe les vapeurs d'acide phosphoreux à l'aide d'une balle de potasse préalablement humectée, et l'on prend le volume du gaz ainsi desséché.

L'ordre dans lequel ont été faites les absorptions précédentes n'est pas le seul qu'il convienne de suivre; il est même peut-être préférable d'absorber d'abord le gaz oléfiant, puis l'acide carbonique, et ensuite l'oxygène : mais, si l'on veut suivre ce dernier ordre, il est indispensable de dessécher d'abord le gaz initial au moyen d'une balle en chlorure de calcium, attendu que le pouvoir absorbant de l'acide sulfurique anhydre s'affaiblit beaucoup par la vapeur d'eau.

Après avoir terminé cette première série d'opérations, on procède à la combustion, dans le grand eudiomètre, des gaz non absorbés par les réactifs précédemment employés : ce résidu gazeux se compose d'*azote*, d'*hydrogène*, d'*oxyde de carbone* et de *gaz de marais* (hydrure de méthyle). On parvient à en trouver la composition en déterminant les quatre quantités suivantes : la proportion de l'azote contenu dans le mélange, le volume total des gaz combustibles, la quantité de l'oxygène disparu par la combustion, et la quantité de l'acide carbonique produit.

A cet effet, on transvase, sur le mercure, du petit eudiomètre dans le grand eudiomètre, préalablement humecté, une partie du résidu gazeux, de manière que le volume du gaz introduit occupe une hauteur d'environ 120 à 150 millimètres au-dessus de la colonne mercurielle. On détermine exactement ce volume, et on mélange ensuite le gaz avec un volume à peu près double de gaz oxygène. Pour préparer celui-ci, on se sert d'une petite cornue faite avec un tube de verre du diamètre des tubes ordinairement employés pour le dégagement des gaz ; on la remplit à moitié de chlorate de potasse bien desséché et en poudre fine, et l'on recourbe ensuite légèrement l'extrémité ouverte du col sur la lampe à esprit-de-vin, afin de pouvoir l'engager aisément sous l'eudiomètre. On commence par faire fondre le chlorate sur la lampe, et on laisse dégager assez de gaz pour expulser tout l'air du petit appareil ; puis on dispose l'ouverture de la cornue de manière que l'oxygène passe doucement dans l'eudiomètre.

Après avoir noté le nouveau volume (une heure ou une heure et demie seulement après l'introduction de l'oxygène, le thermomètre et le baromètre étant en même temps consultés), on fait détoner le mélange par l'étincelle électrique. Comme le gaz au moment de l'explosion pourrait être lancé hors de l'eudiomètre, on applique contre l'extrémité ouverte une plaque épaisse en caoutchouc sur laquelle on presse l'éprouvette avec force, en la tenant des deux mains, lorsqu'il s'agit de faire la détonation. Si les fils de platine sont parfaitement soudés dans le verre, celui-ci résiste très-bien à la commotion, malgré la faible épaisseur des parois. Toutefois, l'emploi de la plaque en caoutchouc exige une autre précaution, sans laquelle il pourrait causer une grave erreur : c'est qu'il reste toujours à la surface de la plaque, employée sans préparation préalable, une petite quantité d'air qui se détache au moment de l'explosion pour aller se mêler au gaz. On évite parfaitement cet inconvénient en mouillant la plaque, avant de s'en servir, avec une solution de sublimé corrosif ; ainsi enduite, la plaque plongée dans le mercure se recouvre d'une couche de calomel, par l'effet d'une réduction du bichlorure, et au-dessous de cette couche, que mouille entièrement le mercure, ne se trouve alors plus la moindre bulle d'air. Après la combustion, on incline légèrement l'eudiomètre, contre l'ouverture duquel la plaque reste toujours collée, et de cette manière le mercure y monte peu à peu ; ensuite on enlève la plaque. On ne note le volume du gaz qu'au bout d'une heure au moins.

Cette détermination étant faite, on absorbe l'acide carbonique, produit par la combustion, au moyen d'une balle en potasse, préalablement humectée, et l'on prend note de la diminution de volume. Le résidu gazeux qu'on a ainsi renferme encore l'azote et l'excédant d'oxygène, dont on détermine ensuite la proportion en faisant détoner le mélange avec du gaz hydrogène.

L'hydrogène préparé avec du zinc est ordinairement souillé de petites quantités de matières étrangères, notamment d'hydrocarbures odorants, et ne saurait guère convenir aux déterminations eudiométriques. La meilleure manière de se procurer le gaz hydrogène à l'état de pureté absolue consiste à décomposer l'eau au moyen d'un courant galvanique; on emploie pour cela le petit appareil représenté fig. 30. C'est une fiole en verre ordinaire, dans la panse de laquelle se trouve scellé un fil de platine assez fort *a*, touchant presque le fond de la fiole. Ce fond est recouvert d'une couche d'amalgame de zinc *b*, en contact avec le fil de platine, et recouverte elle-même d'une solution aqueuse d'acide sulfurique distillé et exempt d'arsenic; cette solution arrive jusqu'en *s* dans le goulot de la fiole, de manière à laisser tout au plus un intervalle de 3 centimètres entre le bouchon et la surface du liquide. Le bouchon est traversé par un autre fil en platine portant une bande du même métal *c*, qui vient se placer a une certaine distance de l'amalgame de zinc; le bouchon reçoit, en outre, un tube de verre recourbé, qui donne issue au gaz hydrogène; celui-ci, enfin, rencontre sur son passage un tube rempli de chlorure de calcium, qui prive le gaz de son humidité.

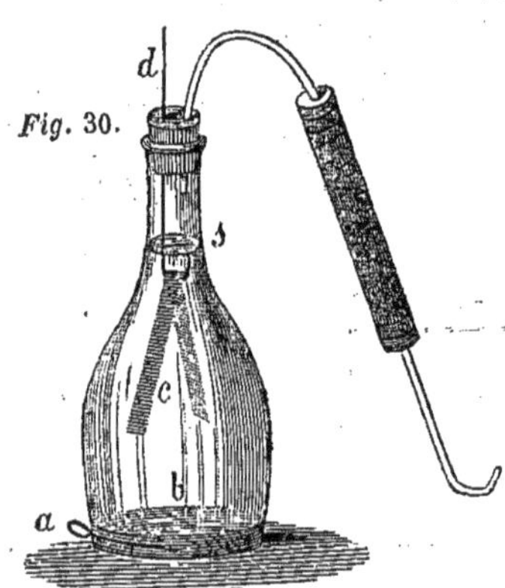

Fig. 30.

Lorsqu'on veut faire marcher l'appareil, on met la partie du fil *d* en dehors du bouchon, en communication avec le pôle négatif d'une pile composée de deux éléments de Bunsen, et le fil inférieur *a* touchant l'amalgame de zinc, avec le pôle positif : aussitôt il se développe, à la bande *c*, de l'hydrogène chimiquement pur. Avant d'introduire le gaz dans l'eudiomètre, il faut le laisser se dégager librement, au moins pendant une demi-heure, pour que tout l'air puisse être expulsé de l'appareil.

Après avoir déterminé le volume du mélange gazeux, on effectue la détonation en observant les précautions décrites plus haut, et l'on complète enfin l'expérience en mesurant le gaz restant après la combustion.

§ 61. Toutes les données de l'expérience étant exactement notées, on procède aux calculs, en commençant par ramener tous les volumes observés à une température et à une pression normales.

Si l'on désigne par :

V le volume observé;

H la hauteur du baromètre au moment de l'observation;

h la hauteur du mercure soulevé dans l'eudiomètre, c'est-à-dire la dfférence entre le niveau du mercure de l'eudiomètre et le niveau du mercure de la cuve;

t la température au moment de l'observation;

V' le volume ramené à 0° et à 760 millimètres de pression [1], on a, d'après les lois connues, pour la valeur du volume corrigé, le gaz étant mesuré à l'état sec, et à une température supérieure à 0° :

$$V' = \frac{V.(H-h)}{760.(1+0,00367\,t)}$$

Pour corriger un volume pris à une température inférieure à 0°, on a :

$$V' = \frac{V.(H-h).(1+0,00367\,t)}{760}$$

Lorsqu'on a mesuré un gaz saturé de vapeur d'eau, il faut mettre en compte la tension de cette vapeur; on a ainsi, f exprimant en millimètres cette tension à la température t :

$$V' = \frac{V.(H-h-f)}{760.(1+0,00367\,t)}$$

si l'expérience a été faite à une température supérieure à 0°; ou,

$$V' = \frac{V.(H-h-f).(1+0,00367\,t)}{760}$$

si l'expérience a été faite au-dessous de zéro.

Après avoir corrigé, à l'aide des formules précédentes, tous les

[1] Lorsqu'on a un grand nombre de volumes à calculer, la pression normale de 1000^{mm} est plus commode que la pression de 760^{mm}, ordinairement employée.

volumes observés directement, on calcule la composition du mélange gazeux, d'après les différentes opérations qu'on a exécutées.

Le calcul des volumes absorbés dans la première série d'opérations ne présente rien de particulier : le volume initial étant donné, on trouve la proportion des gaz absorbés par de simples soustractions des volumes subséquents.

Les résultats des combustions de la seconde série se calculent de la manière suivante. Appelons

a le volume du mélange initial (azote, hydrogène, oxyde de carbone, gaz des marais),
b le volume du même mélange après l'addition de l'oxygène,
c le volume du gaz après la combustion (azote, acide carbonique, excès d'oxygène),
d le volume du résidu gazeux après l'absorption de l'acide carbonique (azote et excès d'oxygène),
e le volume du résidu précédent après l'addition de l'hydrogène,
f le volume du nouveau résidu après la combustion (azote et excès d'hydrogène).

Les déterminations précédentes donnent directement :

A le volume total des gaz combustibles,
B le volume de l'oxygène consommé,
C le volume de l'acide carbonique produit,
D le volume de l'azote.

Tout l'oxygène resté dans le volume *d* après l'absorption de l'acide carbonique s'est ensuite combiné avec l'hydrogène pris en excès ; le volume de cet oxygène s'élève au tiers du volume disparu après la combustion, puisque 1 volume d'oxygène plus 2 volumes d'hydrogène, ensemble 3 volumes, forment, par cette combustion, de l'eau qui se condense. Le volume disparu par la combustion avec l'hydrogène est égal à $e - f$; donc $\frac{e-f}{3}$ représente le volume de l'oxygène contenu dans *d*, et le volume de l'azote est par conséquent :

$$D = d - \frac{e-f}{3}.$$

En défalquant cette quantité du volume initial a, on obtient le volume total des gaz combustibles; donc

$$A = a - \left(d - \frac{e-f}{3}\right).$$

La différence entre le volume initial a et le volume b donne la quantité totale d'oxygène ajoutée au volume initial a; si de cette dernière quantité on déduit ensuite la quantité d'oxygène $\frac{e-f}{3}$, restée sans emploi dans la première combustion, on obtient le volume de l'oxygène consommé par les gaz combustibles :

$$B = (b - a) - \frac{e-f}{3}.$$

Enfin, le volume de l'acide carbonique produit par la combustion est donné par la différence entre le volume c et le volume d :

$$C = c - d.$$

Les trois quantités A, B et C étant ainsi déterminées, on peut en déduire la valeur des trois inconnues suivantes :

x le volume de l'hydrogène contenu dans le gaz soumis à l'expérience,
y le volume de l'oxyde de carbone,
z le volume du gaz des marais.

Pour trouver la valeur de ces inconnues, on se base sur ce fait que l'hydrogène et l'oxyde de carbone exigent pour leur combustion la moitié de leur volume d'oxygène, tandis que le gaz des marais exige pour cela le double de son volume; et sur cet autre fait, que le gaz des marais et l'oxyde de carbone produisent en brûlant un volume d'acide carbonique égal à leur propre volume. On a, d'après cela, les équations suivantes :

$$x + y + z = A$$
$$\frac{x}{2} + \frac{y}{2} + 2z = B$$
$$y + z = C$$

On en déduit :

$$x = A - B$$
$$y = \frac{2B - A}{3}$$
$$z = C - \frac{(2B - A)}{3}$$

Les volumes de tous les gaz contenus dans le mélange analysé se trouvent ainsi déterminés.

§ 62. Plusieurs causes d'erreurs sont à éviter dans les expériences eudiométriques. Il arrive quelquefois que la proportion de l'azote contenu dans un mélange gazeux est tellement supérieure à la proportion des gaz combustibles, que le mélange ne s'enflamme plus par l'étincelle électrique. On est, dans ce cas, obligé d'y ajouter, outre l'oxygène nécessaire à la combustion, une certaine quantité de gaz de la pile (mélange d'oxygène et d'hydrogène dans les proportions de l'eau).

L'appareil (fig. 31) à l'aide duquel M. Bunsen prépare le gaz de la pile consiste en un petit tube à essais *A*, fait en verre un peu fort, et rempli jusqu'en *s s'* d'eau distillée purgée d'air par l'ébullition, et aiguisée par quelques gouttes d'acide sulfurique. L'ouverture du tube est fermée par un bouchon portant un autre tube à dégagement, ainsi que deux fils de platine, à l'extrémité desquels sont fixées, l'une vis-à-vis de l'autre, deux lames en platine, servant d'électrodes. Pour préparer le gaz de la pile avec ce petit appareil, on n'a qu'à mettre les bouts extérieurs des fils de platine en communication avec les pôles d'une pile à deux éléments de Bunsen ; on laisse d'abord le gaz se dégager librement, pour que tout l'air soit expulsé. Le gaz ainsi préparé offre cet avantage sur tout autre mélange artificiel d'oxygène et d'hydrogène, qu'on n'a pas besoin d'en mesurer le volume.

Fig. 31.

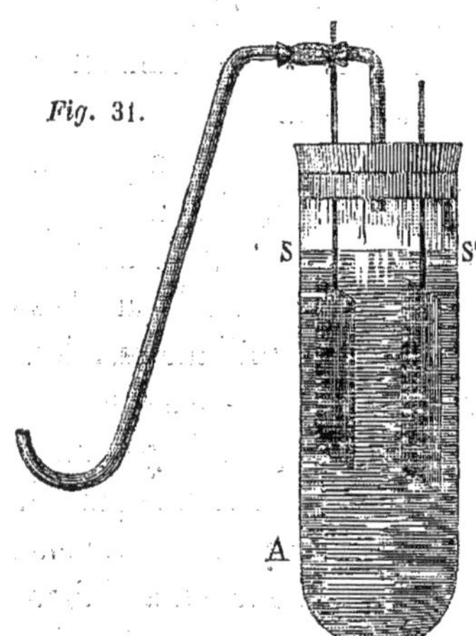

Lorsque le mélange gazeux destiné à l'analyse eudiométrique est très-riche en gaz combustibles et qu'il ne contient que quelques centièmes d'azote, il n'est pas rare de voir la combustion produire une certaine quantité d'acide nitrique[1] ; la proportion paraît en être d'autant plus forte que la chaleur dégagée par la combustion est plus élevée. Il disparaît dans ces circonstances une quantité d'oxygène supérieure à celle qui correspond à l'hydrogène

[1] KOLBE, *Ann. der Chem. u. Pharm.*, LIX, 200.

brûlé, de manière que les résultats deviennent erronés en accusant pour l'oxygène consommé un chiffre trop élevé. La chaleur dégagée par la détonation du mélange gazeux est parfois si forte qu'il se sublime un peu de mercure, qui vient s'attacher sur la paroi intérieure et libre de l'eudiomètre sous la forme d'un léger dépôt gris ; quand on a desséché le gaz restant après la détonation du mélange gazeux, on trouve sur ce dépôt un grand nombre de petites aiguilles de nitrate mercureux.

On peut éviter cette erreur, suivant M. Kolbe, en mêlant au gaz inflammable, avant de le faire détoner, un certain volume d'air atmosphérique d'une composition connue (un, deux ou même trois fois le volume du mélange gazeux). Cette addition a pour but d'abaisser suffisamment la température, lors de la combustion, pour que l'oxygène ne se combine plus avec l'azote.

§ 63. Lorsqu'il s'agit d'analyses de l'air, M. Bunsen emploie un eudiomètre plus grand que celui qui a été décrit plus haut (§ 59). Il consiste en un tube de verre long d'un mètre, d'un diamètre intérieur de 25 millimètres, et avec des fils de platine scellés dans l'extrémité fermée. Ce tube porte aussi une échelle en millimètres, dont les divisions sont préalablement jaugées ; mais comme le mercure ne peut pas s'élever au-dessus du niveau de la cuve à plus de 760 millimètres, on n'a besoin de graver les divisions que sur une pareille longueur depuis l'ouverture du tube. L'air à analyser se recueille dans une fiole à médecine ordinaire, dans laquelle on a d'abord introduit un petit fragment de potasse caustique, pour absorber l'acide carbonique. On étire un peu le col de la fiole sur la lampe d'émailleur, afin de pouvoir aisément la fermer en ce point par un coup de chalumeau ; toutefois la partie effilée doit rester assez large pour livrer passage à un tube de verre très-fin. On engage celui-ci jusqu'au fond de la fiole, et l'on aspire par l'extrémité libre, de manière à remplir la fiole de l'air qu'on veut analyser (on pourrait aussi, dans ce but, employer un soufflet) ; ensuite on ferme le col pour ne le rouvrir qu'au moment où il s'agit de transvaser le contenu de la fiole dans l'eudiomètre, sous le mercure. On introduit dans le mélange gazeux un certain volume d'hydrogène, et l'on fait la détonation en observant les précautions que nous avons indiquées plus haut (§ 60).

§ 64. M. Regnault, à qui la science est redevabe de tant de procédés ingénieux, a aussi imaginé pour les analyses eudiométriques un appareil particulier, qui donne des résultats d'une grande précision, dans un temps très-court. Au lieu de mesurer les différents volumes des gaz traités par les réactifs absorbants ou soumis à la combustion, M. Regnault les ramène à un volume constant, dans une espèce de manomètre où il mesure leurs forces élastiques; les rapports des forces élastiques lui donnent ainsi les rapports des volumes [1].

L'appareil de M. Regnault (fig. 32) est composé de deux parties, qu'on peut réunir et séparer à volonté : la première, le *mesureur*, sert à mesurer la force élastique du gaz dans des conditions déterminées de température et d'humidité; dans la seconde, dite *tube laboratoire*, les gaz sont soumis aux divers réactifs absorbants.

Fig. 32.

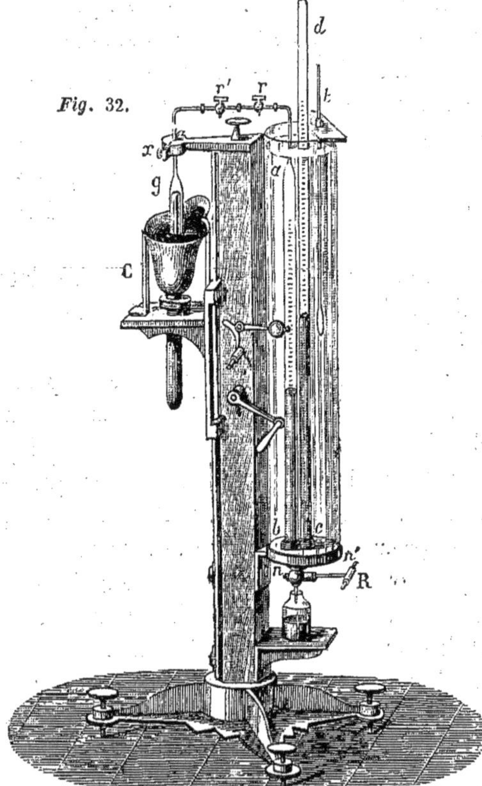

Le mesureur est composé de deux tubes *ab* et *cd*, d'égal diamètre, divisés en millimètres, et mastiqués, par l'une de leurs extrémités, dans une pièce en fonte *nn'*, munie d'un robinet R à trois voies, qui permet de faire communiquer à volonté les deux tubes ensemble ou avec le dehors; l'extrémité supérieure du tube *ab* est capillaire et recourbée; le tube *cd* est beaucoup plus long et ouvert à l'extrémité supérieure. L'ensemble des deux tubes et de la pièce en fonte forme un appareil manométrique renfermé dans un manchon de verre

[1] REGNAULT et REISET, *Ann. de Chim. et de Phys.*, [3] XXVI, 329.

cylindrique, rempli d'eau qu'on maintient à une température constante pendant toute la durée d'une analyse; la température est donnée par le thermomètre *t*.

Le tube laboratoire se compose d'une longue éprouvette *g*, plongeant dans une petite cuve à mercure C, et terminée par un tube capillaire recourbé; il est maintenu dans une position invariable au moyen d'une pince *x*, garnie intérieurement de bouchons, et qu'on ouvre ou qu'on ferme à volonté pour retirer de l'appareil le tube laboratoire ou pour mettre celui-ci en place. La cuve à mercure C est fixée sur une tablette qu'on peut élever et abaisser suivant les besoins, à l'aide d'une manivelle *m*, qui fait mouvoir un pignon engrenant avec une crémaillère.

Les extrémités des tubes capillaires qui terminent le laboratoire et le mesureur sont mastiquées dans deux petits robinets en acier *r* et *r'*, dont les bouts rodés s'ajustent exactement l'un sur l'autre.

Enfin le tube *ab* du mesureur est traversé vers *b*, en deux points opposés, par deux fils de platine à l'aide desquels on détermine le passage de l'étincelle électrique dans l'appareil.

Il est aisé de comprendre la manière dont fonctionne l'appareil précédent. Ainsi que nous l'avons dit, le mélange des gaz et leur traitement par les réactifs absorbants s'opèrent dans le tube laboratoire; les mesures et les détonations par l'étincelle électrique se font dans le mesureur. Le tube laboratoire étant détaché, on commence par remplir entièrement de mercure le mesureur, en versant le métal liquide par l'orifice supérieur du tube *cd* jusqu'à ce qu'il s'écoule par le robinet *r*, qu'on ferme ensuite; on remplit de même le tube laboratoire, en l'enfonçant entièrement dans la cuve à mercure et en aspirant en *r'* jusqu'à ce que le mercure commence aussi à sortir par le robinet ouvert. Les deux robinets étant ensuite fermés, on fixe le tube laboratoire à sa place, en serrant la pince qui le maintient. Après avoir introduit dans le tube laboratoire le gaz à analyser, on le fait passer dans le mesureur : à cet effet, les deux robinets *r* et *r'* étant ouverts, on enfonce davantage le tube laboratoire dans le mercure de la cuve, en élevant celle-ci par quelques tours de manivelle, et l'on fait écouler du mercure par le robinet R. On note ensuite le volume du gaz, et on le fait repasser dans le tube laboratoire par un mouvement inverse, en abaissant la cuve à mercure et en versant du mercure par l'orifice supérieur du tube *cd*. Puis on introduit dans le tube laboratoire le réactif absorbant, ou bien le gaz qu'il s'agit de mélanger au gaz primitif pour faire la détonation, et l'on répète la première manœuvre qui détermine le passage du mélange gazeux dans le tube mesureur. Là on le ramène au même volume que le gaz primitif, soit en augmentant la pression par l'introduction d'une certaine quantité de mercure dans le tube ouvert *cd*, soit en diminuant la pression par l'ouverture du robinet R qui laisse alors écouler du mercure. La force élastique du gaz est chaque fois donnée par la différence de hauteur entre les deux colonnes de mercure dans les tubes *ab* et *cd*, l'eau du manchon qui entoure l'appareil manométrique étant maintenue à une température constante.

A l'aide du calcul, on détermine ensuite les volumes gazeux correspondant à ces forces élastiques. Supposons, par exemple, qu'on ait traité, dans l'appareil précédent, un mélange gazeux par un réactif absorbant : H et H′ étant la hauteur du baromètre au moment des deux observations, h et h' la hauteur du mercure soulevé dans le mesureur, t la température du gaz, f la force élastique de la vapeur d'eau à saturation pour cette température, on a pour la force élastique du mélange gazeux initial, supposé sec :

$$H + h - f.$$

La deuxième mesure du gaz traité par le réactif absorbant donne pour sa force élastique :

$$H' + h' - f.$$

D'après cela, la diminution de force élastique occasionnée dans le gaz par l'absorption d'une de ses parties constituantes est représentée par

$$(H + h - f) - (H' + h' - f).$$

De là on déduit pour la proportion de cette partie constituante contenue dans le gaz sec :

$$\frac{(H + h - f) - (H' + h' - f)}{H + h - f}.$$

Rien de plus facile que d'appliquer les mêmes calculs à toutes les mesures suivantes, qu'on aurait faites après le traitement du gaz par de nouveaux réactifs absorbants, ou après l'introduction du gaz hydrogène et la combustion du mélange par l'étincelle électrique.

§ 65. Il nous reste encore, avant de terminer ce chapitre, à exposer sommairement la méthode eudiométrique proposée récemment par M. Doyère [1]. Ce savant, à l'exemple de M. Bunsen et de M. Regnault, compose son appareil eudiométrique de deux parties : l'une pour mesurer les gaz, l'autre pour traiter ceux-ci par les réactifs absorbants. Pour faire disparaître les inconvénients qui résultent de l'introduction des réactifs liquides dans les tubes gradués, M. Doyère loge ces réactifs à demeure dans des pipettes semblables (fig. 33) à celles que M. Ettling emploie comme transvaseurs (§ 55). Les gaz, après avoir été mesurés dans un tube gradué, sont introduits dans ces pipettes par aspiration, puis agités avec les réactifs; on les fait ensuite repasser dans le tube gradué pour une nouvelle mesure. Les mesures se font dans une cuve à deux compartiments, qui communiquent entre eux : le compartiment supérieur est rempli d'eau; le compartiment inférieur contient du mercure. On enfonce le tube gradué entièrement sous l'eau, et de manière à ne le faire plonger dans le mercure que par son extrémité ouverte. La masse d'eau qui enveloppe le tube gradué s'oppose non-seulement à ce que le gaz qu'il renferme éprouve aucune variation accidentelle de température pendant la durée d'une analyse, mais elle lui transmet encore, par l'intermédiaire du mercure, toutes les variations de pression résultant d'un changement dans la hauteur du baromètre, ou dans le niveau de l'eau de la cuve. M. Doyère tire parti de cette dernière circonstance pour supprimer les corrections de calcul fondées sur l'observation du baromètre et du thermomètre, et sur l'emploi de la table des tensions de la vapeur d'eau; à cet effet il fait plonger dans la cuve à eau un petit appareil en verre, dit *régulateur*, composé de deux boules contenant de l'eau, et qui communiquent entre elles par un tube capillaire portant des divisions, et dans lequel

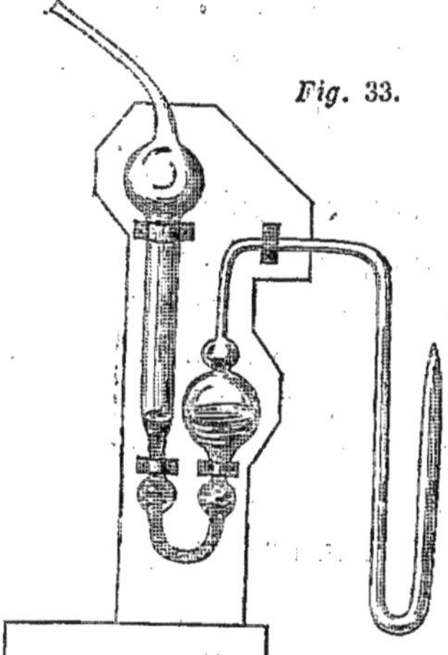
Fig. 33.

[1] DOYÈRE, *Ann. de Chim. et de Phys.*, [3] XXVIII, 5. — Voy. aussi à ce sujet : REGNAULT et REISET, *Compt. rend. de l'Acad.*, XXV, 960. — DUMAS, *ibid.*, XXVI, 2.

une colonne d'air se trouve confinée; à chaque mesure, il ramène à son volume primitif le gaz contenu dans le régulateur, en faisant varier la hauteur ou la température de l'eau de la cuve; cette correction porte alors aussi sur le gaz soumis à l'analyse dans le tube gradué.

Le régulateur de M. Doyère est représenté fig. 34. La boule A est pleine d'air jusqu'en *a*. Un tube capillaire sort de sa partie inférieure, se recourbe en *b*, remonte, se recourbe en *d*, puis redescend pour se recourber encore en *f*, et se terminer dans le réservoir ouvert B (la figure représente ce réservoir fermé par un bouchon à l'émeri, comme lorsqu'on veut maintenir l'instrument en repos). La partie *abc* de la boule A et du tube capillaire est remplie par une colonne d'eau distillée, dont le sommet *c* par ses déplacements indique les variations de volume de l'air contenu dans la boule; le réservoir B et le tube capillaire depuis ce réservoir jusqu'en *c* sont également remplis d'eau, et en communication avec l'eau de la cuve par l'orifice ouvert du réservoir B: *cde* est occupé par une grande bulle d'air. Une échelle arbitraire, gravée sur la plaque qui porte l'instrument, permet de noter la position du sommet *c*, pris comme index, à un instant donné.

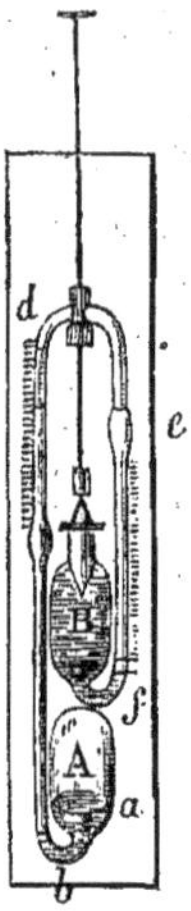

Fig. 34.

R. F. Marchand[1] s'est également occupé de perfectionner les méthodes eudiométriques : la marche suivie par ce chimiste est fondée en grande partie sur les procédés de M. Bunsen et de M. Regnault précédemment exposés.

DÉTERMINATION DES DENSITÉS DE VAPEURS.

§ 66. Le rapport simple qui existe entre la composition des corps et leur densité à l'état de vapeur donne de l'importance à la détermination de cette densité, pour les cas surtout où l'équivalent d'une substance organique ne peut pas être trouvé par l'analyse de ses compositions; la formule de beaucoup de composés semblables aux hydrocarbures, et qui ne sont ni acides ni

[1] MARCHAND, *Journ. f. prakt. Chem.*, XLIX, 449.

alcalins, ne s'établit pas autrement qu'à l'aide de leur densité de vapeur.

Toutefois, pour ne pas commettre d'erreur dans l'appréciation de cette densité, il faut la prendre à une température assez supérieure au point d'ébullition des substances volatiles, parce que ce n'est que dans ces conditions que les vapeurs suivent, au moins approximativement, les lois de dilatation et d'élasticité des gaz permanents.

Cette nécessité a été parfaitement mise en évidence par les expériences de M. Cahours sur la densité de l'acide acétique hydraté à l'état de vapeur[1]. Ce savant a reconnu que cette densité n'est constante qu'à partir de 240°, c'est-à-dire à 120° au-dessus du point d'ébullition de l'acide acétique, et que si on la détermine au-dessous de cette température, elle est d'autant plus forte qu'elle est prise à une température plus rapprochée du point d'ébullition. Voici en effet ces différentes densités :

	Densité.		Densité.
A 125°	3,180	à 200°	2,248
130	3,105	220	2,132
140	2,907	240	2,090
150	2,727	270	2,088
160	2,604	310	2,085
170	2,480	320	2,083
180	2,438	336	2,083
190	2,378		

Pour un grand nombre d'autres substances volatiles, la densité de la vapeur atteint déjà sa valeur constante à quelques degrés au-dessus du point d'ébullition. Il est, cependant, toujours prudent de prendre cette densité à la température la plus haute possible, à moins de faire à des températures différentes plusieurs expériences, dont on compare ensuite les résultats pour voir si la densité est constante.

La densité d'une vapeur s'obtient en pesant un volume connu de cette vapeur à une température et sous une pression déterminées, et en comparant ce poids avec le poids d'un égal volume d'air à la même température et sous la même pression. Deux procédés sont mis en pratique pour ce genre de déterminations : d'après le procédé de Gay-Lussac[2], on opère sur un poids connu de la substance vaporisable, et l'on mesure le volume de la vapeur

[1] CAHOURS, *Compt. rend. de l'Acad.*, XIX, 771 ; XX, 51.

[2] GAY-LUSSAC, *Ann. de Chim. et de Phys.*, II, 135.

qu'elle fournit; d'après le procédé de M. Dumas[1], le volume de la vapeur est déterminé à l'avance, et l'on en prend ultérieurement le poids.

Nous allons faire connaître ces deux procédés.

§ 67. Pour déterminer par la méthode de Gay-Lussac la densité d'une vapeur, on procède de la manière suivante : une éprouvette bien sèche, et exactement graduée en centimètres cubes, est remplie de mercure et renversée sur le mercure dans une marmite en fonte M (fig. 35); on remplit une petite ampoule du liquide à vaporiser, on en prend le poids après l'avoir fermée, et on l'introduit dans l'éprouvette, où elle vient alors surnager le mercure. L'éprouvette elle-même est maintenue dans une position verticale, et entourée d'un manchon plein d'eau *ii*; un thermomètre *t* plongeant dans ce liquide indique la température à laquelle se fait l'expérience. La marmite étant disposée sur un fourneau, on élève progressivement la température du bain et de l'eau du manchon; bientôt la dilatation du liquide fait crever l'ampoule, la vapeur se forme et déprime le mercure. On chauffe jusqu'à ce que l'eau du manchon entre en ébullition; les bulles de vapeur qui traversent le liquide bouillant maintiennent une température uniforme dans toute la masse. On note ensuite rigoureusement le volume occupé par la vapeur, la température, la hauteur du baromètre, et la hauteur du mercure soulevé dans l'éprouvette.

Fig. 35.

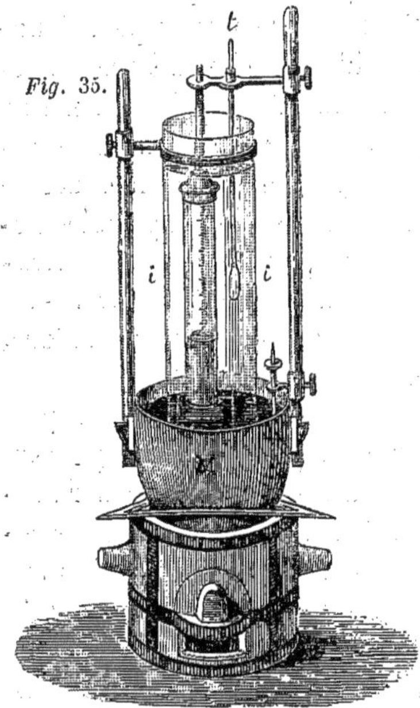

Avec ces données, jointes au poids connu de la substance employée, la densité de sa vapeur se calcule aisément. Sachant que 1 centimètre cube d'air, à 0° et 760^{mm}, pèse 0^{gr},0012932, il suffit de calculer le poids de 1 centimètre cube de vapeur ramenée à la même température et à la même pression, et de diviser ensuite ce

[1] DUMAS, *Ann. de Chim. et de Phys.*, XXXIII, 341.

dernier poids par le poids d'un centimètre cube d'air. Soit V le volume observé en centimètres cubes, H la hauteur du baromètre, h la hauteur du mercure soulevé dans l'éprouvette, t la température; H — h est évidemment la force élastique de la vapeur, et l'on a pour le volume V' ramené à la température et à la pression normales :

$$V' = \frac{V(H - h)}{760.(1 + 0,00367\,t)}.$$

§ 68. Tel qu'il vient d'être décrit, le procédé précédent n'est applicable qu'à des substances qui se réduisent en vapeur à une température inférieure au point d'ébullition de l'eau. Pour opérer à des températures plus élevées, on pourrait remplacer l'eau du manchon par de l'huile; mais les résultats ne seraient alors pas bien exacts, parce qu'il faudrait chauffer très-fort le mercure de la marmite pour obtenir dans le bain d'huile une température stationnaire, et qu'alors la tension des vapeurs mercurielles viendrait s'ajouter à la force élastique de la vapeur à mesurer, sans compter que l'expérimentateur serait exposé aux émanations, toujours pernicieuses, du mercure.

Le procédé de M. Dumas n'offre pas ces inconvénients : on peut s'en servir pour des températures quelconques, pourvu cependant qu'elles ne soient pas assez élevées pour ramollir et déformer l'enveloppe contenant la vapeur. Il consiste a chauffer un ballon effilé (fig. 36), contenant un excès de la matière volatile, dans un bain dont la température est portée à 40 ou 50 degrés au moins [1] au-dessus du point d'ébullition de la substance. Quand l'excès de matière est chassé du ballon par l'ébullition, on ferme la pointe de celui-ci à l'aide du chalumeau. On obtient ainsi un vase rempli de vapeur à une température connue, sous la pression de l'atmosphère au moment où l'on a fermé le ballon; en déterminant ensuite la capacité du ballon et le poids de la matière qui s'y trouve, on a tous les éléments nécessaires pour calculer la densité de la vapeur.

Fig. 36.

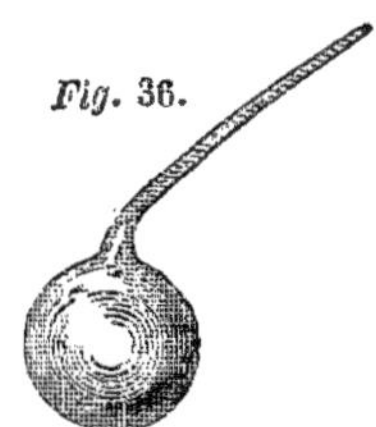

On choisit pour cette opération un simple ballon ordinaire, d'une capacité de 250 à 500 centimètres cubes. Après l'avoir bien desséché, on en ramollit le col tout près de la panse, à l'aide de

[1] *Voy.* § 66.

la lampe d'émailleur; on étire le col de manière à obtenir un long tube capillaire, et l'on recourbe celui-ci brusquement pour le ramener à une direction qui fasse un angle droit avec la direction primitive du col (fig. 36). On coupe l'extrémité du col effilé, pour avoir une pointe ouverte, et l'on prend la tare du ballon, bien frotté extérieurement, en notant la température t dans l'intérieur de la cage de la balance, et la hauteur H du baromètre au moment de la pesée. On introduit ensuite dans le ballon 5 ou 6 grammes de la matière : à cet effet, on échauffe doucement le ballon, puis on en plonge le bec dans la substance, naturellement liquide, ou bien fondue par une légère chaleur au besoin; à mesure que le ballon se refroidit, la liqueur s'élève et se répand dans l'intérieur. Si la matière était solide à la température ordinaire, et qu'elle se figeât dans le col, il faudrait de nouveau la chauffer pour la liquéfier et la faire couler dans la panse; si elle était assez volatile pour être réduite en vapeur par son contact avec les parois chaudes du ballon, on refroidirait celui-ci en l'arrosant de quelques gouttes d'éther.

Fig. 37.

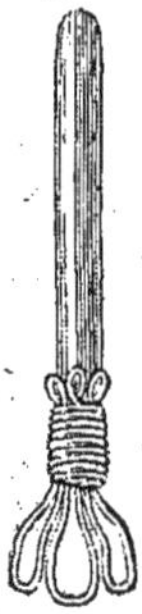

La matière étant introduite dans le ballon, on fixe celui-ci à l'extrémité d'une tige, en le serrant, la pointe du ballon tournée vers le haut, dans une espèce de pince faite avec trois fils de fer recourbés (fig. 37). Ensuite on dispose le ballon dans le bain où doit se terminer l'expérience : comme liquide, on emploie l'eau si la matière bout au-dessous de 80°, l'huile si elle bout au-dessous de 250°, et enfin l'alliage fusible de Darcet (alliage de bismuth, de plomb et d'étain) si le point d'ébullition de la matière est supérieur à 250°. Le bain est renfermé dans une marmite en fonte; un thermomètre fixé dans le bain en indique la température. Le thermomètre et la tige qui porte le ballon sont maintenus dans le bain au moyen d'un support (fig. 38); on recouvre le bain d'un couvercle en clinquant, dans

Fig. 38.

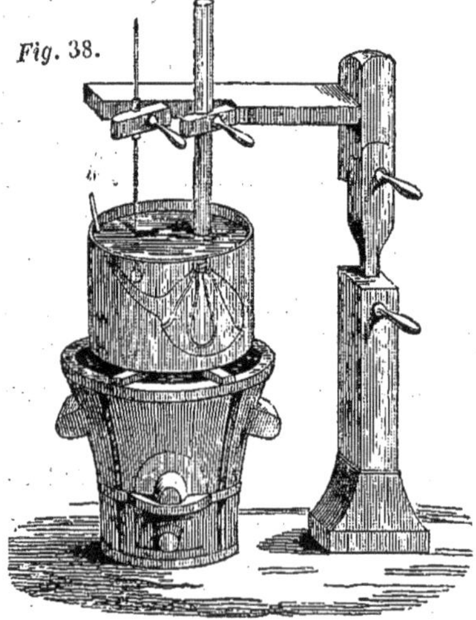

lequel on a pratiqué trois ouvertures qui laissent passer la tige, le thermomètre et la pointe du ballon *i*.

Quand tout l'appareil est ainsi disposé, on chauffe le bain progressivement. Dès qu'on a atteint la température d'ébullition du liquide, on voit sortir de la pointe la vapeur par bouffées. On continue d'élever rapidement la température, en agitant le bain de temps à autre, et jusqu'à ce qu'on approche du point auquel on veut faire la détermination. On retire alors les charbons du fourneau; on en ferme les portes, et l'on attend le moment où la température T devient stationnaire; à ce moment, on ferme rapidement la pointe par un coup de chalumeau. S'il y avait du liquide condensé dans la pointe, il faudrait d'abord le chasser en approchant la flamme d'une lampe à alcool. Après avoir noté la température T à laquelle on a fermé la pointe, ainsi que la hauteur H du baromètre, dans le cas où elle aurait changé depuis la première pesée, on retire le ballon du bain, on le laisse refroidir, on l'essuie convenablement, et on le pèse de nouveau. On note l'excès de poids P qu'on obtient ainsi sur la tare (pour les vapeurs plus pesantes que l'air).

Ceci fait, il s'agit de déterminer la capacité V du ballon. A cet effet, on plonge le bec du ballon dans du mercure; on l'entame avec une pierre à fusil sous le mercure, et l'on brise la pointe. Le mercure rentre aussitôt dans le ballon et le remplit si l'excès de matière a été suffisant pour expulser tout l'air; dans le cas contraire, il y reste une bulle d'air plus ou moins grosse, dont on tient compte. On retire le ballon du mercure; on brise le col peu à peu avec une pince, et on vide le ballon dans une éprouvette graduée en centimètres cubes. Cette opération donne la capacité V du ballon; si tout l'air n'avait pas été expulsé, on ferait un second jaugeage, après avoir vidé le mercure et l'avoir remplacé par de l'eau, de manière à remplir entièrement le ballon; le volume trouvé par le premier jaugeage étant déduit du second volume donnerait alors le volume *v* de l'air resté dans le ballon. On pourrait aussi recueillir à part la bulle d'air restée dans le ballon, et la mesurer dans une petite éprouvette graduée.

Toutes les données nécessaires au calcul se trouvent ainsi déterminées. Il est à remarquer que le procédé que nous venons de décrire suppose l'emploi de matières parfaitement homogènes; car si l'on opérait sur des mélanges, la partie la moins volatile se concentrerait peu à peu dans le ballon, et augmenterait beaucoup le poids apparent de la vapeur.

Lorsqu'on opère sur des matières qui s'altèrent par la chaleur au contact de l'air, on remplit d'abord d'acide carbonique le ballon où l'on veut prendre leur densité de vapeur.

§ 69. Voici les calculs à faire pour déduire des expériences précédentes la densité de vapeur d'un corps.

Le poids de la vapeur est donné par l'excès de poids obtenu à la deuxième pesée (ballon rempli de vapeur) sur la première pesée (ballon rempli d'air), et augmenté du poids du volume d'air, contenu dans le ballon taré[1].

Soit P l'excès de poids, et p le poids de l'air; le poids de la vapeur sera donc

$$P + p.$$

P est connu. Pour trouver p, on ramène à la température et à la pression normales le volume d'air V que contenait le ballon quand on en prenait la tare à la température t et sous la pression H observées, et l'on multiplie le volume ainsi corrigé par ${}^{gr}0,0012932$, qui est le poids d'un centimètre cube d'air à 0° et 760^{mm}. On a donc

$$p = 0^{gr},0012932.\ V.\ \frac{H}{760\ (1 + 0,00367\ t)}.$$

Quant au volume de la vapeur, on le trouve en tenant compte de la dilatation que le verre du ballon a subie par l'effet de la température élevée T à laquelle l'expérience a été faite. Si k représente le coefficient de dilatation moyen du verre entre les températures t et T, la capacité du ballon, conséquemment le volume de la vapeur à la température T, sera évidemment

$$V\ (1 + k\,T).$$

Ce volume ramené à la température et à la pression normale sera

$$V\ (1 + k\,T).\ \frac{H'}{760\ (1 + 0,00367\ T)}.$$

[1] Appelons p le poids de l'air, p' le poids du ballon rempli de vapeur, p'' le poids du ballon rempli d'air; le poids du ballon sera $p'' - p$, et le poids de la vapeur $p' - (p' - p) = p' - p'' + p$. Or, $p' - p''$ est donné par l'excès de poids P de la deuxième pesée sur la première.

Or, puisqu'un même volume d'air dans les mêmes circonstances de température et de pression pèse

$$0^{gr},0012932.\,V\,(1+kT).\frac{H'}{760\,(1+0,00367\,T)},$$

la densité de la vapeur de la substance est représentée par

$$\frac{P+p}{0,0012932.\,V\,(1+kT).\dfrac{H'}{760\,(1+0,00367\,T)}}.$$

On a supposé dans les calculs précédents que la vapeur au moment de la fermeture du ballon en avait expulsé tout l'air, et que par conséquent le mercure le remplissait entièrement, la pointe du ballon étant ouverte sous le métal liquide. Cependant il arrive très-souvent qu'il y reste encore une bulle d'air, dont il faut alors tenir compte. Comme les corrections qu'exige la présence d'un semblable résidu offrent toujours un peu d'incertitude, il est toujours bon de l'éviter, quand on peut, en employant pour l'expérience assez de substance pour produire la vapeur nécessaire à l'expulsion de tout l'air.

La présence de l'air ramène l'expérience à la même condition que si l'on eût employé un ballon plus petit d'une quantité égale au volume v de l'air restant. Soit π le poids de ce volume d'air, on a :

$$\pi = 0^{gr},0012932.\,v.\,\frac{H}{760\,(1+0,00367\,t'')},$$

H'' et t'' désignant la température et la hauteur du baromètre au moment de la mesure du volume v. Le poids de la vapeur qui se trouvait dans le ballon au moment de la fermeture est, d'après cela :

$$P+p-\pi.$$

L'air restant v occupe dans le ballon au moment de la fermeture, à la température T et sous la pression H', un volume

$$v' = v.\frac{H''\,(1+0,00367\,T)}{H'\,(1+0,00367\,t'')}.$$

D'après cela, le volume de la vapeur étant à dimineur de v' sera égal à

$$V\,(1+k\,T)-v'.$$

Ce volume, ramené à la température et à la pression normales, sera

$$[V(1 + kT) - v'] . \frac{H'}{760(1 + 0{,}00367\,T)};$$

et puisqu'un même volume d'air dans les mêmes circonstances de pression et de température pèse

$$0^{gr},0012932 . [V(1 + kT) - v'] \frac{H'}{760(1 + 0{,}00367\,T)},$$

la densité de la vapeur de la substance sera représentée par

$$\frac{P + p - \pi}{0^{gr},0012932 . [V(1 + kT) - v'] \dfrac{H'}{760(1 + 0{,}00367\,T)}}.$$

§ 70. Une autre correction qu'il ne faut pas négliger dans les calculs précédents, c'est de ramener préalablement la température T, indiquée par le thermomètre à mercure plongé dans le bain, à la température donnée par le thermomètre à air. Cette correction peut devenir importante pour les températures élevées.

Voici, suivant M. Regnault[1], un tableau comparatif des températures du thermomètre à air et du thermomètre à mercure, suivant que l'enveloppe de celui-ci est faite en cristal de Choisy-le-Roi ou en verre ordinaire employé à Paris pour les tubes de chimie.

Températures du thermomètre à mercure.	Températures du thermomètre à air, correspondant aux températures du thermomètre à mercure, l'enveloppe de celui-ci étant	
	en cristal.	en verre ordinaire.
100	100,00	100,00
110	109,95	110,02
120	119,88	120,05
130	129,80	130,09
140	139,73	140,15
150	149,60	150,20
160	159,49	160,26
170	169,36	170,32
180	179,21	180,37
190	189,01	190,37
200	198,78	200,30
210	208,51	210,25
220	218,23	220,20
230	227,91	230,15
240	237,55	240,10
250	247,13	249,95
260	256,71	259,80
270	266,27	269,63
280	275,77	279,49

[1] REGNAULT, *Ann. de Chim. et de Phys.*, [3] V, 83; V, 370. — Voy. aussi, sur la marche comparative des thermomètres à mercure formés par des verres différents, J. PIERRE, *ibid*, » V, 427.

290	285,20	289,22
300	294,61	298,95
310	303,99	308,60
320	313,29	318,26
330	322,51	327,74
340	331,61	337,17
350	340,62	346,36

§ 71. On peut beaucoup abréger les calculs des densités de vapeurs en employant les logarithmes. En tenant compte de toutes les corrections, on a[1]

$$\log. V - \log. (V - v) - \log. [1 + k (T - t)] + \log. (1 + \lambda T) - \log. (1 + \lambda t) = \log. A.$$

$$\log. A + \log. P - \log. V - \log. s = \log. B.$$

Les lettres employées dans ces formules désignent les quantités suivantes :

- V la capacité du ballon, en centimètres cubes ;
- v le volume de l'air restant, mesuré à la température t ;
- t la température de l'air en degrés centigrades à laquelle les pesées ont été faites ;
- T la température de la vapeur ;
- k le coefficient de dilatation moyen du verre ;
- λ le coefficient de dilatation de l'air et des gaz ;
- P l'excès de poids du ballon rempli de vapeur ;
- s le poids, en grammes, d'un centimètre cube d'air à la température t et sous la pression barométrique H auxquelles l'expérience a eu lieu.

A et B désignent la densité de vapeur. On cherche dans les tables les nombres correspondant à *log.* A et à *log.* B, et la somme de ces nombres donne la densité cherchée.

Nous donnons ci-après quelques tables[2] où les valeurs de *log.* $(1 + \lambda t)$, *log.* $[1 + k (T - t)]$, et *log.* s sont calculées d'avance pour les différentes températures ; on n'a donc plus qu'à chercher dans une table de logarithmes ordinaire les valeurs de *log.* V, de *log.* $(V - v)$, et de *log.* P.

Pour trouver le poids d'un centimètre cube de la vapeur à 0° et 760^{mm}, on ajoute au logarithme de la densité de vapeur le logarithme d'un centimètre cube d'air à 0° et 760^{mm}, et l'on cherche ensuite le nombre correspondant à la somme de ces logarithmes.

[1] POGGENDORFF, *Ann. de Poggend.*, XLI, 449.

[2] H. ROSE, *Ausführl. Handb. der analyt. Chemie*, II, 1041

I. *Dilatation de l'air et des gaz.*

$\lambda = 0,00367.$

t	log. (1 + λ t).	Différence.	t	log. (1 + λ t).	Différence.
0	0,00000		50	0,07317	135
1	0,00159	159	51	0,07451	134
2	0,00318	159	52	,07585	134
3	0,00476	158	53	0,07719	134
4	0,00633	157	54	0,07852	133
5	0,00790	157	55	0,07985	133
6	0,00946	156	56	0,08117	132
7	0,01102	156	57	0,08249	132
8	0,01257	155	58	0,08381	132
9	0,01411	154	59	0,08512	131
10	0,01565	154	60	0,08643	131
11	0,01719	154	61	0,08772	131
12	0,01872	153	62	0,08903	131
13	0,02024	152	63	0,09033	130
14	0,02176	152	64	0,09162	129
15	0,02327	151	65	0,09291	129
16	0,02478	151	66	0,09420	129
17	0,02628	150	67	0,09548	128
18	0,02778	150	68	0,09676	128
19	0,02927	149	69	0,09803	127
20	0,03076	149	70	0,09930	127
21	0,03224	148	71	0,10057	127
22	0,03372	148	72	0,10183	126
23	0,03519	147	73	0,10309	126
24	0,03666	147	74	0,10434	125
25	0,03812	146	75	0,10559	125
26	0,03958	146	76	0,10684	125
27	0,04103	145	77	0,10809	125
28	0,04248	145	78	0,10933	124
29	0,04392	144	79	0,11057	124
30	0,04536	144	80	0,11180	123
31	0,04679	143	81	0,11303	123
32	0,04822	143	82	0,11426	123
33	0,04965	143	83	0,11548	122
34	0,05107	142	84	0,11670	122
35	0,05248	141	85	0,11792	122
36	0,05389	141	86	0,11913	121
37	0,05530	141	87	0,12034	121
38	0,05670	140	88	0,12155	121
39	0,05810	140	89	0,12275	120
40	0,05949	139	90	0,12395	120
41	0,06088	139	91	0,12515	120
42	0,06226	138	92	0,12634	119
43	0,06364	138	93	0,12753	119
44	0,06501	137	94	0,12872	119
45	0,06638	137	95	0,12990	118
46	0,06775	137	96	0,13108	118
47	0,06911	136	97	0,13226	118
48	0,07047	136	98	0,13343	117
49	0,07182	135	99	0,13460	117

t	log. $(1 + \lambda t)$.	Différence.	t	log. $(1 + \lambda t)$.	Différence.
100	0,13577	117	160	0,20063	100
101	0,13693	116	161	0,20163	100
102	0,13809	116	162	0,20263	100
103	0,13925	116	163	0,20363	100
104	0,14041	116	164	0,20463	100
105	0,14156	115	165	0,20562	99
106	0,14271	115	166	0,20661	99
107	0,14385	114	167	0,20760	99
108	0,14499	114	168	0,20859	99
109	0,14613	114	169	0,20958	99
110	0,14727	114	170	0,21056	98
111	0,14841	114	171	0,21154	98
112	0,14954	113	172	0,21252	98
113	0,15067	113	173	0,21350	98
114	0,15179	112	174	0,21447	97
115	0,15291	112	175	0,21544	97
116	0,15403	112	176	0,21641	97
117	0,15515	112	177	0,21738	97
118	0,15626	111	178	0,21834	96
119	0,15737	111	179	0,21930	96
120	0,15848	111	180	0,22026	96
121	0,15959	111	181	0,22122	96
122	0,16069	110	182	0,22218	96
123	0,16179	110	183	0,22314	96
124	0,16289	110	184	0,22409	95
125	0,16398	109	185	0,22504	95
126	0,16507	109	186	0,22599	95
127	0,16616	109	187	0,22693	94
128	0,16725	109	188	0,22787	94
129	0,16833	108	189	0,22882	95
130	0,16941	108	190	0,22976	94
131	0,17049	108	191	0,23070	94
132	0,17156	107	192	0,23163	93
133	0,17263	107	193	0,23257	94
134	0,17370	107	194	0,23350	93
135	0,17477	107	195	0,23443	93
136	0,17584	107	196	0,23536	93
137	0,17690	106	197	0,23628	92
138	0,17796	106	198	0,23721	93
139	0,17902	106	199	0,23813	92
140	0,18007	105	200	0,23905	92
141	0,18112	105	201	0,23997	92
142	0,18217	105	202	0,24088	92
143	0,18322	105	203	0,24180	91
144	0,18426	104	204	0,24271	91
145	0,18530	104	205	0,24362	91
146	0,18634	104	206	0,24453	91
147	0,18738	104	207	0,24544	90
148	0,18841	103	208	0,24634	90
149	0,18944	103	209	0,24724	90
150	0,19047	103	210	0,24814	90
151	0,19150	102	211	0,24904	90
152	0,19252	102	212	0,24994	90
153	0,19354	102	213	0,25084	90
154	0,19456	102	214	0,25173	89
155	0,19558	102	215	0,25262	89
156	0,19660	102	216	0,25351	89
157	0,19761	101	217	0,25440	89
158	0,19862	101	218	0,25529	89
159	0,19963	101	219	0,25617	88

t	log. (1 + λ t).	Différence.	t	log. (1 + λ t).	Différence.
220	0,25705	88	260	0,29027	82
221	0,25793	88	261	0,29178	81
222	0,25881	88	262	0,29260	82
223	0,25969	88	263	0,29341	81
224	0,26057	88	264	0,29422	81
225	0,26144	87	265	0,29503	81
226	0,26231	87	266	0,29584	81
227	0,26318	87	267	0,29664	80
228	0,26405	87	268	0,29745	81
229	0,26492	87	269	0,29825	80
230	0,26578	86	270	0,29905	80
231	0,26665	87	271	0,29985	80
232	0,26751	86	272	0,30064	79
233	0,26837	86	273	0,30144	80
234	0,26922	85	274	0,30224	80
235	0,27008	86	275	0,30303	79
236	0,27094	86	276	0,30383	80
237	0,27179	85	277	0,30462	79
238	0,27264	85	278	0,30541	79
239	0,27349	85	279	0,30620	79
240	0,27434	85	280	0,30698	78
241	0,27519	85	281	0,30776	78
242	0,27603	84	282	0,30855	79
243	0,27688	85	283	0,30933	78
244	0,27772	84	284	0,31011	78
245	0,27856	84	285	0,31089	78
246	0,27940	84	286	0,31167	78
247	0,28023	83	287	0,31245	78
248	0,28107	84	288	0,31323	78
249	0,28190	83	289	0,31400	77
250	0,28274	84	290	0,31477	77
251	0,28357	83	291	0,31554	77
252	0,28439	82	292	0,31631	77
253	0,28522	83	293	0,31708	77
254	0,28605	83	294	0,31785	77
255	0,28687	82	295	0,31862	77
256	0,28769	82	296	0,31938	76
257	0,28851	82	297	0,32014	76
258	0,28933	82	298	0,32091	77
259	0,29015	82	299	0,32167	76

II. *Dilatation du verre.*

$$k = 1/37000.$$

T—t	log. [1+k(T—t)]	Différence.	T—t	log. [1+k(T—)]	Différence.
100°	0,00117		200°	0,00234	12
110	0,00129	12	210	0,00246	12
120	0,00140	11	220	0,00257	11
130	0,90152	12	230	0,00269	12
140	0,00164	12	240	0,00281	12
150	0,00176	12	250	0,00293	12
160	0,00187	11	260	0,00304	11
170	0,00199	12	270	0,00316	12
180	0,00211	12	280	0,00328	12
190	0,00222	11	290	0,00339	11

III. *Poids d'un centimètre cube d'air, en grammes,* = s.

s = 0,0012932.

t	log. s, H = 760mm.	Différence.	t	log. s, H = 760mm.	Différence.
0	0,11166 — 3		15	0,08739 — 3	151
1	0,11007 — 3	159	16	0,08688 — 3	151
2	0,10848 — 3	159	17	0,08538 — 3	150
3	0,10690 — 3	158	18	0,08388 — 3	150
4	0,10533 — 3	157	19	0,08239 — 3	149
5	0,10376 — 3	157	20	0,08090 — 3	149
6	0,10220 — 3	156	21	0,07942 — 3	148
7	0,10064 — 3	156	22	0,07794 — 3	148
8	0,09909 — 3	155	23	0,07647 — 3	147
9	0,09755 — 3	154	24	0,07500 — 3	147
10	0,09601 — 3	154	25	0,07354 — 3	146
11	0,09447 — 3	154	26	0,07208 — 3	146
12	0,09294 — 3	153	27	0,07063 — 3	145
13	0,09142 — 3	152	28	0,06918 — 3	145
14	0,08990 — 3	152	29	0,06774 — 3	144

VI. *Corrections à faire aux logarithmes de la table III, lorsque H est plus élevé ou moins élevé que 76mm.*

Différence, en millimètres, sur la hauteur 760mm.	Valeur à ajouter si H est plus élevé, et à retrancher si H est moins élevé que 760mm.
1	0,00057
2	0,00114
3	0,00171
4	0,00228
5	0,00285
6	0,00342
7	0,00399
8	0,00456
9	0,00513

Pour les dixièmes et les centièmes de millimètre, on recule ces valeurs d'une et de deux décimales vers la droite.

§ 72. Il nous reste encore, pour terminer ce chapitre, à montrer par un exemple comment on compare une densité de vapeur, trouvée par l'expérience, avec la densité de vapeur théorique.

L'expérience a donné le nombre 3,47 pour la densité de vapeur de l'acide acétique anhydre $C^8H^6O^6$ (c'est-à-dire $C^4H^3O^3$, $C^4H^3O^3$). D'après la composition de ce corps :

8 vol.	de vap.	de carbone	pèsent	8×0,829 = 6,632
12	—	d'hydrogène	—	120,×069 = 0,828
6	—	d'oxygène	—	6×1,105 = 6,630
				14,090

Or, en divisant par 4 la somme 14,090 des densités des éléments qui composent l'acide acétique anhydre, on trouve le nombre 3,52, qui est sensiblement le même que 3,47. La formule $C^8H^6O^6$ correspond donc à 4 volumes de vapeur; la moitié de cette formule, ou $C^4H^3O^3$, correspondrait à 2 volumes. La différence 0,05 entre le nombre théorique et le nombre expérimental tient, soit aux petites erreurs manuelles inévitables dans ce genre d'expériences, soit aux erreurs théoriques qu'on commet dans le calcul des densités, en supposant que les vapeurs suivent rigoureusement les mêmes lois de dilatation et d'élasticité que l'air dans les mêmes conditions.

DEUXIÈME PARTIE.

SÉRIES ORGANIQUES.

PRINCIPES DE LA CLASSIFICATION SÉRIAIRE.

§ 73. Classer, c'est formuler des analogies. L'objet spécial de la chimie organique étant la recherche des lois d'après lesquelles les composés organiques se métamorphosent, la seule classification philosophique qui convienne à cette science, c'est celle qui prend ses analogies parmi les métamorphoses.

Au début, alors qu'ils ne connaissaient pas encore des métamorphoses, les chimistes durent naturellement classer les corps d'après leurs caractères extérieurs les plus apparents : ils furent ainsi conduits à distinguer des huiles essentielles, des corps gras, des résines, des matières colorantes, suivant que les composés organiques les impressionnaient le plus par leur consistance, leur odeur, leur couleur, leur action sur le toucher. Plus tard, quand à ces notions vagues et incomplètes ils eurent joint des connaissances plus précises sur certaines fonctions chimiques, quand ils eurent appris à définir les acides, les alcalis, les éthers, les amides, la classification prit déjà un caractère plus scientifique ; mais les faits observés n'étant pas assez nombreux, le nouveau principe sur lequel elle s'appuyait ne pouvait pas s'étendre à tous les composés, et beaucoup de corps durent rester classés d'après leurs propriétés physiques. Il en résulta ce singulier mélange de classification qui subsiste encore aujourd'hui dans les traités de chimie.

Ce manque d'unité dans la classification ne peut être imputé aux chimistes : il est le résultat logique de l'état de transition et de transformations propre à toute science à son début. Mais aujourd'hui il commence à cesser, du moins en grande partie, grâce aux lumières que l'analyse est venue répandre, dans ces dernières années, sur la constitution et sur les métamorphoses des composés organiques, En effet, des analogies ont été découvertes entre les corps en apparence les plus dissemblables ; des liens de parenté ont été constatés entre des corps exerçant les fonctions chimiques les plus diverses ; des séries entières de combinaisons se sont révélées, qui ne sont que des variantes d'une même formule, et dont les différents termes (*corps homologues*) considérés dans leurs propriétés reflètent pour ainsi dire la même image, seulement plus grossie ou plus réduite.

Le moment est donc venu où la chimie organique, ne donnant plus qu'une importance secondaire aux caractères physiques et aux fonctions chimiques comme moyens de classification, s'appuie sur un principe plus large, applicable à tous les corps, quels qu'en soient les caractères physiques et les fonctions chimiques. Après avoir étudié les corps sous le rapport de leurs métamorphoses, *elle groupe ensemble ceux qui résultent les uns des autres;* puis, quand elle a ainsi disposé un certain nombre de groupes ou de séries, elle cherche si parmi les corps qu'ils comprennent, il n'en est pas qui se ressemblent entre eux à un plus haut degré qu'ils ne ressemblent aux autres combinaisons du même groupe, qui par conséquent reproduisent d'une manière plus ou moins complète un même type de combinaison. Passant ensuite de cette comparaison des différents termes à la comparaison des groupes eux-mêmes pris collectivement, elle découvre de nouvelles analogies, elle trouve des groupes qui se répètent, des séries qui sont parallèles, et de ce parallélisme elle déduit enfin quelque formule générale qui résume la constitution et les métamorphoses de tout un ensemble de groupes ou de séries.

Voilà en quelques mots le principe de classification qui me semble devoir être adopté; il s'en faut de beaucoup, cependant, qu'il puisse dès aujourd'hui s'appliquer d'une manière rigoureuse à tous les corps organiques connus. Il est en effet un grand nombre parmi ces derniers dont les métamorphoses sont si peu étudiées qu'il faut encore se contenter de les classer provisoirement comme on peut, en vertu de n'importe quel principe, jusqu'à ce qu'enfin de nouvelles expériences aient livré à la science le secret de leurs transformations. Le principe que je viens de formuler n'en est pas pour cela moins juste.

§ 74. Lorsqu'on passe en revue les composés organiques dont les métamorphoses sont connues, on est frappé de l'analogie extrême que certains d'entre eux présentent, autant sous le rapport des caractères que sous celui de la composition et des métamorphoss. Ces composés, qui obéissent aux mêmes lois de transformation, sont comme des *pivots* autour desquels viennent se grouper une foule d'autres combinaisons résultant de la métamorphose des premiers, ou susceptibles de s'y transformer par des réactions inverses. Si l'on analyse ensuite les caractères des groupes réunis autour d'un semblable pivot, on remarque sans peine les mêmes analogies entre certains composés appartenant à différents groupes qu'entre les pivots eux-mêmes.

On a surtout constaté ce genre de rapports entre les combinaisons organiques dont la composition ne diffère que par *n* fois C^2H^2, *n* étant un nombre entier. Ces combinaisons sont dites *homologues*[1].

Un exemple fera comprendre en quoi consiste cette homologie.

Sous l'influence des agents oxygénant, une foule de substances organiques se transforment en certains acides volatils et odorants, dont la composition peut se représenter d'une manière générale par

$$C^{2n}\ H^{2n}\ O^4.$$

Ces acides sont :

l'acide formique.	$C^2\ H^2\ O^2$ n =	1,
— acétique.	$C^4\ H^4\ O^4$ =	2,
— propionique.	$C^6\ H^6\ O^4$ =	3,
— butyrique.	$C^8\ H^8\ O^4$ =	4,
— valérique.	$C^{10}\ H^{10}\ O^4$ =	5,
— caproïque.	$C^{12}\ H^{12}\ O^4$ =	6,
— œnanthylique.	$C^{14}\ H^{14}\ O^4$ =	7,
— caprylique.	$C^{16}\ H^{16}\ O^4$ =	8,
— pélargonique.	$C^{18}\ H^{18}\ O^4$ =	9,
— rutique ou caprique. .	$C^{20}\ H^{20}\ O^4$ =	10,
etc.		—

Chacune des formules précédentes correspond à 4 volumes de vapeur (§ 72), chaque acide ainsi représenté sature la même quantité de base. Si l'on examine les caractères physiques de ces acides, si l'on compare entre eux leur état, leur solubilité, leur point d'ébullition, leur point de fusion, en prenant pour cela le premier terme, l'acide formique, et le dernier terme, l'acide caprique, on ne découvre au premier abord aucune analogie : en effet, l'acide formique est un liquide excessivement corrosif, se solidifiant au-dessous de zéro seulement, miscible à l'eau en toutes proportions,

[1] GERHARDT, *Revue scientifique*, XIV, 580.

bouillant déjà à 100°, tandis que l'acide caprique est une huile grasse, sans causticité, se solidifiant déjà à 27° 2, extrêmement peu soluble dans l'eau et ne bouillant que vers 275°. Mais qu'au lieu de comparer ainsi entre eux deux termes extrêmes, on fasse le même examen sur deux termes contigus; que l'on compare, par exemple, l'acide formique et l'acide acétique, ou l'acide acétique et l'acide propionique, ou l'acide propionique et l'acide butyrique, etc., et l'on trouvera leurs propriétés si semblables, qu'il sera très-difficile de les distinguer sans une détermination spéciale et rigoureuse. Que l'on continue ensuite ces rapprochements en laissant chaque fois entre deux termes quelconques soumis à la comparaison l'intervalle d'un terme, puis de deux termes, puis de trois termes, etc., et l'on verra que les différences, très-faibles lorsqu'elles portent sur des termes contigus, plus apparentes lorsqu'un terme intermédiaire sépare les deux termes comparés, on verra, dis-je, que les différences, loin d'être fortuites et imprévues, suivent une progression parfaitement régulière. Cette régularité est telle que si, comme il arrive parfois, on n'a pas encore déterminé expérimentalement le point d'ébullition, la solubilité, le point de fusion, ou tout autre caractère de l'un des termes d'une série homologue, on peut indiquer *a priori* ce caractère, si on le connaît déjà pour certains autres termes de la même série. On ignore, par exemple, le point d'ébullition de l'acide propionique, mais on connaît les points d'ébullition de ses homologues :

l'acide formique	bout	à 100°
— acétique	—	à 120°
— propionique	—	à ?
— butyrique	—	à 164°
— valérique	—	à 175°
— caproïque	—	à 202°
etc.		

Or, d'après les points d'ébullition précédents, on peut prédire avec certitude que le point d'ébullition de l'acide propionique sera aux environs de 140°, dans les conditions de pression ordinaires.

En voyant cette *sériation* des propriétés chez les corps homologues, on ne peut s'empêcher de penser qu'elle a sa cause dans l'identité de constitution chimique des corps où elle se présente. Il semble en effet que les corps homologues ne soient que des variantes d'un même type, d'un même système moléculaire où certains atomes se remplacent par d'autres atomes, plus ou moins semblables aux atomes déplacés, sans que la constitution générale du système en soit autrement altérée. Dans le cas des acides que nous avons cités, ou peut concevoir, par exemple, qu'ils aient tous la constitution de l'acide fomique, qu'ils soient tous autant d'*acides formiques*, dans lesquels 1 atome (double) d'hydrogène[1] serait remplacé par les groupes C^2H^3, C^4H^5, C^6H^7, C^8H^9, etc. On aurait, alors :

Acide	formique.	$C^2\ H\ HO^4$,
—	acétique (ou méthyl-formique). .	$C^2\ (C^2H^3)\ HO^4$,
—	propionique (ou éthyl-formique).	$C^2\ (C^4H^5)\ HO^4$,
—	butyrique (ou trityl-formique). .	$C^2\ (C^6H^7)\ HO^4$,
—	valérique (ou tétryl-formique). .	$C^2\ (C^8H^9)\ HO^4$,
—	caproïque (ou amyl-formique). .	$C^2\ (C^{10}H^{11})\ HO^4$,
—	œnanthylique (ou hexyl-formique).	$C^2\ (C^{12}H^{13})\ HO^4$,
	etc.	

Cette similitude de constitution se trouve justifiée par la similitude des métamorphoses que présentent les acides homologues : non-seulement ils sont sériés dans leur composition et dans leurs propriétés, mais si on les traite par les mêmes agents, ils subissent chacun le même mode de transformation, en donnant des produits homologues entre eux, c'est-à-dire sériés dans leur composition et dans leurs propriétés. Si l'on soumet, par exemple, à l'action de la pile les sels de potasse des acides précédents, ils donnent tous de l'acide carbonique, ainsi qu'un gaz ou un liquide très-volatil, savoir :

L'acide formique donne		de l'hydrogène. . .	$H\ H$,
L'acide acétique	—	du méthyle. .	$(C^2H^3)\ (C^2H^3)$,
L'acide propionique	—	de l'éthyle. . .	$(C^4H^5)\ (C^4H^5)$,
L'acide butyrique	—	du trityle. . .	$(C^6H^7)\ (C^6H^7)$,
L'acide valérique	—	du tétryle. . .	$(C^8H^9)\ (C^8H^9)$,
L'acide caproïque	—	de l'amyle. . .	$(C^{10}H^{11})\ (C^{10}H^{11})$,
L'acide œnanthylique	—	de l'hexyle. . .	$(C^{12}H^{13})\ (C^{12}H^{13})$,
etc.			

Tous ces hydrocarbures peuvent être représentés par la formule générale :

$$2\,(^{2n}H^{2n+1}).$$

Nous verrons dans la suite qu'ils sont sériés dans leurs propriétés, et qu'ils peuvent être considérés comme autant d'*hydrogènes com-*

[1] L'atome d'hydrogène non basique.

poses (comme autant de métaux), au même titre que les acides homologues d'où ils résultent peuven être envisagés comme dérivant du même type acide formique.

A côté de chaque acide homologue de la série précédente vient donc se placer un hydrocarbure dont on peut prédire les caractères, comme on peut prédire les caractères de l'un ou de l'autre terme dans la série des acides, quelques autres termes de la même série étant connus.

Si, poursuivant cette étude, nous appliquions un même agent chimique à chacun des hydrocarbures homologues, nous obtiendrions une série de nouveaux produits, ne différant encore que par $C^{2n}H^{2n}$, et par conséquent encore homologues entre eux; chaque terme de cette série aurait son correspondant parmi les acides homologues et son correspondant parmi les hydrocarbures homologues. Si nous agissions de même avec ces nouveaux produits, nous produirions une quatrième série homologue, puis avec celle-ci une cinquième, et ainsi de suite, c'est-à-dire que nous finirions par grouper autour de chaque terme de la série homologue des acides mentionnés un certain nombre de produits de métamorphose ayant leur semblable, leur parallèle, leur homologue dans les groupes réunis autour de chaque autre acide de la même série homologue. Supposons un instant que l'acide formique groupe autour de lui comme produits de sa métamorphose un hydrocarbure, un alcool, un éther, un alcali, un acide, et appelons l'ensemble de ces composés la *série formique* : nous aurions de même la *série acétique*, qui comprendrait un hydrocarbure, un alcool, un éther, un alcali, un acide, homologues des termes correspondants de la série formique; nous aurions encore la *série propionique*, la *série butyrique*, la *série valérique*, etc., dans chacune desquelles il y aurait encore un semblable hydrocarbure, alcool, éther, alcali ou acide, ayant leurs homologues dans les autres séries.

Il est bien entendu que rien n'oblige à choisir comme pivot de ces séries tel composé plutôt que tel autre, l'acide plutôt que l'alcool ou l'hydrocarbure. Si dans cet ouvrage j'ai donné la préférence aux acides homologues de l'acide acétique, c'est d'abord parce qu'ils sont presque tous connus, et ensuite aussi parce que ces acides se produisent fréquemment sous l'influence des agents oxygénants les plus familiers aux chimistes; ce choix permet de classer un grand nombre de substances peu étudiées sous le rapport des métamorphoses, mais qu'on sait cependant déjà transformer en ces acides.

Les pivots des séries peuvent être comparés aux formes primitives des cristaux, pour lesquelles on peut prendre indifféremment les prismes, les octaèdres ou toute autre forme avec le même système d'axe, pourvu cependant que les formes secondaires puissent en être déduites avec simplicité.

§ 75. C'est sur le développement de la notion de série sur laquelle je viens d'appeler l'attention du lecteur que repose incontestablement l'avenir de la science. En présence des milliers de corps dont elle doit la connaissance au perfectionnement de ses méthodes d'analyse et d'investigation, et dont chaque jour voit accroître le nombre, la chimie organique n'a plus à s'occuper qu'à formuler ces corps en séries [1] : en sériant suivant leur mode de génération les corps dissemblables, en groupant ensemble les corps qui résultent les uns des autres (*séries hétérologues* [2]), elle trouvera les lois de leurs métamorphoses; en sériant les corps semblables par leur composition et leurs propriétés (*séries isologues* et *homologues* [3]), elle découvrira les lois de leur constitution moléculaire.

Une classification vraiment scientifique n'est possible que par l'analyse et le rapprochement de ces séries. Tous les efforts du chimiste doivent tendre à les ordonner, à les délimiter, à les relier entre elles, à trouver les lois qui les régissent.

Qu'on dispose sur une table un jeu de cartes, en mettant sur une première ligne verticale toutes les cartes d'une même couleur, et parallèlement à celles-ci sur d'autres lignes verticales les cartes semblables des autres couleurs, toutes les cartes se trouveront rangées sur deux lignes, figurant les deux espèces de séries dont je parle : les cartes de même couleur, mais de valeur différente, placées dans le sens vertical, représenteront une série de corps résultant les uns des autres et dissemblables (*séries hétérologues*); les cartes de

[1] Voy. à ce sujet CHANCEL ET GERHARDT, *Compt. rend. des Trav. de Chim.*, 1851. p. 65.

[2] Par exemple, la *série formique*, la *série acétique*, la *série propionique*, etc.

[3] Ainsi que je l'ai dit p. 123, les corps semblables sont dits *homologues* lorsqu'ils ne diffèrent dans leur composition que par $C^{2n}H^{2n}$. J'emploie le nom d'*isologues* pour désigner les corps semblables qui ne présentent pas ce rapport de composition : l'acide acétique et l'acide benzoïque, par exemple, sont isologues.

couleur différente, mais de même valeur, disposées horizontalement représenteront une série de corps semblables appartenant des générations différentes (*séries isologues* ou *homologues*). Cet exemple si simple est l'image de toute la classification chimique. Qu'une carte vienne à manquer dans le jeu, sa place n'en est pas moins marquée, et chacun peut sans l'avoir vue s'en faire une idée exacte. Il en est de même en chimie organique : des séries peuvent être constatées sans qu'on en connaisse tous les termes, et l'avantage de la classification sériaire, telle que je la conçois, est peut-être moins de grouper méthodiquement des corps déjà connus que de prévoir l'existence de corps inconnus dont elle fait à l'avance connaître les propriétés.

§ 76. Nous avons montré plus haut (§ 74) comment, en ordonnant les composés organiques par séries, on parvient à découvrir des analogies entre des corps en apparence fort dissemblables; on a vu comment, dans cet ordre d'idées, l'acide formique est venu se placer dans la même série homologue que l'acide caprique. Nous aurions pu, en continuant ce genre de considérations, rapprocher des corps au premier abord encore plus dissemblables, comme, par exemple, l'acide formique $C^2H^2O^4$ et l'acide stéarique $C^{34}H^{34}O^4$: l'acide formique, qui est un liquide corrosif, miscible à l'eau en toutes proportions, l'acide stéarique, qui est un corps gras solide, sans odeur ni saveur, et pour ainsi dire inerte quant à son action sur les organes. Entre l'acide formique et l'acide stéarique la différence paraît plus grande encore qu'entre l'acide formique et l'acide caprique, parce que l'intervalle qui existe entre les places occupées par les deux premiers acides, dans la même série homologue, est plus grand que l'intervalle entre les places occupées par les deux derniers; parce qu'entre l'acide formique et l'acide caprique[1] on ne compte que 8 *termes intermédiaires*, tandis qu'entre l'acide formique et l'acide stéarique[2] on cen ompte 15.

Il n'en est pas autrement en chimie minérale. C'est une grande erreur que d'attacher un sens absolu aux dénominations de *métal* et de *corps non métallique*, d'*acide* et de *base*, par lesquels les chimistes désignent certains corps simples ou composés. La nature n'oppose pas, dans les corps qu'elle crée, certaines propriétés à

[1] Voy. p. 123.

[2] Les termes intermédiaires, compris entre l'acide formique et l'acide stéarique sont, après l'acide caprique, les acides laurique, myristique, palmitique, etc.

d'autres propriétés, comme nous opposons dans le langage les propriétés acides aux propriétés basiques, comme nous opposons les métaux ou corps électro-positifs aux corps non métalliques ou électro-négatifs. Ces termes de notre nomenclature n'indiquent évidemment que les deux côtés extrêmes et relativement opposés d'une même série. L'embarras qu'éprouvent les chimistes à classer certains corps dits intermédiaires, comme l'acide arsénieux ou l'oxyde d'antimoine, jouant à la fois, comme on dit, le rôle de base et le rôle d'acide, cet embarras démontre bien qu'il n'y a pas d'opposition absolue entre les propriétés acides et les propriétés basiques; un seul et même corps pouvant les réunir, il n'y a donc entre elles qu'une opposition relative, qu'une différence de plus ou de moins. Ce qui nous fait dire qu'entre deux corps, comme la potasse et l'acide sulfurique, il y a opposition des propriétés, c'est, comme dans le cas de l'acide formique et de l'acide stéarique, l'intervalle considérable qui existe entre les places occupées par ces corps dans la même série, c'est parce que la potasse et l'acide sulfurique forment les deux termes extrêmes d'une série. L'opposition ne paraîtra plus si, au lieu de considérer isolément ces termes extrêmes, on compare d'abord la potasse avec un autre terme plus rapproché d'elle, par exemple avec l'alumine, puis celle-ci avec un troisième terme, comme l'oxyde d'antimoine, puis celui-ci avec un quatrième, comme l'acide arsénieux, et enfin ce dernier avec l'acide sulfurique. Quand nous connaîtrons un jour tous les termes intermédiaires placés entre la potasse et l'acide sulfurique, nous serons à même de mesurer l'intervalle qui sépare ces deux corps avec la même précision que nous savons aujourd'hui mesurer l'intervalle qui existe entre l'acide formique et l'acide stéarique.

Ainsi, en chimie organique pas plus qu'en chimie minérale il n'est des corps absolument opposés par leurs propriétés, des corps absolument électro-positifs ou électro-négatifs. Tous les corps sont sériés, et chaque série a ses deux extrémités et son milieu, chaque série a sa droite, son centre et sa gauche, qu'on peut encore subdiviser en extrême droite et extrême gauche, centre droit et centre gauche, etc. Si l'on voulait à ce point de vue classer les corps simples, on mettrait, je suppose, l'hydrogène, le potassium, le sodium, à gauche; l'antimoine, l'arsenic, au centre; le chlore, le soufre, l'oxygène, à droite, etc. Mais il y aurait ici à considérer que les corps simples sont en série non-seulement avec eux-mêmes, mais encore avec des corps composés : il est bien connu, par exemple, que le cyanogène (C^2N, combinaison d'azote et de carbone) présente les plus grandes analogies avec le chlore et le brome; que le groupe ammonium (NH^4, azote et hydrogène) est susceptible de former des combinaisons extrêmement semblables aux combinaisons du potassium. Ce serait donc rompre la continuité de la série, et la rendre par conséquent incomplète, que de borner la classification précédente aux seuls corps simples.

§ 77. De même qu'en groupant ensemble les corps dissemblables qui résultent les uns des autres nous avons dû, pour fixer les idées, prendre l'un quelconque d'entre eux comme pivot du groupe ou de la série ; de même il faut, parmi les corps semblables appartenant à des groupes différents, choisir pour *types* certains termes qui résument les caractères de tous les corps semblables, ou plutôt, ces caractères étant eux-mêmes en séries, en progression, certains termes qui servent de jalons dans la sériation des corps de cette espèce. En comparant entre eux (§ 74) les acides semblables à l'acide formique, nous avons dit qu'on pouvait tous les rapporter au type acide formique, en supposant le remplacement, dans ce type, de l'hydrogène par certains groupes hydrocarburés. Notre hypothèse se trouvait justifiée par la similitude des métamorphoses propres à chacun des acides ainsi dérivés du même type : nous pouvions en plaçant, par exemple, l'acide formique dans certaines conditions en extraire de l'hydrogène, et en plaçant les acides semblables à l'acide formique dans les mêmes conditions, extraire de ces acides des corps semblables à l'hydrogène, c'est-à-dire extraire les hydrocarbures, remplaçant l'hydrogène dans l'acide formique.

Rien de plus naturel, d'après cela, que de choisir pour types de ces acides l'acide formique, pour types de ces hydrocarbures l'hydrogène. Mais comme chacun de ces types présente des analogies, c'est-à-dire se trouve en série avec d'autres corps, et que chacun de ceux-ci offre à son tour de nouvelles analogies, de nouvelles sériations ; comme, par exemple, l'acide formique peut être rapproché de certains acides minéraux, que ceux-ci peuvent être rapprochés des oxydes métalliques, que ces derniers enfin peuvent être rapprochés de l'eau, il est bien évident qu'en choisissant pour le type des acides organiques semblables à l'acide formique l'eau, un oxyde métallique ou un acide minéral, on reste tout autant dans le vrai qu'en prenant pour ce type l'acide formique; seulement, dans l'un des cas l'intervalle entre les places occupées dans la série par le type et ses dérivés sera plus considérable que dans l'autre cas : voilà toute la différence. Le chimiste choisira donc pour type celui d'entre les termes de la série qu'il trouvera le plus à sa convenance, suivant les ressemblances qu'il s'agira de faire ressortir, suivant les analogies plus ou moins prochaines qu'il sera utile de formuler.

Parmi les analogies qui ont frappé les chimistes dans l'étude des combinaisons organiques, il faut surtout citer celle qui existe entre elles et certaines espèces minérales. Ils ont remarqué en effet que les mêmes modes de combinaison propres à certains éléments, comme, par exemple, à l'hydrogène, aux métaux, se reproduisent de la manière la plus variée dans les composés organiques : de même que les métaux simples ont leurs hydrures, leurs oxydes, leurs sulfures, leurs chlorures, il y a donc des *métaux organiques* ayant, à l'instar des métaux simples, leurs hydrures, leurs oxydes, leurs sulfures, leurs chlorures. Ces métaux organiques, ou, comme on les appelle aussi, ces *radicaux composés*, renferment du carbone et de l'hydrogène (méthyle, éthyle, amyle), ou du carbone et de l'azote (cyanogène), ou du carbone, de l'hydrogène et de l'oxygène (acétyle, butyryle, benzoïle, cumyle), ou du carbone du chlore et de l'oxygène (trichloracétyle), du carbone, de l'hydrogène et de l'arsenic (cacodyle), etc. Si l'on place ces radicaux composés en série avec les corps simples (§ 76), on remarque que, suivant leurs aptitudes chimiques, les uns viennent se ranger à gauche avec l'hydrogène, le potassium et le sodium, d'autres, au centre, avec l'arsenic et l'antimoine, d'autres encore, à droite, avec le chlore, le soufre, l'oxygène. Si l'on série de même les combinaisons de ces radicaux composés avec l'oxygène, on trouve les unes semblables aux bases métalliques, comme la potasse et la soude; d'autres semblables aux oxydes intermédiaires, comme l'oxyde d'antimoine ou l'acide arsénieux; d'autres enfin semblables à l'acide sulfurique ou à l'acide phosphorique [1]. Enfin, des ana-

[1] C'est ici le moment de faire observer que la chimie minérale ne peut pas être définie comme la *chimie des radicaux simples*, ainsi que cela semblerait résulter de la définition appliquée à la chimie organique par M. Liebig, qui l'a qualifiée avec raison de chimie des radicaux composés. En effet, ainsi que je le démontrerai ailleurs (voy. QUA-

logies du même ordre se constatent entre les sulfures des radicaux composés et les sulfures des corps simples, entre les cholures des radicaux composés et les chlorures des corps simples, etc.

On peut donc, pour définir ces analogies, rapporter les combinaisons organiques à un certain nombre de types empruntés à la chimie minérale, en maintenant, bien entendu, à ces types le sens de jalons de série, ayant leur gauche et leur droite (§ 76), que nous leur avons donné. Voici les principaux d'entre ces types[1] :

Type métal ou *hydrogène* (radical, corps simple). Notation : $\left.\begin{matrix}H\\H\end{matrix}\right\}$

A ce type on peut rapporter les hydrocarbures connus sous le nom de *radicaux organiques*, le méthyle, l'éthyle, l'amyle, legaz des marais, et les autres hydrocarbures, appelés *hydrures*. Ces métaux organiques occuperaient la gauche de la série. A l'extrémité opposée, sur la droite, on placerait les *radicaux oxygénés*, l'acétyle, le benzoïle, le cyanogène, ainsi que les *aldéhydes*; au centre, viendraient, l'*acétone* et ses analogues, comme étant des métaux doubles renfermant à la fois un radical de gauche et un radical de droite.

Voici quelques-uns de ces composés :

$\left.\begin{matrix}C^2H^3\\H\end{matrix}\right\}$, hydrures de méthyle (gaz des marais),

$\left.\begin{matrix}C^4H^5\\H\end{matrix}\right\}$, hydrure d'éthyle,

TRIÈME PARTIE), un grand nombre d'acides minéraux (acides sulfurique, sulfureux, phospohrique, hypophosphoreux, chlorique, nitrique, nitreux, etc.), et plusieurs bases métalliques (oxyde d'urane) contiennent des radicaux composés (soufre et oxygène, phosphore et oxygène, azote et oxygène, etc.).

[1] La notation dans laquelle ces types sont ici représentés correspond à quatre volumes de vapeur. Il sera démontré dans la QUATRIÈME PARTIE qu'il est plus rationnel de prendre une notation correspondant à deux volumes : les quatres types deviennent alors H^2, H^2O, HCl, H^3N. En représeentant, dans cette dernière notation, les dérivés du type oxyde, on a, par exemple :

$\left.\begin{matrix}C^2H^5\\H\end{matrix}\right\}$ O, alcool,

$\left.\begin{matrix}C^2H^5\\C^2H^5\end{matrix}\right\}$ O, éther,

$\left.\begin{matrix}C^2H^3O\\H\end{matrix}\right\}$ O, acide acétique hydraté.

$\left.\begin{matrix}C^2H^3O\\C^2H^3O\end{matrix}\right\}$ O, acide acétique anhydre.

$\left.\begin{matrix} C^4H^3O^2 \\ H \end{matrix}\right\}$, hydrure d'acétyle (aldéhyde),

$\left.\begin{matrix} C^2H^3 \\ C^2H^3 \end{matrix}\right\}$, méthyle,

$\left.\begin{matrix} C^4H^5 \\ C^4H^5 \end{matrix}\right\}$, éthyle,

$\left.\begin{matrix} C^4H^3O^2 \\ C^4H^3O^2 \end{matrix}\right\}$, acétyle,

$\left.\begin{matrix} C^4H^3O^2 \\ C^2H^3 \end{matrix}\right\}$, acétylure de méthyle (acétone).

Type oxyde ou *eau*. Notation : $\left.\begin{matrix} H \\ H \end{matrix}\right\} O^2$ ou bien $\left.\begin{matrix} \\ \end{matrix}\right\} H.O$

Il comprend : à gauche, les *alcools* et les *éthers hydriques*, homologues de l'éther ordinaire ; à droite, les *acides* hydratés semblables à l'acide acétique, et les *acides anhydres* correspondants ; au centres, les *éthers dits composés*, renfermant à la fois un radical de gauche et un radical de droite.

$\left.\begin{matrix} C^2H^3.O \\ H.O \end{matrix}\right\}$, oxyde de méthyle et d'hydrogène (esprit de bois),

$\left.\begin{matrix} C^4H^5.O \\ H.O \end{matrix}\right\}$, oxyde d'éthyle et d'hydrogène (alcool),

$\left.\begin{matrix} C^4H^3O^2.O \\ H.O \end{matrix}\right\}$, oxyde d'acétyle et d'hydrogène (acide acétique hydraté),

$\left.\begin{matrix} C^3H^3.O \\ C^2H^3.O \end{matrix}\right\}$, oxyde de méthyle (éther méthylique),

$\left.\begin{matrix} C^4H^5.O \\ C^4H^5.O \end{matrix}\right\}$, oxyde d'éthyle (éther ordinaire),

$\left.\begin{matrix} C^4H^3O^2.O \\ C^4H^3O^2.O \end{matrix}\right\}$, oxyde d'acétyle (acide acétique anhydre),

$\left.\begin{matrix} C^4H^3O^2.O \\ C^2H^3.O \end{matrix}\right\}$, oxyde d'acétyle et de méthyle (acétate de méthylène).

Type chlorure ou *acide chlorhydrique*. Notation : $\left.\begin{matrix} H \\ Cl \end{matrix}\right\}$

Il comprend : à gauche, les *éthers* dits *chlorhydriques* ; à droite, les *chlorures* dits *électro-négatifs*, comme le chlorure d'acétyle, le chlorure de benzoïle :

$\left.\begin{matrix} C^2H^3 \\ Cl, \end{matrix}\right\}$ chlorure de méthyle (chlorhydrate de méthylène),

$\left.\begin{matrix} C^4H^5 \\ Cl \end{matrix}\right\}$, chlorure d'éthyle (éther chlorhydrique),

$\left.\begin{matrix} C^4H^3O^2 \\ Cl \end{matrix}\right\}$, chlorure d'acétyle (chlorure acétique).

Type azoture ou *ammoniaque*. Notation : $\left.\begin{matrix} H \\ H \\ H \end{matrix}\right\} N$.

Il renferme : à gauche, les *alcalis* dits *ammoniaques composées*; à droite, les *amides*, comme la benzamide, l'acétamide, etc.

$\left.\begin{matrix} C^2H^3 \\ H \\ H \end{matrix}\right\} N$ méthylamine,

$\left.\begin{matrix} C^2H^3 \\ C^2H^3 \\ H \end{matrix}\right\} N$ diméthylamine,

$\left.\begin{matrix} C^2H^3 \\ C^2H^3 \\ C^2H^3 \end{matrix}\right\} N$ triméthylamine,

$\left.\begin{matrix} C^4H^5 \\ C^4H^5 \\ C^4H^5 \end{matrix}\right\} N$ triéthylamine,

$\left.\begin{matrix} C^4H^3O^2 \\ H \\ H \end{matrix}\right\} N$ acétamide.

Beaucoup de combinaisons peuvent être rapportées aux types précédents *conjugués*, c'est-à-dire réunis par deux ou par trois. L'hydrate d'oxyde d'ammonium, par exemple, correspond au type ammoniaque réuni au type oxyde :

$$N \left\{\begin{matrix} H \\ H \\ H, \\ HO \\ HO \end{matrix}\right. \text{ ou bien } \left.\begin{matrix} NH^4.O \\ H.O \end{matrix}\right\}$$

Les acides bibasiques résultent de la combinaison de deux corps du type oxyde, etc.

§ 78. Les quatre types auxquels nous venons de rapporter les combinaisons organiques les plus connues sont loin d'être les seuls qu'il convienne de choisir pour disposer en séries les corps semblables; suivant les relations qu'il s'agit d'exprimer, il peut souvent même être plus avantageux de choisir pour types certains composés organiques eux-mêmes, occupant dans la série une place plus rapprochée de celle où se trouvent les corps semblables qu'on veut dériver. C'est ainsi que nous avons déjà rapporté les acides homologues de l'acide formique (§ 74) au type acide formique, celui-ci se trouvant évidemment plus rapproché d'eux que ne l'est, par exemple, le type eau ou oxyde.

Mais le choix des quatre types précédents a une importance particulière, parce qu'il est fondé sur un caractère fondamental, commun à tous les termes dérivés de ces types, à quelque distance qu'ils s'en trouvent dans toute l'étendue de la série. Ce caractère fondamental, qui donne la clef de la constitution moléculaire des corps organiques, c'est le phénomène de la *double décomposition* qu'ils manifestent au même degré que les composés minéraux. Qu'on mette ensemble un nitrate avec un chlorure minéral, par exemple du nitrate d'argent avec du chlorure de sodium; chacun sait qu'il se fera un échange entre les parties constituantes des deux composés : il se produira donc du nitrate de soude et du chlorure d'argent :

$$\left\{\begin{matrix} NO^4.O \\ AgO \end{matrix}\right. + \left.\begin{matrix} Na \\ Cl \end{matrix}\right\}$$

Nitrate d'argent. Chlorure de sodium.

$$= \left\{\begin{matrix} NO^4.O \\ NaO \end{matrix}\right. + \left.\begin{matrix} Ag \\ Cl \end{matrix}\right\}$$

Nitrate de soude. Chlorure d'argent.

Or des échanges entièrement semblables se constatent lorsqu'on met en présence les combinaisons organiques entre elles, ou avec des combinaisons minérales. Lorsqu'on fait agir, par exemple, l'éther chlorhydrique (chlorure d'éthyle) sur l'alcool potassé (oxyde d'éthyle et de potassium), il se fait par double décomposition du chlorure de potassium et de l'éther ordinaire :

$$\left\{\begin{matrix} C^4H^5.O \\ KO \end{matrix}\right. + \left.\begin{matrix} C^4H^5 \\ Cl \end{matrix}\right\}$$

Alcool potassé. Éther chlorhydrique.

$$= \left\{\begin{matrix} C^4H^5.O \\ C^4H^5.O \end{matrix}\right. + \left.\begin{matrix} K \\ Cl \end{matrix}\right\}$$

Éther ordinaire. Chlorure de potassium.

De même, l'acétate de soude en réagissant sur le chlorure acétique donne de l'acide acétique anhydre et du chlorure de sodium :

$$\left\{\begin{matrix} C^4H^3O^2.O \\ NaO \end{matrix}\right. + \left.\begin{matrix} C^4H^3O^2 \\ Cl \end{matrix}\right\}$$

Acétate de soude. Chlorure acétique.

$$= \left\{\begin{matrix} C^4H^3O^2.O \\ C^4H^3O^2.O \end{matrix}\right. + \left.\begin{matrix} Na \\ Cl \end{matrix}\right\}$$

Acide acétique anhydre. Chlorure de sodium.

Le benzoate de potasse en réagissant sur le chlorure acétique donne du chlorure de potassium et du benzoate acétique (acide acéto-benzoïque anhydre) :

$$\left\{\begin{matrix} C^{14}H^5O^2.O \\ KO \end{matrix}\right. + \left.\begin{matrix} C^4H^3O^2 \\ Cl \end{matrix}\right\}$$

Benzoate de potasse. Chlorure acétique.

$$= \left\{\begin{matrix} C^{14}H^5O^2.O \\ C^4\,H^3O^2.O \end{matrix}\right. + \left.\begin{matrix} K \\ Cl \end{matrix}\right\}$$

Benzoate acétique. Chlorure de potassium.

Le bromure d'éthyle en réagissant sur l'ammoniaque produit de l'acide bromhydrique et de l'éthylamine :

$$\left.\begin{matrix} C^4H^5 \\ Br \end{matrix}\right\} + \left.\begin{matrix} H \\ H \\ H \end{matrix}\right\} N$$

Bromure d'éthyle. Ammoniaque.

$$= \left.\begin{matrix} H \\ Br \end{matrix}\right\} + \left.\begin{matrix} C^4H^5 \\ H \\ H \end{matrix}\right\} N$$

Acide bromhydrique. Éthylamine.

Le chlorure de benzoïle et l'ammoniaque donnent de la benzamide et de l'acide chlorhydrique :

$$\left.\begin{matrix} C^{14}H^5O^2 \\ Cl \end{matrix}\right\} + \left.\begin{matrix} H \\ H \\ H \end{matrix}\right\} N$$

Chlorure de benzoïle. Ammoniaque.

$$= \left.\begin{matrix} H \\ Cl \end{matrix}\right\} + \left.\begin{matrix} C^{14}H^5O^2 \\ H \\ H \end{matrix}\right\} N$$

Acide chlorhydrique. Benzamide.

Voilà, je l'espère, assez d'exemples qui témoignent de l'universalité de la double décomposition. Sans doute il ne faut pas s'attendre à ce que les réactions organiques s'accomplissent toujours dans les mêmes conditions que les doubles décompositions de la chimie minérale; celles-ci, suivant la solubilité ou l'insolubilité plus ou moins grandes des produits, s'effectuent le plus souvent dans les conditions ordinaires de température et de pression, alors que les réactions organiques exigent quelquefois l'emploi d'une haute température et même d'une pression supérieure à la pression atmosphérique. Tout cela est fort variable, et dépend entièrement de la nature des corps mis en présence. Tel chlorure organique précipitera immédiatement les sels d'argent par le simple mélange des solutions aqueuses; tel autre chlorure ne déterminera la double décomposition avec les sels d'argent que dans des conditions particulières de température et de pression. Le chlorure organique qui dans la série des chlorures est le plus rapproché du chlorure de sodium ou de potassium sera évidemment celui qui précipitera les sels d'argent dans les conditions ordinaires.

§ 79. Remarquons, d'ailleurs, qu'un composé organique n'appartient pas au type chlorure ou au type oxyde par cela seul qu'il renferme du chlore ou de l'oxygène; car les caractères d'un corps dépendent non-seulement de la nature et de la proportion des éléments qui le composent, mais encore de la manière dont ces éléments sont disposés ou groupés dans sa molécule. Dans les chlorates[1] par exemple, le chlore est sous une autre forme que dans les chlorures : qu'on mélange en effet du nitrate d'argent avec du chlorate de soude, et l'on n'obtiendra pas un précipité de chlorure d'argent, comme en mélangeant du chlorure de sodium avec du nitrate d'argent. Il en est ainsi de beaucoup de substances organiques chlorées; dans le trichloracétate de soude, par exemple, $C^4Na\text{Ꞓl}^3O^4 = C^4\text{Ꞓl}^3O^3, NaO$, le chlore est sous une autre forme que dans le chlorure d'acétyle $C^4\text{Ħ}^3O^2\text{Ꞓl}$. Pour le vérifier, on n'aurait qu'à mettre chacun de ces corps en contact avec un autre, sur lequel ils pussent exercer une double décomposition : avec le trichloracé-

[1] Les chlorates peuvent être rapportés au type oxyde, dans lequel Ħ est remplacé par le radical composé $\text{Ꞓl}O^4$. Le chlorate de soude, par exemple, est

$$\left\{ \begin{array}{l} \text{Ꞓl}O^4.O \\ NaO \end{array} \right.$$

tate de soude et l'acétate d'argent, on obtiendrait du trichloracétate d'argent et de l'acétate de soude,

$$\left.\begin{matrix}C^4Cl^3O^2.O\\NaO\end{matrix}\right\} + \left\{\begin{matrix}C^4H^3O^2.O\\AgO\end{matrix}\right.$$

Trichloracétate de soude. Acétate d'argent.

$$= \left.\begin{matrix}C^4Cl^3O^2.O\\AgO\end{matrix}\right\} + \left\{\begin{matrix}C^4H^3O^2.O\\NaO\end{matrix}\right.$$

Trichloracétate d'argent. Acétate de soude.

Avec le chorure d'acétyle et l'acétate d'argent, on obtiendrait du chlorure d'argent et de l'acétate d'acétyle (acide acétique anhydre),

$$\left.\begin{matrix}C^4H^3O^2\\Cl\end{matrix}\right\} + \left\{\begin{matrix}C^4H^3O^2.O\\AgO\end{matrix}\right.$$

Chlorure d'acétyle. Acétate d'argent.

$$= \left.\begin{matrix}Ag\\Cl\end{matrix}\right\} + \left\{\begin{matrix}C^4H^3O^2.O\\C^4H^3O^2.O\end{matrix}\right.$$

Chlorure d'argent. Acétate d'acétyle.

On conçoit, d'après cela, l'existence de substances chlorées où le chlore se trouve à la fois sous les deux formes. Le chlorure de trichloracétyle (dit aldéhyde perchloré) $C^4Cl^4O^2$ est un exemple de ce genre : ainsi que le prouvent les réactions de ce corps, il représente le chlorure d'un radical chloré,

$$\left.\begin{matrix}C^4Cl^3O^2\\Cl\end{matrix}\right\}, \text{ chlorure de trichloracétyle.}$$

La plupart des acides organiques sont dans le même cas quant à l'hydrogène qu'ils renferment : une partie seulement de leur hydrogène est basique (§ 47), c'est-à-dire échangeable pour des métaux dans les doubles décompositions ordinaires, tandis que le reste de l'hydrogène fait partie du radical composé qui constitue les acides organiques. Ainsi, l'acide acétique $C^4H^4O^4$, rapporté au type oxyde, peut s'exprimer par la formule

$$\left.\begin{matrix}C^4H^3O^2.O\\HO\end{matrix}\right\},$$

où les deux formes différentes de l'hydrogène se trouvent exprimées.

Cette différence de forme d'un même élément dans une molécule organique est à prendre en sérieuse considération, lorsqu'on cherche à tirer parti de la sériation des corps semblables pour effectuer ce qu'on appelle des *substitutions* par voie de double décomposition. Il est aisé, par exemple, de substituer à l'hydrogène basique d'un acide organique un métal simple ou composé; il est aisé de transformer un semblable acide, par double décomposition, en un sel métallique, en un éther, en un acide anhydre : mais la substitution des mêmes métaux simples ou composés à l'hydrogène non basique ne réussit guère dans les mêmes conditions. La série change donc suivant la forme que les corps affectent dans le système moléculaire : la loi de série de l'hydrogène basique n'est pas la même que la loi de série de l'hydrogène non basique engagé dans un groupe qui joue le rôle de radical. En effet, les chimistes ont depuis longtemps reconnu que l'hydrogène non basique est en série avec le chlore, le brome, la vapeur nitreuse; en d'autres termes, ils ont observé qu'on peut, par double décomposition, substituer du chlore, du brome ou les éléments de la vapeur nitreuse (NO^4) à l'hydrogène non basique des acides, ainsi qu'à l'hydrogène de certains autres composés organiques, et produire de cette manière des corps entièrement semblables aux composés d'où ils résultent. C'est ainsi que l'acide acétique peut échanger pour du chlore ses 3 atomes (doubles) d'hydrogène non basique, et donner de l'acide trichloracétique doué de la même capacité de saturation et soumis aux mêmes lois de métamorphoses que l'acide acétique :

$$\left.\begin{matrix} C^4H^3O^2.O \\ H.O \end{matrix}\right\}\text{acide acétique,}$$

$$\left.\begin{matrix} C^4Cl^3O^2.O \\ H.O \end{matrix}\right\}\text{acide trichloracétique.}$$

C'est ainsi encore que l'acide benzoïque peut échanger 1 atome (double) d'hydrogène pour 1 atome (double) de chlore ou de vapeur nitreuse, et produire l'acide chlorobenzoïque ou l'acide nitrobenzoïque :

$$\left.\begin{matrix} C^{14}H^5O^2.O \\ HO \end{matrix}\right\}\text{acide benzoïque,}$$

$$\left.\begin{matrix} C^{14}H^4ClO^4.O \\ HO \end{matrix}\right\}\text{acide chlorobenzoïque,}$$

$$\left.\begin{matrix} C^{14}H^4(NO^4)O^2.O \\ HO \end{matrix}\right\}\text{acide nitrobenzoïque.}$$

Il résulte de ces exemples, qu'il serait aisé de multiplier, que l'identité de série chez les corps semblables suppose toujours l'identité de forme moléculaire : le potassium, le sodium, l'éthyle, le méthyle, l'acéthyle, le benzoïle sont en série avec l'hydrogène, de manière à pouvoir se substituer à lui, pour produire des corps semblables, s'ils viennent prendre dans la molécule la place occupée par certains atomes d'hydrogène ; mais le chlore, le brome et la vapeur nitreuse sont aussi en série avec l'hydrogène, de manière à pouvoir produire des corps semblables, si le chlore, le brome ou la vapeur nitreuse viennent prendre dans la molécule la place occupée par d'autres atomes d'hydrogène.

§ 80. Je viens d'exposer sommairement les principaux points de la classification sériaire, telle qu'elle me semble devoir s'appliquer aux composés organiques. J'ai sans doute laissé sans réponse bien des questions que cet exposé rapide a pu suggérer au lecteur; mais j'ai dû éviter de le charger de certains détails qui trouveront mieux leur place dans la Quatrième Partie de ce livre, plus spécialement consacrée aux généralités et aux développements théoriques. Mon but en écrivant les pages précédentes n'a été que de donner un aperçu de quelques idées fondamentales, destinées à l'édification d'un système scientifique plus complet et surtout plus vrai que les systèmes actuellement en vigueur, si l'on peut donner ce nom à certains essais de classification tentés jusqu'à ce jour.

Les idées que j'ai développées me semblent de nature à concilier les opinions en apparence opposées qui divisent les chimistes à l'endroit de la constitution des corps. Les partisans de la doctrine dualistique peuvent y trouver leur compte, comme les partisans des types unitaires ; car à l'aide de la notion de série j'ai pu rapprocher les deux doctrines, en faisant disparaître ce qu'elles avaient chacune d'absolu. Jai donc pu admettre des types et des radicaux, mais en modifiant ou plutôt en rectifiant le sens de ces mots ; de même, en admettant la double décomposition comme la forme générale des métamorphoses chimiques, j'ai emprunté au dualisme le fait fondamental sur lequel il s'appuie, mais qu'il avait interprété d'une manière erronée.

Il ne me reste plus qu'à ajouter quelques mots sur l'application pratique de ces idées dans ce livre, qu'à indiquer l'ordre d'après lequel j'ai disposé, divisé et suddivisé les séries, pour exprimer leurs relations, autant que le permet l'état actuel de la science.

Tous les corps, suffisamment étudiés sous le rapport des métamorphoses, sont groupés autour d'un certain nombre de pivots (§ 74), choisis parmi les acides homologues de l'acide formique et les acides homologues de l'acide benzoïque. De là les séries suivantes :

Première section.

Série formique,
— acétique,
— propionique,
— butyrique,
— valérique,
— caproïque,
— œnanthylique,
— caprylique,
— pélargonique,
— caprique ou rutique,
— laurique,
— myristique,
— palmitique ou éthalique,
— stéarique ou margarique,
— cérotique,
— mélissique.

Deuxième section.

Série benzoïque,
— toluique,
— xylique,
— cuminique,
— cyménique.

Ces *séries* sont décrites dans l'ordre ascendant de l'échelle organique, c'est-à-dire qu'on commence par celles dont le pivot est le plus simple sous le rapport de la composition, pour passer successivement aux séries plus élevées, c'est-à-dire aux séries dont le pivot est plus compliqué. Cette disposition est telle qu'en appliquant, par exemple, un agent de combustion à un corps pris dans n'importe quelle série, on ne peut jamais obtenir un corps placé dans un série supérieure, mais le produit est toujours ou de la même série ou d'une série inférieure.

Chaque série est subdivisée en *groupes*. La série formique, par exemple, comprend le groupe carbonique, le groupe formique, le groupe oxalique, le groupe cyanique, le groupe urique. Cette subdivision est nécessaire, à cause des nombreuses lacunes qu'offrent encore certaines séries : le groupe urique, par exemple, n'a pas encore ses correspondants dans les autres séries.

Chaque groupe comprend des *termes principaux* et des *termes secondaires* ou *dérivés*. On a choisi comme termes principaux les composés qui se laissent rapporter aux quatre types cités plus haut (p. 77), ou bien qui sont les matières premières servant à produire d'autres composés du même groupe. Il est aisé de comprendre ce que j'entends par dérivés chlorés, dérivés nitriques, dérivés sulfuriques, etc. : ce sont des termes secondaires qui résultent de l'action du chlore, de l'acide nitrique, de l'acide sulfurique sur certains termes principaux.

PREMIÈRE SECTION.

SÉRIE FORMIQUE.

§ 81. Cette série, dont le pivot est l'acide formique, comprend les cinq groupes suivants :

Groupe carbonique,
Groupe formique,
Groupe oxalique,
Groupe cyanique,
Groupe urique.

Les quatre premiers groupes renferment les combinaisons organiques les plus simples. On pourrait encore y ajouter le *groupe hydrique*, renfermant comme termes principaux l'hydrogène, l'eau, l'acide chlorhydrique, l'ammoniaque, etc., tous ces composés ayant leurs correspondants dans les séries supérieures. Le groupe hydrique a en effet pour correspondant : dans la série acétique, le groupe méthylique ; dans la série propionique, le groupe éthylique ; dans la série benzoïque, le groupe phénique, etc.

I.

GROUPE CARBONIQUE.

§ 82. Les termes principaux de ce groupe sont[1] :

L'oxyde de carbone.		$C^2O^2 = 2CO$,
L'acide carbonique (anhydre). . . .		$C^2O^4 = 2CO^2$,
L'acide sulfocarbonique (anhydre). . .		$C^2S^4 = 2CS^2$,
L'oxychlorure de carbone.		$C^2O^2Cl^2 = 2COCl$.
Les amides carboniques.	carbamide.	$C^2H^4N^2O^2 = 2CH^2NO$.
	acide carbamique. . .	$C^2H^3NO^4$
	acide sulfocarbamique.	$C^2N^3NS^4$

[1] la plupart des chimistes écrivent les composés carboniques par CO, CO², etc. Cette notation est exacte si, comme je l'ai proposé, on dédouble les formules d'un grand nombre de substances organiques, pour les représenter par 2 volumes.

Si l'on compare la composition et les propriétés de ces substances avec celles des quatre types généraux (§ 77), on remarque qu'elles représentent le type métal, le type oxyde, le type chlorure et le type azoture, dans lesquels H est remplacé par CO (*carbonyle*); dans les deux corps sulfurés, l'oxygène des combinaisons précédentes est remplacé par son équivalent de soufre.

D'après cela, le type métal est représenté par l'oxyde de carbone; le type oxyde, par l'acide carbonique; le type chlorure, par l'oxychlorure de carbone; le type azoture ou ammoniaque, par la carbamide. L'acide carbamique correspond à l'hydrate d'oxyde d'ammonium; c'est de l'oxyde d'ammonium et d'hydrogène dans lequel H^2 de l'ammonium est remplacé par $(CO)^2$.

$$\text{Acide carbamique}\ldots\ldots\left\{\begin{array}{r} NH^2(CO)^2.O \\ HO \end{array}\right\}$$

Les composés carboniques se rattachent à l'acide formique par l'oxyde de carbone, qui est l'un de ses produits de métamorphose.

OXYDE DE CARBONE.

Syn. : carbonyle.

Composition : $C^2O^2 = 2CO$.

§ 83. L'oxyde de carbone a été découvert par Lassonne[1] et Priestley[2], vers la fin du siècle dernier; mais sa composition n'a été reconnue que quelques années plus tard par Woodhouse[3]. Il se produit par la combustion du carbone, à une température fort élevée, si ce corps ne rencontre pas une quantité d'oxygène suffisante. Lorsque, par exemple, du charbon se trouve entassé dans un fourneau où la température s'élève beaucoup, et où le courant d'air est trop faible par rapport au volume du combustible, le résultat de la combustion consiste principalement en oxyde de carbone, qu'on reconnaît à la flamme bleue avec laquelle il brûle au sortir de la cheminée.

Il se forme aussi de l'oxyde de carbone, en même temps que de l'acide carbonique et du gaz hydrogène, lorsqu'on fait passer de la vapeur d'eau sur du charbon, disposé dans un tube en porcelaine et chauffé au rouge[4].

[1] LASSONNE, *Die neuest. Entdeckung. in d. Chemie von Dr. Crell*, 1781, II, 144.
[2] PRIESTLEY, *Chemische Annalen von Dr. Crell*, 1800, II, 356.
[3] WOODHOUSE, *Annal. d. Physik von L. W. Gilbert*, IX, 90.
[4] CLÉMENT ET DESORMES, *Annal. d. Physik von L. W. Gilbert*, IX, 42. — BUNSEN, *Ann. de Poggend.*, XLVI, 207.

Tous les oxydes métalliques, tels que l'oxyde de zinc ou de fer, que le charbon ne réduit à l'état métallique qu'à une température fort élevée, dégagent alors de l'oxyde de carbone, plus ou moins mélangé d'acide carbonique.

L'acide carbonique lui-même, libre ou combiné, passe à l'état d'oxyde de carbone lorsqu'on le dirige, à la chaleur rouge, sur du charbon ou sur du fer métallique. On peut utiliser cette réaction pour la préparation de l'oxyde de carbone : il suffit en effet pour cela de calciner un mélange intime de 1 p. de charbon préalablement calciné, et de 9 p. de craie ou de marbre en poudre fine. Le gaz ainsi obtenu a besoin d'être purifié d'acide carbonique par un lavage au lait de chaux ou à la potasse.

L'oxyde de carbone se produit en outre dans une foule de réactions organiques. L'acide oxalique et tous les oxalates, étant chauffés avec de l'acide sulfurique concentré, dégagent un mélange de volumes égaux d'acide carbonique et d'oxyde de carbone. Cette réaction se conçoit si l'on considère que l'acide oxalique renferme les éléments de l'acide carbonique, de l'oxyde de carbone et de l'eau :

$$\text{Acide oxalique } C^4H^2O^8 = \begin{cases} 2CO \text{ oxyde de carbone.} \\ 2CO^2 \text{ ac. carboniq.} \\ 2HO \text{ eau.} \end{cases}$$

La facilité avec laquelle l'acide oxalique se décompose ainsi permet de l'employer à la préparation de l'oxyde de carbone.

Le sucre et l'amidon se comportent d'une manière semblable lorsqu'on les chauffe avec l'acide sulfurique [1]; toutefois la réaction n'est pas aussi nette qu'avec l'acide oxalique.

L'acide formique et les formiates dégagent de l'oxyde de carbone pur, sous l'influence du même agent :

$$\text{Acide formique... } C^2H^2O^4 = \begin{cases} 2CO \text{ oxyde de carbone.} \\ 2HO \text{ eau.} \end{cases}$$

Les cyanures présentent une réaction analogue. Le moyen le plus expéditif et le plus économique pour préparer l'oxyde de carbone, consiste, selon Fownes [2], à chauffer le ferrocyanure de potassium jaune et cristallisé avec 8 à 10 fois son poids d'acide sulfurique concentré; le gaz est formé d'oxyde de carbone pur, ou

[1] FILHOL, *Revue scientif.*, XXI, 242.

[2] FOWNES, *Ann. der Chem. u. Pharm.*, XLVIII, 38.

renfermant à peine des traces d'acide formique ou cyanhydrique, 15 grammes de ferrocyanure donnent plus de 300 pouces cubes de gaz, qui ne trouble nullement l'eau de chaux. Cette formation de l'oxyde de carbone s'explique par cette considération qu'en ajoutant les éléments de l'eau à ceux de l'acide cyanhydrique (formé par double décomposition entre l'acide sulfurique et le cyanure) on obtient les éléments de l'oxyde de carbone et de l'ammoniaque :

$$\text{Acide cyanhydriq. } C^2HN + 2HO = \begin{cases} 2CO \text{ oxyde de carbone,} \\ NH^3 \text{ ammoniaque.} \end{cases}$$

Outre l'oxyde de carbone, il se produit par l'acide sulfurique et le ferrocyanure de potassium : du sulfate ferreux, du sulfate de potasse et du sulfate d'ammoniaque. Il importe, dans la préparation précédente, de ne pas chauffer au delà du point où le mélange contenu dans la cornue est devenu entièrement liquide, ce qui annonce la fin du dégagement de l'oxyde de carbone ; car si l'on chauffe davantage, l'excédant d'acide sulfurique réagit sur le sulfate ferreux pour le convertir en sulfate ferrique, ce qui donne lieu à un développement d'acide sulfureux. Il se produit dans cette réaction secondaire un sel double, qui se dépose dans le résidu sous la forme de paillettes nacrées, composées de petites tables hexagones et anhydres, qui constituent une espèce d'alun de fer[1].

§ 84. L'oxyde de carbone est un gaz incolore, sans odeur ni saveur, sans action sur les papiers colorants. Il est un peu plus léger que l'air ; d'après la détermination de M. Wrede, sa densité est de 0,96779. Il n'est que fort peu soluble dans l'eau ; ce liquide n'en absorbe que $^1/_{16}$ de son volume suivant Saussure, $^1/_{27}$ suivant Dalton, $^1/_{60}$ suivant Davy.

Il n'entretient pas la combustion ; au contact d'un corps enflammé, il prend feu lui-même et brûle avec une belle flamme bleue, en se transformant en acide carbonique. 2 vol. d'oxyde de carbone se combinent ainsi avec 1 vol. de gaz oxygène, et produisent 2 vol. d'acide carbonique. Suivant M. Grassi[2], 1 litre de gaz oxyde de carbone dégage, en brûlant, 2358 unités de chaleur. D'après les déterminations de MM. Favre et Silbermann[3], 1 gramme de charbon de bois calciné, en passant à l'état d'oxyde de carbone,

[1] Ce sel est composé de sulfate de potasse et de sulfate d'ammoniaque, combinés avec le sulfate ferrique, dans les mêmes proportions que dans l'alun.

[2] GRASSI, *Journ. de Pharm.*, [3] VIII, 175.

[3] FAVRE ET SILBERMANN, *Ann. de Chim. et de Phys.*, [3] XXXIV, 403.

dégage 2480,6 unités de chaleur; 1 gramme d'oxyde de carbone dégage lui-même, en brûlant, 2402,7 unités de chaleur.

Le mélange d'oxyde de carbone et d'oxygène ou d'air peut aussi être enflammé par l'étincelle électrique; mais la transformation en acide carbonique n'est pas toujours complète, parce que l'acide carbonique est à son tour décomposé par l'étincelle électrique et régénère ainsi l'oxyde de carbone.

La combustion de l'oxyde de carbone s'effectue également sous l'influence du platine. Le platine en fil ou en lame a besoin pour cela d'être préalablement porté à 300°, mais l'éponge de platine agit déjà à la température ordinaire, sans s'échauffer sensiblement. Le noir de platine s'échauffe, au contraire, jusqu'à l'incandescence, dans un mélange d'oxygène et d'oxyde de carbone.

Chauffé avec certains oxydes métalliques, tels que ceux de cuivre, de plomb, de fer, d'étain, etc., l'oxyde de carbone les réduit à l'état métallique et se convertit en acide carbonique; il joue pour cela un rôle important dans l'extraction de plusieurs métaux, notamment dans l'extraction du fer[1].

Respiré en certaine quantité, l'oxyde de carbone produit des effets funestes sur l'économie animale, en agissant principalement sur le système nerveux : il détermine des vertiges, et même des douleurs aiguës dans les différentes parties du corps, suivies, au bout d'un temps plus ou moins long, d'une asphyxie complète. D'après les expériences de M. Félix Leblanc[2], c'est surtout à un mélange d'oxyde de charbon qu'il faut attribuer les caractères délétères de l'air rendu asphyxiable par la combustion du charbon.

L'oxyde de carbone se combine directement avec le chlore (Oxychlorure de carbone $C^2O^2Cl^2$). Il donne aussi une combinaison avec le potassium (§ 85).

Lorsqu'on fait passer un courant d'oxyde de carbone dans une dissolution de protochlorure de cuivre dans l'acide chlorhydrique, le gaz est absorbé en quantité considérable, et avec une rapidité comparable à celle avec laquelle l'acide carbonique est absorbé par la potasse; mais la température ne s'élève que peu comparativement. La dissolution saturée d'oxyde de carbone peut être étendue d'eau, même en grande quantité, sans qu'il y ait précipitation de

[1] *Voy.* sur les réductions par l'oxyde de carbone : Stammer, *Ann. de Poggend.*, LXXXII, 136, et, en extrait, *Ann. der Chem. u. Pharm.*, LXXX, 243.

[2] F. Leblanc, *Ann. de Chim. et de Phys.* [3] V, 223.

protochlorure de cuivre, comme avant l'absorption, et sans qu'il se dégage du gaz. L'addition de l'alcool ne détermine aucun trouble ; l'éther paraît détruire au moins partiellement le composé. L'ébullition et le vide complet chassent le gaz. D'après la détermination de M. Leblanc[1], à qui l'on doit les observations précédentes, la combinaison renferme 2 at. de cuivre (Cu^2) pour 1 at. d'oxyde de carbone (CO); il n'a pas été possible d'isoler cette combinaison.

Les divers sels cuivreux dissous dans l'ammoniaque absorbent l'oxyde de carbone comme la solution du chlorure cuivreux dans l'acide chlorhydrique.

Les sels de fer et d'étain au minimum n'agissent pas sur l'oxyde de carbone.

Une dissolution neutre de chlorure d'or se réduit déjà à froid par l'oxyde de carbone[2].

§ 85. *Combinaison d'oxyde de carbone et de potassium*[3]. — Dans la préparation du potassium, au moyen d'un mélange de charbon et de carbonate de potasse, il se produit ordinairement une fumée noire ou grise, qui se condense dans le récipient sous la forme de flocons ou de masse compacte de même couleur. Ce produit est une combinaison d'oxyde de carbone et de potassium, plus ou moins mélangée de potassium métallique et de charbon ; il s'enflamme souvent au contact de l'air et de l'eau, en donnant lieu à une violente explosion ; c'est lui aussi qui cause les obstructions de l'appareil dans la préparation du potassium, et occasionne ainsi des accidents si l'opération est mal conduite. Il est surtout abondant dans les cas où le mélange employé à cette préparation renferme plus de charbon qu'il n'en faut pour la décomposition complète du carbonate de potasse.

La même combinaison s'obtient, suivant M. Liebig, quand on fait passer un courant d'oxyde de carbone bien sec et exempt d'acide carbonique sur du potassium entretenu en fusion dans un large tube de verre ; les deux corps se combinent alors sans dégagement de lumière. Dès que la combinaison commence à se former, le potassium verdit à la surface, et s'étend dans toutes les directions sur les parois du tube, en perdant son éclat métallique.

[1] F. Leblanc, *Compt. rend. de l'Acad.*, XXX, 483.

[2] Levol, *Revue scientif.*, XX, 303.

[3] Woehler et Berzelius, *Ann. de Poggend.*, IV, 31. — L. Gmelin, *ibid.*, IV, 35. — Liebig, *Ibid.*, XXXIII, 90. — Heller, *Ann. der Chem. u. Pharm.*, XXXIV, 232.

La combinaison se dissout dans l'eau, en dégageant un gaz inflammable. La dissolution est d'un rouge jaunâtre, et devient par l'évaporation d'un jaune pâle; elle est fort alcaline et dépose, par l'évaporation spontanée ou à une douce chaleur, de longues aiguilles jaunes de *croconate de potasse;* les eaux mères déposent des cristaux incolores d'*oxalate.* Ces deux sels ne sont pas les produits immédiats de l'action de l'eau et de l'air sur la combinaison d'oxyde de carbone et de potassium; leur formation est précédée de celle d'un sel rouge, connu sous le nom de *rhodizonate de potasse,* dont la solution se décompose, pendant l'évaporation, en croconate, en oxalate, et probablement en carbonate. On ne connaît pas d'ailleurs d'une manière précise les relations qui rattachent entre eux ces différents produits.

Lorsqu'on abandonne à l'air pendant quelques semaines la masse noire ou grise produite dans la préparation du potassium, elle devient peu à peu jaune ou rouge, et se dissout ensuite dans l'eau sans occasionner d'explosion; mais si l'exposition à l'air n'a été que de quelques heures, la matière s'enflamme au contact de l'eau, et cause une détonation violente qui met les vases en éclats.

§ 86. *Acide croconique* (ainsi appelé de la couleur jaune de ses sels), $C^{10}H^2O^{10} = C^{10}O^8, 2HO$. — Cet acide[1], découvert par M. L. Gmelin, s'obtient en traitant le croconate de potasse par de l'alcool absolu mélangé d'acide sulfurique; après une digestion de plusieurs heures, on filtre et on abandonne le liquide à l'évaporation spontanée. L'acide croconique cristallise alors en prismes orangés et transparents; il est sans odeur, d'une saveur très-acide et astringente, et rougit le tournesol. Il ne s'altère pas à + 100°; une chaleur plus élevée le décompose.

L'eau le dissout aisément, en donnant une solution jaune, qui se décolore à la longue. L'alcool le dissout également.

La préparation de l'acide croconique par le sel de plomb et l'acide sulfurique dilué ne réussit pas bien, la décomposition n'étant pas complète. Il ne convient pas non plus de décomposer le croconate de plomb ou de cuivre par l'hydrogène sulfuré, cette réaction donnant naissance à des produits sulfurés particuliers.

§ 87. Les *croconates métalliques*, $C^{10}M^2O^{10} = C^{10}O^8,2MO$, sont

[1] L. GMELIN (1825), *Ann. de Poggend.*, IV, 37. *Ann. der Chem. u. Pharm.*, XXXVII, 58. — LIEBIG, *Ann. de Poggend.*, XXXIII, 90, et *Ann. der Chem. u. Pharm.*, XI, 182. — HELLER, *Journ. f. prakt. Chem.*, XII, 230.

tous de couleur jaune; ceux à base d'alcali sont solubles dans l'eau. L'acide nitrique dissout tous les croconates et les décompose.

Le *croconate d'ammoniaque* s'obtient sous la forme de tables d'un jaune rougeâtre, en saturant par l'ammoniaque l'acide croconique dissous dans l'alcool. Il est soluble dans l'eau et l'alcool.

Le *croconate de potasse*, $C^{10}K^2O^{10} + 4aq$, cristallise en fines aiguilles ou en prismes de couleur citrine; il est entièrement neutre et possède une saveur salpêtrée. Il s'effleurit à une douce chaleur en perdant toute son eau de cristallisation. Une température élevée le charbonne. Le chlore et l'acide nitrique le décomposent.

Sa solution réduit à chaud le chlorure d'or; elle précipite au bout de quelque temps le chlorure mercurique en blanc.

Il est assez soluble dans l'eau, surtout à chaud; l'alcool absolu ne le dissout pas.

Selon M. Gmelin, il existe aussi un *sel acide*, $C^{10}HKO^{10}, C^{10}K^2O^{10} + 4aq$, cristallisant en prismes plus colorés que le sel neutre, et d'une légère réaction acide; il s'obtient par le sel neutre et une quantité d'acide sulfurique qui ne suffit pas à une décomposition complète.

On emploie pour la préparation du croconate neutre de potasse la masse noire qui s'obtient accidentellement dans la préparation du potassium (§ 85). On épuise cette masse à l'eau chaude, en usant de précaution, car elle peut faire explosion; après avoir séparé par le filtre la partie insoluble, on concentre la solution par l'évaporation au bain-marie, et l'on abandonne à cristallisation. On exprime les aiguilles jaunes qu'on obtient ainsi, et on les fait de nouveau cristalliser dans l'eau chaude.

Il est à remarquer que le croconate de potasse desséché renferme les éléments de l'oxyde de carbone et du potassium :

$$C^{10}K^2O^{10} = 5C^2O^2 + K^2.$$

Le *croconate de soude* s'obtient par l'acide croconique et le carbonate de soude. Il forme des prismes rhomboïdaux, moins foncés que le sel de potasse, et contenant de l'eau de cristallisation. Il est fort soluble dans l'eau, peu soluble dans l'alcool.

Le *croconate de baryte* constitue un précipité jaune et pulvérulent, insoluble dans l'eau et l'alcool.

Le *croconate de strontiane* s'obtient sous la forme d'un précipité jaune et cristallin, lorsqu'on ajoute du chlorure de strontium à une solution concentrée d'acide croconique ou de croconate de potasse. Il se dissout aisément dans l'eau et l'alcool.

Le *croconate de chaux* est un sel cristallisable, peu soluble dans l'eau et l'alcool.

Le *croconate de magnésie* forme des prismes brun foncé.

Le *croconate de zinc* forme des grains cristallins, solubles dans l'eau et l'alcool.

Le *croconate de cuivre*, $C^{10} Cu^2 O^{10} + 6aq$, se dépose sous la forme de cristaux prismatiques lorsqu'on mélange à chaud la solution aqueuse de croconate du potasse avec une solution de sulfate ou de chlorure de cuivre. Il est d'un beau reflet bleu foncé, et paraît orangé quand on le place entre l'œil et la lumière ; en poudre il est d'un jaune citronné. Chauffé à 100°, il perd 13,8 p. c. = 4 at. d'eau de cristallisation ; les 2 autres atomes ne s'en dégagent qu'à une température à laquelle la matière se détruit entièrement.

Les cristaux appartiennent au système rhombique[1]. Forme dominante : ∞ P, avec les faces ∞ P̆ ∞. Inclinaison de ∞ P : ∞ P, dans le plan de l'axe vertical et du petit axe horizontal, = 108° environ. Clivage parallèle à ∞ P.

Peu soluble dans l'eau froide, le croconate de cuivre se dissout un peu mieux dans l'eau bouillante, en donnant une solution jaune. La solution donne par la potasse un précipité bleu, qui se dissout dans un excès de potasse. L'ammoniaque dissout avec une couleur bleue les cristaux du croconate de cuivre.

Le *croconate de plomb* s'obtient en versant d'abord de l'acide acétique et ensuite une dissolution étendue et chaude d'acétate de plomb dans une dissolution de croconate de potasse ; c'est un précipité micacé, d'un jaune doré, qui perd de l'eau à 120° en se fonçant.

Le *croconate d'argent* forme des flocons couleur aurore, insolubles dans l'eau.

Le *croconate de mercure* (mercureux et mercurique) forme un précipité jaune.

§ 88. *Acide rhodizonique* (du grec *rhodizô*, je colore en rouge, à cause de la couleur des sels). — Nous avons dit plus haut (§ 85) qu'en se dissolvant dans l'eau la combinaison du potassium et de l'oxyde de carbone fournit un sel rouge particulier, dont la solution se décompose par l'évaporation, en donnant, entre autres produits, du croconate de potasse.

[1] BLUM, *Ann. der Chem. u. Pharm.*, XXXVII, 58.

Suivant M. Heller[1], à qui l'on doit de nombreuses observations sur ce sujet, on opère de la manière suivante pour l'extraction du sel rouge : on exprime d'abord la masse noire obtenue dans la préparation du potassium, afin d'en séparer la plus grande partie des matières étrangères; on la recueille sur un filtre, et on la traite à plusieurs reprises par de l'alcool de 0,85, qui dissout la potasse, l'huile de naphte et une matière résineuse; quand l'alcool ne se colore plus beaucoup, on délaye le résidu dans le tiers de son volume d'eau, puis on y ajoute assez d'alcool pour qu'il s'opère un partage dans la liqueur; on décante la partie liquide, et l'on traite de nouveau le résidu par de l'eau ou de l'alcool, jusqu'à ce que l'eau ne se colore plus en brun, mais en jaune. La partie liquide étant alors décantée, on expose à l'air le résidu; celui-ci se colore ainsi d'autant plus vite qu'il a été débarrassé d'une manière plus complète de la potasse dont il avait été souillé. On étend d'eau la masse épaisse; on y ajoute, par petites quantités, de l'acide sulfurique étendu de 15 fois son poids d'eau (il se produit ainsi une effervescence d'acide carbonique); on y verse de l'alcool jusqu'à ce qu'il commence à se former un précipité; on décante la liqueur brune, fort alcaline, et l'on continue de traiter par l'acide sulfurique dilué et par l'alcool, jusqu'à ce que le liquide décanté ne soit plus alcalin. Ce caractère indique l'entière transformation de la masse en rhodizonate de potasse; on la jette alors sur un filtre en s'aidant de l'alcool. Si l'on avait pris trop d'acide sulfurique, dans les traitements précédents, de manière à avoir un produit acide, il faudrait neutraliser par un peu de carbonate de potasse.

Le *rhodizonate de potasse* obtenu ainsi qu'on vient de le dire se présente sous la forme de petits prismes rhomboïdaux obliques, d'un reflet métallique vert bleuâtre. Il est rouge, en poudre. Il est insoluble dans l'alcool et l'éther; mais l'eau le dissout aisément en donnant une solution rouge foncé, tirant sur le jaune. Il est inaltérable à l'air, sans odeur ni saveur.

Abandonnée au contact de l'air, la solution aqueuse du rhodizonate de potasse pâlit de plus en plus, et finit par devenir d'un jaune clair; elle est alors fort alcaline, et renferme du croconate, ainsi que de l'oxalate de potasse. Les alcalis caustiques, ainsi que

[1] HELLER, *Journ. f. prakt. Chem.*, XII, 193, et en extrait, *Ann. der Chem. u. Pharm.*, XXIV, 1. *Zeitschr. f. Physik u. verw. Wissensch.*, VI, 54, et, en extrait, *Ann. der Chem. u. Pharm.*, XXXIV, 232. — A. WERNER, *Journ. f. prakt. Chem.*, XIII, 404.

les acides minéraux, déterminent immédiatement la décoloration du rhodizonate de potasse.

Lorsqu'on délaye le sel précédent dans l'alcool additionné d'acide sulfurique et qu'on sépare par le filtre le dépôt de sulfate de potasse, on obtient, suivant M. Werner, un liquide rouge, lequel dépose par l'évaporation des aiguilles noir bleuâtre d'*acide rhodizonique*. Le même acide paraît s'obtenir lorsqu'on décompose le rhodizonate de plomb par l'hydrogène sulfuré.

A part les sels de potasse, d'ammoniaque et de soude, tous les rhodizonates métalliques sont des précipités insolubles dans l'eau, dont la coloration varie du rouge au brun, en passant par une foule de nuances.

La composition de ces sels n'est d'ailleurs pas connue, et les auteurs qui s'en sont occupés ne sont même pas toujours d'accord sur leurs caractères.

Selon M. Heller, le sel de potasse renfermerait 61,96 p. 100 de potasse. Les indications du même chimiste relatives au sel de plomb ne sont pas d'accord avec celles de M. Thaulow[1], qui trouve des nombres entièrement différents :

	Heller.		Thaulow.
Carbone.	4,67	—	9,87
Oxygène.	10,33	—	12,93
Oxyde de plomb.	85,00	—	77,20
	100,00	—	100,00

M. Liebig se fonde sur l'analyse de M. Thaulow pour représenter le rhodizonate de potasse par C^7O^7, 3 PbO; cette composition explique bien la transformation du rhodizonate de potasse en croconate et en oxalate [$2\ (C^7O^7,\ 3\ KO) = C^{10}O^8,\ 2\ KO + 2\ (C^2O^3,KO) + 2\ KO$], mais elle ne rend pas compte de ce que la solution aqueuse du rhodizonate de potasse donne immédiatement du croconate et de l'oxalate si l'on y a préalablement ajouté de la potasse, tandis que sans l'addition de la potasse cette transformation exige le contact de l'air.

De nouvelles expériences sont donc indispensables avant qu'on puisse se prononcer en connaissance de cause sur les relations qui rattachent l'acide rhodizonique à l'acide croconique, ainsi qu'à la combinaison de l'oxyde de carbone avec le potassium.

[1] THAULOW, *Ann. der Chem. u. Pharm.*, XXVII, 1.

Acide carbonique.

Syn. : Oxyde de carbonyle.

Composition : $C^2O^4 + 2\,CO^2$.

§ 89. L'existence du gaz carbonique comme principe particulier n'est établie que depuis le dix-septième siècle. C'est van Helmont qui le premier le distingua, sous le nom de *gaz sylvestre*, et reconnut qu'il se produit par la combustion du charbon ainsi que par l'action des acides sur les calcaires et sur les alcalis carbonatés alors connus; c'est aussi le même chimiste qui en admit la présence dans les eaux minérales acidules et dans l'air asphyxiant développé par la fermentation vineuse. Plus tard, Black[1], Macbride, Cavendish, Fr. Hoffmann, Bergmann[2], Priestley[3], précisèrent davantage nos connaissances sur le gaz carbonique, et Lavoisier[4] découvrit, en 1775, que ce corps est un composé de carbone et d'oxygène. Les proportions que ce dernier chimiste déduisit en 1783 de ses expériences (28 carbone et 72 oxygène) sont extrêmement rapprochées des proportions qui passent aujourd'hui pour exactes (27,27 carbone et 72,73 oxygène), d'après les dernières déterminations, faites en 1840, par MM. Dumas et Stas[5], et confirmées par MM. Erdmann et R. F. Marchand.

Le gaz carbonique est un des corps les plus répandus dans la nature. Il se produit par la combustion de toutes les matières carbonées ou organiques, ainsi que par la fermentation et la putréfaction de ces substances. Les animaux l'exhalent dans l'acte de la respiration; les volcans en activité en lancent continuellement des torrents dans l'atmosphère; il se dégage même par des fissures, dans beaucoup de localités autrefois tourmentées par des convulsions volcaniques, comme, par exemple, dans la célèbre *grotte du Chien*,

[1] Black, *Medical and Philos. Comm. by a Society in Edinburgh*.

[2] Bergmann, *Opusc.*, I, 1.

[3] Priestley, *Experim. and observ. on different kinds of Air*, I, 43.

[4] Lavoisier, *Mémoires de l'Acad. des Sciences pour* 1781. Berzelius, *Ann. de Poggend.*, XLVII, 199, et *Ann. der Chem. u. Pharm.*, XXX, 241.

[5] Dumas et Stas, *Ann. de Chim. et de Phys.*, [3] I, 1. — Erdmann et Marchand, *Journ. f. prakt. Chem.*, XXIII, 159; en extr., *Revue scientif.*, VII, 79. Liebig et Redtenbacher, *Ann. der Chem. u. Pharm.*, XXXVIII, 113; traduct. dans la *Revue scientif.*, VI, 248, avec mes observations.

Nombre proportionnel du carbone ($H = 1$) : 6 Dumas et Stas, Erdmann et Marchand; 6,06832, Liebig et Redtenbacher; 6,13 Berzelius.

près de Naples. On le trouve en dissolution dans beaucoup d'eaux minérales acidules, qui sortent de terre de ces localités, comme dans celles de Seltz, de Vichy, de Spa. Il se développe en abondance dans la germination des grains, de l'orge, par exemple, qui sert à la fabrication de la bière. C'est lui qui fait pétiller et mousser le vin de Champagne, la bière, le cidre, les limonades gazeuses. Il existe aussi au fond des puits, dans l'intérieur des mines, des marnières et des carrières; toutes les cavités des terrains calcaires sont remplies de gaz carbonique. C'est encore le gaz carbonique qui détermine, concurremment avec l'oxyde de carbone, l'asphyxie produite par la combustion du charbon ou de la braise dans les appartements fermés. Les maux de tête, les malaises qu'on éprouve parfois inopinément pendant les soirées d'hiver, n'ont souvent d'autre cause que l'altération, par le gaz carbonique, de l'atmosphère de nos appartements trop peu aérés. On pense que c'est au moyen de ce gaz que les prêtres de l'antiquité déterminaient les convulsions des pythies chargées de faire connaître la volonté des dieux.

On prépare le gaz carbonique en versant de l'acide chlorhydrique sur de la craie ou du marbre. On peut aussi, pour la préparation en grand, recueillir le gaz qui se produit par la combustion du charbon ou de la houille.

§ 90. Le gaz carbonique est incolore, à peu près sans odeur, d'une légère saveur aigrelette; il n'est pas inflammable, éteint les corps en combustion, et est impropre à la respiration. D'après Seguin l'air devient irrespirable et asphyxie lorsqu'il renferme $^1/_5$ ou $^1/_4$ de gaz carbonique; il paraîtrait que le gaz carbonique n'agit pas alors d'une manière seulement négative, en suspendant la respiration par défaut d'oxygène, mais encore en ce qu'il exerce sur le cerveau et sur les nerfs une action directe et délétère. D'ailleurs les effets du gaz carbonique sur l'organisme sont souvent les plus variés et les plus contraires : tantôt il cause des spasmes violents, tantôt il paraît plonger les facultés cérébrales dans une atonie complète.

La densité du gaz carbonique est plus grande que celle de l'air. Voici les chiffres indiqués par différents expérimentateurs :

1,4993	Lavoisier,	1,52410	Regnault,
1,5191	Buff,	1,52037	Von Wrede,
1,5196	Biot et Arago,	1,57	Cavendish et Dalton,
1,524	Allen et Pepys,		
1,5245	Berzelius et Dulong,	1,59	Saussure.

1 gramme de gaz carbonique à 0° et 760 mm. occupe un volume de 503,27 centimètres cubes.

Lorsque le charbon brûle dans le gaz oxygène, pour se transformer en gaz carbonique, le gaz oxygène ne change pas de volume.

M. Regnault, qui a fait des expériences sur la compressibilité des fluides élastiques, admet, quant au gaz carbonique, que la loi de Mariotte ne peut pas même être considérée comme une loi approchée, lorsqu'on observe ce gaz sous des pressions un peu considérables. Suivant le même physicien, le coefficient de dilatation du gaz carbonique, entre 0° et 100°, est égal à 0,3719. Selon M. Magnus, il est égal à 0, 366087.

Le pouvoir réfringent du gaz carbonique est, selon Dulong, égal à 1,526.

Le gaz carbonique peut être obtenu à l'état liquide et à l'état solide[1]. Il se liquéfie sous une pression de 36 atmosphères lorsqu'il est à la température de 0°. A — 10° une pression de 27 atmosphères et à — 30° une pression de 18 atmosphères opèrent sa liquéfaction. Lorsque la température est supérieure à celle de la glace fondante, il faut des pressions plus considérables. Le gaz liquéfié est incolore, très-mobile, et remarquable par sa grande dilatabilité ; sa densité, rapportée à celle de l'eau à 0°, est de 0,98 à — 8°, et de 0,72 à + 27°. Vers — 70°, l'acide carbonique se solidifie, et forme alors une masse vitreuse, parfaitement transparente. Si l'on dirige un jet de gaz liquéfié dans une boîte métallique très-mince, une grande partie de la matière se volatilise, en prenant la chaleur nécessaire pour ce changement d'état, aux parois du vase et à la portion de la matière restée liquide ; la température s'abaisse alors au-dessous de — 70°, l'acide carbonique devient solide et se condense sous la forme de flocons neigeux. Il peut être ainsi conservé beaucoup plus longtemps qu'à l'état liquide. M. Thilorier a construit un appareil particulier pour la liquéfaction et la solidification du gaz carbonique, mais le maniement en est fort dangereux, à cause de l'énorme tension du gaz liquéfié.

[1] FARADAY, *Philos. Trans.*, for 1823, 160. — NIEMANN, *Archiv. de Brandes*, XXXVI, 175. — THILORIER, *Ann. de Chim. et de Phys.*, LX, 427 et 432. — MITCHELL, *Ann. der Chem. u. Pharm.*, XXXVII, 354, ou *Biblioth. univers.*, sept. 1840, p. 177. — M. BERTHELOT, *Ann. de Chim. et de Phys.*, [3] XXX, 237. — MARESKA et DONNY, *Mém. cour. et Mém. des savants étrangers de l'Acad. royale de Bruxelles*, t. XVIII. — NATTERER, *Journ. f. prakt. Chem.*, XXXV, 169.

On emploie quelquefois le gaz solidifié pour produire des mélanges frigorifiques : avec un mélange d'acide carbonique neigeux et d'éther on peut congeler 1 kilogr. de mercure dans quelques minutes.

Température centigrade.	Tension de l'acide carbonique liquide, en atmosphères, suivant M. Faraday.	suivant MM. Mareska et Donny.
— 59°4	4,6	
48,8	7,7	
36,6	12,5	
30,5	15,4	
26,1	17,8	
20,0	21,5	23,6
15,0	24,7	25,3
12,2	26,8	
10,0		27,5
9,4	29,1	
5,0	33,1	
0,0	38,5	36
+ 6,3		42
10,0		46
15,5		52
19,0		57
23,5		63
27,0		68
30,7		74
34,5		80

Température.	Tension de l'acide carbonique solide, en atmosphères, suivant M. Faraday.
— 99°4	1,14
77,2	1,36
70,5	2,28
63,9	3,6
59,4	4,6
57,0	5,33

L'eau dissout environ son volume de gaz carbonique. La solution rougit légèrement le tournesol, mais la couleur bleue reparaît peu à peu à l'air, par l'effet de la vaporisation du gaz. Elle trouble l'eau de chaux, de baryte et de strontiane.

La quantité de gaz carbonique qui se dissout dans l'eau à une même température augmente avec la pression à laquelle le gaz est soumis. On tire parti de cette circonstance pour imiter les eaux minérales gazeuses, en saturant de gaz carbonique, sous une forte pression, de l'eau ordinaire contenue dans des cruches ou dans des bouteilles qui se ferment hermétiquement par des procédés particuliers.

Le gaz carbonique est absorbé par les solutions aqueuses de potasse, de soude, baryte, de chaux, de strontiane, et produit des carbonates neutres; si le gaz est employé en excès, on obtient des bicarbonates.

De même, quand on met le gaz carbonique en contact avec des solutions de potasse ou de baryte dans l'esprit de bois ou l'alcool, on obtient du méthyl-carbonate ou de l'éthyl-carbonate de potasse ou de baryte.

Dérivés métalliques de l'acide carbonique. Carbonates métalliques.

§ 91. L'acide carbonique étant un acide bibasique, les carbonates neutres se représentent d'une manière générale[1], par

$$\left.\begin{matrix} CO.O,MO \\ CO.O,MO \end{matrix}\right\} = C^2O^4 \left\{\begin{matrix} MO \\ MO \end{matrix}\right., \text{ c'est-à-dire } 2(CO^2, MO).$$

et les bicarbonates, par

$$\left.\begin{matrix} CO.O,MO \\ CO.O,HO \end{matrix}\right\} = C^2O^4 \left\{\begin{matrix} HO \\ MO \end{matrix}\right., \text{ c'est-à-dire} \left\{\begin{matrix} CO_2, MO \\ CO^2, HO \end{matrix}\right.$$

Voyez les traités de chimie minérale pour la description de ces sels.

Les *carbonates ammoniacaux* sont des carbonates dans lesquels le métal est représenté par son équivalent :

d'ammonium. . . . . NH^4,

ou de zincammonium. . . $NH^3 Zn$, etc.

Ces sels se rattachant plus directement aux composés organiques, nous allons en donner la description.

§ 92. *Carbonates d'ammonium* ou *d'ammoniaque*. — M. Henri Rose[2] admet l'existence d'un très-grand nombre de carbonates d'ammoniaque, d'une composition assez compliquée. Mais, d'après les expériences, plus récentes, de M. H. Deville[3], il n'existe réellement que deux carbonates d'une combinaison définie (sans compter, bien entendu, le carbonate d'ammoniaque anhydre, qui est du carbamate d'ammoniaque, § 121).

Le *carbonate neutre*, $C^2O^4 \left\{\begin{matrix} NH^4O \\ NH^4O \end{matrix}\right.$, ne paraît pas pouvoir s'obtenir. Le sel qui se dépose dans l'alcool saturé de sesquicarbonate d'ammoniaque et de gaz ammoniaque est du sesquicarbonate. On ne l'obtient pas non plus en dissolvant à saturation le carbonate d'ammoniaque du commerce dans de l'ammoniaque concentrée.

[1] Voy. la note, § 82.

[2] H. Rose, *Ann. de Poggend.*, XLVIII, 352.

[3] H. Deville, Communication particulière, et *Compt. rend. de l'Acad.*, XXXIV, 880

Le *sesquicarbonate* représente une combinaison de carbonate neutre et de bicarbonate :

$$\left.\begin{matrix} C^2O^4 \left\{\begin{matrix} NH^4O \\ NH^4O \end{matrix}\right. \\ 2C^2O^4 \left\{\begin{matrix} NH^4O \\ HO \end{matrix}\right. \end{matrix}\right\} + 4 \text{ aq. (Deville).}$$

$= 3CO^2, 2NH^4O, 3HO$. (Cette composition n'est vérifiée qu'approximativement par l'expérience, à cause de l'impossibilité qu'on éprouve à dessécher entièrement la matière sans la décomposer.) Lorsqu'on dissout à saturation le carbonate d'ammoniaque du commerce dans de l'ammoniaque concentrée, et qu'on ajoute ensuite à la liqueur un peu d'alcool, il s'y produit de beaux cristaux de sesquicarbonate. La forme de ce sel est un prisme rectangulaire droit sur les angles duquel sont placées les faces de l'octaèdre rhomboïdal. (Faces dominantes : P. $\infty \bar{P} \infty$. $\infty \breve{P} \infty$. Inclinaison des faces, P : P = 138° 40′ et 115° 45′ pour les faces adjacentes de la pyramide, et 100° 35′ pour les faces opposées; $\infty \bar{P} \infty$: P = 122° 10′, $\infty \breve{P} \infty$: P = 110° 40′. Valeurs des axes, *a* étant l'axe vertical, *b* la petite diagonale et *c* la grande diagonale, $a : b : c = 1 : 1{,}4478 : 2{,}1864$). On peut obtenir des cristaux dont les faces ont plusieurs centimètres de développement.

Le sesquicarbonate d'ammoniaque est d'une instabilité remarquable. Lorsqu'on abandonne les cristaux à l'air, ils se ternissent immédiatement et se transforment jusqu'au centre en bicarbonate. Ce phénomène se produit également dans l'eau et dans l'alcool; mais dans ce cas il prend un caractère particulier, qu'on observe en mettant le sel sous une cloche fermée : les cristaux laissent exsuder de l'eau fortement ammoniacale; et sur les larges lames du sesquicarbonate on voit, pour ainsi dire, se tailler de nouvelles faces sans que le noyau du cristal paraisse subir de modification. Cependant la nouvelle substance est désormais inaltérable; c'est du bicarbonate d'ammoniaque cristallisé.

Le *bicarbonate*, $C^2O^4 \left\{\begin{matrix} NH^4O \\ HO \end{matrix}\right. = 2CO^2, NH^4O, HO$, est le sel en lequel se résolvent en définitive tous les carbonates ammoniacaux lorsqu'ils sont abandonnés à eux-mêmes pendant longtemps Il cristallise dans le système rhombique. Faces dominantes : $\breve{P} \infty$.

$\breve{P}\,\infty . \infty P . \infty \bar{P}\,\infty . \infty\breve{P}\,\infty$. Valeurs des axes, $a : b : c :: 2{,}4751 : 1{,}6538 : 1$. On le prépare en faisant passer de l'acide carbonique dans la solution du sesquicarbonate d'ammoniaque, ou bien en traitant par l'eau chaude le carbonate d'ammoniaque du commerce et laissant refroidir la dissolution, ou enfin en faisant cristalliser ce sel dans l'alcool. Dans tous les cas la forme cristalline et les angles du bicarbonate d'ammoniaque sont rigoureusement les mêmes. (Deville.)

Le bicarbonate d'ammoniaque a été trouvé[1] en quantité considérable dans des dépôts de guano, sur la côte occidentale de la Patagonie, sous la forme de masses blanches et cristallines, d'une odeur fortement ammoniaçale. On a aussi découvert, il y a quelques années, dans les environs de Naples, une grotte où du carbonate d'ammoniaque se dégage en abondance; on attribue dans le pays une grande vertu à cette grotte pour faire cesser les douleurs, l'engourdissement, la paralysie des membres, et les amauroses ou paralysies de l'œil.

Le carbonate d'ammoniaque se prépare en grand, dans les fabriques, par la distillation sèche des os, de la corne et d'autres substances organiques azotées. On peut aussi le préparer en distillant un mélange de sel ammoniac et de carbonate de chaux.

§ 93. *Carbonates d'ammonium et de magnésium*[2]. — On en connaît deux :

$$\text{Sel } \alpha \ldots \quad \left.\begin{matrix} C^2O^4\left\{\begin{matrix} NH^4O \\ NH^4O \end{matrix}\right. \\ C^2O^4\left\{\begin{matrix} MgO \\ MgO \end{matrix}\right. \end{matrix}\right\} + 8\text{ aq.} = C^2O^4\left\{\begin{matrix} NH^4O \\ MgO \end{matrix}\right. + 4\text{ aq.}$$

$$\text{Sel } \beta \ldots \quad \left.\begin{matrix} C^2O^4\left\{\begin{matrix} NH^4O \\ H\ O \end{matrix}\right. \\ C^2O^4\left\{\begin{matrix} MgO \\ MgO \end{matrix}\right. \end{matrix}\right\} + 8 \text{ et } 11\text{ aq.}$$

α. On obtient ce sel en mettant en digestion une dissolution de sesquicarbonate d'ammoniaque avec du carbonate neutre de magnésie, ou avec de la magnésie blanche. La liqueur filtrée dépose des cristaux prismatiques rectangulaires droits. L'eau décompose ce sel, en séparant du carbonate neutre de magnésie; avec l'eau bouillante, il se produit du sous-carbonate de magnésie. (Favre.)

[1] ULEX., *Ann. der Chem. u. Pharm.*, LXVI, 44.

[2] FAVRE, *Ann. de Chim. et de Phys.* [3] X, 474. — DEVILLE, *ibid.*, XXXV, 454.

β. Le sel qui se forme en présence d'un grand excès de bicarbonate d'ammoniaque est une poudre cristalline, indéterminable. En opérant dans les mêmes circonstances, mais à une basse température, M. Deville a obtenu un sel blanc micacé, présentant au microscope les caractères d'une substance douée de la double réfraction avec deux axes optiques. Il perd de l'eau avec la plus grande facilité, et après être desséché il dégage de l'ammoniaque.

§ 94. *Carbonate de zincammonium et de zinc*[1], $C^2O^4 \left\{ \begin{array}{r} NH^3ZnO. \\ ZnO \end{array} \right.$

On obtient ce sel en faisant bouillir du carbonate de zinc avec une solution concentrée de sesquicarbonate d'ammoniaque. Le sel se dépose par le refroidissement sous la forme de longues aiguilles, groupées en étoiles. L'eau le détruit, surtout à l'ébullition, en séparant du carbonate de zinc.

Le bicarbonate d'ammoniaque ne se combine pas avec le carbonate de zinc, mais le transforme en un carbonate neutre hydraté, amorphe et pulvérulent[2].

§ 95. *Carbonate d'ammonium et de nickel*[3]. — Il renferme :

$$\left. \begin{array}{l} C^2O^4 \left\{ \begin{array}{r} NH^4O \\ HO \end{array} \right. \\ C^2O^4 \left\{ \begin{array}{r} NiO \\ NiO \end{array} \right. \end{array} \right\} + 8\,aq.$$

Cristaux vert pomme, accolés deux à deux, qu'on obtient comme produit final de la réaction longtemps prolongée du bicarbonate d'ammoniaque sur le carbonate de nickel.

Carbonate d'ammonium et de cobalt. — On en connaît deux[4] :

$$\text{Sel } \alpha \ldots \quad \left. \begin{array}{l} C^2O^4 \left\{ \begin{array}{r} NH^4O \\ NH^4O \end{array} \right. \\ C^2O^4 \left\{ \begin{array}{r} CoO \\ CoO \end{array} \right. \end{array} \right\} + 8\,aq. = C^2O^4 \left\{ \begin{array}{r} NH^4O \\ CoO \end{array} \right. + 4\,aq.$$

$$\text{Sel } \beta \ldots \quad \left. \begin{array}{l} C^2O^4 \left\{ \begin{array}{r} NH^4O \\ H\,O \end{array} \right. \\ C^2O^4 \left\{ \begin{array}{r} CoO \\ CoO \end{array} \right. \end{array} \right\} + 8 \text{ et } 11\,aq.$$

[1] Favre, *loc. cit.*
[2] Deville, *loc. cit.*
[3] Deville, *loc. cit.*
[4] Deville, *loc. cit.*

α. On obtient aisément ce sel en laissant en contact avec un excès de sesquicarbonate d'ammoniaque le précipité qu'on y a formé en y versant du nitrate de cobalt. Peu à peu ce précipité se transforme en une multitude de petits prismes, qui s'irradient autour de plusieurs points. Ce sel se conserve longtemps dans la dissolution où il s'est formé, pourvu que la température ne soit pas élevée; il paraît inaltérable à l'air. Sa couleur est d'un rouge groseille très-fin.

β. Lorsqu'on mêle à des températures différentes du nitrate de cobalt et du bicarbonate d'ammoniaque, on obtient deux sels de même composition, mais avec des quantités différentes d'eau de cristallisation. L'un, à 8 at. d'eau, s'obtient à la température de 15 ou 18°; c'est une matière rose, micacée, d'un grand éclat, très-altérable à l'air. L'autre, à 11 at. d'eau, s'obtient à une température voisine de 0°, et se présente en petites lames micacées d'un rose pâle, encore plus altérables que le sel précédent.

§ 96. *Carbonate d'ammonium et d'urane.* — Le carbonate d'ammoniaque produit dans les sels d'urane un précipité vert foncé; celui-ci se dissout dans un excès de carbonate d'ammoniaque avec la même couleur. Si l'on évapore la solution à une douce chaleur, elle dépose du protoxyde d'urane hydraté, avec dégagement d'acide carbonique. (Rammelsberg.)

Carbonate d'ammonium et d'uranyle. — Il contient :

$$\left.\begin{array}{r} 2\,C^2O^4 \left\{ \begin{array}{c} NH^4O \\ NH^4O \end{array} \right. \\ C^2O^4 \left\{ \begin{array}{c} U^2O^2O \\ U^2O^2O \end{array} \right. \end{array}\right\}$$

Lorsqu'on fait dissoudre à chaud le carbonate d'uranyle dans le carbonate d'ammoniaque, on obtient par l'évaporation des prismes transparents d'un jaune citron, qui ont la composition indiquée. (Berzelius, Péligot.)

Ces cristaux appartiennent au système monoclinique[1]. Faces dominantes : $-P\,{}^1/_2$, $-P\infty$, $+P\infty$, ∞P, $\infty P\infty$, $[\infty P\infty]$. Inclinaison des faces, $\infty P : \infty P\infty = 137°30'$; $\infty P : [\infty P\infty] = 132°30'$; $\infty P\infty : [\infty P\infty] = 90°$; $[\infty P\infty] : -P\,{}^1/_2 = 138°45'$ environ; $[\infty P\infty] : + \infty = 90°$; $[\infty P\infty] : -P\infty = 90°$; $-P\,{}^1/_2 : +P\infty = 94°$ environ; $\infty P : +P\infty = 116°20'$ environ;

[1] DELAPROVOSTAYE, *Ann. de Chim. et de Phys.*, [3] V, 49.

∞ P : — P $^1/_2$ = 150° environ; ∞ P ∞ : + P ∞ = 127°; — P ∞ : + P ∞ = 96°. Valeurs approximatives des axes, $a : b : c$ = 0,9017 : 1 : 1,0777. Inclinaison de a sur b = 80° 56′.

§ 97. *Carbonates de platosammonium*, ou carbonates de protoxyde de platine ammoniacaux[1]. — Ils représentent les sels d'un ammonium dont un atome d'hydrogène est remplacé par NH^4 et un autre atome par du platine Pt (platinosum) :

$$\text{Ammonium} \ldots \ N \left\{ \begin{array}{l} H \\ H \\ H \\ H \end{array} \right.$$

$$\text{Platosammonium. } N \left\{ \begin{array}{l} H \\ H \\ (NH^4) \\ Pt \end{array} \right.$$

On connaît deux semblables carbonates :

$$\alpha.\ \textit{bicarbonate}, C^2O^4 \left\{ \begin{array}{l} HO \\ NH^2(NH^4) Pt O \end{array} \right. + \text{aq}.$$

$$= 2CO^2, PtO, 2 NH^3 + 2 \text{ aq}.$$

Lorsqu'on fait passer un courant de gaz carbonique dans une solution froide et concentrée de diplatosammine (base de Reiset), le gaz est absorbé : la liqueur reste alcaline, même après un excès d'acide carbonique, et laisse déposer le bicarbonate sous la forme d'une poussière blanche et cristalline. Sec, ce sel peut être chauffé à 120° sans s'altérer. Il fait une vive effervescence avec les acides, et perd une partie de son acide carbonique par une ébullition prolongée, en donnant un sel qui paraît renfermer [$3C^2O^4$, 4 PtO, 8 NH^3, 4 *aq*.] et qui est plus soluble que le bicarbonate.

β. *sel neutre*. Il paraît s'obtenir, quand on abandonne à l'air une solution de diplatosammine.

Dérivés méthyliques, éthyliques, amyliques... de l'acide carbonique. Éthers carboniques.

§ 98. Les combinaisons suivantes représentent des carbonates dans lesquels le métal simple est remplacé, en totalité ou en par-

[1] REISET, *Ann. de Chim. et de Phys.*, [3] XI, 424.

tie, par les groupes méthyle C^2H^3, éthyle C^4H^5, amyle $C^{10}H^{11}$:

Acide méthyl-carbonique.	$C^4H^4O^6 = C^2O^4$	$\left\{\begin{matrix} C^2H^3O \\ HO \end{matrix}\right.$
Acide éthyl-carbonique.	$C^6H^6O^6 = C^2O^4$	$\left\{\begin{matrix} C^4H^5O \\ HO \end{matrix}\right.$
Carbonate d'éthyle.	$C^{10}H^{10}O^6 = C^2O^4$	$\left\{\begin{matrix} C^4H^5O \\ C^4H^5O \end{matrix}\right.$
Carbonate d'éthyle et de méthyle.	$C^8H^8O^6 = C^2O^4$	$\left\{\begin{matrix} C^4H^5O \\ C^2H^3O \end{matrix}\right.$
Carbonate d'amyle.	$C^{22}H^{22}O^6 = C^2O^4$	$\left\{\begin{matrix} C^{10}H^{11}O \\ C^{10}H^{11}O \end{matrix}\right.$

§ 99. *Acide méthyl-carbonique*, ou carbométhylique[1], $C^4H^4O^6$. — On ne le connaît qu'à l'état de *sel de baryte*

$$C^4H^3BaO^6 = C^2O^4 \left\{\begin{matrix} BaO, \\ C^2H^3O \end{matrix}\right.$$

La dissolution de baryte dans l'esprit de bois absolu étant soumise à l'action de l'acide carbonique sec donne immédiatement naissance à un précipité blanc un peu nacré, qui, lavé avec de l'esprit de bois, consiste tout entier en méthyl-carbonate de baryte.

Ce sel est insoluble dans l'esprit de bois et dans l'alcool ; il se dissout au contraire très-bien dans l'eau froide, mais la liqueur abandonnée à elle-même se trouble bientôt, en précipitant une quantité considérable de carbonate de baryte et en laissant dégager de l'acide carbonique. La liqueur se boursoufle, écume, et au bout de quelques heures le méthyl-carbonate de baryte a disparu ; il n'y reste absolument que de l'eau et du carbonate de baryte. On favorise singulièrement cette réaction par une élévation, même peu considérable, de température. Dans l'eau bouillante la décomposition est instantanée.

Carbonate de méthyle. — Il n'a pas encore été préparé ; on l'obtiendrait probablement par les mêmes procédés que son homologue l'éther carbonique.

§ 100. *Acide éthyl-carbonique*, ou carbovinique[2], $C^6H^6O^6$. — On ne le connaît qu'à l'état de *sel de potasse*, $C^6H^5KO^6$. Celui-ci s'obtient en dissolvant dans l'alcool absolu l'hydrate de

[1] DUMAS et PÉLIGOT (1840), *Ann. de Chim. et de Phys.*, LXXIV, 6.
[2] DUMAS et PÉLIGOT, *loc. cit.*

potasse porté à la chaleur rouge, et faisant passer dans le liquide du gaz carbonique sec, en ayant soin d'éviter l'élévation de température, qui ne manque pas de s'établir. Il se forme alors un abondant dépôt cristallin, qui consiste en carbonate, bicarbonate et éthyl-carbonate de potasse. On y ajoute son volume d'éther, et l'on filtre la liqueur, qui entraîne la potasse libre et laisse ces trois sels sur le filtre. Ensuite on délaye le produit cristallisé dans l'alcool absolu, on filtre de nouveau, et l'on ajoute de l'éther à la liqueur filtrée. L'alcool dissout l'éthyl-carbonate, et l'éther précipite ce sel de la solution alcoolique. En filtrant de nouveau et séchant rapidement, on obtient l'éthyl-carbonate en lames d'un grand éclat.

Ce sel est blanc et nacré; il brûle avec flamme sur la lame de platine, et laisse un résidu charbonneux. Dès le contact de l'eau il se transforme en alcool et en bicarbonate de potasse :

$$C^6H^5KO^6 + 2HO = C^4H^6O^2 + C^2O^4,KO,HO.$$

A la distillation, il donne du gaz inflammable et un peu de liquide éthéré, en laissant un résidu de carbonate mêlé de charbon.

Carbonate d'éthyle, ou éther carbonique [1], $C^{10}H^{10}O^6$. — On l'obtient par l'action du potassium ou du sodium sur l'éther oxalique, probablement d'après l'équation suivante [2] :

$$\underset{\text{Éther oxalique.}}{2\,C^{12}H^{10}O^8} + K^2 = \underset{\text{Éth. carboniq.}}{C^{10}H^{10}O^6} + \underset{\text{Éthylate potass.}}{2\,C^4H^5KO^2} + 6CO.$$

La préparation se fait ainsi : on chauffe à 130°, dans une cornue, de l'éther oxalique avec du potassium ou du sodium, dont on ajoute de nouvelles quantités, tant qu'il se développe de l'oxyde de carbone; on laisse ensuite refroidir, et l'on dissout dans l'eau le résidu, qui est d'un rouge brun; l'éther carbonique vient alors surnager. On le lave à l'eau, on le distille avec ce liquide, et après l'avoir desséché sur du chlorure de calcium on le rectifie sur du potassium, jusqu'à ce qu'il ait un point d'ébullition constant [3].

L'éther carbonique se produit aussi dans la réaction du chlo-

[1] ETTLING (1836), *Ann. der Chem. u. Pharm.*, XIX, 17.

[2] L. GMELIN, *Handb. d. theor. Chem.*, 4e édit., IV, p. 877.

[3] La coloration brune du résidu provient évidemment d'une action secondaire, peut-être de l'action de la chaleur sur l'éthylate de potasse qui doit se former d'après l'équation indiquée. L'addition de l'eau à ce résidu donne lieu à une liqueur très-alcaline, d'où l'acide sulfurique précipite des flocons noirs, que MM. Loewig et Weidmann appellent *acide nigrique* (*Ann. de Poggend.*, L, 107).

rure de cyanogène et de l'alcool, lorsqu'on prépare de l'uréthane; il est contenu dans la portion du liquide qui distille entre 80 et 130°.

Enfin, M. Chancel prépare l'éther carbonique par double décomposition, en soumettant à l'action de la chaleur un mélange d'éthyl-carbonate et d'éthyl-sulfate de potasse.

L'éther carbonique constitue une huile incolore, limpide, d'une odeur douce et éthérée, d'une saveur brûlante, d'une densité de 0,975 à 19°. Il bout à 125°, et se volatilise sans décomposition. La densité de sa vapeur a été trouvée égale à 4,09.

Il est inflammable et brûle avec une flamme bleue. Il est insoluble dans l'eau, très-soluble dans l'alcool et l'éther.

Quand on le chauffe avec une solution alcoolique de potasse, il dépose du carbonate.

Selon M. Loewig, le sodium l'attaquerait à chaud, en dégageant de l'oxyde de carbone.

Le chlore convertit l'éther carbonique en deux corps chlorés.

Le carbonate d'éthyle bichloré[1], $C^{10}H^{6}Cl^{4}O^{6}$, est le premier produit de l'action du chlore.

Lorsqu'on fait passer un courant de chlore dans l'éther carbonique placé dans une cornue et exposé à la lumière diffuse, le gaz s'absorbe en même temps qu'il se dégage beaucoup de gaz chlorhydrique; pour terminer l'action, on chauffe le liquide au bain-marie. Purifié de chlore et d'acide, le carbonate d'éthyle bichloré constitue un liquide incolore, doué d'une odeur douce, et beaucoup plus pesant que l'eau, qui ne le dissout pas; il est soluble, au contraire, dans l'alcool. Il se détruit par la distillation sèche.

Le carbonate d'éthyle perchloré, ou éther perchlorocarbonique[2], $C^{10}Cl^{10}O^{6}$, se produit par l'action prolongée du chlore et de la lumière solaire sur le composé précédent. Il constitue une masse cristalline, qu'il ne faudrait pas chercher à purifier en la faisant cristalliser dans l'alcool ou dans l'éther, car elle s'y détruirait en partie en prenant une apparence visqueuse; il faut la comprimer entre des doubles de papier joseph, la laver rapidement avec de petites quantités d'éther, la comprimer de nouveau, et l'exposer enfin pendant quelques jours dans le vide sec. Ainsi préparée, cette matière est d'un blanc de neige, cristallisée en petites aiguilles, et

[1] CAHOURS (1843), *Ann. de Chim. et de Phys.*, [3] IX, 201.

[2] CAHOURS (1843), *loc. cit.* — MALAGUTI, *ibid.*, XVI, 30. — GERHARDT, *Compt. rend. des Trav. de Chimie*, 1848, p. 277.

possède une odeur assez faible. Elle fond entre 86 et 88°, et se fige entre 65 et 63°. Lorsqu'on la chauffe plus fort, elle distille en partie; une autre partie se décompose en acide carbonique, en chlorure de trichloracétyle (aldéhyde perchloré) et en sesquichlorure de carbone :

$$C^{10}\,Cl^{10}\,O^{6} = 2CO^{2} + \underset{\text{chlor. de trichloracét.}}{C^{4}Cl^{4}O^{2}} + \underset{\text{sesquichlor. de carbone.}}{C^{4}\,Cl^{6}}.$$

Dissous dans l'alcool, l'éther perchlorocarbonique se convertit en une huile qui n'est qu'un mélange d'éther carbonique et d'éther trichloracétique; en même temps il se produit beaucoup d'acide chlorhydrique.

$$C^{10}\,Cl^{10}\,O^{6} + \underset{\text{alcool.}}{4C^{4}H^{6}O^{2}} = \underset{\text{éther carbon.}}{C^{10}H^{10}\,O^{6}} + \underset{\text{éth. trichloracétiq.}}{2C^{8}H^{5}Cl^{3}O^{4}} + 4HCl.$$

Quand on chauffe l'éther perchlorocarbonique avec une lessive de potasse, il s'établit une réaction très-vive, et l'on obtient du carbonate, du formiate et du chlorure :

$$C^{10}\,Cl^{10}\,O^{6} + 14HO = 6CO^{2} + \underset{\text{ac. formique.}}{2C^{2}H^{2}O^{4}} + 10HCl.$$

L'ammoniaque gazeuse attaque l'éther perchlorocarbonique avec beaucoup d'énergie. Il se forme beaucoup de sel ammoniac, et le produit repris par l'éther donne une solution, qui laisse par l'évaporation spontanée un résidu cristallin où l'on peut distinguer à l'aide du microscope des lames rectangulaires de trichloracétamide (*chlocarbéthamide* de M. Malaguti), et de longues aiguilles d'un corps inconnu. Si on laisse l'éther perchlorocarbonique s'échauffer avec l'ammoniaque, il se produit aussi une certaine quantité d'une matière noire ou brune.

Quand on jette de l'éther perchlorocarbonique dans l'ammoniaque liquide, on entend un bruissement comme si l'on plongeait un fer chaud dans l'eau : il se produit de la trichloracétamide, ainsi que du carbonate, du formiate, du chlorhydrate d'ammoniaque, et probablement aussi d'autres sels ammoniacaux chlorés.

Carbonate d'éthyle, et de méthyle, ou éther éthyl-méthyl-carbonique [1], $C^{8}H^{8}O^{6}$. — On l'obtient en soumettant à une douce chaleur un mélange d'éthyl-carbonate et de méthyl-sulfate de potasse.

C'est un liquide incolore et limpide, doué de presque toutes les propriétés de l'éther carbonique ordinaire, dont il diffère cepen-

[1] CHANCEL (1850), *Ann. de Chim. et de Phys.*, [3] XXXV, 467.

dant par une densité plus grande et par un point d'ébullition moins élevé.

§ 101. *Carbonate d'amyle*, ou éther amylcarbonique[1], $C^{22}H^{22}O^6$.

Cet éther s'obtient soit en décomposant par l'eau le chlorocarbonate d'amyle, soit en traitant par le potassium l'oxalate d'amyle.

On le prépare en saturant l'alcool amylique par le gaz chlorocarbonique, agitant le produit avec son volume d'eau, abandonnant sur du massicot, desséchant sur du chlorure de calcium, et soumettant à la rectification.

La préparation du carbonate d'amyle par le potassium et l'oxalate d'amyle est fort aisée. Le potassium attaque immédiatement cet oxalate, mais il faut chauffer pour terminer la réaction. On obtient à la distillation un liquide jaune, tandis qu'il reste une masse brune, renfermant du carbonate de potasse et du charbon. On rectifie ensuite le liquide jaune : il commence à bouillir d'abord à 130°, en donnant de l'alcool amylique, puis le thermomètre monte rapidement à 225°, où il reste longtemps stationnaire, pendant tout le temps qu'il passe du carbonate d'amyle, dont la quantité s'élève aux trois quarts environ du liquide jaune. Le résidu renferme une matière visqueuse très-odorante.

Le carbonate d'amyle se présente sous la forme d'un liquide incolore, d'une odeur agréable et d'une densité de 0,9144; il bout d'une manière constante à 224° ou 225°.

ACIDE SULFOCARBONIQUE ANHYDRE.

Syn. Sulfure de carbone, sulfure de sulfocarbonyle.

Composition : $C^2S^4 = 2CS^2$.

§ 102. Ce composé a été découvert par Lampadius[2] en 1796. Il se produit par la combinaison directe du carbone avec le soufre,

[1] MEDLOCK (1849), *The Quart. Journ. of Chem. Societ.*, I, 368, et *Ann. der Chem. u. Pharm.*, LXIX, 214. — BRUCE, *The Quart. Journ. of Chem. Soc.*, V, 132.

[2] LAMPADIUS (1796), *Neues Allgem. Journ. d. Chemie, von A.-F. Gehlen*, II, 192. — CLÉMENT ET DESORMES, *Ann. de Chimie*, XLII, 121. — VAUQUELIN ET ROBIQUET, *ibid.*, LXI, 145. — BERTHOLLET, THÉNARD et VAUQUELIN, *ibid.*, LXXXIII, 252. — BERZELIUS et MARCET, *Journ. f. Chem. u. Physik, von Schweigger*, IX, 284. — BERZELIUS, *Annal. d. Physik. von L.-W. Gilbert*, XLVIII, 177, *Ann. de Poggend.*, VI, 144. — ZEISE, *Journ. f. Chem. u. Physik, von Schweigger*, XXXVI, 1; XLI, 98 et 170; XLIII, 160. — COUERBE, *Ann. de Chim. et de Phys.*, LXI, 225.

ainsi que par la décomposition de plusieurs combinaisons organiques sulfurées.

On le prépare en mettant le soufre en contact, à une haute température, avec du charbon fortement calciné. A cet effet, on prend une cornue de grès tubulée, et l'on fixe dans la tubulure, au moyen d'un lut en argile, un tube de porcelaine, de manière à le faire descendre jusqu'au fond de la cornue; on remplit ensuite la cornue de braise concassée, et on la dispose dans un fourneau muni de son laboratoire. A la cornue vient s'adapter un large tube qui, après avoir traversé un réfrigérant, communique avec le récipient où doit se condenser le sulfure de carbone. Ce récipient est au tiers rempli d'eau, et l'extrémité du tube par où arrive le sulfure de carbone plonge un peu au-dessous du niveau du liquide. Lorsque la cornue est portée au rouge, on projette quelques fragments de soufre par le tube de porcelaine, en en fermant l'ouverture immédiatement après, au moyen d'un bouchon de liége. On continue ainsi jusqu'à ce que tout le soufre soit transformé. Le produit qu'on recueille dans cette opération a besoin d'être rectifié au bain-marie, car il contient une quantité notable de soufre.

On peut aussi, au lieu d'une cornue tubulée, employer un long tube en porcelaine, qu'on couche en travers d'un fourneau à réverbère, en l'inclinant légèrement. A l'une des extrémités de ce tube, on fixe le réfrigérant et le récipient, comme dans l'appareil précédent, et par l'autre ouverture on introduit peu à peu les morceaux de soufre, en bouchant aussitôt comme précédemment.

Le sulfure de carbone est un liquide incolore, fort mobile, fort réfringent, d'une odeur très-désagréable. Son pouvoir réfringent est de 1,645. Sa densité est de 1,293 à 0° et de 1, 271 à 15°. Il bout déjà à 46°6 (Gay-Lussac), sous la pression ordinaire; il s'évapore promptement en produisant un grand froid. La densité de sa vapeur a été trouvée égale à 2,67.

Il est inflammable, et brûle avec une flamme bleue, en produisant du gaz carbonique et du gaz sulfureux.

Il ne se dissout pas sensiblement dans l'eau; toutefois il communique son odeur à ce liquide. L'alcool et l'éther se mêlent avec lui en toutes proportions.

Il dissout le soufre et le phosphore en grande quantité; si l'on abandonne les dissolutions à l'évaporation spontanée, le soufre et le phosphore s'y déposent sous la forme de cristaux bien déterminés. Il dissout aussi le camphre, et se mélange aisément avec les huiles essentielles et les huiles grasses.

Lorsqu'on fait passer la vapeur du sulfure de carbone sur de l'oxyde de fer, de manganèse ou d'étain, chauffé au rouge, il se produit du sulfure ainsi qu'un mélange de gaz carbonique et de gaz sulfureux. Avec la baryte, la strontiane et la chaux, on obtient dans les mêmes circonstance un mélange de sulfure et de carbonate alcalin.

Les alcalis caustiques aqueux dissolvent peu à peu le sulfure de carbone, en donnant une solution brune composée d'un mélange de carbonate et de trisulfocarbonate de potasse (sulfocarbonate de sulfure).

Lorsqu'on traite le sulfure de carbone par une dissolution alcoolique de potasse, on obtient de l'éthyl-disulfocarbonate de potasse (xanthate de potasse) : $C^2S^4\left\{\begin{matrix}C^4H^5O\\ KO.\end{matrix}\right.$

Abandonné dans l'ammoniaque aqueuse, le sulfure de carbone donne un liquide brun, contenant du trisulfocarbonate et du sulfocyanhydrate d'ammoniaque, sans carbonate. Le sulfure de carbone se dissout aisément dans l'alcool saturé de gaz ammoniaque, en donnant du trisulfocarbonate et du sulfocarbamate d'ammoniaque. (Voy. § 117, AMIDES CARBONIQUES.)

Le chlore sec convertit le sulfure de carbone en chlorure de carbone C^2Cl^4 ; sous l'influence de l'humidité, on obtient du chlorure trichlorométhyl-sulfureux $C^2Cl^4S^2O^4$. Le brome et le sulfure de carbone distillent sans réagir lorsqu'on les fait passer ensemble à travers un tube chauffé au rouge (Kolbe).

Dérivés métalliques de l'acide sulfocarbonique.
Sulfocarbonates métalliques.

§ 103. Si l'on suppose dans les carbonates l'oxygène remplacé en partie ou en totalité par son équivalent de soufre, on trouve les formules suivantes :

Sulfocarbonates (combinaisons d'acide carbonique et de sulfures). . . . . $C^2O^4\left\{\begin{matrix}MS\\ MS\end{matrix}\right.$

Disulfocarbonates (combinaisons de sulfure de carbone et d'oxydes). . . . . $C^2S^4\left\{\begin{matrix}MO\\ MO\end{matrix}\right.$

Trisulfocarbonates (combinaisons de sulfure de carbone et de sulfures) . . . . $C^2S^4 \left\{ \begin{matrix} MS \\ MS \end{matrix} \right.$

On ne connaît en chimie minérale que les *trisulfocarbonates* : ce sont les sulfocarbonates ordinaires, qu'on obtient avec le sulfure de carbone et les sulfures alcalins. Si l'on ajoute de l'acide chlorhydrique étendu à un semblable trisulfocarbonate, il se sépare une huile brune, inflammable, très-acide, qui est *l'acide trisulfocarbonique*. . . . . . . $C^2S^4 \left\{ \begin{matrix} HS \\ HS \end{matrix} \right.$

En chimie organique, on connaît plusieurs combinaisons qui correspondent à l'acide monosulfocarbonique et à l'acide disulfocarbonique (§ 104).

Dérivés méthyliques, éthyliques, amyliques.... de l'acide sulfocarbonique. Éthers sulfocarboniques.

§ 104. Les corps qui vont être décrits présentent la même composition que les éthers carboniques (§ 98) seulement ils renferment du soufre à la place de l'oxygène.

Voici la liste de ces corps :

Acide méthyl-disulfocarbonique. $C^4H^4O^2S^4 = C^2S^4 \left\{ \begin{matrix} C^2H^3O \\ H\,O \end{matrix} \right.$

Disulfocarbonate de méthyle. . . $C^6H^6O^2S^4 = C^2S^4 \left\{ \begin{matrix} C^2H^3O \\ C^2H^3O \end{matrix} \right.$

Trisulfocarbonate de méthyle. . . $C^6H^6\ S^6 = C^2S^4 \left\{ \begin{matrix} C^2H^3S \\ C^2H^3S \end{matrix} \right.$

Acide éthyl-sulfocarbonique. . . $C^6H^6O^4S^2 = C^2O^4 \left\{ \begin{matrix} C^4H^5S \\ H\,S \end{matrix} \right.$

Sulfocarbonate d'éthyle. . . . . $C^{10}H^{10}O^4S^2 = C^2O^4 \left\{ \begin{matrix} C^4H^5S \\ C^4H^5S \end{matrix} \right.$

Acide éthyl-disulfocarbonique. . $C^6H^6O^2S^4 = C^2S^4 \left\{ \begin{matrix} C^4H^5O \\ H\,O \end{matrix} \right.$

Disulfocarbonate d'éthyle . . . . $C^{10}H^{10}O^2S^4 = C^2S^4 \left\{ \begin{matrix} C^4H^5O \\ C^4H^5O \end{matrix} \right.$

Disulfocarbonate d'éthyle et de méthyle. . . . . $C^8H^8O^2S^4 = C^2S^4 \left\{ \begin{matrix} C^4H^5O \\ C^2H^3O \end{matrix} \right.$

Acide éthyl-trisulfocarbonique. . $C^6H^6\ S^6 = C^2S^4 \left\{ \begin{matrix} C^4H^5S \\ H\,S \end{matrix} \right.$

Trisulfocarbonate d'éthyle. . . . $C^{10}H^{10}S^6 = C^2S^4 \left\{ \begin{matrix} C^4H^5S \\ C^4H^5S \end{matrix} \right.$

Acide amyl-disulfocarbonique. . $C^{12}H^{12}O^2S^4 = C^2S^4 \left\{ \begin{matrix} C^{10}H^{11}O \\ H\,O \end{matrix} \right.$

Disulfocarbonate d'amyle . . . $C^{22}H^{22}O^2S^4 = C^2S^4 \left\{ \begin{matrix} C^{10}H^{11}O \\ C^{10}H^{11}O \end{matrix} \right.$

Acide cétyl-disulfocarbonique. . $C^{34}H^{34}O^2S^4 = C^2S^4 \left\{ \begin{matrix} C^{32}H^{33}O \\ H\,O \end{matrix} \right.$

Outre les substances précédentes, qui peuvent toutes être représentées comme des combinaisons de l'acide carbonique ou du sulfure de carbone avec des oxydes ou des sulfures organiques, on en connaît plusieurs autres, qui renferment les éléments de l'acide carbonique ou du sulfure de carbone combinés avec les éléments d'un bisulfure organique. Ces derniers composés s'obtiennent par l'action de l'iode sur les sels des acides inscrits dans le tableau précédent ; ils mettent en liberté du soufre lorsqu'on les traite par les alcalis caustiques. Voici ceux d'entre ces persulfures que l'on connaît.

Persulfure méthyl-disulfocarbonique (bioxysulfocarbonate de méthyle). $C^8H^6O^4S^8 = \begin{matrix} C^2O^4 \\ C^2S^4 \end{matrix} \left\{ \begin{matrix} C^2H^3S \\ C^2H^3S^2 \end{matrix} \right.$

Persulfure éthyl-sulfocarbon. (bicarbonate de bisulfure d'éthyle). $C^{12}H^{10}O^8S^4 = \begin{matrix} C^2O^4 \\ C^2O^4 \end{matrix} \left\{ \begin{matrix} C^4H^5S^2 \\ C^4H^5S^2 \end{matrix} \right.$

Persulfure éthyl-disulfocarbonique (bioxysulfocarbonate d'éthyle). $C^{12}H^{10}O^4S^8 = \begin{matrix} C^2O^4 \\ C^2S^4 \end{matrix} \left\{ \begin{matrix} C^4H^5S^2 \\ C^4H^5S^2 \end{matrix} \right.$

Persulfure amyl-disulfocarbonique (bioxysulfocarbonate d'amyle). . $C^{24}H^{22}O^4S^8 = \begin{matrix} C^2O^4 \\ C^2S^4 \end{matrix} \left\{ \begin{matrix} C^{10}H^{11}S^2 \\ C^{10}H^{11}S^2 \end{matrix} \right.$

§ 105. *Acide méthyl-disulfocarbonique*, dit aussi acide sulfocarbométhyliqueou méthylxanthique, $C^4H^4O^2S^4$. — On ne connaît que des sels de cet acide[1].

Le *sel de potasse*, $C^4H^3KS^4O^2$, s'obtient quand on met du sulfure de carbone dans une dissolution de potasse dans l'esprit de bois. Il cristallise en fibres soyeuses.

Le *sel de plomb* renferme $C^4H^3PbS^4O^2$. Lorsqu'on fait réagir sur une solution aqueuse de méthyl-xanthate de potasse une solution

[1] Dumas et Péligot (1840), *Ann. de Chim. et de Phys.*, LXXIV, 55. — P. Desains, *ibid.* [3]. XX, 504.

d'iode dans l'esprit de bois, il se dépose sur les parois du vase où s'opère la réaction des gouttelettes huileuses, un peu colorées, d'un persulfure, contenant $C^8H^6O^4S^8$:

$$2C^4H^3KO^2S^4+2I=2KI+C^8H^6O^8S^4.$$

Ce corps donne par l'action de la chaleur, entre autres produits, de l'éther méthyl-xanthique.

Disulfocarbonate de méthyle[1], ou sulfocarbonate d'oxyde de méthyle, dit aussi éther méthyl-xanthique, $C^6H^6O^2S^4$. — Lorsqu'on fait agir de l'iode sur la solution du méthyl-xanthate de potasse, il se précipite de l'iodure de potassium et du soufre, et il se dégage de l'oxyde de carbone. Si l'on ajoute de l'eau au mélange, l'éther méthyl-xanthique se sépare sous la forme d'un corps huileux.

C'est un liquide très-mobile, légèrement jaunâtre, d'une odeur très-forte et persistante, un peu aromatique. Il bout vers 170 à 172°. Sa densité à l'état liquide est de 1,143 à 15°; à l'état de vapeur, elle est de 4,266. Mis en présence d'une dissolution alcoolique de potasse, il donne du sulfhydrate de méthyle, qui reste en dissolution, et du carbonate de potasse, qui se précipite.

§ 106. *Trisulfocarbonate de méthyle*, ou sulfocarbonate de sulfure de méthyle, $C^6H^6S^6$. — On l'obtient[2] en chauffant, dans un appareil distillatoire, un mélange de dissolutions concentrées de méthyl-sulfate de chaux et de trisulfocarbonate de potasse (sulfocarbonate de sulfure de potassium). C'est un liquide jaune, d'une odeur forte et pénétrante; il se dissout à peine dans l'eau, l'alcool et l'éther le dissolvent en toutes proportions. Il bout vers 200 à 205°. Sa densité est de 1,159 à 18°, et de 4,652 à l'état de vapeur.

Le brome le convertit en cristaux rouges $C^6H^4Br^2S^6$ semblables au bichromate de potasse.

§ 107. *Acide éthyl-sulfocarbonique*, $C^6H^6O^4S^2$. — Le *sel de potasse* $C^6H^5KO^4S^2$ de cet acide[3] s'obtient lorsqu'on fait agir la potasse ou le sulfhydrate de potasse sur le sulfocarbonate d'éthyle, ou bien la potasse sur l'éther xanthique ou disulfocarbonate d'éthyle :

$$C^2O^4\left\{\begin{matrix}C^4H^5S\\C^4H^5S\end{matrix}\right.+\left\{\begin{matrix}KO\\HO\end{matrix}\right.=C^2O^4\left\{\begin{matrix}C^4H^5S\\KS\end{matrix}\right.+\left\{\begin{matrix}C^4H^5O\\HO\end{matrix}\right.$$

Sulfocarbon. d'éthyle. — Éthyl-sulfocarbon. de potasse. — Alcool.

[1] CAHOURS (1846), *Ann. de Chim. et de Phys.* [3]. XIX, 158. — ZEISE, *ibid.*, 123.
[2] CAHOURS (1846), *Ann. de Chim. et de Phys.*, [3] XIX, 163.
[3] DEBUS (1850), *Ann. der Chem. u. Pharm.*, LXXV, 130, 136 et 142; LXXXII, 253.

$$C^2O^4\begin{cases}C^4H^5S\\C^4H^5S\end{cases}+\begin{cases}KS\\HS\end{cases}=C^2O^4\begin{cases}C^4H^5S\\KS\end{cases}+\begin{cases}C^4H^5S\\HS\end{cases}$$

Sulfocarbonate d'éthyle. Éthyl-sulfoc. de potasse. Sulfhydr. d'éthyle.

$$C^2S^4\begin{cases}C^4H^5O\\C^4H^5O\end{cases}+\begin{cases}KO\\HO\end{cases}=C^2O^4\begin{cases}C^4H^5S\\KS\end{cases}+\begin{cases}C^4H^5S\\HS\end{cases}$$

Disulfocarbon. d'éthyle. Éthyl-sulfoc. de potasse. Sulfhydrate d'éthyle.

Pour préparer le sel de potasse, M. Debus fait dissoudre un certain poids d'éther xanthique dans très-peu d'alcool de 90 centièmes, et mélange le liquide avec une solution alcoolique et concentrée de potasse, contenant un poids de potasse égal au double du poids de l'éther employé. On abandonne le mélange pendant quelques heures, puis on le refroidit dans de la glace. On obtient ainsi des cristaux qu'on fait dissoudre dans très-peu d'alcool, et qu'on précipite de nouveau par le froid.

Suivant M. Chancel, l'éthyl-sulfocarbonate de potasse s'obtient aisément en dissolvant dans l'alcool le sulfure d'éthyle et de potassium (mercaptan potassé), et faisant passer dans la solution un courant de gaz carbonique[1] :

$$\begin{cases}C^4H^5S\\KS\end{cases}+C^2O^4=C^2O^4\begin{cases}C^5H^4S\\KS\end{cases}$$

L'éthyl-sulfocarbonate de potasse se présente en longues aiguilles ou en prismes brillants et incolores, qui paraissent être isomorphes avec le xanthate de potasse. Il est très-soluble dans l'eau, mais il n'est pas déliquescent ; sa solution aqueuse se décompose au bout de quelques jours, ou instantanément si l'on fait bouillir, en donnant du carbonate, du sulfure, du sulfhydrate d'éthyle et de l'alcool.

Persulfure éthyl-sulfocarbonique, ou bicarbonate de bisulfure d'éthyle, $C^{12}H^{10}O^8S^4$. — Lorsqu'on ajoute de l'iode à une solution alcoolique d'éthyl-sulfocarbonate de potasse jusqu'à ce que le liquide ait une coloration brune, qu'on enlève l'excès d'iode par une petite quantité du même sel de potasse, et qu'on ajoute au liquide deux fois son volume d'eau, il se sépare une huile qui est le persulfure éthyl-sulfocarbonique :

$$2C^6H^5KO^4S^2 + 2I = 2KI + C^{12}H^{10}O^8S^4.$$

Ce produit est incolore, très-réfringent, insoluble dans l'eau, très-soluble dans l'alcool et l'éther, plus pesant que l'eau. Il tache

[1] CHANCEL, *Compt. rend. de l'Acad.*, XXXII, 644.

le papier. Chauffé dans un petit tube, il dégage un éther doué d'une odeur agréable, et vers la fin une vapeur piquante; le résidu renferme du soufre. Une solution alcoolique de potasse le convertit en éthyl-sulfocarbonate de potasse, sulfure de potassium et soufre. Sa solution n'est pas précipitée par le bichlorure de mercure, le bichlorure de platine, l'acétate de plomb. A froid, l'acide sulfurique et l'acide nitrique ne l'altèrent pas, mais ils le décomposent à chaud. Lorsqu'on le traite en solution alcoolique par de l'ammoniaque, il se dépose du soufre, et l'on obtient du sulfhydrate d'ammoniaque, du carbonate d'ammoniaque et des cristaux qui sont probablement du carbamate d'éthyle (uréthane).

Lorsqu'on fait passer du gaz ammoniaque dans une solution éthérée du persulfure éthyl-sulfocarbonique, il se dépose des cristaux de soufre, et le liquide retient en dissolution de l'allophanate d'éthyle (voy. *Groupe Cyanique*, *Urée*) et du sulfure d'éthyle :

$$\underset{\text{Persulf. éthyl. sul.}}{2C^{12}H^{10}O^{8}S^{4}} + 4NH^{3} = \underset{\text{alloph. d'éthyle.}}{2C^{8}H^{8}N^{2}O^{6}} + \underset{\text{sulf. d'éthyle.}}{C^{8}H^{10}S^{2}} + 2S + 2HS + 4HO$$

Sulfocarbonate d'éthyle, ou carbonate de sulfure d'éthyle, $C^{10}H^{10}O^{4}S^{2}$. — Cet éther[1] se produit en faible proportion par la réaction de l'éthyl-sulfocarbonate de potassium et du chlorure d'éthyle.

On se le procure en plus grande quantité par la distillation sèche du produit de l'action de l'iode sur le xanthate de potasse. Ce produit commence à se décomposer à 130°; quand la température a atteint 170°, la réaction est tellement vive qu'il faut éloigner le feu, et qu'elle s'achève sans l'application d'une chaleur extérieure. Il s'accomplit ainsi deux métamorphoses parallèles, dont l'une donne naissance au sulfocarbonate d'éthyle, et l'autre au disulfocarbonate d'éthyle. Le liquide qui distille en premier lieu est un mélange de sulfure de carbone et de sulfocarbonate d'éthyle, qu'on rectifie jusqu'à ce que son point d'ébullition soit constant à 162°. Le disulfocarbonate d'éthyle ne distille qu'à 200°.

Le sulfocarbonate d'éthyle possède une agréable odeur éthérée, et réfracte beaucoup la lumière. Il bout à 161 ou 162°, et a une densité de 1,032 à 1°. Insoluble dans l'eau, il se dissout aisément dans l'alcool et l'éther.

L'acide chlorhydrique ne l'altère pas; l'acide sulfurique s'y mélange, et quand on chauffe, il se développe du gaz sulfureux. L'acide nitrique étendu n'y agit pas ; l'acide concentré le décompose

[1] Debus (1850), *Ann. der Chem. u. Pharm.*, LXXV, 136.

à chaud avec dégagement de vapeurs nitreuses. On peut le faire bouillir, sans qu'il s'altère, avec de l'oxyde de mercure calciné.

Lorsqu'on l'abandonne pendant quelques heures avec une solution alcoolique de sulfhydrate de potasse, et qu'on refroidit ensuite le mélange à 0°, il se dépose des cristaux d'éthyl-sulfocarbonate de potasse, tandis que les eaux mères retiennent beaucoup de sulfhydrate d'éthyle.

$$C^2O^4\left\{\begin{matrix}C^4H^5S\\C^4H^5S\end{matrix}\right. + \left\{\begin{matrix}KS\\HS\end{matrix}\right. = C^2O^4\left\{\begin{matrix}C^4H^5S\\KS\end{matrix}\right. + \left\{\begin{matrix}C^4H^5S\\HS\end{matrix}\right.$$

Sulfocarb. d éthyle. Sulfocarbon. de pot. et d'éthyle Sulfhyd. de potasse.

Avec une solution alcoolique de potasse, il fournit le même sel de potasse, du carbonate, du sulfhydrate et de l'acool. Voici les doubles décompositions qui donnent lieu à ces produits :

$$C^2O^4\left\{\begin{matrix}C^4H^5S\\C^4H^5S\end{matrix}\right. + \left\{\begin{matrix}KO\\HO\end{matrix}\right. = C^2O^4\left\{\begin{matrix}C^4H^5S\\KS\end{matrix}\right. + \left\{\begin{matrix}C^4H^5O\\HO\end{matrix}\right.$$

Sulfocarb. d'éthyle. alcool.

$$C^2O^4\left\{\begin{matrix}C^4H^5S\\KS\end{matrix}\right. + \left\{\begin{matrix}KO\\HO\end{matrix}\right. = C^2O^4\left\{\begin{matrix}KS\\KS\end{matrix}\right. + \left\{\begin{matrix}C^4H^5O\\HO\end{matrix}\right.$$

Sulfocarb. d'éthyl. et de potasse.

$$C^2O^4\left\{\begin{matrix}KS\\KS\end{matrix}\right. + \left\{\begin{matrix}KO\\HO\end{matrix}\right. = C^2O^4\left\{\begin{matrix}KO\\KO\end{matrix}\right. + \left\{\begin{matrix}KS\\HS\end{matrix}\right.$$

Carb. de potas. Sulfhyd. de potas.

Lorsqu'on fait passer du gaz ammoniaque dans le sulfocarbonate d'éthyle, il s'effectue une réaction profonde : la liqueur prend une légère odeur de sulfhydrate d'ammoniaque, et si l'on concentre, on obtient des aiguilles jaunes, mêlées d'un corps gélatineux.

§ 108. *Acide xanthique*, ou *éthyl-disulfocarbonique*, dit aussi acide sulfocarbovinique, $C^6H^6O^2S^4$. — Le *sel de potasse* de cet acide[1] s'obtient directement par le sulfure de carbone, l'hydrate de potasse et l'alcool, absolu ou bien par le sulfhydrate de potasse et l'éther xanthique.

Lorsqu'on dissout de l'hydrate de potasse fondu dans la moitié

[1] Zeise (1822), *Journ. de Schweigg.*, XXXVI, 1 ; XLIII, 160. — *Ann. de Poggend.*, XXXV, 457.

Couerbe, *Ann. de Chim. et de Phys.*, LXI, 225 ; *Revue scientif.*, III, 11.

Sacc, *Ann. der Chem. u. Pharm.*, LI, 345. — Debus, *Ann. der Chem. u. Pharm.*, LXXII, 1 ; LXXV, 121 ; LXXXII, 253. — Desains, *Ann. de Chim. et de Phys.*, [3] XX, 496.

de son poids d'alcool absolu, qu'on y fait arriver doucement du sulfure de carbone jusqu'à ce que le liquide cesse de réagir alcalin, et qu'on refroidit le mélange à 0°, il y cristallise des aiguilles incolores de xanthate de potasse; l'eau mère en fournit encore davantage si on l'évapore dans le vide, après en avoir séparé, par l'eau, l'excédant du sulfure de carbone. On place le sel sulfuré dans un grand verre cylindrique, et l'on y verse de l'acide sulfurique ou chlorhydrique étendu d'eau; il se produit alors un liquide laiteux, auquel on mélange encore plus d'eau, de manière que l'acide xanthique se sépare plus complétement.

L'acide xanthique (du grec ξανθός, jaune, parce qu'il précipite les sels de cuivre en jaune) constitue une huile incolore plus pesante que l'eau, insoluble dans ce liquide, d'une odeur forte, d'une saveur à la fois acide, astringente et amère. Il rougit d'abord le tournesol, et finit par le blanchir. Il est très-inflammable, et brûle en répandant une odeur de gaz sulfureux. On ne peut pas le chauffer sans qu'il se décompose; dès qu'on le porte à 24°, il se trouble, s'échauffe, se met à bouillir, et se décompose en alcool et en sulfure de carbone; en effet :

$$C^6H^6O^2S^4 = C^4H^6O^2 + C^2S^4.$$

Exposé à l'air, il se recouvre d'une croûte blanche. Il déplace l'acide carbonique des sels alcalins.

Les *xanthates* ou *éthyl-disulfocarbonates* se décomposent à la distillation en donnant principalement de l'acide carbonique, de l'hydrogène sulfuré, du sulfure de carbone, une huile sulfurée, et en laissant pour résidu des sulfures mélangés de charbon. Zeise donne à l'huile sulfurée le nom de *xanthogenoel*. Elle paraît être un mélange de sulfate d'éthyle, de sulfhydrate d'éthyle, et d'un autre corps sulfuré.

Les xanthates à base de métaux alcalins sont solubles dans l'eau; ils précipitent les sels de plomb en blanc, les sels cuivriques en jaune, les sels d'argent et de mercurosum en jaune clair, mais ce dernier précipité brunit et noircit promptement.

Le *sel d'ammoniaque* est très-soluble dans l'eau et l'alcool, et s'obtient, soit par l'acide xanthique et le carbonate d'ammoniaque, soit par le xanthate de baryte et le sulfate d'ammoniaque.

Le *sel de potasse*, $C^6H^5KO^2S^4$, cristallise en prismes brillants, incolores et qui jaunissent légèrement à l'air.

La manière la plus facile de préparer ce sel consiste à verser dans de d'alcool absolu un excès de potasse caustique bien pure et un excès de sulfure de carbone ; au moment où s'opère le mélange, il se prend en une masse solide formée d'aiguilles soyeuses entrelacées, qu'on jette sur un filtre, où on la lave avec de l'éther; puis on la dessèche rapidement entre des doubles de papier joseph et sur de l'acide sulfurique concentré.

Lorsqu'on prépare le xanthate de potasse en se servant d'alcool à brûler du commerce, il est rare, quand la température n'est pas assez basse, que ce sel s'en sépare spontanément et sans addition d'éther. Il faut alors évaporer le mélange au bain-marie, ce qui est sans inconvénient tant qu'il reste au-dessous de 50° c. ; mais au-dessus de cette température le sel devient orangé, par suite d'une décomposition d'autant plus rapide que la température approche davantage de 100°. Cette coloration est due au sulfocarbonate de potasse qui se rassemble au fond de la cornue, sous la forme d'une huile pesante, d'un bel orangé foncé. La liqueur concentrée donne une grande quantité de cristaux, formés de ce sel souillé de trace de bisulfure de potassium. (Sacc.)

Le xanthate de potasse est très-soluble dans l'eau et l'alcool, mais il ne se dissout pas dans l'éther. La solution aqueuse du sel se décompose quand on chauffe au-dessus de 50°, et donne alors du sulfocarbonate, de l'alcool, de l'acide sulfhydrique et de l'acide carbonique :

$$2C^6H^5KO^2S^4 + 4HO = C^2S^4, 2KS + 2C^4H^6O^2 + 2HS + C^2O^4.$$

Lorsqu'on distille la solution, il passe aussi du sulfure de carbone, et l'on a pour résidu du sulfure de potassium.

A l'état sec, on peut chauffer le xanthate de potasse à 200° sans qu'il s'altère ; à la distillation sèche, il donne du sulfhydrate d'éthyle (mercaptan), de l'hydrogène sulfuré, de l'eau, de l'oxyde de carbone, et laisse un résidu de bisulfure de potassium mélangé de charbon.

Chauffée avec une solution de potasse, la solution du xanthate de potasse se décompose en développant du sulfhydrate d'éthyle.

Lorsqu'on traite le xanthate de potasse par le chlore, il se produit du clorure de potassium, et une huile sulfurée acide. L'iode transforme le xanthate de potasse en iodure, en même temps qu'il se produit un persulfure cristallisable $C^{12}H^{10}O^4S^8$.

$$2\,C^6H^5KO^2S^4 + 2\,I = KI + C^{12}H^{10}O^4S^8$$

L'acide nitrique fumant décompose le xanthate de potasse avec violence.

Le *sel de soude* forme des aiguilles jaunes.

Le *sel de baryte*, $C^6H^5BaO^2S^4+2$ aq., s'obtient en lames très-altérables, solubles dans l'eau.

Le *sel de chaux* forme une masse gommeuse.

Le *sel de zinc* s'obtient à l'état de grains blancs, cristallins, peu solubles dans l'eau, lorsqu'on ajoute une solution de xanthate de potasse à une solution de sulfate de zinc.

Le *sel de plomb*, $C^6H^5PbO^2S^4$, est en aiguilles incolores, très-stables, insolubles dans l'eau et l'éther, assez solubles dans l'acool bouillant. Voici comment M. Debus le prépare : il fait dissoudre une quantité quelconque de potasse dans l'alcool ordinaire, ajoute à la solution une quantité de sulfure de carbone et d'hydrate de plomb correspondant à la potasse employée, et abandonne le tout pendant six à huit heures. Au bout de ce temps on trouve transformée une partie de l'hydrate de plomb en sulfure, entremêlé de cristaux de xanthate; une autre partie est dissoute par la potasse. On sépare le précipité noir à l'aide du filtre, et on ajoute de l'eau au liquide filtré jusqu'à ce qu'il se manifeste un trouble laiteux; quelque temps après on le voit s'éclaicir et déposer le xanthate de plomb sous la forme de longs cristaux soyeux.

L'hydrogène sulfuré ne décompose pas immédiatement le xanthate de plomb, ni en solution ni à l'état cristallisé; ce n'est qu'à la longue qu'il le noircit. Le sulfhydrate d'ammoniaque le décompose immédiatement. Sa dissolution se décompose peu à peu par l'ébullition; la potasse active cette décomposition, et l'on obtient alors du sulfure de plomb. Lorsqu'on verse sur les cristaux du sulfate cuivrique, on obtient immédiatement du xanthate cuivreux jaune.

Lorsqu'on mélange le xanthate de potasse avec un sel cuivrique, il se forme d'abord un précipité brun noir de *sel cuivrique*, qui se transforme en peu d'instants en de beaux flocons jaunes[1] de *sel cuivreux*.

[1] La formation de ce sel cuivreux donne en même temps lieu, suivant Zeise, à une huile que ce chimiste appelle *xanthélène*, et qui, selon lui, présente la composition de l'éther xanthique. Selon M. Couerbe, on obtient, au contraire, dans ces circonstances un composé cristallisable. Si je ne me trompe, l'action des sels cuivriques sur les xanthates est la même que celle de l'iode, et le composé cristallisable observé par M. Couerbe est le même que M. Desains a obtenu, tandis que le xanthélène de Zeise n'est que l'éther xanthique provenant de la décomposition, par la chaleur, du composé cristallisable.

L'acide chlorhydrique concentré n'agit que lentement à froid sur le xanthate cuivreux, mais si l'on chauffe il produit une solution de clorure cuivreux, en même temps qu'il se sépare de l'acide xanthique. L'acide nitrique l'attaque vivement. L'acide sulfurique y agit peu à froid, mais si l'on chauffe, la décomposition est complète. L'acide sulfhydrique aqueux ne l'attaque pas sensiblement, mais le sulfure de potassium le noircit immédiatement. L'ammoniaque l'attaque à peine.

Lorsqu'on mélange le xanthate de potasse, en solution concentrée avec du nitrate *mercureux*, on obtient un précipité noir; si la solution est étendue le précipité est jaune, mais il noircit bientôt. Avec le chlorure *mercurique*, on obtient un précipité blanc, qui traverse les filtres, devient ensuite grenu, et se dissout dans un excès de xanthate potassique. Les sels d'*agent* en solution concentrée, donnent un précipité noir; les solutions étendues donnent un précipité jaunâtre, qui noircit rapidement.

Persulfure éthyl-disulfocarbonique, ou bioxysulfocarbonate d'éthyle, $C^{12}H^{10}O^4S^8$.— On obtient cette combinaison en abandonnant à l'évaporation spontanée une dissolution alcoolique de xanthate de potasse, exactement décolorée par une addition convenable d'iode. Au bout de deux ou de trois jours, si l'on opère à une température peu élevée, cette combinaison est déposée en cristaux lamellaires, qu'il suffit de laver quelque temps à l'eau pure pour les débarrasser de l'iodure de potassium qui les recouvre. A la température de la main, ces cristaux fondent en une huile jaunâtre; on purifie celle-ci par des lavages à l'eau, et on la sèche sur du chlorure de calcium.

La même combinaison peut s'obtenir avec le xanthate de plomb. On délaye ce sel dans l'alcool, et l'on y ajoute de l'iode par petites portions jusqu'à ce que la coloration brune du liquide devienne persistante. On sépare, à l'aide du filtre, l'iodure de plomb, on étend le liquide de son volume d'eau, et on l'abandonne à lui-même pendant quelques heures à 12°. On obtient ainsi de petits prismes incolores.

Le persulfure éthyl-disulfocarbonique fond par la chaleur de la main en une huile jaunâtre, insoluble dans l'eau, d'une odeur très-persistante, mais qui n'a rien de désagréable. Il est très-soluble dans l'alcool anhydre et dans l'éther. Sa solution ne précipite pas l'acétate de plomb, ni quelques autres solutions métalliques; mais si on la fait bouillir avec le nitrate d'argent, elle précipite du sulfure. Le bichlorure de mercure y produit un précipité blanc, qui noircit, déjà à 40°, et le bichlorure de platine y occasionne au bout de quelque temps un précipité brun et pulvérulent.

Il ne résiste pas à la chaleur sans se décomposer. Cette décomposition commence à 130°. On recueille à la distillation du sulfure de carbone, du gaz carbonique, du sulfocarbonate d'éthyle, du disulfocarbonate d'éthyle, et de l'oxyde de carbone; le résidu, d'un brun jaunâtre, et cristallin, se compose de soufre, avec une petite quantité d'un corps brun peu fusible, soluble dans l'alcool et l'éther. Si l'on considère ce dernier produit comme secondaire, on remarque que dans cette réaction il s'accomplit deux ou trois métamorphoses parallèles, car on a :

$$C^{12}H^{10}O^4S^8 = \underset{\text{sulfocarb. d'éthyle.}}{C^{10}H^{10}O^4S^2} + C^2S^4 + S^2;$$

$$C^{12}H^{10}O^4S^8 = \underset{\text{disulfocarb. d'éthyle.}}{C^{10}H^{10}O^2S^4} + C^2O^2 + S^4.$$

Lorsqu'on mélange le persulfure éthyl-disulfocarbonique avec une solution alcoolique de potasse, il s'établit une réaction énergique : il se sépare du soufre, et le liquide filtré retient du xanthate de potasse, du carbonate et du sulfure :

$$C^{12}H^{10}O^4S^8 + 4KO = \underset{\text{Xanthate potass.}}{C^6H^5KO^2S^4} + C^6H^5KO^6 + 2KS + S^2.$$

$$\underset{\text{Éthyl-carbonate potass.}}{C^6H^5KO^6} + KO,HO = \underset{\text{Carb. potass.}}{C^2O^4,\ 2KO} + \underset{\text{Alcool.}}{C^4H^6O^2}.$$

Si on mélange le persulfure avec une solution de sulfhydrate de potasse, il se dépose du soufre, en même temps qu'il se développe de l'hydrogène sulfuré d'une manière tumultueuse; le liquide ne donne par l'évaporation que des cristaux de xanthate :

$$C^{12}H^{10}O^4S^8 + 2(KS,HS) = 2C^6H^5KO^2S^4 + 2HS + S.$$

Lorsqu'on fait passer de l'ammoniaque dans sa solution alcoolique, le liquide se trouble par des cristaux de soufre, et il se produit du xanthate d'ammoniaque, ainsi que de la xanthogénamide (sulfocarbamate d'éthyle),

$$C^{12}H^{10}O^4S^8 + NH^3 = \underset{\text{Ac. xanthiq.}}{C^6H^6O^2S^4} + \underset{\text{Xanthogénam.}}{C^6H^7NO^2S^2} + S^2.$$

On peut distiller de l'acide chlorhydrique sur le persulfure sans qu'il soit décomposé. L'acide sulfurique l'attaque à froid, en dégageant du gaz sulfureux.

Disulfocarbonate d'éthyle[1], ou éther xanthique, $C^{10}H^{10}O^2S^4$. — Cet éther se produit par la réaction du xanthate de potasse et du chlorure d'éthyle. On l'obtient aussi dans la distillation sèche du persulfure éthyl-disulfocarbonique.

M. Debus le prépare en mélangeant une solution alcoolique de xanthate de potasse avec une quantité correspondante de chlorure d'éthyle, et abandonnant le mélange pendant cinq ou six jours à la température de 15 à 18°; puis il étend le liquide de deux fois son volume d'eau, qui dissout le chlorure de potassium et sépare l'éther xanthique, il lave celui-ci et le rectifie.

Lorsqu'on agite avec de petites quantités d'iode en poudre du xanthate de potasse délayé dans l'alcool sous forme de bouillie, il se sépare bientôt du soufre de la matière saline, tandis qu'il surnage un liquide jaunâtre ou coloré en brun s'il y a excès d'iode. Cet excès peut s'enlever par une nouvelle addition de xanthate. On abandonne pendant vingt-quatre heures, on filtre, et on distille le liquide, d'abord au bain d'huile, par une chaleur croissante, jusqu'à 160°, pour éloigner le sulfure de carbone et le sulfocarbonate d'éthyle, puis à feu nu, après avoir changé de récipient; il passe alors une huile jaune, tandis qu'il reste dans la cornue une quantité peu considérable d'une matière noire. L'huile lavée et rectifiée représente l'éther xantique.

Ce corps est d'un jaune pâle, d'une saveur douceâtre, d'une odeur qui n'est pas trop désagréable. Il est neutre aux papiers, et présente une densité de 1,0703 à + 18°. Il ne brûle que difficilement s'il n'a pas été préalablement échauffé. Il bout à 200°.

Il est entièrement insoluble dans l'eau; l'alcool et l'éther le dissolvent en toutes proportions. Il dissout l'iode en produisant un liquide brun.

Le potassium ne l'attaque que légèrement à chaud.

Il se mélange avec l'acide sulfurique concentré en dégageant du gaz sulfureux, et en séparant un corps huileux dont on augmente la quantité par l'addition de l'eau. L'acide chlorhydrique ne l'altère pas. Un mélange d'acide nitrique fumant et d'acide sulfurique agit sur lui d'une manière très-vive en développant des vapeurs ni-

[1] Zeise (1845), *Ann. der Chem. u. Pharm.*, LVI, 29. — Debus, *ibid.*, LXXV, 121.

treuses; quand la réaction est terminée et que tout l'éther est dissous, l'eau sépare du résidu une huile jaune.

Le bichlorure de mercure produit un précipité blanc dans la solution alcoolique de l'éther xanthique. L'oxyde de mercure, le peroxyde de plomb puce et l'oxyde de plomb ne l'altèrent pas, même à chaud.

Une solution alcoolique de potasse le convertit en éthyl-sulfocarbonate de potasse et en sulfhydrate d'éthyle :

$$C^{10}H^{10}O^2S^4 + KO,HO = C^6H^5KO^4S^2 + C^4H^6S^2.$$

Une solution alcoolique de sulfhydrate de potasse le convertit en xanthate de potasse et en sulfhydrate d'éthyle :

$$C^{10}H^{10}O^2S^4 + KS,HS = C^6H^5KO^2S^4 + C^4H^6S^2.$$

Le chlorure de calcium, le bichlorure de cuivre et le nitrate d'argent en solution alcoolique ne l'altèrent pas.

L'ammoniaque aqueuse n'y agit pas, même par un contact de plusieurs mois. Mais si l'on fait passer du gaz ammoniaque dans la solution alcoolique de l'éther xanthique, et qu'on abandonne le produit pendant vingt-quatre heures, il donne à la distillation du sulfhydrate d'ammoniaque et du sulfure d'éthyle, et le résidu renferme de la xanthogénamide (sulfocarbamate d'éthyle).

$$2(C^{10}H^{10}O^2S^4 + NH^3) = 2HS + \underset{\text{Sulf. d'éthyle.}}{C^8H^{10}S^2} + \underset{\text{Xanthogénamide.}}{2C^6H^7NO^2S^4}.$$

Le *disulfocarbonate d'éthyle et de méthyle*[1], $C^8H^8O^2S^4$, se produit par la distillation d'un mélange d'équivalents égaux de xanthate de potasse et de méthyl-sulfate de potasse. C'est un liquide jaune pâle, limpide, d'une densité de 1,123 à 11° c., d'une saveur sucrée, d'une odeur forte et éthérée qui n'a rien de désagréable. Il entre en ébullition à 179°, et distille entièrement sans altération à cette température. La densité de sa vapeur a été trouvée égale à 4,652. Il s'enflamme facilement, et brûle avec la flamme bleue du soufre, en donnant beaucoup d'acide sulfureux. Il est insoluble dans l'eau, soluble dans l'alcool et l'éther.

L'ammoniaque convertit le disulfocarbonate d'éthyle et de méthyle en sulfocarbamate d'éthyle (xanthogénamide) et en sulfhydrate de méthyle.

§ 109. *Acide éthyl-trisulfocarbonique*, ou acide carbovinique tri-

[1] CHANCEL (1850). *Compt. rend. des Trav. de Chim.*, 1850, 406; et *Annal. de Chim. et de Phys.*, [3] XXXV, 468.

sulfuré[1], $C^6H^6S^6$. — On obtient le *sel de potasse* $C^6H^5KS^6$ de cet acide en faisant réagir le sulfure de carbone sur du sulfure d'éthyle et de potassium (mercaptan potassé). Les deux corps se combinent avec dégagement de chaleur, en donnant un sel blanc, soluble dans l'eau et l'alcool.

Ce sel précipite les sels d'*argent*, de *mercure* et de *plomb* en jaune, les sels de *cuivre* en rouge cramoisi très-vif, comme l'iodure de mercure. Ces précipités s'altèrent promptement sous l'influence de la chaleur, en donnant des sulfures.

Le précipité occasionné par le sulfate cuivrique dans l'éthyl-trisulfocarbonate de potasse est un sel cuivreux, dont la formation est accompagnée de celle d'un *persulfure*, renfermant probablement $C^{12}H^{10}S^{12}$.

L'éthyl-trisulfocarbonate de potasse se dédouble déjà vers 100 degrés en quintisulfure de potassium, et en une huile qui paraît être le sulfure d'allyle (§ 874). On a en effet

$$2\,C^6H^5KS^6 = \underset{\text{Sulfure d'allyle.}}{C^{12}H^{10}S^2} + 2KS^5.$$

Cette réaction intéressante mériterait d'être étudiée davantage.

Trisulfocarbonate d'éthyle, ou sulfocarbonate de sulfure d'éthyle[2], $C^{10}H^{10}S^6$. — Pour préparer ce corps, on prend une solution alcoolique de potasse, dont on sature la moitié par de l'acide sulfhydrique, on la mêle avec l'autre moitié, et l'on sature le mélange de sulfure de carbone ; il se précipite ainsi un liquide rouge, dans lequel on fait passer la vapeur du chlorure d'éthyle, préparé au moyen d'alcool, de sel marin et d'acide sulfurique. On abandonne le produit au repos, et l'on y fait de nouveau passer cette vapeur. Peu à peu il se dépose ainsi des cristaux de chlorure de potassium, et si l'on ajoute de l'eau au liquide décanté, le trisulfocarbonate d'éthyle se sépare sous la forme d'une huile. Celle-ci est encore souillée de sulfure de carbone ; on la lave, on la rectifie, et on agite le produit distillé à froid avec de la potasse aqueuse, tant que celle-ci se colore encore en rouge.

C'est une huile jaune, plus pesante que l'eau, insoluble dans ce liquide, très-soluble dans l'alcool et l'éther, d'une odeur légèrement

[1] CHANCEL (1851), *Compt. rend. de l'Acad.*, XXXII, 642.

[2] SCHWEIZER (1844), *Journ. f. prakt. Chem.*, XXXII, 254. — DEBUS, *Ann. der Chem. u. Pharm.*, LXXV, 147.

alliacée, d'une agréable saveur sucrée, rappelant celle de l'anis. Elle se colore en rouge quand on la chauffe, et bout entre 237° et 240°. Elle brûle avec une flamme bleue. Une dissolution alcoolique de potasse la décompose promptement en trisulfocarbonate de potasse et en sulfhydrate d'éthyle.

§ 110. *Acide amyl-disulfocarbonique*, ou xanthamylique[1], $C^{12}H^{12}O^2S^4$. — Il s'obtient à l'état de sel de potasse par la réaction du sulfure de carbone et d'une solution de potasse dans l'hydrate amylique.

Lorsqu'on traite ce sel de potasse par l'acide chlorhydrique étendu, l'acide amyl-disulfocarbonique se sépare sous la forme d'un liquide oléagineux, incolore ou d'un jaune pâle, et d'une odeur pénétrante fort désagréable; il faut le dessécher sur le chlorure de calcium pour le préserver de la décomposition.

Ce liquide rougit fortement la teinture de tournesol ; il brûle avec une flamme très-lumineuse, et paraît être un peu plus dense que l'eau. Il colore la peau en jaune foncé.

Le *sel d'ammoniaque* cristallise, dans l'alcool ou l'éther, en prismes incolores qui peuvent être sublimés quand on les chauffe avec précaution. L'eau le décompose à la longue. Le sel se décompose aussi peu à peu par l'exposition à l'air; une huile jaune et le sulfocyanure d'ammonium se remarquent parmi les produits de décomposition.

On obtient ce sel d'ammoniaque dans la préparation de la xanthamylamide (sulfocarbamate d'amyle).

Le *sel de potasse*, $C^{12}H^{11}KO^2S^4$, s'obtient en saturant à froid l'hydrate d'amyle par de la potasse fondue, et traitant la solution par le sulfure de carbone, jusqu'à disparition de toute réaction alcaline. Le mélange se prend en une bouillie d'écailles cristallines d'un jaune pâle et d'un éclat nacré. Ce sel est soluble dans l'eau, à laquelle il communique une teinte jaune et une saveur amère des plus prononcées. Il se dissout aussi dans l'alcool et dans l'éther, mieux à chaud qu'à froid.

La solution de ce sel potassique précipite plusieurs solutions métalliques.

[1] De Koninck (1843), *Bullet. de l'Acad. des Sciences et belles-lettres de Bruxelles*, IX, part. II, p. 546. — O. L. Erdmann, *Journ. f. prakt. Chem.*, XXXI, 4. — Balard, *Ann. de Chim. et de Phys.*, [3] XII, 307. — Matt. Johnson, *The Quart. Journ. of Chem. Soc.*, V, 142.

Le *sel de plomb*, $C^{12}H^{11}PbO^2S^4$, s'obtient avec l'acétate de plomb sous la forme d'un précipité blanc jaunâtre, qui noircit par l'ébullition. Lorsque, suivant M. Johnson, on mélange une solution aqueuse et concentrée de sel d'ammoniaque avec beaucoup d'alcool, et qu'on y ajoute ensuite une solution alcoolique d'acétate de plomb, qu'on abandonne à l'évaporation spontanée, on obtient de petites lames brillantes de xanthamylate de plomb.

Le *sel de cuivre* s'obtient avec le sulfate de cuivre à l'état de flocons de couleur citrine.

Le *sel de mercure* obtenu avec le chlorure mercurique est un précipité blanc qui ne noircit pas par l'ébullition.

Le *sel d'argent* est un précipité blanc qui noircit à la lumière aussi bien que par l'ébullition.

Persulfure amyl-disulfocarbonique, ou bioxysulfocarbonate d'amyle, $C^{24}H^{22}O^4S^8$. — Les xanthamylates donnent par l'iode un composé homologue de celui (§ 108) qui s'obtient par le même agent avec les xanthates.

On broie, dans un mortier, de la potasse avec de l'alcool amylique, de manière à en faire une bouillie claire, puis on sature par le sulfure de carbone, qu'on ajoute par portions, en broyant sans cesse le mélange et en évitant un excès d'alcool amylique. On traite le produit par de l'iode en poudre, après y avoir ajouté une petite quantité d'eau. La réaction s'opère alors rapidement, et il se sépare une huile jaune et odorante qui constitue le persulfure amyl-disulfocarbonique. On lave cette huile et on la dessèche sur du chlorure de calcium.

Elle commence à bouillir à 187°, en donnant, entre autres produits, une huile ayant la composition du disulfocarbonate d'amyle.

L'ammoniaque transforme le persulfure amyl-disulfocarbonique en produisant de l'amyl-disulfocarbonate d'ammoniaque, de la xanthamylamide (sulfocarbamate d'amyle), et un dépôt de soufre,

$$C^{24}H^{22}O^4S^8 + NH^3 = \underset{\text{Ac. amyl-di-sulfocarb.}}{C^{12}H^{12}O^2S^4} + \underset{\text{Xanthamyl-amide.}}{C^{12}H^{13}NO^2S^2} + S^2.$$

Disulfocarbonate d'amyle ou éther xanthamylique[1], $C^{22}H^{22}O^2S^4$. — Il a été obtenu par M. Desains, par la distillation du produit

[1] P. DESAINS (1847), *Ann. de Chim. et de Phys.*, [3] XX, 505.

de l'action de l'iode sur le xanthamylate de potasse. C'est une huile ambrée, d'une forte odeur éthérée.

Le *disulfocarbonate d'amyle et de méthyle* s'obtient, suivant M. Johnson, lorsqu'on distille ensemble un mélange d'amyl-disulfocarbonate de potasse et de méthyl-sulfate de potasse ; par la digestion avec de l'ammoniaque, il donne de la xanthamylamide (sulfocarbamate d'amyle).

Le *disulfocarbonate d'amyle et de méthyle* se présente sous la forme d'une huile jaune, et s'obstient par le même procédé.

§ III. *Acide cétyl-disulfocarbonique*[1], ou acide sulfocarbocétique, $C^{34}H^{34}O^2S^4$. — On ne connaît cet acide qu'à l'état de *sel de potasse*, $C^{34}H^{33}KO^2S^4$.

On prépare celui-ci en dissolvant à froid de l'éthal (alcool cétylique) dans du sulfure de carbone, jusqu'à complète saturation ; à la liqueur parfaitement transparente, mais qui se trouble légèrement par l'agitation, on ajoute de la potasse en poudre fine ; la réaction commence immédiatement, et se termine en quelques heures. La masse prend une consistance pâteuse, presque solide ; on la chauffe doucement dans trois ou quatre fois son volume d'alcool à 40°, de manière à ne pas atteindre l'ébullition ; la dissolution dépose le sel, par le refroidissement, sous la forme de flocons volumineux, qu'on purifie à froid par des lavages à l'alcool et à l'éther.

Desséché à l'air, le sel ainsi obtenu constitue une poudre cristalline très-ténue, d'une odeur très-faible, et grasse au toucher ; l'eau ne la mouille pas, néanmoins elle est très-hygrométrique.

Sa dissolution alcoolique précipite en blanc par le bichlorure de *mercure*; en jaune-serin par le nitrate *d'argent*, le précipité noircit en quelques minutes ; en blanc par l'acétate de *plomb*, le précipité noircit aussi rapidement ; en blanc gélatineux par les sels de *zinc*.

Mis en digestion avec l'acide chlorhydrique, il régénère l'alcool cétylique.

[1] P. DESAINS et DE LAPROVOSTAYE (1842), *Ann. de Chim. et de Phys.*, [3] VI, 494.

OXYCHLORURE DE CARBONE.

Syn. : chlorue de carbonyle, gaz chloroxycarbonique ou oxychlorocarbonique, gaz phosgène, acide chlorocarbonique.

Composition : $C^2O^2Cl^2 = 2\ COCl$.

§ 112. Ce composé, découvert en 1812 par J. Davy[1], se produit lorsqu'on expose à la lumière solaire des volumes égaux de chlore et d'oxyde de carbone : le mélange gazeux se décolore et se contracte peu à peu, de manière à devenir entièrement incolore et à n'occuper plus que la moitié du volume primitif. A la lumière diffuse, la combinaison s'effectue dans l'intervalle de quelques heures.

Suivant M. Hofmann[2], on obtient commodément le gaz chlorocarbonique en faisant passer de l'oxyde de carbone dans du perchlorure d'antimoine en ébullition ; celui-ci passe alors à l'état de protochlorure.

Le gaz chlorocarbonique se produit, en outre, dans plusieurs réactions, notamment par la distillation sèche de certains éthers méthyliques perchlorés, tels que le formiate ou l'oxalate,

$$\underset{\text{Form. méthyl. perchl.}}{C^4Cl^4O^4} = 4\ COCl,$$

$$\underset{\text{Oxal. méthyl. perchl.}}{C^8Cl^6O^8} = 2\ COCl + 6CO;$$

par la distillation sèche des trichloracétates métalliques,

$$\underset{\text{Trichloracét. métall.}}{C^4Cl^3MO^4} = 2\ COCl + 2\ CO + MCl;$$

par l'action d'un grand excès d'acide sulfurique concentré sur la combinaison connue sous le nom de *sulfite de chlorure de carbone* (chlorure trichlorométhyl-sulfureux, § 361).

$$\underset{\text{Sulfite de chl. carb.}}{C^2Cl^4S^2O^4} + 2HO = 2\ COCl + 2\ HCl + 2\ SO^2.$$

Le gaz chlorocarbonique est incolore, d'une densité de 3,6808 (J. Davy ; 3,4249 Thomson), d'un pouvoir réfringent égal à 3,936. Il possède une odeur suffocante et provoque le larmoiement ; il ne fume pas à l'air.

[1] J. DAVY (1812), *Philos. Transact. of the Roy. Soc. of London*, 1812, p. 144.

[2] HOFMANN, *Ann. der Chem. u. Pharm.*, LXX, 139.

L'eau le décompose promptement en acide carbonique et en acide chlorhydrique :

$$2\,COCl + 2\,HO = 2\,CO^2 + 2\,HCl.$$

Les alcools le transforment en des éthers particuliers (§ 113). L'arsenic et l'antimoine chauffés dans ce gaz en fixent le chlore et mettent de l'oxyde de carbone en liberté; beaucoup d'oxydes métalliques, par exemple, celui de zinc, se convertissent également en chlorures, en produisant en même temps de l'acide carbonique.

Le gaz chlorocarbonique se condense avec le gaz ammoniaque, en produisant de la carbamide (§ 118) et du chlorhydrate d'ammoniaque.

Il se comporte d'une manière semblable avec l'aniline, et probablement aussi avec d'autres alcalis organiques.

Dérivés méthyliques, éthyliques, amyliques.... de l'oxychlorure de carbone. Éthers chlorocarboniques.

§ 113. De même que les alcools en se combinant avec l'acide carbonique ou sulfocarbonique produisent des éthers dont la composition correspond à celle d'un carbonate ordinaire (acide carbonique ou sulfocarbonique plus oxyde ou sulfure d'éthyle), de même les alcools en réagissant sur l'acide chlorocarbonique, ou oxychlorure de carbone, produisent des éthers dont la composition correspond à celle d'un carbonate dans lequel l'oxyde serait remplacé par un chlorure métallique.

Voici les éthers qu'on a obtenus avec l'oxychlorure de carbone :

Chlorocarbonate de méthyle . . . . . $C^4\,H^3\,ClO^4 = C^2O^4\left\{\begin{matrix}C^2\,H^3\\Cl\end{matrix}\right.$,

Chlorocarbonate d'éthyle. . . . . $C^6\,H^5\,ClO^4 = C^2O^4\left\{\begin{matrix}C^4\,H^5\\Cl\end{matrix}\right.$,

Chlorocarbonate d'amyle.. . . . . . $C^{12}H^{11}ClO^4 = C^2O^4\left\{\begin{matrix}C^{10}H^{11}\\Cl.\end{matrix}\right.$

Chacun de ces éthers correspond à un acide méthyl-, éthyl-, ou amyl-carbonique (§ 98), dont ils représentent les chlorures, au même titre que le chlorure de benzoïle, par exemple, représente le chlorure correspondant à l'acide benzoïque.

§ 114. *Chlorocarbonate de méthyle*, ou chlorure méthyl-carbonique[1], $C^4H^3ClO^4$. — Lorsqu'on fait arriver de l'esprit de bois dans un ballon rempli de gaz chlorocarbonique, la température s'élève beaucoup, et la réaction se termine en quelques instants. Elle fournit de l'acide chlorhydrique, ainsi qu'une huile pesante qu'on sépare au moyen de l'eau. On rectifie ce produit sur un grand excès de chlorure de calcium et de massicot.

C'est une huile incolore, très-fluide, d'une odeur pénétrante, plus pesante et plus volatile que l'eau. Elle brûle avec une flamme verte. L'ammoniaque gazeuse la convertit en carbamate de méthyle (uréthylane).

§ 115. *Chlorocarbonate d'éthyle*, chlorure éthyl-carbonique ou éther chlorocarbonique[2], $C^6H^5ClO^4$. — On le prépare en faisant absorber le gaz chlorocarbonique par l'alcool, et rectifiant le produit huileux sur du massicot et sur du chlorure de calcium.

Il se produit aussi par la réaction de l'alcool et de l'éther éthyl-formique perchloré ou méthyl-oxalique perchloré.

$$C^6Cl^6O^4 + 2\,C^4H^6O^2 = C^6H^5ClO^4 + C^8H^5Cl^3O^4 + 2\,HCl.$$

Form. éthyl. perchl. — Trichloracét. éthyl.

$$C^8Cl^6O^8 + 4\,C^4H^6O^2 = 2\,C^6H^5ClO^4 + C^{12}H^{10}O^8 + 4\,HCl.$$

Oxal. méth. perchl. — Oxal. éthyl.

C'est un liquide incolore, très-fluide, d'une odeur suffocante et qui irrite les yeux. Il est entièrement neutre au papier ; sa densité à 15° est de 1,139 ; à l'état de vapeur elle est de 3,823. Il bout à + 94° ; il est inflammable et brûle avec une flamme verte. L'eau ne le dissout pas à froid, mais à chaux elle le décompose.

L'ammoniaque caustique le décompose vivement en chlorhydrate d'ammoniaque et en carbamate d'éthyle.

§ 116. *Chlorocarbonate d'amyle* ou chlorure amyl-carbonique, $C^{12}H^{11}ClO^4$. — Il paraît se produire par l'action du gaz chlorocarbonique sur l'alcool amylique, mais l'humidité le détruit déjà et le convertit en carbonate d'amyle (§ 101).

AMIDES CARBONIQUES.

§ 117. Les amides carboniques résultent de l'action de l'ammoniaque ou des alcalis semblables (aniline ou phénylamine, naphta-

[1] DUMAS et PÉLIGOT (1835), *Ann. de Chim. et de Phys.* LVIII, 52.

[2] DUMAS et PÉLIGOT (1833), *ibid.*, LIV, 226. — CLOEZ, *ibid.*, [3] XVII, 303. — CAHOURS, *ibid.*, [3] XIX, 346.

lidine ou naphtylamine) sur les combinaisons décrites dans les paragraphes précédents.

On peut ramener les amides carboniques à deux combinaisons principales, dérivées de deux types conjugués : à la *carbamide*, dérivée de deux molécules d'ammoniaque ($2\,NH^3 = N^2H^6$), et à l'*acide carbonique*, dérivé du type hydrate d'oxyde d'ammonium ($NH^3 + 2\,HO = NH^4O,HO$).

Carbamide et dérivés.

Carbamide.	$C^2 H^4 N^2 O^2$	$= N^2H^4(CO)^2$,
Carbanilamide, ou phényl-carbamide.	$C^{14}H^6 N^2 O^2$	$= N^2H^3\ (C^{12}H^5\ (CO)^2$,
Carbanilide, ou diphénylcarbamide.	$C^{26}H^{12}N^2O^2$	$= N^2H^2\ (C^{12}H^5)^2(CO)^2$,
Sulfocarbanilide, ou diphényl sulfocarbamide.	$C^{26} H^{12} N^2 S^2$	$= N^2H^2\ (C^{12}H^5)^2\ (CS)^2$,
Carbonaphtalidide, ou dinaphtyl-carbamide. . .	$C^{42}H^{16}N^2O^2$	$= N^2H^2\ (C^{20}H^7)^2\ (CO)^2$,
Sulfocarbonaphtalidide ou dinaphtyl-sulfocarbam.	$C^{42}H^{16}N^2S^2$	$= N^2H^2\ (C^{20}H^7)^2\ (CS)^2$.

Acide carbamide et dérivés.

Acide carbamique. . . .	$C^2 H^3 NO^4$	$= NH^2\,(CO)^2O \}$
		$HO \}$
Carbamate d'éthyle, ou uréthylane.	$C^4 H^5 NO^4$	$= NH^2(CO)^2O \}$
		$C^2H^3O \}$
Carbamate d'éthyle, ou uréthane.	$C^6 N^7 NO^4$	$= NH^2\ (CO)^2O \}$
		$C^4H^5O \}$
Carbamate d'amyle, ou amyluréthane.	$C^{12}H^{13}NO^4$	$= NH^2\ (CO)^2O \}$
		$C^{10}H^{11}O \}$
Acide sulfocarbamique. .	$C^2 H^3 NS^4$	$= NH^5\ (CS)^2\ S \}$
		$HS \}$
Sulfocarbamate d'éthyle, ou xanthogénamide. .	$C^6 H^7 NO^2S^2$	$= NH^2\ (CO)^2S \}$
		$C^4H^5S \}$

Sulfocarbamate d'amyle,
ou xanthamylamide. . $C^{12}H^{13}NO^2S^2 = NH^2 \left.\begin{matrix}(CO)^2S \\ C^{10}H^{11}S\end{matrix}\right\}$

Acide méthyl-carbamide. $C^4H^5NO^4 = NH\,(C^2H^3) \left.\begin{matrix}(CO)^2O \\ HO\end{matrix}\right\}$

Acide éthyl-carbamique. $C^6H^7NO^4 = NH\,(C^4H^5) \left.\begin{matrix}(CO)^2O \\ HO\end{matrix}\right\}$

Acide phényl-carbamique,
ou acide anthranilique, $C^{14}H^7NO^4 = NH\,(C^{12}H^5) \left.\begin{matrix}(CO)^2O \\ HO\end{matrix}\right\}$

Phényl-carbamate de méthyle. . . . . $C^{16}H^9NO^4 = NH\,(C^{12}H^5) \left.\begin{matrix}(CO)^2O \\ C^2H^3O\end{matrix}\right\}$

Phényl-carbam. d'éthyle. $C^{18}H^{11}NO^4 = NH\,(C^{12}H^5) \left.\begin{matrix}(CO)^2O \\ C^4H^5O\end{matrix}\right\}$

Aux combinaisons précédentes il y a encore à ajouter la suivante, qui correspond à un bisulfure d'ammonium :

Bisulfure de sulfocarbammonium
ou hydranzothine. . . . . . . $C^4H^4N^2S^8 = \left.\begin{matrix}NH^2\,(CS)^2S^2 \\ NH^2\,(CS)^2S^2\end{matrix}\right\}$

§ 118. CARBAMIDE, $C^2H^4N^2O^2$. — Cette substance[1], isomère de l'urée ou cyanate d'ammonium, se produit par la réaction du gaz chlorocarbonique (chlorure de carbonyle) et de l'ammoniaque,

$$C^2O^2Cl^2 + 2NH^3 = 2HCl + C^2H^4N^2O^2.$$

Lorsqu'on introduit dans un récipient sec du gaz chlorocarbonique avec du gaz ammoniac, il se condense un produit blanc et cristallin, qui est un mélange de chlorhydrate d'ammoniaque et de carbamide. Voici les propriétés de ce mélange : Il n'est pas déliquescent à l'air, se dissout facilement dans l'eau et dans l'alcool un peu étendu ; il est insoluble dans l'éther. Si on verse du nitrate d'argent dans sa dissolution aqueuse, on précipite tout le chlore à l'état de chlorure. Mais si dans la dissolution filtrée on verse ensuite un acide par petites fractions, on n'observe d'abord aucune effervescence ; ce n'est que quand l'acide devient plus concentré que le dégagement d'acide carbonique devient un peu notable. L'acide acétique ordinaire et l'acide oxalique ne déterminent pas d'effervescence sensible, même après avoir été ajoutés en très-

[1] REGNAULT (1838), *Ann. de Chim. et de Phys.*, LXIX, 180.

grand excès. Ce n'est qu'au bout d'un temps plus ou moins long qu'on voit s'élever dans la liqueur quelques bulles de gaz carbonique.

Ces réactions démontrent que la carbamide est un corps très-peu stable, qui s'assimile promptement les éléments de l'eau, pour donner de l'acide carbonique et de l'ammoniaque.

§ 119. *Phényl-carbamide*, dite aussi carbamido-carbanilide ou carbanilamide, $C^{14}H^8N^2O^2$. — Ce corps se produit[1] lorsqu'on fait passer les vapeurs de l'acide cyanique dans l'aniline sèche (phénylamine) :

$$C^2HNO^2 + C^{12}H^7N = C^{14}H^8N^2O^2.$$

Ce mode de préparation exige beaucoup de soin; il faut maintenir le liquide aussi froid que possible, car la chaleur déterminée par la réaction suffit pour provoquer la formation de produits secondaires, parmi lesquels on distingue une substance insoluble dans l'eau. Si l'on fait doucement arriver les vapeurs dans l'aniline refroidie, celle-ci se convertit peu à peu en une masse solide, qu'on fait recristalliser dans l'eau bouillante.

Lorsqu'on mêle une solution de sulfate ou de chlorhydrate d'aniline avec du cyanate de potasse, le liquide se prend au bout de quelques heures en une masse cristalline, qui consiste en un mélange de phényl-carbamide et de sulfate ou de chlorure potassique, dont on effectue la séparation par la cristallisation, la phényl-carbamide étant très-peu soluble dans l'eau froide et fort soluble dans l'eau bouillante.

Une troisième méthode consiste à préparer du chlorure de cyanogène en faisant passer du chlore dans l'acide cyanhydrique aqueux, et à traiter l'aniline par le liquide produit. Outre la phényl-carbamide, on obtient aussi une petite quantité de mélaniline, le même alcali qui se produit par l'action du chlorure de cyanogène sec sur l'aniline.

Enfin, la phényl-carbamide se produit aussi par la combinaison directe du cyanate de phényle avec l'ammoniaque :

$$C^{14}H^5NO^2 + NH^3 = C^{14}H^8N^2O^2.$$

La phényl-carbamide est fort peu soluble dans l'eau froide; l'eau bouillante la dissout aisément; elle est aussi fort soluble dans l'alcool et l'éther. On peut la porter en ébullition avec les acides et les

[1] HOFMANN (1846), *Ann. der Chem. u. Pharm.*, LVII, 265; LXX, 129.

alcalis étendus sans qu'elle se décompose. La potasse concentrée, et mieux encore la potasse en fusion, en développent de l'ammoniaque et de l'aniline, en produisant du carbonate. L'acide sulfurique concentré la dissout à froid, et dégage, par une douce chaleur, du gaz carbonique, en produisant de l'acide sulfanilique (phényl-sulfamique).

Elle fond par la chaleur; mais à quelques degrés au-dessus de son point de fusion elle dégage beaucoup d'ammoniaque, en même temps que la matière se prend de nouveau en une masse cristalline qui fond à son tour par une plus forte chaleur, et passe enfin à la distillation. Si l'on arrête la distillation dès que le dégagement d'ammoniaque vient à cesser, on trouve le résidu composé de diphényl-carbamide (carbanilide) et d'acide cyanurique. La réaction s'explique par l'équation que voici :

$$6C^{14}H^8N^2O^2 = 3NH^3 + \underset{\text{Diphényl-carbamide.}}{3C^{26}H^{12}N^2O^2} + \underset{\text{Acide cyanurique.}}{C^6H^3N^3O^6}.$$

La phényl-carbamide est une isomère de la phényl-urée, mais elle ne se combine pas, comme celle-ci, avec les acides.

La *nitrophényl-carbamide*, ou nitrocarbamido-anilide[1], $C^{14}H^7N^3O^6 = C^{14}H^7(HO^4)N^2O^2$, se présente sous forme de longues aiguilles jaunes, et se produit dans l'action du chlorure de cyanogène humide sur la nitraniline.

Une *iodophényl-carbamide* paraît aussi exister.

Diphényl-carbamide[2], ou carbanilide, $C^{26}H^{12}N^2O^2$. — La manière la plus simple de préparer ce corps consiste à faire passer du gaz chlorocarbonique dans l'aniline : la matière s'échauffe considérablement et se prend en un mélange cristallin de chlorhydrate d'aniline et de diphényl-carbamide. Il suffit de traiter le produit brut par l'eau bouillante, qui ne dissout pas la diphényl-carbamide; on fait cristalliser celle-ci dans l'aclool. Il est important, dans cette préparation, que le gaz chlorocarbonique ne renferme pas de chlore libre, qui donnerait naissance à des produits secondaires et serait cause d'une coloration violette, difficile à enlever, de la diphényl-carbamide.

La réaction qui donne naissance à ce corps peut s'exprimer ainsi :

$$C^2O^2Cl^2 + 2C^{12}H^7N = 2HCl + C^{26}H^{12}N^2O^2.$$

[1] HOFMANN (1849), *Ann. der Chem. u. Pharm.*, LXX, 137.

[2] HOFMANN (1846), *Ann. der Chem. u. Pharm.*, LVII, 265; LXX, 138.

La diphényl-carbamide se produit en outre par l'action de l'eau sur le cyanate de phényle :

$$2C^{14}H^5NO^2 + 2HO = C^2O^4 + C^{26}H^{12}N^2O^2.$$

On l'obtient aussi par la distillation sèche de la phényl-carbamide :

$$\underset{\text{Phényl-carbamide.}}{6C^{14}H^8N^2O^2} = \underset{\text{Diphényl-carbamide.}}{3C^{26}H^{12}N^2O^2} + 3NH^3 + \underset{\text{Ac. cyanurique.}}{C^6H^3N^3O^6}.$$

Enfin, une solution alcoolique de potasse convertit la diphényl-sulfocarbamide en diphényl-carbamide.

La diphényl-carbamide est très-peu soluble dans l'eau, très-soluble dans l'alcool et l'éther. Elle se dépose en belles aiguilles soyeuses, inodores, fusibles à 205°, et distillant sans altération.

L'acide sulfurique concentré la convertit en acide sulfanilique (phényl-sulfamique) en dégageant de l'acide carbonique :

$$C^{26}H^{12}N^2O^2 + 4SO^3HO = \underset{\text{Ac. phényl-sulf.}}{2C^{12}H^7NS^2O^6} + 2CO^2HO.$$

La potasse caustique concentrée et mieux encore l'hydrate de potasse en fusion la convertissent en aniline libre et en carbonate :

$$C^{26}H^{12}N^2O^2 + 2KO,HO = 2C^{12}H^7N + 2CO^2,KO.$$

Une métamorphose semblable a lieu, d'une manière moins complète, quand on chauffe brusquement la diphényl-carbamide humide.

Diphényl-sulfocarbamide[1], ou sulfocarbanilide $C^{26}H^{12}N^2S^2$. — On la prépare soit en mettant de l'aniline en contact avec du sulfure de carbone, soit en mélangeant ces mêmes substances en dissolution alcoolique. Dans le premier cas, il se dépose au bout d'une semaine de très-beaux cristaux; dans l'autre, on obtient au bout de quelques jours des lamelles rhomboïdales. Pendant tout le temps de la réaction il se dégage de l'hydrogène sulfuré :

$$2C^{12}H^7N + 2CS^2 = C^{26}H^{12}N^2S^2 + 2HS.$$

Lorsqu'on chauffe un mélange d'aniline, de sulfocyanure de potassium et d'acide sulfurique, il distille de la diphényl-sulfocarbamide, en même temps qu'il se produit du sulfate d'ammoniaque. C'est peut-être le moyen le plus commode pour préparer cette anilide; on n'a qu'à dissoudre le produit dans l'alcool bouillant,

[1] HOFMANN (1846), *Ann. der Chem. u. Pharm.*, LVII, 265; LXX, 142. — LAURENT et DELBOS, *Comp. rend. des Trav. de Chimie*, 1846, p. 301.

qui le dépose alors, par le refroidissement, en belles paillettes nacrées (Laurent et Gerhardt).

La diphényl-sulfocarbamide est très-peu soluble dans l'eau; l'alcool et l'éther la dissolvent aisément. Elle est remarquable par son extrême amertume; elle fond à 140° et distille sans altération. Les acides et les alcalis étendus ne l'attaquent pas. L'acide sulfurique concentré en dégage à chaud du gaz carbonique et du gaz sulfureux, sans que la masse noircisse; si on l'étend d'eau, le liquide dépose beaucoup de soufre, et l'on a en dissolution de l'acide phényl-sulfamique (sulfanilique). Fondue avec de la potasse, elle dégage de l'aniline en produisant du sulfure et du carbonate.

Une dissolution alcoolique de potasse la convertit en diphénylcarbamide, par un simple échange de son soufre contre l'oxygène de la potasse. Cette métamorphose s'effectue aussi fort rapidement, si l'on chauffe avec de l'oxyde de mercure une dissolution alcoolique de diphényl-sulfocarbamide.

Le chlorure, l'iodure, et le cyanure de mercure n'attaquent pas la diphényl-sulfocarbamide.

§ 120. *Dinaphtyl-carbamide*, ou carbamide naphtalidamique[1], $C^{42}H^{16}N^2O^2$. — Ce composé se produit par l'action de la chaleur sur l'oxalate de naphtylamine. Ce sel, soumis à la distillation sèche, fond d'abord en perdant de l'eau de cristallisation. Bientôt après la masse entre en effervescence, et il se dégage alors de l'eau, ainsi que de l'oxyde de carbone et du gaz carbonique (provenant d'une réaction secondaire). La masse jaunâtre qui se trouve dans le récipient, bouillie longtemps avec de l'alcool, est ainsi privée de toute la naphtylamine dont elle était mélangée, et donne la dinaphtyl-carbamide à l'état de pureté.

Ce corps se produit aussi par l'action d'une solution alcoolique de potasse sur la dinaphtyl-sulfocarbamide.

La dinaphtyl-carbamide se présente sous la forme d'une masse légère, d'une grande blancheur et d'un aspect un peu soyeux. Elle n'est pas volatile sans décomposition; elle distille à une température assez élevée en même temps qu'une portion se décompose en se charbonnant. Elle est insoluble dans l'eau et fort peu soluble dans l'alcool bouillant, qui la dépose par le refroidissement sous la forme d'une poudre composée d'aiguilles microscopiques. Ni les acides étendus ni la potasse diluée ne l'attaquent.

[1] Delbos (1847), *Ann. de Chim. et de Phys.* [3] XXI, 68.

Dinaphtyl-sulfocarbamide, ou carbamide naphtalidamique sulfurée [1], $C^{42}H^{16}N^2S^2$. — Lorsqu'on met du sulfure de carbone en contact avec une dissolution de naphtylamine dans l'alcool absolu, il se dépose au bout d'un jour ou de deux une substance blanche et cristalline qui recouvre les parois du vase. Les eaux-mères retiennent en dissolution du sulfhydrate de naphtylamine. Si l'on emploie des dissolutions fort étendues de naphtylamine et de sulfure de carbone dans l'alcool, la dinaphtyl-sulfocarbamide se dépose en aiguilles blanches et très-brillantes. Elle est insoluble dans l'eau, l'alcool et le sulfure de carbone. Bouillie avec une dissolution alcoolique de potasse, la dinaphtyl-sulfocarbamide passe à l'état de dinaphtyl-carbamide, en échangeant son soufre pour de l'oxygène :

$$\underset{\text{Dinaphtyl-sulfoc.}}{C^{42}H^{16}N^2S^2} + KO, HO = \underset{\text{Dinaphtyl. carbam.}}{C^{42}H^{16}N^2O^2} + KS, HS.$$

§ 121. Acide carbamique, $C^2H^3NO^4$. — On ne connaît pas à l'état isolé l'acide amidé, correspondant à l'acide carbonique, ni aucun carbamate métallique. Cependant, comme on est parvenu à isoler l'acide sulfocarbamique (§ 122), et qu'on sait par expérience que l'ammoniaque en se combinant directement avec les anhydrides des acides bibasiques donne les sels ammoniacaux des acides amidés correspondants, on ne peut douter que ce qu'on appelle communément carbonate d'ammoniaque anhydre $C^2O^4 2NH^3$ ne soit le *carbamate d'ammonium* $\left.\begin{matrix} NH^2(CO)^2O \\ NH^4.O \end{matrix}\right\}$. Celui-ci, fort peu stable, produit en se dissolvant dans l'eau du carbonate d'ammoniaque.

Les expériences de M. Regnault sur la carbamide démontrent d'ailleurs que celle-ci est tout aussi peu stable que l'acide carbamique.

Quelles que soient les proportions dans lesquelles on mélange le gaz ammoniaque et le gaz carbonique secs, il se condense toujours 2 volumes du premier avec 1 volume du second. Le produit constitue une masse blanche, d'une forte odeur d'ammoniaque, très-alcaline et qui se vaporise déjà au-dessus de 60°. La densité de sa vapeur a été trouvée égale à 0,90 (Bineau; 0,8992 H. Rose). Par conséquent la formule $C^2O^4 2NH^3$ correspond à 8 volumes, comme

[1] Delbos, *loc. cit.*

celle du cyanhydrate, du sulfhydrate et du chlorhydrate d'ammoniaque.

Soumis à l'action de la vapeur de l'acide sulfurique anhydre, le carbamate d'ammoniaque donne du sulfamate d'ammoniaque avec dégagement de gaz carbonique. Chauffé dans le gaz sulfureux, il donne un sublimé orangé. Le gaz chlorhydrique ne le décompose qu'à chaud en gaz carbonique et en sel ammoniac.

Toutes les réactions du sel dissous sont les mêmes que celles d'un carbonate neutre d'ammoniaque. Une solution de chlorure de calcium en précipite du carbonate de chaux sans dégagement d'acide carbonique. Il paraît toutefois que le carbamate d'ammoniaque peut exister pendant quelques instants, en dissolution, car si l'on fait passer du gaz carbonique dans une solution d'ammoniaque, en ayant soin que la liqueur ne s'échauffe pas, celle-ci ne précipite d'abord ni le chlorure de calcium, ni le chlorure de baryum; le précipité de carbonate n'apparaît qu'au bout d'un certain temps, si l'on chauffe la liqueur. Il est important de tenir compte de cette circonstance, lorsqu'il s'agit de doser, au moyen d'une solution ammoniacale de chlorure de calcium, l'acide carbonique contenu dans une eau minérale. Pour que le résultat soit exact, il est nécessaire de porter le mélange à l'ébullition, et de s'assurer aussi d'abord, par l'ébullition de la solution ammoniacale, de l'absence de l'acide carbonique dans l'ammoniaque employée (Kolbe).

Carbamate de méthyle, ou uréthylane[1], $C^4H^5NO^4$. — Plusieurs procédés donnent ce corps. Lorsqu'on dissout le chlorocarbonate de méthyle dans l'ammoniaque, il se dégage beaucoup de chaleur, et l'on obtient du chlorhydrate d'ammoniaque, ainsi que de l'uréthylane. Celui-ci prend aussi naissance lorsqu'on sature l'esprit de bois par les vapeurs d'acide cyanique.

Enfin, on peut aussi le préparer par l'esprit de bois et le chlorure de cyanogène. Lorsqu'on fait passer un courant de ce gaz dans de l'esprit de bois auquel on a ajouté un peu d'eau, il ne se manifeste aucune réaction tant que le liquide n'est pas saturé; mais quand arrive le point de saturation, la réaction est des plus vives; il se dépose beaucoup de sel ammoniac qu'on enlève pour distiller la partie liquide; on rejette les premières portions, et quand la tempéra-

[1] Dumas et Peligot (1835), *Ann. de Chim. et de Phys.*, LVIII, 52. — Liebig et Woehler, *Ann. der Chem. u. Pharm.*, LVIII, 52. — Echevarria, *ibid.*, LXXIX, 110, et *Journ. de Pharm.*, [3] XIX, 322.

ture a atteint 140°, on change de récipient, et l'on continue la distillation jusqu'à ce que la température du liquide épais et noir qui reste dans la cornue soit montée à 180° ou 190°. Au delà de ce point, le liquide qui passe est fortement coloré. Du jour au lendemain le liquide qu'on a recueilli dans le récipient laisse déposer des cristaux d'uréthylane, qu'il suffit d'exprimer pour les avoir entièrement purs.

L'uréthylane cristallise en tables allongées dérivant d'un prisme rhomboïdal oblique à faces terminales fort allongées. Ces cristaux ne sont pas déliquescents : ils fontdent entre 52° et 55°, et se solidifient à 52° quand ils sont parfaitement secs ; ils entrent en ébullition à 177°. La densité de leur vapeur a été trouvée égale à 2,62.

Ce corps est fort soluble dans l'eau ; il se dissout moins facilement dans l'alcool et moins encore dans l'éther. 100 p. d'eau à 11° dissolvent 217 p. d'uréthylane, tandis que 100 p. d'alcool à 15° n'en dissolvent que 73 p.

L'acide sulfurique dilué décompose à chaud l'uréthylane en acide carbonique, esprit de bois et sulfate d'ammoniaque. L'acide sulfurique concentré le noircit en donnant du gaz sulfureux et des gaz inflammables. La potasse détermine le même dédoublement que l'acide sulfurique dilué.

Carbamate d'éthyle, ou uréthane[1], $C^6H^7NO^4$.— On obtient ce corps soit par l'ammoniaque et le carbonate ou le chlorocarbonate d'éthyle, soit par l'alcool et les vapeurs cyaniques ou le chlorure de cyanogène :

$$\underset{}{NH^3} + \underset{\text{Carb. d'éthyl.}}{C^{10}H^{10}O^6} = C^6H^7NO^4 + \underset{\text{Alcool.}}{C^4H^6O^2}$$

$$NH^3 + \underset{\text{Chlorocarb. d'éthyle.}}{C^6H^5ClO^4} = C^6H^7NO^4 + NH^4Cl$$

$$\underset{\text{Alcool.}}{C^4H^6O^2} + \underset{\text{Ac. cyaniq.}}{C^2HNO^2} = C^6H^7NO^4$$

$$2\,\underset{\text{Alcool.}}{C^4H^6O^2} + \underset{\text{Chlor. cyaniq.}}{C^2ClN^2} = C^6H^7NO^4 + \underset{\text{Chlor. d'éthyl.}}{C^4H^5Cl.}$$

Pour préparer l'uréthane avec le carbonate d'éthyle, il suffit

[1] Dumas (1833), *Ann. de Chim. et de Phys.*, LIV, 233. — Cahours, *Compt. rend. de l'Acad.*, XXI, 629. — Liebig et Woehler, *Ann. der Chem. u. Pharm.*, LIV, 370. — Gerhardt, *Compt. rend. des Trav. de Chim.*, 1846, p. 120. — Wurtz, *Comp. rend. de l'Acad.*, XXII, 503, et *Jour. de Pharm.*, [3] XX, 19.

d'abandonner cet éther avec son volume d'ammoniaque, dans un flacon bouché, jusqu'à ce que l'éther ait complétement disparu; en évaporant alors le liquide alcalin dans le vide sec, on obtient l'uréthane pour résidu.

L'ammoniaque liquide attaque le chlorocarbonate d'éthyle d'une manière tellement vive que le mélange entre en ébullition et produit quelquefois une sorte d'explosion. Si l'ammoniaque est en excès tout le chlorocarbonate disparaît. Quand le résidu est bien sec, on le met dans une cornue bien sèche et on le distille dans un bain d'huile; l'uréthane passe à la distillation sous la forme d'un liquide incolore qui se fige en une masse feuilletée et nacrée comme le blanc de baleine.

Un autre procédé de préparation consiste à saturer de chlorure de cyanogène gazeux l'alcool aqueux ordinaire, et à maintenir cette solution pendant quelques heures au bain-marie, dans un ballon à long col, dont l'extrémité est fermée à la lampe. Après avoir laissé refroidir le ballon, on décante le liquide du dépôt de sel ammoniac provenant d'une réaction secondaire, et on le soumet à la distillation. On recueille d'abord de l'éther chlorhydrique, puis le point d'ébullition du liquide se maintient longtemps à 80°, où il passe de l'alcool; ensuite il s'élève, pendant qu'il passe de l'éther carbonique, et enfin on recueille des feuillets d'uréthane.

Cette substance est blanche, fusible au-dessous de 100°, et capable de distiller vers 180° quand elle est sèche; quand elle est humide, la distillation en décompose une partie en produisant des torrents de gaz ammoniac. Elle est très-soluble dans l'eau, soit à chaud, soit à froid; la dissolution est entièrement neutre et ne trouble pas les sels d'argent. Elle se dissout aussi fort bien dans l'alcool et dans l'éther. La densité de sa vapeur a été trouvée par expérience égale à 3,14. La disposition à cristalliser de cette matière est si grande, que quelques gouttes d'une dissolution abandonnée à l'évaporation spontanée forment toujours de larges cristaux minces et transparents.

Carbamate d'amyle[1] ou amyluréthane $C^{12}H^{13}NO^4$. — On le prépare en traitant par de l'ammoniaque liquide l'huile de pommes de terre saturée de gaz chlorocarbonique. Le mélange se prend en

[1] MEDLOCK (1849), *Ann. der Chem. u. Pham.*, LXXI, 104. — A. WURTZ, *Journ. de Pharm.*, [3] XX, 22.

une masse cristalline qu'on lave à l'eau froide pour en séparer le sel ammoniac.

Il s'obtient aussi en grande quantité par la réaction du chlorure de cyanogène et de l'huile de pommes de terre; le mélange brunit et laisse déposer du sel ammoniac; lorsqu'on soumet le mélange à la distillation, il passe d'abord, vers 100°, du chlorure d'amyle, puis, vers 220°, de l'amyluréthane.

L'amyluréthane cristallise dans l'eau bouillante en belles aiguilles soyeuses, solubles dans l'alcool et l'éther. Il fond à 66° et distille sans altération à 220°.

Distillé avec de la baryte caustique, il donne du carbonate, de l'ammoniaque et de l'huile de pommes de terre. L'acide sulfurique le dissout entièrement à froid; l'eau en précipite de nouveau la matière. A chaud, il se produit de l'acide amyl-sulfurique, de l'ammoniaque, avec dégagement d'acide carbonique et d'acide sulfureux.

§ 122. *Acide sulfocarbamique*, ou sulfure d'hydrogène et de sulfocarbammonium, $C^2H^3NS^4$. — Cet acide[1] se produit en combinaison avec l'ammoniaque par la métamorphose du trisulfocarbonate d'ammonium. Renfermé avec de l'alcool dans un flacon bien bouché, ce dernier se transforme, dans l'espace de 30 à 40 heures, en sulfocarbamate d'ammoniaque. Cette réaction a lieu aussi lorsqu'on met des solutions faibles d'ammoniaque dans l'alcool absolu, en contact avec un excès de sulfure de carbone, à une température de 12 à 15°. Lorsqu'on abandonne à une température de 15°, et dans un flacon bouché hermétiquement, un mélange de 1 vol. d'alcool absolu saturé d'ammoniaque gazeuse, et d'une dissolution de 0,16 vol. sulfure de carbone dans 0,4 vol. d'alcool, le mélange brunit peu à peu, et dépose bientôt de petits cristaux plumeux, dont la plus grande partie se rassemble au fond du vase; la quantité de ce corps, qui est du trisulfocarbonate d'ammoniaque, augmente pendant une heure à une heure et demie. Après cela commence une cristallisation d'un autre aspect, prismatique et plus brillante; elle s'achève plus lentement, et les cristaux ont quelquefois un demi-pouce de long. Cette dernière cristallisation est le sulfocarbamate d'ammoniaque. La liqueur, qui a cessé de donner des cristaux, donne par la distillation une nouvelle quan-

[1] ZEIZE (1824), *Journ. de Schweigg.*, XLI, 100 et 170. *Ann. der Chem. u. Pharm.*, XLVIII, 95. — REBUS, *Ann. der Chem. u. Pharm.*, LXXIII, 26.

tité de sulfocarbamate, ainsi que du sulfhydrate d'ammoniaque; dans le résidu, on trouve alors du soufre et du sulfocyanhydrate d'ammoniaque provenant d'une réation secondaire.

Pour obtenir l'acide sulfocarbamique, on jette le sel d'ammoniaque dans de l'acide sulfurique ou chlorhydrique étendu, et l'on y ajoute ensuite de l'eau en quantité convenable. On obtient ainsi une huile incolore, ou rougeâtre, plus pesante que l'eau; elle possède une odeur semblable à celle de l'hydrogène sulfuré, mais particulière pourtant. Cette huile décompose les carbonates avec effervescence. Elle ne se conserve pas longtemps, même en solution aqueuse. Parmi les produits de sa décomposition, on trouve particulièrement l'acide sulfocyanhydrique :

$$C^2H^3NS^4 = C^2HNS + 2\ HS.$$

On y trouve aussi de l'acide cyanique:

$$C^2H^3NS^4 + 2\ HO = C^2HNO^2 + 4\ HS.$$

Le sel d'ammoniaque, $C^2H^2(NH^4)NS^4$, cristallise en longs prismes d'un jaune citronné, d'une légère odeur de sulfhydrate d'ammoniaque; il se dissout aisément dans l'eau, l'alcool en dissout moins. A l'air humide, il tombe en déliquescence, et donne un liquide trouble presque entièrement composé de sulfhydrate d'ammoniaque. Chauffé avec de la potasse, il donne du sulfocyanure, du sulfure, de l'eau et de l'ammoniaque. Le chlore, le brome et l'iode le convertissent en bisulfure de sulfocarbammonium, $C^4H^4N^2S^8$ (voy. plus bas, p. 202).

$$2\ C^2H^2(NH^4)\ NS^4 + Cl^2 = 2NH^4Cl + C^4H^4N^2S^8.$$

Les sels ferriques mélangés avec un excès d'acide sulfurique ou chlorhydrique déterminent la mêm emétamorphose.

La solution du sulfocarbamate d'ammoniaque n'est précipitée ni par les sels de chaux ni par les sels de baryte. Elle précipite en vert jaunâtre le sulfate de nickel, en blanc le bichlorure de mercure, en brun jaunâtre le bichlorure de platine. Le nitrate d'argent étendu donne un précipité jaune qui ne tarde pas à noircir. Si l'on mélange des solutions concentrées de sulfocarbamate d'ammoniaque et de sulfate de chrome, il s'y dépose au bout d'un quart d'heure une petite quantité d'aiguilles incolores contenant du chrome et du soufre; au bout de quelques heures, l'eau-mère dépose une substance bleue.

Les *sulfocarbamates métalliques* se transforment aisément, surtout à chaud ou par l'action des alcalis, en hydrogène sulfuré, acide sulfocyanhydrique et sulfures.

Le *sel de plomb*, $C^2H^2PbNS^4$, se précipite à l'état de flocons blancs par le mélange du sel d'ammoniaque et de l'acétate de plomb. Il devient rouge par la dessiccation. Quand on le fait bouillir avec de l'eau, il noircit.

Le *sel de zinc*, $C^2H^2ZnNS^4$, se précipite à l'état d'une poudre blanche par le mélange du sel d'ammoniaque et du sulfate de zinc.

Le *sel de cuivre* (sel cuivreux), $C^2H^2Cu^2NS^4$, est une poudre jaune, insoluble dans l'eau et l'alcool.

Bisulfure de sulfocarbammonium, hydranzothine ou sulfocyanogène bihydrosulfuré[1], $C^4H^4N^2S^8$. — Lorsqu'on dissout du sulfocarbamate d'ammoniaque dans 5 ou 6 p. d'eau, et qu'on y ajoute par petites portions, une solution aqueuse de chlore, en agitant bien le mélange, il se produit beaucoup de flocons blancs et cristallins, qui se rassemblent aisément au fond du vase. On lave ce précipité à l'eau froide, jusqu'à ce que les liqueurs de lavage ne soient plus colorées par le perchlorure de fer, et on le dessèche dans le vide sur l'acide sulfurique. Il faut avoir soin, dans cette préparation, de ne pas employer un excès de chlore.

On obtient le même produit en ajoutant à une solution aqueuse de sulfocarbamate d'ammoniaque un grand excès d'acide sulfurique ou chlorhydrique, puis un sel ferrique.

Récemment préparé, ce produit est tout à fait incolore, nacré et sans odeur ; avec le temps il dégage de l'hydrogène sulfuré. Il ne se dissout qu'en petite quantité dans l'eau ; l'alcool le dissout sans altération ; l'éther le dissout en plus grande quantité et le dépose par l'évaporation spontanée sous la forme d'écailles assez volumineuses, mais une partie en est toujours altérée ; la dissolution rougit le tournesol.

Une dissolution alcoolique de potasse dissout une grande partie de ce corps en donnant un liquide neutre ; par l'ébullition, il se produit du sulfure, du sulfocyanure et du soufre.

$$C^4H^4N^2S^8 = 2HS + \underset{\text{Sulfocyan.}}{2C^2HNS^2} + S^2.$$

Cette métamorphose s'accomplit déjà si l'on fait bouillir la solution du corps dans l'alcool absolu, et qu'on abandonne la solu-

[1] ZEIZE (1843), *Ann. der Chem. u. Pharm.*, XLVIII, 95. — DEBUS, *ibid.*, LXXIII, 27.

tion; elle dépose alors des cristaux de soufre, et renferme beaucoup d'acide sulfocyanhydrique. L'oxyde de plomb broyé avec le corps délayé dans l'eau n'y agit que si l'on chauffe le mélange.

Soumis à la distillation sèche, le corps donne du sulfure de carbone, accompagné d'un peu d'hydrogène sulfuré, ainsi que du sulfhydrate et du sulfocarbonate d'ammoniaque, en laissant une petite quantité d'une masse noire.

Les acides sulfurique et chlorhydrique n'y agissent pas sensiblement.

Le corps que nous venons de décrire représente un bisulfure d'ammonium dans lequel H est remplacé par le groupe CS, comme dans l'acide sulfocarbonique :

$$C^4H^4N^2S^8 = \left.\begin{matrix} NH^2(CS)^2S^2 \\ NH^2(CS)^2S^2 \end{matrix}\right\}$$

Sulfocarbamate d'éthyle, uréthane sulfurée ou xanthogénamide[1], $C^6H^7NO^2S^2$. — Ce composé se produit par l'éther xanthique (disulfocarbonate d'éthyle) et l'ammoniaque, en vertu de la réaction suivante :

$$\underset{\text{Disulfoc. d'éthyle.}}{C^{10}H^{10}O^2S^4} + NH^3 = \underset{\text{Sulfh. d'éthyle.}}{C^4H^6S^2} + \underset{\text{Sulfocarbam. d'éthyle.}}{C^6H^7NO^2S^2}.$$

Pour préparer le sulfocarbamate d'éthyle, on fait passer du gaz ammoniaque dans une solution alcoolique d'éther xanthique; on abandonne pendant vingt-quatre heures, et l'on distille la plus grande partie du liquide. Après avoir concentré le résidu au bain-marie, on l'abandonne sur l'acide sulfurique. Il se prend alors en cristaux de xanthogénamide.

On peut aussi faire passer de l'ammoniaque sèche dans le produit de l'action de l'iode sur les xanthates (persulfure éthyldisulfocarbonique) : le liquide se trouble peu à peu et dépose de longues aiguilles de soufre. Si l'on évapore ensuite dans le vide la liqueur filtrée, on obtient un résidu salin, composé d'un mélange de xanthate d'ammoniaque et de xanthogénamide. On opère la séparation de ces deux corps au moyen de l'éther qui ne dissout que l'amide. Celle-ci reste, après l'évaporation de l'éther, sous la forme d'une huile jaune qui finit par se prendre en une masse cristalline. On l'obtient pure en la faisant dissoudre dans très-peu d'alcool.

[1] DEBUS (1850), *Ann. der Chem. u. Pharm.*, LXXII, 1; LXXV, 127; LXXXII, 253.

Lorsqu'il s'agit de préparer de fortes quantités de xanthogénamide, M. Debus trouve de l'avantage à se servir du procédé suivant : on ajoute peu à peu du sulfure de carbone à une solution alcoolique de potasse, jusqu'à ce que le liquide soit presque neutralisé; puis on l'étend de deux fois son volume d'eau, et l'on y fait passer un courant de chlore. Celui-ci décompose le xanthate de potasse, en produisant du chlorure de potassium et du persulfure éthyl-disulfocarbonique, qui, étant insoluble dans l'alcool dilué, vient se précipiter au fond. Il est important de bien saisir le point où tout le xanthate est entièrement décomposé, un excès de chlore pouvant altérer le persulfure. Afin d'empêcher cette réaction secondaire, on ajoute au liquide un peu d'iodure de potassium ; celui-ci n'est pas attaqué par le chlore, tant qu'il se trouve en présence du xanthate, mais dès que celui-ci est disparu, le liquide commence à brunir, par suite de la mise en liberté de l'iode de l'iodure. On lave à l'eau l'huile obtenue, on la fait dissoudre dans un mélange de 1 p. d'éther et de 2. p. d'alcool, et on la traite par l'ammoniaque, comme précédemment.

M. Chancel[1] a aussi obtenu la xanthogénamide en faisant agir l'ammoniaque sur le disulfocarbonate d'éthyle et de méthyle.

La xanthogénamide cristallise par l'évaporation spontanée en beaux prismes rhomboïdaux obliques ou en octaèdres, souvent très-gros, fusibles à environ 36°, peu solubles dans l'eau, solubles en toutes proportions dans l'alcool et l'éther. Les cristaux appartiennent au système monoclinique. (Faces dominantes : + P. — P, avec oP. Inclinaison des faces, oP : — P = 118°; oP : + P = 105°. Les angles plans de oP sont presque de 90°. Clivage parfait parallèlement à oP.)

Lorsqu'on la soumet à la distillation sèche, on obtient du sulfhydrate d'éthyle et des vapeurs d'acide cyanique :

$$C^6H^7NO^2S^2 = C^4H^6S^2 + C^2HNO^2.$$

Si l'on effectue la distillation à 152°, le résidu renferme de l'acide cyanurique.

La solution de la xanthogénamide est neutre et ne précipite pas le nitrate d'argent, l'acétate de plomb, le sulfate de cuivre, les sels de baryte; mais elle précipite les bichlorures de platine et de mercure. lorsqu'on mêle une solution alcoolique de

[1] CHANCEL, *Compt. rend. de l'Acad.*, XXXII, 589.

xanthogénamide avec du *bichlorure de platine*, il se sépare au bout de quelques minutes un précipité jaune et cristallin; la liqueur filtrée continue de déposer pendant quelques jours des paillettes cristallines[1].

Les oxydes de mercure, d'argent et de plomb, ainsi que le carbonate d'argent, décomposent la xanthogénamide, en produisant du sulfure et un corps qui attaque vivement les yeux, et dont l'odeur rappelle celle de l'acroléine.

L'acide sulfurique concentré dissout aisément la xanthogénamide; l'eau l'en reprécipite sans altération. L'acide nitrique l'attaque vivement et produit un acide particulier.

La potasse et l'eau de baryte la décomposent à l'ébullition en alcool et en sulfocyanure:

$$C^6H^7NO^2S^2 = C^4H^6O^2 + C^2HNS^2.$$

L'ammoniaque donne, à 150°, de l'acide carbonique, de l'acide sulfocyanhydrique, et des composés fétides.

Sous l'influence de l'acide nitreux, la xanthogénamide produit un composé particulier (*voy.* plus bas, p. 207).

Combinaisons de la xanthogénamide avec des sels métalliques.

α. Avec le *chlorure cuivreux* (protochlorure de cuivre). M. Debus en a décrit quatre, composées de 1 at. de chlorure cuivreux et de 1, 2, 3 ou 4 at. de xanthogénamide.

Lorsqu'on ajoute un excès de sulfate de cuivre à une solution aqueuse de xanthogénamide, puis de l'acide chlorhydrique, il se forme un précipité blanc et cristallin d'une combinaison de xanthogénamide et de chlorure cuivreux, $C^6H^7NO^2S^2, CuCl$. On fait recristalliser ce corps dans l'alcool chaud. On l'obtient alors à l'état de petits rhomboèdres très-brillants, dont la forme est très-voisine du cube. Ce sel est presque insoluble dans l'eau et dans l'alcool froid; l'alcool chaud le dissout aisément, en se colorant en brun, et si l'on fait bouillir, une partie du sel se décompose en précipi-

[1] M. Debus a trouvé dans le précipité : carbone 13,97 — 13,39; hidrog. 2,69 — 2,272; soufre 13,35; platine 38,26 — 37,85; chlore 19,08 — 23,30. Il en déduit les relations $C^{12}H^{14}NO^4S^4Pt^2Cl^3$; mais je crois plus exacts les rapports $C^{12}H^{13}N^2O^4S^4Pt^2Cl^3$, c'est-à-dire $2C^6H^7NO^2S^2 + 2PtCl^2 - HCl$ (Hydrog. calculé 2,53). L'eau-mère, très-colorée, qu'on sépare du précipité dégage, par l'évaporation, des vapeurs chlorhydriques, et met en liberté une huile brune, qui se volatilise peu à peu avec les vapeurs d'eau et d'alcool; il reste du chlorhydrate d'ammoniaque, ainsi qu'une substance brune qui a les propriétés de sulfure de platine. Ces derniers produits proviennent sans doute d'une réaction secondaire.

tant du sulfure de cuivre. L'eau chargée d'acide chlorhydrique dissout la combinaison en grande quantité; la solution acide est plus stable que la solution alcoolique exempte d'acide. L'acide nitrique la dissout avec dégagement de vapeurs rouges et dépôt de soufre; l'acide sulfurique concentré y agit en développant un gaz, et en précipitant une poudre bleue, soluble dans l'eau. L'ammoniaque dissout la combinaison en petite quantité, en se colorant en bleu; la solution noircit par l'ébullition. La potasse la colore en brun, et finalement en noir, en dégageant de l'ammoniaque.

La solution de la combinaison de xanthogénamide et de chlorure cuivreux précipite en blanc l'iodure et le sulfocyanure de potassium. L'hydrogene sulfuré la convertit en sulfure de cuivre, acide chlorydrique et xanthogénamide.

La même combinaison se produit lorsqu'on mélange une solution alcoolique de xanthogénamide avec une solution neutre de chlorure cuivrique (bichlorure de cuivre); le liquide devient d'abord d'un rouge de sang, puis se décolore, devient fort acide et précipite du soufre. La solution filtrée dépose, par l'évaporation spontanée, d'abord des rhomboèdres de la combinaison précédente, puis de longues aiguilles d'un éther particulier que M. Debus désigne sous le nom d'*oxysulfocyanate d'éthyle*, $C^{12}H^{10}N^2O^4S^2$.

Lorsqu'on dissout dans l'alcool un atome de la combinaison précédente de xanthogénamide et de chlorure cuivreux, et qu'on y ajoute un peu plus d'un atome de xanthogénamide, le mélange dépose par l'évaporation des tables rhombes et brillantes d'une nouvelle combinaison, $2C^6H^7NO^2S^2, GuGl$. Elle est insoluble dans l'eau, fort sosuble dans l'alcool. Elle paraît être dimorphe, car une solution alcoolique concentrée la dépose en gros prismes hexagones, tandis qu'une solution diluée la donne en tables rhombes.

En augmentant les doses de xanthogénamide, on peut obtenir, en outre, les combinaisons $3C^6H^7NO^2S^2, GuGl$ et $4C^6H^7NO^2S^2, GuGl$, toutes deux en cristaux parfaitement définis.

Toutes ces combinaisons sont d'autant plus fusibles et plus solubles dans l'alcool qu'elles contiennent plus de xanthogénamide. Les cristaux s'altèrent au bout de quelques semaines, en mettant en liberté du sulfure de cuivre.

β. Avec l'*iodure cuivreux*. Lorsqu'on dissout dans l'alcool bouillant la combinaison du chlorure de cuivre avec 3 atomes de xanthogénamide, et qu'on y ajoute une solution chaude d'iodure de potassium, le mélange dépose au bout de quelques heures des aiguilles, groupées concentriquement, d'une combinaison contenant $2\,C^6H^7NO^2S^2,\ Cu\,I$; l'eau-mère dépose, par une plus forte concentration, des lames de $3\,C^6H^7NO^2S^2,\ Cu\,I$; finalement on obtient de la xanthogénamide et du chlorure de potassium.

γ. Avec le *sulfocyanure cuivreux.* La solution alcoolique de la combinaison du chlorure de cuivre avec 1 atome de xanthogénamide donne avec le sulfocyanure de potassium un précipité blanc et pulvérulent de sulfocyanure cuivreux.

Si l'on emploie la combinaison du chlorure de cuivre avec 2 atomes de xanthogénamide, le précipité est cristallin, et paraît renfermer une combinaison de xanthogénamide et de sulfocyanure cuivreux, $C^6H^7NO^2S^2,\ 10\,CyCuS^2$ (?).

La combinaison du chlorure de cuivre avec 3 atomes de xanthogénamide ne précipite pas à froid une solution alcoolique et diluée de sulfocyanure de potassium; mais si l'on emploie des dissolutions chaudes et concentrées, il se précipite immédiatement de petites tables incolores d'une combinaison $2\,C^6H^7NO^2S^2,\ 3\,CyCuS^2$. Si on laisse séjourner cette combinaison pendant quelques jours dans l'eau-mère, les cristaux grossissent, deviennent jaunâtres, et contiennent alors $C^6H^7NO^2S^2,\ CyCuS^2$.

δ. Avec d'autres sels. Le zinc détruit à l'ébullition la combinaison du chlorure cuivreux avec 3 atomes de xanthogénamide, en précipitant le cuivre, et en produisant du chlorure de zinc, mais ce dernier ne se combine pas avec la xanthogénamide.

M. Debus n'a pas réussi non plus à combiner celle-ci avec le chlorure ferreux, le chlorure de baryum, le chlorure de potassium.

Il paraît toutefois que le chlorure de mercure est susceptible de donner, dans certaines circonstances, des combinaisons semblables à celles qu'on obtient avec le chlorure cuivreux.

Décomposition de la xanthogénamide par l'acide nitreux : oxysulfocyanate d'éthyle. — Lorsqu'on fait passer un courant d'acide nitreux dans de la xanthogénamide délayée dans l'eau, elle fond et finit par se charger de cristaux en même temps que l'eau se colore en bleu par l'excès d'acide nitreux. Ces cristaux constituent un corps que M. Debus[1] appelle *oxysulfocyanate d'éthyle*, $C^{12}H^{10}N^2O^4S^2$. On lave le produit à l'eau, et on le met en digestion avec de l'alcool

[1] Le nom d'*oxysulfocyanate* me paraît impropre, car les alcalis ne donnent pas de sulfocyanure avec le corps.

qui dissout aisément les cristaux, en laissant une huile insoluble, qui n'est autre chose que du soufre modifié, lequel ne se solidifie entièrement qu'au bout de quelques mois.

$$2\,C^6H^7NS^2O^2 + 2\,NO^5 = C^{12}H^{10}N^2O^4S^2 + 4\,HO + S^2 + 2\,NO.$$

Xanthogénam. — Oxysulfocyam. d'éthyle.

L'oxysulfocyanate d'éthyle se produit aussi dans la réaction du bichlorure de cuivre et de la xanthogénamide.

Il cristallise en prismes ou en aiguilles incolores, solubles dans l'eau et l'alcool. Les solutions peuvent être bouillies, sans que le corps se décompose; il s'en volatilise la plus grande partie avec les vapeurs.

Il fond au-dessous de 100°, et se prend par le refroidissement en une masse radiée. Chauffé à une température plus élevée, il se volatilise en partie sans altération, tandis qu'une autre portion se décompose en plusieurs produits, parmi lesquels paraissent se trouver des combinaisons sulfurées de l'éthyle.

Les solutions de l'oxysulfocyanate d'éthyle sont neutres aux papiers, et ne sont pas précipitées par le nitrate d'argent, le bichlorure de mercure, le bichlorure de platine.

L'acide nitrique, l'acide sulfurique, et l'acide chlorhydrique le décomposent.

Bouilli avec de l'eau de baryte, il dégage une forte odeur ammoniacale, et donne du carbonate ainsi que de l'hyposulfite de baryte. M. Debus représente la réaction de la manière suivante, en supposant que le soufre, mis en liberté, produit, avec l'excédant de baryte, du sulfure et de l'hyposulfite :

$$C^{12}H^{10}N^2O^4S^2 + 4\,BaO + 8HO = 6NH^3 + S^2 + 2\,C^4H^6O^2 + 4\,(CO^2,BaO).$$

Oxysulfocyan. d'éthyle. — Alcool.

Il ne se produit pas de sulfocyanure dans cette réaction.

Sulfocarbamate d'amyle ou xanthamylamide[1], $C^{12}H^{13}NO^2S^2$. — Il se produit par la réaction de l'ammoniaque et du persulfure amyl-disulfocarbonique (huile résultant de l'action de l'iode sur les amyl-xanthates § 110).

$$C^{24}H^{22}O^4S^8 + NH^3 = C^{12}H^{12}O^2S^4 + C^{12}H^{13}NO^2S^2 + S^2$$

Persulf. amyl-disulfoc. — Ac. amyl disulf. — Sulforcarb. d'amyle.

[1] M. W. Johnson (1852), *The Quart. Journ. of Chem. Society*, V, 242.

On met en digestion pendant quelques heures, à une douce chaleur, 1 volume de persulfure avec 1 volume d'une solution concentrée d'ammoniaque. Le mélange se trouble, dépose du soufre, et se prend en une masse semi-solide. On étend d'eau, et l'on recueille le dépôt sur un filtre mouillé; l'eau dissout l'amyl-disulfocarbonate d'ammoniaque (amyl-xanthate d'ammoniaque), et laisse à l'état insoluble le soufre, ainsi que la xanthamylamide qui reste sur le filtre mouillé sous forme d'huile. On enlève l'eau de l'huile, autant que possible, puis on la recueille sur un filtre sec; elle passe alors, tandis que le filtre retient le soufre. On dessèche l'huile d'abord dans le vide sur l'acide sulfurique, puis par un courant de gaz carbonique sec, pendant qu'on la chauffe doucement.

La xanthamylamide est insoluble dans l'eau, très-soluble dans l'alcool et l'éther; la solution est entièrement neutre aux papiers.

On ne peut pas la distiller sans qu'elle se décompose; à 184° déjà elle se dédouble en sulfhydrate d'amyle et en acide cyanurique :

$$3\,C^{12}H^{13}NO^{2}S^{2} = 3\,(C^{10}H^{12}S^{2} + C^{2}HNO^{2}).$$

Sulfhyd. d'amyle. Acide cyanur.

Bouillie avec de la potasse ou avec de l'eau de baryte, elle se transforme en hydrate d'amyle (alcool amylique) et en sulfocyanure :

$$C^{12}H^{13}NO^{2}S^{2} = C^{10}H^{12}O^{2} + C^{2}HNS^{2}.$$

Hydr. d'amyle. Sulfocyan.

L'acide sulfurique la dissout à froid; si on l'étend d'eau, le liquide se trouble en séparant des parties huileuses; si l'on chauffe, il se dégage de l'acide sulfureux et la matière se charbonne. L'acide nitrique fumant réagit avec violence, avec dégagement d'abondantes vapeurs rouges; le mélange étendu d'eau dépose des gouttes huileuses. L'acide chlorhydrique concentré n'y paraît pas agir, même à l'ébullition.

L'eau chlorée l'attaque immédiatement, en produisant une huile volatile; en même temps il se dépose du soufre. L'iode se dissout dans la xanthamylamide, en la colorant en rouge; la matière se décolore rapidement par la chaleur, et donne une huile soluble dans l'alcool. Le brome est immédiatement décoloré par la xanthamylamide; il se produit une matière blanche et solide, qui donne avec l'alcool un liquide laiteux; l'eau en sépare ensuite une huile incolore.

Une solution alcoolique de xanthamylamide ne précipite pas les solutions alcooliques d'acétate de plomb, de chlorure de cuivre, de nitrate d'argent. Une solution aqueuse de bichlorure de platine produit un abondant précipité jaune, légèrement soluble dans l'accool, qui le dépose par l'évaporation sous forme cristalline; l'eau mère de cette solution alcoolique brunit rapidement, et dégage, par l'évaporation, d'abondantes fumées d'acide chlorhydrique, en laissant un résidu brun.

Combinaison de la xanthamylamide avec le bichlorure de mercure, $C^{12}H^{13}NS^2O^2$, 4 HgCl.

Lorsqu'on verse une solution alcoolique de bichlorure de mercure, prise en excès, dans une solution alcoolique de xanthamylamide, il se produit un abondant précipité blanc, composé de petits cristaux plumeux de cette combinaison. On le lave à l'alcool froid, et on le fait cristalliser dans l'alcool bouillant.

Ce produit est insoluble dans l'eau, qui le décompose à la longue, en dégageant de l'huile de pommes de terre. A peine soluble à froid dans l'alcool et dans l'éther, il s'y dissout davantage à l'ébullition.

L'acide sulfurique en dégage déjà à froid des vapeurs d'acide chlorhydrique. L'acide nitrique le décompose vivement. L'acide chlorhydrique n'y agit pas à froid; mais lorsqu'on fait bouillir, il enlève une partie du chlorure de mercure, et produit une autre combinaison, contenant une proportion moindre de ce dernier sel. Cette combinaison est blanche, fond par la chaleur en une huile opaque, et s'attache beaucoup aux parois du vase.

Lorsqu'on fait bouillir avec de la potasse la première combinaison mercurielle, il se produit un précipité noir, en même temps qu'on remarque l'odeur de l'huile de pommes de terre. L'ammoniaque la détruit immédiatement à froid, en produisant du sulfure de mercure noir. La baryte bouillante détermine une réaction semblable.

§ 123. *Acide méthyl-carbamique*, $C^4H^5NO^4$. — On ne connaît cet acide qu'en combinaison avec la méthylamine.

Le *sel de méthylamine*[1], dit *carbonate anhydre de méthylamine*,

[1] WURTZ (1850), *Ann. de Chim. et de Phys.* [3], XXX, 450 et 461.

$C^2O^4, 2C^2H^5N = C^4H^4 (HC^2H^5N) NO^4$, se produit sous la forme d'un corps blanc et solide, lorsqu'on met en contact du gaz carbonique sec avec la méthylamine sèche. Lorsqu'on distille un mélange de chlorhydrate de méthylamine fondu et de carbonate de chaux, il passe le même sel, mais mélangé avec du carbonate de méthylammonium (dit carbonate hydraté).

§ 124. *Acide éthyl-carbamique*, $C^6H^7NO^4$. — On ne le connaît qu'en combinaison avec l'éthylamine.

Le sel d'éthylamine[1], dit *carbonate anhydre d'éthylamine*, $C^2O^4, 2C^4H^7N = C^6H^6 (HC^4H^7N) NO^4$, s'obtient en faisant arriver un courant de gaz carbonique sec dans un ballon renfermant de l'éthylamine anhydre et entouré d'un mélange réfrigérant. Il se produit ainsi une masse pulvérulente d'un blanc de neige. Cette matière se dissout dans l'eau. La solution ne précipite pas instantanément le chlorure de baryum; le précipité ne se forme qu'au bout de quelque temps ou à l'aide de la chaleur.

§ 125. *Acide phényl-carbamique*[2] ou carbanilique, $C^{14}H^7NO^4$. — Cet acide, plus connu sous le nom d'*acide anthranilique*, a été obtenu pour la première fois par M. Fritzsche, au moyen de l'indigo et de la potasse. Pour le préparer on maintient en ébullition une solution concentrée de potasse caustique avec de l'indigo bleu, en remplaçant l'eau à mesure qu'elle s'évapore. Avant la disparition de tout l'indigo, on ajoute du peroxyde de manganèse à la liqueur bouillante, jusqu'à ce qu'elle ne dépose plus d'indigo bleu par le repos à l'air; on dissout la masse dans l'eau, on sursature par de l'acide sulfurique dilué, et, après avoir séparé le précipité à l'aide du filtre, on neutralise la liqueur filtrée par de la potasse. Ensuite on évapore à siccité, et l'on reprend le résidu par l'alcool, qui ne dissout que le phényl-carbamate de potasse; l'alcool ayant été chassé de ce liquide, ce dernier sel reste à l'état impur. On le dissout dans l'eau, et l'on y ajoute de l'acide acétique. L'acide phényl-carbamique se précipite alors en cristaux jaunes ou brunâtres, que l'on purifie par le charbon animal et par de nouvelles cristallisations.

Suivant M. Chancel, l'acide phényl-carbamique se produit aussi par l'action de la potasse sur la phényl-urée.

[1] WURTZ (1850), *Ann. de Chim. et de Phys.* [3], XXX, 483.

[2] FRITZSCHE (1841), *Bulletin de Saint-Pétersbourg*, t. VIII; et *Ann. der Chem. u. Pharm.*, XXXIX, 83. — LIEBIG, *Ann. der Chem. u. Pharm.*, XXXIX, 91. — GERLAND, *The quarterl. Journ. of Chem. Society*, V, 133.

Cet acide cristallise en feuillets ou en prismes incolores, transparents, très-brillants et souvent assez gros. Il est très-peu soluble dans l'eau froide, bien plus soluble dans l'eau bouillante, fort soluble dans l'alcool et l'éther; ses dissolutions possèdent une réaction acide. Il fond à environ 132°, et se sublime sans altération. Mélangé avec du verre en poudre grossière et soumis à la distillation, il se dédouble en gaz carbonique et en aniline (phényl-ammoniaque).

$$C^{14}H^{7}NO^{4} = 2\,CO^{2} + C^{12}H^{7}N.$$

Il se charbonne lorsqu'on le chauffe avec l'acide phosphorique anhydre.

L'acide sulfurique concentré le convertit en acide phényl-sulfamique (acide sulfanilique).

Lorsque, d'après les expériences de M. Gerland, on fait passer un courant de gaz nitreux dans une solution étendue et chaude d'acide phényl-carbamique, il se dégage de l'azote, et la solution donne, par la concentration, de longues aiguilles d'acide salicylique (phényl-carbonique).

$$C^{14}H^{7}NO^{4} + NO^{3} = \underset{\text{Ac. salicyliq.}}{C^{14}H^{6}O^{6}} + HO + 2\,N.$$

Les *phényl-carbamates métalliques* sont peu connus.

Le *sel de chaux*, $C^{14}H^{6}CaNO^{4}$, forme des cristaux rhomboédriques, peu solubles dans l'eau froide, et assez solubles dans l'eau bouillante.

Le *sel d'argent*, $C^{14}H^{6}AgNO^{4}$, se dépose en lames cristallines et brillantes, lorsqu'on mélange une solution du sel de chaux, diluée et bouillante, avec du nitrate d'argent.

La solution du phényl-carbamate d'ammoniaque donne aussi des précipités cristallins avec les sels de *cuivre*, de *plomb*, et *de zinc*.

Il existe un acide, dit *acide benzamique*, isomère de l'acide phényl-carbamique, et qu'on obtient en traitant l'acide nitrobenzoïque par le sulfhydrate d'ammoniaque. (Voy. Série benzoïque, *Groupe benzoïque*, Dérivés nitriques de l'acide benzoïque.)

Le *phényl-carbamate de méthyle*[1] ou carbaniméthylane, $C^{16}H^{9}NO^{4} = C^{14}H^{6}\,(C^{2}H^{3})\,NO^{4}$, s'obtient en traitant par le sulfhydrate d'ammoniaque le nitrobenzoate de méthyle. C'est une substance hui-

[1] Chancel (1850), *Compt. rend. de l'Acad.*, XXX, 751.

leuse, plus dense que l'eau, et dont les réactions sont les mêmes que celles de son homologue éthylique.

Le *phényl-carbamate d'éthyle*, carbaniléthane ou éther carbanilique[1], $C^{18}H^{11}NO^4 = C^{14}H^6(C^4H^5)NO^4$, s'obtient aisément en faisant dissoudre l'éther nitrobenzoïque dans l'alcool, et en y ajoutant une petite quantité de sulfhydrate d'ammoniaque; il se forme un abondant dépôt de soufre, et la réaction ne tarde pas à être complète si l'on abandonne le mélange sur un bain de sable chauffé modérément. Par l'addition de l'eau, il se précipite une substance huileuse, dense et presque incolore, qu'on purifie en la redissolvant à plusieurs reprises dans l'alcool et précipitant de nouveau par l'eau.

Sous l'influence de la potasse, le phényl-carbamate d'éthyle se convertit en phényl-carbamate de potasse et en alcool (hydrate d'éthyle).

L'ammoniaque transforme le phényl-carbamate d'éthyle en phényl-urée et en alcool :

$$\underset{}{C^{18}H^{11}NO^4} + NH^3 = \underset{\text{Phénylurée.}}{C^{14}H^8N^2O^2} + \underset{\text{Alcool.}}{C^4H^6O^2}.$$

II.

GROUPE FORMIQUE.

§ 126. Les termes principaux de ce groupe sont :

L'hydrure de formyle, ou aldéhyde formique. . . . $C^2H^2O^2$,

L'acide formique. $C^2H^2O^4$,

L'amide formique. $C^2H^3NO^2$.

On peut rapporter ces composés aux trois types généraux, métal, oxyde et azoture, en y admettant le radical C^2HO^2 (*formyle*). D'après cela, on a :

L'hydrure de formyle. . . . . $\left.\begin{matrix} C^2HO^2 \\ H \end{matrix}\right\}$

L'oxyde de formyle et d'hydrogène (acide formique). $\left.\begin{matrix} C^2HO^2O \\ HO \end{matrix}\right\}$

L'azoture de formyle et d'hydrogène (formiamide). . . $\left.\begin{matrix} C^2HO^2 \\ H \\ H \end{matrix}\right\} N$

[1] CHANCEL (1850), *loc. cit.*

Les combinaisons du groupe formique passent aisément, par l'oxydation, à l'état d'acide carbonique ou d'autres composés du groupe carbonique.

HYDRURE DE FORMYLE.

Syn. : aldéhyde formique.

Composition : $C^2H^2O^2$.

§ 127. Ce corps n'a pas encore été isolé ; il est probable qu'il serait gazeux dans les circonstances ordinaires.

Dérivés cyanhydriques de l'hydrure de formyle.

§ 128. Il convient de placer sous cette rubrique le *sucre de gélatine* et son dérivé l'*acide glycollique*, attendu que ces deux composés ont leurs homologues ainsi disposés dans la série acétique. Si l'on connaissait l'aldéhyde formique, il est probable qu'on parviendrait à le transformer en sucre de gélatine, à l'aide de l'acide cyanhydrique, de la même manière qu'on transforme par le même agent l'aldéhyde acétique en alanine (§ 448).

$$\underset{\text{Aldéhyde formique.}}{C^2H^2O^2} + \underset{\text{Ac. cyanhyd.}}{C^2HN} + 2HO = \underset{\text{Sucre de gélatine.}}{C^4H^5NO^4}.$$

§ 129. Sucre de Gélatine ou Glycocolle, $C^4H^5NO^4$. — Ce corps [1] a été obtenu pour la première fois par M. Braconnot, par l'action de l'acide sulfurique sur la gélatine animale.

Il se produit, suivant M. Dessaignes, en même temps que l'acide benzoïque, quand on fait bouillir l'acide hippurique avec l'acide chlorhydrique :

$$\underset{\text{Ac. hippur.}}{C^{18}H^9NO^6} + 2HO = \underset{\text{Glycocolle.}}{C^4H^5NO^4} + \underset{\text{Ac. benzoïq.}}{C^{14}H^6O^4}.$$

M. Strecker en a observé la formation dans la métamorphose des

[1] Braconnot (1820), *Ann. de Chim. et de Phys.*, XIII, 114. — Boussingault, *Compt. rend. de l'Acad.*, VII, 493. *Ann. de Chim. et de Phys.* [3], I, 257. — Mulder, *Journ. f. prakt. Chem.*, XVI, 290 ; XXXVIII, 294. — Gerhardt, *Précis de Chim. organ*, II, 442. — Horsford, *Ann. der Chem. u. Pharm.*, LX, 1. — Strecker, *ibid.*, LXVII, 25 ; LXX, 188. — Liebig, *ibid.*, LXX, 313. — Dessaignes, *Ann. de Chim. et de Phys.* [3], XVII, 50 ; XXXIV, 147.

acides de la bile (acide cholique et hyocholique) sous l'influence des alcalis :

$$C^{52}H^{43}NO^{12} + 2HO = C^4H^5NO^4 = C^{48}H^{40}O^{10}.$$

Ac. cholique. Glycocolle. Ac. cholaliq.

M. Braconnot avait préparé le sucre de gélatine par le procédé suivant : 12 grammes de colle-forte furent mélangés avec 24 grammes d'acide sulfurique concentré ; vingt-quatre heures après, la liqueur n'était pas plus colorée que si au lieu d'acide on se fût servi d'eau : on y ajouta 1 délicitre de ce liquide, et l'on fit bouillir pendant cinq heures, en ayant soin de renouveler l'eau de temps en temps ; la liqueur, suffisamment étendue, saturée avec de la craie, filtrée et évaporée, fournit un sirop, lequel, abandonné pendant environ un mois, donna des cristaux grenus de sucre de gélatine. On décanta le liquide surnageant, on lava les cristaux avec de l'alcool affaibli, et on les soumit à de nouvelles cristallisations pour séparer la leucine dont ils étaient mêlés.

Le sucre de gélatine s'obtient également par l'action des alcalis sur la colle-forte; le traitement par les alcalis présente même cet avantage, qu'il ne produit pas de leucine, et que la purification de la matière s'en trouve considérablement simplifiée; mais par ce moyen il est peut-être plus difficile de se procurer un produit brûlant sans résidu. La chaux n'en paraît pas donner.

Pour obtenir le sucre de gélatine par l'acide hippurique, on fait bouillir une livre de cet acide pendant une demi-heure avec de l'acide chlorhydrique concentré; on étend d'eau, et on laisse refroidir; il se dépose ainsi la plus grande partie de l'acide benzoïque, tandis que du chlorhydrate de sucre de gélatine reste en dissolution. Après en avoir séparé le dépôt, on évapore au bain-marie la solution, de manière à chasser l'acide chlorhydrique excédant, et l'on ajoute au résidu desséché de l'ammoniaque, puis de l'alcool absolu; de cette manière, le sucre de gélatine reste à l'état d'une poudre cristalline. On lave celle-ci sur un filtre avec de l'alcool absolu.

S'agit-il, enfin, de préparer le sucre de gélatine au moyen de la bile, on procède de la manière suivante : on fait bouillir pendant longtemps l'acide cholique avec de l'eau de baryte; on obtient ainsi du cholalate de baryte cristallin; le liquide filtré est d'abord traité par le gaz carbonique pour enlever l'excédant de baryte caustique; mais comme il renferme en outre du cholalate de baryte, on y ajoute de l'acide chlorhydrique pour précipiter l'acide cholalique; on précipite ensuite toute la baryte par l'acide sulfurique, on enlève tout l'acide sulfurique et l'acide chlorhydrique en faisant bouillir la liqueur avec de l'hydrate de plomb, et l'on enlève le plomb excédant par l'hydrogène sulfuré. On finit ainsi par avoir un liquide incolore, qui dépose par la concentration des cristaux de sucre de gélatine.

Le sucre de gélatine cristallise[1] beaucoup plus facilement que le sucre de canne: pour peu que sa dissolution soit concentrée par la chaleur, il se forme immédiatement à la surface une pellicule cristalline. On l'obtient en cristaux grenus, parfaitement durs, craquant sous la dent, et formant des prismes aplatis ou des tables groupées ensemble, souvent flabelliformes, appartenant au système monoclinique. (Faces dominantes : ∞ P. oP. + P. ∞ P. ∞. Inclinaison de ∞ P sur ∞ P = 64° 15′). La saveur des cristaux est sucrée, à peu près comme celle du sucre de raisin; ils sont peu solubles dans l'eau froide, dont ils exigent 414 parties; leur dissolution n'entre pas en fermentation au contact de la levure de bière. L'éther et l'alcool bouillant, même affaibli, n'ont aucune action sur eux.

Le sucre de gélatine rougit le tournesol d'une manière sensible. Chauffé avec une solution d'acétate de cuivre, il expulse complétement l'acide acétique; il dissout également une quantité notable de chaux quand on le fait longtemps bouillir avec du carbonate de chaux (Dessaignes).

A 270°, les cristaux de sucre de gélatine commencent à brunir à leur partie inférieure en dégageant du gaz, tandis que la partie supérieure fond, et cristallise de nouveau par le refroidissement; à 190°, la matière se charbonne en partie. A la distillation sèche, on obtient un produit ammoniacal et une petite quantité d'un sublimé blanc.

Bouillis avec une solution de potasse concentrée, les cristaux se colorent en rouge de feu en dégageant de l'ammoniaque; cette coloration finit par disparaître si l'on continue de chauffer. Lorsqu'on ajoute de l'acide chlorhydrique au résidu, il s'en dégage de

[1] H. KOPP., *Ann. der Chem. u. Pharm.*, LX, 7. — J. NICKLÈS (*Compt. rend. des Trav. de Chim.*, 1849, p. 256) rapporte la forme du sucre de gélatine au système rhombique. Voy. à ce sujet les observations de M. H. Kopp (*Jahresb. über die Fortsch. der Chemie*, de Liebig et Kopp, 1849, p. 18) et de M. Marignac (*Archives des Sciences physiq. et naturelles*, XII, 236) qui signalent quelques erreurs dans les déterminations de M. Nicklès.

l'acide cyanhydrique, et le liquide renferme alors de l'acide oxalique (Horsford).

Lorsque, selon M. Schwarz, on fait fondre le sucre de gélatine avec de l'hydrate de potasse, il se dégage beaucoup d'hydrogène et d'ammoniaque, et le résidu renferme du cyanure et de l'oxalate. Le même chimiste n'a pas pu produire la coloration rouge avec la potasse bouillante.

La baryte hydratée et l'oxyde de plomb produisent la même coloration rouge que la potasse. La potasse diluée et l'eau de baryte ne dégagent pas d'ammoniaque à l'ébullition (Horsford).

Il suffit d'une très-petite quantité de sucre de gélatine pour empêcher la précipitation du sulfate de cuivre par la potasse; la liqueur prend alors une couleur bleue. La solution du sucre de gélatine dissout l'oxyde de cuivre, et la liqueur bleue dépose par le refroidissement de fines aiguilles. Elle réduit le nitrate mercureux à l'état métallique.

Les acides se combinent avec le sucre de gélatine. Ils le détruisent à chaud.

L'acide nitrique par une ébullition prolongée, et un mélange de chlorate de potasse et d'acide chlorhydrique, transforment le glycocolle en un acide qui, saturé par l'ammoniaque, donne avec le chlorure de baryum un précipité blanc et cristallin. Le chlore aqueux, l'acide nitreux et le permanganate de potasse donnent le même acide[1].

L'acide sulfurique concentré noircit le sucre de gélatine à chaud. Chauffé avec un mélange d'acide sulfurique dilué et de peroxyde de manganèse ou de peroxyde de plomb puce, le sucre de gélatine produit une vive effervescence de gaz carbonique, et donne à la distillation de l'acide cyanhydrique pur :

$$C^4H^5NO^4 + O_4 = 2CO^2 + C^2HN = 4HO.$$

Si l'on chauffe simplement le sucre de gélatine avec de l'eau et du peroxyde de plomb puce, il passe une eau très-ammoniacale, et le résidu ne renferme que du carbonate de plomb, sans cyanure ni formiate.

Le chlore[2] gazeux attaque immédiatement les cristaux de sucre de

[1] M. Horsford a trouvé dans le précipité barytique de l'acide obtenu par le chlore : carbone 13,08; hydrog. 1,89; baryte 51,65. Il le représente par les rapports $C^6H^6O^{14}$, 2BaO. Cette analyse a besoin de confirmation.

[2] Voici une expérience qui mérite d'être reprise : Je fis chauffer une bouillie formée de sucre de gélatine en poudre et de chlorure de benzoïle, en portant peu à peu le liquide

gélatine en dégageant de l'eau et de l'acide chlorhydrique, et en produisant un corps brun, dur, en partie soluble dans l'eau. La solution acide dépose par la concentration de gros prismes. Le brome et l'iode agissent comme le chlore (Mulder).

§ 130. *Sels métalliques du sucre de gélatine.* — Le *sel de potasse* s'obtient si l'on évapore au bain-marie, à consistance de sirop, une solution de sucre de gélatine dans la potasse diluée; ce sont des aiguilles alcalines, très-déliquescentes, qu'il faut rapidement laver à l'alcool.

Le *sel de baryte* se produit à l'état cristallisé lorsqu'on broie le sucre de gélatine avec de la baryte hydratée, qu'on ajoute de l'eau à la matière semi-fluide, et qu'on abandonne la solution.

Le *sel de zinc*, $C^4H^4ZnNO^4 + aq.$, s'obtient en dissolvant à chaud l'oxyde de zinc dans une solution de sucre de gélatine; la dissolution s'effectue aisément, et dépose, par le refroidissement, des cristaux feuilletés, d'un éclat soyeux.

Le *sel de cadmium*, $C^4H^4CdNO^4 + aq.$, est semblable au précédent.

Le *sel de plomb*, $C^4H^4PbNO^4$, s'obtient en faisant bouillir sur du massicot une solution de sucre de gélatine, filtrant et évaporant à l'abri de l'air. Il forme des aiguilles incolores, que l'acide carbonique décompose. Si l'on ajoute de l'alcool au liquide filtré obtenu par l'ébullition du massicot avec la solution du sucre de gélatine, jusqu'à ce qu'il commence à se troubler, il se produit des prismes qui ressemblent au cyanure de mercure.

Le *sel de cuivre*, $C^4H^4CuNO^4 + aq.$, s'obtient si l'on fait bouillir une dissolution de sucre de gélatine sur de l'oxyde ou de l'hydrate de cuivre; la liqueur prend une teinte d'un beau bleu azuré, et se prend, par le refroidissement, en une masse cristalline. Cette combinaison est très-soluble dans l'eau; l'acide carbo-

en ébullition. Le sucre de gélatine entra en dissolution, et il se sépara un gâteau qui resta insoluble, malgré une ébullition prolongée jusqu'à ce que la matière commença à se colorer légèrement. Par le refroidissement, le gâteau tomba au fond, et le liquide se prit en une masse d'aiguilles. On fit bouillir celle-ci avec de l'éther, qui s'empara de toute la matière cristalline; le gâteau y était insoluble, mais il se dissolvait aisément dans l'eau; la solution précipitait abondamment par le nitrate d'argent. Recristallisées dans l'alcool bouillant (l'alcool froid les dissolvait très-peu), les aiguilles ont donné à l'analyse : 77,6 carbone et 4,26 hydrogène. Je ne sais quelle formule en déduire. Les aiguilles sont insolubles dans l'eau, l'ammoniaque et l'acide chlorhydrique bouillant. Elles fondent par la chaleur, brunissent et dégagent des vapeurs âcres; la potasse en fusion en dégage de l'ammoniaque. C. G.

nique ne la décompose pas. Elle perd son eau de cristallisation à 100° (8 pour 100) en devenant verte. On l'obtient aussi en ajoutant de la potasse à un mélange de sulfate de cuivre et de sucre de gélatine, puis de l'alcool qui la précipite par une concentration convenable.

Le *sel de mercure*, $C^4H^4HgNO^4 + aq.$, s'obtient si l'on chauffe légèrement une solution de glycocolle avec de l'oxyde de mercure; cet oxyde se dissout, et la liqueur dépose, par le refroidissement, de petits cristaux groupés ensemble. La solution aqueuse de ce sel se décompose par l'ébullition, en dégageant de l'acide carbonique; la liqueur se colore, et il se réduit du mercure à l'état métallique; dans cette réaction il se produit aussi du formiate d'ammoniaque.

Le *sel d'argent*, $C^4H^4AgNO^4$, est difficile à obtenir d'une composition constante. L'oxyde d'argent se dissout aisément dans une solution de sucre de gélatine; mais pour avoir une combinaison saturée il faut maintenir le mélange en digestion à 80 ou 100°, puis faire bouillir pendant quelques instants, et filtrer bouillant.

Combinaisons du sucre de gélatine avec les acides et avec les sels. — Elles s'obtiennent directement.

Le *chlorhydrate de glycocolle*, $C^4H^5NO^4,HCl$, s'obtient en longs prismes aplatis et déliquescents quand on fait bouillir l'acide hippurique avec de l'acide chlorhydrique. Sa saveur est acide et légèrement astringente. Il est fort soluble dans l'eau et l'alcool ordinaire, peu soluble dans l'alcool absolu.

Lorsqu'on abandonne une solution de sucre de gélatine avec de l'acide chlorhydrique, on obtient des cristaux[1] renfermant $2C^4H^5NO^4,HCl$. Ces cristaux appartiennent au système rhombique[2]. (Faces dominantes : ∞P. $\infty \bar{P} \infty$. $\infty P2$. $\bar{P} \infty$. Rapport des axes, 1,79295 : 1,557 : 1. Inclinaison des faces, $\infty P : \infty P = 85°$; $\infty P : \infty \bar{P} \infty = 132°$; $\infty P : \infty P2 = 162°$; $\infty P2 : \infty \bar{P} \infty = 113°$; $\bar{P} \infty : \bar{P} \infty = 118° 40'$; $\bar{P} \infty : \infty \bar{P} \infty = 120°, 5'$; $\bar{P} \infty : \infty P2 = 110°$).

Si l'on ajoute une solution concentrée de *bichlorure de platine*, avec excès d'acide chlorhydrique, à une solution aqueuse de sucre

[1] M. Horsford admet aussi l'existence de trois autres chlorhydrates, dans lesquels le sucre de gélatine aurait éliminé de l'eau, savoir : [$C^4H^5NO^4, C^4H^4NO^3, H^2Cl^2$], [$2O^4H^4NO^3, C^4H^5NO^4, HCl$] et [$C^4H^4NO^3, 2C^4H^5NO^4, H^2Cl^2$]. Les analyses sur lesquelles ce chimiste s'appuie pour admettre de pareilles formules ne me paraissent pas concluantes.

[2] Nicklès, *loc. cit.*

de gélatine, et qu'on y verse ensuite goutte à goutte de l'alcool absolu, le liquide se trouble, et les parois du verre se recouvrent au bout de quelque temps de cristaux couleur cerise, contenant 33,03 pour 100 de platine.

Le *chlorure de potassium et de glycocolle* s'obtient en fines aiguilles, devenant promptement humides à l'air, lorsqu'on abandonne sur de l'acide sulfurique concentré un mélange de chlorure de potassium et de sucre de gélatine.

Le *chlorure de sodium et de glycocolle* cristallise au bout de quelque temps dans une solution aqueuse et concentrée de sucre de gélatine et de sel marin à laquelle on a ajouté de l'alcool.

Le *chlorure de baryum et de glycocolle*, $C^4H^5NO^4$, Ba Cl + aq., se dépose en prismes rhomboïdaux par le refroidissement d'un mélange bouillant de chlorure de baryum et de sucre de gélatine; l'alcool précipite la même combinaison à l'état d'aiguilles aplaties. Elle est amère, neutre et inaltérable à l'air. Les cristaux[1] de ce sel paraissent appartenir au système rhombique (Faces dominantes : ∞ P. P ∞ .∞ P ∞).

Le *chlorure d'étain et de glycocolle* cristallise par le mélange d'une solution saturée de sucre de gélatine et de chlorure stanneux.

Le *nitrate de glycocolle*, ou acide nitrosaccharique, $C^4H^5NO^4, NHO^6$, s'obtient en dissolvant le sucre de gélatine dans l'acide nitrique faible, à l'aide d'une douce chaleur. Par l'effet d'une évaporation ménagée, on voit paraître des cristaux ; en se refroidissant, la dissolution se prend en une masse cristalline, qu'on soumet à la presse. On purifie le produit en le faisant cristalliser plusieurs fois. Pendant la dissolution du sucre de gélatine dans l'acide nitrique il n'y a pas de dégagement perceptible de gaz.

Le nitrate de glycocolle est très-soluble dans l'eau, et cristallise avec la plus grande facilité en beaux prismes incolores, transparents, aplatis et légèrement striés. Les cristaux[2] appartiennent au système rhombique. (Faces dominantes : ∞ P. $\infty \bar{P} \infty$. $\breve{P} \infty$. $\infty \breve{P} \infty$. Rapport des axes, 3,4122 : 2,9687 : 1. Inclinaison des faces, $\infty P : \infty \bar{P} \infty = 126°15'$; $\breve{P} \infty : \infty \bar{P} \infty = 106°20'$; $\breve{P} \infty : \breve{P} \infty = 142°30'$; $8 \bar{P} \infty : \infty \bar{P} \infty = 90°$; $\infty \breve{P} \infty : \infty P = 146°15'$.)

La saveur des cristaux est acide, légèrement sucrée, et à peu près semblable à celle de l'acide tartrique.

[1] H. Kopp, *Ann. der Chem. u. Pharm.*, LX, 31.

[2] Nicklès, *loc. cit.*

Exposé au feu, le nitrate de glycocolle se boursoufle beaucoup, fuse, mais obscurément, et répand une vapeur piquante. Il ne produit aucun changement dans les dissolutions métalliques ou terreuses. Il dissout le fer et le zinc, avec dégagement de gaz hydrogène.

En dissolvant 2 at. de glycocolle dans 1 at. d'acide nitrique dilué, et évaporant la liqueur, M. Dessaignes a obtenu une liqueur épaisse, qui s'est convertie lentement en une masse de cristaux semblables au nitrate d'urée, et contenant $2\,C^4H^5NO^4, NO^6H$.

Le *nitrate de potasse de glycocolle*, ou nitrosaccharate de potasse, $C^4H^5NO^4,NKO^6$, cristallise en aiguilles, d'une saveur fraîche et salpétrée, avec un arrière-goût sucré. On l'obtient en neutralisant le nitrate de glycocolle par la potasse, ou en ajoutant de l'alcool à un mélange de salpêtre et d'une solution aqueuse de sucre de gélatine.

Le *nitrate de baryte et de glycocolle* s'obtient en saturant le nitrate de glycocolle par l'eau de baryte.

Le *nitrate de chaux et de glycocolle*, obtenu par le carbonate de chaux et le nitrate de glycocolle, cristallise en aiguilles inaltérables à l'air, peu solubles dans l'alcool.

Le *nitrate de magnésie et de glycocolle* est incristallisable et déliquescent.

Le *nitrate de zinc et de glycocolle* est cristallisable, et peut s'obtenir par le nitrate de glycocolle et le zinc métallique.

Le *nitrate de plomb et de glycocolle* est un sel incristallisable et gommeux.

Le *nitrate de cuivre et de glycocolle*, $C^4H^4CuNO^4,NCuO^6 + 2$ aq., cristallise en aiguilles d'un bleu d'azur qu'on obtient en dissolvant le glycocolle cuivrique dans l'acide nitrique. A 150°, il perd son eau de cristallisation, en se colorant en vert; à 180 ou 182°, il fait explosion.

Le *nitrate d'argent et de glycocolle*, $C^4H^5NO^4,NAgO^6$, cristallise en belles aiguilles, qui s'altèrent promptement au contact de la lumière et attirent l'humidité de l'air. On les obtient en dissolvant l'oxyde d'argent dans le nitrate de glycocolle, ou le glycocolle argentique dans l'acide nitrique.

Le *sulfate de glycocolle* s'obtient, par la solution du sucre de gélatine dans l'acide sulfurique, en gros prismes incolores, inaltérables à l'air, d'une saveur acide, ne perdant rien à 100°, solubles dans l'eau et dans l'alcool aqueux et chaud, insolubles dans l'alcool absolu et dans l'éther[1]. Les cristaux[2] de ce sel appartiennent au système rhombique. (Faces dominantes : $\infty P . \infty \bar{P}\infty . \infty \breve{P}\infty . \bar{P}\infty$. Rapport des axes, 0,4244 : 0,3707 : 1. Inclinaison des faces, $\infty P : \infty \bar{P}\infty = 125^\circ 10'$; $\infty P : \infty \breve{P}\infty = 145^\circ$; $\infty \bar{P}\infty : \infty \breve{P}\infty = 90^\circ$; $\infty P : \bar{P}\infty = 119^\circ 4'$; $\bar{P}\infty : \infty \bar{P}\infty = 113^\circ$; $\bar{P}\infty : \bar{P}\infty = 138^\circ 20'$).

Le *sulfate de potasse et de glycocolle* se précipite en prismes transparents lorsqu'on ajoute de l'alcool à un mélange aqueux de sucre de gélatine et de bisulfate de potasse[3].

Le *chromate de potasse et de glycocolle* paraît être le sel qui se dépose en cristaux par l'addition de l'alcool à un mélange aqueux de bichromate de potasse et de sucre de gélatine. Ce sel se décompose même au sein du liquide, dans l'espace de quelques jours, en séparant du charbon.

L'*oxalate de glycocolle* s'obtient par l'ébullition de l'acide hippurique avec de l'acide oxalique concentré ; il se dépose d'abord des cristaux d'acide benzoïque, et l'eau mère donne de l'oxalate de gycocolle (Dessaignes). Les cristaux[4] de ce sel appartiennent au système rhombique. (Faces dominantes : $\infty P . \infty \bar{P}\infty . \infty P2 . \bar{P}\infty$. Rapport des axes, 3,0715 : 2,792 : 1. Inclinaison des faces, $\infty P : \infty \bar{P}\infty = 132^\circ$; $\infty P : \infty P2 = 162^\circ$; $\infty \bar{P}\infty : \infty P2 = 113^\circ 40'$; $\bar{P}\infty : \bar{P}\infty = 108^\circ$; $\bar{P}\infty : \infty P = 101^\circ 55'$; $\bar{P}\infty : P\infty = 152^\circ 10'$.)

L'*acétate de glycocolle*, $C^4H^5NO^4,C^4H^4O^4 +$ aq., se précipite en cristaux, si l'on ajoute de l'alcool à une solution de sucre de gélatine dans l'acide acétique. Il cristallise dans l'eau.

§ 131. ACIDE GLYCOLLIQUE[5], $C^4H^4O^6$ ou peut-être $C^8H^8O^{12}$. —

[1] M. Horsford admet pour ce sel les rapports [$C^4H^4NO^3,SO^3$] qui me paraissent inacceptables. Cette formule exige d'ailleurs 3,77 hydrog., et l'analyse en a donné 5,56. Je crois plutôt que c'est simplement le sel neutre, $2C^4H^5NO^4, S^2O^6, 2HO$.

[2] NICKLÈS, *loc. cit.*

[3] M. Horsford a trouvé dans le sel 30,94 p. 100 de SO^3, et suppose qu'il renferme KO, $2C^4H^6NO^3$, $2SO^3$] ; je crois plutôt que c'est $2C^4H^5NO^4 + SO^3, KO + SO^3, HO$.

[4] NICKLÈS, *loc. cit.*

M. Horsford a obtenu par l'évaporation d'une solution de sucre de gélatine dans l'acide oxalique une masse radiée, semblable à la wawellite, et par l'addition de l'alcool à la solution aqueuse de beaux cristaux, inaltérables à l'air, et contenant 32 p. 100 de carbone. Il les représente par [$2C^4H^5NO^4,C^4O^6$]. Je crois plutôt que c'est [$2C^4H^5NO^4$, $C^4H^2O^8$] l'excès de carbone de l'analyse provenant peut-être d'un dégagement de vapeurs nitreuses dans la combustion.

[5] N. SOCOLOFF et A. STRECKER (1851), *Ann. der Chem. u. Pharm.*, LXXX, 17.

Lorsqu'on fait passer de l'acide nitreux dans une solution aqueuse de sucre de gélatine, il se dégage du gaz azote; si l'on traite ensuite la liqueur par l'éther, celui-ci en extrait l'acide glycollique et l'abandonne par l'évaporation sous la forme d'un sirop. La réaction s'explique par l'équation suivante :

$$\underset{\text{Sucre de gélatine.}}{C^4H^5NO^4} + NO^3 = \underset{\text{Ac. glycoliq.}}{C^4H^4O^6} + HO + 2N$$

Si, au lieu de traiter par l'éther, on évapore la liqueur soumise à l'action de l'acide nitreux, on obtient des cristaux d'acide oxalique, provenant de la métamorphose de l'acide glycollique sous l'influence de l'acide nitrique qui s'est formé par la décomposition de l'acide nitreux.

Au lieu de préparer l'acide glycollique par le sucre de gélatine, on peut aussi l'obtenir en faisant bouillir avec de l'eau acidulée l'acide benzoglycollique, résultant de l'action de l'acide nitreux sur l'acide hippurique (voy. Série benzoïque). A cet effet, on maintient longtemps l'acide benzoglycollique en ébullition avec de l'eau à laquelle on a ajouté une petite quantité d'acide sulfurique dilué, en ayant soin de renouveler de temps à autre l'eau évaporée; quand la transformation est effectuée, on concentre le résidu, on enlève les cristaux d'acide benzoïque qui s'y déposent par le refroidissement, on sature l'eau mère par du carbonate de baryte, on filtre, et l'on concentre de nouveau à consistance épaisse. Le sirop ainsi obtenu dépose par le repos des croûtes cristallines de glycollate de baryte. Voici l'équation qui rend compte de la métamorphose de l'acide benzoglycollique :

$$\underset{\text{Ac. benzoglyc.}}{C^{18}H^8O^8} + 2HO = \underset{\text{Ac. benzoïq.}}{C^{14}H^6O^4} + \underset{\text{Ac. glycoll.}}{C^4H^4O^6}.$$

On extrait l'acide glycollique de son sel de baryte, en traitant celui-ci par l'acide sulfurique dilué; la liqueur, filtrée, étant évaporée au bain-marie, donne un résidu sirupeux, qu'on reprend par l'éther.

L'acide glycollique ressemble fort à l'acide lactique; c'est un sirop un peu épais, miscible à l'eau, à l'alcool et à l'éther en toutes proportions. Il a une saveur fort acide, et ne précipite pas les sels métalliques. Si on le mélange avec de l'acétate de plomb, et qu'on y ajoute un excès d'ammoniaque, il se produit un précipité blanc floconneux; dans les mêmes circonstances, l'acide lactique reste limpide.

Le *glycollate de baryte*, $C^4H^3BaO^6$ (à 100°), se présente sous la forme d'une croûte dure et cristalline, qui fond par la chaleur en un liquide limpide, cristallisant de nouveau par le refroidissement. Si l'on chauffe plus fort le sel, il se boursoufle en répandant une odeur particulière. Il est fort soluble dans l'eau.

Le *glycollate de zinc*, $C^4H^3ZnO^6 + 2$ aq., s'obtient en saturant l'acide glycollique par du carbonate de zinc. Il se dépose par le refroidissement sous la forme de croûtes cristallines, formées par des prismes transparents, quelquefois groupés en étoiles. Il ressemble beaucoup au lactate de zinc. Les cristaux ne s'altèrent pas à l'air sec, mais à 100° ils perdent 14,3 p. 100 d'eau de cristallisation = 2 atomes. 1 p. de glycollate de zinc exige 33 p. d'eau à 20° pour se dissoudre; il y est plus soluble à chaud. Il est insoluble dans l'alcool.

Le *glycollate d'argent* ne s'obtient pas aisément à l'état de pureté; lorsqu'on décompose le glycollate de baryte par du sulfate d'argent, et qu'on évapore la solution, il se produit toujours des flocons noirs d'argent réduit.

§ 132. *Acide homolactique, isomère de l'acide glycollique*, $C^4H^4O^6$. — On trouve dans les eaux mères de la fabrication du fulminate de mercure (§ 836) destiné à la confection des amorces fulminantes un acide qui a la même composition que l'acide glycollique, mais dont les caractères ne sont pas les mêmes.

Pour extraire cet acide particulier, M. Cloëz[1] commence par saturer avec de la craie les eaux mères qui le contiennent; on filtre la dissolution, et l'on soumet la liqueur claire à la distillation au bain-marie. Le produit distillé renferme de l'aldéhyde et des éthers nitreux, formique et acétique; il reste dans l'alambic un liquide noir d'une nature très-complexe. On y trouve en effet du nitrate et du formiate de chaux, un peu d'acétate de la même base, et enfin de l'homolactate de chaux. En abandonnant cette liqueur à l'évaporation spontanée, on obtient une masse cristalline formée des sels calcaires, moins le nitrate, qui reste en dissolution. On sépare ce sel par décantation, et afin d'enlever la portion qui imprègne la masse cristalline, on lave celle-ci avec

[1] S. Cloez (1852), *Compt. rend. de l'Acad.*, XXXIV, 364.

de l'alcool à 36°; tout le nitrate se trouve ainsi éliminé. On se débarrasse de l'acétate et du formiate de chaux qui restent, en dissolvant les cristaux dans l'eau, et en ajoutant à la liqueur de l'acide oxalique en quantité seulement suffisante pour précipiter toute la chaux; on filtre, puis on chauffe dans un appareil distillatoire pour séparer les acides formique et acétique. Il reste dans la cornue un liquide sirupeux, brunâtre, fort acide, qu'on peut décolorer au moyen du charbon animal lavé à l'acide chlorhydrique. En combinant de nouveau le produit avec la chaux, on obtient l'homolactate, qu'on achève de purifier par de nouvelles cristallisations.

L'acide homolactique pur s'obtient en traitant par l'acide oxalique la dissolution de ce sel; on le concentre, d'abord au bain-marie, puis dans le vide. C'est un liquide sirupeux, incolore et inodore; sa densité à 13° est de 1,197. Il est très-avide d'eau, car il attire l'humidité de l'air; l'alcool et l'éther le dissolvent parfaitement. Sa saveur est franchement acide; il coagule le lait et dissous le fer et le zinc avec dégagement d'hydrogène.

Chauffé au-dessus de 200°, il se décompose en produisant des vapeurs blanches qui se condensent en un corps blanc solide; en même temps on obtient un résidu charbonneux.

Il forme des sels parfaitement définis.

L'*homolactate de baryte* se présente sous la forme de petits mamelons agglomérés, fort légers; il est complétement insoluble dans l'alcool bouillant, caractère qui le distingue du lactate de baryte.

L'*homolactate d'argent*, $C^4H^3AgO^6$, cristallise en longues lames minces, anhydres, incolores, peu solubles dans l'eau froide.

ACIDE FORMIQUE.

Composition : $C^2H^2O^4 = C^2HO^3, HO$.

§ 133. Lorsqu'on fait marcher des fourmis rouges sur du papier de tournesol, elles y laissent une trace rouge provenant d'un acide particulier que ces insectes excrètent quand on les irrite. Le même acide compose la liqueur caustique qui est contenue dans les poils des chenilles processionnaires et d'autres insectes. Il[1] se

[1] GORUP-BESANEZ, *Journ. f. prakt. Chem.*, XLVII, 191.
MM. Laurent et Weppen ont reconnu que la réaction acide que présente souvent

rencontre également, à l'état libre, dans les orties (*Urtica urens et dioïca*).

Marggraf mentionne déjà cet acide, vers le milieu du siècle dernier; mais ce n'est que depuis les travaux de Berzélius, Goebel, Doebereiner, Liebig, que la nature chimique de l'acide formique est parfaitement établie[1].

L'acide formique se produit dans une foule de réactions chimiques, notamment dans l'oxydation des matières organiques par un mélange de peroxyde de manganèse et d'acide sulfurique, par la potasse caustique, ou par l'acide chromique. On obtient de l'acide formique ou des formiates en oxydant l'esprit de bois; en traitant le chloroforme, le bromoforme ou l'iodoforme par la potasse; en distillant l'acide oxalique; en faisant bouillir le chloral, le bromal ou l'acide trichloracétique avec la potasse; en chauffant la gélatine, la caséine, la fibrine, ou l'albumine avec de l'acide chromique, ou avec un mélange de peroxyde de manganèse et d'acide sulfurique; en distillant avec ce même mélange du sucre, de l'amidon, du ligneux, de l'acide tartrique, de la mannite, de la gomme, de l'alcool, etc.

On utilise particulièrement ce dernier mode de formation pour la préparation de l'acide formique.

Comme la masse se boursoufle considérablement, on fait bien d'introduire d'abord dans la cornue le manganèse et la matière organique délayés dans l'eau, de porter le tout à 40° et d'y ajouter ensuite l'acide sulfurique par petites portions. M. Liebig prescrit les proportions suivantes : 10 p. de fécule, 37 p. de manganèse, 30 p. d'acide sulfurique et 30 p. d'eau. La cornue doit avoir au moins une capacité dix fois plus grande que le volume du mé-

l'essence de térébenthine du commerce est due à l'acide formique qui s'y produit par une oxydation lente. D'un autre côté, M. Redtenbacher (*Ann. der Chem. u. Pharm.*, XLVII, 148) a observé la présence d'une grande quantité d'acide formique dans des branches de pinastre qui se trouvaient entassées les unes sur les autres, et s'étaient pourries de manière à devenir toutes noires. Comme les fourmis qui construisent leur demeure dans le bois s'établissent de préférence dans de vieux pins ou sapins déjà pourris, il serait possible que l'acide excrété par ces insectes ne fût pas directement préparé par eux, mais provînt de l'essence de térébenthine.

D'ailleurs, suivant M. Pauls (*Jahrb. f. prakt. Pharm.*, XXIII, 1), les feuilles fraîches de pin et de sapin contiennent aussi de l'acide formique.

[1] Berzélius, *Ann. de Chim. et de Phys.*, IV, 109. — Goebel, *Journ. de Schweigg.*, XXXII, 345; LXV, 155; LXVII, 74. — Doebereiner, *ibid.*, XXXII, 344; LXIII, 366. *Ann. der Chem. u. Pharm.*, III, 141; XIV, 186; LIII, 145. — Liebig, *Ann. der Chem. u. Pharm.*, XVII, 69.

lange. On ne recueille pas les toutes dernières portions de la distillation.

On peut aussi distiller un mélange intime de sable et d'acide oxalique; en même temps qu'il passe de l'acide formique étendu d'eau, il se développe alors de l'acide carbonique et de l'oxyde de carbone.

Lorsqu'on veut avoir de l'acide formique au maximum de concentration, on convertit l'acide aqueux en sel de plomb, qu'on décompose ensuite par l'hydrogène sulfuré très-sec. On dispose le formiate de plomb dans un long tube, à l'extrémité duquel se trouve adapté un petit tube recourbé qui plonge dans un récipient; il faut doucement chauffer le formiate, pendant que le gaz passe sur ce sel. On rectifie le produit par la distillation, pour enlever l'hydrogène sulfuré dont il est souillé.

L'acide formique pur est un liquide incolore, d'une odeur piquante, semblable à celle des fourmis qu'on irrite. Sa densité est de 1,2353 à la température ordinaire; il bout à 100° sous la pression de 0,761. Il est très-corrosif et détermine sur la peau de véritables brûlures. Sa vapeur est inflammable et brûle avec une flamme bleue; M. Bineau[1] a trouvé la densité de cette vapeur égale à 2,125—2,14. Refroidi au-dessous de 0°, il cristallise en lamelles brillantes.

Il se mêle à l'eau en toutes proportions. Les acides oxygénants le convertissent en eau et en acide carbonique.

Un excès d'acide sulfurique le décompose, sans noircir et avec effervescence, en eau et en oxyde de carbone pur :

$$C^2H^2O^4 = 2\,HO + 2\,CO.$$

Il réduit à l'ébullition les nitrates de mercure et d'argent; chauffé avec une dissolution de sublimé corrosif, il le ramène à l'état de calomel. Il décompose les acétates.

Il peut se convertir en acide oxalique sous l'influence des alcalis caustiques[2]; en effet, lorsqu'on chauffe un mélange de formiate de soude avec de la baryte hydratée, il se dégage du gaz hydrogène et le résidu renferme de l'oxalate :

$$2\,(C^2HO^3, HO) = 2\,(C^2O^3, HO) + H^2.$$

Si l'on chauffait plus fort, l'action ne s'arrêterait pas là, et l'acide

[1] Bineau, *Compt. rend. de l'Acad.*, XIX, 767.

[2] Peligot, *Ann. de Chim. et de Phys.*, LXXIII, 220. — Dumas et Stas, *ibid.*, 223.

oxalique pourrait à son tour être converti en acide carbonique et en hydrogène.

Le chlore convertit l'acide formique entièrement en acides carbonique et chlorhydrique (Cloëz).

Dérivés métalliques de l'acide formique. Formiates métalliques.

§ 134. L'acide formique est un acide monobasique. Les formiates neutres contiennent :

$$C^2HMO^4 = C^2HO^3,MO.$$

On connaît aussi un petit nombre de formiates acides contenant :

$$C^2HMO^4, C^2H^2O^4 = 2C^2HO^3, MO, HO.$$

Tous les formiates sont solubles dans l'eau. Lorsqu'on les chauffe avec de l'acide sulfurique concentré, ils dégagent de l'oxyde de carbone pur.

Ils réduisent à l'ébullition les sels d'argent et de mercure, en dégageant de l'acide carbonique.

Formiate d'ammonium, ou formiate d'ammoniaque[1], $C^2H(NH^4)O^4$. — Ce sel cristallise en prismes rectangulaires droits terminés par quatre faces. Il est fort déliquescent, et se volatilise sans résidu. Il fond à 120°, et dégage un peu d'ammoniaque à 140°. Lorsqu'on fait passer sa vapeur à travers un tube chauffé à 200°, elle se convertit en eau et en acide cyanhydrique :

$$C^2H\,(NH^4)\,O^4 = 4\,HO + C^2HN.$$

Réciproquement, sous l'influence des acides et des alcalis hydratés, l'acide cyanhydrique se transforme de nouveau en ammoniaque et en acide formique.

Formiates de potasse. — α. Le *sel neutre* cristallise difficilement en prismes quadrilatères.

β. Le *sel acide* ou biformiate de potasse, $C^2HKO^4, C^2H^2O^4$, s'obtient, suivant M. Bineau[2], en dissolvant le sel neutre dans l'acide formique très-concentré et chaud. Le formiate acide se dépose alors par le refroidissement à l'état cristallisé. Il n'a pas d'odeur, possède une saveur fort acide, tombe rapidement en déliquescence à l'air, se dissout abondamment dans l'acide formique, l'alcool et l'eau. La

[1] Doebereiner, *Repert. f. die Pharm. v. Buchner*, t. XV, p. 425. — Pelouze, *Ann. de Chim. et de Phys.*, XLVIII, 399.

[2] Bineau, *Ann. de Chim. et de Phys.* [3], XIX, 291.

dissolution aqueuse de ce sel, surtout quand elle est fort étendue, abandonne une portion de l'acide par l'évaporation au bain-marie.

Formiates de soude. — α. Le *sel neutre*, $C^2HNaO^4 + 2$ aq., constitue des prismes ou des tables rhombes, d'une saveur à la fois amère et salée, fort solubles dans l'eau et déliquescents.

β. Le *sel acide*, $C^2HNaO^4, C^2H^2O^4$, s'obtient, suivant M. Bineau, en dissolvant le sel précédent dans l'acide formique. Il forme des cristaux confus, d'une saveur très-acide, très-solubles, qu'une grande quantité d'eau décompose déjà en acide formique et en sel neutre. Ce sel acide se décompose aussi en partie par la seule expression des cristaux.

Formiate de baryte, C^2HBaO^4. — Ce sel forme des prismes transparents, anhydres, inaltérables à l'air, solubles dans 4 p. d'eau, insolubles dans l'alcool. Ses cristaux[1] appartiennent au système rhombique. Forme dominante : prisme vertical ∞P combiné avec les prismes horizontaux $\bar{P}\infty$ et $\breve{P}\infty$, quelquefois avec $2\breve{P}\infty$ et $\infty\breve{P}\infty$, plus rarement avec $\infty\bar{P}\infty$. Rapport des axes dans l'octaèdre primitif P, $a : b : c$ (axe principal) :: 0,7754 : 1 : 0,8842. Inclinaison des faces, $\infty P : \infty P = 105° 10'$; $\bar{P}\infty : \bar{P}\infty = 83° 4'$; $\breve{P}\infty : \breve{P}\infty$ dans le plan de l'axe vertical et de la petite diagonale $= 98° 22'$. Clivage prononcé parallèlement à $\breve{P}\infty$.

Formiate de strontiane, $C^2HSrO^4 + 2$ aq. — Les cristaux de ce sel appartiennent au système rhombique[2]. Ils présentent la combinaison $\infty P . \infty\breve{P}\infty . \breve{P}\infty . \frac{P}{2} . \frac{2\breve{P}2}{2}$. Inclinaison des faces, $\infty P : \infty P = 117° 3'$; $\breve{P}\infty : \breve{P}\infty$, dans le plan de l'axe vertical et de la petite diagonale, $= 118° 20'$; $\frac{P}{2} : \breve{P}\infty = 143° 16'$; $\frac{P}{2} : \infty P = 143° 42'$. Rapport des axes, $a : b : c$ (axe principal) :: 0,60761 : 1 : 0,59494.

Les cristaux de formiate de strontiane perdent toute leur eau de cristallisation (17 p. c.) à 100°. Ils sont solubles dans l'eau; la solution n'exerce aucune action sur le plan de polarisation des rayons lumineux.

[1] BERNHARDI, *Handb. der Chem.* de L. Gmelin, IV, 234. — H. KOPP, *Einleit. in die Krystallographie*, p. 265. — HEUSSER, *Ann. de Poggend.*, LXXXIII, 37.

[2] PASTEUR, *Ann. de Chim. et de Phys.*, [3] XXXI, 98. — H. KOPP, *loc. cit.* — HEUSSER, *loc. cit.*

Formiate de chaux, $C^2HCaO^4 + xaq.$ (?). — Il forme des prismes ou des octaèdres transparents qui s'effleurissent à l'air ; il se dissout dans 8 p. d'eau froide, mais il ne se dissout pas dans l'alcool. Les cristaux[1] appartiennent au système rhombique et présentent les faces P, ∞ P̆ 2, ∞ P̄ ∞, ∞ P̆ ∞, 2 P. Rapport des axes dans l'octaèdre primitif P, *a* : *b* : *c* (axe principal) :: 0,75988 : 1 : 0,46713. Inclinaison des faces, P : P, formant les arêtes culminantes, = 136° 36′ et 121° 46′ ; ∞ P̆ 2 : ∞ P̆ 2 = 67° dans le plan de la petite diagonale et de l'axe vertical.

Formiate de magnésie, C^2HMgO^4. — Il forme de fines aiguilles, transparentes, inaltérables à l'air, solubles dans 13 p. d'eau froide, insolubles dans l'alcool, et ne perdant rien de leur poids au bain-marie.

Formiate de zinc, $C^2HZnO^4 + 2 aq.$ — On l'obtient en dissolvant le zinc ou son oxyde dans l'acide formique. Il forme des cristaux incolores, inaltérables à l'air, solubles dans 24 parties d'eau à 19°, insolubles dans l'alcool. Ces cristaux appartiennent au système monoclinique[2] et sont isomorphes avec le formiate de manganèse. Faces dominantes : ∞ P, oP, + P, + 2 P ∞, ∞ P ∞. Rapport des axes : la diagonale droite à la diagonale oblique à l'axe principal :: 0,76527 : 1 : 0,93430. Inclinaison des deux derniers axes = 82° 41′. Inclinaison des faces, ∞ P : ∞ P = 104° 32′ ; oP : + P = 120° 4′ ; oP : ∞ P = 94° 28′ ; oP : + 2 P ∞ = 112° 14′ ; + P : + P = 93° 17′.

Le formiate de zinc forme aussi un sel double avec le formiate de baryte, mais les cristaux de ce produit appartiennent au système triclinique.

Formiate de cadmium, $C^2HCdO^4 + 2 aq.$ — Ce sel est très-soluble dans l'eau. Il est isomorphe[3] avec le formiate de zinc et le formiate de manganèse. Les faces dominantes sont ∞ P et oP ; les cristaux se présentent sous la forme de prismes raccourcis, et portent alors les modifications + P, + 2 P ∞, — P et ∞ P ∞ ; ou bien ils prennent l'aspect de tables, par l'extension des faces oP, et offrent alors les facettes — P et + 2 P ∞ ; cette dernière facette domine quelquefois au point de faire disparaître ∞ P ∞. Rapport des axes :: 0,7546 : 1 : 0,924. Inclinaison des deux

[1] HEUSSER, *loc. cit.*
[2] HEUSSER, *loc. cit.*
[3] H. KOPP, *loc. cit.* p. 310.

derniers axes $= 82° 55'$. Inclinaisons des faces, $\infty P : \infty P = 105° 30'$; $oP : \infty P = 85° 43'$; $\infty P \infty : + 2 P \infty = 29° 55'$.

Formiate de manganèse, $C^2HMnO^4 + 2$ aq. — Ce sel s'obtient ordinairement à l'état de tables rougeâtres qui se réduisent par la chaleur en une poudre blanche. Il se dissout dans 15 p. d'eau froide, et est insoluble dans l'alcool. Il est isomorphe avec les formiates à base de zinc et de cadmium. Les cristaux offrent les faces ∞P, oP, $\infty P \infty$, $[\infty P \infty]$, $+ P$, $- P$, $+ 2 P \infty$; inclinaison de $+ P : \infty P = 147° 55'$, de $\infty P : \infty P$ dans le plan de la diagonale oblique et de l'axe principal, $= 105° 18'$.

Lorsqu'on fait cristalliser un mélange de formiate de baryte et de formiate de manganèse, on obtient un sel double de *formiate de baryte et de manganèse*, isomorphe avec le formiate de manganèse et plus aisé à mesurer que ce dernier; on remarque aussi sur les cristaux les mêmes faces. Rapport des axes : la diagonale droite à la diagonale oblique à l'axe principal :: 0,75979 : 1 : 0,91747; inclinaison des deux derniers axes $= 82° 28'$. Inclinaison des faces, $\infty P : \infty P$ dans le plan de la diagonale droite et de l'axe principal $= 105° 4'$; $oP : + P = 120° 20'$; $oP : \infty P = 94° 33'$; $oP : + 2 P \infty = 112° 39'$; $+ P : + P = 93° 11'$; $- P : - P = 100° 39'$. Clivage prononcé parallèlement à ∞P.

Formiate de fer. — Lorsqu'on traite le sulfate ferreux par le formiate de baryte, on obtient une solution qui dépose par l'évaporation un sous-sel ferrique de couleur jaune.

Le peroxyde de fer hydraté, récemment précipité, n'est que peu soluble dans l'acide formique; le produit donne par l'évaporation une masse cristalline, brune et déliquescente.

Lorsqu'on mélange du formiate de soude avec un sel ferrique, et qu'on fait bouillir, presque tout le fer se précipite à l'état de sous-sel.

Formiate de cobalt. — Cristaux roses, peu solubles dans l'eau, insolubles dans l'alcool.

Formiate de nickel. — Aiguilles vertes, groupées en aigrettes.

Formiate d'alumine. — Masse gommeuse et déliquescente. On l'obtient par double décomposition avec le formiate de baryte et le sulfate d'alumine.

Formiate de chrome. — L'hydrate de chrome se dissout dans l'acide formique, et donne par l'évaporation une masse verte.

Formiates d'urane. — Le protochlorure d'urane donne, avec le formiate de soude, un précipité vert qui se dissout, dans un excès de formiate, avec une couleur verte, et ne reparaît plus par une nouvelle addition de chlorure d'urane. Mais quand on chauffe le mélange, il se dépose un corps vert grisâtre.

Le formiate d'uranyle est une matière incristallisable et déliquescente.

Formiate de cuivre, $C^2HCuO^4 + 4$ aq. — Il forme de gros prismes obliques rhomboïdaux, d'un bleu clair, qui s'effleurissent dans l'air chaud. Il se dissout dans 8 p. d'eau froide et dans 400 p. d'alcool de 86 centièmes.

Les cristaux de ce sel appartiennent au système monoclinique[1]. Faces dominantes : ∞ P, oP, + P, — P, [∞ P ∞]. Rapport des axes : la diagonale droite à la diagonale oblique à l'axe principal :: 0,99639 : 1 : 0,77112; inclinaison des deux derniers axes = 78° 55'. Inclinaison des faces, ∞ P : ∞ P dans le plan de la diagonale droite et de l'axe principal = 89° 8'; oP : ∞ P = 97° 52'; + P : + P = 114° 31. Clivage très-prononcé parallèlement à oP. Quelquefois on rencontre des cristaux hémitropiques, dont le plan de jonction est parallèle à oP.

Lorsqu'on fait cristalliser le formiate de cuivre avec le formiate de strontiane ou de baryte, on obtient des *sels doubles* bleus ou verts isomorphes avec le formiate de cuivre.

Il existe aussi un sous-sel, vert, pulvérulent et peu soluble.

Formiate de plomb, C^2HPbO^4. — Il s'obtient, lorsqu'on verse de l'acide formique dans une solution saturée d'acétate de plomb, sous la forme d'aiguilles brillantes, solubles dans l'eau bouillante, insolubles dans l'alcool. On peut aussi le préparer en faisant bouillir une solution de glucose avec du peroxyde de plomb (§ 983).

Les cristaux du formiate de plomb appartiennent au système rhombique[2] et sont isomorphes avec ceux du formiate du baryte. Faces dominantes : ∞ P, $\bar{P}\infty$, $\breve{P}\infty$, $\infty\breve{P}\infty$ et oP. Rapport des axes : la petite diagonale à la grande diagonale à l'axe vertical :: 0,74176 : 1 : 0,84383. Inclinaison des faces, ∞ P : ∞ P = 106° 52'; $\bar{P}\infty$: $\bar{P}\infty$ = 82° 38'; $\breve{P}\infty$: $\breve{P}\infty$ = 99° 41' dans le plan de l'axe vertical et de la petite diagonale. On ne découvre pas de clivage dans les cristaux. Les cristaux ont une saveur à la fois douce et astringente, et ressemblent au sel de Saturne. Ils exigent pour

[1] H. Kopp, Heusser, *loc. cit.*

[2] H. Kopp, Heusser, *loc. cit.*

leur solution 36 p. d'eau froide et ne renferment pas d'eau de cristallisation.

Formiate d'argent. — Lorsqu'on décompose du nitrate d'argent par un formiate alcalin, il se dépose des paillettes blanches de formiate d'argent qui se réduisent par l'ébullition à l'état métallique, en produisant de l'acide carbonique.

Formiates de mercure. — Quand on dissout à froid de l'oxyde de mercure dans l'acide formique étendu, il se produit d'abord du formiate mercurique, mais ce sel se convertit rapidement en formiate mercureux, $C^2HHg^2O^4$, en dégageant de l'acide formique et du gaz carbonique. On a, en effet,

$$\underset{\text{F. mercurique.}}{4\,C^2HHgO^4} = \underset{\text{F. mercureux.}}{2\,C^2HHg^2O^4} + C^2H^2O^4 + 2\,CO^2.$$

Le formiate mercureux cristallise en paillettes nacrées, grasses au toucher, solubles dans 520 p. d'eau à 17°, insolubles dans l'alcool et l'éther. Il noircit à la lumière; sa solution aqueuse se décompose entièrement par l'ébullition en mercure métallique, acide formique et gaz carbonique :

$$2\,C^2HHg^2O^4 = 2\,Hg^2 + C^2H^2O^4 + 2\,CO^2.$$

Les cristaux éprouvent la même métamorphose par le choc ou par une chaleur de 100°.

Dérivés méthyliques, éthyliques, amyliques...... de l'acide formique. Éthers formiques.

§ 135. Les éthers formiques représentent des formiates neutres dans lesquels le métal est remplacé par les groupes méthyle, éthyle, amyle :

Formiate de méthyle. . . . . $C^4H^4O^4 = \left\{\begin{matrix} C^2HO^2O \\ C^2H^3O \end{matrix}\right.$

Formiate d'éthyle. . . . . $C^6H^6O^4 = \left\{\begin{matrix} C^2HO^2O \\ C^4H^5O \end{matrix}\right.$

Formiate d'amyle. . . . . $C^{12}H^{12}O^4 = \left\{\begin{matrix} C^2HO^2O \\ C^{10}H^{11}O \end{matrix}\right.$

Formiate de méthyle[1] ou éther méthylformique, $C^4H^4O^4$. — Lorsqu'on distille du formiate de soude bien sec et du sulfate de mé-

[1] DUMAS et PELIGOT (1835), *Ann. de Chim. et de Phys.*, LVIII, 48.

thyle, on obtient pour résidu du sulfate de soude, et il passe du formiate de méthyle. On opère la distillation au bain-marie, en ayant soin de refroidir le récipient.

Le formiate de méthyle est liquide, très-fluide, plus léger que l'eau et beaucoup plus volatil. Il possède une odeur éthérée et bout entre 36 et 38°. La densité de sa vapeur a été trouvée égale à 2,084. La potasse le convertit en formiate de potasse et en esprit de bois.

L'action du chlore sur le formiate de méthyle est très-lente, même sous l'influence des rayons solaires : 20 à 24 grammes de matière exigent quinze jours pour le remplacement complet de l'hydrogène par le chlore. Le produit est un mélange de plusieurs corps : la partie la plus volatile qui passe, à la distillation, entre 175 et 190° peut être purifiée par de nouvelles rectifications : c'est l'éther perchloré. La partie la moins volatile ne distille qu'à 250°.

Le *formiate de méthyle perchloré*, $C^4Cl^4O^4$, s'obtient, suivant M. Cahours[1], sous l'influence du chlore et de la radiation solaire. C'est un liquide incolore, limpide, d'une densité de 1,724 à 10°, et bouillant entre 180 et 185°. Son odeur forte et piquante se rapproche de celle du gaz chlorocarbonique. Dirigé à travers un tube chauffé à 340 ou 350°, le formiate de méthyle perchloré se transforme presque entièrement en gaz chlorocarbonique :

$$C^4Cl^4O^4 = 2\,C^2O^2Cl^2.$$

Avec l'alcool, il donne du chlorocarbonate d'éthyle (chlorure éthyl-carbonique, § 115).

Une dissolution de potasse, même concentrée, attaque le formiate de méthyle perchloré avec une extrême lenteur. L'ammoniaque liquide donne de la trichloracétamide, du chlorure d'ammonium, et probablement encore un troisième produit.

Formiate d'éthyle, ou éther formique, $C^6H^6O^4$. — J. Afzélius d'Upsal a découvert cet éther en 1777; Buchholz et Gehlen l'ont étudié quelques années plus tard.

L'acide formique n'éthérifie l'alcool que difficilement, mais on obtient aisément l'éther formique en distillant avec de l'acide sulfurique un mélange d'alcool et de formiate alcalin. M. Lie-

[1] CAHOURS (1846), *Compt. rend. de l'Acad.*, XXIII, 1070.

big[1] emploie 6 p. d'alcool de 0,90, 7 p. de formiate de soude et 10 p. d'acide sulfurique; on met les deux premières substances dans une cornue tubulée, par le bouchon de laquelle passe un tube, terminé en entonnoir et plongeant par son autre extrémité effilée jusqu'au-dessous de la surface du mélange. On verse peu à peu l'acide par l'entonnoir, en laissant refroidir la matière après chaque addition, car elle s'échauffe au point qu'il distille une certaine quantité d'éther formique. On chauffe quand tout l'acide est ajouté; la masse se boursoufle alors et se fonce de plus en plus. On mélange le produit de la distillation, par portions successives, avec son volume d'un lait de chaux, refroidi par de la glace; on décante l'éther qui vient surnager, et on le déshydrate à l'aide du chlorure de calcium.

L'éther formique est incolore, d'une odeur forte et agréable, qui rappelle celle des noyaux de pêches. Il bout à 55°, 3 sous la pression de 750mm (Pierre); sa densité à l'état liquide est de 0,91 88 à 17° (H. Kopp; de 0,9356 à 0°, J. Pierre) et à l'état de vapeur de 2,573. Il brûle avec une flamme bleue, jaune sur les bords. Il se dissout dans 9 parties d'eau à 18°; la solution s'acidifie promptement en donnant de l'acide formique et de l'alcool.

L'ammoniaque sèche n'agit pas sur lui; mais l'ammoniaque aqueuse, comme les autres alcalis caustiques, le convertit en alcool et en formiate alcalin.

Le *formiate d'éthyle bichloré*, $C^6H^4Cl^2O^4$, a été obtenu par M. Malaguti[2]. Le chlore attaque vivement l'éther formique en produisant de l'acide chlorhydrique, de l'acide formique, du chlorure d'éthyle, et du formiate d'éthyle bichloré. Le chlorure d'éthyle et l'acide formique sont évidemment des produits secondaires, provenant de l'action de l'acide chlorhydrique sur le formiate d'éthyle; on a en effet:

$$C^6H^6O^4 + 2\,Cl^2 = C^6H^4Cl^2O^4 + 2\,HCl,$$
$$C^6H^6O^4 + HCl = C^4H^5Cl + C^2H^2O^4.$$

On distille lentement le produit, sans dépasser + 90°; si l'on poussait la température jusqu'à + 105°, la masse brunirait. On verse le résidu dans l'eau, et l'on dessèche dans le vide la matière huileuse qui vient surnager. Elle est soluble dans l'alcool et l'éther;

[1] LIEBIG, *Ann. der Chem. u. Pharm.*, XVI, 170; XVII, 70. — R. F. MARCHAND, *Journ. f. prakt. Chem.*, XVI, 430. — H. KOPP, *Ann. der Chem. u. Pharm.*, LV, 180.

[2] MALAGUTI (1839), *Ann. de Chim. et de Phys.*, LXXI, 369.

l'eau la décompose lentement. On ne peut pas la faire bouillir sans qu'elle s'altère. Sa densité est de 1,261 à 16°. Une dissolution aqueuse de potasse l'attaque facilement en produisant du chlorure, de l'acétate et du formiate :

$$C^6H^4Cl^2O^4 + 2(KO,HO) = 2HCl + C^4H^3O^3, KO + C^2HO^3, KO.$$

Le *formiate d'éthyle perchloré*[1], $C^6Cl^6O^4$, se produit, d'après les expériences de M. Cloëz, lorsqu'on fait passer du chlore dans le formiate d'éthyle, sous l'influence solaire, jusqu'à ce qu'il n'y ait plus de réaction. Il s'obtient sous la forme d'un liquide incolore, d'une odeur suffocante, d'une saveur désagréable et qui devient d'une acidité insupportable. Il bout vers 200°, en s'altérant en partie; sa densité, à l'état liquide, est de 1,705 à 18°.

Il se décompose et s'acidifie promptement au contact de l'air humide ou de l'eau; les produits sont l'acide chlorhydrique, l'acide carbonique et l'acide trichloracétique :

$$C^6Cl^6O^4 + 4\,HO = 3\,HCl + 2\,CO^2 + C^4HCl^3O^4.$$

Les alcalis en dissolution donnent lieu à une réaction semblable, c'est-à-dire à un trichloracétate, à un chlorure et à un carbonate.

L'ammoniaque gazeuse ou en dissolution produit du chlorure, du carbonate et de la trichloracétamide.

Au contact de l'alcool, le formiate d'éthyle perchloré donne de l'acide chlorhydrique, du trichloracétate d'éthyle, et du chlorocarbonate d'éthyle :

$$C^6Cl^6O^4 + 2\,C^4H^6O^2 = 2\,HCl + \underset{\text{Trichloracét. d'éthyle.}}{C^8H^5Cl^3O^4} + \underset{\text{Chlorocarb. d'éthyle.}}{C^6H^5ClO^4}.$$

Lorsqu'on fait passer sa vapeur à travers un tube de porcelaine chauffé au rouge, elle se décompose en chlorure de trichloracétyle et en gaz chlorocarbonique :

$$C^6Cl^6O^4 = \underset{\text{Chlor. de trichlor-acétyle.}}{C^4Cl^4O^2} + \underset{\text{Gaz chloro-carbonique.}}{C^2O^2Cl^2}.$$

Le formiate d'éthyle perchloré est identique avec l'acétate de méthyle perchloré.

Formiate d'amyle[2], $C^{12}H^{12}O^4$. — On l'obtient en distillant un mélange de 6 parties de formiate de soude anhydre, de 3 parties d'a-

[1] Cloez (1845), *Ann. de Chim. et de Phys.*, [3] XVII, 297 et 311.
[2] H. Kopp (1845), *Ann. der Chem. u. Pharm.*, LV, 183.

cide sulfurique concentré, et de 7 parties d'alcool amylique. Il se sépare, dans le récipient, une couche de formiate amylique, dont la quantité augmente par l'addition de l'eau. On la lave d'abord avec une solution de carbonate de soude, puis avec de l'eau; on la dessèche sur du chlorure de calcium, et on la rectifie par une nouvelle distillation.

C'est un liquide très-mobile, limpide, doué d'une odeur agréable de pommes mûres. Sa densité est 0,8743 à 21°; son point d'ébullition est à 116°, mais il présente des oscillations constantes et s'élève quelquefois jusqu'à 125°, après quoi il retombe brusquement à 116°.

AMIDE FORMIQUE.

Composition : $C^2H^3NO^2$.

§ 136. On n'a pas encore isolé l'amide formique, correspondant au type azoture ou ammoniaque dans lequel H serait remplacé par le groupe formyle C^2HO^2; mais on connaît un dérivé de cette amide la *phényl-formiamide* plus connue sous le nom de *formianilide* : celle-ci représente de la formiamide dans laquelle H est remplacé par le groupe phényle $C^{12}H^5$.

Phényl-formiamide[1], ou formanilide, $C^{14}H^7NO^2$. — Ce corps se produit, en même temps que la diphényl-oxamide (oxanilide), par l'action de la chaleur sur l'oxalate l'aniline (oxalate de phénylamine).

Pour préparer la formanilide, on épuise à froid, avec de l'alcool, le résidu de l'action de la chaleur sur l'oxalate d'aniline. On chauffe la solution alcoolique de manière à en chasser la plus grande partie du véhicule, et on fait bouillir avec de l'eau; de cette manière, la petite quantité de matière brune ou rouge, qui a pu se former par l'altération ou sel d'aniline à l'air, se sépare à l'état insoluble, et l'on a en dissolution de la formanilide parfaitement pure. Si l'on évapore davantage la solution aqueuse, la formanilide se sépare peu à peu à l'état de gouttelettes huileuses et incolores, qui se réunissent au fond du vase; ce produit conserve l'état liquide, même après le refroidissement : aussi ne faut-il pas pousser l'évaporation jusqu'au point où les gouttelettes huileuses commencent à se séparer. Il vaut mieux abandonner la solution saturée à l'évaporation spontanée.

[1] GERHARDT (1845), *Journ. de Pharm.*, [3] IX, 409.

La formanilide se dépose alors peu à peu en prismes rectangulaires très-aplatis, et terminés en pointe comme des fers de lance; ces cristaux sont ordinairement très-longs et enchevêtrés.

Ce corps est assez soluble dans l'eau, surtout à chaud, et mieux encore dans l'alcool; la solution aqueuse a une saveur légèrement amère, et n'agit pas sur les papiers réactifs. A l'état sec, il fond à 46°; la matière fondue peut être refroidie bien au-dessous de cette température, avant de se concréter, mais il suffit alors de l'agiter avec une baguette pour que la solidification se fasse immédiatement. Dans l'eau, il fond encore plus aisément, et reste alors liquide; il conserve aussi sa liquidité quand il a été distillé. Au bain-marie, il émet déjà des vapeurs.

A froid, les acides et les alcalis étendus n'agissent pas sur la formanilide; cependant la décomposition se fait à la longue, et encore plus promptement si l'on fait bouillir.

La potasse en dégage, à l'ébullition, de l'aniline; l'acide sulfurique étendu donne naissance à de l'acide formique.

L'acide sulfurique concentré l'attaque à chaud, sans noircir, développe de l'oxyde de carbone pur et produit de l'acide sulfanilique (acide phényl-sulfamique).

III.

GROUPE OXALIQUE.

§ 137. Les termes principaux de ce groupe sont :

L'acide oxalique[1]		$C^4H^2O^8 = 2\,(C^2O^3, HO)$.
Les amides oxaliques	oxamide	$C^4H^4N^2O^4$.
	acide oxamique	$C^4H^3N\,O^6$.

L'acide oxalique correspond au type oxyde, l'oxamide au type azoture ou ammoniaque, l'acide oxamique au type hydrate d'oxyde d'ammonium, le groupe C^2O^2 (*oxalyle*) remplaçant, dans ces types, H.

Entre les composés oxaliques et les composés carboniques, il existe le même rapport de composition qu'entre les sels mercu-

[1] La plupart des chimistes écrivent l'acide oxalique par la formule C^2O^3, HO; mais cette formule a besoin d'être doublée, dans la notation usuelle, l'acide oxalique étant bibasique.

reux et les sels mercuriques, ou qu'entre les sels cuivreux et les sels cuivriques :

Acide oxalique hydraté. . . $\left\{\begin{matrix} C^2O^2O, HO \\ C^2O^2O, HO \end{matrix}\right\} = C^4O^6, \left.\begin{matrix} HO \\ HO \end{matrix}\right\}$,

Acide carbonique hydraté. . . $\left\{\begin{matrix} CO.O, HO \\ CO.O, HO \end{matrix}\right\} = C^2O^4, \left.\begin{matrix} HO \\ HO \end{matrix}\right\}$.

Chlorure mercureux. . . . . Hg^2Cl,
Chlorure mercurique. . . . $Hg\ Cl$.

En effet, l'acide oxalique passe par l'oxydation à l'état d'acide carbonique de la même manière que les sels mercureux, sous les mêmes influences, passent à l'état de sels mercuriques. Dans certaines autres réactions, les composés oxaliques dégagent de l'oxyde de carbone CO (par dédoublement du radical C^2O^2), pour passer à l'état de composés carboniques, de la même manière que les sels mercureux mettent en liberté du mercure métallique Hg (par dédoublement du radical Hg^2) pour passer à l'état de sels mercuriques.

Plusieurs métamorphoses rattachent les composés oxaliques aux composés formiques : par la distillation sèche, par exemple, l'acide oxalique se transforme en acide formique, par l'action de la potasse, à une température élevée, les formiates alcalins se convertissent en oxalates.

ACIDE OXALIQUE.

Composition : $C^4H^2O^8 + 4\,aq. = 2\,(C^2O^3, HO + 2\,aq.)$.

§ 138. Il est déjà fait mention de cet acide[1] dans une dissertation de Savary sur le sel d'oseille, qui parut à Strasbourg en 1773. Scheele enseigna, en 1784, la manière de l'extraire de ce sel au

[1] SAVARY, *Diss. de sale acetosellae. Argentor.*, 1773. — SCHEELE, *Opusc.*, II, 187. — BERGMANN, *Opusc.*, I, 251 ; III, 364 et 370. — THOMSON, *Philos. Transact.*, 1808, p. 63. — BÉRARD, *Ann. de Chim.*, LXXIII, 263. — BERZÉLIUS, *Annal. der Physick von L. W. Gilbert*, XL, 250. *Ann. de Chim.*, XC, 185. *Ann. de Chim. et de Phys.*, XVIII, 155. — F. C. VOGEL, *Journ. f. Chemie u. Phys. von Schweigger*, II, 435 ; VII, 1. — DOEBEREINER, *ibid.*, XVI, 107 ; XXIII, 66. — DULONG, *Mémoires de la classe des Sciences mathématiques et physiques de l'Institut*, années 1813, 1814, 1815. — GAY-LUSSAC, *Ann. de Chim. et de Phys.*, XLVI, 46. — TURNER, *The Philos. Magaz. and Annals*, IX, 161 ; X, 348. — GRAHAM, *Ann. der Chem. u. Pharm.*, XXIX, 2.

moyen de l'acétate de plomb, et découvrit l'identité de l'acide oxalique et de l'acide du sucre de Bergmann (*acide saccharin*).

L'acide oxalique est un des produits les plus fréquents de l'oxydation des matières organiques, sous l'influence de l'acide nitrique bouillant ou de la potasse en fusion. Il se rencontre en dissolution aqueuse dans les vésicules des pois chiches. Plusieurs oxalates métalliques sont fort répandus dans le règne végétal. (*Voy.* plus bas, § 139, *Dérivés métalliques de l'acide oxalique.*)

On se procure l'acide oxalique, soit par l'action de l'acide nitrique sur le sucre, sur l'amidon ou sur d'autres matières organiques, soit par la décomposition des oxalates métalliques.

Pour préparer l'acide oxalique avec du sucre, les proportions les plus avantageuses sont, suivant M. Schlesinger[1], 8 ¹/₄ p. d'acide nitrique de 1,38 et 1 p. de sucre en pains : on chauffe la matière dans un matras à long col, tant qu'il se dégage des vapeurs rutilantes, et l'on évapore la solution acide au bain-marie, dans une capsule de porcelaine, de manière à la réduire au sixième de son volume. On abandonne ensuite pendant quelques heures la liqueur concentrée pour que la plus grande partie de l'acide oxalique puisse cristalliser; on décante l'eau-mère, et on l'évapore à siccité au bain-marie. Le résidu de cette évaporation, étant repris par une petite quantité d'eau bouillante, donne, par le refroidissement, une nouvelle portion de cristaux d'acide oxalique. Ce procédé donne, en acide oxalique, environ 60 p. c. du sucre employé. Si l'on ne prend pas assez d'acide nitrique pour attaquer le sucre, l'eau-mère épaisse contient des produits d'une oxydation incomplète, et brunit par l'évaporation. Pour purifier l'acide oxalique, on dessèche les cristaux sur des briques poreuses ou sur de la porcelaine dégourdie, et on les soumet à une nouvelle cristallisation dans l'eau.

Pour obtenir l'acide oxalique par double décomposition, on fait dissoudre le sel d'oseille dans l'eau, on précipite la solution par le sous-acétate de plomb, et, après avoir bien lavé le précipité d'oxalate de plomp, on le met en digestion avec de l'acide sulfurique dilué. On décante la liqueur chargée d'acide oxalique, on la concentre, et on l'abandonne à la cristallisation.

On pourrait aussi, pour l'extraction de l'acide oxalique, sa-

[1] SCHLESINGER, *Repertor. de Buchner.*, 2e série, LXXIV, 24. —Voy. sur la préparation de l'acide exalique en grand : *Chemic. Gazette*, N° 226, 15 mars 1852, p. 112.

turer le sel d'oseille par du carbonate de potasse, précipiter par du chlorure de baryum, et décomposer le précipité d'oxalate de baryte par l'acide sulfurique dilué.

L'acide oxalique cristallise en prismes incolores et transparents, contenant 4 atomes d'eau (28,57 p. c.); il s'effleurit dans l'air sec et chaud en perdant cette eau de cristallisation. Les cristaux[1] appartiennent au système monoclinique. Faces dominantes : ∞ P. oP. + P ∞ . — P ∞ . [P ∞]. Valeurs des axes, $a : b : c$ :: 1,969 : 1 : 0,590. Angle des deux axes a et b = 73° 48′. Inclinaison des faces, ∞ P : ∞ P = 116° 52′; ∞ P : + P ∞ = 117° 2′; — P ∞ : oP = 129° 20′; — P ∞ : + P ∞ = 127° 16′; + P ∞ : oP = 103° 24′; ∞ P : [P ∞] = 140° 99′. Les cristaux peuvent acquérir de grandes dimensions, et les faces oP prédominent le plus souvent.

L'acide oxalique est très-soluble dans l'eau et l'alcool : il se dissout dans 15,5 p. d'eau à 10°, dans 9,5 p. d'eau à 13°,9, et dans une très-petite quantité d'eau à 100° (Turner). La dissolution est fort acide, rougit le tournesol et décompose les carbonates avec effervescence; elle est fort vénéneuse. L'acide oxalique souillé d'acide nitrique se dissout déjà dans 2 p. d'eau froide (Berzélius).

L'acide oxalique cristallisé fond vers 98° dans son eau de cristallisation, puis une partie de l'acide se sublime sans eau, tandis qu'une autre se décompose en oxyde de carbone, acide carbonique et acide formique, sans résidu de charbon. Ces produits appartiennent probablement à deux périodes de décomposition :

$$C^4H^2O^8 = 2\,CO^2 + C^2H^2O^4$$

$$\underset{\text{Ac. formiq.}}{C^2H^2O^4} = 2\,CO + 2\,HO.$$

La décomposition commence déjà à 110°; entre 120 et 130°, le dégagement de gaz est très-rapide. Quand l'acide a été préalablement desséché, il se sublime à 165°, et se décompose à quelques degrés au-dessus. Gay-Lussac, qui le premier a observé la décomposition de l'acide oxalique en oxyde de carbone et en acide carbonique, a obtenu 6 vol. CO^2 pour 5 vol. CO, mais il avait opéré avec de l'acide oxalique contenant de l'eau de cristallisation. En opérant sur de l'acide desséché (sublimé), Turner a obtenu bien moins d'oxyde de carbone.

[1] BROOKE, *Ann. of Philos.*, XXII, 119. — DE LA PROVOSTAYE, *Ann. de Chim. et de Phys.*, [3] IV, 453.

L'acide nitrique bouillant transforme peu à peu l'acide oxalique en acide carbonique et en eau; la décomposition ne s'effectue d'ailleurs que d'une manière fort lente. Le peroxyde de manganèse, l'oxyde puce de plomb, l'acide chromique, détruisent aussi l'acide oxalique à l'ébullition, et le font passer à l'état d'acide carbonique et d'eau; en même temps il se produit des oxalates à base de plomb, de manganèse, etc.

Bouilli avec une dissolution de bichlorure d'or, l'acide oxalique donne naissance à de l'acide carbonique et à un dépôt d'or métallique; il ne réduit pas les sels de platine, ce qui permet de l'employer pour séparer l'or du platine; ce dernier se précipite par l'acide formique. La solution aqueuse de l'acide oxalique se convertit par l'action du chlore en acide carbonique et en acide chlorhydrique.

Lorsqu'on chauffe de l'acide oxalique avec de l'acide sulfurique concentré, il se dégage volumes égaux d'acide carbonique et d'oxyde de carbone :

$$C^4H^2O^8 = \underset{\text{4 volum.}}{2\,CO^2} + \underset{\text{4 volum.}}{2\,CO} + 2HO.$$

Cette transformation s'effectue d'une manière lente, mais complète, à la température de l'eau bouillante.

Le gaz chlorhydrique détermine la même métamorphose lorsqu'il rencontre l'acide oxalique à l'état humide.

L'acide oxalique est employé dans la fabrication des toiles peintes, comme rongeant, c'est-à-dire comme moyen de détruire le mordant sur les parties où la couleur ne doit pas prendre, et où il s'agit de conserver au tissu son premier blanc. On s'en sert aussi pour l'avivage de quelques couleurs.

En dissolution dans l'eau, l'acide oxalique se vend chez les épiciers sous le nom *d'eau de cuivre*, pour le nettoyage des objets en cuivre jaune ou rouge.

On utilise également l'acide oxalique comme agent décolorant dans la préparation de la paille, destinée à la confection des chapeaux.

Enfin, incorporé à du sucre, l'acide oxalique s'administre quelquefois en médecine sous forme de tablettes.

Dérivés métalliques de l'acide oxalique. Oxalates métalliques.

§ 139. L'acide oxalique est un acide bibasique des plus énergiques. La composition des *oxalates neutres* se représente, d'une manière générale, par

$$C^4M^2O^8 = C^4O^6\left\{\begin{matrix}MO\\MO\end{matrix}\right. = 2\,(C^2O^3,\,MO).$$

Les *bioxalates* ou *oxalates acides* contiennent :

$$C^4HMO^8 = C^4O^6\left\{\begin{matrix}MO\\HO\end{matrix}\right. = (C^2O^3,\,HO + C^2O^3,\,MO).$$

Il existe aussi des *quadroxalates*, c'est-à-dire des combinaisons de l'acide oxalique avec des bioxalates :

$$\left\{\begin{matrix}C^4HMO^8\\C^4H^2\,O^8\end{matrix}\right\} = \left\{\begin{matrix}C^4O^6\left\{\begin{matrix}MO\\HO\end{matrix}\right.\\ \\C^4O^6\left\{\begin{matrix}HO\\HO\end{matrix}\right.\end{matrix}\right\} = (3\,C^2O^3,HO + C^2O^3,MO).$$

Les oxalates métalliques sont presque, de tous les sels organiques, ceux que les acides minéraux ont le plus de peine à décomposer.

On reconnaît les oxalates à la réaction qu'ils présentent quand on les chauffe avec l'acide sulfurique concentré : ils dégagent, comme l'acide oxalique, volumes égaux d'oxyde de carbone et d'acide carbonique.

A part les oxalates à base d'alcali, les oxalates sont insolubles dans l'eau : l'oxalate de chaux est surtout remarquable sous le rapport de son insolubilité ; aussi emploie-t-on les oxalates solubles pour reconnaître la présence de la chaux dans les liquides ; l'acide oxalique précipite même la dissolution du sulfate de chaux. C'est Bergmann qui employa le premier le sel d'oseille comme réactif pour les sels de chaux.

Les oxalates alcalins en dissolution aqueuse sont vivement attaqués par le brome, surtout si l'on opère à 40 ou 50° ; il se dégage du gaz carbonique et l'on obtient un bromure :

$$C^4M^2O^8 + 2\,Br = 2\,C^2O^4 + 2\,MBr.$$

Lorsqu'on les fait fondre avec un excès d'alcali, ils se transforment en carbonates avec dégagement d'hydrogène.

Plusieurs oxalates se rencontrent dans la nature. Les feuilles et les tiges de la surelle et de la grande oseille contiennent de l'oxalate acide de potasse. Les plantes qui viennent sur les bords de la mer, telles que les chénopodées, les arroches, les amarantes, contiennent de l'oxalate de soude. Scheele a trouvé de l'oxalate de chaux dans les racines de rhubarbe, de curcuma, de gentiane, de valériane, de patience; dans les écorces de cannelle, de quinquina, de frêne, de chêne; dans le bois de campêche, et dans une foule d'autres plantes. Le même sel se trouve en grande quantité dans les lichens. Les bolets et d'autres champignons renferment de l'oxalate de potasse acide, ainsi que de l'oxalate de fer et de magnésie. Dans les bancs de lignite on trouve quelquefois de l'oxalate de fer (humboldite).

§ 140. *Oxalates d'ammonium*, ou d'ammoniaque. — On en connaît trois : le sel neutre, le bioxalate et le quadroxalate.

α. *Sel neutre*, $C^4 (NH^4)^2 O^8 + 2$ aq. On l'obtient en saturant l'acide oxalique par de l'ammoniaque caustique ou carbonatée. Il forme des prismes incolores qui s'effleurissent dans l'air chaud en perdant $12{,}6 = 2$ atomes d'eau de cristallisation. Par la distillation sèche, il donne, entre autres produits, de l'oxamide. Les cristaux se dissolvent dans 3 parties d'eau froide.

Leur forme[1] appartient au système rhombique. (Faces dominantes : $\infty P . oP . \infty \breve{P} \infty . 2 \breve{P} \infty . {}^1/_2 P$. Valeurs des axes, $a : b : c$ :: $0{,}3711 : 1 : 0{,}7837$. Inclinaison des faces, $\infty P : \infty P = 76° 10'$; $\infty P : \infty \breve{P} = 128° 5'$; $oP : {}^1/_2 P = 148° 58'$; $2 \breve{P} \infty : oP = 143° 26'$; $2 \breve{P} \infty : {}^1/_2 P = 151° 30'$ environ. On ne rencontre à chaque sommet que deux des 4 faces de ${}^1/_2 P$; il y a donc là une sorte d'hémiédrie. L'une des faces de ${}^1/_2 P$ et la face adjacente de $2 \breve{P} \infty$ sont ordinairement de plus grande dimension que les faces postérieures situées au même sommet; de plus, les cristaux sont souvent aplatis, et alors les deux faces ∞P, dont les arêtes supérieures et inférieures sont intactes, disparaissent. La base oP prend la forme d'un losange entouré de 4 petites facettes.

On a trouvé l'oxalate d'ammoniaque dans le guano.

β. *Bioxalate*, $C^4H (NH^4) O^8 + 2$ aq.

Il se produit lorsqu'on ajoute au sel précédent de l'acide oxalique, ou même un acide quelconque, comme l'acide sulfurique,

[1] De la Provostaye, *Ann. de Chim. et de Phys.*, [3] IV, 454. — Brooke, *Annals of Philos.*, XXII, 374.

chlorhydrique ou nitrique. Il possède une réaction acide, et est moins soluble dans l'eau que l'oxalate d'ammoniaque neutre.

Les cristaux[1] du bioxalate d'ammoniaque appartiennent au système rhombique. (Forme ordinaire, ∞ P . P̆∞ . P̆ 2 . P̆ ∞, avec les faces terminales oP, ∞ P̆ ∞ et ∞ P̄ ∞ . Valeurs des axes, $a : b : c$ :: 0,5593 : 1 : 0,4533. Inclinaison des faces, ∞ P : ∞ P̆ ∞ = 114° 23′; P̆ ∞ : oP = 150° 47′; ∞ P̆ ∞ : ∞ P = 155° 37′; oP : ∞ P̆ ∞ = 90°; oP : ∞ P̄ ∞ = 90°; P̆ ∞ : ∞ P̆ ∞ = 119° 13′; oP : P̆ ∞ = 129° 1′; P̆ 2 : P̆ ∞ = 151° 42′; P̆ 2 : oP = 140° 13′).

La chaleur transforme le bioxalate d'ammoniaque en oxamide et en acide oxamique.

λ. *Quadroxalate*, $C^4H\,(NH^4)\,O^8$, $C^4H^2O^8 + 4$ aq.

Ce sel cristallise sous la même forme que le quadroxalate de potasse; la différence des angles est très-faible. Il s'obtient si l'on fait cristalliser ensemble parties égales de bioxalate d'ammoniaque et d'acide oxalique. Les cristaux s'effleurissent à 100° en perdant 15,4 p. c. = 4 atomes d'eau de cristallisation. Ils sont fortsolubles dans l'eau chaude.

§ 141. *Oxalates de potasse.* — On en connaît trois : le sel neutre, le bioxalate et le quadroxalate.

α. *Sel neutre*, $C^4K^2O^8 + 2$ aq. On l'obtient en saturant par du carbonate de potasse l'un ou l'autre oxalate de potasse acide. Il se présente en cristaux transparents, très-solubles dans l'eau, insolubles dans l'alcool; il perd, à 160°, 9,7 p. c. = 2 atomes d'eau. M. Bérard dit avoir obtenu un sel à 6 atomes d'eau de cristallisation.

Les cristaux[2] de l'oxalate neutre de potasse appartiennent au système monoclinique; leurs faces sont souvent tourmentées et présentent des concavités ou des convexités. (Faces dominantes : + P . — P . ∞ P ∞ . + P ∞ . — P ∞ . oP. Valeurs des axes, $a : b : c$ :: 1,1572 : 1 : 0,6748. Angle des axes, = 69° 5′. Inclinaison des faces, + P ∞ : ∞ P ∞ = 130° 35′; — P ∞ : ∞ P ∞ = 148° 20′; + P ∞ : oP = 118° 40′; — P ∞ : oP = 142° 10′; — P : oP = 126° 10′; + P : oP = 106° 54′; + P : — P = 127° 10′; + P : ∞ P ∞ = 113° 25′; — P : ∞ P ∞ = 129° environ).

β. *Bioxalate*, ou sel d'oseille, $C^4HKO^8 + 2$ aq. Il est contenu dans le suc des différentes variétés de *rumex* et d'*oxalis*; on peut

[1] De la Provostaye, *loc. cit.*

[2] De la Provostaye, *loc. cit.*

l'en extraire en clarifiant le suc de ces plantes avec de la terre glaise ou avec du blanc d'œuf, et abandonnant à cristallisation. C'est par ce procédé qu'on en prépare de grandes quantités dans la Forêt-Noire. Il se présente en cristaux transparents, aigres, et rougissant le tournesol ; il se dissout dans 40 p. d'eau froide et dans 6 p. d'eau chaude ; il est insoluble dans l'alcool. Les cristaux renferment 2 atomes d'eau de cristallisation. Ils appartiennent probablement au système rhombique[1]. (Faces dominantes : $P\infty \,.\, \infty\bar{P}\infty \,.\, \infty\breve{P}\infty \,.\, \bar{P}\infty \,.\, P^{2}/_{7} \,.\, P^{1}/_{7}$. Rapport des axes, $a : b : c :: 0{,}9494 : 1 : 4{,}123$. Inclinaison des faces, $P\infty : \infty\breve{P}\infty = 103°\,38'$; $\infty\bar{P}\infty : \infty\breve{P}\infty = 90°$; $\bar{P}\infty : \infty\breve{P}\infty = 90°$; $\infty\bar{P}\infty : P\infty = 133°\,26'$; $P\infty : \bar{P}\infty = 132°\,0'$; $P\infty : P^{1}/_{7} = 130°\,35'$; $\bar{P}\infty : P^{2}/_{7} = 149°\,50'$ environ ; $P\infty : P^{1}/_{7} = 127°\,50'$).

Le sel d'oseille est cité pour la première fois par Angelus Sala, au commencement du dix-septième siècle. Duclos le décrivit en 1688, mais sans en connaître la nature ; Marggraf, de Berlin, y démontra l'existence de la potasse, et Scheele parvint enfin, en 1784, à en isoler l'acide oxalique.

On emploie le sel d'oseille comme acide faible pour décaper les métaux. On s'en sert aussi pour enlever les taches de rouille et d'encre, l'oxalate de potasse et de fer étant soluble dans l'eau.

γ. *Quadroxalate*, C^4HKO^8, $C^4H^2O^8 + 4$ aq. Ce composé, découvert par Savary et Wiegleb, et analysé par Wollaston[2], constitue souvent le sel d'oseille du commerce. On peut l'obtenir en saturant 1 p. d'acide oxalique par du carbonate de potasse, ajoutant au mélange 3 p. d'acide oxalique, et faisant cristalliser. A 128°, le sel perd son eau de cristallisation (14 p. c.). 1 p. de sel cristallisé se dissout dans 20,17 p. d'eau à 20°.

Lorsqu'on fait dissoudre équivalents égaux d'acide oxalique et de chlorure de potassium, il se dépose, par le refroidissement, des cristaux de quadroxalate de potasse (Anderson).

Le quadroxalate de potasse cristallise[3] en beaux prismes du système triclinique, qui peuvent acquérir de grandes dimensions. (Faces dominantes, $\infty\,'{,}P \,.\, \infty\bar{P}\infty \,.\, \infty P'{,} \,.\, \infty\breve{P}\infty \,.\, 2'P{,}\infty \,.\, 0P \,.\, 2{,}P'\infty$, avec les facettes $4{,}P{,}\infty$, $4{,}P'\infty$, P', $'P$, $^{1}/_{2}P'$, $P'^{1}/_{3}$, $\infty\,'{,}P^{1}/_{3}$, ${,}P$.

[1] De la Provostaye, *loc. cit.*

[2] Wollaston, *Philos. Transact.*, 1808, p. 99. — Anderson, *The Quart. Journ. of Chemic. Soc.*, I, 231.

[3] De la Provostaye, *loc. cit.*

Rapport des axes, $a : b : c$ :: 2,10044 : 3,2555 : 1. a est vertical, b dirigé de gauche à droite, c dirigé vers l'observateur. Angle des plans coordonnés, A = 95° 2', B = 80° 7', C = 96° 5'. Angles des axes, α = 96° 12', β = 79° 29', γ = 97° 5'. Inclinaison des faces, oP : ∞ P', = 82° 30'; ∞ P̆ ∞ : ∞ P', = 111° 20'; ∞ P', : ∞ ', P = 146° 33'; oP : 2'P, ∞ = 144° 30'; 2'P, ∞ : ∞ P̆ ∞ = 119° 25'; oP : 2 ,P' ∞ = 148° 10'; 2, P' ∞ : ∞ P̆ ∞ = 127° 55').

Oxalates de soude. — Il en existe deux :

α. *Sel neutre*, $C^4Na^2O^8$. Il est anhydre, et difficile à obtenir en cristaux réguliers. C'est un des oxalates les plus répandus dans la nature ; on le rencontre dans les varechs par l'incinération desquels on prépare la soude. 1 p. de sel se dissout dans 26,78 p. d'eau à 21° 8, et dans 16, 2 p. d'eau bouillante.

β. *Bioxalate*, C^4HNaO^8 + 2 aq. Il forme des cristaux qui rougissent le tournesol.

Lorsqu'on sature une solution bouillante de bioxalate de potasse par du carbonate de soude, on obtient un précipité cristallin d'oxalate de soude neutre et anhydre. On n'obtient pas non plus d'oxalate de soude et de potasse en faisant cristalliser ensemble un mélange d'oxalate de potasse et d'oxalate de soude.

Oxalates de lithine. — Le *sel acide* forme des grains transparents, peu solubles : le *sel neutre* se présente en petits mamelons opaques, très-solubles dans l'eau.

§ 142. *Oxalate de chaux*, $C^4Ca^2O^8$ + 4 aq. — Ce sel[1] est extrêmement répandu dans le règne organique. On le trouve en dissolution dans la séve de la plupart des plantes, d'où il se dépose sur le tissu vasculaire, vers la fin de la végétation, en cristaux microscopiques, ayant la forme d'octaèdres à base carrée[2]. (Angle des arêtes culminantes, P : P, dans l'octaèdre primitif, = 46° 28', *id.* dans un octaèdre plus obtus, = 119° 34'). Suivant M. Braconnot[3], il compose souvent la moitié du poids des lichens qui croissent sur les pierres calcaires. M. Schmidt l'a également trouvé dans la levûre de bière.

[1] Bérard, *Ann. de Chim.*, LXXIII, 263. — F. C. Vogel, *Journ. de Schweigg*, II, 435; VII, I. — Fritzsche, *Ann. de Poggend.*, XXVIII, 121.

[2] K. Schmidt, *Ann. der Chem. u. Pharm.*, LXI, 304. — Brooke (*Philos. Magaz. and Journ. of. Science*, XVI, 449) donne des mesures d'un sel prismatique qui rangeraient l'oxalate de chaux dans le système monoclinique. Peut-être les cristaux mesurés par Brooke ne contenaient-ils pas la même eau de cristallisation que les octaèdres de M. Schmidt.

[3] Braconnot, *Ann. de Chim. et de Phys.*, XXVIII, 318.

L'oxalate de chaux se rencontre dans les sédiments de l'urine, et constitue souvent certains calculs vésicaux de l'homme, dits *calculs mûraux*. M. Lassaigne a trouvé le même sel dans la liqueur allantoïque de la vache. M. Schmidt l'a reconnu, en petits cristaux, dans le mucus de la vésicule biliaire de l'homme, du bœuf, du chien, du lapin, du brochet, sur la muqueuse de l'utérus, etc.

L'oxalate de chaux se précipite sous la forme d'une poudre blanche toutes les fois qu'un sel de chaux soluble rencontre de l'acide oxalique ou un oxalate alcalin.

Il est insoluble dans l'eau, l'acide acétique et la solution du chlorhydrate d'ammoniaque; il est presque insoluble dans l'acide oxalique, et peu soluble dans l'acide lactique, mais il se dissout assez facilement dans l'acide chlorhydrique et dans l'acide nitrique; la solution est précipitée par la potasse et par les oxalates alcalins. Le sel séché à 38° renferme 2 aq., dont il perd la moitié à 100°; le reste ne s'en va qu'à une température supérieure.

Le sel séché à 150° est très-électrique, de manière qu'il est projeté hors des vases par le moindre attouchement; il perd cette propriété à mesure qu'il fixe de nouveau l'humidité de l'air (Berzélius).

Une combinaison *d'oxalate de chaux et de chlorure de calcium*, $C^4Ca^2O^8$, 2CaCl + 14 aq., se dépose sous forme de cristaux[1], lorsqu'on fait dissoudre à chaud l'oxalate de chaux dans une solution concentrée d'acide chlorhydrique. Les cristaux sont inaltérables à l'air, mais l'eau les décompose immédiatement en chlorure de calcium qu'elle dissout, et en oxalate de chaux qui reste à l'état insoluble.

Oxalates de baryte. — Il en existe deux :

α. *Sel neutre*, $C^4Ba^2O^8$ + 2 aq. Ce sel constitue la poudre blanche insipide qui se précipite lorsqu'on mélange l'acide oxalique avec un excès d'eau de baryte, ou qu'on précipite l'oxalate de potasse neutre par un sel de baryte soluble. Il exige 200 p. d'eau froide et autant d'eau chaude pour se dissoudre; il se dissout bien mieux à froid dans une solution de chlorhydrate d'ammoniaque. Il ne perd pas son eau de cristallisation quand on le chauffe au-dessus de 100°.

β. *Sel acide*[2], C^4BaHO^8 + aq. — Lorsqu'on mélange des quan-

[1] FRITZSCHE, *Ann. de Poggend.*, XXVIII, 121.
[2] CLAPTON, *The Quarterly Journ. of the Chem. Soc.*, V, 223.

tités à peu près égales de solutions saturées d'acide oxalique et de chlorure de baryum, il se produit au bout d'un certain temps des rhombes très-aigus de bioxalate de baryte. L'eau décompose ce sel.

Selon Bergmann, on obtiendrait un sel acide en faisant bouillir le carbonate, le chlorhydrate ou le nitrate de baryte avec un excès d'acide oxalique ; il se déposerait alors, par le refroidissement de la liqueur filtrée, sous forme de cristaux que l'eau décomposerait en acide oxalique et en oxalate de baryte neutre. M. Bérard a trouvé 45 p. c. de baryte dans un sel ainsi préparé avec le carbonate ; mais, selon M. Graham, ce ne serait que de l'oxalate neutre souillé d'acide oxalique.

Oxalate de strontiane, $C^4Sr_2O^8 + 2$ aq. — Précipité blanc qui exige 19, 20 p. d'eau bouillante pour se dissoudre. Il se dissout, surtout à chaud, dans une solution de chlorhydrate ou de nitrate d'ammoniaque. Il retient encore son eau de cristallisation au-dessus de 100°.

Oxalate de magnésie, $C^4Mg^2O^8 + 4$ aq. — Précipité blanc, extrêmement peu soluble dans l'eau, qui s'obtient par le mélange d'un sel magnésien soluble avec l'oxalate de potasse neutre. Il se produit même avec le bioxalate de potasse ; la liqueur renferme alors du quadroxalate.

L'oxalate de magnésie et d'ammoniaque, $C^4Mg\ (NH^4)\ O^8$, $C^4Mg^2O^8 + 2$ aq., se dépose peu à peu [1], sous forme de croûtes cristallines, dans un mélange de solutions aqueuses de chlorure de magnésium et d'oxalate d'ammoniaque neutre, surtout en présence d'un excès d'ammoniaque.

Lorsqu'on sature à l'ébullition une solution concentrée d'oxalate d'ammoniaque neutre par l'oxalate de magnésie, ou une solution d'oxalate d'ammoniaque acide par de la magnésie, et qu'on filtre à chaud, il se dépose par le refroidissement des mamelons blancs, solubles dans l'eau. Ce sel paraît renfermer

$$2\ C^4(NH^4)^2O^8, C^4Mg\ (NH^4)\ O^8 + 4\ \text{aq.}$$

L'oxalate de magnésie et de potasse renferme, suivant M. Kayser, $C^4KMgO^8 + 6$ aq. Lorsqu'on fait bouillir une solution concentrée d'oxalate de potasse neutre avec de l'oxalate de magnésie récemment précipité, la liqueur filtrée dépose, par le refroidissement, cet oxalate double à l'état de mamelons blancs. Ce sel s'effleurit

[1] KAYSER, *Ann. de Poggend.*, LX, 143.

beaucoup à l'air ; il est insoluble dans l'eau froide ; l'eau chaude le décompose en séparant de l'oxalate de magnésie.

Oxalate d'alumine. — La solution de l'alumine dans l'acide oxalique laisse, par l'évaporation, une masse amorphe, transparente, à la fois astringente et douceâtre, qui rougit le tournesol, tombe en déliquescence à l'air, et se boursoufle par la chaleur.

Lorsqu'on dissout 1 p. d'alumine dans 5 p. de sel d'oseille, on obtient par l'évaporation un sel gommeux, fort soluble dans l'eau, et non déliquescent.

La solution de l'alumine dans le bioxalate de soude donne, par l'évaporation lente, et surtout si l'on y verse une couche d'alcool, des lames minces qui perdent aisément leur eau de cristallisation à 100°, et donnent par la calcination un mélange d'alumine et de carbonate de soude.

En mélangeant une solution concentrée de chlorure de baryum avec de l'oxalate d'alumine acide, on obtient de petites aiguilles soyeuses, à peine solubles dans l'eau froide, solubles dans 30 p. d'eau bouillante. Ce sel est un *oxalate d'alumine et de baryte.* La strontiane donne un sel semblable [1].

§ 143. *Oxalates de chrome.* — L'oxalate d'ammoniaque neutre donne avec la solution de l'oxyde de chrome dans l'acide chlorhydrique un précipité vert pâle et pulvérulent.

La solution de l'hydrate de chrome dans l'acide oxalique, préparée à froid, est d'un rouge cerise ; la solution faite à l'ébullition est verte, mais elle devient cerise par le refroidissement. Elle se dessèche, par l'évaporation spontanée, en une masse vitreuse d'un noir violacé ; si l'on évapore au bain-marie la solution verte, on obtient également une masse verte. Les solutions ne sont précipitées ni par l'ammoniaque ni par les sels de chaux, mais elles sont précipitées par l'eau de chaux, et, à chaud, par la potasse. Elles donnent avec les oxalates alcalins et terreux deux séries d'oxalates doubles [2] :

1° sels bleus : . . . . . $\mathrm{C^4crMO^8} = \left.\begin{matrix} 3\,(\mathrm{C^2O^3})\ \not{\mathrm{C}}\mathrm{rO^3} \\ +\,3\,(\mathrm{C^2O^3},\ \mathrm{MO}) \end{matrix}\right\}$

2° sels cerise ou grenats $\left\{\begin{matrix} \mathrm{C^4crMO^8} \\ \mathrm{C^4cr^2\ O^8} \end{matrix}\right\} = \left.\begin{matrix} 3\,(\mathrm{C^2O^3})\not{\mathrm{C}}\mathrm{rO^3} \\ +\,\mathrm{C^2O^3},\ \ \mathrm{MO} \end{matrix}\right\}$

[1] RÉES REECE, *Compt. rend. de l'Acad.*, XXI, 1116.

[2] Dans ces formules, *cr* (chromicum) équivaut à $\frac{1}{3}$ $\not{\mathrm{C}}\mathrm{r}$. Au lieu d'écrire l'oxyde de chrome $\not{\mathrm{C}}\mathrm{rO^3}$, on le suppose écrit crO.

On remarque que la composition de ces deux séries de sels correspond à celles des deux oxalates acides de potasse, l'hydrogène y étant remplacé par du chrome (H par *cr*, chromicum). Les sels bleus ont, en effet, la composition du bioxalate, et les sels rouges, celle du quadroxalate de potasse.

L'oxalate de chrome et d'ammoniaque [1], $C^4cr(NH^4)O^8 + 2$ aq., se produit lorsqu'on sature une solution de bioxalate d'ammoniaque par de l'hydrate de chrome; on l'obtient, par l'évaporation, sous la forme de paillettes bleues. Ce sel est isomorphe avec l'oxalate de chrome et de potasse (H. Kopp). Il se dissout dans $^1/_3$ p. d'eau de 15° et dans une quantité moindre d'eau bouillante.

Le sel rouge grenat, $C^4cr(NH^4)O^8, C^4cr^2O^8 + 8$ aq., est entièrement semblable au sel de potasse correspondant, et s'obtient de la même manière.

L'oxalate de chrome et de potasse bleu, $C^4crKO^8 + 2$ aq., a été obtenu, pour la première fois, par MM. Turner et Grégory. On le prépare en saturant à l'ébullition le bioxalate de potasse par l'hydrate de chrome [2] (Malaguti). On peut aussi dissoudre, à chaud, 1 p. de bichromate de potasse, 2 p. de bioxalate de potasse, et 2 p. d'acide oxalique dans 1 p. d'eau. Le bichromate passe d'abord à l'état d'oxyde chromique au contact de l'acide oxalique, de manière qu'il en résulte un dégagement d'acide carbonique (Grégory). Ce sel cristallise en gros prismes noirs par réflexion et d'un beau bleu quand on le place entre l'œil et la lumière.

Les cristaux [3] appartiennent au système monoclinique. (Faces dominantes, ∞P. $[\infty P^3/_2]$. $[\infty P \infty]$. $\infty P \infty$; les prismes sont ordinairement terminés par les facettes $\pm P$; d'autres fois on y voit dominer $+P$ ou $+P\infty$. Rapport des axes, diagonale droite à diagonale oblique à axe principal :: 0,999 : 1 : 0,395. Angle des axes = 86°. Inclinaison des faces, $+P : +P = 138°\,48'$; $-P : -P = 140°\,34'$; $+P : -P$, dans le plan de la diagonale droite et de l'axe principal $= 139°\,42'$; $+P : -P$ dans le plan de la base $= 58°\,19'$; $\infty P : \infty P = 90°$ environ; $[\infty P^3/_2] : [\infty P^3/_2] = 112°\,30'$.)

Le sel se dissout dans 5 p. d'eau à 15°; la solution est verte

[1] Berlin, *Annuaire de Berzélius*, édit. allem. N° 24, p. 244.

[2] Malaguti, *Compt. rend. de l'Acad.*, XVI, 458. — Warington, *Philos. Magaz. and Journ. of Science*, XXI, 202.

[3] H. Kopp, *Einleit. in die Krystallographie*, p. 311.

par réflexion, et rouge par transmission. Si l'on fait bouillir la solution, on obtient par l'évaporation un résidu vert et amorphe, mais qui, dissous dans l'eau et abandonné à l'évaporation spontanée, donne de nouveau les cristaux bleus.

Ils perdent, à 100°, 11 p. c. d'eau.

Le sel rouge, $C^4 crKO^8$, $C^4 cr\, ^2O^8 + 4$ aq., a été découvert par M. Croft[1]. Il s'obtient en saturant le quadroxalate de potasse par l'hydrate chromique. Il se présente en petites tables rhomboïdales ou en grains d'un rouge foncé. Les cristaux sont solubles dans un peu plus de 10 p. d'eau froide. La solution faite à froid est cerise : la solution bouillante est d'un vert noir. Après avoir été bouillie, la solution de ce sel déoose, au bout de quelques jours, des grains couleur grenat ; mais, si on l'évapore immédiatement au bain-marie, on obtient une masse verte et amorphe.

L'oxalate de chrome et de soude, $C^4 cr\, NaO^8 + 3$ aq., s'obtient, en tables hexagones ou en prismes rhomboïdaux, noirs par réflexion, et d'un bleu foncé par transmission, légèrement efflorescents, très-solubles dans l'eau ; on le prépare en saturant à l'ébullition le bioxalate de soude par l'hydrate de chrome.

L'oxalate de chrome et de baryte, $C^4 cr\, BaO^8 + 4$ et 6 aq., se précipite quand on mélange avec un sel de baryte une solution d'oxalate bleu de chrome et d'ammoniaque ou de potasse ; il se présente en petites aiguilles violet foncé, à peine solubles dans l'eau froide, solubles dans 30 p. d'eau bouillante.

L'oxalate de chrome et de chaux, $C^4 cr\, CaO^8 + 6$ et 12 aq., forme des aiguilles soyeuses, d'un violet foncé, un peu solubles dans l'eau[2].

L'oxalate de chrome et de plomb, $C^4 cr\, PbO^8 + 5$ aq., constitue un précipité d'un bleu gris, qui se produit par le mélange d'une solution d'acétate de plomb et d'oxalate bleu de chrome et de potasse.

L'oxalate de chrome et d'argent, $C^4 cr\, Ag\, O^8 + 3$ aq., se dépose sous la forme d'aiguilles brillantes d'un bleu foncé, lorsqu'on abandonne un mélange de nitrate d'argent et d'oxalate bleu de chrome et de potasse. Ces aiguilles se dissolvent dans 9 p. d'eau bouillante, et dans un peu plus de 65 p. d'eau froide.

[1] CROFT, *Philos. Magaz. and Journ. of Science*, XXI, 197. — MALAGUTI, *loc. cit.* — BERLIN, *loc. cit.*

[2] REES REECE, *Compt. rend. de l'Acad.*, XXI, 1116.

§ 144. *Oxalates d'urane*[1]. — On connaît des sels uraneux et des sels uraniques.

α. *Sels uraneux*. Lorsqu'on mélange une solution de protochlorure d'urane avec de l'acide oxalique, il se produit un précipité blanc verdâtre, contenant $C^4U^2O^8 + 6$ aq. ; celui-ci perd dans le vide les $^2/_3$ de son eau de cristallisation.

L'oxalate d'urane et d'ammoniaque renferme, suivant M. Rammelsberg, $C^4U(NH^4)O^8$. Ce sel se dépose à l'état cristallisé lorsqu'on fait dissoudre, à l'ébullition, l'hydrate de protoxyde d'urane, récemment précipité, dans une solution de bioxalate d'ammoniaque.

Lorsqu'on fait bouillir de l'hydrate de protoxyde d'urane récemment précipité avec du sel d'oseille, il se convertit en une poudre grise qui paraît être un *oxalate d'urane et de potasse*.

β. *Sels uraniques* (ou d'uranyle).

Lorsqu'on mélange à chaud une solution concentrée de nitrate d'uranyle avec de l'acide oxalique, il se dépose par le refroidissement des grains cristallins *d'oxalate d'uranyle*, $C^4(U^2O^2)^2O^8 + 6$ aq., de couleur jaune. Ce sel, presque insoluble dans l'eau froide, exige 30 p. d'eau bouillante pour se dissoudre. Il est plus soluble dans les acides, et se dissout aisément à chaud dans l'oxalate de potasse et dans l'oxalate d'ammoniaque, en donnant des sels doubles qui cristallisent par le refroidissement.

L'oxalate d'uranyle et d'ammoniaque, $C^4(U^2O^2)(NH^4)O^8 + 4$ aq., s'obtient, suivant M. Péligot, en beaux prismes transparents, de couleur jaune, en dissolvant à chaud l'oxalate d'uranyle dans l'ammoniaque caustique; la dissolution s'effectue aisément. Les cristaux[2] de ce sel double appartiennent au système rhombique. (Faces dominantes : $\breve{P}\infty . \infty\breve{P}\infty . \infty P2 . \infty P . \infty \bar{P}\infty$. Rapport des axes, $a : b : c :: 0,6686 : 1 : 0,5941$. Inclinaison des faces, $\bar{P}\infty : \breve{P}\infty' = 112°28'$; $\infty\breve{P}\infty : \infty\breve{P}2 = 139°55'$; $\infty\breve{P}2 : \infty P = 160°45'$; $\bar{P}\infty : \infty\breve{P}2 = 115°15'$; $\bar{P}\infty : \infty P = 106°30'$.)

L'oxalate d'uranyle et de potasse, $C^4K(U^2O^2)O^8 + 3$ aq., forme des prismes obliques rhomboïdaux, inaltérables à l'air, et perdant à 100° toute leur eau de cristallisation. (Faces dominantes[3] :

[1] Péligot, *Ann. de Chim. et de Phys.*, [3] V, 26 et 32. — Rammelsberg, *Ann. de Poggend.*, LIX, 20. — Ebelmen, *Ann. de Chim. et de Phys.*, [3] V, 189.

[2] De la Provostaye, *Ann. de Chim. et de Phys.*, [3] V, 49.

[3] Ebelmen, *loc. cit.*

∞ P. ∞ P∞ . oP. Inclinaison des faces, ∞ P : ∞ P = 131° 2'; ∞ P : ∞ P∞ = 114° 20'; ∞ P : oP = 111° 28').

§ 145. *Oxalates de manganèse.* — Lorsqu'on fait dissoudre le carbonate manganeux dans l'acide oxalique, il se dépose dans la liqueur une poudre blanche, légèrement rosée et cristalline, presque insoluble dans l'eau. Elle paraît contenir 5 atomes d'eau de cristallisation.

Ce sel se dissout dans une solution d'oxalate de potasse neutre, et donne par l'évaporation des cristaux légèrement rosés *d'oxalate de manganèse et de potasse.*

L'oxalate de manganèse et d'ammoniaque[1] contient $C^4Mn(NH^4)O^8 + 4$ aq. L'oxalate de manganèse se dissout aisément dans une solution d'ammoniaque neutre, et donne de petites aiguilles incolores, qui ont la composition indiquée. Ce sel est peu soluble dans l'eau, et s'effleurit à l'air en donnant une poudre jaune.

Si l'on ajoute de l'ammoniaque à la solution aqueuse du sel précédent, il se dépose une autre combinaison sous forme d'aiguilles ou de poudre cristalline. Ce produit paraît renfermer $C^4Mn(NH^4)O^8$, $C^4(NH^3Mn)^2O^8 + 8$ aq. (Combinaison de l'oxalate de manganèse et d'ammonium avec l'oxalate de manganosammonium.)

Oxalates de fer. — On connaît des sels ferreux[2] et des sels ferriques[3].

α. *Sels ferreux.* Les minéralogistes donnent le nom de *humboldite*, ou de *fer oxalaté*, à une substance jaune, semblable à de l'argile ocreuse, qu'on rencontre dans les lignites, et qui est constituée par le sel neutre $C^4Fe^2O^8 + 3$ aq. Ce minéral est très-tendre, et s'écrase entre les doigts; sa pesanteur spécifique est de 1,3 à 1,4. Sur les charbons, il donne une forte odeur végétale, et un résidu noir attirable à l'aimant.

Lorsqu'on dissout le fer dans une solution d'acide oxalique, il se dégage du gaz hydrogène, et peu à peu le liquide, qui a une saveur sucrée et astringente, dépose une poudre jaune clair d'oxalate ferreux. Ce sel se sépare aussi sous la forme de petits cristaux citronnés et brillants, $C^4Fe^2O^8 + 4$ aq., lorsqu'on précipite le

[1] Winkelblech, *Ann. der Chem. u. Pharm.*, XIII, 280.

[2] A. Vogel, *Journ. f. prakt. Chemie*, VI, 339. — Rammelsberg, *Ann. de Poggend.*, XLVI, 283; LIII, 633; LXVIII, 276. — Doebereiner, *Journ. f. Chem. u. Physik von Schweigger*, LXII, 90.

[3] Bussy, *Journ. de Pharm.*, XXIV, 609. — Graham, *Ann. der Chem. u. Pharm.*, XXIX, 2. — Reece, *Compt. rend. de l'Acad.*, XXI, 1116.

sulfate ferreux par l'oxalate neutre de potasse ou par l'acide oxalique; il s'obtient, de même, si l'on abandonne au soleil la solution de l'oxalate ferrique dans l'acide oxalique. Il est à peine soluble dans l'eau froide, très-peu soluble dans l'eau bouillante.

La solution du fer dans l'acide oxalique, avant d'être complétement saturée, donne aussi des prismes vert jaunâtre, très-solubles et efflorescents qui paraissent être un oxalate ferreux acide, ou, d'après M. Barreswil, un *oxalate ferroso-ferrique*.

β. *Sels ferriques*. Lorsqu'on traite l'hydrate ferrique par de l'acide oxalique en quantité insuffisante pour le dissoudre, on obtient une poudre jaune, presque insoluble dans l'eau, qui paraît être le sel neutre.

Le même sel se précipite par l'addition d'un peu d'oxalate de potasse neutre à un sel ferrique. Il se dissout dans l'acide oxalique, en donnant une solution qui se colore peu à peu au soleil en jaune verdâtre, dégage de l'acide carbonique, et dépose des cristaux d'oxalate ferreux, jusqu'à ce qu'enfin tout le liquide soit décoloré.

L'hydrate ferrique se dissout aussi dans les oxalates acides des métaux alcalins, et donne ainsi des sels à deux métaux.

L'oxalate de fer et d'ammoniaque renferme, suivant M. Bussy, $C^4fe(\text{N̶H̶}^4)O^8$. Une solution chaude de l'hydrate ferrique dans le bioxalate d'ammoniaque dépose ce sel, par le refroidissement, sous la forme de petits octaèdres à base rhombe d'un blanc verdâtre, et anhydres[1]. Ce sel jaunit à la lumière; sa solution aqueuse dégage de l'acide carbonique au soleil et dépose de l'oxalate ferreux sous la forme d'une poudre jaune. Il se dissout dans 1,1 p. d'eau à 20°, et dans 0,79 p. d'eau bouillante.

L'oxalate de fer et de potasse, $C^4feKO^8 + 2$ aq., s'obtient en petits prismes aplatis ou en paillettes d'un vert émeraude, qui s'effleurissent à l'air sec, et se décomposent promptement à la lumière en déposant de l'oxalate ferreux. Il est isomorphe avec l'oxalate de chrome et de potasse, modification bleue (H. Kopp).

[1] Le même sel paraît aussi cristalliser avec de l'eau de cristallisation. Suivant M. H. Kopp, il serait isomorphe avec l'oxalate de chrome et de potasse, modification bleue, et les cristaux de ce sel contiennent 2 aq.

Le symbole *fe* dans les oxalates ferriques, tels que nous les avons notés, équivaut à $\frac{1}{3}$ Fe^2. Dans la notation usuelle, on écrirait, par exemple, l'oxalate de fer et d'ammoniaque, 6 C^2O^3, 3N̶H̶^{4}O, Fe^2O^3.

L'oxalate de fer et de soude, $C^4feNaO^8 + 2$ aq., forme aussi des cristaux verts, assez solubles dans l'eau.

L'oxalate de fer et de baryte, $C^4feBaO^8 + 2$ aq. (?), se précipite lorsqu'on mélange de l'oxalate de fer et d'ammoniaque, en solution concentrée, avec du chlorure de baryum; le précipité cristallise dans l'eau bouillante en aiguilles soyeuses d'un jaune verdâtre.

L'oxalate de fer et de strontiane, $C^4feSrO^8 + 6$ aq., s'obtient de la même manière.

L'oxalate de fer et de chaux est un précipité incristallisable.

Oxalate de zinc[1], $C^4Zn^2O^8 + 4$ aq. — C'est un précipité blanc, à peine soluble dans l'eau, soluble dans l'acide chlorhydrique et dans l'ammoniaque. Il se dissout aussi à chaud dans le chlorhydrate d'ammoniaque.

L'oxalate de zinc et d'ammoniaque[2], se précipite en aiguilles, lorsqu'on ajoute de l'acide oxalique à une solution aqueuse de chlorure de zinc sursaturée d'ammoniaque.

Si l'on met en digestion du bioxalate d'ammoniaque avec du carbonate de zinc, on obtient de l'oxalate de zinc, et la liqueur filtrée donne, par l'évaporation, des mamelons blancs, peu solubles dans l'eau, contenant, suivant M. Kayser : $C^4Zn^2O^8, 2\,C^4(NH^4)^2O^8 + 6$ aq.

L'oxalate de zinc et de potasse renferme, suivant M. Kayser, $C^4ZnKO^8 + 4$ aq. Lorsqu'on fait bouillir une solution d'oxalate de potasse avec de l'oxalate de zinc, et qu'on filtre, l'oxalate de zinc et de potasse se précipite par le refroidissement, sous la forme de petites tables transparentes, presque insolubles dans l'eau froide, et que l'eau bouillante décompose, en séparant de l'oxalate de zinc.

Oxalates de cobalt[3]. — On connaît des sels cobalteux et des sels cobaltiques.

α. *Sels cobalteux*. Le sel neutre renferme $C^4Co^2O^8 + 4$aq. On l'obtient en mettant le carbonate de cobalt en digestion avec un excès d'acide oxalique; c'est une poudre rose, presque insoluble dans l'eau et l'acide oxalique. L'ammoniaque aqueuse la dissout aisément.

[1] SCHINDLER, *Magaz. f. Pharm.*, XXXVI, 62.

[2] WACKENRODER, *Ann. der Chem. u. Pharm.*, X, 63. — KAYSER, *Ann. de Poggend.*, LX, 140.

[3] WINKELBLECH, *Ann. der Chem. u. Pharm.*, XIII, 158.

Lorsqu'on traite l'oxalate de cobalt par la potasse bouillante, on obtient un *sous-sel* bleu, $C^4Co^2O^8$, 4 CoO + 4 aq.

L'oxalate de cobalt se dissout aisément à chaud dans le bioxalate d'ammoniaque ; la solution donne, par l'évaporation spontanée, des cristaux d'un rose pâle, peu solubles dans l'eau froide, et ne renfermant que fort peu de cobalt.

L'oxalate de potasse neutre dissout, à l'ébullition, l'oxalate de cobalt, et donne par le refroidissement des cristaux rhomboïdaux d'un sel rosé, composé *d'oxalate de cobalt et de potasse*, et insoluble dans l'eau.

β. *Sels cobaltiques*[1]. Lorsqu'on fait dissoudre l'oxalate de cobalt dans l'ammoniaque concentrée, et qu'on abandonne la solution à l'air, il s'y dépose de gros cristaux rouge foncé, peu solubles dans l'eau et dans l'ammoniaque aqueuse. Bouillis avec de la potasse, ils dégagent de l'ammoniaque et précipitent un peroxyde de cobalt brun. D'après l'analyse de M. Gmelin, ils constituent un sel cobaltique, renfermant 6 C^2O^3, 12 NH^3, 2 CoO^3 + 6 aq. Cette composition étant ramenée au type oxalate, on trouve qu'elle correspond à l'oxalate d'un ammonium dans lequel un H est remplacé par co (cobalticum = $^1/_3$ Co) et un autre H par NH^4,

$$\mathrm{N}\left\{\begin{matrix}\mathrm{H}\\ \mathrm{H}\\ \mathrm{co}\\ \mathrm{NH^4}\end{matrix}\right.$$

Cette composition peut s'exprimer par $C^4\ [NH^2co\ (NH^4)]^2\ O^8$ + 2 aq.

Oxalate de nickel[2]. — Le *sel neutre* renferme $C^4Ni^2O^8$ + 4 aq. C'est un précipité blanc verdâtre, insoluble dans l'eau, soluble dans l'ammoniaque et dans les sels ammoniacaux. Il se dissout aussi dans l'oxalate de potasse en donnant un sel double cristallisable.

L'oxalate d'ammoniaque neutre dissout l'oxalate de nickel, et donne, par l'évaporation, des prismes verts. Si l'on ajoute peu d'ammoniaque à la solution aqueuse de ce sel, il se produit un précipité d'un vert pâle, soluble avec une couleur bleue dans un excès d'ammoniaque. Ce précipité renferme un *oxalate de nickélammonium et de nickel ;* il renferme, suivant M. Winckelbech, $C^4Ni\ (NH^3Ni)\ O^8$ + 6 aq.

[1] L. Gmelin, *Handb. d. Chemie*, 4e édit., IV, 860.

[2] Winkelblech, *loc. cit.*

Oxalates de cuivre[1]. — Le *sel neutre* constitue un précipité bleu verdâtre clair, insoluble dans l'eau, à peine soluble dans l'acide oxalique. Il se dissout aisément dans les oxalates neutres à base de potasse, d'ammoniaque ou de soude.

L'*oxalate de cuivre et d'ammoniaque*, $C^4Cu(NH^4)O^8 + 2$ aq., constitue des paillettes rhombes, d'un bleu de ciel foncé, inaltérables à l'air. Il s'obtient lorsqu'on dissout l'oxalate de cuivre dans l'oxalate d'ammoniaque neutre, ou l'oxyde de cuivre dans le bioxalate d'ammoniaque. Il est peu soluble dans l'eau, qui le décompose en partie.

Outre le sel précédent qui constitue un oxalate de cuivre et d'ammonium, on connaît deux autres qui sont, l'un α, un *oxalate de cuprammonium*, l'autre β, un *oxalate de cuivre et de cuprammonium :*

α. . . . . $C^4(NH^3Cu)^2O^8 + 2$ aq.

β. . . . . $C^4Cu(NH^3Cu)O^8$.

Le sel α cristallise en prismes hexagones, courts et aplatis, d'un bleu de ciel foncé, par l'évaporation d'une solution d'oxalate de cuivre dans l'ammoniaque aqueuse. Il s'effleurit à l'air, en perdant de l'eau et de l'ammoniaque.

Le sel β se dépose, sous la forme d'une poudre cristalline d'un bleu azuré, si l'on traite l'ammoniaque par plus d'oxalate de cuivre qu'elle n'en peut dissoudre.

L'*oxalate de cuivre et de potasse*, $C^4KCuO^8 + 2$ aq. et 4 aq., constitue des rhomboèdres bleus (2 aq.) peu solubles dans l'eau, ou bien des aiguilles aplaties (4 aq.). L'eau bouillante décompose les cristaux en séparant de l'oxalate de cuivre.

L'*oxalate de cuivre et de soude*, $C^4NaCuO^8 + 2$ aq., forme des aiguilles souvent aplaties, d'un bleu de ciel foncé.

§ 246. *Oxalates d'étain*[2]. — Le *sel neutre*, $C^4Sn^2O^8$, s'obtient aisément et en grande quantité si l'on verse, dans une solution bouillante d'acide oxalique, une dissolution de protoxyde d'étain dans l'acide acétique. L'oxalate stanneux, étant presque insoluble, cristallise aussitôt. Il se dépose toujours dans la liqueur bouillante, sous la forme d'aiguilles brillantes, dont l'aspect rappelle tout à fait celui du sulfate de chaux cristallisé artificiellement. Il est insoluble dans l'eau froide; l'eau bouillante le décompose en par-

[1] F. H. C. VOGEL, GRAHAM., *loc. cit.*

[2] BOUQUET, *Recueil des trav. de la Soc. d'émulat. pour les sciences pharmac.*; Janvier 1847, p. 3.

tie en produisant un sous-sel blanc, mais la plus grande partie du sel résiste à cette décomposition. Les cristaux sont parfaitement neutres et anhydres. Ils se dissolvent dans les oxalates à base de potasse, de soude ou d'ammoniaque, en donnant des oxalates à deux métaux, qu'on obtient aussi par d'autres moyens.

L'*oxalate d'étain et d'ammoniaque*, $C^4Sn(NH^4)O^8 + aq.$, forme des cristaux volumineux semblables à l'oxalate de potasse et d'étain, et se prépare par le même procédé. Placé dans une capsule et chauffé par la lampe à alcool, il fond, puis il se détruit avec une forte détonation, accompagnée d'une projection de matière.

L'*oxalate d'étain et de potasse*, $C^4SnKO^8 + aq.$, s'obtient en traitant la solution du bioxalate de potasse par un grand excès d'hydrate stanneux. Il se présente en cristaux incolores, volumineux et transparents qui paraissent appartenir au système rhombique; il est très-soluble dans l'eau froide, et cette solution devient laiteuse au bout de quelque temps. A l'ébullition, la précipitation est plus prompte; le précipité est tantôt blanc et gélatineux, tantôt entièrement noir.

L'*oxalate d'étain et de soude* forme des cristaux anhydres, qui se comportent avec l'eau comme les sels précédents, et se préparent de la même manière.

Oxalate de bismuth[1]. — L'acide oxalique noircit le bismuth sans le dissoudre. On obtient l'oxalate neutre de bismuth sous la forme d'une poudre blanche et cristalline, contenant $C^4bi^2O^8 + 2\,aq.$, en traitant l'oxyde de bismuth par l'acide oxalique. Le même sel se produit lorsqu'on fait bouillir l'oxyde de bismuth avec le bioxalate de potasse.

L'eau bouillante transforme le sel précédent en un *sous-oxalate*, $C^4bi^2O^8, biO, HO$, blanc cristallin, insoluble dans l'acide nitrique dilué, assez soluble dans l'acide chlorhydrique.

Oxalates d'antimoine[2]. — L'acide oxalique ne dissout que difficilement l'oxyde d'antimoine calciné; mais on obtient un sous-oxalate d'antimoine présentant toujours la même composition, $C^4sb^2O^8, sbO, HO$ ($= 2C^2O^3, Sb^2O^3, HO$), soit en faisant bouillir

[1] BOUSSINGAULT, *Ann. de Chim. et de Phys.*, LIV, 266. — SCHWARZENBERG, *Ann. der Chem. u. Pharm.*, LXIV, 126.

[2] LASSAIGNE, *Journ. de Chim. médic.*, III, 278. — BUSSY, *Journ. de Pharm.*, XXIV, 616. — PELIGOT, *Ann. de Chim. et de Phys.*, [3] XX, 291. — Dans les formules que nous avons adoptées, *sb* équivaut à $\frac{1}{2}$ Sb^2 (antimonicum), équivalent de H.

avec une solution d'acide oxalique la poudre d'Algaroth ou l'oxyde précipité du chlorure d'antimoine par le carbonate d'ammoniaque, soit en versant de l'acide chlorhydrique ou oxalique dans la solution bouillante de l'oxalate d'antimoine et de potasse. C'est une poudre blanche cristalline, insoluble dans l'eau froide; l'eau chaude la décompose en lui enlevant de l'acide.

L'*oxalate d'antimoine et de potasse*, $C^4sbKO^8 + 2$ aq. ($= 6C^2O^3$, Sb^2O^3, $3\,KO + 6$ aq., Bussy) s'obtient en faisant bouillir une solution de sel d'oseille avec un excès d'oxyde d'antimoine. Il forme de gros prismes obliques, transparents, contenant 9,5 p. c. d'eau de cristallisation qu'ils perdent à 100°, solubles dans 9,5 p. d'eau froide, moins solubles dans l'eau, rougissant le tournesol; leur solution étendue de beaucoup d'eau dépose de l'oxyde d'antimoine; elle est aussi précipitée par les acides et les alcalis.

M. Peligot n'a pas obtenu des résultats concordants à l'analyse de ce sel; il pense qu'il cristallise, suivant les circonstances, avec des quantités d'eau variables.

Suivant M. Lassaigne, les cristaux de ce sel contiendraient 20,19 p. c. d'eau.

§ 147. *Oxalate de plomb* [1], $C^4Pb^2O^8$. — Ce sel constitue un précipité blanc insoluble dans l'eau et l'acide acétique, mais soluble dans l'acide nitrique. Il se dissout aussi, à l'ébullition, dans le chlorhydrate, le nitrate et le succinate d'ammoniaque, mais il est insoluble dans l'ammoniaque caustique et dans le carbonate d'ammoniaque. Quand on le chauffe, à l'état sec, dans une cornue placée dans un bain d'huile, il se décompose à une température voisine de 300°, en développant un mélange de gaz carbonique et d'oxyde de carbone dans le rapport de 3 volumes à 1 volume, et en laissant pour résidu du sous-oxyde de plomb Pb^2O (Pelouze).

$$2C^4Pb^2O^8 = 6CO^2 + 2\,CO + 2\,Pb^2O.$$

Un *sous-oxalate de plomb*, $C^4Pb^2O^8$, $4\,PbO$, s'obtient sous la forme d'une poudre blanche lorsqu'on précipite une solution de sous-acétate de plomb par de l'oxalate d'ammoniaque neutre, ou qu'on fait bouillir l'oxalate de plomb neutre avec du sous-acétate de plomb (qui passe alors à l'état d'acétate neutre). Il se précipite en petites lames brillantes lorsqu'on mélange une solution bouillante d'oxamide avec du nitrate ou de l'acétate de plomb, ad-

[1] PELOUZE, *Ann. de Chim. et de Phys.*, [3] IV, 104. — JOHNSTON, *Philos. Magaz. and Journ. of Sc.*, XIII, 25. — DUJARDIN, *l'Institut;* Janv. 1838.

ditionné d'un peu d'ammoniaque. Préparé de l'une ou de l'autre manière, ce sous-oxalate absorbe l'acide carbonique de l'air, et finit par se transformer en un mélange de carbonate et d'oxalate de plomb neutre.

Une *combinaison d'oxalate et de nitrate de plomb*, $C^4Pb^2O^8,2NO^6Pb + 4$ aq., se produit lorsqu'on verse une solution d'acétate de plomb dans un mélange d'acide oxalique dilué et de beaucoup d'acide nitrique, ou qu'on verse de l'acide oxalique dilué dans un mélange d'acétate de plomb étendu et d'acide nitrique. On peut aussi dissoudre l'oxalate de plomb dans l'acide nitrique dilué, ou faire bouillir l'oxalate de plomb avec une solution concentrée de nitrate de plomb. Elle constitue des tables rhombes ou hexagones, d'un éclat nacré. L'eau froide les décompose lentement; à l'ébullition, la décomposition se fait très-vite.

Oxalates de mercure[1]. — On connaît un sel mercureux et deux sels mercuriques.

α. *Sel mercureux*, $C^4Hg^4O^8 + 2$ aq. ou bien $C^4Hg^2O^8 + 2$ aq. Précipité blanc, presque insoluble dans l'eau, soluble dans l'acide nitrique dilué. L'acide oxalique et l'oxalate de potasse précipitent les sels mercureux.

β. *Sels mercuriques.* Le *sel neutre*, $C^4Hg^2O^8 + 2$ aq., constitue un précipité blanc, insoluble dans l'eau et dans l'acide oxalique.

Le *sel de tétramercurammonium*, $C^4(NHg^4)^2O^8 + 4$ aq. s'obtient[2] lorsqu'on met l'oxalate mercurique en digestion avec de l'ammoniaque caustique en excès, et qu'on lave le produit insoluble jusqu'à ce qu'il n'ait plus de réaction alcaline. Il se produit aussi par l'action d'une solution concentrée d'oxalate d'ammoniaque sur le bioxyde de mercure; la formation du sel s'effectue déjà à froid par le contact des deux substances; elle est plus rapide à la température de l'ébullition, mais le produit s'altère alors en partie. L'oxalate de tétramercurammonium constitue une poudre blanche, amorphe. Ce sel fait explosion quand on le chauffe.

Lorsqu'on fait bouillir du bioxalate de potasse avec du chloramidure de mercure (chlorure de dimercurammonium), il se dégage de l'acide carbonique, et l'on obtient un dépôt d'oxalate mercu-

[1] HAREF, *Archiv. der Pharm. von R. Brandes*, 2e série, V, 264. — BURCKHARDT, *ibid.*, XI, 250.

[2] MILLON, *Ann. de Chim. et de Phys.*, [3], XVIII, 409. — HIRZEL, *Ann. der Chem. u. Pharm.*, LXXXIV, 262.

reux; la liqueur filtrée, exposée aux rayons solaires ardents, dépose presque instantanément du chlorure mercureux[1].

Oxalate d'argent, $C^4Ag^2O^8$. — L'acide oxalique précipite le nitrate d'argent en blanc. Ce précipité est presque insoluble dans l'eau, mais soluble dans l'acide nitrique. Lorsqu'on le chauffe au delà de 140°, il fait brusquement explosion. Chauffé à 100°, dans un courant de gaz hydrogène, il se colore en jaune brun clair, en se convertissant en partie en un sel argenteux.

§ 148. *Oxalates de platine.* — On connaît un sel platineux et plusieurs sels platiniques.

α. *Sel platineux*. Suivant M. Doebereiner[2], l'acide oxalique dissout à chaux le platinate de soude, en dégageant de l'acide carbonique; la solution, d'abord verte, puis d'un bleu foncé, dépose, par le refroidissement, de petites aiguilles rouge cuivré d'oxalate platineux. Ce sel fait explosion par la chaleur. L'eau-mère où il s'est déposé jaunit par l'addition de l'eau, et redevient, par la concentration, d'un bleu foncé. L'analyse de l'oxalate platineux n'a pas été faite.

β. *Sels platiniques*. Suivant Bergmann, le précipité produit par la soude dans le bichlorure de platine se dissoudrait dans l'acide oxalique avec une couleur jaune, et donnerait des cristaux de même couleur. La composition de ce produit n'a pas encore été vérifiée par l'analyse.

Par contre, on a analysé[3] plusieurs *oxalates de platine ammoniacaux*.

(*a*). Sel dit *de platinamine*, correspondant à l'oxalate d'un ammonium, dans lequel H^2 est remplacé par son équivalent pt^2, $C^4(NH^2pt^2)O^8 + 6$ aq. ou bien ($= 2\,C^2O^3, 2\,PtO^2, 4\,HO, 2\,NH^3$).

Lorsqu'on ajoute de l'oxalate d'ammoniaque à une solution de nitrate neutre de platinammonium, il se produit un précipité jaune clair et cristallin, qu'on fait dissoudre dans l'eau bouillante. On l'obtient alors sous la forme de feuillets de même couleur.

Ce sel explosionne par la chaleur comme l'oxalate d'argent, en

[1] KOSMANN, *Ann. de Chim. et de Phys.*, [3] XXVII, 243.

[2] DOEBEREINER, *Ann. de Poggend.*, XXVIII, 182.

[3] GROS, *Ann. de Chim. et de Phys.*, LXIX, 213. — RAEWSKY, *ibid.*, [3], XXII, 292. — GERHARDT, *Compt. rend. des trav. de Chim.*, 1850, p. 283. — Dans les formules par lesquelles nous avons représenté ces sels platiniques *pt* (platinicum) équivaut à ½ Pt.

donnant beaucoup d'eau, de l'ammoniaque et du platine métallique.

(*b*). Sels dits de *diplatinamine*, correspondant aux oxalates d'un ammonium dans lequel H^2 est remplacé par pt^2, et H par (NH^4). L'oxalate neutre de ce diplatinammonium serait $C^4 [NHpt^2 (NH^4)]^2 O^8$; le bioxalate serait $C^4H [NHpt^2 (NH^4)] O^8$; on n'a pas encore isolé ces sels, mais on connaît des combinaisons du bioxalate avec le chlorure et avec le nitrate correspondants.

Une *combinaison de bioxalate et de chlorure* (dite oxalate de Gros, ou bichlorhydro-oxalate de diplatinamine) renferme :

$$\left\{\begin{array}{rl} C^4H\,[NHpt^2\,(NH^4)]\,O^8 & \ldots \text{ bioxalate de diplatinammonium.} \\ HCl & \ldots \text{ chlorure d'hydrog.} \\ [NHpt^2\,(NH^4)]\,Cl & \ldots \text{ chlorure de diplatinammonium.} \end{array}\right.$$
$$= 2\,C^2O^3,\ PtO^2,\ PtCl^2,\ 4\,NH^3.$$

Ce composé s'obtient lorsqu'on traite, par l'acide oxalique ou par un oxalate alcalin soluble, une dissolution chaude de la combinaison du binitrate ou du bisulfate de diplatinammonium avec le chlorure de la même base (bichlorhydro-nitrate ou bichlorhydro-sulfate de diplatinamine) : il se produit ainsi un précipité blanc grenu insoluble dans l'eau. Le sel traité par un excès d'acide nitrique ou sulfurique donne de nouveau la combinaison qui a servi à le préparer. Un excès d'acide chlorhydrique le transforme en chlorure de diplatinammonium (bichlorhydrate de diplatinamine).

Une autre *combinaison de bioxalate et de chlorure* (dite oxalate de Raewsky, sesquichlorhydro-oxalate de diplatinamine) contient :

$$\left\{\begin{array}{rl} C^4H\,[NHpt^2\,(NH^4)]\,O^8 & \ldots \text{ bioxalate de diplatinammon.} \\ & + 2\text{ aq.} \\ [NHpt^2\,(NH^4)]\,Cl & \ldots \text{ chlorure de diplatinammon.} \end{array}\right.$$
$$= 2\,C^2O^3,\ 2\,PtO^2,\ 4\,NH^3,\ HCl.$$

Elle se dépose lorsqu'on ajoute de l'oxalate d'ammoniaque à une solution chaude de la combinaison correspondante de nitrate et de chlorure de diplatinammonium (sesquichlorhydrate de diplatinamine). Il se produit un précipité cristallin d'un blanc jaunâtre, insoluble dans l'eau. Ce précipité se présente au microscope sous la forme de prismes assez bizarrement groupés : ordinairement un certain nombre de prismes sont fixés rectangulairement par l'une de leurs extrémités, de distance en distance, sur toute la longueur d'un autre prisme, à peu près comme les degrés d'une échelle qui serait privée de l'un de ses montants.

Une combinaison de *bioxalate et de nitrate* (dite sesquinitro-oxalate de diplatinamine) présente une composition analogue à celle du sel précédent, et renferme :

$$\left.\begin{array}{r} C^4H\,[NHpt^2\,(NH^4)]\,O^8 \\ \\ N\,[NHpt^2(NH^4)]\,O^6 \end{array}\right\} \begin{array}{l} \text{. . bioxalate de diplatinammonium.} \\ +\ 2\ \text{aq.} \\ \text{. . nitrate de diplatinammon.} \end{array}$$

$= 2\,C^2O^3, NO^5, 2\,PtO^2, 4\,NH^3, HO.$

Ce sel se précipite sous la forme de flocons blancs volumineux, lorsqu'on ajoute de l'oxalate d'ammoniaque à une solution de sesquinitrate de diplatinammonium. Il est insoluble dans l'eau, à chaud et à froid. Chauffé fortement dans un petit tube, il explosionne en prenant feu, et donne de l'eau et de l'ammoniaque. A chaud, il se dissout avec effervescence dans l'acide sulfurique concentré, en dégageant des vapeurs rouges : la liqueur devient alors d'un jaune foncé, et, si l'on y ajoute un peu d'eau, elle dépose par le refroidissement un sel jaune cristallin. Lorsqu'on humecte le sel d'acide sulfurique concentré et qu'on chauffe dans une petite capsule, il devient d'un bleu clair.

Le sel précédent se dissout aisément dans l'acide nitrique étendu et bouillant; la solution dépose par le refroidissement un sel blanc et cristallin qui paraît avoir une composition semblable à celle de la première combinaison de bioxalate et de chlorure, savoir :

$$\left.\begin{array}{r} C^4H\,[NHpt^2\,(NH^4)]\,O^8 \\ NHO^6 \\ N\,[NHpt^2\,(NH^4)]\,O^6 \end{array}\right\} \begin{array}{l} \text{. . bioxalate de diplatinammonium.} \\ \text{. . acide nitrique.} \\ \text{. . nitrate de diplatinammonium.} \end{array}$$

$= 2\,C^2O^3, 2\,NO^5, 2\,PtO^2, 4\,NH^3.$

Oxalate de palladium. — Les oxalates alcalins produisent dans le nitrate palladeux un précipité jaune clair.

L'*oxalate de palladium et d'ammoniaque*, $C^4Pd(NH^4)\,O^8 + 2$ aq., constitue des prismes rhomboïdaux, d'une couleur jaune bronzé. On l'obtient[1] en faisant dissoudre l'hydrate ou le carbonate de palladium dans le bioxalate d'ammoniaque. Les prismes renferment 2 at. d'eau de cristallisation. On obtient aussi quelquefois des aiguilles avec 8 at. d'eau de cristallisation.

[1] KANE, *Philos. Transact.*, 1842, p. 297.

Dérivés méthyliques, éthyliques, amyliques de l'acide oxalique. Éthers oxaliques.

§ 149. Les éthers oxaliques constituent des oxalates dans lesquels le métal est représenté par les groupes méthyle, éthyle, amyle, etc. Voici ceux qu'on a étudiés :

Acide méthyl-oxalique.	$C^6 H^4 O^8 = C^4O^6$	$\begin{cases} C^2 H^3 O \\ H O \end{cases}$
Oxalate de méthyle.	$C^8 H^6O^8 = C^4O^6$	$\begin{cases} C^2 H^3 O \\ C^2 H^3 O \end{cases}$
Acide éthyl-oxalique ou oxalovinique.	$C^8 H^6 O^8 = C^4O^6$	$\begin{cases} C^4 H^5 O \\ H O \end{cases}$
Oxalate d'éthyle ou éther oxalique. .	$C^{12}H^{10}O^8 = C^4O^6$	$\begin{cases} C^4 H^5 O \\ C^4 H^5 O \end{cases}$
Oxalate d'éthyle et de méthyle. . .	$C^{10}H^8O^8 = C^4O^6$	$\begin{cases} C^4 H^5 O \\ C^2 H^3 O \end{cases}$
Acide amyl-oxalique.	$C^{14}H^{12}O^8 = C^4O^6$	$\begin{cases} C^{10} H^{11}O \\ H O \end{cases}$
Oxalate d'amyle.	$C^2 H^{22}O^8 = C^4O^6$	$\begin{cases} C^{10} H^{11}O \\ C^{10} H^{11}O \end{cases}$

§ 150. *Acide méthyl-oxalique*, $C^6H^4O^8$. — On ne l'a pas encore décrit. On obtiendrait probablement les méthyl-oxalates par le même procédé que leurs homologues, les éthyl-oxalates.

Oxalate de méthyle[1], $C^8H^6O^8$. — En distillant un mélange de parties égales d'acide sulfurique, d'acide oxalique et d'alcool méthylique, on obtient dans le récipient une liqueur spiritueuse qui, exposée à l'air, s'évapore bientôt en laissant un résidu cristallisé en belles lames rhomboïdales. La quantité de ce produit augmente à mesure que la distillation avance; on purifie le produit en le distillant de nouveau avec un peu d'alcool méthylique, faisant égoutter sur un filtre, fondant au bain d'huile et distillant sur du massicot.

On peut aussi employer le sel d'oseille pour la préparation de l'oxalate de méthyle. A cet effet, on mélange l'esprit de bois peu à peu avec un poids égal d'acide sulfurique concentré, en évitant

[1] DUMAS et PELIGOT (1835), *Ann. de Chim. et de Phys.*, LVIII, 44. — WOEHLER, *Ann. der Chem. u. Pharm.*, LXXXI, 376.

que la masse s'échauffe, et l'on distille le mélange brun, dans une cornue tubulée, sur deux parties de sel d'oseille. Il est peut-être bon, avant de distiller le mélange, de l'abandonner à lui-même pendant vingt-quatre heures. Il passe d'abord un liquide volatil et combustible, et ensuite de l'oxalate de méthyle qui se fige déjà dans le col de la cornue; on fait couler l'éther hors du col en le chauffant doucement; on le purifie des parties volatiles dont il est mélangé en l'abandonnant sur de l'acide sulfurique, après l'avoir exprimé entre des doubles de papier buvard, ou en le maintenant pendant quelque temps en fusion. Les portions volatiles qui passent les premières à la distillation déposent aussi, par l'évaporation spontanée, une certaine quantité d'oxalate de méthyle.

Le même éther s'obtient également en distillant simplement l'alcool méthylique sur de l'acide oxalique.

L'oxalate de méthyle cristallise en rhombes incolores, et présente une odeur éthérée. Il fond vers 51° et bout à 161°. Il se dissout dans l'eau froide; mais la dissolution se détruit bientôt, surtout à chaud, en régénérant de l'acide oxalique et de l'alcool méthylique. Les alcalis hydratés le détruisent rapidement et opèrent le même dédoublement. Lorsqu'on le distille avec une lessive de potasse concentrée, il se produit un sel de potasse méthylique, peu soluble, qui n'a pas encore été examiné. L'hydrate de chaux sec ne le décompose pas à la distillation.

Il se dissout dans l'alcool et dans l'esprit de bois.

L'ammoniaque sèche le convertit en alcool méthylique et en oxamate de méthyle.

$$C^8H^6O^8 + NH^3 = C^2H^4O^2 + C^6H^5NO^6.$$

Alc. méthyl. — Oxamate de méthyle.

L'ammoniaque liquide le convertit en alcool méthylique et en oxamide :

$$C^8H^6O^8 + 2\,NH^3 = 2\,C^2H^4O^2 + C^4H^4N^2O^4.$$

Alcool méthyl. — Oxamide.

Le chlore le transforme en deux produits chlorés.

L'*oxalate de méthyle bichloré*, $C^8H^2Cl^4O^8$, s'obtient le premier[1]. Le chlore agit très-lentement. Comme l'oxalate de méthyle est solide, il faut l'entretenir en fusion pour que le chlore puisse l'attaquer; l'expérience est très-longue et fatigante. On ob-

[1] MALAGUTI (1839), *Ann. de Chim. et de Phys.*, LXX, 383.

tient une huile limpide, volatile, qui, mise dans l'eau, produit immédiatement une effervescence d'oxyde de carbone pur, et, si l'on fait l'essai dans une petite quantité d'eau, on voit se précipiter des cristaux d'acide oxalique, tandis que le liquide retient de l'acide chlorhydrique en dissolution :

$$C^8H^2Cl^4O^8 + 4\,HO = 4\,CO + C^4H^2O^8 + 4\,HCl.$$

A l'air humide, elle se convertit rapidement en acide oxalique cristallisé.

L'oxalate de méthyle perchloré, $C^8Cl^6O^8$, se produit si l'on fait agir le chlore sous l'influence solaire[1]. Il constitue des lames nacrées, douées d'une odeur très-forte qui rappelle celle du gaz chlorocarbonique. Tous les liquides altèrent profondément ce produit. L'alcool le convertit en éther oxalique et en éther chlorocarbonique :

$$C^8Cl^6O^8 + 4\,C^4H^6O^2 = \underset{\text{Oxal. d'éthyle.}}{C^{12}H^{10}O^8} + \underset{\text{Chlorocarbon. d'éthyle.}}{2C^6H^5ClO^4} + 4\,HCl.$$

L'esprit de bois et l'huile de pommes de terre se comportent d'une manière toute semblable.

Le gaz ammoniac sec le décompose, avec développement de chaleur, en produisant du sel ammoniac et de la carbamide; il se forme en même temps une matière brune analogue au paracyanogène. Une dissolution concentrée de potasse caustique le convertit rapidement en oxalate, carbonate et chlorure :

$$C^8Cl^6O^8 + 12\,KO = 2\,(C^2O^3,KO) + 4\,(CO^2,KO) + 6KCl.$$

A 350°, l'oxalate de méthyle perchloré se décompose entièrement en donnant de l'oxyde de carbone et du gaz chlorocarbonique :

$$C^8Cl^6O^8 = C^2O^2 + 3\,C^2O^2Cl^{12}.$$

§ 151. *Acide éthyl-oxalique*, ou oxalovinique, $C^8H^6O^8$. — Lorsqu'on décompose l'éther oxalique par la potasse, on obtient le sel potassique de cet acide. En dissolvant ce sel dans l'alcool aqueux, saturant avec précaution par l'acide sulfurique, et neutralisant par du carbonate de plomb ou de baryte, on obtient d'autres éthyl-oxalates.

L'acide éthyl-oxalique[2] lui-même peut s'obtenir en décomposant le sel à base de plomb ou de baryte par l'acide sulfurique;

[1] CAHOURS (1846), *Ann. de Chim. et de Phys.*, [3] XIX, 343.
[2] MITSCHERLICH (1834), *Annal. de Poggend.*, XXXIII, 332.

mais il est si peu stable qu'il se décompose par la concentration en alcool et en acide oxalique.

Le *sel de potasse*, $C^8H^5KO^8$, se prépare en dissolvant l'éther oxalique dans de l'alcool absolu, et ajoutant une dissolution alcoolique de potasse en quantité assez faible pour ne pas produire de l'oxalate. Le nouveau sel se sépare alors en paillettes cristallines. On le lave avec de l'alcool et on le fait cristalliser dans l'alcool aqueux. Il s'altère déjà vers 100°. Le contact des alcalis le convertit rapidement en oxalate alcalin et en alcool éthylique.

L'*acide éthyl-oxalique quintichloré*[1], ou acide chloroxalovinique, $C^8Cl^5HO^8$, ne s'obtient pas directement avec l'acide éthyl-oxalique et le chlore, mais par la métamorphose de l'oxamate d'éthyle quintichloré. (Voyez Amides oxaliques.)

Pour préparer cet acide, on verse dans une dissolution de son sel d'ammoniaque une quantité connue de carbonate de soude, on concentre la liqueur dans un bain de sable, jusqu'aux trois quarts du volume, et l'on achève la dessiccation dans le vide. Le résidu est dissous dans une petite quantité d'eau contenant l'acide sulfurique nécessaire pour neutraliser la soude. On dessèche de nouveau la masse, d'abord au bain de sable, ensuite dans le vide; puis on traite le résidu par l'alcool absolu qui dissout l'acide éthyl-oxalique quintichloré.

Desséché dans le vide, ce corps se présente en petites aiguilles confuses, incolores, solubles en toutes proportions dans l'acool, l'éther et l'eau, fusibles à une basse température; appliqué sur la peau, il tombe en déliquescence, puis il cause une vive douleur, et y laisse une tache blanche, entourée d'une auréole enflammée.

Il est très-déliquescent et fait effervescence avec les carbonates.

M. Malaguti a décrit une substance huileuse qu'il appelle *acide chloroxalovinique anhydre* ou *choroxéthide*, $C^8Cl^5O^7$, mais qui ne paraît être qu'une modification liquide, isomère du corps précédent. Ce chimiste l'obtient, avec d'autres produits, en mettant de l'oxalate d'éthyle perchloré en contact avec de l'alcool; elle est légèrement jaunâtre, douée d'une odeur vineuse, et bout vers 200° en se colorant; récemment préparée, elle est entièrement neutre, mais elle s'acidifie promptement à l'air humide; elle est insoluble dans l'eau, et soluble, en toutes proportions, dans l'alcool et l'éther. Comme on ne connaît pas la composition des produits qui

[1] Malaguti (1840), *Ann. de Chim. et de Phys.*, LXXIV, 308.

accompagnent cette huile, il n'est guère possible d'en expliquer la formation.

L'ammoniaque liquide ou gazeuse la transforme en oxamate d'éthyle quintichloré (chloroxaméthane).

Le *sel d'ammoniaque* de l'acide éthyl-oxalique quintichloré, $C^8Gl^5(NH^4)O^8$, s'obtient avec l'oxamate d'éthyle quintichloré. Celui-ci disparaît peu à peu dans une solution d'ammoniaque, sans qu'il se forme ni acide chlorhydrique ni acide oxalique ; si, après avoir débarrassé le liquide de l'excès d'ammoniaque, on le dessèche dans le vide, on obtient de l'éthyl-oxalate quintichloré d'ammoniaque, sous la forme d'une masse saline très-déliquescente. Ce sel possède une saveur amère et piquante ; il présente une réaction légèrement acide, se dissout dans l'eau et dans l'alcool, et peut fondre sans se décomposer ; mais, si on le fait entrer en ébullition, il se décompose, sans dégager d'ammoniaque, en développant une fumée très-dense douée d'une odeur acétique.

Oxalate d'éthyle, ou éther oxalique[1], $C^{12}H^{10}O^8$. — Cet éther s'obtient en distillant un mélange de 1 p. de bioxalate de potasse, 1 p. d'alcool et 2 p. d'acide sulfurique concentré ; dès que le produit de la distillation se trouble quand on y ajoute de l'eau, on change de récipient et l'on continue de distiller sans refroidir. En ajoutant de l'eau au produit distillé, on sépare l'éther qui est plus pesant que l'eau ; on enlève celui-ci à l'aide d'une pipette, et on le rectifie après l'avoir lavé.

Le procédé le plus expéditif pour obtenir l'éther oxalique en grande quantité consiste à chauffer, dans une cornue tubulée, de l'acide oxalique, jusqu'à ce qu'il commence à donner des vapeurs blanches, et à y faire arriver goutte à goutte de l'alcool (Gaultier de Claubry). Lorsqu'on sature à chaud l'alcool par de l'acide oxalique, la plus grande partie de ce dernier cristallise par le refroidissement ; mais, si l'on abandonne la solution dans un lieu chaud (à 40 ou 50°) pendant quelques mois, il s'y produit une quantité considérable d'oxalate d'éthyle et d'acide éthyl-oxalique[2].

L'oxalate d'éthyle est un liquide incolore, limpide et oléagineux

[1] BERGMANN, *Opusc.*, I, 256. — THENARD, *Mém. de la Soc. d'Arcueil*, II, 11. — DUMAS et BOULLAY, *Journ. de Pharm.*, XIV, 113. — DUMAS, *Ann. de Chim. et de Phys.*, LIV, 237.

[2] LIEBIG, *Ann. der Chem. u. Pharm.*, LXV, 350.

d'une densité de 1,0929; il bout à 184° c., présente une odeur aromatique, et se mêle en toutes proportions avec l'alcool et l'éther. Il est très-peu soluble dans l'eau. Il s'altère promptement lorsqu'il est humide. La densité de sa vapeur est égale à 5,1.

Les alcalis hydratés en excès le décomposent à l'ébullition en oxalate et en alcool éthylique.

Lorsqu'on ajoute à une dissolution alcoolique de cet éther une solution de potasse dans l'alcool en proportion convenable, il se précipite de l'éthyl-oxalate de potasse en même temps que la moitié des éléments éthyliques est mise en liberté sous forme d'alcool.

L'ammoniaque convertit l'oxalate d'éthyle en alcool et en oxamate d'éthyle ou en oxamide.

Le potassium le transforme en carbonate d'éthyle, avec dégagement d'oxyde de carbone.

Quand on verse de petites quantités de *bichlorure d'étain* dans l'éther oxalique, il arrive un moment où le mélange se prend en une masse cristalline. Le produit cristallise sous la forme de petites aiguilles groupées autour d'un centre commun, $C^{12}H^{10}O^{8}$, 2 $SnCl^{2}$. Ces cristaux s'altèrent très-facilement. Au contact de l'eau ils régénèrent de l'éther oxalique [1].

L'*oxalate d'éthyle perchloré* [2], ou éther chloroxalique, $C^{12}Cl^{10}H^{8}$, se produit par l'action du chlore sur l'éther oxalique. Lorsqu'on place ce dernier dans une cornue tubulée, et qu'on y dirige un courant de chlore, le tout étant exposé aux rayons solaires, on voit apparaître, au bout de quelques minutes, des cristaux d'oxalate d'éthyle perchloré.

Ce corps est incolore, cristallisé en lames quadrangulaires, insipide, parfaitement neutre, sans aucune odeur, transparent à l'état récent, mais il devient opaque par le temps. Il fond à + 144° avec commencement de décomposition. Il est insoluble dans l'eau; exposé à l'air humide pendant longtemps, il devient acide, fumant, et finit par se liquéfier. L'alcool, l'esprit de bois, l'huile de pommes de terre, l'essence de térébenthine, l'acétone, le décomposent immédiatement. L'éther ordinaire, l'éther acétique et plusieurs autres éthers le décomposent moins rapidement. De tous les dis-

[1] Lewy, *Compt. rend. de l'Acad.*, XXI, 371.

[2] Malaguti (1840), *Ann. de Chim. et de Phys.*, LXXIV, 299. *Ann. de Chim. et de Phys.*, [3] XVI, 46.

solvants, l'éther acétique est celui qui le décompose avec le plus de lenteur.

Le gaz ammoniac sec s'échaufle avec l'éther chloroxalique en donnant du sel ammoniac, de l'oxamate d'éthyle quintichloré, une autre amide, et un ou deux sels ammoniacaux.

Lorsqu'on verse de l'ammoniaque liquide sur l'oxalate d'éthyle perchloré en poudre, la réaction est extrêmement vive. Si l'on projette cet éther dans l'ammoniaque liquide, on observe à chaque projection, un bruissement semblable à celui d'un corps incandescent qu'on plongerait dans l'eau ; il se précipite de l'oxamide, et le liquide retient du sel ammoniac, ainsi qu'un autre sel chloré. Les équations suivantes rendent compte de ces métamorphoses

$$C^{12}Cl^{10}O^{8} + 2NH^{3} = C^{8}H^{2}Cl^{5}NO^{6} + C^{4}H^{2}Cl^{3}NO^{2} + 2HCl.$$

Ox. d'éth. perchl. — Oxam. d'éthyle quintichloré. — Trichloracétam.

$$C^{8}H^{2}Cl^{5}NO^{6} + 2NH^{3} = C^{4}H^{2}Cl^{3}NO^{2} + C^{4}H^{4}N^{2}O^{4} + 2HCl.$$

Oxam. d'éthyle quintichloré. — Trichloracétamide. — Oxamide.

L'action de l'alcool est extrêmement compliquée : on obtient, suivant les circonstances, de l'oxyde de carbone, des traces d'acide carbonique et de chlorure d'éthyle ; en étendant d'eau, on voit le liquide se troubler et déposer une huile colorée en jaune, que M. Malaguti représente par $C^{8}Cl^{6}O^{7}$ (p. 268). Il y reste, en outre, de l'acide oxalique, de l'acide trichloracétique et de l'acide chlorhydrique.

Lorsqu'on fait tomber goutte à goutte de l'esprit de bois sur l'éther chloroxalique, tant qu'il se dégage du gaz chlorhydrique, et qu'après le refroidissement du mélange on ajoute de l'eau, il se précipite un mélange huileux d'oxalate de méthyle et de chlorocarbonate de méthyle.

Soumis à l'action de la potasse, l'éther chloroxalique perchloré donne de l'oxalate, du trichloracétate et du chlorure :

$$C^{12}Cl^{10}O^{8} + 8HO = C^{4}H^{2}O^{8} + 2C^{4}HCl^{3}O^{4} + 4HCl.$$

Ac. oxaliq. — Ac. trichloracétiq.

Soumis à plusieurs distillations réitérées et brusques, l'éther chloroxalique se convertit complétement en gaz chlorocarbonique, oxyde de carbone et chlorure de trichloracétyle (aldéhyde perchloré) :

$$C^{12}Cl^{10}O^{8} = 2COCl + 2CO + 2C^{4}Cl^{4}O^{2}$$

Chlor. de trichloracét.

A la longue, l'éther chloroxalique renfermé dans un flacon paraît éprouver la même métamorphose que sous l'influence de la chaleur.

Oxalate d'éthyle et de méthyle, ou oxalméthylovinide[1], $C^{10}H^8O^8$. —On obtient cet éther en distillant de l'éthyl-oxalate de potasse avec du méthyl-sulfate de potasse : on dessèche d'abord l'éthyl-oxalate à 100°, puis dans le vide ; on mélange 1 p. de ce sel avec 1 p. de méthyl-sulfate de potasse parfaitement sec et dépouillé de son eau de cristallisation ; on introduit ce mélange dans une cornue tubulée, munie d'un récipient, et on le chauffe au bain de sable à une chaleur très-modérée. La matière se boursoufle considérablement, et l'on est obligé de mêler d'abord le mélange avec de la pierre ponce pour pouvoir terminer la distillation par l'application d'une température assez élevée. On obtient ainsi une quantité notable d'oxalate d'éthyle et de méthyle, sous la forme d'un liquide jaunâtre, plus dense que l'eau. A l'état brut, ce corps possède une odeur d'oignon assez pénétrante, qui lui est communiquée par une très-faible quantité de sulfate de méthyle qui prend naissance dans la réaction ; mais on le débarrasse de cette odeur en le distillant à plusieurs reprises sur du chlorure de sodium.

A l'état de pureté, l'oxalate d'éthyle et de méthyle constitue un liquide limpide, doué d'une faible odeur aromatique ; il est insoluble dans l'eau, au fond de laquelle il se précipite. Sa densité à 12° c. est de 1,127. Il bout entre 160° et 170° et distille sans altération. La densité de sa vapeur a été trouvée égale à 4,67. Il est inflammable, et brûle avec une flamme bordée de bleu. En présence de l'eau bouillante, il se dissout complétement en se décomposant en acide oxalique, alcool éthylique et alcool méthylique. Il se dissout à froid dans la potasse. L'ammoniaque le décompose immédiatement en donnant un précipité d'oxamide, en même temps qu'il se produit de l'alcool méthylique et de l'alcool éthylique :

$$\underset{\text{O. d'éthyle de méthyle}}{C^{10}H^8O^8} + 2NH^3 = \underset{\text{Oxamide.}}{C^4H^4N^2O^4} + \underset{\text{Alc. méthyl.}}{C^2H^4O^2} + \underset{\text{Alc. éthyl.}}{C^4H^6O^2}$$

§ 152. *Acide amyl-oxalique*, ou oxalamylique[2], $C^{14}H^{12}O^8$. — Quand on traite l'huile de pommes de terre ou hydrate d'amyle par un

[1] CHANCEL (1850), *Compt. rend. des Trav. de Chim.*, 1850, p. 403.
[2] BALARD (1844), *Ann. de Chim. et de Phys.*, [3] XII, 309.

assez grand excès d'acide oxalique cristallisé, et qu'on fait chauffer le mélange, il se produit à la partie inférieure du vase un liquide aqueux, solution d'acide oxalique saturée à chaud, et une liqueur huileuse, à odeur de punaise très-prononcée, qui laisse, par son refroidissement, déposer aussi de l'acide oxalique. Cette liqueur huileuse, saturée par du carbonate de chaux, donne lieu à la production de l'amyl-oxalate de chaux soluble qui cristallise par le refroidissement. Ce sel peut servir à la préparation des autres amyl-oxalates.

L'acide amyl-oxalique est une liqueur huileuse, à odeur de punaise.

Il donne, par la distillation sèche, de l'éther amyl-oxalique, de l'oxyde de carbone et de l'acide carbonique.

$$2\ C^{14}H^{12}O^{8} = \underset{\text{Oxal. d'amyle.}}{C^{24}H^{22}O^{8}} + C^{4}H^{2}O^{8}.$$

$$\underset{\text{Ac. oxaliq.}}{C^{4}H^{2}O^{8}} = 2\ CO^{2} + 2HO.$$

Les *amyl-oxalates*, ou oxalamylates, sont des sels fort peu stables. Leur solution régénère, à l'ébullition, de l'hydrate d'amyle; il faut donc la concentrer à un feu très-doux.

Le *sel de potasse*, précipité du sel calcique par le carbonate de potasse, se présente sous la forme de belles lames nacrées, grasses au toucher.

Le *sel de chaux*, $C^{14}H^{11}Ca\ O^{8} + 2$ aq., cristallise en belles écailles cristallines, plus solubles à chaud qu'à froid. Quand on essaye d'en chasser l'eau de cristallisation par un courant d'air sec à 100°, il se décompose en régénérant de l'hydrate d'amyle.

Le *sel d'argent*, $C^{14}H^{11}AgO^{8}$, forme des lamelles nacrées, anhydres, peu solubles et fort onctueuses au toucher; ce corps, même à l'état sec, s'altère à la longue, surtout au contact de la lumière.

Oxalate d'amyle, éther amyl-oxalique ou oxalamylique [1], $C^{24}H^{22}O^{8}$. — Quand on soumet à la distillation la liqueur huileuse à l'aide de laquelle on prépare l'amyl-oxalate de chaux, la température s'élève graduellement, et il distille de l'oxalate d'amyle que l'on peut obtenir pur par une nouvelle distillation.

Cet éther bout à 262°; son odeur de punaise est fort prononcée. La densité de sa vapeur a été trouvée égale à 8,4.

[1] BALARD (1844), *Ann. de Chim. et de Phys.*, [3] XII, 311.

Il se décompose au contact de l'eau, surtout en présence des solutions alcalines, en oxalate et en hydrate d'amyle.

L'ammoniaque aqueuse le convertit en oxamide et en hydrate d'amyle :

$$C^{24}H^{22}O^8 + 2NH^3 = \underset{\text{Oxamide.}}{C^4H^4N^2O^4} + \underset{\text{Hydr. d'amyle.}}{2\,C^{10}H^{12}O^2}.$$

L'ammoniaque gazeuse ou en dissolution dans l'alcool absolu produit de l'oxamate d'amyle et de l'hydrate d'amyle :

$$C^{24}H^{22}O^8 + NH^3 = \underset{\text{Oxamate d'amyle.}}{C^{14}H^{13}NO^6} + \underset{\text{Hyd. d'amyle.}}{C^{10}H^{12}O^2}.$$

L'oxalate d'amyle, dont la température d'ébullition est si élevée, peut servir à préparer d'autres éthers amyliques par double décomposition.

Suivant M. Chancel, l'*oxalate d'amyle et de méthyle* peut s'obtenir par la distillation d'un mélange d'amyl-oxalate et de méthyl-sulfate de potasse, et l'*oxalate d'amyle et d'éthyle*, par la distillation d'un mélange d'éthyl-oxalate et d'amyl-sulfate de potasse.

AMIDES OXALIQUES.

§ 153. Ces composés se produisent par l'action de l'ammoniaque ou d'autres alcalis semblables (comme l'aniline ou phénylamine) sur les éthers oxaliques, et par l'action de la chaleur sur les combinaisons de l'ammoniaque et des autres alcalis avec l'acide oxalique. Ils peuvent être rapportés à deux types, à l'*oxamide* et à l'*acide oxamique*, ces deux types dérivant eux-mêmes des types généraux ammoniaque (NH^3, $NH^3 = N^2H^6$) et hydrate d'oxyde d'ammonium ($NH^3 + 2HO = NH^4O,HO$).

Oxamide et dérivés.

Oxamide.	$C^4H^4N^2O^4$	$= N^2H^4\,(C^2O^2)^2$
Diméthyl-oxamide. . .	$C^8H^8N^2O^4$	$= N^2H^2\,(C^2H^3)^2\,(C^2O^2)^2$
Diéthyl-oxamide. . . .	$C^{12}H^{12}N^2O^4$	$= N^2H^2\,(C^4H^5)^2\,(C^2O^2)^2$
Diamyl-oxamide. . . .	$C^{24}H^{24}N^2O^4$	$= N^2H^2\,(C^{10}H^{11})^2\,(C^2O^2)^2$
Phényl-oxamide, ou oxanilamide.	$C^{16}H^8N^2O^4$	$= N^2H^3\,(C^{12}H^5)\,(C^2O^2)^2$
Diphényl-oxamide, ou oxanilide.	$C^{28}H^{12}N^2O^4$	$= N^2H^2\,(C^{12}H^5)^2\,(C^2O^2)^2$

Acide oxamique et dérivés.

Acide oxamique. . . .	$C^4H^3NO^6$	$= \left.\begin{matrix} NH^2(C^2O^2)^2.O \\ H.O \end{matrix}\right\}$
Oxamate de méthyle, ou oxaméthylane. . . .	$C^6H^5NO^6$	$= \left.\begin{matrix} NH^2(C^2O^2)^2.O \\ C^2H^3.O \end{matrix}\right\}$
Oxamate d'éthyle, ou oxaméthane.	$C^8H^7NO^6$	$= \left.\begin{matrix} NH^2(C^2O^2)^2.O \\ C^4H^5.O \end{matrix}\right\}$
Oxamate d'amyle, ou oxamylane.	$C^{14}H^{13}NO^6$	$= \left.\begin{matrix} NH^2(C^2O^2)^2.O \\ C^{10}H^{11}.O \end{matrix}\right\}$
Acide méthyl-oxamique.	$C^6H^5NO^6$	$= \left.\begin{matrix} NH(C^2H^3)(C^2O^2)^2.O \\ HO \end{matrix}\right\}$
Acide éthyl-oxamique.	$C^8H^7NO^6$	$= \left.\begin{matrix} NH(C^4H^5)(C^2O^2)^2.O \\ H.O \end{matrix}\right\}$
Acide phényl-oxamique.	$C^{16}H^7NO^6$	$= \left.\begin{matrix} NH(C^{12}H^5)(C^2O^2)^2.O \\ H.O \end{matrix}\right\}$

§ 154. Oxamide, $C^4H^4N^2O^4$. — Cette substance, obtenue déjà par Bauhof[1] en 1817, au moyen de l'éther oxalique et de l'ammoniaque, a acquis une grande importance depuis le travail de M. Dumas, qui l'a produite par l'action de la chaleur sur l'oxalate d'ammoniaque.

Lorsqu'on distille ce sel, il devient opaque, et laisse d'abord dégager de l'eau et de l'ammoniaque ; puis les parties qui avoisinent les parois de la cornue fondent, se tuméfient et finissent par disparaître, en laissant un résidu charbonneux. La distillation est accompagnée d'un dégagement d'oxyde de carbone, d'acide carbonique et de cyanogène ; lorsqu'elle est achevée, on trouve dans le récipient de l'eau fortement chargée de carbonate d'ammoniaque et tenant en suspension une matière blanche, insoluble, qui est l'oxamide. On la lave à l'eau froide.

Comme la chaleur, dans cette préparation, détruit beaucoup

[1] Bauhof, *Journ. f. Chemie u. Phys. von Schweigger*, XIX, 313. — Dumas, *Ann. de Chim. et de Phys.*, XLIV, 129 ; LIV, 240. — O. Henri et Plisson, *ibid.*, XLVI, 190. Pelouze, *ibid.*, [3] IV, 104. — Liebig, *Ann. der Chem. u. Pharm.*, IX, 11 et 129. — Malaguti, *Compt. rend. de l'Acad.*, XX, 852. — Dessaignes, *Ann. de Chim. et de Phys.*, [3] XXXIV, 143.

d'oxamide, il est plus avantageux de traiter l'éther oxalique par de l'ammoniaque aqueuse. On n'a qu'à agiter avec ce liquide le produit qu'on obtient en distillant de l'alcool sur de l'acide oxalique maintenu en fusion.

L'oxamide se produit aussi en petite quantité par l'ébullition du ferrocyanure de potassium avec l'acide nitrique (Playfair).

L'oxamide est une poudre blanche, légère, insoluble dans l'eau froide, sans odeur ni saveur. L'eau bouillante la dissout en petite quantité, et l'abandonne, par le refroidissement, en flocons cristallins. La solution n'agit pas sur les papiers réactifs et ne précipite pas les sels de chaux. L'alcool ne dissout pas l'oxamide.

L'oxamide se volatilise quand on la chauffe dans un tube ouvert, et vient cristalliser confusément sur les parties froides du tube; chauffée dans une cornue, elle se décompose en partie en donnant un résidu de charbon.

Lorsqu'on fait passer les vapeurs de l'oxamide dans un tube de verre chauffé au rouge, elles se décomposent complétement en carbonate d'ammoniaque, acide cyanhydrique, oxyde de carbone et urée. Celle-ci se dépose dans les parties froides du tube, sous la forme d'une huile épaisse, qui se concrète peu à peu (Liebig).

$$2\ C^4H^4N^2O^4 = 2\ CO^2 + NH^3 + C^2NH + 2\ CO + C^2H^4N^2O^2.$$

Le contact des acides ou des alcalis hydratés, à chaud, la convertit en acide oxalique et en ammoniaque. L'acide sulfurique bouillant donne naissance à du sulfate d'ammoniaque et à du gaz acide carbonique, mêlé d'un volume égal d'oxyde de carbone.

A la température de 224°, l'eau seule détermine la régénération de l'oxalate d'ammoniaque.

Une dissolution bouillante d'oxamide n'est altérée ni par le nitrate ni par l'acétate de plomb; mais ajoute-t-on à l'un ou à l'autre de ces sels un peu d'ammoniaque, on voit bientôt se précipiter en abondance de petites lames blanches d'un sous-oxalate de plomb. Lorsqu'au lieu de faire réagir l'oxamide sur le nitrate de plomb ammoniacal, en présence d'une grande quantité d'eau, on opère sur des liqueurs concentrées, on voit se déposer, pendant l'ébullition même, des cristaux renfermant 1 at. de ce sous-oxalate et 6 at. de nitrate de plomb neutre avec de l'eau de cristallisation.

Lorsqu'on maintient l'oxamide en ébullition dans l'eau, et qu'on y ajoute, par petites portions, du bioxyde de mercure, il se produit une poudre blanche, pesante, composée d'*oxamide et de bioxyde de mercure*, $C^4H^4N^2O^4$, HgO. Suivant M. Williamson, le bioxyde de mercure sec convertit l'oxamide en urée.

Quand on expose l'oxalate d'ammoniaque cristallisé à la température de 220° en vase clos, il se convertit entièrement, sans production d'oxamide, en carbonate d'ammoniaque et en oxyde de carbone. D'un autre côté, si l'on introduit de l'oxamide dans un tube métallique que l'on puisse fermer hermétiquement, et qu'on chauffe à 310°, on trouve, au bout de quelques minutes, qu'une portion de l'oxamide s'est convertie en cyanogène, oxyde de carbone et carbonate d'ammoniaque. La décomposition ignée de l'oxamide, sous la forme la plus simple, s'exprimerait donc par

$$C^4H^4N^2O^4 = C^4N^2 + 4\ HO.$$

Mais, l'eau et l'oxamide régénérant de l'oxalate d'ammoniaque, on conçoit qu'on obtienne aussi les produits de décomposition (carbonate d'ammoniaque et oxyde de carbone) de ce dernier sel.

Le chlore aqueux agit sur l'oxamide comme sur un sel d'ammoniaque; on n'a pour résidu que de l'acide oxalique sans sel ammoniac.

Bouillie avec de l'acide nitrique, l'oxamide dégage un mélange gazeux composé de deux volumes d'azote, deux volumes de protoxyde d'azote et quatre volumes d'acide carbonique :

$$C^4H^4N^2O^4 + 2\ NHO^6 = 4\ CO^2 + 2\ NO + 2\ N + 6\ HO.$$

Le potassium chauffé avec l'oxamide la décompose, avec une vive ignition, en cyanure de potassium, carbonate d'ammoniaque et oxyde de carbone (Lœwig).

§ 155. *Diméthyl-oxamide*[1], $C^8H^8N^2O^4$. — La transformation de l'oxalate de méthylamine en diméthyl-oxamide par la distillation sèche est beaucoup plus nette que celle du sel d'ammoniaque correspondant : la raison en est que la diméthyl-oxamide se volatilise beaucoup plus facilement que l'oxamide.

On prépare très-facilement la diméthyl-oxamide en faisant réagir une dissolution de méthylamine sur l'éther oxalique. La réaction s'accomplit immédiatement avec dégagement de chaleur, et donne lieu à la formation d'un magma blanc, formé d'aiguilles fines, qu'on fait recristalliser dans l'eau chaude.

La diméthyl-oxamide cristallise, par le refroidissement de sa so-

[1] WURTZ (1850), *Ann. de Chim. et de Phys.*, [3] XXX, 464.

lution dans l'eau chaude, sous forme de longues aiguilles entrelacées. Elle est moins soluble dans l'alcool que dans l'eau. Les alcalis la décomposent aisément en régénérant de la méthylamide et de l'acide oxalique. L'acide phosphorique anhydre la charbonne.

§ 156. *Diéthyl-oxamide*[1], $C^{12}H^{12}N^2O^4$. — On prépare la diéthyloxamide très-facilement, en faisant réagir l'éthylamine sur l'éther oxalique. Il se forme de l'alcool, et il se dépose de la diéthyloxamide. On peut aussi soumettre l'oxalate d'éthylamine à l'action de la chaleur.

La diéthyl-oxamide se distingue de l'oxamide par une plus grande solubilité dans l'alcool et dans l'eau. Elle cristallise du premier de ces liquides en belles aiguilles. Elle est volatile et se condense en cristaux lanugineux à la surface des corps froids. La potasse la dédouble en acide oxalique et en éthylamine. L'acide phosphorique anhydre la charbonne.

§ 157. *Diamyl-oxamide*[2], $C^{24}H^{24}N^2O^4$. — Lorsqu'on ajoute de l'amylamine à de l'éther oxalique, le mélange s'échauffe beaucoup et se prend en une masse cristalline formée par des aiguilles soyeuses très-fines et entrelacées. Ces aiguilles fondent à 139°. A une température plus élevée, la matière fondue émet des vapeurs abondantes, et finit par se volatiliser sans résidu. Ce corps est insoluble dans l'eau, soluble dans l'alcool bouillant, d'où il se dépose presque entièrement par le refroidissement.

§ 158. *Phényl-oxamide*, ou oxanilamide, $C^{16}H^8N^2O^4$. — Ce corps[3] se trouve parmi les produits de décomposition de la cyaniline (combinaison de l'aniline avec le cyanogène) par l'acide chlorhydrique : il se dépose de sa solution alcoolique sous la forme de flocons d'un blanc de neige et d'un éclat satiné. Il est aussi soluble dans l'éther, et cristallise dans l'eau bouillante. Il se sublime sans décomposition.

Il se dissout dans une solution concentrée de potasse, en se décomposant à la longue : d'abord les acides l'en reprécipitent sans altération ; mais avec le temps, qui varie suivant la concentration et la température de la solution, le liquide se trouble par des

[1] WURTZ (1850), *Ann. de Chim. et de Phys.*, [3] XXX, 490.
[2] WURTZ (1850), *Ann. de Chim. et de Phys.*, [3] XXX, 494.
[3] HOFMANN (1849), *The Quarterly Journ. of the Chem. Society.*, janv. 1850, n° VIII.

gouttelettes d'aniline, en même temps qu'on sent l'odeur de l'ammoniaque : il contient alors aussi de l'acide oxalique. L'acide sulfurique étendu n'agit pas sur la phényl-oxamide ; mais l'acide concentré dégage des volumes égaux d'oxyde de carbone et d'acide carbonique, en même temps qu'il se produit de l'acide sulfanilique et du sulfate d'ammoniaque.

Diphényl-oxamide, ou oxanilide, $C^{28}H^{12}N^{2}O^{4}$. — Ce corps[1] se produit par l'action de la chaleur sur l'oxalate d'aniline (oxalate de phénylammonium) et sur l'acide oxanilique (phényl-oxamique). On le rencontre aussi parmi les produits de décomposition de la cyaniline par l'acide chlorhydrique.

Lorsqu'on chauffe au bain de sable de l'oxalate neutre d'aniline, il fond, entre en ébullition, développe de l'eau et se convertit en diphényl-oxamide. Une partie du sel éprouve une décomposition d'un autre ordre, et l'eau qui se rend dans le récipient se charge de beaucoup d'aniline, en même temps qu'il se développe de l'acide carbonique. Quand l'ébullition a cessé, le résidu est liquide et se prend, par le refroidissement, en une masse radiée qui est un mélange de diphényl-oxamide et de phényl-formiamide (formanilide, § 136). On l'épuise à froid avec de l'alcool qui dissout toute la phényl-formiamide, en laissant la diphényl-oxamide à l'état insoluble.

La diphényl-oxamide se présente en paillettes brillantes, très-belles, insolubles dans l'eau et l'éther bouillants ; l'alcool absolu et bouillant n'en dissout que fort peu, et l'abandonne en grande partie, par le refroidissement, sous forme de paillettes brillantes douées d'un éclat argentin.

Elle fond à 245° environ, et se prend, par le refroidissement, en une masse radiée. Elle entre en ébullition à 320° ; toutefois elle donne déjà à une température inférieure des vapeurs qui se condensent en petites paillettes chatoyantes très-belles.

Chauffée avec de l'acide sulfurique concentré, elle développe, sans noircir, un mélange de volumes égaux d'oxyde de carbone et d'acide carbonique.

Les acides et les alcalis aqueux, même bouillants, ne l'attaquent pas ; mais l'hydrate de potasse en fusion la convertit en oxalate avec dégagement d'aniline. L'acide nitrique l'attaque à chaud en développant des vapeurs nitreuses.

Lorsqu'on traite la diphényl-oxamide par l'acide phosphorique

[1] GERHARDT (1845), *Journ. de Pharm.*, [3] IX, 406.

anhydre, la matière se charbonne, et l'on n'obtient rien de net.

§ 159. Acide oxamique[1], $C^4H^3NO^6$. — Quand on expose le bioxalate d'ammoniaque à l'action de la chaleur ménagée par l'emploi du bain d'huile, ce sel, après avoir perdu son eau de cristallisation, commence à se décomposer vers 220 et 230°, en développant de l'eau, du gaz oxyde de carbone et de l'acide carbonique ; il se condense dans le récipient une quantité considérable d'acide formique, ainsi qu'un peu d'oxamide ; plus tard il se produit du cyanure et du carbonate d'ammoniaque. Si l'on ne pousse pas trop loin l'échauffement, on a un résidu d'où l'eau froide extrait une matière acide en laissant de l'oxamide insoluble. La dissolution acide ne trouble pas les dissolutions étendues des sels de chaux et de baryte, mais elle produit avec ces dissolutions concentrées un précipité cristallin soluble dans l'eau bouillante. Ces cristaux sont de l'oxamate de baryte ou de chaux. Celui de baryte, traité à froid par une quantité proportionnelle d'acide sulfurique étendu de beaucoup d'eau, donne l'acide oxamique par l'évaporation spontanée du liquide.

On peut également décomposer le sel d'argent par l'acide chlorhydrique sec, et traiter le mélange par l'alcool absolu et bouillant.

L'acide oxamique s'obtient, par l'évaporation de sa solution aqueuse, sous la forme d'une poudre grenue incolore ou é gèrement jaunâtre. Il renferme les éléments de 1 at. d'acide carbonique C^2O^4, 1 at. d'oxyde de carbone C^2O^2 et 1 at. d'ammoniaque.

Comme toutes les amides, l'acide oxamique peut reprendre les éléments de l'eau, et reproduire ainsi le composé qui lui a donné naissance. Ce retour à l'état primitif s'opère par l'action de l'eau, aidée du concours de la chaleur ; il s'accomplit en effet à la température de l'ébullition : aussi, quand on essaye d'isoler l'acide oxamique en décomposant à chaud par l'acide sulfurique la dissolution du sel de baryte, et évaporant la liqueur à une température élevée, on n'obtient que du bioxalate d'ammoniaque.

On obtient le *sel d'ammoniaque* de l'acide oxamique, $C^4H^2(NH^4)NO^6$, lorsqu'on fait bouillir le sel de baryte avec une quantité proportionnelle de sulfate d'ammoniaque en solution ; il se produit, par l'évaporation et le refroidissement, un sel qui cristallise

[1] Balard (1842), *Ann. de Chim. et de Phys.*, [3] IV, 93.

en petits prismes groupés en étoiles, et qui ne renferme pas d'eau de cristallisation.

Le *sel de baryte*, $C^4H^2BaNO^6$, forme des cristaux incolores.

Le *sel d'argent*, $C^4H^2AgNO^6$, est également cristallisé. Une solution d'oxamate d'ammoniaque ou de baryte, traitée par le nitrate d'argent, fournit un abondant magma gélatineux et demi-transparent, qui devient bientôt opaque. Ce précipité se dissout complétement dans la liqueur par l'échauffement, et celle-ci, par le refroidissement, laisse déposer des aiguilles cristallines soyeuses, blanches, qui se recouvrent d'argent métallique à leur surface, et noircissent lorsqu'elles sont exposées à l'action de la lumière.

Oxamate de méthyle[1], ou oxaméthylane, $C^6H^5NO^6 = C^4H^2(C^2H^3)NO^6$. — On le prépare en saturant, par de l'ammoniaque sèche, l'oxalate de méthyle maintenu en fusion, jusqu'à ce que la matière se prenne en une masse cristalline. Repris par l'alcool bouillant le produit cristallise, par le refroidissement ou l'évaporation, en cubes à faces nacrées. Bouilli avec de l'eau, à laquelle on ajoute de temps à autre quelques gouttes d'ammoniaque pour neutraliser l'acide qui prend naissance, l'oxamate de méthyle se convertit entièrement en oxamate d'ammoniaque.

Oxamate d'éthyle[2], ou oxaméthane, $C^8H^7NO^6 = C^4H^2(C^4H^5)NO^6$. — On le prépare en faisant passer un courant de gaz ammoniac sec dans l'oxalate d'éthyle; la matière s'échauffe beaucoup et devient pâteuse, puis finit par se solidifier entièrement. On la dissout dans une petite quantité d'alcool bouillant; on filtre, et on laisse cristalliser par le refroidissement. On peut aussi dissoudre l'oxalate d'éthyle dans une dissolution alcoolique d'ammoniaque; par l'évaporation de la liqueur, on obtient alors de beaux cristaux feuilletés d'oxamate d'éthyle.

C'est une substance incolore, fusible et volatile; elle distille à 220° environ.

Les cristaux[3] appartiennent au système rhombique. (Forme dominante : $\breve{P}\infty . \infty\breve{P}\infty . \infty P . \infty\breve{P}2$. Rapport des axes, a (vertical) : b : c :: 0,715 : 1 : 0,924. Inclinaison des faces, $\breve{P}\infty : \infty\breve{P}\infty = 125°33'$; $\infty P : \infty\breve{P}\infty = 132°43'$; $\infty\breve{P}2 : \infty\breve{P}\infty = 151°34'$).

[1] DUMAS et PELIGOT (1835), *Ann. de Chim. et de Phys.*, LVIII, 60.

[2] DUMAS et BOULLAY (1828), *Ann. de Chim. et de Phys.*, XXXVII, 40. — DUMAS, *ibid.*, LIV, 241. — LIEBIG, *Ann. der Chem. u. Pharm.*, IX, 129.

[3] DE LA PROVOSTAYE, *Ann. de Chim. et de Phys.*, LXXV, 322.

L'oxaméthane se dissout dans l'eau et l'alcool ; mais la dissolution aqueuse se détruit par l'ébullition en produisant de l'alcool et du bioxalate d'ammoniaque :

$$C^8H^7NO^6 + 4\,HO = \underset{\text{Alcool.}}{C^4H^6O^2} + \underset{\text{Bioxalate d'amm.}}{C^4\,H\,(NH^4)\,O^8}.$$

L'ammoniaque le convertit subitement en alcool et en oxamide :

$$C^8H^7NO^6 + NH^3 = \underset{\text{Alcool.}}{C^4H^6O^2} + \underset{\text{Oxamide.}}{C^4H^4N^2O^4}.$$

Selon M. Balard, la dissolution aqueuse de l'oxamate d'éthyle donne de l'oxamate d'ammoniaque, lorsqu'on la fait bouillir avec un peu d'ammoniaque. Suivant M. Liebig, l'oxamate d'éthyle donne, par l'ébullition avec de l'eau de baryte, de l'éthyl-oxalate de baryte, en même temps qu'il se dégage de l'ammoniaque.

L'*oxamate d'éthyle quintichloré*[1], ou chloroxaméthane, $C^8H^2Gl^5NO^6$, s'obtient par l'oxalate d'éthyle perchloré et l'ammoniaque :

$$\underset{\text{O. d'éth. perchl.}}{C^{12}Gl^{10}O^8} + 2\,NH^3 = \underset{\text{Trichloracétamide.}}{C^4H^2Gl^3NO^2} + \underset{\text{Chloroxaméthane.}}{C^8H^2Gl^5NO^6} + 2\,HGl.$$

Dès que le gaz ammoniac est mis en contact avec de l'éther oxalique perchloré en poudre, la température s'élève, une couche floconneuse se dépose contre les parois intérieures de la cornue, et une fumée fétide se développe. Lorsque la réaction a cessé, on trouve la cornue tapissée de petites lames miroitantes. On dissout le tout dans l'eau bouillante ; par le refroidissement, la liqueur laisse déposer une grande quantité d'aiguilles prismatiques de chloroxaméthane, qu'on purifie par des cristallisations successives Les eaux-mères retiennent beaucoup de sel ammoniac.

Le chloroxaméthane est blanc, peu soluble dans l'eau froide, très-soluble dans l'eau bouillante, l'alcool et l'éther ; la dissolution ne précipite ni par le nitrate d'argent ni par les sels solubles de chaux. Sa saveur est sucrée, avec un arrière-goût amer. Il fond à + 134°, mais il se sublime déjà en grande partie avant d'entrer en fusion. Il bout au-dessus de + 200°.

Les cristaux du chloroxaméthane appartiennent au système rhombique et sont isomorphes, avec les cristaux d'oxaméthane[2]. (Forme dominante, $\bar{P}\,\infty\,.\,\infty\,\bar{P}\,{}^5/_8.\,\infty\,\bar{P}\,\infty$. Rapport des axes, *a*

[1] MALAGUTI (1840), *Ann. de Chim. et de Phys.*, LXXIV, 304. *Ann. de Chim. et de Phys.*, [3] XVI, 49.

[2] DE LA PROVOSTAYE, *Ann. de Chim. et de Phys.*, LXXV, 322.

(vertical) : b : c :: 0,715 : 1 : 0,924. Inclinaison des faces, $\breve{P}\infty : \infty\breve{P}\infty = 125°\ 33'$; $\infty\breve{P}{}^{5}/_{8} : \infty\breve{P}\infty = 120°$; $\infty\breve{P}{}^{5}/_{8} : \infty\breve{P}{}^{5}/_{8} = 120°$.)

Bouilli pendant quelque temps avec une dissolution de potasse, il finit par disparaître, dégage beaucoup d'ammoniaque et donne de l'oxalate, du chlorure, ainsi qu'un autre sel chloré.

Une dissolution d'ammoniaque le convertit en sel ammonique de l'acide éthyl-oxalique quintichloré.

Oxamate d'amyle[1], ou oxamylane, $C^{14}H^{13}NO^{6}$. — Lorsqu'on fait agir sur l'oxalate d'amyle de l'ammoniaque gazeuse ou en dissolution dans l'alcool, il se produit de l'oxamate d'amyle et de l'alcool amylique : l'oxamate d'amyle est soluble dans l'alcool, d'où il se sépare, par l'évaporation, en rudiments de cristaux mal déterminés.

Il se convertit, au contact de l'eau bouillante, en alcool amylique et en acide oxamique :

$$C^{14}H^{13}NO^{6} + 2\,HO = \underset{\text{Alcool. amyliq.}}{C^{10}H^{12}O^{2}} + \underset{\text{Acide oxamique.}}{C^{4}H^{3}NO^{6}}.$$

§ 160. *Acide méthyl-oxamique*[2], $C^{6}H^{5}NO^{6}$. — Lorsqu'on chauffe l'oxalate acide de méthylamine à une température de 160° environ, il se décompose en éliminant de l'eau. L'acide méthyl-oxamique reste en partie dans le résidu, tandis qu'une autre portion se volatilise, et recouvre quelquefois le col de la cornue sous la forme d'un sublimé cristallin. On peut s'en assurer en interrompant l'opération à ce moment-là, et en traitant le sublimé cristallin et fortement acide par un sel de chaux. Ce sel ne sera pas précipité. Toutefois l'acide méthyl-oxamique ne se forme qu'en petite quantité dans cette opération, parce qu'une autre partie de l'oxalate acide passe à l'état de sel neutre, et donne alors de la diméthyl-oxamide, qui ne tarde pas à cristalliser dans le col de la cornue. On peut alors interrompre l'opération pour ajouter au résidu un peu d'acide oxalique libre. Quand on juge que l'opération est terminée, il faut chercher l'acide méthyl-oxamique dans le produit distillé et dans le résidu. On le dissout dans l'eau chaude, on sature par la craie et l'on filtre. Par le refroidissement de la liqueur concentrée, on obtient un mélange de méthyl-oxamate de chaux,

[1] BALARD (1844), *Ann. de Chim. et de Phys.*, [3] XII, 309.

[2] WURTZ (1850), *Ann. de Chim. et de Phys.*, [3] XXX, 465.

et de diméthyl-oxamide qu'il est facile de séparer, car il suffit de chauffer ce mélange pour que la diméthyl-oxamide se volatilise, et que le sel de chaux, fixe et stable, reste sans décomposer. On le purifie par la cristallisation dans l'eau chaude.

L'acide méthyl-oxamique constitue un sublimé cristallin.

Le *sel de chaux*, $C^6H^4CaNO^6$, se dépose dans l'eau chaude en petits cristaux parfaitement nets.

§ 161. *Acide éthyl-oxamique*, $C^8H^7NO^6$. — Il se forme en petite quantité lorsqu'on mélange l'oxalate d'éthylamine avec un excès d'acide oxalique, et qu'on maintient l'oxalate acide en fusion au bain d'huile, à 180° (Wurtz).

§ 162. *Acide phényl-oxamique*, ou oxanilique, $C^{16}H^7NO^6$. — Cet acide[1] s'obtient directement par la réaction de l'acide oxalique et de l'aniline.

On le prépare aisément en faisant fondre de l'aniline avec un grand excès d'acide oxalique, et chauffant fortement pendant huit à dix minutes. On fait bouillir avec de l'eau, et l'on filtre : de cette manière on sépare l'oxanilide, qui est insoluble, et la dissolution dépose, par le refroidissement, des cristaux confus d'oxanilate d'aniline impur. L'eau-mère retient l'acide oxalique excédant, ainsi qu'une certaine quantité d'acide oxanilique ou de bioxanilate d'aniline, et un peu de formanilide. Le premier dépôt de cristaux est coloré en brun et conserve cette teinte même après deux ou trois cristallisations. Pour en extraire l'acide oxanilique à l'état de pureté, il faut le faire bouillir avec de l'eau de baryte, laisser refroidir, laver avec de l'eau froide l'oxanilate de baryte, et décomposer celui-ci à l'ébullition par son équivalent d'acide sulfurique étendu d'eau, qu'il faut bien avoir soin de ne pas ajouter en excès, car il altérerait le produit. La liqueur filtrée dépose alors, par la concentration, de belles lames d'acide oxanilique.

Un autre procédé consiste à dissoudre les premiers cristaux dans l'ammoniaque et à décomposer à froid par du chlorure de baryum ; le précipité d'oxanilate de baryte est ensuite traité comme précédemment.

Enfin on peut aussi se servir du chlorure de calcium pour décomposer le sel ammoniacal ; seulement, comme l'oxanilate de chaux est assez soluble, il faut, après l'addition du chlorure, porter à l'ébullition, filtrer, s'il y a lieu, et abandonner à cris-

[1] LAURENT et GERHARDT (1848), *Ann. de Chim. et de Phys.*, [3] XXIV, 160.

tallisation. L'oxanilate de chaux se dépose alors à l'état de belles aiguilles radiées ou de houppes soyeuses; on en extrait l'acide oxanilique par de l'acide sulfurique, additionné d'alcool pour empêcher qu'il ne se dissolve du sulfate de chaux.

L'acide oxanilique s'obtient en lames peu solubles dans l'eau froide, et fort solubles dans l'eau bouillante; la solution rougit beaucoup le tournesol. Il est aussi fort soluble dans l'alcool. La solution aqueuse ne détruit pas par l'ébullition.

La potasse aqueuse et concentrée le décompose peu à peu à l'ébullition et en dégage de l'aniline; l'ammoniaque ne produit pas cet effet. L'acide chlorhydrique et l'acide sulfurique étendu déterminent la même métamorphose : si on les bouillir avec l'acide oxanilique, le liquide dépose, par la concentration, des cristaux d'acide oxalique, en même temps qu'un sel d'aniline reste en dissolution.

Soumis à l'action d'une température élevée, l'acide oxanilique dégage de l'eau, ainsi qu'un mélange de gaz carbonique et d'oxyde de carbone, en même temps qu'il se produit de l'oxanilide entièrement pure. L'équation suivante rend compte de cette métamorphose :

$$\underset{\text{Acide oxaniliq.}}{2\,C^{16}H^7NO^6} = 2HO + 2\,CO + 2\,CO^2 + \underset{\text{Oxanilide.}}{C^{28}H^{12}N^2O^4}.$$

Les *phényl-oxamates* ou *oxanilates* sont des sels monobasiques, isomères des isatates; ils ne sont point colorés, mais, comme les isatates, ils dégagent de l'aniline quand on les chauffe avec de la potasse solide. Cette métamorphose s'effectue d'ailleurs déjà en partie par l'ébullition des oxanilates avec la potasse aqueuse ou avec les acides concentrés.

Le *sel d'ammoniaque neutre*, $C^{16}H^6\,(NH^4)\,NO^6$, s'obtient en paillettes ou en lames qui ressemblent beaucoup à l'acide, peu solubles dans l'eau froide, très-solubles dans l'eau bouillante.

Le *sel d'ammoniaque acide*, $C^{16}H^6\,(NH^4)\,NO^6$, $C^{16}H^7NO^6$, s'obtient en précipitant le sel précédent par l'acide chlorhydrique et faisant recristalliser. Il est en paillettes peu solubles dans l'eau froide.

Le *sel d'aniline acide*, $C^{16}H^6(HC^{12}H^7N)\,NO^6$, $C^{16}H^7\,NO^6$, constitue les premiers cristaux qui se déposent quand on redissout dans l'eau chaude le produit de l'action d'un excès d'acide oxalique sur l'aniline. Ils sont fort colorés, et ont besoin d'être soumis à deux ou trois cristallisations, qui toutefois n'enlèvent pas toute teinte brunâtre. On finit ainsi par obtenir des aiguilles tordues, enchevêtrées et comme filamenteuses, sans éclat, peu solubles dans l'eau froide, fort solubles dans l'eau chaude. Leur solution réagit fort acide.

Le *sel de chaux* est un précipité blanc qu'on obtient en mélangeant la solution de l'oxanilate d'ammoniaque avec le chlorure de calcium, si les solutions ne sont pas trop étendues; il se dissout à l'ébullition et se dépose, par le refroidissement, en houppes ou en aiguilles, réunies ordinairement par groupes sphériques et radiés.

Le *sel de baryte* est un précipité blanc cristallin qui se produit par l'addition du chlorure de baryum à une solution d'oxanilate d'ammoniaque; il se dissout dans beaucoup d'eau bouillante, et se dépose, par le refroidissement, à l'état de paillettes miroitantes, qu'on reconnaît au microscope pour des rhombes.

Le *sel d'argent*, $C^{16}H^{6}AgNO^{6}$, est un précipité blanc cristallin, presque insoluble dans l'eau froide, mais il se dissout dans une grande quantité d'eau bouillante, et se dépose, par le refroidissement, à l'état de plaques cristallines sans forme bien déterminée.

IV.

GROUPE CYANIQUE.

§ 163. Tous les composés, faisant partie de ce groupe, contiennent de l'azote. On y remarque, comme termes principaux, plusieurs combinaisons qui représentent les types généraux métal, oxyde, chlorure, azoture ou ammoniaque, etc., l'hydrogène H de ces types étant remplacé par le groupe $C^2N = Cy$.

Voici les principaux composés cyaniques :

Cyanogène (cyanure de cyanogène) . . . . $C^4N^2 = \left.\begin{matrix} Cy \\ Cy \end{matrix}\right\}$,

Acide cyanhydrique (hydrure de cyanogène) . . . . $C^2NH = \left.\begin{matrix} Cy \\ H \end{matrix}\right\}$,

Acide cyanique (oxyde de cyanogène et d'hydrogène) . . . . . $C^2NHO^2 = \left.\begin{matrix} CyO \\ HO \end{matrix}\right\}$,

Acide sulfocyanhydrique (sulfure de cyanogène et d'hydrogène.) $C^2NHS^2 = \left.\begin{matrix}CyS\\HS\end{matrix}\right\}$,

Acide persulfocyanhydrique (combinaison du sulfure de cyanogène et d'hydrogène, avec le bisulfure de cyanogène et d'hydrogène). . . . . $C^4H^2N^2S^6 = \left.\begin{matrix}CyS\\HS\end{matrix}\right\} + \left.\begin{matrix}CyS^2\\HS^2\end{matrix}\right\}$,

Acide séléniocyanhydrique (séléniure de cyanogène et d'hydrogène). . . . . $C^2NH^2Se^2 = \left.\begin{matrix}CySe\\HSe\end{matrix}\right\}$,

Chlorure de cyanogène. . . . . . $C^2NCl = \left.\begin{matrix}Cy\\Cl\end{matrix}\right\}$,

Bromure de cyanogène. . . . . . $C^2NBr = \left.\begin{matrix}Cy\\Br\end{matrix}\right\}$,

Iodure de cyanogène. . . . . . . $C^2NI = \left.\begin{matrix}Cy\\I\end{matrix}\right\}$,

Amide cyanique (azoture de cyanogène et d'hydrogène). . . . $C^2H^2N^2 = \left.\begin{matrix}Cy\\H\\H\end{matrix}\right\}N$.

Plusieurs réactions rattachent le groupe cyanique aux composés carboniques, formiques et oxaliques. Les composés cyaniques prennent surtout naissance lorsque certaines combinaisons, appartenant à ces trois derniers groupes, se métamorphosent avec le concours de l'ammoniaque : ainsi le sulfure de carbone se transforme par l'ammoniaque en acide sulfocyanhydrique, le formiate d'ammoniaque se convertit par la chaleur en acide cyanhydrique, l'oxalate d'ammoniaque et l'oxamide se décomposent par la distillation sèche en cyanogène.

Réciproquement, certains composés cyaniques peuvent être convertis en composés carboniques, formiques ou oxaliques : l'acide cyanique et les cyanates se décomposent aisément en acide carbonique et en ammoniaque; l'acide cyanhydrique et les cyanures peuvent être convertis en acide formique et en ammoniaque; le cyanogène, en solution aqueuse, se détruit promptement en donnant de l'acide oxalique et de l'ammoniaque.

CYANOGÈNE[1].

Composition[2] : $C^4N^2 = CyCy$.

§ 164. Ce corps remarquable, découvert en 1815 par Gay-Lussac [3], se produit par l'action de la chaleur sur les cyanures à base d'argent, de mercure, ou d'or. Il s'obtient aussi par la distillation sèche de l'oxamide ou de l'oxalate d'ammoniaque ; il renferme, en effet, les éléments de ces deux corps, moins les éléments de l'eau :

$$\underset{\text{Oxal. d'amm.}}{C^4(NH^4)^2O^8} - 8\,HO = Cy^2.$$

$$\underset{\text{Oxamide.}}{C^4H^4N^2O^4} - 4\,HO = Cy^2.$$

Enfin il a été rencontré en très-petite quantité (1,34 p. c.) parmi les gaz qui se dégagent dans le traitement des minerais de fer par la houille, dans les hauts fourneaux [4].

Pour préparer le cyanogène, on chauffe du cyanure de mercure dans une petite cornue, jusqu'au rouge sombre, et l'on recueille le gaz sur le mercure. Deux molécules de cyanure de mercure produisent, par double décomposition, une molécule de cyanogène et une molécule de mercure :

$$\left.\begin{matrix}Cy\\Hg\end{matrix}\right\} + \left.\begin{matrix}Cy\\Hg\end{matrix}\right\} = \left.\begin{matrix}Cy\\Cy\end{matrix}\right\} + \left.\begin{matrix}Hg\\Hg\end{matrix}\right\}.$$

Les vapeurs mercurielles se condensent sur les parties froides du verre, et le cyanogène se dégage à l'état gazeux. Ordinairement on obtient, dans cette préparation, un léger résidu d'un brun foncé, auquel on a donné le nom de *paracyanogène* (§ 166), et qui renferme les mêmes proportions de carbone et d'azote que le gaz.

[1] Du grec κυανός, bleu, et γεννάω, j'engendre, parce qu'il entre dans la composition du bleu de Prusse.

[2] La plupart des chimistes représentent le cyanogène libre par la formule $C^2N = 2$ volumes. Mais dans mon opinion, le cyanogène est du cyanure de cyanogène, au même titre que l'acide cyanhydrique est du cyanure d'hydrogène :

Cyanure d'hydrogène $\left.\begin{matrix}Cy\\H\end{matrix}\right\}$ (4 vol.) Cyanure de cyanogène $\left.\begin{matrix}Cy\\Cy\end{matrix}\right\}$. (4 vol.)

[3] Gay-Lussac (1815), *Ann. de Chim.*, LXXVII, 128 ; XCV, 136.

[4] Bunsen et Playfair, *Journ. f. prakt. Chem.*, XLII, 145.

M. Kemp[1] propose de préparer la cyanogène en distillant dans une cornue de verre un mélange intime de 2 p. de ferrocyanure de potassium jaune (cyanure de potassium et cyanure de fer), privé de son eau de cristallisation, et de 3 p. de bichlorure de mercure. On a pour résidu une matière foncée, composée d'un mélange de chlorure de potassium et de cyanure de fer. Il se produit d'abord, dans cette réaction, du cyanure de mercure, et ce sel se décompose ensuite par la chaleur en métal et en gaz cyanogène. Comme le cyanure de fer dégage de l'azote par la distillation sèche, il est préférable, suivant Berzélius, de remplacer, dans cette préparation, le ferrocyanure de potassium par le cyanure de potassium.

Le cyanogène est un gaz incolore, doué d'une odeur très-piquante qui ressemble beaucoup à celle de l'acide cyanhydrique. Sa densité est de 1,8064 = 4 volumes pour la formule C^4N^2. L'eau en absorbe $4\frac{1}{2}$ fois et l'alcool 23 fois son volume.

On peut condenser le cyanogène[2] en un liquide incolore par l'action d'une pression de plusieurs atmosphères, ou par un froid de — 25 à — 30° ; au-dessous de cette température, le cyanogène liquide se solidifie en une masse radiée et cristalline, semblable à de la glace, fusible à — 34°. Le cyanogène liquide a une densité de 0,866 à 17°,2 ; son pouvoir réfringent est égal à 1,316. Il n'est pas conducteur de l'électricité.

Tension de la vapeur du cyanogène liquide, en atmosphères, suivant M. Bunsen.

Température.	Atmosphères.
— 40°,7	1,00
20	1,05
16	1,45
10	1,85
5	2,30
0	2,7
+ 5	3,2
10	3,8
15	4,4
20	5,0

Le cyanogène est inflammable, et brûle avec une flamme pourprée sur les bords. Quand on le mélange avec de l'oxygène, on peut le faire détoner par l'étincelle électrique.

[1] Kemp, *Ann. der Chem. u. Pharm.*, XLVIII, 100.

[2] H. Davy et Faraday, *Philos. Transact.*, 1823, 196. — Faraday, *Bibliothèque universelle de Genève*, nouv. série, LIX, 162. — Bunsen, *Ann. de Poggend.*, XLVI, 101.

La dissolution aqueuse du cyanogène brunit promptement à la lumière en déposant des flocons bruns (*acide azulmique*); l'eau retient, suivant M. Woehler[1], de l'acide carbonique, de l'acide cyanhydrique, de l'ammoniaque, de l'urée et de l'oxalate d'ammoniaque; ces produits ne se forment pas simultanément, et appartiennent sans doute à des réactions différentes.

La potasse aqueuse absorbe promptement le cyanogène, en produisant une solution d'abord jaune, puis brune, contenant du cyanure de potassium, du cyanate de potasse, un sel de potasse brun (*azulmate*), et probablement aussi de l'oxalate de potasse.

La décomposition du cyanogène sous l'influence de l'eau se conçoit aisément, si l'on réfléchit que le cyanogène renferme les éléments de l'oxalate d'ammoniaque moins de l'eau, l'acide oxalique ceux de l'acide carbonique plus de l'acide formique, l'urée ceux du carbonate d'ammoniaque moins de l'eau, et enfin l'acide cyanhydrique ceux du formiate d'ammoniaque moins de l'eau. On a donc, abstraction faite de la matière brune, qui est $Cy^2 + x$ aq.:

$$2\,C^4N^2 + 6\,HO = \underset{\text{Urée.}}{C^2H^4N^2O^2} + \underset{\text{Ac. cyanhyd.}}{2C^2HN} + 2\,CO^2.$$

$$C^4N^2 + 4\,HO = 2\,CO^2 + NH^3 + C^2HN.$$

$$C^4N^2 + 8\,HO = \underset{\text{Ac. oxaliq.}}{C^4H^2O^8} + 2\,NH^3.$$

Selon MM. Pelouze et Richardson[2], la matière brune qui se produit dans ces circonstances aurait pour composition $C^4H^4N^4O^4$; ce serait donc le produit de la combinaison du cyanogène avec l'eau. Cette substance brune se dissout aisément dans les alcalis et dans l'acide acétique; la solution est précipitée en brun par les solutions métalliques. Elle donne par la calcination le même produit noir qu'on observe dans la préparation du cyanogène.

Lorsqu'on fait passer du cyanogène dans une solution d'ammoniaque, il se produit également une matière brune, ainsi que les mêmes substances solubles indiquées précédemment comme produits de la décomposition de la solution aqueuse du cyanogène.

Le cyanogène est décomposé par une solution de sulfate manganique: il se produit du sulfate manganeux, en même temps qu'il se dégage de l'azote et de l'acide carbonique.

Le chlore sec et le cyanogène ne réagissent pas même au so-

[1] WOEHLER, *Ann. de Poggend.*, XV, 627.
[2] PELOUZE et RICHARDSON, *Ann. der Chem. u. Pharm.*, XXVI, 63.

leil ; mais les deux gaz humides donnent un produit huileux, souvent mêlé d'une matière solide, peu soluble dans l'alcool et l'éther, et d'une odeur aromatique[1].

Quand on chauffe le potassium dans le cyanogène, il brûle en produisant du cyanure. Le platine, l'or et le cuivre peuvent être chauffés dans le cyanogène sans se combiner avec lui. Quand on fait passer du cyanogène sur du fer chauffé au rouge, il se transforme en azote, tandis que le fer devient cassant et se recouvre de charbon. Dirigé sur du carbonate de potasse chauffé au rouge, le cyanogène produit du cyanure et du cyanate potassiques.

Le cyanogène ne se combine pas directement avec l'hydrogène ni avec le soufre ; mais il s'unit au gaz hydrogène sulfuré, en donnant lieu à deux composés cristallisables.

Le cyanogène se fixe aussi directement sur plusieurs alcalis organiques, en produisant de nouveaux alcalis : ainsi avec l'aniline on obtient la cyaniline, avec la codéine la cyanocodéine, etc. Comme le cyanogène représente les éléments de l'oxalate d'ammoniaque moins de l'eau, on obtient toujours de l'acide oxalique ou ses dérivés comme produits de décomposition de ces alcalis cyanés.

Une solution de protochlorure de cuivre dans l'acide chlorhydrique absorbe le cyanogène avec formation d'un dépôt jaune de chrome, dont la couleur se modifie rapidement à l'air.

L'oxyde de mercure humide absorbe lentement le cyanogène.

§ 165. *Combinaisons du cyanogène avec l'acide sulfhydrique*[2]. — Le cyanogène se combine directement avec l'acide sulfhydrique en produisant les deux composés suivants :

$$C^4N^2 + 2\,HS = C^4N^2H^2S^2.$$

$$C^4N^2 + 4\,HS = C^4N^2H^4S^4.$$

A l'état sec, les deux gaz ne réagissent pas. On obtient la première combinaison, en opérant avec un excès de cyanogène humide ; la seconde se produit sous l'influence d'un excès d'acide sulfhydrique. Les deux combinaisons bouillies avec un acide ou avec un alcali étendu fixent les éléments de l'eau, et donnent de

[1] Sérullas, *Ann. de Chim. et de Phys.*, XXXV, 299.

[2] Gay-Lussac (1815), *Ann. de Chim.*, XCV, 136. — Woehler, *Ann. de Poggend.* III, 177. — Liebig et Woehler, *Ann. de Poggend.*, XXIV, 167. — Voelckel, *Ann. der Chem. u. Pharm.*, XXXVIII, 314. *Ann. de Poggend.*, LXII, 115 ; LXIII, 96. — Laurent, *Compt. rend. des Trav. de Chim.*, 1850, 373.

l'acide oxalique, de l'ammoniaque et de l'acide sulfhydrique :

$$C^4N^2H^2S^2 + 8\,HO = C^4H^2O^8 + 2\,NH^3 + 2\,HS.$$

$$C^4N^2H^4S^4 + 8\,HO = C^4H^2O^8 + 2\,NH^3 + 4\,HS.$$

La combinaison bisulfhydrique représente de l'oxamide dans laquelle l'oxygène est remplacé par du soufre.

(a) *Combinaison monosulfhydrique*, $C^4N^2H^2S^2$. — Pour préparer ce composé, on humecte les parois d'un grand flacon de verre; puis on y fait arriver un courant de cyanogène et un courant d'hydrogène sulfuré, en ayant soin que le premier soit toujours en grand excès. Au bout de quelques minutes, les parois se recouvrent de longues aiguilles jaunes, et peu à peu la petite couche de liquide qui est au fond du flacon se solidifie. On enlève les cristaux à l'aide d'une petite quantité d'éther (ils y sont extrêmement solubles), et l'on évapore a dissolution dans une capsule légèrement échauffée. Après l'expulsion de l'éther, on retire la capsule du feu, et la dissolution ne tarde pas alors à cristalliser. Les cristaux ayant été exprimés dans du papier Joseph, on les jette sur un filtre, et on y fait tomber quelques gouttes d'éther qui laisse un résidu brun-noir. La solution éthérée, rapidement évaporée, à l'aide d'une douce chaleur et d'un fort courant d'air, pour éviter l'élévation de la température, abandonnée ensuite à elle-même, se prend en une masse cristalline.

Ce produit se présente en aiguilles jaunes, sans odeur, mais d'une saveur d'abord très-mordicante, puis fort amère. Il est soluble dans l'eau et l'alcool, très-soluble dans l'éther.

Sa solution aqueuse ne réagit pas acide. Elle brunit à la longue, acquiert l'odeur de l'acide cyanhydrique et dépose des flocons bruns. Bouillie avec des alcalis ou des acides dilués, elle donne de l'acide oxalique, de l'acide sulfhydrique et de l'ammoniaque; avec la potasse concentrée, elle donne, en outre, du sulfocyanure et du cyanure :

$$C^4N^2H^2S^2 = \underset{\text{Acide cyanhyd.}}{C^2HN} + \underset{\text{Ac. sulfo-cyanhydr.}}{C^2HNS^2}.$$

Elle précipite immédiatement du sulfure dans une solution de nitrate d'argent, en dégageant du cyanogène; dans l'acétate de plomb, elle ne donne un précipité de sulfure qu'au bout de quelque temps. Elle produit aussi des précipités gris ou bruns dans les sels de mercure, d'or, de palladium et de cuivre.

(b) *Combinaison bisulfhydrique*, $C^4H_4N^2S_4$. — On la prépare en faisant arriver les deux gaz dans l'alcool de manière que l'hydrogène sulfuré soit en excès. Le liquide devient alors peu à peu orangé, et sépare des cristaux de même couleur. On les fait recristalliser dans l'alcool. La réaction est la même si au lieu de l'alcool en emploie de l'eau; toutefois celle-ci altère un peu la matière.

Les cristaux de cette combinaison bisulfhydrique sont orangés, brillants, opaques et petits. Ils sont très-peu solubles dans l'eau froide, plus solubles dans l'eau bouillante; l'alcool et l'éther les dissolvent encore mieux. Lorsqu'on les chauffe doucement, il s'en sublime une petite quantité, tandis que la plus grande partie noircit en dégageant du sulfhydrate d'ammoniaque et en laissant du charbon.

A froid, la potasse caustique les dissout sans altération. Bouillis avec de la potasse concentrée, ils donnent du cyanure, du sulfocyanure et du sulfure :

$$C^4H^4N^2S^4 = C^2HN + C^2HNS^2 + 2\ HS.$$

Par l'ébullition avec de la potasse étendue, ils donnent de l'ammoniaque, de l'oxalate de potasse et du sulfure :

$$C^4H^4N^2S^4 + 8\ HO = 2\ NH^3 + \underset{\text{Ac. oxaliq.}}{C^4H^2O^8} + 4\ HS.$$

L'ammoniaque n'altère les cristaux ni à l'état liquide ni à l'état gazeux.

L'acide sulfureux ne les attaque pas non plus, et même le chlore gazeux ne les décompose pas à la température ordinaire. A chaud, ce dernier les détruit en formant du chlorure de soufre.

Leur dissolution n'est pas altérée par l'ébullition avec du bioxyde de mercure. Le gaz chlorhydrique ne les attaque pas à 100°; mais si on les fait bouillir dans l'acide liquide, on obtient de l'acide oxalique, de l'hydrogène sulfuré et de l'ammoniaque, comme avec la potasse diluée.

La dissolution de la combinaison bisulfhydrique produit des précipités dans les sels d'argent, de plomb et de cuivre; celui d'argent se décompose à une douce chaleur en sulfure d'argent et en cyanogène gazeux. Elle ne précipite pas les sels de zinc ni ceux de fer.

On obtient aisément le *sel de plomb*, $C^4H^2Pb^2N^2S^4$, en précipitant à froid une dissolution alcoolique des cristaux par l'acétate de plomb; il faut éviter d'employer ce sel en excès : autrement, surtout si l'on ne filtre pas rapidement, la combinaison éprouve un commencement de décomposition. On ne peut pas sécher le produit à l'aide de la chaleur, mais il faut le placer dans le vide sur de l'acide sulfurique. C'est une poudre d'un jaune vif, semblable au jaune de chrome. Lorsqu'on la fait bouillir avec de l'eau, il se dégage du cyanogène, il se précipite du sulfure de plomb, et l'eau dissout une certaine quantité de la combinaison bisulfhydrique du cyanogène.

§ 166. *Paracyanogène.* — Ce nom a été donné au résidu brun ou noir qu'on obtient dans la préparation du cyanogène. Johnston[1] a le premier observé que ce résidu présente la même composition que le cyanogène. Toutefois, pour l'avoir pur il faut employer du cyanure de mercure parfaitement sec ; car l'humidité donne naissance à une certaine quantité d'ammoniaque, et alors le paracyanogène est mêlé de charbon.

Lorsqu'on chauffe doucement du cyanure d'argent, il fond sans se décomposer; mais si l'on élève la température, il se dégage du cyanogène; à un certain moment, le dégagement du gaz devient très-tumultueux et une véritable ignition se répand dans toute la masse. On obtient alors un résidu gris clair, doué d'un éclat métallique, et dont le poids s'élève à 90 p. 100 du sel employé. Ce résidu n'est pas de l'argent pur si on le calcine davantage, il laisse du paracyanogène; si on le traite par l'acide nitrique dilué, celui-ci extrait de l'argent, et laisse une matière brune contenant encore plus de 40 p. 100 d'argent[2].

Lorsqu'on calcine le paracyanogène pur dans un gaz inerte, par exemple dans l'azote ou dans l'acide carbonique, il se transforme exactement en gaz cyanogène, sans laisser de résidu de charbon.

Lorsqu'on fait passer du chlore sur le paracyanogène pendant qu'on le chauffe, il se produit en abondance des nuages blancs, d'une odeur suffocante, qui se condensent sur les parties froides de l'appareil, sous la forme d'un sublimé blanc, soluble dans l'eau[3].

Suivant M. Thaulow[4], le cyanure d'argent dégage par la chaleur

[1] Johnston, *Ann. der Chem. u. Pharm.*, XXII, 280.
[2] Liebig, *ibid.*, L, 357. — Rammelsberg, *Ann. de Poggend.*, LXXIII, 84.
[3] Delbruck, *Journ. f. prakt. Chem.*, XLI, 164.
[4] Thaulow, *ibid.*, XXXI, 226.

la moitié seulement du cyanogène qu'il renferme (1 gramme de cyanure d'argent développe 48 à 50 centimètres cubes de gaz). Le résidu s'amalgame en partie au mercure. Il paraît donc être un mélange d'argent métallique et d'un sel d'argent particulier (*paracyanure d'argent?*)

ACIDE CYANHYDRIQUE.

Syn. : Acide hydrocyanique ou prussique.

Composition : $C^2HN = CyH$.

§ 167. Ce corps redoutable, le plus terrible des poisons, a été découvert en 1782, par Scheele[1]. Étudié successivement par Berthollet[2], Proust[3] et Ittner[4], il a été préparé pour la première fois à l'état liquide et pur en 1811, par Gay-Lussac[5]. Il paraîtrait cependant que les prêtres de l'Égypte connaissaient déjà l'acide cyanhydrique, et qu'ils l'employaient pour faire périr les initiés qui avaient trahi les secrets de l'art sacré[6].

L'acide cyanhydrique ne peut pas s'obtenir directement par le cyanogène et l'hydrogène : on ne parvient à l'obtenir qu'en faisant subir la double décomposition à certains cyanures métalliques au moyen de l'acide sulfurique, de l'hydrogène sulfuré, ou de l'acide chlorhydrique.

L'acide cyanhydrique se produit quelquefois dans la distillation sèche des matières azotées, ou par la réaction de l'acide nitrique sur certaines susbtances organiques, par exemple dans la préparation de l'éther nitreux. Lorsqu'on décompose le formiate d'ammoniaque à la chaleur rouge, il se produit également de l'acide cyanhydrique :

$$\underset{\text{Form. d'ammon.}}{C^2H(NH^4)O^4} = \underset{\text{Ac. cyanhydr.}}{C^2NH} + 4HO.$$

Les eaux distillées préparées avec les feuilles du laurier-cerise, du saule à feuilles de laurier, avec les feuilles et les fleurs du pêcher, avec les amandes amères de l'amandier, du pêcher, de l'abricotier, du cerisier, du prunellier et des autres arbres à noyau, renferment une certaine quantité d'acide cyanhydrique; c'est aussi en

[1] SCHEELE, *Opuscula*, II, 148.
[2] BERTHOLLET, *Mém. de l'Acad. des Sciences de Paris*, 1787, 148.
[3] PROUST, *Ann. de Chim.*, LX, 185 et 225.
[4] F. v. ITTNER, *Beitraege zur Geschichte d. Bausaeure*, 1809.
[5] GAY-LUSSAC, *Ann. de Chim.*, LXXVII, 128; XCV, 136.
[6] HOEFER, *Histoire de la Chimie*, I, 226.

partie à cet acide que sont dus l'arome et la saveur de plusieurs préparations économiques et de liqueurs de table, telles que le kirschwasser, l'eau de noyau, etc. Les feuilles et les fleurs de pêcher étaient souvent employées par les prêtres égyptiens dans les opérations de l'art sacré, et il est probable que c'est avec ces parties végétales qu'ils se procuraient le poison dont ils se servaient pour infliger la mort aux sacriléges.

Les procédés qu'on emploie pour la préparation de l'acide cyanhydrique sont tous basés sur la double décomposition des cyanures métalliques; on les modifie plus ou moins suivant qu'il s'agit d'obtenir cet acide pur et exempt d'eau, ou en dissolution aqueuse.

La préparation de l'acide anhydre est dangereuse, à cause de l'extrême volatilité et de l'action toxique de l'acide cyanhydrique. Il faut donc observer les plus grandes précautions en employant des mélanges réfrigérants, et même ne faire ces opérations qu'en hiver.

Vauquelin fait passer doucement un courant d'hydrogène sulfuré sec dans un long tube rempli de cyanure de mercure bien desséché, avec du carbonate de plomb à l'extrémité pour arrêter l'excédant de l'hydrogène sulfuré; ce tube est joint à un récipient, refroidi par un mélange de glace et de sel marin. On arrête le passage de l'hydrogène sulfuré dès que le carbonate de plomb commence à noircir.

Dans les autres procédés qui ont été proposés pour l'extraction de l'acide cyanhydrique anhydre, on déshydrate en général l'acide aqueux, ou la vapeur de cet acide, au moyen du chlorure de calcium. Suivant M. Trautwein[1], on distille à une douce chaleur 15 p. de ferrocyanure de potassium (sel jaune) en poudre avec un mélange de 9 parties d'eau et de 9 p. d'acide sulfurique concentré. On recueille le produit dans un récipient contenant du chlorure de calcium et entouré de glace; on arrête la distillation dès que le chlorure de calcium est recouvert d'une couche liquide. On décante celle-ci dans un flacon muni d'un bouchon à l'émeri, et on la conserve à l'abri de la lumière. Il faut renouveler le traitement au chlorure de calcium jusqu'à ce que ce sel ne devienne plus pâteux au contact de l'acide. Ce procédé donne 2 à $2^1/_2$ p. d'acide anhydre.

Comme on perd beaucoup d'acide cyanhydrique en le décantant de la solution de chlorure de calcium, et que sa vapeur peut

[1] TRAUTWEIN, *Repert. f. d. Pharmacie*, XI, 13.

occasionner de graves accidents, M. L. Gmelin [1] propose de laisser l'acide cyanhydrique dans le premier récipient, et de soutirer plutôt au moyen d'un siphon la solution de chlorure de calcium qui en occupe le fond. On remplit d'abord le siphon d'une solution saturée de chlorure de calcium, on applique le doigt à l'ouverture de la longue branche pour la tenir fermée, et l'on ne laisse écouler le liquide qu'au moment où l'extrémité de la courte branche est arrivée au fond du récipient, qu'on tient légèrement incliné. On remplace ensuite par de nouveau chlorure de calcium la solution qu'on vient de soutirer. Ce n'est que quand celui-ci ne devient plus visqueux qu'on en décante l'acide cyanhydrique pour le transvaser dans un autre flacon bien refroidi, et contenant encore du chlorure de calcium, puis, de là, dans un flacon vide.

M. Woehler [2] distille, pour la préparation de l'acide cyanhydrique anhydre, 10 p. de ferrocyanure de potassium, 7 p. d'acide sulfurique concentré et 14 p. d'eau. On dispose la cornue où se trouve le mélange de manière à élever le col sous un angle de 45°, afin que les vapeurs d'eau se condensent plus difficilement. On adapte au col un flacon contenant un peu de chlorure de calcium ou de cyanure de potassium ; à ce flacon, un tube en U, également rempli de chlorure de calcium, et à ce tube un vase étroit et assez profond pour recevoir l'acide cyanhydrique. Ce récipient est maintenu dans un mélange réfrigérant de glace et de sel marin, tandis que le premier flacon et le tube en U sont placés dans un bain d'eau à 30°. On peut distiller à feu nu, sans avoir à craindre des soubresauts.

Quant à la préparation de l'acide cyanhydrique aqueux, elle est la même que celle de l'acide anhydre, moins les opérations nécessaires à la déshydratation : il suffit de distiller dans une cornue munie d'un tube de sûreté, et d'un récipient placé dans un mélange réfrigérant, une solution de ferrocyanure de potassium ou de cyanure de potassium avec de l'acide sulfurique dilué. M. L. Gmelin emploie 10 p. de ferrocyanure et 6 p. d'acide sulfurique étendu de 30 à 40 p. d'eau et refroidi, et continue la distillation jusqu'à ce que la cornue ne renferme plus que le quart du mélange employé.

M. Kuhlmann [3] a proposé un procédé intéressant au point de vue

[1] L. Gmelin, *Handb. d. Chem.*, IV, 314.
[2] Woehler, *Ann. der Chem. u. Pharm.*, LXXIII, 218.
[3] Kuhlmann, *Ann. der Chem. u. Pharm.*, XXXVIII, 62.

de la théorie de la production de l'acide cyanhydrique : il consiste à faire passer du gaz ammoniac sec dans un tube de verre rempli de petits fragments de charbon et chauffé au rouge ; on fait passer le gaz produit dans un flaçon laveur contenant de l'acide sulfurique dilué, chauffé à 50°, et de là dans un récipient refroidi. L'ammoniaque est retenue par l'acide sulfurique, tandis que l'acide cyanhydrique se dégage, et vient se condenser dans le récipient.

Voici les propriétés de l'acide cyanhydrique anhydre. A la température ordinaire, ce corps constitue un liquide incolore, qui se concrète par un grand froid en fibres soyeuses, et se vaporise à l'air avec tant de rapidité qu'il produit lui-même assez de froid pour se solidifier. Sa densité est de 0,6967 à 18° ; il bout à 26°,5 ; la densité de sa vapeur est égale à 0,9476 = 4 vol. pour la formule C^2HN. Il rougit à peine le tournesol, s'enflamme aisément et brûle avec une flamme blanche. Sans odeur est suffocante, et rappelle celle des amandes amères.

De tous les substances vénéneuses, l'acide cyanhydrique est sans contredit celle dont les effets sont les plus prompts. Lorsqu'on débouche un flacon de cet acide pur, sans y mettre de précaution, on ressent à l'instant même un mal de tête et parfois de fortes constrictions dans la poitrine, suivies d'étourdissements et de nausées. On recommande l'ammoniaque diluée comme le meilleur antidote dans ces sortes d'accidents ; mais il faut, pour ainsi dire, que l'application du remède succède instantanément à celle du poison. La vapeur de l'acide cyanhydrique tue immédiatement quand on la respire à l'état concentré; une seule goutte portée dans la gueule du chien le plus vigoureux le fait tomber roide mort.

Ce corps terrible ne se conserve pas à l'état de pureté ; il se décompose très-promptement, et surtout à la lumière, en produisant de l'ammoniaque et un dépôt brun. Lorsqu'il est étendu d'eau ou mélangé d'une petite quantité d'un acide étranger, il se conserve bien plus longtemps.

L'acide cyanhydrique se reconnaît aisément au moyen des sels de fer. Seul, il ne produit aucun changement dans les solutions des sels ferreux ou ferriques ; mais si l'on y ajoute en même temps un peu de potasse, il se produit toujours un précipité. Pour découvrir par ce moyen l'acide cyanhydrique dans un liquide, on y ajoute un peu de potasse caustique, puis quelques gouttes d'une solution de sulfate ferreux contenant du sel ferrique, on chauffe légèrement pour favoriser la formation du cyanure double de fer et de potassium, et l'on ajoute un léger excès d'acide chlorhydrique. Celui-ci dissout le précipité d'oxyde de fer, et laisse apparaître du bleu de Prusse en suspension dans le liquide.

Lorsqu'on ajoute quelques gouttes de potasse à un liquide qui contient de petites quantités d'acide cyanhydrique, puis une dissolution de sulfate de cuivre, il se produit un précipité qui renferme à la fois du cyanure et de l'oxyde de cuivre ; si l'on y ajoute ensuite un peu d'acide chlorhydrique, celui-ci dissout l'oxyde sans attaquer le cyanure, qui reste à l'état blanc. Cette réaction peut servir, suivant M. Lassaigne, à découvrir jusqu'à 1/20000 d'acide cyanhydrique. Il est à remarquer toutefois que l'acide iodhydrique donne également un iodure de cuivre blanc, par la même réaction.

Le moyen suivant est peut-être le plus sensible[1] de tous ceux qui ont été proposés : Quelques gouttes d'acide cyanhydrique étendu d'assez d'eau pour ne plus être accusé positivement par la formation du bleu de Prusse donnent quand on chauffe le liquide sur un verre de montre avec une goutte de sulfure d'ammonium, jusqu'à décoloration du mélange, un produit assez chargé de sulfocyanure pour produire avec les persels de fer une coloration rouge intense, et avec les sels de cuivre en présence de l'acide sulfureux un précipité blanc de sulfocyanure cuivreux.

Les acides énergiques convertissent l'acide cyanhydrique en acide formique et en ammoniaque :

$$C^2HN + 4HO = \underset{\text{Ac. Formique.}}{C^2H^2O^4} + NH^3.$$

Lorsque, suivant M. Pelouze[2], on mélange l'acide cyanhydrique anhydre avec son volume d'acide chlorhydrique fumant, le liquide s'échauffe considérablement, et se convertit dans l'espace de quelques minutes en une masse cristalline, composée d'un mélange d'acide formique et de sel ammoniac. L'acide sulfurique détermine la même métamorphose.

Les alcalis caustiques, ajoutés même en excès, ne font pas disparaître l'odeur de l'acide cyanhydrique ; par l'ébullition, ils déterminent également une production d'ammoniaque et de formiate.

Le chlore et le brome décomposent l'acide cyanhydrique, et le transforment en chlorure et en bromure de cyanogène.

[1] Liebig, *Ann. der Chem. u. Pharm.*, LXI, 127. — Taylor, *ibid.*, LXV, 263.

[2] Pelouze, *Ann. de Chim. et de Phys.*, XLVIII, 395.

Lorsqu'on chauffe du potassium dans la vapeur de l'acide cyanhydrique, il se dégage de l'hydrogène, et l'on obtient du cyanure de potassium.

L'acide cyanhydrique en dissolution aqueuse est employé en médecine pour calmer l'irritabilité de certains organes; on l'a conseillé contre la phthisie pulmonaire commençante, et surtout contre les affections nerveuses.

Suivant M. Liebig[1], on peut doser l'acide cyanhydrique contenu dans l'acide médicinal, ainsi que dans les eaux distillées de laurier-cerise et d'amandes amères, en mettant à profit les propriétés du cyanure double d'argent et de potassium : ce sel en effet est soluble dans l'eau, et sa solution n'est pas décomposée par un excès d'alcali. On ajoute à la liqueur cyanhydrique une solution de potasse caustique, de manière à la rendre très-alcaline, puis on y verse une solution d'argent titrée, jusqu'à ce que le trouble devienne persistant; chaque atome d'argent qui entre ainsi en dissolution correspond à 2 atomes d'acide cyanhydrique. La présence de l'acide formique ou chlorhydrique dans la liqueur à essayer ne modifie pas les résultats. Lorsque l'eau d'amandes amères, à laquelle il s'agit d'appliquer ce procédé, est troublée par des gouttelettes huileuses, il faut l'étendre préalablement de 3 à 4 fois son volume d'eau, afin de l'éclaircir parfaitement.

§ 168. *Combinaisons de l'acide cyanhydrique avec les chlorures.* — L'acide cyanhydrique se combine avec plusieurs chlorures[2].

Lorsqu'on verse de l'acide cyanhydrique anhydre sur du *perchlorure de fer* sublimé, la combinaison s'effectue avec bruissement, et le produit se dissout avec une couleur brun-rouge dans l'excès d'acide. Le liquide se prend, au bout de quelque temps, en une masse rouge-brun et cristalline, d'où l'on expulse l'excédant d'acide en le chauffant dans le vide à 30°. La combinaison forme de petites paillettes brillantes d'un brun rouge, $2\,\text{Ꞓ}y\text{Ħ}, Fe^2\text{Ꞓ}l^3 = 2\,\text{Ꞓ}y\text{Ħ}$, $3\,\text{Ꞓ}lfe$, qui se liquéfient promptement à l'air en dégageant de l'acide cyanhydrique. L'eau effectue immédiatement cette décomposition. La combinaison fond à 100°, en perdant également de l'acide cyanhydrique. Elle se combine avec le gaz ammoniaque, en

[1] LIEBIG, *Ann. der Chem. u. Pharm.*, LXXVII, 102.

[2] WOEHLER (1847), *Ann. de Chim. et de Phys.*, [3] XXIX, 185. — KLEIN, *Ann. der Chem. u. Pharm.*, LXXIV, 85.

s'échauffant et en produisant une poudre noir-verdâtre qui se dissout dans l'eau en séparant du bleu de Prusse. Quand on chauffe la combinaison, elle donne du sel ammoniac furrugineux, de l'acide cyanhydrique et un résidu de protochlorure de fer.

Le *bichlorure d'étain* et l'acide cyanhydrique anhydre se combinent avec beaucoup d'énergie, mais sans s'échauffer sensiblement, probablement à cause de l'évaporation simultanée d'une certaine quantité d'acide cyanhydrique et de l'abaissement de température qui en est la conséquence. La combinaison est solide et cristalline. On l'obtient en beaux cristaux si l'on dirige l'acide cyanhydrique gazeux dans le bichlorure. Les cristaux paraissent être aussi volatils que l'acide cyanhydrique anhydre. Ils fument beaucoup dans l'air humide, et se décomposent en émettant de l'acide cyanhydrique. Dans l'eau, cette décomposition est accompagnée d'un dégagement de chaleur.

La combinaison du *perchlorure d'antimoine* et de l'acide cyanhydrique s'effectue avec énergie quand on mélange les deux liquides. Le produit est une masse cristalline. On l'obtient en prismes limpides $3\text{CyH}, \text{SbCl}^5$ si l'on fait arriver la vapeur de l'acide dans le perchlorure chauffé à 30°. Il se volatilise entre 70 et 100°, en se décomposant en partie. Il est déliquescent, mais ne fume pas à l'air. L'eau en sépare de l'acide antimonique. Il absorbe le gaz ammoniaque, et se convertit alors en une masse rouge-brun, pulvérulente.

Lorsqu'on verse de l'acide cyanhydrique anhydre dans le *bichlorure de titane*, il se produit un bouillonnement, et l'on obtient une masse jaune et pulvérulente. Il est bon d'opérer sur des liqueurs refroidies à 0°, ou d'employer de l'acide cyanhydrique gazeux, qu'on fait arriver dans le bichlorure placé dans une cornue tubulée. Quand la saturation est complète, on sépare l'excédant d'acide cyanhydrique à l'aide d'une douce chaleur, et l'on fait ensuite sublimer la matière. Cette combinaison renferme $\text{CyH}, \text{TiCl}^2$; elle est très-volatile, et se sublime déjà au-dessous de 100°. Sa vapeur se condense en petits cristaux limpides d'un jaune citron. Elle fume légèrement à l'air, y blanchit rapidement, développe une forte odeur d'acide cyanhydrique, et se convertit en une matière visqueuse et limpide. Lorsqu'on dirige sa vapeur dans un tube légèrement chauffé au rouge, elle se décompose et recouvre le verre d'une couche d'azoture de titane d'une couleur cuivrée. L'eau dis-

sout cette combinaison en produisant beaucoup de chaleur et en déterminant un dégagement d'acide cyanhydrique.

Dérivés métalliques de l'acide cyanhydrique. Cyanures métalliques.

§ 169. On obtient en général les cyanures à base d'alcali en calcinant des matières organiques azotées avec des alcalis caustiques ou carbonatés (voy. *Cyanure de potassium*, § 171). Les autres cyanures s'obtiennent par double décomposition.

Les cyanures alcalins et terreux sont solubles dans l'eau ; ils ne se décomposent pas par la chaleur hors du contact de l'air, mais si on les calcine en présence de l'oxygène, ils se convertissent en cyanates. Les autres cyanures métalliques sont insolubles dans l'eau, et se décomposent par la chaleur en laissant du métal ou du carbure.

Si l'on fait fondre avec un cyanure alcalin, des oxydes très-réductibles, tels que les oxydes de plomb, de cuivre, d'antimoine ou d'étain, ces oxydes se réduisent à l'état métallique, en même temps que le cyanure passe à l'état de cyanate.

Avec les acides minéraux, notamment avec l'acide sulfurique, la plupart des cyanures dégagent de l'acide cyanhydrique, reconnaissable à son odeur d'amandes amères.

Le nitrate d'argent produit dans la solution des cyanures un précipité blanc de cyanure d'argent, soluble dans le cyanure de potassium, peu soluble dans l'ammoniaque, insoluble dans l'acide nitrique ; ce précipité se décompose par la calcination en cyanogène et en argent métallique.

Lorsqu'on mélange avec un cyanure alcalin du sulfate ferroso-ferrique, puis de l'acide chlorhydrique, la liqueur est colorée en bleu par du bleu de Prusse. Cette réaction, ainsi que la précédente, n'est pas applicable au cyanure de mercure. La réaction du bleu de Prusse ne peut s'obtenir avec ce dernier sel que si l'on y ajoute de l'acide chlorhydrique et du fer métallique qui précipite le mercure ; on y verse ensuite de la potasse, puis de l'acide chlorhydrique.

Les réactions précédentes ne réussissent pas non plus avec certains *cyanures doubles*. Les cyanures simples, insolubles dans l'eau, se dissolvent en général dans les cyanures à base d'alcali, et produisent ainsi des sels doubles, cristallisables et solubles dans l'eau.

Tantôt ces sels doubles sont peu stables, et se dédoublent aisément sous l'influence des acides minéraux dilués, de manière à précipiter le cyanure insoluble, et à dégager de l'acide cyanhydrique, par l'effet d'une double décomposition entre l'acide minéral et le cyanure alcalin ; à cette catégorie de cyanures doubles appartiennent le cyanure de nickel et de potassium, le cyanure d'argent et de potassium, le cyanure de cuivre et de potassium, etc. Lorsqu'on ajoute, par exemple, de l'acide chlorhydrique dilué à du cyanure de nickel et de potassium, on a la réaction suivante.

$$\left.\begin{array}{r}\text{ȻyNi, ȻyK}\\ +\ \text{ȻlH}\end{array}\right\} = \left\{\begin{array}{l}\overset{\text{Se précipite.}}{\text{Ȼy Ni}} + \overset{\text{Se dégage.}}{\text{ȻyH}},\\ \qquad\quad +\ \text{ȻlK}.\end{array}\right.$$

Tantôt les cyanures doubles sont, au contraire, fort stables et ne se scindent pas par l'addition des acides dilués : dans ce cas se trouvent les cyanures de fer et de potassium, de platine et de sodium, de chrome et de potassium, etc. Lorsqu'on ajoute de l'acide chlorhydrique à un sel de cette seconde catégorie, par exemple au cyanure de fer et de potassium, la réaction se passe encore comme précédemment, en ce sens que l'acide minéral fait l'échange avec le cyanure alcalin ; mais le cyanure insoluble, au lieu de se précipiter, reste en combinaison avec l'acide cyanhydrique, résultat de l'échange :

$$\left.\begin{array}{r}2\ \text{ȻyFe}, 4\ \text{ȻyK}\\ +\ 4\ \text{ȻlH}\end{array}\right\} = \left\{\begin{array}{l}\overset{\text{Restent combinés.}}{2\ \text{ȻyFe}, 4\ \text{ȻyH}},\\ \qquad\quad +\ 4\ \text{ȻlK}.\end{array}\right.$$

Les deux espèces de cyanures doubles font la double décomposition avec d'autres solutions métalliques, mais cette double décomposition ne porte en général que sur le métal alcalin du cyanure double, comme si celui-ci ne constituait qu'un sel unique à base de potassium ou de sodium. Lorsque, par exemple, on mélange du cyanure de fer et de potassium avec du sulfate de cuivre, il ne se produit que du sulfate de potasse (sans sulfate de fer), en même temps qu'il se précipite du cyanure de fer et de cuivre, dont la composition est entièrement semblable à celle du cyanure double employé :

$$\left.\begin{array}{r}2\ \text{ȻyFe}, 4\ \text{ȻyK}\\ +\ 4\ (SO^3, \text{Cu O})\end{array}\right\} = \left\{\begin{array}{l}\overset{\text{Restent combinés.}}{2\ \text{ȻyFe}, 4\ \text{ȻyCu}}.\\ +\ 4\ (SO^3, \text{KO}).\end{array}\right.$$

Le cyanure de nickel et de potassium donne de même avec le

sulfate de cuivre un précipité de cyanure de nickel et de cuivre, tandis que du sulfate de potasse reste en dissolution; seulement, le précipité se dédouble en présence des acides dilués, comme le fait lui-même le cyanure de nickel et de potassium, tandis que le précipité de cyanure de fer et de cuivre ne se dédouble pas plus dans ces circonstances que le cyanure de fer et de potassium. Toutefois, si l'on emploie certains acides concentrés, si l'on distille les cyanures complexes avec de l'acide sulfurique concentré, ils se dédoublent les uns et les autres, et dégagent de l'acide cyanhydrique, reconnaissable à son odeur d'amandes amères.

A la vérité, les cyanures multiples, ceux qui se dédoublent aisément par les acides dilués comme ceux qui résistent à ces agents, présentent donc la même constitution chimique : il n'y a entre eux qu'une différence de stabilité.

Comme il est avantageux d'exprimer ce caractère dans la nomenclature, nous dirons plus volontiers, pour désigner les cyanures doubles stables, *ferrocyanure de potassium*, *cobalticyanure de sodium*, *chromicyanure d'argent*, etc., au lieu de cyanure de fer et de potassium, cyanure de cobalt et de sodium, cyanure de chrome et d'argent. Il n'y a d'ailleurs que le fer, le chrome, le cobalt et le platine aux cyanures desquels nous ayons à appliquer cette nomenclature.

Beaucoup de cyanures sont fort vénéneux. M. Duflos recommande comme antidote général dans les cas d'empoisonnement par ces combinaisons l'emploi d'un mélange de sulfure de fer, de protoxyde de fer et de magnésie en suspension dans l'eau.

On peut pour l'analyse des cyanures simples, et même de beaucoup de cyanures doubles, tels que les cobalticyanures, suivre la méthode suivante, proposée par M. Heisch[1]. La substance à analyser est placée dans un petit flacon, ou même dans un petit ballon, avec quelques morceaux de zinc pur et de l'eau. Le col du ballon reçoit un bouchon percé de deux trous, dont l'un reçoit un tube de sûreté, tandis que l'autre est traversé par un tube recourbé à deux angles droits, et qui va se rendre dans un flacon contenant une solution de nitrate d'argent. On verse de l'acide sulfurique par le tube de sûreté, de manière à dégager de l'hydrogène. Sous l'influence de ce gaz naissant, le cyanure est entièrement converti en acide cyanhydrique, qui se dégage avec l'hydrogène et va se rendre

[1] HEISCH, *The Quart. Journ. of the Chem. Soc.*, II, 219.

dans la solution du nitrate d'argent qu'il précipite à l'état de cyanure d'argent. Si la chaleur dégagée par la réaction n'était pas assez forte pour volatiliser la totalité de l'acide cyanhydrique, on chaufferait le ballon, en continuant de dégager de l'hydrogène jusqu'à ce que le nitrate d'argent ne fût plus précipité.

Lorsqu'on décompose le cyanure de mercure par ce procédé, il est nécessaire d'ajouter un peu d'acide nitrique à l'acide sulfurique, dans le but de prévenir l'amalgamation du zinc, qui arrêterait le dégagement de l'hydrogène.

§ 170. *Cyanure d'ammonium*, cyanhydrate ou prussiate d'ammoniaque[1], $Cy\ (NH^4)$. — On peut l'obtenir directement par l'acide cyanhydrique et l'ammoniaque. 1 volume de vapeur cyanhydrique et 1 vol. de gaz ammoniac donnent 2 vol. de vapeur de cyanhydrate d'ammoniaque.

On prépare ce sel en chauffant au bain-marie un mélange de ferrocyanure de potassium (3 p.) et de chlorhydrate d'ammoniaque (2 p.), et en condensant le produit dans un récipient entouré d'un mélange réfrigérant de glace et de sel marin. On peut aussi, au lieu du ferrocyanure de potassium, employer le cyanure de mercure ou le cyanure de potassium.

M. Langlois prépare le cyanhydrate d'ammoniaque en faisant passer du gaz ammoniac sec sur du charbon également bien sec, dans un tube de porcelaine chauffé au rouge, auquel vient s'adapter un tube en U convenablement refroidi. Cette réaction peut s'exprimer de la manière suivante :

$$C^2 + 2\ NH^3 = C^2\ (NH^4)\ N + H^2.$$

Suivant M. Kuhlmann, il se dégagerait, dans cette réaction, du gaz des marais C^2H^4 :

$$3\ C^2 + 4\ NH^3 = 2\ [C^2\ (NH^4)\ N] + C^2H^4.$$

On obtient également le cyanhydrate d'ammoniaque en faisant passer ensemble du gaz oxyde de carbone et du gaz ammoniac à travers un tube chauffé au rouge :

$$2\ CO + 2\ NH^3 = C^2\ (NH^4)\ N + 2\ HO.$$

Enfin le cyanhydrate d'ammoniaque se produit quelquefois dans l'action de l'acide nitrique ou nitreux, ou du bioxyde d'azote, sur certaines matières organiques.

[1] Clouet, *Ann. de Chim.*, XI, 30. — Bineau, *Ann. de Chim. et de Phys.*, LXX, 263. — Langlois, *Ann. de Chim. et de Phys.*, LXXVI, 111. — Kuhlmann, *Ann. der Chem. u. Pharm.*, XXXVIII, 62.

Le cyanhydrate d'ammoniaque cristallise en cubes incolores, souvent groupés sous forme de feuilles de fougère, très-solubles dans l'eau et l'alcool. Il présente une odeur forte et pénétrante, qui est à la fois celle de l'ammoniaque et de l'acide cyanhydrique. Il bout à + 36°; sa vapeur s'enflamme aisément, et brûle avec une flamme jaunâtre en déposant du carbonate d'ammoniaque. Il est fort altérable, et se convertit peu à peu en une matière brune (*acide azulmique*).

Le chlore l'attaque vivement en le transformant en chlorure de cyanogène gazeux.

Le cyanhydrate d'ammoniaque est un des poisons les plus violents; son action énergique sur les animaux semble indiquer que l'ammoniaque n'est pas, comme on l'admet généralement, un véritable antidote de l'acide cyanhydrique. M. Langlois a fait à cet égard des expériences qui semblent prouver que l'ammoniaque agit seulement par ses propriétés excitantes.

§ 171. *Cyanure de potassium*, CyK. — Ce sel se produit par la calcination des substances organiques azotées avec le potassium ou le carbonate de potasse. A froid, le potassium n'absorbe que bien peu de cyanogène; mais si l'on chauffe le métal dans ce gaz, il se convertit en cyanure de potassium, en absorbant un volume de cyanogène égal au volume d'hydrogène que la même quantité de potassium dégagerait de l'eau. Chauffé dans la vapeur de l'acide cyanhydrique, le potassium en décompose un volume double, et se convertit aussi en cyanure en développant une quantité d'hydrogène égale à celle qu'il dégagerait de l'eau.

Un bon procédé[1] pour préparer le cyanure de potassium consiste à chauffer jusqu'au rouge cerise le ferrocyanure de potassium du commerce, dans un vase en fonte, et à l'abri de l'air; on concasse ensuite la masse, et après l'avoir introduite dans un entonnoir en verre, on la lessive avec de l'alcool bouillant. Celui-ci dissout le cyanure, et l'abandonne par le refroidissement à l'état cristallin.

M. Clemm fait fondre au rouge faible un mélange intime de 8 p. de ferrocyanure de potassium anhydre et de 3 p. de carbonate de potasse sec, dans un creuset en fer et couvert, jusqu'à ce que le produit soit devenu limpide et paraisse blanc après le re-

[1] LIEBIG, *Ann. der Chem. u. Pharm.*, XLI, 285. — HAIDLEN et FRESENIUS, *ibid.*, XLIII, 130. — CLEMM, *ibid.*, LXI, 250.

froidissement. La masse, retirée du feu, cesse de développer du gaz quand le ferrocyanure se trouve réduit, et le fer, mis en liberté, se sépare alors si complétement au fond du creuset, qu'on peut avec un peu d'adresse en décanter presque tout le cyanure. La pureté du produit dépend nécessairement de celle du carbonate; il importe surtout que celui-ci soit exempt de sulfate. Dans cette opération, il se forme d'abord du cyanure de potassium et du carbonate de fer, et ce dernier sel se réduit par l'action de la chaleur et du cyanure nouvellement produit. Cette décomposition ne s'effectue d'ailleurs d'une manière complète que si l'on entretient suffisamment la chaleur.

MM. F. et E. Rodgers[1] préparent le cyanure de potassium en calcinant dans un creuset couvert 13 p. de carbonate de potasse et 10 p. de bleu de Prusse, et en épuisant le produit par l'alcool.

Le cyanure de potassium cristallise en tubes incolores ou en dérivés du cube; il est sans odeur, d'une saveur âcre et caustique qui rappelle un peu celle des amandes amères; il est très-fusible et fond en un liquide transparent. Il est presque insoluble dans l'alcool absolu, mais l'alcool ordinaire le dissout aisément. Il a une réaction fort alcaline, et est très-vénéneux.

Ses cristaux sont fort déliquescents; calcinés au contact de l'air ou avec du peroxyde de manganèse, ils se convertissent en cyanate. Ils ne se conservent pas longtemps en dissolution aqueuse, même dans des flacons bouchés; il s'y produit peu à peu du carbonate, ainsi que du formiate, et le liquide acquiert l'odeur de l'acide cyanhydrique. Leur dissolution se convertit par l'ébullition en ammoniaque et en formiate de potasse :

$$C^2KN + HO = NH^3 + \underbrace{C^2HKO^4}_{\text{Formiate potass.}}.$$

Le cyanure de potassium possède des propriétés qui en font un agent précieux pour la réduction et la séparation de quelques métaux; il se rapproche sous ce rapport du potassium pur. L'oxyde de fer fondu avec lui se réduit très-vite, et le convertit en cyanate. Lorsqu'on saupoudre du cyanure de potassium, maintenu en fusion, avec de l'oxyde de cuivre, celui-ci se réduit avec ignition; les oxydes de zinc, de plomb, d'étain, d'antimoine et l'acide

[1] F et E. Rodgers, *Philos. Magaz. and Journ. of Science*, 1834, VI, 93.

arsénieux se réduisent aussi fort aisément. Toutes ces réductions s'accomplissent déjà à une faible chaleur rouge, qu'on ne voit pas le jour. Chauffé avec du chlorate ou du nitrate de potasse, le cyanure de potassium produit une forte détonation.

Lorsqu'on fait fondre du cyanure de potassium avec du sulfate de potasse, on obtient un mélange de cyanate et de sulfure de potassium :

$$4\,C^2NK + 2\,SO^3, KO = 4\,C^2NKO^2 + 2\,KS.$$

Fondu avec du soufre, le cyanure de potassium se transforme en sulfocyanure.

La solution aqueuse du cyanure de potassium dissout beaucoup d'iode, en produisant un liquide d'abord brun, puis incolore, qui se prend par le refroidissement en une bouillie de cristaux d'iodure de cyanogène :

$$C^2KN + I^2 = C^2IN + KI.$$

Elle dissout également l'iodure d'azote sans dégagement de gaz ; la solution aqueuse, évaporée dans le vide, donne une matière cristalline, très-déliquescente, dont la solution a l'odeur de l'iodoforme, et précipite en jaune le sublimé corrosif.

Elle dissout plusieurs oxydes métalliques. Elle dissout, même à l'abri de l'air, le zinc, le fer, le nickel et le cuivre métallique, en dégageant du gaz hydrogène. Le cadmium, l'argent et l'or n'en sont dissous qu'avec le concours de l'air. Elle n'agit pas sur l'étain, le mercure, le platine.

Elle dissout le chlorure d'argent en produisant un sel double cristallisable, composé de cyanure de potassium et de cyanure d'argent.

Le courant galvanique la convertit en cyanate de potasse (Kolbe).

Le cyanure de potassium est employé dans la dorure et l'argenture, ainsi que dans la photographie. Les médecins l'administrent dans les mêmes cas que l'acide cyanhydrique.

Le sel du commerce n'est jamais pur ; le plus pur, d'ailleurs, s'altère à la longue à l'air. On comprend combien il importe, dans ces circonstances, de pouvoir titrer rapidement le sel qu'il s'agit d'employer. MM. Glassford et Napier[1] font usage à cet effet d'une solution titrée de nitrate d'argent ; ils cherchent combien

[1] GLASSFORD et NAPIER, *Philos. Magazine and Journ. of Science*, XXV, 58.

il faut de la solution du cyanure de potassium pour redissoudre le précipité de cyanure d'argent, produit d'abord dans une quantité déterminée de nitrate d'argent, dont la teneur en argent est connue. Comme un éq. Ag est précipité par un éq. CyK, et redissous par un autre équiv. de ce sel, il s'ensuit que un éq. Ag accuse deux équiv. de cyanure de potassium; donc 108 argent correspondent à 130 de cyanure de potassium.

Une méthode d'analyse plus avantageuse a été proposée par MM. Fordos et Gélis[1]; elle est fondée sur la réaction de l'iode et du cyanure de potassium. On pèse exactement 5 grammes du sel à essayer, et on le dissout dans l'eau, de manière que le volume total de la solution soit d'un demi-litre. De cette solution, on prend 50 centimètres cubes, qu'on introduit dans un ballon de 2 litres environ; on y verse 1 litre à 1 litre et $^1/_2$ d'eau, et un décilitre d'eau de Seltz, afin de saturer le carbonate alcalin qui peut se trouver dans le sel; d'autre part, on fait une dissolution alcoolique d'iode contenant 40 grammes d'iode par litre, et, avec une burette alcalimétrique (divisée en centimètres cubes), on verse de cette liqueur d'épreuve dans la solution du cyanure, jusqu'à ce qu'elle prenne une couleur jaune persistante. A ce point, on lit sur la burette la quantité d'iode employée. 252 p. d'iode correspondent à 65 p. de cyanure de potassium.

Cyanure de sodium. — On peut l'obtenir par les mêmes procédés que le cyanure de potassium. MM. F. et E. Rodgers calcinent 6 à 10 p. de bleu de Prusse avec 10 p. de carbonate de soude desséché, et épuisent le produit par l'alcool bouillant, où cristallise alors le cyanure de sodium.

M. Riegel[2] a trouvé du cyanure de sodium dans la soude du commerce.

Cyanure de baryum. — Sel très-soluble dans l'eau et assez soluble dans l'alcool bouillant.

Cyanure de calcium. — On l'obtient en solution aqueuse en saturant la chaux par l'acide cyanhydrique.

Cyanure de magnésium. — L'acide cyanhydrique dissout aisément la magnésie récemment précipitée.

§ 172. *Cyanure de zinc.* — Lorsqu'on mélange un sel de zinc avec un cyanure alcalin, il se précipite une poudre blanche de

[1] Fordos et Gélis, *Journ. de Pharm.*, [3] XXIII, 48.
[2] Riegel, *Jahrb. f. prakt. Pharm.*, XX, 143.

cyanure de zinc, insoluble dans l'eau et l'alcool, mais aisément soluble dans les cyanures alcalins.

Le *cyanure de zinc et d'ammonium* forme des prismes rhomboïdaux incolores, qui s'effleurissent à l'air et sentent fort l'acide cyanhydrique et l'ammoniaque. Il ne se dissout dans l'eau que d'une manière incomplète en séparant du cyanure de zinc[1].

Le *cyanure de zinc et de potassium*, ꞒyZn, ꞒyK, s'obtient en dissolvant le cyanure de zinc dans le cyanure de potassium. Il constitue de gros octaèdres réguliers, incolores[2], inaltérables à l'air, fusibles, d'une saveur sucrée et d'une légère réaction alcaline. La solution aqueuse a une légère odeur d'acide cyanhydrique. De petites quantités d'acide chlorhydrique, sulfurique ou acétique en précipitent le cyanure de zinc, qui se redissout dans un excès d'acide. Il est très-soluble dans l'eau froide. Comme il présente une composition très-constante, et que les acides en déplacent aisément l'acide cyanhydrique, on pourrait l'employer avec avantage en médecine.

Le *cyanure de zinc et de sodium*, 2 ꞒyZn, ꞒyNa + 5 aq., s'obtient en paillettes brillantes qui perdent à 200° toute leur eau de cristallisation[3].

Le *cyanure de zinc et de baryum* paraît contenir 2 ꞒyZn, ꞒyBa. C'est une poudre blanche, peu soluble dans l'eau, qui se précipite par le mélange de l'acétate de baryte avec le cyanure de zinc et de potassium. Le précipité retient ordinairement un peu de potasse.

Le *cyanure de zinc et de calcium* est un sel assez soluble, qu'on obtient en traitant le cyanure de zinc par le cyanure de calcium[4].

Le *cyanure de zinc et de plomb*, 2 ꞒyZn, ꞒyPb, est un précipité blanc.

§ 173. *Cyanures de cadmium.* — Selon M. Rammelsberg, les sels de cadmium ne seraient pas précipités par les cyanures alcalins. Lorsqu'on dissout dans l'acide cyanhydrique l'hydrate de cadmium récemment précipité, et qu'on évapore à une douce chaleur, on obtient des cristaux blancs, anhydres, Ꞓy Cd, inaltérables à l'air[5].

[1] Corriol et Berthemot, *Journ. de Pharm.*, XVI, 444.
[2] L. Gmelin, *Handb. d. Chem.*, 4e édit., IV, 339.
[3] Rammelsberg, *Ann. de Poggend.*, XLII, 112.
[4] Schindler, *Magaz. f. Pharm.*, XXXVI, 70.
[5] Rammelsberg, *Ann. de Poggend.*, XXXVIII, 364.

D'après M. L. Gmelin, le sulfate de cadmium donne avec le cyanure de potassium un abondant précipité blanc soluble dans un excès de ce cyanure. MM. Wittstein, Haidlen et Fresenius disent aussi que les sels de cadmium sont précipités par le cyanure de potassium.

Le *cyanure de cadmium et de potassium*, GyCd, GyK, s'obtient sous la forme d'octaèdres réguliers, brillants, anhydres et inaltérables à l'air, lorsqu'on évapore un mélange d'acétate de cadmium et de cyanure de potassium. Ce cyanure double dégage de l'acide cyanhydrique par les acides faibles; le sulfhydrate d'ammoniaque en précipite tout le cadmium.

Le *cyanure de cadmium et de nickel* est un précipité blanc, soluble dans un excès de cyanure de cadmium et de potassium, ainsi que dans les acides.

Le *cyanure de cadmium et de cuivre* (cuivreux) est un précipité blanc brunâtre, qui se produit par le mélange du cyanure de cadmium et de potassium avec le sulfate cuivrique; la formation du précipité est accompagnée d'un dégagement de cyanogène.

Le *cyanure de cadmium et de fer* est un précipité jaune qu'on obtient en mélangeant le sulfate ferreux avec une solution de cyanure de cadmium et de potassium. Le précipité se colore en vert à l'air.

Le *cyanure de cadmium et de plomb*, Gy Cd, 2 Gy Pb, est un précipité blanc, qui se décompose par les lavages. On l'obtient en mélangeant de l'acétate de plomb avec le cyanure de cadmium et de potassium.

Le *cyanure de cadmium et d'argent* est un précipité blanc, soluble dans un excès de cyanure de cadmium et de potassium.

§ 174. *Cyanures de nickel.* — Les sels de nickel donnent par le cyanure de potassium un précipité vert pomme clair Gy Ni, soluble dans un excès de cyanure de potassium. Ce précipité devient brun par la dessiccation à 200°, en perdant 19 p. c. d'eau.

Le *cyanure de nickel et de potassium*, Gy Ni, GyK + aq., cristallise en prismes obliques rhomboïdaux, de couleur jaune. Ce sel s'obtient en dissolvant dans le cyanure de potassium le cyanure de nickel ou le sulfure de nickel récemment précipité. Sa solution aqueuse précipite du cyanure de nickel par l'addition des acides dilués[1].

[1] RAMMELSBERG, *ibid.*, XLII, 114. — BALARD, *Compt. rend. de l'Acad.*, XIX, 909.

Le *cyanure de nickel et de sodium*, ЄyNi, ЄyNa + 3 aq., s'obtient en prismes hexagones, de couleur jaune. Le sel perd son eau de cristallisation à 100°.

Le *cyanure de nickel et de baryum* forme des cristaux jaunes, qui perdent par la dessiccation 20 p. c. d'eau.

Le *cyanure de nickel et de calcium* constitue des cristaux jaunes hydratés.

Le *cyanure de nickel et de cobalt* est un précipité rose pâle.

Le *cyanure de nickel et de cuivre* est un précipité vert pomme.

Le *cyanure de nickel et de fer* (ferreux) est un précipité blanc.

Le *cyanure de nickel et de plomb* est une poudre jaune et cristalline, qui se forme au bout de quelque temps par le mélange d'une solution d'acétate de plomb et d'une solution de cyanure de nickel et de potassium.

§ 175. *Cyanures de cobalt.* — La solution du cyanure de potassium donne avec les sels de cobalt un précipité de cyanure cobalteux, couleur de chair ou d'un brun de cannelle clair. Ce précipité se dissout dans un excès de cyanure de potassium, et donne, en absorbant l'oxygène de l'air, du cyanure de cobalt (cobalticum) et de potassium, plus connu sous le nom de *cobalticyanure de potassium*[1].

Dans ce sel les réactions du cobalt sont masquées, comme celles du fer dans les ferrocyanures et les ferricyanures ; il donne lieu, par double échange, à d'autres sels doubles, ou cobalticyanures.

La composition des cobalticyanures est semblable à celle des ferricyanures : ils contiennent du cobalticum co = $^1/_3$ ЄO, et correspondent à un oxyde de cobalt ЄoO^3 = coO. Leur formule générale s'exprime par 3 Єy co, 3 ЄyM. Ces sels n'exercent aucune action toxique sur l'économie animale.

On obtient l'*acide cobalticyanhydrique*, 3 Єyco, 3 ЄyH + aq., en décomposant le cobalticyanure de cuivre par l'hydrogène sulfuré. La solution filtrée donne l'acide par l'évaporation.

Un autre procédé consiste à décomposer le cobalticyanure de potassium par l'acide sulfurique. A cet effet, on mélange une solution aqueuse de cobalticyanure de potassium avec de l'acide sulfurique concentré, et l'on chauffe pendant quelque temps ; on sépare le sulfate de potasse au moyen de l'alcool absolu, tandis que

[1] L. Gmelin, *Handb. d. Chemie*, IV, 397. — Zwenger, *Ann. der Chem. u. Pharm.*, LXII, 157.

l'acide cobalticyanhydrique demeure en dissolution. On purifie ce dernier par des cristallisations réitérées et par la pression entre des feuilles de papier buvard. On peut aussi employer l'acide nitrique dans cette préparation.

L'acide cobalticyanhydrique cristallise, d'une solution aqueuse et concentrée, en petites aiguilles incolores et brillantes. Il est fort aigre, et décompose aisément les carbonates. Il neutralise les bases alcalines, et dissout le fer et le zinc avec dégagement d'hydrogène. Il est déliquescent. Sa solution aqueuse s'altère à peine par l'ébullition, en émettant de fort légères vapeurs d'acide cyanhydrique. Il est aussi fort soluble dans l'alcool, mais insoluble dans l'éther anhydre.

Chauffé à 100°, l'acide cristallisé perd de l'eau en devenant blanc et opaque; si l'accès de l'air est intercepté, il n'éprouve pas d'autre altération. A une température plus élevée, il dégage de l'acide cyanhydrique, jaunit, et l'eau ne le dissout plus entièrement, mais laisse un composé jaunâtre. A 190° il devient vert, et par une plus forte chaleur, bleu. Ce résidu bleu change promptement de couleur au contact de l'eau ou de l'air humide; il devient alors rougeâtre ou brun, suivant les circonstances. Enfin, par une chaleur encore plus forte, le résidu bleu se détruit en abandonnant du carbonate et du cyanhydrate d'ammoniaque; finalement il prend feu, et laisse une masse noire et volumineuse de carbure de cobalt.

L'acide chlorhydrique dissout l'acide cobalticyanhydrique sans l'altérer, même à l'ébullition. L'acide nitrique concentré le dissout à peine; s'il est étendu, la dissolution s'opère mieux. L'acide nitrique fumant et l'eau régale ne le décomposent pas non plus à l'ébullition.

L'acide cobalticyanhydrique ne se dissout pas dans l'acide sulfurique concentré; mais il se dissout dans l'acide étendu. Si l'on chauffe l'acide cobalticyanhydrique sec avec de l'acide sulfurique concentré, il se décompose complétement en oxyde de carbone, gaz carbonique, gaz sulfureux, et le résidu renferme du sulfate d'ammoniaque, ainsi que du sulfate de cobalt. Si l'on ajoute de l'eau au mélange, pendant que cette décomposition s'effectue, il se précipite un corps rougeâtre, non cristallin de cobalticyanure cobalteux.

Le *cobalticyanure d'ammonium*, 3 Gyco, 3 Gy (NH^4) + aq., obtenu en neutralisant l'acide cobalticyanhydrique par l'ammoniaque, cristallise en tables rhombes, fort solubles dans l'eau, un peu solubles dans l'alcool. Il commence à se décomposer à 230°.

Le *cobalticyanure de potassium*, 3 Ꞓyco, 3 ꞒyK, s'obtient en chauffant légèrement du carbonate ou de l'oxyde de cobalt avec une solution de potasse sursaturée d'acide cyanhydrique. Il se produit aussi si l'on dissout le cyanure cobalteux dans le cyanure de potassium. Si l'air est intercepté, on observe alors un dégagement de gaz hydrogène, avec des traces seulement de gaz ammoniac comme produit d'une réaction secondaire. Au contact de l'air, il ne se dégage que peu ou point de gaz, et le mélange absorbe alors de l'oxygène. Dans l'un et l'autre cas, la réaction a pour conséquence la formation de potasse libre. Le produit se purifie par de nouvelles cristallisations. Si les cristaux sont souillés de cyanure ou de carbonate de potasse, on décompose ces sels par l'acide acétique et l'on précipite la solution aqueuse par l'alcool.

Ils se présentent sous la forme de prismes, aplatis, anhydres, transparents, légèrement jaunâtres, isomorphes avec le ferricyanure de potassium. Les cristaux présentent ordinairement les faces $+P$. $-P.\infty P\infty.[\infty P\infty]$; quelquefois $-P$ domine plus que $+P$; on rencontre aussi des hémitropies. Ils sont peu solubles dans l'eau et insolubles dans l'alcool. Ils fondent par la chaleur en une masse vert olive foncé. A l'abri de l'air, il se développe alors de l'azote et du cyanogène; et si l'on prolonge la calcination, on finit par avoir un résidu de cyanure de potassium et de carbure de cobalt.

Les acides sulfurique et nitrique employés en excès précipitent de l'acide cobalticyanhydrique d'une solution concentrée de cobalticyanure de potassium. Chauffé à l'état sec avec de l'acide sulfurique concentré, ce sel présente les mêmes réactions que l'acide cobalticyanhydrique.

Le *cobalticyanure de sodium*, 3 Ꞓyco, 3 ꞒyNa + 4 aq., se prépare par le carbonate de soude et l'acide cobalticyanhydrique. Aiguilles transparentes et incolores, très-solubles dans l'eau bouillante.

Le *cobalticyanure de baryum*, 3 Ꞓyco, 3 ꞒyBa + 22 aq., s'obtient par le carbonate de baryte et l'acide cobalticyanhydrique. Il cristallise en prismes incolores, très-solubles dans l'eau, insolubles dans l'alcool. Les cristaux s'effleurissent à l'air chaud, et plus rapidement encore à 100°.

Le *cobalticyanure de zinc* est un précipité blanc.

Le *cobalticyanure de cadmium* est un précipité d'abord brun, puis blanc, soluble dans les acides, ainsi que dans un excès de cobalticyanure de potassium.

Le *cobalticyanure de nickel*, 3 Ɠyco, 3 ƓyNi + 12 aq., ne peut s'obtenir à l'état de pureté qu'en précipitant un sel de nickel par un excès d'acide cobalticyanhydrique. Le précipité formé par le cobalticyanure de potassium retient toujours une certaine quantité de ce sel, impossible à enlever par les lavages. L'acide cobaltocyanhydrique donne un précipité gélatineux d'un bleu clair, et qui se contracte à l'air en une masse vitreuse et verdâtre. Cette combinaison est insoluble dans l'eau et les acides; la potasse en sépare de l'hydrate de nickel; l'ammoniaque la dissout complétement. Ce composé se déshydrate à une température plus élevée, en devenant gris; il reprend son eau au contact de l'air humide.

Le *cobalticyanure de nickel et de nickelammonium*,

$$3\,\text{Ɠy co}, \left\{ \begin{array}{l} 2\,\text{Ɠy}\,(NH^3Ni) \\ \text{Ɠy Ni} \end{array} \right\} + 7\,\text{aq.},$$

s'obtient sous forme de paillettes bleuâtres, par l'évaporation lente d'une solution ammoniacale du cobalticyanure de nickel récemment précipité. Ce sel est insoluble dans l'eau; les acides lui enlèvent de l'ammoniaque, en laissant du cobalticyanure de nickel sous la forme d'une poudre bleu clair.

Le *cobalticyanure de cobalt*, 3 Ɠyco, 3 ƓyCo + 14 aq., s'obtient en précipitant le sulfate de cobalt par le cobalticyanure de potassium. C'est un précipité rouge clair qui ne renferme plus de sel de potassium après les lavages. L'acide cobalticyanhydrique précipite aussi tout le cobalt des sels de ce métal. Le cobalticyanure de cobalt est insoluble dans l'eau et les acides. Les acides concentrés lui enlèvent de l'eau et le colorent en bleu. La potasse en sépare de l'hydrate de cobalt. L'ammoniaque le dissout en partie avec une couleur rose, en séparant une poudre verte. Il perd à 100° une partie de son eau, en devenant bleu; une température plus élevée le déshydrate complétement. Le sel anhydre est d'un bleu foncé; mais il absorbe promptement l'humidité de l'air et redevient rouge; mis en contact avec l'eau, il s'y combine en s'échauffant.

Le *cobalticyanure de cuivre*, 3 Ɠyco, 3 Ɠy Cu + 7 aq., s'obtient en précipitant le sulfate de cuivre par le cobalticyanure de potassium. C'est un précipité amorphe d'un bleu clair qui se lave aisément, et convient parfaitement à la préparation de l'acide cobalticyanhydrique. Il est insoluble dans l'eau et les acides; l'ammoniaque le dissout entièrement. L'acide cobalticyanhydrique précipite complétement le cuivre des sels de cuivre solubles.

Le *cobalticyanure de cuivre et de cuprammonium*, $3\mathrm{Cyco}, \left\{ \begin{matrix} 2\mathrm{Cy}\,(\not{\mathrm{N}}\not{\mathrm{H}}^3\mathrm{Cu}) \\ \mathrm{Cy}\ \ \mathrm{Cu} \end{matrix} \right\} + 5\ \mathrm{aq.}$, cristallise, par l'évaporation lente d'une solution ammoniacale de cobalticyanure de cuivre, en petits prismes à quatre faces, terminés par un sommet à huit faces, brillants et d'un bleu d'azur. L'alcool précipite de cette solution la même combinaison à l'état d'une poudre légèrement cristalline et d'un bleu plus clair. Les cristaux sont insolubles dans l'eau. Exposés à l'air ou chauffés à 100°, ils perdent de l'ammoniaque, deviennent opaques et s'éclaircissent. Les acides leur enlèvent toute l'ammoniaque, en laissant du cobalticyanure de cuivre à l'état d'une poudre bleu clair insoluble. Chauffés avec de la potasse, ils dégagent de l'ammoniaque, et mettent en liberté de l'oxyde de cuivre, tandis que du cobalticyanure de potassium reste en dissolution.

Le *cobalticyanure de fer* (ferreux) est un précipité blanc qu'on obtient avec le sulfate ferreux et le cobalticyanure de potassium; les sels ferriques ne sont pas précipités par ce dernier.

Le *cobalticyanure de manganèse* est un précipité blanc.

Le *cobalticyanure d'étain* (stanneux) est un précipité blanc.

Le *cobalticyanure de plomb*, $3\ \mathrm{Cyco}, 3\ \mathrm{CyPb} + 4\ \mathrm{aq.}$, s'obtient en décomposant le carbonate de plomb par l'acide cobalticyanhydrique. Il cristallise en paillettes nacrées, fort solubles dans l'eau, insolubles dans l'alcool. L'ammoniaque en précipite un sous-sel blanc.

Le *cobalticyanure d'argent*, $3\mathrm{Cyco}, 3\mathrm{CyAg}$, s'obtient en précipitant le cobalticyanure de cobalt par le nitrate d'argent, sous la forme d'une masse blanche et caillebotée, insoluble dans l'eau et les acides, anhydre, inaltérable à la lumière. Ce sel se dissout dans l'ammoniaque et donne, par l'évaporation, des prismes incolores *de cobalticyanure d'argent et d'argentammonium :*

$$3\ \mathrm{Cy\ co}, \left\{ \begin{matrix} \mathrm{Cy}\ (\not{\mathrm{N}}\not{\mathrm{H}}^3\mathrm{Ag}) \\ 2\ \ \mathrm{Cy\ Ag} \end{matrix} \right\} + \mathrm{aq.}$$

Le *cobalticyanure de mercure* (mercureux) est un précipité blanc.

§ 176. *Cyanures de cuivre.* — On obtient le *cyanure cuivreux* $\mathrm{Cy\ Cu}$, sous la forme d'une poudre blanche, hydratée, en mélangeant du cyanure de potassium avec une solution de protoxyde de cuivre dans l'acide chlorhydrique. Ce précipité se dissout dans l'ammoniaque aqueuse, les acides dilués, les cyanures alcalins.

Le cyanure cuivreux peut s'obtenir à l'état de cristaux anhydres, doués de beaucoup d'éclat, si l'on délaye dans l'eau la combinaison du cyanure de cuivre et du cyanure de plomb, et qu'on y fasse passer de l'hydrogène sulfuré en ayant soin d'éviter un excès de ce gaz. Il paraît ainsi se former d'abord un *acide cuprocyanhydrique* (combinaison de cyanure cuivreux et d'acide cyanhydrique), dont la solution, séparée à l'aide du filtre du précipité de sulfure de plomb, dégage, par l'évaporation spontanée, de l'acide cyanhydrique, et dépose des cristaux de cyanure cuivreux[1]. Suivant M. Dauber, ces cristaux appartiennent au système monoclinique. (Faces dominantes : ∞ P. ∞ P ∞. oP. Inclinaison des faces ∞ P : ∞ P dans le plan de la diagonale oblique et de l'axe principal = 68°32′; oP : ∞P = 70°16′; oP : ∞ P ∞ = 53° 10′. Rapport de la diagonale droite à la diagonale oblique = 0,5453 : 1. Clivage parfait, parallèlement à oP.)

Lorsqu'on ajoute du cyanure de potassium à une solution de sulfate cuivrique, il se produit à froid un précipité brun jaunâtre de *cyanure cuivrique*; mais celui-ci devient peu à peu d'un vert jaunâtre, en dégageant du cyanogène et en se transformant en une combinaison de cyanure cuivrique et de cyanure cuivreux ƂyCu, ƂyƂu + 5aq.; celle-ci se dépose lentement, en cristaux d'un vert clair, lorsqu'on ajoute de l'acide cyanhydrique à du sulfate de cuivre.

Lorsqu'on chauffe, au sein de la liqueur, le précipité produit par le cyanure de potassium dans le sulfate de cuivre, le dégagement du cyanogène est fort abondant, et le précipité se convertit tout entier en cyanure cuivreux.

On a donné le nom de *cuprocyanures*[2] aux combinaisons que ce dernier cyanure produit avec d'autres cyanures; mais ces sels doubles ne présentent pas la stabilité des cobalticyanures ou des ferrocyanures.

Le *cyanure de cuivre et d'ammonium*, Ƃy Ƃu, Ƃy (NH^4), existe

[1] WOEHLER, *Ann. der Chem. u. Pharm.*, LXXVIII, 370. — DAUBER, *ibid.*, LXXIV, 206.

[2] ITTNER (1809), *Beitræge*, etc. — L. GMELIN, *Handb. d. Chemie*, 3e édit. I, 1268. — RAMMELSBERG, *Ann. de Poggend.*, XLII, 124. — MONTHIERS, *Journ. de Pharm.*, [3] XI, 257.

suivant M. Monthiers, qui n'en donne pas, d'ailleurs, le mode de préparation.

Le *cyanure de cuivre et de potassium* forme deux sels de composition différente :

Sel *a*. . . . . Ɣy Ɣu, Ɣy K ;
Sel *b*. . . . . Ɣy Ɣu, 3 Ɣy K.

On les obtient en faisant dissoudre l'hydrate de cuivre dans le cyanure de potassium, et faisant cristalliser : le sel *a* cristallise le premier ; le sel *b*, étant plus soluble dans l'eau, cristallise en dernier lieu.

On peut aussi, pour préparer ces sels, précipiter par le cyanure de potassium une solution de chlorure cuivreux dans l'acide chlorhydrique, y ajouter alternativement de la potasse, jusqu'à ce que la liqueur rougisse le curcuma, et de l'acide cyanhydrique jusqu'à ce que l'odeur en devienne persistante, dissoudre dans beaucoup d'eau bouillante la poudre blanche qui reste, et évaporer à cristallisation. Comme précédemment, le sel *a* cristallise alors le premier.

Enfin, l'on peut également ajouter du cyanure de potassium à une solution d'acétate cuivrique jusqu'à ce que le précipité qui se forme d'abord se soit redissous. La solution s'effectue en même temps qu'il se dégage du cyanogène; elle est d'abord pourpre, mais l'addition d'une plus grande quantité de cyanure de potassium la rend jaune, surtout quand on chauffe.

Le sel *a* se présente en prismes, en aiguilles ou en paillettes incolores et transparentes, d'une saveur métallique et amère. Quelquefois les cristaux sont d'un jaune pâle; mais cette coloration est accidentelle. Quand on chauffe les cristaux, ils deviennent opaques, puis ils fondent en un liquide transparent d'un bleu pâle par réfraction.

La solution aqueuse de ce sel est à peine précipitée par l'hydrogène sulfuré, même par un contact prolongé, mais l'addition au sel d'acides plus forts, même en petite quantité, en dégage de l'acide cyanhydrique en même temps qu'il se produit un précipité blanc de cyanures cuivreux.

Les alcalis n'y agissent pas.

Les cristaux du sel *a* ne se dissolvent dans l'eau qu'en très-petite quantité, en mettant en liberté une certaine quantité de cyanure cuivreux; la solution donne par l'évaporation, d'abord des cristaux du sel *a*, puis des cristaux du sel *b*.

Le sel *b* se présente en prismes incolores, rhomboïdaux, tronqués sur les arêtes aiguës et terminés par un sommet à six faces. Les cristaux ne s'altèrent pas à l'air. Ils fondent au-dessous du rouge; la masse fondue est bleue par transparence, et rouge par réflexion. Cette coloration est due à une petite quantité de cuivre métallique mise en liberté.

Il se dissout aisément dans l'eau; sa solution concentrée dissout à chaud beaucoup de sel *a*.

La solution du sel *b* se décompose aussi par les acides, en dégageant de l'acide cyanhydrique et en précipitant du cyanure cuivreux. Elle précipite en jaune clair la solution des sels cuivriques.

Le *cyanure de cuivre et de sodium* s'obtient, suivant M. Meillet[1], en précipitant la solution du cyanure de cuivre et de baryum par une quantité convenable de sulfate de soude. Par l'évaporation de la liqueur filtrée, le cyanure double reste à l'état de petites aiguilles, inaltérables à l'air.

Le *cyanure de cuivre et de baryum* s'obtient en versant de l'acide cyanhydrique aqueux sur un mélange de carbonate de cuivre et d'hydrate de baryte; la solution est colorée en cramoisi, mais elle se décolore par l'évaporation. L'eau extrait du résidu le cyanure double à l'état incolore, tandis qu'elle laisse du carbonate de baryte insoluble.

Le *cyanure de cuivre et de zinc* est un précipité blanc, qu'on obtient avec le cyanure de cuivre et de potassium (*a* ou *b*) et les sels de zinc.

Le *cyanure de cuivre et de cuivre* (cyanure cuivroso-cuivrique) ƇyƇu, ƇyCu + 5 aq. est, comme nous l'avons déjà dit, le corps vert jaunâtre en lequel se transforme promptement le précipité brun jaunâtre de cyanure cuivrique qu'on obtient par le mélange d'une solution de sulfate cuivrique avec une solution de cyanure de potassium.

Suivant M. Monthiers, le cyanure de cuivre et d'ammonium donne, avec le sulfate cuivrique, un précipité jaune, qui se colore en vert, en dégageant du cyanogène. Le précipité (cuprocyanure de cuivre ammoniacal), lavé et desséché dans le vide, semble constituer[2] un *cyanure de cuivre et de cuprammonium*, 2 ƇyƇu, Ƈy(NH^3Cu) + aq.

[1] MEILLET, *Journ. de Pharm.*, [3] III, 413.

[2] M. Monthiers le représente par les rapports 2 ƇyƇu, Ƈy NH^4 Cu + aq. (Hydrogène trouvé, 1,7; id. calculé, 1,9.). Cette formule est sans analogie.

Le *cyanure de cuivre et de fer* s'obtient sous la forme d'un précipité blanc, se colorant en jaune à l'air lorsqu'on mélange un sel ferreux avec le cyanure de cuivre et de potassium *a*. Avec le sel *b* on obtient un précipité jaune, devenant verdâtre à l'air. (Rammelsberg; suivant MM. F. et E. Rodgers, le précipité serait blanc; selon M. L. Gmelin, le sulfate ferreux exempt de sel ferrique ne donnerait pas de précipité.)

Le *cyanure de cuivre et de manganèse* est un précipité blanc ou blanc jaunâtre, qu'on obtient avec les sels manganeux et le cyanure de cuivre et de potassium.

Le *cyanure de cuivre et d'uranyle* est une poudre jaune clair, que le cyanure de cuivre et de potassium *b* précipite dans la solution du chlorure uranique.

Le *cyanure de cuivre et de bismuth* est un précipité blanc jaunâtre.

Le *cyanure de cuivre et d'étain* est un précipité blanc, caillebotté, que le cyanure de cuivre et de potassium *b* produit dans la solution du chlorure stanneux.

Le *cyanure de cuivre et de plomb* est un précipité blanc.

Le *cyanure de cuivre et d'argent* qu'on obtient avec le nitrate d'argent et le cyanure de cuivre et de potassium *a* est un précipité blanc, qu'une plus forte addition de nitrate d'argent colore en gris bleuâtre. Le précipité qu'on obtient avec le sel *b* forme des flocons caillebottés, qui se colorent promptement en violet et même en noir; ce précipité se redissout dans un excès de cyanure de cuivre et de potassium.

§ 177. *Cyanures de fer*[1]. — On n'a pas analysé les cyanures de fer simples, mais, par contre, de nombreuses combinaisons de cyanure de fer et d'autres cyanures ont été étudiées.

Lorsqu'on mélange une solution de cyanure de potassium avec une solution de sulfate ferreux exempt de sel ferrique, il se produit un précipité rouge brun, en partie soluble dans les acides, et qui paraît être le *cyanure ferreux*. Ce nom a été aussi donné à un composé blanc, insoluble dans les acides, qu'on obtient en traitant

[1] SCHEELE, *Opuscula* II, 148. — VAUQUELIN, *Ann. de Chim. et de Phys.*, V, 113. — BERZELIUS, *ibid.*, XV, 144 et 225. *Ann. de Poggend.*, XV, 385. — ROBIQUET, *Ann. de Chim. et de Phys.*, XII, 275; XVII, 196; XLIV, 279. — GAY-LUSSAC, *ibid.*, XLVI, 73. — L. GMELIN, *Journ. f. Chem. u. Phys. von Schweigger*, XXXIV, 325. — RAMMELSBERG, *Ann. de Poggend.*, XXXVIII, 364; XLII, 111. — WILLIAMSON, *Ann. der Chem. u. Pharm.*, LVII, 225.

le bleu de Prusse par l'hydrogène sulfuré ou en décomposant l'acide ferrocyanhydrique par la chaleur ; mais ce composé blanc paraît être un cyanure multiple.

Lorsqu'on mélange une solution de cyanure de potassium avec une solution de chlorure ferrique, il se dégage de l'acide cyanhydrique, et l'on obtient un précipité d'hydrate ferrique, en même temps que du chlorure de potassium reste en dissolution. Le *cyanure ferrique* ne s'obtient donc pas dans ces circonstances ; il paraît se produire lorsqu'on fait bouillir à l'abri de l'air une solution de ferricyanure de potassium rouge (combinaison de cyanure ferrique et de cyanure de potassium) avec du cyanure d'argent ; on obtient ainsi un dépôt brun, qu'une ébullition prolongée convertit en hydrate ferrique rouge, avec dégagement d'acide cyanhydrique ; la liqueur retient une solution du cyanure d'argent et de potasse (Bouilhet).

Quant aux *cyanures de fer doubles*, c'est-à-dire aux combinaisons des cyanures de fer avec d'autres cyanures, il en existe deux séries : dans l'une la composition du cyanure de fer correspond à celle d'un sel ferreux CyFe, dans l'autre elle correspond à celle d'un sel ferrique $\mathrm{Cy^3Fe^2} = 3\mathrm{Cyfe}$. Les deux espèces de cyanures doubles présentent la stabilité que nous avons signalée plus haut (§ 169), et peuvent être considérées comme appartenant à deux systèmes moléculaires particuliers. Le fer n'y est en effet pas accusé par les réactifs ordinaires.

Voici un tableau de ces cyanures doubles :

α) *Ferrocyanures ou cyanures doubles ferreux.*

Acide ferrocyanhydrique. .	$= 2\,\mathrm{Cy\,Fe},\ 4\,\mathrm{CyH}$.
Ferrocyan. d'ammonium. .	$= 2\,\mathrm{Cy\,Fe},\ 4\,\mathrm{Cy(NH^4)} + 6\,\mathrm{aq}$.
— de potassium. .	$= 2\,\mathrm{Cy\,Fe},\ 4\,\mathrm{Cy\,K} + 6\,\mathrm{aq}$.
— de potass. et de fer (ferrosum).	$= 2\,\mathrm{Cy\,Fe}, \left\{\begin{matrix} 2\,\mathrm{Cy\,Fe} \\ 2\,\mathrm{Cy\,K} \end{matrix}\right\}$.
— de potass. et de fer (ferricum).	$= 2\,\mathrm{Cy\,Fe}, \left\{\begin{matrix} 3\,\mathrm{Cy\,fe} \\ \mathrm{Cy\,K} \end{matrix}\right\} + 4\,\mathrm{aq}$.
— de sodium. . .	$= 2\,\mathrm{Cy\,Fe},\ 4\,\mathrm{Cy\,Na} + 24\,\mathrm{aq}$.
— de baryum. . .	$= 2\,\mathrm{Cy\,Fe},\ 4\,\mathrm{Cy\,Ba} + 12\,\mathrm{aq}$.

Ferrocyan. de baryum et de potassium. . = 2 Cy Fe { 2 Ꞓy Ba / 2 Ꞓy K } + 6 aq.

— de strontium. . = 2 Ꞓy Fe, 4 Ꞓy Sr + 30 aq.

— de calcium. . . = 2 Ꞓy Fe, 4 Ꞓy Ca + 24 aq.

— de calcium et de potassium. . = 2 Ꞓy Fe, { 2 Ꞓy Ca / 2 Ꞓy K } + 6 aq.

— de magnésium. = 2 Ꞓy Fe, 4 Ꞓy Mg + 24 aq.

— de zinc. . . . . = 2 Ꞓy Fe, 4 Ꞓy Zn + 6 aq.

— de zincammon. et de zinc. . . = 2 Ꞓy Fe, { 3 Ꞓy ($N\!\!\!-\!H^3$Zn) / Ꞓy Zn } + 2 aq.

— de cuivre. . . = 2 Ꞓy Fe, 4 Ꞓy Cu + x aq.

— de cuivre et de potassium. . = 2 Ꞓy Fe, { 2 Ꞓy Cu / 2 Ꞓy K }

— de cuprammonium. . . . . = 2 Ꞓy Fe, 4 Ꞓy ($N\!\!\!-\!H^3$Cu) + 2 aq.

— de fer (bleu de Prusse). . . = 2 Ꞓy Fe, 4 Ꞓy fe + 12 aq.

— de fer et de ferammon. . . . = 2 Ꞓy Fe, { 2 Ꞓy ($N\!\!\!-\!H^3$fe) / 2 Ꞓy fe } + x aq.

— de plomb. . . = 2 Ꞓy Fe, 4 Ꞓy Pb + 6 aq.

β) *Ferricyanures ou cyanures doubles ferriques.*

(fe = $^1/_2$ Fe^2)

Acide ferricyanhydrique. . = 3 Ꞓy fe, 3 Ꞓy H.

Ferricyan. de potassium. . . = 3 Ꞓy fe, 3 Ꞓy K.

— d'ammonium. . . = 3 Ꞓy fe, 3 Ꞓy ($N\!\!\!-\!H^4$) + 6 aq.

— de sodium. . . . = 3 Ꞓy fe, 3 Ꞓy Na + 2 aq.

— de sodium et de potassium. . . = { 3 Ꞓy fe, 3 Ꞓy Na / 3 Ꞓy fe, 4 Ꞓy K }.

— de potass. et de baryum. . . . = 3 Ꞓy fe, { Ꞓy K / 2 Ꞓy Ba } + 6 aq.

— de calcium. . . = 3 Ꞓy fe, 3 Ꞓy Ca + 12 aq.

Ferricyan. de fer (bleu de Prusse). . . . $=$ 3 Cy fe, 3 Cy Fe + x aq.

— de fer (cyan. vert). . . . . $=$ 3 Cyfe, $\left\{\begin{array}{l}\text{Cy fe}\\ \text{2 Cy Fe}\end{array}\right\}$ + x aq.

Il existe aussi des ferricyanures combinés avec le bioxyde d'azote : nous les décrirons sous le nom de *nitroferricyanures*.

γ) *Nitroferricyanures.*

Acide nitroferricyanhydrique. $=$ 3 Cy fe, 2 Cy H, NO^2 + 2 aq.
Nitroferricyan. d'ammonium. $=$ 3 Cy fe, 2 Cy (NH^4), NO^2,
— de potassium. $=$ 3 Cy fe, 2 Cy K, NO^2,
— de sodium. . $=$ 3 Cy fe, 2 Cy K, NO^2, + 4 aq.
— de baryum. . $=$ 3 Cy fe, 2 Cy Ba, NO^2,
— de calcium. . $=$ 3 Cy fe, 2 Cy Ca NO^2,
— d'argent. . . $=$ 3 Cy fe, 2 Cy Ag, NO^2.

§ 178. α. *Ferrocyanures.* Le précipité rouge brun que le cyanure de potassium produit dans le sulfate ferreux se dissout à chaud dans un excès de cyanure de potassium, en produisant un sel double cristallisé, connu sous le nom de *ferrocyanure de potassium* (cyanure de fer et de potassium) ou de *prussiate de potasse ferrugineux.* Avec ce sel, on obtient par double décomposition, un grand nombre d'autres ferrocyanures.

L'*acide ferrocyanhydrique*, 2CyFe, 4 Cy H, a été obtenu pour la première fois par Porret[1], en 1814.

M. Posselt le prépare en décomposant le ferrocyanure de potassium par l'acide chlorhydrique : on dissout ce sel dans un peu d'eau, et après avoir fait bouillir la solution pour en chasser l'air, on la laisse refroidir dans un flacon bien bouché, on la mélange avec un excès d'acide chlorhydrique privé d'air, et on agite le tout avec de l'éther. L'acide ferrocyanhydrique se précipite alors sous forme de paillettes minces et blanches ; on recueille le précipité sur un filtre, on le lave avec un mélange d'alcool et d'éther pour enlever l'eau, et après l'avoir exprimé on le dessèche rapidement dans le vide sur de l'acide sulfurique.

Si l'on mélange avec de l'éther la solution aqueuse du ferrocya-

[1] PORRET, *Philos. Transact.*, 1814, 527. — POSSELT, *Ann. der Chem. u. Pharm.*, XLII, 163.

nure de potassium, avant d'y ajouter l'acide chlorhydrique, il se précipite ensuite, par l'addition de ce dernier, de l'acide ferrocyanhydrique, parfaitement blanc, qui se laisse sécher et cristalliser, sans prendre de coloration (Dollfus).

L'acide ferrocyanhydrique se présente à l'état de grains ou de petites aiguilles confuses et blanches, qui bleuissent à l'air; sa dissolution aqueuse se décompose par l'ébullition en développant de l'acide cyanhydrique et en déposant un précipité blanc, qui bleuit à l'air.

Le *ferrocyanure d'ammonium*, $2\,\mathrm{Cy\,Fe}, 4\,\mathrm{Cy}\,(\mathrm{NH^4}) + 6\,\mathrm{aq.}$ s'obtient en saturant l'acide ferrocyanhydrique par l'ammoniaque, sous la forme de cristaux jaune pâle, transparents, inaltérables à l'air, très-solubles dans l'eau froide, insolubles dans l'alcool. Les cristaux constituent des octaèdres à base carrée, isomorphes avec le ferrocyanure de potassium. (Inclinaison des faces formant les arêtes latérales de l'octaèdre $P = 136^\circ\,52'$, id. des faces formant les arêtes culminantes $= 97^\circ\,46'$. Longueur de l'axe principal $= 1{,}789$.)

Lorsqu'on mélange la solution de ce sel avec une solution de chlorure d'ammonium, on obtient, par la concentration, des rhomboèdres d'une combinaison[1] *de ferrocyanure et de chlorure d'ammonium*, $2\,\mathrm{Cy\,Fe}, 4\,\mathrm{Cy}\,(\mathrm{NH^4}), 2\,(\mathrm{NH^4})\,\mathrm{Cl} + 6\,\mathrm{aq.}$ Les cristaux sont transparents, jaunâtres, d'un éclat vitreux, inaltérables à l'air, et très-solubles dans l'eau. (Ils se présentent tantôt en rhomboèdres R, ou en rhomboèdres plus aigus $-2\,R$, tantôt en combinaisons de ces rhomboèdres, $R.\ o\,R.\ -R$. Longueur de l'axe principal dans $R = 1{,}0325$. Inclinaison des faces, $R : R$, formant les arêtes culminantes de la pyramide hexagonale, $= 96^\circ\,52'$; $R : o\,R = 129^\circ\,59'$; $R : -2\,R = 126^\circ\,59'$; $-2\,R : o\,R = 112^\circ\,45'$.) La solution des cristaux se décompose par l'ébullition en déposant du cyanure de fer (Bunsen).

On peut obtenir une combinaison[2] semblable de *ferrocyanure et de bromure d'ammonium*, $2\,\mathrm{Cy\,Fe}, 4\,\mathrm{Cy}\,(\mathrm{NH^4}), 2\,(\mathrm{NH^4})\,\mathrm{Br}$; elle cristallise également en rhomboèdres inaltérables à l'air, fort solubles dans l'eau. La forme de ce sel est la même que celle de la combinaison de ferrocyanure d'ammonium et de chlorure d'ammonium. (Les faces du rhomboèdre aigu $-2\,R$ dominent davantage, et les faces R sont subordonnées. Longueur de l'axe principal dans $R = 0{,}9858$. Inclinaison des faces, $R : R$, formant les arêtes cul-

[1] BUNSEN, *Annal. de Poggend.*, XXXVI, 404.

[2] HIMLY et BUNSEN, *ibid.*, XXXVIII, 208.

minantes de la pyramide hexagonale, = 98° 49'; — 2 R : — 2 R = 75° 5'.)

Le *ferrocyanure de potassium*, 2 Cy Fe, 4 Cy K + 6 aq., dit aussi *cyanoferrure de potassium jaune*, *lessive du sang*, *ferroprussiate de potasse*, est un sel très-important, qui se produit lorsqu'on fait fondre des matières azotées avec de la potasse et du fer; il se forme également lorsqu'une dissolution de potasse sursaturée d'acide cyanhydrique est mélangée avec un sel ferreux.

On se procure cette combinaison dans les fabriques en calcinant avec du carbonate de potasse, en vase clos, les matières animales telles que le sang, la corne, etc., ou bien aussi le charbon azoté provenant de ces substances. On lessive la masse avec de l'eau, et l'on y ajoute du sulfate ferreux; puis on évapore à cristallisation; on peut aussi faire bouillir la lessive avec de la limaille de fer, qui s'y dissout alors avec dégagement d'hydrogène, ou bien faire fondre le carbonate de potasse à la fois avec du charbon animal et de la limaille de fer, et lessiver le produit.

Comme le ferrocyanure de potassium se détruit lui-même par une forte chaleur, et se convertit en cyanure de potassium, M. Liebig admet que par la fusion d'un mélange de charbon azoté de potasse et de fer il ne se produit que du cyanure, tandis que le ferrocyanure ne se forme que par la dissolution de la masse dans l'eau. En effet, d'après M. Liebig [1], si l'on traite la masse fondue par l'alcool, celui-ci extrait tout le cyanure de potassium; et si l'on traite ensuite le résidu par l'eau, on n'y trouve pas de ferrocyanure. Selon M. Runge [2], il est possible que la réaction soit ainsi quand on opère sur une petite échelle, mais en grand elle est différente. En lavant avec de l'alcool la masse fondue, provenant du mélange de 200 kil. de potasse, 200 kil. de charbon de corne et 5 kil. de fer, ce chimiste n'obtint pas une partie soluble contenant le cyanure de potassium, et un résidu insoluble renfermant le fer; c'était tout le contraire. La masse pulvérisée ayant été placée dans un entonnoir et lessivée avec de l'alcool faible (parties égales d'eau et d'alcool fort), donna deux liquides : l'un, le plus dense, était une solution de potasse; l'autre, le plus léger, ne renfermait qu'un peu de cyanure. Mais en lavant le résidu noir avec de l'eau bouillant on obtint du ferrocyanure de potassium

[1] LIEBIG, *Ann. der Chem. u. Pharm.*, XXXVIII, 20.
[2] RUNGE, *Ann. de Poggend.*, LXVI, 95.

en aussi grande quantité que par le procédé ordinaire. M. Runge en conclut que le ferrocyanure de potassium (qui est insoluble dans l'alcool) est déjà tout formé dans le produit fondu. D'ailleurs, s'il ne se formait que par l'action de la solution aqueuse du cyanure de potassium sur le fer métallique, on ne concevrait pas pourquoi les lessivoirs, qui sont en tôle dans les fabriques qui préparent le ferrocyanure, ne sont pas attaqués et servent jusqu'à dix ans, et même davantage; il n'y a en effet que le feu qui les détériore en les brûlant.

Dans les essais en petit, on peut se procurer du ferrocyanure de potassium en faisant bouillir un mélange de bleu de Prusse et de carbonate de potasse.

Par le refroidissement lent de sa solution aqueuse, le ferrocyanure de potassium s'obtient en beaux cristaux jaune citron, tendres, flexibles, transparents, d'un éclat vitreux, d'une saveur à la fois salée et amère. Ces cristaux[1] appartiennent au système tétragonal. (Faces dominantes : P. oP, quelquefois avec P ∞ et ∞ P ∞ ; clivage facile parallèlement aux faces oP, moins prononcé suivant P. Longueur de l'axe principal = 1,789. Inclinaison des faces formant les arêtes latérales de l'octaèdre P = 136° 52′, inclinaison des faces formant les arêtes culminantes = 97° 46′. Les faces oP sont souvent assez développées pour donner aux cristaux l'aspect de tables.)

Les cristaux du ferrocyanure de potassium ne s'altèrent pas à l'air, mais par la dessiccation à 100° ils perdent 12,8 p. c. = 6 atomes d'eau. Ils sont très-solubles dans l'eau et insolubles dans l'alcool, qui précipite le sel de sa solution aqueuse en paillettes jaunes et brillantes.

A l'abri de l'air, le ferrocyanure de potassium fond un peu au-dessous du rouge, et dégage de l'azote, en laissant un mélange de cyanure de potassium et de carbure de fer. S'il renferme de l'humidité, il donne aussi de l'acide carbonique, de l'ammoniaque et de l'acide cyanhydrique. (Le sel du commerce est souvent souillé de sulfate et de carbonate de potasse.)

Lorsqu'on le calcine au contact de l'air, il donne du cyanate de potasse et du peroxyde de fer. Un mélange de ferrocyanure de potassium, et de peroxyde de manganèse, prend feu quand on le chauffe à l'air, et donne les mêmes produits.

[1] Brooke, *Ann. of Philos.*, XXII, 41. — Bunsen, *Ann. de Poggend.*, XXXVI, 404.

Lorsqu'on fait passer du chlore dans la solution du ferrocyanure de potassium, il se produit du chlorure de potassium et du ferricyanure de potassium rouge (cyanure de ferricum et de potassium) :

$$2\,[2\,\text{Ɛy}\text{Fe},\ 4\,\text{Ɛy}\text{K}] + \text{Ɛl}^2 = 2\,\text{Ɛl}\text{K} + 2\,[\text{Ɛy}^3\text{Fe}^2,\ 3\,\text{Ɛy}\text{K}].$$

On obtient aussi du ferricyanure rouge en traitant à chaud le ferrocyanure par l'acide nitrique ; mais, outre le ferricyanure, il se produit alors du nitroferricyanure de potassium.

Selon M. Preuss[1], la solution du ferrocyanure de potassium dissout à chaud beaucoup d'iode ; si l'on n'y dissout pas plus d'iode qu'il n'en faut pour colorer le liquide en vert olive, celui-ci dépose, par le refroidissement, une poudre cristalline d'un jaune doré et d'un éclat soyeux. (Selon M. Gerdy[2], l'iode ne décomposerait pas le ferrocyanure de potassium.)

Lorsqu'on fait fondre ce sel avec du soufre, il s'y combine et se convertit en sulfocyanure de potassium.

Chauffé avec de l'acide sulfurique concentré, le ferrocyanure de potassium dégage de l'oxyde de carbone, et donne un résidu de sulfate de potasse, de sulfate d'ammoniaque et de sulfate de fer (§ 83). Lorsqu'on traite le ferrocyanure par l'acide sulfurique étendu, comme dans la préparation de l'acide cyanhydrique, il se produit du sulfate de potasse, ainsi qu'un sel blanc, insoluble dans l'eau, le *ferrocyanure de potassium et de fer.*

Lorsqu'on fait bouillir une solution de ferrocyanure de potassium avec du cyanure d'argent, il se produit un dépôt d'un bleu sale, en même temps que la liqueur devient fort alcaline. Le dépôt est du cyanure ferreux (altéré par le contact de l'air), et la solution renferme du cyanure d'argent et de potassium :

$$2\,\text{Ɛy}\text{Fe},\ 4\,\text{Ɛy}\text{K} + 4\,\text{Ɛy}\text{Ag} = 2\,\text{Ɛy}\text{Fe} + 4\,[\text{Ɛy}\text{Ag},\ \text{Ɛy}\text{K}].$$

On observe une réaction semblable si l'on fait bouillir la solution du ferrocyanure de potassium avec du chlorure d'argent :

$$2\,\text{Ɛy}\text{Fe},\ 4\,\text{Ɛy}\text{K} + 2\,\text{Ɛl}\text{Ag} = 2\,\text{Ɛy}\text{Fe} + 2\,\text{Ɛl}\text{K} + [2\,\text{Ɛy}\text{Ag},\ \text{Ɛy}\text{K}].$$

(Voy. *Cyanure d'argent et de potassium.*)

La solution aqueuse du ferrocyanure de potassium donne avec la plupart des solutions métalliques des précipités caractéristiques, et s'emploie pour cela comme réactif dans les laboratoires. Les précipités renferment tous les éléments du sel, mais, à la place

[1] PREUSS, *Ann. der Chem. u. Pharm.*, XXIX, 323.

[2] GERDY, *Compt. rend. de l'Acad.*, XVI, 25.

du potassium, l'équivalent du métal qui a donné lieu à la double décomposition. Ainsi, il se produit avec les sels de cuivre du ferrocyanure de cuivre, avec les sels de plomb du ferrocyanure de plomb, etc. Ordinairement le précipité est mélangé de très-petites quantités de ferrocyanure de potassium, qu'il est difficile d'enlever par les lavages d'une manière complète. Voici la couleur des précipités produits par le ferrocyanure de potassium dans les solutions métalliques :

Sels de magnésie.	Précipité	blanc (seulement dans les solutions concentrées).
— d'alumine.	—	blanc (seulement au bout de quelque temps).
— de zinc.	—	blanc gélatineux, insoluble dans l'ac. chlorhydriq.
— de cadmium.	—	blanc, soluble dans l'acide chlorhydrique.
— de nickel.	—	blanc, tirant sur le vert, insoluble dans l'ac. chlorhydr.
— de cobalt.	—	vert jaunâtre, devenant gris au bout de quelque temps, insoluble dans l'ac. chlorhydrique.
— de cuivre.	—	brun rouge, insol. dans l'acide chlorhydriq. ; l'ammoniaque décompose le précipité sans le dissoudre.
— de fer (ferreux).	—	blanc, bleuissant rapidement à l'air, insol. dans l'acide chlorhydriq.
— de fer (ferriques).	—	bleu foncé, insol. dans 'aci de chlorhydrique.
— de manganèse.	—	blanc, soluble dans l'acide chlorhydrique.
— de chrome.		pas de précipité.
— d'urane (uraneux).	—	brun clair.
— d'urane (uraniques).	—	brun rouge.
— de bismuth.	—	blanc, insol. dans l'acide chlorhydrique.
— d'antimoine.	—	blanc.

Sels d'étain (stanneux et stanniques).	Précipité blanc gélatineux.
— de plomb.	— blanc.
— d'argent.	— blanc.
— de mercure (mercureux).	— blanc gélatineux.
— de mercure (mercuriques).	— blanc, devenant bleu à la longue, par suite de la formation de bleu de Prusse.
— d'or (auriques).	coloration d'un vert émeraude.

Dans ces réactions, il faut éviter l'emploi de liqueurs trop acides, qui décomposeraient le ferrocyanure de potassium, ainsi que celui de liqueurs alcalines, par exemple ammoniacales, qui ne produiraient pas de précipité.

Le fer n'est point accusé dans le ferrocyanure de potassium, ni par les alcalis caustiques ni par l'hydrosulfate d'ammoniaque.

§ 179. Le *ferrocyanure de sodium*, 2 CyFe, 4 CyNa + 24 aq., forme des prismes rhomboïdaux obliques, d'un jaune clair, qui s'effleurissent à l'air chaud. Il se dissout dans 4 ½ p. d'eau froide. L'alcool ne le dissout pas.

Les cristaux de ce sel appartiennent au système monoclinique[1]. (Faces dominantes : ∞P. [∞P∞]. ∞P∞. [P∞]. Inclinaison des faces, ∞P : ∞P = 99° 40′ ; ∞P : [∞P∞] = 139° 50′ ; ∞P : ∞P∞ = 130° 10′ ; [P∞] : [∞P∞] = 127° 56′ ; ∞P : [P∞] = 118° 33′. Les faces [∞P∞] prennent souvent beaucoup d'extension.)

Le *ferrocyanure de baryum*, 2 CyFe, 4 CyBa + 12 aq., s'obtient en prismes aplatis, rectangulaires obliques, jaunes, non efflorescents, lorsqu'on introduit du bleu de Prusse dans l'eau de baryte, et qu'on filtre bouillant. Suivant Duflos, les cristaux exigent pour se dissoudre 584 p. d'eau froide et 116 p. d'eau bouillante.

Le *ferrocyanure de baryum et de potassium*, 2 CyFe, $\left\{\begin{matrix} 2\ \text{Cy Ba} \\ 2\ \text{Cy K} \end{matrix}\right\}$ + 6 aq., forme de petits rhomboèdres jaune clair, solubles dans 38 p. d'eau froide et dans 9,5 p. d'eau bouillante. Ce sel cristallise par le refroidissement lorsqu'on mélange des solutions bouillantes

[1] Bunsen, *loc. cit.*

et concentrées de deux parties de ferrocyanure de potassium et d'une partie de chlorure de baryum[1].

Les cristaux[2] sont des rhomboèdres R de 98° 33′, souvent avec les faces oR. Longueur de l'axe principal = 1,570. Inclinaison de R sur oR = 118° 53′. Clivage parallèle à P.

Le *ferrocyanure de strontium*, 2 ЄyFe, 4 ЄySr + 30 aq., forme des prismes rhomboïdaux obliques, d'un jaune pâle, solubles dans 2 p. d'eau froide et dans moins de 1 p. d'eau bouillante[3].

Le *ferrocyanure de calcium*, 2 ЄyFe, 4 ЄyCa + 24 aq., constitue de gros prismes obliques rhomboïdaux, d'un jaune clair, d'une saveur amère et désagréable, fort solubles dans l'eau, insolubles dans l'alcool. On le prépare en faisant bouillir le bleu de Prusse avec du lait de chaux, qu'on évite d'employer en excès, et en évaporant la solution filtrée[4]. Les cristaux se déposent au bout de quelques jours dans la solution réduite à consistance de sirop.

Lorsqu'on ajoute un excès de ferrocyanure de potassium à la solution, pas trop étendue, d'un sel de chaux, il se produit un précipité blanc jaunâtre et cristallin d'un *ferrocyanure de calcium et de potassium*[5],

$$2\,\text{ЄyFe}, \left\{\begin{matrix} 2\ \text{Єy Ca} \\ 2\ \text{ЄyK} \end{matrix}\right\} + 6\ \text{aq.}$$

Le *ferrocyanure de magnésium* s'obtient sous la forme de petites aiguilles, réunies en étoiles, jaune pâle, inaltérables à l'air, et contenant 2 ЄyFe, 4 ЄyMg + 24 aq., lorsqu'on sature l'acide ferrocyanhydrique par le carbonate de magnésie et qu'on évapore la solution filtrée[6].

Une solution pas trop étendue d'un sel de magnésie donne avec un excès de ferrocyanure de potassium un précipité blanc jaunâtre de *ferrocyanure de magnésium et de potassium*; le précipité se dissout dans 15,75 p. d'eau à 15°.

Le *ferrocyanure d'aluminium* est un sel incristallisable, dont la solution se décompose par l'évaporation.

Le *ferrocyanure de zinc*, 2 ЄyFe, 4 ЄyZn + 6 aq., se précipite

[1] MOSANDER, *Ann. de Poggend.*, XXV, 390. — DUFLOS, *Journ. f. Chem. u. Phys. von Schweigger*, LXV, 233.
[2] BUNSEN, *loc. cit.*
[3] BETTE, *Ann. der Chem. u. Pharm.*, XXII, 148.
[4] BERZELIUS, *Journ., f. Chem. u. Phys. von Schweigger*, XXX, 12.
[5] MOSANDER, *loc. cit.* — E. MARCHAND, *Journ. de Chim. médic.*, XX, 558.
[6] BETTE, *loc. cit.*, et XXIII, 115.

sous la forme d'une poudre blanche, lorsqu'on précipite un sel de zinc par du ferrocyanure de potassium[1]. On peut aussi, suivant M. Jonas, obtenir le même sel en mettant en digestion, à l'aide d'une douce chaleur, du zinc métallique avec du bleu de Prusse en poudre, délayé dans de l'acide chlorhydrique. Il se dégage du gaz hydrogène, et le liquide perd peu à peu sa couleur bleue. Cependant la réaction ne se termine qu'au bout de quelques jours. Si le zinc renferme du plomb, celui-ci se dépose à l'état métallique.

Lorsqu'on mélange une solution étendue d'un sel de zinc sursaturée d'ammoniaque, avec une solution de ferrocyanure de potassium, il se produit au bout de quelques instants un précipité cristallin[2], qui est un *ferrocyanure de zincammonium et de zinc*,

$$2\,\text{Ȼy}\,\text{Fe}, \left\{ \begin{matrix} 3\,\text{Ȼy}\,(\text{NH}^3\text{Zn} \\ \text{ȻyZn} \end{matrix} \right\} + 2\,\text{aq.}$$

Le *ferrocyanure de cadmium* est un précipité blanc, soluble dans l'ammoniaque.

§ 180. Le *ferrocyanure de nickel* est un précipité blanc tirant sur le vert, insoluble dans l'acide chlorhydrique; le précipité est toujours souillé de ferrocyanure de potassium, dont il est difficile de le débarrasser par les lavages. Lorsqu'on verse un excès d'ammoniaque sur le ferrocyanure de nickel récemment précipité et humide, on le voit d'abord se dissoudre, changer de couleur, et presque aussitôt produire un précipité composé d'une multitude d'aiguilles très-fines, d'une couleur violacée, et fort instables. Ce *ferrocyanure de nickel ammoniacal* renferme, suivant M. Reynoso[3], $2\,\text{ȻyFe}, 4\,\text{ȻyNi} + 10\,\text{NH}^3 + 8\,\text{aq.}$ On peut aussi le préparer en versant du ferrocyanure de potassium dans une dissolution de nickel contenant beaucoup d'ammoniaque, ou en faisant agir le sel de nickel en dissolution sur un mélange d'ammoniaque et de ferrocyanure de potassium. Bouilli dans l'eau, le ferrocyanure de nickel ammoniacal laisse dégager toute son ammoniaque; c'est le moyen d'avoir parfaitement pur le ferrocyanure de nickel.

En versant du ferrocyanure de potassium dans une solution de nitrate de nickel ammoniacal, on obtient un précipité blanc verdâtre, insoluble dans l'eau, et plus stable que le sel précédent. C'est

[1] Schindler, *Magaz. f. Pharm.*, XXXV, 71.

[2] Bunsen, *Ann. de Poggend.*, XXXIV, 136. — Monthiers, *Journ. de Pharm.*, [3] XI, 253.

[3] Reynoso, *Ann. de Chim. et de Phys.*, [3] XXX, 252.

le *ferrocyanure de nickelammonium*, 2CyFe, 4 Cy (NH³Ni) + x aq. L'ammoniaque le dissout en donnant le sel précédent.

Le *ferrocyanure de cobalt* est un précipité vert jaunâtre.

Le *ferrocyanure de cuivre*, 2 CyFe, 4 CyCu + 9 aq., est le précipité rouge brun ou pourpre que le ferrocyanure de potassium produit dans les sels cuivriques. Si l'on verse le sel de cuivre, par petites portions, dans un grand excès de ferrocyanure de potassium, le précipité d'abord brun devient rouge au bout de quelques instants, et contient alors du *ferrocyanure de cuivre et de potassium*,

$$2\,\text{CyFe}, \left\{\begin{matrix} 2\,\text{CyCu} \\ 2\,\text{CyK} \end{matrix}\right\}.$$

Ce sel cède à l'eau chaude du ferrocyanure de potassium. (Suivant M. Rammelsberg, il renfermait 4 at. d'eau.)

Lorsqu'on mélange une solution de nitrate de cuivre ammoniacal (ou de tout autre sel de cuivre dissous dans l'ammoniaque) avec une solution de ferrocyanure de potassium, on obtient, suivant M. Monthiers, un précipité jaune clair et cristallin de *ferrocyanure de cuprammonium*, 2 CyFe, 4 Cy (NH³Cu) + 2 aq. Les acides étendus en extraient de l'ammoniaque et laissent du ferrocyanure de cuivre brun.

Mis en digestion avec de l'ammoniaque aqueuse, le ferrocyanure de cuivre brun devient vert et cristallin. Si l'on décante la partie liquide, et qu'on traite le précipité par l'eau, celle-ci s'empare de l'ammonique fixée, et le rend de nouveau brun.

§ 181. Le *ferrocyanure de fer* (ferrosum) *et de potassium*,

$$2\,\text{CyFe}, \left\{\begin{matrix} 2\,\text{CyFe} \\ 2\,\text{CyK} \end{matrix}\right\},$$

est le sel blanc, insoluble dans l'eau, qu'on obtient dans le traitement du ferrocyanure de potassium par l'acide sulfurique étendu pour la préparation de l'acide cyanhydrique. Ce sel bleuit à l'air, ainsi que par tous les agents oxygénants, tels que le chlore aqueux ou l'acide nitrique. Lorsqu'on le traite par la potasse, il sépare du protoxyde de fer, tandis que du ferrocyanure de potassium jaune reste en dissolution.

Le précipité blanc qu'occasionne le ferrocyanure de potassium dans la solution des sels ferreux est probablement le même ferrocyanure de potassium et de fer.

Le *ferrocyanure de fer* (ferricum), 2 Cy Fe, 4 Cy fe + 12 aq., constitue le *bleu de Prusse* ordinaire, qu'on obtient en mélangeant la solution du ferrocyanure de potassium avec un sel ferrique. Sa découverte, due au hasard, date de 1704, et a été faite à Berlin par Diesbach, fabricant de couleurs, et Dippel, pharmacien. En 1724, Woodward, de la Société royale de Londres, décrivit le premier un procédé pour le préparer en grand ; à quelques modifications près, ce procédé est encore aujourd'hui suivi par les fabricants, et consiste à précipiter une solution de ferrocyanure de potassium (lessive du sang) par du sulfate de fer, à agiter le précipité pour qu'il bleuisse par le contact de l'air, à laisser déposer, et à soutirer le liquide surnageant.

On prépare avec avantage le bleu de Prusse en mélangeant 6 p. de sulfate de fer avec 6 p. de ferrocyanure de potassium, les deux sels étant dissous chacun dans 15 p. d'eau; on ajoute ensuite au mélange, n l'agitant continuellement, 1 p. d'acide sulfurique concentré et 24 p. d'acide chlorhydrique fumant. Au bout de quelques heures, on y verse, par petites portions, une dissolution clarifiée de chlorure de chaux. Après avoir laissé reposer le précipité pendant quelques heures, on le lave et on le sèche. Toutefois, pour l'avoir parfaitement pur, il est toujours préférable d'ajouter un sel ferrique à du ferrocyanure de potassium[1].

Le bleu de Prusse du commerce renferme toujours de l'alumine ; souvent il est aussi altéré par des mélanges d'amidon, de craie, ou de sulfate de chaux.

A l'état de pureté, le bleu de Prusse présente la composition d'un ferrocyanure ferrique. Il est difficile cependant de l'avoir entièrement exempt de cyanure de potassium, si on le prépare au moyen du ferrocyanure de potassium et des sels ferriques; lors même qu'on met le précipité bleu longtemps en digestion avec du chlorure ferrique, il contient toujours des quantités variables de ferrocyanure de potassium. Mais on obtient un bleu entièrement pur en précipitant l'acide ferrocyanhydrique par le chlorure ferrique.

Le bleu de Prusse se présente dans le commerce sous la forme de petits morceaux cubiques ou irréguliers, sans saveur, sans odeur, d'une couleur bleu foncé, et qui, de même que l'indigo, prennent par le frottement un reflet cuivré et métallique. Chauffé

[1] Voy. sur la fabrication du bleu de Prusse : JACQUEMYNS, *Ann. de Chim. et de Phys.*, [3] VII, 295.

à l'air, il brûle difficilement en répandant une odeur désagréable, et finit par ne laisser que du peroxyde de fer.

Il est insoluble dans l'eau, l'alcool et les acides faibles. Toutefois l'acide oxalique le dissout aisément; la solution est décomposée par le carbonate de potasse, et sa couleur bleue passe alors au brun rouge; le liquide ne sépare du peroxyde de fer que quand on le porte à l'ébullition; la solution filtrée donne par l'acide chlorhydrique un précipité bleu. Cette solution du bleu de Prusse dans l'acide oxalique s'emploie comme encre bleue. Une solution de tartrate d'ammoniaque dissout aussi le bleu de Prusse déjà à froid.

On ne peut pas déshydrater le bleu de Prusse par la chaleur; car il dégage un peu d'acide cyanhydrique, même à une température assez base, et se souille ainsi de peroxyde de fer. Soumis à la distillation sèche, il donne de l'eau, de l'acide carbonique, du carbonate d'ammoniaque et du cyanhydrate d'ammoniaque. Quand on chauffe le bleu de Prusse à l'air, il s'enflamme par l'approche d'un corps en ignition, en brûlant comme de l'amadou, et en laissant du peroxyde de fer.

Lorsqu'on délaye à froid le bleu de Prusse dans l'acide sulfurique concentré, il se produit une espèce d'empois blanc, sans qu'il se dégage d'acide cyanhydrique. Cet empois abandonné dans le vide, sur une brique poreuse, laisse une poudre blanche, non cristalline, que l'eau décompose immédiatement en acide sulfurique étendu et en bleu de Prusse.

A chaud, l'acide sulfurique concentré et l'acide nitrique détruisent le bleu de Prusse. Il en est de même de l'acide chlorhydrique concentré.

Le chlore convertit le bleu de Prusse en une substance verte.

Traité par la potasse, le bleu de Prusse sépare du peroxyde de fer hydraté, tandis que du ferrocyanure de potassium reste en dissolution.

L'ammoniaque liquide décompose aussi le bleu de Prusse, en produisant du peroxyde de fer hydraté et du ferrocyanhydrate alcalin. Mais, suivant les expériences de M. Monthiers, ces produits sont le résultat d'une réaction finale, et il existe une combinaison intermédiaire, qu'on obtient le mieux par le procédé suivant : dans une dissolution de protochlorure de fer pur, on verse un excès d'ammoniaque liquide, et l'on jette le tout sur un filtre reposant sur un entonnoir dont la douille plonge dans une dissolu-

tion chaude de ferrocyanure de potassium. Au moment du mélange des deux liquides, il se forme un précipité parfaitement blanc et qui bleuit au contact de l'air ; on met ce précipité en contact avec du tartrate d'ammoniaque, pour dissoudre le peroxyde de fer formé en même temps que le composé bleu ; on maintient le tout pendant quelques heures à une température de 60 à 80 degrés ; et on lave à l'eau distillée. Le composé bleu ainsi obtenu représente un *ferrocyanure de fer et de ferammonium*, $2\,Gy\,Fe\left\{\begin{array}{l}2\,Gy\,(NH^3\,fe)\\ 2\,Gy\,fe\end{array}\right\}$.
Il est plus stable que le bleu de Prusse ; le tartrate d'ammoniaque ne l'attaque ni à chaud ni à froid.

Lorsqu'on mélange du chlorure ferrique avec un excès de ferrocyanure de potassium, on obtient un précipité de ferrocyanure de fer et de potassium (voy. plus bas) ; celui-ci se dissout par les lavages, en donnant une liqueur d'un bleu foncé qu'on peut évaporer à siccité sans qu'elle se décompose. On obtient ainsi une masse brillante d'un bleu foncé ; on la précipite en ajoutant des sels étrangers à sa solution aqueuse ; mais le précipité se redissout dans l'eau pure ; l'alcool l'en sépare de nouveau.

Le bleu de Prusse est employé dans la fabrication des papiers peints, la peinture à l'huile, l'azurage des papiers, la teinture des tissus de laine, de soie, de coton, etc. Il s'unit assez intimement aux fibres textiles, et fournit ainsi une couleur qui est assez solide à l'air et au contact des acides, mais qui ne résiste pas au savon ni surtout aux lessives.

Le *ferrocyanure de fer* (ferricum) *et de potassium*, $2\,Gy\,Fe,\left\{\begin{array}{l}3\,Gy\,fe\\ Gy\,K\end{array}\right\} + 4\,aq.$, est un sel bleu, qu'on obtient par l'action des agents oxygénants sur le sel blanc qui constitue le ferrocyanure de ferrosum et de potassium (page 332). Pour préparer ce sel bleu, M. Williamson emploie de préférence l'acide nitrique dilué fait avec 1 vol. d'acide concentré et 20 vol. d'eau. On y délaye le sel blanc, et l'on chauffe dans une capsule en agitant fréquemment ; à une température base il ne se manifeste aucune action, mais il se développe du bioxyde d'azote dès que la chaleur du mélange approche de celle de l'ébullition ; il faut alors retirer la capsule du feu, afin d'empêcher que le produit ne se souille d'autres substances. D'ailleurs l'action se continue une fois qu'elle s'est établie ; on peut s'assurer à l'aide de la potasse si le produit est pur ; si l'action a été complète, il ne donne plus de protoxyde de fer par cet agent, et si elle n'a pas non plus dépassé le terme convenable, la liqueur filtrée ne renferme pas de sel rouge. On obtient ainsi un corps d'un très-beau bleu violacé ; l'eau mère renferme du nitrate de potasse, sans aucune trace de fer.

A l'état sec le sel bleu n'a presque pas d'éclat cuivré comme le bleu de Prusse ordinaire. Il donne par la potasse du peroxyde de fer, tandis que du ferrocyanure de potassium jaune reste en dissolution.

Chauffé avec une solution de ce dernier ferrocyanure, le sel bleu donne du ferrocyanure de potassium rouge et le même sel blanc d'où résulte le sel bleu par l'action de l'acide nitrique :

Sel bleu. Sel jaune.

$$2\,\mathrm{Cy\,Fe},\left\{\begin{matrix}3\,\mathrm{Cyfe}\\ \mathrm{Cy\,K}\end{matrix}\right\} + 2\,\mathrm{Cy\,Fe},\,4\,\mathrm{Cy\,K}$$

$$= 3\,\mathrm{Cy\,fe},\,3\,\mathrm{Cy\,K} + 2\,\mathrm{Cy\,Fe},\left\{\begin{matrix}2\,\mathrm{Cy\,Fe}\\ 2\,\mathrm{Cy\,K}\end{matrix}\right\}$$

Sel rouge. Sel blanc.

M. Williamson utilise cette réaction pour préparer le ferricyanure de potassium rouge dans un état de parfaite pureté.

Si l'on maintient le sel bleu en ébullition avec de l'acide nitrique, il se convertit en une substance qui est d'un vert foncé velouté. Ce produit bleuit aisément au contact de la lumière, et se conserve difficilement. Traité par la potasse caustique, il sépare du peroxyde de fer hydraté en donnant une solution rouge que précipitent en bleu les protosels et les persels de fer ; la solution portée à l'ébullition précipite également du peroxyde de fer hydraté, en même temps que la teinte du liquide s'éclaircit[1].

§ 182. Le *ferrocyanure de manganèse* est un précipité blanc, soluble dans l'acide chlorhydrique ; lorsqu'on verse un sel manganeux dans un excès de ferrocyanure de potassium, le précipité renferme à la fois du manganèse et du potassium.

La *ferrocyanure de chrome* est un précipité jaune, que le ferro-

[1] M. Williamson n'a trouvé dans la substance verte qu'une très-petite quantité de potassium, qu'il considère comme accidentelle ; de plus, il y a trouvé 23 pour 100 de carbonne, 37,2 pour 100 de fer, et 13,5 pour 100 d'eau. Il suppose que la substance représente une combinaison de cyanure ferreux et de cyanure ferrique, dans laquelle le cyanure ferrique entrerait pour une proportion double de celle qui est contenue dans le cyanure vert de M. Pelouze. Il serait possible, toutefois, que les deux composés verts fussent identiques.

cyanure de potassium produit dans la solution du chlorure chromeux (Péligot). Les sels chromiques ne sont pas précipités par le ferrocyanure de potassium.

Le *ferrocyanure d'urane* est un précipité brun clair, que le ferrocyanure de potassium produit dans la solution du chlorure uraneux. Le *ferrocyanure d'uranyle* est un précipité brun rouge, qui se produit dans les sels uraniques.

Le *ferrocyanure de bismuth* est un précipité blanc.

Le *ferrocyanure d'étain* est un précipité blanc, qu'on obtient avec les sels stanneux. Les sels stanniques donnent un précipité semblable.

Le *ferrocyanure de plomb*, 2 Gy Fe, 4 Gy Pb + 6 aq., est un précipité blanc, qu'on obtient en mélangeant des solutions de nitrate de plomb et de ferrocyanure de potassium.

Le *ferrocyanure d'argent*, 2 GyFe, 4 Gy Ag, est un précipité blanc.

Le *ferrocyanure de mercure* (mercuricum) est un précipité blanc. On obtient un *ferrocyanure de mercure et de mercurammonium*, 2 Gy Fe, $\left\{\begin{matrix} \text{2 Gy } (NH^3Hg) \\ \text{2 Gy Hg} \end{matrix}\right\}$ + 2 aq., en faisant dissoudre le nitrate de mercurammonium (nitrate de mercure ammoniacal) dans une solution moyennement concentrée de nitrate d'ammonium additionnée d'ammoniaque caustique, et maintenue dans de la glace, et en précipitant la liqueur par une solution de ferrocyanure de potassium. On obtient ainsi des prismes rhomboïdaux, couleur de vin blanc; ces cristaux perdent de l'ammoniaque à l'air. L'eau les décompose en donnant du cyanure mercurique, de l'oxyde ferrique et de l'ammoniaque. Si dans la préparation de ce sel le nitrate d'ammoniaque est trop concentré ou trop chaud, il se réduit du mercure; si, au contraire, le liquide est trop étendu, l'eau décompose immédiatement le produit[1].

§ 183 b. *Ferricyanures*. Outre les sels ferreux décrits précédemment, il existe une série parallèle de sels doubles, connus sous le nom de *ferricyanures*, et composés de cyanure ferrique et d'autres cyanures. On obtient le sel de potassium par l'action du chlore sur le ferrocyanure de potassium jaune.

L'*acide ferricyanhydrique*, 3 Gy fe, 3 Gy H, s'obtient en traitant le ferricyanure de plomb par une quantité convenable d'acide sul-

[1] BUNSEN. *Ann. de Poggend.*, XXXIV, 139.

furique étendu d'eau, filtrant et évaporant à une douce chaleur. Il forme des aiguilles brunâtres, fort altérables[1].

Le *ferricyanure d'ammonium*, 3 Cy fe, 3 Cy (NH^4) + 6 aq., s'obtient au moyen du chlore et du ferrocyanure d'ammonium, par le même procédé que le sel de potassium. Il forme des prismes rhomboïdaux obliques, d'un beau rouge, inaltérables à l'air, et fort solubles dans l'eau[2].

Le *ferricyanure de potassium*, 3 Cy fe, 3 Cy K, est connu sous le nom de *prussiate rouge*. Ce beau sel a été découvert par M. L. Gmelin. On l'obtient en faisant passer un courant de chlore dans une solution diluée de ferrocyanure de potassium jaune jusqu'à ce que les persels de fer n'y produisent plus de précipité. On concentre le liquide et l'on purifie le sel produit par de nouvelles cristallisations; les eaux mères retiennent le chlorure de potassium qui s'est formé en même temps.

Si dans cette préparation on emploie un excès de chlore, il se produit un corps vert, qui entrave beaucoup la cristallisation du sel et traverse aisément les filtres. Dans ce cas, M. Posselt conseille d'évaporer la dissolution, et quand elle est arrivée au point de cristalliser, de porter à l'ébullition et d'y ajouter quelques gouttes de potasse caustique, de manière à décomposer la combinaison verte et à précipiter le peroxyde de fer; on filtre ensuite et l'on fait cristalliser par un refroidissement très-lent. Il faut avoir soin, dans cette opération, de n'ajouter que la quantité de potasse nécessaire, car un excès de cet agent décomposerait le ferricyanure.

D'ailleurs, le procédé précédent ne donne pas facilement le ferricyanure de potassium à l'état de pureté, soit à cause du chlorure de potassium, qui trouble la cristallisation, soit à cause de la substance verte, dont un excès de chlore détermine la formation. M. Williamson propose pour cela de préparer le ferricyanure de potassium rouge avec le sel bleu, qu'on obtient par l'action de l'acide nitrique sur le ferrocyanure blanc de potassium et de fer : on n'a qu'à chauffer ce sel bleu avec une solution de ferrocyanure de potassium (sel jaune) pour qu'il se régénère du sel blanc et qu'il reste du ferricyanure rouge en dissolution. Le même sel bleu peut servir indéfiniment à la préparation du ferricyanure rouge, puisqu'il suffit pour régénérer ce sel bleu de traiter par l'acide

[1] L. Gmelin, *loc. cit.* — Posselt, *loc. cit.*

[2] Bette, *loc. cit.*

nitrique le sel blanc qu'on obtient en même temps que le sel rouge. (Voy. la théorie de cette préparation, page 336.)

Le ferricyanure de potassium cristallise en prismes d'un beau rouge de sang, anhydres et inaltérables à l'air. Suivant M. H. Kopp, les cristaux appartiennent au système monoclinique[1]. Combinaison ordinaire, ∞ P. ∞ P ∞ . + P. — P. Rapport des axes $a:b:c$ :: 0,7457 : 1 : 0,5985; inclinaison de la diagonale oblique b sur l'axe principal c, = 72° 27'. Inclinaison des faces, ∞ P : ∞ P, dans le plan de la diagonale oblique et de l'axe principal, = 76° 4'; + P : + P = 105°4'; — P : — P = 119°28'. Quelquefois les cristaux présentent des hémitropies qui leur donnent les allures des prismes droits du système rhombique; le plan de jonction des cristaux hémitropes est parallèle à la face ∞ P ∞.

Le ferricyanure de potassium se dissout dans 3,8 p. d'eau froide et dans une quantité moindre d'eau bouillante; la solution saturée est d'un jaune brunâtre; la solution diluée, d'un jaune citronné. Il est insoluble dans l'alcool.

Lorsqu'on le fait bouillir avec de l'acide chlorhydrique, il dépose du bleu de Prusse (ferricyanure de fer).

Si l'on ajoute à la solution bouillante du sel une quantité de protochlorure de fer qui ne suffit pas à sa précipitation complète, on obtient du ferrocyanure de potassium, en même temps qu'il se précipite un autre bleu de Prusse (ferrocyanure de fer).

Exposés à la flamme d'une bougie, les cristaux de ferricyanure de potassium brûlent en projetant des étincelles; chauffés en vase clos, ils se réduisent en une poudre brune, dégagent du cyanogène avec un peu d'azote, et laissent un résidu noir grisâtre et poreux, d'où l'eau extrait du cyanure et du ferrocyanure de potassium.

Le chlore attaque la solution aqueuse du ferricyanure de potassium en précipitant du ferricyanure ferroso-ferrique vert, dont une partie se dissout dans le sel en le colorant en rouge foncé. L'hydrogène sulfuré la décompose aussi en ferrocyanure de potassium et en acide ferrocyanhydrique, avec dépôt de soufre.

Lorsqu'on fait bouillir une solution de ferricyanure de potassium avec du cyanure d'argent, on obtient une liqueur alcaline incolore, contenant du cyanure d'argent et de potassium, en même

[1] H. Kopp, *Einleit. in die Krystallog.*, p. 311. — Schabus, *Sitzungsb. der Acad. der Wissensch. zu Wien*, mai 1850, p. 582. Cet auteur dérive les cristaux du système rhombique.

temps qu'un dépôt bleu, qui devient rouge par une ébullition prolongée. Si l'on opère à l'abri de l'air, le dépôt n'est pas bleu, mais il est brun, et paraît être le cyanure ferrique; il rougit peu à peu par l'ébullition, dégage de l'acide cyanhydrique, et se convertit en hydrate ferrique. La réaction est semblable à celle qui s'effectue par l'ébullition du cyanure d'argent avec le ferrocyanure de potassium jaune (voy. p. 321).

Le ferricyanure de potassium additionné de potasse caustique se transforme aisément en ferrocyanure jaune lorsqu'il se trouve en présence de corps susceptibles de s'oxygéner[1]. Lorsqu'on fait bouillir, par exemple, un sel de plomb en dissolution dans la potasse avec une solution de ferricyanure, il se précipite de l'oxyde de plomb puce, presque toujours cristallin. La réaction peut se représenter ainsi ($fe = Fe\,{}^2/_3$, donc $fe^3 = Fe^2$) :

$$\underbrace{2\,[3\,\mathrm{Cy}\,fe,\ 3\,\mathrm{Cy}\,K]}_{\text{Ferricyan. rouge.}} + 2\,KO + 2\,PbO$$

$$= \underbrace{2\,[2\,\mathrm{Cy}\,Fe,\ 4\,\mathrm{Cy}\,K]}_{\text{Ferrocyan. jaune.}} + 2\,PbO^2.$$

C'est par une réaction semblable qu'une solution d'oxyde de chrome dans la potasse caustique donne du chromate de potasse; que les sels de manganèse additionnés d'un excès de potasse donnent du peroxyde de manganèse, etc.

Les sels de cobalt et de nickel ne se peroxydent pas dans ces circonstances.

Les sels d'argent et d'or se comportent aussi d'une manière différente : lorsqu'on les traite par la potasse et le ferricyanure rouge, il se produit à l'ébullition un précipité de peroxyde de fer, tandis qu'il reste en dissolution du ferrocyanure jaune, ainsi que du cyanure de potassium et d'argent ou d'or.

Certaines matières organiques sont aussi oxygénées par une dissolution de ferricyanure dans la potasse. On peut, par exemple, avec une semblable dissolution blanchir les étoffes teintes en bleu à l'indigo.

La solution du ferricyanure de potassium est employée comme réactif dans les laboratoires de chimie; on s'en sert surtout pour dis-

[1] BOUDAULT, *Journ. de Pharm.*, [3] VII, 437. — MERCER, *Philos. Magaz.*, XXXI, 126.

tinguer les sels ferreux des sels ferriques. Voici les réactions qu'elle présente avec les solutions métalliques :

Sels de magnésie, pas de précipité.
— d'alumine, pas de précipité.
— de zinc, précipité orangé, soluble dans l'acide chlorhydrique.
— de cadmium, — jaune, soluble dans les ac.
— de nickel, — vert jaunâtre, insoluble dans l'acide chlorhydrique.
— de cobalt, — rouge brun foncé, insoluble dans l'ac. chlorhydrique.
— de cuivre (cuivriques), — vert jaunâtre, insoluble dans l'acide chlorhydrique.
— de fer (ferreux), — bleu foncé, insoluble dans les acides.
— de fer (ferriques), pas de précipité; la liqueur se fonce seulement un peu plus.
— de manganèse, précipité brun, insoluble dans les ac.
— de chrome, pas de précipité.
— d'urane (uraniques), pas de précipité.
— de bismuth, précipité brun clair, insoluble dans l'acide chlorhydrique.
— d'antimoine, pas de précipité.
— d'étain (stanneux), précipité blanc, soluble dans l'acide chlorhydrique.
— d'étain (stanniques), pas de précipité.
— de plomb, pas de précipité.
— d'argent, précipité orangé.
— de mercure (mercureux), — brun rouge, qui blanchit au bout de quelque temps.
— de mercure (mercuriques). pas de précipité.
— d'or (auriques), pas de précipité.

§ 184. Le *ferricyanure de sodium*, 3 Gy fe, 3 Gy Na + 2 aq., forme des prismes droits de couleur rouge, qui tombent à l'air en déliquescence. Le sel se dissout dans 5,3 p. d'eau froide et dans 1,25 p. d'eau bouillante[1].

[1] KRAMER, *Journ. de pharm.*, XV, 98. — BETTE, *Ann. der Chem. u. Pharm.*, XXIII, 117.

Le *ferricyanure de sodium et de potassium*, 3 Ȼyfe, 3 ȻyK + 3Ȼy fe, 3Ȼy Na, s'obtient, suivant M. Laurent[1], lorsqu'on fait dissoudre un mélange de ferricyanure de potassium et de ferricyanure de sodium, et qu'on abandonne la dissolution à l'évaporation spontanée ; Il se dépose alors en beaux cristaux cubiques, d'un rouge grenat. Il peut aussi s'obtenir en gros prismes à six pans, de 120° environ, mais ces cristaux sont hydratés (+ 12 aq.). Lorsqu'on fait dissoudre ceux-ci dans l'eau, ils donnent de nouveau des cristaux cubiques anhydres.

Le *ferricyanure de baryum et de potassium*, $3\,\text{Ȼy fe}, \left\{\begin{array}{c}\text{Ȼy K}\\ 2\,\text{Cy Ba}\end{array}\right\} + 6\,\text{aq.}$, constitue des prismes hexagones, courts, rouge foncé et inaltérables à l'air[2]. On l'obtient en faisant passer du chlore dans la solution aqueuse du ferrocyanure de potassium et de baryum, chassant l'excès du gaz par la chaleur, ajoutant un peu d'alcool, séparant par le filtre le précipité bleu qui s'est formé, et abandonnant à l'évaporation. Les cristaux qui se déposent les premiers sont le ferricyanure de potassium et de baryum ; ils sont plus gros que les aiguilles de ferricyanure de potassium, qui se déposent plus tard.

Le *ferricyanure de calcium*, 3 Ȼy fe, 3 Ȼy Ca + 12 aq., constitue de fines aiguilles, couleur aurore, et déliquescentes[3].

Le *ferricyanure de magnésium* est un sel très-soluble, incristallisable, qu'on obtient en traitant le ferrocyanure de magnésium par du chlore.

Le *ferricyanure de zinc* est un précipité orangé, fort soluble dans l'ammoniaque et dans les sels ammoniacaux.

Le *ferricyanure de cadmium* est un précipité jaune, fort soluble dans l'ammoniaque et dans les sels ammoniacaux.

Le *ferricyanure de nickel* est un précipité vert jaunâtre, insoluble dans l'acide chlorhydrique. Lorsqu'on verse du ferricyanure de potassium dans le nitrate de nickel ammoniacal, il se produit un précipité d'un beau jaune, soluble dans un excès d'ammoniaque, et auquel M. Reynoso attribue la composition

$$3\,\text{Ȼy fe}, 3\,\text{Ȼy Ni}, 2\,\text{NH}^3 + \text{aq.} = 3\,\text{Ȼy fe}, \left\{\begin{array}{c}\text{Ȼy Ni}\\ 2\,\text{Ȼy}\,(\text{N H}^3\text{Ni})\end{array}\right\} + \text{aq.}$$

Le *ferricyanure de cobalt* est un précipité brun rouge foncé,

[1] LAURENT, *Compt. rend. des Trav. de Chim.*, 1849, p. 324.

[2] BETTE, *loc. cit.*

[3] BERZÉLIUS, *Journ. f. Chem. u. Physick, von Scheweigger*, XXX, 12.

insoluble dans l'acide chlorhydrique, mais soluble dans l'ammoniaque ; la solution ammoniacale est d'un rouge foncé.

Le *ferricyanure de cuivre* (cuivrique) est un précipité vert jaunâtre, soluble dans l'ammoniaque. Il retient toujours une certaine quantité de potasse.

§ 185. Le *ferricyanure de fer* (ferrosum), 3 Gy fe, 3 Gy Fe + x aq., se confond quelquefois avec le bleu de Prusse ordinaire, dont la composition est différente[1]. On désigne aussi le ferricyanure de fer sous le nom de *bleu de Turnbull*; c'est le précipité bleu qu'on obtient en mélangeant la solution d'un sel ferreux avec une solution du ferricyanure de potassium rouge.

Pour avoir le précipité exempt de potasse, il faut le mettre pendant quelque temps en digestion avec un excès de sel de fer. On ne peut pas le dessécher complétement sans qu'il s'altère, en dégageant de l'acide cyanhydrique.

Lorsqu'on le traite à chaud par la potasse caustique, celle-ci sépare de l'oxyde ferroso-ferrique, tandis que du ferrocyanure de potassium jaune reste en dissolution. Cette réaction distingue le bleu de Turnbull du bleu de Prusse ordinaire, qui dans cette réaction ne met en liberté que de l'oxyde ferrique. On a en effet avec le bleu de Turnbull ($fe = {}^1/_3\,Fe^2$) :

$$\underbrace{3\,Gy\,fe,\ 3\,Gy\,Fe}_{\text{Bleu de Turnbull.}} + 4\,KO = \underbrace{2\,Gy\,Fe,\ 4\,Gy\,K}_{\text{Ferrocyan. jaune.}} + FeO,\ 3\,fe\,O$$

$$FeO,\ 3\,feO = FeO,\ Fe^2O^3.$$

Le *ferricyanure de fer* (ferroso-ferrique), $3\,Gy\,fe, \left\{\begin{matrix} Gy\ Fe \\ 2Gy\ fe \end{matrix}\right\} + x\,aq.$ est le précipité vert qui se produit lorsqu'on fait passer un excès de chlore dans une solution de ferrocyanure de potassium jaune ou de ferricyanure de potassium rouge. Il est plus connu sous le nom de *cyanure vert* de Pelouze[2]. Pour avoir le composé à l'état de pureté, on fait passer un excès de chlore dans la solution de l'un de ces sels, on porte à l'ébullition, et l'on fait bouillir le précipité avec de l'acide chlorhydrique concentré, afin d'extraire l'oxyde de fer et de détruire le bleu de Prusse qui aurait pu se former. On continue le traitement à l'acide chlorhydrique jusqu'à ce que la liqueur filtrée ne bleuisse plus par l'eau.

[1] WOEHLER et VOELCKEL, *Ann. der Chem. u. Pharm.*, XXXV, 359. — WILLIAMSON, *ibid.*, LVII, 234.

[2] PELOUZE, *Ann. de Chim. et de Phys*, LXIX, 40.

Le même corps vert se produit aussi quand le ferrocyanure de potassium jaune se trouve longtemps en contact avec des acides. M. Williamson paraît l'avoir aussi obtenu en traitant par l'acide nitrique le ferrocyanure de potassium et de fer. (Voy. p. 336.)

Le corps vert dégage à 180° du cyanogène, avec peu d'acide cyanhydrique, et se convertit en quelques instants en un composé d'un bleu violacé; le contact prolongé de l'air le convertit aussi en bleu de Prusse.

La potasse le décompose immédiatement en séparant de l'oxyde ferrique, tandis qu'il reste en dissolution du ferricyanure de potassium rouge et du ferrocyanure de potassium jaune.

Le *ferricyanure de bismuth* est un précipité brun clair.

Le *ferricyanure d'étain* est un précipité blanc et gélatineux, qu'on obtient en mélangeant le chlorure stanneux avec le ferricyanure de potassium.

Le *ferricyanure de plomb* forme des cristaux, d'un rouge brun foncé, et groupés en crêtes de coq. On l'obtient en mélangeant du nitrate de plomb avec une solution de ferricyanure de potassium. Les cristaux sont un peu solubles dans l'eau, surtout à chaud.

Le *ferricyanure d'argent* se dépose sous la forme d'un précipité orangé, lorsqu'on mélange du nitrate d'argent avec du ferricyanure de potassium.

§ 186. γ. *Nitroferricyanures*[1] ou nitroprussiates. L'acide ferricyanhydrique absorbe le bioxyde d'azote, et se convertit en acide nitroferricyanhydrique, en même temps qu'il dégage de l'acide cyanhydrique :

$$3\,\text{Ȼy fe},\ 3\,\text{Ȼy H} + \text{NO}^2 = \text{ȻyH} + \underbrace{3\,\text{Ȼy fe},\ 2\,\text{ȻyH},\ \text{NO}^2}_{\text{Ac. nitroferricyanhydrique.}}$$

L'acide nitroferricyanhydrique se produit aussi quand on fait passer le bioxyde d'azote dans l'acide ferrocyanhydrique, mais alors celui-ci passe d'abord à l'état d'acide ferricyanhydrique. Avec l'acide nitroferricyanhydrique, on obtient des sels particuliers. Ceux-ci se produisent aussi par l'action de l'acide nitrique sur les ferrocyanures et les ferricyanures.

Les *nitroferricyanures* sont en général fort colorés. Les sels de potassium, d'ammonium, de sodium, de baryum, de calcium

[1] PLAYFAIR (1850), *Philos. Magaz. and Journ. of Science*, *vol.* 36, mars 1850, p. 197; avril, p. 271, et mai, p. 348. *Compt. rend. des Trav. de Chimie*, 1850, p. 170 et 262. — GERHARDT, *Compt. rend. des Trav. de Chim.*, 1850, p. 147. — KYD, *Ann. der Chem. u. Pharm.*, LXXIV, 340.

et de plomb sont d'un rouge foncé ou couleur de rubis; ils sont aisément solubles dans l'eau, et la colorent fortement en rouge. L'alcool ne précipite pas ces sels de leur solution. Les sels solubles donnent aisément des cristaux bien définis. Les sels de cuivre, de zinc, de fer, de nickel, de cobalt et d'argent sont à peine solubles ou complétement insolubles.

Voici les réactions les plus caractéristiques des nitroferricyanures solubles :

Avec les sulfures des mét. alcalins —	magnifique couleur pourpre, qui ne persiste pas.
— l'hydrogène sulfuré. . . . . —	bleu de Prusse, un ferrocyanure et un composé particulier.
— les sels de plomb neutres. . —	pas de changement.
— les sels de plomb basiques. . —	précipité blanc, au bout de quelque temps, si la solution est concentrée.
— les sels mercuriques. . . . . —	pas de changement.
— les sels stanneux et les sels stanniques. . . . . —	pas de changement.
— les sels de zinc. . . . . . . —	précipité couleur de saumon clair.
— les sels de cuivre. . . . . . —	précipité vert clair.
— les sels de nickel. . . . . . —	précipité d'un blanc sale.
— les sels de cobalt. . . . . . —	précipité couleur de chair.
— les sels ferreux. . . . . . . —	précipité couleur de saumon.
— les sels ferriques. . . . . . —	pas de changement.
— les alcalis caustiques. . . . . —	la coloration rouge de la solution passe à l'orangé.

La belle coloration que les nitroferricyanures produisent immédiatement dans la solution d'un sulfure est un caractère très-distinctif pour ce genre de sels. Cette coloration pourpre est fort intense, et permet de découvrir la moindre trace de sulfure ou de nitroferricyanure. Elle n'est pourtant que passagère, car le nouveau produit se décompose promptement en d'autres corps parmi lesquels on reconnaît l'acide cyanhydrique, l'ammoniaque, l'azote, l'oxyde de fer, un ferrocyanure, un sulfocyanure et un nitrite (?). On peut isoler le corps pourpre en opérant sur des solutions alcooliques ; il est alors bleu, et paraît être simplement une combinaison de nitroferricyanure et de sulfure [1].

Les nitroferricyanures solubles sont décomposés quand on y fait passer de l'hydrogène sulfuré : on trouve parmi les produits de décomposition : de l'oxyde de fer, du bleu de Prussse, du soufre, un ferrocyanure, et un composé sulfuré particulier.

Les alcalis décomposent à l'ébullition les nitroferricyanures. Il se produit de l'oxyde de fer, de l'azote, un ferrocyanure et un nitrite (?). Un excès d'ammoniaque décompose peu à peu les nitroferricyanures, même à froid : il se dégage de l'azote, et il reste finalement une matière noire incristallisable.

L'acide sulfureux, les sulfites et les hyposulfites n'agissent pas sensiblement sur les nitroferricyanures. Mais ces sels sont décomposés quand on les fait bouillir avec de l'acide sulfurique concentré ; pendant cette décomposition, on remarque la coloration pourpre particulière due aux sulfures.

Le chlore n'agit pas sur la solution des nitroferricyanures.

Le bleu de Prusse se dissout dans quelques nitroferricyanures avec une belle couleur bleue.

Plusieurs nitroferricyanures sont très-solubles, et leur solution n'éprouve aucune altération, ni par l'air ni par la chaleur. D'autres, au contraire, notamment l'acide nitroferricyanhydrique, les nitroferricyanures de baryum, de calcium, et d'ammonium se décomposent en partie à la longue ou quand on porte leur solution à l'ébullition.

L'*acide nitroferricyanhydrique*, 3 Ꞓy fe, 2 ꞒyH, NO^2 + 2 aq., s'obtient en décomposant le sel d'argent par son équivalent d'acide chlorhydrique, ou le sel de baryum par son équivalent d'acide sulfurique. La solution est rouge et fort acide ; elle donne par l'évaporation dans le vide des prismes obliques d'un rouge foncé, fort déliquescents ; une partie cependant de l'acide se décompose en donnant de l'acide cyanhydrique et de l'oxyde de fer. La solution de l'acide nitroferricyanhydrique n'est pas précipitée par l'éther.

Le *nitroferricyanure d'ammonium*, 3 Ꞓy fe, 2 Ꞓy (NH^4), NO^2, est un sel très-altérable. Lorsqu'on fait bouillir sa solution, elle dé-

[1] Le corps bleu obtenu avec le nitroferricyanure de sodium a donné à M. Playfair des nombres qui correspondent sensiblement à une combinaison de nitroferricyanure de sodium et de sulfure de sodium avec 4 at. d'eau de cristallisation :

2 (3 Ꞓy fe, 2 Ꞓy Na, NO^2), 2 NaS + 4 aq.

pose du bleu de Prusse, et donne ensuite, par la concentration, des cristaux rhombiques[1], d'un sel légèrement altéré. (Faces dominantes, $\infty P . \infty \bar{P} \infty . \acute{\bar{P}} \infty . oP$. Inclinaison des faces, $\infty P : \infty P = 91^\circ\ 56'$; $\bar{P}\infty : \bar{P}\infty$, dans le plan de l'axe vertical et de la grande diagonale, $= 69^\circ\ 45$).

Le *nitroferricianure de potassium*, 3 Ꞓyfe, 2ꞒyK, NO^2, constitue des prismes obliques, d'un rouge foncé, plus solubles que le sel de sodium; il cristallise aussi plus difficilement que celui-ci. Les cristaux[2] appartiennent au système monoclinique. (Faces dominantes : $\infty P . [\infty P \infty] . -P . -P\infty . [{}^1/_2 P \infty]$. Inclinaison des faces, $\infty P : [\infty P \infty] = 130^\circ\ 14'$; $-P : [\infty P \infty] = 125^\circ\ 55'$; $-P\infty$ sur l'axe principal $= 57^\circ\ 56'$).

Ce sel est un peu déliquescent, et acquiert à la lumière une légère teinte verte; sa solution dépose à la longue du bleu de Prusse.

Lorsqu'on dissout ce sel de potassium dans l'eau, qu'on y ajoute le double de son volume d'alcool, puis de la potasse caustique, il se produit un précipité caillebotté, jaune clair, contenant 3 Ꞓyfe, 2 ꞒyK, NO^2 + 2 (KO, HO).

Le *nitroferricyanure de sodium* renferme 3 Ꞓyfe, 2 ꞒyNa, NO^2 + 4 aq. Voici le procédé donné par M. Playfair pour la préparation du nitroferricyanure à base de sodium ou de potassium, à l'aide de l'acide nitrique et du ferrocyanure de potassium. On étend l'acide nitrique du commerce de son volume d'eau, et on en détermine le titre par un essai alcalimétrique (la quantité d'acide qui sature 53,3 grammes de carbonate de soude correspond à 1 éq. d'acide). On réduit ensuite le ferrocyanure en poudre, et on l'introduit dans un vase convenable, en employant 5 éq. d'acide par 422 gr. de sel (1 éq.). L'emploi de cette quantité d'acide donne un résultat économique, bien que le cinquième (1 éq.) en suffise pour opérer la transformation du ferrocyanure en nitroferricyanure. On verse tout l'acide à la fois sur le ferrocyanure; cette masse produit un refroidissement assez grand pour atténuer la violence de la réaction. Le mélange prend d'abord une apparence laiteuse, mais bientôt le sel se dissout avec une couleur de café, puis les gaz (acide cyanhydrique et cyanogène) se dégagent librement. Quand la solution est complète, elle se trouve contenir du

[1] MILLER, dans le Mémoire de M. Playfair.

[2] MILLER, *loc. cit.*

ferricyanure de potassium (sel rouge), mélangé avec du nitroferricyanure et du nitrate de potasse. On la transvase ensuite dans un ballon, et on la chauffe au bain-marie ; elle continue ainsi de dégager du gaz, et au bout de quelque temps elle ne donne plus de bleu de Prusse avec le sulfate ferreux, mais un précipité vert foncé ou couleur d'ardoise. On l'enlève alors du feu, et on l'abandonne à cristallisation ; on obtient ainsi beaucoup de cristaux de salpêtre, et plus ou moins d'oxamide. L'eau mère, fortement colorée, est ensuite neutralisée par du carbonate de potasse ou par du carbonate de soude, suivant le sel qu'on veut obtenir. On fait bouillir la solution, ce qui donne généralement lieu à un précipité vert ou brun, et l'on filtre. Le liquide ne contient plus que du nitroferricyanure et du nitrate, qu'on sépare par cristallisation. Le nitroferricyanure à base de sodium s'obtient le plus aisément. Il ne faudrait pas, pour la saturation, prendre de la soude caustique, car le produit se mélangerait avec du ferrocyanure. Le ferricyanure rouge peut servir aussi bien que le ferrocyanure jaune.

Le nitroferricyanure de sodium cristallise en gros prismes d'un rouge de rubis, ressemblant beaucoup au ferricyanure de potassium, cristallisé dans une solution alcaline. Il n'est pas déliquescent ; il se dissout dans 2 ½ fois son poids d'eau à 15° ; il est encore plus soluble à chaud. Il ne change pas de poids à 100°.

Les cristaux du nitroferricyanure de sodium appartiennent au système rhombique[1]. (Faces dominantes : ∞ P. ∞ P̄∞. ∞ P̆∞. P̆∞. P̄∞. Inclinaison des faces, ∞ P : ∞ P = 105° 17′ ; P̆∞ : P̆∞, dans le plan de l'axe vertical et de la petite diagonale = 136° 32′ ; P̄∞ : P̄∞, dans le plan de l'axe vertical et de la grande diagonale, = 124° 52′).

Lorsqu'on expose une solution de nitroferricyanure de sodium à l'action des rayons solaires, la liqueur se colore immédiatement, et il se produit un dépôt de bleu de Prusse, en même temps qu'il se dégage du bioxyde d'azote[2].

Le *nitroferricyanure de baryum*, 3Cyfe, 2 CyBa, NO², s'obtient en décomposant le sel de cuivre par la baryte caustique, qu'on évite d'employer en excès. Il cristallise dans le vide en beaux cristaux octaédriques, d'un rouge foncé. Les cristaux appartiennent au système tétragonal. Faces dominantes, P. oP. ∞ P ∞. Incli-

[1] MILLER, *loc. cit.* — RAMMELSBERG, *Ann. de Poggend.*, LXXXVII, 107.
[2] OVERBECK, *ibid.*, LXXXVII, 110.

naison des faces, P : P aux arêtes culminantes = 120° 30′ ; P : oP = 135° 25′.

Quelquefois on l'obtient, dans les solutions concentrées, en prismes aplatis, qui paraissent être un autre hydrate. Il est fort soluble dans l'eau ; sa solution dépose à l'ébullition un précipité brun.

Le sel cristallisé dans le vide perd au bain-marie 15,2 — 14,9 p. 100 d'eau.

Le *nitroferricyanure de calcium*, 3 Cyfe, 2 CyCa, NO^2 + *x* aq., forme des prismes obliques, brillants, d'un rouge foncé, appartenant au système monoclinique. (Forme dominante : ∞ P. ∞ P∞. oP. Inclinaison des faces, ∞ P∞ : oP = 82° ; ∞ P : ∞ P, dans le plan de la diagonale droite et de l'axe principal, = 140°.)

Le *nitroferricyanure de cuivre* s'obtient par les sels de cuivre et les nitroferricyanures solubles ; c'est un précipité vert pâle, insoluble dans l'eau, et qui devient couleur d'ardoise lorsqu'on expose le sel humide à la lumière.

Le *nitroferricyanure d'argent*, 3 Cyfe, 2 CyAg, NO^2, est un précipité couleur de chair, insoluble dans l'eau, l'alcool et l'acide nitrique ; on l'obtient par le nitrate d'argent et les nitroferricyanures solubles.

§ 187. *Cyanures de manganèse*[1]. — La solution du cyanure de potassium donne, avec les sels manganeux, un volumineux précipité blanc rougeâtre, qui brunit rapidement à l'air. Ce précipité est décomposé par les acides forts, et se dissout dans les cyanures alcalins.

Le *cyanure de manganèse et de potassium* (sesquimanganocyanure de potassium), 3 Cymn, 3 CyK = Cy^3Mn, 3 CyK, s'obtient, lorsqu'on abandonne au contact de l'air une solution de cyanure de manganèse dans le cyanure de potassium, sous la forme d'aiguilles rouge brun, anhydres et de la même forme que le ferricyanure de potassium. Ces cristaux brunissent à l'air. Leur solution aqueuse se trouble à l'air, et dépose peu à peu le manganèse à l'état d'hydrate noir ; cette décomposition s'opère plus rapidement si l'on dissout et qu'on évapore le sel à plusieurs reprises. Les acides en dégagent de l'acide cyanhydrique ; les alcalis y sont sans action ; le sulfhydrate d'ammoniaque en précipite lentement une partie du manganèse.

[1] Rammelsberg, *Ann. de Poggend.*, XLII, 117. — Haidlen et Fresenius, *Ann. der Chem. u. Pharm.*, XLIII, 132. — Balard, *Compt. rend. de l'Acad.*, XIX, 909.

L'eau et l'alcool décomposent les cristaux, de manière qu'il faut les dissoudre dans le cyanure de potassium. La dissolution précipite en bleu de cobalt les sels ferreux, et en rose ceux de zinc et de cadmium; les précipités se décomposent fort aisément.

Le *cyanure de manganèse et de zinc* est un précipité rosé qui se produit par le mélange d'un sel de zinc avec le cyanure de manganèse et de potassium.

Le *cyanure de manganèse et de cadmium* est un précipité rosé.

Le *cyanure de manganèse et de plomb* est un précipité brun.

Le *cyanure de manganèse et d'argent* est un précipité brun jaunâtre. La présence d'un excès d'acide rend le précipité écarlate, mais il redevient brun par les lavages.

§ 188. *Cyanures de chrome.* — Lorsqu'on mélange la solution du chlorure chromeux ClCr dans l'eau bouillie avec une solution de cyanure de potassium, il se produit un précipité blanc, qui ne se dissout pas dans un excès de cyanure alcalin; mais ce précipité s'oxyde promptement, pendant les lavages, et se transforme en un mélange vert grisâtre d'oxyde chromique et de *cyanure chromique*[1], $Cy^3Cr^2 = 3\ Cycr$.

Celui-ci se précipite par le mélange d'un sel chromique et du cyanure de potassium. Si l'on ajoute goutte à goutte une solution aqueuse de chlorure chromique à une solution de cyanure de potassium, il se produit un précipité gris bleuâtre clair, qui ne se dissout pas dans un excès de cyanure de potassium. Mais si l'on verse goutte à goutte le cyanure dans le chlorure chromique, le précipité qui se forme se redissout d'abord dans un excès du dernier; l'addition d'un excès de cyanure de potassium rend le précipité persistant à froid, mais néanmoins soluble à chaud; ce n'est que par une nouvelle addition de cyanure de potassium que tout le chrome finit par être précipité.

Lorsqu'on abandonne à l'air un mélange de potasse et d'oxyde de chrome hydraté, auquel on a ajouté de l'acide cyanhydrique, il se colore en brun rouge et produit des cristaux qui présentent une composition analogue à celle du ferricyanure de potassium rouge; c'est une combinaison de cyanure chromique et de cyanure de potassium, susceptible de donner, par double décomposition, d'autres sels semblables, connus sous le nom de *chromicyanures*.

[1] $cr = {}^2/_3\ Cr$ ou ${}^1/_3\ Cr$.

L'*acide chromicyanhydrique*, 3 Cycr, 3 CyH, s'obtient quand on décompose par l'hydrogène sulfuré le chromicyanure d'argent délayé dans l'eau; il s'obtient en cristaux par l'évaporation dans le vide.

Le *chromicyanure de potassium*[1], 3 Cycr, 3 CyK, s'obtient en cristaux isomorphes avec le ferricyanure de potassium rouge; on y remarque les faces ∞ P. + P. — P. [P ∞].

La solution de ce sel précipite en blanc le nitrate d'argent, en rouge brique les sels ferreux; elle ne précipite pas le nitrate de plomb neutre ni les sels ferriques.

Le *chromicyanure de zinc* est un précipité blanc à l'état humide, gris bleuâtre après la dessiccation.

Le *chromicyanure de cobalt* est un précipité bleu.

Le *chromicyanure de fer* est le précipité rouge brique que le chromicyanure de potassium produit dans les sels ferreux.

Le *chromicyanure de plomb* est un précipité blanc à l'état humide, gris bleuâtre après la dessiccation, qu'on obtient en mélangeant le chromicyanure de potassium avec l'acétate de plomb.

Le *chromicyanure d'argent* est un précipité blanc. Délayé dans l'eau et décomposé par l'hydrogène sulfuré, il donne du sulfure de plomb et de l'acide chromicyanhydrique.

§ 189. *Cyanure d'urane.* — Le cyanure de potassium précipite les sels uraniques en jaune; le précipité est soluble dans l'acide nitrique; il se dissout aussi à chaud dans un excès de cyanure de potassium.

Cyanure de bismuth. — On ne l'a pas encore obtenu. Les sels de bismuth ne donnent qu'un précipité d'oxyde par les cyanures alcalins[2]. Le sulfure de bismuth ne se dissout pas dans le cyanure de potassium. L'acide cyanhydrique ne précipite pas l'acétate de bismuth.

Cyanure d'antimoine. — Les cyanures alcalins précipitent de l'oxyde d'une solution de chlorure d'antimoine, avec dégagement d'acide cyanhydrique. Le sulfure d'antimoine se dissout lentement dans une solution bouillante de cyanure de potassium; le persulfure d'antimoine s'y dissout aisément; les acides en précipitent les sulfures sans altération.

Cyanure d'étain. — Lorsqu'on précipite un sel stanneux ou

[1] Boekmann, *Traité de Chim. organ. de M. Liebig*, édit. franç., I, 174.
[2] Haidlen et Fresenius, *Ann. der Chem. u. Pharm.*, XLIII, 135.

stannique par un cyanure alcalin, on n'obtient pas du cyanure d'étain, mais il se produit de l'hydrate. Le cyanure alcalin retient en dissolution un peu d'étain. Le sulfure stanneux se dissout aussi en petite quantité dans le cyanure de potassium bouillant; l'acide chlorhydrique précipite la solution.

Cyanure de titane. — Les beaux cubes cuivrés qu'on observe fréquemment dans les hauts fourneaux, et qui avaient été considérés comme du titane métallique, constituent, suivant M. Woehler [1], une combinaison de *cyanure* et d'*azoture de titane*, ЄyTi, ƝTi [3]. En effet, lorsqu'on chauffe ces cristaux dans du chlore sec, il se produit du chlorure de titane liquide, ainsi qu'un sublimé jaune, composé d'une combinaison de chlorure de titane et de chlorure de cyanogène. Les cubes cuivrés sont volatils à une très-haute température.

Fondus avec de la potasse hydratée, ils dégagent de l'ammoniaque, et produisent du titanate de potasse.

On peut produire de semblables cristaux en exposant dans un creuset couvert, à la température de la fusion du nickel, un mélange d'acide titanique et de ferrocyanure de potassium desséché. Il se produit ainsi une masse brune, poreuse, non fondue, qui ne cède à l'eau que des traces de potassium, et dans l'intérieur de laquelle on découvre, à l'aide du microscope, une multitude de petits prismes cuivrés, qui se comportent avec les réactifs comme les cubes des hauts fourneaux.

§ 190. *Cyanure de plomb.* — L'acide cyanhydrique ne précipite ni le nitrate, ni l'acétate, ni le sous-acétate de plomb. Le cyanure d'ammonium produit dans l'acétate de plomb un léger précipité jaunâtre.

Lorsqu'on ajoute de l'ammoniaque au sous-acétate de plomb, et qu'on verse ensuite de l'acide cyanhydrique, il se produit un précipité blanc, contenant, suivant M. Kugler [2], Єy Pb, Pb O, ӉO, et suivant M. Erlenmeyer [3], Єy Pb, 2 PbO.

Cyanure d'argent, ЄyAg. — On l'obtient en ajoutant un cyanure soluble à du nitrate d'argent. C'est une poudre blanche insoluble dans l'eau, très-peu soluble dans l'acide nitrique dilué et

[1] WOEHLER, *Ann. de Chim. et de Phys.*, [3] XXIX, 166.

[2] KUGLER, *Ann. der Chem. u. Pharm.*, LXVI, 63. — La formule de ce chimiste ne s'accorde pas bien avec son analyse.

[3] ERLENMEYER, *Journ. f. prakt. Chem.*, XLVIII. 356.

bouillant. L'acide chlorhydrique et l'hydrogène sulfuré le décomposent aisément. Il est fort soluble dans l'ammoniaque. Chauffé à l'état sec, il donne de l'argent métallique et du cyanogène. (Voy. § 166, *Paracyanogène.*)

Il est soluble dans les cyanures à base de potassium, sodium, calcium, baryum et strontium. Les combinaisons qu'il donne avec ces sels ne sont précipitées ni par les chlorures métalliques ni par les alcalis caustiques, mais elles le sont par les acides, qui séparent de nouveau le cyanure d'argent.

Le cyanure d'argent se dissout aussi, à l'ébullition, dans les solutions des chlorures de potassium, de sodium, de baryum, de calcium, et de magnésium.

Il se dissout également dans le ferrocyanure et dans le ferricyanure de potassium; la solution renferme du cyanure d'argent et de potassium cristallisable.

Enfin, récemment précipité, le cyanure d'argent se dissout, à l'ébullition, dans le nitrate d'argent un peu concentré, en donnant une combinaison cristallisable.

Lorsqu'on verse une solution diluée de nitrate d'argent dans un mélange chaud d'ammoniaque et d'acide cyanhydrique, il se produit, par le refroidissement, de grosses tables incolores[1] qui paraissent être un *cyanure d'argentammonium*, Ꞓy ($N\!\!\!\!-\!H^3Ag$). Ce sel perd à l'air toute son ammoniaque.

Le *cyanure d'argent et de potassium*[2], ꞒyAg, ꞒyK, forme des octaèdres, des tables hexagones, ou des prismes rhomboïdaux[3], incolores, inaltérables à l'air, solubles dans 8 p. d'eau froide, et dans 1 p. d'eau bouillante; le sel se dissout aussi dans l'alcool bouillant, et se dépose par le refroidissement à l'état cristallisé. Sa solution précipite les sels de manganèse, de zinc, de cadmium, de plomb en blanc, ceux de fer (sels ferreux) en verdâtre, de cobalt en rouge pâle, de cuivre en blanc bleuâtre.

Le cyanure d'argent et de potassium s'emploie dans l'argenture. Lorsqu'on soumet à l'influence de la pile la solution de ce sel, il se dépose sur le métal placé au pôle négatif, de l'argent métal-

[1] LIEBIG et REDTENBACHER, *Ann. der Chem. u. Pharm.*, XXXVIII, 129.

[2] ITTNER, *Beiträge zur Geschichte der Blausaeure*, 1809. — GLASSFORD et NAPIER, *Philos. Magaz. and Journ. of Science*, XV, 66. — RAMMELSBERG, *Ann. de Poggend.*, XXXVIII, 376. — MEILLET, *Journ. de Pharm.*, [3] III, 443.

[3] MM. Glassford et Napier admettent 1 at. d'eau dans les prismes rhomboïdaux desséchés à 105°.

lique en couche continue et adhérente, et il se dissout au pôle positif, où l'on a placé une bande d'argent, une quantité d'argent équivalente à la quantité de métal déposée. On peut préparer le bain de cyanure d'argent et de potassium en dissolvant du cyanure, du chlorure ou tout autre sel d'argent, soit dans le cyanure de potassium, soit dans le ferrocyanure ou le ferricyanure de potassium[1]. (Voy. p. 327.)

La *combinaison de cyanure et de nitrate d'argent*, $2\,CyAg, NO^6Ag$, se dépose à l'état cristallisé par le refroidissement du mélange des solutions bouillantes et concentrées des deux sels[2].

Le *cyanure d'argent et de calcium* s'obtient en faisant dissoudre dans un excès de cyanure de calcium le précipité que ce sel produit dans les sels d'argent.

Le *cyanure d'argent et de zinc* est un précipité blanc.

Le *cyanure d'argent et de manganèse* est un précipité blanc, qui s'obtient en mélangeant un sel manganeux avec du cyanure d'argent et de potassium.

Le *cyanure d'argent et de cobalt* est un précipité rosé.

Le *cyanure d'argent et de cuivre* est un précipité blanc bleuâtre.

Le *cyanure d'argent et de plomb* est un précipité blanc.

Le *cyanure d'argent et de mercure* (mercuricum) est un précipité blanc, qu'on obtient en mélangeant une solution de chlorure mercurique avec une solution de cyanure d'argent et de potassium.

§ 191. *Cyanure de mercure*, $Cy\,Hg$. — Ce sel, découvert par Scheele[3], s'obtient en traitant le ferrocyanure de potassium par le sulfate mercurique, ou l'acide cyanhydrique par l'oxyde de mercure, ou enfin le bleu de Prusse par le même oxyde.

On fait bouillir pendant un quart d'heure 1 p. de ferrocyanure avec 2 p. de sulfate mercurique et 8 p. d'eau ; on sépare le dépôt à l'aide du filtre, et l'on évapore à cristallisation (Desfosses). D'après la théorie, 100 p. de ferrocyanure exigent 245 p. de sulfate de mercure, et doivent donner 179 p. de cyanure. La réaction peut ainsi se représenter[4] :

[1] Bouilhet, *Ann. de Chim. et de Phys.*, [3] XXXIV, 153. — Rapport de M. Pelouze, *Compt. rend. de l'Acad.*, XXXIV, 193.

[2] Woehler, *Ann. de Poggend.*, I, 234.

[3] Scheele, *Opusc.*, II, 159. — Desfosses, *Journ. de Chim. méd.*, VI, 261. — Sérullas, *Ann. de Chim. et de Phys.*, XXXIV, 100.

[4] Il faut se rappeler que le (fericum) équivaut à $^1/_3\,Fe = {}^1/_3\,Fe^2$.

$$2\,[2\,CyFe, 4\,CyK] + 14\,(SO^3, HgO) = 12\,CyHg + 8\,(SO^3, KO) + 6\,(SO^3, feO) + 2\,Hg.$$

Pour obtenir le cyanure de mercure avec l'acide cyanhydrique, on traite l'oxyde rouge par cet acide étendu d'eau, jusqu'à disparition de toute odeur, et l'on abandonne la liqueur à l'évaporation spontanée.

D'après la pharmacopée française, on réduit en poudre 4 p. de bleu de Prusse, 3 p. d'oxyde de mercure, et on les fait bouillir avec 40 p. d'eau ; quand la matière est devenue d'un brun clair, on sépare le liquide par la filtration, et l'on fait bouillir le résidu pendant quelques instants avec une nouvelle quantité d'eau ; on filtre encore, on évapore les liqueurs, et l'on fait cristalliser.

Le cyanure de mercure cristallise en prismes à base carrée, incolores, transparents, inaltérables à l'air, très-vénéneux. Il ne renferme pas d'eau de cristallisation. Il possède une saveur métallique et nauséabonde. Il se dissout à froid dans 8 p. d'eau ; il est moins soluble dans l'alcool aqueux, et presque insoluble dans l'alcool absolu.

Les cristaux du cyanure de mercure appartiennent au système tétragonal[1]. Faces dominantes, $P . \infty P . 2P\infty$. Valeur des axes, $0{,}4596 : 1 : 1$. Inclinaison des faces, $P : P = 134^\circ\, 40'$; $P : \infty P\infty = 112^\circ\, 40'$; $\infty P\infty : \infty P\infty = 90^\circ$; $\infty P\infty : 2P\infty = 132^\circ\, 35'$; $P : 2P\infty = 151^\circ\, 21'$.)

Le cyanure de mercure noircit par la chaleur, se ramollit, et donne, s'il est parfaitement sec, du gaz cyanogène et du mercure métallique ; plus la chaleur est élevée, plus cette réaction donne en même temps de résidu noir (*paracyanogène*), contenant du charbon et de l'azote dans les mêmes proportions que le cyanogène. A l'état humide, le cyanure de mercure donne par la chaleur de l'acide carbonique, de l'ammoniaque, de l'acide cyanhydrique et du mercure.

Lorsqu'on ajoute de l'acide cyanhydrique ou du cyanure de potassium à la solution d'un sel mercureux, il se précipite du mercure métallique, et il reste du cyanure mercurique en dissolution.

L'acide nitrique dissout le cyanure de mercure sans le décomposer. L'acide sulfurique concentré le décompose à chaud.

[1] DE LA PROVOSTAYE, *Ann. de Chim. et de Phys.*, [3] VI, 159. — *Voy.* quelques faits relatifs à la cristallisation du cyanure de mercure : H. KOPP, *Einleit. in die Krystallog.*, p. 250.

La solution aqueuse du cyanure de mercure dissout à chaud une grande quantité d'oxyde rouge de mercure ; le produit réagit alcalin, et se prend en petites aiguilles de *sous-cyanure de mercure*, peu solubles dans l'eau froide, assez solubles dans l'eau bouillante, un peu solubles dans l'alcool aqueux. D'après les analyses de MM. Johnston et Schlieper[1], ce composé renferme CyHg, HgO.

A l'ombre, le chlore gazeux ne décompose pas le cyanure de mercure, mais la réaction a lieu sous l'influence des rayons solaires : on sent l'odeur du chlorure de cyanogène, et au bout de quelques jours on obtient du chlorure de mercure et un liquide huileux. (Voy. § 193.)

Lorsqu'on chauffe doucement du phosphore avec du cyanure de mercure, il se sublime un corps blanc, d'une odeur piquante, et que l'eau décompose en acide phosphorique et en acide cyanhydrique. M. Cenedella considère ce produit comme du *cyanure de phosphore*[2]; sa préparation est très-difficile, la réaction donnant ordinairement lieu à une violente explosion.

Le cyanure de mercure est employé en médecine ; on le préfère au sublimé corrosif, parce qu'il est plus soluble et moins aisément décomposable, ce qui permet de l'associer sans inconvénient aux parties extractives des plantes ; il n'est pas non plus aussi sujet à produire des douleurs épigastriques.

§ 192. Le cyanure de mercure se combine avec un grand nombre d'autres sels[3].

Le *chlorure d'ammonium* donne deux combinaisons : 2 CyHg, Cl (NH^4) cristallise en aiguilles soyeuses, solubles dans l'eau et l'alcool ; CyHg, 2 Cl (NH^4) cristallise en lames triangulaires, dans l'eau mère de la préparation du sel précédent. (Brett, Poggiale.)

Le *chlorure de potassium* forme la combinaison, 2 CyHg, Cl K + aq., en paillettes incolores, solubles dans l'eau et l'alcool. (L. Gmelin.)

Le *chlorure de sodium* donne des aiguilles aplaties et soyeuses, 2 CyHg, ClNa, solubles dans l'eau et l'alcool. (Brett, Poggiale.)

Le *chlorure de baryum* donne des prismes obliques, très-solubles et efflorescents, 2 CyHg, ClBa + 4 aq. (Brett).

[1] JOHNSTON, *Philos. Transact.*, 1839, 113. — SCHLIEPER, *Ann. der Chem. u. Pharm.*, LIX, 10.

[2] CENEDELLA, *Journ. de Pharm.*, XXI, 683.

[3] BRETT, *Philos. Magaz. and Journ. of Science*, XII, 235. — POGGIALE, *Compt. rend. de l'Acad.*, XXIII, 762. — L. GMELIN, *Handb. d. Chem.*, 2e édit., II.

Le *chlorure de strontium* donne des aiguilles soyeuses, très-solubles, 2 ƇyHg, ƇlSr + 6 aq. (Brett, Poggiale.)

Le *chlorure de calcium* donne des aiguilles efflorescentes, très-solubles, 2 ƇyHg, ƇlCa + 6 aq. (Brett, Poggiale.)

Le *chlorure de magnésium* produit des aiguilles, très-solubles, un peu déliquescentes, 2 ƇyHg, ƇlMg + 2 aq. (Brett, Poggiale.)

Le *chlorure de zinc* donne des prismes droits, efflorescents et sosubles dans l'eau, 2 ƇyHg, ƇlZn + 6 aq. (Poggiale.)

Le *chlorure de cobalt* donne des groupes mamelonnés, jaune rougeâtre, ƇyOg, 2 ƇlCo + 4 aq. (Poggiale.)

Le *chlorure de nickel* forme un sel déliquescent, d'un bleu verdâtre, ƇyHg, ƇlNi + 6 aq.

Le *chlorure de manganèse* donne une combinaison en prismes quadrilatères, très-solubles, 2 ƇyHg, ƇlMn + 3 aq. (Poggiale.)

Le *chlorure mercurique*[1] donne des pyramides quadrangulaires, inaltérables à l'air, ƇyHg, ƇlHg. (Liebig, Poggiale.)

Le *chlorure stannique* paraît aussi se combiner avec le cyanure de mercure, mais le produit cristallise d'une manière confuse.

Le *chlorure stanneux*, au contraire, décompose instantanément le cyanure de mercure, et produit un précipité gris foncé, formé de mercure et d'oxyde d'étain, en même temps que de l'acide cyanhydrique se dégage avec effervescence.

Le *bromure de potassium*[2] se combine avec le cyanure de mercure, en produisant des paillettes nacrées contenant 2 ƇyHg, BrK. (Caillot, Brett.)

Le *bromure de sodium* donne de longues aiguilles aplaties, très-solubles, 2 ƇyHg, BrNa. (Caillot.)

Le *bromure de baryum* donne des paillettes carrées, très-brillantes et soubles, 2 Ƈy Hg, BrBa + 6 aq. (Caillot.)

Le *bromure de strontium* forme des paillettes rhombes, efflorescentes et solubles, 2 ƇyHg, BrSr + 6 aq. (Caillot.)

Le *bromure de calcium*[3] donne un sel, 2 ƇyHg, BrCa + 5 aq., fort soluble dans l'eau et l'alcool. (Custer.)

L'*iodure de potassium* donne des paillettes nacrées, incolores et solubles, 2 ƇyHg, IK. (Caillot.)

L'*iodure de sodium* donne des prismes soyeux, 2 ƇyHg, INa +

[1] LIEBIG, *Journ. f. Chem. u. Phys. von Schweigger*, XLIX, 253.

[2] CAILLOT, *Journ. de Pharm.*, XVII, 351. *Ann. de Chim. et de Phys.*, XIX, 220.

[3] CUSTER, *Arch. f. Pharm.*, [2] LVI, 1.

4 aq., fort solubles dans l'eau et l'alcool. Les cristaux ne perdent leur eau qu'à 210°. Les acides minéraux décomposent la combinaison, en précipitant de l'iodure de mercure et en dégageant de l'acide cyanhydrique. (Custer.)

L'*iodure de baryum* donne des tables carrées, 2 CyHg, IBa + 4 aq. (Custer.)

L'*iodure de strontium* donne des tables carrées, 2 CyHg, ISr + 6 aq. (Custer.)

L'*iodure de calcium* donne des aigrettes soyeuses, fort solubles, 2 CyHg, ICa + 6 aq. (Poggiale.)

Le *nitrate d'argent* donne des prismes incolores, semblables au salpêtre, peu solubles dans l'eau froide, très-solubles à chaud ; cette conbinaison renferme 2 CyHg, NO^6Ag + 4 aq.[1].

Le *nitrate mercurique* donne aussi une combinaison en paillettes nacrées ou en prismes incolores.

L'*hyposulfite de potasse* a une fois donné à M. Kessler[2] de gros prismes, CyHg, S^2O^2, KO, par la concentration, dans le vide, de l'eau mère de la solution d'équivalents égaux des deux sels.

Le *chromate de potasse*[3] donne, suivant MM. Caillot et Podevin, de gros feuillets, jaune clair, fort solubles dans l'eau, et contenant, suivant M. Poggiale, CrO^3, KO, 2 Cy Hg.

Lorsqu'on abandonne à l'évaporation spontanée la solution d'un mélange de 1 p. de chromate de potasse et de 3 p. de cyanure de mercure, il se dépose d'abord des cristaux de cyanure de mercure, puis des cristaux rouges du sel double. Si l'on n'emploie que 2 p. de cyanure de mercure pour 1 p. de chromate, le premier dépôt de cyanure n'est que fort insignifiant. Suivant M. Rammelsberg, les cristaux rouges contiennent 2 (CrO^3, KO), 3 CyHg. M. Darby leur assigne la même formule.

Le *bichromate d'argent* donne une poudre cristalline d'un rouge brique contenant, suivant M. Darby, 2 CyHg, AgO, 2 CrO^3.

Le *formiate d'ammoniaque* donne des prismes triangulaires, Cy Hg, C^2H (NH^4). (Poggiale.)

Le *formiate de potasse*[4] donne des paillettes brillantes, CyHg, C^2HKO^4. (Winckler.)

[1] WOEHLER, *Ann. de Poggend.*, I, 231.

[2] KESSLER, *Ann. de Poggend.*, LXXIV, 274.

[3] CAILLOT et PODEVIN, *Journ. de Pharm.*, XI, 246. — RAMMELSBERG, *Ann. de Poggend.*, XLII, 131 ; LXXXV, 145. — DARBY, *Ann. der Chem. u. Pharm.*, LXV, 209.

[4] WINCKLER, *Repert. f. Pharm.*, XXXI, 459.

Le *cyanure de potassium* donne des octaèdres réguliers, incolores, inaltérables à l'air, solubles dans l'eau froide, CyHg, CyK. (L. Gmelin.)

Le *cyanure de sodium* donne des octaèdres.

Le *cyanure de zinc* donne une combinaison qui s'obtient sous la forme d'un précipité blanc lorsqu'on mélange avec un sel de zinc la combinaison de cyanure de mercure et de cyanure de potassium.

Le *cyanure de plomb* s'obtient en combinaison avec le cyanure de mercure sous la forme d'un précipité blanc lorsqu'on mélange avec un sel de plomb la combinaison du cyanure de mercure avec le cyanure de potassium.

Le *ferrocyanure de potassium*[1] donne des tables rhombes, d'un jaune pâle, contenant 6 CyHg, 2 CyFe, 4 CyK + 8 aq.

Les *sulfocyanure à base* de potassium, baryum, calcium, et magnésium se combinent aussi avec le cyanure de mercure[2]. (Voy. *Sulfocyanures.*)

L'*acétate de soude* donne un composé CyHg, $C^4H^3NaO^4$ + 7 aq.; celui-ci n'a été obtenu qu'une fois par M. Custer, dans l'eau mère de la solution des deux sels.

§ 193. *Produits de l'action du chlore sur le cyanure de mercure.* — Ces produits ont été particulièrement étudiés par Sérullas[3], MM. Bouis[4] et Stenhouse[5].

Lorsqu'on expose aux rayons solaires des flacons de chlore avec une dissolution saturée et bouillante de cyanure de mercure, il se produit, au bout d'un certain temps, des gouttelettes huileuses, qui se rassemblent au fond de l'eau, sous la forme d'une huile pesante et jaune A. Le chlore est absorbé avec rapidité, et il faut le remplacer jusqu'à ce que la coloration ne disparaisse plus. Pendant la réaction il se forme du chlorure de mercure, de l'acide chlorhydrique et du sel ammoniac qui restent en dissolution dans l'eau ; du chlorure de cyanogène, de l'azote et de l'acide carbonique se dégagent.

L'huile jaune A est d'une odeur excessivement forte et irritante,

[1] KANE, *Philos. Magaz. and Journ. of Science*, XVI, 128 ; et traduct. : *Ann. der Chem. u. Pharm.*, XXXV, 356.

[2] BOECKMANN, *Ann. der Chem. u. Pharm.*, XXII, 153.

[3] SÉRULLAS, *Ann. de Chim. et de Phys.*, XXXV, 293.

[4] J. BOUIS, *ibid.*, [3] XX, 446.

[5] STENHOUSE, *Ann. der Chem. u. Pharm.*, XXXIII, 92.

et provoque le larmoiement à un haut degré. Elle est plus dense que l'eau, et insoluble dans ce véhicule ; mais elle en est décomposée, et acquiert une réaction acide. Elle est soluble dans l'éther et l'alcool. Humide ou sèche, elle laisse déposer à la longue des cristaux de sesquichlorure de carbone C^4Gl^6. Elle fait explosion par la chaleur. Elle a donné à l'analyse :

Carbone.	10,47 à 10,92
Azote.	8,34 à 8,43
Chlore.	78,49 à 78,89

M. Bouis déduit de ces nombres les relations $C^6N^2Gl^7$.

Lorsqu'on soumet l'huile A à l'action d'une chaleur modérée, elle entre en ébullition : il se dégage de l'azote souillé de gaz carbonique, et il distille un liquide incolore B, qui laisse déposer, par le repos, des cristaux de sesquichlorure de carbone C^4Gl^6. Ce nouveau liquide est incolore, limpide, plus pesant que l'eau, d'une odeur forte et irritante. Il est insoluble dans l'eau, soluble dans l'alcool, plus soluble dans l'éther ; il bout vers 85°, mais ce point n'est pas fixe, et s'élève graduellement. On y a trouvé :

Carbone.	11,57 à 12,36
Azote.	4,9 à 5,1
Chlore.	80,42 à 81,80

M. Bouis représente ces résultats par les rapports $C^{10}N^2Gl^{11}$.

Enfin, lorsqu'on chauffe légèrement l'huile A avec de l'acide nitrique, le mélange entre en ébullition, et dégage des torrents de gaz, qui font voler les appareils en éclats. Il se développe de l'azote, du gaz carbonique, en même temps qu'il se forme beaucoup de vapeurs nitreuses, mêlées de vapeurs jaunâtres d'une odeur très-forte. La distillation donne des cristaux de C^4Gl^6 ; ainsi qu'un liquide incolore C, très-volatil, d'une odeur encore plus irritante que celle des produits précédents. M. Bouis a trouvé dans le liquide C :

Carbone.	10,26 — 10,9
Azote.	8,21 — 7,85
Chlore.	75,86 — 75,74

Rapports calculés, $C^6N^2Gl^7O^2$.

Les formules précédentes me paraissent inacceptables.

§ 193. *a.* Lorsque, suivant les expériences de M. Stenhouse, on sature par du chlore sec une dissolution de cyanure de mercure dans l'alcool, en ayant soin de refroidir le liquide par de l'eau froide, ce gaz est absorbé. A la longue, il se produit une quantité abondante de cristaux de sel ammoniac, en même temps que la masse s'échauffe et dégage de l'acide carbonique avec effervescence. Le liquide retient en dissolution un composé particulier ainsi que du bichlorure de mercure. On chauffe la dissolution avec de l'eau qui dissout le sel ammoniac et le sel mercuriel (sel alembroth, combinaison de bichlorure de mercure avec le sel ammoniac), et qui laisse déposer le nouveau corps à l'état d'aiguilles blanches et brillantes. Si l'on prend de l'eau bouillante, les cristaux se forment lentement, et deviennent d'autant plus beaux. 180 grammes de cyanure mercurique ont donné sensiblement 30 grammes de ce produit. Il faut avoir soin d'éviter l'échauffement du liquide pendant le passage du chlore, et de cesser d'en faire passer dès qu'il ne se dépose plus de sel ammoniac; autrement il se produit des composés secondaires.

Un procédé plus économique consiste à préparer de l'acide cyanhydrique concentré à l'aide du ferrocyanure de potassium, à faire absorber l'acide cyanhydrique par de l'alcool et à y diriger ensuite le chlore bien doucement. On cesse d'y introduire ce gaz dès l'apparition des cristaux de sel ammoniac et de l'effervescence d'acide carbonique.

Le produit cristallise en longues aiguilles incolores et brillantes, qui ressemblent beaucoup au sulfate de quinine. Il n'est ni acide ni alcalin, sans saveur ni odeur, et fond à 120° c. en se sublimant en partie. Il est peu soluble dans l'eau froide, fort soluble, au contraire, dans l'alcool et l'éther.

Une lessive aqueuse de potasse le décompose avec dégagement d'ammoniaque, en même temps que le liquide devient d'un brun foncé. L'ammoniaque n'y agit pas à froid; le corps se dissout par l'échauffement, et s'en sépare dès que le liquide est refroidi. L'acide sulfurique et l'acide nitrique le dissolvent également.

Il a donné à l'analyse :

Carbone.	35,3 —	35,5
Hydrogène.	5,0 —	5,0
Azote.	10,3 —	10,4
Chlore.	25,9 —	26,1

M. Stenhouse représente ces nombres par les rapports C^8H^7 Cl NO^4. M. Laurent fait une correction sur l'hydrogène[1], et suppose

[1] Hydrogène calculé, 4,4 p. c.

que le corps renferme $C^8H^6N\,ClO^4$, d'après l'équation : $C^4H^6O^2$, $2\,C^2NH + 2\,HO + Cl^2 = C^8H^6NClO^4 + HCl, NH^3$. L'effervescence d'acide carbonique proviendrait d'une métamorphose secondaire. D'après la formule de M. Laurent, le corps en question pourrait se dédoubler par l'eau en acide oxalique, alcool, et chlorhydrate d'ammoniaque : $C^8H^6ClNO^4 + 6\,HO = C^4H^2O^8 + C^4H^6O^2 + HCl, NH^3$.

§ 194. *Cyanures de platine.* — On a donné le nom de *cyanure platineux* ou de *protocyanure de platine*, correspondant au protochlorure de platine, PtCl, à un composé jaune, qui n'est pas le cyanure de platinosum, PtCy, mais une combinaison[1] de ce cyanure avec le cyanure de platinicum, CyPt, Cypt.

Par contre, il existe un grand nombre de combinaisons renfermant les éléments du cyanure platineux unis à ceux d'un autre cyanure : ce sont les *platinocyanures*, découverts par M. L. Gmelin[2]. Ces sels, qui renferment CyPt, CyM, constituent des systèmes très-stables, où l'on peut échanger M pour d'autres métaux, sans que le platine s'élimine.

L'*acide platinocyanhydrique*, $CyPt_2\,CyH$, se prépare en décomposant par l'hydrogène sulfuré le platinocyanure de cuivre délayé dans l'eau. Le liquide filtré est évaporé à siccité, et repris par un mélange d'alcool et d'éther ; l'acide platinocyanhydrique se dépose, par l'évaporation, à l'état cristallisé. Ce sont des prismes d'un noir bleuâtre, contenant de l'eau de cristallisation. Si la cristallisation est brusque, on l'obtient sous la forme de cristaux d'un jaune verdâtre, d'un éclat tantôt cuivré, tantôt doré. Ils attirent l'humidité de l'air, jaunissent et tombent en déliquescence. La solution alcoolique est incolore. Chauffé à 100°, l'acide devient jaune, puis blanc ; il supporte 140° sans se décomposer.

Il décompose les carbonates avec effervescence.

Il absorbe rapidement l'ammoniaque, en se colorant en jaune.

L'acide sulfurique le décompose à chaud ; il se produit un corps jaune (platinocyanure de platine), en même temps que de l'acide cyanhydrique se dégage.

Le *platinocyanure d'ammonium*, CyPt, Cy (NH^4), s'obtient en

[1] Dans ces formules, pt (platinicum) équivaut à ½ Pt (platinosum).

[2] L. Gmelin, *Handb. der theor. Chemie*, 2e édit., II, 1692. — Doebereiner, *Ann. der Chem. u. Pharm.*, XVII, 250. — Knop, *ibid.*, XLIII, 111. — Knop et Schnedermann, *Journ. f. prakt. Chem.*, XXXVII, 461. — Quadrat, *Ann. der Chem. u. Pharm.*, LXIII, 164 ; LXX, 300. — Gerhardt, *Compt. rend. des Trav. de Chim.* 1850, p. 145.

dissolvant le cyanure platineux dans l'acide cyanhydrique saturé d'ammoniaque. Il se présente en prismes d'un bleu d'acier, miroitants et très-solubles. Il prend à l'air une teinte orangée. Le chlore le convertit en aiguilles cuivrées d'une combinaison de cyanures de platinosum, de platinicum et de potassium.

Le même sel paraît aussi s'obtenir par le mélange des solutions du platinocyanure de potassium et du sulfate d'ammoniaque.

Le *platinocyanure de potassium*, GyPt, GyK + 3 aq., peut s'obtenir par différents procédés.

On peut simplement faire dissoudre, à l'ébullition, du chlorure de platinosum (protochlorure de platine PtGl) dans une solution de cyanure de potassium[1].

MM. Knop et Schnedermann opèrent de la manière suivante : On prépare du protochlorure de platine, en chauffant le bichlorure dans une capsule de porcelaine sur la lampe ; on délaye le produit dans l'eau bouillante, et l'on y ajoute du cyanure de potassium, jusqu'à ce que le tout se soit dissous en un liquide jaunâtre. Celui-ci est filtré et évaporé à cristallisation. Après avoir recueilli par la cristallisation tout le sel qu'on peut en retirer, on évapore les eaux mères, et on y ajoute de l'acide sulfurique concentré, avec lequel on les fait bouillir. De cette manière la presque totalité du sel encore contenu dans les eaux mères se convertit en platinocyanure de platine. Après avoir étendu d'eau le liquide, on jette ce produit sur un filtre, et on lave. Le platinocyanure de platine qui s'obtient ainsi forme une masse jaune et visqueuse. On le met dans l'eau bouillante ; on y ajoute assez de cyanure de potassium pour le dissoudre, et l'on fait bouillir jusqu'à ce qu'il ne se dégage plus d'ammoniaque. Le liquide donne alors, par la cristallisation, de nouvelles quantités de platinocyanure de potassium.

Un autre procédé consiste à chauffer à une température voisine du rouge un mélange de parties égales d'éponge de platine et de ferrocyanure de potassium très-sec. On lessive avec de l'eau la masse calcinée, et l'on abandonne la liqueur à la cristallisation ; le platinocyanure cristallise dans les dernières eaux mères.

Enfin on peut aussi faire bouillir le cyanure de potassium

[1] Selon M. Quadrat, ce procédé donnerait un sel 5 Gy Pt, 6 GyK + 21, aq. et ces proportions se maintiendraient dans les doubles décompositions. L'analyse d'un produit ainsi préparé ne m'a pas donné des rapports différents de ceux du sel obtenu par la méthode de M. Gmelin ; je crois donc que M. Quadrat est dans l'erreur.

avec une solution concentrée de bichlorure de platine, jusqu'à ce que le précipité se soit redissous. (Meillet.)

Le platinocyanure de potassium forme de longs prismes rhomboïdaux, jaunes par transparence et bleus par réflexion. (Les faces dominantes dans les cristaux[1] sont celles du prisme vertical ∞ P et de l'octaèdre primitif P. Inclinaisons des faces, ∞ P : ∞ P = 97°; P : ∞ P = 122°.) Les cristaux s'effleurissent à l'air sec en devenant opaques et roses; ils renferment 12,4 p. c. d'eau de cristallisation qu'on ne parvient à expulser qu'à une température à laquelle le sel se décompose. Quand on chauffe le sel, il devient blanc, puis jaune, et fond en se décomposant. Il est fort soluble dans l'eau chaude, et y cristallise en partie par le refroidissement. Il se dissout aussi dans l'alcool et dans l'éther, à un moindre degré toutefois.

Avec les sels mercureux et mercuriques, il donne des précipités blancs; mais si l'on emploie un excès de nitrate mercureux, il se produit un précipité d'un beau bleu. C'est la réaction la plus sensible pour les platinocyanures.

Le chlore et le brome le convertissent en sesquiplaticyanure de potassium. L'acide chlorhydrique produit le même effet (Erdmann).

L'acide sulfurique concentré et bouillant en sépare du platinocyanure de platine jaune.

Le *platinocyanure de sodium*, Ɇy Pt, Ɇy Na + x aq., s'obtient en faisant bouillir le sel de cuivre avec du carbonate de soude; il forme de gros cristaux appartenant au système monoclinique.

Le *platinocyanure de baryum* s'obtient quand on fait bouillir le sel de cuivre avec de l'eau de baryte. On enlève l'excès de baryte par le gaz carbonique, et l'on évapore à cristallisation; les cristaux sont assez gros. Placés dans un certain sens contre la lumière, ils présentent la plus belle couleur verte. 1 p. de sel se dissout dans 33 p. d'eau à 16°. Il est aisément soluble dans l'eau bouillante.

Le platinocyanure de baryum cristallise dans le système monoclinique[1]. Combinaison ordinaire : ∞ P. ∞ P ∞. [∞ P ∞]. [P ∞]. Inclinaison des faces, ∞ P : ∞ P dans le plan de la diagonale oblique et de l'axe principal = 99°42'; [P ∞] : [P ∞] = 130° 8'. Valeur des axes $a : b : c$ :: 2,0861 : 1,8145 : 1; inclinaison de la

[1] L. GMELIN, *loc. cit.*

diagonale oblique *b* sur l'axe principal *c*, = 75°53'. Vus dans la direction de l'axe principal, les cristaux paraissent verts ; ils paraissent d'un jaune de soufre si on les considère dans une direction perpendiculaire à cet axe. La pesanteur spécifique des cristaux est égale à 3,054[1].

Le *platinocyanure de calcium* s'obtient par le sel de cuivre et la chaux caustique. Paillettes vert jaunâtre, très-solubles dans l'eau, et perdant, à 140°, 20,44 pour cent d'eau.

Le *platinocyanure de magnésium* se produit quand on mélange une solution de sel de baryum avec un excès de sulfate de magnésie ; il se sépare du sulfate de magnésie, et le liquide renferme le platinocyanure en dissolution. On évapore à siccité, et l'on traite par un mélange d'alcool et d'éther ; la solution dépose, par l'évaporation lente, de beaux prismes à base carrée. Les cristaux, groupés souvent en rosaces, présentent toutes les nuances de cramoisi, de vert et de bleu[2]. On peut aussi obtenir ce sel par le sulfate de magnésie et le sel de potassium. Les cristaux sont fort solubles dans l'eau, et la solution est presque incolore.

Le *platinocyanure de cuivre* se précipite par l'addition du sel de potassium à une solution de sulfate de cuivre. C'est un précipité vert, insoluble dans l'eau et les acides. L'ammoniaque le dissout aisément, et la solution donne, par l'évaporation lente, des cristaux d'un bleu d'azur.

Le *platinocyanure de cuprammonium*, Ɇy Pt, Ɇy(ꞤH^{3}Cu) + aq., peut aussi s'obtenir en dissolvant le nitrate de cuivre dans l'ammoniaque et en mélangeant la liqueur avec une solution de platinocyanure de potassium. Le sel se sépare au bout de quelques heures en aiguilles bleu foncé, qui renferment de l'eau de cristallisation. A 140°, il perd de l'ammoniaque, en prenant une couleur verte.

Le *platinocyanure de zincammonium*, Ɇy Pt, Ɇy (ꞤH^{3}Zn) s'obtient en mélangeant le platinocyanure de potassium avec une solution de chlorure de zinc dans l'ammoniaque. Il forme de gros cristaux incolores.

Le *platinocyanure de nickelammonium* forme, soit des aiguilles violettes, soit une poudre cristalline d'un violet pâle.

Le *platinocyanure de cobaltammonium* s'obtient à l'état d'une poudre cristalline couleur de chair, en précipitant le platinocya-

[1] SCHABUS, *Sitzungsb. der Acad. der Wissensch. zu Wien*, mai 1850, p. 569.

[2] Voyez sur les caractères optiques de ce sel : HAIDINGER, *Ann. de Pogg.*, LXXVII, 89.

nure de potassium par du chlorure de cobalt dissous dans un mélange d'ammoniaque caustique et de carbonate d'ammoniaque.

Le *platinocyanure d'argent* constitue un précipité blanc. Pour obtenir le *platinocyanure d'argentammonium*, ЄyPt, Єy (NH^3 Ag), on dissout le carbonate d'argent dans l'ammoniaque, et l'on y ajoute une solution de platinocyanure ou de sesquiplaticyanure de potassium. Il s'obtient ainsi en paillettes incolores ou d'une légère couleur de chair, insolubles dans l'eau, mais solubles à l'ébullition dans l'eau très-ammoniacale. Quand on ajoute de l'ammoniaque à une solution de nitrate d'argent, puis du platinocyanure de potassium, on obtient, au bout de quelques heures, des aiguilles qui paraissent hydratées.

Le *platinocyanure de plomb* est un précipité blanc.

Le *platinocyanure de mercure* (mercuricum) est un précipité blanc qui se produit par le mélange d'une solution de chlorure mercurique avec une solution de platinocyanure de potassium.

Lorsqu'on mélange du nitrate mercureux en excès avec une solution de platinocyanure de potassium, il se produit un précipité bleu d'une combinaison de *platinocyanure de mercuricum et de nitrate de mercurosum*. Ce composé est insoluble à froid dans l'eau aiguisée d'acide nitrique. A chaud, la couleur bleue du précipité disparaît, fait place à une couleur verte, puis jaune, jusqu'à ce qu'enfin le précipité soit tout à fait blanc et converti en platinocyanure mercurique. On trouve alors dans le liquide du nitrate mercureux en dissolution. Le corps bleu éprouve la même décomposition par des lavages prolongés à l'eau froide.

Mis en contact avec une solution de nitrate mercureux, le platinocyanure mercurique produit immédiatement la combinaison bleue.

Le *platinocyanure de platine* (platinicum), ЄyPt, Єypt, est le composé jaune auquel on a donné improprement le nom de *protocyanure de platine*. On l'obtient en calcinant légèrement dans une cornue le platinocyanure de mercure; ou en calcinant un mélange de sublimé corrosif et de platinocyanure de potassium desséché, jusqu'à ce qu'on n'observe plus de réaction, et en lessivant les parties solubles avec de l'eau bouillante; ou, enfin, en ajoutant de l'acide sulfurique concentré au platinocyanure de potassium desséché, de manière à l'échauffer, et en reprenant par l'eau. Suivant la manière dont il a été préparé, ce produit est d'un jaune verdâtre, ou d'un jaune de soufre à l'état récent, et couleur de rouille après la dessiccation. Il est insoluble dans l'eau, les acides et les alcalis. Le produit précipité par l'eau se dissout dans les cyanures alcalins en donnant d'autres platinocyanures[1].

Le *platinocyanure de diplatosammonium*, $CyPt, Cy[NH^2Pt(NH^4)] = CyPt, NH^3$, est le sel blanc et cristallin qui se précipite lorsqu'on ajoute une solution de platinocyanure de potassium à une solution de chlorure de diplatosammonium (protochlorure de platine ammoniacal). Le même sel se précipite quand on fait passer un courant de cyanogène dans une solution de diplatosamine. Le procédé le plus avantageux pour le préparer consiste à ajouter du cyanure de potassium au chlorure de diplatosammonium[2].

Presque insoluble dans l'eau froide, ce produit peut être cristallisé dans l'eau bouillante, où il se dépose, par le refroidissement, sous la forme d'une matière cristalline qui se présente au microscope comme composée de tables hexagones, souvent groupées en étoiles. Il est difficile de l'obtenir sans un léger reflet jaune. Il prend feu quand on le chauffe au contact de l'air, et brûle comme de l'amadou.

Il se dissout dans la potasse et dans l'ammoniaque sans se décomposer. Il se dissout aussi sans altération dans les acides dilués, mais les acides sulfurique et nitrique concentrés le décomposent.

Lorsqu'on mélange sa solution avec du nitrate d'argent, il se précipite du platinocyanure d'argent, et du nitrate de diplatosamine reste en dissolution.

Il existe aussi un isomère du platinocyanure de diplatosammonium. C'est le *cyanure de platosammonium* $Cy(NH^3 Pt)$. M. Buckton l'obtient en mettant le chlorure de platosammonium en digestion avec un excès de cyanure d'argent ; le liquide décanté est jaune, et donne par la concentration de fines aiguilles, d'un jaune pâle, bien plus solubles dans l'eau et l'ammoniaque que le platinocyanure de diplatosammonium.

§ 195. Le *cyanure platinique* ou *bicyanure de platine*, Cypt ou $Cy^2 Pt$, n'est pas connu à l'état isolé.

Lorsqu'on fait passer du chlore dans le platinocyanure de potas-

[1] M. Quadrat a trouvé dans deux préparations différentes du platinocyanure de platine, 71,68 — 72,84 de platine. La formule adoptée exige 74,0 p. c. M. Quadrat le considère comme le sesquicyanure de platine Cy^3Pt^2, = CyPt, 2 Cypt ; calcul, 71,54.

[2] Reiset, *Ann. de Chim. et de Phys.*, [3] XI, 426. — Buckton, *The Quart. Journ. of the Chemic. Society*, 1851, vol. IV, p. 26.

sium on obtient une combinaison qui a reçu le nom de *sesquiplaticyanure de potassium*, parce qu'on peut y supposer un sesquicyanure de platine, $Ꞓy^3Pt^2$, qu'on peut d'ailleurs aussi considérer comme une combinaison de cyanure platineux $ꞒyPt$ et de cyanure platinique $Ꞓypt$, ($pt = \frac{1}{2}\ Pt$).

Le *sesquiplaticyanure de potassium* renferme $Ꞓy^3Pt^2, 2\ ꞒyK +$ 6 aq. ($= ꞒyPt, 2\ Ꞓypt, 2\ ꞒyK +$ 6 aq.). Voici comment on obtient ce sel : on prépare à chaud une solution de platinocyanure de potassium telle qu'elle commence à déposer des cristaux par le refroidissement. Dans cette solution on fait passer du chlore, ce qui détermine la formation de petites aiguilles d'un rouge cuivré, dont la quantité augmente peu à peu et si bien que le liquide finit par se prendre en magma. On arrête alors le courant de chlore, pour ne pas décomposer le nouveau produit; on jette la masse sur un entonnoir, on la presse légèrement, de manière à faciliter l'écoulement de l'eau mère, puis on l'exprime fortement entre des doubles de papier joseph. Le sel est trop soluble pour être lavé à l'eau ; on ne peut pas non plus employer l'alcool, qui précipiterait l'eau mère. Pour purifier le sel, on le fait dissoudre à plusieurs reprises dans fort peu d'eau bouillante, aiguisée par un peu d'acide chlorhydrique, afin de saturer le cyanate ou le carbonate de potasse, dont le sel pourrait être mélangé, et qui le ramènerait à l'état de platinocyanure sous l'influence de la chaleur[1].

Le sesquiplaticyanure de potassium est un des plus beaux sels de la chimie. Il forme des prismes d'un éclat métallique cuivré, verts par transparence, et renfermant 6 at. d'eau de cristallisation. Vu en masse, il ressemble à un tissu composé de fines aiguilles de cuivre. Il se dissout aisément dans l'eau, sans la colorer; il est insoluble dans l'alcool.

Sa solution donne, avec les sels d'argent et de mercuricum, un précipité blanc, avec ceux de mercurosum un précipité bleu foncé, avec ceux de cuivre un précipité bleu verdâtre.

Il se décompose aisément par la chaleur; déjà, par un séjour prolongé dans le vide sur de l'acide sulfurique, il s'altère en partie en perdant son eau de cristallisation et en noircissant, de sorte qu'il ne se dissout plus entièrement. Quand on le chauffe, il commence par noircir en dégageant du cyanogène, puis il de-

[1] Knop (1842), *Ann. der Chem. u. Pharm.*, XLIII, 111. — Gerhardt, *Compt. rend. des Trav. de Chimie*, 1850, p. 145.

vient d'un jaune brunâtre, et enfin il fond en une masse brune.

Mis en digestion avec la potasse, il est ramené à l'état de platinocyanure.

L'acide sulfurique concentré le détruit aussi en séparant du platinocyanure de platine. A froid, l'acide chlorhydrique concentré le rend d'abord orangé, puis incolore; à chaud, le sel redevient d'un rouge cuivré.

§ 196. Une combinaison de *bicyanure de platine et de chlorure de potassium*, $2\,CyPt, ClK + 2\,aq.$ ($= Cy^2Pt, ClK + 2\,aq.$), s'obtient lorsqu'on dissout le sesquiplaticyanure de potassium dans de l'eau régale chauffée presque à l'ébullition, et qu'on évapore le produit au bain-marie; il se sépare alors, par le refroidissement, de grosses tables rhomboïdales, fort solubles dans l'eau et l'alcool, tandis que les eaux mères retiennent du chlorure de potassium. Les cristaux[1] de ce sel appartiennent au système triclinique. (Forme dominante, $oP . \infty P' . \infty\, 'P$, quelquefois avec $\infty \bar{P} . P_{,}$. et plus rarement avec $\infty \bar{P} \infty$: Inclinaison des faces, $oP : \infty \bar{P} = 80^\circ, 30'$; $\infty P' : \infty\, 'P = 103^\circ$; $\infty P' : \infty \bar{P} = 123^\circ$; $oP : \infty \bar{P}' = 102^\circ\, {}^3/_4$; $oP : \infty\, 'P = 112^\circ\, {}^1/_2$; $\infty \bar{P} \infty : \infty P' = 137^\circ$; $\infty \bar{P} \infty : \infty\, 'P = 144^\circ\, {}^1/_2$; $P' : \infty \bar{P} = 123^\circ$. On rencontre quelquefois des hémitropies.)

Le nouveau sel s'effleurit promptement. Par l'échauffement, il dégage du cyanogène, et, si on le calcine légèrement, il laisse un mélange de platinocyanure de platine et de chlorure de potassium; si la chaleur est plus forte, il laisse du platine métallique et du chlorure de potassium. Quand on fait passer du gaz sulfureux dans sa solution, et qu'on abandonne ensuite le liquide à l'évaporation spontanée, il dépose des cristaux de sesquiplaticyanure de potassium, entremêlés de cristaux de platinocyanure. L'ammoniaque produit le même effet. D'autres corps réducteurs, par exemple le zinc, opèrent aussi cette métamorphose.

§ 197. *Cyanures d'or*[2]. — On connaît des cyanures correspondant aux sels aureux et aux sels auriques.

Le *protocyanure d'or* ou *cyanure aureux*, $CyAu$, s'obtient lorsqu'on chauffe avec de l'acide chlorhydrique ou nitrique le cyanure

[1] NAUMANN, *Journ. f. prakt. Chem.*, XXXVII, 463.

[2] HIMLY, *Ann. der. Chem. u. Pharm.*, XLII, 157. — J. CASTY, *Phil. Magaz.*, XXIV, 515. — GLASSFORD et NAPIER, *Phil. Magaz.*, XXV, 61. — JEWREINOV, *Journ. f. prakt. Chem.*, XXXII, 242.

d'or et de potassium. C'est une poudre cristalline, d'un jaune citron, qu'on reconnaît au microscope comme composée de tables hexagones. Il est insoluble dans l'eau, l'alcool et l'éther, sans odeur ni saveur, et ne s'altère pas à l'air. La chaleur le décompose en cyanogène et en or métallique. Les acides chlorhydrique, sulurique et nitrique bouillants ne le décomposent pas à l'ébullition; l'eau régale n'y agit qu'à la longue. L'hydrogène sulfuré y est sans action; le sulfhydrate d'ammoniaque le dissout en un liquide incolore, les acides le précipitent de la solution du sulfure d'or; l'ammoniaque le dissout. La potasse le décompose à l'ébullition, en déposant de l'or métallique. L'hyposulfite de soude le dissout également.

Le protocyanure d'or se dissout dans le cyanure de potassium et dans les autres cyanures alcalins, en donnant des sels doubles (*aurocyanures*), qui précipitent les autres sels métalliques.

Le *cyanure d'or et d'ammonium*, ƇyAu, Ƈy (N̶H̶^4), s'obtient en mélangeant des solutions saturées de sulfate d'ammoniaque et de cyanure d'or et de potassium, précipitant par l'alcool absolu les sulfates, et faisant cristalliser par l'évaporation le liquide filtré. Le produit constitue de petits cristaux incolores et anhydres, d'une forte saveur métallique.

La solution du protocyanure d'or dans l'ammoniaque aqueuse et bouillante donne, par le refroidissement, d'abondantes paillettes grises et brillantes, qui perdent leur ammoniaque par la chaleur ainsi que par l'addition de l'acide chlorhydrique.

Le *cyanure d'or et de potassium*, ƇyAu, ƇyK, forme des octaèdres rhomboïdaux, allongés, incolores, ou des paillettes nacrées; il est inaltérable à l'air, assez soluble dans l'eau, peu soluble dans l'alcool, insoluble dans l'éther. On le prépare en dissolvant dans le cyanure de potassium le protocyanure d'or, l'or fulminant, ou le protoxyde d'or. On fait dissoudre 7 p. d'or dans l'eau régale, on précipite par un excès d'ammoniaque, et l'on introduit le précipité bien lavé dans une solution bouillante de 6 p. de cyanure de potassium. La solution incolore, si elle n'est pas trop étendue, donne déjà des cristaux par le refroidissement. L'eau mère fournit, par l'évaporation, une nouvelle quantité de sel très-impur; on l'évapore avec un excès d'acide chlorhydrique, on lave à l'eau le résidu de protocyanure d'or, et on le fait dissoudre dans du cyanure de potassium (77 p. de cyanure d'or pour 23 p. de cyanure potassique). On purifie les cristaux par de nouvelles cristallisations dans l'eau bouillante.

Suivant M. Bagration, le cyanure de potassium dissout aisément l'or précipité par le sulfate de fer. Le ferrocyanure de potassium dissout aussi ce métal par une longue digestion. M. Elsner a démontré que la dissolution de l'or métallique par le cyanure de potassium nécessite le contact de l'air, et donne en même temps lieu à une formation de potasse :

$$4\,CyK + Au^2 + 2\,O = 2\,(Cy\,Au,\,Cy\,K) + 2\,KO.$$

Chauffé à l'abri de l'air, le cyanure d'or et de potassium dégage du gaz cyanogène, et laisse un mélange d'or et de cyanure de potassium. Les acides aqueux décomposent lentement sa solution, en développant de l'acide cyanhydrique et en précipitant du protocyanure d'or. Bouillie avec de l'acide chlorhydrique, elle donne environ 88 p. 100 de cyanure ainsi que du chlorure de potassium; les acides sulfurique, nitrique, oxalique et tartrique produisent le même effet. Les sulfhydrates alcalins n'y agissent pas.

La solution aqueuse de ce sel donne avec le chlorure mercurique, sans qu'il se dégage d'acide cyanhydrique, un précipité jaune clair, qui augmente par l'ébullition et prend la couleur jaune foncé du protocyanure d'or; la liqueur renferme du cyanure de mercure et du chlorure de potassium, sans or.

Le cyanure d'or et de potassium s'emploie beaucoup dans la dorure galvanique. La solution aqueuse de ce sel dore, surtout à chaud et sans courant galvanique, le cuivre et l'argent, en même temps que ces métaux se dissolvent.

Pour extraire le reste de l'or des liqueurs qui ont servi à la dorure, on les évapore, on mêle intimement avec son poids de litharge le résidu réduit en poudre fine, on fait fondre à une forte chaleur rouge, et l'on traite le régule à chaud par de l'acide nitrique; celui-ci dissout alors le plomb et laisse l'or à l'état d'une boue brune légère. (Bœttger.)

La solution du cyanure d'or et de potassium précipite les sels de *zinc* en blanc, les sels d'*étain* en blanc jaunâtre, les sels de *plomb* en blanc, le sulfate *ferreux* en blanc, devenant bleu par l'acide nitrique, le nitrate d'*argent* en blanc. Elle donne de petits cristaux avec le chlorure *manganeux*.

§ 198. M. Himly considère comme le *tricyanure d'or*, ou *cyanure aurique*, $Cy^3\,Au = 3\,Cy\,au$, correspondant au trichlorure d'or, le composé que les acides séparent du tricyanure d'or et de potassium. On le prépare en précipitant ce dernier sel par du nitrate d'argent, décomposant le précipité délayé dans l'eau, à une douce chaleur, par une quantité d'acide chlorhydrique insuffisante, et faisant évaporer dans le vide le liquide filtré. On peut aussi évaporer à siccité le tricyanure d'or et de potassium avec de l'acide fluorhydrosilicique, épuiser le résidu par l'alcool absolu, filtrer la solution et évaporer.

On obtient ainsi des lames incolores, qui fondent déjà à 50°, en dégageant d'abord de l'acide cyanhydrique, puis du cyanogène. Elles sont très-solubles dans l'eau, l'alcool et l'éther. Leur solution aqueuse se décompose en partie au bain-marie, en donnant du protocyanure d'or. L'acide oxalique bouillant n'en réduit pas l'or. Le chlorure mercurique ne le précipite pas; mais les nitrates de mercure en précipitent à chaud du protocyanure d'or, en produisant du cyanure de mercure, qui reste en dissolution.

M. L. Gmelin fait observer avec raison que le tricyanure d'or (dont M. Himly s'est borné à doser l'or, 59,89 p. 100.) est plutôt le *tricyanure d'or et d'hydrogène*, ou acide auricyanhydrique, 3 Ȼyau, ȻyĦ + 3 aq. = $Ȼy^3$ Au, ȻyĦ + 3 aq.

Le *tricyanure d'or et d'ammonium*, 3 Ȼyau, Ȼy ($NĦ^4$) + 4 aq., s'obtient en dissolvant à chaud l'oxyde d'or dans le cyanhydrate d'ammoniaque. Il constitue des tables incolores, à 4 ou à 6 faces, très-solubles dans l'eau et l'alcool, presque insolubles dans l'éther, et contenant 5,3 p. 100 d'eau de cristallisation, qui s'en dégage à 100°.

Le *tricyanure d'or et de potassium*, 3 Ȼyau, Ȼy Ȼ + x aq., forme de grosses tables incolores, qui s'effleurissent promptement à l'air en devenant d'un blanc de lait; elles sont solubles dans l'eau et insolubles dans l'alcool absolu; elles perdent dans le vide, ou à 100°, toute leur eau de cristallisation (3,76 p. 100). Chauffé plus fort, le sel fond en un liquide brun, en dégageant du cyanogène et en passant à l'état de cyanure d'or et de potassium. Les acides ne précipitent pas sa solution aqueuse, mais ils la colorent en jaune, en dégageant de l'acide cyanhydrique.

Ce sel s'emploie dans la dorure galvanique. On le prépare avec le chlorure d'or et une solution de cyanure de potassium. On transforme 7 p. d'or en une solution de chlorure aussi neutre que possible, et l'on y introduit peu à peu une solution chaude et concentrée de 8 p. de cyanure de potassium; le mélange aqueux dépose, par le refroidissement, des cristaux qu'on purifie par de nouvelles cristallisations (Himly, Rammelsberg). Selon MM. Glassford et Napier, cette préparation ne donnerait pas le tricyanure, mais le cyanure d'or et de potassium.

Le *tricyanure d'or et d'argent* est un précipité caillebotté, qui se produit quand on mélange le tricyanure d'or et de potassium avec le nitrate d'argent. Ce précipité est soluble dans l'ammoniaque, insoluble dans l'acide nitrique.

§ 199. *Cyanures de palladium* [1]. — Lorsqu'on mélange un sel palladeux avec du cyanure de mercure, il se produit un précipité blanc jaunâtre, qui est le cyanure palladeux, Ɇy Pd.

Avec les sels palladiques on obtient de même des flocons rose pâle, qui se décomposent promptement en dégageant de l'acide cyanhydrique.

Le cyanure palladeux se dissout aisément dans l'ammoniaque caustique, et la solution donne d'abondants cristaux de *cyanure de palladosammonium*, Ɇy (NH^3Pd).

Lorsqu'on fait dissoudre le cyanure de palladium dans le cyanure de potassium, on obtient, par l'évaporation, des prismes rhomboïdaux de *cyanure de palladium et de potassium*, Ɇy Pd, Ɇy K + 3 aq. Quelquefois le même sel en présente en paillettes avec 1 at. d'eau de cristallisation.

Cyanure d'iridium[2]. — Lorsqu'on calcine dans un ballon de l'iridium en poudre avec du ferrocyanure de potassium, et qu'on traite le produit à l'eau bouillante, on obtient, par l'évaporation, d'abord des cristaux de ferrocyanure non décomposé, puis des prismes incolores et anhydres d'*iridiocyanure de potassium*, Ɇy Ir, 2 Ɇy K. Ce sel est fort soluble dans l'eau, insoluble dans l'alcool. L'acide chlorhydrique n'en précipite pas la solution aqueuse. Une solution de nitrate mercureux la précipite en blanc jaunâtre.

Dérivés méthyliques, éthyliques... phényliques.... de l'acide cyanhydrique. Éthers cyanhydriques ou nitriles.

§ 200. Les éthers cyanhydriques peuvent s'obtenir par double décomposition, comme les autres éthers : en distillant, par exem-

[1] BERZELIUS, *Ann. de Poggend.*, XIII, 460. — FEHLING, *Ann. der Chem. u. Pharm.*, XXXIX, 119. — RAMMELSBERG, *Ann. de Poggend.*, XLII, 139.

[2] WOEHLER et BOOTH, *Ann. de Poggend.*, XXXI, 167. — RAMMELSBERG, *ibid.*, XLII, 139.

ple, un mélange de cyanure de potassium et de méthyl-sulfate de potasse, on obtient du cyanure de méthyle et du sulfate de potasse :

$$\text{Cy K} + S^2O^6 \left\{ \begin{matrix} C^2H^3O \\ KO \end{matrix} \right.$$

Cyan. de potassium — Méthyl-sulfate de potasse.

$$= \text{Cy}\ (C^2H^3) + S^2O^6 \left\{ \begin{matrix} KO \\ KO \end{matrix} \right.$$

Cyanure de méthyle. — Sulfate de potasse.

Mais lorsqu'on traite un éther cyanhydrique par un alcali, on n'obtient pas l'alcool correspondant et un cyanure alcalin ; la réaction va plus loin, et porte sur le radical cyanogène $C^2N = \text{Cy}$. Nous avons vu, en effet (page 299) que le cyanure d'hydrogène (l'acide cyanhydrique) et les cyanures métalliques se métamorphosent sous l'influence des alcalis en formiate alcalin et en ammoniaque : or, dans les mêmes circonstances le cyanure de méthyle donnera du méthyl-formiate alcalin et de l'ammoniaque, le cyanure d'éthyle donnera de l'éthyl-formiate alcalin et de l'ammoniaque, etc.

$$C^2N.\,H + KO,HO + 2\,HO = C^2HKO^4 + NH^3.$$

Cyan. d'hydrog. — Formiate.

$$C^2N.\,(C^2H^3) + KO,\,HO + 2\,HO = C^2\,(C^2H^3)\,KO^4 + NH^3.$$

Cyan. de méthyle. — Méthyl formiate.

$$C^2N.\,(C^4H^5) + KO,\,HO + 2\,HO = C^2\,(C^4H^5)\,KO^4 + NH .$$

Cyan. d'éthyle. — Éthyl-formiate.

L'acide méthyl-formique est plus connu sous le nom d'acide acétique,

$$C^2\,(C^2H^3)\,HO^4 = C^4H^4O^4\,;$$

Acide méthyl-formique. — Ac. acétique.

L'acide éthyl-formique n'est autre que l'acide propionique,

$$C^2\,(C^4H^5)\,HO^4 = C^6H^6O^4.$$

Acide éthyl-formique. — Ac. propionique.

Disons donc, d'une manière générale, que les éthers cyanhydriques de la série homologue

$$\text{Cy}\ (C^{2n}\,H^{2n} + 1)$$

fixent les éléments de l'eau sous l'influence des alcalis, et donnent de l'ammoniaque, ainsi que les sels à base d'alcali des acides homologues de l'acide formique (page 125), dont la formule se représente par

$$C^{2n}\,H^{2n}\,O^4.$$

Ce genre de réaction, propre à tous les éthers cyanhydriques, conduit à un mode de préparation de ces corps fort intéressant au point de vue théorique : il suffit en effet pour les produire d'effectuer sur les sels ammoniacaux des acides dont nous parlons la réaction inverse de celle qui a donné naissance à ces acides et à l'ammoniaque ; en d'autres termes il suffit d'enlever les éléments de l'eau à ces sels ammoniacaux pour obtenir des éthers cyanhydriques identiques à ceux qu'on obtient avec les alcools et l'acide cyanhydrique ou les cyanures métalliques. Cette déshydratation peut se faire par l'acide phosphorique anhydre et, en partie aussi, par la distillation sèche[1]. On a donc

$$C^2H\ (NH^4)\ O^4 - 4\ HO = C^2N.\ H,$$

Formiate d'ammon. — Ac. cyanhydrique.

$$C^4H^3\ (NH^4)\ O^4 - 4\ HO = C^2N.\ (C^2H^3),$$

Acétate ou méthyl-formiate d'ammon. — Cyan. de méthyle.

$$C^6N^5\ (NH^4)\ O^4 - 4\ HO = C^2N.\ (C^4H^5).$$

Propion. ou éthyl-formiate d'ammon. — Cyan. d'éthyle.

On voit d'après cela que les éthers cyanhydriques peuvent s'obtenir sans le concours des alcools, à l'aide des homologues de l'acide formique ; c'est même par ce procédé qu'on a déjà obtenu plusieurs éthers cyanhydriques dont on ne connaît pas encore les alcools correspondants.

Les acides homologues de l'acide benzoïque

$$C^{14} + {}^{2n}\ H^6 + {}^{2n}\ O^4$$

donnent des composés semblables aux éthers cyanhydriques, lorsqu'on place les sels ammoniacaux de ces acides (ou même leurs amides) sous l'influence des agents déshydratants, tels que la chaleur ou l'acide phosphorique anhydre. Les composés connus sous les noms de *benzonitrile* et de *cumonitrile* ne sont autres que les cyanures de phényle et de cuményle.

[1] Plusieurs chimistes, préoccupés de la métamorphose, singulière au premier abord, qu'éprouvent les éthers cyanhydriques sous l'influence des alcalis, attribuent à ces éthers une constitution différente de celle des autres éthers ; mais, pour être conséquents, les mêmes chimistes devraient aussi refuser la qualification de cyanure à l'acide cyanydrique et aux sels de cet acide, car l'acide cyanhydrique et les cyanures métalliques se comportent avec les alcalis comme les éthers cyanydriques, seulement la réaction est plus prompte avec les derniers.

Voici la liste des éthers cyanhydriques aujourd'hui connus :

Éthers cyanhydriques homologues : Cy $(C^{2n} H^{2n+1})$.

Cyanure de méthyle, ou acétonitrile. . . . . . $= C^4 H^3 N = Cy (C^2 H^3)$,

Cyanure d'éthyle, ou propionitrile. . . . . . $C^6 H^5 N = Cy (C^4 H^5)$,

Cyanure de trityle, ou butyronitrile. . . . . $C^8 H^7 N = Cy (C^6 H^7)$,

Cyanure de tétryle, ou valéronitrile. . . . . $C^{10} H^9 N = Cy (C^8 H^9)$,

Cyanure d'amyle, ou capronitrile. . . . . . $C^{12} H^{11} N = Cy (C^{10} H^{11})$.

Éthers cyanhydriques homologues : Cy $(C^{12+2n} H^{5+2n})$.

Cyanure de phényle, ou benzonitrile. . . . . $= C^{14} H^5 N = Cy (C^{12} H^5)$,

Cyanure de cuményle, ou cumonitrile. . . . $= C^{20} H^{11} N = Cy (C^{18} H^{11})$.

§ 201. *Cyanure de méthyle*[1], ou acétonitrile, $C^4 H^3 N$. On obtient cet éther en distillant du cyanure de potassium sec avec un méthyl-sulfate alcalin ; le produit est souillé d'acide cyanhydrique et de formiate d'ammoniaque, qu'on enlève par des rectifications sur l'oxyde de mercure et sur l'acide phosphorique anhydre.

Un autre procédé consiste à distiller l'acétate d'ammoniaque cristallisé avec de l'acide phosphorique anhydre ; on purifie le produit en le mettant d'abord en digestion sur une solution saturée de chlorure de calcium, et en le rectifiant ensuite sur du chlorure de calcium solide et sur de la magnésie, jusqu'à ce qu'il présente un point d'ébullition constant à 77°.

Le cyanure de méthyle est une huile limpide. La densité de sa vapeur a été trouvée égale à 1,45.

La potasse en dissolution, et à la température de l'ébullition, attaque ce corps, dégage de l'ammoniaque et produit de l'acétate de potasse. L'acide chromique est sans action ; l'acide nitrique n'est pas décomposé par la matière portée à l'ébullition. Le potassium agit vivement à froid et avec dégagement de chaleur ; il se

[1] DUMAS (1847), *Compt. rend de l'Acad.*, XXV, 383. — DUMAS, MALAGUTI et LEBLANC, *ibid.*, XXV, 442 et 474.

forme du cyanure de potassium, et il se dégage un gaz inflammable où l'analyse indique un mélange de carbure d'hydrogène et d'hydrogène libre.

Le *cyanure de trichloro-méthyle*, ou chloracétonitrile, $C^4 Cl^3 N$, s'obtient lorsqu'on distille, avec de l'acide phosphorique anhydre, le trichloracétate d'ammoniaque ou la trichloracétamide; c'est un liquide bouillant à 81°, et d'une densité de 1,444. Ce liquide donne, par la potasse bouillante, du trichloracétate de potasse et de l'ammoniaque; le potassium l'attaque vivement.

§ 202. *Cyanure d'éthyle*[1], éthers cyanhydrique, métacétonitrile ou propionitrile, C^6H^5N.—On prépare cet éther, suivant M. Pelouze, en distillant ensemble, à une douce chaleur, poids égaux d'éthylsulfate de baryte et de cyanure de potassium; on lave le produit avec de l'eau, pour enlever l'alcool et l'acide cyanhydrique dont il pourrait être souillé; on le maintient pendant quelque temps entre 60 et 70°, puis on le rectifie sur du chlorure de calcium.

Le même corps s'obtient si l'on traite la propionamide par l'acide phosphorique anhydre.

C'est une huile incolore d'une densité de 0,78, d'une odeur alliacée. Elle est très-vénéneuse, et bout à 82°.

Elle est assez soluble dans l'eau, mais elle s'en sépare quand on sature la solution de sel marin.

Une dissolution bouillante de potasse la convertit en propionate de potasse, avec dégagement d'ammoniaque :

$$C^6H^5N + KO, HO + 2\,HO = \underset{\text{Prop. de potas.}}{C^6H^5KO^4} + NH^3.$$

Cyanéthine, isomère du cyanure d'éthyle, $C^{18}H^{15} N^3 = {}^3 C^6H^5N$. — Ce composé s'obtient par l'action du potassium sur le cyanure d'éthyle. L'attaque est vive; il se dégage de l'hydrure d'éthyle, et le résidu renferme du cyanure de potassium et de la cyanéthine. Ce résidu est jaunâtre et visqueux; traité par l'eau, il laisse la cyanéthine, qui cristallise dans l'eau bouillante en paillettes nacrées. On n'en obtient d'ailleurs que quelques centièmes de l'éther cyanhydrique employé.

La cyanéthine se dissout aisément dans tous les acides, en donnant des sels solubles dans l'eau et l'alcool, et souvent cristalli-

[1] PELOUZE (1834), *Journ. de Pharm.*, XX, 399. — FRANKLAND et KOLBE, *Ann. der Chem. u. Pharm.*, LXV, 269 et 288. — DUMAS, MALAGUTI et LEBLANC, *Compt. rend. de l'Acad.*, XXV, 657.

sables. La potasse, l'ammoniaque et les carbonates alcalins en séparent de nouveau l'alcaloïde sans altération. A l'état de pureté, celui-ci est blanc, sans odeur et presque sans saveur ; il fond à 190° c. environ, et commence à bouillir vers 280°, en se décomposant en partie. Il est soluble dans l'alcool en toutes proportions, très-peu soluble dans l'eau froide, et plus soluble dans l'eau bouillante. La solution aqueuse présente une faible réaction alcaline ; on peut la faire bouillir, et même la faire fondre avec la potasse sans qu'elle s'altère.

Les sels de cyanéthine ont une saveur âcre, légèrement amère.

Le *nitrate*, $C^{18}H^{15}N^{3}$, NHO^{6}, cristallise en gros prismes incolores, entièrement neutres.

Le *sulfate* et le *chlorhydrate* sont très-solubles dans l'eau et incristallisables.

L'*acétate* perd de l'acide acétique par l'évaporation dans le vide, et se convertit en un sous-sel insoluble.

L'*oxalate* donne de beaux cristaux prismatiques.

Le *chloroplatinate*, $C^{18}H^{15}N^{3}$, $PtCl^{2}$, HCl se sépare sous la forme d'un précipité rouge jaunâtre et cristallin quand on mêle une solution de bichlorure de platine avec une solution de chlorhydrate de cyanéthine. Il est assez soluble dans l'alcool, moins soluble dans l'eau, et y cristallise, par l'évaporation, en gros octaèdres couleur de rubis. La solution alcoolique se décompose par l'ébullition, en produisant du chloroplatinate d'ammoniaque.

MM. Frankland et Kolbe, à qui l'on doit la découverte de la cyanéthine, ont vainement essayé de l'obtenir par un procédé autre que l'action du potassium sur le cyanure d'éthyle.

§ 203. *Cyanure de trityle*[1], ou butyronitrile, $C^{8}H^{7}N$. — On l'obtient en distillant du butyrate d'ammoniaque sec ou la butyramide avec de l'acide phosphorique anhydre ; on peut aussi faire passer de la butyramide sur de la chaux chauffée au rouge sombre, mais ce dernier procédé est moins avantageux.

C'est une huile limpide, d'une densité de 0,795 à 12,5 ; elle bout à 118°,5, et présente une odeur aromatique agréable, qui rappelle celle de l'essence d'amandes amères.

[1] DUMAS, MALAGUTI et LEBLANC (1847), *Compt. rend. de l'Acad.*, XXV, 442 et 658. — LAURENT et CHANCEL, *ibid.*, XXV, 884.

Elle se dissout dans la potasse bouillante en produisant du butyrate de potasse, et de l'ammoniaque :

$$C^8H^7N + KO, HO + 2\,HO = \underset{\text{Butyr. de potass.}}{C^8H^7KO^4} + NH^3.$$

Le potassium l'attaque en produisant du cyanure de potassium, en même temps qu'il se dégage de l'hydrogène et un gaz hydrocarburé, plus dense que celui qu'on obtient en traitant le cyanure de méthyle par le potassium.

§ 204. *Cyanure de tétryle*[1], ou valéronitrile. $C^{10}H^9N$. — On peut l'obtenir en traitant la valéramide par l'acide phosphorique anhydre, ou en faisant passer cette amide à travers un tube rempli de chaux et chauffé au rouge.

M. Schlieper l'a découvert parmi les produits de décomposition de la gélatine par l'acide chromique, et M. Guckelberger parmi ceux de la caséine par le même agent.

Les meilleures proportions pour oxyder la gélatine par l'acide chromique sont, d'après M. Marchand, 2 p. de colle forte ordinaire, 8 p. de bichromate de potasse, 15 p. d'acide sulfurique et 50 p. d'eau. On peut diminuer un peu la dose de l'acide sulfurique ; mais il ne faut pas l'augmenter, autrement l'opération ne réussirait pas, et l'on n'obtiendrait que de l'acide formique. On laisse d'abord la colle se gonfler dans l'eau, et l'on y ajoute ensuite l'acide sulfurique ; quand le mélange est refroidi, on le verse dans une cornue contenant le bichromate en poudre fine. On distille en refroidissant convenablement ; on arrête l'opération quand la masse commence à se boursoufler. Le produit distillé est trouble, réagit acide, et sent fort l'acide cyanhydrique, qu'on y découvre en grande quantité. On rectifie ce produit sur de l'oxyde de mercure, en ne recueillant que les premières portions ; dès que le liquide qui passe a perdu son odeur aromatique et est franchement acide, on peut être certain d'avoir recueilli toutes les parties contenant la valéronitrile. La quantité de liquide qu'il faut ainsi distiller s'élève à 1/15 ou à 1/20 de la totalité. Ensuite on rectifie à plusieurs reprises les portions aqueuses qui ont passé les premières, de manière à ne recueillir chaque fois que les premières portions, qu'on rectifie à leur tour. On obtient enfin un liquide aqueux, surnagé d'une huile ; on sature l'eau par le chlorure de

[1] SCHLIEPER (1846), *Ann. der Chem. u. Pharm.*, LIX, 1. — GUCKELBERGER, *ibid.*, LXIV, 76. — DUMAS, LEBLANC et MALAGUTI, *loc. cit.*

calcium; on décante l'huile, et on la rectifie sur du chlorure de calcium fondu. Cette huile renferme un mélange de valéronitrile et d'un autre corps que M. Schlieper appelle *valéracétonitrile*. On les sépare à l'aide de la différence de leur température d'ébullition. Le valéronitrile est l'huile la moins volatile.

Ce corps constitue une huile très-fluide, limpide et incolore. Elle est plus légère que l'eau et présente une densité de 0,81 ; elle se dissout dans l'eau en quantité assez sensible, et distille aisément avec les vapeurs d'eau. Elle est neutre, et possède une saveur âcre et aromatique; son odeur ressemble à celle de l'huile d'amandes amères ou de l'hydrure de salicyle. Elle brûle avec une flamme blanche et lumineuse.

Elle bout à 125°. La densité de sa vapeur a été trouvée égale à 2,892. Elle se dissout dans l'alcool et l'éther en toutes proportions. La potasse bouillante la convertit en valérate de potasse et en ammoniaque :

$$C^{10}H^{9}N + KO, HO + 2\,HO = \underset{\text{Valér. potass.}}{C^{10}H^{9}KO^{4}} + NH^{3}.$$

L'acide chlorhydrique et l'acide nitrique ne l'altèrent pas, mais l'acide sulfurique concentré la convertit en acide valérianique, qui devient libre, et en sulfate d'ammoniaque. L'ammoniaque n'y agit point.

Le chlore et le brome l'attaquent au soleil.

Traité par du potassium, le valéronitrile fournit du cyanure.

Quant au *valéracétonitrile*, c'est une huile volatile, d'une odeur qui ressemble à celle du corps précédent, mais plus agréable. Elle bout déjà entre 68 et 70°. Sa densité est de 0,79. Sa saveur est âcre.

M. Schlieper le représente par les rapports $C^{26}H^{24}H^{2}O^{6}$. L'ammoniaque, l'acide chlorhydrique et l'acide nitrique ne l'altèrent pas, mais l'acide sulfurique concentré lui fait éprouver une décomposition semblable à celle du valéronitrile : il se forme en effet du sulfate d'ammoniaque, en même temps que de l'acide acétique et de l'acide valérianique deviennent libres :

$$2\,C^{26}H^{24}N^{2}O^{6} + 16\,HO = 4\,NH^{3} + 4\,C^{10}H^{10}O^{4} + 3\,C^{4}H^{4}O^{4}.$$

Bien que cette équation semble confirmer la formule du valéracétonitrile, je crois que M. Schlieper a eu affaire à un mélange, car les rapports qui interviennent dans la métamorphose, d'après l'équation précédente, sont tout à fait insolites.

Si l'on fait passer du chlore dans le valéracétonitrile le liquide s'échauffe, et il se dépose, par le refroidissement, de beaux cristaux d'une combinaison chlorée. Le brome agit de la même manière, en produisant deux corps, l'un en petites aiguilles, l'autre liquide, attaquant vivement les yeux et les organes olfactifs.

A la fin de la distillation du produit brut qui donne le valéronitrile et le valéracétonitrile, M. Schliepler a obtenu une huile pesante, qui avait une odeur de cannelle, mais qu'il n'a pu étudier faute de matière.

§ 205. *cyanure d'amyle*[1], ou capronitrile, $C^{12}H^{11}N$. — Il s'obtient en distillant de l'amyl-sulfate de potasse avec son équivalent de cyanure de potassium. Il se produit aussi par la réaction du cyanure de potassium avec le chlorure ou l'oxalate d'amyle. C'est une huile très-fluide, d'une densité de 0,8061 à 20° c., et de 3,335 à l'état de vapeur. Il bout à 146° c., est moins soluble dans l'eau que le cyanure d'éthyle, et se dissout dans l'acool en toutes proportions.

La potasse bouillante le convertit en caproate de potasse et en ammoniaque.

$$C^{12}H^{11}N + KO,HO + 2\,HO = \underbrace{C^{12}H^{11}KO^{4}}_{\text{Caproate de potas.}} + NH^{3}.$$

Sous l'influence du potassium, il donne des gaz ainsi qu'un alcali semblable à la cyanéthine (§ 202).

§ 206. *Cyanure de phényle*[2], ou benzonitrile, $C^{14}H^{5}N$. — Lorsqu'on distille doucement du benzoate d'ammoniaque préalablement desséché, il passe une eau ammoniacale, de l'acide benzoïque, et du benzonitrile, celui-ci sous la forme d'une huile. On purifie le produit par des lavages à l'acide chlorhydrique et à l'eau et par une nouvelle rectification.

La benzamide, $C^{14}H^{7}NO^{2}$, donne également du benzonitrile par des distillations réitérées; elle n'en diffère d'ailleurs que par les éléments de 2 at. d'eau qu'elle contient en plus.

Enfin M. Socoloff a obtenu le benzonitrile, dans mon laboratoire, en faisant agir du chlorure de benzoïle sur la benzamide au bain-marie; il s'est ainsi produit des vapeurs d'acide chlorhy-

[1] BALARD (1844), *Ann. de Chim. et de Phys.*, [3] XII, 294. — FRANKLAND et KOLBE, *Ann. der Chem. u. Pharm.*, LXV, 288. — BRAZIER et GOSSLETH, *ibid.*, LXXV, 251. — MEDLOCK, *ibid.*, LXIX, 229.

[2] FEHLING (1844), *Ann. der Chem. u. Pharm.*, XLIX, 91.

drique, des cristaux d'acide benzoïque, et le mélange repris par l'ammoniaque aqueuse a laissé le benzonitrile à l'état huileux.

$$C^{14}H^{7}NO^{2} + C^{14}H^{5}ClO^{2} = HCl + C^{14}H^{6}O^{4} + C^{14}H^{5}N.$$

Benzamide. Chlor. de benzoïle. Acide benzoïque. Benzonitrile.

Le benzonitrile est une huile incolore, douée d'une forte odeur d'amandes amères; il est fort peu soluble dans l'eau, et se dissout en toutes proportions dans l'alcool et l'éther. Sa densité à 15° est de 1,0073; à l'état de vapeur, elle a été trouvée, par expérience, égale à 3,70.

Ce corps bout à 191° et distille sans altération; il brûle avec une flamme fuligineuse. Les alcalis et les acides concentrés le convertissent en benzoate et en ammoniaque.

Cyanure de cuményle[1], ou cumonitrile, $C^{20}H^{11}N$. — Si l'on fait fondre le cuminate d'ammoniaque et qu'on maintienne le liquide en ébullition, il passe de grosses gouttes d'une huile jaunâtre ainsi que de l'eau. En soumettant l'huile à une nouvelle distillation, répétée 5 ou 6 fois, lavant à l'ammoniaque et à l'acide chlorhydrique, on obtient le cumonitrile à l'état de pureté.

Le cumonitrile pur est entièrement incolore, et réfracte fortement la lumière: son odeur est forte et agréable; sa saveur est brûlante. Il est fort peu soluble dans l'eau, et la rend laiteuse. Il se dissout en toutes proportions dans l'alcool et l'éther. Sa densité est de 0,765 à 14° c. Il bout à 239°. Sa vapeur brûle avec une flamme lumineuse.

L'acide nitrique le plus concentré l'attaque à peine à froid; mais si l'on chauffe la solution, il s'y dépose au bout de quelques jours des cristaux d'acide cuminique (ou nitrocuminique?).

Chauffé avec du potassium, le cumonitrile se fonce, et le produit donne les réactions du cyanure de potassium. Une solution alcoolique de potasse finit par le transformer en une masse cristalline, d'où l'on peut extraire de la cuminamide.

ACIDE CYANIQUE.

Composition : $C^{2}HNO^{2} = CyHO^{2} = CyO,HO$.

§ 207. Il existe plusieurs corps ayant la même composition que l'acide cyanique, et qui se produisent par la réunion d'un certain nombre de molécules de cet acide; ces isomères sont l'*acide cya-*

[1] Field (1847), *Ann. der Chem., u. Pharm.*, LXV, 45.

nurique, l'*acide cyanilique*, et la *cyamélide* ou *acide cyanurique insoluble:*

Acide cyanique. . . . . . . $= CyHO^2$,
Acide cyanurique. . . . . $= 3CyHO^2 = Cy^3H^3O^6$,
Acide cyanilique. . . . . $= m\ CyHO^2$,
Cyamélide. . . . . $= n\ CyHO^2$.

Ces quatre isomères se convertissent aisément les uns en les autres.

L'acide cyanurique, l'acide cyanilique et la cyamélide, ainsi que les sels de ces acides, sont des cyanates multiples, au même titre que les ferrocyanures, les cobalticyanures, les platinocyanures, etc., sont des cyanures multiples. Les cyanurates représentent une molécule composée de trois cyanates, les cyanures multiples représentent une molécule composée de plusieurs cyanures; chacune de ces molécules complexes se maintient entière, dans certaines limites de double décomposition, mais passé ces limites elle se scinde en ses parties constituantes. Ainsi les cyanures multiples et les cyanurates donnent, par double décomposition, d'autres cyanures multiples et d'autres cyanurates. Mais qu'on chauffe un cyanure multiple avec un acide concentré, et il se scindera pour donner de l'acide cyanhydrique; qu'on soumette à la distillation de l'acide cyanurique, et il se scindera pour produire de l'acide cyanique.

Il est évident d'après cela que si l'on rapporte l'acide cyanique au type eau, en admettant que dans ce type H est remplacé par Cy,

$$\text{Eau}\ \left.\begin{matrix}HO\\HO\end{matrix}\right\},\quad \text{Acide cyanique}\ \left.\begin{matrix}CyO\\H\ O\end{matrix}\right\},$$

l'acide cyanurique correspondra à une combinaison formée par la réunion de trois molécules d'eau,

$$\left.\begin{matrix}H\ O,\ H\ O,\ H\ O\\H\ O\quad H\ O\quad HO\end{matrix}\right\}\ \text{Trois molécules d'eau, réunies en une seule.}$$

$$\left.\begin{matrix}CyO,\ CyO,\ CyO\\H\ \ O\ H\ \ O\ H\ \ O\end{matrix}\right\}\ \text{Acide cyanurique, formé par la réunion de trois molécules d'acide cyanique.}$$

La composition des cyanurates métalliques et des autres dérivés de l'acide cyanurique vient à l'appui de ces formules; nous verrons en effet plus bas que l'acide cyanurique est un acide tribasique, tandis que l'acide cyanique est un acide monobasique.

Quant aux autres isomères de l'acide cyanique, on n'en connaît pas assez bien l'histoire pour pouvoir établir avec certitude le nombre des molécules d'acide cyanique qui entrent dans la composition de leur molécule.

§ 208. Acide cyanique, $CyHO^2$. — Cet acide[1], observé pour la première fois par Vauquelin, en 1818, a été plus particulièrement étudié par M. Woehler, en 1822. Il se produit, soit à l'état libre, soit sous forme de sel, dans un grand nombre de réactions. Beaucoup de cyanures se convertissent en cyanates quand on les calcine à l'air, soit seuls, soit mélangés avec du peroxyde de manganèse ou avec du massicot. Le carbonate de potasse donne du cyanate lorsqu'on le calcine dans un courant de cyanogène; la potasse et la soude donnent un mélange de cyanure et de cyanate lorsqu'on y fait passer du gaz cyanogène. L'isomère de l'acide cyanique, l'acide cyanurique, se convertit en acide cyanique par la simple distillation. La xanthogénamide (sulfocarbamate d'éthyle) se convertit aussi par la distillation en acide cyanique et en sulfhydrate d'éthyle (p. 204). Le mélam donne du cyanate lorsqu'on le fait fondre avec un excès de potasse.

Lorsqu'on verse un acide concentré sur un cyanate métallique sec, il se produit une effervescence d'acide carbonique accompagnée d'une odeur vive et pénétrante, qui provient de l'acide cyanique; mais ce procédé ne convient pas à la préparation de ce corps.

MM. Woehler et Liebig l'obtiennent en distillant l'acide cyanurique dans une petite cornue, et en recueillant le produit dans un récipient entouré de glace.

C'est un liquide incolore, très-fluide, d'une odeur très-forte et pénétrante, qui rappelle celle de l'acide acétique ou formique très-concentré; sa vapeur irrite les yeux. Une goutte de ce corps appliquée sur la peau y détermine une vésication très-douloureuse comme le ferait un fer rouge. Sa solution aqueuse rougit le tournesol; mais elle se décompose à la longue en acide carbonique et en ammoniaque, et même en urée (§ 213) :

$$C^2HNO^2 + 2HO = 2CO^2 + NH^3.$$

Récemment préparé, l'acide cyanique se transforme bientôt, à quelques degrés au-dessus de 0°, en une masse dure et blanche qui ressemble à de la porcelaine (*cyamélide, acide cyanurique insoluble*

[1] Woehler, *Ann. d. Phys. de Gilb.*, LXXI, 95; LXXIII, 157. *Ann. de Poggend.*, I, 117; V, 385. — Liebig, *Archiv. f. d. gesammte Naturl. von Kastner*, VI, 145, *Journ. f. Chem. u. Physik, von Schweigger*, XLVIII, 376. *Ann. der Chem. u. Pharm.*, XV, 561 et 619. — Liebig et Woehler, *Ann. de Poggend.*, XX, 369.

§ 211) ; cette transposition moléculaire est souvent accompagnée d'une chaleur assez forte pour déterminer de légères explosions.

§ 209. Suivant M. Woehler[1], on obtient une combinaison d'*acide chlorhydrique* et d'*acide cyanique*, Cy HO^2,HCl, lorsqu'on place du cyanate de potasse bien sec dans une cornue tubulée, et qu'on y fait passer du gaz chlorhydrique desséché par du chlorure de calcium ; le sel s'échauffe beaucoup, et il passe un liquide incolore qui se conserve longtemps dans des flacons bouchés. Cette combinaison est incolore, d'une odeur très-forte, et fume beaucoup à l'air. Son odeur participe de celle de l'acide cyanique et de l'acide chlorhydrique. A l'air humide, ou lorsqu'on y pousse l'haleine, on la voit mousser et faire effervescence, en se transformant en acide carbonique et en sel ammoniac. L'eau la décompose vivement, avec production de chaleur et dégagement d'acide carbonique ; l'alcool la décompose avec chaleur, en produisant de l'acide chlorhydrique et de l'éther cyanurique. Chauffée seule, elle se convertit en acide chlorhydrique et en cyamélide : voilà pourquoi on n'obtient pas cette combinaison lorsqu'on fait intervenir la chaleur dans sa préparation ou que le sel s'échauffe trop fort. A 0° elle se conserve sans altération dans un tube scellé à la lampe ; mais à la température ordinaire elle se concrète peu à peu en une masse cristalline composée d'un mélange de cyamélide et de sel ammoniac, tandis que de l'acide carbonique et de l'acide chlorhydrique se dégagent et se compriment presque au point de se condenser.

§ 210. Acide cyanurique, $Cy^3H^3O^6 + 4$ aq. — Cet acide[2], dont on doit la découverte à Scheele, se produit dans un grand nombre de réactions. Le moyen le plus commode pour l'obtenir consiste, selon M. Wurtz[3], à faire passer un courant de chlore sec sur de l'urée fondue. Il se produit de l'acide cyanurique, du sel ammoniac, de l'acide chlorhydrique et de l'azote. On traite le résidu par l'eau froide, qui dissout le sel ammoniac, tout en laissant l'acide cyanurique, que l'on fait ensuite cristalliser dans l'eau bouillante.

Si l'on chauffe au bain d'huile le chlorhydrate d'urée[4] obtenu

[1] Woehler, *Ann. der Chem. u. Pharm.*, XLV, 351.

[2] Scheele, *Opuscula*, II, 77. — Chevallier et Lassaigne, *Ann. de Chim. et de Phys.*, XIII, 155. — Sérullas, *ibid.*, XXXVIII, 379. — Woehler, *Ann. de Poggend.*, XV, 622. — Liebig et Woehler, *ibid.*, XX, 369. — Liebig, *Ann. der Chem. u. Pharm.*, XXVI, 121 et 145.

[3] Wurtz, *Compt. rend. de l'Acad.*, XXIV, 436.

[4] De Vry, *Ann. der. Chem. u. Pharm.*, LXI, 248.

en faisant passer du gaz chlorhydrique sur de l'urée en poudre, il se décompose vivement à la température de 145°, en développant du sel ammoniac, en même temps que la température monte à 200°, lors même qu'on retire le bain. En dissolvant le résidu dans l'eau bouillante, on obtient, par le refroidissement, de bel acide cyanurique, entièrement incolore, tandis que l'eau mère retient du sel ammoniac. Si, au lieu d'élever le bain à 145°, on pousse la chaleur jusque vers 320°, et qu'on chauffe le produit avec de l'eau, on obtient de la cyamélide (acide cyanurique insoluble).

Un troisième procédé[1] consiste à chauffer l'urée au delà de son point de fusion, jusqu'à ce qu'elle soit complétement convertie en une masse sèche, blanche ou grisâtre. On dissout ce résidu dans l'acide sulfurique concentré, et on traite la solution par quelques gouttes d'acide nitrique jusqu'à ce qu'elle soit décolorée; ensuite on y ajoute de l'eau. La solution dépose alors l'acide cyanurique dès qu'elle est refroidie.

Enfin, on peut préparer l'acide cyanurique en dissolvant la mélamine, l'ammélide ou l'amméline dans de l'acide sulfurique, et en maintenant la solution à une température voisine de l'ébullition, jusqu'à ce que l'ammoniaque n'y occasionne plus de précipité. On concentre ensuite la solution jusqu'à ce qu'elle cristallise; les eaux mères retiennent du sulfate d'ammoniaque.

L'acide cyanurique se produit aussi, entre autres produits, dans la distillation sèche de l'acide urique; c'est ainsi que Scheele l'obtint pour la première fois (*acide pyro-urique*). Selon M. Balard, il se produit également par l'action de l'acide hypochloreux liquide sur l'acide cyanhydrique. Lorsqu'on traite par des alcalis le chlorure de cyanogène solide, on obtient du cyanurate et du chlorure à base d'alcali.

L'acide cyanurique se dépose de sa solution aqueuse en prismes obliques à base rhombe, contenant 21, 6 p. c. (4 atomes) d'eau de cristallisation, qu'ils abandonnent à l'air à la température ordinaire, en s'effleurissant. Il est sans couleur ni odeur; sa saveur est légèrement acide; il rougit légèrement le tournesol. Il se dissout dans 40 p. d'eau froide, et dans une quantité moindre d'eau bouillante. Il se dissout, dans l'alcool bouillant, et se précipite, par le refroidissement, sous la forme de petits grains.

[1] WOEHLER, *loc. cit.*

On l'obtient cristallisé, sous la forme d'octaèdres obtus à base carrée, ne contenant pas d'eau de cristallisation, par le refroidissement d'une solution concentrée et bouillante dans l'acide nitrique ou chlorhydrique.

Par une ébullition prolongée dans les acides énergiques, l'acide cyanurique se convertit, comme l'acide cyanique, en acide carbonique et en ammoniaque.

Lorsqu'on le distille, il se convertit en vapeur d'acide cyanique. Une réaction caractéristique pour l'acide cyanurique, c'est la manière dont il se comporte avec une solution de cuivre ammoniacale : il y produit un précipité violet, insoluble dans l'eau froide. Saturé par l'ammoniaque, il précipite le nitrate d'argent en blanc, soluble dans l'acide nitrique.

§ 211. Acide cyanilique. — M. Liebig[1] a obtenu ce composé, sous la forme de larges feuillets nacrés ou de longs prismes obliques rhomboïdaux (de 95° 36′ environ, avec un sommet dièdre de 83° 24′), en faisant bouillir l'hydromellon (§ 269) avec l'acide nitrique. Ces cristaux étaient efflorescents et avaient la même composition, la même eau de cristallisation et les mêmes propriétés chimiques que l'acide cyanurique, mais ils étaient plus solubles dans l'eau. Cette modification, appelée *acide cyanilique* par M. Liebig, se convertit facilement en acide cyanurique : si on la fait dissoudre dans l'acide sulfurique concentré, qu'on ajoute de l'eau et qu'on fasse cristalliser dans l'eau l'acide précipité, celui-ci se trouve entièrement transformé en acide cyanurique.

On obtient très-souvent ces deux modifications ensemble, mais leur inégale solubilité en facilite beaucoup la séparation; l'acide cyanurique, étant le moins soluble, cristallise le premier. Sépare-t-on la liqueur des cristaux, dès qu'il commence à se former des paillettes nacrées, elle se prend, après un complet refroidissement, presque tout entière en une masse brillante et feuilletée d'acide cyanilique, qui se laisse dissoudre, et qui cristallise de nouveau sans changer de forme.

L'acide cyanilique saturé par l'ammoniaque donne un précipité blanc, noncristallin, contenant 45,36 p. c. d'argent ($C^6H^2AgN^3O^6$); mais le précipité qu'on obtient avec le sel de potasse a la composition du cyanurate biargentique, et n'est probablement que ce sel.

[1] Liebig (1834), *Ann. der Chem. u. Pharm.*, X, 32.

CYAMÉLIDE OU ACIDE CYANURIQUE INSOLUBLE[1]. — C'est une substance blanche, non cristalline, inodore, insoluble, à froid et à chaud, dans l'eau, l'alcool, l'éther et les acides étendus. Elle se forme quelquefois dans la solution de l'acide cyanique, et s'obtient lorsqu'on traite certains cyanates par des acides concentrés, par exemple lorsqu'on broie du cyanate de potasse avec de l'acide nitrique ou sulfurique fumant, avec de l'acide oxalique ou tartrique cristallisé, avec de l'acide chlorhydrique ou acétique concentré.

Lorsqu'on distille la cyamélide, elle se volatilise sous la forme de vapeurs d'acide cyanique. Chauffée avec de l'acide sulfurique concentré, elle se décompose avec effervescence, en donnant du gaz carbonique et du sulfate d'ammoniaque. Elle n'est pas altérée par l'ébullition avec l'acide chlorhydrique ou nitrique. Elle se dissout aisément dans la potasse, et la solution donne par l'évaporation du cyanurate de potasse (en même temps qu'il se dégage un peu d'ammoniaque, provenant d'une décomposition secondaire).

La cyamélide se dissout aussi dans l'ammoniaque.

Dérivés métalliques de l'acide cyanique[2].
Cyanates métalliques.

§ 212. L'acide cyanique est un acide monobasique. Les *cyanates métalliques* renferment

$$\text{Cy}\,\text{MO}^2 = \left.\begin{matrix}\text{CyO}\\ \text{MO}\end{matrix}\right\}.$$

Ces sels ne dégagent que de l'acide carbonique au contact de l'acide sulfurique concentré, de l'acide chlorhydrique et de l'acide oxalique en solution; le gaz est accompagné de vapeurs piquantes d'acide cyanique, si l'on emploie de l'acide sulfurique dilué. L'acide oxalique cristallisé et l'acide chlorhydrique concentré broyés avec un cyanate sec donnent de la cyamélide.

Les cyanates solubles dans l'eau précipitent en blanc les nitrates de plomb, d'argent et de mercure (sels mercureux); en brun verdâtre, le nitrate de cuivre; en jaune brun, le chlorure d'or.

On prépare les cyanates par double décomposition, au moyen du cyanate de potasse ou de baryte.

[1] LIEBIG (1830), *Magaz. für Pharm.*, XXIX, 228. *Ann. de Poggend.*, XV, 561; XX, 384.

[2] Voy. les sources indiquées pour l'acide cyanique, p. 384.

§ 213. *Cyanate d'ammoniaque*, Cy (NH^4) O^2. — Lorsqu'on fait passer les vapeurs de l'acide cyanique dans du gaz ammoniac sec, il se condense une matière blanche, volumineuse et cristalline, qui présente les caractères d'un cyanate d'ammoniaque[1]. Ce produit est fort soluble dans l'eau; sa solution aqueuse récemment préparée dégage par les acides de l'acide cyanique (ainsi que de l'acide carbonique), et par la potasse de l'ammoniaque. Mais la solution du même produit se modifie complétement si on l'abandonne pendant quelques jours : on y trouve alors un corps cristallisable, qui, tout en ayant la même composition que le cyanate d'ammoniaque, ne présente plus les caractères ni des sels ammoniacaux ni des cyanates. Ce nouveau corps, connu sous le nom d'*urée* (§ 223), possède les caractères des alcalis organiques, et offre le type de toute une classe de corps semblables qu'on peut obtenir avec les éthers cyaniques (§ 217).

Cette transformation du cyanate d'ammoniaque en urée s'effectue immédiatement si l'on porte à l'ébullition la solution aqueuse du cyanate d'ammoniaque, ou qu'on fasse fondre légèrement le produit de la condensation des vapeurs cyaniques et de l'ammoniaque.

On peut aussi obtenir le cyanate d'ammoniaque en dissolution aqueuse en décomposant à une douce chaleur le cyanate de plomb par de l'ammoniaque ou le cyanate d'argent par du chlorhydrate d'ammoniaque.

Cyanate de potasse, Cy KO^2. — On l'obtient, en même temps que le cyanure potassique, en faisant passer du cyanogène sur du carbonate de potasse chauffé au rouge. Le meilleur procédé consiste à calciner avec des oxydants du cyanure de potassium. M. Liebig[2] prescrit de faire fondre ce cyanure dans un creuset de Hesse, et d'y introduire peu à peu de la litharge en poudre; celle-ci se réduit instantanément à l'état métallique. Le métal reste d'abord mélangé avec le cyanate; mais il se rassemble en un culot par une plus forte chaleur; on décante alors la masse fondue, et l'on fait bouillir la scorie avec de l'alcool; la solution donne, par le refroidissement, des cristaux de cyanate de potasse.

Une méthode moins avantageuse consiste à griller du ferrocyanure de potassium jaune sur un plat de tôle, en agitant continuel-

[1] Liebig et Woehler, *Ann. de Poggend.*, XX, 293.

[2] Liebig, *Ann. der Chem. u. Pharm.*, XXXVIII, 108; XLI, 289.

lement le mélange, et à traiter le sel refroidi par de l'alcool bouillant. Un mélange de 2 parties de ferrocyanure et d'une partie de peroxyde de manganèse prend feu par le contact d'un corps en ignition, et continue de brûler ; le résidu est brun, et renferme de l'oxyde de manganèse, du cyanate et du carbonate de potasse.

Enfin, le cyanate de potasse se produit aussi quand on calcine de la potasse avec de l'ammméline, de l'ammélide ou de la mélamine.

Le cyanate de potasse cristallise de sa solution alcoolique en lames transparentes et anhydres, qui ressemblent au chlorate de potasse ; l'air humide les convertit peu à peu en carbonate de potasse et en ammoniaque. Il est soluble dans l'eau ; la solution se décompose promptement, surtout à chaud, en donnant les mêmes produits.

Il fond par la chaleur en un liquide qui se prend par le refroidissement en une masse cristalline.

Par la trituration d'un mélange de cyanate de potasse sec et d'acide oxalique également desséché, il se produit de l'oxalate de potasse, ainsi que la modification insoluble de l'acide cyanurique (cyamélide).

Lorsqu'on ajoute de l'acide acétique ou un acide minéral en proportion convenable à une solution concentrée de cyanate de potasse, de manière à ne pas la décomposer entièrement, il se produit un précipité de cyanurate acide à base de potasse.

Le potassium se dissout tranquillement dans le cyanate de potasse en fusion, et donne un mélange de cyanure et d'oxyde potassiques.

Cyanate de soude. — Il est cristallisable.

Cyanate de baryte. — Il forme des aiguilles soyeuses. Il se précipite lorsqu'on ajoute de l'alcool à un mélange de cyanate de potasse et d'acétate de baryte. On l'obtient aussi lorsqu'on fait fondre dans une cornue le cyanurate de baryte. (Berzélius.)

Cyanate de chaux. — Il est incristallisable.

Cyanate de plomb, Ꞓy Pb O^2. — Il se dépose sous la forme d'un précipité blanc abondant, qui se prend bientôt en fines aiguilles quand on mélange le cyanate de potasse avec l'acétate de plomb. Chauffé à l'abri de l'air, il fond, devient rougeâtre, et donne ensuite une poudre vert clair, qui paraît être un mélange de plomb et de cyanure de plomb. Quand on le calcine à l'air, il se réduit aisément avec ignition. Il est un peu soluble dans l'eau bouillante,

Cyanate d'argent, Ɠy Ag O^2. — C'est un précipité blanc qu'on obtient en mélangeant la solution du cyanate de potasse avec un sel d'argent soluble. Le précipité se dissout aisément dans l'ammoniaque en donnant des cristaux incolores qui perdent de l'ammoniaque par la chaleur, en laissant du cyanate d'argent pur. Ce dernier explosionne par une plus forte chaleur, et finit par laisser du carbure d'argent. Il est très-soluble dans l'acide nitrique dilué.

Dérivés métalliques de l'acide cyanurique.
Cyanurates ou cyanates multiples [1].

§ 214. L'acide cyanurique est un acide tribasique. Avec les alcalis et les terres alcalines, on n'obtient que des *cyanurates* bimétalliques ; avec le plomb et l'argent, on obtient des sels trimétalliques qui retiennent de l'eau à une température très-élevée, et ne la cèdent pas sans se décomposer.

Presque tous les cyanurates, même ceux à base d'alcali, sont peu solubles dans l'eau. Leur solution est décomposée par les acides forts : il se précipite de l'acide cyanurique cristallisé qui ne retient aucune trace d'oxyde métallique, et qu'on peut reconnaître à l'aide d'une dissolution de cuivre ammoniacale (page 387). Les cyanurates à base d'alcali fondent par la chaleur, et se transforment en cyanates en dégageant de l'acide cyanique, du cyanate d'ammoniaque et de l'azote.

Les formules suivantes représentent la composition générale des différents cyanurates :

Sels monométalliques :

— (sels acides). . $\text{Ɠy}^3\,\text{H}^2\,\text{M}\,\text{O}^6 = 3\,\text{Ɠy O}, \left.\begin{matrix} 2\,\text{HO} \\ \text{MO} \end{matrix}\right\},$

— bimétalliques. $\text{Ɠy}^3\,\text{H}\,\text{M}^2\,\text{O}^6 = 3\,\text{Ɠy O}, \left.\begin{matrix} \text{HO} \\ 2\,\text{MO} \end{matrix}\right\},$

— trimétalliques. $\text{Ɠy}^3\,\text{M}^3\,\text{O}^6 = 3\,\text{Ɠy O}, 3\,\text{MO}.$

§ 215. *Cyanurate d'ammoniaque acide*, $\text{Ɠy}^3\,\text{H}^2\,(\text{NH}^4)\,\text{O}^6 + 2\,\text{aq}$. — Prismes blancs, très-brillants et qui s'effleurissent à l'air.

Cyanurates de potasse. — Le *sel acide*, $\text{Ɠy}^3\,\text{H}^2\,\text{KO}^6$, s'obtient en ajoutant à une dissolution d'acide cyanurique, saturée et bouillante une quantité de potasse insuffisante pour la neutraliser. Il

[1] Composition des cyanurates, WOEHLER, *Ann. der Chem. u. Pharm.*, LXII, 241.

se précipite alors à l'état de cubes blancs, brillants et peu solubles; leur dissolution présente une réaction acide. Ce même sel se précipite lorsqu'on ajoute à une dissolution aqueuse et concentrée de cyanate de potasse de l'acide acétique ou nitrique par petites portions. Campbell prépare le cyanurate de potasse acide en grillant du ferrocyanure de potassium à l'air, mettant le produit en digestion avec un peu d'eau, et précipitant la solution à froid par de l'acide chlorhydrique; on fait cristalliser ensuite dans l'eau bouillante le précipité de cyanurate.

Si l'on dissout le sel précédent dans de la potasse caustique et qu'on y ajoute de l'alcool, il se précipite un sel renfermant $\text{Cy}^3 K^2 HO^6$, et cristallisé en aiguilles blanches; sa dissolution possède une réaction alcaline, et se décompose à la longue en potasse et en cyanurate monopotassique.

Cyanurate de soude. — Sel incristallisable et fort soluble dans l'eau.

Cyanurates de baryte. — Le *sel acide* ou *monobarytique*, $\text{Cy} H^2 Ba O^6 + 2$ aq., se produit quand on verse goutte à goutte de l'eau de baryte dans une solution bouillante d'acide cyanurique, tant que le précipité se redissout. Dès qu'il commence à devenir persistant et que la liqueur réagit encore acide, on arrête l'addition de la baryte, et l'on maintient la liqueur pendant quelques heures à 60°, afin qu'il ne se dépose pas d'acide cyanurique libre; on jette alors le précipité sur un filtre.

Le chlorure et l'acétate barytiques ne sont pas précipités par l'acide cyanurique libre.

Le cyanurate barytique se compose de prismes transparents, qui ne commencent à perdre de l'eau qu'à 200°. Les 8,4 p. c. d'eau de cristallisation qu'il renferme ne s'en vont qu'à 280°.

Le *sel bibarytique*, $\text{Cy}^3 HBa^2 O^6 + 3$ aq., s'obtient sous la forme d'un précipité cristallin, en mélangeant une solution bouillante d'acide cyanurique avec du chlorure de baryum, et en ajoutant de l'ammoniaque.

Cyanurate de chaux. — Il cristallise en mamelons amers, très-fusibles et très-solubles.

Cyanurate de plomb. Le *sel triplombique*, $\text{Cy}^3 Pb^3 O^6 + 3$ aq., est le seul cyanurate de plomb qu'on connaisse. Une solution d'acétate de plomb, aiguisée d'acide acétique, n'est pas précipitée par l'acide cyanurique. Mais on obtient le cyanurate de plomb neutre (dit aussi sous-cyanurate de plomb) par les procédés suivants : en portant du carbonate de plomb, récemment précipité, dans une solution bouillante d'acide cyanurique, de manière à laisser ce dernier en grand excès; en précipitant de l'acétate de plomb par du cyanurate d'ammoniaque; en versant une solution bouillante d'acide cyanurique dans une solution également bouillante d'acétate de plomb employée en grand excès; ou enfin, ce qui vaut mieux, en versant goutte à goutte du sous-acétate de plomb dans une solution bouillante d'acide cyanurique, avec la précaution de maintenir ce dernier en excès.

Le cyanurate de plomb constitue un précipité lourd et cristallin, composé de petits prismes à faces terminales obliques. Chauffé dans le gaz hydrogène, il laisse du plomb métallique, en dégageant beaucoup d'urée et de cyanhydrate d'ammoniaque. Il ne commence à perdre de l'eau qu'à 200°, température à laquelle il retient encore 2 atomes d'eau; il se décompose entièrement à une température supérieure.

Cyanurate de cuivre. — Il s'obtient difficilement d'une composition constante. Lorsqu'on mélange une solution de cyanurate d'ammoniaque cristallisé avec du sulfate de cuivre, il se produit un précipité amorphe, bleu verdâtre, qui devient cristallin par l'échauffement en prenant une belle teinte bleue, passant au vert. Il ne renferme pas d'ammoniaque, mais beaucoup de sulfate. Le liquide filtré dépose des cristaux d'acide cyanurique. Si l'on mélange des solutions, saturées à chaud, d'acide cyanurique et d'acétate de cuivre, il se produit, par une ébullition prolongée, un précipité vert et cristallin, renfermant de l'acétate. Avec l'hydrate de cuivre et l'acide cyanurique, on obtient un précipité cristallin qui paraît être un sous-sel.

Le *cyanurate de cuprammonium*, $\text{Gy}^3 \text{H} (\text{NH}^3 \text{Cu})^2 \text{O}^6 + 2$ aq., s'obtient si l'on mélange une solution chaude d'acide cyanurique dans l'ammoniaque, fort étendue avec une solution étendue de sulfate de cuivre dans l'ammoniaque; il s'en sépare, par le refroidissement, des cristaux d'un beau sel violacé, tellement insoluble dans l'eau qu'on peut le laver complétement. Ce sont des prismes à quatre faces, terminés par un sommet dièdre; il est à peine soluble dans l'ammoniaque, et ne s'altère pas à l'air. Chauffé à 230°, il éprouve une perte de 14,85 p. c., et devient vert-olive foncé, sans que les cristaux se désagrègent; il paraît alors renfermer

Cy^3 H Cu (NH^3 Cu) O^6 ; à une température plus élevée, il devient subitement jaune clair, prend feu, et laisse de l'oxyde de cuivre.

Quand on n'emploie pas dans la préparation du sel précédent un trop grand excès d'ammoniaque, et qu'on mélange les liquides à l'état bouillant, il se produit un précipité cristallin couleur fleur de pêcher. L'ammoniaque dissout ce sel avec une couleur bleu foncé, et cette solution dépose peu à peu un sel en cristaux de même couleur. (Woehler.)

Un autre *cyanurate de cuprammonium*, Cy^3 H^2 (NH^3 Cu) O^6, s'obtient, sous la forme d'un précipité violet, quand on ajoute de l'acide cyanurique à une solution de cuivre ammoniacale. Le sel est insoluble dans l'eau froide, très-peu soluble dans l'eau, et dans un excès d'ammoniaque[1].

§ 216. *Cyanurates d'argent.* — Le sel *biargentique*, Cy^3 HAg^2 O^6, est incolore, cristallin, insoluble dans l'eau, et ne noircit pas à la lumière. On le reconnaît au microscope comme composé de rhomboèdres transparents. Il ne perd rien de son poids à 200°, et ne change pas de couleur ; à une chaleur plus élevée, il devient couleur cannelle, mais ne perd que quelques millièmes de son poids. Chauffé encore davantage, il développe une forte odeur d'acide cyanique, se colore en violet foncé, et finit par laisser de l'argent métallique. Dans le gaz hydrogène, il se convertit déjà à 100° en sel argenteux. Il se dissout dans l'acide nitrique.

Ce cyanurate d'argent s'obtient par les procédés suivants : 1° en introduisant du carbonate d'argent récemment précipité dans une solution bouillante d'acide cyanurique, de manière à ne pas la saturer entièrement ; 2° en mélangeant une solution bouillante d'acide cyanurique avec de l'acétate de soude, et versant goutte à goutte ce mélange dans une solution étendue et bouillante de nitrate d'argent, de manière à laisser ce dernier en excès ; sans cette précaution, ou si l'on opère différemment, le précipité se mélange avec un sel double à base de soude, insoluble ; 3° en versant goutte à goutte une solution de cyanurate d'ammoniaque dans une solution bouillante de nitrate d'argent, ce dernier restant en excès ; 4° en mélangeant une solution chaude d'acétate d'argent avec une solution bouillante d'acide cyanurique. Ce dernier procédé donne le produit le plus pur, peu importe que la solution

[1] WIEDEMANN, *Ann. de Poggend.*, LXXIV, 73.

argentique renferme ou non de l'acide acétique libre, car celui-ci ne dissout ni ne décompose le cyanurate d'argent, pas même à l'état concentré. Mais ce sel est entièrement décomposé par l'acide nitrique étendu, de sorte qu'il n'est pas précipité du nitrate d'argent par l'acide cyanurique.

Le *cyanurate d'argentammonium*, $Cy^3 H (NH^3 Ag)^2 O^6$, s'obtient si l'on met le sel précédent en digestion avec de l'ammoniaque caustique; le sel ne s'y dissout pas, mais change entièrement d'aspect. Le produit dégage de l'ammoniaque déjà à 60°; celle-ci s'en va entièrement entre 200° et 300°.

Le *cyanurate triargentique*, $Cy^3 Ag^3 O^6 + aq.$, s'obtient en ajoutant du nitrate d'argent à une solution bouillante de cyanurate d'ammoniaque additionnée d'ammoniaque. Le précipité est blanc, et se présente au microscope sous la forme de petits prismes raccourcis, insolubles dans l'eau et très-peu solubles dans l'acide nitrique. Le sel, séché à 100°, renferme 1 at. d'eau, qu'il paraît encore retenir jusqu'à 300°, température à laquelle il devient violet[1].

La solution bouillante séparée par le filtre dans la préparation du sel précédent dépose par le refroidissement une poudre blanche en grande quantité, qu'on reconnaît au microscope pour de petits prismes allongés[2]. Ce sel dégage déjà de l'ammoniaque au-dessous de 100°. Séché à 250°, il a laissé, par la calcination, 53,3 p. c. d'argent. Le même sel se produit quand on mélange une solution bouillante de nitrate d'argent avec une solution également bouillante de cyanurate d'ammoniaque cristallisé, et qu'on fait bouillir le précipité avec le liquide.

Cyanurate d'argent et de potasse. — Il paraît se produire par l'ébullition du sel biargentique avec la potasse.

Cyanurate d'argent et de plomb, $Cy^3 Ag Pb^2 O^6 + 2 aq.$ — Il s'obtient lorsqu'on fait bouillir le cyanurate triplombique avec un grand excès de nitrate d'argent, jusqu'à ce que le premier sel ait changé d'aspect; on recueille le précipité sur un filtre.

[1] M. Woehler suppose que le précipité renferme d'abord $Cy^3 Ag^3 O^6, NH^3 + aq.$, et qu'il perd ensuite l'ammoniaque par la dessiccation; toutefois, selon M. Debus, il ne dégage pas d'ammoniaque à froid par la potasse, mais il en développe quand on le chauffe très-fort.

[2] M. Woehler suppose dans le sel séché à la température ordinaire $Cy^3 Ag^3 O^6 + Cy^3 (NH^4)^3 O^6 + 2 aq.$, et dans le sel séché à 250° $Cy^3 Ag^3 O^6 + Cy^3 H^2 (NH^4) O^6 + aq.$

Dérivés méthyliques, éthyliques, amyliques, phényliques de l'acide cyanique. Éthers cyaniques.

§ 217. La composition des éthers cyaniques est entièrement semblable à celle des cyanates métalliques, M étant remplacé dans ces éthers par son équivalent de méthyle, d'éthyle, d'amyle, etc.

Les éthers cyaniques aujourd'hui connus sont les suivants :

Cyanate de méthyle. . . . . $C^4 H^3 NO^2 = \left.\begin{matrix} Cy\ O \\ C^2H^3.O \end{matrix}\right\}$

Cyanate d'éthyle, ou éther cyanique. . . . . $C^6 H^5 NO^2 = \left.\begin{matrix} Cy\ O \\ C^4H^5.O \end{matrix}\right\}$

Cyanate d'amyle. . . . . $C^{12}H^{11}NO^2 = \left.\begin{matrix} Cy\ O \\ C^{10}H^{11}.O \end{matrix}\right\}$

Cyanate de phényle, acide anilocyanique ou carbanile. . . . $C^{14}H^5 NO^2 = \left.\begin{matrix} Cy\ O \\ C^{12}H^5.O \end{matrix}\right\}$

Les éthers cyaniques se comportent sous l'influence des alcalis caustiques comme l'acide cyanique lui-même. En présence de ces agents, ce dernier s'assimile les éléments de l'eau, pour donner du carbonate alcalin, et de l'ammoniaque : or le cyanate de méthyle, le cyanate d'éthyle, le cyanate d'amyle et le cyanate de phényle donnent dans les mêmes circonstances du carbonate alcalin et de la méthyl-ammoniaque (méthylamine), de l'éthyl-ammoniaque (éthylamine), de l'amyl-ammoniaque (amyl-amine), ou de la phényl-ammoniaque (aniline) :

$$\underset{\text{Ac. cyanique.}}{C^2 H NO^2} + 2\,(KO,HO) = \underset{\text{Ammoniaque.}}{N H^3} + 2\,(CO^2,KO),$$

$$\underset{\text{Cyan. de méthyle.}}{C^4 H^3 NO^2} + 2\,(KO,HO) = \underset{\text{Méthyl-ammon.}}{C^2 H^5 N} + 2\,(CO^2,KO),$$

$$\underset{\text{Cyan. d'éthyle.}}{C^6 H^5 NO^2} + 2\,(KO,HO) = \underset{\text{Éthyl-ammon.}}{C^4 H^7 N} + 2\,(CO^2,KO),$$

$$\underset{\text{Cyan. d'amyle.}}{C^{12}H^{11}NO^2} + 2\,(KO,HO) = \underset{\text{Amyl-ammon.}}{C^{10}H^{13}N} + 2\,(CO^2,KO),$$

$$\underset{\text{Cyan. de phényle.}}{C^{14}H^5 NO^2} + 2\,(KO,HO) = \underset{\text{Phényl-ammon.}}{C^{12}H^7N} + 2\,(CO^2,KO).$$

Une autre réaction rapproche les éthers cyaniques de l'acide cyanique. Lorsqu'on traite celui-ci par l'ammoniaque (§ 213), il se convertit, ainsi qu'on l'a vu, en *urée*, isomère du cyanate d'ammoniaque et de la carbamide (§ 118) ; les éthers cyaniques donnent de même par l'ammoniaque de la méthyl-urée, de l'éthyl-urée, etc., isomères de la méthyl-carbamide, de l'éthyl-carbamide, etc. [1].

Lorsqu'on fait passer les vapeurs de l'acide cyanique dans l'alcool (hydrate d'éthyle) ou dans ses homologues, l'esprit de bois (hydrate de méthyle) ou l'huile de pomme de terre (hydrate d'amyle), on obtient les éthers de l'*acide allophanique* (§ 229).

§ 218. *Cyanate de méthyle*[2], ou éther méthyl-cyanique, $C^4H^3NO^2$. — On le prépare en distillant le cyanate de potasse avec un méthyl-sulfate alcalin. Comme il se produit en même temps du cyanurate de méthyle, on sépare celui-ci, par la distillation, du cyanate méthylique, qui est beaucoup moins volatil.

Le cyanate de méthyle est un liquide fort volatil. L'eau le dédouble instantanément en diméthyl-urée et en acide carbonique :

$$\underset{\text{Cyan. de méth.}}{2\,C^4H^3NO^2} + 2\,HO = \underset{\text{Diméthyl-urée.}}{C^6H^8N^2O^2} + 2\,CO^2.$$

Avec l'ammoniaque, il donne de la méthyl-urée :

$$\underset{\text{Cyan. de méth.}}{C^4H^3NO^2} + NH^3 = \underset{\text{Méthyl-urée.}}{C^4H^6N^2O^2}.$$

Traité par la potasse, le cyanate de méthyle dégage de la méthylamine, et donne du carbonate de potasse :

$$\underset{\text{Cyan. de méth.}}{C^4H^3NO^2} + 2\,(KO,HO) = \underset{\text{Méthylamine.}}{C^2H^5N} + 2\,(CO^2,KO).$$

Cyanate d'éthyle[3], ou éther cyanique, $C^6H^5NO^2$. — Lorsqu'on distille de l'éthyl-sulfate de potasse avec du cyanate de potasse sec, on recueille un liquide extrêmement irritant, qui constitue un mélange d'éther cyanique et d'éther cyanurique. Il suffit de le soumettre à la distillation pour séparer ces deux produits, dont les points d'ébullition sont très-différents. L'éther cyanique, bouillant vers 60°, se volatilise le premier.

Purifié par plusieurs rectifications sur le chlorure de calcium, l'éther cyanique se présente sous la forme d'un liquide très-mobile et réfringent. Son odeur est extrêmement irritante, et provoque le larmoiement à un haut degré. Il est moins dense que l'eau ; la densité de sa vapeur a été trouvée égale à 2,4.

[1] Le cyanate de phényle donne directement par l'ammoniaque de la phényl-carbamide, et non de la phényl-urée.

[2] Wurtz (1848), *Compt. rend de l'Acad.*, XXVII, 241 ; XXVIII, 223.

[3] Wurtz (1848), *Compt. rend. de l'Acad.*, XXVI, 368 ; XXVII, 241 ; XXVIII, 223.

L'eau le décompose. Il se dégage du gaz carbonique, et l'on obtient des cristaux de diéthyl-urée :

$$\underset{\text{Cyan. d'éthyle.}}{2\,C^6H^5NO^2} + 2\,HO = \underset{\text{Diéthyl-urée.}}{C^{10}H^{12}N^2O^2} + 2\,CO^2.$$

Lorsqu'on le traite par l'ammoniaque liquide, il s'y dissout avec dégagement de chaleur, et donne des cristaux d'éthyl-urée :

$$\underset{\text{Cyan. d'éthyle.}}{C^6H^5NO^2} + NH^3 = \underset{\text{Éthyl-urée.}}{C^6H^8N^2O^2}.$$

L'éthylamine, laméthylamine, l'aniline, la conine, la nicotine, etc. se comportent comme l'ammoniaque avec l'éther cyanique, en produisant avec lui des urées composées particulières.

Bouilli avec de la potasse, l'éther cyanique donne de l'éthylamine et du carbonate de potasse.

$$\underset{\text{Cyan. d'éthyle.}}{C^6H^5NO^2} + 2\,(KO,HO = \underset{\text{Éthylamine.}}{C^4H^7N} + 2\,(CO^2,KO).$$

Cyanate d'amyle[1], $C^{12}H^{11}NO^2$. — On le prépare en distillant 2 p. d'amyl-sulfate de potasse avec 1 p. de cyanate de potasse. Si l'on ajoute au mélange un peu de mercure, afin d'y propager plus uniformément la chaleur, on peut distiller à feu nu et rapidement. Le produit distillé est assez fluide, lorsqu'il renferme une quantité assez considérable de cyanate d'amyle. On le purifie, par la rectification, des parties huileuses moins volatiles.

Le cyanate d'amyle bout à environ 100°; chauffé avec de la potasse, il donne naissance à de l'amylamine et à du carbonate de potasse :

$$\underset{\text{Cyanate d'amyle.}}{C^{12}H^{11}NO^2} + 2\,(KO,HO) = \underset{\text{Amylamine.}}{C^{10}H^{13}N} + 2\,(CO^2,KO).$$

Lorsqu'on le dissout dans l'ammoniaque aqueuse, on obtient, par l'évaporation, des paillettes d'amyl-urée, $C^{12}H^{14}N^2O^2$:

$$\underset{\text{Cyanate d'amyle.}}{C^{12}H^{11}NO^2} + NH^3 = \underset{\text{Amyl-urée.}}{C^{12}H^{14}N^2O^2}.$$

§ 219. *Cyanate de phényle*[2], carbanile ou acide anilocyanique, $C^{14}H^5NO^2$. — Lorsqu'on soumet l'oxamélanile[3] à la distillation, il fond et développe une grande quantité de gaz, où l'oxyde de carbone prédomine, tandis qu'à certaines époques de la réaction on y découvre à peine des traces d'acide carbonique. Il passe un li-

[1] WURTZ (1849), *Compt. rend. de l'Acad.*, XXIX, 186. *L'Institut*, 1849, 258.

[2] HOFMANN (1849), *The quarterly Journ. of the Chem. Society*, janv. 1850, n° VIII.

[3] Voy. SÉRIE BENZOÏQUE, *Groupe phénique*, Aniline ou phénylamine.

quide jaunâtre d'une odeur très-forte, rappelant celle de l'aniline, de l'acide cyanhydrique et du cyanogène; ce liquide provoque le larmoiement d'une manière terrible, prend à la gorge et suffoque comme l'acide cyanhydrique. De petites quantités de ce liquide, quoique peu volatil, communiquent au gaz qui se développe dans la réaction une odeur si pénétrante qu'il est nécessaire de le recueillir, pour empêcher qu'il n'irrite les yeux et le nez. C'est le cyanate de phényle. Vers la fin de la distillation, quand la température est très-élevée, il passe, en même temps que ce liquide, de la phényl-carbamide, qui se dépose en cristaux radiés sur le col de la cornue et dans le récipient. Il reste dans la cornue un produit résinoïde, semblable au résidu qu'on obtient dans la distillation sèche de la mélaniline. La quantité de liquide brut qu'on produit dans cette réaction s'élève à environ 10 p. 100 de l'oxamélanile employé; il est nécessaire d'éviter autant que possible l'accès de l'humidité, qui en réduit encore la proportion. On peut, par une simple distillation, purifier le cyanate de phényle de la matière solide qu'il renferme en dissolution, les points d'ébullition des deux corps étant fort différents.

Le liquide rectifié bout entre 178 et 180° c. Il est incolore, très-mobile, plus pesant que l'eau, très-réfringent, et présente une odeur redoutable. La potasse et l'acide chlorhydrique l'attaquent immédiatement en produisant de l'acide carbonique et de l'aniline. L'acide sulfurique concentré donne de l'acide carbonique et de l'acide sulfanilique (phényl-sulfamique).

Si, au lieu de traiter le cyanate de phényle par un acide ou par un alcali, on le traite par l'eau, il dégage très-lentement de l'acide carbonique, et se convertit en diphényl-carbamide (carbanilide, § 119), d'après l'équation suivante :

$$2\ C^{14}H^{5}NO^{2} + 2\ HO = C^{26}H^{12}N^{2}O^{2} + 2CO^{2}.$$

Cyan. de phényle. Diphényl-carbamide.

Lorsqu'on chauffe le cyanate de phényle avec de l'ammoniaque, il se convertit en phényl-carbamide (§ 119), isomère de la phényl-urée.

$$C^{14}H^{5}NO^{2} + NH^{3} + C^{14}H^{8}N^{2}O^{2}.$$

Cyan. de phén. Phényl-carbam.

D'autres alcalis organiques, la toluidine, la quinoléine, la cumidine, se concrètent également avec le cyanate de phényle en produisant sans doute des composés semblables à la phényl-carbamide.

Avec les alcools, et même avec l'hydrate de phényle, le cyanate de phényle produit aussi des réactions remarquables. Il s'y dissout en s'échauffant, et la liqueur dépose au bout d'un certain temps de magnifiques cristaux. Ceux-ci fondent déjà à la température de l'eau bouillante, sont insolubles dans ce liquide, mais se dissolvent en toutes proportions dans l'alcool et dans l'éther. Les corps ainsi obtenus sont généralement des mélanges, et ce n'est qu'avec difficulté qu'on parvient à en opérer la séparation. M. Hofmann, d'après quelques déterminations faites sur de petites quantités de matière, pense que ces produits représentent les uréthanes de l'aniline (les phényl-carbamates ou carbanilates d'éthyle, de méthyle et de phényle).

Dérivés méthyliques et éthyliques de l'acide cyanurique. Éthers cyanuriques.

§ 220. On connaît deux éthers cyanuriques dont la composition correspond à celle des cyanurates trimétalliques, et un troisième dont la composition est semblable à celle des cyanurates bimétalliques (§ 214). Ces éthers sont :

Cyanurate de méthyle. . . . . $C^{12}H^9N^3O^6 = 3\,CyO, 3\,(C^2H^3.O)$.

Acide diéthyl-cyanurique. . . $C^{14}H^{11}N^3O^6 = 3\,CyO, \left.\begin{matrix} 2\,(C^4H^5.O) \\ HO \end{matrix}\right\}$

Cyanurate d'éthyle. . . . . . $C^{18}H^{15}N^3O^6 = 3\,CyO, 3\,(C^4H^5.O)$

Les éthers cyanuriques se comportent comme les éthers cyaniques sous l'influence des alcalis.

§ 221. *Cyanurate de méthyle*, $C^{12}H^9N^3O^6$. — On le prépare[1] par le même procédé que l'éther cyanurique, au moyen d'un cyanurate à base d'alcali et d'un méthyl-sulfate. Il se présente sous la forme de petits cristaux prismatiques, incolores, fusibles vers 140°, volatils à 295°[2]. Densité de vapeur = 5,98.

Bouilli avec de la potasse, il se transforme en carbonate de potasse et dégage de la méthylamine.

$$\underset{\text{Cyanur. de méth.}}{C^{12}H^9N^3O^6} = 6\,(KO,HO) = 6\,(CO^2,KO) + \underset{\text{Méthylamine.}}{3C^2H^5N}.$$

§ 222. *Acide diéthyl-cyanurique*[3], $C^{14}H^{11}N^3O^6$. — On l'obtient

[1] WURTZ (1848), *Compt. rend. de l'Acad.*, XXVI, 368; XXVII, 241; XXVIII, 223.

[2] Ce point d'ébullition n'est probablement pas exact, car l'éther éthylique correspondant bout à une température inférieure.

[3] LIMPRICHT (1850), *Ann. der Chem. u. Pharm.*, LXXIV, 208. — GERHARDT, *Compt. rend. des Trav. de Chim.*, 1850 p. 309.

dans la préparation de l'éther cyanurique : il distille, à ce qu'il paraît, en combinaison avec l'éthylamine, à la fin de l'opération, quand on chauffe plus fort le mélange d'éthyl-sulfate et de cyanurate de potasse; comme cette combinaison ne cristallise pas, elle reste dans l'eau mère de l'éther cyanurique. Bouillie avec de l'eau de baryte, cette combinaison est détruite. Il se dégage de l'éthylamine, et l'acide diéthyl-cyanurique cristallise, dans le liquide dépouillé de baryte par l'acide sulfurique.

Il forme de beaux prismes hexagones terminés par un sommet trièdre. Il est assez soluble dans l'eau bouillante, l'alcool et l'éther, où il cristallise en rhomboèdres obtus. Sa solution aqueuse réagit acide. Il fond à 173°, et peut être sublimé.

Il ne change de poids ni dans le gaz ammoniaque ni dans le gaz chlorhydrique. L'ammoniaque, la potasse et la baryte le dissolvent plus aisément que l'eau, mais il y cristallise sans altération. La solution ammoniacale et bouillante, mélangée avec du nitrate *d'argent*, précipite des aiguilles renfermant $C^{14}H^{10}AgN^{3}O^{6}$; elle donne également des précipités cristallins avec les solutions de *plomb*, de *cuivre* et de protoxyde de *mercure*. On n'a pas pu obtenir de combinaison potassique ou barytique en précipitant le sel argentique avec du chlorure de potassium ou de baryum.

Lorsqu'on distille un mélange de sel de plomb et d'éthyl-sulfate de potasse, il passe de l'éther cyanurique.

Fondu avec de la potasse, l'acide diéthyl-cyanurique dégage de l'éthylamine (et probablement aussi de l'ammoniaque) :

$$C^{14}H^{11}N^{3}O^{6} + 6\,(KO,HO) = 6\,(CO^{2},KO) + 2\,\underset{\text{Éthylamine.}}{C^{4}H^{7}N} + NH^{3}.$$

On n'en peut séparer ni de l'acide cyanurique ni de l'alcool, par l'ébullition avec les alcalis.

Cyanurate d'éthyle, ou éther cyanurique, $C^{18}H^{15}N^{3}O^{6}$. — On l'obtient [1] en distillant au bain-marie un mélange de cyanurate et d'éthyl-sulfate de potasse. Le produit se condense dans le col de la cornue et dans le récipient, sous la forme d'une masse cristalline. On le purifie en le dissolvant à plusieurs reprises dans l'alcool, d'où il cristallise par le refroidissement. Lorsqu'on distille du cyanate de potasse avec de l'éthyl-sulfate, on obtient aussi une certaine quantité d'éther cyanurique.

[1] WURTZ (1848), *loc. cit.* — LIMPRICHT, *loc. cit.*

L'éther cyanurique se présente en cristaux prismatiques doués d'un grand éclat; suivant M. Nicklès [1], ces cristaux appartiendraient au système rhombique. (Combinaison du prisme vertical ∞ P avec le prisme horizontal P̄ ∞ , et la face modifiante ∞ P̄ ∞ .) Il fond à 85°, en un liquide incolore plus dense que l'eau. Il bout à 276°, et distille complétement sans éprouver la moindre altération. La densité de sa vapeur a été trouvée égale à 7,4.

Peu soluble dans l'eau, cet éther se dissout avec facilité dans l'alcool et dans l'éther ordinaire.

Bouilli avec de la potasse, l'éther cyanurique se comporte comme l'éther cyanique, et se transforme en carbonate, avec dégagement d'éthylamine.

Cette réaction est précédée d'une autre, qu'on peut surtout bien observer en employant de l'eau de baryte. Quand on fait bouillir l'éther cyanurique avec cet agent, la baryte se carbonate; et si l'on évapore ensuite, après avoir éloigné la baryte, on obtient un corps semblable à de la térébenthine, et contenant $C^{16}H^{18}N^3O^3$. Ce corps à 170° distille en partie sans altération, en partie se décompose en éthylamine et en un corps solide moins volatil, contenant $C^{11}H^{11}N^2O^3$. Cette métamorphose s'effectue plus rapidement à 200°. Le corps solide est entièrement indifférent; il fond à 106°, et se sublime à environ 250°. Bouilli avec de la potasse caustique, il donne de l'acide carbonique et de l'éthylamine [2].

Dérivés ammoniacaux de l'acide cyanique. Urées.

§ 223. Nous avons dit plus haut (§ 213) que l'acide cyanique produit avec l'ammoniaque de l'*urée*, combinaison qui n'offre ni les caractères génériques des sels d'ammonium ni ceux des cyanates. Ce cyanate d'ammonium anormal [3] est isomère de la carba-

[1] NICKLÈS, *Compt. rend. des Trav. de Chimie*, 1849, p. 352. — M. H. Kopp (*Jahresbericht*, 1849, p. 20) met en doute l'exactitude des mesures données par M. Nicklès.

[2] Les formules données à ces produits par M. Limpricht ne me paraissent pas exactes. Le premier corps est peut-être $C^{10}H^{12}N^2O^2$, le second $C^6H^5NO^3$ ou un multiple, c'est-à-dire un isomère de l'héther cyanurique.

[3] Pour distinguer l'urée du cyanate d'ammonium normal, on peut dire que ce dernier représente de l'oxyde d'ammonium et de cyanogène :

$$\text{Cyanate d'ammonium.} \; . \; . \; . \left.\begin{matrix} NH^4.O \\ CyO \end{matrix}\right\}$$

tandis que l'urée représente de l'oxyde de cyanammonium et d'hydrogène :

$$\text{Urée.} \; . \; . \; . \left.\begin{matrix} NH^3Cy.O \\ H\,O \end{matrix}\right\}$$

mide (§ 118); il peut, comme celle-ci, se convertir en acide carbonique et en ammoniaque, lorsqu'on le traite par des acides ou par des alcalis caustiques et concentrés. On peut d'ailleurs effectuer sur l'urée une réaction inverse de celle qui lui a donné naissance : si l'on évapore une solution d'urée avec du nitrate d'argent, on obtient une solution de nitrate d'ammoniaque et un dépôt de cyanate d'argent.

L'urée se combine avec les acides, à la manière des alcalis végétaux, et produit des sels bien déterminés.

Lorsque, au lieu de traiter l'acide cyanique par de l'ammoniaque, on la combine avec des ammoniaques composées (méthylamine, éthylamine) on obtient des *urées composées* (méthyl-urée, éthyl-urée), c'est-à-dire de l'urée dans laquelle H est remplacé par le groupe méthyle, éthyle, etc. Ces mêmes composés s'obtiennent par l'action de l'ammoniaque sur les éthers cyaniques ; nous y reviendrons plus loin (§ 233).

Lorsqu'on fait fondre de l'urée (cyanate d'ammonium), elle dégage de l'ammoniaque, et se convertit en un corps qui présente la composition du bicyanate d'ammonium (§ 232).

$$\underset{\text{Urée.}}{2\ C^2H^4N^2O^2} = NH^3 + \underset{\text{Bicyanate d'ammon.}}{C^4H^5N^3O^4}.$$

§ 224. Urée, ou *cyanate d'ammonium*, $C^2H^4N^2O^2$. — Cette substance importante[1], obtenue, en 1773, à l'état impur (*extractum saponaceum urinæ*) par Rouelle le jeune, a été isolée de l'urine en 1799 par Fourcroy et Vauquelin. Elle se rencontre dans l'urine des animaux et dans d'autres liquides de l'économie animale. Elle est contenue dans l'urine de tous les mammifères, et particulièrement des carnivores; on en trouve aussi, en quantité moindre, dans l'urine des oiseaux et des reptiles. La formation de l'urée, dans l'économie, est une conséquence du renouvellement incessant des tissus, c'est-à-dire des métamorphoses successives que les tissus organiques éprouvent sous l'influence de l'oxygène absorbé par la respiration ; l'urée représente en effet le dernier terme dans la série des métamorphoses que les matières azotées subissent dans l'organisme. La sécrétion de l'urée continue

[1] Woehler, *Ann. de Poggend.*, XII, 253; XV, 619. — Liebig et Woehler, *ibid.*, XX, 372. — Dumas, *Ann. de Chim. et de Phys.*, XLIV, 273. — Pelouze, *Ann. de Chim. et de Phys.*, [3] VI, 65. — R. F. Marchand, *Journ. f. prakt. Chem.*, XXXIV, 248; XXXV, 481; *Ann. de Poggend.*, LXVI, 118 et 317. — Werther, *Journ. f. prakt. Chem.* XXXV, 51.

chez les animaux soumis à un régime non azoté ou à une abstinence prolongée comme chez les individus sains et parfaitement nourris. Un homme adulte sécrète dans vingt-quatre heures, terme moyen, 30 grammes d'urée.

On a aussi trouvé l'urée dans le sang des malades chez qui la sécrétion urinaire est troublée ; par exemple, dans le sang des cholériques [1], dans le sang des chiens dont on avait extirpé les reins [2]. De même, on en a constaté la présence dans les liquides qui se concentrent chez les hydropiques [3], dans la liqueur amniotique de la femme [4], dans l'humeur vitrée de l'œil, dans l'humeur aqueuse qui remplit les chambres antérieures de l'œil [5], etc.

Lorsqu'on mélange de l'acide cyanique avec de l'ammoniaque, et qu'on évapore la solution, on obtient des cristaux d'urée ; il en est de même lorsqu'on traite un cyanate métallique, par exemple du cyanate de potasse, par un sel d'ammoniaque, tel que le sulfate ; il se produit alors, par double décomposition, du sulfate de potasse et de l'urée ou cyanate d'ammoniaque.

L'urée se produit en outre dans une foule de réactions chimiques : par l'action des alcalis sur la créatine, de l'acide chlorhydrique ou nitrique faible sur l'allantoïne, d'un mélange de chlorate de potasse et d'acide chlorhydrique sur l'acide urique, des alcalis sur l'alloxane, de l'hydrogène sulfuré sur le fulminate de cuprammonium, etc.

Suivant M. Liebig, on observe aussi la formation de l'urée, lorsqu'on soumet l'acide urique à la distillation, et lorsqu'on dirige l'oxamide en vapeur dans un tube chauffé au rouge.

M. Williamson [6] obtient de l'urée en chauffant l'oxamide avec de l'oxyde de mercure dans un tube à essais, sur la lampe à alcool ; l'opération est terminée dès que le mélange devient grisâtre. On traite ensuite par l'eau, on filtre, et l'on fait cristalliser.

$$\underset{\text{Oxamide.}}{C^4H^4N^2O^2} + 4\,HgO = 2\,CO^2 + 4\,Hg + \underset{\text{Urée.}}{C^2H^4N^2O^2}.$$

[1] R. F. Marchand, *Ann. de Poggend.*, XLIV, 328 ; *Journ. f. prakt. Chem.*, XI, 449.

[2] Prévost et Dumas, *Ann. de Chim. et de Phys.*, XXIII, 90. — Mitscherlich, Tiedemann et Gmelin, *Ann. de Poggend.*, XXXI, 303.

[3] R. F. Marchand, *Ann. de Poggend.*, XXXVIII, 356.

[4] Woehler, *Ann. der Chem. u. Pharm.*, LVIII, 98.

[5] Millon, *Compt. rend. de l'Acad.*, XXVI, 121. — Woehler, *Ann. der Chem. u. Pharm.*, LXVI, 128.

[6] Williamson, *Mémoires du Congrès scientif. de Venise*, 1847, et *Annuaire de Chimie de MM. Millon et Reiset*, 1849, p. 304.

Pour extraire l'urée de l'urine, on évapore celle-ci à une douce chaleur, et l'on essaye de temps à autre, sur de petites quantités, si le liquide se concrète par l'acide nitrique de 1,42; dès qu'il présente cet état de concentration, on le laisse refroidir, et l'on y ajoute un volume d'acide nitrique égal au sien. On recueille les cristaux, on les étend sur des briques, et quand ils sont secs, on les dissout de nouveau pour les décolorer avec du charbon animal; puis on neutralise la dissolution par du carbonate de baryte ou de potasse, et l'on évapore à cristallisation; le nitrate de potasse ou de baryte cristallise le premier, tandis que l'urée reste dans les eaux mères et s'obtient par une plus grande concentration. On la fait enfin cristalliser dans l'alcool, afin de la dépouiller des dernières traces de sels étrangers.

Berzélius traite l'urine par une solution concentrée d'acide oxalique, et décompose les cristaux, après les avoir décolorés par du charbon, avec de la craie en poudre.

Le meilleur procédé pour obtenir l'urée est basé sur la métamorphose du cyanate d'ammoniaque. M. Liebig opère de la manière suivante : on réduit en poudre très-fine 28 p. de ferrocyanure de potassium jaune bien sec, et on le mélange intimement avec 14 p. de peroxyde de manganèse également bien pulvérisé. On chauffe le mélange sur une plaque en tôle, et on le porte au rouge; il prend alors feu, et brûle peu à peu. Il faut éviter l'agglomération de la masse en l'agitant continuellement. Dès qu'on a effectué cette transformation du ferrocyanure en cyanate, on lessive la masse avec de l'eau froide, et l'on ajoute à la solution 20 1/2 p. de sulfate d'ammoniaque sec. Ordinairement il se produit alors un abondant précipité de sulfate de potasse, d'où l'on décante le liquide; on évapore alors celui-ci au bain-marie, de manière qu'il forme de nouveaux dépôts de sulfate, qu'on enlève chaque fois. Enfin, quand tout le liquide est évaporé à siccité, on reprend le résidu par de l'alcool bouillant, qui ne dissout que l'urée et la dépose, par le refroidissement, à l'état cristallisé.

Dans une solution aqueuse et pure, l'urée cristallise ordinairement en longs prismes aplatis, sans faces terminales; mais lorsqu'on abandonne à l'évaporation spontanée les eaux mères alcooques provenant du traitement du cyanate d'ammoniaque et contenant encore quelques impuretés, on obtient l'urée en prismes à base carrée [1], légèrement jaunâtres, et terminés par les faces de l'octaèdre. (Souvent on rencontre la combinaison ∞ P. P. oP à une extrémité seulement du prisme. Inclinaison des faces, ∞ P : ∞ P = 90°; ∞ P : P = 139°; P : P = 82°; ∞ P : oP = 90°.)

L'urée est incolore à l'état de pureté; sa saveur est fraîche et amère, semblable à celle du salpêtre; elle n'a pas d'action sur les papiers réactifs. Elle n'exige pour sa solution que 1 p. d'eau à 15°, et produit du froid en s'y dissolvant; elle se dissout dans 5 p. d'alcool froid de 0,816, et dans 1 p. d'alcool bouillant. Elle est très-peu soluble dans l'éther, et insoluble dans l'essence de térébenthine. Pulvérisée et mêlée à certains sels, l'urée en sépare immédiatement l'eau de cristallisation, et la masse, de solide qu'elle était, devient tout à coup molle ou même liquide, quand le sel contient beaucoup d'eau de cristallisation, comme, par exemple, le sulfate de soude. L'urée n'est pas cependant susceptible de se combiner avec l'eau; mise en contact avec l'air, elle n'en attire pas l'humidité d'une manière bien sensible [2].

Elle fond vers 120°; mais elle se décompose à quelques degrés au-dessus de ce point, dégage de l'ammoniaque et du carbonate d'ammoniaque, et finit, si l'on ménage la chaleur, par laisser un résidu blanc et amorphe composé d'amméline, $C^6H^4N^4O^4$:

$$4\, C^2H^4N^2O^2 = \underset{\text{Amméline.}}{C^6H^4N^4O^4} + 2\, CO^2 + 4\, NH^3.$$

Avant l'amméline, il se produit aussi une certaine quantité de bicyanate d'ammonium (§ 232); si l'on chauffe plus fort, on obtient de l'acide cyanurique et les dérivés de cet acide.

On peut faire bouillir la solution de l'urée dans beaucoup d'eau sans qu'elle se décompose; mais si la solution est très-concentrée, l'ébullition dégage un peu d'ammoniaque, parce qu'une partie de l'urée s'échauffe au-dessus de 100°.

Une solution aqueuse d'urée se décompose par le chlore gazeux, en acide carbonique, azote et acide chlorhydrique :

$$C^2H^4N^2O^2 + 2\, HO + 6\, Cl = 2\, CO^2 + N^2 + 6\, HCl.$$

Mais si l'on fait passer du chlore sec sur de l'urée en fusion, il se produit de l'acide cyanurique, de l'acide chlorhydrique, du chlorhydrate d'ammoniaque et de l'azote (Wurtz) :

$$3\, C^2H^4N^2O^2 + 6\, Cl = \underset{\text{Ac. cyanurique.}}{C^6H^3N^3O^6} + 5\, HCl + HCl,\, NH^3 + N^2.$$

[1] WERTHER, *loc. cit.*

[2] PELOUZE, *Ann. de Chim. et de Phys.*, [3] VI, 65.

L'acide chlorique dissout l'urée, mais par l'évaporation spontanée celle-ci se dépose de nouveau sans altération.

L'acide nitreux, ainsi que l'acide nitrique coloré en rouge par l'acide nitreux, décompose l'urée instantanément en gaz carbonique, gaz azote, et eau :

$$C^2H^4N^2O^2 + 2\ NO^3 = 2\ CO^2 + 2\ N^2 + 4\ HO.$$

Une solution de nitrate mercureux acide détermine la même métamorphose.

Lorsqu'on fait fondre l'urée avec de la potasse caustique, ou qu'on la traite par de l'acide sulfurique concentré, elle se convertit en acide carbonique et en ammoniaque :

$$C^2H^4N^2O^2 + 2\ HO = 2\ CO^2 + 2\ NH^3.$$

Cette réaction s'effectue sans l'intervention des acides ni des alcalis, mais en présence de l'eau seule, si l'on expose une dissolution d'urée, dans un tube scellé à la lampe, à la chaleur d'un bain d'huile porté à 140°. Une semblable décomposition s'opère dans l'urine lorsqu'elle se putréfie ; le mucus vésical qu'elle renferme toujours agit alors comme ferment. La solution de l'urée pure ne se décompose pas.

La solution de l'urée dégage aussi de l'ammoniaque lorsqu'on la fait bouillir avec de la chaux ou de la magnésie ; ce dégagement n'a pas lieu si le mélange n'est porté qu'à 40 ou 50°.

Un mélange de dissolutions d'urée et de nitrate d'argent se décompose, par l'évaporation, en nitrate d'ammoniaque et en cyanate d'argent cristallin :

$$C^2H^4N^2O^2 + NAgO^6 = N\ (NH^4)\ O^6 + CyAgO^2.$$

Une solution d'urée donne, par le même traitement avec l'acétate de plomb, du carbonate de plomb et de l'acétate d'ammoniaque.

§ 225. *Combinaisons de l'urée.* — L'urée se comporte avec certains acides comme un alcaloïde ; ainsi, par exemple, elle donne des combinaisons cristallisées avec les acides nitrique et oxalique, de même elle absorbe le gaz chlorhydrique ; mais elle ne se combine ni avec l'acide lactique, ni avec l'acide urique, ni avec l'acide hippurique [1]. Lorsqu'on porte à l'ébullition un mélange d'urée et d'acide hippurique, l'urée se convertit en partie en carbonate d'ammoniaque.

[1] PELOUZE, *loc. cit.* — LECANU, *Ann. de Chim. et de Phys.*, LXXIV, 90.

Les précipités blancs et cristallins que l'acide nitrique et l'acide oxalique occasionnent dans les solutions d'urée sont caractéristiques pour cette substance.

Les combinaisons de l'urée avec les acides ont toutes une réaction acide; elles donnent l'urée quand on les traite par un carbonate alcalin et ensuite par l'alcool, qui dissout l'urée.

L'urée se combine aussi avec quelques oxydes, et avec un grand nombre de sels métalliques. Ces combinaisons ont particulièrement été étudiés par M Werther[1].

Les combinaisons que l'urée forme avec les sels métalliques sont peu stables, et ne paraissent s'obtenir qu'avec des sels dont la solubilité dans l'eau ou l'alcool n'est pas trop différente de la solubilité de l'urée. Toutefois l'affinité de l'urée pour ces sels, plus forte que l'affinité de l'eau pour eux, résiste le plus souvent à des actions décomposantes, au point qu'on peut faire bouillir ces combinaisons, ou les traiter par l'acide nitrique ou l'acide oxalique, sans que ces agents s'emparent de l'urée.

On connaît aussi plusieurs *uréides*, analogues aux amides, c'est-à-dire des sels d'urée moins les éléments de l'eau; tels sont l'acide allophanique et l'acide oxalurique. (Voy. § 229 et § 297.)

Urée et oxyde de mercure. — Il existe plusieurs combinaisons d'urée et d'oxyde de mercure[2].

α. $C^2H^4N^2O^2$, 2 HgO. Une solution d'urée, portée à une température voisine de l'ébullition, dissout presque tout l'oxyde de mercure qu'on y ajoute par petites portions. Il arrive un moment où l'oxyde cesse de se dissoudre; il pâlit de plus en plus; et si l'on ajoute encore de l'urée et qu'on chauffe davantage, on obtient une substance pulvérulente d'un blanc jaunâtre; la liqueur filtrée dépose sur les parois du vase, au bout de vingt-quatre heures, des croûtes minces et dures. Les deux produits présentent la composition indiquée.

Il est difficile d'obtenir la combinaison précédente entièrement exempte de cyanate de mercure.

β. $C^2H^4N^2O^2$, 3 HgO. Lorsqu'on mélange une solution d'urée avec de la potasse caustique, et qu'on y ajoute ensuite une solution de bichlorure de mercure, en ayant soin de maintenir dans la li-

[1] WERTHER, *Journ. f. prakt. Chem.*, XXXV, 51.

[2] LIEBIG, *Ann. der Chem. u. Pharm.*, LXXX, 123; LXXXI, 128; LXXXII, 232; LXXXV, 289. — DESSAIGNES, *Ann. de Chim. et de Phys.*, [3] XXXIV, 143.

queur un excès d'alcali, on obtient un abondant précipité blanc et gélatineux, qui porté dans l'eau bouillante, après avoir été convenablement lavé, se transforme en une poudre grenue, d'un jaune clair. Après la dessiccation, cette poudre est d'un jaune rougeâtre. Chauffée à l'état humide, elle se décompose souvent avec explosion et production de lumière, en donnant de l'eau, du carbonate d'ammoniaque et du mercure métallique. Elle se dissout, sans effervescence, dans l'acide cyanhydrique et dans l'acide chlorhydrique; la solution chlorhydrique donne par les alcalis un précipité blanc.

Une solution de chlorure mercurique, étendue d'eau, peut être mélangée avec un excès de bicarbonate de potasse, sans qu'il se produise de précipité dans les premiers moments; mais si l'on ajoute à la liqueur une solution d'urée, il se produit immédiatement un précipité blanc composé d'urée et d'oxyde de mercure.

γ. $C^2H^4N^2O^2$, 4 HgO. Si, au lieu de précipiter le bichlorure de mercure par une solution alcaline d'urée, on mélange celle-ci avec du nitrate mercurique, il se produit un précipité blanc, un peu moins gélatineux que la combinaison précédente, mais qui devient aussi grenu dans l'eau bouillante.

Le même précipité blanc se produit lorsqu'on ajoute peu à peu une solution étendue de nitrate mercurique à une solution d'urée également diluée, et qu'on neutralise de temps à autre, par de l'eau de baryte ou par une solution étendue de carbonate de soude, l'acide devenu libre dans le mélange; si l'on continue d'ajouter à la liqueur alternativement le sel mercuriel et le carbonate de soude, il arrive un moment où le précipité n'est plus blanc, mais jaune: c'est alors de l'oxyde ou du sous-nitrate de mercure; et si on filtre ensuite le mélange, on ne découvre plus d'urée dans la liqueur filtrée. M. Liebig utilise cette réaction pour le dosage de l'urée (§ 231).

Urée et oxyde d'argent. — Lorsque, suivant M. Liebig, on introduit de l'oxyde d'argent récemment précipité dans une solution aqueuse d'urée, l'oxyde se convertit au bout de quelques heures, et surtout si l'on chauffe doucement, en une poudre grise ou d'un gris jaunâtre qui se reconnaît au microscope comme composée de cristaux transparents, contenant $C^2H^4N^2O^2$, 3 AgO. Cette combinaison dégage de l'ammoniaque par l'action de la chaleur, et donne un résidu de cyanate d'argent; celui-ci prend feu par une plus forte chaleur, et donne du cyanure d'argent, et finalement de l'argent métallique.

§ 226. *Chlorhydrate d'urée*, $C^2H^4N^2O^2$, HCl. — Il se produit lorsqu'on fait passer du gaz chlorhydrique sec sur de l'urée; celle-ci fond et absorbe le gaz; si l'on maintient la matière dans un bain-marie, la saturation est bientôt complète. Tant que le produit est chaud, il se présente sous la forme d'une huile jaunâtre, d'où l'on expulse l'excès d'acide chlorhydrique par un courant d'air sec. Après le refroidissement, il se prend en cristaux blancs feuilletés et radiés, en développant beaucoup de chaleur. Ces cristaux[1] se liquéfient rapidement à l'air humide, en se décomposant; quand on y verse de l'eau, ils se décomposent instantanément.

Si l'on chauffe au bain d'huile le chlorhydrate d'urée, il se décompose vivement à 145°, en développant du sel ammoniac, et en laissant un résidu d'acide cyanurique :

$$3\,(C^2H^4N^2O^2,\ HCl) = \underbrace{C^6H^3N^3O^6}_{\text{Ac. cyanurique.}} + 3\,(NH^3,\ HCl).$$

Chlorure de sodium et d'urée, $C^2H^4N^2O^2$, NaCl + 2 aq. — Une solution, saturée à froid, d'équivalents égaux de sel marin et d'urée dépose, par l'évaporation, des prismes obliques rhomboïdaux, très-brillants. Ces cristaux sont légèrement déliquescents; ils fondent à 60 — 70°, et se décomposent à une température élevée. Ils sont fort solubles dans l'eau; l'alcool absolu les décompose en partie.

Les cristaux[2] de chlorure de sodium et d'urée appartiennent au système monoclinique. Combinaison ordinaire, ∞ P. [∞ P∞]. — P∞ . + P∞ . — 2 P∞ . Angle des axes = 89° 19 ½. Inclinaison des faces, ∞ P : + P∞ = 126°; [n P∞] : [n P∞] = 146°; [n P∞] : [∞ P∞] = 107°; ∞ P : ∞ P = 139°; ∞ P : [∞ P∞] = 110° ½; + P∞ : — P∞ = 103°; + P∞ : — 2 P∞ = 77°.

Si l'on ajoute à une solution aqueuse et concentrée de ces cristaux dix ou douze fois son volume d'alcool absolu, il ne se dépose rien, même à la longue; un grand excès d'acide nitrique n'y détermine alors pas de précipité. Cette circonstance est à considérer dans le dosage de l'urée dans l'urine, attendu que cette sécrétion renferme toujours des quantités variables de chlorure de sodium.

Une solution aqueuse et concentrée de chlorure de sodium et

[1] ERDMANN et KRUTZSCH, *Journ. f. prakt. Chem.*, XXV, 506.
[2] WERTHER, *loc. cit.*

d'urée est presque complétement précipitée par l'acide nitrique. L'acide oxalique y produit à la longue des cristaux d'oxalate de soude; si l'on concentre le mélange par l'évaporation, il se dépose aussi de l'oxalate d'urée.

La solution du chlorure de sodium et d'urée peut être bouillie sans se décomposer.

Chlorure de mercure et d'urée, $C^2H^4N^2O^2$, 2 Hg Cl. — Cette combinaison ne s'obtient pas avec les solutions aqueuses, mais on l'obtient immédiatement par le refroidissement des solutions bouillantes de l'urée et du chlorure mercurique dans l'alcool absolu. Elle se présente sous la forme de cristaux aplatis, doués d'un léger éclat nacré : ces cristaux sont peu solubles dans l'eau froide; l'eau bouillante les décompose immédiatement.

Ils fondent à 125°; à 128° ils sont entièrement liquides, et à 130° ils se prennent en une bouillie épaisse, d'où l'alcool absolu extrait du chlorure mercurique et une trace de sel ammoniac, en laissant un résidu blanc, qui paraît être du chloramïdure de mercure (chlorure de dimercurammonium).

L'acide nitrique et l'acide oxalique, employés même en excès, ne précipitent pas le chlorure de mercure et d'urée. (Voy. aussi *Urée* et *Oxyde de mercure.*)

M. Werther n'a pas réussi à combiner l'urée avec le *chlorure de potassium*, le *chlorure d'ammonium*, le *chlorure de baryum*.

§ 227. *Nitrate d'urée*, $C^2H^4N^2O^2$, NHO^6. — Ce composé, obtenu pour la première fois par Fourcroy et Vauquelin, se précipite à l'état d'une poudre blanche et cristalline toutes les fois qu'on ajoute de l'acide nitrique à une solution d'urée, pas trop étendue. Il s'obtient en prismes ou en feuillets brillants, anhydres, rougissant fortement le tournesol; il est peu soluble dans l'eau froide, encore moins soluble dans l'acide nitrique concentré, et peu soluble dans l'alcool. Il est plus soluble dans l'eau bouillante. Il se décompose à 140° en dégageant une grande quantité de gaz formés d'acide carbonique et de protoxyde d'azote, dans le rapport sensiblement exact de 2 volumes du premier et 1 volume du second; le résidu se compose d'urée libre et de nitrate d'ammoniaque :

$$4\,[C^2H^4N^2O^2,\ NHO^6] = 4\,CO^2 + 2\,NO + 2\,C^2H^4N^2O^2 + 3\,[N\,(NH^4)\,O^6].$$

Si l'on élève davantage la chaleur, le résidu se décompose à son tour, et l'on obtient une nouvelle quantité de protoxyde d'azote, de l'eau, de l'acide carbonique et de l'ammoniaque. Pendant cette décomposition du nitrate d'urée, il se forme une petite quantité d'acide cyanurique[1] et d'un autre corps (§ 232).

Nitrate de potasse et d'urée. — Le nitrate de potasse cristallise séparément, après avoir été mélangé avec de l'urée.

Nitrate de soude et d'urée. — Quand on mélange une solution aqueuse, bouillante et fort concentrée, de nitrate de soude avec de l'urée, par équivalents égaux, il se sépare, par le refroidissement, de longs cristaux prismatiques, renfermant, suivant M. Werther : $C^2H^4N^2O^2$, $NNaO^6 + 2$ aq.

Ce corps est inaltérable à l'air; il commence à fondre à 35°, mais la fusion n'est pas encore complète à 100°. A 140°, les cristaux commencent à se décomposer. Ce sel peut être bouilli avec de l'eau, sans que le nitrate de soude se sépare. Chauffé jusqu'à fusion, et dissous ensuite dans l'eau, il ne se décompose pas non plus, et cristallise de nouveau sans altération; mais si on le prive d'abord de son eau de cristallisation, et qu'on le fasse ensuite dissoudre, le nitrate de soude se dépose d'abord, et l'urée plus tard; ce mélange étant dissous dans une petite quantité d'eau chaude donne de nouveau des cristaux de nitrate d'urée sodique. Leur solution aqueuse n'est précipitée ni par l'acide nitrique, ni par l'acide oxalique.

Nitrate de baryte et d'urée. — Le nitrate de baryte cristallise séparément, après avoir été mélangé avec de l'urée.

Il en est de même du *nitrate de strontiane.*

Nitrate de chaux et d'urée. — Il paraît renfermer, suivant M. Werther, 3 $C^2H^4N^2O^2$, $NCaO^6$. Une solution aqueuse, ou plutôt alcoolique d'urée et de nitrate de chaux, dépose, par une évaporation lente sur l'acide sulfurique, des cristaux de ce sel, brillants et déliquescents. Chauffés à l'état sec, ces cristaux donnent d'abord des vapeurs ammoniacales, puis des vapeurs acides; si on les chauffe brusquement, ils explosionnent vivement en laissant du carbonate de chaux. Dissous dans l'eau et mélangés avec un excès d'acide oxalique, ils précipitent de l'oxalate de chaux et de l'oxalate d'urée; d'un autre côté, un excès d'acide nitrique n'en précipite rien. Une

[1] Cet acide, dont M. Wiedemann a fait l'analyse (*Ann. de Poggend.*, LXXIV, 73), avait été d'abord pris par M. Pelouze pour un acide particulier, $C^2H^3N^2O^4$.

solution de potasse, exempte de carbonate, ne les précipite pas non plus.

Nitrate de magnésie et d'urée, 2 $C^2H^4N^2O^2$, $NMgO^6$. — Si l'on abandonne dans le vide une solution de nitrate de magnésie et une solution d'urée dans l'alcool absolu, il se sépare peu à peu de gros prismes rhomboïdaux, brillants et terminés par une face oblique. Ces cristaux sont déliquescents, et fondent déjà à 85°. Leur solution ne se décompose pas par l'ébullition. L'acide nitrique n'en précipite pas toute l'urée; l'acide oxalique, même en grand excès, n'en précipite rien; la potasse, exempte de carbonate, se comporte de même.

Les cristaux[1] du nitrate de magnésie et d'urée appartiennent au système monoclinique. Combinaison ordinaire, — P. ∞ P. — P∞ . + P∞ . [n P∞ .]. [∞ P∞]. Angle des axes, 87° 50'. Inclinaison des faces, ∞ P : ∞ P = 135°; ∞ P : + P∞ = 126° 30'; [n P∞] : [n P∞] = 140°; — P : — P = 123° 31'; ∞ P : [∞ P∞] = 112° 30'.

Nitrates d'argent et d'urée. — On connaît deux combinaisons de nitrate d'argent et d'urée[2].

α. $C^2H^4N^2O^2$, $NAgO^6$. Si l'on mélange des solutions aqueuses et concentrées de proportions égales d'urée et de nitrate d'argent, à froid ou en les échauffant jusqu'à 50°, il cristallise immédiatement de gros prismes rhomboïdaux obliques, doués de beaucoup d'éclat. La solution se concrète jusqu'à la dernière goutte, si on l'évapore dans le vide. Les cristaux de cette combinaison appartiennent au système monoclinique. Combinaison ordinaire, oP. ∞ P. ∞ P2. [∞ P∞]. [n P∞]. Angles des axes, = 113° 31'. Inclinaison des faces, oP : ∞ P 2 = 110°; oP : [∞ P∞] = 90°; oP: [n P ∞] = 160°; [n P∞] : [nP∞] = 140°; [∞ P ∞] : [n P∞] = 110°; [∞ P∞] : [∞ P 2] = 59°; [∞ P ∞]: ∞ P = 140°; ∞ P : ∞ P = 118°. Les cristaux se dissolvent sans altération dans l'eau, à froid et à chaud, si la solution est assez étendue; ils se comportent de même avec l'alcool. Mais si l'on maintient en ébullition la solution aqueuse et étendue, elle se trouble au bout de quelque temps, et dépose, par le refroidissement, de longs cristaux prismatiques de cyanate d'argent. L'eau mère renferme encore du nitrate d'urée argentique, qu'on ne parvient pas à transformer complétement en cyanate;

[1] Werther, *loc. cit.*

[2] Werther, *loc. cit.*

elle paraît contenir en outre du nitrate d'ammoniaque; on a d'ailleurs :

$$C^2H^4N^2O^2,NAgO^6 = CyAgO^2 + N(NH^4)O^6.$$

Nitrate d'arg. et d'urée. Cyan. d'argent. Nitrate d'ammon.

Si l'on chauffe modérément, dans un petit tube, les cristaux du nitrate d'urée et d'argent, il ne se dégage pas d'eau; mais les cristaux fondent à une température plus élevée, donnent d'abord des vapeurs ammoniacales, et ensuite des vapeurs rouges et acides. Par un échauffement brusque, il y a explosion et formation de vapeurs rouges, en même temps qu'il reste de l'argent métallique.

Lorsqu'on ajoute un excès d'acide nitrique à la solution concentrée des cristaux, il se forme immédiatement un précipité de nitrate d'urée, mais toute l'urée n'est pas précipitée. L'acide oxalique donne un précipité d'oxalate d'urée, même dans une solution fort étendue.

β. $C^2H^4N^2O^2, 2NAgO^6$. Quand on épavore dans le vide une solution aqueuse contenant trois ou quatre atomes de nitrate d'argent avec une solution renfermant 1 atome d'urée, il se sépare d'abord les mêmes cristaux α, précédemment décrits, mais les cristallisations suivantes donnent le composé β, renfermant une proportion de nitrate d'argent double. Ce sont de gros prismes droits rhomboïdaux, brillants, avec des faces terminales droites. En dernier lieu, il se dépose du nitrate d'argent pur.

Les cristaux de la combinaison β appartiennent au système rhombique. Combinaison ordinaire, $oP. P. nP. \infty\bar{P}. \infty\bar{P}\infty. \infty\breve{P}\infty. \breve{P}\infty$. Inclinaison des faces, $P : oP = 127°$; $\breve{P}\infty : oP = 143°36'$; $\infty P : \infty P = 112°30'$; $P : P$, dans le plan de la grande diagonale et de l'axe vertical, $= 74°$; id. dans le plan de la petite diagonale et de l'axe vertical, $= 127°19'$; $\infty P : \infty\bar{P}\infty = 146°15'$; $\infty P : \infty\breve{P}\infty = 123°45'$.

Nitrates de mercure et d'urée[1]. — Lorsqu'on ajoute du nitrate mercurique à une solution d'urée, il se forme immédiatement un précipité blanc et floconneux, contenant du nitrate d'urée et de l'oxyde de mercure. La composition de ce précipité varie suivant les proportions des substances employées à le produire, et suivant la quantité d'acide contenue dans le sel mercuriel. De quelque manière d'ailleurs qu'on l'obtienne, il présente toujours les caractères

[1] LIEBIG, *Ann. der Chem. u. Pharm.*, LXXXV, 294.

suivants : brûlé avec de l'oxyde de cuivre, il donne, comme le nitrate d'urée, un mélange de 3 vol. d'azote et de 2 vol. d'acide carbonique; décomposé par l'hydrogène sulfuré, il donne du sulfure de mercure, et la liqueur filtrée renferme du nitrate d'urée pur; traité par l'acide cyanhydrique, ou à chaud par l'acide nitrique, il s'y dissout sans altération, et la solution donne par la potasse un précipité blanc; chauffé à l'état sec dans un courant d'air chaud, il se décompose en devenant jaunâtre, et sa solution nitrique donne alors par la potasse un précipité également jaunâtre.

α. $C^2H^4N^2O^2$, $NHO^6 + 2\,HgO$. Lorsqu'on verse une solution de nitrate d'urée dans une solution de nitrate mercurique, moyennement étendue et additionnée d'acide nitrique, jusqu'à ce qu'il se produise un léger trouble persistant, qu'on filtre la liqueur et qu'on l'abandonne au repos, il s'y dépose du jour au lendemain des croûtes dures et cristallines, composées de petites tables rectangulaires, transparentes et brillantes, renfermant 2 at. d'oxyde de mercure. L'eau bouillante détruit des cristaux, en se chargeant de nitrate d'urée, et en les transformant en une autre combinaison γ.

β. $C^2H^4N^2O^2$, $NHO^6 + 3\,HgO$ (?). Lorsqu'on ajoute à une solution d'urée une solution étendue de nitrate mercurique, tant qu'il se forme un précipité, et qu'on abandonne la bouillie blanche dans un endroit chauffé à 40 ou 50°, le précipité se convertit en paillettes hexagones transparentes, parmi lesquelles on reconnaît au microscope des grains de la combinaison γ et quelques tables rectangulaires de la combinaison α. A l'état de pureté, les paillettes hexagones paraissent contenir 3 at. d'oxyde de mercure.

γ. $C^2H^4N^2O^2$, $NHO^6 + 4\,HgO$. Cette combinaison s'obtient si l'on précipite à chaud une solution d'urée avec une solution fort étendue de nitrate mercurique, et qu'on abandonne le précipité dans la liqueur. Il se rassemble alors en une poudre blanche, composée de grains formés par de petites aiguilles groupées concentriquement.

Le *nitrate mercureux* est en partie réduit à l'état métallique par une solution d'urée.

§ 228. *Sulfate d'urée.* — Lorsqu'on chauffe légèrement le mélange de 100 p. d'oxalate d'urée, 125 p. de sulfate de chaux cristallisé, et d'un peu d'eau, qu'on traite le mélange par quatre fois son poids d'alcool, et qu'on évapore le liquide filtré, on obtient des cristaux grenus, ou des aiguilles, d'une saveur fraîche et piquante, que MM. Cap et Henry considèrent comme du sulfate d'urée.

§ 229. *Carbonate d'urée; acide allophanique.* — Le carbonate d'urée n'a pas encore été obtenu, mais il existe une combinaison qui est au bicarbonate d'urée ce que l'acide carbamique est au bicarbonate d'ammoniaque : cette cambinaison est l'*acide allophamique*[1], qu'on pourrait aussi appeler *acide carburéique* ou *cyancarbamique :*

$$\underset{\text{Ac. allophanique.}}{C^4H^4N^2O^6} = C^2O^4, \left.\begin{matrix} NH^3\ CyO \\ HO \end{matrix}\right\}$$

L'acide allophanique n'est connu qu'à l'état de sel métallique ou d'éther.

On obtient l'*allophanate de baryte*, $C^4H^3BaN^2O^6$, par l'action de la baryte caustique sur l'éther allophanique, qui lui-même se produit lorsqu'on dirige des vapeurs cyaniques dans l'alcool.

Si l'on dissout dans l'eau de baryte l'éther allophanique, ou son homologue, la combinaison méthylique, la solution dépose peu à peu des mamelons durs et cristallins d'allophanate de baryte, en même temps qu'elle se charge d'alcool. La réaction s'effectue mieux quand on broie l'éther avec de l'eau de baryte et avec de l'hydrate barytique cristallisé. Il faut éviter l'emploi de la chaleur. On filtre le mélange, et on l'abandonne pendant plusieurs jours dans un vase fermé.

Le sel ainsi obtenu présente une réaction alcaline; il se dissout dans l'eau d'une manière complète, mais avec difficulté. Si l'on chauffe la solution, elle se trouble déjà au-dessous de 100°, et dépose toute la baryte à l'état de carbonate; en même temps il se développe du gaz carbonique avec effervescence, et le liquide retient de l'urée entièrement pure.

$$2\ C^4H^3BaN^2O^6 + 2\ HO = {}^2CO^2, + 2\ (CO^2\ BaO) + 2\ \underset{\text{Urée.}}{C^2H^4N^2O^2}.$$

Soumis à la distillation sèche, le sel dégage du carbonate d'ammoniaque, sans aucune trace d'eau, en laissant un résidu fondu de cyanate barytique.

Si l'on verse un acide sur le sel, il développe du gaz carbonique avec beaucoup d'effervescence, sans la moindre odeur d'acide cyanique; la solution ne renferme pas une trace d'ammoniaque, mais il s'y trouve de l'urée.

[1] Liebig et Woehler (1846), *Ann. der Chem. u. Pharm.*, LIX, 291.

La solution de ce sel de baryte n'est précipitée ni par le nitrate d'argent, ni par l'acétate de plomb neutre. Toutefois, au bout d'une demi-heure, la solution, mélangée avec le sel de plomb, dépose un précipité blanc de carbonate pur.

L'*allophanate de soude* se produit si l'on broie le sel de baryte, à la température ordinaire, avec une solution de sulfate de soude. Il s'obtient en petits prismes si l'on verse de l'alcool dans la solution séparée du sulfate barytique à l'aide du filtre. La solution est alcaline, et n'est pas précipitée par le chlorure barytique; mais, par l'échauffement le mélange dépose du carbonate de baryte. Abandonné avec de l'acide nitrique, l'allophanate sodique développe du gaz carbonique, et dépose des paillettes de nitrate d'urée.

On peut aussi obtenir l'allophanate de soude ou de potasse en dissolvant l'éther allophanique dans une solution alcoolique de soude ou de potasse.

L'*allophanate de méthyle*[1], $C^4H^3 (C^2H^3) N^2O^6 = C^6H^6N^2O^6$, s'obtient lorsqu'on fait passer dans l'esprit de bois absolu les vapeurs provenant de la distillation sèche de l'acide cyanurique; il se dépose au bout de quelque temps de longues aiguilles incolores. Ces cristaux sont neutres au papier, solubles dans l'eau, l'alcool et l'éther, mieux à chaud qu'à froid. A la distillation sèche ils se subliment en partie, tandis qu'une autre portion se décompose en laissant de l'acide cyanurique et en dégageant de l'ammoniaque, ainsi que du gaz hydrogène carboné. L'hydrate de potasse les décompose à l'ébullition en donnant du cyanurate et de l'alcool méthylique; mais si on les traite à froid par une solution alcoolique de potasse ou par de l'eau de baryte, on obtient de l'allophanate de baryte.

L'*allophanate d'éthyle*[2], ou éther allophanique, $C^4H^3 (C^4H^5) N^2O^6 = C^8H^8N^2O^6$, a été autrefois confondu avec l'éther cyanique. Il se produit par l'action des vapeurs cyaniques sur l'alcool ordinaire :

$$2\, C^2HNO^2 + C^4H^6O^2 = C^8H^8N^2O^6.$$

Lorsqu'on distille l'acide cyanurique et qu'on dirige les vapeurs dans l'alcool absolu, celui-ci s'échauffe considérablement et dé-

[1] RICHARDSON (1837), *Ann. der Chem. u. Pharm.*, XXIII, 138.

[2] LIEBIG et WOEHLER (1830), *Ann. de Poggend.*, XX, 395; *Ann. der Chem. u. Pharm.*, LVIII, 260; LIX, 291. — LIEBIG, *Ann. der Chem. u. Pharm.*, XX, 125.

pose peu à peu des cristaux d'héther allophanique. On lave le produit avec un peu d'alcool, et on le dissout ensuite dans un mélange d'alcool et d'éther, qu'on abandonne à l'évaporation spontanée.

Il cristallise alors en aiguilles incolores, transparentes et douées d'un grand éclat. A froid, il ne se dissout pas dans l'eau, mais il est soluble dans l'eau et l'alcool bouillants. Sa solution est neutre aux papiers, n'a point de saveur et ne précipite pas les solutions métalliques.

Quand on chauffe les cristaux à l'air libre, ils fondent, se volatilisent et se condensent dans l'air sous forme de flocons lanugineux. Soumis à la distillation sèche, ils se dédoublent en alcool et en acide cyanurique.

Lorsqu'on les traite à froid par une solution alcoolique de potasse, ou par de l'eau de baryte, ils donnent de l'allophanate métallique et de l'alcool : avec une solution bouillante de potasse, on obtient du cyanurate de potasse.

Suivant les expériences de M. Debus, l'allophanate d'éthyle se produit aussi dans l'action de l'ammoniaque sur le bicarbonate de bisulfure d'éthyle (p. 174).

L'*allophanate d'amyle*[1], C^4H^3 $(C^{10}H^{11})$ N^2O^6 $= C^{14}H^{14}N^2O^6$, se prépare avec l'huile de pomme de terre (hydrate d'amyle). Celle-ci absorbe avec avidité les vapeurs qui se produisent par l'action de la chaleur sur l'acide cyanurique. Au bout de quelque temps, le liquide se prend en une bouillie de cristaux, qu'on purifie par la dissolution dans l'eau bouillante.

Ce corps forme des écailles nacrées, grasses au toucher et sans odeur ni saveur. L'eau froide ne le dissout pas; sa solution dans l'eau chaude n'agit pas sur les couleurs végétales et ne précipite pas les solutions métalliques.

Il est fort soluble dans l'alcool et l'éther; l'eau le précipite de ces solutions. L'ammoniaque, l'acide nitrique, le chlore, le brome et l'hydrogène sulfuré n'y agissent pas.

Il fond à une douce chaleur, et se sublime sans altération; toutefois, son point de fusion est assez rapproché du point où il se décompose. Quand on le chauffe au-dessus de 100°, il entre en ébullition, dégage de l'huile de pomme de terre, et laisse un résidu

[1] Schlieper (1846), *Ann. der Chem. u. Pharm.*, LIX, 23.

d'acide cyanurique. A chaud, d'ailleurs, les alcalis fixes en dégagent déjà de l'huile de pomme de terre.

§ 230. *Oxalate d'urée*, 2 $C^2H^4N^2O^2$, $C^4H^2O^8$. — Il se précipite à l'état d'une poudre blanche et cristalline, quand on mélange des solutions d'acide oxalique et d'urée. Il cristallise en prismes minces et allongés, transparents, d'une saveur franchement acide. Il exige pour sa solution 23 p. d'eau à 15°, et bien moins d'eau bouillante; sa solution saturée à froid est en partie précipitée par un excès d'acide oxalique. Il se dissout dans 60,5 p. d'alcool de 0,833 à 16°, et dans un peu moins d'alcool bouillant. Il paraît se combiner avec les oxalates alcalins pour former des sels doubles solubles (Berzelius). Par la distillation sèche, il donne du gaz carbonique, de l'ammoniaque et de l'acide cyanurique.

A l'oxalate d'urée se rattachent deux composés qui sont à ce sel ce que les acides amidés et les imides sont aux sels ammoniacaux : l'un est l'*acide oxalurique*, c'est-à-dire le bioxalate d'urée moins 2 atomes d'eau; l'autre est l'*acide parabanique*, ou le bioxalate d'urée moins 4 atomes d'eau :

$C^4H^2O^8$, $C^2H^4N^2O^2$ Bioxalate d'urée

$C^4H^2O^8$, $C^2H^4N^2O^2$ — 2 HO. Acide oxalurique = $C^6H^4N^2O^8$.

$C^4H^2O^8$, $C^2H^4N^2O^2$ — 4 HO. Acide parabaniq. = $C^6H^2N^2O^6$.

L'acide oxalurique correspond aux acides amidés, l'acide parabanique aux imides. (Voy. *Groupe urique*, § 296.)

Ferrocyanure de potassium et d'urée (hydroferrocyanate de potasse et d'urée). — On a donné ce nom à un mélange d'urée et de ferrocyanure de potassium, mélange qui a été préconisé, sur la foi du docteur Baud, comme succédané du sulfate de quinine. Il résulte des expériences de M. Huraut [1] qu'en faisant dissoudre ensemble de l'urée et du ferrocyanure de potassium, on obtient des dépôts cristallins contenant les deux corps en proportions très-variables et à l'état de simple mélange.

Cyanurate d'urée, $C^2H^4N^2O^2$, $Cy^3H^3O^6$. — Lorsqu'on fait bouillir une solution d'urée avec de l'acide cyanurique, la solution filtrée donne des aiguilles de ce sel [2].

§ 231. *Dosage de l'urée*[3]. — Différentes méthodes ont été pro-

[1] HURAUT, *Journ. de Pharm.*, [3] XVIII, 411.

[2] KODWEISS, *Ann. de Poggend.*, XIX, 1. — WIEDEMANN, *ibid.*, LXXIV, 67.

[3] LECANU, *Journ. de Pharm.*, XVII, 651. — HEINTZ, *Ann. de Poggend.*, LXVI, 114; LXVIII, 393. — RAGSKY, *Ann. der Chem. u. Pharm.*, LVI, 29. — BUNSEN, *ibid.*,

posées pour le dosage de l'urée contenue dans l'urine et dans d'autres liquides.

(*a*) M. Lecanu précipite l'urée sous forme de nitrate; cette méthode a été employée par plusieurs physiologistes, mais suivant M. Heintz elle n'est pas exacte, attendu que le nitrate d'urée se dissout dans l'acide nitrique, même concentré, en quantité assez forte pour qu'on perde ainsi jusqu'à 10 pour 100 de l'urée contenue dans l'urine. D'autres circonstances rendent aussi impraticable la séparation de l'urée en nature; telle est, par exemple la présence, dans l'urine du chlorure du sodium, lequel forme avec l'urée une combinaison qui en solution concentrée n'est pas décomposée par l'alcool.

(*b*) M. Heintz utilise pour le dosage de l'urée la métamorphose que ce corps éprouve sous l'influence de l'acide sulfurique concentré, qui le décompose en acide carbonique et en ammoniaque; voici comment ce chimiste prescrit de procéder :

On pèse une certaine quantité d'urine récente et refroidie dans un verre de la capacité d'environ 25 grammes d'eau, et on en fait deux parts. La première, du poids de 6 à 8 grammes, est abandonnée pendant vingt-quatre heures dans un lieu frais, après avoir reçu environ 30 gouttes d'acide chlorhydrique. Cette addition a pour but de séparer la petite quantité d'acide urique qui peut se trouver dans l'urine; on filtre dans un grand creuset de platine, on ajoute 6 grammes d'acide sulfurique, et l'on évapore doucement, jusqu'à ce que le dégagement de gaz s'établisse; alors on recouvre le creuset d'un verre de montre, pour empêcher les projections, et l'on continue de chauffer jusqu'à ce que les vapeurs d'acide commencent à remplir le creuset. On peut impunément porter la chaleur jusqu'à 180°. La réaction achevée, on reprend avec l'eau, on filtre, et l'on recueille le tout dans une capsule en porcelaine. Après avoir bien lavé, on évapore de nouveau, jusqu'à ce que presque toute l'eau soit chassée. Il reste ainsi un mélange d'acide sulfurique concentré, de sulfate d'ammoniaque, de sulfate de potasse, de sulfate de soude, de phosphates et de quelques parties organiques. On verse sur ce résidu environ 20 gouttes d'acide chlorhydrique, une quantité suffisante de bichlorure de platine, et enfin un mélange d'alcool (3 p.) et d'éther (1 p.). Le tout

LXV, 375. — MILLON, *Elém. de Chimie organ.*, II, 746. — LIEBIG, *Journ. de Pharm.*, [3] XXI, 413. *Ann. der Chem. u. Pharm.*, LXXXV, 289.

étant bien mélangé, on filtre huit ou dix heures après, on lave avec de l'alcool chargé d'éther, et on calcine le chloroplatinate dans un creuset taré. On épuise le résidu par l'acide chlorhydrique étendu et bouillant, on jette sur un filtre, et on lave avec l'acide tant que celui-ci dissout quelque chose. Le filtre est de nouveau séché et calciné dans le creuset. Déduction faite des cendres du filtre, on obtient ainsi du platine métallique dont la quantité correspond à la somme de potasse, d'ammoniaque et d'urée contenues dans l'urine. — La seconde portion de l'urine sert à évaluer la potasse et l'ammoniaque précipitées par le bichlorure de platine dans l'opération précédente. A cet effet, on y ajoute du bichlorure avec 3 fois son volume d'alcool et 1 volume d'éther, on filtre au bout de huit ou dix heures, et on calcine le précipité. Celui-ci, ayant été lavé avec de l'acide chlorhydrique étendu et bouillant, donne une quantité de platine, laquelle déduite du poids obtenu précédemment indique celle qui correspond à l'urée. Or, puisque

$$\underset{\text{Urée.}}{C^2H^4N^2O^2} + 2\ HO = 2\ CO^2 + 2\ NH^3,$$

et que le chloroplatinate d'ammoniaque renferme

$$HCl,\ PtCl^2,\ NH^3,$$

il est clair que 2 atomes de platine correspondent à 1 atome d'urée.

On peut doser aussi, par un procédé semblable, la potasse et l'ammoniaque de l'urine; en effet, le liquide provenant du traitement par l'acide chlorhydrique du platine calciné dans la seconde opération renferme toute la potasse; précipité par un mélange de bichlorure et d'alcool, il donnera toute la quantité de potasse sous forme de chloroplatinate, et celui-ci fournira à son tour du platine métallique dont le poids correspondra à la potasse renfermée dans l'urine. Enfin, ce même poids, déduit du poids du platine obtenu dans la seconde opération, indiquera celui du platine correspondant à l'ammoniaque de l'urine. — Comme l'urine ne renferme que fort peu d'acide urique (rarement 1 p. 1000), on pourrait aller plus vite en négligeant de séparer préalablement cet acide; on ne commettrait alors sur la totalité de l'urée qu'une erreur d'environ 0,7 pour 1000.

La méthode de M. Heints est applicable à l'analyse de l'*urine normale* ainsi qu'à celle des urines qui, outre l'urée et l'ammoniaque, ne renferment pas d'autres principes azotés. L'auteur a pu l'employer dans l'analyse de l'urine des diabétiques; mais il fait quelques réserves pour son emploi dans l'analyse de certaines urines malades, renfermant des parties du sang ou de la bile.

(*c*) M. Ragsky utilise, comme M. Heintz, la décomposition que l'urée éprouve de la part de l'acide sulfurique. Il fait bouillir l'urine avec la moitié de son poids d'acide sulfurique, et chauffe jusqu'à ce que la matière soit noire; il épuise ensuite par l'eau, filtre et précipite le sel d'ammoniaque par le bichlorure de platine. Comme l'urine renferme aussi des sels de potasse et des sels d'ammoniaque, il faut évidemment faire un essai à part pour connaître le poids à mettre en déduction sur la quantité de chloroplatinate obtenue.

(*d*) M. Bunsen a imaginé une autre méthode, fondée sur ce fait, qu'une solution aqueuse d'urée se décompose aisément en carbonate d'ammoniaque, quand on la maintient pendant quelques heures à une température de 220 à 240° dans des tubes hermétiquement fermés; si la solution a d'abord été mélangée avec une solution ammoniacale de chlorure de baryum, il se précipite alors une quantité de carbonate de baryte équivalant au poids de l'urée contenue dans la solution.

(*e*) La méthode de M. Millon consiste à faire agir sur l'urine une solution de nitrate mercureux acide, à transformer ainsi l'urée en acide carbonique et en azote, à recueillir l'acide carbonique dans un appareil à boules (p. 33) rempli de potasse, et à déduire le poids de l'urée du poids de l'acide carbonique ainsi obtenu. On prépare d'abord le nitrate mercureux en faisant agir 168 grammes d'acide nitrique de 1,4 sur 125 grammes de mercure. Le métal se dissout presque complétement à froid; à l'aide d'une très-douce chaleur, on achève de l'attaquer; on ajoute aussitôt 2 volumes d'eau distillée pour 1 volume de liqueur mercurielle : le mélange, ainsi dilué, se conserve des mois entiers et ne perd rien de son efficacité, malgré les cristaux qui s'y déposent. Pour procéder à l'analyse, on prend un petit ballon de verre d'une capacité de 150 à 200^{cc}; on y introduit, à l'aide d'une pipette, de 40 à 45^{cc} de la solution mercurielle, et l'on verse par-dessus 15 à 20 grammes d'urine. Entre l'appareil à boules et le ballon contenant la matière, on fixe un tube en U rempli de pierre ponce, imbibée d'acide sulfurique concentré; on peut aussi, pour régulariser la marche de l'opération, adapter un appareil d'aspiration à la branche ouverte de l'appareil à boules. La réaction commence même à froid; on la rend complète en portant un instant à l'ébullition le mélange contenu dans le ballon. Le terme de la réaction est annoncé par l'apparition de vapeurs nitreuses qu'absorbe le premier tube à ponce sulfurique. On lave ensuite tout le système par un courant d'air. Le poids de l'acide carbonique obtenu donne celui de l'urée si on le multiplie par 1,3636. Selon M. Millon, les substances qui se rencontrent habituellement dans l'urine sont sans influence appréciable sur les résultats donnés par cette méthode [1].

(*f*) L'insolubilité de la combinaison de l'urée avec l'oxyde mercurique (p. 408) a suggéré à M. Liebig une méthode très-commode pour évaluer rapidement la proportion d'urée contenue dans l'urine.

On prépare une dissolution de nitrate mercurique, sans excès d'acide, qui puisse servir de liqueur normale et titrée. On verse peu à peu cette liqueur normale, jusqu'à cessation de précipité, dans l'urine qu'on examine; la quantité de liqueur normale qu'il faut dépenser indique jusqu'à un certain point la proportion de l'urée. Mais à mesure que le précipité se forme de l'acide nitrique devient libre, et celui-ci empêche la précipitation ultérieure de la combinaison, si bien qu'au moment où le précipité cesse de se former, il reste encore beaucoup d'urée dans la liqueur. Il faut pour cela saturer l'acide nitrique libre, au moyen d'eau de baryte qu'on y verse peu à peu, en ayant soin de ne pas dépasser le terme de la saturation. On peut alors ajouter une nouvelle quantité de liqueur normale pour obtenir un nouveau précipité; et c'est ainsi que par des additions successives de liqueur normale et d'eau de baryte, on arrive à précipiter la totalité de l'urée contenue dans l'urine. (Voy., pour plus de détails, l'article *Urine*, dans la CINQUIÈME PARTIE.)

§ 232. BICYANATE D'AMMONIUM, ou biuret [2], $C^4H^5N^3O^4 + 2$ aq. — Pour préparer ce composé, on fait fondre de l'urée pendant quelque temps entre 250 et 170°, dans un bain d'huile; quand le dégagement d'ammoniaque a cessé et que le résidu est devenu pâteux, on traite celui-ci par très-peu d'eau bouillante, on filtre, et l'on

[1] M. Millon donne, dans son livre pour coefficient 1,731, et ailleurs 1,371 (*Compt. rend. de l'Acad.*, XXVI, 119). Le premier chiffre est évidemment transposé, et le second est encore un peu trop fort, puisque chaque poids de 2 $CO^2 = 44$, équivaut à $C^2H^4N^2O^2 = 60$; donc il faut multiplier le poids de l'acide carbonique trouvé par $\frac{60}{44} = 1,3636$.

[2] WIEDMANN (1848), *Ann. de Poggend.*, LXXIV, 67.

précipite la solution par le sous-acétate de plomb. On sépare par le filtre le précipité (composé de cyanurate et d'ammélidate de plomb), on enlève l'excès de plomb par l'hydrogène sulfuré, on filtre de nouveau, et l'on évapore à cristallisation. Le bicyanate d'ammonium se dépose alors en petits cristaux grenus, qu'on purifie par de nouvelles cristallisations dans l'eau.

Le même produit s'obtient en petite quantité par l'action de la chaleur sur le nitrate d'urée.

Le bicyanate d'ammonium est très-soluble dans l'eau et l'alcool; il cristallise dans ce dernier liquide en longs feuillets anhydres, et dans l'eau en cristaux hydratés, qui perdent leur eau de cristallisation par le séjour à l'air sec, ou par la dessiccation à 100°.

Il se dissout à froid dans l'acide sulfurique concentré, sans se décomposer; il ne s'altère pas non plus par l'ébullition avec l'acide nitrique pas trop concentré.

Sa solution n'est précipitée ni par les sels de plomb, ni par les sels d'argent; l'acide gallique et le tannin ne la précipitent pas non plus.

Lorsqu'on ajoute quelques gouttes d'un sel de cuivre, puis un léger excès de potasse, à une solution du bicyanate d'ammonium, il se produit une coloration rouge intense. Cette coloration se produit même avec les solutions du corps dans les acides ou dans l'ammoniaque.

Lorsqu'on le chauffe, il fond, dégage des vapeurs d'ammoniaque, et finit par laisser de l'acide cyanurique pur.

$$3\,C^4H^5N^3O^4 = \underset{\text{Ac. cyanurique.}}{2\,C^6H^3N^3O^6} + 3\,NH^3.$$

§ 233. Urées composées. — Ces corps représentent de l'urée dans laquelle un ou plusieurs atomes d'hydrogène sont remplacés par des radicaux hydrocarburés, tels que le méthyle, l'éthyle, l'amyle, le phényle, etc.

On doit à M. Chancel[1] la connaissance des premières urées composées : ce chimiste distingué a découvert la *phényl-urée* (urée anilique), et, en collaboration avec M. Laurent, la *diphényl-urée* (flavine).

L'intérêt qu'inspirent ces combinaisons s'est considérablement accru depuis les résultats remarquables qui ont été obtenus, sur

[1] Chancel (1847 et 1848), voy. plus bas, § 237.

le même sujet, par M. Wurtz [1], qui a réalisé la production de la *méthyl-urée*, de l'*éthyl-urée*, etc., soit en combinant l'acide cyanique avec la méthyl-ammoniaque, l'éthyl-ammoniaque, etc.; soit en traitant par l'ammoniaque le cyanure de méthyle, le cyanure d'éthyle, etc. (§ 217).

Comme l'urée simple, les urées composées se combinent avec les acides, et produisent des sels.

A chaque urée composée correspond aussi, comme à l'urée simple, un corps isomère qui se comporte, sous l'influence des acides ou des alcalis concentrés, comme l'urée composée elle-même. Si l'urée simple a pour isomère la carbamide, la phényl-urée a pour isomère la phényl-carbamide (§ 119), la diphényl-urée a pour isomère la diphényl-carbamide (§ 119), etc.

Voici les urées composées qui ont déjà été obtenues; pour rendre comparable leur composition avec la composition de l'urée simple, nous représenterons celle-ci comme du cyanate d'ammonium, ou plutôt comme de l'hydrate de cyanammonium [2]:

Urée (oxyde de cyanammonium et d'hydrog.). $C^2H^4N^2O^2 = \left.\begin{array}{r} NCyH^3.O \\ HO \end{array}\right\}$

Méthyl-urée. . . . . $C^4H^6N^2O^2 = \left.\begin{array}{r} NCyH^3.O \\ C^2H^3.O \end{array}\right\}$

Diméthyl-urée . . . . . . $C^6H^8N^2O^2 = \left.\begin{array}{r} CNCyH^2\ ({}^2H^3).O \\ C^2H^3.O \end{array}\right\}$

Éthyl-urée . . . . $C^6H^8N^2O^2 = \left.\begin{array}{r} NCyH^3.O \\ C^4H^5.O \end{array}\right\}$

Diéthyl-urée . . . . $C^{10}H^{12}N^2O^2 = \left.\begin{array}{r} NCyH^2\ (C^4H^5).O \\ C^4H^5.O \end{array}\right\}$

Méthyléthyl-urée. . . . . $C^8H^{10}N^2O^2 = \left.\begin{array}{r} NCyH^2\ (C^2H^3).O \\ C^4H^5.O \end{array}\right\}$

Tétréthyl-urée . . . . . . $C^{18}H^{20}N^2O^2 = \left.\begin{array}{r} NCy\ (C^4H^5)^3.O \\ C^4H^5.O \end{array}\right\}$

Amyl-urée . . . . $C^{12}H^{14}N^2O^2 = \left.\begin{array}{r} NCyH^3.O \\ C^{10}H^{11}.O \end{array}\right\}$

Éthylamyl-urée. . . . . . $C^{16}H^{18}N^2O^2 = \left.\begin{array}{r} NCyH^2\ (C^4H^5).O \\ C^{10}H^{11}.O \end{array}\right\}$

[1] WURTZ (1848), *Compt. rend. de l'Acad.*, XXVII; XXXII, 414.

[2] Voy. la note, page 402.

Phényl-urée. . . . . $C^{14}H^{8}N^{2}O^{2} = \left.\begin{matrix} NCyH^{3}.O \\ C^{12}H^{5}.O \end{matrix}\right\}$

Diphényl-urée . . . . $C^{26}H^{12}N^{2}O^{2} = \left.\begin{matrix} NCyH^{2}\,(C^{12}H^{5}).O \\ C^{12}H^{5}.O \end{matrix}\right\}$

Phényléthyl-urée. . . . . $C^{18}H^{12}N^{2}O^{2} = \left.\begin{matrix} NCyH^{2}\,(C^{4}H^{5}).O \\ C^{12}H^{5}.O \end{matrix}\right\}$

La nicotine (nicotyl-ammoniaque) et la conine (conyl-ammoniaque) agissent sur les éthers cyaniques comme l'ammoniaque, et paraissent produire des urées semblables.

§ 234. *Méthyl-urée*, $C^{4}H^{6}N^{2}O^{2}$. — Ce corps se produit par la combinaison directe de l'ammoniaqué avec le cyanate de méthyle :

$$\underset{\text{Cyan. de méth.}}{C^{4}H^{3}NO^{2}} + NH^{3} = \underset{\text{Méthyl-urée.}}{C^{4}H^{6}N^{2}O^{2}}.$$

On peut aussi l'obtenir en évaporant un mélange de sulfate de méthylamine et de cyanate de potasse, et reprenant le résidu par l'alcool qui extrait la méthyl-urée.

La méthyl-urée cristallise en longs prismes transparents et déliquescents. Sa solution aqueuse, neutre aux papiers, précipite par l'acide nitrique, pour peu qu'elle soit concentrée.

Le *nitrate de méthyl-urée*, $C^{4}H^{6}N^{2}O^{2}$, NHO^{6}, est moins soluble dans l'eau que la méthyl-urée.

Diméthyl-urée, $C^{6}H^{8}N^{2}O^{2}$. — On l'obtient par l'action de l'eau sur le cyanate de méthyle :

$$2\,\underset{\text{Cyan. de méthyle.}}{C^{4}H^{3}NO^{2}} + 2\,HO = 2\,CO^{2} + \underset{\text{Diméthyl-urée.}}{C^{6}H^{8}N^{2}O^{2}}.$$

La même combinaison se produit aussi par la combinaison du cyanate de méthyle avec la méthylamine :

$$\underset{\text{Cyan. de méth.}}{C^{4}H^{3}NO^{2}} + \underset{\text{Méthylam.}}{C^{2}H^{5}N} = \underset{\text{Diméthyl-urée.}}{C^{6}H^{8}N^{2}O^{2}}.$$

C'est une substance aisément cristallisable, qui fond vers 97°, ne s'altère pas à l'air, peut se volatiliser sans altération, et se dissout aisément dans l'eau et dans l'alcool.

Elle est isomère de l'éthyl-urée. Elle se transforme par la potasse en carbonate et en méthylamine.

Elle se combine avec l'acide nitrique.

Le *nitrate de diméthyl-urée*, renferme $C^{6}N^{8}N^{2}O^{2}$, NHO^{6}.

§ 235. *Éthyl-urée*, $C^{6}H^{8}N^{2}O^{2}$. — Lorsqu'on traite l'éther cyanique par l'ammoniaque liquide, il s'y dissout avec dégagement de chaleur, et l'on obtient par l'évaporation de la liqueur des cristaux d'éthyl-urée. Ce corps forme de beaux prismes, un peu striés, très-solubles dans l'eau et dans l'alcool. Il se décompose vers 200°, en dégageant de l'ammoniaque et en donnant plusieurs produits solides.

Il se transforme par la potasse en carbonate, en dégageant de l'éthylamine et de l'ammoniaque

$$C^6H^8N^2O^2 + 2\,(KO, HO) = 2\,(CO^2, KO) + C^4H^7N + NH^3.$$
Éthyl-urée. Éthylam.

Sa dissolution aqueuse est décomposée par le chlore; il se produit un liquide pesant chloré, qui se solidifie quelquefois le lendemain.

Elle n'est pas précipitée par l'acide nitrique, mais on obtient aisément un *nitrate d'éthyl-urée* en abandonnant dans le vide la solution acide des deux substances.

Diéthyl-urée, $C^{10}H^{12}N^2O^2$. — On obtient la diéthyl-urée par la réaction de l'éthylamine et de l'éther cyanique.

$$2\,C^6H^5NO^2 + 2\,HO = 2\,CO^2 + C^{10}H^{12}N^2O^2.$$

Lorsqu'on traite l'éther cyanique par l'eau, il se dégage du gaz carbonique, et l'éther se transforme en une masse cristalline qu'il est facile de purifier par la dissolution dans l'eau ou dans l'alcool : bouillie avec de la potasse, elle donne du carbonate et dégage de l'éthylamine.

Lorsqu'on évapore au bain-marie la solution de la diéthyl-urée additionnée d'acide nitrique, on obtient le *nitrate de diéthyl-urée*, $C^{10}H^{12}N^2O^2, NHO^6$, sous la forme de prismes rhomboïdaux aplatis.

Méthyléthyl-urée, $C^8H^{10}N^2O^2$. — Substance fort déliquescente, qu'on obtient par la méthylamine et l'éther cyanique.

Tétréthyl-urée, $C^{18}H^{20}N^2O^2$. — Substance cristalline qui se produit, selon M. Hofmann, par l'action de l'acide cyanique sur l'hydrate de tétréthyl-ammonium. Elle n'a pas encore été étudiée.

§ 236. *Amyl-urée*, $C^{12}H^{14}N^2O^2$. — Elle se produit par la réaction de l'ammoniaque et du cyanure d'amyle. Elle donne avec l'ammoniaque une combinaison cristallisable, inaltérable à l'air.

Éthylamyl-urée, $C^{16}H^{18}N^2O^2$. — On l'obtient en traitant l'éther cyanique par l'amylamine.

§ 237. *Phényl-urée* [1], uréeanilique, ou carbanilamide, $C^{14}H^8N^2O^2$

[1] CHANCEL (1848), *Compt. rend. des Trav. de Chim.*, 1849, p. 182.

$+ 2$ aq. — Cette combinaison s'obtient par l'action du sulfhydrate d'ammoniaque sur la nitrobenzamide[1] :

$$C^{14}H^6N^2O^6 + 6\,HS = C^{14}H^8N^2O^2 + 4\,HO + 6\,S.$$

Nitrobenzamide. Phényl-urée.

L'action du sulfhydrate d'ammoniaque sur la nitrobenzamide en dissolution alcoolique est souvent assez complexe; elle est, au contraire, toujours fort nette lorsqu'on opère sur une dissolution aqueuse. Il suffit de dissoudre la nitrobenzamide dans l'eau bouillante, et d'ajouter du sulfhydrate d'ammoniaque au liquide; lorsqu'on a ajouté ce réactif en quantité suffisante, il ne se dépose pas les plus légères traces de nitrobenzamide par le refroidissement. On abandonne le mélange pendant vingt-quatre heures. Il se fait un dépôt de soufre assez abondant; on décante alors la liqueur claire, et on l'évapore au bain-marie. Le résidu liquide est repris par l'eau chaude; il ne reste plus ensuite qu'à filtrer pour le débarrasser des dernières traces de soufre. Par l'évaporation spontanée, cette dissolution donne de fort beaux cristaux de phényl-urée.

Cette substance est soluble dans l'eau, l'alcool et l'éther; sa dissolution alcoolique et éthérée se colore assez rapidement en rouge foncé et paraît s'altérer, mais sa dissolution aqueuse ne subit aucune altération, et fournit par l'évaporation spontanée de fort beaux prismes aplatis, transparents, assez volumineux et à peine colorés en jaune. Ces cristaux sont inodores, leur saveur est fraîche, d'une amertume très-peu prononcée, et semblable à celle du salpêtre; ils renferment 2 atomes d'eau de cristallisation, fondent à 72°, et ne perdent leur eau qu'entre 100 et 120°. Abandonnée au refroidissement, la substance fondue et anhydre ne tarde pas à se prendre en une masse cristalline. La phényl-urée desséchée ne fond qu'à une température supérieure à 100°; soumise à une température élevée, elle se décompose en laissant un résidu très-abondant de charbon.

Si l'on chauffe la phényl-urée avec de la chaux potassée, elle dégage, à une température peu élevée, 11 p. c. d'ammoniaque. Quelle que soit ensuite l'élévation de la température, on ne dégage plus de traces d'ammoniaque, mais uniquement de l'aniline (phénylammoniaque); cette métamorphose s'explique par l'équation :

$$C^{14}H^8N^2O^2 + 2\,(KO, HO) = 2\,(CO^2, KO) + C^{12}H^7N + NH^3.$$

Phényl-urée. Aniline.

[1] Voy. Série benzoïque, *Groupe benzoïque*.

L'équation précédente ne représente évidemment que la réaction finale : il faut nécessairement distinguer deux phases dans l'action de la potasse sur la phényl-urée, puisqu'il se dégage d'abord un équivalent d'ammoniaque, et qu'il faut ensuite élever beaucoup la température pour obtenir de l'aniline. En mettant ces deux phases en équation, on trouve :

Première phase :

$$C^{14}H^8N^2O^2 + KO, HO = NH^3 + C^{14}H^6KNO^4.$$

Phényl-urée. Sel de potasse.

Deuxième phase :

$$C^{14}H^6KNO^4 + KO, HO = C^{12}H^7N + 2(CO^2, KO).$$

Sel de potasse. Aniline.

Le sel de potasse qui prend naissance dans la premiere phase est le phényl-carbamate ou carbanilate (§ 125). Si l'on verse de l'acide sulfurique concentré sur la phényl-urée, il se fait un dégagement de gaz carbonique, tandis qu'il se forme de l'acide phényl-sulfamique (ou sulfanilique) et du sulfate d'ammoniaque :

$$C^{14}H^8N^2O^2 + 2(SO^3, HO) = 2CO^2 + C^{12}H^7NS^2O^6 + NH^3.$$

Phényl-urée. Ac. phényl-sulfamique.

La phényl-urée possède tous les caractères d'un alcaloïde : elle se combine avec les acides, le nitrate d'argent, le bichlorure de mercure et le bichlorure de platine.

Les *sels de phényl-urée* possèdent une réaction acide.

Le *nitrate de phényl-urée*, $C^{14}H^8N^2O^2, NHO^6$, est très-peu soluble dans l'eau, et se dépose en croûtes cristallines ou en petits prismes groupés en mamelons.

Le *nitrate d'argent et de phényl-urée*, $C^{14}H^8N^2O^2, NAgO^6$, s'obtient par le mélange de dissolutions bouillantes de phényl-urée et de nitrate d'argent. Lorsqu'elles ne sont pas trop étendues, le sel cristallise par le refroidissement en aiguilles groupées. Il ne tarde pas à se colorer sous l'influence de la lumière.

Le *chlorhydrate de phényl-urée*, $C^{14}H^8N^2O^2, HCl$, cristallise de sa solution aqueuse sous forme de petites aiguilles radiées.

L'*oxalate de phényl-urée* cristallise mal en mamelons satinés.

Le *chloromercurate de phényl-urée* se précipite sous la forme d'une poudre cristalline par le mélange des dissolutions de phényl-urée et de bichlorure de mercure.

Le *chloroplatinate de phényl-urée*, $C^{14}H^8N^2O^2, HCl, PtCl^2$, se présente en fort beaux cristaux. On l'obtient en dissolvant la phényl-urée dans l'eau bouillante, ajoutant un excès d'acide chlorhydrique, puis une dissolution de bichlorure de platine; par le refroidissement de la liqueur, il se dépose de longs prismes orangés.

Diphényl-urée, ou flavine, $C^{26}H^{12}N^{2}O^{2}$. — Cette urée[1] se produit par le sulfhydrate d'ammoniaque et la binitrobenzophénone[2].

$$C^{26}H^{8}N^{2}O^{10} + 12\ HS = C^{26}H^{12}N^{2}O^{2} + 8\ HO + 12\ S.$$

Elle forme de belles aiguilles, incolores ou d'un jaune pâle, presque insolubles dans l'eau, solubles dans l'alcool et l'éther. Elle dégage de l'aniline par la potasse en fusion.

Le *chlorhydrate de diphényl-urée* est très-soluble dans l'eau, et cristallise en lames allongées; il est un peu moins soluble dans l'alcool, et il est plus avantageux de le faire cristaliser dans ce dernier liquide. Par la distillation, il se décompose, donne un résidu volumineux de charbon, et un faible sublimé blanc, pulvérulent.

Le *bichloroplatinate de diphényl-urée*, $C^{26}H^{12}N^{2}O^{2}$, 2 (HCl, PtCl²), est un précipité jaune et pulvérulent, qui s'obtient par le mélange de dissolutions peu étendues de chlorhydrate de diphényl-urée et de bichlorure de platine.

Phényléthyl-urée, $C^{18}H^{12}N^{2}O^{2}$. — Suivant M. Wurtz, l'aniline (phénylammoniaque) se dissout immédiatement dans l'éther cyanique, en dégageant beaucoup de chaleur : par le refroidissement la liqueur se prend en une masse cristalline de phényléthyl-urée. La potasse décompose lentement cette uréé en acide carbonique, aniline et éthylamine.

ACIDE SULFOCYANHYDRIQUE.

Syn. : acide rhodanhydrique.

$$\text{Composition} : C^{2}HNS^{2} = CyHS^{2} = \left.\begin{matrix} CyS \\ HS \end{matrix}\right\}$$

§ 238. La formation de cet acide[3] ou de ses sels a lieu dans les réactions suivantes : par la calcination du cyanure de potassium, du ferrocyanure de potassium et d'autres cyanures avec du

[1] LAURENT et CHANCEL (1847), *Compt. rend. des Trav. de Chim.*, 1849, p. 115.

[2] Voy. SÉRIE BENZOÏQUE, *Groupe benzoïque.*

[3] RINK (1804), *Neues allgem. Journ. d. Chem. de Gehlen.*, II, 460. — PORRETT, *Philos. Transact.*, 1814, p. 527. *Annals of Philos.*, XIII, 356. — WOEHLER, *Ann. de Phys. de Gilb.*, LXIX, 271. — BERZÉLIUS, *Journ. f. Chem. u. Phys. von Schweigger*, XXXI, 42. — LIEBIG, *Ann. de Poggend.*, XV, 548. *Ann. der Chem. u.*

soufre, par l'ébullition d'une solution de cyanure de potassium avec du soufre, par la calcination du charbon azoté avec du sulfate de potasse ou avec un mélange de carbonate de potasse et de soufre; par l'action du gaz cyanogène sur le sulfure et le bisulfure de potassium à une température élevée; par la réaction de certains cyanures et polysulfures, comme le cyanure de mercure et le bisulfure de potassium, mélangés en dissolution aqueuse. Une semblable réaction s'effectue lorsqu'on mélange de l'acide cyanhydrique avec de l'ammoniaque, des fleurs de soufre et un peu de sulfhydrate d'ammoniaque, celui-ci dissolvant le soufre pour former un polysulfure qui cède ensuite son soufre à l'acide cyanhydrique. L'acide cyanhydrique chargé d'hydrogène sulfuré, comme par exemple l'acide obtenu par le procédé de Vauquelin, en décomposant une solution de cyanure de mercure par l'hydrogène sulfuré, un semblable acide exposé à l'air se charge aussi d'acide sulfocyanhydrique.

L'acide sulfocyanhydrique se produit en outre dans les métamorphoses des corps à la formation desquels ont concouru à la fois le sulfure de carbone et l'ammoniaque : ainsi, dans la métamorphose d'une solution aqueuse d'acide sulfocarbamique, dans l'action des alcalis sur la xanthogénamide (§ 122). L'essence de moutarde en qualité d'éther sulfocyanhydrique (sulfocyanure d'allyle) donne aussi de l'acide sulfocyanhydrique.

Lorsqu'on calcine des matières animales avec de l'acide sulfurique concentré, le résidu dégage par une plus forte chaleur, entre autres produits, du sulfocyanhydrate d'ammoniaque[1]. L'hydrogène sulfuré, en agissant sur le fulminate de cuivre ammoniacal, produit, outre de l'urée, de l'acide sulfocyanhydrique. Enfin M. L. Gmelin a reconnu la présence d'une très-petite quantité de sulfocyanure de potassium ou de sodium dans la salive de l'homme et du mouton. Les eaux distillées des crucifères (cochléaria, moutarde, raifort) présentent aussi, avec les sels de fer, la réaction caractéristique de l'acide sulfocyanhydrique.

On peut obtenir l'acide sulfocyanhydrique en décomposant le sulfocyanure mercureux desséché, disposé dans un tube de verre,

Pharm. X, 9; XXVI, 174; XXXIX, 199; L, 337; LIII, 330. — PARNELL, *ibid.*, XXXIX, 198. — VOELCKEL. *ibid.*, XLIII, 80. *Ann. de Poggend.*, LVIII, 135; LXI, 353; LXII, 106 et 607.

[1] O. HENRY, *Journ. de Chim. médic.*, XXI, 391.

par du gaz chlorhydrique ou sulfhydrique sec; l'acide sulfocyanhydrique se dépose alors sur les parois du tube sous la forme d'une huile incolore, qui cristallise par le froid en une masse radiée, mais qui se décompose promptement en acide cyanhydrique et en acide persulfocyanhydrique.

On prépare l'acide aqueux en décomposant le sulfocyanure argentique ou mercureux, en suspension dans l'eau, par l'hydrogène sulfuré, et en enlevant l'excès de ce gaz, soit par une nouvelle addition de sulfocyanure, soit par une évaporation extrêmement ménagée. Le même acide peut s'obtenir, en solution, par la décomposition du sulfocyanure de baryum au moyen de l'acide sulfurique dilué, dont on évite tout excès.

On pourrait aussi obtenir l'acide sulfocyanhydrique en distillant le sulfocyanure de potassium avec un acide très-dilué (sulfurique phosphorique, oxalique ou tartrique); mais il est difficile de l'avoir ainsi pur.

L'acide sulfocyanhydrique constitue un liquide incolore, qui se prend à — 12°,5 en prismes hexagones. Il bout à 102°,5 (Vogel; à 85°, Artus), a une odeur piquante comme celle de l'acide acéque, rougit fortement le tournesol, possède une saveur très-acide, et agit comme poison à la manière de l'acide cyanhydrique (peut-être parce qu'il se décompose en cet acide).

Il colore en rouge de sang la solution des sels ferriques; il rougit même déjà le papier à filtrer ordinaire, en raison du fer que celui-ci renferme.

L'acide dilué se conserve pendant quelque temps; mais il dépose peu à peu par l'action de l'air, une poudre jaune d'acide persulfocyanhydrique. Le même produit s'obtient toujours en certaine quantité dans la distillation de l'acide sulfocyanhydrique.

La solution aqueuse de cet acide se décompose en partie par l'ébullition, en donnant, soit de l'acide carbonique, du sulfure de carbone et de l'ammoniaque,

$$2\ C^2\ \text{N}\text{H}S^2 + 4\ \text{H}O = 2\ CO^2 + 2\ CS^2 + 2\ \text{N}\text{H}^3;$$

soit de l'acide carbonique, de l'hydrogène sulfuré et de l'ammoniaque.

$$C^2\text{H}\text{N}S^2 + 4\ \text{H}O = 2\ CO^2 + 2\text{H}S + \text{N}\text{H}^3_{?};$$

soit enfin de l'acide cyanhydrique et de l'acide persulfocyanhydrique,

$$3\ C^2\text{H}\text{N}S^2 = \underset{\text{Ac. cyanhyd.}}{C^2\text{H}\text{N}} + \underset{\text{Ac. persulfocyan.}}{C^4\text{H}^2\text{N}^2S^6}.$$

Ces décompositions s'effectuent d'une manière plus prompte lorsqu'on fait bouillir l'acide sulfocyanhydrique avec des acides concentrés.

Saturé avec de l'hydrogène sulfuré, l'acide sulfocyanhydrique donne à la longue du sulfure de carbone et de l'ammoniaque,

$$C^2NHS^2 + 2\,HS = 2\,CS^2 + NH^3.$$

Le chlore et l'acide nitrique occasionnent dans l'acide sulfocyanhydrique un précipité jaune de persulfocyanogène.

Avec le zinc métallique, l'acide sulfocyanhydrique dégage, par une douce chaleur, de l'hydrogène sulfuré. Le fer détermine cette réaction avec plus de lenteur.

Dérivés métalliques de l'acide sulfocyanhydrique.
Sulfocyanures (ou rhodanures).

§ 239. L'acide sulfocyanhydrique est un acide monobasique ; les sulfocyanures métalliques renferment :

$$C^2MNS^2 = CyMS^2 = \left.\begin{matrix} CyS \\ MS \end{matrix}\right\}.$$

Ces sels[1] sont en grande partie solubles dans l'eau, et même dans l'alcool. Les sulfocyanures solubles donnent un précipité blanc, insoluble dans l'eau (sulfocyanure cuivreux), avec un mélange de sulfate cuivrique et de sulfate ferreux ; ils précipitent également en blanc les sels de mercurosum, d'argent et d'or. Ils donnent avec les sels fer-

[1] Beaucoup de sulfocyanures ont été décrits par Claus, *Journ. f. prakt. Chem.*; XV, 401, et Meitzendorff, *Ann. de Poggend.*, LVI, 63. — Plusieurs chimistes supposent dans les sulfocyanures et dans l'acide sulfocyanhydrique l'existence d'un radical particulier (*sulfocyanogène* ou *rhodanogène*), différent du cyanogène. Ces chimistes méconnaissent entièrement l'analogie qui rattache ces combinaisons aux autres combinaisons organiques sulfurées qui dérivent du type hydrogène sulfuré (type eau, dans lequel l'oxygène est remplacé par son équivalent de soufre). Toutes les réactions des sulfocyanures sont en effet d'accord pour prouver que l'acide sulfocyanhydrique est aux composés cyaniques ce que le mercaptan ou acide éthyl-sulfhydrique est aux composés éthyliques, ce que l'acide sulfhydrique est aux composés hydriques. Ces rapports deviennent évidents si l'on exprime la composition des corps précédents par des formules à 2 volumes, dans ma notation :

	Notion unitaire (à 2 vol.).	Notion dualistique (à 4 vol.).
Acide sulfhydrique	$\left.\begin{matrix} H \\ H \end{matrix}\right\} S,$	$\left.\begin{matrix} HS \\ HS \end{matrix}\right\},$
Sulfhydrates	$\left.\begin{matrix} H \\ M \end{matrix}\right\} S,$	$\left.\begin{matrix} HS \\ MS \end{matrix}\right\},$

riques une coloration d'un rouge de sang, ou d'un jaune rougeâtre quand les liquides sont très-étendus ; cette coloration se distingue de la nuance semblable que peuvent présenter d'autres sels ferriques, en ce qu'elle ne devient pas d'un jaune pâle par l'addition de beaucoup d'acide chlorhydrique, et que le mélange dégage par le zinc de l'hydrogène sulfuré, qui noircit une bande de papier imprégnée d'acétate de plomb et maintenue par-dessus.

Les acides étendus ne dégagent à froid l'acide sulfocyanhydrique, reconnaissable à son odeur piquante, que des sulfocyanures correspondant à des sulfures qui sont décomposés par les mêmes acides : ainsi ils ne décomposent pas les sulfocyanures de mercure, de cuivre, d'argent.

L'acide nitrique et le chlore précipitent du persulfocyanogène (§ 250) dans la solution des sulfocyanures. Tous les sulfocyanures se décomposent, par une calcination plus ou moins forte, en azote, cyanogène, sulfure de carbone, et sulfures. Calcinés avec de l'hydrate de potasse, ils dégagent du carbonate d'ammoniaque.

§ 240. *Sulfocyanure d'ammonium*, ou *sulfocyanhydrate d'ammoniaque*, Ꞓy$(NH^4)S^2$. — Ce sel cristallise dans une solution aqueuse très-concentrée, abandonnée sur l'acide sulfurique, en tables anhydres très-déliquescentes, qui fondent à 145° (Liebig ; à 170°, Voelckel) en un liquide incolore. Ce sel est aussi très-soluble dans l'alcool.

On prépare le sulfocyanhydrate d'ammoniaque en décomposant le sulfocyanure de cuivre par le sulfhydrate d'ammoniaque, filtrant et évaporant le liquide filtré.

Un autre procédé consiste à traiter l'acide cyanhydrique avec une dissolution de soufre dans le sulfhydrate d'ammoniaque. Si l'on mélange de l'acide cyanhydrique aqueux et concentré avec un peu d'ammoniaque et de sulfhydrate d'ammoniaque, et qu'on chauffe le mélange après y avoir ajouté de la fleur de soufre, l'acide cyan-

Sulfures	$\left.\begin{matrix}M\\M\end{matrix}\right\}S,$	$\left.\begin{matrix}MS\\MS\end{matrix}\right\},$
Acide éthyl-sulfhydrique, ou mercaptan	$\left.\begin{matrix}C^2H^5\\H\end{matrix}\right\}S,$	$\left.\begin{matrix}C^4H^5.S\\HS\end{matrix}\right\},$
Éthyl-sulfures, ou mercaptides. . .	$\left.\begin{matrix}C^2H^5\\M\end{matrix}\right\}S,$	$\left.\begin{matrix}C^4H^5.S\\MS\end{matrix}\right\},$
Acide cyan-sulfhydrique ou sulfocyanhydrique	$\left.\begin{matrix}Cy\\H\end{matrix}\right\}S,$	$\left.\begin{matrix}Ꞓy\\HS\end{matrix}\right\},$
Cyan-sulfures, ou sulfocyanures. . .	$\left.\begin{matrix}Cy\\M\end{matrix}\right\}S,$	$\left.\begin{matrix}CyS\\MS\end{matrix}\right\},$

hydrique se convertit en peu d'instants en sulfocyanhydrate d'ammoniaque. On évapore et l'on dissout le résidu dans l'alcool, qui dépose alors, par la concentration, des cristaux de ce sel. M. Liebig recommande comme avantageuses les proportions suivantes : on sature par l'hydrogène sulfuré 60 grammes d'ammoniaque caustique de 0,95 densité, on mélange le produit avec 180 grammes de la même ammoniaque, on y ajoute 60 grammes de fleur de soufre, puis le produit distillé provenant de 180 grammes de ferrocyanure de potassium, 90 grammes d'acide sulfurique concentré et 40 grammes d'eau. On met ce mélange en digestion au bain-marie, jusqu'à ce que le soufre ne change plus d'aspect et que le liquide ait pris une couleur jaune; on porte à l'ébullition pour éloigner tout le sulfhydrate, on filtre, et l'on évapore à cristallisation. On obtient ainsi 40 à 50 grammes de sulfocyanhydrate d'ammoniaque blanc et sec, qui peut servir comme réactif aux mêmes usages que le sulfocyanure de potassium. 15 grammes de soufre restent non dissous.

La distillation sèche détruit le sulfocyanhydrate d'ammoniaque. Ce sel, qui commence à brunir vers 200°, dégage alors du sulfure de carbone, de l'hydrogène sulfuré et de l'ammoniaque, en laissant du mélam, qui finit lui-même par se convertir en hydromellon[1].

$$4\,\text{Cy}(\text{NH}^4)\text{S}^2 = 2\,\text{CS}^2 + 4\,\text{HS} + 2\,\text{NH}^3 + 3\,\text{NH}^2\text{Cy}$$

Sulfocyam. d'ammonium. — Mélam.

$$6\,\text{NH}^2\text{Cy} = 3\,\text{NHCy}^2_3 + 3\,\text{NH}^3.$$

Mélam. — Hydromellon.

[Voy. plus bas les *sulfocyanures de zincammonium*, *de cadmiammonium*, *et de cuprammonium*.]

§ 241. *Sulfocyanure de potassium*, CyKS². — Il forme de longs prismes striés, ou des aiguilles terminées par un pointement à 4 faces, qui ressemblent beaucoup au salpêtre, et ne renferment pas d'eau de cristallisation. Il est très-déliquescent, fusible, et très-soluble dans l'alcool bouillant. Sa saveur, fraîche et piquante, rappelle celle du raifort. Il est vénéneux.

On le prépare en chauffant au rouge obscur, dans un creuset cou-

[1] Selon M. Voelckel (*Ann. de Poggend.*, LXI, 353; LXIII, 106; LXV, 312), il se formerait, dans la distillation sèche du sulfocyanhydrate d'ammoniaque, avant le mélam et l'hydromellon, plusieurs composés intermédiaires, qu'il considère comme des *sulfides d'alphène*, *de phélène*, etc. Les expériences que ce chimiste rapporte à ce sujet ne me paraissent pas concluantes.

vert, un mélange intime de 2 p. de ferrocyanure jaune de potassium, préalablement privé de son eau de cristallisation, avec 1 p. de fleur de soufre, jusqu'à ce qu'il se développe de la masse fondue des bulles qui brûlent à l'air avec une flamme rouge. On dissout ensuite la masse dans l'eau, et après en avoir précipité le fer, à l'ébullition, par du carbonate de potasse, on l'évapore à siccité. On traite le résidu par l'alcool, et on abandonne la solution à l'évaporation spontanée. — Si, dans cette préparation, on ne chauffe pas assez fort, une partie du ferrocyanure n'est pas décomposée, et l'extrait aqueux donne encore du bleu de Prusse avec les sels ferriques. Si l'on chauffe, au contraire trop fort, une partie du sulfocyanure passe à l'état de mellonure [$9\,CyKS^2 = C^{12}K^3N^9 + 6KS + 6CS^2$; par la dissolution du produit dans l'eau on a $C^{12}K^3N^9 + 2\,HO = KO, HO + C^{12}HK^2NS^9$, c'est-à-dire de potasse caustique et du mellonure]. C'est ce mellonure qui reste à l'état insoluble par le traitement à l'alcool. — M. L. Gmelin recommande, pour la préparation d'un sel pur, de réduire par l'évaporation le liquide séparé du précipité ferrugineux, à l'aide du filtre, et de le mélanger ensuite avec de l'alcool à 36°. Celui-ci précipite alors le ferrocyanure de potassium non décomposé, ainsi que le carbonate de potasse employé en excès et d'autres impuretés; le liquide filtré, abandonné ensuite au froid, dépose souvent des cristaux de mellonure de potassium; on filtre, on éloigne l'alcool par la distillation, et l'on évapore à cristallisation.

Pour éviter l'emploi de l'alcool, M. Meillet [1] neutralise par l'acide acétique le liquide filtré, séparé du précipité ferrugineux, évapore, et purifie par la cristallisation le sulfocyanure de potassium. On peut mélanger l'eau-mère avec de l'acétate de plomb, qui précipite ainsi tout le sulfocyanure à l'état de sel de plomb.

La solution aqueuse du sulfocyanure de potassium se décompose à la longue, en émettant de l'ammoniaque; cette décomposition est plus prompte à l'ébullition. Le sel se conserve mieux en solution alcoolique. En solution concentrée, il dissout le cyanure d'argent récemment précipité; l'eau précipite de la solution du sulfocyanure d'argent cristallin. Il dissout également en grande quantité le chlorure d'argent récemment précipité. Enfin il dissout le sulfocyanure d'argent, et donne avec lui une combinaison cristallisée.

[1] MEILLET, *Journ. de Pharm.*, XXVII, 628.

Le sulfocyanure de potassium, fondu à l'abri de l'air, supporte le rouge sombre sans se décomposer; mais quand on calcine à l'air, il donne du sulfate. Si le sel est humide, on obtient du sulfure, avec un dégagement de carbonate d'ammoniaque.

Lorsqu'on fait passer du chlore sec sur le sulfocyanure de potassium en fusion, il se boursoufle considérablement, jaunit, devient opaque, et s'épaissit de plus en plus jusqu'à ce qu'il soit entièrement solide. Il se volatilise du chlorure de soufre, ainsi que du chlorure solide de cyanogène (environ 4 ou 5 p. c. du sulfocyanure employé), qui se sublime en aiguilles. A un certain moment on voit s'élever une épaisse vapeur rouge, qui produit un sublimé feuilleté, rouge ou rouge jaunâtre. Selon M. Liebig, le résidu se compose de chlorure de potassium et de mellon impur. Le sublimé rouge renferme jusqu'à 67,9 p. c. de soufre. Si l'on traite le résidu par l'eau, celle-ci dissout le chlorure de potassium, et laisse une poudre jaune clair à peu près exempte de soufre, très-soluble dans les alcalis, ainsi que dans l'acide nitrique qui la transforme par l'ébullition en acide cyanilique; après avoir été calcinée, cette même poudre a les caractères du mellon. — Suivant M. Voelckel[1] le sublimé rouge et le mellon ne se produisent pas si le chlore est entièrement sec et exempt d'acide chlorhydrique.

Lorsqu'on fait passer du chlore dans la solution aqueuse du sulfocyanure de potassium, la liqueur devient immédiatement acide, et il se produit un précipité orangé de persulfocyanogène (§ 250). Le précipité est d'autant plus rouge que la solution est plus concentrée; il ne se forme pas dans une solution très-étendue.

Une solution alcoolique d'iode n'est pas décolorée par une solution alcoolique de sulfocyanure de potassium, même à l'ébullition.

L'acide nitrique concentré précipite du persulfocyanogène dans une solution de sulfocyanure de potassium.

Lorsqu'on fait passer du gaz chlorhydrique sec sur du sulfocyanure de potassium en fusion, la matière s'échauffe considérablement : il se développe de l'acide cyanhydrique, du sulfure de carbone, du sel ammoniac, et il se sublime une épaisse matière rouge jaunâtre. Ce sublimé rouge exhale à l'air humide des vapeurs acides qui rougissent les sels ferriques. Peu soluble dans l'eau froide, il se dissout aisément dans l'eau bouillante, en dégageant du sul-

[1] Voelckel, *Ann. de Poggend.*, LVIII, 152. *Ann. der Chem. u. Pharm.*, XLIII, 97.

fure de carbone. Par le refroidissement de cette solution, il se dépose une poudre rouge, contenant beaucoup de soufre. La solution de ce corps rouge précipite dans le nitate d'argent d'abondants flocons jaunes, qui noircissent quand on les chauffe dans le liquide, et dégagent un gaz (Liebig).

Une combinaison de *sulfocyanure de potassium et de cyanure de mercure*, $2CyKS^2, CyHg$, s'obtient sous la forme de larges lamelles ou d'aiguilles, incolores, peu solubles dans l'eau froide, très-solubles dans l'eau bouillante, lorsqu'on fait cristalliser ensemble les deux sels (Boeckmann).

Sulfocyanure de sodium, $CyNaS^2$. — Tables rhombes, fort déliquescentes, et très-solubles dans l'eau et l'alcool.

Sulfocyanure de baryum, $CyBaS^2 + 2$ aq. — Longues aiguilles brillantes, déliquescentes, très-solubles dans l'eau et l'alcool, et contenant 12,4 p. c. d'eau qu'elles perdent entre 160 et 170°.

Une combinaison de *sulfocyanure de baryum et de cyanure de mercure*, $2CyBaS^2, CyHg$, s'obtient en paillettes nacrées (Boeckmann).

Sulfocyanure de strontium, $Cy\,Sr\,S^2 + 3$ aq. — Mamelons déliquescents, très-solubles dans l'eau et l'alcool.

Sulfocyanure de calcium, $CyCaS^2 + 3$ aq. — Aiguilles, déliquescentes, très-solubles dans l'eau et l'alcool.

Une combinaison de *sulfocyanure de calcium et de cyanure de mercure*, $2CyCaS^2, CyHg$, s'obtient en paillettes brillantes (Boeckmann).

Sulfocaynure de magnésium, $CyMgS^2 + 4$ aq. — Cristaux confus, très-solubles dans l'eau et l'alcool.

Une combinaison de *sulfocyanure de magnésium et de cyanure de mercure* s'obtient sous la forme d'une poudre blanche et cristalline (Boeckmann).

Sulfocyanure d'aluminium. — Masse gommeuse, dont la solution se décompose par l'évaporation.

Sulfocyanure de zinc, $CyZnS^2$. — Il se dépose dans l'alcool en cristaux anhydres; il est aussi très-soluble dans l'eau. Ce sel se dissout dans l'ammoniaque, et la solution donne, par l'évaporation, des prismes rhomboïdaux de *sulfocyanure de zincammonium*, $Cy(NH^3Zn)S^2$, que l'eau décompose.

Sulfocyanure de cadmium, $CyCdS^2$ — Il constitue des cristaux brillants, incolores, peu solubles, et anhydres. L'ammoniaque les dissout en donnant des cristaux de *sulfocyanure de cadmiammonium*, Ȼy(NH^{3}Cd)S^2, que l'eau décompose.

Sulfocyanure de nickel. — En saturant l'acide sulfocyanhydrique par l'oxyde de nickel, on obtient un liquide vert, incristallisable, qui se dessèche en une poudre jaune cristalline. Ce sel se dissout dans l'ammoniaque avec une couleur bleue, et donne des cristaux bleus et efflorescents, Ȼy(NH^{3}Ni)S^2+NH^3, qui se décomposent par l'eau.

Sulfocyanure de cobalt. — Lorsqu'on sature l'acide sulfocyanhydrique par l'hydrate de cobalt récemment précipité, on obtient un liquide rouge brun, qui bleuit par la concentration et laisse finalement une masse cristalline, d'un brun jaunâtre, très-soluble dans l'eau et l'alcool. Ce sel se combine avec l'ammoniaque.

§ 243. *Sulfocyanure de cuivre.* — On connaît des sels cuivreux et de sels cuivriques.

Le *sel cuivreux*, ȻyȻu S^2, se précipite à l'état d'une poudre blanche, lorsqu'on ajoute à la solution du sulfocyanure de potassium un mélange de sulfate cuivrique et de sulfate ferreux. Il est insoluble dans l'eau et dans les acides, qui ne le décomposent pas; mais il se dissout dans l'ammoniaque, et donne une combinaison cristalline.

Le *sel cuivrique*, ȻyCuS^2, est une poudre noire et cristalline, qu'on obtient en précipitant la solution concentrée d'un sel cuivrique par du sulfocyanure de potassium, qu'on a soin de ne pas employer en excès. Le précipité se décompose par les lavages, en passant à l'état de sel cuivreux. Il ne se produit pas si l'on prend des solutions étendues.

Il se dissout dans l'ammoniaque, et donne de petites aiguilles bleues de *sulfocyanure de cuprammonium* Ȼy(NH^{3}Cu)S^2.

Le sulfocyanure cuivrique se dissout aussi dans une solution concentrée de sulfocyanure de potassium, avec une couleur brune. Lorsqu'on ajoute de l'eau à la solution, il se précipite du sulfocyanure cuivreux mélangé d'une combinaison jaune[1] de *sel cuivrique et de sel cuivreux*, ȻyCuS^2,ȻyȻuS^2. Celle-ci s'obtient à l'état de pureté lorsqu'on fait dissoudre du sulfocyanure cuivrique dans une solution alcoolique et chaude de sel de potassium. C'est une poudre jaune, de la couleur de l'orpiment, amorphe, inaltérable dans l'eau, insoluble dans le sulfocyanure de potassium. Elle n'est pas at-

[1] HULL (1850), *Ann. der Chem. u. Pharm.*, LXXVI, 93.

taquée par l'acide chlorhydrique, ni à chaud, ni par l'addition du chlorate de potasse; mais l'acide nitrique la décompose avec violence en produisant de l'acide sulfurique.

La même combinaison paraît se produire lorsqu'on chauffe doucement le sulfocyanure cuivrique sec sur une lame de platine à la lampe à esprit-de-vin.

§ 244. *Sulfocyanures de fer.* — On connaît un sel ferreux et un sel ferrique.

Le *sel ferreux* est soluble, vert pâle, et fort altérable.

Le *sel ferrique* est d'un rouge de sang, presque noir, incristallisable, déliquescent, soluble dans l'eau et l'alcool; c'est le plus caractéristique des sulfocyanures. Toutes les fois qu'on mélange un sulfocyanure avec un sel ferrique, il se produit une coloration rouge de sang. Les alcalis la font disparaître en précipitant de l'oxyde ferrique. Plusieurs acides, tels que les acides phosphorique, arsénique, iodique et oxalique, même en petite quantité, décolorent le liquide: mais l'addition d'un sel ferrique rétablit la coloration rouge. L'acide chlorhydrique, même concentré, n'exerce sur le sel aucun pouvoir décolorant. L'acide nitrique, au contraire, le décolore en détruisant le sulfocyanure.

Sulfocyanure de manganèse. — Sel très-soluble.

Sulfocyanures d'urane. — Il existe un sel uraneux et un sel uranique.

Le *sel uraneux* forme une masse vert foncé, soluble et cristalline. Le *sel uranique* est aussi soluble dans l'eau, insoluble dans l'alcool.

Sulfocyanure de bismuth, Ꞡy bi S^2. — Poudre jaune[1].

§ 245. *Sulfocyanure de plomb*, ꞠyPbS^2. — Il se dépose peu à peu, sous la forme de cristaux jaunes, opaques et brillants, lorsqu'on mélange de l'acétate de plomb avec une solution de sulfocyanure de potassium.

Ces cristaux[2] appartiennent au système monoclinique. Faces dominantes, $+ P. - 3 P. oP. \infty P 2. + 3 P \infty$. Inclinaison des faces, $\infty P 2 : \infty P 2$ dans le plan de la diagonale oblique et de l'axe principal $= 120°38'$; $oP : \infty P 2 = 111°31'$; $oP : + P = 116°55'$; $oP : - 3 P = 119°3'$; $oP : + 3 P \infty = 87°45'$. Valeurs des axes, $a : b : c :: 1 : 1,162 : 0,923$; inclinaison de l'axe princi-

[1] bi $= \frac{1}{3}$ Bi.

[2] SCHABUS, *Sitzungsb. der Acad., der Wissench. zu Wien.;* janvier 1850, p. 108.

pal a sur la diagonale oblique $b=65° 20'$. La pesanteur spécifique des cristaux est égale à 3,82.

Le sulfocyanure de plomb n'est que lentement décomposé par l'hydrogène sulfuré. Il est insoluble dans l'eau; l'eau bouillante le transforme peu à peu en un sous-sel jaune.

Le *sous-sulfocyanure de plomb*, $CyPbS^2$, PbO, HO, s'obtient lorsqu'on précipite le sulfocyanure de potassium par l'acétate de plomb ammoniacal, ou par le sous-acétate de plomb. C'est un précipité blanc et caillebotté, que la dessiccation rend jaunâtre et pulvérulent.

Sulfocyanure d'argent, $CyAgS^2$. — C'est un précipité blanc, caillebotté, insoluble dans l'eau, et soluble dans l'ammoniaque, d'où il cristallise en paillettes brillantes, qui ne renferment pas d'ammoniaque. Le chlore sec et exempt de gaz chlorhydrique le convertit en chlorure de cyanogène solide, chlorure de soufre et chlorure d'argent. Si le chlore est humide et acide il se forme en outre un sublimé rouge.

Le sulfocyanure d'argent se dissout aisément dans le sulfocyanure de potassium; la solution saturée étant abandonnée sur l'acide sulfurique dépose des octaèdres rhomboïdaux d'un *sulfocyanure de potassium et d'argent*, $CyKS^2$,$CyAgS^2$. Cette combinaison est entièrement décomposée par l'eau, qui en précipite du sulfocyanure d'argent cristallin. Elle fond à 140° sans se décomposer; mais une plus forte chaleur l'altère (Hull).

Sulfocyanures de mercure. — Il existe des sels mercureux et des sels mercuriques[1].

Le *sel mercureux*, $CyHgS^2$, est un précipité blanc, qui se forme par le mélange du nitrate mercureux et du sulfocyanure de potassium (Woehler); les solutions doivent être très-étendues (Claus). Le précipité desséché se boursoufle brusquement par l'action de la chaleur, et exhale du gaz azote, du sulfure de carbone et de la vapeur de mercure, en laissant une masse grise, semblable à du graphite, et que la calcination transforme en mellon. L'eau bouillante convertit le sel en mercure métallique et en sulfocyanure mercurique.

Le *sel mercurique*, $Cy\,HgS^2$, s'obtient sous la forme d'un précipité blanc, composé d'aiguilles anhydres, lorsqu'on mélange du

[1] Woehler, *Ann. d. Phys. von Gilbert*, LXIX, 272. — Berzélius, *Journ. f. Chem. u. Phys. von Schweigger*, XXXI, 56. — Claus, *Journ. f. prakt. Chem.*, XV, 406. — Crookes, *Ann. der Chem. u. Pharm.*, LXXVIII, 183.

chlorure mercurique avec une solution de sulfocyanure de potassium ; il est fort peu soluble dans l'eau, et assez soluble dans l'alcool (Crookes). Lorsqu'on dissout de l'oxyde mercurique dans l'acide sulfocyanhydrique, on obtient, par l'évaporation, des aiguilles qui, selon Berzelius, renferment de l'eau.

Lorsqu'on ajoute de l'ammoniaque à la solution du sel précédent, il se précipite une poudre citrine d'un *sous-sel* qui se décompose brusquement à 180°, et laisse, par la calcination, du mellon. Suivant M. Claus, ce sous-sel renferme Ɠy Ħg S^2, 2 HgO.

Une combinaison de *sulfocyanure de mercure et de potassium*, 2 Ɠy Hg S^2, Ɠy KS^2, s'obtient lorsqu'on broie le chlorure mercureux avec une solution concentrée de sulfocyanure de potassium. Il se produit ainsi un magma noir, qu'on jette sur le filtre; le liquide filtré donne, par l'évaporation, un mélange de tables jaunes et de cubes ou d'octaèdres qu'on parvient aisément à séparer par un simple triage. Les tables jaunes représentent la combinaison en question. On purifie ce sel par la cristallisation dans l'alcool bouillant, où il se dépose en aiguilles radiées parfaitement blanches et nacrées. Ce sel, peu soluble dans l'eau froide, s'y dissout plus aisément à chaud. Il est très-soluble dans une solution de sel ammoniac ou de chlorure de potassium. Il se dissout aisément dans l'alcool, surtout bouillant; l'éther le dissout également. Sa solution aqueuse précipite par l'ammoniaque le sous-sel précédent.

§ 246. *Sulfocyanure de platine.* — Précipité jaunâtre, insoluble dans l'eau, soluble dans les acides aqueux, et dans certains chlorures métalliques.

Sulfocyanure d'or. — Précipité couleur de chair, soluble dans l'ammoniaque, qui se produit par le mélange des solutions de sulfocyanure de potassium et de chlorure d'or.

Dérivés méthyliques, éthyliques... de l'acide sulfocyanhydrique. Éthers sulfocyanhydriques.

§ 247. La composition des éthers sulfocyanhydriques est entièrement semblable à celle des sulfocyanures métalliques, M y étant remplacé par les groupes méthyle, éthyle, amyle.

Voici les éthers cyanhydriques qu'on a étudiés :

Sulfocyanure de méthyle. $C^4H^3NS^2$ = $\left.\begin{matrix} Ɠy\ S \\ C^2H^3.S \end{matrix}\right\}$

Sulfocyanure d'éthyle. . . $C^6H^5NS^2 = \left.\begin{matrix} Cy\ S \\ C^4H^5.S \end{matrix}\right\}$

Sulfocyanure d'amyle. . . $C^{12}H^{11}NS^2 = \left.\begin{matrix} Cy\ S \\ C^{10}H^{11}.S \end{matrix}\right\}$

§ 248. *Sulfocyanure de méthyle*[1], $C^4H^3NS^2$. — Lorsqu'on distille un mélange de parties égales de sulfocyanure de potassium et de méthyl-sulfate de chaux, employés tous deux en solution concentrée, il passe, avec la vapeur d'eau, un liquide jaunâtre, pesant, qui, après avoir été desséché sur du chlorure de calcium, présente un point d'ébullition sensiblement fixe : les $^2/_{10}$ du produit passent entre 132 et 133°; pour les dernières portions la température s'élève de quelques degrés. La préparation de ce produit est difficile à conduire, en raison des nombreux soubresauts du liquide, qui déterminent souvent des projections. Il faut avoir soin de chauffer lentement et d'employer des cornues dont la capacité soit au moins décuple de celle du mélange.

Le sulfocyanure de méthyle est un liquide incolore et très-limpide ; il possède une odeur alliacée; sa vapeur est étourdissante. Il bout régulièrement entre 132 et 133°. Sa densité est de 1,115 à 16° ; celle de sa vapeur a été trouvée égale à 2,570 — 2,549. L'eau le dissout en très-faible proportion, et en acquiert néanmoins l'odeur. L'alcool et l'éther le dissolvent en toutes proportions.

Le chlore l'attaque très-lentement à la lumière diffuse, en produisant de beaux cristaux de chlorure de cyanogène solide; il se forme en même temps une grande quantité d'une huile jaune, pesante, qui se solidifie au contact de l'ammoniaque.

La potasse l'attaque à peine à froid. Une dissolution alcoolique de potasse le décompose à chaud, en donnant naissance à de l'ammoniaque et à du bisulfure de méthyle; on trouve dans le résidu du cyanure de potassium et du carbonate de potasse.

L'ammoniaque liquide l'altère assez promptement, en donnant naissance à une matière brune analogue à l'ulmine, et à une substance blanche cristallisée; cette dernière ne se forme qu'en faible proportion.

Une solution alcoolique de sulfure de potassium donne du sulfocyanure de potassium et du sulfure de méthyle.

L'acide nitrique de concentration moyenne dissout à chaud le sul-

[1] CAHOURS (1845), *Ann. de Chim. et de Phys.*, [3] XVIII, 261.

focyanure de méthyle, et l'abandonne de nouveau par le refroidissement. Si l'on maintient l'ébullition, on finit par obtenir de l'acide méthyl-sulfureux[1].

Sulfocyanure d'éthyle[2], ou éther sulfocyanhydrique, $C^6H^5NS^2$. — Lorsqu'on sature par l'éther chlorhydrique une solution concentrée de sulfocyanure de potassium, on obtient du chlorure de potassium et du sulfocyanure d'éthyle. La réaction ne s'effectue pas vite; toutefois les rayons du soleil l'accélèrent. Dès qu'elle est terminée, on étend le liquide de son volume d'eau, et l'on distille; puis on mélange le produit distillé avec deux fois son volume d'éther pur, et l'on ajoute assez d'eau pour que l'éther se sépare en tenant en dissolution le sulfocyanure d'éthyle. On sépare ces deux corps par la distillation, et l'on rectifie le dernier sur le chlorure de calcium.

On peut aussi distiller un mélange de parties égales d'éthyl-sulfate de chaux et de sulfocyanure de potassium, tous deux en solution concentrée.

Le sulfocyanure d'éthyle est une liqueur fluide, incolore, réfractant fortement la lumière, d'une saveur anisée et d'une odeur pénétrante, semblable à celle du mercaptan. Sa densité est de 1,020 à 16°. Il bout à 146°; la densité de sa vapeur est de 3,018. Il est insoluble dans l'eau; l'alcool et l'éther le dissolvent en toutes proportions.

On peut le faire bouillir pendant quelque temps avec une lessive de potasse, sans qu'il y ait décomposition; mais si l'on prend une solution alcoolique et bouillante, il se dégage de l'ammoniaque ainsi que du bisulfure d'éthyle. Par l'évaporation de la solution alcoolique, on obtient beaucoup de carbonate, sans trace de sulfocyanure.

Si l'on mélange avec le sulfocyanure d'éthyle une solution alcoolique de sulfure de potassium, il se produit, surtout à chaud, du sulfure d'éthyle et du sulfocyanure de potassium. On ne trouve pas d'ammoniaque parmi les produits.

La solution alcoolique du sulfocyanure d'éthyle ne donne pas de précipité avec les solutions métalliques.

L'acide nitrique décompose le sulfocyanure d'éthyle avec violence, mais il ne se forme que très-peu d'acide sulfurique; on ob-

[1] Voy. SÉRIE ACÉTIQUE, *Groupe méthylique*, § 349.

[2] CAHOURS (1845), *Ann. de Chim. et de Phys.*, [3] XVIII, 264. — LOEWIG, *Annal. de Poggend.*, LXVII, 101. — MUSPRATT, *Ann. der Chem. u. Pharm.*, LXV, 253.

tient, comme produit principal, de l'acide éthyl-sulfureux[1]. Le même acide se produit lorsqu'on traite l'éther sulfocyanhydrique par un mélange d'acide chlorhydrique et de chlorate de potasse; la réaction est souvent si violente que les produits volatils s'enflamment.

Le chlore attaque peu à peu l'éther sulfocyanhydrique; si l'on y fait passer le courant de gaz pendant quelque temps, il se produit beaucoup de chlorure de cyanogène, puis passe une huile jaune pesante, qui se dissout dans l'eau. Le brome l'attaque violemment, et donne des produits cristallisables.

Sulfocyanure d'amyle[2], $C^{12}H^{11}NS^2$. — Pour l'obtenir, on distille dans une cornue spacieuse, munie d'une allonge, environ volumes égaux d'amyl-sulfate de potasse et de sulfocyanure de potassium, tous deux cristallisés. On obtient ainsi une huile, qu'on dessèche sur le chlorure de calcium.

C'est un liquide incolore, très-fluide, qui, après la rectification, bout d'une manière constante à 197°. Sa densité à 20° est égale à 0,905. Il exale une odeur alliacée pénétrante. Il brûle avec une flamme blanche et fuligineuse.

L'acide sulfurique l'attaque peu. L'acide nitrique le convertit, par l'ébullition, en acide amyl-sulfureux[3].

Acide persulfocyanhydrique.

Composition : $C^4H^2N^2S^6 = \text{Cy}^2H^2S^6$.

§ 249. Ce composé[4] se produit par la métamorphose de l'acide sulfocyanhydrique, sous l'influence des acides minéraux :

[1] Voy. Série propionique, *Groupe éthylique*, § 798.

[2] O. Henry fils (1848), *Journ. de Pharm.*, [3] XIV, 247. *Ann. de Chim. et de Phys.*, [3] XXV, 248. — Medlock, *Ann. der Chem. u. Pharm.*, LXIX, 214.

[3] Voy. Série caproïque, *Groupe amylique.*

[4] Woehler (1821), *Ann. d. Phys. von Gilb.*, LXIX, 271. — Woskresensky, *Traité de Chimie organique de M. Liebig*, I, 192. — Liebig, *Ann. der Chem. u. Pharm.*, XLIII, 96. — Voelckel, *ibid.*, XLIII, 74. *Ann de Poggend.*, LVIII, 138; LXI, 149; LXII, 150. — L'acide persulfocyanhydrique et le corps qui est décrit plus loin (§ 250) sous le nom de *persulfocyanogène* correspondent à des combinaisons de sulfure et de bisulfure :

Acide persulfocyanhydrique . . $\text{Cy}^2H^2S^6 = \left\{ \begin{matrix} \text{CyS} & \text{CyS}^2 \\ H\ S' & H\ S^2 \end{matrix} \right\}$.

Persulfocyanogène. . . . . . . $\text{Cy}^3H\ S^6 = \left\{ \begin{matrix} \text{CyS} & \text{CyS}^2 \\ \text{CyS}' & H\ S^2 \end{matrix} \right\}$.

$$3\,CyHS^2 = CyH + Cy^2H^2S^6.$$

Ac. sulfocyanhydriq. Ac. cyanhydriq. Ac. persulfocyanhydriq.

Lorsqu'on fait arriver du gaz chlorhydrique dans une solution concentrée de sulfocyanure de potassium, en évitant l'échauffement par un refroidissement artificiel, il se sépare au bout de quelque temps de l'acide persulfocyanhydrique en grande quantité, en même temps qu'il y a formation d'acide cyanhydrique, d'acide formique et d'ammoniaque (provenant d'une métamorphose secondaire de l'acide cyanhydrique). On obtient le même produit lorsqu'on mélange la solution aqueuse d'un sulfocyanure avec de l'acide sulfurique concentré.

M. Voelckel prépare l'acide persulfocyanhydrique en mélangeant une solution aqueuse de sulfocyanure de potassium, saturée à froid, avec 6 à 8 fois son volume d'acide chlorhydrique, et abandonnant le mélange pendant vingt-quatre heures. La masse se prend peu à peu en une gelée blanche, qui se convertit bientôt en une bouillie de fines aiguilles, qu'on lave avec de l'eau froide.

Ce produit est presque insoluble dans l'eau froide; il se dissout en petite quantité dans l'eau bouillante, qui le dépose, par le refroidissement, en magnifiques aiguilles, jaunes. Il se dissout également dans l'alcool et dans l'éther. Les dissolutions ont une légère réaction acide; elles donnent avec l'acétate de plomb un beau précipité jaune; avec le nitrate d'argent un précipité semblable, qui se décompose aisément en séparant du sulfure d'argent; avec le bichlorure de mercure un précipité blanc jaunâtre; avec le sulfate cuivrique et le chlorure stanneux un précipité jaune; avec le bichlorure de platine un précipité jaune brunâtre. Les autres sels métalliques n'en sont pas précipités.

L'acide chlorhydrique aqueux l'attaque peu à froid, et le décompose en partie, par l'ébullition, en acide carbonique, ammoniaque, hydrogène sulfuré et soufre :

$$Cy^2H^2S^6 + 8\,HO = 4\,CO^2 + 2\,NH^3 + 4\,HS + 2\,S.$$

L'acide nitrique détermine, surtout à chaud, la formation d'acide carbonique, d'acide sulfurique et d'ammoniaque. L'acide sulfurique concentré le dissout déjà à froid sans l'altérer; l'eau l'en sépare de nouveau; mais en faisant bouillir le mélange on remarque un dégagement d'acide sulfureux.

Le chlore l'attaque à chaud, en produisant du chlorure de soufre, du chlorure de cyanogène, de l'acide chlorhydrique et un corps rouge brun, insoluble dans l'eau.

Les alcalis hydratés le convertissent peu à peu en sulfocyanure et en soufre :

$$Cy^2H^2S^6 = 2\ CyHS^2 + 2\ S.$$

Soumis à l'action de la chaleur, l'acide persulfocyanhydrique se décompose vers 200°, en dégageant principalement du sulfure de carbone et, vers la fin, de l'ammoniaque et du soufre : si la chaleur a été assez forte, le résidu se compose d'hydromellon ; si elle a été trop faible, il se comporte comme un mélange de soufre et de mélam. On a d'ailleurs,

$$3\ Cy^2H^2S^6 = 6\ CS^2 + 3\ NH^2Cy + 6\ S,$$

$$\underset{\text{Mélam.}}{6\ NH^2Cy} = \underset{\text{Hydromellon.}}{3\ NHCy^2} + 3\ NH^3.$$

On remarque aussi parmi les produits un peu d'hydrogène sulfuré et d'acide sulfocyanhydrique.

Suivant la température à laquelle on arrête l'action de la chaleur, on obtient des résidus sulfurés, que M. Voelckel considère comme autant de sulfures de radicaux particuliers (*xuthène*, *mélène*, *xanthène*, etc.). Ce sont des poudres brunes ou jaunes, sans aucune forme définie, et qui ne me paraissent être que des mélanges.

Le *persulfocyanure de plomb*, $Cy^2Pb^2S^6$, se produit lorsqu'on dissout l'acide persulfocyanhydrique dans l'eau bouillante et qu'on précipite par l'acétate de plomb. Il est entièrement insoluble dans l'eau, l'alcool et les acides étendus, et présente l'aspect du chromate de plomb.

Avec le sous-acétate de plomb on obtient un précipité contenant $Cy^2Pb^2S^6, 2\ PbO$.

§ 250. *Persulfocyanogène*, dit aussi *sulfure de cyanogène*, *pseudosulfocyanogène*, *cyanoxisulfide*, $C^6HN^3S^6 = Cy^3HS^6$ (?). — Un composé[1] qui se rattache directement à l'acide persulfocyanhydrique, et qui semble être cet acide[2] ayant échangé Cy pour H, c'est le précipité jaune orangé qu'on obtient en traitant par un cou-

[1] Woehler, *Ann. de Phys. de Gilb.*, LXIX, 271. — Liebig, *Ann. de Poggend.*, XV, 548; *Ann. der Chem. u. Pharm.*, X, 1; XI, 12; XXV, 4; XXXIX, 199, 201 et 212; L, 337. — Parnell, *Revue scientif.*, V, 149. — Voelckel, *Ann. der Chem. u. Pharm.*, XLIII, 80; *Ann. de Poggend.*, LVIII, 145; LXII, 607. — Laurent et Gerhardt, *Ann. de Chim. et de Phys.*, [3] XIX, 98. — Jamieson, *Ann. der Chem. u. Pharm.*, LIX, 339.

[2] Voy. la note page 445.

rant de chlore ou par l'acide nitrique dilué et bouillant une solution aqueuse de sulfocyanure de potassium.

Ce précipité a d'abord été considéré comme du sulfure de cyanogène, mais il présente une composition plus compliquée. Les chimistes, d'ailleurs, ne sont pas d'accord sur cette composition. Voici les résultats de leurs analyses :

	Liebig.	Parnell.	Voelckel.	Laurent et Gerhardt.	Jamieson.	Formule. Cy^3HS^6.
Carbone.		20,06	19,93	20,45	19,17	20.57
Hydrogène.	0,33 à 0,96	0,92	1,08	0,66	1,58	0,57
Azote.		23,23	23,31		22,36	24,00
Soufre. . .	55,84 à 56,15	52,59	52,68	53,91	50,88	54,86
Oxygène.		3,20	3,00		6,01	
		100,00	100,00		100,00	100,00

La présence de l'oxygène parmi les éléments de ce produit n'est guère possible, comme le fait remarquer M. Liebig, le persulfocyanogène ne donnant par la distillation sèche, aucun produit oxygéné; mais il contient de l'hydrogène, car il donne, par la calcination, de l'hydromellon, qui renferme lui-même 1,5 p. c. d'hydrogène, d'après les analyses de M. Laurent et les miennes. Les divergences qu'on remarque entre les nombres précédents s'expliquent si l'on considère que l'acide sulfocyanhydrique se décompose aisément par les acides en acide persulfocyanhydrique (§ 249), qui ressemble beaucoup au persulfocyanogène, et que dans la préparation de ce dernier corps par le chlore l'acide persulfocyanhydrique peut lui-même se produire d'abord en certaine quantité, puisque la solution du sulfocyanure de potassium devient acide dès le passage du chlore; le microscope, d'ailleurs, permet de découvrir dans le précipité des parties cristallines bien différentes du persulfocyanogène amorphe. Dans l'analyse que nous avons faite, M. Laurent et moi, nous n'avons employé qu'un produit exempt de cristaux. Les autres chimistes n'avaient pas remarqué cette circonstance.

La formule Cy^3HS^6, que nous avons déduite de notre analyse, s'accorde avec toutes les réactions, et paraît exprimer la vraie composition du persulfocyanogène.

Ce corps est insoluble dans l'eau, l'alcool et l'éther. Il se dissout dans l'acide sulfurique concentré, et l'eau l'en précipite sans altération.

Soumis à l'action de la chaleur, il dégage du sulfure de carbone, ainsi que du soufre, et finit par laisser de l'hydromellon :

$$3\,Cy^3HS^6 = 6\,CS^2 + S + 3\,NHCy^2.$$
Hydromellon.

Si le persulfocyanogène est humide, il donne aussi, au commencement, des produits ammoniacaux.

Le chlore n'y agit qu'avec le concours d'une forte chaleur, en donnant du chlorure de cyanogène solide, du chlorure de soufre et un résidu d'hydromellon.

Le persulfocyanogène se dissout aisément dans une solution de sulfhydrate de potasse, avec dégagement d'hydrogène sulfuré; le liquide se charge de sulfocyanure, de carbonate et de polysulfure de potassium; et si l'on neutralise par l'acide acétique, il se produit un abondant dépôt blanc, composé d'un mélange de soufre et d'acide sulfomellonique. Il s'opère probablement plusieurs réactions successives, car on a :

$$\underset{\text{Persulfocyanog.}}{2\,Cy^3HS^6} + 3\,(KS, HS) + 4\,HO = 6\,HS + \underset{\text{Sulfocyanure.}}{2\,CyKS^2}$$
$$+ \underset{\text{Sulfomellonure.}}{Cy^3H^3KNS^4} + 2\,CO^2 + 4\,S.$$

L'ammoniaque ne dissout le persulfocyanogène qu'en petite quantité (Woehler; elle le dissout en plus grande partie, Liebig). La potasse dissout entièrement le persulfocyanogène si l'on ajoute assez d'eau; la solution est d'un rouge jaunâtre, et précipite par l'acide chlorhydrique en flocons jaunes; elle précipite en jaune ou en brun les sels de plomb, de cuivre, de mercure et d'argent. Si l'on fait bouillir la solution potassique, le liquide présente avec les sels ferriques la réaction caractéristique des sulfocyanures.

En broyant le persulfocyanogène avec de la potasse concentrée, ajoutant beaucoup d'eau, puis un excès d'acétate de plomb, et enfin de l'acide acétique jusqu'à réaction acide, M. Voelckel[1] a obtenu un précipité jaune brunâtre, qui paraît contenir $2\,Cy^3PbS^6 + PbO, HO$.

Lorsqu'on fait bouillir le persulfocyanogène avec la potasse

[1] M. Voelckel a trouvé dans ce précipité :

	Analyse.	Formule. $2\,Cy^3PbS^6 + PbO,HO$.
Carbone. . . .	10,55	10,6
Hydrogène. . .	0,46	0,15
Plomb.	46,23 — 45,95	46,2

M. Voelckel adopte les relations $Cy^8Pb^4S^{16}O^2$, et considère l'hydrogène comme accidentel.

caustique, et qu'on précipite ensuite par l'acide chlorhydrique, il se précipite une poudre jaune que M. Parnell appelle *acide hydrothiocyanique*. Ce produit a donné à l'analyse :

	Parnell.	Voelckel.
Carbone.	17,59	16,77
Hydrogène.	1,76	1,78
Azote.	20,57	19,71
Soufre.	55,16	58,76

La poudre jaune exige pour sa solution 42 parties d'eau bouillante : la solution précipite l'acétate de plomb en jaune, le nitrate d'argent en jaune, noircissant à chaud, le sulfate de cuivre en brun, le nitrate mercureux en noir, le chlorure mercurique en blanc, devenant jaune par l'ébullition. M. Parnell a trouvé dans le précipité plombique :

Carbone.	8,67
Hydrogène.	0,50
Plomb.	51,95
Azote.	»
Soufre.	»

Ce résultat s'accorde avec la formule que nous avons adoptée pour le persulfocyanogène : celui-ci en fixant 2 HO se transformerait en acide hydrothiocyanique, dont le sel de plomb serait $\text{Cy}^3\text{HPb}^2\text{S}^6\text{O}^2 = \text{Cy}^3\text{HS}^6 + 2\ \text{PbO}$.

L'accord entre l'expérience et le calcul[1] est parfait, mais les nombres obtenus à l'analyse de l'acide libre ne vont guère avec cette formule. Ce sujet réclame donc de nouvelles recherches.

Acide séléniocyanhydrique.

$$\text{Composition : } C^2HNSe^2 = \text{Cy}HSe^2 = \left.\begin{matrix}\text{CySe}\\ \text{HSe}\end{matrix}\right\}.$$

§ 251. On l'obtient en décomposant par l'hydrogène sulfuré une solution aqueuse et chaude de séléniocyanure de plomb tenant en suspension le même sel. C'est un liquide fort acide qui se décompose promptement par l'ébullition et par l'exposition à l'air ; on ne peut pas même le concentrer dans le vide sans qu'il se dé-

[1] Calcul de la composition du précipité plombique d'après la formule $\text{Cy}^3\text{HPbS}^6\text{O}^2$:

Carbonne.	9,02
Hydrogène.	0,25
Plomb.	52,13

compose. L'addition d'un acide en précipite immédiatement du sélénium, tandis qu'il reste de l'acide cyanhydrique en dissolution. Il dissout le fer et le zinc avec dégagement d'hydrogène, et décompose les carbonates avec effervescence.

§ 252. Les *séléniocyanures métalliques*[1] se préparent en saturant l'acide séléniocyanhydrique par les carbonates ou en précipitant la solution du séléniocyanure de potassium par d'autres solutions métalliques.

Le *séléniocyanure d'ammonium* s'obtient en aiguilles fort déliquescentes, semblables au sel de potassium.

Le *séléniocyanure de postassium*, $CyKSe^2$, s'obtient en faisant fondre dans une cornue 1 p. de sélénium avec 3 p. de ferrocyanure de potassium desséché; on met le produit en digestion avec de l'alcool absolu, on sépare par le filtre le carbure de fer, et l'on fait passer un courant de gaz carbonique dans le liquide filtré pour transformer le cyanure et le cyanate de potasse en bicarbonate, qui est insoluble dans l'alcool absolu. On filtre de nouveau, et, après avoir distillé le liquide pour chasser toutes les parties volatiles, on reprend le résidu par l'eau, et l'on abandonne la solution dans le vide sur de l'acide sulfurique.

On obtient ainsi des aiguilles qui ressemblent entièrement au sulfocyanure de potassium sous le rapport de la forme et de la saveur. Elles fondent, à l'abri de l'air, sans se décomposer; elles sont fort déliquescentes, et encore plus solubles que le sulfocyanure. Leur solution se décompose déjà par les acides faibles, en déposant du sélénium, et en dégageant de l'acide cyanhydrique.

Les cristaux du séléniocyanure de potassium sont fort alcalins au papier, et produisent un grand froid en se dissolvant dans l'eau. Quand on les chauffe en vase clos, ils fondent sans se décomposer; mais si l'air a de l'accès, ils s'altèrent déjà un peu au-dessus de 100°.

Le *séléniocyanure de sodium* est un sel fort soluble, qui cristallise dans le vide en petits feuillets.

Le *séléniocyanure de baryum* est un sel soluble, cristallisant difficilement.

Le *séléniocyanure de strontium* s'obtient en beaux prismes.

[1] BERZÉLIUS (1820), *Journ. f. Chem. u. Phys. von. Schweigg.*, XXXI, 60. — LASSAIGNE, *Journ. de Chimie médicale*, XVI, 618. — CROOKES, *The Quart. Journ. of the Chem. Society*, 1851, vol. IV, p. 12.

Le *séléniocyanure de calcium* cristallise en aiguilles étoilées.

Le *séléniocyanure de magnésium* forme une masse gommeuse.

Le *séléniocyanure de zinc* peut s'obtenir par le zinc métallique et l'acide séléniocyanhydrique ; il forme des aiguilles non déliquescentes.

Le *séléniocyanure de cuivre* est un précipité brunâtre, fort altérable.

Le *séléniocyanure de fer* ne peut pas s'obtenir par double décomposition, à cause de la facilité avec laquelle les acides libres décomposent les séléniocyanures. M. Crookes l'a une fois obtenu accidentellement dans la préparation du séléniocyanure de potassium par le ferrocyanure ; la solution du produit dans l'alcool absolu était d'un rouge de sang foncé ; mais cette couleur disparut par l'exposition à l'air, en même temps qu'il se déposa du sélénium.

Le *séléniocyanure de plomb*, $\text{Ꞓy}PbSe^2$, s'obtient à l'état d'un précipité jaune citron lorsqu'on ajoute de l'acétate de plomb à une solution de séléniocyanure de potassium. Il se dissout dans l'eau bouillante en se décomposant légèrement ; la solution filtrée est neutre au papier, et dépose, par le refroidissement, de magnifiques aiguilles jaune citron ; ces cristaux supportent la chaleur du bain-marie sans se décomposer.

Le *séléniocyanure d'argent*, $\text{Ꞓy}AgSe^2$, se dépose sous la forme d'un précipité blanc caillebotté par le mélange d'une solution de nitrate d'argent avec une solution de séléniocyanure de potassium ; si l'on emploie du nitrate d'argent additionné d'un excès d'ammoniaque, le précipité est cristallin et satiné. Il noircit promptement à la lumière ; il est insoluble dans l'eau, presque insoluble dans l'ammoniaque, et à froid dans les acides étendus. Les acides concentrés le décomposent en précipitant du sélénium.

Une combinaison de *séléniocyanure de mercure et de chlorure de mercure*, $\text{Ꞓy}HgSe^2, Hg\,\text{Ꞓ}l$, s'obtient sous la forme d'un précipité cristallin jaunâtre lorsqu'on ajoute un excès de chlorure mercurique à une solution de séléniocyanure de mercure. On purifie le sel par la cristallisation dans l'alcool. Il est à peine soluble dans l'eau, mais fort soluble dans l'alcool.

Chlorure de cyanogène.

Composition : $C^2NCl = CyCl$.

§ 253. Ce corps[1], qui se produit par l'action du chlore sur l'acide cyanhydrique ou sur le cyanure de mercure, se présente, à la température ordinaire, sous trois modifications particulières : à l'état de gaz, à l'état liquide et à l'état solide. Le chlorure de cyanogène gazeux représente le type chlorure ou acide chlorhydrique, dans lequel H est remplacé par Cy, les deux autres isomères résultent de la réunion de plusieurs molécules de ce type :

Chlorure de cyanogène gazeux		$CyCl$,
—	— liquide	$2\,CyCl = Cy^2Cl^2$,
—	— solide	$3\,CyCl = Cy^3Cl^3$.

Si la modification gazeuse correspond à l'acide cyanique, la modification solide correspond à l'acide cyanurique (3 molécules d'acide cyanique réunies en une seule) : en effet, la première se transforme par la potasse caustique en chlorure et en cyanate (ou en carbonate et en ammoniaque); la seconde se convertit par le même agent en chlorure et en cyanurate.

§ 254. Chlorure de cyanogène gazeux, $CyCl$. — On le prépare, d'après Sérullas, en plaçant dans des flacons de 2 à 3 litres, remplis de chlore et munis de bouchons à l'émeri, du cyanure de mercure (5 grammes par litre de gaz) humecté d'eau, et abandonnant le tout dans l'obscurité pendant vingt-quatre heures, jusqu'à ce que le chlore soit décoloré; on refroidit alors, à l'aide d'un mélange de glace et de sel marin, jusqu'à — 18° au moins, de manière à condenser le gaz en une masse cristalline; on verse dans chaque flacon 100 grammes d'eau, et l'on introduit la solution dans un ballon à long col, qu'on emplit presque entièrement; on fait communiquer ce ballon avec un flacon rempli de chlorure de calcium, et à l'une des tubulures duquel s'adapte un tube qui débouche dans un autre flacon, entouré d'un mélange réfrigérant. Quand on chauffe ensuite la solution contenue dans le ballon, le chlorure de cyanogène se dégage à l'état gazeux, et vient se con-

[1] Berthollet, *Ann. de Chim.*, I, 35. — Gay-Lussac, *ibid.*, XCV, 200. — Sérullas, *Ann. de Chim. et de Phys.*, XXXV, 291 et 337 ; *Journ. de Chim. médic.*, VII, 129. — Wurtz, *Journ. de Pharm.*, [3] XX, 14. — Woehler. *Ann. der Chem. u. Pharm.*, LXXIII, 219.

denser dans le dernier flacon en cristaux. Il faut fermer ce flacon avec un bouchon à l'émeri : les cristaux fondent déjà à la température ordinaire, et se réduisent à l'état de gaz. Si l'on verse un peu d'eau dans le flacon, tant qu'il est placé dans le mélange réfrigérant, et qu'on le retire ensuite après l'avoir bien bouché, on y remarque deux couches, dont la supérieure est une solution de chlorure de cyanogène.

Gay-Lussac fait passer le chlore dans de l'acide cyanhydrique étendu et refroidi, jusqu'à ce que le liquide commence à décolorer la solution d'indigo, enlève l'excès de chlore par l'agitation avec du mercure, et dégage le gaz en chauffant modérément la solution. Le gaz ainsi obtenu est souillé d'acide carbonique.

M. Woehler fait arriver un excès de chlore dans une solution saturée de cyanure de mercure à laquelle on a encore ajouté un excès de ce sel en poudre fine, de manière à remplir de gaz toute la capacité du vase non occupée par la solution. On bouche ensuite le vase, et on l'abandonne dans l'obscurité, jusqu'à ce qu'après de fréquentes agitations, tout le chlore ait été fixé, ou que tout le cyanure de mercure soit dissous. On enlève l'excès du chlore en agitant le liquide avec du mercure; puis on le fait légèrement bouillir dans un ballon, muni d'un tube à chlorure de calcium, et l'on condense le gaz dans un tube entouré de glace et de sel marin.

Le chlorure de cyanogène gazeux est incolore, d'une odeur très-pénétrante, qui provoque le larmoiement. Refroidi à — 18°, il cristallise en longues aiguilles, qui ressemblent à de la glace; elles fondent à — 15° et entrent en ébullition à — 12°. Il reste liquide à + 20° sous la pression de 4 atmosphères. L'eau en absorbe 25 fois son volume; il s'en dégage par l'ébullition sans s'altérer; la dissolution ne rougit pas le tournesol, ne précipite par les sels d'argent, et se conserve longtemps sans se décomposer. Elle est fort vénéneuse. L'alcool en dissout 100 et l'éther 50 fois son volume.

Lorsqu'on le conserve dans des tubes bouchés, il se transforme à la longue en cristaux de chlorure de cyanogène solide; mais cette transformation est rarement bien complète, et les cristaux sont toujours baignés de chlorure de cyanogène liquide.

La potasse aqueuse absorbe le chlorure de cyanogène gazeux; si l'on y ajoute ensuite un acide, il se développe de l'acide carbonique, et l'on trouve dans le liquide de l'acide chlorhydrique et de l'ammoniaque :

$$C^2ClN + 4HO = 2CO^2 + HCl + NH^3.$$

Lorsqu'on ajoute une solution de sulfate ferreux à la solution du chlorure de cyanogène gazeux, puis de la potasse, et enfin un acide, on obtient un précipité vert. Celui-ci ne se produit pas si l'on verse d'abord la potasse, puis le sel ferreux et l'acide.

Lorsqu'on fait passer 2 vol. du gaz sur de l'antimoine échauffé, il se produit du chlorure d'antimoine et 1 vol. de gaz cyanogène.

Le potassium, chauffé dans le gaz, s'absorbe avec ignition, en produisant une masse d'un jaune sale, qui paraît être un mélange de cyanure et de chlorure potassiques.

L'ammoniaque sèche transforme le chlorure de cyanogène gazeux en un mélange chlorhydrate d'ammoniaque et de cyanamide :

$$\left.\begin{matrix} Cy \\ Cl \end{matrix}\right\} + N \left\{\begin{matrix} H \\ H \\ H \end{matrix}\right.$$

Chlor. de cyanog. Ammoniaq.

$$= \left.\begin{matrix} H \\ Cl \end{matrix}\right\} + N \left\{\begin{matrix} Cy \\ H \\ H \end{matrix}\right.$$

Acide chlorhydr. Cyanamide.

Le chlorure de cyanogène se dissout en toutes proportions dans l'alcool, sans réagir immédiatement sur ce liquide. Mais si l'on abandonne la dissolution quelques jours à elle-même, on voit s'y déposer des cristaux de chlorhydrate d'ammoniaque, dont la quantité augmente progressivement. Quelquefois la réaction se déclare subitement, et devient tellement violente qu'elle brise le vase contenant le mélange. La réaction est favorisée par la présence d'une certaine quantité d'eau ; elle donne naissance à de l'uréthane (§ 121), et peut être utilisée pour la préparation de ce corps. L'esprit de bois et l'huile de pomme de terre se comportent avec le chlorure de cyanogène d'une manière semblable.

§ 255. *Combinaisons du chlorure de cyanogène gazeux avec d'autres chlorures*[1]. — Plusieurs chlorures métalliques se combinent avec le chlorure de cyanogène.

La combinaison du *chlorure de titane*, $CyCl, 2\,TiCl^2$, s'obtient

[1] Woehler, *loc. cit.* — Klein, *Ann. der Chem. u. Pharm.*, LXXIV, 85.

immédiatement, et avec dégagement de chaleur, quand on fait arriver du chlorure de cyanogène gazeux dans du bichlorure de titane. Celui-ci se transforme bientôt en une masse volumineuse et cristalline, qu'on tâche de saturer complétement de gaz chlorure de cyanogène, en l'agitant et en la faisant chauffer légèrement. La combinaison est d'un jaune citron et très-volatile. Elle vaporise déjà à une température inférieure à 100°, et se sublime en petits cristaux limpides et jaunes. Leur forme paraît être un octaèdre rhomboïdal. A l'air humide, ce composé blanchit et répand des vapeurs épaisses. L'eau le dissout rapidement en dégageant beaucoup de chaleur et en développant du chlorure de cyanogène gazeux. Il se dissout aussi à chaud dans le bichlorure de titane, qui l'abandonne en cristaux par le refroidissement. Il absorbe vivement l'ammoniaque en donnant une combinaison d'un orangé foncé, qui blanchit à l'air humide et qui se dissout dans l'eau, en abandonnant une certaine quantité d'acide titanique.

Le *chlorure d'antimoine* donne une masse blanche et cristalline, que l'eau décompose immédiatement.

Le *perchlorure de fer* absorbe le chlorure de cyanogène en s'échauffant et en produisant une masse noire, fondue.

Le *perchlorure d'étain* ne paraît pas se combiner avec le chlorure de cyanogène.

§ 256. Chlorure de cyanogène liquide, Cy^2Cl^2. — Lorsque, suivant les observations de M. Wurtz, on fait arriver du chlore dans l'acide cyanhydrique moyennement concentré et refroidi à 0°, il se sépare toujours du liquide, à un certain moment, une couche plus légère, qui n'est qu'une *combinaison de chlorure de cyanogène et d'acide cyanhydrique*. Si le courant de chlore passait trop vite, une portion du produit serait entraînée et pourrait être condensée facilement dans un ballon refroidi; dès que le chlore passe sans être absorbé, on réunit la portion condensée dans le ballon à la portion qui s'est séparée de la liqueur cyanhydrique, et on lave le tout avec un peu d'eau glacée. La combinaison s'obtient ainsi à l'état de pureté. Elle donne du chlorure de cyanogène sous la modification liquide lorsqu'on la traite par un excès d'oxyde de mercure; il faut avoir soin de placer dans un mélange réfrigérant le ballon où l'on fait ce traitement, car la réaction est quelquefois si violente qu'il en résulte une réduction partielle de l'oxyde, qui devient gris. Pour achever la préparation, il ne reste qu'à dessécher le produit en ajoutant du chlorure de calcium dans le ballon même où on l'a traité par l'oxyde de mercure, et puis à le distiller en faisant passer la vapeur à travers un tube renfermant du chlorure de calcium ; le chlorure de cyanogène liquide ainsi purifié se condense aisément dans un ballon refroidi à 0°.

Le chlorure de cyanogène liquide constitue un liquide fort mobile, parfaitement incolore et d'une odeur très-irritante. Il est plus dense que l'eau, dans laquelle il est peu soluble. Il cristallise à 4 ou 6 degrés au-dessous de 0°. Il bout à 15° 5. Sa vapeur n'est pas inflammable.

Lorsqu'il a été préparé par le procédé précédemment indiqué, on peut le conserver sans altération pendant des années entières, et il reste parfaitement limpide sans se transformer en chlorure solide. Si, au contraire, on se contente de le préparer en faisant passer un *excès* de chlore dans de l'acide cyanhydrique étendu et en distillant simplement, sans le laver ni le traiter par l'oxyde de mercure, on obtient un produit qui éprouve promptement cette transformation; il en est de même du chlorure de cyanogène qu'on prépare en traitant le cyanure de mercure sec par le chlore. Toutefois, un semblable produit impur perd par les lavages la propriété de se convertir en chlorure solide.

§ 257. Voici les caractères de la *combinaison de chlorure de cyanogène et d'acide cyanhydrique*, Cy^2Cl^2, Cy H, avec laquelle se prépare le chlorure de cyanogène liquide : c'est un liquide parfaitement limpide, plus léger que l'eau, doué d'une forte odeur de chlorure de cyanogène, inflammable et brûlant à l'air avec une flamme violette ; il bout à 20° environ. Il est impossible de le faire cristalliser dans un mélange réfrigérant ordinaire ; mais il devient complétement solide dans un mélange d'acide carbonique solide et d'éther. A l'état de pureté, il se conserve pendant des années sans se colorer et sans déposer de cristaux. Une grande quantité d'eau le décompose, en enlevant de l'acide cyanhydrique. Dans une atmosphère de chlore, il se transforme du jour au lendemain en chlorure de cyanogène solide[1].

[1] GAY-LUSSAC (*Ann. de Chim.*, XCV, 200) et SÉRULLAS (*Ann. de Chim. et de Phys.*, XXXV, 300; XXXVIII, 391) ont décrit sous le nom d'*acide chlorocyanique* une huile jaune particulière qui se produit par l'action du chlore sur plusieurs cyanures, notamment sur l'acide cyanhydrique et sur le cyanure de mercure. Cette huile a été examinée en dernier lieu par M. Bouis. Voy. *Cyanure de mercure* (§ 193).

§ 258. CHLORURE DE CYANOGÈNE SOLIDE[1], Cy^3Cl^3. — On l'obtient par l'action du chlore sur l'acide cyanhydrique anhydre au soleil ainsi que sur le sulfocyanure de potassium.

Pendant la décomposition du sulfocyanure de potassium par le chlore sec, sous l'influence de la chaleur, il distille, outre le chlorure de soufre, du chlorure de cyanogène solide, qui vers la fin de l'opération, lorsqu'on augmente le feu, se dépose dans le col de la cornue en longues aiguilles transparentes. Une portion en reste dissoute dans le chlorure de soufre; on en obtient en tout 4 ou 5 p. c. On le purifie en le sublimant dans un vase à travers lequel on fait passer un courant de chlore sec (Liebig).

Lorsqu'on expose aux rayons solaires un mélange de chlore et de cyanure de mercure, on obtient une huile insoluble dans l'eau qui possède la même odeur que le chlorure de cyanogène gazeux; cette huile, conservée dans un tube scellé à la lampe, finit par se prendre en cristaux de chlorure solide (Persoz).

La combinaison d'acide cyanhydrique et de chlorure de cyanogène liquide (§ 257) se convertit entièrement par le chlore en chlorure de cyanogène solide (Wurtz).

Le chlorure de cyanogène solide forme des aiguilles ou des lames brillantes d'une densité d'environ 1,32. Il fond à 140°, en un liquide limpide, et bout à 190°. La densité de sa vapeur est égale à 6,35. Son odeur, très-piquante, rappelle celle des excréments de souris. Sa saveur est très-faible. Il est peu soluble dans l'eau froide; la solution est très-vénéneuse. Il est très-soluble dans l'alcool et l'éther. Sa solution dans l'alcool aqueux se décompose promptement, avec dégagement de chaleur et de vapeurs chlorhydriques, et dépose des cristaux d'acide cyanurique :

$$Cy^3Cl^3 + 6\,HO = \underset{\text{Ac. cyanuriq.}}{Cy^3H^3O^6} + 3\,HCl.$$

Cette métamorphose, très-prompte si l'on fait bouillir la solution aqueuse du chlorure de cyanogène solide, est instantanée en présence d'un alcali.

Avec le potassium, le chlorure de cyanogène solide donne du chlorure et du cyanure potassiques.

L'ammoniaque le convertit en un mélange de chlorhydrate

[1] SERULLAS (1827), *Ann. de Chim. et de Phys.*, XXXV, 291 et 337; XXXVIII, 370. — LIEBIG et WOEHLER, *Ann. de Poggend.*, XX, 369, — LIEBIG, *ibid.*, XXXIV, 604. — BINEAU, *Ann. de Chim. et de Phys.*, LXVIII, 424; LXX, 254. — WURTZ, *Compt. rend. de l'Acad.*, 1847, XXIV, 437.

d'ammoniaque et de chlorocyanamide. L'aniline le transforme en chlorhydrate d'ammoniaque et en phényl-chlorocyanamide (chlorocyanilide).

Bromure de cyanogène.

Composition : $C^2BrN = Cy\,Br$.

§ 259. Pour préparer ce corps[1], on verse 1 p. de brome sur 2 p. de cyanure de mercure, placé dans une cornue tubulée, refroidie avec de la glace ; le bromure de cyanogène se sublime en petites aiguilles ; une faible chaleur suffit alors pour le faire passer du col de la cornue dans un récipient refroidi.— On peut aussi verser du brome par petites portions, tant qu'il se décolore, sur de l'acide cyanhydrique aqueux placé dans un mélange réfrigérant, exprimer les cristaux produits entre du papier buvard et à 0°, ou les sublimer par une chaleur modérée.

Le bromure de cyanogène se sublime d'abord en longues aiguilles, qui finissent par se convertir en petits cubes limpides. Il fond à + 4° (Lœwig ; au-dessus de + 16°, Sérullas ; et pas encore à + 40° Bineau). Il se vaporise déjà à + 15°. La densité de sa vapeur est égale à 3,607.

Son odeur, très-pénétrante, attaque vivement les yeux ; sa vapeur est fort dangereuse à respirer. Il donne, avec peu d'eau, des cristaux qui restent solides à une température plus élevée. Il est soluble dans l'eau et l'alcool.

Il se dissout sans altération dans les acides sulfurique, chlorhydrique et nitrique concentrés. Avec la potasse aqueuse, il donne du cyanure, du bromure et du bromate.

L'ammoniaque agit vivement sur le bromure de cyanogène, en produisant un mélange bromhydrate d'ammoniaque et de cyanamide.

Iodure de cyanogène.

Composition : $C^2IN = Cy\,I$.

§ 260. On obtient ce corps[2] en mêlant rapidement 1 p. de cyanure de mercure avec 2 p. d'iode (ou un peu moins), chauffant

[1] Sérullas (1827), *Ann. de Chim. et de Phys.*, XXXIV, 100; XXXV, 294 et 345. — Loewig, *Das Brom. u. s. chemisch. Verhältn. Heidelb.*, 1829, 69.

[2] H. Davy (1816), *Annal. de Gilb.*, LIV, 384. — Woehler, *ibid.*, LXIX, 281. —

le mélange, et condensant les vapeurs dans un récipient refroidi. On peut aussi employer le cyanure d'argent.

M. Mitscherlich chauffe à l'ébullition un mélange d'iode, de cyanure de mercure et d'eau et à l'aide d'une douce chaleur, chasse l'iodure de cyanogène dans le col de la cornue, où il se condense en aiguilles.

M. Liebig dissout de l'iode dans du cyanure de potassium concentré, de manière que la solution se prenne, par le refroidissement, en une masse cristalline, et chauffe doucement ce produit pour sublimer l'iodure du cyanogène.

L'iode du commere est quelquefois mélangé d'iodure du cyanogène [1].

Ce composé se présente en longues aiguilles, ou en flocons blancs, neigeux et cristallins, plus denses que l'acide sulfurique concentré. Ces cristaux possèdent une odeur pénétrante, qui excite le larmoiement. Ils sont très-vénéneux. Ils se dissolvent aisément dans l'eau, l'alcool et l'éther sans se décomposer, et se volatilisent sans résidu à 45°. Leur solution aqueuse ne précipite pas les sels métalliques (à base de cuivre, de fer, de zinc, de plomb, d'argent, d'or et de platine).

Jeté sur des charbons ardents, il dégage les vapeurs violettes de l'iode. L'acide sulfurique concentré le décompose lentement, en précipitant de l'iode. L'acide chlorhydrique l'altère à chaud. L'acide nitrique ne l'attaque pas. Une solution d'hydrogène sulfuré le convertit en acide cyanhydrique, acide iodhydrique et soufre. La potasse le transforme en cyanure, iodure et iodate. Sa solution aqueuse, agitée avec du mercure, dégage du cyanogène, et donne de l'iodure de mercure, d'abord jaune, puis rouge.

Il absorbe lentement le gaz ammoniaque en produisant un mélange de cyanamide et d'iodhydrate d'ammoniaque.

AMIDES CYANIQUES.

Syn. : azotures de cyanogène.

§ 261. Les produits qui résultent de l'action de l'ammoniaque sur les combinaisons cyaniques peuvent être rapportés au type

SÉRULLAS, *Ann. de Chim. et de Phys.*, XXVII, 184; XXIX, 184; XXXIV, 100; XXXV, 293 et 344. — HERZOG, *Archiv. d. Pharm.*, [2] LXI, 129.

[1] SCANLAN, *Mem. and proceed. of the Chemic. Soc. of London*, III, 321. — F. MEYER, *Archiv. f. Pharm.*, [2] LI, 29. — KLOBACH, *ibid.*, [2] LX, 34.

azoture, c'est-à-dire à de l'ammoniaque dans laquelle 1, 2 ou 3 atomes (doubles) d'hydrogène sont remplacés par leur équivalent de cyanogène :

$$\text{Cyanamide.} \ldots \ldots \ N\begin{cases} Cy \\ H \\ H \end{cases} = C^2H^2N^2,$$

$$\text{Dicyanamide.} \ldots \ldots \ N\begin{cases} Cy \\ Cy \\ H \end{cases} = C^4H^2N^3,$$

$$\text{Tricyanamide.} \ldots \ldots \ N\begin{cases} Cy \\ Cy \\ Cy \end{cases} = C^6N^4.$$

De même que les composés cyaniques dérivés des types métal, oxyde, chlorure, donnent naissance à des combinaisons conjuguées, résultant de la réunion en une seule de plusieurs molécules des mêmes types, ainsi les composés cyaniques dérivés du type azoture ou ammoniaque produisent des combinaisons formées par la réunion de plusieurs molécules du type azoture. L'analogie est évidente : la combinaison de plusieurs molécules de cyanogène produit le paracyanogène; la combinaison de plusieurs molécules d'acide cyanhydrique ou de cyanures métalliques produit l'acide cobalticyanhydrique, l'acide ferrocyanhydrique et une foule d'autres cyanures multiples; la combinaison de plusieurs molécules d'acide cyanique produit l'acide cyanurique, la cyamélide et l'acide cyanilique; la combinaison de plusieurs molécules de chlorure de cyanogène gazeux produit le chlorure liquide et le chlorure solide; la combinaison de plusieurs molécules de cyanamide, de dicyanamide et de tricyanamide produit les corps connus sous les noms de *mélam*, de *mélamine*, de *mellon* et d'*hydromellon*.

Les azotures cyaniques se combinent non-seulement entre eux, mais encore avec l'oxyde, le sulfure et le chlorure cyaniques : de là résultent l'*ammëline*, l'*ammélide*, l'*acide sulfomellonique*, la *chlorocyanamide*, et l'*acide cyamélurique*.

Toutes ces combinaisons se convertissent par les acides ou les alcalis bouillants en ammoniaque et en acide cyanique ou cyanurique; lorsqu'elles contiennent du sulfure ou du chlorure cyaniques (comme la chlorocyanamide et l'acide sulfomellonique), elles donnent, en outre, de l'acide chlorhydrique ou de l'acide sulfhydrique. Cette métamorphose consiste en une double décomposition semblable à celles qu'éprouvent toutes les amides (tous les azotures organiques) sous l'influence des acides ou des alcalis. Ainsi on a :

Pour la cyanamide,

$$N\left\{\begin{matrix}Cy\\H\\H\end{matrix}\right. + \left\{\begin{matrix}K\ O\\H\ O\end{matrix}\right\},$$

$$= N\left\{\begin{matrix}H\\H\\H\end{matrix}\right. + \left\{\begin{matrix}K\ O\\CyO\end{matrix}\right\};$$

Pour la dicyanamide,

$$N\left\{\begin{matrix}Cy\\Cy\\H\end{matrix}\right. + 2\left\{\begin{matrix}K\ O\\H\ O\end{matrix}\right\},$$

$$= N\left\{\begin{matrix}H\\H\\H\end{matrix}\right. + 2\left\{\begin{matrix}K\ O\\CyO\end{matrix}\right\};$$

Pour la tricyanamide,

$$N\left\{\begin{matrix}Cy\\Cy\\Cy\end{matrix}\right. + 3\left\{\begin{matrix}K\ O\\H\ O\end{matrix}\right\},$$

$$= N\left\{\begin{matrix}H\\H\\H\end{matrix}\right. + 3\left\{\begin{matrix}K\ O\\CyO\end{matrix}\right\}.$$

Voici la liste des amides cyaniques, tant simples que conjuguées, aujourd'hui connues :

Cyanamide. . . . . $C^2H^2N^2 = NCyH^2$;

Mélam et mélamine (3 moléc. de cyanamide). . . . . $C^6H^6N^6 = 3\,NCyH^2$;

Ammeline (2 moléc. de cyanamide et 1 moléc. d'ac. cyanique). . . . . $C^6H^5N^5O^2 = 2\,NCyH^2, CyHO^2$;

Ammélide (1 moléc. de cyanamide et 2 moléc. d'ac. cyanique). . . . . $C^6H^4N^4O^4 = NCyH^2, 2\,CyHO^2$;

Acide sulfomellonique (1 moléc. de cyanamide et 2 moléc. d'acide sulfocyanhydrique). . . . . $C^6H^4N^4S^4 = NCyH^2, 2\,CyHS^2$;

Chlorocyanamide (2 moléc. de cyanamide et 1 moléc. de chlor. de cyanog.) . . . $C^6H^4N^5Cl = 2\,NCyH^2,\ CyCl$;
Dicyanamide . . . . $C^4HN^3 = NCy^2H$;
Hydromellon (3 moléc. de dicyanamide) . . . . $C^{12}H^3N^9 = 3\,NCy^2H$;
Mellonures . . . . $C^{12}HM^2N^9 = 2\,NCy^2M,\ NCy^2H$;
Acide cyamélurique (2 moléc. de dicyanamide et 2 moléc. d'acide cyanique). $C^{18}H^4N^8O^4 = 2\,NCy^2H,\ 2\,CyHO^2$;
Tricyanamide . . . . $C^6N^4 = NCy^3$;
Mellon (3 moléc. de tricyanamide) . . . . $C^{18}N^{12} = 3\,NCy^3$.

§ 262. Cyanamide, $C^2H^2N^2 = NCyH^2$. — Le procédé le plus commode pour obtenir la cyanamide[1] consiste à faire passer un courant de chlorure de cyanogène gazeux dans de l'éther anhydre saturé de gaz ammoniaque ; il se dépose ainsi du chlorhydrate d'ammoniaque qu'on sépare par le filtre, et, le liquide filtré étant distillé au bain-marie pour l'expulsion de l'éther, laisse de la cyanamide entièrement pure.

Elle est blanche et cristallisable. Elle fond à 40°, mais elle peut rester liquide bien au-dessous de cette température ; il suffit alors de la toucher avec un corps solide, pour qu'elle se concrète immédiatement.

Chauffée à 150°, elle se solidifie brusquement en dégageant beaucoup de chaleur, et se trouve alors convertie en un isomère, la mélamine.

L'eau la dissout aisément, mais on obtient par l'évaporation un résidu presque insoluble qui paraît également être de la mélamine. L'alcool et l'éther anhydre dissolvent la cyanamide sans l'altérer.

Elle donne avec plusieurs acides des combinaisons cristallisables. Lorsqu'on ajoute une petite quantité d'acide nitrique à une solution éthérée de cyanamide, on obtient du nitrate d'urée :

$$\underset{\text{Cyanamide.}}{C^2N^2H^2} + 2\,HO = \underset{\text{Urée (cyan. d'amm.)}}{C^2N^2H^4O^2}.$$

Par l'action du chlorure de cyanogène sur la méthylamine, l'é-

[1] Cloez et Cannizzaro (1851), *Compt. rend. de l'Acad. des Scienc.*, XXXII, 62. — Bineau, *Ann. de Chim. et de Phys.*, LXVII, 234.

thylamine et l'amylamine, on obtient des composés semblables à la cyanamide : ces composés sont la *méthyl-cyanamide*, *l'éthyl-cyanamide*, *l'amyl-cyanamide*[1]. On ne les a pas encore étudiés.

§ 263. *Mélam*, ou poliène, $C^6H^9N^{11}$ = 3 NGyH². — Ce composé[2] s'obtient pour résidu dans l'action de la chaleur sur le sulfocyanhydrate d'ammoniaque.

Déjà à une température qui dépasse de quelques degrés le point d'ébullition de l'eau, le sulfocyanhydrate d'ammoniaque se décompose, et cela d'autant plus complétement qu'on se hâte moins d'élever la température. Le premier effet du feu est de faire dégager une quantité notable de gaz ammoniac; au bout d'un certain temps on remarque du sulfure de carbone; et l'on aperçoit dans le col de la cornue des cristaux de sulfhydrate d'ammoniaque. On pourrait condenser le sulfure de carbone, car il s'en produit environ le quart de la matière employée. Le résidu se compose d'un corps grisâtre auquel M. Liebig donne le nom de *mélam brut*. Au lieu de distiller directement du sulfocyanhydrate d'ammoniaque, ce chimiste trouve de l'avantage à se servir d'un mélage de 2 p. de sel ammoniac et de 1 p. de sulfocyanure de potassium. Il ne faut pas chauffer trop fort, car on obtiendrait de l'hydromellon. On lave le résidu à l'eau. Pour préparer le mélam pur avec le produit ainsi obtenu, on le fait bouillir avec une lessive de potasse moyennement concentrée, jusqu'à ce que la plus grande partie soit dissoute; la liqueur filtrée dépose, par le refroidissement, le mélam à l'état d'une poudre blanche et grenue.

M. Voelckel prépare le mélam en chauffant peu à peu à 300° le sulfocyanhydrate d'ammoniaque dans une cornue, épuisant le résidu par l'eau froide, ensuite par l'eau bouillante. Les premières décoctions déposent une autre substance volumineuse; les dernières donnent, par le refroidissement, du mélam sous la forme d'une poudre blanche[3].

[1] CLOEZ et CANNIZARO, *loc. cit.*

[2] LIEBIG (1834), *Ann. der Chem. u. Pharm.*, X, 10; LIII, 330; LVIII, 248. — KNAPP, *ibid.*, XXI, 242. — VOELCKEL, *Ann. de Poggend.*, LXI, 367; LXIII, 90.

[3] Les analyses du mélam ont donné :

	Liebig.	Voelckel.	Formule, 3 NGyH².
Carbone.	30,49	28,37	28,57
Hydrogène.	3,94	4,77	4,76
Azote.	65,57	66,86	66,67
	100,00	100,00	100,00

M. Liebig représente le mélam par les rapports $C^{12}H^9N^{11}$ = NGy²H, 4NGyH² (calcul : carbone, 30,63, et hydrogène, 3,83).

Le mélam est une poudre blanche et grenue, insoluble dans l'eau froide, insoluble dans l'alcool et l'éther. Il se décompose par la chaleur en hydromellon et en ammoniaque (avec un léger sublimé cristallin) :

$$2\,(3\,\text{NCyH}^2) = 3\,\text{NCy}^2\text{H} + 3\,\text{NH}^3.$$

Mélam. Hydromellon.

Lorsqu'on fait bouillir le mélam avec de la potasse moyennement concentrée, il finit par se dissoudre entièrement; le liquide dépose par l'évaporation, et mieux encore par le refroidissement, de la mélamine, s'élevant à la moitié environ du poids du mélam employé; l'eau mère renferme de l'ammeline (qu'on peut précipiter par des acides) ainsi que de l'ammélide, qui finit par se convertir, sous l'influence prolongée de la potasse, en acide cyanurique et en ammoniaque. Or, on a :

$$(3\,\text{NCyH}^2) + 2\,\text{HO} = (2\,\text{HCyH}^2,\ \text{CyHO}^2) + \text{NH}^3;$$

Mélam. Ammeline.

$$(2\,\text{NCyH}^2,\ \text{CyHO}^2) + 2\,\text{HO} = (\text{NCyH}^2,\ 2\,\text{CyHO}^2) + \text{NH}^3;$$

Ammeline. Ammélide.

$$(\text{NCyH}^2,\ 2\,\text{CyHO}^2) + 2\,\text{HO} = (3\,\text{CyHO}^2) + \text{NH}^3.$$

Ammélide. Ac. cyanurique.

Suivant M. Voelckel, le mélam absorbe le gaz chlorhydrique, et produit une combinaison $C^6H^9N^6$, HCl.

Lorsqu'on lave à l'eau le résidu provenant de la réaction du sel ammoniac et du sulfocyanure de potassium à une haute température, on obtient un résidu gris jaunâtre, d'où l'eau n'extrait pas tout l'acide chlorhydrique : il faut donc le traiter par le carbonate de potasse.

§ 264. *Mélamine*, $C^6H^6N^6 = 3\,\text{NCyH}^2$. — Cet alcali[1], isomère de la cyanamide, se produit lorsqu'on chauffe celle-ci à 150°. (Cloëz et Cannizaro.)

On l'obtient aussi par l'action de la potasse bouillante sur le mélam, par l'effet d'une simple transposition moléculaire.

Pour préparer cet alcali, on prend le résidu bien lavé de la distillation de 1 kilogramme de sel ammoniac et de 500 grammes de sulfocyanure de potassium; on y ajoute une dissolution de 60 gram-

[1] Liebig (1834), *Ann. der Chem. u. Pharm.*, X, 18; XXVI, 187.
Mais il me paraît probable que le mélam et la mélamine ont la même composition, et que le mélam se convertit en mélamine par l'effet d'une simple transposition moléculaire, semblable à celle qu'éprouvent la furfuramide et l'hidrobenzamide, lorsqu'elles se changent en furfurine et en amarine.

mes d'hydrate de potasse fondus dans 1,500 à 2,000 grammes d'eau, et on entretient le tout en ébullition jusqu'à ce que la liqueur soit entièrement claire; on l'évapore alors à une douce chaleur, jusqu'à ce qu'on remarque la formation de paillettes brillantes. On laisse ensuite refroidir lentement; on lave les cristaux, et on les purifie entièrement par plusieurs cristallisations.

La mélamine s'obtient ainsi en cristaux assez gros, incolores et doués d'un éclat vitreux. Elle forme des octaèdres à base rhombe, dans lesquels les angles des arêtes culminantes sont d'environ 75° 6′ et 115° 4′ (clivage parallèle à la face, $\infty \breve{P} \infty$). Les cristaux ne s'altèrent pas à l'air, et ne renferment pas d'eau de cristallisation; ils sont peu solubles dans l'eau froide, l'eau bouillante en dissout davantage; ils sont insolubles dans l'éther et l'alcool; une lessive de potasse les dissout encore mieux que l'eau. A une chaleur élevée, ils fondent, dégagent de l'ammoniaque, et laissent un résidu jaune orangé d'hydromellon, qui se décompose, à son tour, par une plus forte chaleur.

La mélamine se combine avec tous les acides, et forme avec eux des sels bien caractérisés, qui possèdent une réaction acide. Sa solution aqueuse précipite les solutions des sels de cuivre, de zinc, de fer et de manganèse.

Fondue avec du potassium, elle donne, avec dégagement de lumière et d'ammoniaque, un sel fusible, soluble dans l'eau, et qui possède toutes les propriétés de la combinaison produite au moyen du mellon ou de l'hydromellon et du potassium dans les mêmes circonstances (mellonure de potassium). Quand on la fait fondre avec de l'hydrate de potasse, elle donne du cyanate de potasse; si elle est en excès, on obtient du mellonure de potassium.

$$\underset{\text{Mélamine.}}{(3\,\text{NCyH}^2)} + 3\,(\text{KO, HO}) = \underset{\text{Cyanate.}}{3\,\text{Cy KO}^2} + 3\,\text{NH}^3.$$

$$\underset{\text{Mélamine.}}{2\,(3\,\text{NCyH}^2)} + 2\,(\text{KO, HO}) = \underset{\text{Mellonure de potass.}}{(2\,\text{NCy}^2\text{K},\ \text{NCy}^2\text{H})}$$

$$+ 3\,\text{NH}^3 + 4\,\text{HO}.$$

Les acides concentrés transforment peu à peu la mélamine, par l'ébullition, en ammoniaque et en améline, ammélide ou acide cyanurique. (Voy., page 445, les équations données pour le mélam.)

Le *nitrate de mélamine*, $C^6H^6N^6$, NHO^6, s'obtient aisément en ajoutant de l'acide nitrique à une dissolution chaude de mélamine dans l'eau, jusqu'à ce que le liquide soit bien acide; le sel refroidi se prend en une masse composée de longues aiguilles soyeuses qui ne s'altèrent pas à l'air, et peuvent être recristallisées sans subir de décomposition.

Le *nitrate de mélamine et d'argent*, $C^6H^6N^6$, $NAgO^6$, se produit lorsqu'on ajoute une solution chaude de mélamine à du nitrate d'argent, il se forme aussitôt un précipité blanc et cristallin, qui augmente par le refroidissement; on peut le faire recristalliser sans qu'il subisse d'altération.

Le *sulfate de mélamine* se forme lorsqu'on ajoute de l'acide sulfurique à une solution de mélamine; on obtient un précipité cristallin peu soluble dans l'eau froide, mais plus soluble dans l'eau chaude, et qui par le refroidissement cristallise en aiguilles raccourcies.

Le *phosphate* constitue de fines aiguilles, très-solubles dans l'eau bouillante.

Le *formiate* forme des feuillets fort solubles.

L'*oxalate*, 2 ($C^6H^6N^6$), $C^4H^2O^8$, est moins soluble dans l'eau que le nitrate.

L'*acétate* est très-soluble dans l'eau, et cristallise en larges lamelles rectangulaires, flexibles.

§ 265. *Amméline*, $C^6H^5N^5O^2$ = (2 $NCyH^2$, $CyHO^2$). — Ce composé [1] prend naissance par l'action des alcalis ou des acides concentrés sur le mélam ou sur la mélamine :

$$\underset{\text{Mélam ou mélamine.}}{(3\ NCyH^2)} + 2\ HO = \underset{\text{Amméline.}}{(2\ NCyH^2,\ CyHO^2)} + NH^3.$$

Il se produit aussi lorsqu'on dissout la chlorocyanamide dans la potasse, et qu'on précipite la solution par l'acide chlorhydrique :

$$\underset{\text{Chlorocyanamide.}}{(2\ NCyH^2,\ CyCl)} + 2\ HO = \underset{\text{Amméline.}}{(2\ NCyH^2,\ CyHO^2)} + HCl.$$

Lorsqu'on dissout dans la potasse le résidu gris (mélam brut) de la distillation du sulfocyanhydrate d'ammoniaque, et qu'on ajoute de l'acide acétique ou du carbonate d'ammoniaque à la solution, il se produit un précipité blanc et très-volumineux d'amméline. Après l'avoir lavé, on le dissout dans l'acide nitrique; la

[1] Liebig (1834), *Ann. der Chem. u. Pharm.*, X, 30; LVIII, 249. — Knapp, *ibid.* XXI, 244. — Laurent et Gerhardt, *Ann. de Chim. et de Phys.*, [3] XIX, 92.

dissolution, concentrée par l'évaporation, donne des cristaux incolores de nitrate d'ammméline, dont on sépare de nouveau l'ammméline en les dissolvant dans l'eau aiguisée d'acide nitrique, et en y ajoutant de l'ammoniaque caustique ou du carbonate d'ammoniaque.

L'amméline est d'un blanc éclatant, et cristallise lorsqu'on l'a précipitée par l'ammoniaque; elle est insoluble dans l'eau, l'alcool et l'éther, mais soluble dans les alcalis caustiques et dans la plupart des acides. La calcination la décompose en hydromellon, acide cyanurique, et ammoniaque.

$$3(2\,NCyH^2, CyHO^2) = (3\,NCy^2H) + (3\,CyHO^2) + 3\,NH^3.$$

Amméline. Hydromellon. Ac. cyanuriq.

L'amméline se dissout dans l'ammoniaque caustique et bouillante; la solution donne par le nitrate d'argent un précipité blanc, contenant 46,4 p. c. d'argent, et dont la formule est probablement $C^6H^4AgN^5O^2 = (2\,NCyH^2, CyAgO^2)$.

L'amméline se comporte avec les acides comme un alcaloïde, mais ses propriétés basiques sont moins caractérisées que celles de la mélamine. Elle forme, avec les principaux acides, des sels qui cristallisent parfaitement, mais que l'eau décompose en partie.

Les acides et les alcalis concentrés la convertissent en ammélide et en acide cyanurique, avec dégagement d'ammoniaque :

$$(2\,NCyH^2, CyHO^2) + 2\,HO = (NCyH^2, 2\,CyHO^2) + NH^3.$$

Amméline. Ammélide.

$$(NCyH^2, 2\,CyHO^2) + 2\,HO = (3\,CyHO^2) + NH^3.$$

Ammélide. Acide cyanuriq.

Le *nitrate d'amméline*, $C^6H^5N^5O^2$, NHO^6, cristallise en longs prismes quadrilatères, incolores. L'eau le décompose en partie; chaque fois qu'on veut le faire cristalliser, il faut ajouter à la dissolution quelques gouttes d'acide nitrique. Chauffé à l'état sec, ce sel est aisément décomposé; on obtient de l'acide nitrique, du nitrate d'ammoniaque ou les produits de sa décomposition, protoxyde d'azote et eau, et il reste de l'ammélide, qui se dissout aisément dans les acides :

$$C^6H^5N^5O^2, NHO^6 = C^6H^4N^4O^4 + 2\,NO + 2\,HO.$$

Le *nitrate d'amméline et d'argent*, $C^6H^4N^5O^2$, $NAgO^6$, s'obtient sous la forme d'un précipité blanc et cristallin lorsqu'on mélange le nitrate d'argent avec du nitrate d'amméline.

§ 266. *Ammélide*, $C^6H^4N^4O^4 = (NCyH^2, 2\,CyHO^2)$. — Ce corps se produit[1] par l'action des acides concentrés sur l'amméline et sur le mélam :

$$(2\,NCyH^2, CyHO^2) + 2\,HO = (NCyH^2, 2\,CyHO^2) + NH^3;$$
Amméline. Ammélide.

$$(3\,NCyH^2) + 4\,HO = (NCyH^2, 2\,CyHO^2) + 2\,NH^3.$$
Mélam. Ammélide.

On obtient aussi l'ammélide par l'action de la chaleur sur l'urée (cyanate d'ammonium) :

$$4\,[Cy\,(NH^4)\,O^2] = 2\,CO^2 + (NCyH^2, 2\,CyHO^2) + 4\,NH^3.$$
Cyan. d'amm. ou urée. Ammélide.

Pour préparer l'ammélide, on fait dissoudre le mélam ou l'amméline dans l'acide sulfurique concentré, ou la mélamine dans l'acide nitrique concentré et bouillant ; on précipite par l'alcool ou par le carbonate de potasse, et on lave à l'eau le précipité blanc.

On l'obtient aussi en chauffant le nitrate d'amméline jusqu'au point où la masse molle et pâteuse redevient solide.

Selon MM. Laurent et Gerhardt, le procédé le plus avantageux consiste à chauffer l'urée dans une capsule au-dessus de son point de fusion ; elle se met alors à bouillir, en émettant des vapeurs d'ammoniaque et de carbonate d'ammoniaque ; quand le résidu est devenu sec, on le dissout dans l'ammoniaque bouillante ou dans la potasse faible, et l'on précipite par de l'acide nitrique.

L'ammélide est une poudre blanche, insoluble dans l'eau, l'alcool et l'éther. Elle se dissout peu à froid dans l'ammoniaque ; mais elle s'y dissout aisément à chaud. L'acide acétique ne la dissout pas.

La potasse diluée la dissout aisément ; la solution est précipitée par l'acool, mais la plus grande partie de la potasse s'enlève par les lavages. La solution précipite, par les acides, de l'ammélide pur.

L'ammélide se dissout dans les acides nitrique, sulfurique et

[1] Liebig (1834), *Ann. der Chem. u. Pharm.*, X, 30 ; LVIII, 249. — Knapp, *ibid.*, XXI, 244. — Laurent et Gerhardt, *Ann. de Chim. et de Phys.*, [3] XIX, 94.

M. Liebig représente l'ammélide par $C^{12}H^9N^9O^3$; mais la formule $C^6H^4N^4O^4$, me semble plus conforme aux réactions. Voici d'ailleurs les résultats des analyses de l'ammélide :

	Liebig.	Knapp.	Laurent et Gerhardt.	Formule, $C^6H^4N^4O^4$.
Carbone..	27,54	28,06	27,9	28,12
Hydrogène.	3,61	3,55	3,2	3,13

L'azote a été déterminé par MM. Liebig et Knapp d'après la méthode qualitative (C : N :: 6 : 4,5), et me semble un peu trop fort.

chorhydrique; mais l'ammoniaque et le carbonate de potasse l'en reprécipitent.

A la température de l'ébullition, les mêmes acides le métamorphosent en acide cyanurique et en ammoniaque :

$$(\text{NCyH}^2, 2\ \text{CyHO}^2) + 2\,\text{HO} = (3\ \text{CyHO}^2) + \text{NH}^3.$$

Ammélide. Ac. cyanuriq.

La potasse bouillante détermine la même transformation.

On ne parvient pas à combiner l'ammélide avec la baryte, les oxydes de plomb et de cuivre. Une solution d'ammélide dans l'acide nitrique, mêlée avec du sous-acétate de plomb, donne un précipité d'ammélide; la liqueur dépose, par l'évaporation, des cristaux de nitrate de plomb.

Par contre, on connaît l'*ammélidate d'argent*, $C^6H^3AgN^4O^4$. Lorsqu'on mélange ensemble une solution d'ammélide dans l'acide nitrique avec du nitrate d'argent, en ayant soin de chauffer préalablement les deux liquides, le mélange reste parfaitement clair; en y ajoutant ensuite de l'ammoniaque, tant qu'il se forme un précipité, on obtient un précipité blanc abondant, d'une consistance caillebottée, et qui se dissout aisément dans un excès d'ammoniaque. C'est l'ammélidate d'argent[1]. On l'obtient aussi en dissolvant l'ammélide dans l'ammoniaque bouillante, chassant par la chaleur l'excès d'ammoniaque, et précipitant par le nitrate d'argent.

Une *combinaison de nitrate d'argent et d'ammélide*, $C^6H^4N^4O^4$, $NAgO^6$, s'obtient lorsqu'on dissout le composé précédent dans de l'acide nitrique concentré : il se dépose alors des feuilles ou des tablettes minces et incolores; ce sont les mêmes que ceux qui se forment par le mélange à froid d'une solution saturée d'ammélide dans l'acide nitrique et d'une solution aqueuse de nitrate d'argent, sans addition d'ammoniaque. Délayés dans l'eau, ces cristaux deviennent opaques, se dissolvent en majeure partie, et laissent de l'ammélide en flocons blancs. Chauffés dans un tube, ils dégagent d'abord beaucoup de vapeurs nitreuses, ensuite de l'acide cyanique, et finissent par laisser de l'argent métallique.

[1] La composition de l'ammélidate d'argent est d'accord avec la formule $C^6H^3N^4O^2$. Voici en effet les résultats de l'analyse de ce sel :

	Knapp.	Gerhardt.	Formule $C^6H^3AgN^4O^4$.
Carbone.	15,47	»	15,2
Hydrogène.	1,40	»	1,3
Argent.	45,90	46,0	46,4

§ 267. *Acide sulfomellonique*, ou ammélide sulfuré, $C^6H^4N^4S^4$ $(NCyH^2, 2\,CyHS^2)$. — Ce composé[1] se produit à l'état de sel de potasse, lorsqu'on fait dissoudre le persulfocyanogène (§ 250) dans le sulfhydrate de potasse :

$$\underset{\text{Persulfocyanog.}}{2\,Cy^3HS^6} + 3(KS, HS) + 4\,HO = \underset{\text{Sulfomellonure de potassium.}}{(NCyH^2, CyHS^2 . CyKS^2)}$$
$$+ \underset{\text{Sulfocyan.}}{2\,CyKS^2} + 2\,CO^2 + 6HS + 4S.$$

Le persulfocyanogène se dissout aisément dans le sulfhydrate de potasse avec dégagement d'hydrogène sulfuré ; le liquide se charge de sulfocyanure, de carbonate et de polysulfure de potassium; et si l'on neutralise par l'acide acétique, il se produit un abondant dépôt blanc, qui se compose d'un mélange de soufre et d'acide sulfomellonique. On lave bien le précipité, et on le traite à froid par l'ammoniaque aqueuse qui dissout l'acide en laissant le soufre ; on abandonne le liquide filtré dans un lieu chaud, puis on le fait bouillir avec du noir animal, jusqu'à ce que le précipité qu'y forment les acides minéraux soit entièrement blanc.

Cet acide est à peine soluble dans l'eau froide, ainsi que dans l'alcool et l'éther, l'eau bouillante le dissout en petite quantité, et le dépose sous forme d'aiguilles très-petites. Il est sans saveur, mais sa solution rougit le tournesol. Il commence à se décomposer entre 140 et 150° ; à une température plus élevée, il se décompose, selon M. Jamieson, en hydrogène sulfuré et en mellon.

$$\underset{\text{Ac. sulfomellonique,}}{(NCyH^2, 2\,CyHS^2)} = \underset{\text{Mellon.}}{NCy^3} + 4\,HS.$$

Chauffé avec de l'acide chlorhydrique ou sulfurique, il dégage de l'hydrogène sulfuré, et donne de l'acide cyanurique ; l'acide nitrique produit le même effet. On voit que la réaction est celle-ci :

$$\underset{\text{Acide sulfomelloniq.}}{NCyH^2, 2\,CyHS^2)} + 6\,HO = NH^3 + 4\,HS + \underset{\text{Ac. cyanuriq.}}{(3\,CyHO^2)}.$$

Le *sel de potasse*, $C^6H^3KN^4S^4 + 3$ aq., s'obtient en prismes incolores et brillants, très-solubles dans l'eau et l'alcool quand on sature l'acide à chaud par une lessive de potasse, et qu'on filtre bouillant. Le sel desséché se décompose à une température plus élevée en sulfhydrate d'ammoniaque et acide cyanhydrique, en donnant un résidu soluble dans l'eau, dont l'acide chlorhydrique

[1] JAMIESON (1846), *Ann. der Chem. u. Pharm.*, LIX, 339.

sépare un précipité gélatineux. La solution du sulfomellonure potassique précipite en blanc par le chlore gazeux.

Le *sel de soude*, $C^6H^3NaN^4S^4$ + 3 aq., cristallise en larges tables translucides, d'un aspect gras, ou en paillettes nacrées, semblables à la cholestérine.

Le *sel de baryte*, $C^6H^3BaN^4S^4$ + 5 aq., s'obtient par le carbonate barytique, sous la forme d'aiguilles incolores, d'un bel éclat adamantin, et fort solubles dans l'eau.

Le *sel de strontiane*, $C^6H^3SrN^4S^4$ + 4 aq., s'obtient en grosses tables, qui ont l'éclat de la cire.

Le *sel de chaux*, $C^6H^3CaN^4S^4$ + 2 aq., forme des cristaux brillants.

Le *sel de magnésie*, $C^6H^3MgN^4S^4$ + 6 aq., constitue de petites aiguilles brillantes, très-solubles dans l'eau,

Le *sel d'argent*, $C^6H^3AgN^4S^4$, se précipite en flocons blancs, volumineux, entièrement insolubles dans l'eau quand on ajoute du nitrate d'argent à une solution ammoniacale d'acide sulfomellonique. Le précipité ne noircit pas à la lumière, et supporte une température de 100° sans se décomposer.

§ 268. *Chlorocyanamide*, $C^6H^4N^5Cl = (2\ NCyH^2, CyCl.)$ — On la prépare en mettant du chlorure de cyanogène solide, réduit en poudre, en digestion avec de l'eau ammoniacale[1]; le chlorure se transforme alors en une matière blanche et floconneuse, en même temps que l'eau se charge de chlorhydrate d'ammoniaque :

$$\underset{\text{Chlor. de cyan. solide.}}{(3\ CyCl)} + 2\ NH^3 = 2\ HCl + \underset{\text{Chlorocyanamide.}}{(2\ NCyH^2,\ CyCl)}.$$

On l'obtient aussi en faisant passer du gaz ammoniaque sur du chlorure de cyanogène solide pulvérisé et placé dans un tube horizontal. La réaction s'effectue avec dégagement de chaleur ; on la complète vers la fin en chauffant. On traite ensuite le produit par l'eau, pour enlever le sel ammoniac.

Le *parachlorocyanate d'ammoniaque* de M. Bineau est un mélange de chlorocyanamide et de sel ammoniac.

La chlorocyanamide forme une poudre blanche, insoluble dans l'eau. Lorsqu'on la chauffe, elle dégage de l'acide chlorhydrique, donne un sublimé de sel ammoniac, et laisse de l'hydromellon pur :

[1] Liebig (1834), *Ann. de Chim. et de Phys.*, LVI, 51. — Bineau, *ibid.*, LXX, 254. — Laurent et Gerhardt, *Ann. de Chim. et de Phys.*, [3] XIX, 90.

$$2\,(2\,NCyH^2,\ CyCl) = HCl + NH^4Cl + 3\,NCy^2H.$$

Chlorocyanamide. Chlor. d'ammon. Hydromellon.

Elle se dissout dans la potasse à l'aide d'une douce chaleur ; en ajoutant au liquide de l'acide chlorhydrique, on en sépare un abondant précipité d'amméline :

$$(2\,NCyH^2, CyCl) + KO,\ HO = KCl + (2\ CNyH^2,\ CyHO^2)$$

Chlorocyanamide. Ammeline.

Phényl-chlorocyanamide, ou chlorocyanilide, $C^{30}H^{12}N^5Cl = C^6H^2 (C^{12}H^5)^2N^5Cl$. — Pour obtenir ce composé[1], on jette du chlorure solide de cyanogène, réduit en poudre, dans un ballon qui renferme de l'eau tiède, de l'aniline (plényl-ammoniaque) et un peu d'alcool, destiné à favoriser la dissolution de cette dernière. Il se produit immédiatement une poudre blanche qui est la chlorocyanilide ; la liqueur renferme en dissolution du chlorhydrate d'aniline :

$$(3\ CyCl) + 2\ N(C^{12}H^5)\,H^2 = 2\ HCl + (2\ NCy\,(C^{12}H^5)H, CyCl).$$

Chlor. de cyan. solide. Aniline. Phényl-chlorocyanamide.

La chlorocyanilide est insoluble dans l'eau, un peu soluble dans l'alcool bouillant, où elle cristallise en lames brillantes. Elle fond, par la chaleur, en un liquide transparent, qui cristallise très-bien en aiguilles radiées ; si l'on chauffe plus fort, il se dégage de l'acide chlorhydrique, et il reste une matière jaunâtre, semblable à l'albumine desséchée.

Comme la perte d'acide chlorhydrique est de 11,8 pour 100, et correspond à la totalité du chlore contenu dans la matière, on peut supposer que le résidu jaunâtre renferme :

$$C^{30}H^{11}N^5 = [NCy\,(C^{12}\ H^5)\ H,\ NCy^2(C^{12}H^5)].$$

Quand on traite la chlorocyanilide par la potasse bouillante, elle se dissout en formant une combinaison d'où les acides précipitent des flocons blancs qui, d'après une analyse approximative (carbone, 62,6 ; hydrog., 4,6), paraissent être la *phényl-ammméline*, c'est-à-dire

$$C^{30}H^{13}N^5O^2 = (2\ NCy\ (C^{12}H^5)\ H,\ CyHO^2)$$

Phényl-ammméline.

§ 269. DICYANAMIDE, $C^4HN^2 = NCy^2H$. — Beaucoup de composés cyaniques donnent, par l'action d'une forte chaleur, un résidu jaune ou orangé, qui ne se détruit qu'à une température excessivement élevée ; ce résidu, qui a reçu de M. Liebig le nom de *mellon*, représente la dicyanamide, ou plutôt un polymère de la dicyanamide = $3\ NCy^2H$). On l'obtient particulièrement avec

[1] LAURENT (1846), *Compt. rend. des Trav. de Chimie*, 1846, p. 300.

le sulfocyanure d'ammonium, l'urée (cyanure d'ammonium), la mélamine, le mélam, l'amméline, l'ammélide, la chlorocyanamide. M. Liebig le représente par la formule C^6N^4, qui correspond à la composition d'une tricyanamide = ($n\,NCy^3$) ; mais les analyses qui ont été faites du mellon par M. Voelckel, par M. Laurent et par moi, ont toujours donné une quantité notable d'hydrogène (1,5 p. c. au moins), ce qui prouve évidemment que le mellon [1] obtenu par les substances indiquées, dans les circonstances où nous avons opéré, est une dicyanamide, et non une tricyanamide (ammoniaque dans laquelle tout l'hydrogène serait remplacé par son équivalent de cyanogène). Voici les résultats de ces analyses :

	Laurent et Gerhardt.				Voelckel.								
	a	*b*	*c*	*d*	*e*	*f*	*g*	*h*	*i*	*k*	*l*	*m*	*n*
Carbone.	35,75	35,8	36,4	36,0	31,63	36,01	37,02	32,17	36,52	36,31	35,57	32,49	35,07
Hydrogène.	1,77	1,8	1,7	1,8	1,42	1,75	1,91	2,03	1,71	1,77	1,58	1,89	2,09
Azote.	62,50	62,4	61,9	62,2	»	»	»	»	»	61,92	62,85	»	»

La matière employée à ces analyses provenait de la calcination : *a*, du persulfocyanogène ; *b*, de l'amméline ; *c*, de l'ammélide ; *d*, de la chlorocyanamide ; *e*, *f* et *g*, du persulfocyanogène préparé avec l'acide nitrique ; *h*, du persulfocyanogène préparé avec le chlore ; *i* et *k*, de l'acide persulfocyanhydrique ; *l*, du sulfocyanure d'ammonium ; *m* et *n*, du sulfocyanure de mercure. Les rapports $n\,NCy^2H$ exigent : carbone, 35,82 ; hydrogène, 1,49 ; azote, 62,69.

Les analyses précédentes démontrent positivement la présence de l'hydrogène dans le mellon ordinaire. Il est probable toutefois qu'il existe un mellon non hydrogéné (C^6N^4, tricyanamide = $n\,NCy^3$), car on a

$$3\,NCy^2H = 2\,NCy^3 + NH^3;$$

mais on n'a pas encore pu l'obtenir à l'état de pureté, par la calcination du mellon ordinaire, produit par la décomposition des substances hydrogénées que nous avons citées. A l'avenir, nous désignerons sous le nom d'*hydromellon* le mellon hydrogéné ordinaire, et nous réserverons le nom de *mellon* pour le mellon que M. Liebig suppose exempt d'hydrogène. (*Voy.* plus bas, § 272, TRICYANAMIDE.)

[1] LIEBIG, *Ann. de Pogg.*, XV, 557, *Annal. der Chem. u. Pharm.*, X, 4 ; XXX, 149 ; L, 337 ; LVII, 93 ; LVIII, 227 ; LXI, 262. — L. GMELIN, *Ann. der Chem. u. Pharm* ; XV, 252. — VOELCKEL, *Ann. de Poggend.*, LVIII, 151 ; LXI, 375. — GERHARDT, *Compt. rend. des Trav. de Chimie*, 1845, 24, et 1850, 104. — LAURENT et GERHARDT, *Annal. de Chim. et de Phys.*, [3] XIX, 85.

On obtient l'hydromellon plus ou moins impur (*mellon brut* de M. Liebig) en calcinant le persulfocyanogène jusqu'à ce qu'il ne se dégage plus de gaz sulfurés. Comme cette opération exige l'application d'une température voisine du rouge sombre qui peut altérer le produit en partie, il est préférable d'employer un corps non sulfuré, par exemple l'amméline ou la chlorocyanamide, dont la décomposition s'effectue à une température bien plus basse. Sous ce rapport, la chlorocyanamide est très-avantageuse, et donne de l'hydromellon pur : on la chauffe jusqu'à ce qu'il ne se dégage plus d'acide chlorhydrique ni de sel ammoniac.

L'hydromellon pur constitue une poudre jaune clair, plus ou moins orangée, quand elle a été fortement calcinée. Il est insoluble dans l'eau, l'alcool, l'éther, les acides et les alcalis étendus et bouillants. Il supporte une température très-élevée sans s'altérer ; mais, au rouge sombre, il dégage des vapeurs ayant une odeur à la fois cyanhydrique et ammoniacale. Une partie de ces vapeurs s'absorbe par l'acide chlorhydrique, une autre par la potasse, une autre enfin n'est point absorbable (azote). Selon M. Liebig, il y aurait du cyanogène parmi ces produits.

Lorsqu'on chauffe l'hydromellon avec du potassium, il donne avec ignition du mellonure de potassium :

$$\underset{\text{Hydromellon.}}{(3\,\text{NCy}^2\text{H})} + \text{K}^2 = \underset{\text{Mellon. de potass.}}{(2\,\text{NCy}^2\text{K}, \text{NCy}^2\text{H})} + \text{H}^2.$$

L'hydromellon donne le même sel quand on le chauffe au rouge avec du sulfocyanure de potassium.

La potasse concentrée et bouillante attaque l'hydromellon en dégageant de l'ammoniaque et en produisant du cyamélurate de potasse :

$$\underset{\text{Hydromellon.}}{3\,(\text{NCy}^2\text{H})} + 4\text{HO} = \text{NH}^3 + \underset{\text{Acide cyamélurique.}}{(2\,\text{NCy}^2\text{H}, 2\,\text{CyHO}^2)}.$$

L'acide sulfurique concentré dissout l'hydromellon à chaud en produisant du sulfate d'ammoniaque; l'eau ajoutée à la solution précipite un corps blanc, qui est probablement de l'acide cyamélurique.

L'acide nitrique bouillant dissout peu à peu l'hydromellon, et la dissolution donne des cristaux incolores de la modification de l'acide cyanurique dite *acide cyanilique* (§ 211); l'eau-mère retient de l'ammoniaque :

$$\underset{\text{Hydromellon.}}{3\,(\text{NCy}^2\text{H})} + 12\,\text{HO} = \underset{\text{Ac. cyanilique.}}{2\,(3\,\text{CyHO}^2)} + 3\,\text{NH}^3.$$

§ 270. *Mellonures*[1], $C^{12}HM^2N^9 = (2\ NCy^2M, NCy^2H)$. — Ces sels représentent de l'hydromellon dans lequel H^2 est remplacé par M^2.

Le *mellonure de potassium,* $C^{12}HK^2N^9 + 10$ aq., se produit par l'action du potassium sur l'hydromellon. On l'obtient aussi par la réaction du sulfocyanure de potassium et de l'hydromellon, à une température fort élevée :

$$(3\ NCy^2H) + 2\ CyKS^2 = (2\ NCy^2K, NCy^2H) + 2CyHS^2.$$

Hydromellon. Sulfocyan. de potass. Mellonre de potass. Ac. sulfocyanhydrique.

A la température élevée où s'opère cette réaction, l'acide sulfocyanhydrique produit se décompose en sulfure de carbone et en d'autres produits gazeux.

Plusieurs procédés ont été indiqués pour la préparation du mellonure de potassium; en voici le meilleur, suivant M. Liebig[2] : On fait fondre, dans une petite cornue tubulée en verre réfractaire, du sulfocyanure de potassium pur et sec, et l'on y introduit peu à peu, en renforçant le feu, de petites portions de mellon brut (résidu de la calcination du persulfocyanogène). L'introduction de chaque nouvelle portion détermine un abondant dégagement de gaz; il se volatilise du soufre, du sulfure de carbone et des produits ammoniacaux, en même temps que le liquide s'épaissit. Il reprend sa fluidité quand on chauffe davantage. Quand on a introduit, en mellon, environ le quart ou le tiers du sulfocyanure employé et que la masse en fusion se trouve portée au rouge sombre, il faut la maintenir dans cet état tant qu'il se dégage un gaz inflammable, répandant par la combustion l'odeur du gaz sulfureux, et jusqu'à ce que du cyanogène commence à se développer. Alors la première opération est terminée. Si elle a réussi, on voit se former pendant le refroidissement de la masse fondue une grande quantité de paillettes qui sont composées de fines aiguilles, groupées en étoiles, et qui prennent déjà naissance bien au-dessus du point de fusion du sulfocyanure de potassium. Dans le cas où ces cristaux n'apparaîtraient pas, cela tiendrait à l'insuffisance de la chaleur ou de la

[1] A consulter les sources indiquées p. 474. — M. Liebig représente les mellonures par les relations $C^{12}M^2N^8$ ou C^6MN^4; cette formule est inconciliable avec la métamorphose qu'éprouve le mellonure de potassium sous l'influence des alcalis bouillants.

[2] Voy. aussi, sur cette préparation, les indications de M. Henneberg, *Ann. der Chem. u. Pharm.*, t. LXXIII, p. 228, et, en extrait, dans les *Compt. rend. des Trav. de Chim.* 1850, p. 98.

dose du mellon employé. La masse étant refroidie, on la délaye dans l'eau bouillante, on filtre, et on laisse refroidir. La solution se prend alors peu à peu en une bouillie d'aiguilles feutrées, très-blanches, de mellonure de potassium hydraté. On les purifie par des lavages à l'alcool et par une nouvelle cristallisation dans l'eau.

M. Liebig indique encore la méthode suivante : on commence par se procurer du sulfocyanure de cuivre, en précipitant le sulfocyanure de potassium par un mélange de 3 p. de sulfate ferreux et de 2 p. de sulfate de cuivre. Ce précipité est d'abord lavé avec de l'acide sulfurique étendu, puis avec de l'eau distillée, et enfin desséché sur des briques ; on complète la dessiccation en le chauffant à feu nu dans une capsule, jusqu'à ce qu'il commence à brunir. Ensuite on fait fondre 3 p. de sulfocyanure de potassium sec dans un vase en fonte muni d'un couvercle, et l'on y ajoute, par petites portions, 2 p. de sulfocyanure de cuivre. Il se développe alors du sulfure de carbone qui s'enflamme à l'air. Après que toute la matière a été ajoutée, on pousse la chaleur jusqu'au rouge, et quand le dégagement de sulfure de carbone a cessé, on ajoute, par kilogr. de sulfocyanure de potassium, 90 grammes de carbonate de potasse récemment calciné; le mélange se ramollit alors en développant beaucoup d'acide carbonique. Après le refroidissement, on délaye la masse dans l'eau bouillante, et l'on filtre. Par la concentration et le refroidissement de la liqueur, on obtient une quantité considérable de mellonure de potassium. Cette préparation exige beaucoup de sulfocyanure de potassium.

Enfin, on obtient le mellonure de potassium accidentellement, dans la préparation du sulfocyanure de potassium, quand on chauffe le mélange de soufre et de ferrocyanure bien au delà du point où il cesse de précipiter en bleu les sels ferriques. On épuise le résidu par l'eau froide, on évapore la solution jusqu'à ce qu'elle se prenne par le refroidissement en une masse caillebottée; on traite celle-ci par l'alcool pour en extraire le sulfocyanure, et l'on fait recristalliser dans l'eau le mellonure de potassium qui ne se dissout pas dans l'alcool.

Ce sel, obtenu par l'une des méthodes précédentes, est rarement bien pur ; il est mélangé d'un corps sulfuré, qu'on peut enlever au moyen de l'acide acétique : celui-ci n'attaque pas le mellonure de potassium dissous dans l'eau, mais précipite le corps sulfuré sous la forme de flocons gélatineux. Si le mellonure de potassium, qui cristallise d'ailleurs assez difficilement dans la liqueur, est encore coloré en jaune, on le redissout, et l'on traite de nouveau la solution par l'acide acétique.

Il s'obtient alors en cristaux aciculaires, complétement insolubles dans l'alcool, peu solubles dans l'eau froide, très-solubles dans l'eau bouillante; on l'obtient parfaitement cristallisé dans un mélange d'alcool et d'eau; les cristaux sont efflorescents, en renferment 24,5 p. c. (25,4 Liebig) d'eau de cristallisation, qu'ils perdent par la fusion.

Chauffé en vase clos au delà de son point de fusion, le mellonure de potassium donne de l'azote, du cyanogène et du cyanure de potassium (Liebig); et, avant de fondre, du carbonate et du cyanhydrate d'ammoniaque (L. Gmelin).

Lorsqu'on fait bouillir le mellonure de potassium avec une solution concentrée de potasse, il se dégage beaucoup d'ammoniaque, et l'on obtient du cyamélurate de potasse :

$$\underbrace{(2\,\text{NCy}^2\text{K},\text{NCy}^2\text{H})}_{\text{Mellon. de potass.}} + \text{KO},\text{HO} + 2\,\text{HO} = \text{NH}^3 + \underbrace{(\text{NCy}^2\text{H},\text{NCy}^2\text{K},2\,\text{CyKO}^2)}_{\text{Cyamélur. de potasse.}}$$

Si l'on ajoute de l'acide chlorhydrique ou nitrique à une solution chaude de mellonure de potassium, le liquide ne tarde pas à déposer des flocons blancs : ceux-ci, pris d'abord pour l'acide des mellonures (*acide hydromellonique* ou *mellonhydrique*), contiennent toujours du potassium, et M. Liebig les envisage comme un mellonure acide ($C^{12}H^2KN^9$?). Il paraît toutefois, selon M. L. Gmelin qu'on peut obtenir un corps semblable, exempt de potassium en précipitant le mellonure de potassium par le nitrate de plomb ou le sulfate de cuivre, épuisant le précipité par l'eau bouillante, et le décomposant dans l'eau bouillante par l'hydrogène sulfuré; si l'on évapore ensuite le liquide, on obtient des pellicules blanches et opaques exemptes de potassium. Ce serait donc là le véritable *acide mellonhydrique*, dont l'hydromellon précédemment décrit ne serait que l'isomère. Il est possible toutefois que la différence entre les caractères physiques des deux corps ne tienne qu'aux circonstances différentes de leur formation, l'un s'obtenant à une très-forte chaleur, et étant conséquemment fort compacte et aggloméré, tandis que l'autre, plus divisé et soluble, se prépare par voie humide.

La solution du mellonure de potassium précipite plusieurs sels métalliques.

Le *mellonure de sodium* cristallise en aiguilles soyeuses, blanches, insolubles dans l'alcool, et assez solubles dans l'eau ; il s'obtient en traitant le sel de baryum par le carbonate de soude.

Le *mellonure d'ammonium* s'obtient en décomposant le sel de baryum par du carbonate d'ammoniaque; il ressemble au sel de potassium, et renferme, comme lui, de l'eau de cristallisation.

Le *mellonure de baryum* se forme quand on traite le sel de potassium par le chlorure de baryum; on obtient ainsi un précipité abondant, blanc, qui se dissout dans une grande quantité d'eau bouillante. La solution saturée dépose ce sel en aiguilles raccourcies, transparentes, renfermant 20,87 p. c. d'eau de cristallisation, qu'il perd à 120°.

Le *mellonure de strontium* est plus soluble dans l'eau que le mellonure de baryum; sa solution, saturée à l'ébullition, se prend, par le refroidissement, en un magma composé de fines aiguilles.

Le *mellonure de calcium* s'obtient de la même manière que le sel barytique, et est plus soluble dans l'eau bouillante. Les cristaux contiennent 18,05 p. c. d'eau, qu'ils dégagent à 120°.

Le *mellonure de magnésium* ne se dépose qu'au bout de quelque temps, sous la forme de petites aiguilles feutrées, par le mélange d'une solution de mellonure de potassium avec une solution de sulfate de magnésie.

Le *mellonure de nickel* est un précipité blanc bleuâtre.

Le *mellonure de zinc* et le *mellonure de cadmium* sont des précipités blancs.

Le *mellonure de cobalt* est un précipité couleur fleur de pêcher.

Le *mellonure de cuivre* est un précipité vert perroquet, que le mellonure de potassium produit dans le sulfate de cuivre.

Le *mellonure ferrique* est un précipité jaune foncé; le *mellonure ferreux* est un précipité blanc avec un reflet verdâtre.

Le *mellonure de manganèse* est un précipité blanc.

Le *mellonure de chrome* est un précipité blanc bleuâtre.

Le *mellonure de plomb*, $C^{12}HPb^{3}N^{9}$ + 8 aq., est un précipité blanc, qui séché à l'air perd 14,1 p.c. d'eau dans un bain de chlorure de calcium. L'analyse du sel séché à l'air a donné :

	L. Gmelin.	Calcul.
Carbonne.	15,06	15,03
Hydrogène. . . .	2,03	1,88
Plomb.	42,68	42,58

Le *mellonure d'argent*, $C^{12}HAg^2N^9$, est un précipité blanc gélatineux, et anhydre à 120°. L'analyse de ce sel a donné :

	Liebig.	Laurent et Gerhardt.	Calcul.
Carbone. . .	17,1 — 18,54	17,01 — 17,1 — 17,8	17,3
Hydrogène. .	0,35 — 0,27	0,4 — 0,5 — 0,4	0,2
Argent. . . .	53,03 «	52,2 « «	52,0

Le *mellonure de mercure* est un précipité blanc, gélatineux, qu'on obtient par le mélange du bichlorure de mercure avec le mellonure de potassium. Le précipité devient pulvérulent à chaud. Lorsqu'on le calcine, il dégage d'abord du gaz azote, du cyanogène et de l'acide cyanhydrique, puis du gaz azote et du cyadogène dans les rapports de 1 vol. du premier et de 3 vol. du second. (Liebig.)

Le nitrate mercureux précipite aussi des flocons blancs, épais, par le mellonure de potassium.

Le *mellonure d'or* est un précipité blanc jaunâtre, qu'on obtient avec le mellonure de potassium et le chlorure d'or.

Le *mellonure de platine* est un précipité jaune brunâtre.

§ 271. *Acide cyamélurique*, $C^{12}H^4N^8O^4 = (2\ NCy^2H,\ 2\ CyHO^2)$. Cet acide[1] se produit à l'état de sel de potasse par l'action de la potasse sur l'hydromellon et sur les mellonures :

$$(3Cy^2H) + 4\ HO = NH^3 + (2\ NCy^2H,\ 2\ CyHO^2).$$

Hydromellon. Acide cyamélurique.

On le prépare en versant de l'acide nitrique ou chlorhydrique sur un cyamélurate métallique; il se sépare alors sous la forme d'un précipité blanc; pour purifier celui-ci, on porte en ébullition le liquide avec le précipité, on filtre au besoin, et l'on abandonne à cristallisation le liquide filtré. L'acide cyamélurique se dépose ainsi sous la forme de croûtes blanches, d'où surgissent quelques cristaux isolés; ils n'ont pas l'apparence d'aiguilles; on y reconnaît, à l'aide du microscope, une partie prismatique et une partie pyramidale.

[1] HENNEBERG, *Ann. der Chem. u. Pharm.*, LXXIII, 228. — GERHARDT, *Compt. rend. des Trav. de Chimie*, 1850, p. 104. — M. Henneberg représente les cyamélurates par des formules qui ne me paraissent pas exactes.

Ce corps se dissout très-difficilement dans l'eau froide ; il en exige environ 420 p. à 17° c. ; il est plus soluble dans l'eau bouillante.

L'acide desséché déteint sur les doigts ; il rougit assez fortement le tournesol, et déplace à chaud l'acide carbonique.

L'acide cristallisé retient 17,47 p. 100 d'eau de cristallisation, qui s'en vont complétement par la dessiccation.

Porté à une température très-élevée, il se colore en jaune, et donne des vapeurs d'acide cyanique et un sublimé d'acide cyanurique ; le résidu a les caractères de l'hydromellon :

$$3\,(2\,NCy^2H,\ 2\,CyHO^2) = 2\,(3\,CyHO^2) + 2\,(3\,NCy^2H).$$

Ac. cyaméluriq. — Ac. cyanurique. — Hydromellon.

Quand on le fait bouillir avec de l'acide nitrique, il donne aussi de l'acide cyanurique (et probablement du nitrate d'ammoniaque).

Le *cyamélurate d'ammoniaque* est un sel fort soluble dans l'eau.

Le *cyamélurate de potasse neutre*, $C^{12}HK^3N^8O^4$, se prépare directement avec le mellonure de potassium et la potasse caustique. On fait bouillir le mellonure de potassium avec une solution concentrée de potasse (1 p. de mellonure et 10 p. d'une lessive de potasse de 1,2, étendue de 20 p. d'eau), en renouvelant de temps à autre l'eau évaporée jusqu'à ce que la surface du liquide, suffisamment concentrée, se recouvre de fines aiguilles, et que toute la masse se prenne par le refroidissement en une bouillie cristalline. Cette métamorphose est accompagnée d'un abondant dégagement d'ammoniaque.

Le mellonure de potassium peut aussi être remplacé par de l'hydromellon (résidu de la calcination du persulfocyanogène). On recueille les cristaux sur un entonnoir bouché avec de l'amiante ; on les lave avec de la potasse, et finalement avec de l'alcool. On les fait ensuite dissoudre dans l'eau bouillante, et l'on ajoute un peu d'alcool au liquide filtré. (Quelquefois il se produit ainsi un précipité floconneux en petite quantité, qu'on sépare à l'aide d'un filtre.) La solution dépose, par le refroidissement, de belles aiguilles incolores et brillantes, souvent d'un demi-pouce de long, de cyamélurate tripotassique. L'eau mère renferme une certaine quantité d'ammélide, provenant sans doute d'une métamorphose secondaire, car on a :

$$(2\,NCy^2H,\ 2\,CyHO^2) + 4\,HO = 2\,[NCyH^2,\ 2\,CyHO^2].$$

Ac. cyamélurique. — Ammélide.

Les cristaux de cyamélurate neutre de potasse ont une réaction fort alcaline; leur saveur est d'abord celle de la lessive, puis amère et âcre. Ils se dissolvent dans 7,4 p. d'eau à 18° c. et dans 1 à 2 p. d'eau bouillante; ils sont insolubles dans l'alcool. Leur solution précipite les sels des terres et des oxydes métalliques.

Le *cyamélurate de potasse acide*, $C^{12}H^3KN^8O^4 + 4$ aq., s'obtient lorsqu'on ajoute de l'acide acétique au sel neutre. Il se sépare alors sous la forme de paillettes minces, d'une réaction acide, et d'un éclat irisé au soleil. Si l'on opère à l'ébullition, on obtient, par un refroidissement lent, des mamelons concentriques formés par des aiguilles. La solubilité de ce sel est un peu plus grande que celle de l'acide cyamélurique. Il donne par la calcination un résidu brun jaunâtre et fusible, d'où l'on extrait du mellonure de potassium.

Le *cyamélurate de soude* est un sel fort soluble.

Le *cyamélurate de baryte* est un précipité blanc cristallin, qui se produit par le mélange du chlorure de baryum et du cyamélurate neutre de potasse.

Le *cyamélurate de magnésie* est également un précipité blanc et cristallin; il se dissout dans le chlorhydrate d'ammoniaque.

Le *cyamélurate de cuivre* est un précipité blanc bleuâtre, cristallin; il se présente au microscope sous la forme de prismes terminés en pyramide.

Le *cyamélurate de fer* est un précipité jaune, volumineux et amorphe, qu'une solution parfaitement neutre de chlorure ferrique produit dans le cyamélurate de potasse.

Le *cyamélurate d'argent*, $C^{12}HAg^3N^8O^4$, constitue un précipité caillebotté amorphe, insoluble dans l'eau, peu soluble dans l'acide nitrique étendu.

§ 272. TRICYANAMIDE, $C^6N^4 = NCy^3$. — Nous avons dit plus haut (§ 269) que M. Liebig attribue la composition de la tricyanamide au *mellon*, qu'on obtient par la calcination d'un grand nombre de composés cyaniques; mais que ce produit présente plutôt la composition de la dicyanamide NCy^2H, car on y trouve de l'hydrogène. Il est possible toutefois que la dicyanamide se transforme en tricyanamide, dans des circonstances qui n'ont pas encore été déterminées; on a en effet :

$$3\,NCy^2H = 2\,NCy^3 + NH^3.$$

On obtiendrait probablement cette tricyanamide par la calcination du sulfocyanure de mercure; mais il faudrait pour cela employer ce sel à l'état neutre et anhydre. J'ai trouvé 1,5 p. 100 d'hydrogène dans le produit de la calcination du sulfocyanure de mercure; mais le sel sur lequel j'ai opéré a dû être un sous-sulfocyanure avec de l'eau de cristallisation[1], car, suivant M. Crookes, le sulfocyanure neutre de mercure (page 441) est anhydre.

V.

GROUPE URIQUE.

§ 273. Les substances qui composent ce groupe se rattachent, par plusieurs réactions, aux autres groupes de la série formique, notamment au groupe cyanique et au groupe oxalique, comme si ces substances correspondaient à des types conjugués, dans lesquels H fût remplacé par les radicaux Cy (*cyanogène*) et C^2O^2 (*oxalyle*); un troisième radical[2], C^3O^3 (*mésoxalyle*), semble également fonctionner dans quelques-unes d'entre elles. En effet, tous les composés du groupe urique peuvent être transformés, soit en urée (cyanate d'ammonium) et en acide oxalique, soit en urée et en acide mésoxalique (§ 294).

Le point de départ de toutes ces combinaisons, c'est l'*acide urique*, $C^{10}H^4N^4O^6$; on ne l'a pas encore produit artificiellement; mais on doit à MM. Woehler et Liebig la connaissance de ses métamorphoses. Je vais essayer d'en donner une idée.

Lorsqu'on traite l'acide urique par certains agents d'oxydation, tel que l'acide nitrique dilué, on le transforme en urée et en *alloxane*, $C^8H^2N^2O^8$:

$$\underset{\text{Acide urique.}}{C^{10}H^4N^4O^6} + 2\,HO + O^2 = \underset{\text{Alloxane.}}{C^8H^2N^2O^8} + \underset{\text{Urée.}}{C^2H^4N^2O^2}.$$

Qu'on traite ensuite l'alloxane par les alcalis bouillants, et l'on ob-

[1] M. Voelckel a aussi trouvé de l'hydrogène dans le mellon provenant de la calcination du sulfocyanure de mercure. (Voy. p. 474)

[2] L'existence de l'acide mésoxalique $C^6H^2O^{10}$ conduit à admettre, par analogie, le radical mésoxalyle C^3O^3, comme pouvant remplacer H, de la même manière que CO remplace H dans les composés carboniques, et que C^2O^2 remplace H dans les composés oxalides. On aurait donc :

$$\left.\begin{matrix} CO \\ C^2O^2 \\ C^3O^3 \end{matrix}\right\} \text{équivalents de H},$$

au même titre que Cu, dans les sels cuivriques, Cu^2 ou Ɇu, dans les sels cuivreux, sont l'un et l'autre des équivalents de H.

tiendra encore de l'urée, plus un corps non azoté, l'*acide mésoxalique*, $C^6H^2O^{10}$:

$$\underset{\text{Alloxane.}}{C^8H^2N^2O^8} + 4\,HO = \underset{\text{Ac. mésoxaliq.}}{C^6H^2O^{10}} + \underset{\text{Urée.}}{C^2H^4N^2O^2}.$$

Comme dans ces deux réactions tout l'azote de l'acide urique s'élimine successivement à l'état d'urée, et que l'urée représente du cyanate d'ammonium ou de l'hydrate de cyanammonium, il est naturel d'admettre que l'azote est contenu dans l'acide urique et dans l'alloxane moitié sous forme de cyanogène, moitié sous forme d'ammonium; comme, de plus, l'alloxane se convertit en acide mésoxalique (hydrate d'oxyde de mésoxalyle), par une réaction semblable à celle qui détermine la régénération des alcools et des acides par leurs éthers et leurs amides respectifs, il est tout aussi rationnel d'admettre dans l'alloxane, et conséquemment dans l'acide urique, l'existence du radical mésoxalyle, qu'il est rationnel de supposer dans l'éther benzoïque, par exemple, l'existence du radical éthyle et du radical benzoïle.

En décomposant, d'après ces données, la formule de l'acide urique, on trouve que ce corps peut être dérivé du type métal, et qu'il représente de l'ammonium dans lequel l'hydrogène est remplacé par son équivalent de cyanogène Cy et de mésoxalyle C^3O^3 :

Ammonium . . . . $= \left.\begin{matrix} N\ H^4 \\ N\ H^4 \end{matrix}\right\}$

Acide urique (mésoxalyl-cyanammonium et cyanammonium). . . . $= \left.\begin{matrix} N\ (C^3O^3)^2\ HCy \\ NH^3Cy \end{matrix}\right\}.$

En appliquant les mêmes données à l'alloxane, on peut dériver celui-ci de l'hydrate d'oxyde d'ammonium, dans lequel les mêmes substitutions se présentent que dans l'acide urique :

Hydrate d'oxyde d'ammonium. $= \left.\begin{matrix} NH^4.O \\ H\ \ O \end{matrix}\right\}$

Alloxane (hydrate d'oxyde de mésoxalyl-cyanammonium). $= \left.\begin{matrix} N\ (C^3O^3)^2\ HCy.O \\ H\ \ O \end{matrix}\right\}.$

On a vu plus haut que l'urée elle-même peut être dérivée de l'hydrate d'oxyde d'ammonium; on a donc :

Urée (cyanate d'oxyde d'ammonium ou hydrate d'oxyde de cyanammonium). . . . $= \left.\begin{matrix} NH^4O \\ CyO \end{matrix}\right\}$ ou bien $\left.\begin{matrix} NH^3Cy.O \\ H\ \ O \end{matrix}\right\}.$

D'après cela, la transformation de l'acide urique en alloxane et en urée consiste en une oxydation et en une double décomposition simultanées :

$$\left.\begin{matrix}\text{N}\,(C^3O^3)^2\,\text{HCy} \\ \text{NH}^3\text{Cy}\end{matrix}\right\} + \left.\begin{matrix}\text{HO} \\ \text{HO}\end{matrix}\right\} + O^2$$

Ac. urique (cyanamm. et mésoxalyl-cyanamm.) — Eau (ox. d'hydrog.) — Oxyg.

$$= \left.\begin{matrix}\text{N}\,(C^3O^3)^2\,\text{HCy.O} \\ \text{HO}\end{matrix}\right\} + \left.\begin{matrix}\text{NH}^3\text{Cy.O} \\ \text{HO}\end{matrix}\right\}.$$

Alloxane (ox. d'hydrog. et de mésoxalyl-cyanamm). — Urée (ox. d'hydrogène et de cyanamm).

La transformation de l'alloxane en urée et en acide mésoxalique ne consiste aussi qu'en une double décomposition.

A l'alloxane se rattachent directement plusieurs corps intéressants : l'*acide alloxanique*, $C^8H^4N^2O^{10}$, qui contient les éléments de l'alloxane plus ceux de l'eau ; l'*acide dialurique*, $C^8H^4N^2O^8$, ou alloxane hydrogéné, qui renferme H^2 de plus que l'alloxane, et qu'on obtient en soumettant celui-ci à l'action des corps réducteurs (hydrogène sulfuré, acide sulfureux) ; les agents oxygénants reconvertissent l'acide dialurique en alloxane. Entre l'acide dialurique et l'alloxane se trouve placée l'*alloxantine*, $C^{16}H^4N^4O^{14}$, combinaison de l'acide dialurique et de l'alloxantine, et qu'on peut transformer à volonté en alloxane ou en acide dialurique. Plusieurs dérivés ammoniacaux dont il sera question plus loin (§ 288) s'obtiennent, en outre, avec l'alloxane, l'acide dialurique et l'alloxantine.

Voilà donc une première série de composés, commençant à l'acide urique et finissant à l'acide mésoxalique et à l'urée : nous l'appellerons le *sous-groupe cyano-mésoxalique*.

On obtient une autre série de composés, que nous appellerons le *sous-groupe cyano-oxalique*, parce qu'il finit à l'acide oxalique et à l'urée, en traitant par certains agents d'oxydation les combinaisons du sous-groupe précédent : le radical C^3O^3 se dédouble par l'oxydation en $C^2O^2 + CO$, de même que, par exemple, le cuivre dans les sels cuivreux Cu^2 (cuprosum) se dédouble par l'oxydation en Cu + Cu (cupricum) ; en d'autres termes, les composés mésoxaliques se convertissent par l'oxydation en composés oxaliques en dégageant de l'acide carbonique. Ainsi, lorsqu'on traite l'alloxane (hydrate d'oxyde de mésoxalyl-cyanammonium) par l'acide nitrique, il se dégage de l'acide carbonique, et l'on obtient de l'*acide parabanique*, $C^6H^2N^2O^6$ (hydrate d'oxyde d'oxalyl-cyanammonium) :

Alloxane.	$N(C^2O^3)^2 HCy.O$ / HO
Acide parabaniq.	$N(C^2O^2)^2 HCy.O$ / HO

De même que l'alloxane peut être converti en acide mésoxalique et en urée, l'acide parabanique peut être transformé en acide oxalique et en urée; et si l'alloxane avant de se métamorphoser ainsi fixe d'abord 2 HO et produit l'acide alloxanique, l'acide parabanique fixe à son tour 2 HO et donne de l'*acide oxalurique:*

$$C^8H^2N^2O^8 + 2\,HO = C^8H^4N^2O^{10}.$$
Alloxane. — Ac. alloxanique.

$$C^6H^2N^2O^6 + 2\,HO = C^6H^4N^2O^8.$$
Ac. parabaniq. — Ac. oxalurique.

L'alloxane et l'acide alloxanique sont donc pour le sous-groupe cyano-mésoxalique ce que l'acide parabanique et l'acide oxalurique sont pour le sous-groupe cyano-oxalique.

Nous placerons encore dans ce dernier sous-groupe l'*allantoïne*, $C^8H^6N^4O^6$, autre produit d'oxydation de l'acide urique, attendu qu'on peut aussi le transformer en acide oxalique et en urée.

En définitive, le groupe urique comprend comme termes principaux :

(a) *Sous-groupe cyano-mésoxalique.*	(b) *Sous-groupe cyano-oxalique.*
L'acide urique.	
L'alloxane.	L'acide parabanique.
L'acide dialurique. } alloxane	
L'alloxantine. . . . } hydrogéné.	
	L'allantoïne.
L'acide mésoxalique.	L'acide oxalique (§ 138).
L'urée (§ 224).	

a. Sous-groupe cyano-mésoxalique.

Acide urique.

Composition : $C^{10}H^4N^4O^6 + 4\,aq. = C^{10}H^2N^4O^4, 2\,HO + 4\,aq.$

§ 274. Cet important acide[1], découvert par Scheele, en 1776,

[1] Woehler et Liebig, *Ann. der Chem. u. Pharm.*, XXVI, 241.

se rencontre, à l'état libre ou en combinaison avec l'ammoniaque, dans les excréments des serpents, des oiseaux et des insectes, dans le sédiment jaune ou brunâtre que dépose souvent l'urine de l'homme, du chien, du lion et d'autres mammifères, ainsi que dans les calculs qui se forment dans la vessie de l'homme, des oiseaux, des serpents, des tortues, etc. On trouve aussi beaucoup d'urate d'ammoniaque dans l'engrais connu sous le nom de *guano*, et composé d'excréments d'oiseaux aquatiques qui habitent les îlots de la mer du Sud. Les concrétions qu'on observe dans les articulations des goutteux sont formées d'urate de soude.

On extrait l'acide urique des excréments de serpents par le procédé suivant : après les avoir réduits en poudre, on les fait dissoudre dans la potasse diluée (1 p. de potasse pour 10 p. d'eau), et l'on fait bouillir jusqu'à disparition de toute odeur ammoniacale; on fait ensuite passer dans la solution filtrée un courant d'acide carbonique, jusqu'à ce que le précipité, d'abord gélatineux, ait acquis une consistance grenue et se dépose au fond, c'est-à-dire jusqu'à ce que le liquide soit presque neutre. Le précipité est de l'urate de potasse acide; on le jette sur un filtre, et on le lave à l'eau froide jusqu'à ce que les eaux de lavage se troublent par le mélange avec le liquide filtré d'abord. L'urate ainsi obtenu est blanc. On le dissout dans la potasse diluée, et l'on verse la solution encore bouillante dans de l'acide chlorhydrique; de cette manière on obtient de l'acide urique parfaitement pur. L'acide carbonique sépare si complétement l'urate de potasse d'avec la lessive alcaline, qu'en ajoutant de l'acide chlorhydrique à l'eau mère, on n'y voit se déposer qu'à la longue de faibles quantités d'acide urique.

Le même procédé peut s'employer pour l'extraction de l'acide urique contenu dans les calculs urinaires, dans la fiente de pigeons et de poules, et même dans l'urine humaine. MM. Boettger[1] et Landerer[2] préfèrent employer le borax, au lieu de la potasse, pour dissoudre les excréments d'oiseaux, parce que ce sel se charge moins de matières animales.

M. Delffs[3] fait bouillir les excréments de serpents avec un poids égal de potasse caustique, étendus de 14 parties d'eau, et filtre directement la solution chaude dans un mélange de 2 p. d'acide

[1] Boettger, *N. Arch. de Brandes*, IX, 132.
[2] Landerer, *Journ. de Pharm.*, [3] XIX, 439.
[3] Delffs, *Ann. de Poggend.*, LXXXI, 311.

sulfurique et de 8 p. d'eau, la liqueur acide étant constamment agitée. On lave le produit par décantation; il est d'autant moins volumineux qu'il s'est déposé d'une liqueur plus chaude.

Voici un procédé recommandé par M. Bensch[1] pour l'extraction de l'acide urique du guano. On fait bouillir le guano pendant plusieurs heures avec du carbonate de potasse, de la chaux éteinte et une quantité d'eau suffisante; on filtre à travers une toile, et l'on concentre le liquide jusqu'à ce qu'il se prenne en une bouillie épaisse, puis on jette celle-ci encore chaude sur la toile, et on l'exprime. On délaye dans l'eau la masse exprimée, et on la décompose par l'acide chlorhydrique; on lave à l'eau l'acide urique rouge qui se précipite ainsi, on le dissout dans de la potasse caustique diluée, et on concentre jusqu'à ce que le liquide bouillant se prenne en une bouillie épaisse, qu'on exprime fortement pendant qu'elle est chaude. L'urate de potasse ainsi obtenu est bouilli avec deux fois son volume d'eau, et exprimé rapidement. On répète cette opération trois ou quatre fois. La matière se gonfle beaucoup, de sorte qu'il faut l'empêcher de roussir en l'agitant constamment. Si une certaine portion, dissoute dans l'eau et précipitée par l'acide chlorhydrique, ne fournissait pas un produit entièrement incolore, il faudrait répéter les opérations précédentes. Finalement, on dissout l'urate parfaitement blanc dans de l'eau chaude additionnée d'un peu de potasse; la solution limpide, versée dans l'acide chlorhydrique, donne de l'acide urique pur. Les eaux mères en donnent une nouvelle portion.

100 kilogr. de guano donnent par ce procédé 2 1/4 kilogr. d'acide urique pur.

Lorsque l'acide urique se dépose lentement d'une solution, il s'obtient en cristaux dendritiques, qui ont souvent plusieurs lignes de long, et renferment 21,5 = 4 atomes d'eau de cristallisation, qu'ils dégagent en partie déjà à la température ordinaire. Quand on ajoute de l'acide chlorhydrique à la dissolution d'un urate, l'acide urique se précipite à l'état d'une masse gélatineuse, qu'une faible chaleur transforme en paillettes, qui ne renferment plus d'eau.

A l'état sec, l'acide urique se présente sous la forme de paillettes satinées, insipides, sans odeur, et d'un blanc éclatant. Il est presque insoluble dans l'eau froide et peu soluble dans l'eau

[1] Bensch, *Ann. der Chem. u. Pharm.*, LVIII, 264.

chaude ; 1 p. d'acide exige pour se dissoudre de 1,800 à 1,900 p. d'eau bouillante, et de 14,000 à 15,000 p. d'eau à 20°.

La solution rougit légèrement le tournesol. L'acide chlorhydrique dissout mieux l'acide urique que ne le fait l'eau pure; l'alcool et l'éther ne le dissolvent pas.

Soumis à la distillation sèche, l'acide urique parfaitement sec se décompose sans fondre et sans fournir de produit liquide; il donne un sublimé composé d'acide cyanurique, d'urée, de carbonate d'ammoniaque, de cyanhydrate d'ammoniaque, en même temps qu'il se dégage beaucoup d'acide cyanhydrique et qu'il reste un abondant résidu de charbon.

Le chlore sec ne l'attaque pas à la température ordinaire; mais quand on le chauffe dans ce gaz, il développe de l'acide cyanique et de l'acide chlorhydrique. L'action prolongée du chlore, en présence de l'eau, finit par convertir l'acide urique en acide oxalique ou oxalate d'ammoniaque acide, avec de petites quantités d'autres produits d'oxydation, tels que l'alloxane, l'acide parabanique, etc.

L'acide nitrique concentré dissout l'acide urique avec effervescence, en donnant de l'alloxane et de l'urée, laquelle se décompose davantage sous l'influence de l'acide nitrique. Si l'on fait bouillir l'acide urique avec de l'acide nitrique concentré, on n'obtient pas une trace d'alloxane, mais la liqueur donne de l'acide parabanique, qui cristallise par le refroidissement. Les produits sont d'ailleurs nombreux et complexes suivant le degré de concentration de l'acide nitrique. La liqueur concentrée provenant de l'action de l'acide nitrique sur l'acide urique jouit de la propriété de développer une belle couleur pourpre, lorsqu'on la traite par l'ammoniaque; cette coloration, à laquelle on a toujours recours lorsqu'il s'agit de reconnaître l'acide urique, est due à la formation d'un composé particulier, connu sous le nom de *murexide* ou de *purpurate d'ammoniaque*.

L'acide chlorhydrique concentré n'attaque presque pas l'acide urique; après une longue ébullition, on ne trouve dans le liquide que des traces de sel ammoniac.

L'acide sulfurique concentré dissout l'acide urique; si l'on opère à chaud, on obtient par le refroidissement de gros cristaux d'une *combinaison d'acide urique et d'acide sulfurique*, $C^{10}H^4N^4O^6$, 8 (SO^3, HO). Celle-ci, fort déliquescente, est immédiatement décomposée par l'eau.

La potasse caustique et bouillante n'attaque que fort peu l'acide urique; toutefois la décomposition s'effectue à la longue, et l'on obtient, outre du formiate, de l'oxalate et de l'urée, de petites quantités du sel de potasse de l'acide uroxanique (§ 275). Fondu avec de l'hydrate de potasse, l'acide urique dégage de l'ammoniaque, et donne un résidu de cyanure de potassium, mélangé d'oxalate et de carbonate de potasse.

Lorsqu'on porte à l'ébullition de l'eau tenant de l'acide urique en suspension, et qu'on ajoute peu à peu du peroxyde de plomb puce, celui-ci blanchit en se transformant en oxalate de plomb; il se dégage de l'acide carbonique avec effervescence, et la liqueur filtrée dépose des cristaux d'allantoïne. Les eaux mères fournissent de l'urée.

Bouilli avec une solution de ferricyanure de potassium rouge additionnée de potasse caustique, l'acide urique donne du carbonate de potasse et de l'allantoïne, dont une partie se transforme ultérieurement en acide lantanurique et en urée.

Dosage de l'acide urique[1]. — On peut aisément doser l'acide urique contenu dans l'urine en le précipitant à l'aide d'un acide, que l'urine soit normale ou qu'elle contienne du glucose, de l'albumine ou les principes solubles du sang. Si l'urine ne renferme pas d'albumine, on peut employer l'acide chlorhydrique; dans le cas contraire, l'acide acétique ou l'acide phosphorique ordinaire conviennent le mieux à cette opération. On laisse reposer le mélange pendant quelque temps, et l'on recueille ensuite le précipité sur un filtre. Selon M. Heintz, la perte occasionnée par l'insolubilité imparfaite de l'acide urique s'élève à 0,09 pour 1,000 de l'urine employée; cette perte ne s'accroît point par la présence du glucose, de l'albumine ou d'autres principes solubles du sang, et même elle se compense, dans tous les cas, par l'excédant de poids qu'occasionne la précipitation simultanée d'une certaine quantité de matière colorante. Si l'urine renferme de la bile, la perte en acide urique peut être plus forte; elle ne dépasse pas toutefois 0,25 pour 1000 de l'urine employée.

M. Lehmann évapore l'urine à consistance d'extrait, épuise le résidu par de l'alcool de 93 centièmes, traite la partie insoluble par de la potasse diluée, précipite la solution potassique, à l'ébul-

[1] HEINTZ, *Ann. de Poggend.*, LXX, 122. — LEHMANN, *Journ. f. prakt. Chem.*, XXV, 13.

lition, par de l'acide acétique, et lave le résidu à l'eau chargée d'acide acétique.

§ 275. *Acide uroxanique*[1], $C^{10}H^{10}N^4O^{12}$. — En faisant bouillir pendant longtemps l'acide urique avec de la potasse caustique, on obtient, en très-petite quantité le sel de potasse d'un acide qui renferme les éléments de l'acide urique, plus 6 atomes d'eau.

Ce nouvel acide se précipite à l'état de tétraèdres microscopiques lorsqu'on ajoute de l'acide chlorhydrique au sel de potasse; il est peu soluble dans l'eau froide, et l'eau bouillante le décompose avec dégagement d'acide carbonique.

Le *sel de potasse*, $C^{10}H^8K^2N^4O^{12} + 6$ aq., forme de grosses tables rhombes à angles tronqués, fort solubles dans l'eau, insolubles dans l'alcool; il perd à 100° 14,8 p. 100 d'eau de cristallisation.

Le *sel d'ammoniaque* ressemble au sel de potasse.

Le *sel de baryte* se précipite en flocons blancs qui se transforment bientôt en fines aiguilles.

Le *sel de plomb* se précipite en paillettes nacrées, insolubles dans l'eau.

Le *sel d'argent* forme des flocons blancs, qui se réduisent promptement par l'ébullition du liquide où ils se sont déposés.

Dérivés métalliques de l'acide urique. Urates.

§ 276. L'acide urique est un acide bibasique. Il ne chasse que difficilement l'acide carbonique des carbonates alcalins. La composition générale des urates[2] se représente par les formules suivantes :

Urates neutres. . $C^{10}H^2M^2N^4O^6 = C^{10}H^2N^4O^4, 2\,MO$

Urates acides. . . $C^{10}H^3MN^4O^6 = C^{10}H^2N^4O^4, \left.\begin{matrix}MO\\HO\end{matrix}\right\}$.

Les urates acides se produisent plus aisément que les urates neutres.

Presque tous les urates sont peu solubles ou insolubles dans l'eau.

§ 277. *Urate d'ammoniaque.* — On ne connaît que le *sel acide*, $C^{10}H^3(NH^4)N^4O^6$. Si l'on verse de l'ammoniaque sur l'acide urique, il se prend en gelée par l'échauffement; le précipité, lavé sur un filtre, se dessèche en une masse blanche et amorphe, qui se dissout

[1] STÆDELER (1851), *Ann. der Chem. u. Pharm.*, LXXVIII, 286. LXXX, 119.

[2] A. BENSCH, *Ann. der Chem. u. Pharm.*, LIV, 189. — J. ALLAN et A. BENSCH, *ibid.*, LXV, 181.

dans l'eau avec difficulté, mais d'une manière complète. Ce même sel ammoniacal s'obtient en petites aiguilles quand on maintient de l'acide urique dans l'eau bouillante, et qu'on y ajoute un excès d'ammoniaque. Il exige 1608 p. d'eau à 15° pour se dissoudre; il se forme toujours quand l'acide urique et l'ammoniaque se rencontrent.

L'urate d'ammoniaque neutre n'a pas pu s'obtenir.

Urates de potasse. — Il existe un sel neutre et un sel acide.

Le *sel neutre*, $C^{10}H^2K^2N^4O^6$, s'obtient en saturant à froid une solution étendue de potasse, exempte de carbonate, par de l'acide urique délayé dans l'eau, puis concentrant par l'ébullition la solution dans une cornue. A un certain point de concentration, le sel se sépare alors en fines aiguilles; on abandonne la matière pendant quelques minutes; on décante la partie liquide, et on lave les cristaux, d'abord avec de l'alcool faible, puis avec de l'alcool plus fort. Ce sel est anhydre. Il est fort peu soluble dans l'eau, d'une forte saveur caustique, attire promptement l'acide carbonique de l'air, et se décompose peu à peu par l'ébullition avec de l'eau.

1 p. de sel se dissout dans 44 p. d'eau froide et dans 35 p. d'eau bouillante. Il brunit à 150°, fond et se décompose à une température plus élevée.

Le *sel acide*, $C^{10}H^3KN^4O^6$, se précipite à l'état grenu quand on sature par l'acide carbonique une solution du sel neutre, ou la dissolution de l'acide urique dans la potasse. Dissous dans l'eau bouillante, il se sépare par le refroidissement à l'état de flocons, qui se dessèchent en une masse amorphe. Ce sel exige pour se dissoudre 70 à 80 p. d'eau bouillante, 780 à 800 p. d'eau à 20°. Il est insoluble dans l'alcool et l'éther, et n'absorbe pas l'acide carbonique. Sa solution aqueuse a une réaction neutre; elle n'a pas de saveur, et se précipite par le sel ammoniac, les sels de baryte, les bicarbonates des alcalis, les sels de plomb et les sels d'argent.

Urates de soude. — On connaît un sel neutre et un sel acide.

Le *sel neutre*, $C^{10}H^2Na^2N^4O^6$, se prépare comme le sel de potasse correspondant. Il se sépare en mamelons, dans lesquels on ne distingue pas de texture cristalline. 1 p. de sel se dissout dans 77 p. d'eau froide et dans 75 p. d'eau bouillante; il est insoluble dans l'éther, fort peu soluble dans l'alcool. Sa solution aqueuse est fort alcaline; elle absorbe l'acide carbonique de l'air, et se trouble en séparant de l'urate acide. Il se décompose à 150°.

Le *sel acide*, $C^{10}H^3NaN^4O^6$, s'obtient en faisant passer du gaz carbonique dans la solution aqueuse du sel précédent; il se dépose alors en très-petits mamelons. Mais si l'on ajoute du bicarbonate de soude à une solution bouillante d'acide urique dans la soude caustique, l'urate acide de soude se sépare en fort petites aiguilles. Ce sel se dissout dans 123 à 125 p. d'eau bouillante, et dans 1100 à 1200 p. d'eau à 15°. Sa solution présente une réaction neutre; elle n'absorbe pas l'acide carbonique, mais elle est précipitée par les bicarbonates alcalins, ainsi que par les sels de baryte, de plomb et d'argent.

Urates de baryte. — On en connaît deux.

Le *sel neutre*, $C^{10}H^2Ba^2N^4O^6$, s'obtient comme le sel correspondant de strontiane. 1 p. de sel ne se dissout que dans 7900 p. d'eau froide et dans 1790 p. d'eau bouillante.

Le *sel acide*, $C^{10}H^3BaN^4O^6 + 2$ aq., forme une poudre blanche, insoluble dans l'eau et l'alcool. Le carbonate de baryte dégage du gaz carbonique quand on le fait bouillir avec l'acide urique.

Urates de strontiane. — Il existe un sel neutre et un sel acide.

Le *sel neutre*, $C^{10}H^2Sr^2N^4O^6 + 4$ aq., se prépare en introduisant dans une solution saturée et bouillante de strontiane une quantité d'acide urique délayé dans l'eau, telle qu'il y reste un fort excès d'acide. Les premières portions d'acide sont entièrement dissoutes; mais par l'addition des portions suivantes l'urate de strontiane se sépare. Il se présente au microscope sous la forme d'aiguilles groupées en étoiles. Il contient 4 atomes d'eau de cristallisation qui s'en vont à 165°. Le sel attire promptement l'humidité de l'air, et se décompose à 170°. 1 p. de sel exige pour se dissoudre 4300 p. d'eau froide, et 1790 p. d'eau bouillante.

Le *sel acide*, $C^{10}H^3SrN^4O^6 + 2$ aq., est blanc, amorphe, insoluble dans l'alcool et l'éther. 1 p. de sel se dissout dans 603 p. d'eau froide et dans 276 p. d'eau bouillante.

Urates de chaux. — On connaît un sel neutre et un sel acide.

Le *sel neutre*, $C^{10}H^2Ca^2N^4O^6$, s'obtient en faisant tomber goutte à goutte une solution d'urate neutre de potasse dans une solution bouillante de chlorure de calcium, jusqu'à ce que le précipité, qui se redissout d'abord, commence à devenir persistant; puis on fait bouillir le liquide limpide pendant une heure. L'urate de chaux neutre se dépose alors à l'état de grains anhydres à 100°. 1 p. de sel se dissout dans 1500 p. d'eau froide et dans 1440 p. d'eau bouillante.

Le *sel acide*, $C^{10}H^{3}CaN^{4}O^{6}$ + 2 aq., s'obtient en mélangeant avec du chlorure de calcium une solution bouillante d'urate acide de potasse; il se sépare à l'état d'un précipité amorphe. Si l'urate de potasse est un peu alcalin, on obtient quelquefois des aiguilles groupées en mamelons. L'urate de chaux acide est très-peu soluble dans l'eau: il exige 603 p. d'eau froide et 276 p. d'eau bouillante, il se dissout beaucoup mieux si l'eau renferme du chlorure de potassium.

Urate de magnésie. — On n'obtient pas de sel neutre.

Le *sel acide*, $C^{10}H^{3}MgN^{4}O^{6}$ + 6 aq., s'obtient en mélangeant de l'urate de potasse acide avec du sulfate de magnésie; le mélange reste limpide pendant quelque temps; mais au bout de deux ou trois heures il s'y dépose des mamelons doués d'un éclat soyeux, et qui viennent souvent nager à la surface; la dissolution dans l'eau bouillante de ces mamelons (qui sont peut-être un sel double) donne des aiguilles qui à 170° dégagent 19,2 p. 100 d'eau de cristallisation, ne représentant pas tout à fait 5 atomes.

Urate de cuivre. — Précipité vert, qui brunit par l'ébullition avec l'eau.

Urate d'argent. — Précipité blanc et gélatineux, qui se réduit promptement.

Urate de plomb. — On obtient le *sel neutre*, $C^{10}H^{2}Pb^{2}N^{4}O^{6}$, en faisant tomber goutte à goutte une solution diluée d'urate neutre de potasse dans une solution de nitrate de plomb, étendue et bouillante. Il se produit d'abord un précipité jaune; on sépare celui-ci à l'aide du filtre, et on ajoute au liquide une nouvelle portion d'urate de soude. On obtient ainsi un précipité amorphe lourd, entièrement blanc, et se lavant aisément. Il est entièrement insoluble dans l'eau et l'alcool. Il peut être chauffé à 160° sans se décomposer; le sel paraît être anhydre.

Congénères de l'acide urique.

§ 278. On a réuni sous ce titre plusieurs substances mal connues qui se rattachent à l'acide urique, soit par leur origine, soit par leur composition. Ces substances sont :

L'oxyde xanthique. . . . . $C^{10}H^{4}N^{4}O^{4}$.

L'hypoxantine. . . . . $C^{10}H^4N^4O^2$
La guanine. . . . . $C^{10}H^5N^5O^2$
La cystine. . . . . $C^{12}H^{12}N^2O^8S^4$.
L'acide cynurénique. . . . ?

§ 279. *Oxide xanthique* dit aussi *acide ureux*, $C^{10}H^4N^4O^4$. — Ce principe [1] a été découvert par A. Marcet dans certains calculs urinaires fort rares. Il se rencontre aussi, suivant M. Gœbel, dans des bézoards orientaux, qu'on extrait des intestins de quelques animaux ruminants.

Les concrétions qui renferment de l'oxyde xanthique sont d'un brun clair, luisantes et d'une cassure lamelleuse. Lorsqu'on les dissout dans la potasse caustique, et qu'on sature par de l'acide carbonique, l'oxyde xanthique se précipite à l'état d'une poudre blanche, insoluble dans l'eau, l'alcool et l'éther. L'ammoniaque dissout plus aisément l'oxyde xanthique que l'acide urique. L'acide nitrique le dissout sans dégagement de gaz; la solution donne par l'évaporation un résidu jaune citron, qui ne se colore pas en rouge par l'ammoniaque. L'acide sulfurique le dissout également. L'acide chlorhydrique et l'acide oxalique ne le dissolvent pas ou n'en dissolvent que très-peu.

A la distillation sèche, l'oxyde xanthique donne de l'acide cyanhydrique, un sublimé de carbonate d'ammoniaque et des matières empyreumatiques; mais il ne donne pas d'urée.

Une dissolution d'oxyde xanthique dans la potasse colore en noir les sels de fer; elle réduit aussi le nitrate d'argent.

L'oxyde xanthique paraît donner des sels peu stables. L'*urite de baryte* constitue une poudre jaune, cristalline (Gœbel).

§ 280. *Hypoxanthine*, $C^{10}H^4N^4O^2$. — M. Scherer [2] désigne sous ce nom une substance particulière, qu'il a rencontrée dans le liquide dont la rate est imprégnée chez l'homme et chez le bœuf; la même substance se trouve aussi dans le liquide des muscles du cœur, et même souvent en si grande quantité, qu'elle se dépose par le refroidissement de l'extrait fait à l'ébullition. Suivant

[1] Marcet, *An essay on the Chemic. History and medic. treatment of calculous disorders*; London, 1817, p. 95. — Woehler et Liebig, *Ann. der Chem. u. Pharm.*, XXVI, 340. — Goebel, *ibid.*, LXXIX, 83.

[2] Scherer (1850), *Ann. der Chem. u. Pharm.*, LXXIII, 328. *Verhandl. der Phys.-med. Gesellsch. zu Würzburg*, II, 321.

M. Gerhard [1], l'hypoxanthine se trouverait aussi en petite quantité dans le sang de bœuf.

Voici comment M. Scherer est parvenu à retirer l'hypoxanthine de la rate : il épuisa cette partie à l'eau bouillante, et ajouta à la décoction de l'eau de baryte, qui donna un abondant précipité. Par l'évaporation du liquide filtré, l'excédant de baryte se déposa à l'état de carbonate, en entraînant de la matière organique, soluble à l'ébullition dans une lessive de potasse diluée. Cette matière organique était un mélange d'acide urique et d'hypoxanthine; on ajouta du chlorhydrate d'ammoniaque à la solution potassique, de manière à précipiter l'acide urique à l'état d'urate d'ammoniaque, on sépara celui-ci par le filtre, et on évapora le liquide filtré à une douce chaleur. L'hypoxanthine se déposa ainsi sous la forme d'une poudre cristalline d'un blanc jaunâtre; pour enlever les dernières traces d'acide urique, on fit redissoudre cette poudre dans l'ammoniaque, et l'on évapora au bain-marie la solution ammoniacale. On obtint ainsi une masse feuilletée dont on compléta la purification en la faisant redissoudre dans la potasse et en précipitant la solution par un courant de gaz carbonique.

L'hypoxanthine ainsi préparée se présente, après la dessiccation, sous la forme d'une poudre blanche cristalline, qui ne prend pas, comme l'oxyde xanthique, l'éclat de la cire quand on la broie.

Elle se distingue aussi de l'oxyde xanthique en ce qu'elle se dissout dans l'acide nitrique en dégageant du gaz; il se produit ainsi un corps cristallisable.

Elle est presque insoluble à froid dans l'acide chlorhydrique, et ne s'y dissout que fort peu à l'ébullition; la solution la dépose en grande partie par le refroidissement, sous la forme d'une poudre fine. Ce caractère la distingue de la guanine.

Elle se dissout dans l'acide sulfurique concentré sans noircir; la solution sulfurique étendue d'eau chaude ne donne pas de cristaux par le refroidissement.

L'eau froide ne dissout presque pas l'hypoxanthine; 1 p. d'hypoxanthine exige pour sa solution 1090 p. d'eau froide. L'eau bouillante en dissout davantage; 180 p. dissolvent 1 p. d'hypoxanthine. La solution est sans action sur les papiers colorés. L'alcool bouillant la dissout aussi en petite quantité.

[1] Gerhard, *Verhandl. der Phys.-med. Gesellsch. zu Würzburg*, II, 299.

Le peroxyde de plomb puce convertit l'hypoxanthine à l'ébulition en un corps cristallisable.

§ 281. *Guanine*, $C^{10}H^5N^5O^2$. — Ce corps, découvert en 1844, dans le guano, par M. Unger[1], et pris d'abord pour de l'oxyde xanthique, se distingue de celui-ci par sa solubilité dans l'acide chlorhydrique.

La guanine constitue aussi la partie essentielle des excréments de certaines especes d'araignées (*epeira diadema*[2]).

Pour extraire la guanine, on met le guano en digestion avec du lait de chaux, jusqu'à ce que le liquide ne paraisse plus brun à l'ébullition, mais ne présente qu'une légère teinte jaune verdâtre; on filtre ensuite, et l'on neutralise par l'acide chlorhydrique. Au bout de quelques heures, toute la guanine se trouve déposée avec une couleur de chair, et mélangée avec son poids environ d'acide urique. On sépare celui-ci par l'acide chlorhydrique bouillant, qui ne dissout que la guanine, et dépose, par le refroidissement, des cristaux d'une combinaison de guanine et d'acide chlorhydrique. On la purifie par une nouvelle cristallisation, et l'on en sépare la guanine par l'ammoniaque. Le guano en a donné 5/8 pour 100.

La guanine forme une poudre jaune, insoluble dans l'eau, l'alcool et l'éther. Les acides forts s'emparent de la guanine; l'acide sulfurique s'échauffe même en se combinant avec elle. Toutefois, les combinaisons qui en résultent sont fort peu stables; l'eau les décompose, et même si l'acide qu'elles renferment est volatil, la chaleur suffit pour l'en séparer. Mieux encore que les acides, la potasse et la soude caustique dissolvent la guanine. Lorsqu'on sature de guanine une solution chaude et concentrée de soude, et qu'on étend ensuite d'alcool, il se dépose des cristaux confus d'une combinaison, $C^{10}H^5N^5O^2$, 2 (NaO,HO) + 4 aq., qui s'effleurit à l'air et en attire vivement l'acide carbonique. L'eau en sépare de nouveau la guanine.

Lorsqu'on chauffe légèrement la guanine avec un mélange de chlorate de potasse et d'acide chlorhydrique, on obtient un acide cristallisé en prismes raccourcis à base rhombe, ou en aigrettes incolores, sans odeur ni saveur. (*Acide perurique*, de M. Unger[3].

[1] B. UNGER (1844), *Ann. de Poggend.*, LXV, 222; *Ann. der Chem. u. Pharm.*, LVIII, 18; LIX, 58 et 69. — EINBRODT, *Ann. der Chem. u. Pharm.*, LVIII, 15.

[2] F. WILL et E. GORUP-BESANEZ, *ibid.*, LXIX, 117.

[3] Il a donné à l'analyse 31,26 carbone, et 2,60 d'hydrogène; rapport du carbone à l'azote 10 : 4. C'est peut-être $C^{10}H^4N^4O^8$ + aq.

Le *chlorhydrate de guanine*, $C^{10}H^5N^5O^2$, HCl + 2 aq., s'obtient à l'état cristallisé, si l'on fait dissoudre la guanine dans l'acide chlorhydrique concentré et bouillant; il se dépose par le refroidissement à l'état de fines aiguilles jaune clair. L'eau de cristallisation de ces cristaux s'en va au-dessous de 100°, et l'acide à 200°. La guanine absorbe le gaz chlorhydrique en se gonflant et en produisant un *bichlorhydrate*, $C^{10}H^5N^5O^2$, 2 HCl. Ce sel perd la moitié de son acide chlorhydrique dans le vide ainsi que par une chaleur de 100°.

Le *sulfate de guanine*, 2 $C^{10}H^5N^5O^2$,2 (SO^3,HO) + 4 aq., s'obtient en ajoutant de l'acide sulfurique à la guanine jusqu'à ce qu'elle soit toute dissoute; si l'on étend d'eau chaude le liquide acide, il dépose, par le refroidissement, des aiguilles jaunâtres qui ont quelquefois un pouce de long. On ne peut pas les laver à l'eau, qui les altère, mais on peut effectuer les lavages avec de l'alcool un peu concentré. A 120° les cristaux perdent leurs 4 atomes = 8, 2 p. 100 d'eau de cristallisation.

Il paraît exister plusieurs *nitrates de guanine*. L'acide nitrique de 1,25 dissout aisément à chaud la guanine sans la décomposer; il se forme, par le refroidissement, des groupes d'aiguilles jaunes et brillantes, ou des prismes raccourcis qui s'effleurissent à l'air et perdent leur acide à une température élevée. Ces cristaux sont le *nitrate neutre*, $C^{10}H^5N^5O^2$, NHO^6 + 3 aq. et le *binitrate* $C^{10}H^5N^5O^2$, 2 NHO^6 + 4 aq. M. Unger admet aussi l'existence d'autres nitrates intermédiaires.

Le *chloroplatinate de guanine*, $C^{10}H^5N^5O^2$,HCl, 2 Pt Cl^2 + 4 aq., s'obtient en ajoutant une solution concentrée de bichlorure de platine à une solution de guanine dans l'acide chlorhydrique, saturée à l'ébullition. On évapore le mélange de manière à le réduire à la moitié de son volume. Le chloroplatinate se dépose alors par le refroidissement, sous forme des cristaux orangés.

Le *tartrate*, le *phosphate* et l'*oxalate* de guanine s'obtiennent difficilement sous forme régulière.

§ 282. *Cystine*, ou oxyde cystique, $C^{12}H^{12}N^2O^8S^4$ (?). — Ce principe [1], découvert en 1810, par Wollaston, constitue quelquefois les calculs qu'on rencontre dans la vessie de l'homme; il est extrême-

[1] WOLLASTON (1810), *Ann. de Chim.*, LXXVI, 22. — LASSAIGNE, *Ann. de Chim. et de Phys.*, XXIII, 328. — BAUDRIMONT et MALAGUTI, *Journ. de Pharm.*, XXIV, 633. — THAULOW, *Ann. der Chem. u. Pharm.*, XXVII, 197. — MARCHAND, *Journ. f. prakt. Chem.*, XVI, 255.

ment rare, de sorte qu'il n'a pas encore pu être complétement étudié.

Les calculs de cystine sont d'un jaune sale, diaphanes et cristallins; on peut en extraire la cystine à l'état de pureté en les dissolvant dans la potasse caustique et en ajoutant à la solution bouillante de l'acide acétique en excès. Elle se dépose alors par le refroidissement à l'état de feuillets hexagones, incolores et transparents. On l'obtient aussi en cristaux, en abandonnant à l'évaporation spontanée sa dissolution dans l'ammoniaque caustique; il se produit alors des prismes réguliers, raccourcis et à six faces.

La cystine n'a aucune réaction sur les papiers colorés. Elle ne fond pas par l'échauffement; à la distillation sèche, elle fournit une huile très-fétide, une eau ammoniacale, et un résidu de charbon très-poreux. Elle est insoluble dans l'eau et l'alcool. Les acides chlorhydrique, sulfurique, nitrique, oxalique et phosphorique la dissolvent; on obtient même une combinaison cristalline de cystine avec l'acide chlorhydrique, mais elle se décompose déjà à 100°.

Les alcalis fixes, caustiques ou carbonatés, dissolvent également la cystine; elle produit aussi une combinaison cristalline avec la potasse et la soude.

Elle renferme 25,5 p. 100 de soufre. M. Thaulow a trouvé dans la cystine :

Carbone.	30,01
Hydrogène.	5,10
Azote.	11,00
Soufre.	25,51
Oxygène.	28,38

§ 282 [a]. *Acide cynurénique.* — M. Liebig[1] donne ce nom à un acide particulier qui a été trouvé dans l'urine de chien. Dans quelques expériences que M. Bischoff avait entreprises pour savoir la quantité d'urée contenue dans l'urine de chien, on y chercha très-souvent l'acide urique, sans qu'on parvînt jamais à en découvrir la moindre trace. Mais cette urine déposa parfois un dépôt extrêmement ténu, formé d'un corps différent de l'acide urique.

Lorsqu'on dissout ce précipité dans l'eau de chaux, qu'on chauffe la liqueur après l'avoir étendue d'eau, et qu'on y ajoute de l'acide chlorhydrique, l'acide cynurénique se sépare sous la

[1] LIEBIG (1853), *Ann. der Chem. u. Pharm.*, LXXXVI, 125.

forme d'aiguilles incolores, très-fines. Ces cristaux sont très-légers à l'état sec, présentent un éclat soyeux, et rougissent le tournesol. Les solutions concentrées déposent le même corps à l'état pulvérulent. Il est insoluble dans l'alcool et l'éther.

Chauffé dans un petit tube, l'acide cynurénique fond en un liquide brun, et donne un sublimé par une plus forte chaleur, en ne laissant qu'une trace de charbon. Le sublimé est cristallin, blanc et soyeux; il est aisément soluble dans l'alcool, ce qui le distingue de l'acide primitif.

L'acide cynurénique se distingue aisément de l'acide urique par sa solubilité dans l'acide chlorhydrique; le précipité produit par ce dernier dans les solutions alcalines de l'acide cynurénique disparaît par l'addition d'un excès d'acide chlorhydrique. L'acide sulfurique étendu et l'acide nitrique dissolvent également l'acide cynurénique à l'ébullition; les solutions saturées à l'ébullition se prennent par le refroidissement en une bouillie d'aiguilles raccourcies, très-brillantes.

L'acide sulfurique concentré dissout à froid l'acide cynurénique, sans l'altérer; si l'on chauffe, la solution brunit légèrement; et si l'on y ajoute ensuite de l'eau, celle-ci sépare un précipité amorphe, d'un jaune citronné, quelquefois mélangé de cristaux d'acide non altérés.

L'acide cynurénique se dissout aisément dans les alcalis caustiques. Il se dissout également à chaud dans les carbonates alcalins, dans l'eau de baryte et dans l'eau de chaux; si on l'emploie en quantité suffisante, il sature parfaitement les alcalis.

Ces solutions donnent, par l'évaporation, des sels cristallisés.

Le *sel de baryte* forme des feuillets nacrés, réunis en forme de barbes de plume, et peu solubles dans l'eau.

Le *sel de chaux* forme des aiguilles raccourcies, dures, et groupées en étoile; il est également peu soluble dans l'eau.

Le *sel d'argent* se dépose sous la forme d'un épais précipité blanc, par le mélange du nitrate d'argent avec une solution de l'acide cynurénique dans l'ammoniaque; il est insoluble dans l'eau bouillante.

La composition de l'acide cynurénique n'est pas connue; il ne paraît pas contenir de l'azote.

ALLOXANE.

Syn. : acide érythrique.

Composition : $C^8H^2N^2O^8 + 2$ aq., et $+ 8$ aq.

§ 283. Ce corps [1], décrit dès 1817 par Brugnatelli sous le nom d'*acide érythrique*, a été plus particulièrement étudié par MM. Liebig et Woehler. Il se produit par l'action de l'acide nitrique, ou d'un mélange de chlorate de potasse et d'acide chlorhydrique, sur l'acide urique ; avec ce dernier agent, on obtient en même temps de l'urée :

$$\underset{\text{Ac. urique.}}{C^{10}H^4N^4O^6} + 2\,HO + O^2 = \underset{\text{Alloxane.}}{C^8H^2N^2O^8} + \underset{\text{Urée.}}{C^2H^4N^2O^2}.$$

La préparation de l'alloxane est une opération assez délicate, et exige des soins particuliers. M. Schlieper recommande d'employer un acide nitrique concentré d'une densité de 1,4 à 1,42 ; un acide plus étendu est moins avantageux. On en met environ 120 à 150 grammes à la fois dans des verres à pied, placés dans de l'eau froide, et l'on introduit l'acide urique par très-petites pincées, en attendant chaque fois que l'effervescence se soit calmée. Il est surtout indispensable d'éviter un trop grand échauffement. L'alloxane se dépose alors peu à peu, sous la forme des cristaux grenus, qu'on sépare de temps à autre des eaux mères acides, avant d'y introduire de nouvelles quantités d'acide urique. Les eaux mères de la préparation de l'alloxane peuvent servir à faire de l'alloxantine : on n'a qu'à les neutraliser par de la craie ou de la soude et à les traiter par l'hydrogène sulfuré. — Pour obtenir l'alloxane à l'état de pureté, on étend les cristaux grenus sur des briques poreuses, et quand ils sont bien secs, on les délaye dans la moitié de leur poids d'eau chaude ; on chauffe la masse jusqu'à 60 ou 80°, et l'on filtre rapidement. Il faut éviter de porter le liquide à l'ébullition ; s'il y avait encore de l'alloxane non dissous, on le traiterait de nouveau par l'eau chaude. 450 grammes d'acide nitrique ont fourni par ce procédé un peu plus de la moitié de ce poids d'alloxane.

Cependant l'emploi du chlorate de potasse comme oxydant est encore bien plus avantageux, suivant M. Schlieper, et mérite la préférence sur tous les autres procédés. On mélange dans une cap-

[1] BRUGNATELLI (1817), *Ann. de Chim. et de Phys.*, VIII, 201. — LIEBIG et WOEHLER, *loc. cit.* — FRITZSCHE, *Journ. f. prakt. Chem.*, XIV, 237. — SCHLIEPER, *Ann. der Chem. u. Pharm.*, LV, 253.

sule 124 grammes d'acide urique avec 240 grammes d'acide chlorhydrique, de concentration moyenne, et l'on y introduit peu à peu 31 grammes de chlorate en poudre fine. La masse s'échauffe d'elle-même, en devenant de plus en plus liquide; la décomposition de l'acide urique s'effectue sans qu'il se dégage une seule bulle d'acide carbonique, et l'on n'obtient que de l'alloxane et de l'urée.

Si l'on dirige bien l'opération, il ne se développe point de chlore; il faut surtout ajouter de faibles portions à la fois, et agiter vivement. Après qu'on a introduit les 3/4 ou les 4/5 du chlorate, ce qui exige environ une demi-heure, on étend la liqueur chaude de deux fois son volume d'eau froide. Au bout de deux ou trois heures, tout l'acide urique non attaqué se trouve déposé; on décante la solution d'alloxane, on ajoute à l'acide urique encore un peu d'acide chlorhydrique concentré, et l'on y introduit le reste du chlorate, après avoir porté le liquide à 50°.

Selon M. Gregory [1], la marche suivante serait la plus avantageuse pour la préparation de l'alloxane : On verse de l'acide nitrique incolore, d'une densité de 1,412, dans un verre à pied ou dans une capsule à fond plat, puis on y introduit de l'acide urique, à peu près la valeur de ce qui peut tenir sur la pointe d'une petite spatule; on agite, afin d'éviter l'agglomération de la masse, et quand la poudre est dissoute (ce qui s'effectue avec effervescence), on renouvelle l'addition de l'acide urique. On continue ainsi, en ayant bien soin d'empêcher le liquide de s'échauffer trop; il est même prudent d'avoir sous la main de quoi refroidir le vase. Bientôt des cristaux d'alloxane apparaissent; cependant il faut continuer les additions d'acide urique, en observant les mêmes précautions, jusqu'à ce qu'il y ait assez d'alloxane pour que le liquide se prenne en bouillie par le refroidissement.

On emploie 75 grammes d'acide nitrique pour décomposer 1200 grammes d'acide urique séché à 100°. Il n'est pas avantageux d'opérer sur une plus grande échelle, et si l'on veut se procurer plus d'alloxane, il vaut mieux disposer plusieurs capsules à la fois, et n'y mettre que 75 grammes, ou 90 grammes au plus, d'acide nitrique. Quand tout l'acide urique est transformé, on abandonne la matière jusqu'au lendemain dans un endroit frais, et ensuite on recueille les cristaux sur un entonnoir bouché avec de l'amiante. L'alloxane ainsi obtenu est anhydre; on le met en digestion avec

[1] Gregory, *Philos. Magaz.*, 1846, suppl. de juin, n° 190.

une quantité d'eau suffisante pour le dissoudre à 60 ou à 65°; la solution filtrée dépose alors par le refroidissement des cristaux d'alloxane hydraté. Les eaux mères en fournissent une nouvelle quantité par l'évaporation à 50 ou 60°.

On réunit les nouvelles eaux mères à la première eau mère nitrique, et après avoir ajouté au liquide deux ou trois fois son volume d'eau, on y fait passer de l'hydrogène sulfuré pour convertir l'alloxane en alloxantine; comme une partie passe toujours à l'état d'acide dialurique, il faut abandonner la matière à l'air pendant un jour ou deux, ou jusqu'à ce qu'elle ne dépose plus de cristaux. On purifie l'alloxantine en la faisant cristaliser dans l'eau bouillante, après l'avoir séparée du souffre à l'aide du filtre; 3 parties d'alloxantine sèche correspondent à un peu plus de 4 parties d'alloxane hydraté. L'alloxantine peut aisément être reconvertie en alloxane.

D'après la théorie, 100 parties d'acide urique devraient donner 128 parties d'alloxane cristalisé; la méthode de M. Grégory en donne 102 pour 100.

L'alloxane cristallise dans l'eau sous deux formes différentes : par le refroidissement d'une solution saturée à chaud, on obtient des cristaux très-volumineux, mais très-efflorescents, qui contiennent 8 atomes d'eau de cristallisation. Les cristaux qui se forment dans une solution chaude ne contiennent que 2 atomes d'eau[1], et ne s'effleurissent pas. Il est avantageux, pour se procurer de l'alloxane pur, de le faire cristalliser la première fois dans l'eau chaude. On obtient souvent des cristaux d'un pouce de long, surtout ceux de l'hydrate à 8 at. d'eau; ils constituent des prismes à base rectangulaire. L'hydrate à 2 at. d'eau se présente sous la forme d'octaèdres rhomboïdaux tronqués sur les angles et d'un éclat vitreux.

Il est très-soluble dans l'eau; sa solution colore la peau en pourpre au bout de quelque temps, et lui donne une odeur nauséabonde; il rougit le papier de tournesol, mais ne décompose pas les carbonates de chaux et de baryte. Il n'attaque pas non plus l'oxyde de plomb, même à l'ébullition.

L'alloxane éprouve de la part des bases une modification par-

[1] L'alloxane à 2 at. d'eau est considéré par MM. Liebig et Woehler comme de l'alloxane anhydre, $C^8H^4N^2O^{10}$; mais, suivant les observations de M. L. Gmelin (*Handb. d. Chem.*, 4e édit, IV, 307), celui-ci perd 11,35 p. 100 d'eau (2 at.) par la dessiccation entre 150 et 160°.

ticulière : elles s'y combinent ; mais quand on essaye ensuite de séparer l'alloxane de la combinaison, on obtient un corps acide qui décompose les carbonates ; c'est l'acide alloxanique :

$$C^8H^2N^2O^8 + 2\,HO = C^8H^4N^2O^{10}.$$

Alloxane. Acide alloxaniq.

Une dissolution chaude d'alloxane donne avec l'eau de baryte un précipité d'alloxanate de baryte ; celui-ci se décompose, par une ébullition prolongée, en urée et en mésoxalate de baryte :

$$C^8H^2Ba^2N^2O^{10} + 2\,HO = C^2H^4N^2O^2 + C^6Ba^2O^{10}.$$

Allox. de baryte. Urée. Mésoxal. de baryte.

Mêlé avec un sel ferreux, l'alloxane ne donne aucun précipité, mais le liquide prend une teinte foncée d'un bleu indigo.

Une dissolution d'alloxane, doucement échauffée avec du peroxyde de plomb, dégage de l'acide carbonique pur ; quand l'opération est terminée, on obtient un magma blanc de carbonate et d'oxalate de plomb. La liqueur filtrée donne des cristaux d'urée. Comme l'oxalate de plomb se décompose lui-même en carbonate sous l'influence du peroxyde, on a donc :

$$C^8H^2N^2O^8 + 2\,PbO^2 + 2HO = C^2H^4N^2O^2 + C^4Pb^2O^8 + 2\,CO^2.$$

Alloxane. Urée. Oxal. de plomb.

Fait-on passer un courant d'hydrogène sulfuré à travers une solution passablement concentrée d'alloxane, il se dépose du soufre, et le liquide se prend en une bouillie épaisse de cristaux d'alloxantine :

$$2\,(C^8H^2N^2O^8) + 2HS = C^{16}H^4N^4O^{14} + 2\,HO + 2\,S;$$

Alloxane. Alloxantine.

Si l'on fait passer un grand excès d'hydrogène sulfuré dans la solution bouillante de l'alloxane, elle devient acide, et donne de l'acide dialurique :

$$C^8H^2N^2O^8 + 2HS = C^8H^4N^2O^8 + 2S.$$

Alloxane. Ac. dialurique.

On obtient aussi de l'alloxantine en plaçant du zinc métallique dans une solution d'alloxane aiguisée par l'acide chlorhydrique. Le chlorure stanneux ajouté à une solution d'alloxane en précipite également de l'alloxantine.

Réciproquement l'alloxantine se convertit en alloxane sous l'influence des agents oxygénants.

Une dissolution aqueuse d'alloxane bouillie avec un excès d'acide sulfureux donne, par le refroidissement, des cristaux d'alloxantine (dialurate d'alloxane). Si l'on sature d'acide sulfureux une dissolution aqueuse d'alloxane, et qu'on évapore à une douce chaleur, on obtient, par le refroidissement du liquide, de grosses tables efflorescentes qui paraissent être une combinaison de 1 at. d'alloxane avec 2 at. d'acide sulfureux ($2\ SO^2$). Leur solution aqueuse, traitée par la potasse, donne des cristaux durs et brillants d'un sel de potasse dont l'acide présente cette composition[1].

Si l'on fait bouillir l'alloxane avec de l'acide sulfureux, après y avoir ajouté de l'ammoniaque, on obtient du thionurate d'ammoniaque :

$$\underset{\text{Alloxane.}}{C^8H^2N^2O^8} + NH^3 + 2\ SO^2 = \underset{\text{Ac. thionurique.}}{C^8H^5N^3S^2O^{12}}.$$

Un mélange d'ammoniaque et d'alloxane étant chauffé légèrement devient jaune, et se prend par le refroidissement en une gelée jaune et transparente d'un sel ammoniacal; cette combinaison, dissoute dans l'eau chaude et traitée par un excès d'acide sulfurique étendu, donne aussitôt un précipité transparent et gélatineux d'acide mycomélique :

$$\underset{\text{Alloxane.}}{C^8H^2N^2O^8} + 2\ NH^3 = \underset{\text{Ac. mycoméliq.}}{C^8H^4N^4O^4} + 4\ HO.$$

Lorsqu'on traite l'alloxane par l'acide nitrique, il finit par se convertir en acide parabanique (§ 231):

$$\underset{\text{Alloxane.}}{C^8H^2N^2O^8} + O^2 = 2\ CO^2 + \underset{\text{Ac. parabaniq.}}{C^6H^2N^2O^6}.$$

La transformation de l'alloxane en acide parabanique s'effectue aussi lorsqu'on maintient en ébullition la solution aqueuse de l'alloxane; il se dégage alors du gaz carbonique, et la liqueur retient de l'acide parabanique en même temps que de l'alloxantine :

$$3\ \underset{\text{Alloxane.}}{C^8H^2N^2O^8} = \underset{\text{Alloxantine.}}{C^{16}H^4N^4O^{14}} + \underset{\text{Ac. parabaniq.}}{C^6H^2N^2O^6} + 2\ CO^2.$$

§ 284. *Acide alloxanique*, $C^8H^4N^2O^{10}$ (alloxane plus 2 at. d'eau). —Cet acide[2] se produit par l'action des bases sur l'alloxane. On le prépare en décomposant l'alloxane de baryte par l'acide sulfurique dilué. Il s'obtient souvent, par l'évaporation, en petits ma-

[1] GREGORY, *Phil. Magaz. and Journ. of Science*, XXIV, 189, et *Journ. f. prakt. Chem.*, XXXII, 289.

[2] LIEBIG et WOEHLER (1838), *loc. cit.* — SCHLIEPER, *Ann. der Chem. u. Pharm.*, LV, 263; LVI, 1. — *L'acide purpurique blanc* ou *urique suroxygéné* de Vauquelin (*Mém. du Mus. d'Hist. natur.*, VII, 253) paraît avoir été de l'acide alloxanique impur.

melons ; d'autres fois il se présente sous la forme d'une masse gluante et visqueuse.

La solution est acide, et décompose aisément les carbonates et les acétates ; elle dissout le zinc avec dégagement d'hydrogène.

Quand on maintient en ébullition une solution aqueuse d'acide alloxanique, il se dégage beaucoup d'acide carbonique ; la solution étant rapidement réduite à consistance de sirop, puis étendue d'eau, il ne se dissout qu'une partie, tandis qu'il reste une poudre blanche et cristalline. L'acide alloxanique se décompose ainsi en acide carbonique et en deux autres corps : l'un, insoluble dans l'eau, est un acide particulier, que M. Schlieper appelle *acide leucoturique* ; l'autre, fort soluble et même déliquescent, a reçu de ce chimiste le nom de *difluan*. La composition de ces deux produits n'est pas encore bien établie[1].

L'acide alloxanique se dissout dans 5 à 6 p. d'alcool ; sa solution dans l'alcool absolu peut être bouillie et même évaporée sans subir de décomposition. Il est moins soluble dans l'éther.

Chauffé avec de l'acide nitrique, l'acide alloxanique, comme l'alloxane, se transforme en acide carbonique et en acide paraba-

[1] L'*acide leucoturique* ne se forme qu'en très-petite quantité ; il constitue une poudre blanche et cristalline, insoluble dans l'eau froide, assez soluble dans l'eau bouillante. Il n'est pas altéré par les acides, pas même par l'acide nitrique de 1,4. A froid, il se dissout aisément dans les alcalis ; les acides minéraux l'en précipitent de nouveau ; si l'on opère à chaud, il se dégage de l'ammoniaque, et l'on obtient beaucoup d'oxalate.

A chaud, il se dissout aussi dans l'ammoniaque ; la solution donne, par l'évaporation, de fines aiguilles. Ce sel ammoniacal précipite en blanc le nitrate d'argent ; mais le précipité se colore rapidement en brun.

L'analyse de l'acide leucoturique séché à 100° a donné les nombres suivants :

Carbone.	31,15
Hydrogène.	2,80
Azote.	24,51
Oxygène.	41,54

M. Schlieper en déduit la formule $C^6H^3N^2O^6$, qui ne me paraît pas exacte, à cause de la somme impaire des atomes (doubles) d'hydrogène et d'azote.

Le *difluan* forme une poudre blanche, volumineuse, extrêmement déliquescente, légèrement acide, insoluble dans l'alcool. Elle est précipitée par ce dernier liquide en flocons volumineux ; elle précipite en blanc les sels d'argent et de plomb. L'acide nitrique la décompose avec effervescence en produisant de l'alloxane ; la potasse aqueuse en dégage, déjà à froid, de l'ammoniaque, et donne beaucoup d'oxalate. M. Schlieper représente le difluan par la formule $C^6H^4N^2O^5$; la matière séchée à 100° a donné :

Carbone.	32,69
Hydrogène.	3,89
Azote.	25,70
Oxygène.	37,72

Le précipité argentique contient 45,5 p. 100 d'argent ; ce nombre ne s'accorde pas avec la formule de M. Schlieper.

nique. L'hydrogène sulfuré, le bichlorure de platine, le bichromate de potasse, n'attaquent pas l'acide alloxanique.

§ 285. Les *alloxanates métalliques* se représentent d'une manière générale par les formules suivantes :

Alloxanates neutres. . $C^8H^2M^2N^2O^{10} = C^8H^2N^2O^8, 2MO.$

Alloxanates acides. . . $C^8H^3M\,N^2O^{10} = C^8H^2N^2O^8, \left.\begin{matrix}MO\\HO\end{matrix}\right\}.$

Les sels à base d'alcali sont solubles. Les sels neutres à base de métaux pesants sont plus ou moins insolubles ; mais les sels acides se dissolvent aisément.

La solution aqueuse des alloxanates se décompose par l'ébullition en urée et en mésoxalates :

$$\underset{\text{Ac. alloxaniq.}}{C^8H^4N^2O^{10}} + 2HO = \underset{\text{Urée.}}{C^2H^4N^2O^2} + \underset{\text{Ac. mésoxaliq.}}{C^6H^2O^{10}}.$$

Les sels secs résistent parfaitement à une température de 100°, et même à une chaleur supérieure.

L'*alloxanate d'ammoniaque neutre* présente très-peu de stabilité, et se convertit peu à peu, en perdant de l'ammoniaque, en sel acide.

L'*alloxanate d'ammoniaque acide*, $C^8H^3(NH^4)N^2O^{10}$, s'obtient aisément en saturant directement l'acide alloxanique par l'ammoniaque ; on ne peut pas le préparer avec l'alloxane. Il forme des cristaux transparents et brillants, qui appartiennent au système rhombique. Il se dissout dans 3 ou 4 p. d'eau, est insoluble dans l'alcool, et réagit fort acide. Sa solution aqueuse est précipitée par l'alcool. Soumis à la distillation sèche, il donne du carbonate d'ammoniaque, du cyanhydrate d'ammoniaque, de l'oxamide et de l'urée.

L'*alloxanate de potasse neutre*, $C^8H^2K^2N^2O^{10}$ + 6 aq., peut s'obtenir directement par l'alloxane. On mélange une dissolution concentrée de ce corps avec son volume d'une lessive de potasse également concentrée, et on étend le liquide d'alcool, jusqu'à ce qu'il commence à se troubler. Il se dépose ainsi peu à peu des cristaux transparents et durs. Selon M. Schlieper, ce sel retiendrait, à 100°, 1 atome d'eau. Il est fort soluble dans l'eau, insoluble dans l'alcool et l'éther, et neutre aux papiers réactifs.

L'*alloxanate de potasse acide*, $C^8H^3KN^2O^{10}$, se prépare de la même manière à l'aide d'un excès d'alloxane. Il se dépose à l'état d'une poudre blanche et cristalline, assez peu soluble dans l'eau, peu soluble dans l'alcool, et d'une réaction fort acide. Il rougit promptement au contact de l'air.

L'*alloxanate de soude* est un sel fort déliquescent.

L'*alloxanate de baryte neutre*, $C^8H^2Ba^2N^2O^{10} + 4$ aq., s'obtient avec facilité, et sert à la préparation de l'acide alloxanique. Pour se procurer ce sel en grande quantité, on décompose, dans un ballon, une solution d'alloxane saturée à froid avec une solution de chlorure de baryum également saturée à froid, en mélangeant 2 volumes de la première avec 3 volumes de la seconde solution. On porte ce mélange à 60 ou 70°, et l'on ajoute ensuite peu à peu une lessive de potasse, en agitant constamment; par chaque addition de potasse, il se produit un précipité blanc et caillebotté, qui se redissout par l'agitation. On continue les additions de potasse jusqu'à ce que le précipité commence à persister; alors tout le liquide se prend presque instantanément en une bouillie d'alloxanate bibarytique qui se dépose rapidement à l'état d'une poudre cristalline. Les cristaux perdent, à 100°, 20 p. 100 d'eau de cristallisation. Leur dissolution se convertit, par une ébullition prolongée, en urée et en mésoxalate de baryte.

L'*alloxanate de baryte acide*, $C^8H^3BaN^2O^{10} + 2$ aq., se produit dans la préparation de l'acide alloxanique par le sel neutre et l'acide sulfurique; il forme des croûtes cristallines, composées de petits mamelons opaques. On l'obtient aussi en mélangeant la solution du sel ammoniacal acide avec une solution de chlorure de baryum; le sel de baryte acide se dépose alors, dans le mélange concentré, au bout de quelques jours. Ce sel est bien plus soluble dans l'eau que le sel neutre, et réagit acide; il est fort soluble dans l'acide alloxanique, et se dissout également dans l'alcool, qui ne précipite pas sa solution aqueuse.

L'*alloxanate de strontiane neutre*, $C^8H^2Sr^2N^2O^{10} + 8$ aq., se précipite lorsqu'on mélange l'eau de strontiane ou le chlorure de strontium ammoniacal avec l'alloxane. Il forme de petits cristaux aciculaires, transparents, contenant 8 atomes = 22,5 p. 100 d'eau de cristallisation, qui se dégagent à 120°.

L'*alloxanate de chaux neutre*, $C^8H^2Ca^2N^2O^{10} + 10$ aq., est un précipité gélatineux, qui devient cristallin par le repos; il est plus soluble dans l'eau que le sel de baryte correspondant; à 100°, les cristaux perdent de l'eau et se désagrègent. Il est aussi très-soluble dans l'acide acétique.

L'*alloxanate de chaux acide*, $C^8H^3CaN^2O^{10} + 5$ aq., donne des cristaux transparents et brillants, qui perdent sur l'acide sulfurique toute leur eau de cristallisation.

L'*alloxanate de magnésie neutre*, $C^8H^2Mg^2N^2O^1 + 10$ aq., se prépare de la même manière que le sel correspondant de baryte ou de chaux; il constitue des croûtes formées par de petits mamelons soyeux, qui ressemblent beaucoup au quinate de chaux. Il est assez soluble dans l'eau, moins soluble dans l'alcool, qui en précipite la solution aqueuse si elle est concentrée.

L'*alloxanate de zinc acide*, $C^8H^3ZnN^2O^{10} + 2$ aq., s'obtient en croûtes cristallines, assez solubles dans l'eau, lorsqu'on fait dissoudre le zinc métallique dans une solution d'acide alloxanique, prise en excès. Lorsqu'on mélange l'alloxanate de potasse neutre avec la solution de l'acétate ou du sulfate de zinc, on obtient un précipité blanc de *sous-alloxanate de zinc*, $C^8H^2Zn^2N^2O^{10},ZnO + 8$ aq.

L'*alloxanate de cadmium* est également un precipité blanc. Le sel acide est soluble.

L'*alloxanate de nickel neutre*, $C^8H^2Ni^2N^2O^{10} + 4$ aq., est un sel vert, fort déliquescent et insoluble dans l'alcool.

L'*alloxanate de cobalt* est un sel gommeux.

L'*alloxanate de cuivre neutre*, $C^8H^2Cu^2N^2O^{10} + 8$ aq., s'obtient en mamelons bleus, solubles dans l'eau; les cristaux chauffés à 100° verdissent et deviennent opaques, sans perdre leur eau de cristallisation. Il existe aussi un *sous-sel* bleu, insoluble dans l'eau.

L'*alloxanate de manganèse* forme des grains cristallins.

L'*alloxanate de plomb neutre*, $C^8H^2Pb^2N^2O^{10} + 2$ aq., forme une poudre blanche, insoluble dans l'eau. Le *sous-sel*, $C^8H^2Pb^2N^2O^{10}$, $PbO + 2$ aq., s'obtient, avec le sous-acétate de plomb, sous la forme d'une poudre blanche et nacrée. Un autre sous-sel s'obtient par l'addition de l'alcool à l'alloxanate de plomb acide.

L'*alloxanate de plomb acide*, $C^8H^3PbN^2O^{10} + 2$ aq., cristallise en gros mamelons, composés de fines aiguilles soyeuses, assez solubles dans l'eau. On l'obtient en faisant dissoudre le carbonate de plomb dans l'acide alloxanique.

L'*alloxanate d'argent*, $C^8H^2Ag^2N^2O^{10}$, est un précipité blanc, qui se colore en jaune par l'ébullition : on l'obtient en mélangeant l'alloxane avec une solution de nitrate d'argent ammoniacal. Il paraît aussi exister un sel acide gommeux.

L'*alloxanate de mercure*, $C^8H^2Hg^2N^2O^{10}$, est une poudre blanche qu'on obtient en précipitant par l'alcool la solution du carbonate mercurique dans l'acide alloxanique. Cette solution se décompose promptement par la chaleur, en déposant des paillettes d'un sel mercureux.

ACIDE DIALURIQUE.

Composition : $C^8H^4N^2O^8$ (alloxane plus hydrogène).

§ 286. Ce composé [1] se produit par l'action de l'hydrogène sulfuré et d'autres corps réducteurs sur l'alloxane :

$$\underset{\text{Alloxane.}}{C^8H^2N^2O^8} + 2\,HS = 2\,S + \underset{\text{Ac. dialurique.}}{C^8H^4N^2O^8}.$$

On le prépare en dissolvant à chaud du dialurate d'ammoniaque ou de potasse dans de l'acide chlorhydrique moyennement concentré, jusqu'à saturation, et abandonnant au repos. Il cristallise alors en longues aiguilles, d'une saveur aigrelette, et assez solubles dans l'eau. Les cristaux rougissent à l'air, et se convertissent peu à peu en alloxantine (modification dimorphe). Cette transformation s'effectue sans doute sous l'influence de l'oxygène; car on a :

$$2\,\underset{\text{Ac. dialuriq.}}{C^8H^4N^2O^8} + 2\,O = \underset{\text{Alloxantine.}}{C^{16}H^4N^4O^{14}} + 4\,HO.$$

Le *dialurate d'ammoniaque*, $C^8H^3(NH^4)N^2O^8$, s'obtient lorsqu'on fait passer du gaz hydrogène sulfuré dans une solution bouillante d'alloxantine : il se dépose ainsi du soufre, et le liquide devient fort acide; en saturant ensuite par du carbonate d'ammoniaque, on obtient, par le refroidissement, des aiguilles soyeuses. La même combinaison s'obtient si l'on ajoute du sulfhydrate d'ammoniaque à une solution d'acide urique dans l'acide nitrique dilué, de manière que le mélange conserve une légère réaction acide. On épuise la bouillie par l'eau bouillante, et l'on y ajoute du carbonate d'ammoniaque.

Enfin, on peut aussi obtenir le dialurate d'ammoniaque en réduisant l'alloxane par du zinc et de l'acide chlorhydrique, et en ajoutant au liquide assez de carbonate d'ammoniaque pour redissoudre le précipité d'oxyde de zinc.

Le dialurate d'ammoniaque cristallise en aiguilles, qui deviennent rosées à la température ordinaire, et d'un rouge de sang

[1] LIEBIG et WOEHLER (1838), *loc. cit.* — GREGORY, *Philos. Magaz.*, XXIV, 187.

MM. Liebig et Woehler ont décrit sous le nom d'*acide uramilique*, $C^{16}H^{10}N^5O^{15}$, un composé qui, selon M. Gregory, paraît être un bidialurate d'ammoniaque ($C^8H^3(NH^4)N^2O^8$, $C^8H^4N^2O^8$?). Il forme des aiguilles soyeuses, qui rougissent légèrement le tournesol; on l'obtient en évaporant à une douce chaleur une solution aqueuse et sapar la dessiccation. Il est très-soluble dans l'eau bouillante. Il précipite en blanc les sels de baryte, en jaune les sels de plomb ; les précipités prennent à l'air une teinte violette. Les sels d'argent en sont réduits à l'état métallique.

Le *dialurate de potasse*, $C^8H^3KN^2O^8$, se distingue par sa faible solubilité dans l'eau froide ou chaude. Il s'obtient sous la forme d'un précipité cristallin, d'un jaune citronné, lorsqu'on ajoute une solution de cyanure de potassium à une solution d'alloxane. On le décolore en le dissolvant dans une lessive faible de potasse et saturant par de l'acide acétique; il s'obtient alors sous la forme d'un précipité blanc et caillebotté. On peut aussi l'obtenir en dissolvant l'acide dialurique dans l'acide chlorhydrique, et en saturant par du carbonate de potasse.

Le *dialurate de baryte*, $C^8H^3BaN^2O^8$, constitue un précipité blanc.

Le *dialurate de plomb* est un précipité floconneux jaunâtre, qu'on obtient avec le dialurate d'ammoniaque et l'acétate de plomb. Le précipité s'altère promptement à l'air, en se colorant en violet.

ALLOXANTINE.

Composition : $C^{16}H^4N^4O^{14} + 6\,aq.$ (dialurate d'alloxane).

§ 287. L'alloxantine[1] se produit lorsqu'on dissout l'alloxane dans l'acide dialurique :

$$\underset{\text{Alloxane.}}{C^8H^2N^2O^8} + \underset{\text{Ac dialuriq.}}{C^8H^4N^2O^8} = \underset{\text{Alloxantine.}}{C^{16}H^4N^4O^{14}} + 2\,HO.$$

turée de thionurate d'ammoniaque, additionnée d'un peu d'acide sulfurique, ou bien en faisant bouillir avec de l'eau une solution de dialuramide dans l'acide sulfurique.

L'acide uramilique a donné l'analyse :

	Liebig et Woehler.	Formule du bidialurate d'ammoniaq.
Carbone.	32,09	31,4
Hydrogène.	3,59	3,6
Azote.	23,23	22,9
Oxygène.	41,09	42,1
	100,00	100,0

La solution de l'acide uramilique ne précipite les sels de baryte et de chaux qu'après l'addition de l'ammoniaque : elle ne précipite aussi que le nitrate d'argent ammoniacal. Le précipité argentique contient environ 63,9 à 64,3 p. c. d'argent.

Bouillie avec de l'acide chlorhydrique ou sulfurique étendu, la solution de l'acide uramilique finit par donner des cristaux d'alloxantine (probablement par l'effet d'une oxydation partielle).

[1] LIEBIG et WOEHLER (1838), *loc. cit.* — FRITZSCHE, *Bulletin scientifique de Saint-Pétersbourg*, IV, 81.

Elle se forme aussi toutes les fois qu'on traite l'alloxane par des agents réducteurs, sans laisser aller la réaction jusqu'à la formation de l'acide dialurique. Ainsi, lorsqu'on fait passer de l'hydrogène sulfuré dans une solution d'alloxane, elle devient laiteuse et dépose du soufre; si l'on y dirige le gaz, jusqu'à ce que le liquide renferme un excès d'hydrogène sulfuré, il se produit un magma de cristaux d'alloxantine. Mais si l'on porte le liquide à l'ébullition, en continuant d'y faire passer l'hydrogène sulfuré, il devient acide et se convertit en acide dialurique.

On obtient aussi l'alloxantine en ajoutant de l'acide chlorhydrique à l'alloxane, et en y plaçant un morceau de zinc : il se dépose au bout de quelques heures une quantité considérable d'alloxantine, en croûtes cristallines, et il suffit d'une seule cristallisation pour purifier la substance d'oxyde de zinc.

Le chlorure stanneux ajouté à la solution de l'alloxane en précipite aussi de l'alloxantine.

Enfin, on peut encore obtenir de l'alloxantine avec une dissolution d'acide urique dans l'acide nitrique étendu.

L'alloxantine s'obtient en prismes obliques rhomboïdaux, incolores, ou légèrement jaunâtres, transparents et durs. (L'angle ∞ P : ∞ P est de 105° dans les cristaux ordinaires; mais dans la *modification dimorphe* qu'on obtient avec l'acide dialurique [§ 286] cet angle est de 121°.) Elle contient 6 atomes d'eau de cristallisation. Elle ne change pas de poids à 100°; mais à une température supérieure les cristaux dégagent 15,4 p. 100 d'eau.

Ce corps est très-peu soluble dans l'eau froide, et un peu plus soluble dans l'eau bouillante; sa solution rougit les couleurs végétales d'une manière très-sensible; elle ne peut venir en contact avec les bases sans être décomposée.

Une solution d'alloxantine donne avec l'eau de baryte un épais précipité, d'un beau violet, qui devient blanc par l'ébullition du liquide, en disparaissant entièrement.

Lorsqu'on ajoute de l'ammoniaque à une solution chaude d'alloxantine, elle devient pourpre, par suite de la formation du purpurate d'ammoniaque; mais cette coloration disparaît quelque temps après que la liqueur est refroidie, ainsi que par l'ébullition.

Les agents oxygénants convertissent l'alloxantine en alloxane.

Le nitrate d'argent occasionne dans la solution de l'alloxantine un précipité noir d'argent métallique ; le liquide séparé de ce dépôt à l'aide du filtre précipite alors la baryte en blanc, comme l'alloxane. Quand on dissout l'alloxantine dans l'eau bouillante, et qu'on y ajoute quelques gouttes d'acide nitrique, il se produit une légère effervescence, due aux produits de la décomposition de l'acide nitrique, et la liqueur contient alors de l'alloxane.

En mélangeant une solution de sel ammoniac avec une solution d'alloxantine, toutes deux ayant été préalablement purgées d'air par l'ébullition, on voit se précipiter au bout de quelques instants des cristaux de dialuramide (uramile), tandis que l'eau mère retient de l'acide chlorhydrique libre et de l'alloxane. On a évidemment :

$$\underset{\text{Alloxantine.}}{C^{16}H^{4}N^{4}O^{14}} + HCl, NH^{3} = \underset{\text{Dialuramide.}}{C^{8}H^{5}N^{3}O^{6}} + HCl + \underset{\text{Alloxane.}}{C^{8}H^{2}N^{2}O^{8}}.$$

Lorsqu'on dissout à froid de l'alloxantine dans l'ammoniaque étendue d'eau, qu'on laisse évaporer cette dissolution à l'air libre et à une température modérée, qu'on renouvelle ensuite l'ammoniaque à plusieurs reprises, on obtient finalement de l'oxalurate d'ammoniaque (§ 297) ; hors du contact de l'air, ce corps ne se forme pas.

Lorsqu'on fait bouillir l'alloxantine avec un excès d'acide chlorhydrique, elle se décompose en partie, et donne un corps blanc et pulvérulent, que M. Schlieper appelle *acide alliturique*, et qu'on peut purifier d'alloxantine non décomposée en le traitant par l'acide nitrique. En même temps que ce produit, on obtient de l'alloxane et de l'acide parabanique (§ 296), ainsi qu'un autre acide, appelé *dilituriqu*e par M. Schlieper, mais qu'il n'a pas réussi à isoler. Ce sujet réclame de nouvelles recherches [1].

[1] M. Schlieper (*Ann. der Chem. u. Pharm.*, LVI, 20) assigne à l'*acide alliturique* séché à 100° la formule : $C^{6}H^{3}N^{2}O^{4}$:

	Analyse.	Calcul.
Carbone	36,24	36,37
Hydrogène	3,38	3,03
Azote	28,18	28,28
Oxygène	32,20	32,32

La solution de l'acide alliturique dans l'ammoniaque donne, par l'évaporation spontanée, des aiguilles brillantes.

Quant à l'*acide dilituriqu*e, il a été analysé à l'état de sel d'ammoniaque (ou peut-être plutôt à l'état d'amide). Ce produit contenait :

Carbone	25,57
Hydrogène	3,30
Azote	30,16
Oxygène	40,97
	100,00

M. Gregory a observé qu'une dissolution d'alloxantine, conservée même dans des vases fermés, se convertit en un acide cristallisable, qui n'est autre chose que l'acide alloxanique, et qui paraît être le seul produit.

Dérivés ammoniacaux de l'alloxane, de l'acide dialurique et de l'alloxantine.

§ 288. A l'alloxane, à l'acide dialurique et à l'alloxantine correspondent des composés ammoniacaux qui renferment les éléments de ces trois corps moins les éléments de l'eau. Ces composés sont :

L'acide mycomélique. $C^8 H^4 N^4 O^4 =$ alloxane $+ 2\, NH^3 - 4\, HO$;
(Alloxanamide.)

La dialuramide. . . . $C^8 H^5 N^3 O^6 =$ ac. dialuriq. $+ NH^3 - 2\, HO$;
L'acide purpurique. . $C^{16} H^5 N^5 O^{12} =$ alloxantine $+ NH^3 - 2\, HO$.
(Alloxantinamide.)

Aux composés précédents il faut encore joindre l'acide thionurique, qui contient les éléments de l'alloxane plus ceux de l'ammoniaque et de l'acide sulfureux :

Acide thionurique : $C^8 H^5 N^3 O^6, 2\, SO^2 =$ alloxane $+ NH^3 + 2\, SO^2$.

Il est aisé de se rendre compte de la manière dont se forment ces composés ammoniacaux si l'on se rappelle les circonstances dans lesquelles l'alloxane se convertit en acide dialurique et en alloxantine, ainsi que celles où s'opère la transformation inverse de ces deux produits. On a vu en effet que l'alloxane fixe de l'hydrogène sous l'influence des corps réducteurs, pour se convertir en acide dialurique, que celui-ci régénère de l'alloxane par l'action des corps oxygénants, et que l'alloxantine est un corps intermédiaire entre l'alloxane et l'acide dialurique, pour ainsi dire un dialurate d'alloxane.

Or, si l'on traite l'alloxane par l'ammoniaque, sans le concours d'aucun agent réducteur, il y a fixation d'ammoniaque et élimina-

M. Schlieper lui assigne la composition : $C^8 H^2 (NH^4) N^3 O^{10}$.
Les formules précédentes me paraissent extrêmement problématiques.
Je citerai aussi, pour mémoire seulement, l'*acide hydurilique* et l'*acide nitro-hydurilique* du même chimiste.
Voy. les corrections proposées par M. Laurent (*Compt. rend. de l'Acad.*, XXXI, 353; XXXV, 629).

tion d'eau; on obtient alors l'*acide mycomélique*, c'est-à dire l'alloxanamide.

Si l'on traite l'alloxane à la fois par l'ammoniaque et par l'acide sulfureux, qui est un agent réducteur, on obtient d'abord une simple combinaison (*acide thionurique*) des corps mis en présence; mais cette combinaison se détruit ultérieurement par l'ébullition, en se transformant en acide sulfurique et en *dialuramide*, c'est-à-dire en amide de l'alloxane hydrogéné ou réduit. On conçoit que la dialuramide puisse aussi s'obtenir par l'action d'un sel d'ammoniaque sur l'alloxantine, qui représente, comme nous l'avons dit, un dialurate d'alloxane; mais dans cette réaction une quantité correspondante d'alloxane se produit nécessairement en même temps.

Traite-t-on la dialuramide par certains agents oxygénants, tels que l'acide nitrique, la place-t-on dans des circonstances inverses de celles qui lui ont donné naissance, on la dédouble de nouveau en alloxane et en ammoniaque. Mais comme il existe entre l'alloxane et l'acide dialurique un terme intermédiaire, qui est l'alloxantine, on conçoit encore que la dialuramide puisse, dans certaines conditions d'oxydation, produire une amide intermédiaire, une amide de l'alloxantine; cette amide est représentée par l'*acide purpurique*. En effet, si l'on traite la dialuramide par une petite quantité d'un oxyde fort réductible, comme l'oxyde de mercure ou d'argent, on la convertit en purpurate d'ammoniaque (murexide); mais le moindre excès d'oxyde détruit l'acide purpurique, et l'on n'obtient plus alors que de l'alloxane (ou de l'acide alloxanique).

§ 289. *Acide mycomélique*[1], $C^8H^4N^4O^4 + aq.$ — Un mélange d'ammoniaque et d'alloxane étant échauffé doucement, devient jaune et se prend par le refroidissement, ou par l'évaporation, en une gelée jaune et transparente; cette combinaison, dissoute dans l'eau et traitée par un excès d'acide sulfurique étendu, donne aussitôt un précipité transparent et gélatineux d'acide mycomélique, qui, lavé et séché, se présente sous la forme d'une poudre jaune et poreuse. Celle-ci est très-peu soluble dans l'eau froide, un peu plus soluble dans l'eau chaude; elle rougit parfaitement les couleurs végétales, et se dissout dans l'ammoniaque et dans les alcalis fixes, sans former de sels cristallisables.

[1] LIEBIG et WOEHLER (1838), *Ann. der Chem. u. Pharm.*, XXVI, 304.

En mélangeant une dissolution de sel d'ammoniaque avec le nitrate d'argent, on obtient des flocons jaunâtres, qui paraissent contenir $C^8H^3AgN^4O^4$.

Dans les eaux mères de la préparation du mycomélate d'ammoniaque on trouve une certaine quantité d'alloxanate d'ammoniaque, de mésoxalate d'ammoniaque et d'urée : ces produits sont dus sans doute à une métamorphose secondaire.

§ 290. *Acide thionurique*[1], $C^8H^5N^3O^6$, 2 SO^2. — Cet acide se produit par l'action simultanée de l'ammoniaque et de l'acide sulfureux sur l'alloxane. On l'extrait de son sel de plomb en décomposant celui-ci par l'hydrogène sulfuré; par une douce évaporation, l'acide thionurique se dépose sous la forme d'une masse blanche cristalline, composée de très-fines aiguilles. Il ne s'altère pas à l'air; sa solution rougit les couleurs végétales, et présente une saveur fort acide; elle ne précipite pas les sels de plomb ni ceux de baryte acidulés.

A la température de l'ébullition, sa solution se trouble et se prend en une masse soyeuse de dialuramide, tandis que de l'acide sulfurique est mis en liberté :

$$\underset{\text{Ac. thionurique.}}{C^8H^5N^3O^6,\ 2\,SO^2} + 2\,HO = \underset{\text{Dialuramide.}}{C^8H^5N^3O^6} + 2\,(SO^3, HO).$$

Le *thionurate d'ammoniaque neutre*, $C^8H^3(NH^4)^2N^3O^6$, 2 SO^2 + 2 aq., s'obtient en maintenant quelques instants à l'ébullition un mélange d'alloxane et d'acide sulfureux saturé d'ammoniaque; il se produit par le refroidissement une quantité considérable de feuillets brillants. Ce sel perd à 100° 2 atomes d'eau de cristallisation; il est très-soluble dans l'eau chaude, et peu soluble dans l'eau froide. Lorsqu'on chauffe une dissolution de ce sel avec un acide minéral, il subit la même décomposition que l'acide thionurique. Mélangé avec du nitrate d'argent, il dépose au bout de quelque temps de l'argent métallique d'un aspect miroitant.

Une dissolution chaude de thionurate d'ammoniaque donne avec la sulfate cuivrique un précipité d'un brun clair, tirant sur le jaune, et qui paraît être un sel cuivreux.

Le *thionurate d'ammoniaque acide*, $C^8H^4(NH^4)N^3O^6$, 2 SO^2, s'obtient en évaporant le sel neutre au bain-marie, avec une quan-

[1] LIEBIG et WOEHLER (1838), *ibid.*, XXVI, 268, 314 et 331. M. Gregory (*Compt. rend. des Trav. de Chim.*, 1845, p. 118) a signalé l'existence d'un acide particulier, renfermant les éléments de l'acide thionurique moins de l'ammoniaque.

tité d'acide sulfurique moindre qu'il n'en faudrait pour neutraliser toute l'ammoniaque. Il se produit ainsi des aiguilles incolores et très-fines. Une dissolution de ce sel se décompose par l'ébullition en sulfate d'ammoniaque et en acide dialurique.

$$\underset{\text{Thionur. d'amm. acide.}}{C^8H^4(NH^4)N^3O^8, 2SO^2} + 4HO = 2(SO^3, NH^4O) + \underset{\text{Ac. dialurique.}}{C^8H^4N^2O^8}.$$

Le *thionurate de baryte* s'obtient sous la forme de flocons blancs, devenant cristallins au bout de quelque temps, lorsqu'on mélange du thionurate d'ammoniaque avec du chlorure de baryum. Le précipité est fort soluble dans l'acide chlorhydrique; bouilli avec de l'acide nitrique, il donne du sulfate de baryte, sans acide sulfurique libre.

Le *thionurate de chaux* s'obtient sous la forme de prismes raccourcis, fins et satinés, en mélangeant à chaud des solutions de nitrate de chaux et de thionurate d'ammoniaque.

Le *thionurate de zinc* est un précipité cristallin, d'un jaune citronné.

Le *thionurate de plomb*, $C^8H^3Pb^2N^3O^8, 2SO^2 + 2$ aq., se produit si l'on mêle une dissolution d'acétate de plomb avec une dissolution bouillante de thionurate d'ammoniaque. C'est un précipité gélatineux qui se change par le refroidissement en fines aiguilles blanches ou roses, groupées concentriquement. Quand on soumet ce sel à la distillation sèche, il donne de l'urée et un autre corps qui cristallise en grosses lames.

§ 291. *Dialuramide*, murexane ou uramile [1], $C^8H^5N^3O^6$. — Lorsqu'on mélange une solution de chlorhydrate d'ammoniaque avec une solution d'alloxantine, toutes deux ayant d'abord été purgées d'air par l'ébullition, il se précipite bientôt des cristaux de dialuramide, tandis que l'eau mère retient de l'alloxane et de l'acide chlorhydrique libre :

$$\underset{\text{Alloxantine.}}{C^{16}H^4N^4O^{14}} + HCl, NH^3 = \underset{\text{Dialuramide.}}{C^8H^5N^3O^6} + HCl + \underset{\text{Alloxane.}}{C^8H^2N^2O^8}.$$

[1] LIEBIG et WOEHLER (1838), *loc. cit.* — Ces chimistes font de l'*uramile* et du *murexane* deux corps distincts. Voici les résultats qu'ils ont obtenus à l'analyse :

	Uramile.	Murexane.	
	Liebig et Woehler.	Liebig et Woehler.	Kodweiss.
Carbone.	33,29	33,32	36,58
Hydrogène. . . .	3,77	3,72	2,22
Azote.	28,91	25,72	28,45
Oxygène.	34,03	37,24	32,75

On peut aussi préparer la dialuramide en faisant bouillir pendant quelques minutes l'acide thionurique ou le thionurate d'ammoniaque avec un acide. L'acide thionurique se dédouble alors en acide sulfurique et en dialuramide :

$$\underset{\text{Acide thionurique.}}{C^8H^5N^3O^8, 2\,SO^2} + 2\,HO = \underset{\text{Dialuramide.}}{C^8H^5N^3O^6} + 2\,(SO^3, HO).$$

Les dissolutions, lors même qu'elles ne sont que peu concentrées, se prennent en une bouillie entièrement blanche, composée d'aiguilles très-fines. Le magna est aisé à laver, et diminue beaucoup de volume par la dessiccation.

La dialuramide (uramile) cristallise en longues aiguilles, dures, brillantes, réunies comme les barbes d'une plume. Elle est insoluble dans l'eau froide et un peu soluble dans l'eau bouillante, dont elle se sépare par le refroidissement. Exposée dans une atmosphère contenant des traces d'ammoniaque, elle prend une teinte rose.

Elle se dissout dans l'ammoniaque; les acides l'en précipitent sans altération. Elle est décomposée par l'ébullition avec l'ammoniaque; la liqueur devient d'abord jaunâtre, se colore peu à peu en pourpre foncé et donne des aiguilles vertes de purpurate d'ammoniaque (murexide).

La dialuramide peut d'ailleurs se convertir en purpurate d'ammoniaque sans le concours de l'ammoniaque : il suffit de la mettre dans l'eau bouillante et d'y ajouter de petites quantités d'oxyde d'argent ou de mercure. En même temps que ces oxydes sont réduits, la liqueur prend alors une teinte pourpre foncé, et donne filtrée à chaud des cristaux de purpurate très-purs ; il ne se dégage aucun gaz pendant la réaction. Il suffit du plus petit excès d'oxyde pour faire disparaître la coloration rouge; dans ce dernier cas la liqueur renferme de l'alloxanate d'ammoniaque.

$$2\,\underset{\text{Dialuramide.}}{C^8H^5N^3O^6} + O^2 = 2\,HO + \underset{\text{Purpurate d'ammon.}}{C^{16}H^4(NH^4)N^5O^{12}}.$$

Lorsqu'on sature par de la dialuramide une solution diluée de potasse caustique, il se dégage de l'ammoniaque, et il se produit une solution jaunâtre, laquelle, en absorbant l'oxygène de l'air, se colore peu à peu en pourpre, et dépose des cristaux de purpurate de potasse $C^{16}H^4KN^5O^{12}$. L'eau mère surnageante est neutre, et contient de l'alloxanate, ainsi que du mésoxalate de potasse, provenant sans doute d'une métamorphose secondaire.

L'acide sulfurique concentré dissout à froid la dialuramide; l'eau reprécipite celle-ci sans altération.

L'acide nitrique concentré convertit la dialuramide en alloxane et en ammoniaque, avec dégagement de vapeurs nitreuses :

$$C^8H^5N^3O^6 + 2\,O = C^8H^2N^2O^8 + NH^3.$$

Dialuramide. Alloxane.

§ 292. *Acide purpurique*, $C^{16}H^5N^5O^{12}$. — Cet acide n'a pas encore été isolé ; on ne le connaît qu'à l'état de sel. On obtient directement le purpurate d'ammoniaque, et avec celui-ci on prépare les autres purpurates par double décomposition.

Le *purpurate d'ammoniaque* [1], plus connu sous le nom de *murexide*, $C^{16}H^4(NH^4)N^5O^{12} + 2$ aq., se produit lorsqu'on traite la dialuramide par de l'oxyde d'argent ou de mercure, qu'on évite de prendre en excès ; autrement on n'obtient que de l'alloxanate d'ammoniaque. La dialuramide résultant de la combinaison de l'acide dialurique avec l'ammoniaque, on voit que l'oxyde d'argent ou de mercure, en se réduisant à l'état métallique, fait d'abord passer la moitié de l'acide dialurique, $C^8H^4N^2O^8$, à l'état d'alloxane, $C^8H^2N^2O^8$, pour former la murexide; dans le cas où l'on emploie un excès d'oxyde métallique, celui-ci transforme en alloxane la totalité de l'acide dialurique, de manière à produire de l'alloxanate d'ammoniaque, qui renferme les éléments de la murexide plus de l'oxygène moins de l'eau. Les formules suivantes font saisir ces relations :

$$2\,C^8H^5N^3O^6 + O^2 = C^{16}H^4(NH^4)N^5O^{12} + 2\,HO$$

Dialuramide. Purpur. d'ammon.

[1] Prout (1818), *Ann. de Chim. et de Phys.*, XI, 48. *Ann. of Philos.*, XIV, 363. *Lond. Med. Gazette*, 1831, juin. — Kodweiss, *Ann. de Poggend.*, XIX, 12. — Liebig et Woehler, *Ann. der Chem. u. Pharm.*, XXVI, 319. — Fritzsche, *ibid.*, XXXII, 316. *Bulletin scientifique de Saint-Pétersbourg*, n° 107, et *Journ. f. prakt. Chem.*, XVII, 42. — Gregory, *Ann. der Chem. u. Pharm.*, XXXIII, 334, et trad. dans la *Revue Scient.*, II, 19. — Les chimistes ne sont pas d'accord sur la composition de la murexide. MM. Woehler et Liebig la représentent par $C^{12}H^6N^5O^8$, M. Fritzsche par $C^{16}H^8N^6O^{11}$, M. Kodweiss par $C^{10}H^4N^4O^8$. La formule que nous avons adoptée est conforme aux réactions de la murexide et aux résultats obtenus par M. Fritzsche à l'analyse des purpurates métalliques. Voici d'ailleurs les nombres qu'a donnés la murexide séchée à 100° :

	Liebig et Woehler.	Liebig.	Fritzsche.	Formule $C^{16}H^4(NH^4)N^5O^{12}$.
Carbone. . .	34,08	34,4	34,93	33,80
Azote	32,90	31,8	30,80	29,58
Hydrogène. .	3,00	3,0	2,83	2,82
Oxygène. . .	30,02	30,8	31,44	33,80

Les dosages de l'azote, dans les analyses de MM. Liebig et Woehler, ont été faits par le procédé qualitatif.

$$C^{16}H^{4}(NH^{4})N^{5}O^{12} + 6\,HO + O^{2} = 2\,C^{8}H^{3}(NH^{4})N^{2}O^{10}.$$

Purpurate d'ammon. Alloxan. d'ammon.

On obtient aussi la murexide en grande quantité en dissolvant la dialuramide dans l'ammoniaque et en y ajoutant une solution d'alloxane ; la liqueur prend alors une teinte pourpre et dépose d'abondants cristaux de murexide :

$$C^{8}H^{5}N^{3}O^{6} + NH^{3} + C^{8}H^{2}N^{2}O^{8} = C^{16}H^{4}(NH^{4})N^{5}O^{12} + 2\,HO.$$

Dialuramide. Alloxane. Purpurate d'ammoniaq.

On peut, pour la préparation de la murexide, traiter directement par l'ammoniaque l'alloxane ou la solution de l'acide urique dans l'acide nitrique ; mais ce procédé ne réussit que dans certaines conditions, qui ne sont pas encore bien connues.

M. Fritzsche prépare la murexide en ajoutant goutte à goutte à une dissolution d'alloxane maintenue à une température voisine de l'ébullition une solution de carbonate d'ammoniaque ; il se manifeste alors une vive effervescence d'acide carbonique ; chaque goutte du sel ammoniacal détermine une coloration pourpre jusqu'à ce qu'enfin le liquide se trouble, en déposant des cristaux rouge brun de murexide. On continue l'addition du carbonate d'ammoniaque jusqu'à ce que le liquide présente une légère odeur d'ammoniaque. Puis on attend que le précipité se soit déposé ; on décante l'eau mère, et on lave le précipité avec de l'eau, jusqu'à ce que les liquides de lavage présentent une couleur pourpre intense.

MM. Liebig et Woehler recommandent l'emploi d'un mélange d'alloxane et d'alloxantine ; les meilleures proportions à employer sont 4 p. d'alloxantine, 7 p. d'alloxane à 4 at. d'eau, 240 p. d'eau et 80 p. d'une solution de carbonate d'ammoniaque. S'il se précipite de la dialuramide dans cette opération, on l'enlève avec de l'ammoniaque[1] qui la dissout.

La murexide cristallise en prismes quadrilatères raccourcis, d'un vert doré magnifique, comme des ailes de scarabée ; placés entre l'œil et la lumière, ils paraissent d'un rouge grenat ; ils donnent une poudre rouge qui prend sous le polissoir une couleur verte, d'un éclat métallique. Ils contiennent 2 atomes (6,54 p. 100) d'eau de cristallisation, qu'ils perdent par la dessiccation à 100°.

Elle est très-peu soluble dans l'eau froide, et se dissout plus

[1] Selon M. Gregory, il existerait deux murexides.

aisément dans l'eau chaude; elle est insoluble dans l'alcool et l'éther.

Une solution aqueuse de murexide précipite les solutions de l'argent et de la baryte, en donnant des purpurates métalliques.

La murexide se dissout dans la potasse caustique, en prenant une magnifique couleur bleue; si l'on chauffe le mélange jusqu'à ce que cette coloration ait disparu, et qu'on sature ensuite par l'acide sulfurique étendu, il se précipite des paillettes de dialuramide (*murexane* de MM. Woehler et Liebig, *acide purpurique* de Prout). — Le même produit se dépose si l'on traite par l'acide chlorhydrique ou sulfurique une solution brillante de murexide. L'acide se convertit en sel d'ammoniaque, et l'on trouve en même temps dans la liqueur de l'alloxane et de l'alloxantine.

Si l'on traite la murexide par l'acide nitrique, elle se convertit en alloxane.

§ 293. Le *purpurate de potasse*, $C^{16}H^4KN^5O^{12}$ (à 300°), s'obtient en précipitant une solution concentrée de murexide par un excès de nitrate de potasse, et chauffant le précipité dans une solution de nitrate de potasse, de manière à décomposer toute la murexide. Le purpurate de potasse forme une poudre rouge brun, composée de petits cristaux, qui perdent à 300° 3,04 p. 100 d'eau. La liqueur bleue qu'on obtient en faisant dissoudre la murexide dans la potasse paraît devoir sa coloration à un sous-sel de potasse.

Le *purpurate de soude* s'obtient comme le sel de potasse.

Le *purpurate de baryte*, $C^{16}H^4BaN^5O^{12}$ (à 100°), s'obtient sous la forme d'un précipité cristallin, vert foncé, ou pourpre foncé en poudre lorsqu'on mélange un sel de baryte avec la murexide. Il est très-peu soluble dans l'eau.

Le *purpurate de strontiane* est une poudre rouge brun foncé.

Le *purpurate de chaux* est une poudre brune, soluble dans l'eau chaude, avec une couleur pourpre.

Le *purpurate de magnésie* est un sel fort soluble.

Le *purpurate de plomb* ne se précipite pas immédiatement lorsqu'on mélange la murexide avec de l'acétate de plomb; le mélange est d'abord d'un rouge jaunâtre, et dépose au bout de quelque temps un précipité pourpre clair.

Le *purpurate d'argent*, $C^{16}H^4AgN^5O^{12}$ (à 130°), s'obtient en précipitant une solution de murexide avec une solution de nitrate d'argent, aiguisée d'un peu d'acide nitrique. Si la solution de la murexide est concentrée, on obtient une poudre d'un pourpre clair; si elle est moyennement étendue, le précipité est vert.

Le purpurate d'argent desséché à 130° a donné à l'analyse les nombres suivants :

	Fritzsche.	Calcul.
Carbone.	25,75	25,67
Hydrogène.	1,31	1,07
Azote.	19,03	18,72
Argent.	28,61	28,87
Oxygène.	25,30	25,67
	100,00	100,00

ACIDE MÉSOXALIQUE.

Composition : $C^6H^2O^{10} = C^6O^8,2HO$.

§ 294. Lorsqu'on verse goutte à goutte une dissolution bouillante d'acétate de plomb dans une solution d'alloxane (§ 283), il se produit un précipité de mésoxalate de plomb, et la liqueur retient en dissolution de l'urée. Le sel de plomb décomposé par l'hydrogène sulfuré donne de l'acide mésoxalique :

$$\underset{\text{Alloxane.}}{C^8H^4N^2O^8} + 4\,HO = \underset{\text{Ac. mésoxal.}}{C^6H^2O^{10}} + \underset{\text{Urée.}}{C^2H^4N^2O^2}.$$

La dissolution de l'acide métallique est très-acide, rougit les couleurs végétales, et peut être bouillie sans qu'elle se décompose. Saturée d'ammoniaque, elle produit des précipités blancs dans les sels de baryte, de chaux et de strontiane; ces précipités sont solubles dans les acides et dans un excès d'eau.

§ 295. L'acide mésoxalique est un acide bibasique; les *mésoxalates* neutres se représentent par la formule

$$C^6M^2O^{10} = C^6O^8,\ 2\,MO.$$

Le *sel de baryte*[1], $C^6Ba^2O^{10}$, cristallise en feuillets, qui sont anhydres à 90°. Il commence à se décomposer à 100°, mais la décomposition n'est pas complète. Lorsqu'on soumet à l'ébullition une dissolution d'alloxanate de baryte, il se produit un précipité blanc, composé de mésoxalate et de carbonate, provenant de la décomposition de l'urée; par l'évaporation de la liqueur il se produit des croûtes cristallines composées d'urée et de mésoxalate de baryte; celles-ci,

[1] LIEBIG et WOEHLER (1838), *loc. cit.* — SVANBERG et KOLMODIN, *Rapport ann. de Berzel.*, 27ᵉ édit. allem., p. 165.

traitées par l'alcool, lui abandonnent l'urée, tandis que le mésoxalate n'en est pas dissous.

Le *sel de chaux*, $C^6Ca^2O^{10} + 4$ aq., est bien plus soluble que le sel précédent, et se prend en tables minces. Il retient les 4 aq. à 90°, et en perd un à 140°. Au-dessus de cette température le sel commence à se décomposer, et s'agglomère.

Un *sous-sel de plomb*, $C^6Pb^2O^{10}$, 2 PbO, s'obtient lorsqu'on verse goutte à goutte une solution d'acide alloxanique ou d'alloxane dans une solution bouillante d'acétate de plomb; il se produit alors un précipité blanc, volumineux, qui devient cristallin par l'ébullition.

Le *sel d'argent* n'a pas été analysé. Lorsqu'on ajoute du nitrate d'argent à une dissolution d'acide mésoxalique neutralisée par l'ammoniaque, il se produit un précipité jaune, qui devient noir et se réduit par la chaleur, en produisant une vive effervescence.

b. Sous-groupe cyano-oxalique.

ACIDE PARABANIQUE.

Composition : $C^6H^2N^2O^6$.

§ 296. Ce corps[1] se produit par l'action de l'acide nitrique et d'autres agents oxygénants sur l'alloxane :

$$\underset{\text{Alloxane.}}{C^8H^2N^2O^8} + 2\,O = 2\,CO^2 + \underset{\text{Ac. parabaniq.}}{C^6H^2N^2O^6}.$$

Pour le préparer, on mélange 1 p. d'acide urique ou d'alloxane avec 8 p. d'acide nitrique d'une force moyenne, et l'on évapore la masse jusqu'à consistance de sirop. Abandonnée à elle même, elle dépose alors des lamelles incolores, qu'on purifie par de nouvelles cristallisations.

L'acide parabanique cristallise en prismes hexagones, minces, transparents et incolores, d'une saveur très-acide, semblable à celle de l'acide oxalique. Il est très-soluble dans l'eau, et ne s'effleurit ni à l'air ni par la chaleur. Chauffé à 100°, il devient rougeâtre. Quand on le fond, une partie se sublime, tandis qu'une autre se décompose en produisant de l'acide cyanhydrique. Sa solution aqueuse peut être bouillie sans se décomposer.

Une dissolution de ce corps, neutralisée par l'ammoniaque, donne par l'ébullition de l'oxalurate d'ammoniaque.

[1] LIEBIG et WOEHLER (1838), *loc. cit.*

La dissolution de l'acide parabanique produit dans les sels d'*argent* un précipité blanc, renfermant $C^6Ag^2N^2O^6$.

Au contact de l'aniline, l'acide parabanique se convertit en phényl-oxaluramide ou oxaluranilide :

$$\underset{\text{Ac. paraban.}}{C^6H^2N^2O^6} + \underset{\text{Aniline.}}{C^{12}H^7N} = \underset{\text{Oxaluranilide.}}{C^{18}H^9N^3O^6}.$$

§ 297. *Acide oxalurique*[1], $C^6H^4N^2O^8$. — Cet acide prend naissance, sous forme de sel d'ammoniaque, lorsqu'on traite par l'ammoniaque aqueuse l'acide parabanique :

$$\underset{\text{Ac. parabaniq.}}{C^6H^2N^2O^6} + NH^3 + 2\,HO = \underset{\text{Oxalur. d'ammon.}}{C^6H^3(NH^4)N^2O^8}.$$

En traitant une dissolution saturée et bouillante d'oxalurate d'ammoniaque par de l'acide chlorhydrique ou sulfurique étendu, et en refroidissant promptement la liqueur, on obtient un précipité cristallin qu'on lave avec de l'eau froide jusqu'à ce que les eaux de lavage neutralisées par de l'ammoniaque produisent avec les sels de chaux un précipité soluble dans l'eau bouillante.

Cette poudre cristalline est d'un beau blanc, possède une saveur très-acide et rougit le tournesol.

Sa dissolution aqueuse se décompose par l'ébullition en acide oxalique et en urée :

$$\underset{\text{Ac. oxaluriq.}}{C^6H^4N^2O^8} + 2\,HO = \underset{\text{Ac. oxaliq.}}{C^4H^2O^8} + \underset{\text{Urée.}}{C^2H^4N^2O^2}.$$

Le *sel d'ammoniaque*, $C^6H^3(NH^4)N^2O^8$, s'obtient en ajoutant de l'ammoniaque à une dissolution bouillante d'acide parabanique, ou bien aussi en sursaturant par de l'ammoniaque une dissolution récemment préparée d'acide urique dans l'acide nitrique. Il cristallise en aiguilles soyeuses, groupées en étoiles; il est plus soluble à chaud qu'à froid, ne renferme pas d'eau de cristallisation, et n'a aucune action sur les couleurs végétales.

Mélangée à l'état concentré avec du chlorure de calcium ou de baryum, sa dissolution donne au bout de quelque temps des lames ou des aiguilles transparentes.

Le *sel d'argent*, $C^6H^3AgN^2O^8$, s'obtient en traitant une dissolution bouillante du sel précédent par du nitrate d'argent. Il cristallise en longues aiguilles transparentes et soyeuses, qui ne renferment pas d'eau de cristallisation.

[1] LIEBIG et WOEHLER (1838), *loc. cit.*

§ 298. La *phényl-oxaluramide* ou oxaluranilide[1], $C^{18}H^9N^3O^6$, se prépare en chauffant légèrement des cristaux d'acide parabanique réduits en poudre fine avec de l'aniline sèche : le mélange se prend immédiatement en une masse cristalline, sans qu'il se dégage la moindre trace d'eau. On traite ensuite le produit par l'alcool bouillant, pour dissoudre l'aniline ou l'acide parabanique qui n'auraient pas réagi. — Quand on ajoute de l'aniline à une dissolution bouillante d'acide parabanique, elle se dissout d'abord, et dépose au bout de quelques instants des flocons cristallins du même produit.

L'oxaluranilide se présente sous la forme d'une poudre cristalline, parfaitement blanche, légèrement nacrée, et qu'on reconnaît au microscope comme composée d'aiguilles parfaitement nettes. Elle est insoluble dans l'eau bouillante, et presque insoluble aussi dans l'alcool bouillant. Elle n'a ni odeur ni saveur, fond à une température élevée, et se décompose par une plus forte chaleur, en émettant des vapeurs très-âcres, parmi lesquelles on reconnaît des produits cyanhydriques. Chauffée légèrement avec de la potasse caustique, elle dégage de l'aniline et de l'ammoniaque.

Délayée dans l'acide sulfurique concentré, elle s'y dissout aisément; puis quand on chauffe le mélange, celui-ci dégage, sans noircir, du gaz carbonique et de l'oxyde de carbone; le produit abandonné à l'air humide se trouve rempli le lendemain de petits cristaux de bisulfate d'ammoniaque, et donne après avoir été étendu d'eau les réactions de l'acide sulfanilique.

ALLANTOÏNE.

Syn. : Acide allantoïque ou amniotique.

Composition : $C^8H^6N^4O^6$.

§ 299. Ce corps[2], découvert par Vauquelin et Buniva dans l'eau de l'amnios de la vache, se produit en même temps que de l'acide carbonique quand on traite l'acide urique par le peroxyde de plomb puce :

$$\underset{\text{Ac. urique.}}{C^{10}H^4N^4O^6} + 2\,HO + 2\,PbO^2 = \underset{\text{Allantoïne.}}{C^8H^6N^4O^6} + \underset{\text{Carb. de plomb.}}{2\,(CO^2,\,PbO)}.$$

La réaction ne se borne pas à la formation de l'allantoïne, mais

[1] LAURENT et GERHARDT (1848), *Ann. de Chim. et de Phys.*, [3] XXIV, 177.

[2] WOEHLER et LIEBIG, *loc. cit.* — SCHLIEPER, *Ann. der Chem. u. Pharm.*, LXVII, 214. — WOEHLER, *ibid.*, LXX, 229.

elle va plus loin, et produit de l'urée et de l'oxalate de plomb. On a en effet

$$C^8H^6N^4O^6 + 2\,HO + 2\,PbO^2 = 2\,C^2H^4N^2O^2 + C^4O^6,\ 2\,PbO.$$

Allantoïne. Urée. Oxalate de plomb.

La solution du ferricyanure de potassium rouge dans la potasse donne aussi de l'allantoïne en agissant sur l'acide urique.

L'allantoïne se rencontre également dans l'urine du veau. (Woehler.)

Pour préparer l'allantoïne, on délaye l'acide urique dans l'eau, de manière à former une bouillie claire, on chauffe jusqu'à l'ébullition, et l'on ajoute peu à peu du peroxyde puce de plomb en poudre fine. La réaction s'établit aussitôt; il se dégage de l'acide carbonique avec effervescence[1], la masse s'épaissit beaucoup s'il n'y a pas assez d'eau, et la couleur du peroxyde disparaît. On continue d'ajouter ce dernier, avec la précaution de toujours chauffer et de renouveler fréquemment l'eau, jusqu'à ce que le mélange conserve une légère teinte chocolat. On filtre alors à chaud. La liqueur filtrée est incolore, et dépose par le refroidissement une grande quantité de cristaux, durs et brillants, d'allantoïne. L'eau mère donne par l'évaporation une nouvelle quantité de cristaux. Évaporées au bain-marie à consistance de sirop, les dernières liqueurs déposent des cristaux d'urée. La masse blanche en laquelle le peroxyde s'est transformé se compose d'oxalate de plomb.

S'agit-il d'extraire l'allantoïne des eaux amniotiques, on les réduit par l'évaporation jusqu'au quart de leur volume primitif, et l'on traite par le charbon animal les cristaux qui s'y déposent par le refroidissement.

Pour se procurer l'allantoïne de l'urine de veau, on évapore cette urine à une basse température jusqu'à consistance de sirop, et l'on abandonne le produit à lui-même pendant plusieurs jours; l'allantoïne ne tarde pas à cristalliser à l'état de mélange avec du phosphate de magnésie et une matière gélatineuse, riche en urate de magnésie. On ajoute de l'eau à l'urine, et on la sépare des cristaux ainsi que du dépôt gélatineux. Après quelques lavages à l'eau, on fait bouillir ces cristaux dans un peu d'eau, qui dissout l'allantoïne, puis on fait digérer avec du charbon animal, et l'on filtre bouillant;

[1] Cette effervescence d'acide carbonique n'est pas exprimée dans l'équation par laquelle nous avons représenté la formation de l'allantoïne; elle peut provenir soit d'une transformation du carbonate de plomb neutre en sous-carbonate, soit d'une décomposition ultérieure de l'oxalate de plomb.

l'allantoïne se dépose par le refroidissement. Pour éviter qu'elle ne soit souillée de phosphate de magnésie, il suffit d'ajouter à la liqueur quelques gouttes d'acide chlorhydrique.

L'allantoïne forme des prismes brillants, incolores et d'un aspect vitreux. Les cristaux appartiennent au système monoclinique[1]. (Forme dominante : ∞ P. ∞ P ∞ . oP. + P ∞ . Inclinaison des faces, ∞ P : ∞ P, dans le plan de la diagonale oblique et de l'axe principal, = 65° 27′ ; oP : ∞ P = 88° 14′ ; + P∞ : ∞ P = 69° 17. Valeurs des axes *a* : *b* : *c* = 1,0860 : 0,6968 : 1. Inclinaison de la diagonale oblique *a* sur l'axe principal *c* = 86° 43′. Clivage parallèle à + P ∞ .)

Cette substance est insipide et sans action sur les couleurs végétales. Elle se dissout dans 160 parties d'eau froide ; l'eau bouillante la dissout bien mieux.

Bouillie avec de l'eau de baryte, elle dégage de l'ammoniaque et précipite de l'oxalate de baryte :

$$\underset{\text{Allantoïne.}}{C^8H^6N^4O^6} + 4\,(BaO, HO) + 2\,HO = 4\,NH^3 + \underset{\text{Oxalate de baryte.}}{2\,(C^4O^6, 2\,BaO.)}$$

Lorsqu'on abandonne pendant quelques jours une solution d'allantoïne dans la potasse caustique concentrée, qu'on sursature ensuite par l'acide acétique, et qu'on mélange avec de l'acétate de plomb, il se précipite le sel de plomb d'un corps particulier auquel M. Schlieper donne le nom d'*acide hydantoïque*, et qui semble renfermer les éléments de l'allantoïne plus 2 atomes d'eau = $C^8H^8N^4O^8$. Cet acide, obtenu en décomposant le précipité plombique par l'hydrogène sulfuré, se présente sous la forme d'un sirop incristallisable, déliquescent et insoluble dans l'alcool. De nouvelles expériences sont nécessaires pour établir d'une manière certaine la composition de l'acide hydantoïque.

Chauffée légèrement avec de l'acide nitrique ou chlorhydrique, l'allantoïne se transforme en urée et en acide allanturique :

$$\underset{\text{Allantoïne.}}{C^8H^6N^4O^6} + 2\,HO = \underset{\text{Urée.}}{C^2H^4N^2O^2} + \underset{\text{Ac. allanturique.}}{C^6H^4N^2O^6}.$$

Chauffée en dissolution aqueuse à 140°, l'allantoïne se convertit en acide carbonique, en ammoniaque et en acide allanturique.

L'acide sulfurique décompose à chaud l'allantoïne en acide carbonique, oxyde de carbone et ammoniaque :

[1] Dauber, *Ann. der Chem. u. Pharm.*, LXXI, 68.

$$C^8H^6N^4O^6 + 6\,HO = 4\,CO^2 + 4\,CO + 4\,NH^3.$$

Si l'on chauffe trop fort, le mélange noircit.

L'*allantoate d'argent*, $C^8H^5AgN^4O^6$, se dépose, sous la forme d'un précipité blanc lorsqu'on mêle une solution bouillante d'allantoïne avec du nitrate d'argent, et qu'on y ajoute goutte à goutte de l'ammoniaque.

§ 300. *Acide allanturique*[1], $C^6H^4N^2O^6$ (?). — L'allantoïne chauffée légèrement avec l'acide nitrique d'une densité de 1,2 à 1,4, s'y dissout, et la liqueur, en se refroidissant, laisse déposer une quantité considérable de beaux cristaux de nitrate d'urée :

$$\underset{\text{Allantoïne.}}{C^8H^6N^4O^6} + 2\,HO = \underset{\text{Urée.}}{C^2H^4N^2O^2} + \underset{\text{Ac. allanturique.}}{C^6H^4N^2O^6}.$$

La même réaction s'effectue avec l'acide chlorhydrique ; il se produit alors du chlorhydrate d'urée. Aucun gaz ne se dégage dans ces deux circonstances. La dissolution nitrique de l'allantoïne, évaporée et desséchée à 100°, puis reprise par un peu d'eau et d'ammoniaque, laisse précipiter par l'alcool une matière blanche visqueuse, qu'on redissout dans l'eau, et qu'on précipite une seconde fois par l'esprit de vin, pour la dépouiller complétement du nitrate d'ammoniaque et de l'urée, qui sont les seules substances qui la rendent impure. Cette matière est l'acide allanturique.

On l'obtient aussi dans le traitement de l'acide urique ou de l'allantoïne par le peroxyde de plomb.

[1] Pelouze (1842), *Ann. de Chim. et de Phys.*, VI, 71. — Ce chimiste représente l'acide allanturique par les rapports $C^{10}H^7N^4O^9$, auxquels j'ai cru devoir substituer la formule $C^6N^4N^2O^6$, pour expliquer les réactions. M. Pelouze n'a d'ailleurs pas publié ses analyses.

Il est probable que l'acide allanturique est identique à l'*acide lantanurique*, que M. Schlieper (*Ann. der Chem. u. Pharm.*, LXVII, 216) a obtenu par l'action du ferricyanure de potassium sur l'acide urique. Cet acide lantanurique est aussi une matière gommeuse très-soluble dans l'eau, insoluble dans l'alcool ; sa solution rougit le tournesol. Il paraît donner avec la potasse un sel neutre, incristallisable et sirupeux, et un sel acide cristallisable (suivant M. Gmelin, $C^6H^3KN^2O^6$, $C^6H^4N^2O^6 + 4$ aq.). La solution aqueuse de ces sels de potasse donne par l'acétate de plomb ammoniacal un précipité blanc, insoluble dans l'eau froide et dans l'alcool, peu soluble dans l'eau bouillante, fort soluble dans l'acide acétique et dans le sous-acétate de plomb. Ce précipité paraît contenir $C^6H^2Pb^2N^2O^6$; séché à 100°, il a donné à l'analyse les nombres suivants :

	Schlieper.	Calcul.
Carbone.	10,28	11,18
Hydrogène.	1,17	0,62
Azote.	7,83	8,69
Oxyde de plomb. .	67,27	69,57

Le sel de potasse acide donne avec le nitrate d'argent ammoniacal un précipité blanc, insoluble dans l'eau bouillante et contenant 52,93 p. 100 d'argent.

Enfin, l'acide allanturique se produit en même temps que de l'acide carbonique et de l'ammoniaque quand on expose l'allantoïne délayée dans l'eau à une température d'environ 140°, dans un tube scellé à la lampe :

$$\underset{\text{Allantoïne.}}{C^8H^6N^4O^6} + 4\,HO = \underset{\text{Ac. allanturiq.}}{C^6H^4N^2O^6} + 2\,CO^2 + 2\,NH^3.$$

L'acide allanturique est blanc, légèrement acide, déliquescent, mais presque insoluble dans l'alcool. Il donne à la distillation un produit fortement cyanhydrique et un résidu volumineux de charbon.

Versé dans l'acétate de plomb et le nitrate d'argent, il y forme des précipités blancs, volumineux, solubles dans un excès de ces sels, comme aussi dans un excès d'acide allanturique. Le précipité formé dans le nitrate d'argent ammoniacal est beaucoup plus considérable que celui qu'on obtient avec le nitrate d'argent neutre.

VI.

APPENDICE.

§ 301. Le liquide dont est imprégnée la chair des animaux contient une substance cristallisable, découverte en 1835 dans le bouillon, par M. Chevreul, et à laquelle ce chimiste a donné le nom de *créatine*.

D'après des expériences fort étendues, publiées en 1847 par M. Liebig, cette substance se rattache aux combinaisons cyaniques par la métamorphose qu'elle éprouve sous l'influence des alcalis, qui la dédoublent en urée et en un autre alcaloïde, la *sarcosine*. Un second produit fort remarquable de la transformation de la créatine, c'est la *créatinine*, qu'on a rencontrée depuis dans l'urine de plusieurs animaux.

M. Liebig a aussi trouvé dans l'extrait de viande un acide particulier, l'*acide inosique*, que nous décrirons à la suite des combinaisons précédentes, avec lesquelles il présente probablement certaines relations chimiques.

Le café, le thé et le cacao contiennent deux alcaloïdes, homologues, la *caféine* (ou théine) et la *théobromine*, que les agents chimiques convertissent en plusieurs substances, qui ont leurs homologues parmi les composés du groupe urique. Nous placerons également ces substances dans cet appendice.

CRÉATINE.

Composition : $C^8H^9N^3O^4 + 2$ aq.

§ 302. Lorsqu'on épuise à l'eau froide la chair d'animaux récemment tués, on obtient un liquide rouge ou rougeâtre, de l'odeur propre au sang des différents animaux. Si l'on chauffe ce liquide au bain-marie, l'albumine se coagule la première, et le liquide conserve sa couleur. Cette albumine se sépare sous la forme d'un coagulum à peine coloré, et plus tard sous celle de flocons plus épais ; ce n'est qu'à une température plus élevée que la matière colorante se sépare aussi. On obtient ainsi un produit qui se laisse aisément filtrer, et qui rougit fortement le tournesol ; c'est ce liquide qui renferme la créatine[1].

On ne peut se dispenser d'employer une bonne presse si l'on veut opérer l'extraction complète des principes solubles contenus dans la chair musculaire, et il n'est pas avantageux de travailler avec moins de 4 ou 5 kilogrammes. Il faut se rappeler que la chair renferme 76 à 79 pour 100 d'eau, 2 ou 3 pour 100 d'albumine, et qu'elle donne 17 à 18 pour 100 de fibres ; de sorte qu'en définitive on n'opère pas même sur de bien fortes masses en employant la quantité indiquée.

Supposons qu'on veuille employer 5 kilogrammes : on en prend la moitié, qu'on arrose de 2 $^1/_2$ kilogrammes d'eau ; on en fait un mélange intime en pétrissant la pâte avec les mains, et l'on passe par un sac en grosse toile. Le résidu exprimé est soumis au même traitement avec 2 $^1/_2$ nouveaux kilogrammes d'eau. Le liquide de la première expression est mis de côté pour servir plus tard ; celui de la seconde sert à épuiser l'autre moitié de la viande. Enfin, on traite de la même manière, pour la troisième fois, la première moitié de la viande avec 2$^1/_2$ kilogrammes d'eau, et l'on ajoute le liquide exprimé au second extrait de l'autre moitié ; celle-ci est aussi mise à tremper pour la troisième fois, et soumise ensuite à l'action de la presse. On fait passer tout le liquide à travers une toile, afin de retenir les parties fibreuses ; puis on l'introduit dans un gros ballon en verre, et l'on place celui-ci dans une chaudière remplie d'eau, qu'on porte peu à peu à l'ébullition. On maintient cette température jus-

[1] Chevreul (1835), *Journ. de Pharm.*, XXI, 234. — Liebig, *Ann. de Chim. et de Phys.*, [3] XXIII, 129.

qu'à ce que l'extrait ait perdu sa couleur et que toute l'albumine et la matière colorante se soient coagulées. L'opération est terminée quand le liquide, bouilli dans un petit tube, reste limpide et ne dépose plus de flocons.

Certaines viandes exigent, pour la séparation complète de la matière colorante après la coagulation de l'albumine, qu'on retire le liquide du ballon pour le faire bouillir dans un vase d'argent ou de porcelaine. Ceci peut se faire aisément, attendu qu'alors la matière ne s'attache plus au fond et n'est plus exposée à roussir. Il convient aussi d'enlever la graisse autant que possible, ou, mieux encore, d'opérer sur de la viande maigre; car la graisse entrave beaucoup l'action de l'eau et celle de la presse.

Quand l'albumine et la matière colorante sont séparées, on passe par une toile, on presse le coagulum, et l'on filtre les liqueurs réunies.

La chair de gibier ou de poule convient le mieux à l'extraction de la créatine; elle donne un extrait limpide. Celui qu'on obtient avec la chair de cheval et de poisson est toujours trouble; il a toujours à peu près le même goût. Celui de renard ne peut être distingué de celui de bœuf maigre; mais l'extrait de martre a une odeur de musc, qui devient surtout sensible par la chaleur.

Tous les extraits ainsi obtenus ont une réaction acide. Lorsqu'on les concentre à feu nu, même sans les faire bouillir, ils se colorent peu à peu, et donnent finalement un sirop brun foncé, sentant le rôti, et où ne se déposent qu'à la longue des cristaux de créatine. Toutefois ceux-ci se colorent aussi par l'évaporation au bain-marie. Outre la température, la principale cause de cette coloration, c'est la présence de l'acide libre; il faut donc d'abord enlever celui-ci. A cet effet, on ajoute à l'extrait une solution concentrée de baryte caustique, tant qu'il se produit un précipité blanc. Après l'addition d'une certaine quantité d'eau de baryte, le liquide devient neutre ou même alcalin; mais cette réaction ne doit pas empêcher d'ajouter de la baryte jusqu'à cessation du précipité. Celui-ci se compose de phosphate de baryte et de phosphate de magnésie; il ne renferme pas de phosphate ammoniaco-magnésien, et d'ailleurs l'addition de la baryte à l'extrait n'occasionne aucun développement d'ammoniaque. Après avoir séparé ce précipité, on concentre l'extrait au bain-marie ou au bain de sable, avec la précaution de ne pas le faire bouillir. Quand il se trouve réduit au vingtième de son volume et qu'il commence à s'épaissir, on l'abandonne, dans un endroit tempéré, à l'évaporation spontanée. Bientôt on voit se former à la surface de petites aiguilles incolores, qui finissent par recouvrir les parois du vase. Ces cristaux sont de la créatine.

Le procédé précédent est applicable au traitement de toutes les viandes. Les quantités de créatine qu'elles fournissent sont fort variables. La chair de poule et de martre en donnent le plus; puis le cheval, le renard, le chevreuil, le cerf et le lièvre, le bœuf, le mouton, le porc, le veau et le poisson. Il y a aussi des différences pour les quantités fournies par les mêmes animaux : ainsi la chair d'un renard nourri de viande pendant deux cents jours, au laboratoire d'anatomie de Giessen, n'a pas donné le dixième de la quantité de créatine obtenue avec la même quantité de chair des renards tués à la chasse. La quantité de créatine contenue dans les muscles des animaux est en rapport avec la quantité de la graisse ou avec les causes qui déterminent la formation de cette substance. La viande grasse ne donne souvent que des traces de créatine; dans tous les cas, elle en fournit toujours moins que la viande maigre.

Voici les proportions de créatine que MM. Liebig et Gregory[1] ont trouvées dans différentes viandes :

	Créatine en 1000 parties.	
	Liebig.	Gregory.
Poulet	3,2	3,21 — 2,9
Cœur de Bœuf	»	1,375 — 1,418
Morue	»	0,935 »
Pigeon	»	0,825 »
Cheval	0,72	» »
Bœuf	0,697	» »
Raie	»	0,607 »

On lave les cristaux de créatine à l'eau et à l'alcool, et on les fait dissoudre dans l'eau bouillante. Si cette solution est colorée, il suffit d'y ajouter une petite quantité de charbon animal pour avoir un liquide entièrement incolore. Si l'on n'a pas enlevé par l'eau de baryte tout l'acide phosphorique de l'extrait de viande, les cristaux de créatine déposés dans les eaux mères sont mélangés de phosphate de magnésie, dont la plus grande partie reste à l'état insoluble par une nouvelle cristallisation; mais il s'en précipite toujours une certaine quantité avec les nouveaux cristaux. Pour enlever cette impureté, on fait bouillir la solution filtrée avec un peu

[1] GREGORY, *Ann. der Chem. u. Pharm.*, LXIV, 100.

d'hydrate de plomb : on filtre de nouveau et l'on traite par le charbon animal, qui s'empare des traces de plomb dissoutes.

M. Price[1] a constaté la présence de la créatine dans la chair de baleine ; MM. Verdeil et Marcet l'ont observée dans le sang de bœuf.

La créatine est incolore, nacrée, sans saveur et sans action sur les papiers réactifs.

Les cristaux sont parfaitement limpides : ce sont des prismes appartenant au système monoclinique[2]. (Inclinaison de la diagonale oblique sur l'axe principal = 70° 20'. Inclinaison des faces ∞ P : ∞ P, dans le plan de la diagonale droite et de l'axe principal, = 133° 2' environ). La densité des cristaux est de 1,35 à 1,34.

Elle se dissout dans 74,4 p. d'eau à 18° ; elle est fort soluble dans l'eau bouillante, qui la dépose par le refroidissement en une masse d'aiguilles. Elle exige pour sa solution 94,10 p. d'alcool absolu; elle est plus soluble dans l'alcool aqueux. L'éther ne la dissout pas.

Lorsqu'on la chauffe, elle petille, perd 12,2 p. 100 d'eau à 100°, fond sans se colorer, puis se décompose en donnant des produits ammoniacaux.

Lorsque la solution aqueuse de la créatine renferme une trace de matière organique étrangère, elle s'altère aisément, se recouvre de moisissures, et acquiert une odeur nauséabonde.

La créatine se dissout sans altération dans les liqueurs alcalines et dans les acides faibles, mais en présence des acides énergiques elle se convertit en créatinine, en éliminant de l'eau :

$$\underset{\text{Créatine.}}{C^8H^9N^3O^4} = \underset{\text{Créatinine.}}{C^8H^7N^3O^2} + 2\,HO.$$

Par l'ébullition prolongée dans l'eau de baryte, la créatine se dédouble en urée et en sarcosine :

$$C^8H^9N^3O^4 + 2\,HO = \underset{\text{Urée.}}{C^2H^4N^2O^2} + \underset{\text{Sarcosine.}}{C^6H^7NO^4}.$$

Le peroxyde de plomb puce ne l'altère pas à l'ébullition. Une solution de permanganate de potasse dans laquelle on dissout la créatine ne perd sa couleur que par un repos dans un endroit chaud, et sans dégagement sensible de gaz ; le liquide ne renferme alors plus de créatine ; il donne par l'évaporation des cristaux blancs, et la potasse se trouve carbonatée.

[1] PRICE, *The Quarterl. Journ. of the Chem. Soc.*, III, 229. — VERDEIL ET W. MARCET, *Journ. de Pharm.*, [3] XX, 89.

[2] HEINTZ, *Ann. de Poggend.*, LXXIII, 595.

Lorsqu'on fait bouillir une solution de créatine avec l'oxyde de mercure, celui-ci se réduit à l'état métallique, et il se produit un alcali particulier (Dessaignes).

§ 303. Créatinine, $C^8H^7N^3O^2$. — Une solution de créatine à laquelle on ajoute à froid de l'acide chlorhydrique donne, par l'évaporation spontanée, des cristaux composés de créatine non altérée. Mais si l'on chauffe ce corps avec de l'acide chlorhydrique concentré, ou avec de l'acide sulfurique, phosphorique ou nitrique, on obtient des cristaux fort solubles dans l'alcool, propriété que ne possède pas la créatine. Ces cristaux constituent les sels de l'alcaloïde auquel M. Liebig a donné le nom de *créatinine*[1].

On extrait cet alcaloïde de son chlorhydrate en faisant bouillir la solution aqueuse de ce sel de l'hydrate de plomb. On dissout d'abord le chlorhydrate dans 24 ou 30 parties d'eau, on porte la liqueur à l'ébullition dans une capsule de porcelaine, et l'on y ajoute par petites portions l'hydrate délayé dans l'eau. Il se produit d'abord du chlorure de plomb, et le liquide conserve sa réaction acide; mais de plus fortes additions le rendent neutre ou légèrement alcalin. Quand on y a ajouté trois fois son poids d'hydrate de plomb, et que le mélange est maintenu pendant quelque temps en ébullition, il arrive un moment où il se prend en une bouillie épaisse d'un jaune clair. La décomposition est alors achevée; on filtre et on lave le résidu avec soin. S'il reste quelque trace de plomb non dissous, on l'enlève par un peu de charbon animal.

La méthode précédente repose sur la transformation du chlorure de plomb en un sous-chlorure, aussi insoluble dans l'eau que le chlorure d'argent. La solution de la créatinine donne des cristaux par la concentration.

Un autre moyen de préparer cet alcaloïde consiste à ajouter du carbonate de baryte à une solution aqueuse et bouillante du sulfate de créatinine jusqu'à cessation de toute effervescence; il se produit ainsi du sulfate de baryte, tandis que la créatinine reste en dissolution.

L'urine[2] de l'homme, du cheval et d'autres mammifères renferme aussi de la créatinine; bien que la quantité n'en soit pas très-considérable, l'urine d'homme est toujours plus commode,

[1] Liebig (1847), *loc. cit.* — Heintz, *Ann. de Poggend.*, LXII, 602; LXXIII, 595; LXXIV, 125.

[2] Pettenkofer, *Ann. der Chem. u. Pharm.*, LII, 97. — Socoloff, *ibid.*, LXXX, 114.

et surtout plus économique, pour la préparation de la créatinine. Voici comment M. Liebig opère pour l'extraction de ce corps. On neutralise l'urine par un peu de lait de chaux, et l'on y ajoute une solution de chlorure de calcium, tant qu'il se précipite du phosphate de chaux; on filtre et l'on évapore à cristallisation. On sépare la partie liquide des sels, sans employer l'alcool, et on y ajoute une solution de chlorure de zinc assez concentrée pour être sirupeuse (environ 15 grammes de chlorure pour 500 grammes d'extrait). Au bout de trois ou quatre jours on y trouve des grains mamelonnés et jaunâtres; on lave ce dépôt à l'eau froide, puis on le fait dissoudre dans l'eau bouillante, et l'on y ajoute de l'hydrate de plomb jusqu'à ce que le liquide soit fortement alcalin. Par ce moyen, le zinc et l'acide chlorhydrique se séparent à l'état insoluble; la substance qui avait été en combinaison avec le chlorure de zinc reste en dissolution. On traite la liqueur par le charbon animal, et l'on évapore à siccité. On obtient un résidu blanc et cristallin, qui est ordinairement un mélange de créatine et de créatinine, dont on effectue la séparation au moyen de l'alcool, la créatinine étant la plus soluble.

Suivant les observations de M. Socoloff, l'urine de veau est la plus avantageuse pour la préparation de la créatinine.

Une solution aqueuse de créatinine, concentrée au bain-marie, dépose, par le refroidissement, des cristaux monocliniques. (Faces dominantes: ∞ P. oP. ∞ P∞. Inclinaison des faces, oP : ∞ P∞ = 69° 24′; ∞ P : ∞ P, dans le plan de la diagonale droite et de l'axe principal, = 98° 20′. L'inclinaison de la diagonale oblique sur l'axe principal est sensiblement la même que dans la créatine, mais, à longueur égale de la diagonale droite, la créatine a la diagonale oblique d'une longueur double de celle du même axe dans la créatinine.)

La créatinine est bien plus soluble dans l'eau et l'alcool que la créatine. 1000 parties d'eau dissolvent 87 parties de créatinine, ou bien 1 partie de cet alcaloïde se dissout dans 11,5 parties d'eau à 16°; il est bien plus soluble dans l'eau bouillante. 1000 parties d'alcool en dissolvent 9,8 à 16°.

Une solution moyennement concentrée de nitrate d'argent à laquelle on ajoute une solution de créatinine se prend immédiatement en une bouillie d'aiguilles blanches, fort solubles dans l'eau bouillante, et composées de *nitrate de créatinine et d'argent.*

La créatinine précipite le sublimé corrosif en blanc caillebotté; le précipité se transforme en quelques minutes en aiguilles incolores.

Une solution aqueuse et neutre de chlorure de zinc donne immédiatement, avec la créatinine, un précipité grenu qu'on reconnaît au microscope pour des aiguilles groupées concentriquement.

La créatinine déplace l'ammoniaque des sels ammoniacaux, et forme avec les sels de cuivre de belles combinaisons bleues et cristallisables.

L'oxyde de mercure est réduit par l'ébullition avec une solution de créatinine.

§ 304. *Sels de créatinine.* — Le *chlorhydrate de créatinine*, $C^8H^7N^3O^2$, HCl, dont nous avons déjà indiqué la préparation, cristallise en prismes raccourcis, fort solubles dans l'eau, et assez solubles dans l'alcool.

Le *chloroplatinate de créatinine* paraît renfermer $C^8H^7N^3O^2$, HCl, $PtCl^2$. Le bichlorure de platine ne précipite pas une solution étendue de chlorhydrate de créatinine; mais par l'évaporation à une douce chaleur il s'y produit des cristaux assez gros, jaune foncé, assez solubles dans l'eau, moins solubles dans l'alcool, et contenant 30,5 p. 100 de platine.

Le *chlorure de zinc et de créatinine*, $C^8H^7N^3O^2$, ZnCl, cristallise en prismes obliques rhomboïdaux, très-peu solubles dans l'eau, insolubles dans l'alcool absolu et dans l'éther.

Le *sulfate de créatinine* contient à l'état cristallisé 2 $C^8H^7N^3O^2$, 2 (SO^3,HO). Une solution de créatinine saturée à l'ébullition et additionnée d'acide sulfurique étendu de manière à être fort acide donne par l'évaporation une masse saline, aisément soluble à chaud dans l'alcool. La solution se trouble par le refroidissement et dépose des tables carrées, groupées concentriquement

Dans certaines circonstances, qu'on n'a pas encore bien déterminées, la créatinine peut régénérer la créatine. M. Heintz a en effet obtenu quelques cristaux de ce dernier corps par l'évaporation d'une solution de chlorhydrate ou de sulfate de créatinine légèrement sursaturée d'ammoniaque. Quand on décompose par l'hydrate de plomb ou par le sulfhydrate d'ammoniaque les cristaux de la combinaison du chlorure de zinc et de créatinine, une quantité notable de celle-ci se transforme aussi en créatine; il s'en transforme, à ce qu'il paraît, d'autant plus qu'on emploie des solutions plus diluées.

SARCOSINE [1].

Composition : $C^6H^7NO^4$.

§ 305. Lorsqu'on ajoute à une solution de créatine saturée et bouillante dix fois son poids d'hydrate de baryte, la solution reste d'abord limpide; mais si l'on continue de faire bouillir, il se dégage beaucoup d'ammoniaque et le liquide se trouble; les parois se recouvrent alors d'une poudre blanche et cristalline, qui augmente tant que dure le dégagement de l'ammoniaque (provenant de la décomposition de l'urée qui se produit en même temps que la sarcosine). Si l'on renouvelle de temps à autre les additions d'eau et d'hydrate barytique, et que l'on continue l'ébullition jusqu'à cessation de toute odeur ammoniacale, on obtient par la filtration un liquide limpide et incolore, contenant de la baryte caustique, ainsi que de la sarcosine. Le résidu sur le filtre se compose de carbonate de baryte. On fait passer du gaz carbonique dans le liquide filtré, et l'on porte à l'ébullition; la solution donne par l'évaporation un sirop qui se prend par le repos en larges feuillets incolores et transparents. Il est important, dans cette préparation, d'employer de la baryte pure, bien exempte de potasse, de chaux, de chlorure et de nitrate; autrement, toutes ces impuretés restent dans l'alcaloïde et ne s'en séparent qu'avec difficulté.

Pour obtenir la sarcosine pure, il est avantageux de la convertir en sulfate. On y ajoute, par conséquent, de l'acide sulfurique étendu de manière à produire une solution fort acide; on évapore au bain-marie, et l'on ajoute de l'alcool au résidu sirupeux, en tâchant de le mélanger par l'agitation avec une baguette de verre. De cette manière le sulfate sirupeux se prend en une poudre blanche et cristalline; on lave celle-ci à l'alcool froid, on la fait dissoudre dans l'eau, et l'on chauffe la solution avec du carbonate de baryte pur, jusqu'à ce qu'on n'observe plus d'effervescence et que la réaction acide de la solution ait disparu. Celle-ci renferme alors l'alcaloïde; on la jette sur un filtre, et on l'évapore, au bain-marie, à consistance de sirop. On obtient des cristaux au bout de vingt-quatre ou trente-six heures.

[1] LIEBIG (1847), *loc. cit.* — Le mot *sarcosine* dérive du grec σάρξ, chair.

Les cristaux de la sarcosine appartiennent au système rhombique (H. Kopp); ils présentent les faces ∞ P. P̄ ∞, ainsi que les faces P et oP plus rares et peu développées. (Inclinaison de ∞ P sur ∞ P = 77°). Ils sont incolores, entièrement transparents et assez gros; ils sont fort solubles dans l'eau, très-peu solubles dans l'alcool et insolubles dans l'éther.

Séchés à 100°, ils conservent leur apparence; ils fondent par une chaleur un peu supérieure, et se volatilisent sans résidu.

La solution aqueuse de la sarcosine est sans action sur les couleurs végétales; elle possède une saveur âcre, à la fois douceâtre et légèrement métallique. Elle ne détermine aucun changement dans une solution étendue de nitrate d'argent ni de sublimé corrosif; mais si l'on porte un cristal de sarcosine dans une solution de sublimé saturée à froid, il s'y dissout immédiatement, et l'on voit bientôt se former une foule de fines aiguilles transparentes, qui font prendre le liquide en bouillie, si la quantité de sarcosine n'a pas été trop faible. Une solution d'acétate de cuivre se colore par la sarcosine en bleu foncé, comme par l'ammoniaque, et donne par l'évaporation de minces feuilles d'un sel de même couleur.

La sarcosine est isomère de la lactamide et de l'uréthane (carbamate d'éthyle); son insolubilité dans l'éther et dans l'alcool la distingue de ces deux substances. Elle est aussi isomère de l'alanine, homologue du sucre de gélatine. (Voy. SÉRIE ACÉTIQUE, *Groupe acétique*, § 449.)

La sarcosine et l'urée ne sont pas les seuls produits de la décomposition de la créatine par la baryte. Si l'on ajoute de l'eau à la solution alcoolique d'où le sulfate de sarcosine s'est déposé, qu'on neutralise par du carbonate de baryte, et qu'on évapore la liqueur à la consistance d'un sirop fluide, il s'y dépose, bien avant le point où la sarcosine pourrait cristalliser, de longs prismes ou des feuillets incolores qui possèdent une légère réaction acide. Ces cristaux sont fusibles, et se volatilisent sans résidu; ils se dissolvent aisément dans l'eau et l'alcool, ainsi que dans 30 p. d'éther. Leur solution aqueuse ne précipite pas les sels d'argent, le sublimé, l'acétate de plomb, les sels de chaux et de baryte. M. Liebig n'en a pas eu assez pour analyser ces cristaux, qui possèdent une certaine ressemblance avec l'uréthane.

§ 306. *Sels de sarcosine.* — La sarcosine est un alcaloïde semblable à l'urée et au sucre de gélatine.

Le *chlorhydrate de sarcosine* s'obtient en évaporant la sarcosine avec de l'acide chlorhydrique; c'est une masse blanche qui cristallise dans l'alcool en petits grains ou en aiguilles transparentes.

Le *chloroplatinate de sarcosine* renferme $C^6H^7NO^4$, HCl, $PtCl^2$ + 2 aq.; il perd son eau de cristallisation (6, 7 p. 100) à 100°. Si l'on mélange une solution de chlorhydrate de sarcosine avec un excès de bichlorure de platine, il ne se produit pas de précipité; mais si l'on abandonne ce mélange à l'évaporation spontanée, le chloroplatinate de sarcosine s'y dépose bientôt sous la forme d'octaèdres aplatis, de couleur jaune, groupés en trémies, et dont les faces ont souvent un demi-pouce de développement. L'excès de bichlorure s'enlève aisément à l'aide d'un mélange d'alcool et d'éther, et de cette manière les cristaux s'obtiennent à l'état de pureté.

Le *sulfate de sarcosine* renferme 2 $C^6H^7NO^4$, 2 (SO^3,HO) + 2 aq.; il dégage son eau de cristallisation (6, 1 p. 100) au bain-marie. La préparation de ce sel a été indiquée plus haut. Si l'on fait bouillir, avec dix ou douze fois son poids d'alcool, le sulfate de sarcosine d'abord lavé à l'alcool froid, il s'y dissout, sauf quelques traces de sulfate de baryte, et cette solution dépose, par le refroidissement, des tables quadrangulaires, transparentes, incolores, d'un grand éclat, et entièrement semblables aux cristaux de chlorate de potasse. Ce sel se dissout difficilement dans l'alcool froid, mais il est très-soluble dans l'eau, et cristallise dans cette dernière sous la forme de gros feuillets plumiformes. Sa dissolution alcoolique ou aqueuse réagit fort acide.

ACIDE INOSIQUE.

Composition : $C^{10}H^8N^2O^{12}$ (?)

§ 307. Si l'on évapore davantage l'extrait de viande d'où la créatine s'est déposée, puis qu'on y ajoute peu à peu de petites portions d'alcool jusqu'à ce que le liquide devienne laiteux, le mélange dépose au bout de quelques jours de repos des feuillets, des aiguilles ou des grains, tantôt blancs, tantôt jaunes. On les sépare à l'aide du filtre, et on les lave à l'alcool.

Ces cristaux se composent d'un mélange de plusieurs corps, parmi lesquels on rencontre toujours la créatine. Si l'on n'a pas préalablement enlevé de l'extrait tout l'acide phosphorique par l'eau de baryte, le dépôt renferme du phosphate magnésien. Il se compose en majeure partie du sel de potasse ou de baryte d'un acide particulier, auquel M. Liebig donne le nom d'*acide inosique* (de ἴς, ἰνός, muscle).

Si l'addition de la baryte a suffi pour précipiter tout l'acide phosphorique, les cristaux renferment de l'inosate de potasse, si l'on a pris un excès de baryte, ils se composent d'inosate de baryte ou d'un mélange des deux sels.

Pour en extraire l'acide, on dissout les cristaux dans l'eau chaude, et l'on y ajoute une dissolution de chlorure de barium; on obtient alors, par le refroidissement, des cristaux d'inosate de baryte qu'on purifie par une nouvelle cristallisation.

On peut aisément préparer l'acide inosique avec le sel de baryte ou de cuivre, avec le premier à l'aide de l'acide sulfurique, avec le second au moyen de l'hydrogène sulfuré. Le liquide obtenu par la décomposition du sel de cuivre est ordinairement brun et troublé par du sulfure qu'il renferme en suspension; on le décolore par du charbon animal.

La température à laquelle on évapore l'extrait de viande influe beaucoup sur les quantités d'acide inosique qu'on obtient; une température de 50 à 60° donne un résultat plus avantageux que la température de l'ébullition.

Obtenu d'une manière ou de l'autre, l'acide inosique étendu a une réaction fort acide, et possède une saveur agréable, semblable à celle du bouillon : il donne par l'évaporation un sirop qui ne dépose aucune trace de cristaux, même par un repos de plusieurs semaines; traité par l'alcool, ce sirop se convertit en une masse dure et pulvérulente, dont des traces seulement se dissolvent dans l'alcool. Une solution aqueuse et concentrée de cet acide est précipitée par l'alcool en flocons blancs non cristallins et insolubles dans l'éther.

L'acide inosique libre ne précipite ni l'eau de baryte ni l'eau de chaux; mais par le repos et l'évaporation à l'air on voit se former dans ce mélange des paillettes nacrées d'inosate de baryte ou de chaux. L'acide libre et les inosates solubles précipitent l'acétate de cuivre; il se produit un beau précipité bleu verdâtre, insoluble dans l'eau bouillante. Les sels d'argent précipitent en blanc par les inosates; le précipité est gélatineux et de l'aspect de l'alumine; il se dissout dans l'acide nitrique et dans l'ammoniaque. Les sels de plomb sont précipités par les inosates en blanc.

Chauffé avec un peu de peroxyde de plomb additionné d'acide sulfurique, l'acide inosique se décompose, et l'on trouve dans le liquide filtré des aiguilles.

L'*inosate de potasse* s'obtient en précipitant avec précaution l'inosate de baryte par le carbonate de potasse. Il est fort soluble dans l'eau, et cristallise en prismes quadrilatères allongés. Il est insoluble dans l'alcool, qui en précipite la solution aqueuse sous forme de poudre grenue ou de paillettes, suivant la concentration de la liqueur. Il perd 22,02 pour 100 d'eau par la dessiccation à 100°; le sel desséché a donné 20,73 pour 100 de potasse.

L'*inosate de soude* cristallise en petites aiguilles soyeuses, fort solubles dans l'eau, insolubles dans l'alcool.

L'*inosate de baryte* se présente en paillettes quadrangulaires, allongées et d'un éclat nacré. Ce sel est très-peu soluble dans l'eau froide et insoluble dans l'alcool; 1,000 p. d'eau à 16° dissolvent 2,5 p. d'inosate de baryte. Dissous dans l'eau chaude, il présente la même particularité que l'éthyl-phosphate de baryte : si l'on porte à l'ébullition une solution saturée à 70°, une partie du sel se dépose sous la forme d'une masse résinoïde; et tandis que l'eau de 60 ou 70° dissout une portion de ce sel, une partie en reste toujours à l'état insoluble par l'emploi de la même quantité d'eau bouillante. Ce résidu éprouve une altération par une ébullition prolongée, et perd ainsi sa solubilité dans de l'eau moins chaude.

M. Liebig a trouvé dans l'inosate de baryte séché à 100° :

Carbone. . .	24,46 —	24,80
Hydrogène .	2,64 —	2,59
Azote	11,37 —	11,37
Oxygène. . .	31,12 —	30,83
Baryte. . . .	30,41 —	30,41

Les cristaux s'effleurissent dans l'air sec en perdant 19,07 p. 100 d'eau. M. Liebig déduit des nombres précédents la formule $C^{10}H^{6}N^{2}O^{11}$, BaO + 7 aq[1].

L'*inosate de cuivre* est presque insoluble dans l'eau, insoluble dans l'acide acétique, fort soluble dans l'ammoniaque.

L'*inosate d'argent* est un peu soluble dans l'eau pure; il ne noircit que légèrement à la lumière.

[1] Peut-être les rapports $C^{10}H^{7}N^{2}O^{11}$, BaO + 6 aq., sont-ils plus exacts.

CAFÉINE.

Syn. : théine.

Composition : $C^{16}H^{10}N^{4}O^{4} + 2\,aq$,

§ 308. Cette substance a été découverte dans le café, par Runge[1], en 1820. Oudry[2] trouva dans le thé, en 1827, une substance cristallisable, à laquelle il donna le nom de *théine*, et qu'il prit pour un corps nouveau; mais MM. Jobst[3] et Mulder[4] démontrèrent en 1838 l'identité de la caféine et de la théine. MM. Pfaff et Liebig[5] ont les premiers établi la composition exacte de la caféine. On doit particulièrement à MM. Stenhouse[6] Nicholson[7], Péligot[8] et Rochleder[9] l'étude des combinaisons et des métamorphoses de cette substance. M. Herzog[10] a le premier mis en évidence l'alcalinité de la caféine.

Suivant M. Mulder, la caféine est contenue dans les feuilles de thé, en combinaison avec du tannin. La méthode d'extraction employée par ce chimiste est simple et facile. On faire bouillir le thé avec de l'eau et une base salifiable, qui se combine avec le tannin, par exemple avec la magnésie, la chaux ou l'oxyde de plomb. M. Mulder emploie de préférence la magnésie. On évapore l'infusion au bain-marie jusqu'à siccité, et on traite le résidu par l'éther, qui dissout la caféine. Celle-ci s'obtient en cristaux incolores par l'évaporation.

Le procédé d'extraction le plus usité consiste à traiter du thé ou du café moulu par de l'eau bouillante, et à mélanger l'infusion avec du sous-acétate de plomb, pour précipiter le tannin. M. Péligot emploie le sous-acétate en léger excès, puis de l'ammoniaque. On fait bouillir pendant quelque temps le mélange, et on lave avec soin, à l'eau bouillante, le précipité plombique recueilli sur le fil-

[1] Runge (1820), *Materialien zur Phytologie*, 1821, 1re livraison, p. 146.
[2] Oudry, *Magaz. f. Pharm.*, XIX, 49.
[3] Jobst, *Ann. der Chem. u. Pharm.*, XXV, 63.
[4] Mulder, *Bullet. des Scienc. Phys. natur. en Néerlande*, année 1838.
[5] Pfaff et Liebig, *Ann. der Chem. u. Pharm.*, I, 17.
[6] Stenhouse, *ibid.*, XLV, 371 ; XLVI, 229.
[7] Nicholson, *ibid.*, LXII, 71.
[8] Péligot, *Ann. de Chim. et de Phys.*, [3] XI, 129.
[9] Rochleder, *Ann. der Chem. u. Pharm.*, LXXI, 1 ; LXXIII, 56 et 123.
[10] Herzog, *Archiv., f. Pharm.*, [2] XV, 86. *Ann. der Chem. u. Pharm.*, XXVI, 344 ; XXIX, 171.

tre. En traitant la liqueur filtrée par un courant d'hydrogène sulfuré, on sépare l'excès de plomb, et, en concentrant à une douce chaleur le liquide débarrassé du sulfure de plomb, on obtient, par le refroidissement de ce liquide, une abondante cristallisation de caféine presque pure ; l'eau mère concentrée par la chaleur fournit une nouvelle quantité de cristaux.

Au lieu de décomposer le précipité plombique par l'hydrogène sulfuré, on peut aussi le traiter par l'acide sulfurique dilué. La caféine cristallise par l'évaporation de la liqueur filtrée ; elle est une base si faible, qu'on peut en séparer l'acide sulfurique par la cristallisation dans une solution aqueuse étendue. Toutefois l'eau mère finit par renfermer tant d'acide, qu'il ne s'y dépose plus de caféine. Il faut donc l'étendre d'eau et la mélanger avec du tannin, qui précipite la caféine. On lave celle-ci à l'eau froide, puis on la dissout dans l'eau bouillante ; on fait bouillir la solution pendant quelque temps avec de l'oxyde de plomb précipité par la potasse pour enlever tout le tannin, et l'on filtre la liqueur bouillante : la caféine cristallise alors par le refroidissement. On en obtient davantage par la concentration des eaux mères. Les cristaux sont ordinairement colorés; on les décolore en les faisant dissoudre dans l'éther bouillant.

On peut aussi obtenir la caféine en saturant exactement par du carbonate de potasse l'acide libre contenu dans l'infusion du café ou du thé; on traite la liqueur par du tannin, et l'on mélange le précipité avec de l'hydrate de chaux sec; on épuise le mélange par de l'alcool, on filtre la liqueur, on chasse l'alcool par la distillation, et l'on dissout le résidu dans l'eau bouillante ou dans l'éther bouillant. La caféine se dépose alors à l'état cristallisé.

Selon MM. Versman [1], le procédé suivant serait avantageux. On mélange 5 kil. de café réduit en poudre avec 2 kil. de chaux éteinte, et l'on épuise le mélange avec de l'alcool dans un appreil de déplacement. On dessèche l'extrait, on le réduit en poudre, et on le soumet à un nouveau traitement par l'alcool. L'alcool ayant été séparé des extraits par la distillation, on enlève l'huile grasse surnageante, et l'on évapore à cristallisation la partie aqueuse. On exprime les cristaux de caféine, et on les décolore par le charbon animal. 50 kil. de café ont donné par ce procédé plus de 250 grammes de caféine.

[1] VERSMANN, *Arch. f. Pharm.*, [2] LXVIII, 148.

Enfin, comme la caféine est volatile, on peut aussi l'obtenir par voie de sublimation [1], à la manière de l'acide benzoïque; mais ce procédé n'est guère avantageux, une bonne partie de la substance étant toujours détruite par la chaleur.

Les différentes sortes de thés ne renferment pas les mêmes quantités de caféine; le thé Hyson en a donné à M. Péligot de 2,5 à 3,4 p. 100., le thé poudre à canon de 2,2 à 4,1 p. 100 M. Stenhouse n'a pu extraire du thé du Paraguay qu'environ 0, 13 p. 100 de caféine.

Suivant Robiquet et Boutron, 1 kilogr. de café de Martinique donne 3,58 grammes de caféine, le café de Moka 2,06, et celui de Cayenne, 2,0 gr[2].

Suivant M. Payen[3], la caféine est contenue dans le café en combinaison avec la potasse et un acide particulier (*acide chlorogjinique*.)

D'après les expériences de M. Martius [4], confirmés par celles de MM. Jobst, Berthemot et Deschastelus[5], on trouve aussi de la caféine dans le *guarana*, espèce de pâte que les Brésiliens préparent avec la graine de *paullinia sorbilis*, et qu'ils emploient pour combattre la dyssenterie, les rétentions d'urine et d'autres maladies. On épuise le guarana, réduit en poudre, par de l'alcool bouillant, et l'on ajoute à l'extrait du lait de chaux ou de l'oxyde de plomb hydraté. De cette manière, le liquide se décolore en même temps qu'il se précipite du tannate de chaux ou de plomb; après avoir décanté la liqueur, on en éloigne l'alcool par la distillation; ensuite on y ajoute un peu d'eau, de manière à séparer l'huile grasse; on enlève celle-ci, et l'on évapore à cristallisation. Finalement on purifie les cristaux à l'aide du charbon animal et par de nouvelles cristallisations.

La caféine cristallise dans l'eau en fines aiguilles, qui ressemblent à de la soie blanche; elle renferme 8,4 p. 100 d'eau de cristallisation = 2 atomes, qui ne se développent complétement que vers 150° (Mulder). Elle possède une légère saveur amère, fond à 178°, et se sublime sans altération; toutefois, si elle n'est pas bien pure, et que l'on opère sur d'assez grandes quantités, elle s'altère

[1] HEIJNSUS, *Journ. f. prakt. Chem.*, XLIX, 317.
[2] ROBIQUET et BOUTRON, *Journ. de Pharm.*, XXIII, 101.
[3] PAYEN, *Ann. de Chim. et de Phys.*, [3]. XXVI, 111.
[4] MARTIUS, *Ann. der Chem. u. Pharm*, XXXVI, 93.
[5] BERTHEMOT et DESCHASTELUS, *Journ. de Pharm.*, XXVI, 518.

en partie par la chaleur. Elle se dissout à froid dans l'eau et l'alcool, moins bien dans l'éther; l'eau bouillante la dissout fort bien, et la solution saturée se prend en bouillie par le refroidissement. Les cristaux qui se déposent dans l'alcool et dans l'éther sont anhydres.

Bouillie avec la potasse concentrée, la caféine dégage de la méthylamine. (Wurtz.)

L'acide sulfurique concentré la décompose à chaud.

L'acide nitrique concentré maintenu en ébullition avec elle développe des vapeurs nitreuses et donne un liquide jaune, qui prend une teinte pourpre par l'addition d'une goutte d'ammoniaque, comme dans la formation de la murexide par l'acide urique; si l'on continue l'ébullition, le liquide devient incolore, ne se colore plus par l'ammoniaque, et dépose par l'évaporation des cristaux incolores d'acide diméthyl-parabanique (cholestrophane), nageant dans une eau mère chargée d'un sel de méthylamine.

Le chlore donne des produits semblables. (Voy. plus bas, § 311.)

L'acide chlorique dissout la caféine, mais par l'évaporation spontanée l'alcali se dépose de nouveau sans altération.

§ 309. *Sels de caféine.* — La caféine se combine avec les acides, et forme des sels bien définis; mais plusieurs d'entre eux se détruisent par l'eau.

Le *chlorhydrate de caféine* renferme $C^{16}H^{10}N^4O^4,HCl$. La caféine sèche absorbe jusqu'à 31 et 35 p. d'acide chlorhydrique gazeux. Pour préparer le chlorhydrate cristallisé, il faut employer de l'acide chlorhydrique liquide entièrement concentré, et ne l'étendre ni d'eau ni d'alcool; autrement, il se précipite de la caféine. On lave les cristaux avec de l'éther. Ils s'effleurissent aisément dans l'air chaud, en perdant de l'acide chlorhydrique.

Les cristaux[1] du chlorhydrate de caféine appartiennent au système rhombique. (Combinaison du prisme vertical ∞P avec le prisme horizontal $\bar{P}\infty$, et la face modifiante $\infty\bar{P}\infty$. Inclinaison des faces, $\infty P : \infty P = 118^\circ 30'$; $\bar{P}\infty : \infty\bar{P}\infty = 116\ 60'$.)

Le *chloroplatinate de caféine*, $C^{16}H^{10}N^4O^4,HCl,PtCl^2$, s'obtient en mélangeant avec du bichlorure de platine une solution de caféine dans l'acide chlorhydrique; le précipité est d'un bel orangé. Si l'on fait le mélange à chaud, le sel se dépose en jolis grains cristallins, qu'on obtient purs après quelques lavages à l'alcool. Ces

[1] Blasius, *Ann. der Chem. u. Pharm.*, XXIX, 171.

cristaux ne sont que peu solubles dans l'eau, l'alcool et l'éther; ils ne s'altèrent pas à l'air, et ne perdent pas de leur poids au bain-marie.

Le *chloromercurate de caféine*, $C^{16}H^{10}N^4O^4$, 2 HgCl, s'obtient en mélangeant une solution de caféine aqueuse ou alcoolique avec un excès de bichlorure de mercure. Le mélange reste limpide, mais au bout de quelques instants il se prend en une masse de petits cristaux qu'on purifie par une nouvelle cristallisation dans l'eau ou dans l'alcool. Les cristaux de ce sel déposés dans l'eau ressemblent à un haut degré à la caféine; seulement ils ne sont pas aussi gros. Ils sont très-solubles dans l'alcool, l'eau, l'acide chlorhydrique et l'acide oxalique, et paraissent se combiner avec ce dernier. Ils sont presque insolubles dans l'éther.

On n'obtient pas d'autre choloromercurate en employant une dissolution de caféine dans l'acide chlorhydrique. (Hinterberger.)

Le *cyanomercurate de caféine*, $C^{16}H^{10}N^4O^4$, 2HgCy, s'obtient[1] lorsqu'on mélange à chaud une solution de caféine dans l'alcool de 85 centièmes avec une solution de cyanure de mercure. Le sel se dépose par le refroidissement sous la forme d'aiguilles incolores, peu solubles à froid dans l'eau et l'alcool, inaltérables à 100°.

Le *chloraurate de caféine*, $C^{16}H^{10}N^4O^4$, HCl, Au^2Cl^3, se produit quand on ajoute un excès de chlorure d'or à une solution de caféine dans l'acide chlorhydrique. Si l'on emploie des liquides concentrés, le mélange se prend bientôt en un magma cristallin, d'un beau jaune citronné. On lave les cristaux à l'eau froide, on les fait cristalliser dans l'alcool, et on les dessèche au bain-marie.

Cristallisé dans une solution alcoolique, ce sel se présente sous la forme d'aiguilles orangées, allongées, et d'une forte saveur métallique. Il est soluble dans l'eau et l'alcool. La solution étant maintenue en ébullition se décompose en donnant un dépôt jaune et floconneux, insoluble dans l'alcool, soluble dans l'eau et l'acide chlorhydrique. Le sel se décompose aussi quand on maintient sa solution pendant plusieurs heures à la température de 68°; on voit alors se séparer des paillettes brillantes d'or métallique. Le sel sec n'est pas altéré par la lumière, et peut être chauffé à 100° sans qu'il se décompose.

Le *sulfate de caféine* est un sel difficile à obtenir cristallisé, et que l'eau décompose aisément.

[1] KOHL et SWOBODA, *Ann. der Chem. u. Pharm.*, LXXXIII, 341.

Le *nitrate de caféine et d'argent*, $C^{16}H^{10}N^{4}O^{4},NAgO^{6}$, se prépare en versant un excès de nitrate d'argent dans une solution aqueuse ou alcoolique de caféine. Quand les solutions sont concentrées, ce sel se sépare en hémisphères blancs et cristallins, s'attachant aux parois du vase. On les obtient parfaitement purs par le lavage à l'eau et par une nouvelle cristallisation. Les cristaux de ce sel ne s'obtiennent pas d'une grande dimension ; ils sont blancs, et ne s'altèrent point à la lumière quand ils sont secs ; à l'état humide, ils se colorent en violet. Ils sont peu solubles dans l'eau froide, plus solubles dans l'eau bouillante et dans l'alcool, et peuvent être recristallisés sans subir d'altération.

Ce sel ne s'altère pas non plus au bain-marie. A une température plus élevée, il se décompose en volatilisant de la caféine et en laissant de l'argent métallique.

Une solution de caféine dans l'acide chlorhydrique donne avec le *chlorure de palladium* un beau précipité brun, et la liqueur filtrée dépose au bout de quelque temps des paillettes jaunes, d'une autre combinaison, fort semblables aux cristaux d'iodure de plomb.

La caféine ne précipite pas le *sulfate de cuivre*, le *protochlorure d'étain*, l'*acétate de plomb*, le *sulfate mercureux*. Bouillie avec du *perchlorure de fer*, elle donne par le refroidissement un précipité brun rouge, entièrement soluble dans l'eau, et qui paraît être un sel double, semblable aux précédents.

Le *tannate de caféine* est un précipité blanc, insoluble dans l'eau froide, et soluble dans l'eau bouillante, qui le dépose de nouveau par le refroidissement.

§ 310. Le *chloroginate de caféine et de potasse* constitue, suivant M. Payen, le sel de caféine contenu dans le café. Voici le procédé d'extraction suivi par ce chimiste : après avoir épuisé le café par l'éther on le lave jusqu'à épuisement avec de l'alcool à 0,60; les solutions rapprochées en consistance légèrement sirupeuse sont mêlées avec 3 fois leur volume d'alcool à 0,85. Le liquide se sépare alors en deux parties : l'une, visqueuse, se dépose ; l'autre, fluide, surnage. On décante celle-ci, qui renferme la plus grande partie du chloroginate. On peut s'en assurer en mettant une petite quantité de la solution dans un tube, puis en y ajoutant une goutte d'ammoniaque : on obtient alors une coloration jaune, qui verdit de plus en plus. On distille la solution alcoolique légère; on délaye le résidu sirupeux avec le quart de son volume d'alcool à 90°, et on l'abandonne dans un lieu frais; on fait recristalliser dans l'alcool les cristaux qui se déposent.

Ceux-ci sont groupés en sphéroïdes par la disposition de l'un de leurs bouts autour d'un centre commun. Ils deviennent électriques par le frottement. A peine solubles dans l'alcool anhydre, ils sont assez solubles dans l'alcool aqueux, et surtout dans l'eau. La solution aqueuse s'altère à l'air en brunissant.

Ils se décomposent par la distillation sèche, en se boursouflant beaucoup et en dégageant des aiguilles de caféine; il reste pour résidu un charbon très-léger.

Chauffés légèrement avec de la potasse, ils se colorent en rouge ou en orangé. Chauffés avec l'acide sulfurique concentré, ils développent une coloration violette intense et une pellicule bronzée. L'acide chlorhydrique produit des phénomènes analogues; l'acide nitrique colore le sel en jaune orangé.

Dérivés chlorés et oxygénes de la caféine.

§ 311. Suivant les expériences de M. Rochleder, la caféine donne sous l'influence du chlore plusieurs combinaisons qui ont leurs homologues parmi les composés qu'on obtient avec l'acide urique.

Lorsqu'on fait passer du chlorure dans une bouillie épaisse de caféine, les cristaux de cet alcali disparaissent peu à peu, et l'on obtient, suivant la durée de la réaction, un mélange de plusieurs substances. Si l'on arrête le passage du chlore avant que toute la caféine soit décomposée, et qu'on évapore, il se sépare des cristaux grenus de *diméthyl-alloxantine* (acide amalique) et peu après des flocons blancs et légers de *chlorocaféine*. Si l'on évapore davantage le liquide séparé de cette écume à l'aide du filtre, il reste un sirop rougeâtre qui se solidifie par le refroidissement. Celui-ci exprimé dans un linge fin donne une masse cristalline d'*acide diméthyl-parabanique* résultant de l'action prolongée du chlore sur la diméthyl-alloxantine; le liquide qu'on éloigne par la presse renferme en dissolution du chlorhydrate de méthylamine. Pendant l'évaporation du liquide soumis à l'action du chlore, il se dégage, outre de l'acide chlorhydrique, un composé très-irritant ayant l'odeur du chlorure de cyanogène.

La diméthyl-alloxantine et l'acide diméthyl-parabanique représentent deux termes du groupe urique, dans lesquels H est remplacé par son équivalent de méthyle C^2H^3 :

Alloxantine (§ 287). . . . = $C^{16}\ H^4\ N^4O^{14}$,
Diméthyl-alloxantine. . . . = $C^{16}(C^2H^3)^4N^4O^{14}$,
Acide parabanique (§ 296) . = $C^6\ H^2\ N^2O^6$,
Acide diméthyl-parabanique = $C^6(C^2H^3)^2N^2O^6$.

§ 312. *Chlorocaféine*, $C^{16}H^9ClN^4O^4$. — Elle s'obtient par la cristallisation dans l'eau, sous la forme d'une masse légère et volumineuse; dans l'alcool, elle cristallise en aiguilles.

§ 313. *Diméthyl-alloxantine*[1], $C^{24}H^{12}N^4O^{14} + 2$ aq. — Pour l'obtenir à l'état de pureté, on lave les cristaux grenus obtenus dans l'action du chlore à l'eau froide, où ils sont presque insolubles, et on les épuise par l'alcool absolu et bouillant, qui ne les dissout pas. On peut aussi les faire recristalliser dans l'eau bouillante. Ils sont incolores, transparents, ne perdent pas d'eau[2] à 100°, rougissent très-légèrement le tournesol, et prennent même une teinte rosée par l'ammoniaque contenue dans le tournesol bleu.

Ils donnent avec la baryte, la potasse et la soude des combinaisons d'un violet foncé. Lorsqu'on met la solution de ces bases en présence des cristaux de diméthyl-alloxantine, ceux-ci se colorent immédiatement en violet, tandis que le liquide reste incolore. Cette coloration n'est que passagère dans le cas d'un excès de base, mais assez persistante dans celui d'un excès de diméthyl-alloxantine.

Les vapeurs d'ammoniaque rougissent la diméthyl-alloxantine, et la colorent peu à peu en violet foncé. Le produit se dissout dans l'eau avec la couleur de la murexide; M. Rochleder est parvenu à l'obtenir cristallisé, et lui donne le nom de *murexoïne*[3]. Avec les sels ferreux et l'ammoniaque, on obtient une solution d'un bleu indigo.

La chaleur fait fondre la diméthyl-alloxantine; elle jaunit alors, rougit, devient même brune, et se volatilise en laissant à peine des traces de charbon, mais en dégageant de l'ammoniaque et en donnant une huile et un corps cristallisé.

La diméthyl-alloxantine produit sur la peau des taches rouges

[1] M. Rochleder donne à ce corps le nom d'*acide amalique* (du grec ἀμαλός, pour rappeler sa faible réaction acide).

[2] L'alloxantine ne perd aussi son eau de cristallisation qu'à une température supérieure à 100°.

[3] M. Rochleder représente ce corps par les rapports $C^{36}H^{23}N^{10}O^{15}$; je crois plutôt qu'il renferme $C^{24}H^{16}N^6O^{12}$, et qu'il représente la *diméthyl-murexide*.

d'une odeur désagréable, comme c'est le cas d'une solution d'alloxantine; elle réduit les sels d'argent comme l'alloxantine, en précipitant des flocons noirs d'argent métallique. L'acide nitrique la convertit en une substance cristallisée.

§ 314. *Acide-diméthyl-parabanique* (*nitro-théine* de M. Stenhouse, *cholestrophane* de M. Rochleder), $C^{10}H^6N^2O^6$. — C'est le produit de l'action prolongée du chlore sur la caféine. On l'obtient aussi avec l'acide nitrique. Il cristallise dans l'alcool en paillettes irisées, qui se subliment déjà à 100°.

Bouilli avec de la potasse, il donne du carbonate et de l'oxalate, en même temps qu'il dégage de l'ammoniaque (ou plutôt de la méthylamine ?).

THÉOBROMINE.

Composition : $C^{14}H^8N^4O^4$.

§ 315. Cet alcali [1], homologue de la caféine, a été découvert par M. Woskresensky en 1842.

On l'obtient en épuisant le cacao par l'eau bouillante, passant l'extrait à travers une toile, précipitant par une solution d'acétate de plomb, filtrant, enlevant l'excédant de plomb du liquide filtré et évaporant à siccité : on traite par l'alcool bouillant le résidu, qui renferme encore des matières colorantes; par le refroidissement, l'alcool dépose alors la théobromine, sous la forme d'une poudre cristalline legèrement rougeâtre. On la purifie par de nouvelles cristallisations.

Cet alcali présente une saveur légèrement amère, qui ne se développe qu'à la longue, à cause de sa faible solubilité. Il est inaltérable à l'air, même à 100°; mais il commence à brunir à 250°, et se volatilise à une température plus élevée, en laissant un peu de charbon et en donnant un sublimé cristallin.

Il est peu soluble dans l'eau bouillante; l'alcool et l'éther le dissolvent encore moins. Bouilli avec de l'eau de baryte, il se dissout entièrement et sans apparence de décomposition; il ne se dégage pas d'ammoniaque, mais la solution se prend par le refroidissement en une bouillie blanche.

Si l'on chauffe un mélange de théobromine, d'acide sulfurique

[1] WOSKRESENSKY (1842), *Ann. der Chem. u Pharm.*, XLI, 125. — GLASSON, *ibid.*, LXI, 335. — ROCHLEDER et HLASIWETZ, *Compt. rend. de l'Acad. de Vienne*, 1850, mars, 266. *Ann. der Chem. u. Pharm.*, LXXIX, 124.

et de peroxyde puce de plomb [1], il se dégage de l'acide carbonique, et ce dégagement continue sans qu'on ait besoin de chauffer davantage. Si l'on a eu soin de ne pas prendre le peroxyde en excès, on observe les réactions suivantes : le liquide filtré est incolore et légèrement acide; il dégage de l'ammoniaque quand on le chauffe avec la potasse caustique, donne un dépôt de soufre par l'addition de l'hydrogène sulfuré, et colore l'épiderme en pourpre. Une addition de magnésie blanche colore le liquide en indigo; un excès de magnésie détruit cette teinte, mais on peut la rétablir en y ajoutant avec précaution de l'acide sulfurique. Si l'on évapore au bain-marie le liquide mélangé avec un excès de magnésie, il devient légèrement rouge, en développant de l'ammoniaque; le résidu, traité par l'alcool bouillant, lui cède un corps qui cristallise en prismes à base rhombe et incolores. Ces cristaux sont légèrement acides, très-solubles dans l'alcool, et ne se combinent ni avec le nitrate d'argent, ni avec le bichlorure de platine, ni avec le bichlorure de mercure. (Glasson.)

Suivant les expériences de MM. Rochleder et Hlasiwetz la théobromine se comporte avec le chlore comme son homologue la caféine ; on obtient un liquide jaunâtre, qui bleuit par les sels ferreux et l'ammoniaque, et qui colore l'épiderme en pourpre ; ce liquide donne avec le bichlorure de platine un précipité de chloroplatinate de méthylamine. D'après les mêmes chimistes, la théobromine soumise à l'action de la pile donnerait un corps $C^{12}H^{8}N^{2}O^{16}$.

§ 316. *Sels de théobromine.* — La théobromine se combine avec les acides, en donnant des sels dont quelques-uns se détruisent par l'eau.

Le *chlorhydrate de théobromine*, $C^{14}H^{8}N^{4}O^{4}$, HCl, cristallise lorsqu'on fait dissoudre à chaud la théobromine dans l'acide chlorhydrique concentré. L'eau détruit le chlohydrate de théobromine en donnant un sous-sel. Une chaleur de 100° expulse du chlorhydrate de théobromine tout l'acide chlorhydrique.

Le *chloroplatinate de théobromine*, $C^{14}H^{8}N^{4}O^{4}$, HCl, $PtCl^{2}$ + 4 aq., s'obtient en prismes obliques à base rhombe avec modifications; il se produit quand on ajoute du bichlorure de platine

[1] Suivant MM. Rochleder et Hlasiwetz, la théobromine se transformerait sous l'influence d'un mélange d'acide sulfurique et de peroxyde puce de plomb en un corps amorphe, $C^{12}H^{13}N^{3}O^{12}$, qui serait le sel d'ammoniaque d'un acide homologue de l'acide inosique, $C^{12}H^{10}N^{2}O^{12}$. Les expériences de ces chimistes n'ont pas encore été publiées.

à une solution chlorhydrique de théobromine; il s'effleurit par le contact prolongé à l'air. A 100° il perd toute son eau de cristallisation.

Le *chloromercurate de théobromine* est un précipité blanc, cristallin, peu soluble dans l'eau et l'alcool, qu'on obtient en mélangeant la solution aqueuse de la théobromine avec une solution étendue de bichlorure de mercure.

Le *nitrate de théobromine*, $C^{14}H^8N^4O^4$, NHO^6, s'obtient en prismes obliques à base rhombe, si l'on abandonne une solution de l'alcali dans l'acide nitrique. L'eau et la chaleur le décomposent comme le chlorhydrate.

Le *nitrate de théobromine et d'argent*, $C^{14}H^8N^4O^4$, $NAgO^6$, cristallise en aiguilles brillantes, d'un blanc argentin, lorsqu'on ajoute du nitrate d'argent à une solution de nitrate de théobromine fort étendue. Le nitrate de théobromine et d'argent, remarquable par sa faible solubilité, peut servir à découvrir la théobromine.

Il ne s'altère pas sensiblement à 100°; mais si on le chauffe davantage, il fond en émettant des vapeurs nitreuses. Il laisse, par la calcination, de l'argent parfaitement pur.

Le *tannate de théobromine* est un précipité qui se dissout dans un excès de tannin, dans l'alcool et même dans l'eau bouillante.

SÉRIE ACÉTIQUE.

§ 317. Cette série, placée immédiatement au-dessus de la série formique dans l'échelle des combinaisons organiques, comprend les huit groupes suivants :

Groupe méthylique,
Groupe acétique,
Groupe acrylique,
Groupe malique,
Groupe tartrique,
Groupe citrique,
Groupe mucique,
Groupe méconique.

Le groupe méthylique est l'homologue du groupe hydrique; le groupe acétique est l'homologue du groupe formique. Les six autres groupes paraissent contenir des composés conjugués, c'est-à-dire des composés formés à la fois par des radicaux du groupe méthylique ou acétique et par des radicaux de certains groupes de la série formique ; du moins, quand on traite par les agents chimiques les combinaisons de ces six groupes, on obtient toujours à la fois des composés méthyliques ou acétiques et des composés formiques ou oxaliques. Lorsqu'on traite, par exemple, l'acide malique, l'acide tartrique, l'acide citrique ou l'acide mucique par l'hydrate de potasse, à une température élevée, on obtient à la fois de l'acétate et de l'oxalate de potasse.

Ainsi que nous le verrons tout à l'heure, plusieurs réactions permettent de passer du groupe méthylique au groupe acétique, et réciproquement du groupe acétique au groupe méthylique. Il n'en est pas de même des six autres groupes : il est facile, à l'aide des réactifs d'oxydation, de transformer les composés acryliques, maliques, tartriques, citriques, muciques ou méconiques, en acide acétique, qui est le pivot de la série de ce nom ; mais la métamorphose inverse n'a pas encore réussi [1].

I.

GROUPE MÉTHYLIQUE.

§ 318. Les composés méthyliques représentent d'une manière très-complète les différents types de combinaison qu'offre la chimie minérale : on y rencontre en effet le métal, l'hydrure, l'hydrate, l'oxyde, le sulfure, le sulfhydrate, le clorure, l'azoture, etc. Si dans la classification sériaire (§ 76) on place ensemble, à l'extrémité gauche, l'hydrogène et les métaux électropositifs, tels que le potassium ou le sodium, il faut aussi ranger à

[1] M. Barral (*Compt. rend. de l'Acad.*, XXI, 1374) indique dans le jus de tabac la présence d'un *acide nicotique*, $C^6H^4O^8 = C^6H^2O^6, 2\,HO$, qui pourrait être un homologue de l'acide oxalique, et serait aussi à placer dans la série acétique (comme *acide métyl-oxalique*). Cet acide nicotique cristallise dans le vide en lamelles micacées ; il donne avec les alcalis des sels cristallisables. Il a une grande tendance à donner des sels doubles. Le sel de plomb renferme $C^6H^2Pb^2O^8$, et le sel d'argent, $C^6H^2Ag^2O^8$. Il se décompose par la chaleur et l'acide sulfurique en acide carbonique et en acide acétique.

D'autres chimistes (Vauquelin, Goupil) n'ont trouvé dans le jus de tabac que de l'acide malique et de l'acide citrique.

M. Barral n'ayant pas fait connaître les détails de ses expériences, l'existence de son acide nicotique devient fort problématique.

la même place le radical méthyle C^2H^3, qui est susceptible de produire des combinaisons analogues.

Ainsi que nous l'avons dit (§ 81), nous aurions pu admettre dans la série formique un *groupe hydrique*, comprenant l'hydrogène, l'eau, l'hydrogène sulfuré, l'ammoniaque, et en général les combinaisons minérales de l'hydrogène : or les composés du groupe méthylique sont des homologues des composés hydriques, H étant remplacé dans ces derniers par son équivalent C^2H^3.

Les principaux termes du groupe méthylique sont :

Tableau des composés méthyliques.

$(C^2H^3 = Me)$.

Composé	Formule		Constitution
Méthylène[1]	C^2H^2		
Méthyle	C^4H^6	=	$\left.\begin{matrix}Me\\Me\end{matrix}\right\}$
Hydrure de méthyle	C^2H^4	=	$\left.\begin{matrix}Me\\H\end{matrix}\right\}$
Hydrate de méthyle	$C^2H^4O^2$	=	$\left.\begin{matrix}MeO\\H\ O\end{matrix}\right\}$
Oxyde de méthyle	$C^4H^6O^2$	=	$\left.\begin{matrix}MeO\\MeO\end{matrix}\right\}$
Sulfhydrate de méthyle	$C^2H^4S^2$	=	$\left.\begin{matrix}MeS\\H\ S\end{matrix}\right\}$
Sulfure de méthyle	$C^4H^6S^2$	=	$\left.\begin{matrix}MeS\\MeS\end{matrix}\right\}$
Bisulfure de méthyle	$C^4H^6S^4$	=	$\left.\begin{matrix}MeS^2\\MeS^2\end{matrix}\right\}$,
Acide méthyl-sulfureux	$C^2H^4S^2O^6$	=	$\left.\begin{matrix}MeO\\H\ O\end{matrix}\right\}S^2O^4$,
Chlorure méthyl-sulfureux	$C^2H^3ClS^2O^4$	=	$\left.\begin{matrix}Me\\Cl\end{matrix}\right\}S^2O^4$,
Acide méthyl-sulfurique	$C^2H^4S^2O^8$	=	$\left.\begin{matrix}MeO\\H\ O\end{matrix}\right\}S^2O^6$,
Sulfate de méthyle	$C^4H^6S^2O^8$	=	$\left.\begin{matrix}MeO\\MeO\end{matrix}\right\}S^2O^6$,
Fluorure de méthyle	C^2H^3F	=	$\left.\begin{matrix}Me\\F\end{matrix}\right\}$

[1] La constitution du méthylène et de ses homologues n'est pas encore bien connue.

Nom	Formule		Formule rationnelle
Chlorure de méthyle.	C^2H^3Cl	=	$\left.\begin{matrix}Me\\ Cl\end{matrix}\right\}$
Bromure de méthyle.	C^2H^3Br	=	$\left.\begin{matrix}Me\\ Br\end{matrix}\right\}$
Iodure de méthyle.	C^2H^3I	=	$\left.\begin{matrix}Me\\ I\end{matrix}\right\}$
Azotures de méthyle ou méthyl-ammoniaques	C^2H^5N	=	$N\left\{\begin{matrix}Me\\ H\\ H\end{matrix}\right.$
	C^4H^7N	=	$N\left\{\begin{matrix}Me\\ Me\\ H\end{matrix}\right.$
	C^6H^9N	=	$N\left\{\begin{matrix}Me\\ Me\\ Me\end{matrix}\right.$
Hydrate de tétraméthyl-ammonium.	$C^8H^{13}NO^2$	=	$\left.\begin{matrix}NMe^4O\\ H\ \ O\end{matrix}\right\}$
Nitrate de méthyle.	$C^2H^3NO^6$	=	$\left.\begin{matrix}Me\ O\\ NO^4O\end{matrix}\right\}$
Phosphure de méthyle.	C^6H^9P	=	$P\left\{\begin{matrix}Me\\ Me\\ Me\end{matrix}\right.$
Arséniure de méthyle (cacodyle.	$C^8H^{12}As^2$	=	$\left.\begin{matrix}AsMe^2\\ AsMe^2\end{matrix}\right\}$
Antimoniure de méthyle. . . .	C^6H^9Sb	=	$Sb\left\{\begin{matrix}Me\\ Me\\ Me\end{matrix}\right.$
Oxyde de stib-méthylium. . . .	$2\,C^8H^{12}SbO$	=	$\left.\begin{matrix}SbMe^4O\\ SbMe^4O\end{matrix}\right\}$

Outre les composés précédents, on connaît encore les carbonates de méthyle, les oxalates de méthyle, le cyanure de méthyle, l'acétate de méthyle, etc.; c'est-à-dire qu'il existe autant de composés méthyliques qu'il y a d'acides organiques, l'hydrogène basique de ces acides étant remplacé par le radical méthyle.

On donne en général à ces composés le nom d'*éthers méthyliques :* ainsi le chlorure de méthyle (acide chlorhydrique dans lequel l'hydrogène est remplacé par son équivalent de méthyle) s'appelle aussi éther méthyl-chlorhydrique; le sulfure de méthyle (acide sulfhydrique dans lequel l'hydrogène est remplacé par son équivalent de méthyle) s'appelle aussi éther méthyl-sulfhydrique, etc.

La matière première avec laquelle on obtient la plupart des éthers méthyliques, c'est l'esprit de bois ou hydrate de méthyle; par double décomposition avec des acides ou avec des sels métalliques, on transforme cet hydrate en chlorure de méthyle, en sulfure de méthyle, etc. Certains composés méthyliques, tels que le méthyle, l'hydrure de méthyle, l'arséniure de méthyle, peuvent aussi s'obtenir avec l'acide acétique, celui-ci représentant l'acide méthyl-formique, c'est-à-dire l'acide formique dans lequel l'hydrogène non basique est remplacé par du méthyle (§ 74). Enfin, plusieurs combinaisons organiques susceptibles de se convertir en acide acétique peuvent également donner des combinaisons méthyliques : c'est ainsi qne le sucre, l'amidon, l'acétone donnent par le chlore et le brome du chlorure de méthyle bichloré (chloroforme) ou du bromure de méthyle bibromé (bromoforme); c'est ainsi encore que la fibre ligneuse du bois donne de l'hydrate de méthyle (esprit de bois) par la distillation avec de la potasse caustique.

La plupart des éthers méthyliques présentent, sous l'influence des alcalis caustiques, une réaction inverse de celle qui leur a donné naissance : ils régénèrent l'hydrate de méthyle et l'acide qui a servi à les produire : cet acide reste alors fixé sur la potasse. On a par exemple, avec le chlorure de méthyle et la potasse :

$$\left.\begin{matrix} C^2H^3 \\ Cl \end{matrix}\right\} + \left.\begin{matrix} KO \\ HO \end{matrix}\right\}$$

Chlor. de méth. Hydr. de potasse.

$$= \left.\begin{matrix} K \\ Cl \end{matrix}\right\} + \left.\begin{matrix} C^2H^3O \\ HO \end{matrix}\right\}$$

Chlor. de potass. Hydrade de méthyle.

§ 319. Les composés méthyliques se rattachent par plusieurs réactions générales à la série formique, et particulièrement au groupe formique.

Lorsqu'on traite un éther méthylique par un agent d'oxydation, on obtient ordinairement de l'acide formique; cette transformation est surtout aisée avec de l'hydrate de méthyle (esprit de bois) :

$$\left.\begin{matrix} C^2H^3O \\ H\,O \end{matrix}\right\} \text{ devient } \left.\begin{matrix} C^2HO^2O \\ H\,O \end{matrix}\right\}$$

Hydrate de méthyle. Hydrate de formyle.

Dans cette oxydation, O^2 vient donc remplacer H^2.

Les éthers méthyliques peuvent encore passer à l'état de composés formiques par l'intermédiaire du chlore et du brome. Ces agents en effet étant mis en contact avec un éther méthylique enlèvent de l'hydrogène, et le dégagent sous forme d'acide chlorhydrique ou bromhydrique, en même temps que l'hydrogène enlevé est remplacé par son équivalent de chlore ou de brome. Le produit de cette substitution donne sous l'influence des alcalis caustiques du formiate à base d'alcali ainsi que du chlorure ou du bromure alcalins; les dérivés chlorés et bromés de la plupart des éthers méthyliques semblent donc contenir à la place du radical méthyle un radical chloré, qu'on pourrait appeler *chloroformyle* (formyle dans lequel O^2 est remplacé par Cl^2). Si l'on fait passer du chlore dans le chlorure de méthyle, par exemple, on obtient une huile chlorée (chloroforme) renfermant Cl^2 à la place de H^2 :

$$\left.\begin{matrix} C^2H^3 \\ Cl \end{matrix}\right\} \text{ devient } \left.\begin{matrix} C^2HCl^2 \\ Cl \end{matrix}\right\}$$

Chlor. de méthyle. Chlor. de méthyle bichloré.

Ce chlorure de méthyle bichloré (chlorure de chloroformyle) se transforme par les alcalis en formiate et en chlorures alcalins. Si de même on traite par le chlore l'acétate de méthyle (§ 487), on obtient, comme premier produit de la réaction, une huile chlorée contenant Cl^2 à la place de H^2 :

$$\left.\begin{matrix} C^4H^3O^2O \\ C^2H^3\ \ O \end{matrix}\right\} \text{ devient } \left.\begin{matrix} C^4H^3O^2O \\ C^2HCl^2O \end{matrix}\right\}$$

Acétate de méthyle. Acét. de méthyle bichloré.

Cet acétate de méthyle bichloré (acétate de chloroformyle) donne par les alcalis caustiques de l'acétate, du formiate et du chlorure alcalin.

La plupart des éthers méthyliques donnent sous l'influence du chlore de semblables produits de substitution, que les alcalis convertissent en acide formique.

§ 320. Nous avons nommé tout à l'heure l'acide acétique (acide méthyl-formique) comme une des sources des composés méthyliques; nous devons ajouter que la transformation inverse des composés méthyliques en acide acétique peut également s'effectuer.

Cette régénération de l'acide acétique se réalise au moyen du cyanure de méthyle (§ 201).

La réaction est toute simple : de même que le cyanure d'hydrogène (acide cyanhydrique) peut fixer les éléments de l'eau sous l'influence des alcalis pour se convertir en ammoniaque et en acide formique, de même le cyanure de méthyle peut fixer les élément de l'eau dans les mêmes circonstances pour se convertir en ammoniaque et en acide méthyl-formique ou acétique :

$$\text{CyH} + 4\,\text{HO} = \text{NH}^3 + \text{C}^2\text{H}^2\text{O}^4.$$

Cyan. d'hydrogène. — Ac. formique.

$$\text{Cy}\,(\text{C}^2\text{H}^3) + 4\,\text{HO} = \text{NH}^3 + \text{C}^2\text{H}\,(\text{C}^2\text{H}^3)\,\text{O}^4.$$

Cyan. de méthyle. — Ac. acétique ou méthyl-formique.

MÉTHYLÈNE.

Composition : C^2H^2.

§ 321. Ce corps paraît se produire lorsqu'on fait passer du chlorure de méthyle à travers un tube de porcelaine chauffé au rouge[1]. On agite le gaz produit avec beaucoup d'eau pour absorber l'acide chlorhydrique et le chlorure de méthyle non décomposé. Comme il se dépose du charbon dans le tube de porcelaine, le gaz ainsi obtenu n'est probablement pas pur.

Il est incolore et sans réaction sur les papiers réactifs. Le chlore n'y agit pas à l'ombre ; mais il se combine avec lui sous l'influence solaire.

Suivant M. Regnault[2], on n'obtient pas de méthylène en traitant l'esprit de bois ou l'éther méthylique par un excès d'acide sulfurique concentré.

MÉTHYLE.

Syn. : méthylure de méthyle.

Composition : $C^4H^6 = C^2H^3, C^2H^3$.

§ 322. Ce gaz[3] se produit lorsqu'on décompose l'iodure de méthyle par du zinc métallique dans un tube de verre scellé à la lampe et chauffé à environ 150°. Les produits de cette réaction sont l'io-

[1] DUMAS et PELIGOT, (1835), *Ann. de Chim. et de Phys.*, LVIII, 28.
[2] REGNAULT, *ibid.*, LXXI, 427.
[3] KOLBE (1849), *Ann. der Chem. u. Pharm.*, LXIX, 279. — FRANKLAND, *ibid.*, LXXI, 213.

dure de zinc, le méthylure de zinc, et le méthyle, qui se comprime dans le tube fermé. Lorsqu'on ouvre celui-ci, le méthyle prend l'état gazeux, et peut être recueilli sur le mercure[1].

Le méthyle est le résultat de deux doubles décompositions successives. Dans la première, l'iodure de méthyle et le zinc produisent du méthylure de zinc et de l'iodure du zinc,

$$\left.\begin{matrix} C^2H^3 \\ I \end{matrix}\right\} + \left.\begin{matrix} Zn \\ Zn \end{matrix}\right\},$$

Iod. de méthyle. Zinc.

$$= \left.\begin{matrix} C^2H^3 \\ Zn \end{matrix}\right\} + \left.\begin{matrix} Zn \\ I \end{matrix}\right\}.$$

Méthyl. de zinc. Iodure de zinc.

La seconde double décomposition a lieu entre le méthylure de zinc ainsi produit et une autre portion d'iodure méthyle :

$$\left.\begin{matrix} C^2H^3 \\ I \end{matrix}\right\} + \left.\begin{matrix} C^2H^3 \\ Zn \end{matrix}\right\},$$

Iod. de méthyle. Méthyl. de zinc.

$$= \left.\begin{matrix} C^2H^3 \\ C^2H^3 \end{matrix}\right\} + \left.\begin{matrix} Zn \\ I \end{matrix}\right\}$$

Méthyle. Iod. de zinc.

Le méthyle peut aussi s'obtenir par l'électrolyse de l'acide acétique[2], lorsqu'on expose à l'action de 4 éléments de Bunsen une solution aqueuse et moyennement concentrée d'acétate de potasse. Si l'on emploie dans cette opération des conducteurs en platine, on voit se dégager au pôle négatif une grande quantité d'hydrogène, et au pôle positif du gaz méthyle et de l'acide carbonique. En même temps, on a un résidu de carbonate de potasse. On ne voit apparaître de l'oxygène au pôle positif que plus tard, quand la solution est très-chargée de carbonate et qu'elle renferme moins d'acétate de potasse.

Le dédoublement de l'acétate de potasse sous l'influence du courant galvanique peut se représenter de la manière suivante :

$$2\,C^4H^3KO^4 + 2\,HO = C^2H^3,C^2H^3 + H\,2 + 2\,CO^2 + 2\,(CO^2,KO).$$

Acét. de potasse. Méthyle. Carbon. de pot.

Lorsqu'on veut préparer le méthyle pur par la réaction précédente, il faut avoir soin d'empêcher que les gaz qui se développent au pôle positif ne se mélangent avec le gaz hydrogène qui se

[1] *Voy.* la préparation de l'éthyle, § 766. SÉRIE PROPIONIQUE, *Groupe éthylique.*
[2] L'acide acétique représente l'acide méthyl-formique, § 318.

dégage à l'autre pôle, car, une fois mélangés, les gaz ne peuvent plus être séparés. Pour éviter cet inconvénient, M. Kolbe emploie la disposition suivante : Sur un vase poreux cylindrique en terre on applique hermétiquement, à l'aide d'une bande en caoutchouc, un petit cylindre en verre, ouvert des deux bouts et de même diamètre ; on remplit alors le vase en terre de la solution d'acétate de potasse, de manière qu'elle dépasse au moins de 3 centimètres la ligne de contact des deux cylindres, puis on ferme parfaitement le vase au moyen d'un bon bouchon. Celui-ci est traversé par un tube mince en verre, portant le conducteur, auquel se trouve fixée une lame en platine arrondie servant d'électrode, et par un second tube, donnant issue aux gaz; les deux tubes sont hermétiquement scellés dans le bouchon. Ce système repose dans un vase en verre, plus large et ouvert; il y est entouré d'une lame de cuivre cylindrique, attachée à l'autre conducteur, et servant de second électrode. On remplit alors le vase extérieur de la solution d'acétate de potasse jusqu'à la hauteur du liquide contenu dans le vase intérieur, et l'on fait passer le courant de telle manière que le pôle positif du circuit soit en contact avec la lame de platine plongeant dans le liquide du vase intérieur: il passe ainsi, par le tube de dégagement fixé dans le bouchon, un courant rapide de méthyle et de gaz carbonique. On enlève l'acide carbonique en faisant passer le mélange gazeux à travers un système de boules remplies d'une lessive concentrée de potasse caustique. Comme le gaz méthyle contient en outre, en petite quantité, un gaz odorant (probablement de l'acétate de méthyle) qui est détruit par l'acide sulfurique fumant, on lui fait encore traverser trois autres appareils à boules, le premier contenant de l'acide sulfurique fumant, le second de la potasse, et le troisième destiné à la dessiccation du gaz, de l'acide sulfurique concentré.

§ 323. Le méthyle ainsi obtenu est un gaz sans couleur ni odeur; il est presque insoluble dans l'eau, et peu soluble dans l'alcool. Sa densité est égale à 1,0365. Il ne se condense pas par un froid de — 16°. Il est un isomère de l'hydrure d'éthyle.

Il brûle avec une flamme bleuâtre, non lumineuse, à peu près comme l'hydrure de méthyle (gaz des marais), avec lequel il a d'ailleurs beaucoup d'analogie.

L'acide sulfurique concentré, l'acide nitrique fumant et la potasse caustique n'y agissent pas.

Il ne se combine pas directement avec l'oxygène, le soufre, l'iode; dans l'obscurité, il ne se combine pas non plus avec le chlore. Mais si l'on mélange dans l'obscurité volumes égaux de chlore et de méthyle et qu'on expose le mélange à la lumière, les deux gaz se combinent sans qu'il y ait diminution de volume : les produits consistent en volumes égaux d'acide chlorhydrique et d'un gaz qui a la composition du chlorure d'éthyle, C^4H^5Cl, mais que M. Frankland considère comme un mélange de méthyle non décomposé et de méthyle monochloré.

Dérivé chloré du méthyle.

§ 324. *Méthyle monochloré*[1], $C^4H^6Cl^2 = C^2H^3Cl, C^2H^3Cl$. — Ce gaz s'obtient à l'état de pureté lorsqu'on expose à la lumière diffuse un mélange de 2 vol. de chlore et de 1 vol. de méthyle. Il se produit ainsi, sans qu'il y ait changement de volume, un mélange de 2 vol. d'acide chlorhydrique et de 1 vol. de méthyle monochloré.

L'isomère du méthyle, l'hydrure d'éthyle, produit, quand on le traite par 2 volumes de chlore, de l'acide chlorhydrique et un liquide oléagineux, en même temps que le volume gazeux diminue considérablement.

HYDRURE DE MÉTHYLE.

Syn. : Hydrogène protocarboné, gaz des marais, formène.

Composition : $C^2H^4 = C^2H^3,H$.

§ 325. Ce corps se rencontre dans la vase des marais, où il se produit par la putréfaction des matières organiques. Lorsqu'on remue avec un bâton le fond des eaux stagnantes, on voit venir à la surface de bulles d'un gaz inflammable, qui est un mélange en proportions variables d'hydrure de méthyle, d'azote, de gaz carbonique, et quelquefois d'hydrogène sulfuré. On doit à Volta (1778) les premières notions sur le gaz des marais.

Le gaz qui remplit les galeries des mines de charbon de terre est encore de l'hydrure de méthyle, mêlé à des quantités plus ou moins fortes d'azote ou d'air. C'est le *grisou* ou *feu terrou* des mineurs; il prend feu par l'approche d'une lampe allumée, et déter-

[1] FRANKLAND, *Ann. der Chem. u. Pharm.*, LXXVII, 239.

mine souvent dans les houillières des explosions désastreuses. H. Davy[1] a imaginé, pour éviter le danger de ces détonations, d'envelopper la lampe des mineurs d'une espèce de cage en gaze métallique. Quand le mineur pénètre avec une pareille *lampe de sûreté* dans un milieu inflammable, l'explosion n'a lieu qu'au sein de la cage, parce que la toile métallique refroidit assez la flamme produite par l'explosion pour qu'elle ne se propage pas au dehors. Ordinairement on fixe sur la mèche de ces lampes de sûreté plusieurs fils de platine roulés en spirale, qui, après que la lampe s'est éteinte par l'effet de l'explosion, restent incandescents pendant tout le temps que le mineur se trouve dans l'atmosphère inflammable. L'incandescence de ses fils répand une lueur assez vive pour guider le mineur dans l'obscurité et pour l'avertir de fuir des lieux si dangereux. Comme l'enveloppe métallique qui entoure la flamme des lampes de sûreté les empêche d'éclairer aussi bien que les lampes ordinaires, on y adapte des réflecteurs en étain, placés derrière la flamme.

Le grisou est généralement exempt d'oxyde de carbone, ainsi que de gaz oléfiant; il paraît, comme le gaz des eaux stagnantes, devoir son origine, non à une action du feu, mais à une espèce de putréfaction opérée par l'eau.

L'hydrure de méthyle constitue aussi en grande partie l'air inflammable qui sort de la terre, dans une infinité de localités, comme en Italie, en Perse, en Chine, dans les États-Unis d'Amérique, etc. Il existe de ces sources de gaz qui brûlent depuis les temps les plus anciens; telles sont celles du mont Chimère, sur les côtes de l'Asie Mineure, déjà citées par Pline. On en rencontre beaucoup autour de la mer Caspienne, particulièrement près de Bakou, , où elles sont l'objet de la superstition des Indous de la secte des Guèbres. Les *salses*, *volcans de boue* ou *volcans d'air* qu'on rencontre en Italie près de Modène et de Parme, en Sicile, entre Arragona et Girgenti, en Perse, en Crimée, et dans beaucoup d'autres lieux, sont des espèces d'éruptions boueuses, causées par le même gaz qui traverse des couches d'argile, imprégnées d'eau salée et de matières bitumineuses.

L'hydrure de méthyle se produit à l'état de mélange avec d'au-

[1] H. Davy, *Annals of Philos.*, XXV, 454. — Analyses du gaz des houillières : Turner, *Philos. Magaz. and Journ. of Science*, XIV, 1. — Graham, *ibid.*, XXVIII, 437. — G. Bischof, *The new Edinb. Philos. Journ.*, XXVIII, 183; XXIX, 309.

tres gaz, quand on soumet certaines matières organiques à la distillation sèche ou qu'on les fait passer à travers un tube chauffé au rouge. On l'obtient surtout avec l'acide acétique ou les acétates et un excès d'alcali caustique. On a d'ailleurs

$$\underset{\text{Ac. acétiq.}}{C^4H^4O^4} = 2CO^2 + C^2H^4.$$

Il se produit également par l'action de l'eau sur le méthylure de zinc.

M. Dumas[1] prépare l'hydrure de méthyle à l'état de pureté en distillant dans une cornue un mélange de 2 p. d'acétate de soude cristallisé, 2 p. de potasse caustique et 3 p. de chaux vive en poudre. La chaux sert à amortir l'action de la potasse sur le verre de la cornue.

On obtient un produit moins pur en agitant avec du lait de chaux le gaz des eaux stagnantes, recueilli au moyen de flacons renversés, remplis d'eau et munis de larges entonnoirs.

Enfin, on peut faire servir à cette préparation le mélangegazeux qui se produit par la distillation sèche du bois, de la tourbe et de la houille, ou par le passage des vapeurs d'alcool à travers un tube chauffé au rouge. Il suffit de traiter ce mélange par un lait de chaux, pour enlever le gaz carbonique et l'hydrogènes sulfuré, puis par le chlore à l'ombre pour condenser le gaz oléfiant, et encore une fois par du lait de chaux pour absorber l'excédant de chlore. L'iode, qui est sans action sur l'hydrure de méthyle, peut aussi s'employer, selon M. Graham, pour enlever l'hydrogène bicarboné d'un semblable mélange gazeux.

§ 326. L'hydrure de méthyle est incolore, d'un pouvoir réfringent de 1,504 (Dulong), d'une densité de 0,5576 (Thomson). Il est sans odeur ni saveur, et neutre aux papiers réactifs. Il est à peine soluble dans l'eau, qui n'en dissout que $^1/_{27}$ de son volume. Il n'entretient pas la respiration, mais il n'agit pas d'une manière délétère. Les mineurs, qui respirent souvent un air chargé de $^1/_{11}$ de ce gaz, n'en sont pas incommodés; une plus forte proportion détermine sur le front et les tempes une légère pression qui se dissipe promptement au grand air.

Lorsqu'on fait souvent passer et repasser l'hydrure de méthyle à travers des tubes de prorcelaine chauffés au rouge blanc, il dépose

[1] DUMAS, *Ann. de Chim. et de Phys.*, LXXIII, 92.

du charbon, et se convertit en gaz hydrogène en doublant de volume (Davy). Une série de décharges électriques produit le même effet. Cette décomposition, qui n'est pas toujours complète, selon M. Bischof, donne lieu à la formation de très-petites quantités de matières huileuses et empyreumatiques.

L'hydrure de méthyle s'enflamme aisément, et brûle avec une flamme jaunâtre. Mêlé avec de l'air ou de l'oxygène, il détone fortement par l'approche d'un corps en ignition ainsi que par l'étincelle électrique.

Lorsqu'on fait détoner dans l'eudiomètre 2 vol. d'hydrure de méthyle, avec au moins 4 vol. de gaz oxygène, on obtient 2 vol. de gaz carbonique; avec 2 vol. d'oxygène seulement, le mélange gazeux ne change pas de volume, et l'on obtient 2 vol. d'oxyde de carbone et 2 vol. de gaz hydrogène. Dans un mélange d'air et d'hydrure de méthyle, la détonation est la plus forte quand la proportion de l'air atteint 7 à 8 fois celle du gaz carburé; le gaz ne s'enflamme plus par un mélange de 20 proportions d'air.

Un mélange de 4 vol. de chlore sec et de 2 vol. d'hydrure de méthyle ne réagit pas à l'ombre; mais si l'on y fait passer une étincelle électrique, le mélange détone en déposant du charbon et en produisant 8 vol. de gaz chlorhydrique (H. Davy): Au contact de la lumière, la réaction n'est pas immédiate, mais elle s'effectue au bout de quelque temps avec une violente explosion. Si l'on mélange à l'hydrure de méthyle son volume de gaz carbonique, et ensuite un excès de chlore, la réaction, lente et calme, donne naissance à un liquide huileux, composé de chloroforme et de bichlorure de carbone (Dumas). Volumes égaux d'hydrure de méthyle et de chlore secs réagissent à la lumière diffuse, en produisant un gaz chloré inflammable, peut-être le chlorure de méthyle ou l'hydrure de chlorométhyle, son isomère (Kolbe et Varrentrapp).

Le chlore humide sous l'influence de la lumière décompose lentement l'hydrure de méthyle en acide chlorhydrique et en gaz carbonique ou oxyde de carbone.

Le brome n'attaque que difficilement l'hydrure de méthyle.

Ce gaz ne s'altère pas quand on le fait passer dans du chlorure de soufre, du perchlorure de phosphore, ou du perchlorure d'antimoine échauffés (Dumas), ni dans un mélange d'acide sulfurique et d'acide nitrique concentrés et chauds (Kolbe).

Dérivés métalliques de l'hydrure de méthyle. Méthylures.

§ 327. On ne connaît encore qu'un seul composé, qui représente de l'hydrure de méthyle dans lequel l'hydrogène est remplacé par son équivalent de métal; c'est le méthylure de zinc :

$$C^2H^3Zn = \left.\begin{matrix} C^2H \\ Zn \end{matrix}\right\}$$

§ 328. *Méthylure de zinc*, ou zinco-méthyle, C^2H^3Zn. — Lorsqu'on décompose l'iodure de méthyle par du zinc métallique dans un tube scellé à la lampe, il se produit du méthyle, et l'on obtient un résidu blanc et cristallin, qui donne le méthylure de zinc par la distillation dans un appareil rempli d'hydrogène.

C'est un liquide incolore et transparent, d'une odeur fort nauséabonde et pénétrante. Il s'enflamme au contact de l'air, et brûle avec une flamme brillante, bleu verdâtre, en répandant d'abondantes fumées d'oxyde de zinc. La vapeur de ce liquide ne s'enflamme pas spontanément quand elle est mêlée avec du méthyle ou de l'hydrure de méthyle, mais seulement quand on la chauffe; sa flamme abandonne un dépôt noir de zinc métallique entouré d'un anneau d'oxyde quand on interpose un corps froid. Ces taches métalliques se distinguent aisément des taches arsenicales, car elles se dissolvent rapidement dans l'acide chlorhydrique.

Les vapeurs de cette combinaison sont fort vénéneuses. Elle décompose l'eau aussi vivement que le potassium, si bien que le petit tube qui la renferme rougit quand on l'ouvre sous l'eau ; les produits de cette réaction sont l'hydrure de méthyle et l'hydrate de zinc :

$$\underbrace{\left.\begin{matrix} C^2H^3 \\ Zn \end{matrix}\right\}}_{\text{Méthyl. de zinc.}} + \underbrace{\left.\begin{matrix} HO \\ HO \end{matrix}\right\}}_{\text{Eau.}}$$

$$= \underbrace{\left.\begin{matrix} C^2H^3 \\ H \end{matrix}\right\}}_{\text{Hydr. de méthyle.}} + \underbrace{\left.\begin{matrix} ZnO \\ HO \end{matrix}\right\}}_{\text{Hydrate de zinc.}}$$

Le résidu cristallin qui donne naissance à ce composé est probablement une combinaison d'iodure de zinc et de méthylure de zinc (IZn, C^2H^3Zn).

[1] FRANKLAND (1849), *Ann. der Chem. u. Pharm.*, LXXI, 213.

Derivés chlorés et bromés de l'hydrure de méthyle.

§ 329. Le chlore, en agissant snr l'hydrure de méthyle, se porte d'abord sur l'hydrogène du radical, car le produit de la réaction n'est pas identique au chlorure de méthyle :

Hydrure de méthyle monochloré, isomère du chlorure de méthyle. . . $C^2H^3Cl = \left.\begin{matrix} C^2H^2Cl \\ H \end{matrix}\right\}$.

Mais les composés qu'on obtient par l'action ultérieure du chlore sur l'hydrure de méthyle monochloré sont les mêmes que ceux qui se produisent par la réaction du chlore et du chlorure de méthyle. (*Voy.* § 369.)

§ 330. *Hydrure de méthyle monochloré*, C^2H^3Cl. — Ce corps, isomère du chlorure de méthyle, se produit par la réaction de l'hydrure de méthyle et du chlore secs à la lumière diffuse [1].

Il se présente sous la forme d'un gaz inflammable.

Il paraît aussi se former par l'action de la chaleur sur le chlorhydrate d'acide cacodylique [2]. Lorsqu'on chauffe en effet une solution sirupeuse d'acide cacodylique dans l'acide chlorhydrique, il passe un gaz renfermant C^2H^3Cl, et que M. Bunsen [3] considère comme du chlorure de méthyle. Ce gaz est incolore, sans aucune odeur, et ne se liquéfie pas à — 17°. On peut le recueillir sur l'eau, qui n'en absorbe que 2,6 fois son volume. Il est absorbé en grande quantité par l'alcool. L'éther le dissout plus difficilement. Sa solution n'est pas altérée par les solutions métalliques. L'ammoniaque, la potasse caustique, l'acide sulfurique concentré n'y agissent pas. Il brûle avec une flamme verte. Le chlore n'y agit que lentement à la lumière diffuse. Sa densité a été trouvée égale à 1,763.

Ces caractères peuvent sans doute s'appliquer au chlorure de méthyle; mais comme on obtient, avec le bromhydrate d'acide cacodylique, un corps bromé, C^2H^3Br, différent du bromure de méthyle qui a été préparé par M. Pierre, il est à supposer que le chlorure de méthyle de M. Bunsen n'est pas non plus l'éther chlorhydrique de l'esprit de bois.

§ 331. *Hydrure de méthyle monobromé*, C^2H^3Br. — Lorsqu'on chauffe doucement le bromhydrate d'acide cacodylique, on obtient

[1] KOLBE et VARRENTRAPP, *Ann. der Chem. u. Pharm.*, LXXVI, 37.

[2] Voy. plus bas, *Arséniure de méthyle*, § 401.

[3] BUNSEN, *Ann. der Chem. u. Pharm.*, XLVI, 32.

un gaz incolore, qui présente cette composition. Ce gaz a une densité de 3,155 et une faible odeur éthérée. Il se prend à quelques degrés au-dessous de — 17° en un liquide limpide. L'eau et l'éther l'absorbent à peine, mais l'alcool le dissout aisément.

Ce gaz est un isomère du bromure de méthyle.

HYDRATE DE MÉTHYLE.

Syn. : Esprit de bois, alcool méthylique.

Composition : $C^2H^4O^2 = C^2H^3O,HO$.

§ 332. Ce corps, entrevu dès 1812 par Taylor dans le vinaigre de bois n'est bien connu sous le rapport chimique que depuis 1835, par les travaux de MM. Dumas et Péligot [1]. Il se rencontre dans la partie aqueuse des produits de la distillation sèche du bois, avec de l'acide acétique, de l'acétate d'ammoniaque, de l'acétate de méthyle (mésite de Reichenbach), de l'aldéhyde (hydrure d'acétyle), des parties goudronneuses, des hydrocarbures huileux, et différentes autres substances d'une nature indéterminée.

Lorsque, dans un matras de verre muni d'un tube plongeant dans le mercure, on chauffe parties égales de potasse et de ligneux humecté d'une forte proportion d'eau, il se dégage de l'hydrogène, et il distille, entre autres produits, une grande quantité d'esprit de bois [2].

Pour extraire l'hydrate de méthyle du vinaigre de bois, on rectifie ce liquide au bain-marie, en n'en recueillant que le premier dixième, et l'on distille ce produit sur la chaux vive. On mélange le liquide distillé avec du chlorure de calcium, et l'on rectifie de nouveau au bain-marie. L'esprit de bois reste en combinaison avec ce chlorure, tandis que les matières étrangères passent à la distillation. Si l'on ajoute ensuite de l'eau au résidu, l'esprit de bois s'en sépare, et peut ainsi se purifier par de nouvelles rectifications sur de la chaux vive, au bain-marie.

On peut aussi, pour extraire l'hydrate de méthyle de l'esprit de bois brut, transformer celui-ci en oxalate de méthyle, qui est cristallisable (§ 150), et distiller ensuite cet éther avec de l'eau [3].

L'esprit de bois brut renferme toujours des matières huileuses

[1] DUMAS et PÉLIGOT, *Ann. de Chim. et de Phys.*, LVIII, 5; LXI, 193.

[2] PÉLIGOT, *Ann. de Chim. et de Phys.*, LXXII, 208.

[3] WOEHLER, *Ann. der Chem. u. Pharm.*, LXXXI, 376.

qui le rendent trouble quand on y ajoute de l'eau. Selon M. Cahours[1], ces huiles sont en grande partie composées d'hydrocarbures, $C^{1}H^{8}$, $C^{16}H^{10}$, $C^{18}H^{12}$; quelquefois on y rencontre aussi de la métacétone, $C^{12}H^{10}O^{2}$.

La chaux sur laquelle on rectifie l'esprit de bois retient une matière brune qui se volatilise par la chaleur, en donnant des aiguilles jaunes (*pyroxanthine* de M. Gregory).

§ 333. A l'état de pureté, l'hydrate de méthyle constitue un liquide incolore, neutre au papier, d'une densité de 0,798 à 20° et de 0,7938 à 25°. Il se mélange avec l'eau sans se troubler, et ne forme pas de précipité noir avec le nitrate mercureux. Son odeur est empyreumatique, et rappelle en même temps celle de l'alcool et de l'éther acétique. Il est très-inflammable, et brûle avec une flamme pâle, comme l'alcool. Il bout à 66°,5 sous la pression de 0,761. Quand on le distille, il donne des soubresauts, même au bain-marie; on peut les éviter en y mettant du fil de platine ou un peu de mercure. La densité de sa vapeur a été trouvée égale à 1,120. Il se mêle à l'eau en toutes proportions.

Voici selon M. Ure[3] la densité, 15°5, de l'esprit de bois étendu d'eau :

Densité.	Esprit de bois en centièmes.	Densité.	Esprit de bois en centièmes.	Densité.	Esprit de bois en centièmes.
0,8136	100,00	0,8822	77,00	0,9218	60,24
0,8216	98,11	0,8842	75,76	0,9242	58,82
0,8256	96,11	0,8876	74,63	0,9266	57,73
0,8320	94,34	0,8918	73,53	0,9296	56,18
0,8384	92,22	0,8930	72,46	0,9344	53,70
0,8418	90,90	0,8950	71,43	0,9386	51,54
0,8470	88,30	0,8984	70,42	0,9414	50,00
0,8514	87,72	0,9008	69,44	0,9448	47,62
0,8564	86,20	0,9032	68,50	0,9484	46,00
0,8596	84,75	0,9060	67,57	0,9518	43,48
0,8642	83,33	0,9070	66,66	0,9540	41,66
0,8674	82,06	0,9116	65,00	0,9564	40,00
0,8712	80,64	0,9154	63,30	0,9584	38,46
0,8742	79,36	0,9184	61,73	0,9600	37,11
0,8784	78,13			0,9620	35,71

Les nombres suivants de M. Deville[4], calculés pour la température de 9°, sont un peu différents des valeurs données par M. Ure :

[1] Cahours, *Compt. rend. de l'Acad.*, XXX, 319. — Voy. aussi : Weidmann et Schweizer, *Journ. f. prakt. Chem.*, XXIII, 14. — Loewig, *Ann. de Poggend.*, XLII, 404. — Voelckel., *Ann. der Chem. u. Pharm.*, LXXX, 306 et 309 ; LXXXVI, 83.

[2] Gregory, *Ann. der Chem. u. Pharm.*, XXI, 143. — Voy. la description de la pyroxantine dans la Troisième Partie.

[3] Ure, *Philos. Magaz. and Journ. of Science.*, XIX, 511.

[4] Deville, *Ann. de Chim. et de Phys.*, [3] V, 139.

Densité.	Esprit de bois en centièmes.
0,8070	100
0,8371	90
0,8619	80
0,8873	70
0,8873	60
0,9232	50
0,9429	40
0,9576	30
0,9709	20
0,9751	10
0,9857	5

Les déterminations de M. Ure ont été probablement faites avec de l'esprit de bois incomplétement déshydraté.

L'esprit de bois dissout en petite quantité le soufre et le phosphore. Il se mêle aisément avec l'alcool, l'éther, les essences et les huiles grasses. Il dissout un grand nombre de résines.

Il dissout aussi la baryte caustique et le chlorure de calcium, avec lesquels il donne des combinaisons cristallisables. Il dissout de même l'hydrate de potasse et l'hydrate de soude; ces dissolutions se colorent à l'air. Selon M. Ure, la potasse caustique en poudre permet de reconnaître facilement si l'alcool renferme de l'esprit de bois : celui-ci en effet prend à l'instant une couleur brune au contact de la potasse en poudre, tandis que la même quantité de potasse en poudre ne colore pas l'alcool pendant plusieurs heures. Mais si l'alcool contient seulement 2 p. c. d'esprit de bois, il acquiert en dix minutes une teinte jaunâtre, et au bout d'une demi-heure une teinte brune.

Chauffé avec de la chaux potassée, l'esprit de bois se convertit en formiate, en dégageant de l'hydrogène ; si l'on porte le mélange à une température trop élevée, le formiate est mêlé d'oxalate :

$$\underset{\text{Hyd. de méthyle.}}{C^2H^4O^2} + KO, HO = CHKO^4 + 2H^2,$$

$$2\underset{\text{Formiate de potasse.}}{C^2HKO^4} = H^2 + \underset{\text{Oxal. de potasse.}}{C^4K^2O^8}.$$

Une solution concentrée de potasse décompose promptement l'esprit de bois, en produisant un corps huileux [1].

L'esprit de bois se conserve sans altération au contact de l'air. Sa vapeur, mise en présence du noir de platine, développe beaucoup de chaleur, et produit de l'acide formique.

[1] MM. Weidmann et Schweizer (*Ann. de Poggend.*, XLIII, 596; XLIX, 135 et 323; L, 265) lui assignent la formule $C^{20}H^{21}O$, qui ne me paraît pas admissible. C'est peut-être plutôt une hydrocarbure.

Le chlore transforme l'esprit de bois en plusieurs composés, qui ne sont pas encore étudiés. (Voy. plus bas, § 336.)

Lorsqu'on distille l'esprit de bois avec du chlorure de chaux, on obtient du chloroforme (chlorure de méthyle bichloré). Si l'on ajoute du brome ou de l'iode à une solution de potasse dans l'esprit de bois, on obtient du bromoforme (bromure de méthyle bibromé) ou de l'iodoforme (iodure de méthyle biiodé). Chauffé à 300°, dans un tube fermé, avec du chlorhydrate d'ammoniaque, l'esprit de bois donne des chlorhydrates de méthylamine, de diméthylamine et de triméthylamine [1].

L'acide nitrique concentré agit vivement à chaud sur l'esprit de bois, en produisant des vapeurs nitreuses, de l'acide formique et un peu de nitrate de méthyle. Si l'on chauffe de l'esprit de bois avec du nitrate d'argent et de l'acide nitrique, il ne se produit pas de fulminate comme avec de l'alcool; mais on obtient de l'oxalate d'argent. La réaction est semblable avec le nitrate de mercure. (Dumas et Péligot.)

L'acide sulfurique concentré s'échauffe avec l'esprit de bois, et en transforme la plus grande partie en acide méthyl-sulfurique, qui cristallise par l'évaporation spontanée. Distillé avec un grand excès d'acide sulfurique concentré, l'esprit de bois donne de l'oxyde de méthyle, du gaz carbonique, du gaz sulfureux et du sulfate de méthyle; le résidu se charbonne. L'acide sulfurique anhydre se dissout dans l'esprit de bois en s'échauffant; quand on distille le mélange, il passe d'abord de l'esprit de bois, puis de l'oxyde de méthyle, et à 185° des matières huileuses hydrocarburées et du gaz sulfureux.

Quand on distille l'esprit de bois avec un mélange d'acide sulfurique et de peroxyde de manganèse, il passe du méthylal [2] mêlé de formiate de méthyle, et de plusieurs autres produits (selon M. Kane, d'aldéhyde et de lignone).

Suivant les expériences de M. Kuhlmann [3], le fluorure de bore transforme l'esprit de bois en oxyde de méthyle. L'esprit de bois n'absorbe que peu de fluorure de silicium, et si l'on distille, on obtient vers 100° des hydrocarbures huileux. Le perchlorure d'antimoine, le perchlorure de fer et le perchlorure d'étain se com-

[1] BERTHELOT, *Compt rend. de l'Acad.*, XXXIV, 799.

[2] Voy. plus bas, § 335, *Dérivés par oxydation de l'hydrate de méthyle.*

[3] KUHLMANN, *Ann. der Chem. u. Pharm.*, XXXIII, 213.

binent avec l'esprit de bois. Si l'on distille le mélange d'esprit de bois et de ces chlorures, on obtient du chlorure de méthyle, de l'oxyde de méthyle et, vers la fin, des hydrocarbures huileux, avec un résidu charbonneux.

Suivant M. Berthelot, l'esprit de bois chauffé seul en vase clos jusqu'à 360° commence à se troubler faiblement par l'addition de l'eau. Le chlorure de calcium y développe de l'oxyde de méthyle gazeux dès 250° ; au-dessus de 300°, il y fait apparaître simultanément des liquides huileux, sans doute des hydrocarbures.

Le gaz chlorocarbonique s'échauffe avec l'esprit de bois en produisant de l'acide chlorhydrique et du chlorocarbonate de méthyle (§ 114).

Dérivés métalliques de l'hydrate de méthyle. Méthylates.

§ 334. Le *méthylate de potasse*, $C^2H^3KO^2 = C^2H^3O, KO$, se produit si l'on met l'esprit de bois en contact avec du potassium; il se dégage de l'hydrogène, et le composé reste en dissolution. On peut l'obtenir en tables rhombes.

Une *combinaison d'hydrate de méthyle et de baryte*, $C^2H^4O^2, BaO$, s'obtient en dissolvant la baryte dans l'esprit de bois. La solution s'effectue en développant beaucoup de chaleur; évaporée dans le vide, elle dépose des aiguilles soyeuses. Ces cristaux dégagent par la chaleur de l'esprit de bois, puis fondent et développent une huile, en laissant un mélange de charbon et de carbonate de baryte.

La solution du *chlorure de calcium* dans l'esprit de bois a lieu aussi avec dégagement de beaucoup de chaleur : le produit peut s'obtenir en tables hexagones, $2\ C^2H^4O^2, CaCl$, fort déliquescentes.

Dérivés par oxydation de l'hydrate de méthyle.

335. On a vu plus haut que l'esprit de bois se convertit aisément, par l'oxydation, en acide formique. Entre cet acide et l'esprit de bois, il paraît encore exister des composés intermédiaires.

Lorsqu'on distille un mélange d'esprit de bois, d'acide sulfurique et de peroxyde de manganèse, il passe, entre autres produits, un liquide huileux et éthéré, miscible à l'eau, appelé *formométhylal* par M. Dumas, mais qui, d'après les recherches de M. Malaguti[1], n'est qu'un mélange de formiate de méthyle et d'un corps particulier, le *méthylal*[2], $C^6H^8O^2$. En effet, ce formométhylal ne présente pas un point d'ébullition fixe, et donne à l'analyse des résultats différents, suivant l'époque où l'on a recueilli les produits de sa distillation. Lorsqu'on l'agite avec une solution de potasse caustique, il s'attaque vivement, en donnant du formiate, de l'esprit de bois et du méthylal.

Ce dernier est limpide, a une odeur qui rappelle celle de l'éther acétique, et exige 3 volumes d'eau pour se dissoudre; la potasse le sépare de l'eau; il est soluble dans l'alcool et l'éther, bout à + 42° c., sous la pression de 761^{mm}; sa densité, comparée à celle de l'eau, est de 0,8551. La densité de sa vapeur a été trouvée égale à 2,625.

Mêlé avec de l'acide nitrique un peu étendu et chauffé légèrement, il se décompose; il y a dégagement de bioxyde d'azote sans acide carbonique ni oxyde de carbone; dans la dissolution on trouve alors de l'acide formique en quantité considérable. Le bichromate de potasse mélangé d'acide sulfurique donne les mêmes résultats. Une dissolution alcoolique de potasse le convertit également en formiate.

Le chlore agit très-lentement sur le méthylal; ce n'est qu'après plusieurs heures d'action qu'on remarque une légère élévation de température et un dégagement d'acide chlorhydrique; quelquefois la réaction est instantanée. Finalement, on obtient des cristaux de sesquichlorure de carbone et de l'acide formique :

$$\underset{\text{Méthylal.}}{C^6H^8O^2} + 12\,Cl = 6\,HCl + \underset{\text{Sesqu. de carb.}}{C^4Cl^6} + \underset{\text{Ac. formiq.}}{C^2H^2O^4}.$$

Dérivés chlorés de l'hydrate de méthyle[3].

§ 336. On connaît fort peu la nature chimique des dérivés chlorés de l'esprit de bois.

Le chlore sous l'influence de la lumière directe agit très-énergiquement sur ce corps, et produit même des explosions. La réaction est plus calme à l'ombre.

Lorsque, suivant les expériences de M. J. Bouis, on fait passer

[1] MALAGUTI (1839), *Ann. de Chim. et de Phys.*, LXX, 390. — KANE, *Ann. der Chem. u. Pharm.*, XIX, 175. — DUMAS, *ibid.*, XXVII, 135.

[2] Il est remarquable que le méthylal renferme les éléments de 3 moléc. d'esprit de bois moins 4 HO.

[3] KANE, *Ann. der Chem. u. Pharm.*, XIX, 171. — WEIDMANN et SCHWEIZER, *Journ. f. prakt. Chem.*, XXIII, 12. — J. BOUIS, *Ann. de Chim. et de Phys.*, [3] XXI, 111.

à la lumière diffuse un courant de chlore sec dans l'esprit de bois, le gaz est totalement absorbé; le liquide prend une teinte rose qui disparaît par la suite. On observe le dégagement de l'acide chlorhydrique et d'un gaz brûlant avec une flamme verte (chlorure de méthyle); plus tard on voit apparaître du gaz carbonique. En arrêtant l'action dès qu'il se dépose une couche huileuse jaune au fond du vase, on trouve après quelques heures de repos une grande quantité d'un corps cristallisé en trémies; le liquide huileux où ces cristaux ont pris naissance exposé à l'air sur des assiettes se prend en masse et répand une odeur excessivement forte, excitant le larmoiement à un haut degré. Si au lieu d'enlever les cristaux on continue l'action du chlore, ceux-ci disparaissent, et tout le liquide devient huileux. Dès que le chlore traverse la dissolution sans être absorbé, on expose à l'air, sans aucun lavage préalable, la partie huileuse, qui bientôt se prend en masse. Le liquide huileux qui prend naissance pendant le cours de l'opération change constamment de composition. La proportion du carbone et de l'hydrogène diminue, tandis que celle du chlore augmente.

Les chimistes ne sont pas d'accord sur la composition des produits qui s'obtiennent ainsi avec le chlore et l'esprit de bois.

Voici le résultat des analyses de l'huile chlorée qui constitue le produit final de cette réaction :

	Kane.				J. Bouis.	Calcul.
Carbone. . .	21,42	21,63	»	»	22,25	22,29
Hydrogène. .	1,73	1,81	1,34	1,39	1,89	1,85
Chlore. . . .	66,82	66,00	»	»	65,15	65,94

M. Kane et M. Bouis paraissent avoir eu entre les mains le même corps; l'analyse de ce dernier chimiste conduit à la formule $C^6H^3Cl^3O^2$, qui s'accorde parfaitement avec son analyse. D'après cela, l'action du chlore sur l'esprit de bois se représenterait de la manière suivante :

$$\underset{\text{Esprit de bois.}}{3\,C^2H^4O^2} + 8\,Cl = \underset{\text{Huile chlorée.}}{C^6H^3Cl^3O^2} + 4HO + 5\,HCl.$$

Cette équation indique que 3 molécules d'esprit de bois éliminent sous l'influence du chlore 4 molécules d'eau, et produisent une huile chlorée ainsi que de l'acide chlorhydrique. Cette huile chlorée paraît se rattacher au méthylal (§ 335), qui renferme $C^6H^8O^4$.

L'huile chlorée est plus pesante que l'eau; sa saveur est âcre et mordicante. Son point d'ébullition est fort élevé; on ne peut pas la distiller seule sans qu'elle laisse un résidu coloré, et qu'elle dégage un peu d'acide chlorhydrique. Lorsqu'on la traite par un alcali, elle produit un acide qui réduit les sels d'argent (acide formique ?), ainsi qu'une huile assez volatile, ayant quelque analogie avec le chloroforme. (Kane.)

MM. Weidmann et Schweizer représentent par la formule très-invraisemblable $C^{12}H^6Cl^5O^5$ le produit huileux de l'action du chlore sur l'esprit de bois. Leurs analyses ont donné :

Carbone. . . .	24,36	25,35
Hydrogène. . .	2,71	2,81
Chlore.	59,44	»

Ces chimistes paraissent avoir opéré sur un produit incomplétement chloré. (Les rapports $C^6H^{3,6}Cl^{2,4}O^2$ exigent en effet : carbone, 25,5 ; hydrog., 2,6 ; chlore, 60,5). Suivant MM. Weidmann et Schweizer, la potasse transformerait ce produit en chlorure, formiate, acétate, et en une huile non oxygénée, $C^4H^2Cl^3$.

§ 337. Quant aux cristaux dont M. Bouis a observé la formation dans la réaction du chlore et de l'esprit de bois, ce chimiste leur donne le nom de *chloromésitate de méthylène*, et les représente par les rapports :

$$C^{10}H^{10}Cl^2O^4.$$

Voici les résultats de l'analyse :

	J. Bouis.				Calcul.
Carbone. . .	34,08	34,06	34,11	34,40	34,68
Hydrogène. .	5,52	5,70	5,72	5,68	5,78
Chlore. . . .	40,80	40,84	40,92	41,07	41,04

Il paraît, d'après ces résultats, que la formation des cristaux se rattache au dégagement de l'acide carbonique qu'on observe, à un certain moment dans l'action du chlore sur l'esprit de bois. On a d'ailleurs :

$$\underset{\text{Esprit de bois.}}{8\,C^2H^4O^2} + 24\,Cl = \underset{\text{Cristaux.}}{C^{10}H^{10}Cl^2O^4} + 6\,CO^2 + 22\,HCl.$$

Les cristaux sont insolubles dans l'eau, très-solubles dans l'alcool et l'éther. Ils se présentent en trémies tout à fait semblables à celles du sel marin ou du bismuth ; ils sont inaltérables à l'air, très-volatils, et peuvent être sublimés sous la forme de longues aiguilles prismatiques.

Ils fondent à 50°, et commencent à bouillir à 75°, mais le point d'ébullition s'élève constamment. La potasse et l'ammoniaque n'y agissent que difficilement ; l'acide nitrique les dissout ; l'acide sulfurique les dissout aussi instantanément, et par un contact prolongé la dissolution se colore en rose ; une légère élévation de température suffit pour rendre la dissolution tout à fait noire. Le chlore sec n'attaque pas les cristaux à la lumière diffuse, mais sous l'influence des rayons solaires il se produit un liquide oléagineux, insoluble dans l'eau, soluble dans l'alcool et l'éther, et d'une odeur suffocante, analogue à celle du gaz chlorocarbonique.

§ 338. L'action prolongée du chlore sur les cristaux précédents tenus en dissolution dans l'esprit de bois donne naissance à une huile jaune excessivement volatile, irritante et caustique. La vapeur de ce produit contracte les paupières, au point qu'on ne peut ouvrir les yeux de quelques instants ; on en éprouve même des vertiges. Placée sur la peau, cette huile produit une vésication suivie de douleurs très-pénibles ; sa vapeur agit sur les extrémités des doigts à la manière de l'acide fluorhydrique.

Exposée à l'air, cette huile se prend en cristaux, si l'on a soin de ne pas la laver. Ces cristaux sont un hydrate :

$$C^6H^2Cl^4O^2 + 8 \text{ aq.}$$

Les cristaux, exprimés entre des feuilles de papier, sont blancs, très-solubles dans l'eau, l'alcool et l'éther. La dissolution aqueuse ne précipite pas par le nitrate d'argent ; elle donne par l'évaporation de gros cristaux prismatiques. Ils fondent vers 35°, et commencent à bouillir à 90° ; mais le point d'ébullition s'élève sans cesse, en même temps que la matière s'altère. Dans le vide sec, les cristaux deviennent opaques en perdant de l'eau. Le potassium exerce sur eux, même à froid, une action très-vive, car il suffit d'y faire tomber un fragment de potassium pour les enflammer. Les alcalis agissent également sur les cristaux d'une manière très-énergique.

Distillés sur de l'acide phosphorique anhydre, les cristaux précédents perdent leur eau de cristallisation, en donnant naissance à un liquide limpide, incolore, très-volatil, et qui cristallise en absorbant de l'eau, dès qu'il a le contact de l'air. Ce liquide renferme

$$C^6H^2Cl^4O^2,$$

et présente par conséquent une composition semblable à celle de l'huile chlorée décrite plus haut (§ 336), la somme des atomes de chlore et d'hydrogène étant la même dans les deux huiles,

§ 339. Des faits que nous venons d'exposer il semble résulter que l'esprit de bois se comporte bien autrement, sous l'influence du chlore, que son homologue l'esprit-de-vin. Il existe toutefois entre les produits fournis par les deux alcools des relations qui établissent parfaitement l'analogie chimique de ces produits.

Remarquons d'abord que les deux huiles chlorées, $C^6H^3Cl^3O^2$ et $C^6H^2Cl^4O^2$, présentent la composition de l'acétone trichlorée et de l'acétone quadrichlorée. Or l'acétone n'est autre chose que l'éther méthylique de l'aldéhyde ; c'est-à-dire que si l'aldéhyde représente le type hydrogène dans lequel un H est remplacé par son équivalent d'acétyle $C^4H^3O^2$, l'acétone est ce même type dans lequel un H est remplacé par l'acétyle et l'autre H par le radical méthyle C^2H^3 :

Hydrogène. . . . . $\left.\begin{matrix} H \\ H \end{matrix}\right\}$,

Aldéhyde, ou hydrure d'acétyle. . . $\left.\begin{matrix} C^4H^3O^2 \\ H \end{matrix}\right\} = C^4H^4O^2$,

Acétone, ou méthylure d'acétyle.. . $\left.\begin{matrix} C^4H^3O^2 \\ C^2H^3 \end{matrix}\right\} = C^6H^6O^2$.

Mais le radical acétyle [1] n'est lui-même que du formyle dans lequel H est remplacé par le radical méthyle ; on peut donc encore écrire l'aldéhyde et l'acétone de la manière suivante :

Aldéhyde. . . . . . . $\left.\begin{matrix} C^2\,(C^2H^3)\,O^2 \\ H \end{matrix}\right\}$,

Acétone. . . . . $\left.\begin{matrix} C^2\,(C^2H^3)\,O^2 \\ C^2H^3 \end{matrix}\right\}$.

Ces formules font voir que l'aldéhyde et l'acétone renferment à la fois le radical méthyle contenu dans l'esprit de bois et le radical formyle contenu dans les combinaisons qui résultent de l'oxydation ou de la chloruration (§ 319) des combinaisons méthyliques. Il n'y a donc rien d'extraordinaire à ce que l'esprit-de-vin donnant, par le chlore, de l'aldéhyde et de l'aldéhyde trichloré (chloral), son homologue l'esprit de bois produise, par le chlore, de l'acétone plus ou moins chlorée, c'est-à-dire de l'aldéhyde mé-

[1] L'acide acétique, ainsi que j'ai eu souvent l'occasion de le dire (§ 74, 318), représente l'acide méthyl-formique. En effet, les acétates donnent, par la distillation sèche, de l'hydrure de méthyle (gaz des marais) ; par l'action de la pile, du méthyle ; par l'action de l'acide arsénieux, de l'arséniure de méthyle (cacodyle), etc.

thylique plus ou moins chloré[1]. On a vu d'ailleurs que l'acétone quadrichlorée est susceptible, à la manière du chloral, de produire un hydrate cristallisable et de s'attaquer par les alcalis caustiques.

Il y aurait beaucoup d'intérêt à reprendre l'étude de l'action du chlore sur l'esprit de bois; il y aurait surtout à examiner la nature des composés qui résultent du traitement des produits chlorés par les alcalis. Selon MM. Weidmann et Schweizer, il se produirait dans cette dernière réaction de l'*acide acétique* ainsi qu'un corps semblable[2] au chloroforme; si le fait est exact, les rapprochements théoriques que nous venons de faire acquièrent une grande vraisemblance.

Corps congénères de l'hydrate de méthyle.

§ 340. L'esprit de bois de certaines provenances renferme quelquefois au lieu de l'hydrate de méthyle une substance volatile différente, appelée *lignone* par M. Gmelin[3], et *xylite* par MM. Weidmann et Schweizer. La nature chimique de cette substance n'est pas connue, et les analyses qu'on en a faites sont loin de s'accorder entre elles.

Pour extraire le lignone, on procède, suivant M. Liebig, de la manière suivante : on rectifie l'esprit de bois brut, on sature le produit distillé par du chlorure de calcium, on décante l'huile pyrogénée qui vient alors se séparer, et l'on distille au bain-marie le liquide restant. On recueille à part les premières portions de la distillation, le lignone pur ne passant que plus tard. On le rectifie sur du chlorure de calcium, par des distillations réitérées, jusqu'à ce qu'il présente un point d'ébullition constant.

Le lignone est un liquide incolore, très-fluide, miscible en toutes proportions à l'eau, à l'alcool et à l'éther. Il est inflammable, et brûle avec une flamme blanche, non fuligineuse. Son odeur est

[1] Suivant M. Kane, on trouverait même de l'aldéhyde parmi les produits de l'action du chlore sur l'esprit de bois.

[2] Peut-être l'homologue $C^4H^3Cl^3$ (méthyl-chloroforme), que les alcalis convertiraient en chlorure et en acétate.

[3] L. GMELIN, *Handb. d. Chem.* 4e édit., IV, 808. — LIEBIG, *Ann. der Chem. u. Pharm.*, V, 32. — KANE, *ibid.*, XIX, 180. — LOEWIG, *Ann. de Poggend.*, XLII, 404; *Journ. f. prakt. Chem.*, XXIII, 6. — WEIDEMANN et SCHWEIZER, *Ann. de Poggend.*, XLIII, 593; XLIX, 135, 293 et 323; L, 265. Tout le travail est résumé dans *Journ. f. prakt. Chem.*, XXIII, 14.

fort semblable à celle de l'éther acétique; sa saveur est âcre. Il est entièrement neutre aux papiers.

Sa densité à l'état liquide est de 0,816 (Weid. et Schw.), 0,804 à 18° (Liebig), 0,797 (Loewig), 0,836 à 12°,5 (Gmelin). A l'état de vapeur elle a été trouvée égale à 2,177 (Weid. et Schw.), 1,824 (Kane).

Son point d'ébullition est à 61°,5 (Loewig, Weid. et Schw.), à 60° sous la pression de 28 pouces (Liebig), à 61°,25 sous la pression de 27,$\frac{1}{4}$ pouces (Gmelin).

Voici les résultats des analyses[1] du lignone :

	Weid. et Schw.	Liebig.		Kane.	L. Gmelin.			
		a	b		a	b	c	d
Carbone. . .	58,50	48,11	54,75	54,88	53,25	54,77	55,37	57,70
Hydrogène.	10,04	11,81	11,11	11,27	10,62	10,12	9,83	10,34
Oxygène. .	31,46	40,08	34,14	33,85	36,13	35,11	34,80	31,95
	100,00	100,00	100,00	100,00	100,00	100,00	100,00	100,000

Les réactions du lignone ne sont pas mieux connues que sa composition.

L'acide acétique l'acide formique et certains composés méthyliques (le sulfate, l'acétate et l'oxalate de méthyle) paraissent se trouver parmi les produits de sa métamorphose lorsqu'on le distille avec l'acide sulfurique[2]. Un hydrocarbure, le *méthol*, plus léger que l'eau, bouillant à 175°, et d'une odeur semblable à celle de l'essence de térébenthine; une huile oxygénée, le *mésitène*, très-fluide, bouillant à 63°, soluble dans 3 p. d'eau, une autre huile oxygénée, le *mésite*, très-fluide, d'une odeur éthérée, bouillant au-dessus de 70°, et soluble dans 3 p. d'eau ; une troisième huile oxygénée, le *xylitnaphtha*, très-fluide, plus légère que l'eau, bouillant à 110°, presque insoluble dans l'eau, et d'une odeur de menthe poivrée; une quatrième huile oxygénée, le *xylitoel*, bouillant au-dessus de 200° : enfin, une ou deux matières résineuses (*xylitharz*); tous ces corps sont encore indiqués par MM. Weidmann et Schweizer comme les produits de l'action de l'acide sulfurique sur le

[1] La matière *a*, dans l'analyse de M. Liebig, avait été rectifiée deux fois sur le chlorure de calcium; la matière *b* avait été ainsi rectifiée quatre fois. L'analyse de M. Kane a été faite avec un reste de la substance analysée par M. Liebig. Les analyses *a*, *b* et *c* de M. Gmelin ont été faites sur des produits soumis à des rectifications successives sur le chlorure de calcium. L'analyse *d* se rapporte à un produit obtenu avec l'esprit de bois de Paris, rectifié sur le chlorure de calcium; ce produit bouillait à 58°,75, et avait l'odeur de l'acétone.

[2] Voy. aussi VOELCKEL, *Ann. de Poggend.*, LXXXIV, 101; et, en extrait, *Ann. der Chem. u. Pharm.*, LXXX, 311.

lignone. Les résultats obtenus par ces chimistes ne sont pas assez nets pour que nous les transcrivions ici d'une manière complète[1].

Citons encore cependant les faits suivants. Lorsqu'on ajoute peu à peu à du lignone anhydre de l'hydrate de potasse en petits fragments, ceux-ci se gonflent considérablement, et déterminent, au bout de quelques instants la séparation de paillettes d'un blanc argentin. Ces paillettes sont grasses au toucher et fort déliquescentes; leur solution aqueuse se décompose à l'air en donnant de l'acétate de potasse et en mettant du lignone en liberté. Elles donnent de l'acide acétique lorsqu'on les distille avec de l'acide sulfurique étendu.

Lorsqu'on distille le lignone avec de la potasse caustique, il passe de l'hydrate de méthyle[2], et le résidu se compose d'acétate de potasse mélangé d'une matière résineuse.

Suivant M. Gmelin, le lignone ne dissout pas le chlorure de calcium; mais il y pénètre en s'échauffant, et en transformant ce sel en une masse blanche, qui ne dégage le lignone qu'à 100°, d'une manière incomplète; selon M. Liebig, au contraire, le chlorure de calcium se dissout dans le lignone en toutes proportions, en produisant une liqueur sirupeuse.

OXYDE DE MÉTHYLE.

Syn. : Éther méthylique.

Composition : $C^4H^6O^2 = C^2H^3O,C^2H^3O$.

§ 341. Ce corps[3] se produit quand on chauffe l'hydrate de méthyle avec de l'acide sulfurique concentré ou avec un excès d'acide borique anhydre.

[1] Composition des produits de l'action de l'acide sulfurique, suivant MM. Weidmann et Schweizer :

	Méthol.	Xylitoel.	Xylinaphtha.	Mésite.	Mésitène.
Carbone...	88,97	81,38—80,47—80,94	66,82	62,31—62,29	54,87
Hydrogène.	11,02	10,36—10,42—10,27	11,08	10,57—10,65	9,14
Oxygène. .	«	8,26— 9,11— 8,79	22,10	27,12—27,09	35,99

Il est fort probable qu'à part l'hydrocarbure, toutes ces substances ne sont que des mélanges.

L'hydrocarbure pourrait bien n'être que le mésitylène, $C^{18}H^{12}$ (composition : carbone, 90,0; hydrog., 10,0. Point d'ébullition, à 160° environ).

[2] Cette réaction appartient aussi à l'acétate de méthyle. Peut-être le lignone n'est-il qu'un mélange de cet éther et d'acétone.

[3] DUMAS et PÉLIGOT (1835), *Ann. de Chim. et de Phys.*, LVIII, 19.

Lorsqu'on distille un mélange de 1 p. d'hydrate de méthyle avec 4 p. d'acide sulfurique concentré, on obtient des gaz en abondance, en même temps que le résidu noircit. Parmi ces gaz on remarque l'acide carbonique, l'acide sulfureux ainsi qu'un autre, qui constitue l'oxyde de méthyle. On met le mélange gazeux en contact pendant vingt-quatre heures avec des fragments de potasse caustique, qui absorbent les deux acides, en laissant un gaz inflammable qui se dissout entièrement dans l'eau, et présente une odeur éthérée.

Ce gaz, qui possède exactement la même composition et la même densité que la vapeur de l'alcool ordinaire, brûle avec une flamme pâle, et ne se liquéfie pas à — 16°; l'eau en dissout environ 37 fois son volume à la température de + 18°, et acquiert par là une odeur éthérée et une saveur poivrée. L'alcool et l'esprit de bois en dissolvent bien plus. L'acide sulfurique concentré en dissout une grande quantité, qu'il abandonne quand on l'étend d'eau.

L'acide sulfurique anhydre se combine directement avec lui en produisant du sulfate de méthyle.

Dérivés chlorés de l'oxyde de méthyle[1].

§ 342. Quand on mêle l'oxyde de méthyle à l'état sec avec du chlore gazeux, il se produit d'abord quelques nuages d'acide chlorhydrique, puis le mélange fait exploison en brisant les appareils. On peut néanmoins obtenir des dérivés chlorés en dégageant les deux gaz dans deux appareils séparés, et en les faisant arriver dans un grand ballon par deux tubes dont les orifices soient assez écartés.

Les dérivés chlorés que M. Regnault a ainsi obtenus sont :

L'oxyde de méthyle monochloré. $C^4H^4Cl^2O^2 = \left.\begin{matrix} C^2H^2Cl.O \\ C^2H^2Cl.O \end{matrix}\right\}$

— — bichloré . . $C^4H^2Cl^4O^2 = \left.\begin{matrix} C^2H\,Cl^2.O \\ C^2\,HCl^2.O \end{matrix}\right\}$

— — perchloré. . $C^4\,Cl^6O^2 = \left.\begin{matrix} C^2\quad Cl^3.O \\ C^2\quad Cl^3.O \end{matrix}\right\}$

§ 343. *Oxyde de méthyle monochloré,* ou éther méthylique monochloré, $C^4H^4Cl^2O^2$. — C'est le premier produit de la réaction de l'oxyde de méthyle et du chlore. Il se présente sous la forme d'un

[1] REGNAULT (1839), *Ann. de Chim. et de Phys.*, LXXI, 396.

liquide très-mobile, doué d'une odeur suffocante, qui excite le larmoiement.

Ce produit répand des fumées acides à l'air; mais on peut le distiller sans qu'il altère. Il bout à 105° ; sa densité à 20° est de 1,315. L'eau le décompose très-lentement. La densité de sa vapeur a été trouvée égale à 3,77 — 4,047.

Ce corps est aisément attaqué par le chlore dans un endroit bien éclairé; au soleil[1], l'action est tellement vive qu'il peut y avoir inflammation. Il perd successivement tout son hydrogène, qu'il échange pour du chlore.

Oxyde de méthyle bichloré, ou éther méthylique bichloré, $C^4H^2Cl^4O^2$. — Liquide d'une odeur moins forte que celle du corps précédent. Sa densité à 20° est de 1,606. Il bout vers 130°. La densité de sa vapeur a été trouvée égale à 6,367.

Oxyde de méthyle perchloré, ou éther méthylique perchloré, $C^4Cl^6O^2$. — Liquide d'une odeur extrêmement vive et suffocante, et d'une densité de 1,594. Il bout vers 100°.

M. Regnault a trouvé, pour la densité de la vapeur de ce corps, par la méthode de Gay-Lussac, le nombre 4,670, qui donnerait[1], non pas 3 volumes, mais 8 volumes pour la formule $C^4Cl^6O^2$.

SULFURES DE MÉTHYLE.

§ 344. Les composés sulfurés du groupe méthylique sont les suivants :

Sulfhydrate de méthyle, ou mercaptan méthylique.	$C^2H^4S^2$	$= \left\{ \begin{matrix} C^2H^3.S \\ H\ S \end{matrix} \right.$
Sulfure de méthyle, ou éther méthylsulfhydrique.	$C^4H^6S^2$	$= \left\{ \begin{matrix} C^2H^3.S \\ C^2H^3.S \end{matrix} \right.$
Bisulfure de méthyle.	$C^4H^6S^4$	$= \left\{ \begin{matrix} C^2H^3.S^2 \\ C^2H^3.S^2 \end{matrix} \right.$

[1] Je présume que cette densité n'a pas été prise sur le corps $C^4Cl^6O^2$, mais sur un mélange à volumes égaux de chlorure de carbone C^2Cl^4 et de gaz chlorocarbonique $C^2Cl^2O^2$. (La densité d'un semblable mélange serait égale à 4,5.) On sait en effet, par les expériences de M. Cahours, que les éthers méthyliques perchlorés donnent, par la chaleur, du gaz chlorocarbonique $C^2Cl^2O^2$, de même que les éthers éthyliques donnent dans ces circonstances du chlorure de trichloracétyle $C^4Cl^4O^2$. Or il est démontré par les expériences de M. Malaguti que l'oxyde d'éthyle perchloré se décompose par la distillation en $C^4Cl^6 + C^4Cl^4O^2$; il est donc à supposer que son homologue, l'oxyde de méthyle perchloré, se dédouble dans des circonstances semblables en $C^2Cl^4 + C^2Cl^2O^2$.

Trisulfure de méthyle. . . . . $C^4H^6S^6 = \left.\begin{matrix} C^2H^3.S^3 \\ C^2H^3.S^3 \end{matrix}\right\}$

§ 345. Sulfhydrate de méthyle [1], ou mercaptan méthylique $C^2H^4S^2$. — Pour obtenir ce corps, on distille au bain-marie, en ayant soin de bien refroidir, 1 p. d'une solution de méthyl-sulfate de chaux et 1 p. d'une solution de sulfhydrate de potasse (les deux solutions ayant une densité de 1,25). On lave avec de la potasse le produit distillé.

Le sulfhydrate de méthyle est un liquide incolore, bouillant à 21°. d'une odeur fétide, et peu soluble dans l'eau. Il précipite l'acétate de plomb en jaune, et donne avec l'oxyde de mercure une combinaison blanche et cristallisable.

On obtient le *sulfhydrate de bromométhyle*, $C^2H^3BrS^2$, par l'action du brôme sur le corps précédent. Il constitue des octaèdres d'un jaune de succin, très-volatils. (Cahours.)

§ 346. Sulfure de méthyle [2], $C^4H^6S^2$. — On le prépare aisément en faisant réagir le chlorure de méthyle sur une dissolution de monosulfure de potassium dans l'esprit de bois. On se procure pour cela ce monosulfue en divisant en deux parties égales une dissolution de potasse, saturant l'une par l'hydrogène sulfuré, et la réunissant à l'autre. Il faut avoir soin de n'y pas mettre en excès l'hydrogène sulfuré. Ensuite on place la dissolution du sulfure dans une cornue tubulée, munie d'une allonge et d'un récipient, et l'on y fait arriver un courant de chlorure de méthyle; ce gaz est absorbé en grande quantité. On chauffe ensuite la cornue, et l'on refroidit convenablement le récipient. Il se dépose dans le résidu du chlorure de potassium, et le sulfure de méthyle distille.

C'est un liquide très-mobile, d'une odeur des plus désagréables, d'une densité de 0,845 à 21°. Il bout à 41°. La densité de sa vapeur a été trouvée égale à 2,115.

Le chlore l'attaque aisément, surtout sous l'influence solaire. Le produit final consiste en une liqueur extrêmement fétide, volatile, sans décomposition, et paraissant contenir $C^4Cl^6S^2$.

§ 347. Bisulfure de méthyle, $C^4H^6S^4$. — On le prépare avec une égale facilité, soit en faisant passer un courant de chlorure de méthyle dans une dissolution alcoolique de bisulfure de potassium,

[1] Gregory (1835), *Ann. der Chem. u. Pharm.*, XV, 239.
[2] Regnault (1840), *Ann. de Chim. et de Phys.*, LXXI, 391.

soit en distillant un mélange de deux dissolutions concentrées de bisulfure de potassium et de méthyl-sulfate de chaux. On obtient dans les deux cas un liquide limpide, légèrement jaunâtre, qui commence à bouillir vers 110 à 112 degrés, et dont le point d'ébullition finit par s'élever jusqu'à 160 à 170 degrés. Si le bisulfure alcalin dont on fait usage est bien pur, la majeure partie du liquide distille entre 110 et 120 degrés. En mettant à part ce produit, le séchant sur du chlorure de calcium, et lui faisant subir une ou deux rectifications, on finit par obtenir un produit pur. C'est un liquide limpide, réfractant fortement la lumière, et doué d'une odeur d'oignon insupportable et très-persistante; sa densité est de 1,048 à 18°; à l'état de vapeur, sa densité est de 3,310. Il est à peine soluble dans l'eau, à laquelle il communique néanmoins son odeur; il se dissout en toutes proportions dans l'alcool et l'éther. Il bout entre 115 et 118°.

Il est inflammable et brûle avec une flamme bleue, en répandant du gaz sulfureux.

Le chlore l'attaque vivement, en produisant des tables rhomboïdales. Si l'on épuise l'action, il se produit du chlorure de soufre et du sulfure de méthyle perchloré $C^4Cl^6S^2$. Le brome agit sur lui en produisant des corps dérivés par substitution.

L'acide nitrique l'attaque vivement à chaud en produisant de l'acide méthyl-sulfureux (§ 349), ainsi qu'une petite quantité d'acide sulfurique; lorsqu'on évapore au bain-marie la liqueur nitrique, il se dégage des vapeurs qui excitent le larmoiement, comme le raifort. (Muspratt.)

L'acide sulfurique le dissout à froid, et le décompose si l'on chauffe.

On peut le distiller sur de la potasse concentrée sans qu'il s'altère.

Trisulfure de méthyle, $C^4H^6S^6$. — Lorsqu'on remplace le bisulfure de potassium, dans la préparation précédente, par le quintisulfure, on obtient encore une quantité notable de bisulfure de méthyle, mais il distille en dernier lieu, à 200° environ, un produit jaunâtre, qui est le trisulfure de méthyle[1]. Celui-ci se comporte avec le chlore et l'acide nitrique comme le bisulfure.

[1] CAHOURS (1846), *Ann. de Chim. et de Phys.*, [3] XVIII, 258.

SULFITES DE MÉTHYLE.

§ 348. Lorsqu'on traite par l'acide nitrique le sulfhydrate de méthyle $C^2H^4S^2$, il fixe de l'oxygène, et se convertit en acide méthyl-sulfureux :

$$\text{Acide méthyl-sulfureux. . . } C^2H^4S^2O^6 = \left.\begin{matrix} C^2H^3.O \\ HO \end{matrix}\right\} S^2O^4.$$

Celui-ci s'obtient aussi par l'action de l'acide nitrique sur le bisulfure et sur le sulfocyanure de méthyle (§ 247); M. Kolbe l'a également obtenu par la déchloruration de plusieurs acides chlorés, que nous décrirons tout à l'heure, et qu'on peut considérer comme dérivés par substitution de l'acide méthyl-sulfureux.

Aux acides précédents se rattachent des chlorures particuliers, qui sont à ces acides ce que l'acide chlorhydrique est à l'eau :

$$\text{Chlorure méthyl-sulfureux. } C^2H^3ClS^2O^4. = \left.\begin{matrix} C^2H^3 \\ Cl \end{matrix}\right\} S^2O^4.$$

§ 349. ACIDE MÉTHYL-SULFUREUX [1], dit aussi acide méthyl-dithionique ou sulfométhylsulfurique, $C^2H^4S^2O^6$. — On l'obtient avec l'acide nitrique et les sulfures méthyliques, en opérant comme dans la préparation de son homologue, l'acide éthyl-sulfureux.

Voici comment M. Kolbe l'obtient par voie galvanique. Il dissout 70 gr. d'acide trichlorométhyl-sulfureux dans trois fois son poids d'eau, et il décompose le liquide *neutre* au moyen d'un courant déterminé par deux éléments de Bunsen, deux plaques de zinc amalgamées servant d'électrodes. La décomposition s'effectue d'abord avec calme et sans dégagement de gaz, en même temps que la matière s'échauffe beaucoup; il ne se développe de l'hydrogène qu'après la déchloruration d'une grande partie de l'acide trichloré. Au bout d'une heure de réaction, le liquide est tellement saturé de chlorure de zinc qu'il se dépose au pôle négatif beaucoup de zinc métallique. On le précipite à l'ébullition par du carbonate de potasse, et, après avoir ramené au volume primitif le liquide alcalin filtré, on le soumet de nouveau à l'action du courant pendant une heure, jusqu'à ce que la quantité de carbonate de zinc mise en liberté soit assez grande pour qu'il s'effectue une réduction au pôle négatif. Ces opérations ayant été répétées plusieurs fois, on éva-

[1] KOLBE (1845), *Ann. der Chem. u. Pharm.*, LIV, 174. — MUSPRATT, *ibid.*, LXV, 251. — *The Quart. Journ. of Chem. Societ.*, avril 1850, 22.

pore la solution à siccité, on reprend par l'alcool bouillant de 80° qui dissout un mélange de sel monochloré et de sel exempt de chlore ; après avoir éloigné l'alcool par la distillation, on dissout dans l'eau le mélange salin, on l'additionne d'un peu de carbonate de potasse, et l'on décompose de nouveau par le courant : le dégagement d'hydrogène finit alors par être très-vif. L'action est terminée au bout de dix heures, et tout le chlore se trouve alors éliminé et remplacé par de l'hydrogène. — Il est remarquable que si la solution du sel de potasse trichloré est *acide*, l'échange du chlore, sous l'influence du courant, ne porte que sur deux équivalents de ce corps, tandis que le troisième équivalent est aussi échangé pour de l'hydrogène, s'il y a de l'alcali libre en présence.

M. Kolbe prépare également le méthyl-sulfite de potasse à l'aide du procédé appliqué par M. Melsens à la régénération de l'acide acétique par l'acide trichloracétique. Quand on verse sur de l'amalgame de potassium (1 p. de potassium et 100 p. de mercure) une solution de trichlorométhyl-sulfite de potasse, on n'observe un dégagement d'hydrogène qu'après que tout le sel a été privé de chlore et transformé en méthyl-sulfite. Le liquide s'échauffe alors, et il se produit du chlorure de potassium et de la potasse :

$$\underset{\text{Trichlorométhyl-sulfite.}}{C^2Cl^3KS^2O^6} + 3K^2 + 6HO = 3KCl + \underset{\text{Méthyl-sulfite.}}{C^2H^3KS^2O^6} + 2(KO,HO).$$

L'acide méthyl-sulfureux s'extrait de son sel de potasse par le même procédé que les acides chlorés correspondants. Il constitue un liquide épais, incolore, qui ne se décompose qu'à une température supérieure à 130°. Il est fort énergique, et forme des sels bien déterminés.

§ 350. Les *méthyl-sulfites* sont solubles dans l'eau et cristallisables. La calcination les décompose en sulfure, charbon, oxyde de carbone, et en produits gazeux fétides, contenant du soufre.

Le *sel d'ammoniaque* forme de longs prismes déliquescents.

Le *sel de potasse*, $C^2H^3KS^2O^6$ (à 100°), cristallise, de sa solution dans l'alcool bouillant de 90°, en fibres soyeuses, tellement enchevêtrées, que tout le liquide se prend en une bouillie épaisse. Ce sel est fort soluble dans l'eau, à froid ; l'alcool absolu ne le dissout pas. Il devient humide à l'air, sans tomber en déliquescence ; sa solution aqueuse est neutre aux papiers. Par la calcination, il donne du bisulfure de potassium, du charbon, de l'oxyde de carbone et de l'eau ; outre ces corps, il se produit un composé sulfuré, gazeux et fétide. On obtient un *sel acide*, $C^2H^3KS^2O^6, C^2H^4S^2O^6$ (à 100°), rougissant fortement le tournesol, déliquescent, et cristallisable en gros prismes quadrilatères, lorsqu'on abandonne dans le vide, sur de l'acide sulfurique, une solution du sel neutre dans l'acide méthyl-sulfureux.

Le *sel de baryte*, $C^2H^3BaS^2O^6$ (à 100°), forme des tables rhombes transparentes, inaltérables à l'air; sa solution aqueuse précipite par l'alcool absolu de fines aiguilles brillantes.

Le *sel de zinc* s'obtient en dissolvant le zinc métallique dans l'acide; la dissolution, qui s'effectue avec un dégagement d'hydrogène, fournit des cristaux rougissant le tournesol, et contenant des quantités variables d'eau de cristallisation.

Le *sel de cuivre*, $C^2H^3CuS^2O^6 + 5$ aq., s'obtient en beaux cristaux extrêmement solubles.

Le *sel de plomb*, $C^2H^3PbS^2O^6 +$ aq., obtenu en neutralisant l'acide par le carbonate de plomb, cristallise en gros prismes rhomboïdaux, inaltérables à l'air, acides, et ayant la saveur sucrée des sels de plomb; ils perdent à 100° leur eau de cristallisation en devenant opaques. — Un *sous-sel*, $C^2H^3PbS^2O^6, 2PbO$ (à 100°), s'obtient en faisant bouillir le sel neutre avec de l'oxyde de plomb et évaporant la solution dans le vide. C'est une masse amorphe et blanche, dont la solution est précipitée par l'acide carbonique.

Le *sel d'argent*, $C^2H^3AgS^2O^6$, cristallise aisément en feuillets minces, anhydres, acides, d'une saveur métallique, douceâtre, assez stables à la lumière, et dont la solution peut être évaporée à chaud sans se décomposer.

§ 351. CHLORURE MÉTHYL-SULFUREUX, $C^2H^3ClS^2O^4$. — On ne l'a pas encore isolé. On l'obtiendrait probablement en traitant un méthyl-sulfite alcalin par l'oxychlorure de phosphore.

Dérivés chlorés de l'acide méthyl-sulfureux[1].

§ 352. On connaît trois acides chlorés qui dérivent de l'acide méthyl-sulfureux par substitution de Cl à H :

Acide chlorométhyl-sulfureux. . $C^2H^3ClS^2O^6 = \left.\begin{matrix} C^2H^2Cl.O \\ HO \end{matrix}\right\} S^2O^4,$

— bichlorométhyl-sulfureux. $C^2H^2Cl^2S^2O^6 = \left.\begin{matrix} C^2HCl^2.O \\ HO \end{matrix}\right\} S^2O^4,$

[1] KOLBE (1845), *loc. cit.*

Acide trichlorométhyl-sulfureux. $C^2HGl^3S^2O^6 = \left.\begin{matrix} C^2Gl^3.O \\ HO \end{matrix}\right\} S^2O^4$.

§ 353. *Acide chlorométhyl-sulfureux*, dit aussi acide chlorométhyl-dithionique ou chlorélaïl-hyposulfurique, $C^2H^3GlS^2O^6$. — Il se produit par la déchloruration partielle de l'acide trichlorométhyl-sulfureux au moyen d'un courant galvanique.

Voici comment on opère pour le préparer : on dissout dans l'eau environ 50 grammes de trichlorométhyl-sulfite de potasse, on y ajoute de l'acide sulfurique, et l'on met le tout en digestion avec du zinc, jusqu'à ce que le liquide soit entièrement saturé de sels de zinc. La dissolution du métal s'effectue avec une vive effervescence de gaz hydrogène qui répand une odeur désagréable, rappelant celle du sulfure de carbone. La plus grande partie du zinc cristallise par le refroidissement de la solution concentrée, sous forme de sulfate de zinc et de potasse. On en décante le liquide, on le précipite à l'ébullition par du carbonate de potasse, et, après avoir filtré, on évapore à siccité; ensuite on épuise le résidu par l'alcool bouillant de 80°. La masse saline qui reste après l'évaporation de l'alcool se compose d'un mélange de sels potassiques de l'acide bichlorométhyl-sulfureux et de l'acide trichlorométhyl-sulfureux. On peut augmenter la quantité du sel trichloré en répétant sur le produit le traitement par le zinc et l'acide sulfurique. Finalement on le soumet à l'action d'une pile de Bunsen, après l'avoir dissous dans de l'eau aiguisée par l'acide sulfurique ; deux plaques de zinc amalgamé servent d'électrodes. On interrompt l'opération quand le dégagement d'hydrogène s'arrête et qu'il se dépose du zinc métallique au pôle négatif. Les sels de zinc tenus en dissolution sont ensuite précipités par du carbonate de potasse, et l'on soumet de nouveau à l'action du courant, à trois ou quatre reprises, le liquide filtré et rendu acide, jusqu'à ce que le tout soit transformé en acide chlorométhyl-sulfureux. On reconnaît ce point quand le sel de potasse ne dégage plus d'acide chlorhydrique par la calcination. Pour faire cette réaction, on n'a qu'à évaporer à siccité une partie du liquide décomposé par le courant et rendu neutre, à épuiser le résidu par l'alcool, et à calciner dans un petit tube les cristaux qui se déposent dans ce liquide : s'il se dégage de l'acide chlorhydrique, l'eau condensée sur la partie supérieure du tube précipitera le chlorure d'argent. Il est d'ailleurs impossible de séparer les deux sels quand on les a ensemble.

Pour obtenir l'acide chlorométhyl-sulfureux, il est indispensable de maintenir un léger excès d'acide dans le liquide qu'il s'agit de décomposer par le courant; car dès que ce liquide est neutre ou alcalin la réduction va encore plus loin, et l'on obtient de l'acide méthyl-sulfureux.

On obtient à l'état libre l'acide chlorométhyl-sulfureux en précipitant par le carbonate de potasse la solution acide soumise à l'action du courant, évaporant à siccité, et épuisant le résidu par l'alcool bouillant de 80°. Celui-ci dissout assez aisément le chlorométhyl-sulfate de potasse, tandis que le sulfate et la plus grande partie du chlorure restent à l'état insoluble. On précipite par l'acide sulfurique la solution alcoolique, et l'on concentre le liquide filtré jusqu'à expulsion complète de l'acide chlorhydrique; ensuite pour enlever aussi l'acide sulfurique on étend d'eau la liqueur acide, on neutralise par le carbonate de plomb, et l'on décompose par l'hydrogène sulfuré.

A l'état de pureté, l'acide chlorométhyl-sulfureux constitue un liquide épais, fort acide, qu'on peut chauffer à 140° sans qu'il s'altère. On ne l'a pas obtenu cristallisé. Les autres propriétés de cet acide sont les mêmes que celles de l'acide bichlorométhyl-sulfureux.

§ 354. Les *chlorométhyl-sulfites* sont solubles dans l'eau et en grande partie cristallisables. Ils donnent par la calcination du gaz sulfureux et de l'eau, en laissant un résidu de chlorure noirci par du charbon. On peut en préparer un grand nombre avec les carbonates métalliques et l'acide chlorométhyl-sulfureux.

Le *sel d'ammoniaque* cristallise, par l'évaporation lente de sa solution aqueuse, en prismes allongés et déliquescents.

Le *sel de potasse*, $C^2H^2ClKS^2O^6$, se sépare de la solution alcoolique saturée à chaud, en aiguilles si petites que le liquide se prend en un magma gélatineux. Les cristaux sont anhydres, attirent l'humidité de l'air, mais ne sont pas déliquescents. A froid, ils sont presque insolubles dans l'alcool absolu. Par la calcination, ils dégagent du gaz sulfureux et des vapeurs d'eau, en laissant du chlorure de potassium coloré par du charbon :

$$C^2H^2ClKS^2O^6 = 2SO^2 + 2HO + KCl + C^2.$$

Le *sel de soude* ressemble beaucoup au sel de potasse. Il cristallise dans l'alcool concentré et bouillant en petites aiguilles groupées en étoiles et déliquescentes.

Le *sel de baryte* s'obtient en tablettes rhombes, douées d'une saveur salée et fraîche; il rougit légèrement le tournesol.

Le *sel de plomb*, $C^2H^2ClPbS^2O^6$, est fort soluble dans l'eau, et cristallise en aiguilles soyeuses, groupées en aigrettes. Il a une réaction acide.

Le *sel d'argent*, $C^2H^2ClAgS^2O^6$, s'obtient sous la forme de petits cristaux déliquescents, fort sensibles à l'action de la lumière et de la chaleur.

§ 355. *Acide bichlorométhyl-sulfureux*, dit aussi acide bichlorométhyl-dithionique, ou acide chloroformyl-hyposulfurique, $C^2H^2Cl^2S^2O^6$. — On l'obtient sous forme de sel de potasse ou de baryte, en dissolvant dans la potasse ou la baryte le chlorure bichlorométhyl-sulfureux. Le même acide se produit aussi à l'état de sel de zinc si l'on dissout du zinc métallique dans l'acide trichlorométhyl-sulfureux.

On isole l'acide bichlorométhyl-sulfureux en précipitant par l'acide sulfurique la solution alcoolique de son sel de potasse. On évapore le liquide filtré tant qu'il résiste à l'action de la chaleur; puis, après avoir enlevé par l'eau de baryte l'acide sulfurique excédant, on concentre le produit filtré. L'éther bouillant extrait du résidu l'acide bichlorométhyl-sulfureux, en laissant à l'état insoluble les sels qui y étaient mélangés. Après l'évaporation de l'éther, cet acide constitue un liquide fort aigre, qu'on décolore en y dissolvant de la litharge et en faisant passer de l'hydrogène sulfuré dans la solution.

L'acide bichlorométhyl-sulfureux cristallise dans le vide en petits prismes incolores, qui tombent à l'air en déliquescence. Il fond par la chaleur, en dégageant d'épaisses vapeurs blanches, en même temps qu'il se sépare du charbon. Ses propriétés le rapprochent beaucoup de l'acide trichlorométhyl-sulfureux; il ne s'oxyde pas par voie humide, supporte 140° sans s'altérer, et décompose les chlorures solubles.

§ 356. Les *bichlorométhyl-sulfites* sont solubles dans l'eau, et en partie aussi dans l'alcool. Ils se distinguent des chlorométhyl-sulfites en ce qu'ils dégagent de l'acide chlorhydrique à la distillation sèche, en même temps qu'ils donnent du gaz sulfureux, de l'acide carbonique, de l'oxyde de carbone et un résidu de chlorure, égèrement coloré par du charbon.

Le *sel d'ammoniaque* cristallise par l'évaporation spontanée en prismes incolores, inaltérables à l'air, et qui ont souvent un pouce de long.

Le *sel de potasse*, $C^2HCl^2KS^2O^6$, s'obtient en précipitant par la potasse la solution bouillante du sel de zinc, évaporant à siccité le liquide filtré, et épuisant le résidu par l'alcool bouillant de 96 centièmes.

Le même sel se prépare encore plus aisément si l'on fait bouillir avec de la potasse le chlorure bichlorométhyl-sulfureux.

Le bichlorométhyl-sulfite de potasse se précipite en paillettes nacrées. Il est soluble dans l'eau et dans l'alcool bouillant; à froid, l'alcool absolu ne le dissout presque pas. Il ne s'altère pas à l'air, est neutre aux papiers, et possède une saveur légèrement salée. On peut le chauffer jusqu'à 250° sans qu'il se décompose; mais à une température plus élevée il se dédouble en gaz sulfureux, acide chlorhydrique, acide carbonique et oxyde de carbone, en laissant du chlorure légèrement coloré par du charbon.

Le *sel d'argent*, $C^2HCl^2AgS^2O^6$, obtenu en neutralisant l'acide par le carbonate d'argent est très-sensible à l'action de la lumière et de la chaleur. A l'abri de ces agents, on peut l'obtenir dans le vide sous la forme de petits cristaux transparents, qui résistent à une température de 150°.

§ 357. *Acide trichlorométhyl-sulfureux*, dit aussi acide trichlorométhyl-dithionique ou chlorocarbon-hyposulfurique, $C^2Cl^3H S^2O^6 + 2$ aq. — On l'obtient à l'état de sel de potasse ou de baryte en traitant par la potasse ou la baryte le chlorure trichlorométhyl-sulfureux (§ 361). On l'isole en décomposant par l'acide sulfurique son sel de baryte ou de plomb; l'excédant d'acide sulfurique peut s'enlever par le carbonate de plomb, et l'excédant de plomb par l'hydrogène sulfuré.

L'acide trichlorométhyl-sulfureux cristallise, par l'évaporation de la solution acide, en petits prismes incolores qui renferment 2 atomes d'eau de cristallisation. Desséchés dans le vide, ces cristaux donnent une masse incolore fort déliquescente, qu'il est difficile de sécher complétement.

Cet acide fond à 130° dans son eau de cristallisation, et commence à bouillir à 160°, en se volatilisant en partie; toutefois une autre partie se décompose complétement à cette température en acide chlorhydrique, gaz sulfureux et gaz chlorocarbonique. Il dissout aisément le zinc métallique sans dégagement d'hydrogène, en donnant du bichlorométhyl-sulfite de zinc. Il n'est attaqué à l'ébullition ni par l'acide nitrique fumant, ni par l'eau régale, ni par l'acide chromique; il déplace tous les acides minéraux fixes, même l'acide chlorhydrique.

§ 358. Les *thrichlorométhyl-sulfites* sont solubles dans l'eau et en partie aussi dans l'alcool; ils ont une saveur métallique astringente. Lorsqu'on les calcine, ils donnent de l'acide sulfureux, du gaz chlorocarbonique et un résidu de chlorure exempt de sulfate. Le dégagement du gaz chlorocarbonique dans la calcination des trichlorométhyl-sulfites distingue aisément ces sels des autres méthyl-sulfites chlorés.

Beaucoup de trichlorométhyl-sulfites s'obtiennent avec les carbonates métalliques et l'acide trichlorométhyl-sulfureux.

Le *sel d'ammoniaque*, obtenu en neutralisant l'acide libre par l'ammoniaque, cristallise en gros prismes réguliers, inaltérables à l'air.

Le *sel de potasse*, $C^2Gl^3KS^2O^6 + 2$ aq., s'obtient en mettant le chlorure trichlorométhyl-sulfureux en disgestion avec une lessive de potasse, jusqu'à ce que cet alcali soit parfaitement neutralisé; on enlève par la distillation l'excédant du chlorure volatil. Le produit de la réaction est sans couleur ni odeur; on le concentre par l'évaporation jusqu'à ce qu'il se forme une croûte saline à la surface du liquide. Le sel cristallise alors par le refroidissement en lames minces et transparentes; l'eau mère renferme beaucoup de chlorure et une très-petite quantité de sulfate de potasse.

Les cristaux renferment 7,0 = 2 atomes d'eau de cristallisation, qu'ils développent complétement dans le vide, et même déjà par le séjour à l'air, en s'effleurissant. Ils sont solubles dans l'eau et l'alcool; leur saveur est mordicante et nauséabonde. Ils supportent sans se décomposer une température de près de 300°; par une chaleur plus élevée, ils se décomposent en volumes égaux de gaz sulfureux et de gaz chlorocarbonique, en laissant du chlorure de potassium pur :

$$C^2Gl^3KS^2O^6 = 2\,SO^2 + C^2O^2Gl^2 = KGl.$$

Le *sel de soude* s'obtient comme le sel de potasse; il est bien plus soluble dans l'eau, et cristallise en tables rhombes, minces et très-efflorescentes.

Le *sel de baryte*, $C^2Gl^3BaS^2O^6 +$ aq. (à 100°), s'obtient par l'eau de baryte et le chlorure trichlorométhyl-sulfureux; ordinairement, dans cette réaction, il se forme aussi un peu de sulfate par l'effet de l'action de l'air. On évapore à siccité le liquide filtré, et l'on épuise le résidu par l'alcool bouillant. Quand la plus grande partie de l'alcool a été chassée, le sel se précipite en feuillets incolores, qui semblent retenir de l'eau de cristallisation.

Le *sel de cuivre*, $C^2Cl^3CuS^2O^6 + 5$ aq., cristallise en tables bleues, inaltérables à l'air. Il perd à 180° 2 atomes d'eau de cristallisation ; les 3 autres atomes ne se dégagent qu'à une température à laquelle le sel lui-même se décompose.

Le *sel de plomb*, $C^2Cl^3PbS^2O^6 + 2$ aq., rougit le tournesol et cristallise en larges tables, douées d'une saveur mordicante et douceâtre. Il dissout l'oxyde de plomb en donnant un *sous-sel* amorphe.

Le *sel d'argent*, $C^2Cl^3AgS^2O^6 + 2$ aq., cristallise en prismes incolores, doués d'une réaction acide et d'une saveur métallique douceâtre. Les 5,5 p. 100 = 2 atomes d'eau de cristallisation qu'il renferme sont complétement expulsés à 100°. La solution du sel noircit aisément par l'ébullition et par l'action de la lumière, mais le sel sec est plus stable.

Dérivés chlorés du chlorure methyl-sulfureux.

§ 359. On connaît deux chlorures correspondant l'un à l'acide bichlorométhyl-sulfureux, l'autre à l'acide trichlorométhyl-sulfureux :

Chlorure bichlorométhyl-sulfureux. $C^2HCl^3S^2O^4 = \left.\begin{matrix} C^2HCl^2 \\ Cl \end{matrix}\right\} S^2O^4$,

— trichlorométhyl-sulfureux. $C^2Cl^4S^2O^4 = \left.\begin{matrix} C^2Cl^3 \\ Cl \end{matrix}\right\} S^2O^4$.

Chacun de ces deux chlorures peut donner l'acide correspondant en fixant les éléments de l'eau et en éliminant de l'acide chlorhydrique ; cette transformation s'effectue sous l'influence des alcalis.

§ 560. *Chlorure bichlorométhyl-sulfureux*[1], dit aussi sulfite de chlorure de carbone, $C^2HCl^3S^2O^4$. — On l'obtient par l'action des corps réducteurs sur le chlorure trichlorométhyl-sulfureux.

Lorsqu'on fait passer un courant de gaz sulfureux dans la solu-

[1] KOLBE (1845), *Ann. der Chem. u. Pharm.*, LIV, 153. — GERHARDT, *Compt. rend. des Trav. de Chimie*, 1845, p. 197. — M. Kolbe adopte la formule $C^2Cl^2S^2O^4$, qui ne me paraît pas exacte.

tion alcoolique de ce dernier corps, il arrive un moment où l'eau ne précipite plus le liquide; celui-ci renferme alors, outre le gaz sulfureux libre, de l'acide chlorhydrique, de l'acide sulfurique et du chlorure bichlorométhyl-sulfureux. Ce chlorure se décompose toujours par l'évaporation, en donnant du gaz chlorocarbonique ainsi que de l'acide sulfurique et sulfureux; quand on en répand une petite quantité sur une grande surface, elle remplit bientôt l'atmosphère de vapeurs suffocantes de gaz chlorocarbonique et de gaz sulfureux.

L'hydrogène sulfuré donne le même produit, avec dépôt de soufre; le chlorure stanneux et l'hydrogène naissant le donnent également.

La solution aqueuse du chlorure bichlorométhyl-sulfureux est précipitée par le chlorure gazeux, et régénère alors le chlorure trichlorométhyl-sulfureux.

Bouilli avec de la potasse caustique, le chlorure bichlorométhyl-sulfureux donne du chlorure de potassium et du bichlorométhyl-sulfite de potasse.

§ 361. *Chlorure trichlorométhyl-sulfureux*, $C^2Cl^4S^2O^4$. — Ce corps [1] est connu depuis longtemps sous le nom de *sulfite de chlorure de carbone*. Il se produit par l'action du chlore humide sur le sulfure de carbone :

$$2\,CS^2 + 6\,Cl^2 + 4HO = C^2Cl^4\,S^2O^4 + 2\,SCl^2 + 4HCl.$$

Voici comment M. Kolbe le prépare : il prend un grand bocal d'une capacité d'environ six litres et bouchant à l'émeri, et le remplit à moitié d'un mélange de peroxyde de manganèse et d'acide chlorhydrique, puis il y ajoute à peu près 50 grammes de sulfure de carbone, et bouche immédiatement le bocal. Ce mélange est abandonné pendant quelques jours dans un endroit frais; ensuite, après avoir été agité plusieurs fois, il est exposé aussi pendant quelques jours à la température de 30° (les rayons directs du soleil de l'été conviennent le mieux), jusqu'à ce que la majeure partie du sulfure de carbone soit transformée. L'action est beaucoup favorisée par l'addition au mélange de 100 à 200 gr. d'acide nitrique du commerce. Si l'on soulève de temps à autre le bouchon du bocal, on n'a pas à craindre que la pression intérieure fasse éclater le vase.

[1] Berzelius et Marcet (1813), *Journ. f. Chem. u. Phys. de Schweigger*, IX, 298. — Kolbe, *Ann. der Chem. u. Pharm.*, LIV, 148.

On transvase ensuite la matière dans un grand ballon de verre, et on la distille au bain d'huile en refroidissant les produits. Il passe d'abord du sulfure de carbone non décomposé, mélangé d'un liquide jaunâtre et fétide; puis viennent des cristaux de chlorure trichlorométhyl-sulfureux, qui s'attachent aux parois du réfrigérant ; on peut aisément les détacher par de légers chocs. 50 grammes de sulfure de carbone en donnent un peu plus du double de leur poids.

Le chlorure trichlorométhyl-sulfureux est blanc, cristallin et volatil, insoluble dans l'eau et les acides, soluble dans l'alcool, l'éther et le sulfure de carbone; la solution alcoolique est précipitée par l'eau. Il fond à 135°, et bout à 170° sans altération ; il distille aussi avec les vapeurs d'eau. La densité de sa vapeur a été trouvée égale à 7,43. Son odeur est etrêmement pénétrante, et se reconnaît aisément avec les plus petites quantités de matière ; elle excite le larmoiement et détermine dans le gosier une âcreté désagréable. Récemment préparée, sa solution alcoolique n'est que peu troublée par le nitrate d'argent, et la précipitation ne s'effectue qu'à la longue par le séjour du liquide à l'air.

Il se sublime comme le camphre en tables rhombes, petites, incolores, transparentes et d'un éclat de diamant. A l'état sec, il n'agit pas sur le tournesol ; mais quand il a été humecté il le rougit, par suite d'un commencement de décomposition. Les cristaux humides sont blancs, opaques, et forment des végétations dendritiques, semblables au givre.

Il supporte une température assez élevée sans se décomposer; quand on le fait passer dans un tube chauffé au rouge sombre, il se décompose en chlore, gaz sulfureux et éthylène perchloré :

$$2C^2Cl^4S^2O^4 = C^4Cl^4 + 2\,Cl^2 + 4\,SO^2.$$

Chlorure 3 chloro-méthyl-sulfur. — Éthylène perchloré.

Distillé avec un grand excès d'acide sulfurique concentré, il se décompose en gaz sulfureux, acide chlorhydrique et gaz chlorocarbonique :

$$C^2Cl^4S^2O^4 + 2\,HO = 2SO^2 + 2HCl + C^2O^2Cl^2.$$

Au contact de l'eau et de l'air il éprouve une décomposition semblable, en donnant de l'acide chlorhydrique, du gaz sulfureux, de l'acide sulfurique et de l'acide carbonique.

Il se dissout dans la potasse caustique en donnant du trichlorométhyl-sulfite de potasse et du chlorure de potassium.

SULFATES DE MÉTHYLE.

§ 362. Les sulfates du groupe méthylique sont les suivants :

Acide méthyl-sulfurique . . $C^2H^4S^2O^8 = S^2O^6 \left.\begin{matrix} C^2H^3O \\ HO \end{matrix}\right\}$,

Sulfate de méthyle. . . . . $C^4H^6S^2O^8 = S^2O^6 \left.\begin{matrix} C^2H^3O \\ C^2H^3O \end{matrix}\right\}$.

A ces composés on peut encore rattacher :

Le sulfamate de méthyle. . . $C^2H^5NS^2O^6 = \left.\begin{matrix} NH^2(SO^2)^2O \\ C^2H^3O \end{matrix}\right\}$

(L'acide sulfamique représente de l'hydrate d'un oxyde d'ammonium dans lequel H est remplacé par SO^2.)

§ 363. *Acide méthyl-sulfureux*[1], ou acide sulfométhylique, $C^2H^4S^2O^8$. — On l'obtient en grande quantité en mélangeant 1 p. d'esprit de bois avec 2 p. d'acide sulfurique concentré ; la masse s'échauffe, et se prend quelquefois en cristaux par l'évaporation spontanée. On le prépare à l'état de pureté en décomposant avec précaution le méthyl-sulfate de baryte par l'acide sulfurique.

L'acide méthyl-sulfurique peut aussi s'obtenir très-pur si l'on abandonne à l'évaporation spontanée une solution de sulfate de méthyle dans l'eau bouillante. (Liebig.)

Il constitue des aiguilles incolores, fort altérables, solubles dans l'eau et l'alcool.

§ 364. Tous les *méthyl-sulfates* (ou sulfométhylates), $C^2H^3MS^2O^8 = C^2H^3O, MO, 2\,SO^3$, sont des sels très-solubles. Ceux à base de métaux alcalins donnent à la distillation beaucoup de sulfate de méthyle, avec un résidu de sulfate :

$$\underset{\text{Méthyl-sulfate.}}{2\,C^2H^3MS^2O^8} = \underset{\text{Sulf. de méthyle.}}{C^4H^6S^2O^8} + 2\,(SO^3, MO).$$

Les méthyl-sulfates peuvent servir à la préparation d'autres composés méthyliques, par double décomposition avec d'autres sels.

Le *sel de potasse*, $C^2H^3KS^2O^8$ + aq., forme des tables rhombes, fort déliquescentes.

Le *sel de baryte*, $C^2H^3BaS^2O^8$ + 2 aq., s'obtient en saturant par du carbonate de baryte le mélange d'acide sulfurique et d'esprit

[1] DUMAS et PÉLIGOT (1835), *Ann. de Chim. et de Phys.*, LVIII, 54 ; LXI, 199. — KANE, *Philos. Magaz. and Journ. of Science*, VII, 397.

de bois. Il se dépose par l'évaporation dans le vide, sous la forme de belles lames nacrées, fort solubles dans l'eau. A la distillation sèche il donne du gaz sulfureux, du gaz inflammable, de l'eau et du sulfate de méthyle, en laissant du sulfate de baryte, coloré par quelques traces de charbon.

On obtient un *isomère de ce sel de baryte*, sous la forme de prismes très-minces, quand on fait absorber par l'esprit de bois les vapeurs de l'acide sulfurique anhydre et qu'on sature par l'eau de baryte après avoir étendu d'eau.

Le *sel de chaux*, $C^2H^3CaS^2O^8$, forme des octaèdres anhydres, fort déliquescents.

Le *sel d'uranyle*[1], C^2H^3 (U^2O^2) $S^2O^8 +$ aq., s'obtient en précipitant le sel de baryte par du sulfate d'uranyle, et évaporant la solution filtrée dans le vide. Il se dépose alors au bout de quelques mois des cristaux fort déliquescents.

Le *sel de plomb*, $C^2H^3PbS^2O^8$ + aq. et + 2 aq., se prend en longs prismes et quelquefois en tables. Les cristaux sont fort solubles et déliquescents; les tables contiennent 2 atomes, et les prismes 1 atome d'eau de cristallisation.

§ 365. *Sulfate de méthyle*[2], ou éther méthyl-sulfurique, $C^4H^6S^2O^8$. — Cet éther se produit quand on fait absorber les vapeurs de l'acide sulfurique anhydre par l'oxyde de méthyle; il se forme aussi dans la distillation sèche des méthyl-sulfates.

Pour le préparer, on distille 1 p. d'esprit de bois avec 8 ou 10 p. d'acide sulfurique en faisant bouillir doucement le mélange; il se condense alors dans le récipient un liquide oléagineux, qu'on agite avec du chlorure de calcium après l'avoir lavé avec de l'eau. On le rectifie ensuite à plusieurs reprises sur de la baryte caustique en poudre fine.

A l'état de pureté, c'est une huile incolore, d'une odeur alliacée et d'une densité de 1,324 à 22° c. Il bout à 188°, sous la pression de 0,761.

L'eau froide le décompose lentement; l'eau bouillante le convertit rapidement avec dégagement de chaleur, en hydrate de méthyle et en acide méthyl-sulfurique. Les alcalis minéraux le décomposent à l'ébullition en hydrate de méthyle et en sulfate alcalin.

[1] PÉLIGOT, *Ann. de Chim. et de Phys.*, [3] XII, 560.
[2] DUMAS et PÉLIGOT (1835), *Ann. de Chim. et de Phys.*, LVIII, 32.

Distillé avec du sel marin fondu, il donne du gaz chlorure de méthyle et du sulfate de soude.

Distillé sur du benzoate de potasse, il donne du sulfate de potasse et du benzoate de méthyle ; avec le formiate de soude, il produit de même du formiate de méthyle. Enfin, en le mettant en contact avec des sulfures alcalins, on obtient du sulfure de méthyle.

L'ammoniaque le convertit en sulfamate de méthyle et en hydrate de méthyle :

$$C^4H^6S^2O^8 + NH^3 = C^2H^5NS^2O^6 + C^2H^4O^2.$$

Sulf. de méthyle. Sulfamate de méthyle. Hydrate de méthyle.

§ 366. *Sulfamate de méthyle*[1], ou sulfaméthylane, $C^2H^5NS^2O^6$. — Quand on dirige un courant d'ammoniaque sèche dans du sulfate de méthyle, ce corps ne tarde pas à s'échauffer beaucoup, et il se convertit bientôt en une masse cristalline et molle, qui consiste probablement en un mélange de sulfate de méthyle non attaqué et de sulfaméthylane. Pour obtenir ce dernier produit, il suffit de traiter le sulfate de méthyle par l'ammoniaque liquide. L'action est si vive, par l'agitation du mélange, qu'il est souvent projeté hors du vase avec une espèce d'explosion. Le liquide, entièrement miscible à l'eau, qui reste après la réaction, donne, par l'évaporation dans le vide sec, une belle cristallisation de sulfaméthylane. Malheureusement ce corps attire beaucoup l'humidité, ce qui rend la conservation des cristaux très-difficile.

Le sulfaméthylane forme de grosses tables limpides extrêmement déliquescentes.

FLUORURE DE MÉTHYLE.

Syn. : éther méthyl-fluorhydrique.

Composition : C^2H^3F.

§ 367. Lorsqu'on distille un mélange d'acide sulfurique, de fluorure de potassium et d'esprit de bois, il se produit un gaz in-

[1] DUMAS et PÉLIGOT (1835), *Ann. de Chim. et de Phys.*, LVIII, 59.

L'acide sulfamique est contenu, en combinaison avec l'ammoniaque, dans ce qu'on appelle le *sulfate d'ammoniaque anhydre*. — Le sulfaméthylane n'a pas été analysé, et la formule que lui assignent MM. Dumas et Péligot n'est qu'une formule supposée. — Il est à remarquer que d'après M. Strecker l'homologue du sulfate de méthyle, le sulfate d'éthyle, absorbe directement le gaz ammoniaque, et produit un corps qui n'est pas l'homologue du sulfaméthylane.

colore, d'une odeur éthérée agréable, et d'une densité de 1,186. Ce produit est assez inflammable, et brûle avec une flamme bleue. L'eau en dissout une fois et demie son volume [1].

CHLORURE DE MÉTHYLE.

Syn. : éther méthyl-chlorhydrique.

Composition : C^2H^3Cl.

§ 368. On prépare cet éther [2] en chauffant un mélange de 2 p. de sel marin, 1 p. d'esprit de bois et 3 p. d'acide sulfurique concentré ; à l'aide d'une douce chaleur, on développe un gaz qui peut être recueilli sur l'eau. Celle-ci retient les impuretés, telles que l'esprit de bois, l'acide sulfureux, l'hydrate de méthyle.

Le chlorure de méthyle est un gaz incolore, d'une odeur éthérée et d'une saveur sucrée, d'une densité de 1,736 ; il ne se condense pas à — 18°.

L'eau en dissout 2,8 fois son volume à 16°.

Il brûle avec une flamme blanche au milieu et verte sur les bords, en produisant de l'eau, du gaz carbonique et de l'acide chlorhydrique.

Lorsqu'on le fait passer dans un tube de porcelaine chauffé au rouge, il se décompose, avec un léger dépôt de charbon, en un mélange de méthylène et d'acide chlorhydrique :

$$C^2H^3Cl = C^2H^2 + HCl.$$

Dirigé à chaud sur de la chaux potassée, il donne du formiate et du chlorure, ainsi que du gaz hydrogène :

$$\underset{\text{Chlor. de méthyle.}}{C^2H^3Cl} + 2(MO, HO) = \underset{\text{Formiate.}}{C^2HMO^4} + MCl + 2\ H^2.$$

Lorsqu'on le fait passer sur du phosphure de chaux, à 200° ou 300°, on obtient plusieurs produits phosphorés, parmi lesquels on remarque un alcaloïde. (Voy. PHOSPHURE DE MÉTHYLE.)

Dérivés chlorés du chlorure de méthyle [3].

§ 369 Le chlore n'attaque pas le chlorure de méthyle à la lumière diffuse ; mais lorsqu'on opère au contact des rayons solaires, on obtient successivement les corps chlorés suivants :

[1] DUMAS et PÉLIGOT (1835), *Ann. de Chim. et de Phys.*, LXI, 193.
[2] DUMAS et PÉLIGOT (1835), *Ann. de Chim. et de Phys.*, LVIII, 25.
[3] REGNAULT (1840), *Ann. de Chim. et de Phys.*, LXXI, 377.

Chlorure de méthyle chloré. . . . $C^2H^2Cl^2 = \left.\begin{matrix} C^2H^2Cl \\ Cl \end{matrix}\right\}$

— — bichloré. . . $C^2H\,Cl^3 = \left.\begin{matrix} C^2HCl^2 \\ Cl \end{matrix}\right\}$

— — perchloré. . $C^2\;Cl^4 = \left.\begin{matrix} C^2\;Cl^3 \\ Cl \end{matrix}\right\}$

Un mélange de gaz chlore et de chlorure de méthyle brûle avec une flamme rouge, par l'approche d'un corps en combustion.

§ 370. *Chlorure de méthyle chloré*, $C^2H^2Cl^2$. — C'est le premier produit de l'action du chlore sur le chlorure de méthyle. Le chlorure de méthyle est beaucoup plus difficilement attaqué par le chlore que son homologue le chlorure d'éthyle ; l'action est tout à fait nulle à la lumière diffuse, au soleil elle s'établit bientôt ; mais comme les produits sont beaucoup plus volatils que les chlorures d'éthyle chlorés, il faut pour les condenser des précautions particulières sans lesquelles la presque totalité de la matière s'échappe. M. Regnault se sert du même appareil que pour la préparation des chlorures d'éthyle chlorés ; seulement, à partir du flacon à trois tubulures, destiné à condenser la plus grande partie du produit, les gaz sont conduits dans un matras refroidi par un mélange réfrigérant. C'est dans ce matras que se condense la partie la plus pure de la matière ; dans les deux flacons récipients on trouve toujours une quantité notable de produit plus chloré, dont il est plus difficile d'éviter la formation que dans la préparation du chlorure d'éthyle chloré.

Le chlorure de méthyle chloré est un liquide très-volatil, d'une odeur très-vive, semblable à celle de la liqueur des Hollandais (chlorure d'éthylène). Il bout à 30°,5. Sa densité est de 1,344 à 18° et de 3,012 à l'état de vapeur. Traité par une solution alcoolique de potasse, il ne donne qu'un précipité très-faible de chlorure de potassium, et distille presque entièrement sans altération.

§ 371. *Chlorure de méthyle bichloré*[1], ou chloroforme, C^2HCl^3. — Le chloroforme se produit en même temps que le corps précédent dans l'action du chlorure de méthyle.

Il se condense dans les premiers flacons, parce qu'il est beau-

[1] SOUBEIRAN (1831), *Ann. de Chim. et de Phys.*, XLVIII, 131. *Journ. de Pharm.*, [3] XII, 427. — LIEBIG, *Ann. der Chem. u. Pharm.*, I, 198. — DUMAS, *Ann. de Chim. et de Phys.*, LVI, 115. — REGNAULT, *Ann. de Chim. et de Phys.*, LXXI, 377.

coup moins volatil que le chlorure de méthyle chloré. On peut même disposer l'opération de manière à n'obtenir à peu près que ce second produit; il suffit pour cela de forcer un peu le courant de chlore, et de ne pas refroidir beaucoup les récipients; de cette manière le chlorure de méthyle chloré ne se forme qu'en petite quantité, et il est presque entièrement entraîné par les gaz.

Beaucoup d'autres réactions donnent naissance au chloroforme. On l'obtient par le gaz des marais (hydrure de méthyle) et le chlore; par le chloral et les alcalis aqueux; par l'ébullition de l'acide trichloracétique ou d'un trichloracétate avec de la potasse ou de l'ammoniaque; par la distillation de l'esprit de bois, de l'alcool, de l'acétate de potasse, de l'acétone, de l'essence de térébenthine, de l'essence de citron et d'autres huiles essentielles[1], avec du chlorure de chaux. Les huiles grasses n'en donnent pas avec cet agent. On obtient aussi du chloroforme en faisant passer du chlore dans une solution alcoolique de potasse.

M. Soubeiran recommande le procédé suivant pour la préparation du chloroforme[2] : On délaye 10 kilogrammes de chlorure de chaux dans 60 kil. d'eau, et l'on introduit ce lait calcaire dans un alambic de cuivre assez spacieux pour n'en être rempli qu'aux deux tiers, puis on y ajoute 2 kilogrammes d'alcool à 85°. On chauffe vivement; vers 80° la réaction se déclare, et la masse déborderait si l'on ne se hâtait d'enlever le feu. La distillation commence alors, et se termine presque d'elle-même. Le produit qui est tout au plus de 3 litres, se compose de deux couches, dont l'inférieure est du chloroforme mêlé d'alcool et d'un peu de chlore. On décante le chloroforme, et on le lave avec de l'eau, puis avec un peu de carbonate de potasse, et enfin on le rectifie sur du chlorure de calcium. L'opération est d'autant plus productive que la première distillation est menée plus brusquement; aussi y a-t-il plus d'avantage à délayer le chlorure de chaux dans de l'eau déjà

[1] Chautard, *Journ. de Pharm.*, XXI, 88.

[2] Voy. sur la préparation du chloroforme : — Meurer, *Arch. f. Pharm.*, [2] LIII, 282. — Laroque et Huraut, *Journ. de Pharm.*, [3] XIII, 97. — Godefrin, *ibid.*, XIII, 101. — Carl, *Pharmac. Centralbl.*, 1848, p. 236. — L. Kessler, *Journ. de Pharm.*, [3] XIII, 161. — Pierloz-feldmann, *Journ. de Chim. médic.*, [3] IV, 309. — Boettger, *Polytechn. Notizblatt*, 1848, n° 1. — Reich, *Gewerbvereinsblatt der Prov. Preussen*, 1848, n° 2. — Wackenroder, *Arch. f. Pharm.*, [2] LIII, 273. — Siemerling, *ibid.*, [2] LIV, 23. — Gregory, *Proceed. of the Roy. Society of Edinburgh*, 1850, n° 39.

chaude, afin d'arriver plus vite à la température de 80°, où s'établit la réaction.

Le chloroforme préparé avec l'esprit de bois d'après le même procédé renferme toujours une certaine quantité d'une huile chlorée particulière, qui lui donne une odeur désagréable. On l'en débarrasse en le rectifiant sur de l'acide sulfurique concentré[1]. Le chloroforme pur ne se colore pas avec cet acide.

§ 372. Le chloroforme est un liquide incolore, très-mobile, d'une densité de 1,48; son odeur est éthérée et des plus suaves lorsqu'il est pur; sa saveur est piquante, puis fraîche et sucrée. Il bout à 60°,8; la densité de sa vapeur a été trouvée égale à 4,199 — 4,230. Il ne s'enflamme que difficilement, et brûle, quand on en imprègne une mèche de coton, avec une flamme verte, en répandant des vapeurs d'acide chlorhydrique. Il est un peu soluble dans l'eau; la dissolution a une saveur sucrée des plus agréables; il est très-soluble dans l'alcool et dans l'éther. Il ne se dissout pas dans l'acide sulfurique concentré.

Lorsque le chloroforme est pur, il tombe au fond de l'eau sans la troubler; s'il renferme de l'alcool, il la rend laiteuse. Suivant M. Cattel[2], le chloroforme mêlé d'alcool se colore en vert avec un mélange d'alcool et de bichromate de potasse; le chloroforme pur ne présente pas cette coloration.

Il dissout le phosphore, le soufre et l'iode; il dissout aussi fort bien les corps gras, les résines, et en général les matières organiques très-carbonées. Beaucoup mieux qu'aucun autre liquide, il dissout à froid le caoutchouc, et l'abandonne par l'évaporation avec toutes ses propriétés premières.

La chaleur rouge décompose les vapeurs du chloroforme : on obtient, suivant les circonstances où l'on opère, du chlore, du gaz chlorhydrique, des chlorures de carbone C^4Cl^6 et C^4Cl^4, un peu de gaz inflammable et un dépôt de charbon.

Distillé à plusieurs reprises dans un courant de chlore sec, le chloroforme se convertit en acide chlorhydrique et en chlorure de méthyle (bichlorure de carbone).

Il ne dégage que peu de vapeurs rouges quand on le chauffe avec de l'acide nitrique.

[1] Soubeiran et Mialhe, *Journ. de Pharm.*, [3] XVI, 5.
[2] Cattel, *Journ. de Chim. médic.*, [3] IV, 257.

Conservé sous l'acide sulfurique concentré, il dégage peu à peu des vapeurs d'acide chlorhydrique.

À chaud, une dissolution alcoolique de potasse convertit promptement le chloroforme en formiate et en chlorure :

$$C^2HCl^3 + 4KO = C^2HKO^4 + 3KCl.$$

La potasse aqueuse et bouillante ne produit cet effet que d'une manière très-incomplète.

Lorsqu'on dirige la vapeur du chloroforme sur de la baryte ou de la chaux chauffée au rouge faible, on obtient du chorure, du carbonate et du charbon, sans gaz; si la chaleur est plus forte, on obtient en outre de l'oxyde de carbone.

On peut distiller le chloroforme sur du potassium; mais ce métal fait explosion et prend feu quand on le chauffe dans la vapeur du chloroforme.

Le chloroforme n'est pas décomposé par les cyanures de potassium, de mercure, d'argent.

Suivant les expériences de M. Loir[1], l'hydrogène sulfuré et l'hydrogène sélénié donnent avec le chloroforme des combinaisons particulières. Si l'on fait passer un courant d'hydrogène sulfuré dans du chloroforme placé sous l'eau, il se produit un abondant précipité cristallin blanc, possédant une forte odeur d'ail. Ce composé, qui paraît renfermer C^2HCl^3,HS, est fort altérable et ne s'obtient pas aisément à l'état de pureté.

Le professeur Simpson (d'Édimbourg) a reconnu que le chloroforme possède à un haut degré toutes les propriétés anesthésiques qui distinguent l'éther, mais qu'il est supérieur à ce corps pour la rapidité des effets, sans avoir les mêmes inconvénients. Quelques gouttes de chloroforme versées dans le creux d'une éponge ou sur un mouchoir de poche déterminent, souvent au bout de quinze ou vingt aspirations, une insensibilité complète. La chirurgie tire de ces effets des avantages précieux.

§ 373. *Chlorure de méthyle perchloré*, ou bichlorure de carbone, C^2Cl^4. — On l'obtient[2] en exposant à l'action du chlore, sous l'influence solaire, le chloroforme ou le gaz des marais. Il se forme aussi quand on fait passer ensemble du chlore sec et du sulfure de

[1] Loir, *Compt. rend. de l'Acad.*, XXXIV, 547.

[2] Regnault (1839), *Ann. de Chim. et de Phys.*, LXXII, 377. *Cours élém. de chim.*, 2e édit., IV, 268. — Dumas, *ibid.*, LXXIII, 95. — Kolbe, *Ann. der Chem. u. Pharm.*, XLV, 41; LIV, 146.

carbone à travers un tube de porcelaine chauffé au rouge. Sa production est accompagnée dans ce dernier cas de celle du chlorure de soufre.

La réaction s'accomplit aussi à la température ordinaire, si on laisse quelques gouttes de sulfure de carbone pendant longtemps en contact avec le chlore dans un flacon bien sec et bouché : ordinairement la petite quantité de sulfure se vaporise alors dans le gaz, le chlore disparaît, et il se produit un liquide rouge, composé d'un mélange de chlorure de soufre et de chlorure de méthyle perchloré; ce dernier s'isole ensuite par la distillation avec la potasse caustique. Pour que cette expérience réussisse, il faut absolument que les deux corps soient bien secs; autrement, il se forme le chlorure trichlorométhyl-sulfureux (§ 361).

Purifié par la distillation avec la potasse caustique, le chlorure de méthyle perchloré forme un liquide incolore, non miscible à l'eau, d'une densité de 1,56, d'une odeur éthérée et agréable. Il bout à 77° c., et brûle dans la flamme de l'alcool en exhalant des vapeurs chlorhydriques.

La densité de sa vapeur a été trouvée égale à 5,24 — 5,33.

Il n'est pas attaqué par une solution aqueuse de potasse; l'hydrate de potasse dissous dans l'alcool n'agit sur lui qu'à la longue, en précipitant des cristaux de chlorure de potassium et du carbonate de potasse. Une solution de sulfhydrate de potasse ne l'attaque pas non plus. L'acide sulfureux y est sans action.

Quand on le fait passer dans un tube chauffé au rouge, il se décompose en chlore libre et en un mélange de C^4Cl^6 et de C^4Cl^4. Or, on a :

$$2C^2Cl^4 = C^4Cl^6 + Cl^2$$
$$C^4Cl^6 = Cl^2 + C^4Cl^4.$$

M. Regnault mentionne les expériences suivantes, relatives à la régénération de l'hydrure de méthyle (gaz des marais) par le chlorure de méthyle perclhoré, C^2Cl^4. Il suffit, dit ce chimiste, pour démontrer cette régénération de placer dans une fiole à fond plat une dissolution de bichlorure de carbone dans l'alcool aqueux, et d'y introduire de l'amalgame de potassium. On fait communiquer la fiole d'abord avec deux tubes en U, dont le premier est maintenu à 30° environ, et le second refroidi par un mélange de sel et de glace; puis, avec un appareil à boules rempli d'eau, et enfin avec un tube qui conduit les gaz dans une cloche sur la cuve à eau. On chauffe la fiole; le chlorure de méthyle perchloré se décompose; il se forme du chlorure de potassium et de la potasse caustique. Dans le premier tube en U se condense principalement du chlorure de méthyle bichloré (chloroforme); dans le second, du chlorure de méthyle chloré; l'eau de l'appareil à boules dissout le chlorure de méthyle, qu'on peut en séparer en la saturant par du chlorure de calcium; enfin, l'on recueille dans la cloche de l'hydrure de méthyle.

Cette réaction ne réussit pas sur les dérivés chlorés de l'éther éthyl-chlorhydrique.

§ 374. *Chlorure de nitrométhyle perchloré*, ou chloropicrine, $C^2Cl^3(NO^4)$. — Ce corps[1] se produit par la décomposition de l'acide picrique sous l'influence du chlorure de chaux. On l'obtient aussi en traitant ce corps par un mélange de chlorate de potasse et d'acide chlorhydrique, par l'eau régale, ou par le chlore aqueux. Dans ces derniers cas, la formation de la chloropicrine est accompagnée de celle du chloranile; celui-ci ne se transforme pas en chloropicrine, ni par l'ébullition avec l'acide nitrique ou l'eau régale, ni par l'action du chlorure de chaux.

Pour préparer la chloropicrine, on distille un mélange d'acide picrique et de chlorure de chaux, et l'on rectifie sur un peu de magnésie l'huile qui passe.

C'est une huile incolore et transparente, très-réfringente, et d'une densité de 1,6657. Concentrée, l'odeur de ce corps affecte autant les yeux et le nez que celle du chlorure de cyanogène et de l'essence de moutarde, mais elle n'est pas aussi persistante.

Elle bout à 120°, et peut être chauffée à 150° sans se décomposer. Elle n'est pas inflammable.

Elle n'a aucune action sur les papiers colorés. Elle est presque insoluble dans l'eau, mais elle se dissout fort aisément dans l'alcool et l'éther. Les acides sulfurique, chlorhydrique et nitrique n'y agissent pas à froid, ni même à l'ébullition; l'huile distille sans altération.

Dirigée à travers un tube de verre échauffé (maintenu au-dessous du rouge), elle se décompose complétement; il se dégage beaucoup de chlore et de bioxyde d'azote, en même temps que beaucoup de chlorure de carbone se dépose dans la patrie refroidie du tube.

[1] STENHOUSE (1848), *Ann. der Chem. u. Pharm.*, LXVI. 241. — GERHARDT, *Compt. rend. des Trav. de Chim.*, 1849, p. 34.

Chauffé légèrement avec un petit fragment de potassium, elle se décompose avec une forte explosion. Si, au lieu de chauffer, on abandonne le métal dans l'huile, il se trouve au bout d'un ou de deux jours transformé en chlorure et en nitrate.

Les dissolutions aqueuses des alcalis l'attaquent à peine, mais une dissolution alcoolique de potasse ou de soude la convertit en chlorure et en nitrate. Saturée par le gaz ammoniac, ou mélangée avec une solution alcoolique d'ammoniaque, elle donne du chlorure et du nitrate d'ammoniaque ; l'ammoniaque aqueuse n'y agit pas.

§ 375. A la chloropicrine se rattache sans doute aussi le *liquide volatil*, $C^2 Cl^2(NO^4)^2$, que M. Marignac[1] a obtenu en condensant les produits gazeux de l'action de l'acide nitrique sur le chlorure de naphtaline : le récipient renferme de l'acide nitrique, qui tient une partie de ce corps en dissolution, tandis qu'une autre portion s'en sépare par le repos. On purifie le produit en le distillant avec de l'eau. C'est un liquide incolore, transparent, d'une densité de 1,685 à 15°, et d'une odeur irritante, qui rappelle celle du chlorure de cyanogène ; ses vapeurs incommodent beaucoup les yeux. Il n'agit pas sur les couleurs végétales ; l'eau n'en dissout que des traces, qui suffisent d'ailleurs pour lui communiquer de l'odeur. Il est très-soluble dans l'alcool et dans l'éther, et fort peu soluble dans l'acide chlorhydrique.

Il bout au-dessus de 100°, mais il distille avec les vapeurs d'eau. Le mercure métallique absorbe les vapeurs de ce corps en produisant un mélange de chlore, d'acide carbonique et de bioxyde d'azote.

La potasse aqueuse n'agit pas sur lui ; il se dissout, au contraire, très-bien dans une solution alcoolique de potasse. Son odeur disparaît alors peu à peu, et au bout de quelque temps il se precipite un sel cristallin que la chaleur décompose avec déflagration.

BROMURE DE MÉTHYLE.

Syn. : éther méthyl-bromhydrique.

Composition : C^2H^3Br.

§ 376. Cet éther[2] se prépare de la manière suivante : On dissout avec précaution, par petites parties, à une température inférieure à 5 ou 6 degrés, et à l'abri des rayons solaires directs,

[1] MARIGNAC (1841), *Revue Scientif.*, V, 375.

[2] PIERRE (1847), *Recueil des Trav. de la Soc. d'Émul. pour les Scienc. pharmac.*, 1847, p. 172.

50 parties de brome dans 200 parties d'esprit de bois purifié. Après avoir introduit le mélange dans une cornue tubulée, on ajoute, toujours à froid, à 5 ou 6 degrés au plus, 7 parties de phosphore par petits morceaux successifs. A l'aide d'un bain-marie, on élève la température avec une extrême lenteur ; à 7 ou 8 degrés, la réaction commence, et la température s'élève assez pour fondre le phosphore. On laisse refroidir, et l'on accélère même le refroidissement du mélange en renouvelant l'eau du bain-marie ; puis on décante, et l'on introduit dans une nouvelle cornue tubulée le liquide paille claire qui résulte de la réaction, ainsi que les quelques gouttes de liquide qui ont distillé, et qu'on a reçues dans un matras tubulé refroidi et adapté au col de la cornue. On fait communiquer avec un condenseur en Y la nouvelle cornue, et l'on conduit la distillation avec beaucoup de précaution; pour peu que la température s'élève trop, il se produit de violents soubresauts. On traite par de l'eau à 0° le produit de la distillation. Le bromure de méthyle se dépose au fond du vase en gouttelettes oléagineuses qui se réunissent bientôt ; on décante la presque totalité de l'eau, puis on lave avec de l'eau à peine alcalisée pour enlever les dernières traces d'acide ; enfin, on décante cette eau, et on lave de nouveau à l'eau distillée, toujours à 0° ; puis, après avoir séparé l'éther au moyen d'un entonnoir, on le met en digestion sur du chlorure de calcium desséché, dans une petite fiole préalablement refroidie, et qu'on laisse dans la glace avec le produit qu'elle renferme. Le lendemain, on distille au bain-marie à 20 ou 25°, on reçoit le produit dans une fiole refroidie contenant du chlorure de calcium bien sec ; enfin, on distille, dans la fiole même, au bain-marie, en ayant soin de ne pas dépasser cette fois 20 ou 22°.

Le bromure de méthyle est beaucoup plus dense que l'eau (1,664); il bout à environ 13°, sous la pression de 759 millim. Son odeur est éthérée, pénétrante et un peu alliacée. Il est neutre, incolore parfaitement limpide, et un abaissement de — 35°5 ne lui fait rien perdre de sa transparence ni de sa fluidité. Il peut se conserver incolore pendant fort longtemps dans des tubes fermés à la lampe.

Il est isomère de l'hydrure debromométhyle (§ 331).

§ 377. *Bromure de méthyle bibromé*, ou bromoforme, C^2HBr^3. — Ce corps[1] se produit par l'action simultanée de la potasse caus-

[1] LOEWIG (1832), *Ann. der Chem. u. Pharm.*, III, 295. — DUMAS, *Ann. de Chim. et de Phys.*, LVI, 120.

tique et du brome sur l'esprit de bois, l'alcool ou l'acétone ; on l'obtient aussi par le brome et l'acide citrique ou malique aqueux, par le bromal et les alcalis, etc.

M. Lefort[1] le prépare en distillant le bromal avec une solution de potasse, décantant du produit distillé la partie aqueuse, et rectifiant le bromoforme sur de l'acide sulfurique concentré.

Un procédé plus simple consiste à ajouter peu à peu du brome à une solution de 1 p. de potasse ou de soude caustique dans 1 p. d'esprit de bois, maintenue aussi froide que possible, jusqu'à ce que le liquide commence à se colorer ; on rectifie sur du chlorure de calcium le bromoforme qui se dépose au fond.

Le bromoforme constitue un liquide limpide d'une densité de 2,13, d'une odeur très-agréable et d'une saveur sucrée. Il est moins volatil que le chloroforme. Il est fort peu soluble dans l'eau, qui en prend l'odeur et la saveur ; il se dissout dans l'alcool, l'éther et les huiles essentielles. Il dissout un peu le soufre et le phosphore, et beaucoup l'iode.

Il ne brûle que très-difficilement. Lorsqu'on fait passer sa vapeur dans un tube chauffé au rouge, on obtient du charbon et de la vapeur de brome.

Il se décompose plus aisément que le chloroforme, par une solution bouillante de potasse, en formiate et en bromure.

IODURE DE MÉTHYLE.

Syn. : éther-bromhydrique.

Composition : C^2H^3I.

§ 378. On l'obtient aisément en distillant 1 p. de phosphore, 8 p. d'iode et 12 ou 15 p. d'esprit de bois. On dissout l'iode dans l'esprit de bois; on place la dissolution dans une cornue, et l'on ajoute le phosphore peu à peu. Les premiers fragments déterminent une action très-vive, accompagnée de chaleur et de production d'acide iodhydrique. Dès que l'ébullition qu'ils occasionnent est calmée, on ajoute le reste du phosphore ; on agite, et bientôt il faut chauffer la cornue, sans quoi l'ébullition cesserait tout à fait. On distille tant qu'il se dégage une liqueur éthérée. Le résidu renferme de l'acide phosphoreux, de l'acide méthyl-phosphorique, et du phosphore. Il est entièrement décoloré. La liqueur condensée dans

[1] Lefort, *Compt. rend. de l'Acad.*, XXIII, 229.

le récipient se compose d'esprit de bois et d'iodure de méthyle[1]. On en sépare ce dernier au moyen de l'eau, qui le précipite. Le poids de ce produit est à peu près égal au poids de l'iode employé. On le rectifie au bain-marie avec du chlorure de calcium et du massicot en grand excès.

L'iodure de méthyle est un liquide incolore, légèrement combustible; il ne brûle bien que dans la flamme d'une lampe, et répand alors des vapeurs violettes très-abondantes. Sa densité est égale à 2,237 à 22° c. Il entre en ébullition a 40° ou 50°; la densité de sa vapeur est de 4,883.

Le gaz chlorhydrique ne l'attaque pas.

Lorsqu'on y fait lentement passer du chlore, il dépose de l'iode, et se convertit en chlorure de méthyle.

Chauffé avec du zinc métallique, dans un tube scellé à la lampe, il donne du méthylure de zinc et du méthyle (Frankland) :

$$C^2H^3I + Zn^2 = \underset{\text{Méthylure de zinc.}}{C^2H^3Zn} + ZnI,$$

$$2\ C^2H^3I + Zn^2 = \underset{\text{Méthyle.}}{C^4H^6} + 2\ ZnI.$$

Lorsqu'on chauffe de l'iodure de méthyle avec une solution aqueuse d'ammoniaque, dans un tube scellé à la lampe, l'iodure se dissout promptement, et la liqueur devient fort acide; quand la réaction est terminée, ce qui s'annonce par la coloration jaune de la liqueur, on y trouve les iodures d'ammonium, de méthyl-ammonium, de diméthyl-ammonium, de triméthyl-ammonium, et de tétraméthyl-ammonium; le premier et le dernier de ces iodures y sont en plus grande quantité. (Hofmann.)

Dérivés chlorés, bromés et iodés de l'iodure de méthyle.

§ 379. Les combinaisons suivantes dérivent de l'iodure de méthyle par substitution de Cl, Br ou I a H :

Iodure de Méthyle bichloré. . $C^2HCl^2I = \left.\begin{matrix} C^2HCl^2 \\ I \end{matrix}\right\}$

— — bibromé . . $C^2HBr^2I = \left.\begin{matrix} C^2HBr^2 \\ I \end{matrix}\right\}$.

[1] DUMAS et PÉLIGOT (1835), *Ann. de Chim. et de Phys.*, LVIII, 29.

— — biiodé. . . . $C^2H\ I^3 = \left.\begin{matrix}C^2HI^2\\ I\end{matrix}\right\}$

§ 480. *Iodure de méthyle bichloré*[1], ou chloriodoforme, C^2HCl^2I. — Lorsqu'on chauffe du bichlorure de mercure avec de l'iodoforme dans une petite cornue, il passe un liquide rouge foncé qu'on décolore par la potasse. Après la rectification, c'est un liquide jaunâtre, qui devient rosé à l'air; son odeur est aromatique et sa saveur sucrée. Sa densité est de 1,96. La potasse alcoolique le décompose en formiate, iodure et chlorure.

Iodure de méthyle bibromé[2] ou bromiodoforme, C^2HBr^2I. — Liquide incolore, qui se prend à 0° en une masse camphrée; fusible à + 6°, très-volatile, d'une odeur pénétrante et d'une saveur sucrée. On l'obtient en traitant l'iodoforme par le brome.

§ 381. *Iodure de méthyle biiodé*[3], ou iodoforme, $C^2H\ I^3$. — Il se produit par l'action de l'iode et des alcalis carbonatés ou caustiques sur l'esprit de bois, l'alcool, l'éther. On l'obtient aussi, en petite quantité, avec les mêmes agents et le sucre de canne, le glucose, la gomme, la dextrine, et plusieurs substances albuminoïdes[4].

Les proportions les plus convenables pour la préparation de l'iodoforme sont, d'après M. Filhol[5], 1 p. d'iode, 2 p. de carbonate de soude cristallisé, 10 p. d'eau, 1 p. d'alcool. On fait dissoudre le carbonate dans l'eau, on ajoute ensuite l'alcool, on chauffe le mélange à 60 ou 80°, et l'on y projette l'iode par petites portions jusqu'à ce qu'il soit entièrement dissous, et que la liqueur soit décolorée. L'iodoforme apparaît vers la fin de l'opération dans la liqueur chaude, et se dépose au fond; on filtre la liqueur non refroidie pour recueillir ce premier dépôt. On porte alors de nouveau l'eau mère à 60 ou 80°, on y fait dissoudre une dose de carbonate de soude égale à la première, et l'on ajoute une nouvelle proportion d'alcool; on fait passer dans le mélange un courant

[1] SÉRULLAS (1824), *Ann. de Chim. et de Phys.*, XXV, 314; XXXIX, 225. — BOUCHARDAT, *Journ. de Pharm.*, XXIII, 6.

[2] SÉRULLAS (1827), *Ann. de Chim. et de Phys.*, XXXIX, 97; XXXIV, 225. — BOUCHARDAT, *Journ. de Pharm.*, XXIII, 10.

[3] SÉRULLAS (1822), *Ann. de Chim. et de Phys.*, XX, 165; XXII, 172; XXV, 311; XXIX, 225; XXIX, 230. — DUMAS, *ibid.*, LVI, 122. — BOUCHARDAT, *Journ. de Pharm.*, XXIII, 1. — *Journ. de Pharm.*, [3] IV, 18.

[4] MILLON, *Compt. rend. de l'Acad.*, XXI, 828.

[5] FILHOL, *Journ. de Pharm.*, [3] VII, 267.

rapide de chlore, en agitant continuellement pour que l'iode mis à nu se mêle promptement avec la masse du liquide; lorsque l'opération est bien conduite, l'iode se trouve en léger excès pendant toute sa durée, et l'iodoforme se produit alors en abondance. Lorsqu'on voit qu'il s'en est produit une forte quantité, on interrompt le courant de chlore, on laisse la liqueur se décolorer, et l'on réunit cette seconde dose à la première. On peut traiter encore l'eau mère comme précédemment, et obtenir une troisième dose de produit. Ce procédé a donné en iodoforme de 45 à 50 p. du poids de l'iode employé. — On peut dans cette préparation substituer le borax au carbonate de soude, et obtenir tout autant de produit. Le phosphate de soude fournit aussi de l'iodoforme, mais en quantité beaucoup moindre.

Lorsque le mélange renferme un grand excès d'iode, on n'obtient pas d'iodoforme, ni à chaud ni à froid.

MM. Cornélis et Gille[1] préparent l'iodoforme en ajoutant de l'hypochlorite de chaux à une solution alcoolique d'iodure de potassium, chauffée à 40°. La liqueur, d'abord d'un rouge foncé, devient ensuite jaune pâle; on cesse l'addition de l'hypochlorite dès que la solution iodurée cesse de se colorer. Il se produit, par le refroidissement, un dépôt cristallin, composé d'un mélange d'iodate de chaux et d'iodoforme; on le reprend par l'alcool bouillant, qui dissout l'iodoforme. 8 gr. d'iodure de potassium donnent par ce procédé 2 gr. 050 de chaque composé.

L'iodoforme constitue des paillettes nacrées, d'un jaune de soufre, friables, douces au toucher et d'une odeur de safran. Sa densité est d'environ 2,0. Il fond entre 115 et 120°, et se vaporise alors en partie sans altération, en partie en se décomposant en vapeur d'iode et en gaz iodhydrique avec résidu de charbon. Il distille sans décomposition avec les vapeurs d'eau. Il ne se dissout pas sensiblement dans l'eau, les acides et les alcalis aqueux, mais il se dissout aisément dans l'alcool, l'éther, les huiles grasses et les huiles essentielles.

Le chlore et le brome attaquent l'iodoforme. Avec du chlore humide et de l'iodoforme, on obtient du gaz chlorocarbonique, de l'acide chlorhydrique et du chlolure d'iode:

$$C^2HI^3 + H^2O + 4Cl^2 = C^2O^2Cl^2 + 3HCl + 3ICl.$$

Quand on chauffe l'iodoforme avec du perchlorure de phos-

[1] Cornélis et Gille, *Journ. de Pharm.*, [3] XXII, 196. — Poulenc, *ibid.*, XXII, 361.

phore, on obtient une matière huileuse (peut-être du chloroforme).

Les chlorures de mercure, de plomb, et d'étain donnent par la distillation avec l'iodoforme de l'iodure de méthyle bichloré.

Lorsqu'on distille l'iodoforme avec du sulfure de mercure, il se sublime du cinabre, et l'on obtient une très-petite quantité d'une huile sulfurée, appelée *sulloforme* par M. Bouchardat. Elle n'a pas encore été analysée.

Avec le cyanure d'argent ou de mercure, la réaction est vive, et l'on obtient un sublimé d'iodure de cyanogène.

L'oxyde de mercure, chauffé doucement avec l'iodoforme, agit très-promptement, en donnant de l'eau, de l'acide carbonique, de l'acide formique, et de l'iodure de mercure.

Bouilli avec de la potasse, l'iodoforme se convertit en partie en formiate et en iodure, tandis qu'une autre portion se volatilise avec les vapeurs d'eau.

Chauffé avec du potassium, l'iodoforme produit une violente explosion.

Lorsque, suivant les expériences de M. Saint-Ève [1], on fait passer à refus un courant de cyanogène dans une solution alcoolique d'iodoforme, la liqueur s'échauffe, puis prend une teinte violacée de plus en plus prononcée; si on l'abandonne ensuite au repos, il ne tarde pas à se déposer des cristaux prismatiques d'un jaune d'or. En reprenant la masse par l'alcool, on en retire deux substances différentes, douées au plus haut degré de l'éclat métallique, l'une couleur d'or vert, l'autre violette. Celui-ci renferme $C^2HI^2N = C^2HI^2Cy$, et semble constituer le *cyanure de méthyle biiodé*.

AZOTURES DE MÉTHYLE.

Syn. : Amides méthyliques, ammoniaques méthyliques.

§ 382. On connaît quatre alcalis dont les combinaisons avec les acides correspondent à des sels d'ammonium dans lesquels 1, 2, 3 ou 4 atomes (doubles) d'hydrogène sont remplacés par leur équivalent de méthyle.

A l'état isolé, trois de ces alcalis appartiennent au type ammoniaque :

$$\text{Méthylamine... } C^2H^5N = N\left\{\begin{matrix} C^2H^3 \\ H \\ H \end{matrix}\right.$$

[1] SAINT-ÈVRE, *Compt. rend. de l'Acad.*, XXVII, 533.

Diméthylamine.. $C^4H^7N = N\left\{\begin{array}{l}C^2H^3\\C^2H^3\\H\end{array}\right.$

Triméthylamine.. $C^6H^9N = N\left\{\begin{array}{l}C^2H^3\\C^2H^3\\C^2H^3\end{array}\right.$

Le quatrième alcali correspond, à l'état isolé, à l'hydrate d'oxyde d'ammonium :

Hydrate de tétraméthyl-ammonium. $C^8H^{13}NO^2 = \left.\begin{array}{r}N(C^2H^3)^4O\\HO\end{array}\right\}$

Ces quatre alcalis s'obtiennent à l'état d'iodure, par la réaction de l'iodure de méthyle et de l'ammoniaque (Hofmann). Les trois premiers s'obtiennent aussi à l'état de chlorures, par la réaction de l'hydrate de méthyle et du chlorure d'ammonium, à 300° (Berthelot).

§ 383. Méthylamine, ou méthyl-ammoniaque, C^2H^5N. — Cet alcaloïde[1] se produit dans plusieurs métamorphoses, notamment par l'action de la potasse bouillante ou en fusion sur les éthers méthyliques de l'acide cyanique et de l'acide cyanurique, ou sur certains alcalis végétaux, tels que la caféine (Rochleder, Wurtz), la codéine (Anderson), la morphine (Wertheim).

Lorsqu'on traite l'ammoniaque par l'iodure de méthyle, dans un tube fermé à la lampe, il se produit aussi de l'iodhydrate de méthylamine :

$$C^2H^3I + NH^3 = C^2H^5N,HI.$$

Pour préparer la méthylamine, on en mélange le chlorhydrate parfaitement desséché avec 2 fois son poids de chaux vive, et l'on introduit le mélange dans un long tube, fermé par un bout, de manière qu'il en occupe la moitié, l'autre moitié étant remplie de fragments de potasse caustique. On y adapte un tube de dégagement, qui va se rendre sous une éprouvette remplie de mercure. On chauffe légèrement le tube, en commençant par le bout fermé. Le gaz méthylamine, déplacé par la chaux, se dégage en abondance, et va se rendre dans l'éprouvette remplie de mercure. La disposition précédente permet de régler très-facilement le dégagement du gaz, qui n'est jamais mêlé de beaucoup d'air, le tube se trouvant presque entièrement rempli par le mélange.

La méthylamine est un gaz non permanent, incolore, d'une

[1] Wurtz (1849), *Ann. de Chim. et de Phys.*, [3] XXX, 443.

forte odeur ammoniacale. A quelques degrés au-dessous de 0°, elle se condense en un liquide fort mobile, qui ne se solidifie pas dans un mélange d'acide carbonique solide et d'éther. Dans l'air très-humide, le gaz condense de la vapeur d'eau. Quelquefois, lorsqu'il n'est pas tout à fait pur, on distingue à côté de l'odeur ammoniacale celle qui se dégage de la marée un peu avancée.

Sa densité prise à 43° a été trouvée égale à 1,08.

Le gaz méthylamine est le plus soluble de tous les gaz connus. 1 volume d'eau en dissout à 12°5 1150 volumes, et à 25° 959 volumes.

Il est fort alcalin ; comme l'ammoniaque, il bleuit instantanément le papier de tournesol rouge, et répand des fumées blanches très-épaisses au contact d'une baguette humectée d'acide chlorhydrique. Il absorbe un volume égal au sien de gaz chlorhydrique, et se condense avec lui sous la forme d'un sel blanc et solide, qui s'attache, comme le sel ammoniac, aux parois de l'éprouvette, mais qui tombe en déliquescence dès qu'il a le contact de l'air humide.

Il se condense avec la moitié de son volume de gaz carbonique sec en un corps blanc et solide, analogue au carbonate d'ammoniaque anhydre (carbamate d'ammoniaque).

Il se distingue de l'ammoniaque par la propriété suivante : au contact d'une bougie allumée, il prend feu, et brûle avec une flamme jaunâtre, livide, comme celle de toutes les substances combustibles qui renferment de l'azote. En brûlant, il donne naissance à de l'eau, à de l'acide carbonique et à de l'azote ; lorsque la combustion est incomplète, ces gaz sont mélangés avec une petite quantité de cyanogène ou d'acide cyanhydrique.

Lorsqu'on fait passer du gaz méthylamine dans un tube de porcelaine chauffé au rouge, on obtient du cyanhydrate d'ammoniaque, et un mélange gazeux composé d'acide cyanhydrique, d'hydrure de méthyle et d'hydrogène. On a d'ailleurs :

$$3\,C^2H^5N = C^2HN, NH^3 + C^2HN + C^2H^4 + H^2.$$

La solution aqueuse de la méthylamine possède l'odeur forte du gaz. Elle est caustique et brûlante au plus haut degré. Lorsqu'on la fait bouillir, elle perd le gaz qu'elle tient en dissolution. Elle réagit sur un grand nombre de solutions métalliques, comme l'ammoniaque elle-même.

Les sels de magnésie, de manganèse, de fer, de bismuth, de chrome, d'urane, d'étain en sont précipités. Les sels de zinc sont d'abord précipités en blanc, et le précipité disparaît dans un grand excès de réactif.

Les sels de cuivre sont précipités en blanc bleuâtre, et un excès de réactif redissout aisément le précipité, de manière à former une liqueur d'un bleu foncé analogue à l'eau céleste.

Les sels de cadmium sont précipités en blanc, mais le précipité ne se redissout pas dans un excès de méthylamine. (On sait que le précipité occasionné par l'ammoniaque est très-souble dans un excès d'ammoniaque.)

Les sels de nickel et de cobalt se comportent comme les sels de cadmium ; les précipités sont insolubles dans un excès de méthylamine. L'acétate de plomb est à peine troublé par ce réactif, tandis que le nitrate de plomb est précipité complétement.

Les sels mercureux sont précipités en noir, comme par l'ammoniaque ; le chlorure mercurique donne un précipité blanc et floconneux, insoluble dans un excès de méthylamine.

Le nitrate d'argent est complétement précipité par la méthylamine ; l'oxyde d'argent, précipité soit par cet alcaloïde, soit par la potasse, se dissout aisément dans un excès de méthylamine. Lorsqu'on abandonne cette solution à l'évaporation spontanée, il s'en précipite un corps noir, renfermant du carbone, de l'hydrogène, de l'azote et de l'argent, et qui est probablement le correspondant de l'argent fulminant ; toutefois, cette substance ne fait pas explosion, ni par le choc, ni par la chaleur. Le chlorure d'argent se dissout lui-même dans la méthylamine.

Le chlorure d'or précipite en jaune brunâtre ; un excès de réactif redissout aisément le précipité, en donnant une liqueur d'un rouge orangé. Une solution concentrée de bichlorure de platine donne, avec la méthylamine aqueuse, un dépôt cristallisé en paillettes de chloroplatinate ; ce dépôt ne se produit pas dans une solution plus étendue.

Lorsqu'on chauffe du potassium dans la méthylamine gazeuze, il se forme du cyanure de potassium, et il se dégage de l'hydrogène pur :

$$2C^2H^5N + K^2 = 2\,C^2KN + 5\,H^2.$$

Lorsqu'on suit cette réaction avec attention, on remarque au commencement, quand la chaleur est modérée, que le volume du gaz augmente peu, ce qui semble indiquer que la réaction s'accomplit en deux phases, et qu'on a d'abord,

$$2\,C^2H^5N + K^2 = 2\,C^2H^4KN + H^2;$$

puis, par une plus forte chaleur

$$2\,C^2H^4KN = 2\,C^2KN + 4\,H^2.$$

Le chlore décompose la solution de la méthylamine, en donnant naissance à du chlorhydrate de méthylamine et à des gouttelettes huileuses, probablement analogues à la méthylamine biiodée.

Le brome réagit de la même manière; il se forme du bromhydrate de méthylamine, et un composé bromé, en partie soluble dans le liquide aqueux chargé de ce bromhydrate.

L'iode réagit instantanément sur la solution de la méthylamine, en se transformant en une poudre d'un rouge grenat, qui est la méthylamine biiodée (§ 386). La liqueur, qui se colore à peine lorsqu'on évite d'employer un excès d'iode, renferme de l'iodhydrate de méthylamine.

§ 384. *Chlorhydrate de méthylamine*, ou chlorure de méthylammonium, C^2H^5N, HCl. — Il s'obtient en saturant, par l'acide chlorhydrique, la méthylamine obtenue par l'action de la potasse sur le cyanurate de méthyle.

L'appareil dans lequel il convient de faire cette opération se compose d'un ballon surmonté d'un serpentin réfrigérant. Les vapeurs aqueuses se condensent dans ce serpentin, et se séparent du gaz méthylamine qui va se condenser dans un récipient renfermant un peau d'eau pure. La décomposition complète de l'éther méthylcyanurique par une lessive de potasse est une opération très-longue. On peut en abréger la durée en faisant fondre cet éther avec de l'hydrate de potasse solide, auquel on n'ajoute qu'une petite quantité d'eau. La solution de méthylamine qu'on obtient ainsi est saturée par l'acide chlorhydrique et évaporée à siccité. On dissout le résidu dans l'alcool absolu et bouillant, où il cristallise par le refroidissement.

Le chlorhydrate de méthylamine cristallise en belles et larges feuilles, qui offrent des reflets irisés au moment de leur formation. Il ne fond qu'au-dessus de 100 degrés, et se distingue par cette propriété du chlorhydrate d'éthylamine fusible au bain-marie. Il se dissout aisément dans l'alcool absolu et bouillant. Chauffé en vase ouvert, à une température très-élevée, il se volatilise en vapeurs fort épaisses, qui se condensent en une poudre blanche, à la surface des corps froids.

Traité en solution aqueuse ou alcoolique par un amalgame de

potassium, il donne lieu à un dégagement d'hydrogène, et la liqueur devient alcaline; mais on n'obtient pas d'amalgame semblable à l'amalgame d'ammonium. On n'obtient pas non plus cet amalgame en soumettant à l'action de la pile une coupelle solide, formée par du chlorhydrate de méthylamine et renfermant dans sa cavité une certaine quantité de mercure.

Chloromercurate de méthylamine, C^2H^5N, Hg, HCl. — Il s'obtient en évaporant un mélange à équivalents égaux de chlorhydrate de méthylamine et de chlorure mercurique. La dissolution très-concentrée fournit des cristaux volumineux.

Chloraurate de méthylamine, C^2H^5N, Au Cl^3, HCl. — Il s'obtient par le mélange d'une dissolution de chlorhydrate de méthylamine et de chlorure d'or; il ne se forme pas de précipité, mais par l'évaporation et le refroidissement de la liqueur concentrée et chaude on obtient de magnifiques aiguilles d'un jaune d'or, solubles dans l'eau, l'alcool et l'éther.

Chloroplatinites de méthylamine. — Les combinaisons que la méthylamine produit avec le chlorure platineux sont analogues à celles que l'ammoniaque donne avec le même chlorure.

α. Lorsqu'on traite le chlorure platineux, délayé dans un peu d'eau, par une solution concentrée de méthylamine, on observe un dégagement de chaleur, et le chlorure brun olive se transforme en une poudre d'un vert de chrome. Celle-ci correspond au sel vert de Magnus (chloroplatinite de diplatosamine), et contient les éléments de 2 at. de méthylamine et de 2 at. de chlorure platineux [$2\ C^2H^5N + 2\ PtCl = C^4H^9PtN^2$, PtCl, HCl]; c'est le chloroplatinite d'une base formée par la réunion de 2 at. de méthylamine, et dans laquelle 1 atome d'hydrogène est remplacé par son équivalent de platine (platinosum).

Lorsqu'on chauffe ce composé avec de l'acide nitrique, il se dégage des vapeurs rutilantes, et il se précipite une poudre grise, probablement du platine. La liqueur filtrée est jaune, et laisse déposer par le refroidissement des cristaux qui sont probablement l'analogue du nitrate de Gros (combinaison double de chlorhydrate et de nitrate de diplatinamine).

β. Lorsqu'on traite le chlorure platineux par un excès de méthylamine, il se produit un composé renfermant les éléments de 2 atomes de méthylamine et de 1 atome de chlorure platineux [$2\ C^2H^5N + PtCl = C^4H^9PtN^2$, HCl]. C'est le chlorhydrate de la base contenue dans le chloroplatinite précédent; il correspond au chlorhydrate de diplatosamine de M. Reiset.

Pour préparer ce sel de méthylamine, il suffit d'introduire dans un matras d'essayeur le chloroplatinite décrit précédemment, de le traiter par un excès de méthylamine, de fermer le matras à la lampe, et de le chauffer pendant quelque temps au bain-marie. Le précipité se dissout peu à peu, et il ne reste finalement qu'une petite quantité d'une poudre noire insoluble. Après avoir brisé la pointe du matras, on fait bouillir la liqueur pour recueillir l'excès de méthylamine, et l'on filtre. La solution presque incolore qu'on obtient ainsi étant évaporée à consistance sirupeuse finit par se prendre en une masse cristalline. On fait recristalliser celle-ci dans l'eau ou dans l'alcool.

Les cristaux de ce sel sont moins solubles dans l'alcool que dans l'eau. Chauffés à 160°, ils laissent dégager du gaz méthylamine.

Le résidu, dissous dans l'eau bouillante, donne de petits cristaux brillants d'un autre sel renfermant probablement [C^2H^5N+ PtCl= C^2H^4PtN, HCl, chlorhydrate de méthylamine, dans lequel H est remplacé par Pt].

Chloroplatinate de méthylamine, C^2H^5N, $PtCl^2$, HCl. — Ce sel se dépose à l'état cristallisé lorsqu'on mélange une solution concentrée de chlorhydrate de méthylamine avec du bichlorure de platine; une solution diluée ne donne pas de précipité. Ce chloroplatinate forme de belles écailles d'une jaune d'or, solubles dans l'eau bouillante et cristallisant par le refroidissement. L'alcool ne les dissout pas. Quand on le chauffe, il noircit, émet des vapeurs très-abondantes, et laisse un résidu de platine mêlé à du charbon qui brûle à l'air.

Bromhydrate de méthylamine, $C^2H^5N^2$, HBr. — C'est un sel très-soluble dans l'eau et l'alcool; il cristallise en larges lames brillantes. Les cristaux ont un aspect gras et sont très-déliquescents.

Iodhydrate de méthylamine, C^2H^5N, HI. — Il forme des lames incolores qui brunissent à l'air; elles sont fort déliquescentes et fort solubles dans l'eau et l'alcool. Il s'obtient, comme produit secondaire, dans l'action de l'iode sur la méthylamine.

§ 385. *Nitrate de méthylamine*, C^2H^5N, NO^6H. — Il se prépare directement en saturant la méthylamine aqueuse par l'acide nitrique. Par l'évaporation de la solution, on obtient de beaux prismes droits rhomboïdaux, très-allongés et fort semblables aux cristaux de nitrate d'ammoniaque. Ils sont déliquescents et fort solubles dans l'eau et dans l'alcool. Par la distillation, ils se décomposent en fournissant des produits gazeux et des gouttelettes huileuses, insolubles dans l'eau.

Sulfate de méthylamine. — C'est un sel extrêmement soluble dans l'eau, et insoluble dans l'alcool. Il ne cristallise pas. Lorsqu'on évapore une solution de ce sel avec du cyanate de potasse, et qu'on reprend le résidu sec par l'alcool, celui-ci extrait une espèce d'urée, formant avec l'acide nitrique une combinaison cristallisable (§ 234).

Carbonate de méthylamine, ou de méthylammonium, $2\,C^2H^5N$, C^2O^4, $2\,HO$. — Il peut être obtenu par la distillation d'un mélange de chlorhydrate de méthylamine fondu et de carbonate de chaux. Il se produit dans cette distillation un liquide très-épais, au milieu duquel se trouve empâtée une matière concrète. La matière solide est du méthyl-carbamate de méthylammonium (carbonate de méthylamine anhydre, § 123); le liquide épais est une dissolution extrêmement concentrée de carbonate de méthylammonium. Si l'on refroidit fortement la partie liquéfiée, il se sépare des cristaux prismatiques assez durs de carbonate de méthylammonium. C'est un sel très-déliquescent, fort alcalin, et volatil, même à la température ordinaire. Quand on le chauffe, il émet une vapeur incolore, fort ammoniacale et inflammable.

Oxalates de méthylamine, ou de méthylammonium.

α. *Sel neutre*, $C^4H^2O^8$, $2\,C^2H^5N$. Il s'obtient lorsqu'on sature l'acide oxalique par la méthylamine; la dissolution, évaporée à consistance sirupeuse, ne cristallise que très-difficilement. Par la distillation sèche, ce sel donne de la diméthyl-oxamide (§ 155).

Suivant M. Nicklès [1], l'oxalate de méthylamine cristallise en prismes rhomboïdaux obliques ($\infty P : \infty P = 65^\circ\ 25'$).

β. *Sel acide.* Il se prépare aisément en ajoutant à l'oxalate neutre une quantité d'acide oxalique égale à celle qu'il contient déjà. Le sel acide cristallise plus facilement que le sel neutre. Il se dépose de sa solution alcoolique sous forme de petites lamelles. Lorsqu'on le chauffe à 160°, il donne un sublimé d'acide méthyl-oxamique (§ 160), tandis qu'une autre portion se détruit en donnant de l'oxyde de carbone, de l'acide carbonique et de l'eau. Une par-

[1] Nicklès, *Compt. rend. des Trav. de Chimie*, 1849, p. 354.

tie du sel acide passe aussi à l'état de sel neutre, et donne de la diméthyl-oxamide.

§ 386. *Méthylamine biiodée*[1], $C^2H^3I^2N$. — C'est une poudre rouge grenat et insoluble, en laquelle se convertit l'iode lorsqu'on l'ajoute à une solution de méthylamine. Elle se dissout dans l'alcool, et paraît être décomposée par ce liquide; il reste, après l'évaporation de la solution alcoolique, un enduit brun qui ne possède aucun des caractères d'une substance définie.

Elle se décompose par la chaleur, sans faire explosion comme l'iodure d'azote (ammoniaque biiodée).

La potasse caustique la décompose; il se forme, outre l'iodure de potassium, une petite quantité d'une matière douée d'une odeur fort pénétrante, et il reste comme résidu quelques flocons d'une matière jaune, qui n'est pas de l'iodoforme.

§ 387. Diméthylamine, C^4H^7N. — Elle n'a pas encore été isolée à l'état de pureté.

L'*iodhydrate de diméthylamine*, ou iodure de diméthylammonium, se forme en petite quantité par l'action de l'ammoniaque sur l'iodure de méthyle (Hofmann).

§ 388. Triméthylamine, C^6H^9N. — Cet alcali, confondu d'abord avec son isomère la tritylamine (§ 1026^b), se rencontre en quantité assez notable dans la saumure des harengs[2]. On peut l'en extraire en distillant celle-ci avec un peu de potasse caustique; le produit est mêlé d'ammoniaque.

Il est probable que l'alcali contenu dans le vulvaire (*Chenopodium vulvaria*) est aussi de la triméthylamine[3]. Le seigle ergoté donne par la distillation avec la potasse un alcali volatil, qui est probablement encore le même corps[4].

Mise en contact avec de l'iodure de méthyle, la triméthylamine donne immédiatement un magma cristallin d'iodure de tétraméthylammonium.

L'*iodhydrate de triméthylamine*, ou iodure de triméthyl-ammonium, paraît se former dans l'action de l'ammoniaque sur l'iodure de méthyle.

Le chlorhydrate de triméthylamine forme avec le *chlorure pal-*

[1] Wurtz, (1850), *loc. cit.*

[2] Wertheim, *Ann. der Chem. u. Pharm.*, LXXXIII, 344. — Hofmann, *Compt. rend. de l'Acad.*, XXXV, 62.

[3] Dessaignes, *Compt. rend. de l'Acad.*, XXXIII, 358.

[4] Winkler, *Repertor. d. Pharm.*, de Buchner [2], I, n° 3.

ladeux un beau sel cristallisé, fusible à 100°, et d'une odeur de harengs.

Lorsqu'on abandonne à l'évaporation spontanée un mélange aqueux de sulfate de triméthylamine et de sulfate d'alumine, il s'y dépose de gros cristaux incolores, fort solubles dans l'eau, de la forme de l'alun, d'une odeur de harengs pénétrante et d'une saveur à la fois douceâtre et astringente; cet *alun de triméthylamine* fond à 100° et se boursoufle au-dessus de 120°, en perdant de l'eau de cristallisation. Il renferme [1] :

$$SO^3, N(C^2H^3)^3HO + 3\,SO^3, AlO^3 + 24\,aq.$$

ou bien, en mettant $^1/_3\,Al = al$,

$$\left.\begin{array}{r} N\ (C^2H^3)^3\ H.O \\ alO \\ alO \\ alO \end{array}\right. \begin{array}{l} \left.\right\} S^2O^6 \\ \\ \left.\right\} S^2O^6 \end{array} + 24\,aq.$$

[Voy. dans la SÉRIE CAPROÏQUE, *Groupe amylique*, § 1105, l'alcali homologue *méthyléthylamylammine*.

§ 389. COMBINAISONS DE TÉTRAMÉTHYL-AMMONIUM [2]. — La solution qu'on obtient (p. 608) en faisant agir l'ammoniaque sur un excès d'iodure de méthyle dépose, par le refroidissement, de belles aiguilles d'iodure de tétraméthyl-ammonium, qui ne se dissolvent dans l'eau froide qu'avec difficulté et qu'on purifie par la cristallisation dans l'eau bouillante. Les autres sels restent dans l'eau mère. La facilité avec laquelle l'iodure de méthyle est attaqué par l'ammoniaque dispense de faire l'opération à une haute température; la réaction se termine dans l'espace de quelques heures, même à la température ordinaire, si l'on emploie une solution alcoolique d'ammoniaque. Il faut employer des ballons solides, et bien recouvrir les bouchons avec de la vessie soigneusement ficelée. On se procure l'hydrate de tétraméthyl-ammonium au moyen de l'oxyde d'argent et de l'iodure ainsi obtenu.

L'*hydrate de tétraméthyl-ammonium* possède à peu près les mêmes propriétés alcalines que son homologue éthylique. Abandonnée dans le vide sur de l'acide sulfurique, sa solution se dessèche en une masse cristalline qui attire rapidement l'eau et l'acide carbonique. Neutralisé par les acides, ce corps forme des sels cristalli-

[1] RECKENSCHUSS, *Ann. der Chem. u. Pharm.*, LXXXIII, 344.

[2] HOFMANN (1851), *Ann. der Chem. u. Pharm.*, LXXXIX, 16.

sables. Il se boursoufle par la distillation, en donnant un liquide très-alcalin, sans qu'il se dégage du gaz.

L'*iodure de tétraméthyl-ammonium*, $C^8H^{12}NI$, cristallise en aiguilles aplaties, incolores. Il est bien moins soluble dans l'eau que son homologue éthylique, et donne une solution fort amère. Il est presque insoluble dans l'alcool absolu, et tout à fait insoluble dans l'éther. Il est peu soluble dans une liqueur alcaline.

Le *chloroplatinate*, $C^8H^{12}NCl, PtCl^2$, cristallise en magnifiques octaèdres, d'un orangé foncé, un peu plus solubles que l'homologue éthylique.

Le *nitrate* crisallise en longues aiguilles brillantes.

[Voy. dans la Série propionique, *Groupe éthylique*, § 830, les combinaisons de l'homologue *méthyltriéthyl-ammonium*, et dans la Série caproïque, *Groupe amylique*, § 1108, celles du *méthyldiéthylamyl-ammonium*.]

NITRATE DE MÉTHYLE.

Syn. : éther méthyl-nitrique.

Composition : $C^2H^3NO^6 = C^2H^3O,NO^5$.

§ 390. Pour préparer le nitrate de méthyle[1], on place dans une cornue 50 gr. de nitre en poudre, et l'on y ajoute un mélange récemment préparé de 100 gr. d'acide sulfurique et de 50 gr. d'esprit de bois ; la réaction s'accomplit sans le secours de la chaleur ; on recueille le produit dans un récipient refroidi, et l'on obtient ainsi au fond de celui-ci un liquide épais qu'on rectifie au bain-marie sur un mélange de massicot et de chlorure de calcium, jusqu'à ce que son point d'ébullition soit constant à 66°.

Le nitrate de méthyle est incolore, d'une densité de 1,182, d'une odeur faible et éthérée. Il bout à 66°, et donne une vapeur d'une densité de 2,640. Il est parfaitement neutre, et brûle avec une flamme jaune ; sa vapeur détone avec violence quand on la chauffe au-dessus de 150°. Il est peu soluble dans l'eau, fort soluble au contraire dans l'alcool et l'esprit de bois.

Une dissolution alcoolique de potasse le convertit en nitrate de potasse et en esprit de bois.

[1] Dumas et Péligot (1835), *Ann. de Chim. et de Phys.*, LVIII, 37.

BORATES DE MÉTHYLE.

Syn. : éthers méthyl-boriques.

§ 391. Il paraît exister plusieurs borates de méthyle[1]. Celui dont la composition est le mieux établie renferme :

$$C^6H^9O^6B = BO^3, 3\ C^2H^3O.$$

Cet éther se produit lorsqu'on fait passer du chlorure de bore dans l'esprit de bois anhydre ; le gaz est vivement absorbé, et il se dégage de l'acide chlorhydrique.

La liqueur se sépare en deux couches au bout de quelque temps ; on décante la couche supérieure, et on la rectifie en ne recueillant que les portions dont le point d'ébullition est constant.

La réaction peut se représenter par l'équation suivante :

$$\underset{\text{Hydr. de méth.}}{3\ C^2H^4O^2} + BCl^3 = \underset{\text{Borate de méth.}}{C^6H^9O^6B} + 3\ HCl.$$

Le borate de méthyle constitue une huile très-fluide, d'une densité de 0,9551 à 0°, et bouillant à 72°, en donnant une vapeur dont la densité est de 3,66. Son odeur est pénétrante, quelque peu semblable à celle de l'esprit de bois.

Il brûle, sans résidu, avec une flamme verte, en répandant des vapeurs blanches d'acide borique. Au contact de l'eau, il se décompose bientôt en esprit de bois et en acide borique.

§ 392. Lorsqu'on mêle dans une cornue parties égales d'esprit de bois anhydre et d'acide borique vitrifié réduit en poudre fine, le mélange s'échauffe beaucoup, et il se produit un éther borique différent du précédent. On porte la chaleur à 100 ou 110°, on cohobe plusieurs fois et on redistille jusqu'à ce que la température soit arrivée à 110°. On pulvérise ensuite le résidu, et on le met en digestion, pendant vingt-quatre heures, avec de l'éther ordinaire anhydre ; on décante la solution, et l'on chasse ce dernier par la distillation, en chauffant jusqu'à 200°. Le nouvel éther borique (*perborate méthylique*) reste pour résidu. C'est une masse vitreuse, molle, et se tirant en fils à la température ordinaire. Elle brûle avec une très-belle flamme verte. L'eau la décompose immédiatement en esprit de bois et en acide borique.

M. Ebelmen, qui y a trouvé 70 p. 100 d'acide borique anhy-

[1] EBELMEN et BOUQUET (1846), *Ann. de Chim. et de Phys.*, [3] XVII. 59. — EBELMEN, *ibid.*, XVI, 137.

dre, lui assigne la formule $C^2H^3O,2BO^3$. Le calcul exige 75,16 p. 100 d'acide anhydre. Cette composition et donc douteuse[1].

Quand on distille l'esprit de bois sur un grand excès d'acide borique anhydre, on n'obtient que de l'oxyde de méthyle.

PHOSPHURES DE MÉTHYLE.

§ 393. Lorsqu'on fait passer du chlorure de méthyle sur du phosphure de chaux, à une température élevée, on obtient différents corps phosphorés, dont trois liquides et deux solides. L'un de ces liquides est l'alcali.

$$C^6H^9P = P\left\{\begin{matrix} C^2H^3 \\ C^2H^3. \\ C^2H^3 \end{matrix}\right.$$

Cet alcali[2] représente de l'ammoniaque dans laquelle l'azote est remplacé par du phosphore et tout l'hydrogène par du méthyle.

Il est incolore, d'une saveur chaude et amère, d'une odeur qui a quelque chose de l'ammoniaque. Il ramène promptement au bleu le tournesol rougi par les acides. Il bout sans décomposition entre 40 et 41 degrés; la densité de sa vapeur a été trouvée égale à 2,61. Il est plus léger que l'eau, et ne s'y dissout pas sensiblement.

Soumis à l'action d'un faible courant d'air, il en absorbe l'oxygène en produisant une lumière sensible, et donne lieu à un acide particulier. Cet acide s'unit subitement à une partie de l'alcali non altéré, pour former un sel qui cristallise aisément en belles aiguilles transparentes.

Lorsqu'on verse l'alcali dans du gaz oxygène pur, il prend feu en produisant une forte explosion. Il réduit l'oxyde de mercure à froid, en s'échauffant, et produit un sublimé de belle aiguilles blanches, qui semblent être le même acide que produit l'air.

Il donne peu à peu avec les sels cuivriques de belles aiguilles blanches et abondantes, en ramenant le cuivre au minimum. Il réduit aussi les sels d'or.

Il se combine aisément avec les acides.

Le *chlorhydrate* renferme C^6H^9P,HCl: il est précipité par le bichlorure de platine en une poudre jaune cristalline.

[1] M. Laurent (*Compt. rend. des Trav. de Chim.*, 1850, p. 34) fait remarquer avec raison qu'on pourrait ajouter HO à la formule de M. Ebelmen (calcul : 68, 6 ac. boriq.) Cet éther serait alors un acide méthyl-borique, dérivant d'un acide borique bibasique.

[2] PAUL THÉNARD (1845), *Compt rend. de l'Acad.*, XXI, 144; XXV, 892.

Tous ses sels sont décomposés, déjà à froid, par la potasse et la chaux.

§ 394. En même temps que l'alcali précédent, on obtient, dans l'action du chlorure de méthyle sur le phosphure de chaux, un liquide spontanément inflammable, très-infect et fort explosif, que M. P. Thénard représente par les rapports $C^8H^{12}P^2$, et qui serait l'analogue de l'arséniure de méthyle (cacodyle). Il est incolore, légèrement visqueux, et bout à environ 250°. Placé dans un flacon où l'air puisse s'introduire peu à peu, il absorbe l'oxygène lentement, et se convertit en un beau produit cristallin, fort acide. Avec l'acide chlorhydrique, il forme d'abord un monochlorhydrate solide, cristallisé, très-stable, qui passe ensuite à l'état de bichlorhydrate, liquide et d'une faible stabilité; et si l'action de l'acide continue, il se transforme uniquement en chlorhydrate de l'alcali C^6H^9P, et en un corps jaune[1], $C^4H^6P^4$.

Le monochlorhydrate se dissout sans altération dans l'eau froide à 0°; mais, si l'on élève la température, il donne lieu au même acide qu'on obtient par l'oxygénation de l'alcali C^6H^9P, et à un gaz qui forme de beaux cristaux avec l'acide chlorhydrique.

L'un des corps solides qui passent dans le traitement du phosphure de chaux par le chlorure de méthyle est le chlorhydrate de l'alcali C^6H^9P.

Ce sujet réclame de nouvelles recherches.

ARSÉNIURE DE MÉTHYLE.

Syn. : cacodyle.

Composition : $C^8H^{12}As^2 = C^4H^6As, C^4H^6As$.

§ 395. La composition de l'arséniure de méthyle correspond à celle de certains arséniures métalliques naturels, par exemple, à celle de l'argent arsénical :

$$Ag^4As^2 = \left.\begin{matrix} Ag^2As \\ Ag^2As \end{matrix}\right\},$$

l'argent étant remplacé par du méthyle.

L'arséniure de méthyle est remarquable, en ce qu'il s'unit di-

[1] Cette réaction ne se conçoit pas si les formules adoptées par M. P. Thénard sont exactes.

rectement à l'oxygène, au soufre, au chlore, et joue ainsi le rôle d'un corps simple, d'un métal. Le groupe $(C^2H^3)^2As = Kd$ est donc, comme le méthyle lui-même, susceptible de se substituer à H.

Pour faciliter la nomenclature de ces combinaisons, on désigne l'arséniure de méthyle sous le nom, plus simple, de *cacodyle* (du grec κακός, méchant), qui rappelle ses propriétés vénéneuses. On doit particulièrement à M. Bunsen[1] l'étude d ces combinaisons remarquables.

Tableau des principales combinaisons cacodyliques[2].

$$(C^2H^3)^2As = Kd.$$

Cacodyle (liqueur de Cadet). $2C^4H^6As = \left.\begin{matrix}Kd\\Kd\end{matrix}\right\}$,

Oxyde de cacodyle. . . . . . $2C^4H^6AsO = \left.\begin{matrix}KdO\\KdO\end{matrix}\right\}$,

Bioxyde de cacodyle (cacodylate de cacodyle). . . . . $2\,C^4H^6AsO^2 = \left.\begin{matrix}KdO^2\\KdO^2\end{matrix}\right\}$,

Acide cacodylique. . . . . . $C^4H^6AsO^2,HO = \left.\begin{matrix}KdO^2\\HO^2\end{matrix}\right\}$,

[1] CADET (1760), *Mém. de Math. et Phys. des Savants étrang.*, III, 633. — THÉNARD, *Ann. de Chim.*, LII, 54. — BUNSEN, *Ann. der Chem. u. Pharm.*, XXIV, 271; XXXVII, 1 : XLII, 14 ; XLVI, 1 ; traduction, *Ann. de Chim. et. de Phys.*, [3] IV, 167; VIII, 356. — DUMAS, *Ann. der Chem. u. Pharm.*, XXVII, 148. — *Ann. de Chim. et de Phys.*, [3] VIII, 362.

[2] Dans la notation unitaire, on aurait, en mettant $(CH^3)^2As = Kd$,

Cacodyle.	$\left.\begin{matrix}Kd\\Kd\end{matrix}\right\}$	correspondant	à	$\left.\begin{matrix}H\\H\end{matrix}\right\}$,
Oxyde de cacodyle. . .	$\left.\begin{matrix}Kd\\Kd\end{matrix}\right\}$ O,		=	$\left.\begin{matrix}H\\H\end{matrix}\right\}$ O,
Bioxyde de cacodyle. .	$\left.\begin{matrix}Kd\\Kd\end{matrix}\right\}$ O^2,		=	$\left.\begin{matrix}H\\H\end{matrix}\right\}$ O^2 (peroxyde d'hydrog.).
Ac. cacodyliq.	$\left.\begin{matrix}Kd\\Kd\end{matrix}\right\}$ O^2,		=	$\left.\begin{matrix}H\\H\end{matrix}\right\}$ O^2,
Sulfure de cacodyle. .	$\left.\begin{matrix}Kd\\Kd\end{matrix}\right\}$ S,		=	$\left.\begin{matrix}H\\H\end{matrix}\right\}$ S,
Bisulfure de cacodyle.	$\left.\begin{matrix}Kd\\Kd\end{matrix}\right\}$ S^2,		=	$\left.\begin{matrix}H\\H\end{matrix}\right\}$ S^2 (persulfure d'hydrog.).
Sulfocacodylates. . . .	$\left.\begin{matrix}Kd\\M\end{matrix}\right\}$ S^2,		=	$\left.\begin{matrix}H\\H\end{matrix}\right\}$ S^2,
Chlorure de cacodyle. .	$\left.\begin{matrix}Kd\\Cl\end{matrix}\right\}$,		=	$\left.\begin{matrix}H\\Cl\end{matrix}\right\}$.

Sulfure de cacodyle. . . . . $2\ C^4H^6AsS = \left.\begin{matrix}KdS\\KdS\end{matrix}\right\},$

Bisulfure de cacoldyle (sulfocacodylate de cacodyle). . $2C^4H^6AsS^2 = \left.\begin{matrix}KdS^2\\KdS^2\end{matrix}\right\},$

Sulfocacodylates métalliques. $C^4H^6AsS^3,SM = \left.\begin{matrix}KdS^2\\MS^2\end{matrix}\right\},$

Chlorure de cacodyle. . . . $C^4H^6AsCl = \left.\begin{matrix}Kd\\Cl\end{matrix}\right\},$

Chlorure de cacoplatyle[1]. . $C^4H^4pt^2AsCl = \left.\begin{matrix}Kd\\Cl\end{matrix}\right\}$, où pt^2 remplace H^2.

Iodure de cacodyle. . . . . $C^4H^6AsI = \left.\begin{matrix}Kd\\I\end{matrix}\right\},$

Cyanure de cacodyle. . . . . $C^4H^6AsCy = \left.\begin{matrix}Kd\\Cy\end{matrix}\right\}.$

§ 396. CACODYLE, $C^8H^{12}As^2 = KdKd$. — Ce corps constitue à l'état impur la liqueur spontanément inflammable connue sous le nom de *liqueur de Cadet* ou *d'alcarsine*, qu'on obtient par la distillation sèche d'un mélange d'acétate[2] de potasse et d'acide arsénieux.

Pour préparer cette liqueur, M. Bunsen prescrit d'opérer de la manière suivante : on place dans une cornue un mélange de parties égales d'acétate de potasse desséché et d'acide arsénieux, et l'on y adapte un récipient muni d'un long tube qui permette d'éconduire les gaz dans la cheminée du laboratoire. On dispose la cornue dans un bain de sable, et on la chauffe peu à peu, de manière à faire rougir le fond. On trouve alors trois couches dans le récipient : la couche inférieure consiste en arsenic, surnagé d'un liquide brun et oléagineux de cacodyle impur. La couche supérieure est un mélange d'eau, d'acétone et d'acide acétique. 100 p. d'acétate de potasse et 100 p. d'acide arsénieux donnent, si l'on a soin de refroidir convenablement le récipient, 30 p. de produit arsenical. Comme celui-ci est très-inflammable, on le décante au moyen d'un siphon dont la longue branche aboutit au-dessous de la surface de l'eau placée dans un flacon. Après l'avoir lavé à l'eau bouillie, on le distille sur de l'hydrate de potasse dans un courant

[1] Dans la formule du chlorure de cacoplatyle, pt^2 (platinicum) équivaut à Pt.

[2] L'acide acétique représente l'acide méthyl-formique.

d'hydrogène. Cette opération est très-pénible, et nécessite des soins tout particuliers.

Dans la distillation du mélange d'acide arsénieux et d'acétate de potasse, il se dégage beaucoup de gaz carbonique et d'hydrure de méthyle avec de petites quantités de gaz oléfiant et de vapeur de cacodyle. Le mélange gazeux ne contient pas d'hydrogène arsénié; le résidu renferme du carbonate de potasse. Il est difficile de mettre en équation une réaction ainsi compliquée[1].

On n'a pas encore obtenu le cacodyle par double décomposition, au moyen d'autres combinaisons méthyliques. Pour s'expliquer sa formation par l'acétate de potasse, on n'a qu'à se rappeler que l'acide acétique contient les éléments de l'acide carbonique et de l'hydrure de méthyle (gaz des marais), et qu'il se dédouble même en ces deux corps sous l'influence de la chaleur rouge.

Le cacodyle pur s'obtient par l'action du fer, du zinc ou de l'étain sur le chlorure et certains autres sels de cacodyle. L'amalgame d'étain solide ou le zinc en lames minces, étant mis en contact avec le chlorure de cacodyle sec, on observe vers 90 ou 100° une décomposition complète sans le moindre développement de gaz; la dissolution reste d'abord limpide, et ne se trouble qu'à la longue, par suite de la dissolution d'une certaine quantité de métal. A la fin, le liquide se solidifie par le refroidissement; en traitant alors par l'eau, on dissout le chlorure de zinc sans toucher au cacodyle liquide, qu'on peut ainsi séparer. Quelque prompte que soit cette réaction, la préparation du cacodyle pur est une opération aussi dé-

[1] Les analyses qui ont été faites de la liqueur de Cadet, à différentes époques, par M. Bunsen (I, II, et III) et par M. Dumas (IV) ne s'accordent pas entre elles :

	I.	II.	III.	IV.
Carbone...	22,18—22,10—22,18—20,90	22,55—22,37	21,45—21,34	22,04—23,29
Hydrogène.	5,19— 5,75— 5,75— 5,21	5,44— 5,42	5,27— 5,34	« 5,66
Asenic.....	« « « «	« «	66,12—65,38	« 69,30—68,93—69,0

Les déterminations de la densité de vapeur faites par M. Bunsen ont donné 7,183 — 7,555.

Ce dernier chimiste représente la substance par les rapports $C^8H^{12}As^2O^2$, qui exige carbone 2,124, hydrog. 5,31, arsenic 66,37, et correspond à 4 volumes (densité calculée 7,83). Mais on remarque que dans la plupart des analyses précédentes le carbone trouvé est supérieur au carbone calculé d'après cette formule; de plus, les trois dosages de l'arsenic effectués par M. Dumas en ont donné beaucoup plus qu'il n'en faudrait d'après la formule de M. Bunsen.

Si l'on considère, d'un autre côté, la complète identité des propriétés de la liqueur de Cadet et de celles du cacodyle obtenu par la réduction des sels de cacodyle, on est naturellement conduit à envisager la première comme un simple mélange de ce cacodyle et des produits de son oxydation.

licate que difficile, à cause de l'inflammabilité spontanée de ce corps. M. Bunsen a construit à cet effet un petit appareil fort ingénieux, dont il donne la description dans son mémoire. Le bromure de cacodyle se comporte d'une manière semblable ; mais il exige pour être attaqué une température plus élevée.

Lorsqu'on chauffe du sulfure de cacodyle dans une cloche courbe sur le mercure à 200 ou 300°, le métal se recouvre d'une couche de sulfure métallique, et il se produit aussi du cacodyle.

Le cacodyle constitue un liquide transparent, plus pesant que l'eau, incolore, visqueux, qui fume à l'air et possède à un haut degré la propriété de s'enflammer spontanément. Son odeur nauséabonde rappelle celle de l'hydrogène arsénié. Ses vapeurs sont très-vénéneuses. Son point d'ébullition est vers 170° ; la densité de sa vapeur a été trouvée égale à 7,1. Il se solidifie à — 6°, en cristallisant en prismes à base carrée.

Il est peu soluble dans l'eau, fort soluble dans l'alcool et l'éther.

Chauffé à environ 400°, le cacodyle se décompose complétement en arsenic métallique et en un mélange gazeux composé de 2 vol. d'hydrure de méthyle, et de 1 vol. de gaz oléfiant, sans le moindre dépôt de charbon :

$$C^8H^{12}As^2 = As^2 + 2\ C^2H^4 + C^4H^4.$$

Hydr. de méthyle. Gaz oléfiant.

Lorsqu'on fait arriver de l'air bulle à bulle dans le cacodyle, il produit des nuages et fixe de l'oxygène, en se changeant en oxyde de cacodyle ; un excès d'oxygène donne du cacodylate de cacodyle (bioxyde de cacodyle), lequel finit par se transformer lui-même en acide cacodylique.

Le cacodyle brûle dans l'oxygène avec une flamme d'un bleu pâle, en donnant de l'eau, de l'acide carbonique et de l'acide arsénieux ; si l'accès de l'air n'est pas suffisant, il se dépose un corps rouge particulier[1], ainsi que de l'arsenic métallique.

Le cacodyle brûle aussi dans le chlore gazeux. Une dissolution aqueuse de chlore en est immédiatement décolorée, et donne du chlorure de cacodyle.

[1] M. Bunsen appelle le corps rouge *érytrarsine*. Cette substance ne s'obtient pas toujours à volonté ni en grande quantité. Elle se produit aussi quand on traite le cacodyle par de l'acide chlorhydrique et de l'étain métallique, ou par de l'acide phosphoreux, par du protochlorure d'étain, etc.; enfin, on l'obtient également en faisant passer des vapeurs de cacodyle à travers des tubes légèrement chauffés. Elle est rouge foncé, sans indice de cristallisation, insoluble dans l'eau et l'alcool, et renferme $C^8H^{12}As^6O^6$.

L'acide sulfurique fumant dissout le cacodyle sans le noircir : il se dégage déjà à froid une grande quantité d'acide sulfureux, et à la distillation il passe une matière d'une odeur éthérée agréable.

Dissous dans l'acide nitrique, puis traité par le nitrate d'argent, le cacodyle donne un précipité cristallin de nitrate de cacodyle et d'argent. Avec le chlorure mercurique, il produit du chlorure mercureux et du chloromercurate de cacodyle.

Le soufre se dissout dans le cacodyle en produisant du sulfure de cacodyle ; un excès de soufre donne du bisulfure.

§ 387. *Oxyde de cacodyle*, $C^8H^{12}As^2O^2 = KdO, KdO$. — Ce corps[1] se produit par l'action de l'air sur le cacodyle ; il prend aussi naissance par la métamorphose de l'acide cacodylique sous l'influence des agents réducteurs, tels que l'acide iodhydrique, l'acide bromhydrique, l'acide sulfhydrique, l'acide phosphoreux, le chlorure stanneux.

Lorsqu'on fait lentement arriver l'air au contact de la liqueur de Cadet de manière à en éviter l'inflammation, elle se convertit en un sirop chargé de cristaux d'acide cacodylique, et qui absorbe de moins en moins l'oxygène. Si l'on dissout dans l'eau la masse visqueuse ainsi obtenue, et qu'on distille, on obtient d'abord une eau ayant l'odeur infecte du cacodyle, puis entre 120 et 130° une huile peu soluble dans l'eau, qu'on dessèche sur de la baryte et qu'on rectifie par une nouvelle distillation à l'abri de l'air.

C'est l'oxyde de cacodyle. Ce corps constitue une huile limpide, d'une odeur pénétrante, bouillant environ à 120°, ne fumant pas à l'air, et peu soluble dans l'eau.

Exposé à l'air, il s'oxyde très-difficilement et sans s'échauffer, en se transformant en acide cacodylique. L'air chargé de sa vapeur à 50° ou 70° détone violemment par l'approche d'un corps en combustion.

L'oxyde de cacodyle donne directement, avec les acides chlorhydrique, bromhydrique ou iodhydrique, du chlorure, du bromure ou de l'iodure de cacodyle.

Avec une solution de chlorure mercurique il donne un précipité blanc avec le chorure platinique, un précipité rouge-brun ; avec le nitrate d'argent, un précipité blanc.

[1] M. Bunsen lui donne le nom d'*oxyde de paracacodyle*, le croyant isomère avec la liqueur de Cadet, qu'il appelle oxyde de cacodyle. J'ai déjà fait observer (p. 627) que cette dernière ne paraît être qu'un mélange de cacodyle et des produits de l'oxydation du cacodyle.

Avec une solution de cyanure de mercure, il donne un précipité brun et pulvérulent, semblable au paracyanogène, et d'une odeur de morilles desséchées.

§ 398. *Bioxyde de cacodyle*, ou cacodylate de cacodyle, $C^8H^{12}As^2O^4 = KdO^2, KdO^2$. — C'est le sirop épais qui se produit par l'action lente de l'air sur le cacodyle ($C^8H^{12}As^2 + O^4 = C^8H^{12}As^2O^4$), et où se déposent peu à peu des cristaux d'acide cacodylique. Ce sirop se décompose par l'eau, et donne alors à la distillation de l'oxyde de cacodyle, tandis que de l'acide cacodylique reste dans le résidu.

$$2\ C^8H^{12}As^2O^4 + 2\ HO = C^8H^{12}As^2O^2 + 2\ C^4H^7AsO^4.$$

§ 399. *Acide cacodylique*, $C^4H^7AsO^4 = KdO^2, HO^2$. — Lorsque le cacodyle est mis graduellement en contact avec l'oxygène, ce gaz y étant dirigé très-lentement de manière qu'il n'y ait pas d'inflammation, il l'absorbe et produit un sirop épais et visqueux, renfermant du bioxyde de cacodyle et de l'acide cacodylique. Si ce sirop est chauffé à 60°, et qu'on y dirige pendant quelques jours un courant d'oxygène, la plus grande partie se convertit en cristaux d'acide cacodylique, qui peuvent être purifiés par la pression entre du papier joseph et par une nouvelle cristallisation. Cette préparation exécutée ainsi est à la fois désagréable et dangereuse, à cause de la grande inflammabilité du cacodyle et de l'odeur étourdissante de ce corps.

On évite ces inconvénients en employant du bioxyde de mercure, qui oxyde très-vite le cacodyle en s'échauffant considérablement. Pour éviter que la masse n'entre en ébullition, on met les deux corps sous une couche d'eau, et l'on a soin de refroidir le vase où l'on opère. L'oxydation s'effectue dans quelques secondes. Dès que le mélange a perdu l'odeur du cacodyle et s'est éclairci, on décante la partie liquide du mercure réduit, et pour détruire le cacodylate de mercure on y ajoute goutte à goutte du cacodyle jusqu'à ce que le liquide ne sépare plus de mercure métallique par la chaleur et qu'il présente une légère odeur de cacodyle. On évapore, et l'on fait cristalliser le produit dans l'alcool. 76 gr. de liqueur de Cadet ont donné à M. Bunsen 88 gr. d'acide cacodylique. (D'après le calcul, 76 p. de cacodyle en donnent 99,8 p. — $C^8H^{12}As^2 + 8HgO = 6\ Hg + 2\ C^4H^6HgAsO^4$, cacodylate mercurique ; $2\ C^4H^6HgAsO^4 + 2\ HO = 2HgO + 2\ C^4H^7AsO^4$, ac. cacodylique.)

L'acide cacodylique cristallise dans l'alcool en gros prismes rhomboïdaux obliques, entièrement transparents et incolores. On rencontre ordinairement la combinaison, ∞ P. oP. [∞ P ∞]. Inclinaison des faces, ∞ P : ∞ P = 119°52′; oP : [∞ P∞] = 97°27′. Il ne s'altère pas à l'air sec; mais l'air humide le décompose. Il est moins soluble dans l'alcool pur que dans l'eau, et insoluble dans l'éther. Il est sans odeur, et n'a aucune propriété vénéneuse, bien qu'il renferme 54,35 p. 100 d'arsenic[1].

Il est remarquable par sa grande stabilité : ni l'acide nitrique fumant ni un mélange d'acide sulfurique et de chromate de potasse ne l'attaquent, même à l'ébullition.

On peut le chauffer à 200° sans qu'il se décompose; mais il entre alors en fusion, en émettant une odeur arsenicale piquante et en devenant brunâtre; la matière fondue se solidifie à 90° en une masse radiée. Chauffé plus fort, l'acide cacodylique se décompose, en donnant de l'acide arsénieux et d'autres produits arsenicaux très-fétides.

L'acide sulfureux, l'acide oxalique, le sulfate ferreux et le gaz hydrogène libre ne l'altèrent pas; mais quand on le chauffe avec de l'acide phosphoreux, il développe immédiatement des vapeurs de cacodyle :

$$2\,C^4H^7AsO^4 + 3\,PH^3O^6 = C^8H^{12}As^2 + 2\,HO + 3\,PH^3O^8.$$

Ac. phosphoreux. — Cacodyle. — Ac. phosphorique.

Une solution d'étain acidulée le convertit en chlorure de cacodyle. Une réduction semblable s'opère lorsqu'on chauffe une solution aqueuse d'acide cacodylique avec du zinc métallique.

Lorsqu'on fait passer sur l'acide cacodylique sec du gaz iodhydrique également sec, il se produit de l'iodure de cacodyle, de l'iode libre et de l'eau :

$$C^4H^7AsO^4 + 3\,HI = C^4H^6AsI + I^2 + 4\,HO.$$

Avec le gaz bromhydrique sec, on obtient du bromure de cacodyle et du brome. Mais avec le gaz chlorhydrique sec, ou avec l'acide chlorhydrique concentré, on obtient une combinaison d'acide cacodylique et d'acide chlorhydrique, $C^4H^7AsO^4$, HCl. L'acide fluorhydrique donne aussi une semblable combinaison.

L'hydrogène sulfuré sec, ou en dissolution dans l'eau, s'échauffe

[1] Sept grains dissous dans l'eau et injectés dans la veine jugulaire d'un lapin n'ont pas déterminé la mort, ni même aucun symptôme d'empoisonnement; il n'y a pas eu non plus d'effet sensible par l'introduction de 6 grains dans l'estomac, ni de 4 grains dans le poumon.

avec l'acide cacodylique, en donnant du bisulfure de cacodyle, du soufre libre et de l'eau :

$$2\,C^4H^7AsO^4 + 6\,HS = C^8H^{12}As^2S^4 + S^2 + 8\,HO.$$

Si l'on fait passer l'hydrogène sulfuré dans une solution d'acide cacodylique dans l'alcool faible, on obtient aussi beaucoup de sulfure de cacodyle :

$$2\,C^4H^7AsO^4 + 6\,HS = C^8H^{12}As^2S^2 + 4\,S + 8\,HO.$$

L'acide cacodylique décompose les carbonates avec effervescence.

§ 400. Les *cacodylates métalliques* sont rarement cristallisables, mais le plus souvent gommeux. Ils se décomposent par une chaleur plus forte que celle qui détruit l'acide cacodylique, en donnant des produits fétides et en laissant un carbonate ou un arséniate métallique. Ils sont solubles dans l'eau et l'alcool. L'hydrogène sulfuré les convertit en sulfocacodyles.

Le *sel d'ammonium* ne paraît pas exister, du moins l'acide cacodylique cristallisé n'absorbe pas le gaz ammoniaque (Laurent).

Le *sel de potassium* s'obtient, par l'évaporation de la solution aqueuse, en cristaux radiés comme la wawellite, et déliquescents.

Le *sel de sodium* est semblable au précédent, mais moins déliquescent.

Le *sel de fer* (ferricum) s'obtient sous la forme d'un liquide brun, par la dissolution de l'hydrate ferrique dans l'acide cacodylique; ce liquide se décompose par l'évaporation.

Le *sel de cuivre* (cuivricum) s'obtient à l'état d'une gomme bleue par la dissolution de l'hydrate de cuivre dans l'acide; la solution aqueuse sépare par l'ébullition du cuivre métallique, qui traverse les filtres[1].

Le *sel de mercure* s'obtient en dissolvant l'oxyde mercurique récemment précipité dans une solution concentrée d'acide cacodylique. Il cristallise par l'évaporation spontanée en aiguilles blan-

[1] La solution alcoolique de l'acide cacodylique étant ajoutée en excès à une solution alcoolique de chlorure cuivrique en sépare tout le cuivre, sous la forme d'un précipité visqueux d'un jaune verdâtre, qui devient grenu et se laisse ensuite aisément laver avec de l'alcool absolu. Quand on chauffe ce précipité, il exhale des vapeurs qui ont l'odeur du cacodyle, et s'enflamment à l'air, en laissant du chlorure de cuivre, de l'arséniate cuivrique, de l'arsenic et du charbon. Il est très-soluble dans l'eau, mais il ne peut pas s'obtenir cristallisé. M. Bunsen y a trouvé : carbone 9,10, hydrog. 2,13, cuivre 26,94, chlore 23,12. Il déduit de ces résultats la formule compliquée et inadmissible : $7\,CuCl + 2(CuO, 2\,C^4H^6AsO^3)$.

ches et lanugineuses, qui jaunissent par l'eau, en séparant de l'oxyde mercurique ; quand on les chauffe, elles mettent du mercure métallique en liberté, en développant des produits arsenicaux.

Le *sel d'argent* s'obtient en dissolvant de l'oxyde d'argent dans l'acide cacodylique. La masse évaporée à siccité se dissout aisément dans l'alcool, et y cristallise en aiguilles allongées, groupées concentriquement, et sans odeur. On peut les sécher à 100° sans qu'elles se décomposent.

Lorsqu'on traite l'acide cacodylique par du carbonate d'argent pendant plusieurs jours, à chaud, et qu'on évapore la masse à siccité, l'eau en extrait un sel, qui cristallise plus difficilement en aiguilles, et paraît [1] renfermer $C^4H^6AgAsO^4$, 2 $C^4H^7AsO^4$.

Lorsqu'on mélange des solutions alcooliques d'acide cacodylique et de nitrate d'argent, il se sépare des aiguilles de cacodylate d'argent ; mais celles-ci se convertissent bientôt, au sein du liquide, en paillettes, qui renferment 1 at. de cacodylate d'argent pour 1 at. de nitrate d'argent, $CH^{46}AgAsO^4$, $NAgO^6$. On lave les cristaux par décantation et on les dessèche dans le vide ; ils sont peu stables, et noircissent rapidement. A 210°, ils se décomposent avec une légère explosion ; ils sont aisément solubles dans l'eau et moins solubles dans l'alcool absolu.

§ 401. *Combinaisons de l'acide cacodylique avec les acides.* L'acide cacodylique se combine avec d'autres acides, à la manière des alcaloïdes.

Le *fluorhydrate*, ou superfluoride de cacodyle basique, paraît renfermer $C^4H^7AsO^4$, HF. L'acide cacodylique se dissout aisément et d'une manière complète dans l'acide fluorhydrique concentré ; quand on a chassé l'excès d'acide par l'évaporation, le liquide se prend en beaux cristaux prismatiques.

Le *chlorhydrate*, ou superchloride de cacodyle basique, $C^4H^7AsO^4$, HCl, s'obtient lorsqu'on dissout l'acide cacodylique dans l'acide chlorhydrique concentré, et qu'on abandonne la masse dans le vide, celle-ci se prend en une bouillie de beaux cristaux lamellaires. Cette combinaison est sans odeur, et possède une saveur très-acide. L'eau la décompose en acide chlorhydrique et en acide cacodylique [2].

[1] Ces rapports donnés par M. Bunsen exigent plus d'hydrogène (3,84) que ce chimiste n'en a trouvé (3,53).

[2] Si l'on fait passer du gaz chlorhydrique sur l'acide cacodylique sec, la masse s'é-

Lorsqu'on chauffe à 100° le chlorhydrate d'acide cacodylique, il dégage de l'hydrure de méthyle monochloré (§ 330), de l'eau, de l'acide chlorhydrique, et un liquide huileux [1], en laissant un résidu d'acide arsénieux.

Le *bromhydrate* s'obtient, comme le chlorhydrate, d'une manière directe; mais il ne cristallise pas. C est un liquide sirupeux sans odeur et parfaitement neutre. Il est très-hygrométrique, et l'eau le décompose immédiatement en acide cacodylique et en acide bromhydrique. Le zinc métallique le convertit en bromure decacodyle. Sous l'influence de la chaleur, il éprouve une décomposition semblable à celle du chlorhydrate, en développant du gaz hydrure de méthyle monobromé (§ 331), isomère du bromure de méthyle.

§ 402. *Sulfure de cacodyle*, $C^8H^{12}As^2S^2$=KdS,KdS. — On peut le préparer avec le liquide brut, chargé d'acide acétique, qui distille dans la préparation de la liqueur de Cadet; si l'on ajoute à ce liquide une solution de sulfure de baryum, il se précipite du sulfure de cacodyle, qui est presque aussi insoluble dans la liqueur acétique que dans l'eau. Un autre moyen d'obtenir le sulfure de cacodyle consiste à distiller une solution de sulfhydrate de baryte avec du chlorure de cacodyle. On purifie le produit à l'aide du carbonate de plomb et du chlorure de calcium; dès que le carbonate ne noircit plus, il faut garantir le produit du contact de l'air, surtout quand on le soumet à la distillation.

C'est un liquide incolore, transparent, qui ne fume pas à l'air, et d'une odeur pénétrante, très-fétide, qui rappelle à la fois celle du cacodyle et du sulfhydrate d'éthyle. Il conserve sa fluidité à — 4°, il bout bien au-dessus de 100°. La densité de sa vapeur

chauffe considérablement, et se convertit en un liquide d'où il se dépose par le refroidissement des paillettes de chlorhydrate; la partie qui reste liquide est un produit de décomposition.

Ce dernier n'a pas été analysé. Il fume légèrement à l'air, et en attire l'humidité. M. Bunsen suppose qu'il renferme $C^4H^6AsCl^6$ + 3 aq. C'est peut-être plutôt une combinaison d'acide cacodylique avec plus d'acide chlorhydrique que n'en renferment les cristaux.

[1] M. Bunsen appelle ce liquide *cacodylate de perchlorure de cacodyle* (carbone 14,90, hydrogène 3,81, arsenic 45,65, chlore 26,21), et le représente par les rapports $C^{20}H^{30}As^5Cl^6O^6$ — 2 $C^4H^6AsO^3$, 3 $C^4H^6AsCl^2$. Ce liquide donne immédiatement par le chlorure mercurique un précipité de chloromercurate de cacodyle, sans chlorure mercureux. Il a une odeur qui irrite vivement les yeux et les organes olfactifs. Ce n'est peut-être que du chlorure de cacodyle, avec un excès d'acide chlorhydrique, provenant d'une décomposition partielle du chlorure de cacodyle.

a été trouvée par expérience égale à 7,72. Il est presque insoluble dans l'eau, et se mêle en toutes proportions avec l'éther et l'alcool. L'acide chlorhydrique le convertit en chlorure de cacodyle, avec dégagement d'hydrogène sulfuré. L'acide acétique ne le décompose pas.

Il attire promptement l'oxygène de l'air, et se convertit alors en un mélange de bioxyde et de bisulfure de cacodyle :

$$2\,C^8H^{12}As^2S^2 + O^4 = C^8H^{12}As^2O^4 + C^8H^{12}As^2S^4.$$

Lorsqu'on le chauffe à l'état sec ou en solution alcoolique avec du souffre, il donne du bisulfure de cacodyle.

Le *sulfure de cacodyle et de cuivre*, $C^8H^{12}As^2S^2$, 6 CuS, se produit quand on mélange ensemble des dissolutions alcooliques de sulfure de cacodyle et de nitrate de cuivre; il cristallise en beaux octaèdres réguliers, inaltérables à l'air, et de l'éclat du diamant.

§ 403. *Bisulfure de cacodyle*, ou sulfocacodylate de cacodyle, $C^8H^{12}As^2S^4 = KdS^3, KdS^2$. — Cette combinaison s'obtient par l'action du soufre sur le cacodyle ou sur le sulfure de cacodyle, ou par l'action de l'hydrogène sulfuré sur l'acide cacodylique.

Lorsqu'on fait passer l'hydrogène sulfuré sur l'acide cacodylique cristallisé, il y a une réaction extrêmement vive, de manière qu'il faut refroidir le vase où l'on opère, afin d'éviter les décompositions secondaires. Par le refroidissement, on obtient une masse cristallisée qu'on redissout dans l'alcool faible et bouillant pour en séparer le soufre. La même préparation peut se faire avec une solution aqueuse d'acide cacodylique.

On peut aussi préparer le bisulfure de cacodyle en mettant en digestion le sulfure de cacodyle, préalablement desséché sur du chlorure de calcium, avec $^1/_7$ de son poids de soufre, dans un flacon rempli de gaz carbonique. Par l'échauffement du mélange, le soufre se dissout en un liquide jaune, qui se prend par le refroidissement en paillettes. On les fait cristalliser dans l'alcool bouillant.

Ce dernier procédé n'est pas fort avantageux.

Le bisulfure de cacodyle s'obtient par le refroidissement lent de sa solution alcoolique, en grosses tables rhombes, ou, par le refroidissement brusque, en petits prismes, tendres, gras au toucher, inaltérables à l'air, et qui répandent une odeur pénétrante d'assa-fœtida. Il fond à 50° en un liquide incolore ; par une plus forte chaleur, il développe du sulfure de cacodyle ainsi que d'autres produits de décomposition.

Il est insoluble dans l'eau, mais il se dissout aisément dans l'alcool ; l'éther le dissout à peine.

Lorsqu'on le sépare par l'eau de sa solution alcoolique, il se sépare d'abord en gouttes, qui peuvent être refroidies à 20° sans qu'elle se concrètent ; mais la moindre agitation du liquide les fait cristalliser.

Il brûle à l'air avec une flamme bleuâtre, en dégageant de l'eau, du gaz sulfureux, du gaz carbonique, et des vapeurs d'acide arsénieux.

L'acide chlorhydrique paraît le dissoudre sans altération. L'acide sulfurique concentré le dissout, en développant du gaz sulfureux, et en mettant du souffre en liberté.

L'acide nitrique le convertit en acide cacodylique en éliminant du soufre et de l'acide sulfurique.

Le peroxyde puce de plomb opère la décomposition du bisulfure de cacodyle, en donnant du cacodylate de plomb accompagné de soufre et de sulfure de plomb.

Le mercure réduit le bisulfure de cacodyle à la température ordinaire, en produisant du sulfure de cacodyle et du sulfure de mercure.

§ 404. *Acide sulfocacodylique*, $C^4H^7AsS^4 = KdS^2, HS^2$. Cet acide n'a pas encore été isolé, mais on obtient des sulfocacodylates soit en précipitant par des sels métalliques le bisulfure de cacodyle ou sulfocacodylate de cacodyle, soit en décomposant certains cacodylates par l'hydrogène sulfuré.

Le *sel d'antimoine* [1], $C^4H^6sbAsS^4$, s'obtient en mélangeant des solutions alcooliques de sulfocacodylate de cacodyle et de chlorure d'antimoine (avec excès d'acide chlorhydrique) ; il cristallise en aiguilles courtes, jaune clair, qu'il est difficile de purifier complétement de chlorure.

Si les solutions alcooliques sont étendues et ne renferment pas un excès d'acide chlorhydrique, on obtient un précipité jaunâtre qui se fonce davantage peu à peu, et se colore en orangé par du sulfure d'antimoine.

Le *sel de bismuth* [2], $C^4H^6biAsS^4$, s'obtient en paillettes dorées, sans

[1] sb (stibicum) = $\frac{1}{3}$ Sb.

[2] bi (bismuthicum) = $\frac{1}{3}$ Bi.

odeur et inaltérables à l'air, par le mélange d'une solution alcoolique diluée et bouillante de nitrate de bismuth acide avec une solution alcoolique concentrée et bouillante de sulfocacodylate de cacodyle. Il est insolubledans l'eau, à peine soluble dans l'alcool et l'éther. L'hydrogène sulfuré ne le décompose pas.

Le *sel de plomb*, $C^4H^6PbAsS^4$, s'obtient en mélangeant une solution alcoolique d'acétate de plomb avec du sulfocacodylate de cacodyle. Il constitue des paillettes blanches et soyeuses, inodores, inaltérables à l'air, insolubles dans l'eau et à peine solubles dans l'alcool. L'hydrogène sulfuré ne les altère point.

Le *sel de cuivre* (cuprosum), $C^4H^6GuAoS^4$, se produit par le mélange d'un excès d'une solution alcoolique de sulfocacodylate de cacodyle avec une solution alcoolique de nitrate de cuivre. C'est une poudre légère d'un jaune d'œuf, qui se mouille mal, et qui est insoluble dans l'eau, l'alcool, les acides aqueux, l'alcool et l'éther. La potasse la décompose, mais l'hydrogène sulfuré ne l'altère pas.

La formation de ce sel est évidemment accompagnée de celle de l'acide cacodylique, puisqu'on emploie un sel cuivrique et qu'on obtient un sel cuivreux. Si l'on emploie trop de nitrate de cuivre, il se précipite du sulfure de cuivre, et quelquefois aussi un sel particulier, cristallisé en longues aiguilles, mais qui se décompose au bout de quelque temps, en donnant du sulfure de cuivre.

Le *sel d'or*, $C^4H^6AuAsS^4$, forme une poudre jaunâtre très-tendre, sans odeur ni saveur, insoluble dans l'eau, l'acide chlorhydrique, l'alcool et l'éther. Quand on le chauffe, il dégage du sulfure de cacodyle presque pur, puis du soufre, tandis qu'il reste de l'or pur. La potasse l'attaque; mais l'hydrogène sulfuré ne le décompose pas. Lorsqu'on mélange des solutions alcooliques de chlorure d'or et de sulfocacodylate de cacodyle, on obtient d'abord un précipité brun de sulfure d'or, qui finit par se convertir en sulfocacodylate d'or quand on le fait bouillir dans le liquide. Il se produit dans cette réaction de l'acide cacodylique.

§ 405. *Sulfate de cacodyle.* — On peut l'obtenir en mettant l'oxyde de cacodyle en digestion avec de l'acide sulfurique; par le refroidissement, on obtient une masse blanche, formée de cristaux aciculaires, groupés en sphères radiées. Ils rougissent le tournesol, sont très-déliquescents, et ont un odeur fort désagréable.

Séléniure de cacodyle. — Il s'obtient en distillant deux ou trois fois le chlorure de cacodyle avec une dissolution aqueuse de séléniure de sodium. Il distille à la faveur des vapeurs d'eau. C'est un liquide incolore, transparent, très-fétide, insoluble dans l'eau, soluble dans l'alcool et l'éther. Il précipite en noir l'acétate et le nitrate d'argent. Au contact du sublimé corrosif, il donne d'abord un précipité noir de sulfure de mercure, puis, par une nouvelle addition de sublimé, un précipité abondant de chloromercurate de cacodyle, soluble dans l'eau bouillante, d'où il se dépose, par le refroidissement, sous forme de paillettes soyeuses.

Phosphate de cacodyle. — L'acide phosphorique se combine avec l'oxyde de cacodyle, et forme un liquide visqueux et fétide, qui n'est jamais neutre au papier, et qu'on ne peut pas obtenir cristallisé; quand on chauffe, il distille d'abord de l'eau, puis un mélange d'eau et d'oxyde de cacodyle. L'acide phosphorique reste libre dans la cornue.

§ 406. *Nitrate de cacodyle.* — Il s'obtient en dissolvant à froid la liqueur de Cadet dans l'acide nitrique étendu; lorsqu'on chauffe la dissolution, on obtient de l'acide cacodylique.

Le *nitrate de cacodyle et d'argent* renferme $3C^8H^{12}As^2O^2, 2NAgO^6$. Si l'on verse du nitrate d'argent dans une solution de nitrate de cacodyle maintenue froide, on obtient un abondant précipité blanc, corné et pesant, qui peut être facilement lavé, par décantation, à l'eau froide purgée d'air. L'air, la lumière, le contact des corps organiques lui communiquent à la longue une teinte brune. A l'état de pureté, il constitue une poudre semblable à la crème de tartre, et d'une odeur alliacée. Examinée à la loupe, cette poudre offre des octaèdres réguliers, avec les faces du cube et du dodécaèdre rhomboïdal; ces cristaux ont un éclat adamantin. L'acide nitrique ne dissout pas ce sel à froid; à chaud, il l'oxyde rapidement. Il peut être chauffé à 90° sans qu'il se décompose, mais il se colore alors en brun; à 100°, il fait explosion, et donne des produits fétides et inflammables.

§ 407. *Fluorure de cacodyle.* — Il paraît se produire par la distillation du chloromercurate de cacodyle avec de l'acide fluorhydrique. C'est un liquide incolore, d'une odeur nauséabonde, qui attaque le verre; il ne se dissout pas dans l'eau, mais il paraît en être décomposé.

§ 408. *Chlorure de cacodyle*, $C^4H^6AsCl = KdCl$. — Il s'obtient en distillant le chloromercurate de cacodyle avec de l'acide chlorhydrique très-concentré, desséchant le produit sur du chlorure de calcium et sur de la magnésie, et le rectifiant ensuite dans un appareil scellé à la lampe et rempli de gaz carbonique sec. Il se produit aussi par l'action d'une solution aqueuse de chlore sur le cacodyle.

Il se présente à l'état d'un liquide incolore, qui ne se solidifie pas même à — 45°, et plus pesant que l'eau, à laquelle il communique son odeur pénétrante, sans s'y dissoudre sensiblement. Il est insoluble dans l'éther, mais il se dissout en toutes proportions dans l'alcool. Il bout vers 100°, en donnant une vapeur incolore d'une densité de 4,56 et spontanément inflammable à l'air; mêlée d'oxygène dans un flacon, cette vapeur détone violemment par la chaleur. Si l'on fait lentement arriver de l'air en contact avec le chlorure de cacodyle, il s'y dépose de beaux cristaux incolores d'acide cacodylique.

Il s'enflamme spontanément dans une atmosphère de chlore, en déposant beaucoup de charbon; il ne fume pas à l'air, mais il exhale une odeur pénétrante plus dangereuse par ses effets que celle du cacodyle. Mêlé à l'air, en dose un peu forte, il attaque si fortement la muqueuse des yeux, qu'il en sort du sang. L'acide nitrique concentré l'enflamme avec explosion.

Mis en contact avec une dissolution d'argent, il abandonne la totalité de son chlore à l'état de chlorure d'argent.

La chaux et la baryte ne lui enlèvent pas le chlore à froid; les acides faibles ne le décomposent pas; les acides sulfurique et phosphorique en dégagent de l'acide chlorhydrique.

Chauffé avec du zinc, du fer ou de l'étain, à 90 ou 100°, il se décompose, sans dégagement de gaz, en produisant du chlorure métallique et du cacodyle.

Lorsqu'on traite le chlorure de cacodyle par une solution alcoolique de potasse, on obtient du chlorure de potassium et un liquide, non miscible à la potasse concentrée, limpide, presque aussi volatil que l'éther, et d'une odeur fort désagréable. On peut la séparer de l'alcool, qui est moins volatil, par des traitements à la potasse et des distillations fractionnées. Il se mêle en toutes proportions à l'eau et à l'alcool.

Il se produit un *sous-chlorure de cacodyle*, C^4H^6AsCl, x $C^8H^{12}As^2O^2$, lorsqu'on traite le chlorure précédent par l'eau. On obtient aussi un produit semblable en distillant la liqueur de Cadet avec de l'acide chlorhydrique étendu, rectifiant le produit sur de la craie et de l'eau, à l'abri de l'air, desséchant sur du chlorure de calcium, et distillant de nouveau dans un appareil fermé, rempli de gaz carbonique. C'est un liquide semblable au chlorure de cacodyle; il bout à 109°, répand à l'air des vapeurs blanches, et présente une odeur redoutable, moins forte cependant que celle du cacodyle. La densité de sa vapeur a été trouvée égale à 5,46.

§ 409. *Chloromercurate de cacodyle*, $C^8H^{12}As^2O^2$, 4 HgGl = 2 KdO,4HgGl. — Lorsqu'on traite une solution alcoolique et diluée de liqueur de Cadet par une solution étendue de chlorure mercurique, il se forme un précipité blanc abondant, et l'odeur pénétrante de la dissolution disparaît complétement. On exprime le précipité, on le dissout dans l'eau bouillante pour en séparer le chlorure mercureux formé en même temps, et on le fait cristalliser à plusieurs reprises. Il est important, dans cette préparation, de ne pas employer un excès de chlorure mercurique, qui pourrait exercer sur le produit une action oxydante, et donner lieu à de l'acide cacodylique. Le chloromercurate de cacodyle se sépare de l'eau chaude sous forme de houppes soyeuses.

La préparation du chloromecurate de cacodyle est encore plus aisée avec le produit de l'o dation lente du cacodyle.

Le chloromercurate de codyle s'obtient, par un refroidissement lent, sous la forme de petites tables rhombes. 100 p. d'eau bouillante en dissolvent 3,47 p. L'alcool le dissout également, surtout à l'ébullition. Il n'a aucune odeur, mais la moindre parcelle qui en pénètre dans le nez provoque une sensation très-désagréable. Il a une saveur métallique nauséabonde, et est très-vénéneux. Quand on le chauffe au contact de l'air, il se décompose aisément sans laisser de résidu.

Lorsqu'on l'arrose avec de l'acide iodhydrique, il se forme instantanément du biiodure rouge de mercure, qui se dissout ensuite dans l'excès d'acide; en même temps il passe à la distillation des gouttelettes huileuses d'iodure de cacodyle. Avec l'acide chlorhydrique et l'acide bromhydrique, la réaction est analogue.

Quand on le distille avec de l'acide phosphoreux, il donne du chlorure mercureux, de l'acide phosphorique et du chlorure de cacodyle; une addition plus forte d'acide phosphoreux opère une réduction complète du mercure. L'étain, le mercure métallique, et en général tous les agents qui réduisent le chlorure mercurique, se comportent d'une manière anologue.

Le perchlorure d'or et les oxydes métalliques très-réductibles sont réduits par le chloromercurate de cacodyle, comme ils le sont par l'oxyde de cacodyle, avec production d'acide chlorhydrique et d'acide cacodylique.

Lorsqu'on ajoute à une solution étendue de chloromercurate de cacodyle une quantité de potasse moindre qu'il n'en faut pour précipiter tout le mercure, il se précipite de l'oxyde mercurique jaune, qui, agissant d'une manière oxydante sur la matière, se convertit en quelques instants en chlorure mercureux; ce n'est que par une action subséquente de la potasse sur ce dernier qu'on obtient un précipité noir.

Chlorocuivrite de cacodyle, C^4H^6AsCl, $CuCl$. — Il s'obtient sous la forme d'un volumineux précipité blanc, lorsqu'on mêle du chlorure de cacodyle en dissolution alcoolique avec du chlorure cuivreux dissous dans l'acide chlorhydrique. Il se colore en vert au contact de l'air, en donnant naissance à des produits arsenicaux très-fétides; la chaleur le décompose en chlorure de cacodyle et en chlorure cuivreux.

§ 410. *Chloroplatinate de cacodyle.* — Lorsqu'on mélange une solution de chlorure de cacodyle avec une solution de bichlorure de platine, le chloroplatinate de cacodyle apparaît sous la forme d'un précipité rouge brun.

Ce précipité présente une réaction fort remarquable : lorsqu'on le lave ou qu'on le fait bouillir dans l'eau, il donne une solution jaune, et par le refroidissement le liquide dépose des cristaux d'un corps nouveau.

Celui-ci représente le *chlorure de cacoplatyle*, $C^4H^4pt^2AsCl$ + 2 aq., c'est-à-dire le chlorure d'un cacodyle dans lequel 2 atomes d'hydrogène sont remplacés par leur équivalent de platinicum, ($pt^2 = Pt$). La réaction peut s'exprimer ainsi :

$$C^4H^6AsCl + pt^2Cl^2 = 2\ HCl + C^4H^4pt^2AsCl.$$

Le chlorure de cacoplatyle[1] s'obtient en fines aiguilles, très-

[1] M. Bunsen (*Revue scientif.*, IX, 305) admet dans ce chlorure et dans les autres sels de cacoplatyle atome d'hydrogène de plus; si cela était exact, le chlorure de cacoplatyle serait $C^4H^5PtAsCl$, c'est-à-dire le chlorure d'un cacodyle dans lequel 1 at. d'hydrogène serait remplacé par du platinosum. Mais la formule de M. Bunsen n'explique pas le mode de formation du sel, à moins qu'il ne se produise en même temps de l'acide

belles, inodores et d'une saveur arsenicale et nauséabonde. Il se dissout à chaud dans l'eau et l'alcool. Quand on le chauffe, il devient jaune, puis brun, prend feu sans fondre, et brûle comme une mèche en répandant des vapeurs arsenicales et en laissant un résidu fusible d'arseniure de platine. L'acide sulfurique le colore en jaune ; l'acide chlorhydrique n'a pas d'action sur lui. Il se dissout en toutes proportions dans l'ammoniaque; par l'évaporation de la solution, on obtient des cristaux confus, insolubles dans l'alcool. Le nitrate d'argent y produit un précipité de chlorure sans détruire la neutralité de la solution. L'iodure de potassium détermine dans sa solution la formation d'un précipité jaune d'iodure de cacoplatyle. Le bromure de potassium se comporte d'une manière semblable. On peut chauffer le chlorure de cacoplatyle à 164° sans qu'il se décompose : mais à cette température il perd environ 4 p. 100 d'eau, qu'il reprend d'ailleurs par l'ébullition dans ce liquide.

Le *bromure de cacoplatyle*, $C^4H^4pt^2AsBr + 2$ aq., s'obtient en mélangeant à chaud une solution du chlorure précédent avec du bromure de potassium. Il forme de petites aiguilles jaunes, et quelquefois des cristaux plus gros, assez solubles dans l'eau chaude et peu solubles dans l'eau froide. Les cristaux ont une légère réaction acide, sont sans odeur, et possèdent une saveur arsenicale fort désagréable.

L'*iodure de cacoplatyle*, $C^4H^4pt^2AsI + 2$ aq., est le précipité jaune occasionné par l'iodure de potassium dans le chlorure de cacoplatyle. Lorsqu'on mélange les deux solutions, bouillantes et passablement étendues, l'iodure de cacoplatyle se sépare à l'état de paillettes brillantes et soyeuses, semblables à l'iodure de plomb. Il est incolore, et peut être soumis à une température assez élevée sans se décomposer. A 260°, il s'altère en fondant et en devenant noir, en même temps qu'il émet de fortes vapeurs ayant l'odeur du cacodyle ; il brûle finalement comme une mèche en laissant de l'arseniure de platine.

Le *sulfate de cacoplatyle*, $(C^4H^4pt^2As)^2O^2, 2\ SO^3 + 4$ aq., s'obtient en décomposant à l'ébullition le chlorure de cacoplatyle par une dissolution de sulfate d'argent. La liqueur filtrée donne, par

cacodylique. M. Bunsen dit bien que les eaux mères de la préparation du chlorure de cacoplatyle retiennent *un peu* d'acide cacodylique, mais il faudrait évidemment qu'elles en continssent beaucoup, si la présence de cet acide n'était pas simplement accidentelle, et due à l'action de l'air.

l'évaporation dans le vide, des grains blancs et cristallins. Ce sel est sans odeur, mais il possède une saveur amère et astringente. Il n'est pas déliquescent et ne s'altère pas au contact de l'air. On peut le chauffer à 160° sans qu'il se décompose, mais il se détruit par une plus forte chaleur.

§ 411. *Bromure de cacodyle.* — Il s'obtient en distillant le chloromercurate de cacodyle avec de l'acide bromhydrique le plus concentré possible. Il se produit ainsi une liqueur jaune, non fumante, possédant des propriétés entièrement semblables à celles du chlorure de cacodyle. Chauffé dans une cloche courbe à 200 ou 300° sur du mercure, le bromure de cacodyle donne du bromure mercureux et du cacodyle. Chauffé avec de l'eau, il donne un *sous-bromure* sous la forme d'un liquide jaune et fumant.

Le *bromomercurate de cacodyle* forme un précipité cristallin.

§ 412. *Iodure de cacodyle*, $C^4H^6AsI = KdI$. — Lorsqu'on distille la liqueur de Cadet avec de l'acide iodhydrique concentré, il passe avec l'eau, dans le récipient, un liquide huileux, qui par le refroidissement dépose des cristaux transparents, sous forme de tables rhomboïdales; ce liquide est l'iodure de cacodyle. Pour le séparer des cristaux, qui sont un sous-iodure, on plonge le tube condenseur dans un mélange réfrigérant, on décante la partie demeurée liquide, et l'on distille de nouveau avec de l'acide iodhydrique concentré. On abandonne le liquide sur du chlorure de calcium et de la chaux vive, dans un tube bouché, rempli préalablement d'acide carbonique, puis on le distille dans ce même gaz en arrêtant l'opération dès que les deux tiers du liquide ont passé.

L'iodure de cacodyle est un liquide jaunâtre légèrement sirupeux, d'une odeur forte et repoussante. Sa densité est plus grande que celle du chlorure de calcium fondu. A — 10° il est encore liquide. Son point d'ébullition est bien supérieur à 100°; néanmoins le corps distille aisément avec les vapeurs d'eau. Il ne fume pas à l'air, mais il s'y altère, et dépose peu à peu de beaux cristaux prismatiques d'acide cacodylique. Il est soluble dans l'éther et dans l'alcool, insoluble dans l'eau; l'acide sulfurique le décompose en mettant de l'iode à nu. Il en est de même de l'acide nitrique : chauffé à l'air, il brûle avec une flamme éclatante en développant des vapeurs d'iode.

Le *sous-iodure de cacodyle* se produit par l'addition de l'oxyde de cacodyle à l'iodure neutre. Il constitue des tables rhomboïdales de couleur jaune, fusibles bien au-dessus de 100°, et pouvant distiller sans altération. Il répand à l'air des vapeurs blanches. On ne peut pas le convertir en iodhydrate neutre en le distillant avec de l'acide iodhydrique.

§ 413. *Cyanure de cacodyle*, C^6H^6AsN — KdCy. — Il s'obtient en distillant l'oxyde de cacodyle avec de l'acide cyanhydrique.

Un procédé moins dangereux consiste à distiller une dissolution concentrée de cyanure mercurique avec de la liqueur de Cadet. Il se réduit du mercure à l'état métallique, et le cyanure de cacodyle se rassemble alors sous l'eau, dans le récipient, à l'état d'une huile jaunâtre, qui ne tarde pas à se prendre par le refroidissement, en beaux cristaux prismatiques. On décante le liquide, et l'on exprime ceux-ci entre des doubles de papier joseph. Les cristaux de ce sel constituent des prismes obliques, tronqués sur les arêtes aiguës, et terminés par un sommet dièdre. Ils fondent à 33° en un liquide éthéré, incolore, réfractant fortement la lumière, et qui se solidifie de nouveau par le refroidissement; il bout à 140°, est peu soluble dans l'eau, et se dissout beaucoup mieux dans l'alcool et l'éther. La densité de sa vapeur a été trouvée égale à 4,63.

Cette substance est extrêmement vénéneuse. Quelques centigrammes répandus en vapeur, à la température ordinaire, dans l'atmosphère d'un appartement, suffisent pour déterminer des engourdissements dans les mains et les pieds, des vertiges et des bourdonnements dans les oreilles. Ces symptômes peuvent être suivis de syncopes; mais en général ils ne sont pas de longue durée si l'on se soustrait à temps à l'influence de cette substance.

Le cyanure de cacodyle produit dans les sels d'argent un précipité de cyanure d'argent; il réduit le nitrate mercureux, mais ne trouble pas le nitrate mercurique. Mis en contact avec le chlorure mercurique, il donne un précipité blanc de choromercurate de cacodyle.

Les alcalis faibles ne paraissent pas le décomposer, mais les acides concentrés en dégagent de l'acide cyanhydrique.

ANTIMONIURE DE MÉTHYLE.

Syn. : Stibméthyle.

Composition : C^6H^9Sb.

§ 414. L'antimoniure de méthyle[1] se produit par la double décomposition de l'antimoniure de potassium et de l'iodure de méthyle; il renferme :

$$C^6H^9Sb = Sb\left\{\begin{matrix} C^2H^3 \\ C^2H^3 \\ C^2H^3 \end{matrix}\right. = Sb\,(C^2H^3)^3.$$

Il peut, comme son homologue l'antimoniure d'éthyle[2], jouer le rôle d'un corps simple.

De même, l'antimoniure de méthyle s'unit à l'iodure de méthyle, en donnant l'iodure d'un ammonium (*stibméthylium* ou *tétraméthyl-stibammonium*), dans lequel l'atome d'azote est remplacé par son équivalent d'antimoine, et les 4 atomes d'hydrogène par leur équivalent de méthyle :

$$\underset{\text{Iod. de méthyle.}}{C^2H^3.I} + \underset{\text{Antim. de méthyle.}}{Sb\,(C^2H^3)^3} = \left.\begin{matrix} Sb\,(C^2H^3)^4 \\ I \end{matrix}\right\}$$, iodure de stibméthylium, ou de tétraméthyl-stibammonium.

Cet iodure donne, par double décomposition, la base correspondante, et celle-ci forme avec les acides des sels parfaitement définis.

On doit à M. Landolt la connaissance de ces combinaisons. Voici celles que ce chimiste a particulièrement étudiées :

$(C^2H^3 = Me)$

Stibméthylium. . . . . $2\,C^8H^{12}Sb$. . . . $= \left.\begin{matrix} Sb\,Me^4 \\ Sb\,Me^4 \end{matrix}\right\}$

Oxyde de stibméthylium. . . . . $2\,C^8H^{12}SbO$. . . . $= \left.\begin{matrix} Sb\,Me^4O \\ Sb\,Me^4O \end{matrix}\right\}$

Sulfure de stibméthylium. . . . . $2\,C^8H^{12}SbS$. . . $= \left.\begin{matrix} Sb\,Me^4S \\ Sb\,Me^4S \end{matrix}\right\}$

Sulfate de stibméthylium. . . . . $2\,(C^8H^{12}SbO,SO^3) = \left.\begin{matrix} Sb\,Me^4O \\ Sb\,Me^4O \end{matrix}\right\} S^2O^6$

[1] LANDOLT (1851), *Ann. der. Chem. u. Pharm.*, LXXVIII, 91; LXXXIV, 44.

[2] Voy. Série PROPIONIQUE, *Groupe éthylique*, § 853.

Bisulfate de stibméthylium. . . . . $C^8H^{12}SbO,HO,2SO^3 = \left.\begin{matrix}SbMe^4.O\\ HO\end{matrix}\right\} S^2O^6$.

Nitrate de stibméthylium. . . . . $C^8H^{12}SbO, NO^5$. . $= \left.\begin{matrix}SbMe^4O\\ NO^4O\end{matrix}\right\}$

Clorure de stibméthylium. . . . . $C^8H^{12}SbCl$. . . . $= \left.\begin{matrix}SbMe^4\\ Cl\end{matrix}\right\}$

Chloroplatinate de stibméthylium. . . . . . $C^8H^{12}SbCl, PtCl^2 = \left.\begin{matrix}SbMe^4\\ Cl\end{matrix}\right\} PtCl^2$

Bromure de stibméthylium. . . . . $C^8H^{12}Sb\ Br$. . . . $= \left.\begin{matrix}SbMe^4\\ Br\end{matrix}\right\}$

Iodure de stibméthylium. . . . . $C^8H^{12}SbI$. . . . . $= \left.\begin{matrix}SbMe^4\\ I\end{matrix}\right\}$

Une combinaison semblable à l'iodure de stilméthylium s'obtient avec l'antimoniure de méthyle et l'iodure d'éthyle ; cette combinaison renferme évidemment :

$$\underset{\text{Iod. d'éthyle.}}{C^4H^5I} + \underset{\text{Antim. de méthyle.}}{Sb(C^2H^3)^3} = \left.\begin{matrix}Sb(C^2H^3)^3(C^4H^5)\\ I\end{matrix}\right\}$$, iodure de tétréthylméthyl-stibammonium.

§ 415. Antimoniure de méthyle, ou stibméthyle, $C^6H^9Sb = Sb\,Me^3$. — Ce composé se prépare par la même méthode que son homologue l'antimoniure d'éthyle. On distille, dans une petite cornue, de l'iodure de méthyle avec un mélange d'antimoniure de potassium et de sable quartzeux ; la réaction est ordinairement assez vive pour que l'excédant d'iodure de méthyle se volatilise ; si l'on chauffe davantage, le stibméthyle passe lui-même.

C'est un liquide incolore, très-pesant, odorant, insoluble dans l'eau, peu soluble dans l'alcool, très-soluble dans l'éther. Exposé à l'air, il développe d'abondantes vapeurs blanches, prend feu et brûle avec une flamme blanche, en déposant de l'antimoine métallique.

Il se combine aussi avec le soufre, le chlore, le brome, l'iode, en donnant des composés analogues à ceux de son homologue, le stibéthyle.

§ 416. Combinaisons de stibméthylium. — Lorsqu'on met le stibméthyle en contact avec l'iodure de méthyle, il s'y combine immédiatement avec dégagement de chaleur, en produisant des cristaux d'iodure de stibméthylium.

Celui-ci produit, par double décomposition avec d'autres sels ou oxydes, un sulfate, un nitrate, etc.

Le stibméthylium lui-même (le métal du groupe) ne paraît pas encore avoir été isolé à l'état de pureté. En distillant, à l'abri du contact de l'air, un mélange d'iodure de stibméthylium en poudre fine et d'antimoniure de potassium, M. Landolt a obtenu (indépendamment d'un peu d'eau, provenant de l'humidité que l'antimoniure avait attirée pendant la mixtion) un liquide jaunâtre et oléagineux, qui avait beaucoup d'analogie avec le stibméthyle. Mais ce produit s'est formé en si petite quantité qu'il a été impossible d'en établir la composition par l'analyse.

Les *combinaisons de stibméthylium* ont une ressemblance extrême avec les sels de potasse et d'ammoniaque; il est même assez difficile d'en distinguer ces derniers par voie humide. A part le sulfure, elles sont toutes sans odeur. Elles sont en général fort solubles dans l'eau, moins solubles dans l'alcool, et presque insolubles dans l'éther. Le chloroplatinate de stibméthylium est fort peu soluble dans tous les véhicules.

Toutes les combinaisons de stibméthylium ont une saveur amère. Plusieurs d'entre elles, comme le sulfate neutre et l'oxalate, contiennent de l'eau de cristallisation ; les sels haloïdes sont anhydres ; le carbonate et l'oxalate sont déliquescents.

La base peut être extraite des sels de stibméthylium à l'aide de la soude ou de la potasse; elle donne lieu à des nuages blancs par l'approche d'une baguette humectée d'acide chlorhydrique.

L'antimoine n'y est presque pas accusé par les réactifs ordinaires. L'hydrogène sulfuré n'y produit un précipité de sulfure que par un contact longtemps prolongé. Toutefois, on peut obtenir une légère tache d'antimoine lorsqu'on introduit un sel de stibméthylium dans un mélange de zinc, d'eau et d'acide sulfurique, et qu'on tient une capsule contre la flamme du gaz hydrogène dégagé par ce mélange. La présence de l'antimoine ne se découvre pas non plus dans les sels de stibméthylium par l'acide nitrique. La saveur amère et la manière dont ils se comportent au feu sont presque les seuls caractères qui permettent de distinguer les sels de stibméthylium des sels de potasse et d'ammoniaque.

Les sels de stibméthylium sont en général très-stables : on peut les chauffer à 100 ou 140° sans qu'ils se décomposent. Toutefois ils paraissent s'altérer si on les maintient longtemps à cette température élevée ; du moins ils dégagent alors une odeur semblable à celle du stibméthyle. Soumis à la distillation sèche, ils commencent à fumer vers 180 ou 200°, et dégagent une vapeur blanche qui s'enflamme au contact de l'air.

Pris intérieurement, les sels de stibméthylium n'exercent sur l'économie aucune action vénéneuse, et ne déterminent pas de vomissements.

§ 417. *Oxyde de stibméthylium*, $2\ C^8H^{12}SbO = 2\ SbMe^4O$. — On obtient ce composé en ajoutant de l'oxyde d'argent récemment précipité à l'iodure de stibméthylium, jusqu'à ce qu'il ne se produise plus d'iodure d'argent. Par l'évaporation, dans le vide, de la solution filtrée, on obtient une matière blanche et cristalline, qui présente des caractères entièrement semblables à ceux de la potasse. Elle est fort caustique, extrêmement soluble dans l'alcool et l'eau, insoluble dans l'éther.

Si l'on évapore la solution du corps au contact de l'air, elle en attire l'acide carbonique, et produit ensuite une forte effervescence avec les acides. Si l'on ajoute de l'eau de chaux à la solution carbonatée, elle précipite du carbonate de chaux, et le liquide renferme de nouveau de l'oxyde de stibméthylium.

Lorsqu'on maintient une baguette humectée d'acide chlorhydrique sur la solution de ce corps, on remarque des vapeurs blanches. Toutefois l'alcali n'est que fort peu volatil ; car même après l'évaporation de sa solution au bain-marie on le retrouve dans le résidu presqu'en totalité.

Lorsqu'on chauffe brusquement l'oxyde de stibméthylium dans un tube fermé par un bout, il se dégage des vapeurs qui s'enflamment à l'air en déposant de l'antimoine métallique ; toutefois, en chauffant avec précaution on peut volatiliser l'alcali sec sans qu'il se décompose.

La solution aqueuse de l'oxyde de stibméthylium a l'odeur et la saveur d'une lessive ; elle bleuit passagèrement le tournesol rougi par les acides.

Elle déplace déjà à froid l'ammoniaque de ses combinaisons ; elle précipite immédiatement la chaux et la baryte de leurs sels ; ajoutée à la solution d'un sel de zinc, elle donne un précipité blanc, qui se redissout dans un excès de précipitant. Elle précipite en bleu les sels de cuivre, sans redissoudre le précipité. Les sels mercureux en sont précipités en noir, les sels mercuriques en jaune, les sels d'argent en brun, insolubles dans un excès de précipitant. Comme les sels de potasse, elle précipite en jaune le bichlorure de platine.

Lorsqu'on fait bouillir avec du soufre la solution concentrée de l'oxyde de stibméthylium, on obtient un liquide jaune qui précipite du soufre par les acides, en dégageant de l'hydrogène sulfuré.

Lorsqu'on agite la solution aqueuse de l'oxyde de stibméthylium avec de l'iode, celui-ci disparaît, et la liqueur incolore donne, par l'évaporation, des cristaux d'iodure de stibméthylium en même temps qu'une petite quantité d'un corps noir. Celui-ci est peut-être de l'iodate de stibméthylium; il est insoluble dans l'eau, dégage des vapeurs d'iode par la chaleur, et s'enflamme ensuite en laissant de l'iodure d'antimoine.

§ 418. *Sulfure de stibméthylium*, $2\ C^8H^{12}SbS = 2\ Sb\ Me^4S$. — Ce composé s'obtient aisément de la manière suivante : on divise en deux parts une solution alcoolique ou aqueuse d'oxyde de stibméthylium; on en sature l'une par l'hydrogène sulfuré; et on l'ajoute à l'autre part. Si l'on évapore ensuite le liquide, à l'abri de l'air, le sulfure de stibméthylium reste à l'état d'une poudre amorphe, de couleur verte.

Ce corps possède une odeur semblable à celle du mercaptan (sulfhydrate d'éthyle); il est fort soluble dans l'eau et dans l'alcool, mais insoluble dans l'éther. Les solutions sont incolores et précipitent le nitrate d'argent en noir.

Il paraît être assez volatil : du moins quand on soumet à la distillation sa solution aqueuse ou alcoolique, on trouve dans le produit distillé une quantité assez notable de sulfure de stibméthylium. Lorsqu'on le chauffe à l'état sec dans un petit tube, il commence par fondre, puis il se décompose en dégageant des vapeurs qui s'enflamment et en laissant un dépôt rouge de sulfure d'antimoine.

Le sulfure de stibméthylium s'oxyde promptement au contact de l'air, et se transforme en une poudre jaune qui blanchit peu à peu. Ce produit, insoluble dans l'alcool, ne se redissout plus entièrement dans l'eau. La solution donne avec le nitrate d'argent un précipité d'abord brun, mais qui noircit promptement. Si l'on chauffe la poudre blanche sur une lame de platine, elle se colore d'abord en beau vert, mais cette coloration disparaît par le refroidissement; si on la chauffe davantage, elle s'enflamme.

§ 419. *Sulfates de stibméthylium.* — M. Landolt en a décrit deux.

α. *Sel neutre*, $2(C^8H^{12}SbO, SO^3) + 10$ aq. $= 2\,SbMe^4O, S^2O^6 + 10$ aq. On l'obtient, par double décomposition, avec le sulfate d'argent et l'iodure de stibméthylium. Par l'évaporation du liquide filtré, on obtient des cristaux, incolores et inaltérables à l'air, de sulfate neutre de stibméthylium. Les cristaux paraissent appartenir au système rhombique. Chauffés à 100°, ils perdent 15, 4 p. 100 = 10 atomes d'eau. A 150° ils fondent, et à 180° ils se décomposent rapidement avec dégagement de lumière. Ils sont fort solubles dans l'eau et dans l'alcool. Lorsqu'on arrose d'eau le sel anhydre, il s'échauffe considérablement.

β. *Sel acide* ou *bisulfate* $(C^8H^{12}SbO, HO, 2SO^3) = Sb\,Me^4O, HO, S^2O^6$. Pour préparer ce sel, on ajoute à une solution aqueuse de sulfate neutre de stibméthylium une quantité d'acide sulfurique égale à celle qu'il renferme déjà. Purifié par plusieurs cristallisations, le bisulfate de stibméthylium forme des cristaux durs et transparents, parmi lesquels on rencontre des tables quadrilatères, dont les angles sont tronqués obliquement. Il se dissout aisément dans l'eau, difficilement dans l'alcool, et est presque insoluble dans l'éther. Sa saveur est à la fois acide et amère. Lorsqu'on le dissout dans une petite quantité d'eau, qu'on y ajoute de l'alcool et qu'on reprécipite le sel par l'éther, on finit par n'obtenir que le sel neutre, ces opérations étant plusieurs fois répétées.

Le bisulfate de stibméthylium ne renferme pas d'eau de cristallisation.

Nitrate de stibméthylium, $C^8H^{12}SbO; NO^5 = SbMe^4O, NO^5$. — Ce sel s'obtient, par double décomposition, au moyen de l'iodure de stibméthylium et du nitrate d'argent. Il est fort soluble dans l'eau, peu soluble dans l'alcool et l'éther, d'une saveur à la fois âcre et amère. On peut l'obtenir en petites aiguilles. Il fait explosion quand on le chauffe.

§ 420. *Chlorure de stibméthylium*, $C^8H^{12}SbCl = SbMe^4Cl$. — On le prépare en évaporant l'iodure de stibméthylium avec de l'acide chlorhydrique concentré, ou mieux encore en décomposant cet iodure par une solution chaude de chlorure mercurique ; la solution, séparée à l'aide du filtre, du précipité d'iodure de mercure, donne, par l'évaporation, des cristaux de chlorure de stibméthylium.

On peut aussi, pour obtenir ce sel, saturer l'oxyde de stibméthylium par l'acide chlorhydrique. Il se présente en petits cristaux hexagonaux, fort solubles dans l'eau, moins solubles dans l'alcool, et insolubles dans l'éther. Ils possèdent une saveur amère.

Le *chloroplatinate de stibméthylium*, $SbMe^4Cl,PtCl^2$, est un précipité cristallin couleur orange, peu soluble dans l'eau froide, mais entièrement soluble dans l'eau bouillante; insoluble dans l'alcool et l'éther, peu soluble dans les alcalis, plus soluble dans l'acide chlorhydrique. On l'obtient en mélangeant une solution aqueuse de chlorure de stibméthylium avec une solution de bichlorure de platine.

Bromure de stibméthylium, $C^8H^{12}SbBr = SbMe^4Br$. — On l'obtient aisément en décomposant à chaud l'iodure de stibméthylium avec une solution de bromure de mercure. C'est un sel cristallisable, fort soluble dans l'eau et l'alcool, insoluble dans l'éther.

Iodure de stibméthylium, $C^8H^{12}SbI = SbMe^4I$. — Ce sel se produit, ainsi que nous l'avons déjà dit, par la combinaison directe du stibméthyle avec l'iodure de méthyle; c'est la matière première avec laquelle s'obtiennent les autres combinaisons stibméthyliques. Pour préparer l'iodure de stibméthylium, M. Landolt introduit dans de petits ballons un mélange de sable quartzeux et d'antimoniure de potassium, réduit en poudre fine, et verse sur ce mélange assez d'iodure de méthyle pour l'humecter dans toute la masse; il distille ensuite la matière dans un appareil rempli d'acide carbonique, semblable à celui qu'emploient MM. Lœwig et Schweizer pour la préparation du stibéthyle [1]. Le récipient renferme deux liquides. La couche inférieure consiste en stibméthyle, la couche supérieure en iodure de méthyle; peu à peu les deux substances se combinent en produisant une masse blanche et cristalline, souvent dure comme de la pierre.

On exprime celle-ci entre du papier buvard, et on la fait recristalliser dans l'eau chaude ou dans l'alcool. Par l'évaporation, la solution dépose l'iodure de stibméthylium sous la forme de belles tables hexagones, fort solubles dans l'eau et l'alcool, peu solubles dans l'éther. Ce sel a une saveur salée, avec un arrière-goût amer. Chauffé dans un tube fermé par un bout, il dégage des vapeurs qui s'enflamment à l'air, en produisant de l'acide antimonieux.

Le chlore, le brome et l'acide nitrique en séparent immédiatement de l'iode. Lorsqu'on arrose le sel avec de l'acide sulfurique con-

[1] Voy. Série propionique, *Groupe éthylique*, § 854.

centré, il dégage des vapeurs d'acide iodhydrique en même temps que des vapeurs d'iode et du gaz sulfureux.

La solution aqueuse de l'iodure de stibméthylium dissout une quantité assez notable d'iodure de mercure jaune; si on la fait bouillir avec de l'iodure de mercure rouge, celui-ci se convertit d'abord en la modification jaune, et se dissout ensuite; par le refroidissement de la solution, une grande partie de l'iodure de mercure se précipite de nouveau sous la modification jaune.

Lorsqu'on soumet une solution aqueuse d'iodure de stibméthylium à l'action d'un courant galvanique, elle met de l'iode en liberté au pôle négatif, ainsi qu'une petite quantité d'oxyde, tandis qu'il se manifeste au pôle positif un abondant dégagement de gaz; en même temps la liqueur devient alcaline et acquiert l'odeur du stibméthyle. Le gaz dégagé au pôle positif renferme de l'antimoine; il possède à un haut degré l'odeur du stibméthyle, et brûle quand on l'enflamme, en répandant une fumée blanche, il est absorbé par une solution alcoolique d'iode. M. Landolt pense que ce gaz représente peut-être le stibméthylium.

Lorsqu'on traite la solution de l'iodure de stibméthylium par un amalgame de sodium, il se produit de légères explosions, accompagnées de lumière, et il se sépare de l'antimoine métallique.

La solution aqueuse de l'iodure de stibméthylium se décompose peu à peu lorsqu'on l'évapore à plusieurs reprises; il se produit alors, en petite quantité, un corps jaune particulier, en même temps que l'odeur du stibméthyle se fait sentir. Ce corps jaune se produit aussi quelquefois lorsque le sel solide est exposé aux rayons solaires.

§ 421. *carbonates de stibméthylium.* — M. Landolt a décrit deux sels de ce nom.

α. Le *carbonate neutre* s'obtient en décomposant une solution aqueuse d'iodure de stibméthylium par du carbonate d'argent récemment précipité. Si l'on évapore au bain-marie le liquide filtré, il reste une masse jaunâtre, transparente et confusément cristallisée; ce sel tombe rapidement en déliquescence à l'air humide; il est fort soluble dans l'eau et l'alcool, très-peu soluble dans l'éther, et offre aux papiers une réaction alcaline. Il a une saveur de lessive, et présente aussi de l'amertume, comme les autres sels de stibméthylium. Il est fort instable, et acquiert peu à peu l'odeur du stibméthyle. Il ne paraît pas contenir de l'eau de cristallisation.

β. Le *bicarbonate* s'obtient en faisant passer du gaz carbonique dans la solution du sel précédent. Par l'évaporation, la liqueur donne alors de petites aiguilles, groupées en étoiles; ce sel est fort soluble dans l'eau, et d'une saveur à la fois alcaline et amère. Il ne précipite pas les sels magnésiens neutres. Il se décompose promptement. Sa solution aqueuse dégage par la chaleur de l'acide carbonique.

Oxalate de stibméthylium. — On l'obtient en saturant par l'acide oxalique une solution d'oxyde de stibméthylium. Par l'évaporation de la liqueur il se produit un sel cristallisable, très-soluble dans l'eau, moins soluble dans l'alcool, et déliquescent. Les cristaux renferment beaucoup d'eau de cristallisation.

Cyanure de stibméthylium. — Lorsqu'on ajoute une solution de cyanure de mercure à une solution d'iodure de stibméthylium, il se produit d'abord un précipité jaunâtre, composé probablement d'iodure de mercure, mais qui se redissout bientôt, sans qu'on ait besoin de chauffer. Il se développe alors, surtout à chaud, une légère odeur d'acide cyanhydrique. Si l'on évapore ensuite la liqueur, on obtient des cristaux durs et brillants, qui paraissent être une combinaison d'iodure de mercure et de cyanure de stibméthylium.

Acétate de stibméthylium. — Il se produit lorsqu'on décompose l'iodure de stibméthylium par l'acétate d'argent. Il est encore plus instable que le carbonate, et s'obtient difficilement à l'état cristallisé.

Tartrate de stibméthylium. — Le bitartrate de stibméthylium est beaucoup plus soluble dans l'eau que le bitartrate de potasse.

STANNURES DE MÉTHYLE.

§ 422. Lorsqu'on fait agir de l'étain sur l'iodure de méthyle, à une température comprise entre 150 et 180 degrés, ce dernier s'attaque complétement dans l'espace de quinze à vingt heures, et par le refroidissement le liquide contenu dans les tubes se prend en masse. Ce produit est un mélange de deux iodures[1] :

Iodure de stanméthyle. . . . . . . C^2H^3SnI,
Iodure de distanméthyle. . . . . . $(C^2H^3Sn)^2I$.

Combinaisons de stanméthyle. — Si l'on soumet à la distillation le produit de la réaction de l'étain et de l'iodure de méthyle, on obtient un liquide limpide, doué d'une forte odeur, et qui commence à bouillir à 195 degrés; la distillation se termine entre 220

[1] CAHOURS et RICHE (1853), *Compt. rend. de l'Acad.*, XXXVI, 1001.

et 225 degrés. La dernière portion, celle qui bout vers 220 degrés, et qui constitue au moins les trois quarts du produit brut, se prend en une masse cristalline par le refroidissement; c'est l'iodure de stanméthyle. La partie qui bout vers 200 degrés reste liquide lorsqu'on la refroidit à zéro; elle se compose d'iodure de distanméthyle.

L'*oxyde de stanméthyle* constitue un précipité blanc et amorphe, qu'on obtient en versant de l'ammoniaque dans une solution aqueuse d'iodure de stanméthyle. Ce précipité est soluble dans un excès de potasse, mais il est insoluble dans un excès d'ammoniaque; il est également insoluble dans l'alcool et dans l'éther.

Le *chlorure* et le *bromure* sont des composés cristallisés, qu'on obtient en dissolvant l'oxyde de stanméthyle dans l'acide chlorhydrique ou bromhydrique.

L'*iodure*, C^2H^3SnI, forme des cristaux rhomboïdaux obliques, fusibles à 34 degrés, assez solubles dans l'eau, plus solubles dans l'alcool, solubles presque en toutes proportions dans l'éther. Sa solubilité dans ces différents véhicules est notablement plus grande que celle de son homologue, l'iodure de stanméthyle.

Le *sulfate* et le *nitrate* sont des composés cristallisables, qu'on obtient soit en dissolvant l'oxyde de stanméthyle dans l'acide sulfurique ou nitrique, soit en décomposant une solution aqueuse d'iodure de stanméthyle par le sulfate ou le nitrate d'argent.

Le *formiate* et l'*acétate* sont des sels cristallisables.

Combinaison de distanméthyle. — Le produit liquide, bouillant vers 200 degrés, qui se forme en même temps que l'iodure de stanméthyle dans la réaction de l'étain et de l'iodure de méthyle constitue l'*iodure de distanméthyle* $(C^2H^3Sn)^2I$. Ce composé est doué d'une odeur pénétrante, moins forte cependant que celle de son homologue éthylique. Lorsqu'on le décompose par l'ammoniaque, on obtient un *oxyde* susceptible de former avec les acides des combinaisons cristallisables.

MERCURURE DE MÉTHYLE.

§ 422 *a*. Lorsqu'on expose au soleil l'iodure de méthyle en contact avec le mercure métallique[1], il se colore bientôt en rouge par de l'iode mis en liberté; mais cette coloration disparaît dans l'espace de quelques heures, et l'on voit alors se déposer une petite quantité d'iodure de mercure jaune. Si l'on continue de faire agir

[1] FRANKLAND (1852); *Ann. der Chem. u. Pharm.*, LXXXV, 361.

la lumière solaire sur la matière pendant quelques jours, le volume du mercure métallique diminue considérablement, et des cristaux blancs commencent à se déposer sur les parois du vase; au bout d'une semaine toute la liqueur est prise en une masse incolore et cristalline; il ne se dégage que très-peu de gaz dans cette réaction. Le produit traité par l'éther cède à ce liquide de l'iodure de mercurméthyle, tandis que le mercure non attaqué et une petite quantité d'iodure de mercure produite en même temps restent à l'état insoluble.

L'*iodure de mercurméthyle*, C^2H^3HgI, se dépose de la solution éthérée sous la forme de petites paillettes incolores, insolubles dans l'eau, assez solubles dans l'alcool, fort solubles dans l'éther, et dans l'iodure de méthyle. Il a une légère odeur désagréable et une saveur nauséabonde. Il se vaporise en partie à la température ordinaire, et très-promptement à 100° dans un courant d'air. Il fond à 143° et se sublime sans altération.

Les alcalis fixes et l'ammoniaque le transforment en *oxyde de mercurméthyle*, soluble dans un excès de réactif; la solution donne par l'hydrogène sulfuré des flocons jaunâtres de *sulfure de mercurméthyle*, dont l'odeur est fort désagréable.

Le *mercurméthyle*, ou mercurure de méthyle, n'a pas encore été isolé.

AUTRES COMPOSÉS MÉTHYLIQUES.

§ 423. Nous aurions encore à placer dans le groupe méthylique les *carbonates de méthyle*, le *formiate de méthyle*, les *oxalates de méthyle*, le *cyanure de méthyle*, et une foule d'autres éthers méthyliques, formés par des acides organiques.

Ces composés sont classés avec leurs acides respectifs, et se trouvent décrits sous le titre : *Dérivés méthyliques de l'acide....*

II.

GROUPE ACÉTIQUE OU MÉTHYL-FORMIQUE.

424. Les composés acétiques sont homologues des combinaisons formiques (§ 126) : en effet, l'acide formique et l'acide acétique ne diffèrent entre eux que par C^2H^2,

Acide formique. . . $C^2H^2O^4$,
Acide acétique. . . $C^4H^4O^4$,

et les deux acides suivent les mêmes lois de métamorphose.

Si l'on peut dériver l'acide formique du type eau, dans lequel 1 atome d'hydrogène serait remplacé par le radical formyle C^2HO^2, on peut de même dériver l'acide acétique du type eau, en y supposant l'hydrogène remplacé par le radical *acétyle* $C^4H^3O^2$, homologue du radical formyle. On a ainsi les formules suivantes :

Eau (oxyde d'hydrogène et d'hydrogène). . . .	$\left.\begin{matrix}HO\\HO\end{matrix}\right\}$
Acide formique (oxyde de formyle et d'hydrogène).	$\left.\begin{matrix}C^2H\ O^2.O\\HO\end{matrix}\right\}$
Acide acétique (oxyde d'acétyle et d'hydrogène).	$\left.\begin{matrix}C^4H^3\ O^2.O\\HO\end{matrix}\right\}$

Ces rapprochements se trouvent justifiés par l'existence de plusieurs termes, tels que l'aldéhyde, le chlorure acétique, l'acétamide, etc., qui sont à l'acide acétique ce que l'hydrogène, l'acide chlorhydrique, l'ammoniaque, sont eux-mêmes au type eau. Le tableau suivant résume la composition des principaux termes du groupe acétique.

Tableau des composés acétiques.

Acétyle.	$C^8H^6O^4$	=	$\left.\begin{matrix}C^4H^3O^2\\C^4H^3O^2\end{matrix}\right\}$
Hydrure d'acétyle, ou aldéhyde.	$C^4H^4O^2$	=	$\left.\begin{matrix}C^4H^3O^2\\H\end{matrix}\right\}$
Acide acétique anhydre (oxyde d'acétyle).	$C^8H^6O^6$	=	$\left.\begin{matrix}C^4H^3O^2.O\\C^4H^3O^2.O\end{matrix}\right\}$
Acide acétique hydraté (hydrate d'acétyle)	$C^4H^4O^4$	=	$\left.\begin{matrix}C^4H^3O^2.O\\HO\end{matrix}\right\}$
Chlorure d'acétyle.	$C^4H^3ClO^2$	=	$\left.\begin{matrix}C^4H^3O^2\\Cl\end{matrix}\right\}$
Azoture d'acétyle, ou amide acétique.	$C^4H^5NO^2$	=	$N\left\{\begin{matrix}C^4H^3O^2\\H\\H\end{matrix}\right.$
Phosphure d'acétyle.	$C^4H^5PO^2$	=	$\left\{\begin{matrix}C^4H^3O^2\\H\\H\end{matrix}\right.$

On voit par le tableau précédent que le radical acétyle peut, à la manière du méthyle, jouer le rôle d'un corps simple; seulement, si dans la classification sériaire on place les composés méthyliques à l'extrémité gauche, près des combinaisons de l'hydrogène ou du potassium, il faudra placer les composés acétiques à l'extrémité droite, près des combinaisons du bore, du silicium ou du cyanogène. En effet, si l'hydrate et l'oxyde de méthyle, par exemple, sont très-rapprochés de l'eau et des bases minérales, en ce sens qu'on peut aisément les combiner, par double décomposition, avec les acides minéraux, l'hydrate et l'oxyde d'acétyle sont fort rapprochés des acides minéraux, en ce sens qu'on peut aisément les combiner, par double décomposition, avec les bases minérales. Les azotures de méthyle (méthylamine, diméthylamine, triméthylamine) sont fort semblables à l'azoture d'hydrogène (ammoniaque); l'azoture d'acétyle (acétamide) est semblable à l'azoture de bore (boramide).

§ 425. Ces relations conservent toute leur valeur si, au lieu de considérer le radical acétyle comme un radical primaire, on l'envisage comme un radical déjà lui-même dérivé par substitution du méthyle C^2H^3 à l'hydrogène H du radical formyle :

Radical formyle. . . . . C^2HO^2,

Radical méthyl-formyle. . . . $C^2(C^2H^3)O^2$.

Dans cette hypothèse, l'acide acétique devient l'acide méthyl-formique; le chlorure acétique devient le chlorure méthyl-formique, l'amide ou azoture acétique devient l'amide méthyl-formique, etc. Les réactions nombreuses dans lesquelles on voit se métamorphoser les composés acétiques en composés méthyliques (§ 318), et réciproquement les composés méthyliques en composés acétiques (§ 320), sont extrêmement favorables à cette manière de formuler ces derniers. La théorie gagne même en simplicité si l'on adopte notre hypothèse, car elle explique alors par le même principe (par la substitution du radical $C^{2n}H^{2n+1}$ à H) la ressemblance entre l'acide formique et les acides homologues, et la ressemblance entre l'eau et les alcools homologues.

§ 426. L'acide acétique est la matière première avec laquelle on se procure la plupart des composés acétiques. Il s'obtient lui-même par l'oxydation de plusieurs composés de la série propionique (par exemple, par la distillation sèche du bois) ou par la fermentation acide des liqueurs spiritueuses. Les composés éthyliques se convertissent sous l'influence des agents oxygénants en composés acétiques, de la même manière que les composés méthyliques, homologues des composés éthyliques, se transforment par ces agents en composés formiques, homologues des composés acétiques.

ACÉTYLE.

Composition : $C^8H^6O^4 = C^4H^3O^2, C^4H^3O^2$.

§ 427. L'acétyle n'a pas encore été isolé. Il est probablement gazeux. On l'obtiendrait peut-être, par double décomposition, en faisant réagir le chlorure d'acétyle et l'acétylure de potassium (aldéhydate de potasse).

HYDRURE D'ACÉTYLE.

Syn. : aldéhyde, acide aldéhydique.

Composition : $C^4H^4O^2 = C^4H^3O^2, H$.

§ 428. Ce corps [1], obtenu à l'état impur par Dœbereiner, et désigné par ce chimiste sous le nom de *schwerer Sauerstoffaether*, a été plus particulièrement étudié et analysé par M. Liebig. Il se produit par la déshydrogénation de l'alcool [2], de là le nom d'*aldéhyde*, qu'on lui a aussi donné par abréviation des mots d'*alcool dehydrogenatum*. Il prend naissance lorsqu'on place l'alcool sous l'influence des agents oxygénants, tels que l'acide chromique, le chlore aqueux, le mélange d'acide sulfurique et de peroxyde de manganèse, etc.

Les matières organisatrices, comme la caséine, la fibrine, etc., donnent aussi de l'aldéhyde, entre autres produits, lorsqu'on les traite par les mêmes agents d'oxydation.

L'aldéhyde se forme encore lorsqu'on fait passer les vapeurs d'alcool ou d'éther à travers un tube chauffé au rouge sombre, ou qu'on soumet à la distillation sèche l'acide lactique, le lactate de cuivre, et certains autres lactates, etc.

Voici comment M. Liebig prépare l'aldéhyde. On distille à une douce chaleur un mélange de 6 p. d'acide sulfurique, 4 p. d'eau, 4 p° d'alcool de 80 centièmes et 6 p. de peroxyde de manganèse en poudre fine. La cornue doit être assez spacieuse pour contenir environ trois fois ce mélange. On recueille le produit dans un ré-

[1] DOEBEREINER, *Journ. f. Chem. u. Phys. de Schweigger*, XXXII, 269; XXXIV, 124; XXXVIII, 327; XLVII, 120; LIV, 416; LXIII, 366. — LIEBIG, *Ann. der Chem. u. Pharm.*, XIV, 133; XXII, 273. — WEIDENBUSCH, *ibid.*, LXVI, 152.

[2] Voy. SÉRIE PROPIONIQUE, *Groupe éthylique*.

cipient entouré de glace ; quand la masse ne se boursoufle plus, on décante le liquide distillé et on le rectifie sur du chlorure de calcium. Ainsi obtenu, il renferme encore des impuretés (alcool, éther acétique, éther formique) ; on le mélange ensuite avec de l'éther, et on le sature par du gaz ammoniac. Il se sépare bientôt des cristaux, qu'on lave avec de l'éther et qu'on dessèche à l'air. Ces cristaux constituent l'aldéhydate d'ammoniaque ; après les avoir dissous dans leur poids d'eau, on les distille au bain-marie avec de l'acide sulfurique étendu, et on reçoit le produit dans un récipient entouré de glace. Enfin on rectifie l'aldéhyde sur du chlorure de calcium, en ayant soin que la température du bain ne s'élève guère au-dessus de 25 ou 30°.

Il paraîtrait, d'après l'observation de M. Schmidt[1], que l'aldéhyde brut préparé par le procédé précédent contient une très-petite quantité d'éther oxalique.

Suivant MM. W. et R. Rogers[2], on obtient de l'aldéhyde très-pur en ajoutant goutte à goutte de l'acide sulfurique à un mélange d'alcool et de bichromate de potasse dans un cornue. On fait bien de prendre parties égales de bichromate et d'alcool de 0,842, et d'y ajouter une quantité d'acide sulfurique égale à 1 1/3 du bichromate employé.

M. Engelhardt[3] trouve de l'avantage à préparer l'aldéhyde par la distillation sèche de l'acide lactique ou du lactate de cuivre. On distille au bain-marie le produit de cette distillation, en recevant les vapeurs dans un récipient bien refroidi, contenant de l'éther ; puis on fait passer de l'ammoniaque sèche dans la solution éthérée, et l'on traite comme précédemment l'aldéhydate d'ammoniaque qui se forme ainsi.

§ 429. L'aldéhyde est un liquide incolore, très-mobile, d'une odeur suffocante ; il bout à 21°,8 c. Sa densité est de 0,790 à 18° ; à l'état de gaz, elle est de 1,532. Il se mélange avec l'eau en s'échauffant ; il se mêle aussi en toutes proportions avec l'alcool et l'éther. Il est sans action sur les couleurs végétales, s'enflamme aisément, et brûle avec une flamme pâle.

Exposé à l'air, surtout en présence d'une certaine quantité d'eau et d'ammoniaque, l'aldéhyde s'altère assez promptement, et dégage

[1] SCHMIDT, *Ann. der Chem. u. Pharm.*, LXXXIII, 330.
[2] W. et R. ROGERS, *Journ. f. prakt. Chem.*, XL, 248.
[3] ENGELHARDT. *Ann. der Chem. u. Pharm.*, LXX, 241.

parfois, à une certaine époque de sa décomposition une odeur de punaise tout à fait caractéristique. Dans ces circonstances l'aldéhyde absorbe l'oxygène de l'air, et finit par se convertir en acide acétique; cette transformation est surtout rapide sous l'influence du noir de platine.

L'eau chlorée et l'acide nitrique le convertissent également en acide acétique. Le chlore et le brome gazeux l'attaquent vivement, en produisant probablement du chloral et du bromal.

Lorsqu'on chauffe sa solution aqueuse avec de la potasse caustique, le mélange ne tarde pas à brunir, et il s'en sépare bientôt un corps brun clair (*résine d'aldéhyde*), qui surnage et se laisse tirer en fils comme de la résine; il se développe en même temps une odeur piquante, provenant d'une *huile* particulière, qu'on peut condenser, mais qui s'épaissit rapidement à l'air, et finit par se convertir entièrement en une résine qui ne paraît pas être identique à la résine produite par la potasse. Cette dernière résine, qu'il est difficile de dépouiller de toute odeur, est d'un jaune orangé, et se dissout dans l'alcool et l'éther, et un peu dans l'eau. Les alcalis la dissolvent à peine. L'acide sulfurique la dissout en partie, et l'eau l'en reprécipite. Quelques bulles de chlore la décolorent immédiatement en solution alcoolique; il se précipite ainsi une poudre entièrement blanche, qui est chlorée. La *résine d'aldéhyde*, purifiée autant que possible, a donné à l'analyse les résultats suivants :

	Weidenbusch.
Carbone.	70,40
Hydrogène.	7,97
Oxygène.	21,63
	100,00

La potasse qui a résinifié l'aldéhyde se trouve convertie en acétate et en formiate. La même résine se produit lorsqu'on expose à l'air une solution alcoolique de potasse.

Lorsqu'on fait passer les vapeurs d'aldéhyde sur de la chaux potassée, dans un tube chauffé, le mélange brunit tout à coup; il se dégage du gaz hydrogène en abondance, et bientôt la masse se décolore entièrement. Le résidu ne se compose que d'acétate[1] :

$$C^4H^4O^2 + KO, HO = H^2 + C^4H^3KO^4.$$

Le potassium dégage de l'hydrogène au contact de l'aldéhyde, en

[1] DUMAS et STAS. *Ann. de Chim. et de Phys.*, LXXIII, 151.

produisant de l'aldéhydate de potasse (acétylure de potassium).

L'ammoniaque se combine avec l'aldéhyde, en produisant un sel cristallisé.

L'hydrogène sulfuré convertit l'aldéhyde en hydrure de sulfacétyle :

$$C^4H^4O^2 + 2\,HS = C^4H^4S^2 + 2\,HO.$$

Lorsque dans un liquide renfermant de l'aldéhyde on verse quelques gouttes d'ammoniaque, ainsi qu'une quantité suffisante de nitrate d'argent pour faire disparaître la réaction alcaline, et qu'on chauffe ensuite le mélange, les parois du ballon se recouvrent d'une couche miroitante d'argent métallique. L'oxyde d'argent chauffé avec l'aldéhyde se réduit également sans dégagement de gaz ; en même temps il reste en dissolution un sel d'argent soluble (acétylure d'argent). Si l'on traite la dissolution de ce dernier par de l'eau de baryte, de manière à précipiter tout l'oxyde d'argent, et qu'on chauffe le précipité dans la dissolution du sel de baryte nouvellement formé, l'oxyde d'argent est complétement réduit, et l'on obtient de l'acétate neutre de baryte.

Ces réactions peuvent se représenter de la manière suivante :

$$\underset{\text{Aldéhyde.}}{2\,C^4H^4O^2} + 2\,AgO = \underset{\text{Aldéhyd. d'arg.}}{2\,C^4H^3AgO^2} + 2\,HO$$

$$2C^4H^3AgO^2 + 2(BaO,HO) = \underset{\text{Aldéh. de baryte.}}{C^4H^3BaO^2} + \underset{\text{Acét. de baryte.}}{C^4H^3BaO^4} + Ag^2 + 2HO.$$

L'acide sulfurique concentré s'épaissit avec l'aldéhyde, et le charbonne. L'acide phosphorique anhydre produit un effet semblable.

L'acide cyanique transforme l'aldéhyde en acide trigénique (§ 460).

L'aldéhyde a une grande tendance à se modifier moléculairement et à se convertir en des corps isomères ; il éprouve souvent une semblable transformation sous des influences qu'on ne connaît pas encore.

§ 430. *Modifications isomères de l'hydrure d'acétyle* [1]. — On connaît plusieurs composés isomères de l'aldéhyde.

α. *Métaldéhyde.* Lorsque l'on conserve l'aldéhyde dans des tubes fermés, ce corps éprouve une modification moléculaire dont les conditions n'ont pas encore été déterminées ; il s'y forme des pris-

[1] LIEBIG, *loc. cit.* — FEHLING, *Ann. der Chem. u. Pharm.*, XXVII, 319. — WEIDENBUSCH, *loc. cit.*

mes allongés, transparents, doués d'un grand éclat, sans odeur ni saveur, insolubles dans l'eau, fort solubles dans l'alcool. Ce produit se sublime à 120°, sans fondre d'abord, en aiguilles soyeuses très-longues. Sa vapeur se condense dans l'air en flocons lanugineux, très-légers.

Le même composé paraît se produire dans les circonstances suivantes. Lorsqu'on met de l'aldéhyde pur, étendu de la moitié environ de son volume d'eau, en contact avec une trace d'acide sulfurique ou nitrique, en maintenant la matière au-dessous de 0°, il s'y dépose bientôt de fines aiguilles, en même temps que le liquide surnageant perd l'odeur de l'aldéhyde et la propriété de se mêler à l'eau. Les aiguilles ont les caractères du métaldéhyde.

β. *Paraldéhyde*. C'est le liquide qui surnage au-dessus du métaldéhyde, dans la préparation précédente.

Cette modification de l'aldéhyde est très fluide, limpide, d'une odeur aromatique et d'une saveur âcre et brûlante; elle se dissout dans l'alcool et l'éther et un peu dans l'eau; elle bout à 125°, et passe sans altération; elle se transforme rapidement, soit seule, soit mêlée à l'eau, en un acide particulier, qui se dissout dans ce liquide; quelquefois même il se dépose alors des cristaux. La potasse ne l'altère pas. Chauffée avec une trace d'acide sulfurique, elle se reconvertit en aldéhyde.

Quant à l'acide en lequel se transforme le paraldéhyde, il ne se produit que par l'exposition à l'air; les alcalis et les agents d'oxydation ne le donnent pas. En saturant la petite quantité du liquide acidifié à l'air, M. Weidenbusch a obtenu un sel cristallisable, très-soluble dans l'eau, réduisant aisément les sels d'argent, et précipitant en blanc les sels mercuriques et les sels mercureux. Le précipité produit par les sels mercureux se réduisait à chaud, celui des sels mercuriques restait blanc à l'ébullition.

La densité de la vapeur du paraldéhyde a été trouvée égale à 4,583, ce qui correspond à 4 volumes pour la formule $C^{12}H^{12}O^6 = 3\,C^4H^4O^2$.

γ. *Élaldéhyde*. L'aldéhyde se convertit quelquefois, par l'effet d'une influence inconnue, en longues aiguilles transparentes, qui fondent déjà à + 2°, et entrent en ébullition à + 94°. Cet isomère ne brunit pas quand on le chauffe avec la potasse, n'agit pas sur les sels d'argent, et ne se combine pas avec l'ammoniaque. La densité de sa vapeur a été trouvée égale à 4,457, c'est-à-dire sensiblement la même que celle du paraldéhyde.

M. Liebig attribue la production de ces isomères au mouvement moléculaire que détermine dans l'aldéhyde un commencement d'oxydation, mouvement moléculaire qui, continuant à l'abri du contact de l'air, a pour effet de grouper dans un autre ordre les atomes de l'aldéhyde.

Dérivés métalliques de l'hydrure d'acétyle. Acétylures ou aldéhydates.

§ 431. Quelques chimistes [1] admettent l'existence d'un *acide aldéhydique* ou *lampique*, intermédiaire entre l'acide acétique et l'aldéhyde; mais il me paraît prouvé qu'on n'a désigné sous ce nom qu'un mélange d'aldéhyde, d'acide acétique et d'autres produits d'oxydation de l'alcool. Les sels métalliques qu'on attribue à cet acide intermédiaire ne sont aussi, dans mon opinion, que des dérivés de l'aldéhyde, contenant du métal à la place de l'hydrogène :

$$\text{Hydrure d'acétyle, ou aldéhyde. . } \left.\begin{matrix} C^4H^3O^2 \\ H \end{matrix}\right\},$$

$$\text{Acétylures, ou aldéhydates. . . . } \left.\begin{matrix} C^4H^3O^2 \\ M \end{matrix}\right\}.$$

§ 342. *Acétylure d'ammonium*, ou aldéhydate d'ammoniaque, $C^4H^3(NH^4)O^2 = C^4H^4O^2, NH^3$. — Ce composé, découvert par Dœbereiner, s'obtient par la combinaison directe de l'ammoniaque avce l'aldéhyde. Il cristallise [2] en rhomboèdres aigus de 85° (longueur de l'axe vertical = 1,4, un des axes secondaires étant 1); les cristaux sont assez volumineux, incolores, brillants, transparents et très-réfringents; ils fondent entre 70 et 80°, et distillent sans altération à 100°; leur vapeur est inflammable. Il se réduit aisément en poudre, et répand une odeur de térébenthine. Il est fort soluble dans l'eau, moins soluble dans l'alcool, très-peu soluble dans l'éther; la solution possède une réaction alcaline et brunit le curcuma.

[1] Voy. sur l'acide aldéhydique ou lampique : FARADAY, *Ann. de Chim. et de Phys.*, IV, 350. — BOETTGER, *Journ. f. prakt. Chem.*, X, 62; XII, 335. — DANIELL, *Ann. d. Phys.* de Gilbert, LXI, 350; *Annals of Philos.*, XIX, 469. — DANIELL et PHILLIPS., *Ann. d. Phys.* de Gilbert, LXXV, 101. — LIEBIG, *Ann. der Chem. u. Pharm.*, XIV, 160. — A CONNELL, *The Edinb. new Philos. Journ.*, XIV, 237; *Phil. Magaz. and Journ. of Science*, XI, 512; XXIX, 353. — MARTENS et STAS, *Journ. f. prakt. Chem.*, XVIII, 375.

[2] H. KOPP, *Einleit, in d. Krystallogr.*, p. 215.

Il s'altère peu à peu à l'air en brunissant et en exhalant une odeur de matières animales brûlées. Si l'on distille avec de la baryte caustique la masse brune provenant de l'altération et de l'aldéhydate d'ammoniaque, il passe beaucoup d'ammoniaque, ainsi qu'une autre matière volatile, dont la nature n'est pas connue; le résidu renferme du formiate de baryte.

Une solution concentrée de potasse caustique n'attaque pas les cristaux incolores d'aldéhydate d'ammoniaque [1].

La solution de l'aldéhydate d'ammoniaque réduit à l'ébullition le nitrate d'argent (p. 661).

L'aldéhydate d'ammoniaque absorbe le gaz sulfureux en produisant une combinaison particulière (§ 436); avec l'hydrogène sulfuré et l'hydrogène sélénié, il produit la thialdine et la sélénaldine; avec le sulfure de carbone, il donne la carbothialdine. (Voy. § 443, *Dérivés ammoniacaux de l'hydrure d'acétyle.*)

§ 433. *Acétylure de potassium*, ou aldéhydate de potasse, $C^4H^3KO^2$. — Lorsqu'on chauffe légèrement du potassium dans l'aldéhyde, il se dégage de l'hydrogène, et il se produit un liquide sirupeux, qui se prend dans le vide en un sel blanc doué d'une saveur alcaline. Cette combinaison est soluble dans l'eau, et réduit les sels d'argent à l'aide de la chaleur.

Acétylure d'argent, ou aldéhydate d'argent, $C^4H^3AgO^2$ — C'est le sel d'argent soluble qu'on obtient en chauffant l'aldéhydate d'ammoniaque avec de l'oxyde d'argent.

Lorsqu'on mélange des solutions aqueuses et concentrées d'aldéhydate d'ammoniaque et de nitrate d'argent, il se produit un précipté blanc, qui paraît être une combinaison de nitrate d'argent et d'aldéhydate d'ammoniaque [$2\,C^4H^3(NH^4)O^2 + NO^6Ag$]. Ce précipité est peu soluble dans l'alcool, fort soluble dans l'eau. Si l'on porte à l'ébullition sa solution aqueuse, il se dégage de l'aldéhyde; la moitié de l'argent se réduit, et il reste en dissolution du nitrate d'ammoniaque et de l'aldéhydate d'argent.

Dérivés sulfurés de l'hydrure d'acétyle.

§ 434. *Hydrure de sulfacétyle* [2], ou mercaptan acétylique, $C^4H^4S^2$. — Lorsqu'on dirige un courant d'hydrogène sulfuré dans

[1] ADERHOLDT, *Ann. der Chem. u. Pharm.*, LXXXVI, 375.
[2] WEIDENBUSCH (1848), *Ann. der Chem. u. Pharm.*, LXVI, 152.

un mélange d'eau et d'aldéhyde, le liquide se trouble, et quand il est saturé de gaz, il dépose une huile épaisse et limpide ; celle-ci constitue une combinaison d'hydrure de sulfacétyle avec l'acide sulfhydrique. Il faut maintenir le courant, car l'huile ne se dépose pas aisément d'un liquide incomplétement saturé. On décante l'huile, et on la dessèche dans le vide, le chlorure de calcium l'altérant déjà à froid, en produisant du sulfure de calcium et de l'aldéhyde. Lorsqu'on ajoute à cette huile une goutte d'acide sulfurique, ou qu'on y dirige du gaz chlorhydrique, elle se prend à l'instant même en une masse cristalline, en dégageant de l'hydrogène sulfuré. Ces cristaux sont l'hydrure de sulfacétyle. Une plus grande quantité d'acide sulfurique les dissout, mais l'eau les en reprécipite. On peut aussi simplement détruire par la chaleur la combinaison de l'acide sulfhydrique, en distillant l'huile.

L'hydrure de sulfacétyle cristallise en aiguilles brillantes, entièrement blanches, d'une odeur alliacée désagréable ; il commence déjà à se sublimer à 45°, sous forme de flocons légers. Les cristaux se dissolvent dans l'alcool et l'éther et un peu dans l'eau ; ils surnagent au-dessus de cette dernière et distillent avec elle. La solution alcoolique dépose ce corps sur les parois des vases, sous forme de dendrites.

Ni l'ammoniaque ni la potasse n'agissent sur ce corps. Avec l'acide nitrique il produit une vive effervescence.

Si l'on ajoute du nitrate d'argent à sa dissolution alcoolique, il se produit un abondant précipité blanc, qui change promptement de couleur. Si l'on chauffe ce précipité, il s'agglomère en même temps que des flocons de sulfure noir se déposent ; l'alcool retient en dissolution une combinaison argentique, qui cristallise par le refroidissement, sous forme de paillettes nacrées. C'est une *combinaison de l'hydrure de sulfacétyle avec le nitrate d'argent*, $3\ C^4H^4S^2$, $2\ NO^6Ag$. Ce sel dégage par la chaleur du gaz nitreux, en noircissant. Distillé dans une cornue avec un alcali, il dégage de l'hydrure de sulfacétyle. L'acool absolu ne le dissout qu'à l'ébullition.

§ 435. La *combinaison de l'hydrure de sulfacétyle avec l'acide sulfhydrique*, $6\ C^4H^4S^2$, $2\ HS$, est une huile d'une densité de 1,134, d'une forte odeur d'ail qui s'attache longtemps aux mains et aux habits. Elle est un peu soluble dans l'eau, fort soluble dans l'alcool et l'éther ; elle se mêle aux huiles grasses et aux huiles volatiles. Bien qu'elle ne commence à bouillir qu'à 180°, elle se vaporisé néanmoins rapidement, et répand partout une odeur insupportable. Chauffée dans une cornue, elle se met à bouillir à 180° ; mais le point d'ébullition s'élève continuellement en même temps que l'huile brunit, et finalement la cornue retient une masse onctueuse, qui se prend par le refroidissement en une bouillie de cristaux d'hydrure de sulfacétyle ; ceux-ci se produisent aussi par l'exposition de la combinaison à l'air. Si l'on abandonne celle-ci sur de l'acide sulfurique, sous une cloche, l'acide brunit et les parois de la cloche se tapissent de cristaux d'hydrure de sulfacétyle.

Quelques bulles de chlore dirigées dans la combinaison de ce corps avec l'acide sulfhydrique, agissent comme l'acide chlorhydrique et l'acide sulfurique. Mais un excès de chlore décompose l'hydrure de sulfacétyle, en produisant un liquide huileux doué d'un odeur insupportable.

L'ammoniaque gazeuse convertit en thialdine la combinaison de l'hydrure de sulfacétyle avec l'acide sulfhydrique.

Dérivés sulfureux de l'hydrure d'acétyle.

§ 436. *Sulfite d'acétyl-ammonium*, $C^4H^3(NH^4)O^2$, $2\ SO^2$. — Ce composé [1] se produit par la combinaison directe de l'aldéhydate d'ammoniaque avec le gaz sulfureux.

On fait dissoudre de l'aldéhydate d'ammoniaque dans l'alcool absolu, et l'on y fait passer du gaz sulfureux ; le liquide s'échauffe beaucoup en absorbant une quantité de gaz considérable. Si l'on a soin de le refroidir, il dépose au bout d'un certain temps un corps blanc et cristallin. On lave celui-ci à l'alcool, et on le sèche dans le vide.

Il constitue de petites aiguilles prismatiques, d'une réaction acide et d'une saveur faible, rappelant celle de l'acide sulfureux et de l'aldéhydate d'ammoniaque ; il s'altère lentement à l'air, en devenant brunâtre, et en répandant l'odeur de la taurine brûlée.

Il est fort soluble dans l'eau, mais on ne peut pas l'en séparer à l'état cristallisé par l'évaporation. Il se dissout aussi dans l'alcool aqueux ; mais l'alcool absolu ne le dissout que difficilement.

Mélangé avec un acide, il développe de l'acide sulfureux ainsi que de l'aldéhyde ; chauffé avec la potasse, il donne les réactions de l'aldéhyde. Les sels de baryte, de plomb et d'argent donnent des précipités entièrement ou en partie solubles dans les acides.

[1] REDTENBACHER (1848), *Ann. der Chem. u. Pharm.*, LXV, 37.

§ 437. *Taurine, isomère du sulfite d'acétyl-ammonium*, $C^4H^7N O^6S^2$. — La taurine [1] est le produit de la métamorphose d'un acide sulfuré [2] contenu dans la bile, sous l'influence des alcalis bouillants :

$$C^{52}H^{45}NO^{14}S^2 + 2\ HO = C^4H^7NO^6S^2 + C^{48}H^{40}O^{10}.$$

Ac. sulfocholéique. Taurine. Ac. cholalique.

On l'obtient en précipitant le mucus de la bile par de l'acide chlorhydrique, filtrant, ajoutant cet acide en plus forte proportion, et faisant bouillir. On abandonne le mélange pour qu'il dépose le sel marin, puis on y ajoute 5 ou 6 fois son poids d'alcool bouillant, et on laisse refroidir; la taurine se prend alors en cristaux radiés. On la purifie en la dissolvant dans l'eau bouillante, où elle se dépose par le refroidissement en cristaux souvent assez volumineux.

On peut aussi abandonner de la bile pendant les chaleurs de l'été jusqu'à ce qu'elle soit assez décomposée pour rougir distinctement le tournesol [3]; on précipite par l'acide acétique, on évapore à siccité le liquide filtré, et l'on épuise le résidu par de l'alcool de 90 centièmes. La taurine reste alors à l'état insoluble; on la fait cristalliser dans l'eau bouillante.

La taurine forme des prismes incolores et transparents, appartenant au système monoclinique [4]. Combinaison ordinaire, ∞ P. [∞ P ∞]. + P. — P, quelquefois avec oP. Inclinaison des faces, ∞ P : ∞ P dans le plan de la diagonale droite et de l'axe principal = 68°32′; ∞ P : oP = 87°0′; + P : + P — 137°30′; = P : — P = 139°44′; + P : — P = 117°38′. Valeur des axes, *a* : *b* : c (principal) :: 1,4648 : 1 : 0,6648. Inclinaison de *b* sur *c* = 86°22′. Les cristaux craquent sous la dent, et possèdent une saveur piquante. Ils n'ont aucune réaction sur les couleurs végétales, et ne s'altèrent pas à 100°; une chaleur plus élevée les fait fondre et les charbonne. A la distillation sèche, ils donnent une huile brune, empyreumatique, ainsi qu'un liquide jaune, acidulé, qui renferme en dissolution un sel d'ammoniaque et qui rougit la dissolution du perchlorure de fer (acétate d'ammoniaque ?).

Elle est soluble dans l'eau, mieux à chaud qu'à froid; 15,5 p. d'eau à 12° dissolvent 1 p. de taurine. Elle est presque insoluble

[1] L. Gmelin, *Tiedmann u. Gmelin, Die Verdauung*. I, 43 et 60. — Desmarçay, *Ann. der Chem. u. Pharm.*, XXVII, 286. — Pelouze et Dumas, *ibid.*, XXVII, 292. Redtenbacher, *Ann. der Chem. u. Pharm.*, LVII, 170; LXV, 37.

[2] *Acide sulfocholéique*. Voy. Troisième partie.

[3] Gorup-Besanez, *Ann. der Chem. u. Pharm.*, LIX, 130.

[4] H. Kopp. *Einleit. in d. Krystallogr.*, p. 312.

dans l'alcool absolu. L'acide sulfurique concentré et l'acide nitrique la dissolvent; elle n'est altérée ni par l'acide nitrique ni par l'eau régale, même à la température de l'ébullition. Sa dissolution aqueuse n'est précipitée ni par les alcalis ni par les sels de mercure, d'argent ou de cuivre.

Le chlore sec n'attaque pas la taurine. Fondue avec de la potasse caustique, elle donne un résidu qui mélangé avec de l'acide sulfurique étendu dégage de l'hydrogène sulfuré et du gaz sulfureux en même temps qu'il se sépare du soufre. Si on l'évapore lentement à siccité avec de la potasse caustique, il arrive un moment où elle dégage tout son azote à l'état d'ammoniaque sans noircir; le résidu refroidi étant ensuite traité par l'acide sulfurique développe du gaz sulfureux sans hydrogène sulfuré ni dépôt de soufre, et donne à la distillation un mélange d'acide acétique et d'acide sulfureux.

Dérivés chlorés, bromés et iodés de l'hydrure d'acétyle.

§ 438. On connaît deux composés qui peuvent être considérés comme de l'aldéhyde dans lequel 3 atomes d'hydrogène sont remplacés par 3 atomes de chlore ou de brome :

Hydrure d'acétyle trichloré, ou chloral... $C^4HCl^3O^2$,
Hydrure d'acétyle tribromé, ou bromal... $C^4HBr^3O^2$.

§ 439. *Hydrure d'acétyle trichloré* [1], ou chloral, $C^4HCl^3O^2$. — Ce composé se produit par l'action du chlore sur l'alcool absolu, ainsi que sur la fécule, le glucose et le sucre.

Lorsqu'on fait passer du chlore dans de l'alcool étendu d'eau, il ne se produit que de l'aldéhyde, de l'acide chlorhydrique, et de l'acide acétique. On obtient du chloral si l'on fait passer le chlore dans l'alcool absolu tant qu'il se développe de l'acide chlorhydrique; si l'on arrête l'opération avant ce terme, on n'a qu'un mélange de produits chlorés intermédiaires, $C^4H^3ClO^2$ et $C^4H^2Cl^2O^2$, appelé autrefois *éther chloré pesant* ou *huile chloralcoolique*. Pour convertir en chloral 200 grammes d'alcool, il faut y faire passer un courant continu de chlore pendant 12 à 15 heures; au commencement de l'opération, on entoure d'eau froide la cornue qui contient le liquide; plus tard on favorise la réaction en chauffant légè-

[1] LIEBIG (1832), *Ann. der Chem u. Pharm.*, I, 189. — DUMAS, *Ann. de Chim. et de Phys.*, LVI, 123. — REGNAULT, *ibid.*, LXXI, 409. — STAEDELER, *Ann. der Chem. u. Pharm.*, LXI, 101.

rement celui-ci. On obtient ainsi un liquide huileux qui se prend souvent par le refroidissement en une masse cristalline (*hydrate de chloral*); on rectifie ce produit sur de l'acide sulfurique concentré et sur de la chaux vive.

M. Staedeler prépare le chloral par la distillation d'un mélange de fécule, de peroxyde de manganèse et d'acide chlorhydrique. Il se produit de l'acide formique, de l'acide carbonique, du chloral et un corps oléagineux et pesant, en quantité variable, suivant les proportions employées. Le sucre de canne et le sucre de raisin donnent les mêmes produits. Voici les proportions qui fournissent le plus de chloral : On chauffe doucement 1 p. de fécule avec 7 p. d'acide chlorhydrique du commerce, exempt d'acide sulfureux et étendu de son volume d'eau, jusqu'à ce que la masse, d'abord emplastique, soit devenu fluide; après le refroidissement, on y ajoute 3 p. de peroxyde de manganèse et un peu de sel marin, ce dernier pour fixer l'acide sulfurique contenu dans l'acide chlorhydrique. On distille dans une cornue spacieuse, et de manière à pousser très-vite à l'ébullition; quand on a atteint ce point, on enlève aussitôt tout le feu, car le mélange se boursoufle, comme dans la préparation de l'acide formique par la fécule, le peroxyde de manganèse et l'acide sulfurique, en dégageant une grande quantité d'acide carbonique. Quand cette première réaction est passée, on maintient le liquide en ébullition, on recueille le produit distillé, tant qu'il est troublé par une solution assez concentrée de potasse; on ajoute de temps à autre au mélange de petites portions d'acide chlorhydrique, et l'on arrête la distillation quand on ne découvre plus de chloral dans le produit, ni à l'odeur, ni par la potasse. Au commencement, le produit distillé entraîne des gouttes incolores, plus pesantes que l'eau et de l'odeur du chloroforme; on les sépare du reste de la liqueur, et l'on sature celle-ci à moitié par du sel marin, soit pour élever le point d'ébullition, soit pour retenir l'eau autant que possible. On distille de nouveau, on sépare l'huile jaune et très-âcre qui vient d'abord, et l'on réitère sur celle-ci la distillation, afin de concentrer autant que possible la solution du chloral. (Il ne faut pas négliger la séparation de ce corps huileux, car sa présence rend fort difficile la purification du chloral. On y parvient, plus aisément que par les distillations fractionnées, en saturant le produit distillé par de la craie, avant de le rectifier, la craie décomposant ce corps huileux sans attaquer le chloral.) On sature par du chlorure de calcium fondu la solution du chloral, et l'on distille enfin au bain d'huile à 120°. Il passe alors du chloral hydraté, qui se prend dans le récipient en une masse cristalline. Les dernières portions sont souillées d'une matière huileuse brunâtre. On purifie le chloral par l'acide sulfurique.

Le chloral est un liquide incolore, très-fluide et gras au toucher; son odeur, pénétrante et désagréable, excite le larmoiement; sa saveur est d'abord grasse, puis caustique; il produit sur le papier une tache qui ne persiste point. Sa densité à l'état liquide est de 1,502 à 18°; à l'état de gaz elle a été trouvée égale à 5,13 — 4,986. Il bout à + 94° et distille sans altération.

Il est fort soluble dans l'eau.

Lorsqu'on le mélange avec un peu d'eau, il s'échauffe et se concrète au bout de quelque temps en un amas de cristaux composés de $C^4HCl^3O^2 + 2\,aq.$; c'est l'*hydrate de chloral;* par une plus forte addition d'eau, ces cristaux se dissolvent. La dissolution cristallise dans le vide en grosses lames rhombes; elle ne précipite pas les sels d'argent. Cet hydrate se vaporise peu à peu à l'air et distille sans altération; la densité de sa vapeur a été trouvée égale à 2,76 (Dumas). Lorsqu'on chauffe cet hydrate avec de l'acide sulfurique concentré, il donne une certaine quantité de chloral anhydre, tandis qu'une autre portion se transforme en *chloralide.* (Voy. plus bas, § 441.)

Il n'y a que le chloral anhydre qui distille, en plus grande partie sans altération, sur l'acide sulfurique concentré.

On peut aussi le distiller sur la baryte, la strontiane, la chaux, l'oxyde de cuivre, l'oxyde de mercure, le peroxyde de manganèse, sans que ces oxydes l'attaquent. Toutefois, si l'on chauffe la baryte ou la chaux dans la vapeur du chloral, ces oxydes deviennent incandescents, et se convertissent en chlorures, avec dépôt de charbon.

A chaud, les alcalis aqueux attaquent aisément le chloral, en produisant du chloroforme et du formiate à base d'alcali :

$$\underset{\text{Chloral.}}{C^4HCl^3O^2} + KO, HO = \underset{\text{Formiate de potasse.}}{C^2HKO^4} + \underset{\text{Chloroforme.}}{C^2HCl^3}.$$

Suivant M. Loewig, le chloral dégage de l'hydrogène au contact du potassium, en produisant une matière résinoïde, d'où l'eau extrait du chlorure de potassium et de la potasse.

D'après M. Kolbe, le chloral[1] se convertit en acide trichlora-

[1] KOLBE, *Ann. der Chem. u. Pharm.*, LIV, 183.

cétique, lorsqu'on le fait bouillir avec de l'acide nitrique fumant, ou avec un mélange d'acide chlorhydrique et de chlorate de potasse.

§ 440. *Modification isomère de l'hydrure d'acétyle trichloré; chloral insoluble.* — Le chloral se convertit dans plusieurs circonstances en une modification isomère, insoluble dans l'eau. Cette transformation s'effectue spontanément dans le chloral conservé dans des flacons bouchés, et quand on mêle le chloral avec une quantité d'eau qui ne suffit pas pour le convertir tout entier en hydrate. Elle a lieu aussi lorsqu'on abandonne le chloral avec de l'acide sulfurique concentré. On traite le produit par l'eau bouillante, pour en extraire tout le chloral soluble.

Le chloral insoluble se présente sous la forme d'une poudre blanche, qui se vaporise peu à peu à l'air. Il possède une légère odeur éthérée. L'alcool et l'éther ne le dissolvent pas.

Il se comporte avec les alcalis caustiques comme le chloral liquide. L'acide nitrique fumant le convertit en acide trichloracétique. Il n'est pas attaqué par un mélange de chlorate de potasse et d'acide chlorhydrique.

Sous l'influence de la chaleur, il régénère le chloral liquide. Lorsque, suivant M. Regnault, on place quelques fragments de chloral insoluble dans un tube fermé par un bout et courbé en siphon, qu'on étire la partie ouverte à la lampe, et qu'on chauffe la branche renfermant la matière dans un bain d'huile porté à 200 ou 250°, on voit bientôt ruisseler du chloral liquide le long des parois. D'après l'observation de M. Kolbe, il suffit, pour transformer le chloral insoluble en chloral soluble, de le distiller à l'état sec, à la température de 180°.

§ 441. *Chloralide, produit de décomposition du chloral.* — Quand on mélange le chloral hydraté avec l'acide sulfurique, il s'en dissout une certaine quantité, et la solution abandonnée dans un lieu chaud finit par dégager de l'acide chlorhydrique, en même temps qu'elle se recouvre d'un corps blanc et cristallin. La formation de ce produit est plus abondante quand on chauffe le chloral hydraté avec l'acide sulfurique. Pour transformer ainsi le chloral hydraté, M. Staedeler le mélange avec quatre à six fois son volume d'acide sulfurique concentré, distille à 120 ou 130°, hydrate par un peu d'eau le chloral anhydre, qui passe sans altération, et réitère sur lui l'action de l'acide sulfurique. Celui-ci ne se colore pas dans cette réaction, mais il dégage continuellement du gaz; si l'on recueille le gaz dans l'eau de baryte, il se produit du chlorure et du sulfite, avec une trace seulement de carbonate. Quand la réaction est terminée, l'acide sulfurique se trouve recouvert d'une couche limpide semblable au chloral anhydre, et qui se solidifie en une masse cristalline. On la fait cristalliser dans un mélange de deux tiers d'éther et un d'alcool concentré. Les cristaux retiennent une matière huileuse particulière, dont on les purifie par de nouvelles cristallisations. Entièrement purifiés, ils sont durs, et fondent entre 112 et 114°.

Ce corps, auquel M. Staedeler donne le nom de *chloralide*, est insoluble dans l'eau, ainsi que dans l'acide sulfurique, qui ne l'altère pas davantage. Peu soluble à froid dans l'alcool, il se dissout aisément dans l'alcool bouillant ainsi que dans l'éther. Un mélange d'alcool et d'éther le dépose sous la forme de prismes rectangulaires, modifiés sur la face terminale, et appartenant au système monoclinique; les cristaux possèdent l'éclat du verre, et présentent un clivage parallèle aux faces prismatiques. Il bout à 200°, et a une odeur faible; toutefois, quand on le chauffe il répand une odeur pénétrante, analogue à celle du chloral. Il brûle avec une flamme lumineuse bordée de vert. Sa solution alcoolique ne précipite pas le nitrate d'argent; mais l'addition d'une goutte d'ammoniaque au mélange détermine une précipitation de chlorure d'argent, soluble dans l'ammoniaque en excès. Délayé dans la potasse, le chloralide se dédouble en chloroforme et en formiate de potasse. Si l'on emploie des solutions alcooliques, on n'obtient que du formiate et du chlorure.

M. Staedeler a trouvé dans le chloralide :

	a	*b*	*c*
Carbone,	18,74 —	18,55 —	20,0.
Hydrogène,	0,79 —	0,75 —	0,9.
Chlore,	66,46 —	65,93.	
Oxygène,	14,01 —	14,77.	

L'analyse *a* a été faite sur la matière la plus pure. M. Staedeler représente ces résultats par la formule $C^{10}H^2Cl^6O^6$; mais celle-ci ne rend compte ni de la formation ni des métamorphoses du chloralide. La formule $C^{12}H^3Cl^7O^8$ me paraît plus probable (carbone 18,5, hydrog. 0,77, chlore 64,1). Elle équivaut à 3 atomes d'hydrate de chloral moins 4 atomes d'acide chlorhydrique et 4 at. d'eau :

$$3\,[C^4HCl^3O^2,\ 2\,HO] = C^{12}H^3Cl^7O^8 + 2\,HCl + 4\,HO.$$

§ 442. *Hydrure d'acétyle tribromé*[1], ou bromal, $C^4HBr^3O^2$. — Le brome se comporte comme le chlore avec l'alcool. On obtient le bromal en versant peu à peu 3 à 4 parties de brome dans 1 p. d'alcool absolu, refroidi par de la glace; après avoir abandonné le mélange pendant dix à douze jours, on le distille, et quand les trois quarts de la liqueur ont passé, on traite le résidu par de l'acide sulfurique concentré, comme dans la préparation du chloral, ou on dissout le résidu dans l'eau, et l'on évapore doucement la solution. Il se produit dans le dernier cas des cristaux d'*hydrate de bromal*, $C^4HBr^3O^2 + 4$ aq., qui fournissent du bromal anhydre par la distillation avec de l'acide sulfurique concentré.

On peut aussi préparer le bromal en traitant l'éther par le brome.

Outre le bromal, il se produit dans ces préparations beaucoup d'acide bromhydrique, de l'acétate d'éthyle, du bromure d'éthyle, de l'eau et des produits bromés intermédiaires entre l'aldéhyde et le bromal.

Le bromal est une huile incolore, d'une odeur pénétrante, qui excite le larmoiement, et d'une saveur brûlante; sa densité est de 3,34. Il est fort soluble dans l'eau, l'alcool et l'éther.

Il bout au-dessus de 100°, et distille sans altération.

Chauffé avec la solution aqueuse d'un alcali caustique, il se convertit en formiate et en bromoforme (§ 377) :

$$\underset{\text{Bromal.}}{C^4HBr^3O^2} + KO,HO = \underset{\text{Formiate de potasse.}}{C^2HKO^4} + \underset{\text{Bromoforme.}}{C^2HBr^3}.$$

L'hydrate de bromal se présente en cristaux de la forme du sulfate de cuivre, et qui fondent déjà par la chaleur de la main; ils sont fort solubles dans l'eau, et se déposent de nouveau par l'évaporation du liquide. L'acide sulfurique concentré les transforme immédiatement en bromal anhydre.

§ 443. *Hydrure d'acétyle triiodé*, ou iodal. — Aimé[2] dit avoir obtenu de l'iodal en mélangeant de l'alcool avec de l'acide nitrique, et en ajoutant de l'iode pendant la réaction. L'iode disparaît rapidement, en même temps qu'il se dépose une huile qu'on purifie par l'agitation avec de l'eau et par la distillation sur du chlorure de calcium. L'huile ainsi obtenue commence déjà à bouillir à 25°, mais le

[1] LOEWIG (1832), *Ann. der Chem. u. Pharm.*, III, 288.

[2] AIMÉ, *Ann. de Chim. et de Phys.*, LXIV, 217.

point d'ébullition s'élève peu à peu à 115°. Elle n'est évidemment qu'un mélange de plusieurs corps.

Dérivés ammoniacaux de l'hydrure d'acétyle.

§ 444. Les composés que nous allons décrire résultent de la réaction de l'aldéhydate d'ammoniaque (acétylure d'ammonium) et de l'hydrogène sulfuré ou du sulfure de carbone :

$$3\,C^4H^3(NH^4)O^2 + 4\,HS = C^{12}H^{13}NS^4 + 2\,NH^3 + 6\,HO$$

Acétyl. d'amm. — Thialdine.

$$2\,C^4H^3(NH^4)O^2 + 2\,CS^2 = C^{10}H^{10}N^2S^4 + 4\,HO^2.$$

Acétyl. d'amm. — Carbothialdine.

§ 445. THIALDINE[1], $C^{12}H^{13}NS^4$. — Alcali qui se produit par la réaction de l'aldéhydate d'ammoniaque et de l'hydrogène sulfuré.

On dissout de l'aldéhydate d'ammoniaque, exempt d'éther et d'alcool, dans 12 à 16 parties d'eau; on y ajoute 10 à 15 gouttes d'ammoniaque par 30 grammes de solution, et l'on dirige doucement dans ce mélange un courant d'hydrogène sulfuré. Le mélange devient laiteux au bout d'une demi-heure, et dépose une grande quantité de cristaux fort gros, de l'apparence du camphre; c'est la thialdine. Le mélange s'éclaircit au bout de quatre ou cinq heures, et alors l'opération est terminée. On recueille les cristaux sur un entonnoir, et on les lave à l'eau froide; puis, après les avoir desséchés, on les fait cristalliser dans un mélange d'éther et d'un tiers d'alcool. Ce liquide les dépose, par l'évaporation spontanée, sous la forme de tables rhombes, souvent d'un demi-pouce.

Il arrive quelquefois qu'on obtient, dans cette opération, une huile incolore et fétide, composée en majeure partie de thialdine maintenue à l'état liquide par une substance huileuse. Pour en extraire l'alcali, on agite l'huile avec la moitié de son volume d'éther, et l'on introduit le tout dans un flacon bouchant à l'émeri. Puis on y ajoute de l'acide chlorhydrique; la matière se prend ainsi en une bouillie cristalline de chlorhydrate de thialdine; on lave à l'éther, pour enlever la partie huileuse, on dessèche, on humecte d'un peu d'ammoniaque, et l'on dissout de nouveau dans l'éther.

La thialdine s'obtient aussi quand on fait passer du gaz ammo-

[1] WOEHLER et LIEBIG (1847), *Ann. der Chem. u. Pharm.*, LXI, 1.

niaque dans la combinaison de l'hydrure de sulfacétyle (mercaptan acétylique) avec l'hydrogène sulfuré.

La thialdine a la forme du sulfate de chaux, et une densité de 1,191 à 18°. Les cristaux réfractent fortement la lumière, possèdent une saveur aromatique, désagréable à la longue, fondent à 43° c., et se volatilisent sans résidu à la température ordinaire. Distillés avec de l'eau, ils passent sans altération, mais ils se décomposent, quand on les distille seuls, en une huile très-fétide, dont une partie seulement se concrète au bout de quelque temps en un résidu brun et sirupeux, renfermant du soufre.

La thialdine est fort peu soluble dans l'eau, très-soluble au contraire dans l'alcool et dans l'éther.

Voici les réactions présentées par une solution alcoolique de thialdine. L'acétate de plomb ne la précipite pas immédiatement; mais au bout de quelque temps on obtient un précipité jaune, puis rouge et finalement noir. Le nitrate d'argent en est précipité en blanc, puis en jaune et en noir. Le bichlorure de mercure donne un précipité blanc, puis jaune; le bichlorure de platine ne précipite pas d'abord, mais peu à peu il se forme un précipité d'un jaune sale.

La thialdine n'agit pas sur les couleurs végétales. Elle se dissout aisément dans tous les acides, et produit des sels cristallisables.

Chauffés avec une solution de nitrate d'argent, la thialdine et ses sels se décomposent, en produisant du sulfure d'argent; calcinée avec de la chaux hydratée, la thialdine produit un alcali huileux, qui a les caractères de la quinoléine.

L'acide chlorique décompose promptement la thialdine.

Le *chlorhydrate de thialdine*, $C^{12}H^{13}NS^{4}$, HCl, s'obtient directement en dissolvant la thialdine dans l'acide chlorhydrique étendu. La solution donne de beaux prismes incolores, très-brillants, assez solubles dans l'eau froide, moins solubles dans l'alcool, insolubles dans l'éther, se décomposant par la chaleur.

Le *nitrate de thialdine*, $C^{12}H^{13}HS^{4}$, NHO^{6}, s'obtient aisément en dissolvant dans l'éther la thialdine brute, et en agitant la solution avec de l'acide nitrique moyennement concentré; le mélange se prend en une bouillie cristalline, qu'on purifie par une nouvelle cristallisation. Le nitrate s'obtient ainsi en aiguilles incolores, plus solubles dans l'eau que le chlorhydrate, solubles dans l'alcool, insolubles dans l'éther.

§ 446. *Sélénaldine.* — Alcali qui se produit par la réaction de l'aldéhydate d'ammoniaque et de l'hydrogène sélénié. Il présente probablement une composition semblable à celle de la thialdine, $C^{12}H^{13}NSe^{4}$.

Pour préparer la sélénaldine, MM. Woehler et Liebig font passer dans une solution aqueuse et assez concentrée d'aldéhydate d'ammoniaque d'abord du gaz hydrogène, pour expulser l'air de l'appareil, puis de l'hydrogène sélénié, développé par le séléniure de fer et l'acide sulfurique dilué. Quand le liquide a déposé des cristaux de sélénaldine, on expulse de l'appareil, à l'aide du gaz hydrogène, l'excédant d'hydrogène sélénié, on déplace par un courant d'eau froide exempte d'air l'eau mère surnageant au-dessus des cristaux et renfermant du sélénhydrate d'ammoniaque; on recueille les cristaux sur un filtre, on les exprime et on les dessèche sur de l'acide sulfurique.

La sélénaldine forme de petits cristaux incolores, probablement isomorphes avec la thialdine, d'une légère saveur désagréable, et peu solubles dans l'eau. Elle se décompose aisément par la chaleur, en développant un gaz très-fétide. Bouillie dans l'eau, elle dégage une matière très-puante, et dépose une poudre jaune. Sa solution dans l'eau, l'alcool ou l'éther dépose à l'air, en donnant de l'aldéhydate d'ammoniaque, une poudre orangée amorphe, insoluble dans l'alcool et l'éther; cette poudre fond dans l'eau bouillante en une masse jaune rouge, et donne par la distillation une huile séléniée très-fétide.

La sélénaldine se dissout aisément dans l'alcool et l'éther, mais on ne peut pas l'obtenir cristallisée par l'évaporation de la solution dans le vide.

Elle se dissout aussi dans l'acide chlorhydrique dilué, en donnant un liquide qui est précipité par l'ammoniaque, et qui s'altère promptement en déposant une poudre jaune et en développant une odeur fétide.

§ 447. CARBOTHIALDINE[1], $C^{10}H^{10}N^{2}S^{4}$. — Espèce d'alcali qui se produit par la réaction de l'aldéhydate d'ammoniaque et du sulfure de carbone.

Quand on dissout dans l'alcool l'aldéhydate d'ammoniaque et qu'on ajoute au mélange du sulfure de carbone, il perd immédiatement sa réaction alcaline, s'échauffe légèrement et sépare au

[1] REDTENBACHER et LIEBIG (1848), *Ann. der Chem. u. Pharm.*, LXV, 43.

bout de quelques minutes des cristaux incolores qui lavés avec un peu d'alcool représentent la carbothialdine pure.

Ce corps est insoluble dans l'eau et dans l'éther à froid, peu soluble à froid dans l'alcool, et fort soluble dans l'alcool bouillant, où il se dépose à l'état cristallisé.

Si on le délaye dans l'acide chlorhydrique, il disparaît immédiatement, et l'on obtient un liquide incolore, dont l'ammoniaque et les alcalis minéraux séparent immédiatement la carbothialdine, à l'état cristallin. Bouilli avec un excès d'acide chlorhydrique, il se décompose en sulfure de carbone, sel ammoniac et aldéhyde.

Si l'on ajoute de l'acide oxalique à une solution alcoolique de carbothialdine, puis de l'éther, il se précipite des cristaux d'oxalate d'ammoniaque. La solution alcoolique de la carbothialdine occasionne dans le nitrate d'argent un précipité noir verdâtre, qui s'altère peu à peu en se convertissant entièrement en sulfure. Le sublimé corrosif est précipité en flocons blancs, épais et caillebottés. Les sels de cuivre donnent un précipité épais, de couleur verte.

Dérivés cyanhydriques de l'hydrure d'acétyle.

§ 448. Lorsque, suivant les expériences de M. Strecker, on abandonne l'aldéhyle avec de l'acide cyanhydrique aqueux dans un flacon bouché, les deux corps réagissent promptement, et au bout de douze heures l'acide cyanhydrique est ordinairement détruit; on trouve alors déposée dans le mélange une poudre brune (paracyanogène).

Si l'on évapore immédiatement au bain-marie la solution aqueuse du mélange d'acide cyanhydrique et d'aldéhydate d'ammoniaque, on a pour résidu un sirop légèrement coloré, qui se prend après quelques heures en une masse de fines aiguilles, qu'on obtient incolores en les exprimant entre des doubles de papier buvard, et en les faisant cristalliser dans l'éther bouillant. Les aiguilles ainsi obtenues sont également solubles dans l'eau et l'alcool; leur solution aqueuse ne précipite pas les sels d'argent; les alcalis les décomposent en plusieurs produits, parmi lesquels on découvre aisément l'acide cyanhydrique, l'aldéhyde et l'ammoniaque. Les mêmes aiguilles paraissent jouir de propriétés alcalines; du moins elles se transforment au contact des acides en un alcali dont le chloroplatinate est fort soluble.

La réaction est toute différente lorsqu'on traite l'aldéhydate d'ammoniaque par l'acide cyanhydrique, en présence d'autres acides. Il se produit alors de l'*alanine*, alcali homologue du sucre de gélatine (§ 129),

$$\underset{\text{Aldéhyde.}}{C^4H^4O^2} + \underset{\text{Ac. cyanhydrique.}}{C^2HN} + 2HO = \underset{\text{Alanine.}}{C^6H^7NO^4};$$

et cette alanine se transforme elle-même sous l'influence de l'acide nitreux en *acide lactique*, homologue de l'acide glycollique (§ 131),

$$\underset{\text{Alanine.}}{2C^6H^7NO^4} + 2NO^3 = \underset{\text{Ac. lactique.}}{C^{12}H^{12}O^{12}} + 2N^2 + 2HO.$$

Nous décrirons à la suite de l'alanine l'acide lactique et ses dérivés.

§ 449. ALANINE [1], $C^6H^7NO^4$. — Lorsqu'on mélange la solution aqueuse de l'aldéhydate d'ammoniaque avec de l'acide cyanhydrique dans le rapport de deux parties du premier pour une partie du second à l'état anhydre, et qu'on ajoute au mélange un excès d'acide chlorhydrique, il ne passe à la distillation aucune trace d'aldéhyde. Outre l'acide chlorhydrique, le produit distillé ne contient que de petites quantités d'acide cyanhydrique, et dans le cas où l'on a employé de l'acide chlorhydrique concentré il renferme aussi un peu d'acide formique. On distille au bain-marie jusqu'à ce que le résidu dans la cornue soit réduit à la moitié du volume primitif. Il dépose alors, par le refroidissement, du chlorhydrate d'ammoniaque, tandis que les eaux mères retiennent le chlorhydrate d'alanine. On sépare par décantation la plus grande partie du chlorhydrate d'ammoniaque, on rince celui-ci avec un peu d'eau, et l'on traite le liquide décanté et les eaux de lavage par de l'hydrate de plomb, à l'ébullition. On ajoute de temps à autre au liquide bouillant de l'hydrate de plomb en suspension dans l'eau, jusqu'à ce que de nouvelles additions d'hydrate n'en dégagent plus d'ammoniaque; on filtre ensuite le mélange bouillant, on lave à l'eau bouillante le résidu insoluble, et l'on fait passer dans le liquide filtré un courant d'hydrogène sulfuré, afin d'en précipiter tout le plomb. Le liquide séparé du précipité, à l'aide du filtre, donne alors, par la concentration, des cristaux d'alanine; les eaux mères en fournissent davantage si on les précipite par l'alcool. — On

[1] STRECKER (1850), *Ann. der Chem. u. Pharm.*, LXXV, 27.

peut, dans la préparation précédente, réduire de beaucoup la quantité de l'hydrate de plomb nécessaire à la décomposition du sel ammoniac, si l'on ajoute de l'alcool et un peu d'éther au mélange de sel ammoniac et de chlorhydrate d'alanine; de cette manière la plus grande partie du sel ammoniac se précipite, tandis que le chlorhydrate d'alanine reste en dissolution. Après avoir chassé par l'évaporation l'alcool et l'éther, on traite le liquide filtré par l'hydrate de plomb, comme nous venons de le dire.

L'alanine cristallise de sa solution, saturée à chaud, en prismes incolores réunis en faisceaux; tantôt ce sont de simples aiguilles, tantôt les cristaux sont assez gros pour qu'on y reconnaisse des prismes obliques à base rhombe. Ils sont d'un éclat nacré, durs, et craquent sous la dent.

Ils se dissolvent dans 4,6 p. d'eau à 17°, sont plus solubles dans l'eau chaude, et exigent environ 500 parties d'alcool de 80 centièmes. Ils sont insolubles dans l'éther.

La solution aqueuse de l'alanine possède une forte saveur sucrée; elle ne réagit pas sur les papiers colorés, et ne donne de précipité avec aucun des réactifs ordinaires.

Chauffée au-dessus de 200°, l'alanine se sublime en petits cristaux neigeux; si on la chauffe brusquement, elle fond et se décompose en partie. Chauffée brusquement sur la lame de platine, elle brûle avec une flamme violette.

Les acides bouillants n'altèrent pas l'alanine. On peut la dissoudre dans l'acide sulfurique concentré et chauffer jusqu'à l'ébullition, sans que le mélange noircisse ni ne dégage de l'acide sulfureux.

Lorsqu'on évapore l'alanine avec une solution de potasse, il ne se dégage de l'ammoniaque qu'alors que presque toute l'eau est expulsée; en même temps on remarque un abondant dégagement d'hydrogène. Si on arrête l'action, et qu'on distille le résidu avec de l'acide sulfurique dilué, il passe de l'acide cyanhydrique et de l'acide acétique.

Chauffée en solution aqueuse avec du peroxyde de plomb puce, l'alanine donne de l'acide carbonique, de l'aldéhyde et de l'ammoniaque. Lorsqu'on emploie de l'acide sulfurique dilué et le même peroxyde, on obtient encore les mêmes produits; la matière distillée présente une réaction acide, due probablement à de l'acide acétique.

M. Strecker n'a point observé dans cette réaction la formation d'un corps azoté particulier.

La réaction la plus curieuse que présente l'alanine, c'est celle que lui fait subir l'acide nitreux. Lorsqu'on fait passer cet acide dans une solution aqueuse d'alanine, il se dégage de l'azote; la solution acide étant concentrée à une douce chaleur, et reprise par l'éther, cède à ce liquide un acide sirupeux qui présente tous les caractères de l'acide lactique qu'on obtient par la fermentation du sucre.

L'alanine est un isomère du carbamate d'éthyle (uréthane), de la lactamide et de la sarcosine (§ 305). Indépendamment des propriétés chimiques qui ne permettent pas de confondre l'alanine avec le carbamate d'éthyle et la lactamide, on peut encore distinguer ces deux corps à leur point de fusion, qui est déjà au-dessous de 100°. On confondrait plutôt l'alanine avec la sarcosine; cependant celle-ci est plus soluble dans l'eau, se sublime déjà à 100°, et possède une saveur moins sucrée et plus forte. La propriété que possède l'alanine de donner des combinaisons métalliques la distingue aussi de la sarcosine.

§ 450. *Sels métalliques de l'alanine.* — Le *sel de baryte* est fort soluble et cristallisable, et s'obtient en faisant bouillir une solution aqueuse d'alanine avec un grand excès de carbonate de baryte. La solution du sel a une réaction alcaline, et dépose du carbonate de baryte, quand on y fait longtemps passer un courant d'acide carbonique; ce précipité de carbonate de baryte se redissout si l'on porte à l'ébullition le liquide au sein duquel il est déposé.

Le *sel de plomb* s'obtient en faisant bouillir une solution aqueuse d'alanine avec de l'oxyde de plomb. Cet oxyde s'y dissout en grande quantité, et la solution donne par l'évaporation des aiguilles incolores, d'un éclat vitreux. Si l'on ajoute de l'alcool à la solution, elle se trouble et se prend en une masse d'aiguilles radiées, qui paraissent contenir $2\,C^6H^6PbNO^4, (PbO,HO) + 5$ aq.

Le *sel de cuivre* cristallisé renferme $C^6H^6CuNO^4 +$ aq. Une solution aqueuse d'alanine se colore en bleu foncé par l'ébullition avec l'oxyde de cuivre, et dépose par l'évaporation des cristaux de même couleur. Ceux-ci se composent en partie d'aiguilles qui se présentent au microscope comme des tables hexagones allongées, en partie de prismes rhomboïdaux plus gros. Ces cristaux se dissolvent aisément dans l'eau en la colorant en bleu foncé; l'acide nitrique décolore immédiatement la solution. L'alcool ne dissout presque pas les cristaux. Ils perdent à 120° 6,5 p. 100 d'eau de cristallisation en se transformant en une poudre blanc bleuâtre.

Le *sel d'argent* contient $C^6H^6AgNO^4$. Lorsqu'on fait bouillir l'oxyde d'argent avec une solution aqueuse d'alanine, il se dépose par le refroidissement de petites aiguilles jaunâtres, qui se réunissent en masses hémisphériques. Ce sel est fort soluble dans l'eau; la solution peut être bouillie sans qu'elle se décompose. Il noircit à la lumière.

Il paraît aussi exister une combinaison d'alanine et de nitrate d'argent. En évaporant, en effet, une solution aqueuse de nitrate d'argent mélangée d'un excès d'alanine, on obtient un résidu un peu coloré, d'où l'alcool extrait une combinaison qui cristallise par l'évaporation en tables rhombes.

§ 451. *Combinaisons de l'alanine avec les acides.* — L'alanine est encore plus soluble dans les acides que dans l'eau; mais les acides n'en sont pas neutralisés. Toutefois, l'alcool ne sépare plus l'alanine de sa solution dans les acides.

Lorsqu'on évapore la solution de l'alanine dans un acide fort volatil, il reste une masse très-acide qui est une combinaison de l'alanine avec l'acide employé.

Les combinaisons de l'alanine avec les acides sont toutes plus solubles dans l'eau que l'alcali lui-même, et se dissolvent aussi en grande partie dans un mélange d'alcool et d'éther.

Le *chlorhydrate d'alanine* forme au moins deux composés particuliers. Lorsqu'on fait passer du gaz chlorhydrique sec sur de l'alanine bien desséchée, il se dégage beaucoup de chaleur, l'acide s'absorbe, et il se produit une combinaison, $2C^6H^7NO^4$, HCl, fort soluble dans l'eau, peu soluble dans l'alcool. La même combinaison s'obtient cristallisée en aiguilles, si l'on dissout de l'alanine dans une quantité d'acide chlorhydrique correspondant à la formule précédente; les cristaux se déposent alors par l'évaporation, ou si l'on ajoute de l'alcool à la solution concentrée.

Un autre chlorhydrate, $C^6H^7NO^4$, HCl, s'obtient en évaporant une solution d'alanine dans un excès d'acide chlorhydrique; il est fort déliquescent et très-soluble aussi dans l'alcool.

Ni la solution aqueuse, ni la solution alcoolique du chlorhydrate d'alanine ne donnent un précipité par le bichlorure de platine. Mais lorsqu'on évapore le mélange, et qu'on reprend le résidu presque sec par de l'alcool mêlé d'un peu d'éther, on obtient, par l'évaporation spontanée, de fines aiguilles contenant 35,4 p. 100 de platine, et qui paraissent renfermer $2C^6H^7NO^4$, HCl, 2 $PtCl^2$. Ces aiguilles sont solubles dans l'eau, dans l'alcool et même dans l'alcool mêlé d'éther.

Le *nitrate d'alanine*, $C^6H^7NO^4$, NO^6H, cristallise en longues aiguilles incolores, par l'évaporation d'une solution d'alanine dans l'acide nitrique dilué. Il est déliquescent, et un peu moins soluble dans l'alcool que dans l'eau. Il jaunit légèrement par la dessiccation à 100°.

Le *sulfate d'alanine* est fort soluble dans l'eau, et reste, par l'évaporation, sous la forme d'une masse sirupeuse, qui ne se prend en cristaux que par un long repos. On purifie ceux-ci par des lavages à l'alcool. L'alcool mêlé d'éther sépare ce sel de sa solution aqueuse sous la forme d'un sirop épais.

§ 452. ACIDE LACTIQUE[1], $C^{12}H^{12}O^{12}$. — Ce corps a été découvert par Scheele dans le lait aigri. Plus tard, Braconnot a trouvé dans l'eau sure des amidonniers, dans la jusée des tanneurs, dans l'extrait de riz fermenté, dans le suc fermenté des betteraves et des haricots cuits, un acide particulier qui reçut d'abord de lui le nom d'*acide nancéique*, mais qu'on a depuis reconnu pour être identique à l'acide du lait aigri. Les recherches de la science moderne expliquent la présence de l'acide lactique dans ces liquides acides, en montrant qu'elle est due à la métamorphose qu'éprouvent, sous l'influence des ferments, le sucre, l'amidon et les matières semblables.

Dès 1807 Berzélius faisant l'analyse de la chair d'animaux récemment tués constata dans le liquide dont elle est imprégnée la présence d'une certaine quantité d'acide lactique; plus tard il crut retrouver le même acide dans le sang, l'urine, les larmes, la salive, la bile, etc. Les travaux importants sur la chair musculaire exécutés dans ces dernières années par M. Liebig confirment en partie ce rôle de l'acide lactique dans l'économie animale; M. Liebig en effet a pu extraire beaucoup d'acide lactique[2] du liquide

[1] SCHEELE, *Opuscula* II, 201. — BRACONNOT, *Ann. de Chimie.*, LXXXVI, 84; *Ann. de Chim. et de Phys.*, L, 376. — BERZELIUS, *Ann. der Chem. u. Pharm.*, I, 1. — MITSCHERLICH et LIEBIG, *ibid.*, VII, 47. — LIEBIG, *ibid.*, XXIII, 112. — PELOUZE et J. GAY-LUSSAC, *Ann. de Chim. et de Phys.*, LII, 410.

[2] Si l'on évapore au bain-marie les liquides d'où les inosates se sont déposés (voy. p. 539), et qu'on traite le résidu par l'alcool, tous les lactates entrent en dissolution. Si l'on sépare la solution alcoolique du sirop insoluble, et qu'on éloigne l'alcool par l'évaporation, on obtient un sirop jaune qui se prend au bout de huit ou dix jours en

de la chair, mais avec l'urine il n'a obtenu sous ce rapport que des résultats négatifs.

Enfin, on doit à M. Strecker[1] la connaissance des relations chimiques qui rattachent l'acide lactique à l'aldéhyde et aux autres composés de la série acétique. Les lactates ont été particulièrement étudiés par M. Pelouze[2], et en dernier lieu par MM. Engelhardt et Maddrell[3].

La marche à suivre pour la préparation de l'acide lactique consiste en général à faire fermenter le glucose avec des substances susceptibles de s'y transformer, telles que le sucre, la fécule, la dextrine, en présence du fromage ou d'autres substances azotées pouvant agir comme ferments. Le malate de chaux peut aussi dans des circonstances semblables se convertir en lactate de chaux.

MM. Boutron et Frémy[4] opèrent la *fermentation lactique* de la manière suivante : on prend 3 ou 4 litres de lait dans lequel on verse une dissolution de 200 ou 300 grammes de sucre de lait; on abandonne la liqueur à l'air, dans un vase ouvert, pendant quelques jours, à la température de 15 à 20°. On reconnaît après ce temps que la liqueur est devenue très-acide; on la sature alors par du bicarbonate de soude. Après vingt-quatre ou trente-six heures, elle redevient acide; on la sature de nouveau, et ainsi de suite jusqu'à ce que tout le sucre de lait soit converti en acide lactique. Quand on juge que la transformation est complète, on fait bouillir le lait pour coaguler le caséum; on filtre, et l'on évapore le liquide à consistance de sirop, avec précaution et à une température peu élevée. Le produit de l'évaporation est repris par de l'alcool à 38°, qui dissout le lactate de soude. On verse alors dans cette dissolution alcoolique de l'acide sulfurique en quantité convenable, lequel forme du sulfate de soude qui se précipite, et la liqueur filtrée et évaporée peut donner de l'acide lactique presque pur. Pour l'obtenir à l'état de pureté, on le sature par la craie; il se forme du lactate de

une masse molle et cristalline. Les cristaux qui s'y trouvent se composent de créatinine, de créatine et du sel de potasse d'un acide azoté, dont les propriétés diffèrent de celles de l'acide inosique; ils sont baignés d'une eau mère composée en majeure partie de lactate de potasse incristallisable.

[1] STRECKER, *Ann. der Chem. u. Pharm.*, LXI, 216; LXXV, 1.

[2] PELOUZE, *Ann. de Chim. et de Phys.*, [3] XIII, 257.

[3] ENGELHARDT et MADDRELL, *Ann. der Chem. u. Pharm.*, LXIII, 83. — ENGELHARDT, *ibid.*, LXV, 359 et 367; LXX, 241.

[4] BOUTRON et FRÉMY, *Ann. de Chim. et de Phys.*, [3] II, 257.

chaux, qui cristallise en mamelons tout à fait blancs, et d'où l'on peut retirer l'acide lactique par les procédés ordinaires. M. Gobley modifie le procédé précédent en substituant la craie au bicarbonate de soude. (Voy. *Lactate de chaux.*)

Le procédé suivant de M. Bensch[1] donne de fort bons résultats. On fait dissoudre 3 kilogr. de sucre de canne et 15 grammes d'acide tartrique dans 13 kilogr. d'eau bouillante; on abandonne pendant quelques jours, puis on ajoute au mélange environ 60 grammes de vieux fromage pourri, délayé dans 4 kilogr. de lait caillé et écrémé, ainsi que 1 $^1/_2$ kilogr. de craie lavée. On abandonne le mélange dans un lieu chaud, de manière qu'il ait une température de 30 à 35° c., et on le remue plusieurs fois par jour. Au bout de huit ou dix jours, on le trouve pris en une bouillie épaisse de lactate de chaux. On y ajoute alors 10 kilogr. d'eau bouillante et 15 grammes de chaux caustique; on fait bouillir pendant une demi-heure, et l'on passe par une toile. On évapore à siccité le liquide filtré, et on l'abandonne à lui-même pendant quatre jours. Le lactate de chaux se trouve alors séparé à l'état cristallin. On exprime ce sel, on le délaye dans un dixième de son poids d'eau froide, on l'exprime derechef, et l'on répète cette opération deux ou trois fois. Quand le lactate est assez bien exprimé, on le dissout dans deux fois son poids d'eau bouillante, et l'on y ajoute, par kilogramme de lactate, 210 grammes d'acide sulfurique préalablement étendu de son poids d'eau. Le liquide bouillant est immédiatement passé par une toile pour en séparer le sulfate, et le liquide filtré est mis à bouillir pendant un quart d'heure avec 1 $^3/_8$ kilogr. de carbonate de zinc par kilogr. d'acide sulfurique employé. Une ébullition trop prolongée donnerait lieu à la formation d'un sous-sel fort peu soluble. Le liquide filtré pendant qu'il est bouillant dépose au bout de quelque temps du lactate de zinc entièrement incolore, en croûtes cristallines, et qu'on peut purifier d'acide sulfurique par des lavages à l'eau froide. On fait bouillir l'eau mère avec le sel qui a pu rester sur la toile, ou bien on la concentre par l'évaporation; elle fournit ainsi de nouvelles quantités de lactate de zinc incolore.

Pour extraire l'acide lactique de ce sel, M. Bensch le dissout dans 7 $^1/_2$ p. d'eau bouillante, fait passer dans la solution de l'hydrogène sulfuré jusqu'à ce qu'elle ne dépose plus, à froid, de sul-

[1] BENSCH, *Ann. der Chem. u. Pharm.*, LXI, 174.

fure de zinc. On porte à l'ébullition la liqueur filtrée pour chasser l'excès d'hydrogène sulfuré, puis on l'évapore au bain-marie, à consistance de sirop. 8 p. de lactate de zinc fournissent par ce traitement 5 parties d'acide lactique sirupeux.

En employant ce procédé, MM. Engelhardt et Maddrell ont obtenu 10 $^1/_2$ kil. de lactate de chaux avec 9 kil. de sucre de canne.

On peut aussi, suivant MM. Pelouze et Jules Gay-Lussac, obtenir l'acide lactique en abandonnant le jus de betteraves à lui-même dans une étuve dont la température est constamment maintenue entre 25 et 30°. Au bout de quelques jours il se manifeste dans toute la masse un mouvement tumultueux connu sous le nom de *fermentation visqueuse*, et qui est accompagné d'un dégagement de gaz très-considérable. Dès qu'il a cessé, ce qui arrive ordinairement au bout de deux mois, on évapore jusqu'à consistance de sirop; on remarque alors que toute la masse est traversée d'une multitude de cristaux de mannite, qui, lavés avec de petites quantités d'eau froide et comprimés, sont de la plus grande pureté; la masse contient en outre du glucose. On traite le produit de l'évaporation par l'alcool, qui dissout l'acide lactique et laisse précipiter beaucoup de matières étrangères; on reprend par l'eau l'extrait alcoolique, et on le sature par du carbonate de zinc; le liquide filtré donne, par la concentration, des cristaux de lactate de zinc, qu'on purifie par de nouvelles cristallisations. Enfin, en les traitant successivement par la baryte et l'acide sulfurique, on en retire l'acide lactique, que l'on concentre dans le vide; pour le purifier complétement, on l'agite avec de l'éther, qui en sépare quelques traces de matière floconneuse.

Enfin, un bon procédé consiste, d'après M. Liebig, à épuiser la choucroute par l'eau bouillante, et à saturer la décoction par du carbonate de zinc; le lactate de zinc est ensuite traité comme dans les procédés précédents.

Il importe, dans la préparation de l'acide lactique par la fermentation du sucre, de ne pas abandonner le mélange trop longtemps; autrement, l'acide lactique se décompose à son tour, et se convertit en acide butyrique.

§ 453. L'acide lactique se présente à l'état d'un liquide incolore d'une consistance sirupeuse, et d'une densité de 1,215 à 20°5. Il est sans odeur; sa saveur est excessivement acide. Exposé au contact de l'air, il en attire l'humidité. L'eau et l'alcool le dissolvent en toutes proportions ; l'éther le dissout aussi, mais en moindre quantité. On n'a pas pu solidifier l'acide lactique par un froid de — 20 à — 24°.

Deux gouttes d'acide lactique versées dans une centaine de grammes de lait bouillant le coagulent sur-le-champ. L'acide lactique jouit également de la propriété de coaguler l'albumine.

Il dissout le phosphate de chaux des os. Quand on le fait bouillir avec l'acétate de potasse, il en dégage de l'acide acétique. Il ne trouble pas les eaux de chaux, de baryte et de strontiane.

Versé à froid dans une solution concentrée d'acétate de magnésie, il y produit au bout de quelques instants un précipité blanc et grenu de lactate de magnésie, et la liqueur présente alors une forte odeur de vinaigre. Il donne également un précipité de lactate de zinc lorsqu'on le verse dans une solution concentrée d'acétate de zinc ; d'un autre côté, le lactate d'argent est décomposé par l'acétate de potasse, et précipite de l'acétate d'argent au contact de ce sel.

Le lactate de cuivre traité par une lessive de potasse caustique en excès donne lieu à une liqueur bleu foncé. L'oxyde de cuivre se précipite d'une manière complète si l'on ajoute de la chaux en quantité suffisante à la solution du lactate de cuivre. Une solution de lactate de chaux dissout un peu d'hydrate de cuivre récemment précipité, mais la chaux caustique en reprécipite tout le cuivre.

Quelques chimistes croyant que l'acide lactique empêche la précipitation complète du cuivre par la chaux ont employé cette réaction pour découvrir l'acide lactique dans les sécrétions animales ; mais M. Strecker a démontré qu'elle n'est pas applicable à cet acide.

Lorsqu'on chauffe l'acide lactique avec de l'acide sulfurique concentré, il se dégage de l'oxyde de carbone pur, sans acide carbonique. Le mélange se colore en brun foncé ; si on l'étend d'eau quand le gaz a cessé de se dégager, il s'en sépare une matière noire. (Pelouze.)

L'acide nitrique bouillant convertit l'acide lactique en acide oxalique.

Lorsqu'on distille l'acide lactique ou un lactate avec un mélange de peroxyde de manganèse, d'acide sulfurique et de sel marin, il se produit de l'aldéhyde et du chloral ; si le chlore dégagé par le mélange est en quantité insuffisante, l'aldéhyde prédomine. (Staedeler.)

MM. Socoloff et Strecker [1] ont obtenu une combinaison d'acide lactique et d'acide benzoïque, à laquelle ils donnent le nom d'*acide benzolactique*, et qui paraît être un homologue de l'acide benzoglycollique. (Voy. SÉRIE BENZOÏQUE.) Lorsqu'on maintient à 180° un mélange d'acide benzoïque et d'acide lactique, tant qu'il se dégage de la vapeur d'eau, on obtient un résidu qui se prend par le refroidissement en une masse résinoïde; celle-ci, dissoute dans la potasse et précipitée à chaud par de l'acide sulfurique dilué, a d'abord déposé des cristaux d'acide benzoïque, puis un précipité d'acide benzolactique, qui saturé par l'ammoniaque et précipité par le nitrate d'argent a donné un sel contenant 39,7 p. 100 d'oxyde d'argent. D'après cela, l'acide benzolactique paraît contenir $C^{40}H^{20}O^{16}$, car on a :

$$\underset{\text{Acide benzoïque.}}{2\,C^{14}H^{6}O^{4}} + \underset{\text{Ac. lactique.}}{C^{12}H^{12}O^{12}} = \underset{\text{Ac. benzolactiq.}}{C^{40}H^{20}O^{16}} + 4\,HO.$$

Lorsque, suivant les expériences de M. Engelhardt, on expose l'acide lactique le plus concentré à une température de 130 à 140°, et qu'on le distille ainsi très-doucement, il passe d'abord de l'acide lactique dilué; si l'on maintient la même température jusqu'à ce qu'il ne passe plus d'eau, on obtient dans le résidu une masse amorphe d'acide lactique anhydre. La décomposition de cette anhydride est complète à 260°; il se développe de l'oxyde de carbone, mélangé seulement de 3 ou 4 centièmes d'acide carbonique (sans trace d'hydrocarbure), si l'on maintient la même température jusqu'à la fin de l'opération. Il se rassemble dans le récipient, bien refroidi, une liqueur jaunâtre, laquelle se prend ordinairement en un magma cristallin. La cornue ne retient que 1 à 2 centièmes de charbon. La liqueur distillée se compose d'un mélange d'aldéhyde, de lactide, d'acide citraconique (§ 664) et d'acide lactique ordinaire.

La production de lactide se conçoit, puisque ce corps ne diffère de l'acide lactique que par les éléments de l'eau. La formation de l'aldéhyde est aussi très-simple, puisqu'on a :

$$\underset{\text{Lactide.}}{C^{12}H^{8}O^{8}} = 4\,CO + \underset{\text{Aldéhyde.}}{2\,C^{4}H^{4}O^{2}}.$$

Quant à l'acide citraconique, je crois que sa formation par la dis-

[1] SOCOLOFF et STRECKER, *Ann. der Chem. u. Pharm.*, LXXX, 42.

tillation sèche de l'acide lactique se rattache au dégagement de l'acide carbonique, car on a :

$$2\,C^{12}H^{12}O^{12} = C^{10}H^{6}O^{8} + 3\,C^{4}H^{4}O^{2} + 2\,CO^{2} + 6\,HO.$$

Ac. lactique. Ac. citraconiq. Aldéhyde.

Suivant M. Engelhardt, la distillation de l'acide lactique est fort avantageuse pour la préparation de l'aldéhyde.

Les indications de M. Pelouze relativement à la distillation sèche de l'acide lactique ne s'accordent pas, en certains points, avec les faits précédents. Suivant M. Pelouze, les gaz commencent à se dégager vers 250°; ils consistent en oxyde de carbone mêlé de 4 à 5 centièmes de son volume d'acide carbonique : la proportion de ce dernier gaz augmente peu à peu, et vers la fin de l'expérience son volume atteint environ la moitié de celui de l'oxyde de carbone. Plusieurs substances volatiles se montrent en même temps que le gaz, et vont se condenser dans le récipient, savoir : la lactide, un peu d'acétone, une substance liquide à laquelle M. Pelouze donne le nom de *lactone*, et une autre matière indéterminée [1].

Il est probable que M. Pelouze a opéré dans d'autres circonstances que M. Engelhardt.

§ 454. *Déshydratation de l'acide lactique.* — Il existe deux matières neutres qui dérivent de l'acide lactique par la perte de 2 ou de 4 atomes d'eau qu'éprouve cet acide sous l'influence de la chaleur. Ces deux matières sont susceptibles de régénérer l'acide lactique, en s'assimilant de nouveau l'eau qui s'en était séparée pour leur donner naissance.

α. *Acide lactique anhydre*, $C^{12}H^{10}O^{10}$. C'est le résidu solide et amorphe qui reste dans la cornue lorsqu'on soumet l'acide lac-

[1] M. Engelhardt affirme n'avoir pu, malgré les recherches les plus minutieuses, découvrir ni l'acétone ni la lactone dans les produits de la distillation sèche de l'acide lactique.

Suivant M. Pelouze, on obtient la lactone à l'état de pureté, en exposant à une douce chaleur les produits de la distillation de l'acide lactique. On arrête la distillation lorsque la température a atteint environ 130°; on lave avec de petites quantités d'eau le liquide distillé; une partie se dissout dans cette eau, une autre vient nager à la surface; on enlève cette dernière, et on la met en digestion avec du chlorure de calcium.

La lactone est un liquide incolore ou légèrement jaunâtre, dont la couleur se fonce peu à peu au contact de l'air. Elle a une saveur chaude et brûlante, une odeur aromatique particulière. Elle est plus légère que l'eau, et s'y dissout en quantité très-sensible. Elle brûle aisément en produisant une flamme bleue. Elle bout vers 92°, et renferme $C^{10}H^{8}O^{4}$.

Ces rapports correspondent à 1 at. d'acide lactique moins 4 at. d'eau et 2 at. de gaz carbonique.

tique à l'action de la chaleur, sans dépasser la température de 250°. Il est très-fusible, d'une amertume excessive, presque insoluble dans l'eau, très-soluble au contraire dans l'alcool et l'éther.

Une ébullition prolongée avec l'eau ou un long séjour dans ce liquide à froid ou dans un air humide le convertissent en acide lactique ordinaire. Cette transformation est pour ainsi dire instantanée sous l'influence des bases solubles.

Soumis à l'action du gaz ammoniaque sec, l'acide lactique anhydre en absorbe 2 atomes, et forme une combinaison particulière (lactamate d'ammoniaque?), dans laquelle l'ammoniaque n'a pas cessé d'être sensible à l'action des réactifs ordinaires. (Voy. *Amides lactiques*, § 459.)

L'acide lactique anhydre résiste à la température de 250° ; mais passé ce terme il se décompose, en donnant, entre autres produits, du lactide.

β. *Lactide*, $C^{12}H^8O^8$. Lorsqu'on chauffe l'acide lactique au delà du point où il perd simplement de l'eau pour se convertir en acide lactique anhydre, il distille différents produits, parmi lesquels on remarque le lactide.

Cette matière cristallise dans l'alcool bouillant sous forme de tables rhomboïdales d'une blancheur éclatante. Ces cristaux sont dépourvus de toute espèce d'odeur; ils fondent vers 107° et entrent en ébullition à 250°, en répandant des vapeurs blanches et irritantes qui se condensent en cristaux sur les corps froids, et se subliment ainsi sans altération. Ils ne se dissolvent que très-lentement dans l'eau; mais par une ébullition prolongée ils finissent par se convertir en acide lactique.

Lorsqu'on expose le lactide à l'action du gaz ammoniac, on le voit se liquéfier peu à peu, et absorber ce gaz avec dégagement de chaleur; la lactamide est le résultat de cette réaction :

$$\underset{\text{Lactide.}}{C^{12}H^8O^8} + 2\,NH^3 = \underset{\text{Lactamide.}}{C^{12}H^{14}N^2O^8}.$$

§ 455. *Dérivés métalliques de l'acide lactique. Lactates.* — L'acide lactique est un acide bibasique. Voici la composition de ses sels :

Lactates neutres. . . . $C^{12}H^{10}M^2O^{12} = C^{12}H^{10}O^{10}, 2\,MO.$

Lactates acides. . . . . $C^{12}H^{11}M\,O^{12} = C^{12}H^{10}O^{10}, \left.\begin{matrix}MO\\HO\end{matrix}\right\}$

Les sels neutres sont plus stables que les sels acides.

Les lactates métalliques se distinguent par leur insolubilité absolue dans l'éther; à part les sels à base d'alcali, la plupart des lactates sont peu solubles dans l'eau froide et dans l'alcool. L'eau bouillante les dissout aisément.

Sauf le sel de nickel, tous les lactates perdent à 100° leur eau de cristallisation; ils supportent en grande partie une température de 150° à 170° sans se décomposer; le sel de zinc ne s'altère pas même à 210°. Ils sont inaltérables à l'air, et en grande partie cristallisables.

M. Engelhardt a observé quelques différences entre certains lactates préparés avec l'acide lactique extrait de la chair musculaire *a*, et les mêmes lactates préparés avec l'acide lactique *b* obtenu par la fermentation du sucre. Ces différences semblent indiquer l'existence de deux modifications isomères de l'acide lactique; toutefois on ne trouve pas de différence entre les caractères de l'acide libre extrait de la chair et ceux de l'acide libre obtenu par la fermentation du sucre [1].

§ 456. *Lactate d'ammoniaque.* — Il s'obtient lorsqu'on mélange de l'ammoniaque concentrée avec de l'acide lactique sirupeux; il se produit alors des cristaux prismatiques, qui tombent en déliquescence à l'air et deviennent acides.

Lactate de potasse. — Sel difficilement cristallisable et fort soluble dans l'eau. Lorsqu'on sature le carbonate de potasse par de l'acide lactique, celui-ci étant ajouté en léger excès, on obtient, par l'évaporation, un sirop sans trace de cristaux.

Lactate de soude. — Sel difficilement cristallisable et fort soluble dans l'eau.

Lactate de baryte. — On connaît deux lactates de baryte.

α. *Sel neutre.* Il est fort soluble et incristallisable.

β. *Sel acide*, $C^{12}H^{11}BaO^{12}$. Lorsqu'on ajoute au lactate neutre de baryte une quantité d'acide égale à celle qu'il a fallu pour le former, on obtient un sel bien cristallisé, extrêmement acide; pour le purifier, on le lave avec de l'alcool ordinaire. Les cristaux ne s'altèrent pas à l'air, ni par le séjour dans le vide; ils se dissolvent aisément dans l'eau. Chauffé à 100°, le sel dégage une odeur aromatique.

Lactate de strontiane. — Le sel neutre, $C^{12}H^{10}Sr^{2}O^{12} + 6$ aq., est fort soluble.

[1] A moins d'une mention spéciale, les lactates dont il est question dans ce chapitre se rapportent à l'acide lactique préparé par la fermentation du sucre. — Sel *a* veut dire préparé avec l'acide de la chair, et sel *b*, préparé avec l'acide obtenu par fermentation.

Lactate de chaux. — On connaît deux lactates de chaux.

α. *Sel neutre*, $C^{12}H^{10}Ca^2O^{12}$ + 8 aq. et + 10 aq. On le prépare en faisant bouillir du carbonate de chaux dans l'acide lactique. Il se dépose, dans la solution concentrée, en grains durs, composés de petites aiguilles très-courtes, groupées concentriquement, et ayant beaucoup de ressemblance avec le sagou. Si l'on abandonne la solution à l'évaporation spontanée, elle s'effleurit considérablement, et les parois de la capsule se recouvrent de masses dendritiques semblables à des choux-fleurs.

Lorsqu'on veut préparer de grandes quantités de lactate de chaux, directement, par la fermentation du sucre, on opère, suivant M. Gobley [1], de la manière suivante : On prend de petites terrines en faïence d'une capacité de 3 litres ; on met dans chacune de ces terrines 250 grammes de sucre de lait en poudre, 200 grammes de craie pulvérisée, 1 litre de lait parfaitement écrémé et de l'eau en quantité suffisante pour les remplir ; on place ces vases dans un lieu dont la température est de 25 à 30° ; on agite de temps en temps, et l'on remplace l'eau à mesure qu'elle s'évapore. Après vingt-quatre heures de contact, la fermentation commence : l'acide carbonique se dégage, surtout par l'agitation, pendant tout le temps que dure la fermentation, qui cesse vers le onzième ou le douzième jour. (Lorsqu'on emploie 2 litres de lait, la fermentation cesse vers le neuvième ou le dixieme jour.) Pendant les premiers temps, le mélange ne présente que l'odeur du lait aigri, et sur la fin une légère odeur de fromage. La fin de la fermentation s'annonce par un phénomène bien sensible : la liqueur dans laquelle les poudres se suspendaient aisément par l'agitation se trouve épaissie par une grande quantité de grumeaux. On verse le produit dans une bassine, et l'on porte lentement à l'ébullition, en remuant continuellement : sans cette précaution, le dépôt s'attacherait au fond, et communiquerait à la liqueur une odeur désagréable. On fait bouillir pendant un quart d'heure, on laisse déposer, on passe par un tissu de laine, et on lave le dépôt à l'eau bouillante pour en extraire tout le lactate de chaux. On réduit le liquide filtré jusqu'au tiers de son volume, par l'évaporation à une douce chaleur ; le lactate de chaux s'y dépose alors par le refroidissement.

Il faut avoir soin de ne pas dépasser le terme indiqué précé-

[1] GOBLEY, *Journ. de Pharm.*, [3] VI, 54.

demment pour la formation complète du lactate de chaux; car ce sel en présence du caséum du lait est susceptible d'éprouver une nouvelle métamorphose et de se convertir en butyrate de chaux. Le lactate de chaux impur subit volontiers cette transformation à la longue.

Il existe de légères différences entre les caractères du lactate de chaux, suivant qu'il a été préparé avec l'acide *a* extrait du liquide musculaire, ou avec l'acide *b* préparé par la fermentation du sucre.

Cristallisé dans l'eau, le sel de l'acide *a* contient toujours 8 at. d'eau, et celui de l'acide *b* 10 atomes. Cristallisé dans l'alcool, ils en contiennent tous les deux 10; mais si l'on fait de nouveau cristalliser dans l'eau le sel *a*, on l'obtient encore avec 8 atomes.

De plus, le sel *a* a besoin d'être maintenu à 100° bien plus longtemps que le sel *b*, pour perdre toute l'eau de cristallisation. Tous deux se dissolvent dans l'eau et dans l'alcool bouillants, en toutes proportions; mais le sel *a* exige 12,4 p. d'eau froide, et le sel *b* 9,5 parties. Du reste, les propriétés physiques et la forme cristalline sont les mêmes pour les deux sels.

Soumis à la distillation, le lactate de chaux éprouve d'abord la fusion aqueuse, et donne ensuite de l'eau, de l'acide carbonique, de la métacétone (§ 902) et un autre produit huileux[1].

Suivant Corriol, une infusion aqueuse de noix vomique, après avoir fermenté pendant quelques jours, laisse déposer du lactate de chaux, dont la quantité s'élève à 2 ou à 3 centièmes du poids de la voix vomique.

β. *Sel acide*, $C^{12}H^{11}CaO^{12} + 2$ aq. Quand on le prépare par le même procédé que le sel de baryte, les premières cristallisations se composent de sel neutre; mais si l'on évapore à consistance de sirop, on obtient des masses cristallines semblables à la wawellite, qu'on peut faire cristalliser dans l'alcool absolu et bouillant.

L'eau de cristallisation de ce sel s'en va par la dessiccation à 80°; à une température plus élevée, il brunit.

Lactate de chaux et de potasse, $C^{12}H^{10}KCaO^{12}$. —Lorsqu'on précipite à moitié une solution de lactate de chaux par du carbonate de potasse, et qu'on évapore la solution concentrée, elle dépose, par le refroidissement, des cristaux durs et incolores d'un lactate de chaux et de potasse. Ce sel se dissout aisément dans l'eau; si la

[1] FAVRE, *Ann. de Chim. et de Phys.*; [3] XI, 71.

solution est diluée, il n'y cristallise que du lactate de chaux, mais on peut de nouveau, par l'évaporation du liquide, obtenir le sel double. (Strecker.)

Lactate de chaux et chlorure de calcium, $C^{12}H^{10}Ca^2O^{12}$, 2 CaCl + 12 aq. — Quand on ajoute du chlorure du calcium à une solution de lactate de chaux neutre et qu'on concentre beaucoup le mélange, on obtient des prismes d'un sel double. On lave ce sel avec de l'alcool pour le purifier; il se décompose quand on cherche à le faire recristalliser. Séché à 110°, il n'est point déliquescent.

Lactate de magnésie, $C^{12}H^{10}Mg^2O^{12}$ + 8 aq. et 6 aq. — Le lactate de magnésie forme de petits prismes solubles dans l'eau, insolubles dans l'alcool, non efflorescents. Le sel *a* est bien plus soluble dans l'eau et l'alcool que le sel *b*, qui exige près de 30 fois son poids d'eau; les deux sels diffèrent aussi par l'aspect. Une détermination faite sur une très-petite quantité de matière indique 8 at. d'eau dans le sel *a*, et 6 at. dans le sel *b*.

§ 457. *Lactate de zinc*, $C^{12}H^{10}Zn^2O^{12}$ + 6 aq. et + 4 aq. — On le prépare en faisant bouillir l'acide lactique avec le carbonate de zinc.

Le sel *a* se dépose, par le refroidissement de la solution, en petites aiguilles très-déliées, groupées irrégulièrement; dès qu'on touche le vase, ces groupes se divisent, et font prendre le liquide en bouillie. Le sel *b* donne tantôt des croûtes brillantes, tantôt de plus grandes aiguilles groupées confusément.

Le sel *a* renferme toujours 2, le sel *b* 6 atomes d'eau. Ces différences sont constantes; les deux sels se comportent aussi bien différemment à la dessiccation : ainsi, tandis que le sel *b* cède promptement son eau à 100°, le sel *a* exige pour cela plusieurs heures. On peut aussi chauffer le sel *b* à 210° sans qu'il s'altère, tandis que le sel *a* émet déjà quelques vapeurs empyreumatiques entre 100 et 150°.

Les différences de solubilité des deux sels de zinc sont surtout remarquables. Le sel *a* se dissout dans 2,88 p. d'eau bouillante, et dans 5,7 p. d'eau froide; il se dissout de même dans 2,23 p. d'alcool froid, et dans autant environ d'alcool bouillant. Le sel *b* exige 6 p. d'eau bouillante et 58 p. d'eau froide, et est presque insoluble dans l'alcool.

M. Liebig mentionne un *sous-lactate de zinc*, obtenu avec l'acide lactique de la choucroûte, et dit que le sel neutre dissous dans l'eau donne une solution que l'alcool dédouble en sel acide et en sous-sel. M. Engelhardt n'a pas observé un semblable dédoublement avec le sel de zinc de l'acide préparé par la fermentation du sucre.

Lactate de cadmium, $C^{12}H^{10}Cd^2O^{12}$. — Il s'obtient aisément en petites aiguilles incolores, en dissolvant du carbonate de cadmium dans l'acide lactique. Le sel *b* se dissout dans 10 p. d'eau froide et dans 8 p. d'eau bouillante ; la solution est neutre. Il est insoluble dans l'alcool. Le sel qui se dépose dans l'eau bouillante est anhydre.

Lactate de cuivre, $C^{12}H^{10}Cu^2O^{12} + 3$ aq. et $+ 4$ aq. — On le prépare en traitant le sulfate de cuivre par le lactate de baryte, ou en faisant bouillir le carbonate de cuivre avec de l'acide lactique. La dernière méthode fournit en même temps un sous-sel, dont on purifie le produit par une nouvelle cristallisation, ou par une addition d'acide lactique. Le sel *a* cristallise dans l'eau en petits mamelons durs, mats et d'un bleu de ciel, tandis que le sel *b* se présente en assez gros cristaux, bien définis, très-brillants, et d'un bleu foncé ou verdâtre. Les conditions de solubilité sont aussi fort différentes pour les deux sels : le sel *b* se dissout dans 6 p. d'eau froide et dans 2,2 p. d'eau bouillante, dans 115 p. d'alcool froid et dans 26 p. d'alcool bouillant ; le sel *a* n'exige que 1,95 p. d'eau froide, 1,24 p. d'eau bouillante, et est bien plus soluble dans l'alcool. La solution est fort acide.

Voici encore des différences relatives à l'eau de cristallisation. Le sel *b* contient 4 atomes d'eau, qui se dégagent promptement par le repos sur l'acide sulfurique ou au bain-marie, sans que le sel change d'aspect ; il se décompose entre 200 et 210°, température à laquelle il prend feu, et finit par laisser du cuivre métallique. On peut le maintenir au-dessous de cette température sans qu'il s'altère en aucune façon ; le sel ainsi traité se redissout aisément et d'une manière complète dans l'eau. Quant à l'eau de cristallisation du sel *a*, il en a donné à M. Engelhardt 8,96 — 9,58 p. 100 [1], par un séjour de plusieurs heures à 100° ; maintenu longtemps à 140°, il s'est altéré en partie, en éprouvant une nouvelle perte et en laissant une certaine quantité d'oxyde cuivreux.

[1] Le sel desséché de la deuxième expérience ayant donné 9,58 pour 100 d'eau a fourni par la calcination 32,87 oxyde de cuivre ; le calcul en exige 33,0 pour le sel sec. Ces déterminations correspondent sensiblement à 3 atomes d'eau (10,0 pour 100) pour le sel cristallisé.

Le *sous-lactate de cuivre* est fort peu soluble dans l'eau bouillante. Il paraît être un mélange de deux sels, dont l'un renferme $C^{12}H^{10}Cu^{2}O^{12}$, 2 CuO.

Lactate de nickel, $C^{12}H^{10}Ni^{2}O^{12}$ + 6 aq. — Il forme des aiguilles vert pomme, presque insolubles dans l'eau froide, assez solubles dans l'eau bouillante, insolubles dans l'alcool. Sa solution a une légère réaction acide.

Une détermination de M. Engelhardt semble indiquer que le sel *a* dégage les 6 at. d'eau déjà à 100°, tandis que le sel *b* ne cède le troisième atome d'eau qu'à 130°.

Lactate de cobalt, $C^{12}H^{10}Co^{2}O^{12}$ + 6 aq. — Sel couleur fleurs de pêcher, entièrement semblable au précédent.

Lactate de manganèse, $C^{12}H^{10}Mn^{2}O^{12}$ + 6 aq. — On le prépare avec le carbonate de manganèse et l'acide lactique. Il forme de gros cristaux brillants, couleur améthyste, assez solubles dans l'eau froide, fort solubles dans l'eau bouillante, insolubles dans l'alcool froid, plus solubles dans l'alcool bouillant. Les cristaux appartiennent au système monoclinique.

Lactate de fer. — Il existe un sel ferreux et un sel ferrique.

α. *Sel ferrique*. Il n'est pas cristallisable ; sa solution aqueuse ou alcoolique se dessèche en une masse amorphe.

β. *Sel ferreux*, $C^{12}H^{10}Fe^{2}O^{12}$ + 6 aq. L'acide lactique attaque vivement la limaille de fer avec dégagement d'hydrogène, en produisant du lactate ferreux. Ce sel s'obtient aussi, suivant M. Pagenstecher, en mélangeant du lactate d'ammoniaque avec du chlorure ferreux, et ajoutant de l'alcool. Enfin, il se prépare également en décomposant le sulfate ferreux par le lactate de baryte ou de chaux. Il cristallise dans l'eau en grosses aiguilles jaune clair, et dans l'alcool en aiguilles soyeuses et blanches. Sa solution est acide, et brunit promptement à l'air ; le s sec ne s'altère pas à l'air, mais il se décompose déjà à 50° ou 60°, en dégageant de l'eau et en brunissant. A 120°, la décomposition s'annonce par une odeur empyreumatique.

Lorsqu'on distille le lactate de fer avec un mélange de peroxyde de manganèse, de sel marin et d'acide sulfurique, il passe de l'aldéhyde et du chloral [1].

Lactate de chrome. — Sel incristallisable.

[1] STAEDELER, *Ann. der Chem. u. Pharm.*, LXIX, 333.

Lactate d'alumine. — L'alumine hydratée se dissout à peine dans l'acide lactique.

Lactate d'urane (sel uranique), $C^{12}H^{10}(U^2O^2)^2 O^{12}$. — Il s'obtient en dissolvant dans l'acide lactique l'oxyde d'urane obtenu par la calcination du nitrate. Croûtes jaunes cristallines.

Lactate d'antimoine. — L'oxyde d'antimoine se dissout à peine dans l'acide lactique, mais il se dissout en grande quantité quand on le fait bouillir avec du lactate acide de potasse. On n'a pas pu obtenir de cristaux.

Lactates de bismuth. — On n'a analysé que deux sous-sels[1].

α. 2 $C^{12}H^{10}bi^2O^{12}$, 2 biO. — Le carbonate et l'hydrate de bismuth récemment précipité ne se dissolvent qu'en petite quantité dans l'acide lactique. La solution, évaporée à consistance de sirop, dépose de petites aiguilles microscopiques, qu'on lave d'abord à l'alcool, puis à l'éther, pour enlever l'acide excédant. Mais ce procédé n'est pas avantageux. Lorsqu'on précipite du sulfate de bismuth par le lactate de baryte, le précipité renferme un sel de bismuth insoluble.

Voici le procédé recommandé par M. Engelhardt pour la préparation d'un lactate de bismuth cristallisé. On mélange de l'acide nitrique saturé d'oxyde de bismuth avec une solution concentrée de lactate de soude, en ayant soin de ne pas prendre ce dernier en trop grand excès, pour ne pas entraver la cristallisation. Si les solutions sont très-concentrées, il se produit une bouillie cristalline de salpêtre et de lactate de bismuth. On la dissout dans très-peu d'eau, ce qui s'effectue sans trouble (si la liqueur se troublait, cela tiendrait à un excès de nitrate de bismuth), et l'on abandonne au repos ; le lactate se sépare bientôt en croûtes cristallines. On ajoute de l'alcool à la liqueur jusqu'à ce qu'elle devienne laiteuse, et l'on abandonne de nouveau. Au bout de quelques jours, on obtient alors une nouvelle portion de lactate.

β. $C^{12}H^{10}bi^2O^{12}$, 4 bi O. Si l'on opère la préparation du sel précédent à l'ébullition, ou bien si l'on ajoute goutte à goutte le nitrate de bismuth à la solution moyennement étendue du lactate de soude, de manière à maintenir celui-ci en excès, il se précipite une poudre inaltérable dans l'eau bouillante. Le même sel paraît se former par l'ébullition de la solution du premier sel.

Lactate d'étain, $C^{12}H^{10}Sn^2O^{12}$, 2 SnO. — Quand on mélange une

[1] bi = $\frac{2}{3}$ Bi.

solution acide de chlorure stanneux avec du lactate de soude, on obtient une poudre blanche et cristalline, qui constitue un *sous-lactate stanneux*, insoluble dans l'eau froide, fort soluble dans l'acide chlorhydrique. L'acide acétique ne le dissout que par une ébullition prolongée.

Lorsqu'on mélange du chlorure stannique avec du lactate de soude, on n'obtient ni précipité ni cristaux par l'évaporation à consistance de sirop.

Lactates de mercure. — Il existe un sel mercureux et un sel mercurique.

α. *Sel mercureux*, $C^{12}H^{10}Hg^2O^{12} + 4$ aq. Il s'obtient aisément en mélangeant une solution chaude et concentrée de lactate de soude avec une solution saturée de nitrate mercureux. D'abord le mélange est incolore, mais peu à peu il devient d'un beau rose ou cramoisi, et précipite un peu de cuivre métallique. La solution dépose peu à peu des groupes de cristaux qui possèdent la même couleur.

β. *Sous-sel mercurique*, $C^{12}H^{10}Hg^2O^{12}$, 2 HgO. On l'obtient en faisant bouillir de l'oxyde mercurique avec de l'acide lactique étendu, jusqu'à saturation du liquide. Par l'évaporation, on obtient un sel jaune insoluble dans l'eau, et un sel incolore fort soluble. Celui-ci cristallise en prismes brillants, groupés concentriquement, et s'effleurissant aisément. Il se dissout aisément dans l'eau, à froid et à chaud; l'alcool bouillant le dissout à peine, mais ne le décompose pas.

Lactate de plomb. — Quand on fait bouillir du carbonate de plomb avec de l'acide lactique, on obtient un liquide neutre qui dépose, par l'évaporation, des pellicules, et acquiert alors une réaction acide.

Lactate d'argent, $C^{12}H^{10}Ag^2O^{12} + 4$ aq. — On l'obtient en faisant bouillir du carbonate d'argent avec l'acide lactique. Aiguilles soyeuses, groupées en mamelons, neutres au papier, noircissant promptement à la lumière, fort solubles dans l'alcool à chaud, presque insolubles à froid. Bouillie pendant quelque temps, la solution de ce sel prend une belle teinte bleue, en séparant des flocons bruns. Il supporte sans se décomposer une température de 80°, mais à 100° il noircit et développe du gaz. Le sel séché à l'air renferme 4 atomes d'eau de cristallisation, qu'il perd dans le vide.

§ 458. *Dérivés éthyliques de l'acide lactique.* — M. Strecker

[1] STRECKER, *Ann. der Chem. u. Pharm.* LXXXI, 247.

obtient le *lactate d'éthyle* ou éther lactique, $C^{20}H^{20}O^{12} = C^{12}H^{10}(C^4H^5)^2O^{12}$, en distillant un mélange de lactate de chaux et d'éthylsulfate de potasse, les deux sels étant bien desséchés.

C'est un liquide incolore, très-fluide, doué d'une faible odeur. Il se décompose promptement au contact de l'eau en acide lactique et en alcool. Cette décomposition empêche de préparer l'éther lactique par la distillation d'un mélange d'acide sulfurique, d'alcool et d'acide lactique.

L'éther lactique dissout en grande quantité le chlorure de calcium, en produisant un liquide sirupeux, qui exposé au froid dépose des aiguilles incolores contenant $C^{20}H^{20}O^{12}$, CaCl.

§ 459. *Amides lactiques.* — Elles sont peu connues.

L'*acide lactamique* paraît avoir été obtenu par M. Pelouze, en combinaison avec l'ammoniaque (*lactamate d'ammonium*), $C^{12}H^{12}(NH^4)NO^{10}$) en faisant agir l'ammoniaque sèche sur l'acide lactique anhydre. M. Laurent[1] a observé en effet que le produit de cette réaction renferme l'ammoniaque sous deux formes, et que celle-ci ne précipite pas tout entière à froid par le bichlorure de platine : si après avoir séparé par le filtre le précipité de chloroplatinate d'ammoniaque on fait longtemps bouillir la liqueur, il s'y produit de nouveau un précipité de chloroplatinate d'ammoniaque.

Si l'on évapore la dissolution du lactamate d'ammoniaque, on obtient des lames de lactamide.

La *lactamide*, $C^{12}H^{14}N^2O^8$, renferme les éléments du lactate neutre d'ammoniaque moins quatre atomes d'eau. M. Pelouze l'obtient par l'action directe du gaz ammoniaque sur le lactide (§ 454). Elle s'obtient en lames ou en prismes droits rectangulaires, extrêmement solubles dans l'eau et l'alcool. Sa solution est sans action sur les papiers colorés. Elle ne se combine ni avec les bases ni avec les acides.

Les alcalis aqueux et les acides ne la décomposent qu'à chaud, en la transformant en acide lactique et en ammoniaque.

Dérivé cyanique de l'hydrure d'acétyle.

§ 460. *Acide trigénique*[2], $C^8H^7N^3O^4$. — Lorsqu'on dirige les vapeurs de l'acide cyanique sur de l'aldéhyde (il n'en faut employer que quelques grammes, et refroidir avec de la glace, pour éviter

[1] LAURENT, *Compt. rend. des Trav. de Chim.*, 1845, p. 151.

[2] WOEHLER et LIEBIG, *Ann. der Chem. u. Pharm.*, LIX, 296.

les projections), la masse entre bientôt en ébullition en dégageant du gaz carbonique, et se concrète en produisant une matière épaisse, qui a toute l'apparence du borax calciné; souvent aussi on obtient une masse sirupeuse, où se forment peu à peu des croûtes cristallines. Ce produit renferme de la cyamélide, de l'aldéhydate d'ammoniaque, de l'acide trigénique, et peut-être encore d'autres produits accidentels.

On dissout le produit dans l'acide chlorhydrique moyennement concentré, et l'on fait bouillir tant qu'il se développe encore des vapeurs d'aldéhyde; puis on filtre. L'acide trigénique cristallise par le refroidissement. S'il est jaune, on le purifie par le charbon animal.

Abstraction faite des produits secondaires, la formation de l'acide trigénique peut être représentée par l'équation suivante :

$$\underset{\text{Aldéhyde.}}{C^4H^4O^2} + \underset{\text{Ac. cyaniq.}}{3\,CyHO^2} = \underset{\text{Ac. trigéniq.}}{C^8H^7N^3O^4} + 2\,CO^2.$$

L'acide trigénique s'obtient en petits prismes, à peine solubles dans l'alcool, peu solubles dans l'eau. Il fond par la distillation sèche, et se carbonise en émettant des vapeurs alcalines qui ont entièrement l'odeur de la quinoléine, et qui paraissent être dues à cet alcali. Il passe aussi, dans cette réaction, de l'acide cyanurique.

La solution de l'acide trigénique n'est pas précipitée par le nitrate d'argent; mais il se précipite du trigénate d'argent, si l'on ajoute de l'ammoniaque au mélange.

L'acide trigénique renferme les éléments de l'acide cyanique anhydre et de l'aldéhydate d'ammoniaque :

$$C^8H^7N^3O^4 = \left.\begin{matrix} CyO \\ CyO \end{matrix}\right\} \left.\begin{matrix} C^4H^3O^2 \\ NH^4 \end{matrix}\right\}$$

Le *trigénate d'argent*, $C^8H^6AgN^3O^4$, est pulvérulent, et prend à la lumière une teinte violacée. En l'examinant au microscope, on le trouve composé de petites sphères cristallines. Il se dissout dans l'eau bouillante, et s'y dépose, par le refroidissement, à l'état pulvérulent. Il perd de l'eau entre 120° et 130°, et devient d'un brun clair. Il fond à quelques degrés au-dessus de 160°, en noircissant et en dégageant une vapeur épaisse qui a l'odeur de la quinoléine.

Dérivés méthyliques, éthyliques... de l'hydrure d'acétyle.

§ 461. L'aldéhyde ou hydrure d'acétyle est de l'acide acétique moins de l'oxygène; entre les deux corps, il existe les mêmes relations qu'entre l'hydrogène et l'eau. Par des actions désoxydantes sur l'acide acétique ou sur des acétates, on doit donc pouvoir obtenir l'aldéhyde[1] ou des dérivés de ce corps. Or, ainsi que nous l'avons déjà dit plusieurs fois, l'acide acétique est de l'acide méthyl-formique; les acétates sont des méthyl-formiates; nous avons vu aussi que l'acide formique se convertit par l'oxydation en acide carbonique. On conçoit, d'après cela, qu'en faisant réagir ensemble deux molécules d'un acétate (oxyde d'acétyle), l'une puisse fournir à l'autre l'oxygène nécessaire à la transformation de l'acide méthyl-formique en acide carbonique et en méthyle, tandis que l'autre molécule passe elle-même, en se désoxydant, à l'état d'acétyle, ou plutôt à l'état d'acétylure de méthyle. On réalise cet effet par la distillation sèche de certains acétates; le liquide volatil connu sous le nom d'*acétone*, qu'ils donnent dans ces circonstances, représente de l'hydrure d'acétyle, dans lequel H est remplacé par son équivalent de méthyle C^2H^3 :

Hydrure d'acétyle, ou aldéhyde. $\left.\begin{matrix} C^4H^3O^2 \\ H \end{matrix}\right\}$, ou $\left.\begin{matrix} C^2(C^2H^3)O^2 \\ H \end{matrix}\right\}$;

Acétone, ou acétylure de méthyle. $\left.\begin{matrix} C^4H^3O^2 \\ C^2H^3 \end{matrix}\right\}$, ou $\left.\begin{matrix} C^2(C^2H^3)O^2 \\ C^2H^3 \end{matrix}\right\}$.

On n'a pas encore étudié l'acétone sous le point de vue que je viens d'énoncer; les expériences qui ont été publiées sur ce corps par différents chimistes tendent plutôt à le faire considérer comme une espèce d'alcool (*hydrate d'œnyle* ou *de mésityle*); mais elles sont loin d'être concluantes, et auraient besoin d'être reprises. La manière dont l'acétone se comporte sous l'influence des agents oxygénants, qui la transforment en acide acétique et en acide formique, démontre bien qu'elle contient, comme je l'admets, le carbone sous deux formes différentes, c'est-à-dire sous forme d'acétyle et sous forme de méthyle.

§ 462. Acétone, ou méthyl-acétyle, $C^6H^6O^2$. — Ce corps, déjà connu des chimistes au siècle dernier, sous le nom d'*esprit pyro-acétique*, se produit par la distillation sèche du sucre, de l'acide tartrique, de l'acide citrique, des acétates, etc.; il entre ordinairement dans la composition de l'esprit de bois brut. Sa composition a été établie par MM. Dumas et Liebig[2]; M. Kane[3] a étudié quelques-uns de ses dérivés.

On le prépare en général avec un acétate. On mêle intimement

[1] M. Chancel a obtenu l'hydrure de valéryle et l'hydrure de butyryle par la distillation sèche des valérates et des butyrates.

[2] Liebig, *Ann. der Chem. u. Pharm.*, I, 223. — Dumas, *Ann. de Chim. et de Phys.*, XLIX, 208.

[3] Kane, *Ann. de Poggend.*, XLIV, 473, et *Journ. f. prakt. Chem.*, XV, 129.

4 parties d'acétate de plomb avec 1 p. de chaux, et l'on introduit rapidement ce mélange dans une bouteille à mercure, pour le distiller ensuite. Il faut avoir soin de recevoir le produit dans un réfrigérant. Le produit brut renferme de l'acétone, un peu d'eau, et des huiles empyreumatiques moins volatiles que l'acétone; on l'agite avec du chlorure de calcium, et on le rectifie au bain-marie; on abandonne ensuite le liquide pendant quelques jours avec de la chaux grossièrement concassée, et l'on rectifie de nouveau. Les portions qui passent les premières, et dont la quantité s'élève aux trois quarts du produit brut, sont formées d'acétone pure. 2 kilogrammes d'acétate de plomb donnent ainsi au moins 150 grammes d'acétone, et même davantage.

On obtient aussi l'acétone en faisant passer des vapeurs d'acide acétique à travers un tube de porcelaine ou de fer chauffé au rouge obscur; la réaction est alors bien nette, car

$$\underset{\text{Ac. acétique.}}{2\,C^4H^4O^4} = 2\,CO^2 + 2\,HO + \underset{\text{Acétone.}}{C^6H^6O^2}.$$

L'acétone est un liquide très-fluide, d'une densité de 0, 7921 à 18° (Liebig; 0,822, L. Gmelin), d'une odeur suave et agréable, qui rappelle beaucoup celle de l'éther acétique.

Sa saveur est mordicante, et ressemble à celle de la menthe poivrée. Il se dissout en toutes proportions dans l'eau, l'alcool et l'éther; il ne dissout ni la potasse ni le chlorure de calcium.

Il bout à 56°, sous la pression de 760 mm. La densité de sa vapeur a été trouvée égale à 2,0025 (Dumas). Il est inflammable, et brûle avec une flamme blanche, non fuligineuse.

En contact avec l'air et avec des alcalis caustiques, il se résinifie promptement. Lorsqu'on le fait passer en vapeur sur de l'hydrate de potasse, il se décompose, suivant la température, soit en carbonate de potasse et en hydrure de méthyle (gaz des marais),

$$\underset{\text{Acétone.}}{C^6H^6O^2} + 2\,(KO,HO) = \underset{\text{Carbonate de potasse.}}{2\,CO^2,KO} + \underset{\text{Hydrure de méthyle.}}{2\,C^2H^4};$$

soit en acétate et en formiate de potasse, avec dégagement d'hydrogène,

$$\underset{\text{Acétone.}}{C^6H^6O^2} + 2\,(KO,HO) + 2\,HO = \underset{\text{Acétate de potasse.}}{C^4H^3KO^4} + \underset{\text{Formiate de potasse.}}{C^2HKO^4} + 3\,H^2.$$

Lorsqu'on mélange l'acétone avec de la chaux caustique, réduite en poudre fine, les deux corps ne réagissent pas immédiatement;

mais si l'on abandonne le mélange pendant quelques semaines, la masse durcit, et ne donne plus alors, par la distillation au bain-marie, qu'une très-petite quantité d'acétone. Si l'on ajoute de l'eau au mélange, et qu'on distille, il passe en dernier lieu une huile jaunâtre, bouillant entre 200 et 220° [1].

Le potassium s'échauffe vivement avec l'acétone, en donnant des produits dont la nature n'a pas encore été déterminée.

§ 463. Lorsqu'on fait passer un courant de chlore sec dans l'acétone jusqu'à ce que tout dégagement de gaz chlorhydrique ait cessé, on obtient un liquide d'une densité de 1,33, et que M. Kane appelle *chloral mésitique*. Ce corps possède une odeur extrêmement pénétrante, qui excite le larmoiement; appliqué sur la peau, il y détermine une véritable vésication. Il bout à environ 71°, en se décomposant.

Il se dissout complétement dans la potasse avec une teinte brun rouge, en produisant beaucoup de chlorure et un sel brun particulier, dans lequel M. Kane suppose l'existence d'un *acide ptéléique*. Les analyses qui ont été faites du chloral mésitique ne s'accordent pas entre elles :

	Liebig.	Kane.	$C^6H^4Cl^2O^2$
Carbone.	28,0	28,48	28,39
Hydrogène. . . .	2,8	3,00	3,15
Chlore.	52,6	56,83	55,84
Oxygène.	16,6	11,69	12,62
	100,0	100,00	100,00

Il est probable que le chloral mésitique n'est pas une substance pure [2].

Lorsqu'on distille l'acétone avec du chlorure de chaux, il se dépose du carbonate, et l'on obtient du chloroforme (chlorure de méthyle bichloré). De même, lorsqu'on ajoute un peu de potasse à l'acétone et qu'on y verse un excès de brome, il se précipite du bromoforme [3] (bromure de méthyle bibromé).

§ 464. L'acétone absorbe le gaz chlorhydrique en grande quan-

[1] VOELCKEL, *Ann. der Chem. u. Pharm.*, LXXXII, 63.

[2] En traitant l'esprit de bois par le chlore, M. Bouis a obtenu deux composés qui représentent probablement l'*acétone trichlorée* et l'*acétone quadrichlorée* (voy. § 336). Une huile neutre ayant la composition de l'*acétone tribromée* a été obtenue par M. Cahours en traitant le citraconate de potasse par le brome (voy. § 672).

[3] Il est probable que l'action de la potasse et du brome sur l'acétone a aussi pour résultat la production d'une certaine quantité d'*acétate*. Il y aurait de l'intérêt à vérifier

tité, en produisant une liqueur brune et fumante, contenant, suivant M. Kane, entre autres produits, du *chlorure du mésityle*, C^6H^5Cl. Celui-ci s'obtient mieux avec le perchlorure de phosphore. Lorsqu'on ajoute 2 parties de ce perchlorure, par petites portions, à 1 p. d'acétone convenablement refroidie, et qu'on y mélange ensuite de l'eau, il se sépare un liquide oléagineux plus pesant que cette dernière; c'est encore le chlorure de mésityle. Une dissolution alcoolique de potasse le convertit en *oxyde de mésityle*. La chaleur le décompose en acide chlorhydrique et en mésitylène.

Lorsqu'on distille un mélange d'iode, de phosphore et d'acétone, on obtient une huile insoluble dans l'eau, que M. Kane considère comme l'*iodure de mésityle;* mais l'analyse n'en a pas été faite.

§ 465. L'action de l'acide sulfurique sur l'acétone paraît être complexe : nous décrirons plus loin, sous le nom de *mésitylène* (§ 469), un hydrocarbure produit par cet agent, et qui renferme les éléments de l'acétone moins de l'eau :

$$3\,C^6H^6O^2 = C^{18}H^{12} + 6\,HO.$$

Acétone. Mésitylène.

Mais, outre cet hydrocarbure, plusieurs autres produits prennent naissance quand on mélange l'acide sulfurique concentré avec l'acétone, et parmi eux surtout l'*oxyde de mésityle* ou *éther mésitique* $C^{12}H^{10}O^2$:

$$2\,C^6H^6O^2 = C^{12}H^{10}O^2 + 2\,HO.$$

Acétone Ox. de mésityle.

Toutefois il est difficile d'obtenir ainsi l'oxyde de mésityle à l'état de pureté, et M. Kane préfère la préparation de ce corps par le chlorure de mésityle. On dissout ce dernier dans l'alcool; on y ajoute une dissolution alcoolique de potasse, de manière que le liquide soit bien alcalin, et l'on chauffe le mélange; quand on y ajoute ensuite de l'eau, il se sépare une huile jaunâtre, qu'on soumet à la rectification. C'est l'oxyde de mésityle; son odeur ressemble à celle de la menthe poivrée; il bout vers 120° c., et brûle avec une flamme très-lumineuse, en répandant un peu de fumée. Il est à remarquer que la *métacétone* (§ 902), qu'on obtient par la distillation d'un mélange de sucre et de chaux, présente la même composition.

Par la distillation sèche de l'acétate de chaux, on obtient ordinairement, outre l'acétone, une petite quantité d'une huile insoluble

ce fait, qui viendrait à l'appui de la constitution que nous avons assignée à l'acétone (acétylure de méthyle).

dans l'eau, et que M. Kane a désignée sous le nom de *dumasine*. Suivant M. Heintz[1], cette huile n'est que de l'oxyde de mésityle.

Outre le mésitylène et l'oxyde de mésityle, l'acide sulfurique paraît encore produire avec l'acétone un ou deux acides semblables à l'acide éthyl-sulfurique. Lorsqu'on mêle l'acétone avec 2 fois son poids d'acide sulfurique concentré, la masse s'échauffe beaucoup, devient brun foncé, et dégage de l'acide sulfureux; quand le liquide est refroidie, on y mêle 2 ou 3 volumes d'eau, et on le neutralise par un carbonate. Le carbonate de chaux donne une masse déliquescente, au milieu de laquelle sont interposés de petits prismes. M. Kane a trouvé dans ce sel :

Sulfate de chaux.	70,50
Carbone.	18,52
Hydrogène.	3,33
Oxygène.	7,65
	100,00

M. Kane représente ces résultats par la formule : $C^6H^6O^3$, 2 (SO^3,CaO). Un autre sel a donné :

Chaux.	23,70
Carbone.	30,29
Hydrogène.	4,40

Ce sel contiendrait, suivant le même chimiste, 2 $C^6H^6O^2$, 2 (SO^3,CaO).

Ces formules sont sans analogie, et auraient besoin d'être vérifiées. J'ai essayé plusieurs fois de produire les mêmes sels, sans pouvoir en obtenir la moindre trace. Il est fort possible que l'acide sulfurique ne produise, avec l'acétone, que de l'acide méthyl-sulfurique; il est certain, d'ailleurs, que la combinaison de l'acétone avec l'acide sulfurique se fait bien plus difficilement que la combinaison de l'esprit de bois ou de l'alcool avec le même acide[2].

§ 466. Lorsqu'on conserve du phosphore dans l'acétone, ou qu'on fait bouillir du phosphore dans ce liquide, il se produit, suivant Zeise[3], plusieurs acides phosphorés particuliers, dont la nature chimique n'est pas connue.

[1] HEINTZ, *Ann. de Poggend.*, LXVIII, 277.

[2] M. CAHOURS (*Thèse présentée à la Faculté des Sciences de Paris*, en 1845, p. 136) signale le fait suivant : en faisant agir à chaud les sulfomésitylates alcalins sur une dissolution aqueuse de monosulfure de potassium, on obtient un composé représenté par la formule $C^{12}H^{10}S^2$, et qui offre, par conséquent, la composition de l'huile d'ail (§ 874) analysée par M. Wertheim. Il n'y a pas d'autre indication.

[3] ZEISE, *Ann. der Chem. u. Pharm.*, XLI, 27; XLIII, 69.

D'autres acides semblables ont été obtenus par M. Kane. Suivant ce chimiste, l'*acide mésityl-hypophosphoreux* se trouve contenu dans le résidu sirupeux qu'on obtient en distillant l'acétone avec de l'iode et du phosphore; ce résidu se prend par le refroidissement en une masse amiantacée, et donne par la saturation avec le carbonate de plomb un *sel de baryte* paraissant contenir :

$$PO,BaO,C^6H^6O^2.$$

Ce sel a donné à l'analyse :

	Kane.	Calcul.
Baryte.	43,80	44,02
Carbone.	20,00	20,70
Hydrogène.	3,82	3,45

L'*acide mésityl-phosphorique* s'obtient avec l'acide phosphorique et l'acétone. Quand on mêle l'acide phosphorique vitreux avec son poids d'acétone, la masse s'échauffe et brunit; en neutralisant cette liqueur avec une base, on obtient un sel soluble. Le *sel de soude* forme de petites lames rhomboïdales, qui exposées à l'air deviennent opaques en perdant une certaine quantité d'eau de cristallisation; quand on les chauffe davantage, elles fondent dans leur eau de cristallisation, et finissent par laisser une masse blanche, qui chauffée plus fortement se boursoufle, noircit, et brûle en laissant un résidu de phosphate de soude. Une petite quantité de ce sel, soumise à l'analyse, a donné 48,8 p. 100 de phosphate de soude, et 29,0 p. 100 d'eau de cristallisation. Ces résultats semblent correspondre aux rapports :

$$PO^5,NaO,C^6H^6O^2 + 5 \text{ aq}.$$

(Calcul : phosphate de soude, 49,90; eau de cristallisation, 28,21.)

§ 467. Lorsqu'on chauffe l'acétone avec la moitié de son volume d'acide nitrique concentré, il s'opère une réaction très-vive, accompagnée d'un dégagement abondant de vapeurs rutilantes; si l'on essaye de distiller le mélange, l'action est si violente, qu'il en résulte souvent une explosion. Il faut refroidir le mélange dès que l'effervescence commence à se manifester, chauffer de nouveau, refroidir de même, et répéter ce traitement plusieurs fois; ensuite on ajoute au liquide 5 ou 6 fois son volume d'eau. Il se sépare alors un mélange huileux de deux corps : l'un d'eux, appelé par M. Kane *aldéhyde mésitique*, paraît être un isomère de l'acroléine $C^6H^4O^2$ (§ 523); il est plus léger que l'eau, d'une odeur douce et pénétrante, fort peu soluble dans l'eau; il se dissout instantanément dans une lessive de potasse en donnant un liquide brun jaunâtre. Il absorbe le gaz ammoniac avec beaucoup d'avidité, en donnant une masse brune et résinoïde, qui dissoute dans l'eau donne des cristaux par l'évaporation spontanée (*ammonialdéhyde mésitique*). Lorsqu'on ajoute du nitrate d'argent à la solution de ces cristaux, il se produit un précipité jaune, qui noircit par la chaleur. La déduction est favorisée par l'addition de quelques gouttes de potasse. L'argent métallique se dépose alors à l'état d'une poudre noire, sans produire de miroir.

L'analyse de l'aldéhyde mésitique[1] a donné :

	Kane.	Calcul.
Carbone.	64,83	64,29
Hydrogène.	7,11	7,14
Oxygène.	28,06	28,57
	100,00	100,00

L'autre produit de l'action de l'acide nitrique sur l'acétone a reçu de M. Kane le nom de *nitrite d'oxyde de ptéléyle*, C^6H^3O,NO^3. Il se présente à l'état d'une huile plus dense que l'eau; son odeur et sa saveur sont fortes, mais douces. Il se dissout dans les alcalis avec une couleur brune. Quand on le chauffe, il se décompose avec explosion, de manière qu'on ne peut pas le distiller.

L'analyse de ce corps a donné :

	Kane.	calcul.
Carbone.	44,57	42,35
Hydrogène.	4,02	3,53
Azote.	»	16,47
Oxygène	»	37,65
		100,00.

L'accord entre l'expérience et le calcul n'est pas satisfaisant, comme on le voit.

Lorsqu'on chauffe l'acétone avec une solution aqueuse de bichromate de potasse, il passe beaucoup d'acide acétique et d'acide carbonique, sans acide formique.

§ 468. Abandonnée avec du sulfure de carbone et de l'ammoniaque aqueuse, l'acétone donne de gros cristaux jaunes, insolubles dans l'eau, peu solubles dans l'alcool, et qui se dissolvent dans l'éther, en se décomposant en partie.

[1] L'aldéhyde mésitique n'est peut-être que du nitromésitylène, $C^{18}H^{11}(NO^4)$. Cette formule exige en effet : Carbone, 65,4 ; hydrogène, 6,7 ; azote, 8,5.

M. Hlasiwetz [1] a trouvé dans ces cristaux :

Carbone.	45,54	45,74
Hydrogène.	7,13	7,00
Azote.	10,69	
Soufre.	37,23	

Ce chimiste représente les cristaux par la formule extrêmement compliquée, $C^{30}H^{26}N^3S^9$, que nous ne saurions adopter. Leur solution alcoolique précipite le bichlorure de platine et le bichlorure de mercure. Plusieurs autres composés ont encore été obtenus avec l'acétone par M. Hlasiwetz, mais leur nature chimique ne me paraît pas assez bien déterminée pour que nous les rapportions ici.

Le bichlorure de platine attaque l'acétone, et donne, entre autres produits, un corps que Zeise a décrit sous le nom d'*acéchlor-platine* (§ 474).

L'acétone paraît éprouver de la part des vapeurs cyaniques une action semblable à celle qu'elles exercent sur l'alcool et sur l'aldéhyde.

§ 469. *Mésitylène*, ou mésitylol [2], $C^{18}H^{12}$. — Le mésitylène résulte de l'action de l'acide sulfurique sur l'acétone. Pour le préparer, on mélange 2 vol. d'acétone avec 1 vol. d'acide sulfurique concentré, et l'on distille le liquide dans une cornue, en ménageant la chaleur avec soin; le récipient reçoit deux couches, dont la supérieure est du mésitylène très-impur; le liquide plus pesant est chargé d'acide sulfureux et d'acide acétique, provenant d'une décomposition secondaire. On rectifie la couche supérieure d'abord au bain-marie, afin d'en séparer l'acétone qui n'aurait pas été décomposée, et ensuite à feu nu; mais le produit qu'on obtient ainsi ne présente pas un point d'ébullition constant, et il faut de nombreux fractionnements et de nouvelles rectifications, jusqu'à ce qu'on obtienne un liquide bouillant d'une manière constante entre 155° et 160° (entre 162 et 164°, Cahours). C'est là, suivant M. Hofmann, le mésitylène pur. Avant et après cette température, il distille des liquides probablement isomères du mésitylène, mais dont la nature chimique n'est pas connue.

[1] Hlasiwetz, *Ann. der Chem. u. Pharm.*, LXXVI, 294.

[2] Kane, *Ann. de Poggend.*, XLIV, 474, et *Journ. f. prakt. Chem.*, XV, 131. — Plantamour, *Ann. der Chem. u. Pharm.*, XXXI, 326. — Cahours, *Ann. de Chim. et de Phys.*, LXX, 101. *Compt. rend. de l'Acad.*, XXIV, 555. *The Quarterly Journ. of the Chem. Soc.*, n° IX, avril 1850, p. 17. — Hofmann, *Ann. der Chem. u. Pharm.*, LXXI, 122.

Le mésitylène est incolore, très-léger et d'une odeur légèrement alliacée; il brûle avec une flamme blanche et fuligineuse. Les alcalis n'ont pas d'action sur lui. La densité de sa vapeur a été trouvée par expérience [1] égale à 4,345—4,282, correspondant à 4 volumes d'après la formule $C^{18}H^{12}$.

Il est un isomère du cumène. Ces deux hydrocarbures se distinguent non-seulement par l'odeur, mais encore par les réactions que le brome présente avec les alcalis (nitromésidine et nitrocumidine) qui résultent de leurs dérivés nitriques. (Voy. plus bas, § 473.)

§ 470. Le *trichloromésitylène*, ou chlorure de ptéléyle, $C^{18}H^9Cl^3$, s'obtient en faisant passer du chlore dans le mésitylène, jusqu'à ce qu'il se prenne en une masse cristalline. On exprime celle-ci, et l'on fait cristalliser le produit dans l'éther bouillant. Le trichloromésitylène forme de petits prismes brillants, volatils sans décomposition, insolubles dans l'eau, solubles dans l'alcool, inattaquables par l'ammoniaque gazeuse et par une solution alcoolique de potasse.

Le *tribromomésitylène*, $C^{18}H^9Br^3$, s'obtient en versant du brome goutte à goutte dans le mésitylène; la matière s'échauffe, il se dégage beaucoup d'acide bromhydrique, et la masse finit par se solidifier. On purifie le produit par plusieurs cristallisations dans l'alcool. Il cristallise en aiguilles, incolores, volatiles sans décomposition, inattaquables par l'ammoniaque et la potasse bouillantes.

§ 471. Le *binitromésitylène* [2], $C^{18}H^{10}N^2O^8 = C^{18}H^{10}(NO^4)^2$, se produit lorsqu'on fait bouillir le mésitylène avec de l'acide nitrique d'une concentration moyenne. Il cristallise en fines aiguilles, souvent très-longues, sublimables et assez solubles dans l'alcool. Une dissolution alcoolique de ce corps est convertie par l'hydrogène sulfuré en nitromésidine.

Le *trinitromésitylène* [3], $C^{18}H^9N^3O^{12} = C^{18}H^9(NO^4)^3$, s'obtient lorsqu'on traite le mésitylène par un mélange d'acide nitrique et d'acide sulfurique fumants; il se produit instantanément, et sans que la température s'élève, une substance cristalline, susceptible de se sublimer à une douce chaleur, sous la forme d'aiguilles déliées d'une blancheur éclatante. C'est le trinitromésitylène. Il est

[1] Cette détermination est de M. Cahours; elle a été faite sur un produit bouillant entre 162 et 164°. Une détermination antérieure, faite sur un produit bouillant à 135°, avait donné le nombre 2,914, qui correspondrait à $C^{12}H^8$.

[2] Il est possible que de l'*aldéhyde mésitique* de M. Kane (§ 467) soit le *nitromésitylène*.

[3] CAHOURS (1848), *Ann. de Chim. et de Phys.*, [3] XXV, 40.

extrêmement peu soluble dans l'alcool et l'éther bouillants, mais il se dissout aisément dans l'acétone.

L'hydrogène sulfuré n'attaque le trinitromésitylène qu'avec une extrême difficulté; ce n'est qu'au bout de quelques semaines de contact que les deux corps produisent en petite quantité une substance alcaline.

§ 472. L'*acide sulfomésitylique* se produit aisément si l'on dissout le mésitylène dans l'acide sulfurique fumant; le liquide brun, abandonné à l'air, se prend peu à peu en une masse cristalline. Celle-ci, étant saturée par le carbonate de plomb, fournit un *sel de plomb* $C^{18}H^{11}PbS^2O^6$, fort soluble dans l'eau et l'alcool, et cristallisant en aiguilles par l'évaporation spontanée de sa solution.

Le même acide donne aussi un *sel d'argent* cristallisable, fort soluble dans l'eau, et noircissant rapidement à la lumière.

§ 473. *Nitromésidine* [1], $C^{18}H^{12}N^2O^4 = C^{18}H^{12}(NO^4)N$. — Cet alcali s'obtient par la réduction du binitromésitylène.

Lorsqu'on traite une solution alcoolique de ce dernier corps par l'hydrogène sulfuré, la liqueur se fonce, et dépose peu à peu une grande quantité de soufre; l'addition de l'acide chlorhydrique augmente encore le dépôt de soufre. La liqueur filtrée donne ensuite par l'ammoniaque ou la potasse un abondant précipité jaune de nitromésidine. On le purifie en le redissolvant dans l'acide chlorhydrique et en le précipitant de nouveau; une ou deux cristallisations dans l'alcool le donnent enfin parfaitement pur.

La nitromésidine forme de longues aiguilles d'un jaune doré; elle fond déjà au-dessous de 100°, et se prend, par le refroidissement, en une masse radiée. Elle est fort soluble dans l'alcool et l'éther, et peu soluble dans l'eau, qu'elle colore toutefois légèrement.

Elle se volatilise à 100° sans se décomposer. Sa vapeur brûle avec une flamme bleue.

Ses solutions sont neutres, et d'une amertume désagréable.

Elle se dissout aisément dans les acides, et donne avec eux des *sels* cristallisables, qui toutefois sont assez altérables. A part le chloroplatinate et le phosphate, tous ces sels sont déjà décomposés par le seul contact de l'eau. Ils sont solubles dans l'alcool; leur solution a une réaction acide.

Le *chlorhydrate*, $C^{18}H^{12}N^2O^4$, HCl, s'obtient en aiguilles incolores.

Le *chloroplatinate*, $C^{18}H^{12}N^2O^4$, HCl, $PtCl^2$, se précipite en cris-

[1] MAULE (1849), *Ann. der Chem. u. Pharm.*, LXXI, 137.

taux jaunes lorsqu'on mélange à chaud du bichlorure de platine en excès avec une solution saturée de chlorhydrate de nitromésidine.

Le *sulfate* se présente en petits cristaux soyeux.

Le *phosphate*, $3C^{18}H^{12}N^{2}O^{4}$, $PH^{3}O^{8}$, cristallise en feuillets orangés. Ce sel est remarquable en ce qu'il correspond à un phosphate tribasique. Si l'on dissout la nitromésidine dans un grand excès d'acide phosphorique, on obtient un sel acide, qui ne paraît contenir qu'un atome de nitromésidine.

La nitromésidine est un isomère de la nitrocumidine; ces deux bases se distinguent aisément, en ce que le brome ne produit avec la première qu'une substance huileuse, tandis qu'il transforme la seconde en un composé cristallisable.

§ 474. *Acéchlorplatine*[1], $C^{12}H^{10}Cl^{2}Pt^{2}O^{2}$(?). — Le bichlorure de platine sec se dissout aisément dans l'acétone, avec production de chaleur; la dissolution devient bientôt d'un brun noir; en la soumettant à la distillation jusqu'à la réduire à consistance de sirop, on recueille beaucoup d'acide chlorhydrique, et il reste une masse poisseuse, renfermant, entre autres produits, un corps jaune et cristallin, qu'on peut en extraire par les lavages. On l'obtient en plus grande quantité en broyant du bichlorure de platine avec une quantité d'acétone suffisante pour former une bouillie assez épaisse, et en abandonnant celle-ci au repos en vase clos. Pendant que la masse se fluidifie, il se développe un corps qui irrite vivement les yeux, et l'on remarque très-bien un dégagement d'acide chlorhydrique; bientôt elle se prend en cristaux. On en décante la partie encore liquide, et on lave les cristaux sur un filtre avec de l'acétone par petites portions; ils deviennent enfin d'une couleur jaune. Les liqueurs mères en fournissent encore une certaine portion si on les évapore à siccité, et qu'on reprenne le résidu par l'acétone. On purifie la matière en la faisant cristalliser dans l'acétone bouillante.

A l'état sec, l'acéchlorplatine est sans odeur; il n'est que fort peu soluble dans l'eau, l'alcool et l'éther; sa solution aqueuse rougit le tournesol. L'acide chlorhydrique n'agit sur lui qu'à l'aide de la chaleur. La potasse le dissout avec une couleur brune, en le décomposant.

Une dissolution de ce corps dans l'acétone précipite en jaune par le nitrate d'argent, mais le précipité noircit très-promptement. Une solution aqueuse de chlorure de potassium ou de sodium dissout

[1] ZEISE, *Ann. der Chem. u. Pharm.*, XXXIII, 29.

l'acéchlorplatine en plus grande quantité que ne le fait l'eau seule.

Soumis à la distillation sèche, il laisse un résidu de carbure de platine PtC^2.

M. Zeise a trouvé dans l'acéchlorplatine séché dans le vide sur l'acide sulfurique :

		Calcul.
Carbone.	19,43	19,63
Hydrogène. . . .	2,90	2,73
Platine	53,59	53,98
Chlore.	19,10	19,30
Oxygène	4,98	4,36
	100.	100.

ACIDE ACÉTIQUE ANHYDRE.

Syn. : Acétate d'acétyle, acétate acétique.

Composition : $C^8H^6O^6 = C^4H^3O^3, C^4H^3O^3$.

§ 475. Ce composé[1] se produit par double décomposition, au moyen du chlorure d'acétyle et d'un acétate alcalin :

$$\left.\begin{matrix} C^4H^3O^2 \\ Cl \end{matrix}\right\} + \left.\begin{matrix} C^4H^3O^2.\ O \\ KO \end{matrix}\right\},$$

Chlorure d'acétyle. — Acétate de potasse.

$$= \left.\begin{matrix} K \\ Cl \end{matrix}\right\} + \left.\begin{matrix} C^4H^3O^2.\ O \\ C^4H^3O^2.\ O \end{matrix}\right\}$$

Chlorure de potasse. — Acétate d'acétyle.

On opère comme dans la préparation du chlorure d'acétyle, en faisant arriver l'oxychlorure de phosphore goutte à goutte sur l'acétate de potasse fondu ; mais, au lieu de recueillir le liquide qui distille le premier, sans chaleur artificielle, on fait passer et repasser ce même liquide sur de l'acétate de potasse, jusqu'à ce qu'il soit exempt de chlorure. Il suffit d'ailleurs, pour cela, de trois ou quatre rectifications, et l'opération se termine promptement si l'on emploie assez d'acétate de potasse. Comme l'acide acétique anhydre se combine avec l'acétate de potasse, et que cette combinaison ne se détruit qu'à une température assez élevée, ces recti-

[1] GERHARDT (1852), *Compt. rend. de l'Acad.*, XXXIV, 755 ; *Ann. de Chim. et de Phys.*, [3] XXXVII, 311.

fications exigent bien plus de chaleur que la préparation du chlorure d'acétyle. Finalement on rectifie le produit seul en rejetant la petite quantité de liquide qui passe avant 137°,5 (acide acétique hydraté, chlorure d'acétyle), et l'on ne recueille que ce qui passe à cette température. En procédant ainsi, on obtient environ 100 grammes d'acide acétique anhydre pur, en employant 400 grammes d'acétate de potasse, et 150 grammes d'oxychlorure de phosphore.

La préparation de l'acide acétique anhydre par le protochlorure de phosphore est aussi fort aisée. On fait arriver ce chlorure goutte à goutte sur de l'acétate de potasse fondu (1 partie de chlorure pour un peu plus du double d'acétate); il distille d'abord, sans qu'on ait besoin de chauffer, du chlorure d'acétyle mélangé encore d'un peu de chlorure phosphoreux; on recueille ainsi, en chlorure d'acétyle, la moitié environ du chlorure phosphoreux employé. Mais ensuite il faut chauffer, et il distille en acide acétique anhydre, exempt de chlorure, le tiers environ du chlorure phosphoreux employé. Seulement ce produit contient des traces de matière phosphorée, dues à la décomposition du résidu de phosphite; il ne précipite pas précisément le nitrate d'argent, mais celui-ci en prend une teinte brunâtre, et dépose au bout de quelque temps quelques flocons bruns. Aussi reconnaît-on une légère odeur alliacée à l'acide acétique anhydre ainsi obtenu. Une nouvelle rectification sur l'acétate de potasse le donne pur.

Enfin, on peut aussi obtenir l'acide acétique anhydre par la réaction du chlorure de benzoïle et de l'acétate de potasse. Lorsqu'on chauffe en effet du chlorure de benzoïle avec un excès d'acétate de potasse fondu, en faisant arriver goutte à goutte le chlorure liquide sur ce sel, il distille de l'acide acétique anhydre, qu'une seule rectification sur de nouvel acétate donne à l'état de parfaite pureté.

Par la réaction du chlorure de benzoïle et de l'acétate de potasse, il se forme de l'acétate de benzoïle et du chlorure de potassium; et à la température élevée à laquelle cette double décomposition s'accomplit l'acétate de benzoïle se décompose en acide acétique anhydre (acétate d'acétyle) et en acide benzoïque anhydre (benzoate de benzoïle). On a, en effet :

$$\underset{\text{Chlor. de benzoïle.}}{\left.\begin{matrix} C^{14}H^5O^2 \\ Cl \end{matrix}\right\}} + \underset{\text{Acétate de potasse.}}{\left.\begin{matrix} C^4H^3O^2.O \\ KO \end{matrix}\right\}}$$

$$= \left.\begin{matrix} K \\ Cl \end{matrix}\right\} + \left.\begin{matrix} C^4 H^3O^3.\ O \\ C^{14}O^5O^2.\ O \end{matrix}\right\}.$$

Chlorure de potass. Acétate de benzoïle.

Deux molécules d'acétate de benzoïle se décomposent par la chaleur de la manière suivante :

$$\left.\begin{matrix} C^{14}H^5O^2.\ O \\ C^4H^3O^2.\ O \end{matrix}\right\} + \left.\begin{matrix} C^{14}H^5O^2O. \\ C^4 H^3O^2.O \end{matrix}\right\}$$

Acét. de benzoïle. Acét. de benzoïle.

$$= \left.\begin{matrix} C^{14}H^5O^1.\ O \\ C^{14}H^5O^2.\ O \end{matrix}\right\} + \left.\begin{matrix} C^4 H^3O^2.O \\ C^4 H^3O^2.O \end{matrix}\right\}$$

Benzoate de Benzoïle. Acétate d'acétyle.

§ 476. L'acide acétique anhydre se présente sous la forme d'un liquide parfaitement incolore, très-mobile, très-réfringent, d'une odeur extrêmement forte, analogue à celle de l'acide acétique hydraté, mais plus vive, et rappelant en même temps celle des fleurs d'aubépine. Sa densité à 20°,5 est égale à 1,073, c'est-à-dire sensiblement la même que celle de l'acide acétique hydraté, $C^4H^4O^4 + 2aq.$, au maximum de densité. Il bout d'une manière constante à 137°,5, sous la pression de 750 millimètres. Sa vapeur irrite vivement les yeux. La densité de sa vapeur a été trouvée égale à 3,47, nombre qui correspond à 4 volumes pour la formule $C^8H^6O^6$.

Il ne se mélange pas immédiatement avec l'eau : lorsqu'on le verse dans ce liquide, il tombe au fond sous la forme de gouttes oléagineuses, qui ne finissent par s'y dissoudre que si l'on agite le mélange pendant quelque temps, ou qu'on le chauffe légèrement.

Il s'hydrate au contact de l'air humide; aussi faut-il le conserver dans des flacons bien bouchés.

Il s'échauffe considérablement au contact de l'aniline; le produit se concrète, par le refroidissement, en une masse de cristaux d'acétanilide (phényl-acétamide, § 507). Il ne se produit pas de sel d'aniline si l'on emploie un léger excès d'acide anhydre par rapport à l'aniline.

L'éther cyanique et l'acide acétique anhydre réagissent à 180° ou 200° dans un tube scellé à la lampe, en produisant de l'acide carbonique et de l'éthyl-diacétamide (§ 506).

L'acide sulfurique fumant s'échauffe avec l'acide acétique anhydre, il se dégage de l'acide carbonique, et l'on obtient une combinaison copulée, dont le sel de plomb est gommeux.

Lorsqu'on met du potassium en contact avec l'acide acétique anhydre, il s'opère une réaction très-vive : un gaz se dégage, qui ne s'enflamme pas si l'on n'introduit le potassium dans le liquide que par très-petits morceaux, et au bout de quelque temps le liquide se prend en une masse d'aiguilles de biacétate de potasse anhydre. Un troisième produit, dont on observe la formation dans cette réaction, c'est une substance douée d'une odeur éthérée très-agréable, qui rappelle celle de l'éther acétique. Cette odeur perce parfaitement à côté de celle de l'acide acétique anhydre, dans le résidu cristallisé de l'action du potassium, et surtout lorsqu'on sature ce résidu par du carbonate de soude pour enlever l'excès d'acide. Celui-ci se rend alors à la surface, sous forme huileuse, et ne disparaît que par une longue agitation ; il m'a semblé que la substance odorante dont je parle, et qui est probablement une huile soluble dans l'eau, retardait beaucoup la dissolution de l'acide anhydre.

Le zinc, en grenaille très-fine, se comporte comme le potassium, mais avec beaucoup moins d'énergie, et seulement à la chaleur du bain-marie. Le gaz, auquel je fis préalablement traverser une solution de potasse caustique, n'avait pas d'odeur, était inflammable, et le produit de sa combustion ne précipitait pas l'eau de chaux ; ce n'était donc que du gaz hydrogène. Le résidu renfermait un sel de zinc soluble, qu'on pouvait voir déposé en cristaux microscopiques sur le métal ; l'excès d'acide anhydre étant saturé par du carbonate de soude, on sentait la même substance odorante que je viens de mentionner ; enfin, lorsqu'on recueillit directement le gaz sans le laver à la potasse, il présentait à un haut degré cette odeur éthérée, brûlait avec une flamme bleuâtre, et le produit de la combustion précipitait alors l'eau de chaux.

L'action du zinc est malheureusement trop peu énergique, et se trouve entravée au bout d'un certain temps par le sel qui se dépose sur la surface métallique, et qui n'est pas soluble dans l'excès d'acide anhydre.

Il y aurait de l'intérêt à étudier cette action des métaux sur l'acide acétique anhydre.

L'acide acétique anhydre dissout à chaud l'acétate de potasse neutre, et donne par le refroidissement des aiguilles de biacétate de potasse anhydre.

ACIDE ACÉTIQUE.

Syn. : hydrate d'acétyle.

Composition : $C^4H^4O^4 = C^4H^3O^3, HO$.

§ 477. Étendu d'eau et mélangé de petites quantités d'autres substances, l'acide acétique constitue la partie essentielle du *vinaigre*. Moïse déjà mentionne ce liquide. Les alchimistes connaissaient l'acide acétique dans un état de plus grande concentration (*vinaigre radical*) et tel qu'on l'obtient par la distillation du verdet ; ce n'est toutefois que vers la fin du siècle dernier que Westendorf[1] et particulièrement Lowitz sont parvenus à obtenir à l'état de pureté l'acide acétique cristallisable.

Suivant Vauquelin, Hermbstædt, et quelques autres chimistes, l'acide acétique est contenu en petite quantité dans la sève de beaucoup de plantes, et peut-être aussi dans divers liquides dépendant de l'économie animale ; mais, dans tous les cas, il ne s'y trouve jamais en forte proportion, et c'est particulièrement la décomposition de beaucoup de substances organiques sous l'influence des agents oxygénants qui offre la source d'acide acétique la plus abondante.

Cet acide, en effet, est produit par les substances organiques les plus variées : on l'obtient en traitant l'aldéhyde, l'alcool ou les éthers éthyliques par le chlore aqueux, l'acide chromique, ou l'acide nitrique étendu ; en distillant la gélatine, la caséine ou la fibrine avec un mélange d'acide sulfurique et de peroxyde de manganèse ; en faisant fondre avec la potasse, du sucre, de la fécule, de l'acide tartrique, de l'acide citrique, etc. La putréfaction des substances végétales et animales donne aussi souvent naissance à de l'acide acétique.

Enfin on en obtient de grandes quantités par la distillation sèche du bois, du sucre, de la gomme, et d'autres substances semblables, et c'est même par ce procédé qu'on prépare la plus grande partie de l'acide acétique nécessaire aux besoins des arts.

Lorsque l'alcool et en général les liquides spiritueux se trouvent

[1] WESTENDORF, *Diss. de opt. acet. conc., etc.*; Gott. 1772. — LOWITZ, *Chem. Annal. von Dr. Crell*, 1786, I, 255 ; 1789, II, 584 ; 1790, I, 206 ; 1793, I, 219. *Allgem. Journ. von Scherer*, III, 600.

en contact avec l'air, dans des circonstances convenables, ils s'acidifient promptement, et se convertissent en acide acétique étendu ou vinaigre. Cette transformation est surtout favorisée par une température de 25 à 30°, ainsi que par le contact de l'alcool avec des ferments, c'est-à-dire avec des matières organiques qui se trouvent elles-mêmes dans un état de décomposition. On exécute cette opération en grand dans des tonneaux qui sont percés de trous à leur pourtour, et remplis de copeaux de hêtre destinés à multiplier la surface du liquide alcoolique qu'on verse par-dessus, et à en augmenter ainsi les points de contact avec l'oxygène. Ces tonneaux, placés dans des étuves chauffées à 25° environ, reçoivent un mélange de 1 p. d'alcool, 5 p. d'eau, et 1 / 1000 environ de levûre de bière ou de vinaigre; on soutire ce mélange à plusieurs reprises, et on lui fait traverser les copeaux, de manière que, si l'accès de l'air est suffisant, il se trouve entièrement transformé en vinaigre au bout de trente-six heures.

En même temps que l'alcool s'acidifie ainsi, les matières organiques, qui en qualité de ferments déterminent cette métamorphose, prennent elles-mêmes de nouvelles formes, et se déposent au fond des vases, sous la forme de masses blanches et gélatineuses. Ce dernier produit est connu sous le nom de *générateur* ou de *mère du vinaigre*[1]. Souvent aussi il se forme dans le vinaigre une infinité de vibrions, qu'on peut apercevoir à l'œil nu; quelquefois ces infusoires y apparaissent déjà pendant l'acétification, mais on peut les éviter en recouvrant avec de la mousseline les ouvertures qui laissent arriver l'air au mélange acidifiant.

On parvient, par la simple distillation du vinaigre, à débarrasser l'acide acétique des substances étrangères avec lesquelles il est mélangé; mais le produit de la distillation est toujours plus faible que le vinaigre d'où il provient, parce que l'eau distille à un point d'ébullition inférieur à celui de l'acide acétique. Aussi est-ce toujours à la décomposition des acétates qu'il faut avoir recours lorsqu'il s'agit de préparer un acide concentré.

[1] Cette substance, que plusieurs savants considèrent comme un végétal inférieur (*Mycoderma*, Pers.; *Hygrocrocis*, Agardh), peut être transformée en cellulose pure, lorsqu'on la met en digestion avec de la potasse caustique ou avec de l'acide acétique concentré et bouillant. Ces agents en extrayent les parties azotées. Il est à remarquer que l'acide acétique renferme tous les éléments de la cellulose, plus de l'eau, $3\ C^4H^4O^4 = C^{12}H^{10}O^{10} + 2\ HO$.

[Voy. les observations de M. Mulder (*Ann. der Chem. u. Pharm.*, XLVI, 207) et de M. Thomson (*ibid.*, LXXXIII, 89).]

L'acide acétique du commerce (*acide pyroligneux*) s'obtient par la distillation sèche du bois [1]; le produit brut est accompagné de matières goudronneuses qu'on en sépare par décantation. La partie aqueuse et acide, après avoir été soumise à une nouvelle distillation, est convertie en sel de chaux ou de soude, qu'on purifie d'abord par une légère torréfaction qui détruit le reste des matières étrangères, puis par des cristallisations. Enfin on décompose l'acétate par l'acide sulfurique concentré. On refroidit le produit de la distillation à — 4 ou 5°, de manière à obtenir des cristaux, d'où l'on décante alors les parties liquides.

L'acide acétique fabriqué d'après le procédé précédent revient encore trop cher, à cause de la forte dépense en combustible qu'il nécessite : aussi M. Voelckel[2] a-t-il cru devoir y apporter les modifications suivantes, qui paraissent fort avantageuses. On sature par de la chaux le vinaigre de bois brut, sans l'avoir préalablement rectifié ; une partie des matières résineuses dissoutes dans le vinaigre se sépare alors en combinaison avec de la chaux, tandis qu'une autre partie reste dans la dissolution de l'acétate de chaux, qu'elle colore en brun foncé. La liqueur s'étant clarifiée par le repos ou par la filtration, on l'évapore dans une chaudière en fonte, et quand elle est à peu près réduite à la moitié de son volume, on y ajoute de l'acide chlorhydrique jusqu'à ce qu'elle soit légèrement acide, c'est-à-dire que refroidie elle rougisse distinctement le tournesol. Cette addition d'acide chlorhydrique a pour but de séparer une grande partie des matières résineuses, qui peuvent alors s'enlever avec des écumoires, et de décomposer certaines combinaisons de chaux et de créosote ou d'autres substances volatiles indéterminées, que la chaleur expulse complétement. 150 litres de vinaigre exigent ordinairement, pour ce traitement, 2 à 3 kilogrammes d'acide chlorhydrique. On dessèche parfaitement l'acétate de chaux ainsi traité, et on le distille ensuite avec de l'acide chlorhydrique. La plupart du temps, 90 à 95 p. d'acide chlorhydrique de 1,16 densité (ou 20° Baumé) suffisent à la décomposition complète de 100 p. d'acétate de chaux. La densité de l'acide acétique produit varie entre 1,058 et 1,061. Si l'acide acétique contient de l'acide chlorhydrique, on

[1] Voy. sur la fabrication de l'acide pyroligneux : MOLLERAT, *Ann. de Chim. et de Phys.*, XII, 205. — PAJOT DESCHARMES, *Journ. de Pharm.*, IV, 327. — PRÜCKNER, *Journ. f. prakt. Chem.*, IV, 21. — STOLZE, *Anleit. die rohe Holzsaure zu reinig. u. zu benutzen*, etc.; Halle et Berlin, 1820.

[2] VOELCKEL, *Ann. der Chem. u. Pharm.*, LXXXII, 49; LXXXVI, 66.

peut aisément le purifier en le distillant sur un peu de carbonate de soude, ou bien sur 2 à 3 p. 100 de bichromate de potasse. Ce dernier sel a en même temps l'avantage de détruire la petite quantité de matière qui communique à l'acide acétique une odeur particulière.

Pour obtenir l'acide acétique entièrement privé d'eau, on peut décomposer par la chaleur certains acétates neutres ou biacétates. Le biacétate de potasse [1] est fort avantageux pour cette opération ; il fournit en acide acétique environ le tiers de son poids. Lorsqu'on soumet à la distillation un excès d'acide acétique qui n'est pas trop étendu, sur de l'acétate neutre de potasse, une portion de l'acide se fixe sur le sel, tandis que l'autre, devenue plus aqueuse, passe à la distillation. Mais, au fur et à mesure qu'on chauffe, l'acide qui distille s'enrichit de nouveau, et enfin on obtient de l'acide cristallisable pur, si l'on prend la précaution de ne pas dépasser la température de 300 degrés, époque vers laquelle l'acide qui distille commence à se colorer.

Le verdet peut aussi servir à la préparation de l'acide acétique cristallisable, mais il faut le dessécher préalablement entre 160° et 180°. Soumis ensuite à la distillation, il donne un acide qu'il suffit de rectifier pour avoir un produit pur. 100 gr. de verdet peuvent fournir un peu plus de 32 pour 100 d'acide solidifiable [2].

§ 478. L'acide acétique cristallise au-dessous de + 17° en lames ou en tables transparentes, d'un grand éclat; au-dessus de cette température, il fond en un liquide incolore et limpide, d'une densité de 1,064. Son odeur est particulière, acide et suffocante; mais délayée dans beaucoup d'air elle est agréable. Il a une saveur très-acide, rougit fortement le tournesol, et est presque aussi corrosif que certains acides minéraux ; du moins il détermine une vésication quand on l'applique sur la peau.

Il attire l'humidité de l'air, et se mêle en toutes proportions avec l'eau et l'alcool ; il a la propriété singulière d'augmenter de densité quand on y ajoute de l'eau en une certaine proportion, laquelle étant dépassée, sa densité diminue au contraire. Son maximum de densité est de 1,073, et correspond à un acide, $C^4H^4O^4 + 2$ aq. ; on obtient celui-ci en mélangeant 77,2 d'acide cristallisé avec 22, 8 p.

[1] MELSENS, *Compt. rend. de l'Acad.*, XIX, 611.
[2] ROUX, *Revue Scientif.*, XXIV, 5.

d'eau; cet hydrate bout à 104°, tandis que l'acide sec et cristallisable n'entre en ébullition qu'à 120°.

Voici une table, construite par M. Mohr[1], qui indique les proportions d'acide acétique cristallisable contenues dans 100 parties d'un acide étendu de différentes quantités d'eau :

Acide acétique cristallisable.	Densité.	Acide acétique cristallisable.	Densité.
100	1,0635	49	1,059
99	1,0655	48	1,058
98	1,067	47	1,056
97	1,068	46	1,055
96	1,069	45	1,055
95	1,070	44	1,054
94	1,0706	43	1,053
93	1,0708	42	1,052
92	1,0716	41	1,0515
91	1,0721	40	1,0513
90	1,0730	39	1,050
89	1,0730	38	1,049
88	1,0730	37	1,048
87	1,0730	36	1,047
86	1,0730	35	1,046
85	1,0730	34	1,045
84	1,0730	33	1,044
83	1,7030	32	1,0424
82	1,0730	31	1,041
81	1,0732	30	1,040
80	1,0735	29	1,039
79	1,0735	28	1,038
78	1,0732	27	1,036
77	1,0732	26	1,035
76	1,073	25	1,034
75	1,072	24	1,033
74	1,072	23	1,032
73	1,072	22	1,031
72	1,071	21	1,029
71	1,071	20	1,027
70	1,070	19	1,026
69	1,070	18	1,025
68	1,070	17	1,024
67	1,069	16	1,023
66	1,069	15	1,022
65	1,068	14	1,020
64	1,068	13	1,018
63	1,068	12	1,017
62	1,067	11	1,016
61	1,067	10	1,015
60	1,067	9	1,013
59	1,066	8	1,012
58	1,066	7	1,010
57	1,065	6	1,008
56	1,064	5	1,0067
55	1,064	4	1,0055
54	1,063	3	1,004
53	1,063	2	1,002
52	1,062	1	1,001
51	1,061	0	1,000
50	1,060		

[1] MOHR, *Ann. der Chem. u. Pharm.*, XXXI, 277.

Des tables semblables ont été construites par Mollerat et par Ad. Van Toorn[1].

La densité de la vapeur de l'acide acétique, prise entre 219° et 231°, a été trouvée par M. Cahours[2] égale à 2,12 — 2,17. Ce nombre correspond à 4 volumes pour la formule $C^4H^4O^4$. MM. Dumas et Bineau avaient obtenu un nombre plus fort (2,74 — 2,86), en pesant la vapeur de l'acide acétique prise à une température (145° — 155°) plus rapprochée de son point d'ébullition.

La vapeur de l'acide acétique est inflammable, et brûle avec une flamme bleue. La tension de cette vapeur[3] est de $7^{mm},7$ à 15°, de $14^{mm},5$ à 22°, et de 32^{mm} à 32°.

L'acide acétique dissout le camphre, les résines, la fibrine, et plusieurs autres substances; il dissout aussi à l'ébullition une certaine quantité de phosphore.

Quand on fait passer sa vapeur à travers un tube chauffé au rouge, une grande partie résiste sans se décomposer; une portion seulement se détruit, avec production de charbon, de gaz combustibles, d'acétone, de naphtaline, d'hydrate de phényle, de benzine, etc.[4].

L'acide nitrique ne l'attaque pas sensiblement. L'acide periodique le convertit en acide formique ou carbonique, en passant à l'état d'acide iodique et en mettant de l'iode en liberté.

Si l'on chauffe un mélange d'acide acétique et d'acide sulfurique concentré, il se colore fortement, en laissant dégager de l'acide sulfureux et de l'acide carbonique, dont les proportions varient suivant les circonstances où se place l'opérateur. Si, au lieu de prendre de l'acide sulfurique concentré, on emploie un excès d'acide sulfurique de Nordhausen, le mélange s'échauffe sans qu'il y ait dégagement de gaz : lorsqu'on le chauffe d'avantage, il se développe du gaz carbonique presque pur, souillé à peine de 5 ou 10 p. 100 de gaz sulfureux. L'acide sulfurique anhydre se dissout dans l'acide acétique sans le moindre dégagement de gaz ; l'eau détruit cette combinaison; mais si l'on chauffe la combinaison, on obtient de l'acide sulfacétique (§ 498).

[1] AD. VAN TOORN, *Journ. f. prakt. Chem.*, VI, 171.

[2] CAHOURS, *Compt. rend. de l'Acad.*. XIX, 771. — DUMAS, *Ann. der Chem. u. Pharm.*, XXVII, 138. — BINEAU, *Compt. rend. de l'Acad.*, XIX, 767.

[3] BINEAU, *Ann. de Chim. et de Phys.*, [3] XVIII,, 226.

[4] BERTHELOT, *Compt. rend. de l'Acad.*, XXXIII, 210.

Le chlore, à l'abri de la lumière solaire, n'agit pas sensiblement sur l'acide acétique cristallisable ; mais si on met les deux corps en présence, sous l'influence des rayons du soleil, on obtient différents produits, parmi lesquels on remarque l'acide trichloracétique. Dans les mêmes circonstances, l'acide acétique étendu d'eau donne de l'acide chloracétique. [Voy. *Dérivés chlorés de l'acide acétique*, § 497.]

L'éther cyanique et l'acide acétique réagissent à la température ordinaire : il se dégage de l'acide carbonique, et il se produit une huile, qui paraît être l'éthyl-acétamide (§ 506).

L'acide acétique conduit mal le courant galvanique ; mais en dissolution dans la potasse il en est décomposé. [Voy. *Acétate de potasse*, § 480.]

Dérivés métalliques de l'acide acétique. Acétates.

§ 479. L'acide acétique est un acide monobasique ; la composition des acétates neutres se représente par

$$C^4H^3MO^4 = \left.\begin{matrix} C^4H^3O^2,O \\ MO \end{matrix}\right\}$$

La plupart des acétates sont solubles dans l'eau et l'alcool, beaucoup d'entre eux sont même fort solubles dans l'eau.

La chaleur rouge les décompose en donnant de l'acide acétique, du gaz des marais, de l'acétone, et en laissant du métal, de l'oxyde ou du carbonate mélangé de charbon. Lorsqu'on chauffe un acétate avec un alcali fixe en excès, il se convertit entièrement en carbonate, et dégage du gaz des marais (hydrure de méthyle).

Chauffés avec de l'acide sulfurique dilué, les acétates dégagent de l'acide acétique, reconnaissable à son odeur piquante ; chauffés avec de l'acide sulfurique concentré et de l'alcool, ils dégagent de l'éther acétique, reconnaissable à son odeur agréable. Lorsqu'on distille un acétate avec de l'acide sulfurique dilué, et qu'on met la liqueur distillée en digestion avec un excès d'oxyde de plomb, on obtient une solution de sous-acétate à réaction alcaline.

Chauffés avec de l'acide arsenieux et un alcali caustique fixe en poudre bien desséchée, les acétates dégagent du cacodyle (arseniure de méthyle, § 396), remarquable par son odeur repoussante.

Le chlorure ferrique mélangé avec la solution d'un acétate

neutre prend une teinte rouge foncé ; l'acide acétique libre ne donne pas cette réaction.

Le nitrate d'argent produit dans les acétates neutres un précipité blanc et cristallin d'acétate d'argent, peu soluble dans l'eau froide, soluble dans l'eau bouillante. Le nitrate mercureux donne dans l'acide acétique et dans les acétates neutres un précipité blanc et cristallin d'acétate mercureux, que l'eau bouillante décompose en séparant du mercure métallique.

Le brome est sans action sur la solution des acétates à base d'alcali ; le seul phénomène qu'on observe, c'est la dissolution d'une forte proportion de brome, qu'on peut expulser en portant la liqueur à l'ébullition.

§ 480. *Acétate d'ammoniaque*, ou d'ammonium, $C^4H^3(NH^4)O^4$. — Lorsqu'on sature l'acide acétique cristallisable par du gaz ammoniaque, on obtient un sel blanc inodore, très-soluble dans l'eau et l'alcool. La solution de ce produit, employée depuis longtemps en médecine, était connue autrefois sous le nom d'*esprit de Minderer*.

La solution de l'acétate d'ammoniaque neutre dégage de l'ammoniaque par l'évaporation, et donne un sel acide, qui cristallise en aiguilles radiées très-déliquescentes[1].

Acétate de potasse (terre foliée de tartre des anciens chimistes). — On connaît un sel neutre et des sels acides.

α. *Sel neutre*, $C^4H^3KO^4$. Il se rencontre dans la sève de certaines plantes. On le prépare en saturant l'acide acétique par du carbonate de potasse, et évaporant la solution. Il cristallise difficilement en aiguilles minces et confuses ; par l'évaporation on l'obtient ordinairement en paillettes blanches et grasses au toucher.

Il est fort déliquescent, et se dissout aisément dans l'eau et l'alcool ; la solution est neutre aux papiers. Voici, suivant Osann, les proportions d'acétate de potasse que l'eau dissout à différentes températures :

1 p. de sel se dissout dans	0,531	p. d'eau	à 2°
—	0,437	—	à 13°,9
—	0,321	—	à 28°,5
—	0,203	—	à 62°

Suivant Berzelius, la solution saturée à l'ébullition ne contient que 1 p. de sel pour 0,125 p. d'eau ; cette solution bout à 169°.

[1] LASSONE, *Chem. Journ. von. Dr. Crell.*, V, 7k.

Le pouvoir dissolvant de l'alcool est plus faible que celui de l'eau. En effet, d'après Destouches, l'acétate de potasse exige 3 p. d'alcool absolu à la température ordinaire et 2 p. à l'ébullition.

Lorsqu'on fait passer du gaz carbonique dans une solution d'acétate de potasse dans l'alcool absolu, il se précipite beaucoup de carbonate de potasse, en même temps qu'il se produit de l'éther acétique en quantité notable.

L'éther précipite l'acétate de potasse de sa solution alcoolique, sous la forme d'une poudre cristalline.

L'acétate de potasse fond bien au-dessous du rouge en une huile limpide, qui se prend par le refroidissement en une masse cristalline, tellement déliquescente qu'elle se recouvre presque à l'instant même de petites gouttelettes. Il ne se décompose qu'à une température extrêmement élevée, en donnant des gaz inflammables, de l'acétone, de l'huile empyreumatique, et en laissant du carbonate mélangé de charbon.

Lorsqu'on distille l'acétate de potasse avec de l'acide arsenieux, il passe une huile très-inflammable, connue sous le nom de *liqueur de Cadet*, et principalement composée d'arseniure de méthyle. (Voy. *Cacodyle*, § 396.)

Lorsqu'on fait passer un courant de chlore dans une solution aqueuse d'acétate de potasse, la liqueur acquiert à un haut degré des propriétés décolorantes, en même temps qu'il se dégage de l'acide carbonique. La solution perd sa vertu décolorante par le séjour à l'air.

Lorsqu'on fait agir un courant galvanique sur une solution concentrée d'acétate de potasse, on n'obtient que des produits gazeux, composés d'acide carbonique, d'hydrogène, de méthyle, et de vapeur d'acétate de méthyle. Le méthyle qu'on recueille dans cette expérience paraît aussi contenir une petite quantité d'oxyde de méthyle[1].

L'acétate de potasse neutre se dissout dans l'acide acétique cristallisable et dans l'acide acétique anhydre, en donnant deux sels acides particuliers.

Lorsqu'on distille l'acétate de potasse neutre avec de l'acide butyrique ou valérique, il se produit aussi de l'acétate de potasse acide; mais ni l'acide butyrique ni l'acide valérique n'expulsent

[1] KOLBE, *Ann. der Chem. u. Pharm.*, LXIX, 257.

l'acide acétique de ce dernier sel. (Voy. *Méthode des saturations fractionnées*, § 12.)

β. *Biacétate*, $C^4H^3KO^4$, $C^4H^4O^4$. Thomson a obtenu ce sel par l'évaporation, dans le vide, d'atomes égaux d'acide acétique et d'acétate de potasse neutre; M. Melsens l'a étudié davantage, et l'a soumis à l'analyse. Il suffit pour le produire d'évaporer l'acétate neutre avec un excès d'acide acétique concentré. Il se dépose alors dans le résidu, sous la forme d'aiguilles ou de lamelles, qui desséchées entre des doubles de papier présentent l'aspect nacré; quand on le fait cristalliser lentement, il se dépose sous la forme de longs prismes aplatis, qui paraissent appartenir au système rhombique. Ces cristaux sont très-flexibles et déliquescents; l'alcool absolu les dissout mieux à chaud qu'à froid. On peut les dessécher dans le vide sec sans qu'ils s'altèrent; à 148° ils fondent, et à 200° ils entrent en ébullition, en dégageant de l'acide acétique, en même temps que la température s'élève graduellement jusqu'à 300°, auquel point le sel de potasse commence à se décomposer. Quand on fait passer sur le sel un courant de vapeur d'eau, il se volatilise de l'acide acétique, et il reste de l'acétate de potasse neutre.

M. Melsens[1] a fondé sur la décomposition du biacétate de potasse par la chaleur un procédé pour obtenir de l'acide acétique parfaitement pur. Il suffit en effet de distiller avec précaution ce sel de potasse jusque vers 300° pour obtenir de l'acide acétique cristallisable.

Le *biacétate de potasse anhydre*[2], $2C^4H^3KO^4$, $C^8H^6O^6$, se produit par l'action du potassium sur l'acide acétique anhydre (§ 475). Le même sel s'obtient si l'on dissout à l'ébullition de l'acétate de potasse fondu dans l'acide acétique anhydre. Il se produit ainsi, par le refroidissement, des aiguilles incolores, extrêmement solubles dans l'eau, moins déliquescentes que l'acétate de potasse neutre. Le sel purifié par la presse de l'excédant d'acide acétique anhydre, puis desséché sur l'acide sulfurique, se conserve à l'air pendant quelques heures si l'air n'est pas trop humide; lorsqu'on met l'un à côté de l'autre le biacétate de potasse anhydre et l'acétate de potasse neutre, on voit ce dernier se liquéfier presque aussitôt, tandis que le biacétate reste sec bien plus longtemps. Néan-

[1] MELSENS, *Compt. rend. de l'Acad.*, XIX, 611.

[2] GERHARDT, *Ann. de Chim. et de Phys.*, [3], XXXVII, 317.

moins ce dernier s'humecte aussi peu à peu, et se liquéfie enfin tout à fait. Lorsqu'on le chauffe à l'état sec, il dégage de l'acide acétique anhydre, en laissant de l'acétate neutre de potasse parfaitement pur.

Acétate de soude (terre foliée minérale des anciens chimistes), $C^4H^3NaO^4 + 6$ aq. — Ce sel se prépare en saturant le carbonate de soude par l'acide acétique. Il s'obtient en gros prismes rhomboïdaux obliques. Combinaison ordinaire[1], ∞ P. [∞ P ∞]. o P. — P ; plus rarement avec ∞ P ∞, + P, + 2 P, + 2 P ∞. Rapports des axes, diagonale droite : diagonale oblique : axe principal : : 0,8438 : 1 : 0,8407. Angle des axes = 68°16'. Inclinaison des faces, ∞ P : ∞ P, dans le plan de la diagonale droite et de l'axe principal, = 95° 30' ; — P + P, formant les arêtes obtuses de l'octaèdre + P dans le plan de la diagonale oblique et de l'axe principal, = 117° 32' ; ∞ P : o P = 75° 35'. Clivage parallèle à o P et à ∞ P.

Il s'effleurit dans l'air sec, et est soluble dans l'eau ; suivant Osann, il se dissout dans 3,9 p. d'eau à 6°, dans 2,4 p. à 37°, et dans 1,7 p. à 48°. D'après Berzelius, la solution saturée à l'ébullition renferme 0,48 p. d'eau pour 1 p. de sel, et bout à 124°,4. Il est moins soluble dans l'alcool. Sa saveur est amère et piquante, sans être désagréable.

Quand on le chauffe, il fond dans son eau de cristallisation déjà au-dessous de 100°.

Acétate de lithine[2], $C^4H^3LiO^4 + 4$ aq. — Il cristallise de sa solution aqueuse en prismes droits rhomboïdaux, qui fondent vers 70°, en perdant leur eau de cristallisation. Le sel ne tombe en déliquescence que dans l'air humide ; il se dissout dans moins d'un tiers de son poids d'eau à 15°. Il exige également pour se dissoudre 4,64 p. d'alcool de 0,81 densité à 14°.

§ 481. *Acétate de baryte,* $C^4H^3BaO^4$ + aq. et + 3 aq. — On peut l'obtenir en traitant par l'acide acétique le carbonate de baryte ou une dissolution de sulfure de baryum. La solution concentrée dépose, par l'évaporation à une douce chaleur, des prismes aplatis à 1 at. d'eau de cristallisation. On obtient des prismes rhomboïdaux obliques à 3 at. d'eau en refroidissant à zéro une solution moins saturée ; ces derniers sont isomorphes avec l'acétate de

[1] H. Kopp, *Einleit. in die. Krystallogr.*, p. 310. — Brooke, *Annals of Philos.*, XXII, 39.

[2] Pleischl, *Zeitschr. f. Phys. u. verw. Wissensch.*, IV, 108.

plomb. Combinaison ordinaire[1], ∞ P. o P. ∞ P ∞. Inclinaison des faces, ∞ P : ∞ P = 126° 8′, ∞ P : ∞ P ∞ = 116° 56′; o P : ∞ P ∞ = 113° 12′. Clivage parallèle à o P et à ∞ P ∞.

Les cristaux s'effleurissent à l'air, et ont une légère réaction alcaline. Ils se dissolvent dans 1,2 p. d'eau froide, dans 1,1 p. d'eau bouillante, ainsi que dans 100 p. d'alcool froid, et dans 67 p. d'alcool bouillant. L'alcool absolu ne les dissout pas.

Acétate de strontiane. — Il cristallise aussi en prismes ou en aiguilles avec des quantités d'eau différentes. Le sel déposé à 15° renferme 4,23 p. 100 d'eau ($^1/_2$ atome?), et le sel déposé par l'effet du froid en contient 26 p. 100, ou 4 atomes (Mitscherlich). Les cristaux de ce dernier sel constituent des prismes rhomboïdaux obliques[2]. Inclinaison des faces, ∞ P : ∞ P = 124° 54′; ∞ P : ∞ P ∞ = 107° 33′; o P : ∞ P ∞ = 153° 12′. Clivage peu marqué parallèlement à ∞ P ∞.

Acétate de chaux, $C^4H^3CaO^4 + x$ aq. — On l'obtient en aiguilles prismatiques d'un éclat soyeux, et qui s'effleurissent dans l'air sec. Il est très-soluble dans l'eau, moins soluble dans l'alcool.

Une combinaison d'*acétate de chaux* et de *clorure de calcium*, $C^4H^3CaO^4$, CaCl + 10 aq., s'obtient[3], par l'évaporation lente d'une solution aqueuse d'un mélange d'atomes égaux des deux sels. Ce sont de gros cristaux, inaltérables à l'air, qui s'effleurissent à une douce chaleur et perdent leur eau de cristallisation à 100°.

Acétate de Magnésie. — Sel amer, difficilement cristallisable, gommeux, légèrement déliquescent, fort soluble dans l'eau et l'alcool.

Acétate d'yttria, $C^4H^3YO^4$ + 2 aq. — Prismes rhomboïdaux, terminés par des sommets trièdres. Ils perdent à 100° leur eau de cristallisation en devenant opaques. Ils sont inaltérables à l'air, et se dissolvent dans 9 p. d'eau froide et dans une quantité moindre d'eau chaude; l'alcool les dissout également. (Berlin.)

Acétate d'alumine. — On l'obtient, par double décomposition, avec le sulfate d'alumine et l'acétate de plomb; il est incristallisable, gommeux, déliquescent, styptique et très-astringent. La chaleur le décompose aisément, en expulsant de l'acide acétique. Lorsqu'on chauffe une solution concentrée de ce sel additionnée

[1] BROOKE, *Annals of Philos.*, XXIII, 365. — BERNHARDI, *Journ. f. Chem. u. Phys. von Schweigger*, IV, 35.

[2] BROOKE, *Annals of Philos.*, XXIII, 288.

[3] FRITZSCHE, *Ann. de Poggend.*, XXVIII, 123.

de sulfate de potasse ou de soude, elle se prend en une gelée blanche, qui se redissout et disparaît par le refroidissement ; la dissolution du sel pur ne présente pas cette propriété. (Gay-Lussac.)

L'acétate d'alumine est le mordant habituellement employé dans la fabrication des toiles peintes.

§ 482. *Acétate de zinc*, $C^4H^3ZnO^4 + 3$ aq. — On peut l'obtenir en dissolvant dans l'acide acétique le zinc métallique, le carbonate ou l'oxyde de zinc. Il cristallise en lames nacrées, comme onctueuses, qui s'effleurissent à l'air. Les cristaux[1] appartiennent au système monoclinique. Combinaison ordinaire, o P. ∞ P. ∞ P ∞ . + P. + 2 P ∞ ; les cristaux ont la forme de tables, par suite de la prédominance de la face o P. Rapports des axes, diagonale droite : diagonale oblique : axe principal :: 0,4838 : 1 : 0,87. Angle des axes = 46° 30′. Inclinaison des faces, ∞ P : ∞ P, dans le plan de la diagonale droite et de l'axe principal, = 112° 36′ ; ∞ P : o P = 112° 28° ; o P : ∞ P ∞ = 133° 30′ ; o P : + 2 P ∞ = 80° ; o P : + P = 75° 30′. Clivage parallèle à o P.

L'acétate de zinc est fort soluble dans l'eau. Chauffé à 100°, il fond dans son eau de cristallisation et se volatilise avec de petites quantités d'acide acétique ; puis il se solidifie de nouveau pour ne plus se liquéfier que vers 190 à 195°. A cette température il se sublime des paillettes nacrées d'*acétate de zinc anhydre*, et il passe de l'acétone. Plus tard encore il apparaît une huile rougeâtre, insoluble dans l'eau, du gaz carbonique mêlé de traces d'oxyde de carbone, et il reste dans la cornue de l'oxyde de zinc avec de petites quantités de charbon et de zinc métallique. A une certaine époque il reste aussi dans la cornue un *sous-acétate de zinc*[2].

Acétate de cadmium. Suivant Stromeyer, il forme des prismes fort solubles dans l'eau ; selon John et Meissner, il serait incristallisable.

Acétate de nickel. — Sel cristallisé en prismes vert pomme, légèrement efflorescents, solubles dans 6 p. d'eau froide, insolubles dans l'alcool.

Acétate de cobalt. — Sa solution est rouge ; par l'évaporation elle donne une masse bleue, déliquescente.

[1] Brooke, *Annals of Philos.*, XXII, 39.

[2] Larocque, *Recueil des Trav. de la Soc. d'Émulat. pour les Scienc. Pharm.*, janvier 1847, p. 54.

§ 483. *Acétates de cuivre*[1]. — On connaît un sel neutre et plusieurs sous-sels.

α. *Sel neutre*, $C^4H^3CuO^4$ + aq. Sous les noms de *verdet* ou de *cristaux de Vénus*, on rencontre dans le commerce un produit vert foncé, cristallisé en prismes rhomboïdaux, légèrement efflorescents, et qu'on obtient en dissolvant dans du vinaigre distillé le *vert-de-gris*, ou sous-acétate de cuivre. Ce verdet est très-vénéneux.

Il se dissout en petite quantité dans l'alcool et dans 5 fois son poids d'eau bouillante; la solution aqueuse étendue se décompose par l'ébullition, en laissant déposer un sous-sel tribasique, et en dégageant de l'acide acétique.

Les cristaux du verdet appartiennent au système monoclinique[2]. Combinaison ordinaire, ∞ P. o P. + P. +2 P ∞ ; quelquefois on rencontre des hémitropies. Rapport des axes, diagonale droite : diagonale oblique : axe principal :: 0,6473 : 1 : 0,5275. Angle des axes = 63°. Inclinaison des faces, ∞ P : ∞ P, dans le plan de la diagonale droite et de l'axe principal = 108°; ∞ P : o P = 105°30′; o P : + 2 P ∞ = 119° 4′. Clivage parallèle à o P et à ∞ P.

Les cristaux de ce sel ne perdent aucune trace d'eau à 100°; mais à 110° de légères vapeurs commencent à se condenser, et à 140° la déshydratation est complète; la perte s'élève à 9,6 pour 100. L'eau de cristallisation qu'on expulse ainsi est toujours un peu acide. A partir de 140°, il ne se dégage plus rien, et ce n'est qu'entre 240° et 260° qu'il se dévelope de l'acide acétique cristallisable. A 270° il apparaît des vapeurs blanchâtres, qui se condensent sous forme de flocons blancs et lanugineux; c'est de l'*acétate cuivreux*, $C^4H^3GuO^4$. La formation de ce produit est suivie d'un dégagement de gaz considérable, composé d'un mélange d'acide carbonique et de gaz combustible. Passé 330°, la décomposition du sel est complète, et l'on a un résidu rougeâtre, composé en grande partie de cuivre métallique.

Quand on chauffe brusquement les cristaux de verdet au contact de l'air, ils s'enflamment et brûlent avec une belle flamme verte.

Chauffé à 160° et traité ensuite à chaud par de l'acide acétique cristallisable, le verdet dépose, par le refroidissement, de nombreux

[1] Berzelius, *Ann. de Poggend.*, II, 233. — Phillips, *Annals of Philos.*, XX, 161. — B. Roux. *Revue Scientifique*, XXIV, 5.

[2] Brooke, *Annals of Philos.*, VI, 39. — Bernhardi, *Journ. f. Chem. u. Phys. von Schweigger*, IV, 23.

cristaux verdâtres, qui sont fort instables et perdent de l'acide acétique à l'air.

En exposant au froid une solution de verdet dans l'eau contenant de l'acide acétique, M. Woehler[1] a obtenu de gros prismes droits rhomboïdaux, de la couleur bleue du sulfate de cuivre. Ces cristaux contenaient 5 atomes (33,11 p. 100) d'eau de cristallisation; chauffés à 30 ou à 35°, ils devenaient opaques, verts et humides, et se transformaient en verdet ordinaire.

Bouillie avec du sucre, la dissolution du verdet dépose du protoxyde de cuivre sous la forme d'une poudre rouge cristalline; il se dégage en même temps beaucoup d'acide acétique, et il reste en dissolution un sel de cuivre particulier.

β. *Sous-sels*. Le *vert-de-gris* du commerce est un mélange de plusieurs sous-acétates que produit le cuivre par le contact simultané de l'air et des vapeurs d'acide acétique.

On prépare le vert-de-gris en grand, dans certaines localités du midi et notamment à Montpellier, en abandonnant à l'air des lames de cuivre empilées avec du marc de raisin; au bout de quinze jours ou de trois semaines, quand le métal est recouvert d'une couche de vert-de-gris, on détache celle-ci et on la pétrit avec un peu de vinasse, pour en former des boules qu'on dessèche ensuite au soleil. A Grenoble, on arrose le cuivre de vinaigre, et en Suède on empile les lames de cuivre avec des morceaux de drap trempés dans du vinaigre. Les Grecs et les Romains connaissaient déjà ce genre de fabrication, qui est mentionné par Dioscoride, Pline et Vitruve; ils employaient le vert-de-gris comme couleur et comme médicament.

Berzelius distingue trois sous-acétates de cuivre qui entrent, en quantité plus ou moins grande, dans la composition du vert-de-gris; le cuivre de ces sous-sels est au cuivre du sel neutre dans les rapports atomiques suivants :

	Rapport de Cu de l'acétate neutre à Cu du sous-acétate :
Sous-sel bibasique.	1 : 2
— sesquibasique	1 : $1\frac{1}{2}$
— tribasique.	1 : 3.

Le *sous-sel bibasique*, $C^4H^3CuO^4,(CuO,HO)$ 5 aq.+, compose en plus grande partie la nuance bleue du vert-de-gris. Il cristallise en paillettes ou en aiguilles bleues, qui perdent à 60° 23,45 p. 100

[1] WOEHLER, *Ann. de Poggend.*, XXXVII, 160.

d'eau en se transformant en un beau mélange vert, composé de sel neutre et de sel tribasique. Voici des analyses qui ont été faites du vert-de-gris par M. Phillips, et dont les résultats sont très-rapprochés de la composition théorique du sous-acétate de cuivre bibasique donnée par Berzelius :

	Calcul.	Berzelius.	Phillips. Vert-de gris français.	Vert-de gris anglais crist.	Vert-de gris anglais comprimé.
Ac. acétiq. supposé anhydre.	27,5	27,45	29,3	28,30	29,62
Oxyde de cuivre	43,2	43,24	43,5	43,25	44,25
Eau	29,3	29,21	25,2	28,45	25,51
		Impuretés	2,0		0,62
	100,0		100,0	100,00	100,00

Le *sous-sel sesquibasique*, $2\ C^4H^3CuO^4, (CuO,HO) + 5$ aq., forme de petites paillettes bleuâtres.

On l'obtient en versant de l'ammoniaque par petites portions dans une dissolution concentrée et bouillante d'acétate neutre, jusqu'à ce que le précipité qu'elle forme se dissolve; le sel se dépose en masse par le refroidissement de la liqueur. On se le procure aussi en lessivant du vert-de-gris ordinaire avec de l'eau tiède et en abandonnant la solution à l'évaporation spontanée. Sa solution se décompose par l'ébullition, en déposant de l'oxyde de cuivre noir. Les cristaux dégagent 10, 8 p. 100 d'eau par la dessiccation à 10°.

Suivant Berzelius, les nuances vertes du vert-de-gris renferment beaucoup de sous-acétate sesquibasique, avec un peu de sel bibasique et de sel tribasique. Un échantillon très-vert a donné à l'analyse :

Ac. acétiq. supposé anhydre . . .	36,66
Oxyde de cuivre	49,86
Eau et impuretés	13,48
	100,00

Le *sous-sel tribasique*, $C^4H^3CuO^4$, 2 (CuO,HO), est le plus stable des acétates de cuivre. On l'obtient en dissolvant le sel neutre dans l'eau, et en portant le liquide à l'ébullition, ou en chauffant la solution avec de l'alcool. Il se présente alors sous la forme d'un précipité bleu ou gris bleuâtre, composé d'aiguilles très-fines. Le même sel se produit si l'on met l'hydrate de cuivre en digestion avec une solution d'acétate neutre; mais alors il s'obtient à l'état d'une poudre verte.

Chauffé à 160°, le sous-acétate de cuivre tribasique perd 9 p. 100

d'eau, et devient alors $C^4H^3CuO^4$, 2 CuO; à une température plus élevée, il dégage de l'acide acétique. L'eau bouillante le décompose en le brunissant.

Les différents acétates de cuivre sont employés dans la peinture comme couleurs vertes à l'huile, et dans la teinture en noir sur laine comme mordants. On s'en sert aussi pour faire des liqueurs nommées *vert d'eau, vert préparé*, destinées au lavis des plans.

Ils sont tous vénéneux à un haut degré. La facilité avec laquelle le cuivre s'oxyde au contact de l'air et de l'acide acétique, pour produire ces sels, cause quelquefois dans les ménages de fâcheux accidents, résultant de l'emploi des casseroles en cuivre. En effet, lorsqu'on laisse refroidir dans des vases en cuivre des mets additionnés de vinaigre, ils se chargent d'une certaine quantité d'acétate de cuivre, et acquièrent par cela même des propriétés toxiques. Il n'y a, au contraire, aucun inconvénient à faire bouillir du vinaigre dans des vases en cuivre, car l'acide acétique ne dissout pas ce métal pas l'effet seul de l'ébullition; il faut pour cela, comme nous l'avons dit, le contact simultané de l'air, et c'est cette condition qui se réalise quand, après avoir bouilli, la liqueur chargée de vinaigre se refroidit dans le cuivre.

γ. *Combinaison de l'acétate de cuivre avec l'acetate de chaux.* Le verdet renferme quelquefois des cristaux bleus, dont les caractères optiques diffèrent de ceux de l'acétate de cuivre neutre[1]; ces cristaux bleus sont, selon M. Ure, une combinaison de sous-acétate de chaux et de cuivre, contenant $C^4H^3CaO^4$, $C^4H^4CuO^4$, (CuO,HO) + 3 aq.

On obtient, suivant M. Ettling[2], une autre combinaison de ce genre, $C^4H^3CaO^4,C^4H^3CuO^4$ + 8 aq., en chauffant un mélange de 1 atome de verdet cristallisé avec 1 atome d'hydrate de chaux, dans huit fois son poids d'eau, ajoutant assez d'acide acétique pour dissoudre le précipité, et évaporant la solution à une température comprise entre 25 et 37°.

Les cristaux[3] de ce sel ont la couleur bleue du sulfate de cuivre. Ils appartiennent au système tétragonal, et constituent le plus souvent de gros prismes octogones ∞ P. ∞ P ∞ . o P, avec des fa-

[1] BREWSTER., *Journ. de Schweigg.* XXXIII, 342.

[2] ETTLING, *Ann. der Chem. u. Pharm.*, I, 296.

[3] H. KOPP., *Einleit. in die Krystall.*, p. 164. — SCHABUS, *Sitzungsber. d. Acad. d. Wissensch. zu Wien*, juin 1850. p. 50.

cettes hémièdres $+\frac{P}{2}$. Longueur de l'axe principal dans l'octaèdre primitif P = 1,0319 ; angle des arêtes culminantes de P = 108° 38', id. des arêtes latérales = 111° 10'. Clivage facile parallèlement à ∞ P et ∞ P ∞. Pesanteur spécifique des cristaux = 1,4206.

Le sel est fort soluble dans l'eau, s'effleurit légèrement à l'air, et se décompose déjà vers 75°, en émettant de l'acide acétique.

δ. *Combinaison de l'acétate de cuivre avec l'arsénite de cuivre* [1], $C^4H^3CuO^4$, 3 (AsO^3,CuO). Le *vert de Schweinfurt*, *vert de Vienne* ou *vert de Scheele*, employé dans la peinture et dans la fabrication des papiers peints, est, suivant M. Ehrmann, une combinaison d'acétate et d'arsénite de cuivre. On le prépare en faisant, avec de l'eau tiède et 5 p. de verdet, une bouillie claire, qu'on verse dans une solution bouillante de 4 p. d'acide arsenieux dans 50 p. d'eau. Si l'on ne maintient pas l'ébullition de la liqueur arsenicale, le précipité est d'un vert jaunâtre; mais il prend bientôt une belle teinte verte, et devient cristallin, si on le traite par l'acide acétique et qu'on porte à l'ébullition. C'est qu'il se produit d'abord de l'arsénite de cuivre, qui ne se transforme en sel double que par un contact prolongé avec la liqueur acétique.

Ce sel double est insoluble dans l'eau; bouilli longtemps avec de l'eau, il devient brunâtre en perdant probablement de l'acide acétique. Traité par des acides minéraux énergiques ou par de l'acide acétique concentré, il leur cède tout le cuivre, et finit par ne laisser que de l'acide arsenieux. Les alcalis aqueux en séparent d'abord de l'hydrate de cuivre bleu, qui bouilli dans la liqueur passe d'abord à l'état de bioxyde noir, puis à celui de protoxyde rouge, en même temps qu'il se produit un arseniate alcalin.

ε. *Combinaison de l'acétate de cuivre avec le bichlorure de mercure* [2]. ($C^4H^3CuO^4$),CuO,HgCl. Lorsqu'on abandonne à l'évaporation spontanée des solutions, saturées à froid, de sublimé corrosif et d'acétate de cuivre, on obtient des hémisphères à rayons concentriques, de couleur bleue. Ces cristaux sont à peine solubles dans l'eau froide, et se décomposent, par l'eau bouillante, en une poudre vert clair, et en biclorure de mercure, qui se dissout.

§ 484. *Acétates de fer.* — *Sel ferreux.* Lorsqu'on fait dissou-

[1] EHRMANN, *Ann. der Chem. u. Pharm.*, XII, 92.

[2] WOEHLER et HÜTTEROTH, *Ann. der Chem. u. Pharm.*, LIII, 142.

dre à chaud le fer métallique ou le sulfure de fer dans l'acide acétique concentré, on obtient, par la concentration, de petites aiguilles soyeuses et incolores, très-solubles, qui attirent l'oxygène de l'air avec avidité.

β. *Sel ferrique*. Le sel neutre s'obtient en dissolvant l'hydrate de fer dans l'acide acétique. C'est un sel incristallisable, très-soluble dans l'eau, soluble dans l'alcool. La solution est d'un brun foncé ; portée à l'ébullition, après avoir été étendue de beaucoup d'eau, elle dépose un sous-sel.

L'acétate ferrique est généralement employé dans les ateliers de teinture pour colorer les étoffes en jaune plus ou moins foncé, et pour mordancer celles qui sont destinées à être teintes en noir. On le prépare en grand, en mettant en digestion pendant quelques semaines de l'acide pyroligneux avec des rognures de tôle ou avec de la vieille ferraille ; on obtient aussi par l'oxydation lente du fer une liqueur noire, composée d'un mélange de sel ferreux et de sel ferrique, et qui est livrée au commerce sous le nom de *bouillon noir*.

Acétate de manganèse. — La solution du carbonate de manganèse dans l'acide acétique bouillant donne, par l'évaporation, des tables rhombes d'un rose pâle, ou de petits prismes réunis par groupes, et solubles dans 3 p. d'eau.

Acétates de chrome. — α. *Sel chromeux*[1], $C^4H^3CrO + aq$. Lorsqu'on verse dans du protochlorure de chrome une solution d'acétate de soude ou de potasse, on voit apparaître immédiatement de petits cristaux rouges et transparents, qui se réunissent rapidement au fond du vase. Ces cristaux se détruisent quand on les expose pendant quelques instants au contact de l'air ; il est possible toutefois, en les recueillant dans une atmosphère d'acide carbonique, de les obtenir dans un état de pureté satisfaisante. Leur aspect quand ils sont secs rappelle celui du protoxyde de cuivre. Humides, ils absorbent l'oxygène avec avidité, et s'échauffent au point de subir une véritable combustion.

Ce sel est peu soluble dans l'eau froide et dans l'alcool. L'eau chaude le dissout mieux ; la liqueur rouge qui résulte de sa dissolution prend très-rapidement au contact de l'air la teinte violacée propre aux sels chromiques.

β. *Sel chromique*. La solution de l'hydrate chromique dans l'a-

[1] PÉLIGOT, *Ann. de Chim. et de Phys*, [3] XII, 541.

cide acétique rougit à peine le tournesol, et donne par l'évaporation une croûte cristalline, verte et fort soluble dans l'eau.

§ 485. *Acétates d'urane*[1]. — α. *Sel uraneux*. Lorsqu'on évapore à une douce chaleur la solution de l'hydrate uraneux dans l'acide acétique, la plus grande partie de l'urane se dépose à l'état d'oxyde uranoso-uranique. Si on laisse la liqueur s'évaporer spontanément, on obtient une masse d'un vert foncé, composée de fines aiguilles groupées en mamelons. Ce produit est souillé de beaucoup d'acétate uranique. (Rammelsberg.)

β. *Sels uraniques ou d'uranyle*. Outre le sel neutre, il existe un grand nombre de sels doubles, qui ont été décrits par M. J. Wertheim.

L'*acétate d'urane* s'obtient avec deux proportions différentes d'eau de cristallisation. On le prépare en calcinant légèrement les cristaux de nitrate d'urane, jusqu'à un commencement de réduction, et en traitant le résidu à chaud par l'acide acétique ; la liqueur abandonne alors de très-beaux cristaux d'acétate d'urane, beaucoup moins solubles que le nitrate; celui-ci resterait dans les eaux mères s'il y en avait de non décomposé.

Pour obtenir des cristaux à 2 at. d'eau, $C^4H^3(U^2O^2)O^4 + 2$ aq., il faut employer une solution fort acide. Ils se présentent sous la forme de prismes rhomboïdaux obliques, jaunes et transparents ; l'eau bouillante les décompose en donnant un dépôt d'hydrate uranique ; mais la solution dépose de nouveau le même acétate.

Lorsqu'on opère sur une solution d'acétate d'urane un peu étendue à une température inférieure à 10°, on obtient un sel à 30 atomes d'eau, $C^4H^3(U^2O^2)O^4 + 3$ aq., sous la forme d'octaèdres à base carrée, dont le sommet est tronqué et remplacé par une face bien prononcée. A 100°, ce sel perd 1 aq., mais le reste de l'eau ne s'en va qu'à 275°. La couleur du sel privé de son eau est rougeâtre.

Les *acétates doubles d'urane* s'obtiennent facilement si l'on ajoute des carbonates solubles à la solution de l'acétate neutre, jusqu'à ce qu'il commence à se former un précipité d'uranate de la base dont on fait usage. On redissout le précipité ainsi formé dans une petite quantité d'acide acétique. La liqueur limpide donne, à mesure qu'elle se refroidit, des cristaux qui, pour la plupart de ces sels doubles, sont aisément déterminables. Un léger excès d'acétate ou

[1] RAMMELSBERG, *Ann. de Poggend.*, LVIII, 34. — PÉLIGOT, *Ann. de Chim. et de Phys.*, [3] V, 13. — J. WERTHEIM, *ibid.*, [3] XI, 49.

d'acide acétique est favorable plutôt que nuisible à la cristallisation.

On peut encore obtenir ces sels doubles en faisant bouillir avec les carbonates la solution du nitrate d'urane, jusqu'à précipitation totale de l'oxyde uranique ; en dissolvant le précipité par l'acide acétique, on est sûr d'avoir les proportions atomiques pour la formation du sel double cherché, attendu qu'il se précipite d'abord un uranate défini.

L'*acétate d'urane et d'ammoniaque* renferme $2\,C^4H^3(U^2O^2)O^4$, $C^4H^3(NH^4)O^4 + 6$ aq. La solution de ce sel évaporée à consistance de sirop fournit des aiguilles jaunes, minces et soyeuses, qui sont fort solubles. Le sel n'est pas décomposé par l'ébullition. Pendant sa préparation, on doit avoir soin que l'acétate d'ammoniaque soit en excès, sinon on est obligé d'ajouter de temps en temps de l'ammoniaque pendant l'évaporation.

L'*acétate d'urane et de potasse*, $2\,C^4H^3(U^2O^2)\,O^4$, $C^4H^3KO^4 + 2$ aq., forme de beaux prismes jaunes, appartenant au système tétragonal. Ordinairement les cristaux présentent les faces P et ∞ P; longueur de l'axe principal $= 1{,}285$; angle des arêtes terminales $= 103° \, 26$; angle des arêtes latérales $= 122° \, 21'$; le sel perd son eau à 275°. L'eau froide le dissout facilement; par l'ébullition on obtient un dépôt d'uranate de potasse : ce produit se forme aussi lorsque l'acide acétique est employé en quantité insuffisante dans la préparation de l'acétate double.

L'*acétate d'urane et de soude*, $2\,C^4H^3\,(U^2O^2)\,O^4$, $C^4H^3NaO^4$, déjà obtenu par Duflos, ne renferme pas d'eau de cristallisation. Il cristallise en tétraèdres réguliers ; les angles sont tronqués et offrent les faces du dodécaèdre rhomboïdal.

L'*acétate d'urane et de baryte*, $2\,C^4H^3\,(U^2O^2)\,O^4$,$C^4H^3BaO^4 +$ 6 aq., s'obtient en paillettes jaunes et soyeuses, assez solubles. Il perd son eau de cristallisation à 275°.

L'*acétate d'urane et de strontiane* et l'*acétate d'urane et de chaux* constituent des sels fort solubles.

L'*acétate d'urane et de magnésie*, $2\,C^4H^3\,(U^2O^2)\,O^4$, $C^4H^3MgO^4 + 8$ aq., s'obtient en prismes rectangulaires, dont le sommet est un octaèdre à base rhomboïdale. La couleur du sel est jaune.

L'*acétate d'urane et de zinc*, $2\,C^4H^3(U^2O^2)\,O^4$, $C^4H^3ZnO^4 + 3$ aq., s'obtient comme l'acétate d'urane et d'ammoniaque. Il constitue des cristaux jaune clair, qui perdent leur eau à 250°, et donnent, par la calcination, un mélange d'uranate de zinc et d'oxyde uranoso-uranique. La baryte caustique produit dans sa solution un précipité d'uranate de zinc.

L'*acétate d'urane et de plomb* contient $C^4H^3(U^2O^2)O^4$, $C^4H^3PbO^4 + 6$ aq., et diffère des autres acétates doubles en ce qu'il ne renferme que 1 atome d'acétate d'urane pour 1 atome d'acétate de plomb. Il se présente en aiguilles jaune clair, qu'on obtient en réduisant par l'évaporation la solution, un peu acidulée, d'un mélange d'acétate d'urane et d'acétate de plomb par parties égales ou avec un excès d'acétate d'urane. Les cristaux perdent leur eau à 275°.

L'*acétate d'urane et d'argent*, $2\,C^4H^3(U^2O^2)O^4$, $C^4H^3AgO^4 + 2$ aq., est d'une couleur verdâtre; il cristallise sous la même forme que l'acétate d'urane et de potasse, mais les angles sont différents. Longueur de l'axe principal de l'octaèdre à base carrée = 1,5385; angle des arêtes terminales = 100° 3′; angle des arêtes latérales = 130° 38′. Les cristaux de l'acétate d'urane et d'argent perdent bientôt leur transparence; ils se dissolvent aisément dans l'eau froide; mais l'eau bouillante les décompose en séparant de l'uranate d'argent d'un brun clair. Le sel ne perd pas son eau de cristallisation à 100°, comme c'est ordinairement le cas des sels d'argent; chauffés à 275°, les cristaux deviennent brunâtres.

L'acétate d'urane ne donne pas des sels doubles avec les *acétates de cuivre, de mercure* ou *de fer*.

Acétate de bismuth. Un mélange, fait à chaud, de nitrate de bismuth et d'une solution concentrée d'acétate de potasse, dépose par le refroidissement des paillettes.

Acétate d'antimoine. — L'acide acétique ne dissout que fort peu l'oxyde d'antimoine; le liquide ne donne pas de cristaux par l'évaporation, mais on n'obtient qu'une pellicule jaunâtre.

Acétate d'étain. — Il ne peut s'obtenir à l'état cristallisé.

§ 486. *Acétates de plomb*[1]. On connaît un sel neutre et plusieurs sous-sels.

α. *Sel neutre*, $C^4H^3PbO^4 + 3$ aq. Ce sel, déjà connu des alchimistes, qui le désignaient sous le nom de *sucre* ou de *sel de Saturne*, s'obtient en dissolvant l'oxyde de plomb dans l'acide acétique, ou en faisant agir celui-ci, conjointement avec l'oxygène de

[1] BERZELIUS, *Ann. de Chim.*, XCIV, 298. — SCHINDLER, *Archiv. de Brandes*, XLI, 129. — PAYEN, *Ann. de Chim. et de Phys.*, LXV, 239, et LXVI, 37. — WITTSTEIN, *Repertor. de Buchner.*, LXXXIV, 170.

l'air, sur le plomb métallique. Il cristallise en prismes rhomboïdaux obliques. (Combinaison ordinaire[1], ∞ P. oP. ∞ P ∞; quelquefois oP domine, de manière à donner aux cristaux la forme de tables. Rapport des axes, diagonale droite : diagonale oblique :: 0,4597 : 1, angle des axes = 70° 28'. Inclinaison des faces, ∞ P : ∞ P = 128°; ∞ P : ∞ P∞ = 116°; ∞ P : oP = 98° 30'; oP : ∞ P∞ = 109° 32. Clivage parallèle à oP et à ∞ P∞). Les cristaux ont une saveur à la fois sucrée et astringente; ils sont efflorescents, solubles dans l'eau et l'alcool, et très-vénéneux. Leur dissolution rougit légèrement le tournesol et verdit le sirop de violette. Ils fondent à 72° 5; la liqueur fondue se prend par le refroidissement en une masse radiée. Si l'on chauffe le sel au-dessus de 100°, il se met à bouillonner en dégageant son eau de cristallisation, qui est toujours un peu acide. Vers 280° le sel anhydre est complétement liquide; par une plus forte chaleur, il se décompose en dégageant de l'acide acétique, de l'acide carbonique et de l'acétone; le résidu de la distillation est du plomb très-divisé et fort combustible.

La solution de l'acétate de plomb est en partie décomposée par l'acide carbonique; il se précipite du carbonate de plomb, en même temps que l'acide acétique est mis en liberté, ce qui préserve le reste du sel de l'action de l'acide carbonique. Cette décomposition partielle, due à l'influence de l'acide carbonique de l'air, s'observent à la surface des cristaux effleuris de l'acétate de plomb.

A froid, l'ammoniaque caustique ne précipite pas la dissolution aqueuse de l'acétate de plomb; mais elle la transforme en sous-sel; si l'on ajoute un grand excès d'ammoniaque, en chauffant le mélange, il se dépose des cristaux d'oxyde de plomb. (Payen.)

L'acétate de plomb est employé par des indienneurs pour la préparation de l'acétate d'alumine (*mordant de rouge*).

β. *Sous-sels.* On admet, en général, l'existence de quatre sous-acétates de plomb de la composition suivante :

	Rapport de Pb de l'acétate neutre à Pb des sous-sels.
Sous-sel bibasique :	1 : 2
— sesquibasique :	1 : 1½
— tribasique :	1 : 3
— sexbasique :	1 : 6.

[1] BROOKE, *Ann. of Phil.*, XXII, 374. — H. KOPP, *Enleit. in die Krystall.*, p. 310.

Je ne pense pas que ce soient là autant de composés définis; M. Wittstein, qui a fait de nombreuses expériences sur la composition des sous-acétates de plomb, n'en admet aussi qu'un seul, le sous-sel tribasique. Quoi qu'il en soit, voici quels sont ces différents sous-sels.

Le *sous-sel bibasique*, $C^4H^3PbO^4$, PbO, HO + aq., se dépose à l'état cristallisé, suivant M. Schindler, si l'on fait dissoudre à l'ébullition des proportions équivalentes d'acétate neutre et de massicot en poudre fine.

Le *sous-sel bibasique*, $C^4H^3PbO^4$, 2 (PbO, HO) + aq., est le sous-sel le plus stable. On l'obtient à l'état cristallisé en abandonnant à elle-même une dissolution du sel neutre saturée à froid et mélangée avec le cinquième de son volume d'ammoniaque. On le produit également en mettant 7 p. de massicot en digestion avec une dissolution de 1 p. d'acétate neutre cristallisé. Il se présente en longues aiguilles soyeuses, et très-solubles dans l'eau. Il est insoluble dans l'alcool. Sa dissolution aqueuse est troublée par l'acide carbonique de l'air.

Suivant Berzelius, le sel ne renferme pas d'eau de cristallisation.

Le *sous-sel sesquibasique* paraît contenir 2 $C^4H^3PbO^4$, PbO + aq. On l'obtient en chauffant le sel neutre dans une capsule jusqu'à ce que la matière fondue se soit convertie en une masse blanche et poreuse; on dissout ce résidu dans l'eau, et on évapore le liquide à cristallisation. Il se produit ainsi des lames nacrées qui partent d'un centre commun; elles sont solubles dans l'eau et l'alcool; leur dissolution possède une réaction alcaline.

Enfin le *sous-sel sexbasique* contient, suivant Berzelius, $C^4H^3PbO^4$, 3 PbO, HO. Il s'obtient en mettant la solution des sels précédents en digestion avec de l'oxyde de plomb. C'est un précipité qui présente au microscope un aspect cristallin. Il est peu soluble dans l'eau bouillante, et s'y dépose en aiguilles brillantes.

La solution du sous-acétate de plomb est employée en chirurgie pour le lavage des plaies; on l'appelle souvent *eau de Goulard*, du nom d'un chirurgien de Montpellier, qui préconisa l'emploi de ce sel dans les cas d'inflammation. L'*eau blanche* des pharmaciens n'est aussi que du sous-acétate de plomb très-étendu et troublé par du sous-carbonate de plomb en suspension. La fabrication du blanc de céruse, d'après le procédé dit de Clichy, se fait par la précipitation du sous-acétate de plomb au moyen d'un courant de gaz carbonique.

Le sous-acétate de plomb précipite un grand nombre de principes végétaux, tels que des substances gommeuses, du tannin, des matières colorantes, etc.; cette propriété le fait employer par quelques chimistes pour la séparation de ces matières, mais les précipités qu'il donne ont rarement une composition constante.

γ. *Combinaison d'acétate et de chlorure de plomb.* On obtient ce sel double, selon M. Poggiale[1], en traitant à chaud, dans une capsule de porcelaine, le chlorure de plomb par le sous-acétate de plomb tribasique, et en ajoutant ensuite un léger excès d'acide acétique. On évapore à une douce chaleur, et par le refroidissement il se dispose des aiguilles renfermant 5 $C^4H^3PbO^4$, PbCl + 15 aq. Cette formule me paraît peu vraisemblable.

δ. *Combinaison d'acétate et de bioxyde de plomb.* M. Fischer[2] a depuis longtemps observé que le minium se dissout dans l'acide acétique cristallisable; la solution se décompose peu à peu au contact de l'air, ou par l'addition de l'eau, en déposant du bioxyde de plomb puce. (Celui-ci ne se dissout pas dans l'acide acétique.)

Lorsqu'on chauffe à 40° un excès de minium avec l'acide acétique cristallisable, la liqueur dépose, par le refroidissement, des prismes rhomboïdaux obliques. Ces cristaux se conservent en vase clos; mais si l'on essaye de les dessécher, ils dégagent de l'acide acétique, et donnent du bioxyde de plomb d'un beau noir velouté. Ils fondent vers 160°; chauffés à quelques degrés au-dessous, ils se décomposent brusquement en donnant du plomb métallique, de l'acétone, un peu d'acide acétique, et une vapeur suave de l'odeur de fève de tonka.

M. Jacquelain représente les cristaux par les rapports 3 ($C^4H^3O^3$), PbO^2; mais cette composition aurait besoin d'être vérifiée par de meilleures analyses.

Acétates de mercure. — α. *Sel mercureux*, $C^4H^3HgO^4$. Paillettes, micacées, anhydres, peu solubles dans l'eau, insolubles dans l'alcool. La solution d'un acétate soluble précipite à l'état concentré le nitrate mercureux.

[1] POGGIALE, *Compt. rend. de l'Acad.*, XX, 1801.

[2] FISCHER, *Journ. f. Chem. u. Phys. von Schweigger*, LIII, 124. — JACQUELAIN, *Comp. rend. des Trav. de Chim.*, 1851, p. 1.

Une légère chaleur décompose l'acétate mercureux, en donnant du gaz carbonique, de l'acide acétique et du mercure métallique.

Bouilli avec de l'eau, il se décompose en partie, en donnant du mercure métallique et de l'acétate mercurique.

β. *Sel mercurique*, $C^4H^3HgO^4$. Lames nacrées, demi-transparentes, et anhydres. L'eau en dissout le quart de son poids à 10°, et presque son poids à la température de l'ébullition. L'alcool et l'éther décomposent le sel, et donnent de l'oxyde de mercure.

On le prépare en faisant dissoudre à chaud l'oxyde rouge de mercure dans l'acide acétique.

Lorsqu'on agite une solution d'acétate d'ammoniaque avec de l'oxyde de mercure récemment précipité et encore humide, on obtient des cristaux qui, dissous dans l'eau froide, donnent, par l'évaporation spontanée, des tables rhombes[1], contenant $C^4H^3(NH^4)O^4, HgO + aq$. On peut les considérer comme de l'*acétate de mercurammonium*, $C^4H^3(NH^3Hg)O^4 + 2\ aq$. Ils sont fort solubles dans l'eau et insolubles dans l'alcool; ils sentent l'acide acétique, et se décomposent peu à peu à l'air. Chauffés à 100°, ils perdent 30 à 31 p. 100 de leur poids, en laissant une poudre jaunâtre renfermant $C^4H^3(NHg^4)O^4 + 4\ aq$. (*Acétate de tétramercurammonium.*)

Acétate d'argent, $C^4H^3AgO^4$. — Lames flexibles et nacrées, peu solubles dans l'eau, et ne renfermant pas d'eau de cristallisation. On peut l'obtenir par double décomposition, en opérant avec des solutions concentrées de nitrate d'acétate de soude.

Dérivés méthyliques, éthyliques, amyliques.... de l'acide acétique. Éthers acétiques.

§ 487. Les éthers acétiques représentent de l'acide acétique dans lequel tout l'hydrogène basique est remplacé par du méthyle, de l'éthyle, de l'amyle, ou par les homologues de ces radicaux :

$$\text{Acétate de méthyle.} \ldots C^6H^6O^4 = \left.\begin{matrix} C^4H^3O^2.O \\ C^2H^3.O \end{matrix}\right\},$$

$$\text{— d'éthyle.} \ldots C^8H^8O^4 = \left.\begin{matrix} C^4H^3O^2.O \\ C^4H^5.O \end{matrix}\right\},$$

$$\text{— d'amyle.} \ldots C^{14}H^{14}O^4 = \left.\begin{matrix} C^4H^3O^2.O \\ C^{10}H^{11}.O \end{matrix}\right\},$$

[1] HIRZEL, *Zeitschr. f. Pharm.*, 1851, 2. *Ann. der Chem. u. Pharm.*, LXXXVI 262.

— d'octyle. . . . . . $C^{20}H^{20}O^4 = \left.\begin{matrix} C^4H^3O^2.O \\ C^{16}H^{17}.O \end{matrix}\right\}$.

§ 488. *Acétate de méthyle*[1], ou éther méthyl-acétique, $C^6H^6O^4$. — Cet éther se rencontre en grande quantité dans l'esprit de bois brut.

On le prépare, suivant MM. Dumas et Péligot, par la distillation d'un mélange de 2 p. d'esprit de bois, 1 p. d'acide acétique très-concentré et 1 p. d'acide sulfurique concentré; on verse le liquide distillé sur du chlorure de calcium fondu, de manière à séparer l'excédant d'esprit de bois, qui se combine avec le chlorure, et on le rectifie sur du carbonate de soude.

M. Hermann Kopp distille 3 p. d'esprit de bois avec 14 ½ p. d'acétate de plomb desséché et 5 p. d'acide sulfurique concentré; il agite le produit distillé avec du lait de chaux, traite l'huile surnageante par du chlorure de calcium, et la soumet à la rectification.

C'est un liquide incolore, d'une odeur éthérée agréable. Sa densité à l'état liquide est de 0,919 à + 22°; il bout à + 58° sous la pression de 762^{mm}; la densité de sa vapeur a été trouvée égale à 2,563. Il est soluble dans l'eau et se mélange en toutes proportions avec l'alcool, l'esprit de bois et l'éther. Sa solution aqueuse ne se décompose que fort peu à l'ébullition.

Les alcalis hydratés le convertissent en acétate et en esprit de bois. Lorsqu'on le verse sur de la chaux potassée réduite en poudre, il s'attaque avec violence, en donnant un mélange d'acétate et de formiate de potasse avec dégagement d'hydrogène.

L'acide sulfurique concentré s'échauffe avec l'acétate de méthyle, en dégageant de l'acide acétique, et en produisant de l'acide méthyl-sulfurique.

§ 489. Le chlore, en agissant sur l'acétate de méthyle, produit plusieurs dérivés par substitution.

L'*acétate de méthyle bichloré*, $C^6H^4Cl^2O^4$, est le premier produit de l'action du chlore sur l'éther méthyl-acétique[2].

Lorsqu'on fait passer du chlore sec dans cet éther, en ayant soin, vers la fin, de favoriser la réaction par la chaleur d'un bain-marie, il se dégage beaucoup d'acide chlorhydrique et d'acide acétique. Dès qu'il n'y a plus de réaction, on distille jusqu'à ce que le résidu

[1] Dumas et Péligot (1835), *Ann. de Chim. et de Phys.*, LVIII, 46. — H. Kopp, *Ann. der Chem. u. Pharm.*, LV, 180.

[2] Malaguti (1839), *Ann. de Chim. et de Phys.* LXX, 369.

commence à se colorer; on lave celui-ci avec une dissolution faible de potasse, puis avec de l'eau.

Desséché dans le vide, le produit est limpide, incolore, d'une densité de 1,25. Il brûle avec une flamme jaune, verte à la base; il est neutre aux papiers; sa saveur est à la fois sucrée, alliacée et brûlante. Il bout à 148° en se décomposant. L'eau le décompose lentement en acides formique, acétique et chlorhydrique; une dissolution concentrée de potasse l'attaque aisément en donnant des produits semblables; on a d'ailleurs :

$$C^6H^4Cl^2O^4 + 4HO = C^2H^2O^4 + C^4H^4O^4 + 2HCl.$$

Acét. de méth. bichloré. — Ac. formique. — Ac. acétique.

L'*acétate de méthyle trichloré*[1] contient $C^6H^3Cl^3O^4$. M. Laurent a obtenu ce corps en faisant passer très-lentement du chlore dans l'éther méthyl-acétique jusqu'à ce qu'il n'y eût plus de décomposition, distillant la liqueur, rejetant les premières portions qui renfermaient deux liquides superposés, et recueillant à part le reste. Ce dernier, distillé à plusieurs reprises, jusqu'à ce que son point d'ébullition fût constant, a donné un liquide incolore, plus pesant que l'eau, bouillant vers 145° et distillant sans altération.

La potasse caustique en dissolution attaque facilement ce corps; la liqueur brunit en dégageant une vapeur, qui pique les yeux et dont la saveur est sucrée; il se forme en même temps du chlorure, du formiate de potasse et une huile particulière, $C^4H^2Cl^2$, que M. Laurent appelle *chlorométhylase*, et qui pourrait bien être de l'éthylène bichloré.

En distillant ensemble de l'esprit de bois, de l'acide trichloracétique et un peu d'acide sulfurique, et en étendant d'eau le produit, M. Dumas[2] a obtenu une huile incolore, plus dense que l'eau, et d'une agréable odeur de menthe. Ce *trichloracétate de méthyle* a la même composition que le produit de M. Laurent : les deux corps sont-ils identiques ou simplement isomères? C'est à l'expérience à le dire. (Voy. *Acétate d'éthyle trichloré.*)

Il est singulier que l'éther bichloré de M. Laurent ait un point d'ébullition si rapproché de celui de l'éther méthyl-acétique bichloré.

L'*acétate de méthyle perchloré*, $C^6Cl^6O^4$, s'obtient en exposant l'éther méthyl-acétique à l'action du chlore, sous l'influence des

[1] LAURENT (1836), *Ann. de Chim. et de Phys.*, LXIII, 382.

[2] DUMAS, *Ann. de Chim. et de Phys.*, LXXIII, 85.

rayons solaires. Il possède, suivant M. Cloez[1], des caractères identiques à ceux du formiate d'éthyle perchloré (p. 236).

§ 490. *Acétate d'éthyle*[2], ou éther acétique, $C^8H^8O^4$. — Lauraguais a déjà obtenu cet éther en petite quantité, il y a près d'un siècle, par la distillation d'un mélange d'alcool et d'acide acétique concentré.

On le prépare à l'aide d'un mélange de 3 p. d'acétate de potasse, 3 p. d'alcool absolu et 2 p. d'acide sulfurique, que l'on distille jusqu'à siccité. Il faut modifier ces proportions si l'on emploie un autre acétate; ainsi on peut prendre 16 p. d'acétate de plomb sec, $4^1/_2$ p. d'alcool et 6 p. d'acide sulfurique, ou bien 10 p. d'acétate de soude, 6 p. d'alcool et 15 p. d'acide sulfurique. On mélange d'abord l'acide sulfurique avec l'alcool, et l'on verse le liquide sur le sel bien pulvérisé; la chaleur doit être modérée au commencement de l'opération, mais vers la fin on chauffe plus fort. On purifie le produit en le mettant en digestion avec du chlorure de calcium, décantant et soumettant à la rectification.

L'éther acétique est un liquide incolore, plus léger que l'eau, d'une odeur agréable et éthérée. Il bout à 74°; la densité de sa vapeur a été trouvée, par expérience, égale à 3,067. Il brûle avec une flamme blanc jaunâtre. Il ne s'altère pas avec le temps quand il est sec; mais lorsqu'il est humide, il se décompose à la longue en alcool et en acide acétique.

Les alcalis favorisent ce dédoublement. La chaux potassée le convertit en acétate, avec dégagement d'hydrogène.

Il est soluble dans 7 p. deau, et en toutes proportions dans l'alcool et l'éther.

L'acide sulfurique concentré le décompose à chaud en oxyde d'éthyle et en acide acétique. L'acide chlorhydrique le convertit en chlorure d'éthyle et en acétique.

§ 491. L'action du chlore sur l'éther acétique est très-énergique; il se produit de l'acide chlorhydrique et des dérivés chlorés formés par substitution, ainsi que des produits secondaires provenant de l'action de l'acide chlorhydrique. Exposé au soleil, dans des flacons remplis de chlore sec, l'éther acétique peut détoner et laisser un dépôt de charbon, lorsque l'insolation est forte. Pour que cet effet

[1] CLOEZ, *Ann. de Chim. et de Phys.*, [3] XVII, 297.

[2] LAURAGUAIS (1759), *Journ. des Sçavans*, 1759, p. 324. — THÉNARD, *Mém. de la Soc. d'Arcueil*, I, 153. — DUMAS et BOULLAY, *Journ. de Pharm.*, XIV, 113. — LIEBIG, *Ann. der Chem. u. Pharm.*, V, 34; XXX, 144.

se produise, il faut, suivant M. Leblanc, que les proportions employées soient à peu près de 8 atomes de chlore pour 1 at. d'éther. Si la proportion du chlore est plus forte, et qu'on commence l'action à l'ombre, on peut ensuite exposer les flacons à l'action directe d'une lumière solaire très-intense sans qu'il y ait explosion; mais l'action finale du chlore dans ces circonstances donne des produits assez complexes. Parmi ceux-ci figurent l'acide trichloracétique et le sesquichlorure de carbone; en outre, des huiles chlorées, pesantes et insolubles dans l'eau. Nous allons donner la description de ces huiles, en faisant remarquer toutefois que le produit bichloré, le produit septichloré et le produit perchloré sont les seuls qu'on puisse reproduire avec certitude dans les circonstances connues, et qui offrent par conséquent le caractère de composés bien définis.

L'*acétate d'éthyle bichloré*[1], $C^8H^6Cl^2O^4$, est le premier produit de l'action du chlore sur l'éther acétique. Cet éther s'échauffe considérablement au contact du chlore, de manière qu'il faut refroidir le liquide pour éviter qu'il entre en ébullition; dès qu'il n'y a plus de réaction à la lumière diffuse, on distille la masse à une chaleur graduée jusqu'à ce qu'elle commence à se colorer. Le résidu, bien lavé et desséché dans le vide, est entièrement neutre; il présente une odeur quelque peu acétique et une saveur poivrée qui irrite la gorge. Chauffé à + 110°, l'acétate d'éthyle bichloré commence à se colorer et à répandre des fumées d'acide chlorhydrique. Sa densité à 12° est de 1,301.

L'eau le convertit à la longue en acide chlorhydrique et en acide acétique. Une dissolution aqueuse de potasse ne l'attaque pas immédiatement, mais une dissolution alcoolique le décompose aussitôt en chlorure et en acétate.

Sous l'influence d'une insolation directe, le chlore attaque l'acétate d'éthyle bichloré, en donnant des produits de plus en plus chlorés. Le produit final ne renferme plus d'hydrogène.

§ 492. L'*acétate d'éthyle trichloré*, $C^8H^5Cl^3O^4$, a été obtenu par M. Leblanc[2] en exposant pendant quelque temps le composé précédent à l'action d'un courant de chlore, de telle façon que la lumière ne tombait que sur une partie de la masse du liquide, l'at-

[1] MALAGUTI (1839), *Ann. de Chim et de Phys.*, LXX, 367. — LEBLANC, *ibid.*, [3] X, 197.

[2] LEBLANC (1844), *loc. cit.*

mosphère supérieure étant garantie de la lumière à l'aide d'un papier noir.

C'est une huile qui ne distille pas sans altération. Elle possède l'odeur et la saveur du corps précédent. Sous l'influence des alcalis, elle fournit du chlorure, des sels de potasse chlorés et déliquescents ne contenant pas de trichloracétate, ainsi qu'un liquide chloré huileux, à saveur sucrée, et qui résiste à l'action de la potasse.

Elle est isomère du *trichloracétate d'éthyle*[1] (éther chloracétique de M. Dumas), qu'on obtient en distillant ensemble de l'alcool, de l'acide trichloracétique et de l'acide sulfurique, ou bien de l'alcool, de l'acide sulfurique et un trichloracétate alcalin. Le produit volatil étendu d'eau laisse déposer une substance oléagineuse, d'une odeur de menthe. Celle-ci purifiée présente une densité de 1,367, et a un point d'ébullition fixe à 164°. La densité de sa vapeur a été trouvée égale à 6,64. La potasse aqueuse transforme le trichloracétate d'éthyle en alcool et en trichloracétate de potasse. Si on l'arrose d'ammoniaque, il se prend peu à peu en une masse cristalline de trichloracétamide, en même temps que l'acool devient libre.

Soumis à l'action prolongée du chlore, le trichloracétate d'éthyle fournit à l'ombre une huile à 7 atomes de chlore, et finalement au soleil de l'éther acétique perchloré.

On peut aisément se rendre compte de la différence de constitution de ces deux éthers chlorés isomères, en écrivant leurs formules de la manière suivante :

Acétate d'éthyle trichloré.	Trichloracétate d'éthyle.
$\left.\begin{matrix} C^4H^2ClO^2 . O \\ C^4H^3Cl^2 . O \end{matrix}\right\}$	$\left.\begin{matrix} C^4Cl^3O^2 . O \\ C^4H^5 . O \end{matrix}\right\}$

On voit que l'acétate d'éthyle trichloré ne peut pas donner d'alcool par les alcalis, car il est, à proprement parler, un chloracétate de chloracétyle (acétyle dans lequel O^2 est remplacée par Cl^2), et il donne plutôt du chloracétate, de l'acétate et du chlorure.

§ 493. *L'acétate d'éthyle quadrichloré*[2], $C^8H^4Cl^4O^4$, a été obtenu par M. Leblanc sous la forme d'une huile d'une densité de 1,485 à 25°. Cette huile est décomposée par la potasse en donnant du chlorure de potassium et des sels de potasse chlorés, au nombre

[1] Dumas, *Ann. de Chim. et de Phys.*, LXXIII, 85. — Malaguti, *ibid.*, [3] XVI, 12 et 58.

[2] Leblanc (1844), *loc. cit.*

desquels figure le trichloracétate; il se forme de plus une huile chlorurée.

L'*acétate d'éthyle quintichloré*, $C^8H^3Gl^5O^4$, a été obtenu en traitant la matière précédente par le chlore au soleil, en chauffant le liquide et en ayant soin de garantir l'atmosphère supérieure de l'action de la lumière. Lorsqu'on décompose ce produit par la potasse en dissolution concentrée, on obtient, entre autres produits, une forte proportion de trichloracétate de potasse.

L'*acétate d'éthyle sexchloré*, $C^8H^2Gl^6O^4$, a été obtenu en exposant au soleil l'éther quintichloré, dans des flacons remplis de chlore. C'est une huile d'une densité de 1,698 à 23°,5.

L'*acétate d'éthyle septichloré*, $C^8HGl^7O^4$, n'a été produit qu'une fois par M. Leblanc, en exposant au soleil, dans des flacons remplis de chlore, l'acétate d'éthyle bichloré. Il se présente en cristaux un peu mous, insolubles dans l'eau, peu solubles à froid dans l'alcool ordinaire, très-solubles dans l'éther, fusibles au-dessous de 100°, et ne paraissant pas volatils sans décomposition.

Lorsqu'on soumet à l'action du chlore le trichloracétate d'éthyle en épuisant l'action à l'ombre, on obtient une huile à 7 atomes de chlore, d'une densité de 1,692 à 24°,5, et par conséquent isomère du produit précédent.

§ 494. L'*acétate d'éthyle perchoré* [1], ou éther perchloracétique, $C^8Gl^8O^4$, s'obtient aussi bien par l'éther acétique ou l'un de ses dérivés chlorés que par l'éther trichloracétique. Pour le préparer il est nécessaire de recourir à la double influence d'une forte insolation et d'une température de 110° environ.

Voici comment M. Leblanc en décrit la préparation; on place la liqueur (l'éther acétique bichloré de M. Malaguti) dans une cornue dont la panse plonge dans uue dissolution très-concentrée de chlorure de calcium, qu'on peut porter à l'ébullition; le reste de la surface de la cornue reçoit l'action directe des rayons solaires. Lorsqu'on opère sur une centaine de grammes, il faut faire passer le courant de chlore, dans ces circonstances, pendant cent heures au moins pour arriver à un produit ne contenant plus qu'un atome d'hydrogène. L'action est encore plus lente quand il s'agit d'expul-

[1] LEBLANC (1843), *Compt. rend. de l'Acad.*, XVII, 1175; XXI, 926. *Ann. de Chim. et de Phys.*, [3] X, 200. — MALAGUTI, *Compt. rend. de l'Acad.*, XXI, 445. *Ann. de Chim. et de Phys.*, [3] XVI, 57. — CLOEZ, *Compt. rend. de l'Acad.*, XXI, 874. *Ann. de Chim. et de Phys.*, XVII, 304.

ser ce dernier atome. A moins d'opérer à la lumière directe, pendant les chaleurs de l'été, on ne parvient pas à atteindre ce dernier terme de chloruration. Mais avant d'arriver à l'expulsion de la totalité de l'hydrogène de la masse en expérience on voit apparaître sur le dôme de la cornue des cristaux de sesquichlorure de carbone, qui sont entraînés jusque dans le récipient. Ces cristaux proviennent de la destruction d'une partie de l'éther perchloruré. Il faut néanmoins continuer encore l'action jusqu'à ce que l'analyse de la liqueur n'indique plus d'hydrogène; on arrête alors la réaction, sans quoi l'on obtiendrait un produit par trop chargé de sesquichlorure de carbone. Pour purifier le produit, on commence par y faire passer un courant d'acide carbonique sec; on précipite ensuite par l'eau, on lave rapidement pour enlever une certaine quantité d'acide trichloracétique, on enlève avec une pipette l'huile encore trouble, et on l'expose pendant quelques instants à la température de 100 degrés, pour l'éclaircir; ensuite on l'expose dans le vide sec, et finalement on la maintient encore à la température de 200 degrés, afin d'expulser le sesquichlorure de carbone qu'elle peut contenir en dissolution.

L'éther perchloracétique se présente sous la forme d'un liquide oléagineux, insoluble dans l'eau, d'une densité de 1,79 à 25°; il ne se solidifie pas à une température inférieure à 0°; son odeur forte et pénétrante rappelle celle du chloral; sa saveur est brûlante. L'acide sulfurique concentré ne le dissout pas et ne lui communique aucune coloration. Il bout et distille vers 245°, en se transformant en chlorure de trichloracétyle (aldéhyde perchloré):

$$C^8Cl^8O^4 = \underset{\text{Chlor. de trichloracét.}}{2\,C^4Cl^4O^2}.$$

Sous l'influence de l'humidité, l'éther perchloracétique ne tarde pas à se décomposer; cette réaction est instantanée en présence d'une solution concentrée de potasse; il se produit alors du trichloracétate de potasse et du chlorure de potassium:

$$C^8Cl^8O^4 + 4\,HO = 2\,HCl + \underset{\text{Ac. trichloracétique.}}{2\,C^4HCl^3O^4}.$$

L'ammoniaque, gazeuse ou liquide, agit vivement sur l'éther perchloracétique, en produisant du sel ammoniac et de la trichloracétamide:

$$C^8Cl^8O^4 + 2\,NH^3 = 2\,HCl + \underset{\text{Trichloracétamide.}}{2\,C^4H^2Cl^3NO^2}.$$

Mêlé avec de l'alcool absolu, l'éther perchloracétique s'échauffe beaucoup, et se convertit complétement en acide chlorhydrique et en éther trichloracétique :

$$C^8Cl^8O^4 + 2\,C^4H^6O^2 = 2\,HCl + 2\,C^8H^5Cl^3O^4.$$

Hydrate d'éthyle. — Trichloracét. d'éthyle.

Sous l'influence prolongée du chlore, l'éther perchloracétique finit par donner des cristaux de sesquichlorure de carbone.

§ 495. *Acétate d'amyle*, ou éther amyl-acétique [1], $C^{14}H^{14}O^4$. — On prépare cet éther en soumettant à la distillation un melange de 2 parties d'acétate de potasse, 1 p. d'huile de pomme de terre et 1 p. d'acide sulfurique concentré, lavant le produit avec de l'eau alcalisée, séchant sur du chlorure de calcium et distillant ensuite sur du massicot.

Le *pear-oil* (essence de poire) des parfumeurs anglais se compose, en plus grande partie, d'une solution d'acétate d'amyle dans l'alcool [2].

L'acétate d'amyle est un liquide incolore, très-limpide, volatil sans décomposition, bouillant vers 125°. La densité de sa vapeur a été trouvée égale à 4,458. Il possède une odeur éthérée et aromatique qui rappelle un peu celle de l'éther acétique ordinaire; il est plus léger que l'eau et insoluble dans ce liquide. Mis en contact avec une dissolution alcoolique de potasse, il produit rapidement de l'acétate alcalin et de l'huile de pomme de terre.

L'*acétate d'amyle bichloré*, $C^{14}H^{12}Cl^2O^4$, s'obtient lorsqu'on fait passer un courant de chlore dans le corps précédent bien desséché et maintenu dans un bain-marie; on finit par obtenir une huile incolore, assez mobile, douée d'une odeur agréable, insoluble dans l'eau, plus pesante que ce liquide, soluble dans l'alcool et plus soluble encore dans l'éther; elle s'altère complétement par la distillation.

En plaçant ce produit dans un flacon rempli de chlore sous l'influence de la lumière solaire, il finit par se transformer en petites aiguilles cristallines.

§ 496. *Acétate d'octyle* [3], $C^{20}H^{20}O^4$. — L'acide acétique transforme l'hydrate d'octyle (alcool caprylique) en un éther possé-

[1] CAHOURS (1840), *Ann. de Chim et de Phys.*, LXXV, 197.
[2] HOFMANN, *Ann. der Chem. u. Pharm.*, LXXXI, 88.
[3] BOUIS (1851), *Compt. rend. de l'Acad.*, XXXIII, 144.

dant une odeur de fruits très-aromatique. Cet éther régénère l'hydrate d'octyle sous l'influence de la potasse.

Dérivés chlorés de l'acide acétique.

§ 497. On connaît deux acides chlorés qui résultent de l'action du chlore sur l'acide acétique :

Acide chloracétique, $C^4H^3ClO^4 = \left.\begin{matrix} C^4H^2ClO^2.O \\ HO \end{matrix}\right\}$

— trichloracétique, $C^4HCl^3O^4 = \left.\begin{matrix} C^4Cl^3O^2.O \\ HO \end{matrix}\right\}$

§ 498. *Acide chloracétique*[1], $C^4H^3ClO^4$. — M. Leblanc a obtenu cet acide en faisant agir, à l'ombre, du chlore bien desséché sur l'acide acétique étendu d'un demi-atome d'eau. L'action est extrêmement lente lorsqu'on évite les rayons solaires directs, même en s'aidant d'une température de 100 degrés. Quand elle parut épuisée dans ces circonstances, M. Leblanc fit passer pendant longtemps un courant d'acide carbonique sec à travers le liquide chauffé à 100°.

Le liquide ainsi obtenu est incolore, très-acide, un peu moins fluide que l'acide acétique dont il possède l'odeur ; il ne trouble pas la solution du nitrate d'argent.

Il décompose les carbonates avec effervescence.

Le *sel de potasse* est déliquescent.

Le *sel d'argent*, $C^4H^2AgClO^4$, a été obtenu en saturant l'acide par l'oxyde d'argent humide, à l'aide d'une douce chaleur ; on a filtré la liqueur étendue, et on l'a évaporée dans le vide. Les premiers cristaux qui se sont déposés contenaient un peu d'acétate ; la seconde cristallisation a fourni de petites écailles d'un blanc éclatant, excessivement altérables à la lumière et plus solubles que l'acétate ; ce sel laissait en brûlant un résidu de chlorure d'argent.

§ 499. *Acide trichloracétique*[2], $C^4HCl^3O^4$. — Ce corps, découvert par M. Dumas, se produit dans un grand nombre de circonstances : par l'action du chlore sur l'acide acétique cristallisable ; par l'oxydation du chloral (hydrure d'acétyle trichloré),

$$C^4HCl^3O^2 + O^2 = C^4HCl^3O^4 ;$$

[1] LEBLANC (1844). *Ann. de Chim. et de Phys.*, [3]. X, 212.

[2] DUMAS (1839), *Journ. de Chim. médic.*. VI, 659. *Ann. de Chim. et de Phys.*, LXXIII, 75. — MELSENS, *Ann. de Chim. et de Phys.*, [3] X, 233. — MALAGUTI, *ibid.*, XVI, 10. — KOLBE, *Ann. der Chem. u. Pharm.*, LIV, 182.

par l'action simultanée du chlore et de l'eau sur le protochlorure de carbone (éthylène perchloré),

$$C^4Cl^4 + Cl^2 + 4\,HO = 3\,HCl + C^4HCl^3O^4\,;$$

par la double décomposition entre l'eau et le chlorure de trichloracétyle; par la décomposition des éthers éthyliques perchlorés sous l'influence de l'eau ou des alcalis.

L'acide acétique est lentement attaqué par le chlore à la lumière diffuse, mais au soleil la décomposition est rapide; il se produit de l'acide chlorhydrique, du gaz chlorocarbonique, de l'acide carbonique, de l'acide oxalique, de l'acide trichloracétique, ainsi qu'une liqueur éthérée qui renferme du chlore.

M. Dumas introduit du chlore sec dans des flacons à l'émeri de 5 ou 6 litres, avec 9 décigrammes d'acide acétique cristallisable par litre de chlore. Les bouchons étant fixés, on abandonne les flacons dans un endroit où ils puissent recevoir les rayons directs du soleil. Bientôt on voit se déposer sur les parois des flacons une espèce de givre, qui constitue l'acide trichloracétique. On passe de l'eau dans des flacons, et l'on expose la dissolution dans le vide; l'acide oxalique cristallise le premier, puis l'acide trichloracétique : celui-ci donne naissance ordinairement à de beaux cristaux rhomboédriques. Si la liqueur refuse de cristalliser, on la distille avec une certaine quantité d'acide phosphorique anhydre, qui s'empare d'un peu d'eau, et qui décompose l'acide oxalique sans agir en rien sur l'acide trichloracétique. On place ensuite les cristaux dans le vide, sur quelques doubles de papier joseph, où ils se dépouillent alors de l'acide acétique qu'ils pourraient encore contenir.

M. Kolbe prépare l'acide trichloracétique en traitant le chloral par l'acide nitrique fumant. Lorsqu'on verse [1] de l'acide nitrique fumant sur du chloral, il s'échauffe en développant beaucoup de vapeurs rouges; plus tard, l'oxydation est plus lente et a besoin d'être favorisée par l'application d'une chaleur artificielle. A l'aide

[1] Il est bon de prendre, pour cette expérience, la modification insoluble du chloral. Au lieu de distiller avec de l'acide sulfurique le liquide épais obtenu par l'action du chlore sur l'alcool, il est plus avantageux de mélanger ce liquide avec six fois son poids d'acide sulfurique ordinaire, et d'attendre que le tout se soit transformé en la modification insoluble. Après avoir séparé la plus grande partie de l'acide sulfurique à l'aide d'un entonnoir, on délaye la masse dans l'eau, et on l'y broie tant qu'il y a encore de l'acide sulfurique. Les lavages la donnent alors entièrement pure. Ce produit peut être ramené, sans aucune perte, à la modificatian liquide, si on le soumet à la distillation à 180°.

de la distillation, on enlève la plus grande partie de l'acide nitrique; toutefois, pour avoir un produit tout à fait pur, il faut le faire cristalliser dans le vide sur de la chaux et de l'acide sulfurique. L'acide trichloracétique est alors exempt d'acide nitrique, d'acide oxalique et d'acide acétique; cependant il renferme ordinairement des traces de chloral; cette circonstance rend assez difficile la purification de ses sels.

Pour oxyder le chloral liquide, on peut aussi se servir d'un mélange de chlorate de potasse et d'acide chlorhydrique; le chloral solide n'en est pas attaqué.

L'acide trichloracétique forme des rhomboèdres incolores, doués d'une faible odeur à froid, d'une saveur caustique et âpre, très-déliquescents, et par conséquent très-solubles dans l'eau. Il blanchit la langue, à la façon de l'eau oxygénée. Mis en contact avec la peau, il la désorganise et détermine une véritable vésication. Sa vapeur est très-suffocante; la densité de cette vapeur a été trouvée égale à 5,3.

Il est franchement acide et ne blanchit pas les couleurs végétales. Il fond à 46°, et bout entre 195 et 200° sans s'altérer. Sa densité à l'état solide est de 1,617.

Chauffé avec de l'acide sulfurique concentré, il donne de l'acide chlorhydrique, de l'oxyde de carbone et de l'acide carbonique; mais une grande partie de l'acide trichloracétique échappe à la décomposition, et vient cristalliser dans les tubes en rhomboèdres très-réguliers.

Quand on fait bouillir ensemble l'acide trichloracétique et un excès d'ammoniaque, il se dégage du chloroforme et du carbonate d'ammoniaque :

$$C^4HCl^3O^4 = \underset{\text{Chloroforme.}}{C^2HCl^3} + 2CO^2.$$

Traité par l'amalgame de potassium, l'acide trichloracétique régénère l'acide acétique.

§ 500. Les *trichloracétates* métalliques sont en général solubles dans l'eau. Ils se décomposent par la distillation sèche en chlorures, gaz chlorocarbonique et oxyde de carbone :

$$C^4MCl^3O^4 = MCl + 2\ COCl + 2\ CO.$$

Le *trichloracétate d'ammoniaque* [1], $C^4(NH^4)Cl^3O^4 + 4\,aq.$, cristallise en prismes très-solubles dans l'eau, fusibles à 80°, et se dé-

[1] N. Dumas admet dans ce sel 5 aq.

composant entre 110 et 115 en chloroforme, gaz chlorocarbonique, oxyde de carbone et sel ammoniac.

Lorsqu'on traite le trichloracétate d'ammoniaque par l'acide phosphorique anhydre, on obtient le trichloracétonitrile, ou cyanure de trichlorométhyle (§ 201).

Le *trichloracétate de potasse*, $C^4KCl^3O^4 + aq.$, est un sel très-facile à obtenir. Il suffit de neutraliser l'acide trichloracétique par du carbonate de potasse et d'abandonner la liqueur à une évaporation spontanée; le sel cristallise en fibres soyeuses, qui ne sont pas déliquescentes.

Le *trichloracétate de baryte* est un sel très-soluble dans l'eau.

Le *trichloracétate de chaux* est aussi fort soluble.

Le *trichloracétate d'argent*, $C^4AgCl^3O^4$, s'obtient à l'etat cristallisé. Si l'on met de l'oxyde d'argent humide dans une dissolution concentrée et froide d'acide trichloracétique, on le voit se transformer en paillettes grises. Par l'addition d'un peu d'eau, le sel se dissout, et si l'on évapore la liqueur à froid dans le vide sec et à l'abri de la lumière, on obtient de petits cristaux grenus. Ce sel est peu soluble et très-altérable à la lumière. Chauffé sur une feuille de papier, il fuse brusquement en répandant des vapeurs douées de l'odeur de l'acide trichloracétique, et en laissant pour résidu des végétations de chlorure d'argent pur.

[Voy. le *trichloracétate de méthyle*, p. 742, et le *trichloracétate d'éthyle*, p. 745.]

Dérivés sulfuriques de l'acide acétique.

§ 501. *Acide sulfacétique*[1], $C^4H^4S^2O^{10} = C^4H^4O^4, 2\,SO^3$. — Cet acide se prépare de la manière suivante : on ajoute, par petites portions à la fois, 1 p. d'acide sulfurique anhydre à 4 ou 5 p. d'acide acétique pur; après chaque addition, on refroidit avec précaution le mélange; quand il est bien homogène, on le porte lentement à une température de 60 à 75°, et on l'y maintient pendant plusieurs jours. Il acquiert toujours une teinte brunâtre, mais sans dégagement apparent de gaz. Ensuite on verse le produit dans une grande masse d'eau froide, et on sature à feu nu par du carbonate de baryte ou de plomb. On sépare à l'aide du filtre le sulfate et l'excès

[1] MELSENS (1842), *Mém. de l'Acad. royale de Bruxelles*, XVI, et *Ann. de Chim. et de Phys.*, [3] V, 392; X, 370.

de carbonate; la liqueur filtrée laisse déposer du sulfacétate de baryte ou de plomb. Les eaux mères retiennent de l'acétate et des sels bruns divers.

On extrait l'acide sulfacétique du sel de plomb en décomposant sa solution par l'hydrogène sulfuré. La liqueur évaporée dans le vide sec donne un sirop qui se prend souvent en aiguilles ou en fibres soyeuses. Ces cristaux sont fort déliquescents, fondent à environ 62°, et se prennent de nouveau en une masse radiée par le refroidissement.

Chauffé à 160° l'acide sulfacétique dégage l'odeur caractéristique du caramel ou de l'acide tartrique brûlé; à 200° il se décompose complétement.

Sa solution étendue ne se décompose pas par l'ébullition; sa saveur est franchement acide. Il ne précipite pas le nitrate d'argent, le sublimé corrosif, l'acétate neutre de plomb, les sels de fer, les sels de chaux. Quand il est très-concentré, il ne précipite pas non plus instantanément la solution du chlorure de baryum; mais au bout de quelque temps la liqueur dépose de petites aiguilles groupées en étoiles, qui disparaissent par l'addition de l'eau.

L'acide sirupeux renferme 4 atomes d'eau; celui qu'on obtient cristallisé en prismes transparents en renferme 3 atomes.

La dissolution aqueuse des sulfacétates métalliques est précipitée par l'alcool. Traités à chaud par l'acide sulfurique concentré, ils dégagent de l'acide carbonique et de l'acide sulfureux.

§ 502. L'acide sulfacétique est un acide bibasique.

Le *sulfacétate de potasse*, $C^4H^2K^2S^2O^{10} + 2$ aq., se dépose, par le refroidissement d'une solution bouillante, en petits cristaux durs et faciles à pulvériser.

Le *sulfacétate de baryte*, $C^4H^2Ba^2S^2O^{10} + 3$ aq., se présente sous divers aspects. Ordinairement quand il est pur il constitue de petits cristaux opaques, qui se déposent à l'état d'une croûte cristalline adhérant beaucoup aux vases. Une fois qu'il s'est déposé, il ne se dissout dans l'eau qu'avec beaucoup de difficulté; à 100° le sel retient encore 1 at. d'eau; à 250° il est parfaitement anhydre.

Le *sulfacétate de plomb*, $C^4H^2Pb^2S^2O^{10}$, se dépose parfois en aiguilles prismatiques, transparentes, très-courtes et partant d'un centre commun, d'autres fois en mamelons opaques qui ne renferment pas d'eau à 120°.

Le *sulfacétate d'argent* contient $C^4H^2Ag^2S^2O^{10}$. Pour obtenir ce sel à l'état de pureté, on décompose le sel de baryte suspendu dans l'eau par un léger excès d'acide sulfurique étendu, et l'on débarrasse la liqueur de l'excès d'acide sulfurique en la maintenant en digestion à une douce chaleur avec du carbonate de plomb. On sépare à l'aide du filtre, et l'on traite le liquide par l'hydrogène sulfuré, puis on sature par de l'oxyde d'argent, qu'il ne faut pas ajouter en trop grand excès.

Le sel se dépose, d'une solution saturée et bouillante, en petits prismes transparents, allongés, aplatis et terminés en biseau.

Les eaux mères de la préparation du sulfacétate d'argent retiennent un sel qui se dépose un des derniers, à l'état de petits cristaux transparents qui forment une croûte adhérant fortement aux vases. M. Melsens y a trouvé les rapports $C^2H^2Ag^2S^4O^{12} = C^2H^2Ag^2, 4SO^3$.

Quand on décompose le sulfacétate d'argent, suspendu dans de l'alcool absolu, par un courant de gaz chlorhydrique sec, il se produit un composé particulier. Si après avoir séparé par le filtre le chlorure d'argent qui s'est formé on porte le liquide dans le vide sec, on obtient un sirop qui ne précipite ni le nitrate d'argent ni le chlorure de baryum, et qui se dissout complétement dans l'eau. Il rougit le tournesol et décompose les carbonates à froid. On obtient un sel d'argent en saturant cet acide par l'oxyde d'argent; le sel se dissout dans l'alcool absolu, et y cristallise en lamelles nacrées. M. Melsens n'a pas obtenu des résultats constants à l'analyse de ce produit.

CHLORURE D'ACÉTYLE.

Syn. : Chlorure acétique.

Composition : $C^4H^3ClO^2$.

§ 503. On prépare aisément le chlorure d'acétyle [1], en introduisant dans une cornue tubulée de l'acétate de potasse fondu, et en y faisant arriver de l'oxychlorure de phosphore ; la réaction est très-vive, et le mélange s'échauffe assez pour qu'on n'ait pas besoin de chaleur extérieure. On fait bien de refroidir le récipient où l'on recueille le produit de la distillation ; il convient aussi de ne faire arriver l'oxychlorure que goutte à goutte, à l'aide d'un tube effilé fixé dans le bouchon que porte la tubulure de la cornue. Une ou

[1] GERHARDT (1852), *Compt. rend. de l'Acad.*, XXXIV, 755. *Ann. de Chim. et de Phys.*, [3] XXXVII, 294.

deux rectifications sur de nouvel acétate de potasse légèrement chauffé, à l'aide d'un ou deux petits charbons, suffisent pour débarrasser le produit de l'oxychlorure de phosphore qu'il aurait entraîné; finalement, on rectifie le produit en y maintenant un thermomètre, et l'on recueille le liquide qui passe à 55 degrés. Il ne faudrait pas répéter inutilement les rectifications sur l'acétate de potasse, parce qu'à chaque opération il s'en perd une certaine quantité, qui passe à l'état d'acide acétique anhydre. On s'assure aisément de l'absence de l'oxychlorure de phosphore dans le chlorure d'acétyle, en le dissolvant dans l'eau, saturant par l'ammoniaque et ajoutant du sulfate de magnésie : si le chlorure d'acétyle est pur, la solution n'est alors pas troublée par du phosphate ammoniaco-magnésien.

Si l'on emploie du protochlorure de phosphore pour préparer le chlorure d'acétyle, le produit de la distillation dépose, au bout d'un ou de deux jours, une certaine quantité d'une matière cristalline blanc jaunâtre, très-déliquescente, et qui se dissout dans l'eau avec bruit, comme le protochlorure de phosphore. Cette matière n'est pas volatile sans décomposition : elle se charbonne par la chaleur, et dégage une odeur phosphorée. Elle paraît être une combinaison de chlorure phosphoreux et de chlorure acétique. Il vaut donc mieux employer l'oxychlorure de phosphore pour la préparation du chlorure d'acétyle.

Obtenu comme il a été dit précédemment, le chlorure d'acétyle se présente sous la forme d'un liquide incolore, fort mobile, très-réfringent, plus pesant que l'eau, fumant légèrement à l'air humide. Son odeur suffocante rappelle à la fois celle de l'acide acétique et de l'acide chlorhydrique; ses vapeurs irritent vivement les yeux et le poumon. Il entre en ébullition à 55 degrés. Sa densité à l'état liquide est de 1,125 à 11 degrés; à l'état de vapeur, elle a été trouvée égale a 2,72.

Lorsqu'on verse quelques gouttes de chlorure d'acétyle dans l'eau, elles tombent d'abord au fond, puis elles s'y dissolvent en sautillant au sein du liquide, à la manière de l'oxychlorure de phosphore : il ne se produit ainsi que de l'acide acétique et de l'acide chlorhydrique :

$$C^4H^3ClO^2 + 2HO = C^4H^4O^4 + 2HCl.$$

Si l'on verse quelques gouttes d'eau sur le chlorure d'acétyle, la réaction est tellement violente, qu'il en résulte une véritable explosion.

L'ammoniaque et l'aniline agissent sur le chlorure d'acétyle avec beaucoup d'énergie. Avec l'aniline, on obtient de l'acétanilide. (Voy. *Phényl-acétamide*, § 507.)

Lorsqu'on chauffe légèrement du chlorure d'acétyle avec du zinc métallique dans un tube bouché, le métal s'attaque vivement, et il se produit une matière brune, goudronneuse. L'eau ajoutée à ce produit en sépare des flocons bruns (qui se rassemblent par la chaleur en une masse brune et poisseuse), en même temps qu'elle développe une odeur éthérée particulière; le liquide aqueux renferme du chlorure de zinc.

Le sulfure de plomb et le chlorure d'acétyle réagissent vivement; il distille un liquide incolore, doué d'une odeur fort désagréable qui rappelle celle de l'urine de chat. Ce liquide est soluble dans l'eau ; la solution donne par le bichlorure de mercure un précipité d'abord blanc, puis jaune. Ce précipité noircit par la potasse caustique. Lorsqu'on fait bouillir la solution où s'est formé le précipité, elle dégage de l'acide acétique. Le précipité, lavé à l'eau chaude et desséché au bain-marie, donne par la calcination un sublimé blanc de protochlorure de mercure, une matière jaune, beaucoup d'acide acétique (anhydre ?) et du sulfure de mercure. Le liquide fétide qui se produit par le chlorure d'acétyle et le sulfure de plomb est probablement le *sulfure d'acétyle*.

Dérivés chlorés du chlorure d'acétyle.

§ 504. *Chlorure de trichloracétyle*[1], dit aussi aldéhyde perchloré, $C^4Cl^4O^2$. — Ce corps est un produit constant de l'action de la chaleur sur les éthers éthyliques perchlorés :

$$C^8 Cl^{10}O^2 = C^4Cl^4O^2 + C^4Cl^6.$$
Oxyde d'éth. perchloré. — Sesquichlor. de carbone.

$$C^6 Cl^6 O^4 = C^4Cl^4O^2 + C^2O^2Cl^2.$$
Formiate d'éth. perchloré. — Oxychlor. de carbone.

$$C^8 Cl^8 O^4 = 2\, C^4Cl^4O^2.$$
Acétate d'éth. perchloré.

[1] MALAGUTI (1844), *Ann. de Chim. et de Phys.*, [3] XVI, 5. — CLOEZ, *ibid.*, XVII, 309.

$$C^{10}Gl^{10}O^{6} = C^{4}Gl^{4}O^{2} + C^{4}Gl^{6} + 2\,CO^{2}.$$

Carbon. d'éth. perchloré. — Sesquichlor. de carbone.

$$C^{12}Gl^{10}O^{8} = 2\,C^{4}Gl^{4}O^{2} + C^{2}O^{2}Gl^{2} + 2\,CO.$$

Oxalate d'éth. perchloré. — Oxychlor. de carbone.

Pour préparer le chlorure de trichloracétyle, il suffit de distiller l'éther perchloré (§ 790), de cohober le liquide fumant ainsi produit, de ne recueillir ensuite que les premières portions qui passent à la distillation, et de les rectifier jusqu'à ce qu'elles se dissolvent dans l'eau en donnant une solution parfaitement limpide. Tant qu'elles se troublent, elles renferment du sesquichlorure de carbone.

Ce dédoublement de l'éther perchloré en sesquichlorure de carbone et en chlorure de trichloracétyle s'effectue quelquefois déjà pendant la préparation de l'éther perchloré.

Le chlorure de trichloracétyle constitue un liquide limpide, incolore, fumant et rougissant le papier de tournesol humide. Placé sur le bout de la langue, il fait éprouver une sensation prononcée de sécheresse, ensuite une forte cuisson, et la partie touchée devient blanche.

Sa densité à l'état liquide est de 1,608 à 18°. Il bout à 118°; à l'état de vapeur, sa densité a été trouvée égale à 6,320, ce qui correspond à 4 volumes pour la formule indiquée.

Versé dans l'eau, il tombe au fond; mais peu à peu il s'y dissout, et la dissolution renferme alors de l'acide chlorhydrique et de l'acide trichloracétique.

Quand on verse un peu d'alcool sur le chlorure de trichloracétyle, la température s'élève au point que toute la masse entre en ébullition, et si l'on ne refroidit pas promptement tout est converti en vapeur; mais si, au contraire, on verse le chlorure peu à peu dans une certaine quantité d'alcool, la réaction s'opère d'une manière lente, et la température s'élève à peine; l'eau sépare du liquide alcoolique une huile qui présente la composition et toutes les propriétés de l'éther trichloracétique.

Mis en contact avec l'ammoniaque gazeuse ou liquide, le chlorure de trichloracétique se solidifie immédiatement, avec dégagement de chaleur, en donnant du sel ammoniac et de la trichloracétamide, qu'on parvient à extraire par l'éther.

Avec l'hydrogène phosphoré, le chlorure de trichloracétyle

donne de l'acide chlorhydrique et du phosphure de trichloracétyle [§ 510).

AZOTURE D'ACÉTYLE, OU AMIDE ACÉTIQUE.

Syn. : Acétamide.

Composition : $C^4H^5NO^2 = NH^2 (C^4H^3O^2)$.

§ 505. On obtient ce corps [1] en grande quantité en faisant réagir l'ammoniaque aqueuse sur l'acétate d'éthyle (éther acétique) :

$$\left.\begin{matrix} C^4H^3O^2O \\ C^4H^5O \end{matrix}\right\} + N\left\{\begin{matrix} H \\ H \\ H \end{matrix}\right.$$

Acétate d'éthyle. Ammoniaque.

$$= \left.\begin{matrix} HO \\ C^4H^5O \end{matrix}\right\} + N\left\{\begin{matrix} C^4H^3O^2 \\ H \\ H \end{matrix}\right.$$

Hydrate d'éthyle. Acétamide.

Il est solide, blanc, cristallin, fusible à 78°, et bout à 221°. Il se prend, par la fusion, en cristaux d'une grande beaute. Il a une saveur fraîche et légèrement sucrée.

Traité par l'acide phosphorique anhydre, il donne en abondance de l'acétonitrile (cyanure de méthyle, § 201). Par le potassium, il donne du cyanure, de l'hydrogène libre, un hydrocarbure gazeux, et de la potasse.

§ 506. *Éthyl-acétamide*, $C^8H^9NO^2 = NH(C^4H^5)(C^4H^3O^2)$. — Ce corps [2] se produit par la réaction de l'éthylamine et de l'acétate d'éthyle. Cet éther se dissout aisément dans l'éthylamine aqueuse; la solution évaporée d'abord au bain-marie et puis dans le vide sec se concentre peu à peu, mais refuse de cristalliser.

On obtient aussi l'éthyl-acétamide en mettant le cyanate d'éthyle en contact avec l'acide acétique monohydraté; ces deux corps réagissent à la température ordinaire, en dégageant de l'acide carbonique :

$$C^6H^5NO^2 + C^4H^4O^4 = 2\,CO^2 + C^8N^9NO^2.$$

Cyan. d'éthyle. Ac. acétiq. Éthyl-acétam.

L'éthyl-acétamide est un liquide sirupeux, qui bout vers 200°, et

[1] DUMAS, MALAGUTI et LEBLANC (1847), *Compt. rend. de l'Acad.*, XXV, 657.

[2] WURTZ (1850), *Ann. de Chim. et de Phys.*, [3] XXX, 491. *Compt. rend. de l'Acad.*, XXXVII, 180.

distille à peu près sans altération. La potasse le transforme en acétate et en éthylamine. L'acide phosphorique anhydre le charbonne.

Éthyl-diacétamide[1], $C^{12}H^{11}NO^4 = N(C^4H^5)(C^4H^3O^2)^2$. — Ce composé se produit au moyen du cyanate d'éthyle et de l'acide acétique anhydre. Ces deux corps étant renfermés dans un tube scellé réagissent à environ 180° ou 200° ; en ouvrant le tube refroidi, on remarque un abondant dégagement d'acide carbonique :

$$\underset{\text{Cyan. d'éthyle.}}{C^6H^5NO^2} + \underset{\text{Ac. acét. anhyd.}}{C^8H^6O^6} = 2\,CO^2 + \underset{\text{Éthyl. diacétam.}}{C^{12}H^{11}NO^4}.$$

On rectifie le produit liquide et brun de cette réaction ; son point d'ébullition s'élève rapidement à 192°. Le liquide qui passe à cette température est limpide, incolore, neutre au papier. La potasse le dédouble en acétate et en éthylamine.

§ 507. *Phényl-acétamide*, ou acétamilide, $C^{16}H^9NO^2 = NH(C^{12}H^5)(C^4H^3O^2)$. — Ce composé[2] s'obtient avec l'aniline et l'acide acétique anhydre ou le chlorure d'acétyle.

Le chlorure d'acétyle s'échauffe considérablement au contact de l'aniline ; chaque goutte en tombant dans l'alcali huileux produit un bruit semblable à celui d'un fer rouge qu'on plongerait dans l'eau. Le mélange se prend par le refroidissement en une masse cristalline ; on lave celle-ci à l'eau froide pour extraire le chlorhydrate d'aniline, et l'on fait cristalliser le résidu dans l'eau bouillante : la solution dépose, par le refroidissement, de magnifiques lames d'acétanilide. Lorsqu'on emploie de l'aniline impure pour la préparation de ce produit, les cristaux sont ordinairement colorés en rouge ; on les décolore aisément en les laissant sécher et en les faisant redissoudre dans l'eau bouillante : il reste alors sur le filtre une petite quantité d'une matière brune et huileuse, à laquelle les premiers cristaux doivent leur coloration.

L'acide acétique anhydre s'échauffe également avec l'aniline ; le produit se concrète par le refroidissement. On le purifie comme précédemment.

L'acétanilide se présente en lames incolores et bouillantes, peu solubles dans l'eau froide, assez solubles dans l'eau bouillante, assez

[1] WURTZ (1853), *Compt. rend. de l'Acad.*, XXXVII, 1-80, et Communication particulière.

[2] GERHARDT (1852), *Compt. rend. de l'Acad.*, XXXIV, 755. *Ann. de Chim. et de Phys.*, [3] XXXVII, 328.

solubles dans l'alcool et l'éther. Elle fond à 112 degrés, et se prend par le refroidissement en une masse cristalline. Elle distille sans altération.

La potasse bouillante l'attaque à peine, mais la potasse en fusion en dégage immédiatement de l'aniline.

Dérivés chlorés de l'acétamide.

§ 508. *Trichloracétamide*, chloracétamide ou chlocarbéthamide, $C^4H^2Cl^3NO^2 = NH^2(C^4Cl^3O^2)$. — Ce corps [1] se produit par l'action de l'ammoniaque sur le chlorure de trichloracétyle. On l'obtient aussi par l'ammoniaque et les éthers éthyliques perchlorés, tels que le formiate, l'acétate, le carbonate, l'oxalate, le succinate. L'éther acétique perchloré est le plus avantageux pour cette préparation.

On reprend par l'eau froide le produit de l'action de l'ammoniaque sèche sur l'une des substances mentionnées, de manière à dissoudre le chorhydrate d'ammoniaque, et l'on dissout dans l'éther le résidu de trichloracétamide.

Ce corps se présente en lames incolores, formées par des prismes droits, à base rectangulaire, dont les quatre arêtes verticales sont tronquées et donnent ainsi un prisme à 6 faces dont les angles sont de 120°. Les bases sont remplacées par un biseau à facettes striées. Les cristaux ont la consistance du talc, et se clivent facilement; le clivage est nacré. Ils ont un goût sucré, sont très-peu solubles dans l'eau froide, très-solubles dans l'alcool et l'éther. Ils fondent à 135°, commencent à brunir à 200°, et se mettent à bouillir vers 240°.

Broyés avec de la chaux, ils ne dégagent pas d'ammoniaque, mais ils en développent par la potasse bouillante. Mis en digestion avec de l'ammoniaque, ils finissent par se dissoudre, et donnent, par l'évaporation, de beaux prismes de trichloracétate d'ammoniaque.

L'acide phosphorique anhydre convertit la trichloracétamide en cyanure de trichlorométhyle (chloracétonitrile, § 201):

$$\underset{\text{Trichloracétamide.}}{C^4H^2Cl^3NO^2} = 2\,HO + \underset{\text{Cyan. de trichlorométhyle.}}{C^4Cl^3N.}$$

[1] CLOEZ (1845), *Compt. rend. de l'Acad.*, XXI. 69 et 373. *Ann. de Chim. et de Phys.*, [3] XVII, 305. — MALAGUTI, *Compt. rend. des Trav. de Chim.*, 1845, p. 208; *Compt. rend. de l'Acad.*, XXI, 291; XXII. 853; XXVII, 116. *Ann. de Chim. et de Phys.*, [3] XVI, 5 — CAHOURS, *Ann. de Chim. et de Phys.*, [3] XIX, 352. — GERHARDT, *Compt. rend. des Trav. de Chim.*, 1848, p. 277.

§ 509. *Quadrichloracétamide*, ou acide chloracétamique, $C^4HCl^4NO^2 = NHCl(C^4Cl^3O^2)$. — Lorsque, d'après les expériences de M. Cloez, on expose à l'action du chlore la trichloracétamide humectée d'eau, elle se transforme au bout de quelque temps en un autre corps cristallisé, qui tapisse les parois du flacon où se fait la réaction. Ce sont des prismes aiguillés, quelquefois très-longs, incolores, presque inodores, d'une saveur très-désagréable. Ce corps fond quand on le chauffe, et peut distiller en partie sans se décomposer. Il est insoluble dans l'eau, assez soluble dans l'alcool et l'esprit de bois, et très-soluble dans l'éther. Il se dissout à froid dans l'ammoniaque et dans la potasse, en donnant des combinaisons cristallisées [1].

Quand on le fait bouillir avec de la potasse, il se dégage de l'ammoniaque, et l'on n'obtient que du carbonate et du chlorure. On a en effet :

$$C^4HCl^4NO^2 + 6\,HO = NH^3 + 4\,ClH + 4\,CO^2.$$

La solution *ammoniacale* évaporée dans le vide laisse une masse amorphe, qui attire l'humidité de l'air et se transforme en paillettes très-brillantes. La solution de ce produit dans l'eau est neutre, et ne précipite ni les sels de plomb ni les sels d'argent.

PHOSPHURE D'ACÉTYLE.

Composition : $C^4H^5PO^2 = PH^2(C^4H^3O^2)$.

§ 510. On n'a pas encore obtenu le phosphure d'acétyle, mais on obtient un dérivé chloré [2], le *phosphure de trichloracétyle* ou chloracéthyphide, $C^4H^2Cl^3PO^2 = PH^2(C^4Cl^3O^2)$, en faisant réagir le chlorure de trichloracétyle et l'hydrogène phosphoré :

$$\left.\begin{matrix} C^4Cl^3O^2 \\ Cl \end{matrix}\right\} + P\left\{\begin{matrix} H \\ H \\ H \end{matrix}\right.$$

Clor. de trichloracétyle. Phosphure d'hydrog.

$$= \left.\begin{matrix} H \\ Cl \\ \end{matrix}\right\} + P\left\{\begin{matrix} C^4Cl^3O^2 \\ H \\ H \end{matrix}\right.$$

Chlorure d'hydrogène. Phosph. de trichloracétyle.

Le phosphure de trichloracétyle se forme aussi, en même temps

[1] Peut-être se fixe-t-il d'abord (KO,HO) de manière qu'il se produit un sel dont l'acide serait un hydrate d'oxyde d'ammonium.

[2] Cloez (1846), *Ann. de Chim. et de Phys.*, [3] XVII, 309.

que le gaz chlorocarbonique, quand on dirige l'hydrogène phosphoré dans le formiate d'éthyle perchloré (celui-ci se dédoublant par la chaleur en gaz chlorocarbonique et en chlorure de trichloracétyle).

C'est une substance blanche, en petites paillettes cristallines très-légères, d'une odeur légèrement alliacée, d'une saveur un peu amère. L'air ne l'altère pas; mais quand on la chauffe au contact de l'air, elle se décompose en laissant un résidu charbonneux et de l'acide phosphorique; elle est insoluble dans l'eau, et se dissout en petite quantité dans l'alcool, l'éther et l'esprit de bois.

AUTRES COMPOSÉS ACÉTIQUES.

§ 511. Outre les composés acétiques que nous venons de décrire, il en existe encore plusieurs autres, tels que le *benzoate d'acétyle*, le *cuminate d'acétyle*, le *salicylate d'acétyle*, etc. Ceux-ci représentent de l'acide acétique anhydre dans lequel la moitié de l'acétyle est remplacée par du benzoïle, du cumyle, du salicyle, etc. :

Acide acétique anhydre, ou acétate d'acétyle . . . . $= \left.\begin{matrix} C^4H^3O^2.O \\ C^4H^3O^2.O \end{matrix}\right\}$,

Benzoate d'acétyle. . . . . . . $= \left.\begin{matrix} C^{14}H^5O^2.O \\ C^4H^3O^2.O \end{matrix}\right\}$,

Salicylate d'acétyle. . . . . . . $= \left.\begin{matrix} C^{14}H^5O^4.O \\ C^4H^3O^2.O \end{matrix}\right\}$,

Cuminate d'acétyle. . . . . $= \left.\begin{matrix} C^{20}H^{11}O^2.O \\ C^4H^3O^2.O \end{matrix}\right\}$.

Voy., pour la description de ces composés, SÉRIE BENZOÏQUE (*Groupe benzoïque* et *Groupe salicylique*), SÉRIE CUMINIQUE, etc.

III.

GROUPE ACRYLIQUE.

§ 512. La glycérine, la matière première avec laquelle on obtient les composés de ce groupe, se forme par la saponification d'un grand nombre de matières grasses; elle n'a pas encore été produite par la métamorphose d'autres corps qui ne fussent pas déjà des combinaisons glycériques. En perdant les éléments de l'eau, la glycérine se convertit en acroléine ; en fixant de l'oxygène, l'acroléine se convertit en acide acrylique :

Glycérine. . . . $C^6H^8O^6$,
Acroléine. . . . $C^6H^4O^2$,
Acide acrylique. $C^6H^4O^4$.

Sous l'influence des agents d'oxydation, ces trois composés se convertissent en acide acétique ; sous l'influence des agents de réduction (par la fermentation), la glycérine se transforme en acide propionique, l'homologue de l'acide acétique.

L'acroléine ressemble aux aldéhydes, et devra peut-être se considérer comme l'hydrure d'un radical particulier ($C^6H^3O^2$, *acryle*) ; l'acide acrylique serait alors l'hydrate de l'oxyde de ce radical, qui, à en juger par la facilité avec laquelle ses composés se métamorphosent, dériverait déjà lui-même du formyle ou de l'acétyle. Ce n'est là qu'une hypothèse, qui a besoin d'être vérifiée par de nombreuses expériences.

GLYCÉRINE.

Syn. : hydrate d'oxyde de lipyle.

Composition : $C^6H^8O^6$.

§ 513. La plupart des graisses solides et des huiles grasses qu'on rencontre dans les plantes et dans les parties animales donnent lorsqu'on les traite, en présence de l'eau, par les alcalis, ou par d'autres oxydes métalliques, une substance douée d'une saveur sucrée, à laquelle les chimistes modernes ont donné le nom de *glycérine* (du grec γλυκύς, doux). Scheele[1] la découvrit en 1779, en préparant l'emplâtre diapalme, et lui donna le nom de *principe doux des huiles*. On doit particulièrement à M. Chevreul, à M. Pelouze et à M. Redtenbacher la connaissance de l'histoire chimique de cette substance.

Certaines huiles végétales, par exemple l'huile de palme, renferment de la glycérine à l'état libre, et la donnent par un simple traitement à l'eau bouillante. (Pelouze et Boudet, Stenhouse.)

On prépare la glycérine par la saponification des huiles avec l'oxyde de plomb : on met parties égales d'huile d'olive et de massicot en poudre fine dans une bassine avec de l'eau ; on fait bouil-

[1] SCHEELE (1779), *Opuscula*, II, 175. — CHEVREUL, *Recherches sur les corps gras*, 209 et 338. — PELOUZE, *Ann. de Chim et de Phys.*, LXIII. 19 ; *Compt. rend. de l'Acad.*, XXI, 718. — REDTENBACHER, *Ann. der Chem. u. Pharm.*, XLVII, 113.

lir, en ajoutant de l'eau chaude à mesure qu'elle s'évapore et en agitant sans cesse le mélange, afin d'éviter qu'il ne s'en charbonne une partie au fond de la bassine. Lorsque l'emplâtre (mélange d'oléate et de margarate de plomb) s'est formé, on ajoute de l'eau chaude et l'on décante la liqueur aqueuse. Après l'avoir filtré, on y fait passer un courant d'hydrogène sulfuré; on filtre de nouveau, et l'on évapore la liqueur au bain-marie.

La glycérine s'obtient comme produit accessoire dans la fabrication des bougies stéariques. Elle prend naissance par la saponification du suif au moyen de la chaux, et se présente à l'état d'une solution brun jaunâtre, qu'il faut purifier. On évapore celle-ci à consistance sirupeuse, et on la chauffe dans une capsule jusqu'à + 120° à 130°. Après le refroidissement, on a un sirop fluide, brun jaunâtre, qu'on dissout dans 4 à 5 fois son poids d'alcool très-concentré, pour précipiter les sulfates qui troublent la liqueur. On la laisse s'éclaircir dans un flacon fermé, ce qui d'ordinaire ne s'effectue que très-lentement. On filtre la partie liquide, et on chasse l'alcool par la distillation. Puis on dissout le sirop brun dans l'eau, on fait digérer la solution avec de l'oxyde de plomb en poudre, jusqu'à ce qu'elle en ait dissous une petite quantité; on filtre ensuite, et on enlève l'oxyde de plomb par l'hydrogène sulfuré. Le but de cette opération est de débarrasser la glycérine d'un acide particulier qui a pris naissance pendant la formation de la glycérine, et qui forme avec l'oxyde de plomb un sous-sel insoluble dans l'eau. La liqueur traitée par l'hydrogène sulfuré n'a plus qu'une légère teinte jaunâtre, qu'on peut enlever complétement par le charbon animal. On la concentre ensuite dans le vide sur l'acide sulfurique.

Il résulte des expériences de M. Rochleder[1] qu'on peut aussi isoler la glycérine des huiles grasses au moyen de l'acide chlorhydrique. Si l'on dissout, par exemple, de l'huile de ricin dans l'alcool absolu, et qu'on dirige dans la liqueur échauffée un courant de gaz chlorhydrique sec, l'huile se décompose. En agitant le liquide avec de l'eau dès que le gaz chlorhydrique a réagi assez longtemps, on obtient une émulsion qui se partage peu à peu en deux couches, l'une huileuse, qui surnage, l'autre aqueuse et fort acide On décante cette dernière à l'aide d'un siphon, et on l'évapore au bain-marie. Il s'en dégage d'abord de l'acide chlorhydrique, et il reste enfin une masse sirupeuse et jaunâtre, qu'on traite par l'éther. Ce-

[1] Rochleder, *Ann. der Chem. u. Pharm.*, LIX, 260.

lui-ci en dissout une partie et en laisse une autre à l'état insoluble. La partie insoluble dans l'éther est de la glycérine; celle que l'éther a dissoute renferme les éthers des acides gras de l'huile de ricin.

§ 514. Concentrée dans le vide, la glycérine se présente sous la forme d'un liquide sirupeux, incristallisable, d'une couleur légèrement jaunâtre, sans odeur et d'une saveur franchement sucrée. Elle tombe en déliquescence à l'air humide.

Son poids spécifique est de 1,280 à + 15°. Elle se dissout en toutes proportions dans l'eau et l'alcool; elle est insoluble dans l'éther. Elle dissout tous les sels déliquescents, ainsi que quelques nitrates, chlorures et sulfates métalliques, et même l'oxyde de plomb.

Soumise à la distillation, elle se décompose en grande partie en donnant des gaz inflammables, de l'acide acétique et de l'acroléine; une petite portion de la glycérine distille sans altération.

Lorsqu'on évapore la solution de la glycérine au contact de l'air, il se produit une matière brune, qui est précipitée par le sous-acétate de plomb.

La glycérine s'échauffe avec le noir de platine, en absorbant beaucoup d'oxygène et en dégageant une vapeur légèrement acide. Suivant M. Dœbereiner, elle se convertit, dans ces circonstances, en un acide non volatil et incristallisable, qui réduit à chaud le nitrate mercureux et le nitrate d'argent. Si l'on fait cette expérience dans le gaz oxygène, sur le mercure, l'absorption de ce gaz est terminée dans l'espace de quelques heures : il se produit ainsi un peu d'acide carbonique et le même acide incristallisable dont on vient de parler; celui-ci finit par se convertir lui-même en acide carbonique et en eau [1].

Lorsqu'on dissout la glycérine dans beaucoup d'eau, qu'on ajoute à la liqueur de la levûre de bière bien lavée, et qu'on expose le mélange pendant quelques mois au contact de l'air, à la température de 20 à 30°, en ayant soin de remplacer l'eau à mesure qu'elle s'évapore et d'agiter fréquemment le mélange, il se produit beaucoup d'acide propionique [2] (avec de petites quantités d'acide acétique et d'acide formique). Il ne se développe que fort peu de gaz dans cette réaction. La glycérine se réduit donc, par la fermentation, pour se transformer en une combinaison moins oxygénée :

[1] DOEBEREINER. *Journ. f. prakt. Chem.*, XXVIII, 499; XXIX, 451.

[2] REDTENBACHER, *Ann. der Chem. u. Pharm.*, LVII, 174.

$$C^6H^8O^6 - 2\,(O + HO) = C^6H^6O^4.$$

Glycérine. Ac. propionique.

La glycérine forme avec la baryte, la strontiane et la chaux, des combinaisons solubles dans l'eau, qui ne sont pas précipitées par l'acide carbonique (Chevreul); à l'état anhydre, elle dissout aussi beaucoup de soude et de potasse. Elle dissout l'oxyde de plomb en petite quantité.

Mélangée avec de l'hydrate de potasse, la glycérine se convertit, à une douce chaleur, en acétate et en formiate de potasse[1], avec dégagement d'hydrogène :

$$C^6H^8O^6 + 2\,HO = C^4H^4O^4 + C^2H^2O^4 + 2\,H^2.$$

Glycérine. Ac. acétiq. Ac. formiq.

Dans cette réaction, la glycérine paraît d'abord se transformer en acroléine, par l'effet de l'élimination de 4 HO, car le mélange de glycérine et de potasse devient d'abord plus fluide; c'est cette acroléine qui se convertit ensuite en acrylate de potasse, et finalement celui-ci en acétate et en formiate.

La glycérine s'échauffe avec l'acide phosphorique anhydre, et dégage, à la distillation, de l'acroléine; la masse se boursoufle et se charbonne considérablement.

Avec l'acide phosphorique hydraté, l'acide sulfurique, l'acide acétique, l'acide butyrique, et beaucoup d'autres acides, la glycérine donne des combinaisons particulières, que je propose de désigner sous le nom de *glycérides* § 515).

L'acide chlorhydrique fumant se dissout dans la glycérine sans l'altérer. A chaud, l'acide chlorhydrique gazeux la transforme en chlorhydrine (chlorhydrate de glycérine). Lorsqu'on la distille avec du peroxyde de manganèse et de l'acide chlorhydrique ou de l'acide sulfurique dilué, on obtient de l'acide carbonique et beaucoup d'acide formique.

L'acide nitrique attaque aisément la glycérine, en produisant de l'acide carbonique et de l'acide oxalique. Lorsqu'on fait tomber la glycérine goutte à goutte, et en agitant constamment, dans un mélange de 2 p. d'acide sulfurique et de 1 p. d'acide nitrique concentré, maintenu dans un mélange refrigérant, la glycérine se dissout avec calme, sans développer de vapeurs nitreuses; l'eau précipite ensuite du mélange une huile jaunâtre soluble dans l'alcool et l'éther, d'une saveur sucrée et aromatique; il suffit de

[1] Dumas et Stas, *Ann. de Chim. et de Phys.*, LXXIII, 148.

porter sur la langue une petite quantité de cette huile pour en éprouver pendant plusieurs heures une migraine assez forte [1]. Il est probable que cette huile renferme les éléments de la vapeur nitreuse.

La glycérine dissout une quantité considérable de brôme; le mélange s'échauffe, et si on l'étend d'eau, il se précipite une huile pesante, soluble dans l'alcool et l'éther, et d'une agréable odeur aromatique. Suivant M. Pelouze, cette huile renfermerait $C^{12}H^{11}Br^{3}O^{10}$. Exposé pendant quelques mois, dans un flacon bouché, à l'action du chlore gazeux, la glycérine dégage beaucoup d'acide chlorhydrique, et se transforme en une matière sirupeuse; l'eau précipite de cette dernière beaucoup de flocons blancs, fusibles, d'une saveur âcre et amère, et d'une odeur désagréable. La glycérine dissout aussi beaucoup d'iode, mais ce corps ne paraît pas y réagir.

Lorsqu'on mélange la glycérine avec une solution d'acétate ou de sulfate de cuivre, on obtient une liqueur d'un bleu d'azur; si l'on porte le mélange à l'ébullition, il ne se précipite que fort peu de protoxyde de cuivre [2]; si l'on ajoute un peu de potasse à la solution du sulfate de cuivre additionnée de glycérine, il se produit un précipité qui se dissout dans un excès de potasse, mais la liqueur bleue qu'on obtient ainsi dépose déjà des flocons bleuâtres lorsqu'on la chauffe au-dessus de 100° [3].

La solution du chlorure d'or précipite par la glycérine une poudre pourpre foncé.

Lorsqu'on traite la glycérine [4] par du perchlorure de phosphore, il se dégage beaucoup de chaleur; le mélange devient gluant, et durcit par le refroidissement. Si on traite le produit par une solution de carbonate de soude, on obtient une substance ayant l'aspect de la silice précipitée. Cette substance renferme du chlore. Elle se dissout aisément à froid dans la potasse caustique; elle se dissout lentement dans l'ammoniaque bouillante. L'alcool, l'éther et l'eau froide ne la dissolvent pas, mais l'eau bouillante la décompose lentement; la solution aqueuse donne par l'évaporation une masse dure, transparente, extrêmement hygrométrique, rougis-

[1] SOBRERO, *Compt. rend. de l'Acad.*, XXIV, 247.
[2] VOGEL, *Journ. f. Chem. u. Phys. von Schweigger*, XIII, 167.
[3] LASSAIGNE, *Journ. de Chim. médic.*, XVIII, 417.
[4] DUFFY, *The Quarterl. Journ. of the Chem. Society*, V, 303; et *Journ. f. prakt. Chem.*, LVIII, 358.

sant le tournesol, mais ne contenant ni acide chlorhydrique ni acide phosphorique.

Dérivés de la glycérine. Glycérides.

§ 515. M. Chevreul a le premier signalé l'analogie qui existe entre les éthers et certains corps gras naturels : de même que les éthers traités par les alcalis se dédoublent en acide et en alcool, de même les huiles et les graisses naturelles se dédoublent sous l'influence des mêmes agents en acide gras et en glycérine. Comme les éthers, les corps gras dont nous parlons renferment donc les éléments de la glycérine plus ceux d'un acide, moins les éléments de l'eau; on ne connaît pas encore d'une manière exacte les proportions de ces parties constituantes.

Ce genre de combinaison n'est pas borné aux acides gras : M. Pelouze a démontré en effet qu'on peut combiner la glycérine avec l'acide phosphorique et avec l'acide sulfurique de manière à produire des composés semblables, sous beaucoup de rapports, à l'acide éthyl-sulfurique et à l'acide éthyl-phosphorique. MM. Pelouze et Gélis ont également réussi à combiner la glycérine avec l'acide butyrique; Berzelius a obtenu une combinaison avec l'acide tartrique; enfin, plus récemment, M. Berthelot est parvenu à combiner la glycérine avec d'autres acides et à opérer la synthèse des corps gras naturels, tels que la stéarine, la margarine, la palmitine, etc.

M. Berthelot[1] obtient plusieurs glycérides par la combinaison directe de leurs parties constituantes (acide et glycérine); cette combinaison s'effectue sous l'influence d'un contact prolongé, en vase clos et avec le concours d'une température plus ou moins élevée. Ce chimiste a d'ailleurs observé que presque tous les glycérides se forment déjà à la température ordinaire, seulement en très-petite quantité.

Les glycérides peuvent aussi se produire par la méthode qu'on emploie pour éthérifier les acides gras : on mêle l'acide sec avec la glycérine sirupeuse, on chauffe le mélange à 100 degrés, on y fait passer un courant de gaz chlorhydrique pendant quelques heures, en maintenant le mélange à 100 degrés, puis on laisse

[1] BERTHELOT, *Compt. rend. de l'Acad.* XXXVI, 57, et Communication particulière.

refroidir dans le courant gazeux. Cela fait, on abandonne le tout à la température ordinaire pendant plusieurs heures ou plusieurs jours, souvent même pendant plusieurs semaines; on réitère au besoin l'action de l'acide chlorhydrique. Au bout d'un temps plus ou moins long, la combinaison est produite; pour l'isoler, il suffit de saturer le mélange par le carbonate de soude. On la purifie par des lavages répétés, d'après les procédés ordinaires.

Les combinaisons qu'on obtient ainsi sont oléagineuses, ordinairement peu solubles ou insolubles dans l'eau. Ce sont des substances neutres, incapables de s'unir d'une manière immédiate aux carbonates alcalins. Les alcalis les attaquent lentement et les saponifient : toutes régénèrent ainsi l'acide qui leur a donné naissance, et l'isolent de la glycérine. On peut encore les décomposer d'une manière analogue, en saturant d'acide chlorhydrique leur solution alcoolique, procédé employé par M. Rochleder pour l'extraction de la glycérine[1]. On obtient par là, au bout de vingt-quatre heures de repos, l'éther de l'acide employé et la glycérine. Il suffit de précipiter par l'eau l'éther produit (s'il est assez peu soluble dans ce liquide) et d'évaporer la liqueur aqueuse. La glycérine ainsi préparée contient encore un peu d'acide libre; pour l'en débarrasser, on l'agite avec de petites quantités d'oxyde d'argent; on ajoute de l'eau, et l'on filtre. La liqueur concentrée fournit de la glycérine pure.

L'ammoniaque transforme beaucoup de glycérides en amides.

Soumis à la distillation, la plupart des glycérides se décomposent en donnant de l'acroléine. Toutefois la stéarine, la margarine, l'oléine et la palmitine prises en petite quantité peuvent être distillées dans le vide barométrique sans fournir d'acroléine.

Quant à la composition des glycérides, on remarquera que ceux d'entre eux qu'on obtient artificiellement présentent en général la composition des éthers correspondants, tandis que les glycérides naturels, tels que la stéarine, la margarine, etc., renferment des proportions d'acide plus fortes que celles qu'on trouve dans les combinaisons méthyliques ou éthyliques. Au reste, suivant M. Berthelot, certains acides se combinent avec la glycérine en

[1] Voy. p. 764.

plusieurs propositions ; on trouvera plus loin les analyses sur lesquelles ce chimiste se fonde pour admettre deux ou trois acétates, butyrates, valérates, etc. de glycérine. Les formules attribuées à ces différents composés ne me paraissent pas bien établies, et je suis fort porté à croire que l'auteur a eu souvent entre les mains des matières impures.

§ 516. *Acide sulfoglycérique*[1], $C^6H^8O^6$, S^2O^6. — L'acide sulfurique concentré, mis en contact avec la moitié de son poids de glycérine, se mêle avec cette substance sans la colorer et en produisant une grande élévation de température. Le mélange refroidi, étendu d'eau, saturé par un lait de chaux et filtré, donne par l'évaporation une masse sirupeuse, de laquelle le froid sépare des cristaux incolores de sulfoglycérate de chaux. Celui-ci, traité par l'acide oxalique, fournit avec facilité l'acide sulfoglycérique.

L'acide sulfoglycérique se présente sous la forme d'un liquide incolore et sans odeur, d'une saveur fortement acide, et d'une instabilité telle qu'en l'évaporant dans le vide à plusieurs degrés au-dessus de zéro on le décompose en acide sulfurique et en glycérine, alors même qu'il contient encore une quantité d'eau très-considérable. Il décompose avec facilité tous les carbonates.

Tous les *sulfoglycérates* se distinguent par la facilité avec laquelle ils fixent les éléments de l'eau, sous l'influence des alcalis, pour se transformer en glycérine et en sulfates. Ils sont tous fort solubles dans l'eau, et ont une saveur fort amère. Ils donnent, par la distillation sèche, de l'acide sulfureux, de l'acide acrylique, de l'acroléine et des produits secondaires.

Le *sel de baryte* renferme probablement $C^6H^7BaO^6$, S^2O^6. La baryte décompose à froid le sulfoglycérate de chaux, et en précipite de la chaux. Lorsqu'on chauffe le sulfoglycérate de baryte avec un excès de baryte, il se décompose, même au-dessous de 100°, en déposant du sulfate de baryte et en mettant de la glycérine en liberté.

Le *sel de chaux*, $C^6H^7CaO^6$, S^2O^6 (à 110°), cristallise en aiguilles prismatiques, incolores, solubles dans moins de leur poids d'eau froide, insolubles dans l'alcool et l'éther ; à une température de 140 à 150°, il se décompose en répandant une odeur pénétrante d'acroléine et en laissant un résidu noir, qui blanchit par une calcination prolongée à l'air. La solution aqueuse du sel n'est pas

[1] PELOUZE (1836), *Ann. de Chim. et de Phys.*, LXIII, 21.

décomposée par l'eau de chaux à la température ordinaire, mais quelques moments d'ébullition suffisent pour en déterminer la décomposition; le sel ainsi altéré trouble la solution du chlorure de baryum.

Le *sel de plomb* présente la même composition que le sel de chaux, et se dissout aisément dans l'eau.

Le *sel d'argent* est fort soluble dans l'eau.

§ 516 *a*. *Chlorhydrine*[1], ou chlorhydrate de glycérine, $C^6H^7ClO^4 = C^6H^8O^6 + HCl - 2\ HO$. — On obtient ce corps en saturant d'acide chlorhydrique gazeux la glycérine légèrement chauffée et en maintenant la dissolution à 100°, pendant trente-six heures; sans cette précaution on n'obtient que des traces de produit. On sature la liqueur par le carbonate de potasse; on l'agite avec de l'éther, et l'on évapore la solution éthérée. Le résidu de cette évaporation étant distillé, fournit à 227° la chlorhydrine; pour purifier ce produit, on le traite par la chaux et par l'éther.

La chlorhydrine constitue une huile neutre, d'une odeur fraîche et éthérée, d'un goût d'abord sucré, puis piquant; elle se mêle à l'eau et à l'éther. Son point d'ébullition est fixe à 227°.

Elle renferme :

	Berthelot.	Calcul.
Carbone.	32,9	32,58
Hydrogène.	6,8	6,33
Chlore.	30,8	32,12
Oxygène.	29,5	28,97
	100,0	100,00

Cette substance ne précipite pas le nitrate d'argent, au moins immédiatement. Elle brûle avec une flamme blanche bordée de vert, en dégageant de l'acide chlorhydrique.

L'oxyde de plomb la saponifie lentement et difficilement, en mettant de la glycérine en liberté.

Lorsqu'on prépare les glycérides avec le concours de l'acide chlorhydrique, les produits contiennent toujours une certaine quantité de chlorhydrine, qu'on ne parvient pas à enlever d'une manière complète.

§ 517. *Acide phosphoglycérique*[2], $C^6H^8O^6$, HO, PO^5. — Suivant

[1] Berthelot (1853). *loc. cit.*

[2] Pelouze (1845), *Compt. rend. de l'Acad.*, XXI, 718. — Gobley, *Journ. de Pharm.*, [3] IX, 161; XI, 409; XII, 5.

M. Gobley, cet acide se rencontre, sous la forme d'une combinaison particulière, dans le jaune d'œuf et dans la matière cérébrale.

Lorsqu'on mêle la glycérine avec l'acide phosphorique solide (anhydre ou hydraté), la température du mélange s'élève rapidement au delà de 100°, pourvu qu'on opère sur une trentaine de grammes de matière. Le mélange contient beaucoup d'acide phosphoglycérique; après l'avoir étendu d'eau, on le neutralise par du carbonate de baryte et en dernier lieu par de l'eau de baryte. La liqueur renferme alors du phosphoglycérate de baryte; précipitée exactement par l'acide sulfurique, elle fournit l'acide phosphoglycérique.

Voici comment M. Gobley extrait l'acide phosphoglycérique du jaune d'œuf. On commence par sécher les jaunes d'œuf au moyen de la chaleur, pour en chasser la plus grande partie de l'eau; on épuise la matière par l'éther bouillant, et l'on évapore la liqueur filtrée. On obtient ainsi un résidu, qu'on filtre à son tour à travers du papier, à une douce chaleur, de manière à faire passer la plus grande partie de l'huile qu'il renferme; le papier retient une matière visqueuse, qu'on débarrasse, par la presse entre des doubles de papier, de l'huile qu'elle peut encore contenir. On agite ensuite cette matière visqueuse pendant dix-huit à vingt-quatre heures avec de la potasse diluée; on chauffe au bain-marie, et l'on décompose à chaud par un léger excès d'acide acétique; on sépare par le filtre les matières précipitées, et l'on ajoute un excès d'acétate de plomb à la liqueur filtrée. Ce sel précipite l'acide phosphoglycérique; on décompose le précipité par l'hydrogène sulfuré, on filtre et l'on concentre le liquide filtré par l'évaporation à une douce chaleur. Ainsi obtenu, la solution de l'acide phosphoglycérique contient quelquefois des traces d'acide chlorhydrique, et toujours un peu de phosphate acide de chaux, provenant du phosphate de chaux contenu dans la matière visqueuse. On enlève aisément l'acide chlorhydrique en agitant la liqueur avec une petite quantité d'oxyde d'argent, filtrant pour séparer le chlorure, et faisant passer de l'hydrogène sulfuré dans la liqueur pour précipiter l'argent resté en dissolution. Quant au biphosphate de chaux, on l'enlève en ajoutant de l'eau de chaux à la liqueur acide; lorsque la saturation est complète, il se sépare beaucoup de flocons de phosphate de chaux neutre, dont on se débarrasse par le filtre. On évapore ensuite; le phosphoglycérate de chaux, étant plus soluble dans l'eau froide que dans l'eau chaude, ne tarde pas à apparaître sous la forme de lames nacrées, qu'on enlève et qu'on fait sécher entre des feuilles de papier non collé. On isole l'acide phosphoglycérique en décomposant ce sel de chaux par l'acide oxalique. On retire du jaune d'œuf environ 1,2 p. 100 d'acide phosphoglycérique.

L'acide phosphoglycérique est un liquide incristallisable. Il peut être évaporé jusqu'à un certain point, au delà duquel il se décompose, et contient alors de l'acide phosphorique et de la glycérine libres. Concentré dans le vide, il s'épaissit et devient visqueux. Il est d'une saveur fort acide, fort soluble dans l'eau et l'alcool. Il donne par la calcination un charbon fort acide.

§ 518. Les *phosphoglycérates* sont pour la plupart solubles dans l'eau, mais insolubles ou peu solubles dans l'alcool.

Le *sel de baryte* renferme $C^6H^7BaO^6,BaO,PO^5$, à 150°. Il est soluble dans l'eau, et en est précipité par l'alcool.

Le *sel de chaux* contient, à 120°, $C^6H^7CaO^6,CaO,PO^5$; cette composition est la même à 165°. Il constitue des lames micacées, entièrement incolores, sans odeur, d'une saveur légèrement âcre. Il est très-peu soluble dans l'eau à 100°, très-soluble au contraire à froid, de sorte qu'il se dépose presque entièrement de sa solution aqueuse lorsqu'on porte celle-ci à l'ébullition; il se comporte à cet égard comme l'éthyl-phosphate de chaux. L'alcool le précipite de sa solution aqueuse.

Le phosphoglycérate de chaux n'est pas décomposé par une chaleur de 170°; il noircit par la calcination. Lorsqu'on le fait bouillir avec de l'eau de chaux, il se décompose en phosphate neutre de chaux et en glycérine; celle-ci peut s'extraire par l'alcool.

Le *sel de plomb* est insoluble dans l'eau, et renferme $C^6H^7PbO^6$, $PbO.PO^5$, à 120°.

§ 519. *Acétine*[1], ou acétate de glycérine. — M. Berthelot distingue deux acétines : l'une α se produit avec la glycérine et l'acide acétique à 100°, l'autre β (*acétidine*) se forme dans les circonstances les plus variées, soit à 275°, soit à 200°, en présence d'un excès de glycére ou d'un excès d'acide.

α. C'est un liquide neutre, odorant, d'une saveur piquante; il

[1] BERTHELOT (1853), *loc. cit.*

renferme $C^{10}H^{10}O^{8}$, c'est-à-dire $C^{4}H^{4}O^{4} + C^{6}H^{8}O^{6} - 2\,HO$. Il a donné à l'analyse :

	Berthelot.		Calcul.
Carbone.	45,7	46,0	44,8
Hydrogène.	7,4	7,6	7,5
Oxygène.	46,9	46,4	47,7
	100,0	100,0	100,0

β. C'est une huile très-notablement soluble dans l'eau ; elle possède une odeur agréable, analogue à celle de l'éther acétique, mais beaucoup plus persistante ; sa densité est de 1,184. Soumise à une distillation fractionnée et ménagée avec soin, elle peut être volatilisée à 280° sans décomposition sensible. Après cette opération, elle conserve son odeur suave, et se présente sous la forme d'une huile limpide et incolore, douée d'une saveur d'abord sucrée, comme la glycérine, puis piquante et éthérée. Elle renferme $C^{10}H^{9}O^{7}$, c'est-à-dire $C^{4}H^{4}O^{4} + C^{6}H^{8}O^{6} - 3\,HO$. Elle a donné à l'analyse [1] :

	Berthelot.						Calcul.
	a	*b*	*b*	*c*	*d*	*e*	
Carbone. . .	47,7	47,8	47,1	47,6	47,5	47,1	48,0
Hydrogène. .	7,3	7,3	7,6	7,7	7,4	7,7	7,2
Oxygène. . .	45,0	44,9	45,3	44,7	45,1	45,2	44,8
	100,0	100,0	100,0	100,0	100,0	100,0	100,0

Traitée par le gaz chlorhydrique et l'alcool, elle se réduit en éther acétique et en glycérine.

Saponifiée par la baryte, elle fournit de la glycérine, et la moitié de son poids d'acide acétique.

Le mélange d'acide acétique et de glycérine, saturé à 100 degrés de gaz chlorhydrique, ne commence à fournir l'acétine qu'après une semaine de repos.

Plusieurs huiles naturelles, notamment l'huile de foie de morue, produisent, par la saponification, de l'acide acétique, il serait possible que l'acétine formât l'un des principes de ces huiles. Suivant M. Schweizer [2], l'huile de fusain (*evonymus europæus*) contiendrait de l'acétine.

[1] La matière analysée avait été préparée de la manière suivante ; *a* à 200°, avant la distillation ; *b* à 280°, après la distillation ; *c* à 275°, avec excès de glycérine ; *d* à 200°, avec 1 p. de glycérine et 4 p. d'acide acétique concentré ; *e* à 200°, avec de l'acide acétique aqueux.

[2] SCHWEIZER, *Mittheil. der naturf. Gesellschaft zu Zürich*, 1851, p. 1.

§ 520. *Acide tartroglycérique*[1]. — On obtient ce composé, suivant Berzélius, en chauffant à environ 150° un mélange d'atomes égaux de glycérine et d'acide tartrique sec en poudre grossière (ou d'acide paratartrique effleuri). L'acide se dissout alors, en même temps qu'il se dégage de la vapeur d'eau.

Après que tout développement de vapeurs a cessé, la solution coule tranquillement; elle est un peu jaune brunâtre, et supporte sans s'altérer une température de 158° et même un peu plus élevée. Après le refroidissement, elle est transparente, et se prend en une masse molle, susceptible de recevoir l'empreinte des ongles et d'être tirée en fils. Ce composé a une saveur faible, franchement acide; il est sans odeur, et s'humecte à l'air en se changeant en un épais sirop; il est insoluble dans l'éther seul, mais il se dissout aisément dans un mélange d'alcool et d'éther. Il se conserve sans altération à l'état de sirop. Ni le carbonate ni l'acétate de potasse, ajoutés en petite quantité, n'y produisent de précipité de bitartrate de potasse.

Si l'on y ajoute beaucoup d'eau, il se décompose partiellement en glycérine et en acide libre; ce phénomène est plus rapide si l'on chauffe la liqueur. Le mélange étant de nouveau évaporé et chauffé jusqu'à 150°, reproduit l'acide tartroglycérique.

Cet acide expulse l'acide carbonique des carbonates alcalins et terreux, en formant des sels solubles ayant l'aspect de masses gommeuses. Les tartroglycérates sont insolubles dans l'alcool, qui les précipite de leur solution aqueuse; ce caractère fournit le moyen de purifier l'acide tartroglycérique, en le débarrassant de la glycérine et du sel qui auraient pu se produire par l'ébullition de l'eau. Ils sont tout à fait sans saveur. Les combinaisons neutres, dissoutes dans beaucoup d'eau et soumises à l'évaporation, se décomposent et deviennent acides.

Le *sel de chaux* est le seul tartroglycérate sur lequel on possède quelques notions. Il paraît renfermer $C^6H^7CaO^6$, $C^8H^4O^{10}$ + 3 aq. Lorsqu'on sature la solution aqueuse de l'acide tartroglycérique par du carbonate de chaux, il se précipite toujours un peu de tartrate de chaux, provenant de l'acide tartrique que l'eau a isolé de la glycérine; une nouvelle quantité du même sel se précipite en cristaux confus par l'évaporation de la solution neutre. Si l'on ajoute ensuite de l'alcool à la solution concentrée, le tartroglycé-

[1] BERZELIUS, *Traité de Chimie*.

rate de chaux se précipite sous la forme d'un épais magma caillebotté, qui s'attache, par l'agitation, aux parois du verre. La portion de tartroglycérate qui reste en suspension dans l'alcool exige plusieurs jours pour se déposer. En dissolvant le sel précipité dans très-peu d'eau, et en séparant par le filtre la petite quantité de tartrate qu'il peut renfermer, on obtient une liqueur incolore qui supporte une douce évaporation sans se décomposer; le résidu se présente sous la forme d'une masse incolore, ayant entièrement l'aspect et l'éclat du verre; par la dessiccation, elle se fendille. Si l'on dissout ce sel dans beaucoup d'eau, il dépose par l'évaporation un sel de chaux acide en petits cristaux [1].

Si l'on agite une solution concentrée de tartroglycérate de chaux avec de l'hydrate de chaux, l'alcool donne au bout de quelques heures, avec la liqueur filtrée, quelques flocons seulement d'hydrate de chaux, et la liqueur renferme alors de la glycérine libre.

Le tartroglycérate de chaux n'est pas déliquescent. Il ne perd pas son eau de cristallisation sans se décomposer.

§ 521. *Butyrine* [2], ou butyrate de glycérine. — Cette substance se trouve en petite quantité dans le beurre de vache, à l'état de mélange avec d'autres glycérides, tels que l'oléine, la margarine, etc. On ne réussit pas à l'extraire du beurre à l'état de pureté.

Il paraît préférable de la préparer par synthèse, au moyen du procédé de MM. Pelouze et Gélis. Lorsqu'on chauffe légèrement un mélange d'acide butyrique, de glycérine et d'acide sulfurique concentré, et qu'on l'étend ensuite d'une grande quantité d'eau, on voit se séparer de la liqueur une huile légèrement jaunâtre qu'on peut laver avec de grandes quantités d'eau, car elle est insoluble ou du moins excessivement peu soluble dans ce liquide.

La butyrine se produit aussi à la température ordinaire, lorsqu'on fait passer un courant de gaz chlorhydrique dans un mélange d'acide butyrique et de glycérine. L'eau sépare aussitôt de ce mélange une quantité considérable de butyrine.

Cette matière grasse et soluble en toutes proportions dans l'alcool concentré et dans l'éther, dont l'eau la sépare avec facilité. Saponifiée par la potasse caustique, elle donne de la glycérine et

[1] Ne serait-ce pas simplement du tartrate de chaux?

[2] CHEVREUL (1819), *Ann. de Chim. et de Phys.*, XXII, 371; XXIII, 27; *Recherches sur les corps gras*, p. 192, 270 et 476. — PELOUZE et GÉLIS, *Ann. de Chim. et de Phys.*, [3] X, 455.

du butyrate de potasse. Suivant M. Chevreul, la butyrine a une densité égale à 0,908, présente une odeur de beurre chaud, et ne paraît se congeler qu'à zéro.

Suivant M. Berthelot[1], l'acide butyrique se combine en trois proportions avec la glycérine :

α. *Monobutyrine*, $C^{14}H^{14}O^{8} = C^{8}H^{8}O^{4} + C^{6}H^{8}O^{6} - 2\ HO$. Liquide neutre, huileux, odorant, d'une saveur amère et aromatique, d'une densité de 1,088. Il se produit soit à la température ordinaire, soit à 200°, en présence d'un excès de glycérine. Saponifié par la baryte, il fournit la moitié de son poids d'acide butyrique.

β. *Dibutyrine*, $C^{22}H^{22}O^{12} = 2\ C^{8}H^{8}O^{4} + C^{6}H^{8}O^{6} - 2\ HO$. Liquide neutre, huileux, d'une densité de 1,081, volatil sans décomposition sensible vers 300°, se mêlant avec l'alcool et l'éther, légèrement soluble dans l'eau. Il se forme soit à 275° avec de l'acide concentré et un excès de glycérine, soit à 200° avec de l'acide aqueux. Saponifié par la baryte, il fournit les deux tiers de son poids d'acide butyrique.

γ. *Butyridine*, $C^{14}H^{13}O^{7} = C^{8}H^{8}O^{4} + C^{6}H^{8}O^{6} - 3\ HO$. Liquide neutre, huileux d'une odeur désagréable, d'une fluidité médiocre, soluble dans une solution de carbonate de soude. Il se produit en chauffant à 200° un mélange de 1 p. de glycérine et de 4 p. d'acide butyrique. Traité par l'ammoniaque, il finit par se transformer en butyramide.

Ces différentes butyrines ont donné à l'analyse[2]:

	Expérience.			Calcul.
Monobutyrine.	*a*	*a*	*b*	
Carbone.	51,0	50,5	51,8	51,8
Hydrogène.	8,9	8,8	»	8,6
Dibutyrine.	*c*	*c*	*d*	
Carbone.	52,0	53,1	52,6	52,8
Hydrogène.	9,3	8,9	9,6	8,8
Butyridine.	*e*	*e*	*f*	
Carbone.	54,1	54,3	53,8	54,9
Hydrogène.	8,7	»	9,1	8,5

[1] BERTHELOT, *loc. cit.*

[2] La matière soumise à l'analyse avait été obtenue de la manière suivante : *a* à 200°; *b* à la température ordinaire; *c* à 275°, distillée; *d* à 200°, avec l'acide aqueux; *e* première préparation; *f* autre préparation.

Valérine phocénine, ou valérate de glycérine. — Elle forme une des parties constituantes de l'huile de dauphin.

M. Berthelot[1] admet l'existence de deux valérines distinctes : l'une, la *monovalérine*, contenant $C^{16}H^{16}O^{8} = C^{10}H^{10}O^{4} + C^{6}H^{8}O^{6} - 2HO$; l'autre, la *divalérine*, renfermant $C^{26}H^{26}O^{12} = 2\ C^{10}H^{10}O^{4} + C^{6}H^{8}O^{6} - 2\ HO$.

La monovalérine est un liquide neutre, huileux, odorant, d'une densité égale à 1,100; elle se change lentement en valéramide par l'action de l'ammoniaque. Elle a donné à l'analyse :

	Expérience.			Calcul.
Carbone. . . .	52,6	53,3	52,2	54,5
Hydrogène. . .	8,6	9,2	9,1	9,0

La divalérine est un liquide neutre, huileux, d'une odeur désagréable, d'un goût amer et aromatique, d'une densité de 1,059. Il se produit à 275° par l'action de l'acide valérique aqueux sur la glycérine.

	Expérience.		Calcul.
Carbonne.	55,6	55,2	56,1
Hydrogène.	9,9	9,5	9,4

Sébine, ou sébate de glycérine. — C'est un corps neutre et cristallisé que l'oxyde de plomb transforme en acide sébacique et en glycérine. Il renferme $C^{32}H^{30}O^{16} = C^{20}H^{18}O^{8} + 2\ C^{6}H^{8}O^{6} - 4\ HO$. M. Berthelot y a trouvé :

	Expérience.	Calcul.
Carbone.	52,7	54,8
Hydrogène.	9,6	8,5

Benzoïcine, ou benzoate de glycérine. — Elle se produit avec l'acide benzoïque et la glycérine, soit à 200°, soit à 275°; elle commence déjà à se former à 100°, et même à la température ordinaire. Elle se produit aussi par l'action de l'acide chlorhydrique sur un mélange de glycérine et d'acide ou même d'éther benzoïque.

C'est une huile blonde, très-visqueuse, inoxydable ou à peu près, d'une densité de 1,228, d'une saveur aromatique et légèrement poivrée.

[1] BERTHELOT, *loc. cit.*

M. Berthelot la représente par les rapports $C^{20}H^{12}O^{8} = C^{14}H^{6}O^{4} + C^{6}H^{8}O^{6} - 2\ HO$. Elle a donné à l'analyse [1] :

	Expérience.				Calcul.
Carbone. . .	59,8	61,0	61,09	61,7	61,2
Hydrogène. . .	6,1	5,7	6,25	6,7	6,1

Les alcalis transforment la benzoïcine en benzoate et en glycérine. L'alcool en excès et l'acide chlorhydrique le convertissent en benzoate d'éthyle et en glycérine. L'ammoniaque le convertit en benzamide.

Camphorine, ou camphorate de glycérine. — Substance neutre, visqueuse comme la térébenthine épaissie, soluble dans l'éther; l'oxyde de plomb la dédouble en glycérine et en acide camphorique.

§ 522. La *myristine*, la *laurostéarine*, la *stéarine*, la *palmitine*, l'*oléine*, etc., sont des combinaisons glycériques qu'on rencontre toutes formées dans certaines parties animales ou végétales. Nous décrirons ces combinaisons plus loin, à l'occasion de leurs acides respectifs.

ACROLÉINE.

Syn. : Acrol.

Composition : $C^{6}H^{4}O^{2}$.

§ 523. Ce corps constitue la vapeur âcre et irritante qui se développe par l'action de la chaleur sur les graisses et les huiles grasses; obtenu à l'état impur par Brandes [2] en 1838, il n'a été isolé et analysé qu'en 1843 par M. Redtenbacher, à qui l'on doit la connaissance de ses relations chimiques.

Il se produit par la déshydratation de la glycérine, sous l'influence de l'acide phosphorique anhydre et d'autres agents semblables :

$$\underset{\text{Glycérine.}}{C^{6}H^{8}O^{6}} - 4\ HO = \underset{\text{Acroléine}}{C^{6}H^{4}O^{2}}.$$

[1] La matière analysée provenait de quatre préparations différentes.

[2] Brandes, *N. Archiv de Brandes*, XV, 129. — Redtenbacher, *Ann. der Chem. u. Pharm.*, XLVII, 114.

Toutes les combinaisons glycériques dégagent de l'acroléine par la distillation sèche.

On prépare l'acroléine en distillant, dans une cornue spacieuse, un mélange de glycérine et de sulfate acide de potasse, ou de glycérine et d'acide phosphorique anhydre. On recueille le produit dans un récipient convenablement refroidi et muni d'un long tube qui conduise les vapeurs non condensées dans une bonne cheminée, afin d'en préserver les yeux. Le produit distillé renferme une couche huileuse d'acroléine, qui nage sur un liquide aqueux renfermant en dissolution une certaine quantité de ce corps ainsi que des produits de décomposition acides (acide acrylique, etc.). On le met en digestion avec de l'oxyde de plomb jusqu'à disparition de toute réaction acide, et l'on rectifie ensuite au bain-marie; l'acroléine passe déjà au-dessous du point d'ébullition de l'eau; après l'avoir desséchée sur du chlorure de calcium, on la rectifie une seconde fois au bain-marie. Comme la substance s'oxyde très-rapidement à l'air, il faut toujours opérer dans des appareils bien secs remplis d'acide carbonique et convenablement fermés. Ces opérations sont d'ailleurs bien pénibles et incommodent l'expérimentateur à un haut degré.

A l'état de pureté, l'acroléine est un liquide incolore, limpide, très-réfringent, dont la vapeur irrite d'une manière épouvantable les yeux et les voies respiratoires; lorsqu'elle est bien délayée, son odeur n'est pas désagréable. Quelques gouttes d'acroléine répandues dans un appartement suffisent pour faire pleurer toute une société et pour déterminer l'inflammation des yeux. Sa saveur est brûlante.

L'acroléine est plus légère que l'eau, et bout à 52° c.; la densité de sa vapeur a été trouvée égale à 1,897. Elle se dissout dans environ 40 p. d'eau; l'éther la dissout en plus grande quantité. Récemment préparée, sa solution est neutre, mais elle s'acidifie promptement au contact de l'air. Elle brûle aisément avec une flamme claire et lumineuse.

Elle ne se conserve pas longtemps, même dans des vases fermés; elle se convertit alors en une matière floconneuse, appelée *disacryle* par M. Redtenbacher, et plus rarement en une matière résineuse. Elle se concrète quelquefois immédiatement après avoir été préparée, même dans un tube scellé à la lampe. Elle éprouve la même transformation sous l'eau : celle-ci se charge alors d'acide acrylique, d'acide formique et de beaucoup d'acide acétique.

Lorsqu'on la mélange avec un alcali caustique, la réaction est très-vive, l'odeur irritante de l'acroléine disparaît, et il se manifeste une odeur de cannelle, semblable à celle qu'on remarque en mélangeant l'aldéhyde avec des alcalis; en même temps il se produit des corps résineux formés sans doute par l'action simultanée de l'air.

La solution de l'acroléine dans l'éther donne avec l'ammoniaque une substance blanche, amorphe et indifférente, en même temps que toute odeur disparaît.

L'acide nitrique attaque vivement l'acroléine, en produisant de l'acide acrylique. L'acide sulfurique concentré la charbonne déjà à froid, en dégageant du gaz sulfureux.

Le chlore et le brome attaquent l'acroléine, en produisant des huiles pesantes en même temps que de l'acide chlorhydrique ou bromhydrique. Lorsqu'on fait passer l'acroléine à travers un tube chauffé au rouge, il se produit de l'eau, de l'hydrogène carboné ainsi qu'un dépôt de charbon.

Comme l'aldéhyde, l'acroléine se trouve placée sur la limite des acides proprement dits et des substances neutres : aussi lorsqu'on ajoute du nitrate d'argent à sa solution aqueuse, il se produit un précipité blanc et caillebotté (renfermant probablement $C^6H^3AgO^2$); mais par le repos ce précipité se réduit en produisant de l'acrylate. Si l'on favorise la réaction en ajoutant au mélange quelques gouttes d'ammoniaque et en faisant bouillir, l'argent se réduit immédiatement, mais sans produire de miroir métallique, comme dans la réduction opérée par l'aldéhyde.

Lorsqu'on mélange l'acroléine avec du peroxyde de plomb, il n'y a point de réaction; mais si l'on remplace ce dernier par de l'oxyde d'argent, celui-ci se réduit promptement en développant une chaleur assez forte pour faire bouillir et vaporiser une grande partie de l'acroléine; en même temps il se produit de l'acrylate d'argent, qui reste en solution.

§ 524. On ignore la nature chimique du *disacryle* et des *matières résineuses* qu'on obtient par la métamorphose de l'acroléine.

Le disacryle constitue une poudre blanche, amorphe, sans odeur ni saveur; il devient fort électrique par le frottement. Il est insoluble dans l'eau, les acides, les alcalis, le sulfure de carbone, les huiles essentielles et les huiles grasses. Il se dissout lentement dans la potasse en fusion; les acides précipitent des flocons blancs de la solution du produit.

Le disacryle a donné à l'analyse les résultats suivants :

	Redtenbacher.	Calcul.
Carbone.	61,16	60,61
Hydrogène.	7,43	7,07
Oxygène.	31,41	32,32
	100,00	100,00

M. Redtenbacher calcule de ces nombres la formule $C^{10}H^{7}O^{4}$, qui manque de contrôle. Peut-être le disacryle n'est-il qu'un isomère de l'acroléine.

La matière résineuse (*disacryl-harz*) en laquelle l'acroléine se transforme quelquefois quand on la conserve dans des flacons bouchés présente des caractères différents du disacryle. C'est une poudre blanche, qui fond à 100°, et se prend par le refroidissement en une masse diaphane et cassante. Elle est insoluble dans l'eau, mais elle se dissout dans l'alcool et dans l'éther; la solution alcoolique rougit le tournesol, et se précipite par l'eau. Elle se dissout aussi dans les alcalis aqueux, et en est précipitée par les acides. La solution alcoolique précipite les sels de plomb, les sels de cuivre et d'autres solutions métalliques.

L'analyse de cette matière résineuse a donné :

	Redtenbacher.	Calcul.
Carbone.	66,58	66,30
Hydrogène.	7,39	7,18
Oxygène.	26,03	26,52
	100,00	100,00

M. Redtenbacher tire de son analyse la formule $C^{20}H^{13}O^{6}$.

Quant aux matières résineuses en lesquelles se transforme l'acroléine sous l'influence des alcalis, leur composition n'est pas mieux établie que celle des deux substances précédentes. Elles sont en partie solubles dans un mélange d'alcool et d'éther (*a*), en partie insolubles dans ce liquide (*b*). Voici les nombres qu'elles ont donnés à l'analyse :

	a.	*b.*	
Carbone.	59,03	59,15	60,04
Hydrogène. . . .	6,69	7,00	7,47
Oxygène.	34,28	33,85	32,49
	100,00	100,00	100,00

Ces résines deviennent fort électriques par le frottement; elles se déssèchent mal au bain-marie.

ACIDE ACRYLIQUE.

Syn. : Acide acronique.

Composition : $C^6H^4O^4 = C^6H^3O^3,HO$.

§ 525. Cet acide[1] se produit par l'oxydation de l'acroléine. On en obtient plus ou moins, suivant l'agent qu'on emploie : le peroxyde de plomb attaque si peu l'acroléine qu'on peut la distiller sur ce composé, tandis qu'avec un mélange de bichromate de potasse et d'acide sulfurique, l'oxydation va trop loin et ne produit que de l'acide acétique. Le meilleur agent pour produire l'acide acrylique, c'est l'oxyde d'argent : si l'on met l'acroléine en contact avec un excès de cet oxyde, l'odeur suffocante de l'acroléine disparaît, et l'on obtient un dépôt d'argent métallique, tandis que de l'acrylate d'argent reste en dissolution. On peut employer pour cette préparation le produit brut qu'on obtient par la distillation des corps gras. (Voy. *Acrylate d'argent.*)

On extrait l'acide acrylique de l'acrylate d'argent en décomposant ce sel par l'hydrogène sulfuré. Quand on fait passer de l'hydrogène sulfuré sec sur de l'acrylate d'argent, la réaction est assez vive; il faut donc avoir soin d'entourer de glace la boule où elle s'opère, et de ne la chauffer qu'à la fin pour faire passer l'acide acrylique. On purifie cet acide par la rectification; les portions qui passent les premières à la distillation contiennent plus d'eau que les dernières. Si l'on néglige de refroidir pendant la décomposition du sel d'argent, la chaleur développée par la réaction est si forte qu'il en résulte quelquefois une véritable expulsion, et qu'une partie de l'acide acrylique se décompose; on ne parvient pas même, par l'emploi de la glace, à éviter complétement cette décomposition secondaire, de manière que l'acide ainsi obtenu renferme toujours une certaine quantité d'eau.

Après avoir été rectifié, l'acide acrylique se présente à l'état d'un liquide limpide, d'une odeur acide, agréable, légèrement empyreumatique et semblable à celle du vinaigre. Refroidi jusqu'à 0°, il ne se solidifie pas. Sa saveur est franchement acide; il se mêle à l'eau

[1] REDTENBACHER (1843). *loc. cit.*

en toutes proportions et bout au-dessus de 100° ; son point d'ébullition est à peu près intermédiaire entre celui de l'acide formique et celui de l'acide acétique. On peut le distiller sans qu'il s'altère.

L'acide sulfurique étendu et l'acide chlorhydrique ne le décomposent pas ; mais il est attaqué par l'acide nitrique et par d'autres agents oxygénants, qui donnent de l'acide acétique, de l'acide formique ainsi que les produits d'oxydation de ces acides :

$$\underset{\text{Ac. acryliq.}}{C^6H^4O^4} + 2\,HO + O^2 = \underset{\text{Ac. formiq.}}{C^2H^2O^4} + \underset{\text{Ac. Acétique.}}{C^4H^4O^4}.$$

Par un contact prolongé avec des alcalis hydratés, l'acide acrylique se convertit en acétate et en formiate.

Dérivés métalliques de l'acide acrylique. Acrylates métalliques.

§ 526. L'acide acrylique est un acide monobasique ; les acrylates neutres se représentent par

$$C^6H^3MO^4 = C^6H^3O^3, MO.$$

Ces sels ressemblent aux formiates et aux acétates ; à part le sel d'argent, ils sont en général fort solubles dans l'eau. Ils se décomposent à la longue en se transformant en acétates.

L'*acrylate de soude*, $C^6H^3NaO^4 + 5$ aq., s'obtient en saturant l'acide acrylique aqueux par du carbonate de soude, et évaporant à cristallisation. Il constitue de petits prismes transparents, efflorescents, d'une saveur salée et amère, et très-solubles dans l'eau. Il perd au bain-marie 32,5 p. 100 d'eau, et se boursoufle à une température plus élevée.

L'*acrylate de baryte* s'obtient en saturant l'acide acrylique aqueux par du carbonate de baryte. Il se dessèche en une masse gommeuse très-soluble dans l'eau et moins soluble dans l'alcool. Il contient 54,36 p. 100 de baryte.

L'*acrylate d'argent* renferme $C^6H^3AgO^4$. On prépare ce sel avec l'acroléine brute obtenue par la distillation des graisses. Les huiles volatiles provenant de cette distillation sont rectifiées ; les portions qui passent entre 40 et 60° sont recueillies à part et rectifiées sur du chlorure de calcium. Ensuite on place de l'oxyde d'argent dans une cornue tubulée munie d'un récipient refroidi, et l'on y verse peu à peu l'acroléine ; la réaction est extrêmement vive, et une grande partie, échappée à la décomposition, vient se condenser dans le récipient. On continue de faire agir l'acroléine sur l'oxyde jusqu'à disparition de toute odeur, ce qui exige souvent beaucoup de temps : on verse de l'eau sur le résidu, et l'on chauffe de manière à chasser les huiles volatiles qui avaient été mélangées avec l'acroléine brute; on filtre la liqueur bouillante, et on l'abandonne à cristallisation dans un endroit obscur.

Le produit, purifié par plusieurs cristallisations, s'obtient en belles aiguilles blanches, d'un éclat soyeux, légères, flexibles et fort semblables à l'acétate d'argent. Ces cristaux ne renferment pas d'eau de cristallisation, et sont peu solubles dans l'eau froide. Ils noircissent lentement à la lumière, mais ils deviennent très-promptement noirs à 100°c., surtout lorsqu'ils sont encore humides. Il faut donc les dessécher dans le vide et dans l'obscurité sur de l'acide sulfurique. Chauffés au-dessus de 100°, ils produisent une très-légère détonation, donnent une vapeur jaune et acide, et augmentent de volume en formant un tissu dendritique de carbure d'argent.

Dérivés méthyliques, éthyliques.... de l'acide acrylique. Éthers acryliques.

§ 527. M. Redtenbacher n'a pas réussi à isoler les éthers acryliques.

Lorsqu'on distille de l'acide acrylique concentré avec un mélange d'alcool et d'acide sulfurique concentré, qu'on lave le produit distillé avec une solution de carbonate de soude, et qu'on le rectifie, après l'avoir desséché sur du chlorure de calcium, on obtient un liquide ne contenant que 49,5 p. 100 de carbone, et composé, en plus grande partie, de formiate d'éthyle; le produit obtenu par M. Redtenbacher avait une légère odeur de raifort.

En distillant un mélange d'alcool, d'acide sulfurique concentré, et d'acrylate de baryte ou de soude, le même chimiste obtient une huile, bouillant à 63°, et d'une agréable odeur aromatique, rappelant à la fois celle du raifort et du formiate d'éthyle. Abandonnée sur du chlorure de calcium, cette huile se décomposa en partie; le liquide nageant au-dessus du chlorure avait une composition très-rapprochée de celle de l'acétate d'éthyle; toutefois il présentait encore une odeur de raifort, et donna à l'analyse plus de carbone qu'il n'en correspond à la composition de l'acétate d'éthyle.

Dérivés chlorés de l'acide acrylique.

§ 527[a]. On n'a pas encore examiné l'action du chlorure sur l'acide acrylique; mais M. Malaguti a décrit, sous le nom d'*acide chlorosuccique*, un dérivé de l'éther chlorosuccinique [1], et qui paraît être l'acide trichloracrylique, $C^6HCl^3O^4$. Le chlorosuccide du même chimiste paraît être le chlorure correspondant $C^6Cl^4O^2$:

Acide chlorosuccique. . . . . $\left.\begin{matrix} C^6Cl^3O^2,O \\ HO \end{matrix}\right\}$

Chlorosuccide (chlorure de trichloracryle). . . . . $\left.\begin{matrix} C^6Cl^3O^2 \\ Cl \end{matrix}\right\}$

IV.

GROUPE MALIQUE.

§ 528. Les substances qui composent ce groupe se rattachent à l'acide acétique, pivot de la série, par la métamorphose qu'elles éprouvent sous l'influence des agents d'oxydation : l'acide malique, en effet, avec lequel on obtient ces substances, peut être converti par l'hydrate de potasse en acide oxalique et en acide acétique.

Les mêmes substances se rattachent à la série propionique et à la série butyrique par la transformation qu'elles subissent sous l'influence des ferments : elles donnent alors de l'acide succinique et de l'acide butyrique.

Il paraîtrait aussi, d'après Berzelius, que l'acide malique est un des produits de décomposition du nitrite d'éthyle, et qu'il se rencontre dans les résidus de la préparation de cet éther.

Les termes principaux du groupe malique sont : l'acide malique et ses amides, l'asparagine et l'acide aspartique; l'acide maléique et l'acide fumarique, deux corps isomères, différant de l'acide malique par les éléments de 2 at. d'eau, et résultant de l'action de la chaleur sur l'acide malique; l'acide maléique ou fumarique anhydre, et les amides fumariques.

Acide malique. . . $C^8H^6O^{10}$,

Amides maliques. . $\left\{\begin{matrix} \text{Asparagine. . . } C^8H^8N^2O^6, \\ \text{Ac. aspartique. } C^8H^7N\,O^8, \end{matrix}\right.$

[1] *Voy.* § 935.

Acide maléiq. ou fumariq. anhydre. $C^8H^2O^6$,
Acide maléiq. et fumarique. . . . . $C^8H^4O^3$,
Amides fumariques. { Fumaramide. . $C^8H^6N^2O^4$,
Fumarimide. . $C^8H^3N\,O^4$.

ACIDE MALIQUE.

Composition ; $C^8H^6O^{10} = C^8H^4O^8, 2\,HO$.

§ 529. Ce composé [1], un des produits les plus fréquents de la végétation, a été extrait pour la première fois par Scheele, en 1785 ; M. Liebig en a établi la formule chimique dans les temps modernes. Il est contenu dans les plantes, soit à l'état libre, soit à l'état de sel de potasse, de chaux ou de magnésie. On le rencontre en abondance, accompagné d'acide citrique, dans les pommes vertes acides, dans les baies d'épine-vinette, dans les fruits du prunellier, du sorbier, du sureau, dans les groseilles à maquereau, les cerises, les airelles, les fraises, les framboises, et dans beaucoup d'autres fruits acides ou aigrelets. On a également constaté la présence de l'acide malique : dans les racines de guimauve, d'angélique, d'aristoloche, de bryone, de réglisse, de primevère, de garance ; dans la carotte et la pomme de terre ; dans les feuilles et les tiges d'aconit, de belladone, de chanvre, de grande chélidoine, de chardon bénit, de laitue, de tabac, de pavot, de rue, de sauge, de joubarbe, de tanaisie, de thym, de valériane, de mélilot ; dans les fleurs de camomille, de sureau, de bouillon blanc ; dans l'ananas et le raisin ; dans les graines de carvi, de cumin, de persil, d'anis, de lin, de poivre ; dans l'assa fœtida, l'opoponax, la myrrhe, etc.

L'acide malique contenu dans ces différentes parties végétales exerce une action rotatoire sur le plan de polarisation des rayons lumineux. On obtient artificiellement le même acide malique, sui-

[1] SCHEELE, *Opusc.* II, 196. — VAUQUELIN, *Ann. de Chim.*, XXXIV, 127. *Ann. de Chim. et de Phys.*, VI, 337. — BRACONNOT, *ibid.*, VI, 239 ; VIII, 149 ; LI, 329. — LIEBIG, *Ann. de Poggend.*, XVIII, 357. *Ann. der Chem. u. Pharm.*, V, 141 ; XXVI, 166.

L'*acide sorbique* de Donovan (*Ann. de Chim. et de Phys.*, I, 281) est identique à l'acide malique ; il en est de même de l'*acide ménispermique* de Boullay (*Journ. de Pharm.*, V, 5 ; XII, 108) et de l'*acide solanique* de Peschier (*Journ. de Chim. médic.*, III, 289). Plusieurs autres acides végétaux ne paraissent aussi être que de l'acide malique ; tels sont l'*acide tanacétique* de Peschier, l'*acide archilléique* de Zanon (*Ann. der Chem. u. Pharm.*, LVIII, 31), l'*acide manihotique de* O. Henry et Boutron-Charlard (*Journ. de Pharm.*, XX, 628 ; XXII, 122), l'*acide euphorbique* de Riegel (*Jahrb f. prakt. Pharm.*, VI, 165), etc.

vant M. Piria [1], en décomposant par l'acide nitreux l'asparagine ou l'acide aspartif actif.

Une autre modification de l'acide malique, ayant les mêmes propriétés chimiques que l'acide précédent, mais dénué de pouvoir rotatoire, se produit, suivant M. Pasteur[2], par l'action de l'acide nitreux sur l'acide aspartif inactique, produit de la métamorphose de la fumarimide (§ 573).

Enfin, l'acide malique (probablement inactif) se trouve, suivant Berzelius, parmi les produits qui constituent le résidu de la préparation de l'éther nitreux.

§ 530. α. *Acide malique actif.* On peut l'extraire du suc des pommes vertes, en saturant celui-ci par du carbonate de potasse, filtrant la solution saturée, et précipitant par l'acétate de plomb; on décompose le précipité de malate de plomb par l'acide sulfurique étendu, et l'on concentre la liqueur filtrée par l'évaporation.

On peut aussi obtenir l'acide malique en traitant par l'acétate de plomb le suc de la joubarbe (*sempervium tectorum*), qui contient beaucoup de malate de chaux, et en décomposant, comme précédemment, le précipité par l'acide sulfurique.

Les baies de sorbier offrent la matière première la plus avantageuse pour l'extraction de l'acide malique. Donovan emploie les baies parfaitement mûres, comme elles le sont en hiver, lorsque la terre est déjà couverte de neige; il en exprime le suc, fait bouillir celui-ci, clarifie la liqueur avec un peu de colle de poisson ou de blanc d'œuf, et la met en digestion avec du carbonate de plomb, qu'il ajoute par petites portions jusqu'à ce qu'il ne se forme plus d'écume. Ils se produit ainsi du malate de plomb, qui est très-peu soluble dans l'eau froide, et qui reste en grande partie sans se dissoudre; le peu qui s'en dissout se dépose par le refroidissement. On lave le malate de plomb ainsi obtenu à l'eau froide, à plusieurs reprises, pour enlever le suc qui pourrait y rester attaché. On le fait ensuite bouillir dans l'eau distillée, et on filtre la liqueur saturée encore bouillante; par le refroidissement, le sel plombique cristallise en écailles blanches et nacrées. On fait bouillir la partie non dissoute dans une nouvelle quantité d'eau, et on laisse refroidir la liqueur. La première solution, où des cristaux se sont déjà formés, est ordinairement un peu jaunâtre; la seconde liqueur, au contraire,

[1] PIRIA, *Ann. de Chim. et de Phys.*, [3] XXII, 160.

[2] PASTEUR, *Ann. de Chim. et de Phys.*, [3] XXXIV, 46.

est incolore; on emploie celle-ci pour dissoudre de nouvelles portions de sel non dissous, afin de ne pas perdre celui qui reste dans l'eau mère après chaque cristallisation. Pour obtenir les cristaux parfaitement purs, il faut les faire cristalliser une seconde fois, et les dissoudre, à cet effet, dans l'eau bouillante. En procédant ainsi, il faut avoir soin de ne pas introduire dans l'eau bouillante une trop grande quantité de sel à la fois; car la partie non dissoute fond dans la liqueur, s'attache au vase, et brunit facilement par une chaleur plus forte.

M. Woehler[1] trouve plus d'avantage pour la préparation de l'acide malique dans l'emploi des baies de sorbier n'ayant pas atteint la maturité. D'après ce chimiste, il faut faire bouillir le suc étendu de 3 à 4 fois son volume d'eau, et y ajouter peu à peu, pendant l'ébullition, une solution d'acétate de plomb, jusqu'à ce que la liqueur ne se trouble plus. Le précipité renferme des substances étrangères. On filtre la liqueur bouillante. Elle se trouble aussitôt, et dépose du malate de plomb impur et pulvérulent. On décante la liqueur surnageante pendant qu'elle est encore chaude. Par le refroidissement elle dépose alors le malate de plomb sous la forme d'aiguilles d'un blanc éclatant.

Le malate de plomb obtenu par l'une ou l'autre méthode est réduit en poudre fine, délayé dans l'eau, et décomposé par un courant d'hydrogène sulfuré. Il se produit ainsi du sulfure de plomb, et l'acide malique devenu libre se dissout dans l'eau. La liqueur filtrée est réduite, par l'évaporation, à consistance de sirop; l'acide malique se dépose alors à l'état cristallisé.

Cependant le produit qu'on obtient par les procédés précédents est loin d'être pur ; il renferme ordinairement de l'acide citrique, de l'acide tartrique, et même du tartrate de chaux (qui se dépose quelquefois en cristaux bien définis dans l'acide malique sirupeux) ; car, quelque pur que soit en apparence le malate de plomb, il est toujours plus ou moins souillé de citrate et de tartrate de plomb, ainsi que de tartrate de chaux, sels qui ne sont pas tout à fait insolubles dans l'eau. Pour enlever ces impuretés, M. Liebig prescrit la marche suivante : On précipite le suc clarifié des baies de sorbier par l'acétate de plomb ; le précipité caillebotté de malate de plomb a la propriété de se changer, dans l'espace de vingt-quatre heures, en une masse de cristaux. Ceux-ci sont mélangés de flocons gélatineux,

[1] WOEHLER, *Ann. de Poggend.*, X, 104.

contenant la matière colorante du suc en combinaison avec l'oxyde de plomb. Par des lavages à l'eau, on débarrasse aisément de ces flocons le précipité cristallin et pesant de malate de plomb. Le sel ainsi obtenu, encore impur, est ensuite bouilli dans une capsule de porcelaine avec de l'acide sulfurique étendu, jusqu'à ce qu'il ait perdu son aspect grenu; on obtient ainsi une bouillie contenant du sulfate de plomb, de l'acide sulfurique libre, de l'acide malique, de la matière colorante, du mucilage et des acides étrangers; on y ajoute, par petites portions, une solution de sulfure de baryum, jusqu'à ce qu'une partie du liquide filtré prise pour essai se trouble par l'addition de l'acide sulfurique, et contienne par conséquent un excès de baryte. Le sulfure de baryum convertit en sulfure le sulfate de plomb, qui à dessein n'a pas été séparé de la liqueur; le sulfure de plomb ainsi produit agit comme décolorant, et remplace le charbon animal, qui ne serait pas également efficace. On filtre, et l'on fait bouillir avec du carbonate de baryte la liqueur filtrée, à peine colorée: il se dépose ainsi un précipité grenu de citrate et de tartrate de baryte, tandis que le malate de baryte reste en dissolution. Enfin, on filtre de nouveau pour séparer ce dépôt; on précipite la baryte par de l'acide sulfurique dilué, et l'on évapore à cristallisation la liqueur contenant l'acide malique.

Le procédé précédent n'est plus guère suivi aujourd'hui, M. Liebig l'ayant lui-même abandonné. Voici celui que ce chimiste y a susbtitué, et qu'on emploie généralement dans les laboratoires: on mélange, dans une bassine en cuivre étamé, le suc des baies de sorbier non mûres avec de la chaux hydratée en poudre fine, de manière toutefois que la liqueur conserve encore une légère réaction acide. (Si l'on neutralisait complétement avec de la chaux, on précipiterait en même temps la matière colorante du suc, et l'on aurait bien de la peine à purifier le produit.) On maintient ce liquide en ébullition pendant plusieurs heures: il se précipite alors du malate de chaux, qu'on enlève avec une cuiller en cuivre à mesure qu'il se dépose; dès qu'il ne s'en précipite plus, on laisse refroidir, de sorte qu'on peut en obtenir encore un peu. Après avoir lavé à l'eau froide le malate de chaux, on en introduit dans de l'acide nitrique, préalablement chauffé (1 p. d'acide pour 10 p. d'eau); tant qu'il s'en dissout, on filtre le mélange et l'on abandonne à cristallisation. Il se forme alors des cristaux de bimalate de chaux, qu'on obtient incolores par de nouvelles cristallisations; puis, avec l'acétate de plomb, on transforme ce sel en malate de plomb, et l'on décompose celui-ci par l'hydrogène sulfuré. Enfin, on évapore la dissolution de l'acide malique, d'abord à feu nu, puis au bain-marie ; elle finit alors par se prendre en une masse cristalline.

Suivant M. Liebig, on peut aussi, pour l'extraction de l'acide malique pur, utiliser la facilité avec laquelle le bimalate d'ammoniaque cristallise. A cet effet, on décompose le malate de plomb impur par l'ébullition avec l'acide sulfurique dilué ; on filtre la liqueur acide, et l'on en fait deux parts égales : on neutralise l'une par l'ammoniaque caustique ou carbonatée, on y mélange l'autre, et l'on évapore le tout à cristallisation. Malgré la forte coloration de la liqueur, on obtient des cristaux qui se décolorent complétement par de nouvelles cristallisations. On les dissout dans l'eau, et l'on précipite la solution par l'acétate de plomb ; enfin, le précipité de malate de plomb ayant été lavé à l'eau froide, on le décompose par l'hydrogène sulfuré ou par l'acide sulfurique dilué.

Comme on ne peut pas se procurer des baies de sorbier dans toutes les saisons ; il peut être avantageux de les remplacer par du tabac. Les feuilles de cette plante renferment en effet beaucoup de bimalate de chaux : on peut aisément par le procédé précédent retirer d'un kilogramme de tabac séché à 100° de 35 à 40 grammes de bimalate d'ammoniaque pur [1]. Les tiges de la rhubarbe du Pont (*rheum rhaponticum*) sont également très-riches en acide malique [2].

Suivant M. Erdmann [3], les baies mûres d'*hippophae rhamnoides* contiennent aussi beaucoup d'acide malique, et conviennent fort bien à la préparation de cet acide. M. Schwarz [4] a trouvé le même acide dans des raisins verts de Silésie.

§ 531. La solution aqueuse de l'acide malique, évaporée à consistance sirupeuse et abandonnée dans un lieu chaud, le dépose sous forme de mamelons, composés d'aiguilles ou de prismes à 4 ou à 6 faces, brillants et réunis en faisceaux. Les cristaux fondent à 83° (Pelouze ; à 100°, Pasteur), et ne perdent rien de leur poids à 120° ; ils sont sans odeur, mais d'une saveur fort acide ;

[1] GOUPIL, *Ann. de Chim. et de Phys.*, [3] XXVII, 503.
[2] EVERITT, *Philos. Magaz. and Journ. of Science*, XXIII, 327.
[3] ERDMANN, *Journ. f. prakt. Chem.*, LV, 191.
[4] SCHWARZ, *Ann. der Chem. u. Pharm.*, LXXXIV, 83.

ils tombent à l'air en déliquescence[1]. L'acide malique est aussi fort soluble dans l'alcool.

En dissolution dans l'eau, l'acide malique dévie à gauche le plan de polarisation des rayons lumineux; pouvoir rotatoire pour 100 millimètres $[\alpha]_j = -5°$. Saturé par les bases, il exerce la rotation tantôt à gauche, tantôt à droite. Les acides minéraux ou organiques tendent à faire passer à gauche le pouvoir rotatoire de l'acide malique. (Pasteur.)

Chauffé à 176° (Pelouse), l'acide malique perd les éléments de l'eau, et se convertit en acide maléique et en acide fumarique, deux corps isomères, et en acide maléique anhydre[2]. Si l'on distille brusquement l'acide malique, on obtient, outre les corps précédents, des produits d'une métamorphose secondaire, tels que de l'oxyde de carbone, de l'hydrogène carboné, de l'huile empyreumatique, ainsi qu'un résidu de charbon. Lorsqu'on calcine l'acide malique à l'air, il répand l'odeur du sucre brûlé.

La solution de l'acide malique est très-acide; lorsqu'elle est impure, elle se décompose à la longue en devenant visqueuse et en se couvrant de moisissures. Quel que soit l'état de concentration de la solution de l'acide malique, on ne résussit ni à chaud ni à froid à la saturer complétement par un carbonate terreux, si ce n'est par le carbonate de magnésie.

La solution de l'acide malique ne trouble ni l'eau de chaux, ni l'eau de baryte, ni les dissolutions du nitrate d'argent et du nitrate de plomb. Elle précipite, au contraire, l'acétate de plomb, et y forme un dépôt blanc, qui se dissout peu à peu pour se convertir ensuite en cristaux soyeux et brillants. Elle réduit les sels d'or.

L'acide sulfurique concentré décompose l'acide malique à chaud en dégageant de l'oxyde de carbone, ainsi qu'un liquide doué d'une saveur mordicante. L'acide nitrique bouillant le convertit promptement en acide oxalique; en prenant de l'acide nitrique concentré on obtient d'abord des cristaux d'acide fumarique (Hagen). L'acide

[1] M. Nicklès (*Compt. rend. des Trav. de Chim.*, 1849, p. 362) donne les mesures d'un cristal d'acide malique appartenant au système rhombique, et présentant la combinaison de l'octaèdre primitif avec un prisme vertical, et des faces de troncature sur les arêtes de ce prisme. La propriété que possède l'acide malique de tomber en déliquescence s'oppose évidemment à toute détermination exacte, et il est fort probable, l'auteur ne faisant aucune mention de cette propriété, qu'il s'est trompé sur la nature de la substance dont il a déterminé la forme.

[2] Suivant M. Pasteur, la décomposition de l'acide malique commence déjà à 140°.

chlorhydrique concentré et bouillant ne le transforme pas en acide fumarique.

Lorsqu'on chauffe l'acide malique avec un excès d'hydrate de potasse, à la température de 150°, il se transforme en oxalate et en acétate de potasse, avec dégagement d'hydrogène :

$$C^8H^6O^{10} + 3(KO, HO) = C^4K^2O^8 + C^4H^3KO^4 + 4HO + H^2.$$

Ac. maliq. — Oxalate de potasse. — Acétate de potasse.

Lorsqu'on fait agir du brome sur l'acide malique en présence de la potasse, on obtient, entre autres produits, du bromoforme [1].

Sous l'influence des ferments, l'acide malique peut être converti en acide succinique et en acide butyrique. (Voy. *Malate de chaux.*)

§ 532. β. *Acide malique inactif.* On l'obtient en faisant agir l'acide nitreux sur l'acide aspartique inactif : dans cette réaction, il se dégage immédiatement de l'azote en grande quantité. La liqueur acide, étant sursaturée par l'ammoniaque lorsque le dégagement de gaz a cessé, puis précipitée par l'acétate de plomb, fournit du malate de plomb inactif. Celui-ci, traité par l'hydrogène sulfuré, donne un liquide acide qui, évaporé au bain-marie jusqu'à consistance sirupeuse, fournit une cristallisation abondante, mamelonnée, d'un acide malique dénué de toute propriété rotatoire.

L'acide malique inactif est très-soluble dans l'eau ; sa dissolution sirupeuse se concrète, par le repos, en une masse blanche, cristalline et mamelonnée, comme il arrive pour l'acide malique actif. Mais l'acide inactif cristallise plus aisément, parce qu'il est moins soluble et non déliquescent il ne se liquéfie pas, comme l'acide actif, même dans un air saturé d'humidité.

Il ne fond pas encore à la température de l'eau bouillante, mais seulement à 133°. A quelques degrés au-dessus, il se décompose, en donnant les mêmes produits (acides maléique et fumarique) que l'acide malique actif.

Dérivés métalliques de l'acide malique. Malates.

§ 533. L'acide malique est bibasique ; la composition de ses sels se représente par les formules suivantes :

Malates neutres. . . . . . $C^8H^4M^2O^{10} = C^8H^4O^8, 2MO.$

Malates acides, ou bimalates. $C^8H^5MO^{10} = C^8H^4O^8, \left.\begin{matrix}MO\\HO\end{matrix}\right\}$

[1] Cahours, *Ann. de Chim. et de Phys.*, [3] XIX, 507.

L'acide malique se distingue surtout par une grande tendance à former des sels acides. Le plus caractéristique d'entre les malates, c'est le malate de plomb : obtenu par voie de précipitation, au moyen de l'acétate de plomb et d'un malate soluble, le malate de plomb fond dans l'eau bouillante, s'y dissout en partie, et cristallise, par le refroidissement, en paillettes ou en aiguilles. Le bimalate d'ammoniaque est remarquable par la facilité avec laquelle on l'obtient en beaux cristaux.

Chauffés au-dessus de 200°, les malates émettent de l'eau et se convertissent en fumarates.

Plusieurs malates, notamment ceux à base de potasse, de chaux et de magnésie, se rencontrent dans presque tous les fruits acides, et y sont accompagnés de tartrates ou de citrates ; ils se trouvent surtout en quantité notable dans les baies du sorbier, dans le verjus, dans les pommes aigres, etc. L'acide qu'on extrait de ces malates naturels appartient à la modification optiquement active ; tous les sels auxquels il donne naissance possèdent la propriété rotatoire, s'exerçant tantôt à droite, tantôt à gauche. A chacun de ces malates actifs correspond un malate inactif de même composition chimique, et qui prend naissance exactement dans les mêmes conditions [1].

La composition des malates a été particulièrement étudiée par M. Liebig, par MM. Richardson et Merzdorff, et plus récemment par M. Hagen [2]. M. Pasteur a, de son côté, publié des travaux importants sur la forme cristalline et sur les caractères optiques de quelques malates [3].

§ 534. *Malates d'ammoniaque.* — Il en existe deux.

α. *Sel neutre.* Il est incristallisable et fort soluble.

β. *Sel acide*, ou bimalate, $C^8H^5(NH^4)O^{10}$. Pour l'obtenir, on dissout le malate de plomb dans l'acide sulfurique dilué, qu'on a soin de ne pas prendre en excès ; on filtre le mélange ; on en fait deux parts égales ; on sature l'une par du carbonate d'ammoniaque, et après y avoir ajouté l'autre on évapore le tout à consistance de sirop.

[1] Dans les cas où l'on ne trouvera pas spécifiée la modification des malates décrits dans ce chapitre, il faudra toujours sous-entendre la modification active.

[2] RICHARDSON et MERZDORFF, *Ann. der Chem. u. Pharm.*, XXVII 135. — HAGEN, *ibid.*, XXXVIII, 257.

[3] PASTEUR, *Ann. de Chim. et de Phys.*, [3] XXXI 67 ; XXXIV, 30. *Compt. rend. de l'Acad.*, XXXV, 176.

Lorsqu'on a de l'acide malique tout préparé, il suffit, pour obtenir le bimalate d'ammoniaque, de partager en deux la solution de l'acide, de saturer l'une des liqueurs par l'ammoniaque, et de l'ajouter ensuite à l'autre.

Le bimalate d'ammoniaque actif cristallise en beaux prismes droits rhomboïdaux, limpides, à faces nettes et bien réfléchissantes. Combinaison ordinaire, $\infty P . \infty \dot{P} \infty . \breve{P} . \frac{1}{2} \dot{P} \infty$, quelquefois avec les facettes hémiédriques $\frac{P}{2}$. Inclinaison des faces, $\infty P : \infty P = 71° 36'$; $\frac{1}{2} \dot{P} \infty : \frac{1}{2} \dot{P} \infty$, dans le plan de la petite diagonale et de l'axe vertical, $= 137° 35'$; $\dot{P} \infty : \dot{P} \infty$, dans ce plan, $= 104° 36'$. Clivage facile perpendiculairement aux faces ∞P. Le sel cristallisé dans l'eau pure ou dans l'acide nitrique n'est jamais hémiédrique, mais on donne ce caractère à tous ses cristaux en les chauffant jusqu'à fusion et commencement de décomposition, et en le faisant ensuite cristalliser de nouveau ; l'action de la température donne ainsi naissance, en petite quantité, à divers produits dont la présence provoque le développement des faces hémiédriques. Le poids spécifique des cristaux est égal à 1,55. Ils sont assez solubles dans l'eau ; 100 p. d'eau à 15°,7 en dissolvent 32,15 p. ; l'éther et l'alcool absolu ne les dissolvent pas. La solution aqueuse du bimalate d'ammoniaque dévie à gauche le plan de polarisation des rayons lumineux ; pouvoir rotatoire pour 100 millimètres $[\alpha]_j = -6°$ ou $-7°$; si le sel est dissous dans l'acide nitrique, ce pouvoir rotatoire est porté à droite, $[\alpha]_j = +5°,6$. Soumis à la distillation sèche, le bimalate d'ammoniaque dégage de l'eau, et donne un résidu insoluble de fumarimide (§ 573).

Le bimalate d'ammoniaque actif se combine équivalent à équivalent avec le bitartrate droit d'ammoniaque ; cette combinaison ne peut pas s'obtenir avec le bitartrate gauche d'ammoniaque.

Le bimalate d'ammoniaque inactif se prépare comme le bimalate actif. Par l'évaporation de la solution, deux espèces de cristaux peuvent prendre naissance. Ceux qui se déposent les premiers sont anhydres, et ont exactement la forme du bimalate actif ; les angles sont, à un ou deux degrés près, les mêmes dans les deux sels ; mais les faces du sel inactif sont striées et très-peu nettes. Les cristaux du sel inactif ne présentent pas de facettes hémiédriques, mais ils se clivent avec facilité dans le même sens que les cristaux du bimalate actif.

Lorsqu'on abandonne à elle-même l'eau-mère où se sont déposés les premiers cristaux du bimalate inactif, on obtient de nouveaux cristaux, extrêmement limpides, d'un bimalate d'ammoniaque inactif, à 2 atomes d'eau de cristallisation : $C^8H^5(NH^4)O^{10} + 2$ aq. Ce sel possède une tout autre forme que le précédent; ses cristaux appartiennent au système monoclinique. Combinaison ordinaire, ∞ P. (∞ Pn]. [P ∞]. Inclinaison des faces, ∞ P : ∞ P, dans le plan de la diagonale oblique et de l'axe principal, = 124° 19'; [∞ Pn] : ∞ P = 149° 33'; [P ∞] : [P ∞], dans le plan de la diagonale oblique et de l'axe principal, = 127° 20'; [P ∞] : ∞ P = 85° 22' et 119° 22'. Angle des axes = 110° 56'. Rien dans ces cristaux n'annonce l'hémiédrie.

Sous l'influence de la chaleur, le bimalate d'ammoniaque inactif donne les mêmes produits que le bimalate actif.

Malates de potasse. — α. *Sel neutre.* Il est incristallisable, et insoluble dans l'alcool concentré.

β. *Sel acide.* Il forme des cristaux solubles dans l'eau, insolubles dans l'alcool.

Malates de soude. — α. *Sel neutre.* Il est incristallisable.

β. *Sel acide.* Il est cristallin, inaltérable à l'air, soluble dans l'eau, insoluble dans l'alcool.

Malates de lithine. — Le sel neutre et le sel acide constituent des matières incristallisables.

§ 535. *Malates de baryte.* — α. *Sel neutre.* $C^8H^4Ba^2O^{10} + 4$ aq. (?). Il est très-difficile de saturer l'acide malique par du carbonate de baryte, de manière que la liqueur ne rougisse plus le papier de tournesol. Quand on évapore la solution dans le vide, elle dépose des lames transparentes, neutres au papier, fort solubles dans l'eau, et dégageant à 220° 10,6 p. 100 d'eau. Lorsqu'on fait bouillir la solution de ce sel, elle dépose des croûtes blanches, sans apparence de cristallisation, de sel anhydre; elles sont absolument insolubles dans l'eau froide comme dans l'eau bouillante; mais elles s'y dissolvent rapidement si l'on y ajoute une trace d'acide nitrique; la liqueur n'est ensuite pas précipitée par l'ammoniaque.

β. *Sel acide.* Il est incristallisable et plus soluble que le sel précedent.

Malates de strontiane. — α. *Sel neutre*, $C^8H^4Sr^2O^{10} + 2$ aq. à 100°. L'acide malique n'est pas troublé par l'eau de strontiane; lorsqu'on évapore doucement le mélange, on obtient une masse cristalline, fort soluble dans l'eau. Lorsqu'on met l'acide malique en digestion avec du carbonate de baryte, on obtient une solution rougissant légèrement le tournesol, et qui dépose, par la concentration, des groupes mamelonnés ayant à 100° la composition indiquée.

β. *Sel acide.* Il se précipite à l'état cristallin lorsqu'on ajoute de l'acide malique à la solution aqueuse du sel neutre; il est peu soluble dans l'eau froide, plus soluble dans l'eau bouillante.

Malates de chaux. — α. *Sel neutre*, $C^8H^4Ca^2O^{10} + n$ aq. Lorsqu'on neutralise l'acide malique, actif ou inactif, par l'eau de chaux, la liqueur concentrée dans le vide dépose de grosses lames brillantes, contenant 4 atomes d'eau de cristallisation (17 p. 100), dont la moitié environ se dégage à 100° et le reste à 180°; la solution aqueuse du sel précipite par l'alcool des flocons blancs, amorphes. Si l'onporte à l'ébullition la solution du sel précédent, elle dépose un sel blanc, grenu et presque insolube, contenant 2 at. d'eau.

Il est difficile de saturer complétement l'acide malique en l'agitant à froid avec un excès de carbonate de chaux; si l'on porte à l'ébullition la liqueur filtrée, elle précipite le sel grenu précédent.

Le mélange de chlorure de calcium et de malate de soude neutre ne dépose qu'au bout d'un certain temps des cristaux grenus de malate de chaux. Si l'on ajoute à une solution de bimalate d'ammoniaque un sel de chaux soluble et de l'ammoniaque en excès, il ne se produit aucun précipité; mais au bout de cinquante-quatre heures, on trouve dans le mélange un dépôt de cristaux limpides, d'ordinaire réunis en mamelons rayonnés; ces cristaux renferment 4 at. d'eau.

Lorsqu'on neutralise le bimalate de chaux par un carbonate alcalin soluble, et qu'on évapore à une douce chaleur, on obtient des cristaux durs et brillants d'un sel à 6 atomes de cristallisation; ce sel perd 2 atomes d'eau à 100°, et se déshydrate entièrement à 150°. Le même sel s'obtient lorsqu'on abandonne longtemps à lui-même le sel grenu encore humide[1].

On obtient facilement un malate neutre de chaux cristallisé en dissolvant le bimalate de chaux dans l'ammoniaque, et en abandonnant la liqueur à l'évaporation. En vingt-quatre heures, si les liqueurs sont étendues, il se forme une cristallisation abondante. Ce sel est presque insoluble dans l'eau; mais lorsqu'on le dissout dans l'acide

[1] DESSAIGNES et CHAUTARD, *Journ. de Pharm.*, XIII, 243.

chlorhydrique, et qu'ensuite on y ajoute de l'ammoniaque en excès, il met beaucoup de temps à cristalliser. La forme cristalline de ce malate est hémiédrique. Qu'il soit dissous dans l'eau ou dans l'acide chlorhydrique, il dévie à droite le plan de polarisation.

Abandonné sous une couche d'eau, dans un vase couvert d'un simple papier, le malate de chaux se convertit en succinate à même base. En hiver, il se produit en même temps des cristaux de carbonate de chaux hydraté, ainsi qu'une matière mucilagineuse; en été, on ne voit se former que des aiguilles de succinate de chaux, ainsi que des bulles de gaz qui soulèvent ce sel au-dessus du malate [1]. Cette transformation est surtout rapide lorsqu'on abandonne le malate de chaux avec un peu de levûre de bière, ou de fromage pourri; elle est accompagnée d'un dégagement d'acide carbonique et d'une formation d'acide acétique :

$$3\,C^8H^6O^{10} = 2\,C^8H^6O^8 + C^4H^4O^4 + 4\,CO^2 + 2\,HO.$$

Ac. maliq. Ac. succiniq. Ac. acétiq.

Si dans cette réaction on observe un dégagement d'hydrogène, celui-ci se rattache à une autre phase de la métamorphose, dans laquelle l'acide succinique disparaît lui-même pour donner de l'acide butyrique :

$$2\,C^8H^6O^{10} = C^8H^8O^4 + 8\,CO^2 + 4\,H.$$

Ac. maliq. Ac. butyriq.

Enfin, il se produit aussi dans cette seconde phase de la fermentation une huile essentielle; on obtient celle-ci par la distillation des eaux mères; elle est incolore, fort soluble dans l'eau, d'une odeur forte et agréable, rappelant celle des pommes; elle est probablement de la classe des alcools ou des aldéhydes [2].

On a aussi observé la formation du lactate de chaux dans la fermentation du malate à même base [3].

β. *Sel acide*, bimalate de chaux, $C^8H^5CaO^{10} + 8$ aq. Ce composé se trouve tout formé dans beaucoup de plantes. Le tabac en renferme une si grande quantité que cette plante pourrait servir avec avantage à l'extraction de l'acide malique, si rare dans les laboratoires de chimie [4]. On peut extraire le bimalate de chaux des baies de *rhus glabrum* ou *copallium* en les épuisant à l'eau bouillante,

[1] DESSAIGNES, *Compt. rend. de l'Acad.*, XXVIII, 16.
[2] LIEBIG, *Ann. der Chem. u. Pharm.*, LXX, 104 et 363.
[3] KOHL, *Arch. f. Pharmac.*, [2] LXV, 17.
[4] GOUPIL, *Ann. de Chim. et de Phys.*, [3] XIX, f507.

et en concentrant l'extrait par l'évaporation. Les tiges du *geranium zonale* donnent aussi le même sel.

Pour préparer le bimalate de chaux avec le malate neutre, on n'a qu'à dissoudre ce dernier sel dans l'acide nitrique faible et à concentrer par l'évaporation.

Le bimalate de chaux actif se dépose sous la forme de beaux prismes limpides, appartenant au système rhombique. Combinaison ordinaire, $\infty P . \infty \bar{P}n . \infty \breve{P} \infty \ \bar{P}\infty \ . m \breve{P} \infty$. Inclinaison des faces, $\infty P : \infty P = 93°26'$; $\infty P : \infty \bar{P}n = 162°14$; $\infty \breve{P} : P = 133°17'$; $\infty \ \breve{P}\infty : \breve{P}\infty = 136°33'$; $\breve{P} \infty : m \ \bar{P}\infty$ $163°30'$. Clivage facile parallèlement à $\infty \ \bar{P}\infty$. Le sel cristallisé dans l'eau pure n'est jamais hémiédrique ; mais si on le fait cristalliser dans l'acide nitrique, tous les cristaux portent quatre facettes $\frac{mP}{2}$ et même pour une certaine concentration de l'acide ces facettes hémiédriques font presque disparaître par leur développement les faces principales ordinaires du cristal. Les cristaux du bimalate de chaux exigent pour leur solution 50 p. d'eau froide ; ils sont plus solubles dans l'eau bouillante ; l'alcool absolu ne les dissout pas. Ils perdent à 100 22,37 p. 100 (presque 6 atomes) d'eau ; ils se déshydratent entièrement à 180°.

Lorsqu'on dissout le malate neutre de chaux inactif dans l'acide nitrique, on obtient de beaux cristaux limpides de bimalate inactif : ces cristaux ont la même forme que le bimalate actif, avec sensiblement les mêmes angles et avec le même clivage ; mais on n'y découvre pas de facettes hémiédriques.

Suivant M. Braconnot, on pourrait, en saturant le bimalate de chaux par des alcalis, obtenir des malates doubles, tels que le *malate de chaux et d'ammoniaque*, le *malate de chaux et de potasse*, le *malate de chaux et de soude ;* mais ces produits n'ont pas été analysés.

§ 535 [a], *Malates de magnésie.* — α. *Sel neutre*, $C^8H^4Mg^2O^{10} +$ 10 aq. Si l'on fait bouillir une dissolution étendue d'acide malique avec de la magnésie, on obtient un liquide neutre qui, évaporé à pellicule, dépose au bout de quelque temps des prismes rhomboïdaux de malate de magnésie neutre. Ce sel renferme 10 atomes d'eau de cristallisation, dont 8 s'en vont à 100°. Si l'on ajoute de l'alcool à la dissolution concentrée de ce sel, elle le dépose à l'état de flocons anhydres, qui deviennent pâteux par la chaleur.

β. *Sel acide*, $C^8H^5MgO^{10} + 4$ aq. On l'obtient sous la forme de prismes aplatis, en saturant à moitié l'acide malique par du carbonate de magnésie, et en évaporant à cristallisation ; à 100°, il perd 2 atomes d'eau ; à une température plus élevée, il entre en fusion.

Malates d'alumine. — Le sel neutre constitue une masse gommeuse, acide aux papiers, fort soluble ; la potasse ni l'ammoniaque n'en précipitent la solution.

Il paraît aussi exister un sous-sel d'alumine, peu soluble dans l'eau.

Malates d'yttria, $C^8H^4Y^2O^{10} + 2$ aq. — Lorsqu'on délaye du carbonate d'yttria dans l'acide malique aqueux, il se produit du malate d'yttria qui se dissout en partie, et se dépose, par l'évaporation, sous la forme de petits mamelons. Les malates alcalins précipitent, des solutions concentrées du sel d'yttria, un précipité blanc presque cristallin. La solution aqueuse dépose ce sel sous la forme de grains blancs ; il se dissout dans 74 p. d'eau, et ne perd pas à 110° son eau de cristallisation ; il se dissout dans l'acide malique aqueux, mais la solution le dépose de nouveau par concentration. (Berlin.)

§ 536. *Malates de zinc.* — α. *Sel neutre*, $C^8H^4Zn^2O^{10} + 6$ aq. Lorsqu'on sature une solution d'acide malique par du carbonate de zinc, en opérant à une température inférieure à 30°, et qu'on abandonne à elle-même la liqueur filtrée, elle dépose au bout de quelque temps de petits cristaux brillants. Ceux-ci contiennent 21,5 p. 100 = 6 atomes d'eau, qu'ils perdent à 100°.

Si l'on sature l'acide malique à l'ébullition, qu'on sépare par le filtre le sous-sel qui se dépose d'abord par le refroidissement, et qu'on concentre par la chaleur le liquide filtré, on obtient encore des cristaux à 6 atomes d'eau de cristallisation, mais d'une autre forme que les précédents, et retenant encore à 100° environ 1 ½ atome d'eau. Ces cristaux constituent des prismes raccourcis, durs et brillants, terminés par une face droite ou par un biseau ; ils se dissolvent dans 55 p. d'eau froide et dans 10 p. d'eau bouillante.

La solution aqueuse du malate de zinc actif dévie à droite le plan de polarisation.

β. *Sel acide*, $C^8H^5ZnO^{10} + 4$ aq. On sursature le sel neutre par de l'acide malique, et on lave les cristaux avec de l'alcool. Ce sont des octaèdres aigus à base carrée ; ils fondent par la chaleur en se transformant en une masse gommeuse.

γ. *Sous-sel*, $C^8H^4Zn^2O^{10}, ZnO + 4$ aq. (?). Lorsqu'on maintient en ébullition la solution de l'acide malique avec du carbonate de zinc, la liqueur se prend par le refroidissement en une gelée tremblotante ; celle-ci, délayée dans l'eau, se convertit, par l'ébullition, en une poudre grenue. Chauffé à 200°, ce sel dégage de l'eau, et se convertit en partie en fumarate de zinc.

Suivant M. Braconnot, l'ammoniaque ne décompose le malate de zinc qu'en partie, en produisant un *malate de zinc et d'ammoniaque*.

Malates de cuivre. — α. *Sel neutre*, $C^8H^4Cu^2O^{10} + 2$ aq. Masse gommeuse d'un beau vert, fort soluble dans l'eau.

β. *Sel acide*, $C^8H^5CuO^{10} + 2$ aq. Quand on sature à froid l'acide malique par de l'oxyde de cuivre hydraté, et qu'on évapore à 40°, le bimalate de cuivre se prend en fort beaux cristaux, d'un bleu de cobalt.

γ. *Sous-sel*, $C^8H^4Cu^2O^{10}, CuO + 4$ aq. Lorsqu'on fait bouillir de l'acide malique en excès avec du carbonate de cuivre, il reste une poudre verte et insoluble, qui présente la composition indiquée. Le carbonate de cuivre traité à froid par un excès d'acide malique s'y dissout en quantité notable; soumise à l'ébullition, la liqueur donne aussitôt le sel insoluble précédent ; évaporée entre 40 et 50°, ou dans le vide, elle dépose de petits cristaux d'un vert foncé, qui renferment la même proportion d'oxyde de cuivre et de malate, plus 6 at. d'eau de cristallisation.

Un mélange de sulfate de cuivre et de malate d'ammoniaque dépose, par l'évaporation spontanée, d'abord des cristaux de sulfate de cuivre, puis des cristaux verts aciculaires, et inaltérables à l'air, d'un *sel double* de malate de cuivre et de sulfate d'ammoniaque [1].

Malates de fer. — Le sel neutre et le sel acide sont bruns, gommeux, inaltérables à l'air, fort solubles dans l'eau et l'alcool. Lorsqu'on ajoute de l'acide malique à un sel ferrique, celui-ci n'est plus précipité par les alcalis.

Malates de manganèse. — Le sel neutre est incristallisable et fort soluble, et s'obtient en saturant le carbonate de manganèse par l'acide malique. Le sel acide se précipite sous la forme d'une poudre blanche lorsqu'on ajoute de l'acide malique à la solution du sel précédent; il se dépose dans l'eau bouillante en cristaux roses et transparents; il se dissout dans 41 p. d'eau froide.

[1] Schultze, *Arch. f. Pharm.*, [2] LVII, 283.

§ 537. *Malates d'antimoine.* — Le sel neutre n'a pas encore été obtenu.

Le *malate d'antimoine et d'ammoniaque* s'obtient, suivant M. Pasteur, lorsqu'on fait bouillir une solution de bimalate d'ammoniaque avec de l'oxyde d'antimoine; la liqueur, abandonnée à l'évaporation spontanée, fournit le sel double sous la forme de gros cristaux volumineux, où les facettes hémiédriques sont très-développées. La solution de ce sel dévie à droite le plan de polarisation des rayons lumineux; pouvoir rotatoire pour 100 millimètres, $[\alpha]_j = + 115° 47'$.

Le *malate d'antimoine et de potasse* s'obtient à l'état cristallisé lorsqu'on sature le bimalate de potasse par l'oxyde d'antimoine.

Les deux sels doubles précédents n'ont pas encore été analysés.

Malates d'étain. — Sels incristallisables, fort solubles, et déliquescents.

§ 538. *Malates de plomb.* — *a. Sel neutre*, $C^8H^4Pb^2O^{10} + 6$ aq. On l'obtient en précipitant par l'acétate de plomb une dissolution de malate d'ammoniaque ou de chaux : c'est un précipité blanc et caillebotté, qui abandonné pendant quelques heures dans un excès d'acétate de plomb se convertit en aiguilles quadrilatères, groupées autour d'un centre commun. Ce sel fond dans l'eau bouillante en une masse transparente et poisseuse; il est très-peu soluble dans l'eau froide, plus soluble dans l'eau bouillante; une solution aqueuse et concentrée le dépose à l'état d'aiguilles brillantes. Il se dissout fort bien dans l'acide nitrique; l'acide acétique et l'acide malique ne le dissolvent pas mieux que l'eau seule.

L'acétate de plomb dissout aussi le malate de plomb, et le dépose, par une évaporation lente, sous la forme d'aiguilles soyeuses.

Le malate de plomb actif et le malate de plomb inactif fondent également dans l'eau bouillante; toute la différence qu'on remarque entre les deux modifications, c'est que le sel inactif met plus de temps à devenir cristallin que le sel actif. Le sel actif, amorphe au moment de la précipitation, ne met souvent que quelques heures à se transformer en cristaux aiguillés, tandis que le sel inactif peut rester amorphe pendant plusieurs jours. Ce caractère peut servir à distinguer les deux modifications lorsqu'on n'en possède que de petites quantités : si on les fait fondre dans l'eau bouillante, les deux sels entrent aussitôt en fusion, mais une partie se dissout et se précipite par le refroidissement et le repos de la liqueur; alors le malate actif se dépose après vingt-quatre heures en aiguilles brillantes, réunies en houppes ; le malate inactif, au contraire, se dépose à l'état amorphe, et recouvre uniformément les parois du vase ; mais au bout de quelques jours ce précipité amorphe disparaît, et se trouve remplacé par des cristaux aiguillés également réunis en houppes, et d'une ressemblance parfaite avec les cristaux du malate actif.

Lorsque le malate de plomb est amorphe, il peut perdre assez facilement toute son eau de cristallisation (14 p. 100 = 6 atomes) sous une cloche desséchée par l'acide sulfurique. La perte est plus longue et plus difficile si le sel est cristallisé, et il faut alors chauffer à 150° environ.

Le malate neutre de plomb, qui entre facilement en fusion lorsqu'on le jette dans l'eau chaude, ne fond pas dans l'étuve, ni à 100°, ni à une température plus élevée. Il conserve même son aspect cristallin jusqu'à la température de 170°, malgré l'expulsion de l'eau de cristallisation, et ce n'est qu'alors qu'il devient d'un blanc mat et lanugineux.

Chauffé à 220°, le malate de plomb perd encore de l'eau, et se convertit en fumarate de plomb.

β. *Sous-sel*. $C^8H^4Pb^2O^{10}$, $2PbO$. On l'obtient en mettant le sel précédent en digestion avec de l'ammoniaque, ou en versant de l'acétate de plomb dans un malate additionné d'ammoniaque. Ce sous-sel ne cristallise jamais avec le temps et ne fond pas dans l'eau bouillante; il fond en diminuant beaucoup de volume, si on y ajoute de l'acide acétique; il se convertit évidemment, dans ce dernier cas, en sel neutre.

Le sous-malate de plomb se dissout dans l'acétate de plomb comme le malate neutre; lorsque la solution est un peu concentrée, l'ammoniaque la précipite en blanc. Il est presque insoluble dans l'eau froide ou chaude; cependant il est assez soluble pour bleuir le papier de tournesol rouge quand on l'y place en fragments humides.

§ 539. *Malate d'argent*, $C^8H^4Ag^2O^{10}$. — Le nitrate d'argent occasionne dans une solution de malate ou de bimalate d'ammoniaque un précipité grenu et blanc, qui devient jaune par une forte dessiccation. Chauffé après avoir été desséché, il fond et se décompose en se boursouflant un peu et en répandant une odeur empyreumatique; il reste de l'argent métallique parfaitement blanc. On n'a pas pu obtenir de bimalate d'argent.

Malates de mercure[1]. — Ils n'ont pas encore été analysés. Lorsqu'on met l'acide malique en digestion avec du protoxyde de mercure, il se produit une poudre cristalline; le même sel s'obtient lorsqu'on mélange le malate de potasse avec une solution étendue de nitrate de mercure ; il se décompose par l'ébullition avec l'eau.

Lorsqu'on fait bouillir le bioxyde de mercure avec une solution concentrée d'acide malique, la liqueur filtrée dépose de petits cristaux d'un sel acide soluble dans l'eau. Si l'on emploie un excès de bioxyde, il se produit en outre un sous-sel jaune insoluble.

Dérivés méthyliques, éthyliques.... de l'acide malique. Éthers maliques.

§ 540. D'après des expériences inédites de M. Demondésir, et dont il n'a encore paru qu'une courte notice [2], on peut obtenir les éthers maliques en faisant passer du gaz chlorhydrique dans une dissolution d'acide malique dans l'alcool ou l'esprit de bois, neutralisant par un carbonate la liqueur acide, et agitant à plusieurs reprises avec de l'éther ordinaire. Ce dissolvant s'empare des éthers maliques, et les abandonne, par la distillation, comme résidu. L'éther malique ainsi obtenu contient encore de l'eau, de l'alcool ou de l'esprit de bois et des sels; on le débarrasse d'abord des corps volatils par l'action du vide ou d'une douce chaleur à l'air libre, et ensuite des sels en le dissolvant dans de l'éther ordinaire bien pur.

Le *malate de méthyle* et le *malate d'éthyle* sont des liquides assez solubles dans l'eau, qui se détruisent presque entièrement par la distillation. L'ammoniaque les transforme en malamide.

Les éthers de l'acide malique actif agissent sur la lumière polarisée.

Dans la préparation de ces corps, il se produit toujours, en outre, des acides viniques.

L'*acide méthyl-malique* (ou malométhylique) et l'*acide éthyl-malique* (ou malovinique) donnent des sels de chaux solubles dans l'alcool.

AMIDES MALIQUES.

§ 541. Les amides correspondant aux deux sels d'ammoniaque de l'acide malique sont :

[1] HAFF, *Archiv. de Brandes*, [3] V, 281.

[2] DEMONDÉSIR, *Compt. rend. de l'Acad.*, XXXIII, 227.

$$C^8H^4(NH^4)^2O^{10} - 4HO = C^8H^8N^2O^6,$$
Malate d'amm. neutre. Malamide.

$$C^8H^5(NH^4)\,O^{10} - 2HO = C^8H^7N\,O^8.$$
Bimalate d'ammon. Ac. malamique.

L'*asparagine* naturelle et l'*acide aspartique* qui en dérive, représentent ces deux amides ; on peut en effet convertir l'asparagine et l'acide aspartique en acide malique, en y appliquant la réaction (le traitement par l'acide nitreux) qui transforme toutes les amides en leurs acides respectifs ; de même, on peut transformer le bimalate d'ammoniaque en acide aspartique.

Il paraît toutefois qu'en traitant les éthers maliques par l'ammoniaque, on obtient des amides qui ne sont identiques ni à l'asparagine ni à l'acide aspartique [1].

§ 542. ASPARAGINE, althéine ou asparamide, $C^8H^8N^2O^6 + 2$ aq. — Cette substance, découverte en 1805 par Vauquelin et Robiquet, et analysée plus tard par M. Liebig, se trouve toute formée dans un grand nombre de plantes. Elle a été trouvée dans les jeunes pousses de l'asperge [2]; dans les racines de réglisse, de guimauve [3], de grande consoude [4]; dans les feuilles de belladone [5]; dans les jeunes pousses de houblon [6]; dans les tiges étiolées des vesces [7], des pois, des haricots, des fèves, des lentilles, semés dans une cave ; dans les germes des tubercules de dahlia [8]. On n'a pas trouvé d'asparagine dans le suc des tiges étiolées provenant des graines de citrouille, de sarrasin et d'avoine, semées dans les mêmes conditions que les plantes précédentes, ni dans le suc des tiges de pommes de terre. Enfin, on a aussi trouvé l'asparagine dans les tiges étiolées des légumineuses suivantes : *cytisus laburnum*, *trifolium pratense*, *hedysarum onobrychis*, *lathyrus odoratus*, *lathyrus latifolius*, *genista juncea*, *colutea arborescens* [9].

Le suc d'asperges, suffisamment concentré par la chaleur, dépose, par le repos, des cristaux d'asparagine, qu'on purifie par de

[1] DEMONDÉSIR, *loc. cit.* — PASTEUR, *Ann. de Chim. et de Phys.*, [3] XXXIV, 43.

[2] VAUQUELIN et ROBIQUET (1805), *Ann. de Chimie*, LVII, 88.

[3] BACON, *Ann. de Chim. et de Phys.*, XXXIV, 202. — PLISSON, *ibid.*, XXXV, 175; XXXVII, 81.

[4] BLONDEAU et PLISSON, *Journ. de Pharm.*, XIII, 635.

[5] BILTZ, *Ann. der Chem. u. Pharm.*, XII, 54.

[6] LEROY, *Journ. de Chim. médic.*, XVI, 8.

[7] PIRIA, *Ann. de Chim. et de Phys.*, [3] XXII, 160.

[8] DESSAIGNES et CHAUTARD, *Journ. de Pharm.*, [3] XIII, 245.

[9] DESSAIGNES, *Ann. de Chim. et de Phys.*, [3] XXXIV, 149.

nouvelles cristallisations dans l'eau. Comme le suc d'asperges contient une matière mucilagineuse, qui entrave beaucoup la cristallisation, on a proposé[1] de détruire préalablement cette matière en abandonnant les jeunes pousses pendant quelques jours dans un linge humide, jusqu'à ce qu'elles commencent à sentir mauvais; il s'établit ainsi dans le végétal un commencement de fermentation qui altère la matière mucilagineuse. On écrase ensuite la plante, on la soumet à l'action de la presse, en favorisant l'expression du suc par l'addition d'un peu d'eau, on chauffe le suc, et on le filtre à travers un linge, pour enlever l'albumine coagulée et la chlorophylle. La liqueur étant convenablement concentrée par l'évaporation, on l'abandonne à la cristallisation.

Lorsqu'on veut extraire l'asparagine de la racine de réglisse, il faut employer, suivant Robiquet, la racine fraîche : on la coupe en petits morceaux, on l'épuise à l'eau froide, et on fait bouillir l'extrait pour coaguler l'albumine; on précipite la glycyrrhizine par de l'acide acétique, on précipite l'acide phosphorique et l'acide malique, ainsi qu'une matière colorante brune, par l'acétate de plomb, et l'excès de plomb par l'hydrogène sulfuré; on concentre ensuite la liqueur filtrée par l'évaporation. Plisson emploie dans cette préparation l'acide sulfurique, qui précipite mieux la glycyrrhizine; 100 p. de racines fraîches lui ont donné 0,8 p. d'asparagine.

La racine de guimauve donne des cristaux d'asparagine, si on la met en macération dans l'eau, à une douce chaleur, et que l'on concentre l'extrait par l'évaporation.

La préparation de l'asparagine au moyen de la vesce est facile et sûre : on fait germer de la vesce commune dans une cave ou dans toute autre pièce obscure ; quand, au bout de quinze jours ou de trois semaines, les tiges étiolées de la plante ont atteint une hauteur d'environ 50 ou 60 centimètres, on les arrache, on lave la plante à grande eau, puis on la broie et on la soumet à l'action de la presse. Elle fournit ainsi 70 p. 100 environ d'un suc qu'on fait bouillir, pour coaguler l'albumine végétale; après avoir filtré la liqueur, on la concentre par l'évaporation pour la faire cristalliser. L'asparagine se dépose, par le refroidissement, en cristaux bruns, qu'on lave avec de l'eau et qu'on fait cristalliser de nouveau; la première cristallisation affecte quelquefois la forme de feuilles de fougère, surtout quand on opère sur de petites quan-

[1] REGIMBEAU, *Journ. de Pharm.*, XX, 631; XXI, 665.

tités. En opérant ainsi qu'on vient de le dire, M. Piria a obtenu environ 150 grammes d'asparagine très-pure, en employant 10 kilogrammes de vesces.

Lorsque dans la préparation précédente on emploie une bassine en cuivre pour évaporer le suc, les cristaux d'asparagine ont ordinairement une nuance azurée très-pâle, due à la dissolution d'une trace de cuivre. Lorsque cette circonstance se présente, il suffit pour faire disparaître toute coloration de redissoudre les cristaux dans l'eau bouillante, et de faire passer dans la dissolution un peu d'hydrogène sulfuré, puis de filtrer, pour séparer le sulfure de cuivre précipité. La liqueur refroidie abandonne des cristaux volumineux, qui sont alors parfaitement incolores.

Suivant M. Piria, la vesce ayant poussé en plein air, à la lumière directe, fournirait, par le mode de préparation précédent, autant d'asparagine que la vesce étiolée; seulement l'asparagine disparaîtrait au commencement de la floraison et pendant la fructification. M. Pasteur[1] n'est pas arrivé au même résultat : la vesce non étiolée ne lui a pas donné d'asparagine du tout.

Il est probable que d'autres légumineuses, par exemple, les pois, seraient tout aussi avantageuses que les vesces pour la préparation de l'asparagine. $9\,{}^3/_4$ litres de suc de pois étiolés, dont les tiges avaient environ 50 centim. de longueur, ont donné à MM. Dessaignes et Chautard à peu près 83 grammes d'asparagine pure.

§ 543. L'asparagine cristallise dans le système rhombique[2]. (Combinaison ordinaire, ∞ P. oP. m $\breve{P}\infty$. ∞ $\breve{P}\infty$, avec les faces hémièdres $\frac{P}{2}$. Inclinaison des faces, ∞ P : ∞ P $= 129^\circ\,37'$; $\frac{P}{2}$: oP $= 116^\circ\,57'$; m $\breve{P}\infty$: oP $= 120^\circ\,46'$). Les cristaux, durs et cassants, font d'une densité de 1,519 à 14°; ils sont sans odeur, d'une saveur faible, et inaltérables à l'air. Ils renferment 2 atomes d'eau de cristallisation, qu'ils perdent par la dessiccation à 100°. Ils sont peu solubles dans l'eau froide, et plus solubles dans l'eau bouillante; suivant M. Biltz, ils exigent pour leur solution 11 p. d'eau froide et 4,44 p. d'eau bouillante; la solution présente une légère réaction acide. L'alcool absolu ne dissout pas l'asparagine à froid, et presque pas à chaud; l'éther, les huiles essentielles et les huiles grasses ne la dissolvent pas.

Les acides et les alcalis dissolvent l'asparagine. Celle-ci, en dis-

[1] PASTEUR, *Ann. de Chim. et de Phys.*, [3] XXXI, 67.

[2] BERNHARDI, *Ann. der Chem. u. Pharm.*, XII, 58. — PASTEUR, *loc. cit.*

solution dans l'eau ou dans les alcalis, dévie à gauche le plan de polarisation. Pouvoir rotatoire de la solution ammoniacale pour 100 millimètres $[\alpha]_j = -11^\circ 18'$. Elle le dévie, au contraire, à droite quand elle est en dissolution dans les acides; $[\alpha]_j = +35^\circ$.

En dissolution dans les acides, l'asparagine se convertit, surtout à chaud, en acide aspartique, en même temps qu'il se produit un sel d'ammoniaque de l'acide employé :

$$\underset{\text{Asparagine.}}{C^8H^8N^2O^6} + 2HO = \underset{\text{Ac. aspartique.}}{C^8H^7NO^8} + NH^3.$$

La même métamorphose s'opère sous l'influence des alcalis concentrés, avec dégagement d'ammoniaque; la potasse et l'eau de baryte bouillante la déterminent. Mais si l'on fait fondre légèrement le mélange de potasse et d'asparagine, l'aspartate de potasse ainsi produit se décompose à son tour en acétate et en oxalate de potasse, avec dégagement d'ammoniaque et de gaz hydrogène.

L'eau seule peut effectuer la transformation de l'asparagine en aspartate d'ammoniaque, si l'on chauffe la solution dans un tube scellé à la lampe, de manière à produire une pression de 2 ou 3 atmosphères [1].

Soumise à la distillation, l'asparagine dégage, en se charbonnant, du carbonate d'ammoniaque, et donne une huile brune empyreumatique ainsi qu'une liqueur aqueuse.

Lorsqu'on dissout l'asparagine dans l'acide nitrique chargé d'acide nitreux, elle se convertit déjà à froid en gaz azote et en acide malique actif [2] :

$$\underset{\text{Asparagine.}}{C^8H^8N^2O^6} + 2\,NO^3 = \underset{\text{Ac. malique.}}{C^8H^6O^{10}} + 2\,N^2 + 2\,HO.$$

Lorsqu'on dissout 1 p. d'asparagine dans 1 p. d'acide nitrique pur, moyennement concentré, et que dans la liqueur on fait passer du bioxyde d'azote, le mélange s'échauffe légèrement, et il se dégage immédiatement du gaz azote; si l'on sature la liqueur avec la craie, quand le dégagement d'azote a cessé, la liqueur filtrée donne avec l'acétate de plomb le précipité caractéristique de malate de plomb.

L'asparagine pure se conserve parfaitement en solution; mais lorsqu'elle est colorée et impure, sa solution fermente peu à peu, devient légèrement alcaline, acquiert l'odeur des substances ani-

[1] BOUTRON et PELOUZE, *Ann. de Chim. et de Phys.*, LII, 90.

[2] PIRIA, *loc. cit.*

males putréfiées, et se recouvre d'une pellicule blanche et mucilagineuse, qui au microscope présente une multitude d'infusoires. Au bout d'un certain temps l'asparagine a complétement disparu, et l'on trouve à sa place du succinate d'ammoniaque. Cette transformation s'effectue quand on a ajouté une certaine quantité de jus de vesces à une solution d'asparagine pure. On a d'ailleurs :

$$\underset{\text{Asparagine.}}{C^8H^8N^2O^6} + 2\,HO + H^2 = \underset{\text{Succin. d'ammon.}}{C^8H^4(NH^4)^2O^8}.$$

Nous avons vu plus haut que l'acide malique éprouve lui-même cette métamorphose sous l'influence des ferments.

Le chlore, le brome et l'iode ne paraissent pas agir sur l'asparagine.

L'asparagine se combine avec les acides à la manière des alcalis; elle possède aussi la propriété d'échanger de l'hydrogène contre son équivalent de métal, lorsqu'on la traite par des oxydes métalliques.

§ 544. *Combinaisons de l'asparagine avec les acides.* — L'asparagine en se dissolvant dans les acides n'éprouve tout d'abord aucune modification; la dissolution s'opère avec un léger abaissement de température, et si l'on sature tout de suite l'acide, l'asparagine se précipite en cristallisant.

M. Pasteur a observé le pouvoir rotatoire de l'asparagine en dissolution dans les acides nitrique, chlorhydrique, sulfurique, citrique : tandis que l'asparagine en solution aqueuse ou alcaline dévie à gauche le plan de polarisation, l'asparagine en solution dans les acides le dévie à droite, et d'une quantité relativement beaucoup plus considérable.

Le *chlorhydrate d'asparagine*, $C^8H^8N^2O^6, HCl$, s'obtient en faisant passer du gaz chlorhydrique sur l'asparagine hydratée, réduite en poudre fine, et chassant l'excédant de gaz chlorhydrique par un courant d'air desséché. Le produit étant dissous dans l'eau chaude donne, par le refroidissement, de gros cristaux non déliquescents. La même combinaison s'obtient à l'état cristallisé si l'on fait dissoudre 1 at. d'asparagine dans 1 at. d'acide chlorhydrique affaibli, et qu'on ajoute de l'alcool à la liqueur concentrée à une douce chaleur. — Un *sous-chlorhydrate*, $2\,C^8H^8N^2O^6, HCl$, s'obtient en faisant passer un courant de gaz chlorhydrique, longtemps prolongé, sur l'asparagine anhydre.

Le *nitrate d'asparagine* est aisé à préparer. On dissout 1 at.

d'asparagine dans 1 at. d'acide nitrique dilué, on évapore dans le vide, sur de la chaux, jusqu'à consistance de sirop, et l'on abandonne ensuite la matière dans une étuve légèrement chauffée. Elle se convertit alors presque tout entière en gros cristaux de nitrate d'asparagine.

Le *sulfate d'asparagine* s'obtient en abandonnant sur de l'acide sulfurique concentré, la solution de 1 at. d'asparagine dans 1 at. d'acide sulfurique dilué; la liqueur dépose d'abord des cristaux d'asparagine, et donne une eau mère qui se dessèche en une masse incolore et amorphe, d'où le carbonate de soude précipite de l'asparagine non altérée.

L'*oxalate d'asparagine* paraît contenir $C^8H^8N^2O^6, C^4H^2O^8$. La solution aqueuse d'un mélange de 150 p. (1 atome) d'asparagine cristallisée et de 126 p. (1 atome) d'acide oxalique hydraté donne, par l'évaporation, une masse homogène, composée de petits cristaux qui présentent cette composition. Si l'on emploie une proportion d'asparagine double, la liqueur dépose un mélange de cristaux du sel précédent et d'asparagine.

Le *tartrate d'asparagine* s'obtient aisément, en beaux cristaux, avec l'acide tartrique droit; l'acide tartrique gauche ne donne avec l'asparagine qu'une liqueur sirupeuse incristallisable.

§ 545. *Dérivés métalliques de l'asparagine*[1]. — L'asparagine produit des sels métalliques, à la manière des acides; ces sels renferment :

$$C^8H^7MN^2O^6 = C^8H^7N^2O^5, MO,$$

et s'obtiennent, en général, en traitant la solution de l'asparagine par les oxydes correspondants. L'asparagine déplace même l'acide acétique de l'acétate de plomb.

On connaît aussi des combinaisons de l'asparagine avec le bichlorure de mercure et avec le nitrate d'argent.

Nous avons déjà dit que la solution de l'asparagine dans les alcalis dévie à gauche le plan de polarisation, comme la solution aqueuse de l'asparagine.

L'*asparagine ammonique* ne paraît pas pouvoir s'obtenir. L'asparagine se dissout fort aisément dans l'ammoniaque; mais si l'on abandonne la liqueur au contact de l'air, elle perd son ammoniaque, et l'asparagine se dépose en cristaux limpides.

[1] Piria, *loc. cit.* — Laurent, *Ann. de Chim. et de Phys.*, [3] XXIII, 113. — Dessaignes et Chautard, *loc. cit.* — Dessaignes, *loc. cit.*

L'*asparagine potassique* contient $C^8H^7KN^2O^6$. Lorsqu'on traite l'asparagine en poudre par une dissolution de potasse solide dans l'alcool, il se forme immédiatement une matière sirupeuse, insoluble ou peu soluble dans le liquide surnageant; lavée à plusieurs reprises avec de l'alcool, puis desséchée, elle présente la composition indiquée. On peut obtenir cette combinaison cristallisée en ajoutant peu à peu un excès d'asparagine en poudre fine à la solution alcoolique de potasse doucement chauffée dans un tube fermé par un bouchon; la liqueur, d'abord trouble, s'éclaircit, et le tube se tapisse de cristaux lamelleux.

L'*asparagine calcique* paraît contenir $C^8H^7CaN^2O^6$. L'asparagine dissout la chaux, mais la combinaison ne cristallise pas, et n'a pu être obtenue sans un excès de chaux. Chauffée à 100°, elle dégage un peu d'ammoniaque.

L'*asparagine zincique*, $C^8H^7ZnN^2O^6$, s'obtient en feuillets cristallins lorsqu'on fait dissoudre l'oxyde de zinc dans une solution aqueuse et bouillante d'asparagine.

L'*asparagine cadmique*, $C^8H^7CdN^2O^6$, s'obtient en prismes fins et brillants, lorsqu'on fait dissoudre à chaud l'oxyde de cadmium dans une solution aqueuse d'asparagine.

L'*asparagine cuivrique*, $C^8H^7CuN^2O^6$, se dépose sous la forme d'un précipité bleu d'outremer, lorsqu'on mélange des solutions, saturées à chaud, d'asparagine et d'acétate de cuivre. La solution bleue qu'on obtient en chauffant une solution d'asparagine avec l'oxyde de cuivre dépose la même combinaison à l'état d'une poudre cristalline, d'un bleu d'azur. Enfin, l'asparagine cuivrique se dépose aussi en aiguilles soyeuses si l'on fait dissoudre ensemble, à chaud, de l'asparagine et du sulfate de cuivre.

L'asparagine cuivrique ne perd pas d'eau à 100°, et se décompose à une température élevée, en dégageant beaucoup d'ammoniaque. Elle est presque insoluble dans l'eau froide, peu soluble dans l'eau bouillante, fort soluble dans les acides et dans l'ammoniaque.

L'*asparagine plombique* s'obtient sous la forme d'une masse gommeuse, incolore et difficile à dessécher, lorsqu'on fait bouillir l'asparagine avec une solution d'acétate de plomb, et que l'on concentre la liqueur sur l'acide sulfurique, après l'expulsion de l'acide acétique.

Lorsqu'on fait dissoudre ensemble 1 at. d'asparagine et 2 at. de nitrate de plomb, on obtient, par l'évaporation, une masse gommeuse, qui refuse de cristalliser.

L'*asparagine argentique* contient $C^8H^7AgN^2O^6$. Une solution bouillante d'asparagine dissout très-bien l'oxyde d'argent; la solution filtrée est incolore; évaporée sur l'acide sulfurique et dans l'obscurité, elle donne des cristaux agglomérés en forme de champignons, presque noirs par réflexion et d'un brun jaune par transparence.

Lorsqu'on fait cristalliser ensemble 1 at. d'asparagine avec 2 at. de nitrate d'argent, on obtient, par la concentration du liquide, des disques composés de cristaux très-fins, pressés les uns contre les autres, et contenant $C^8H^8N^2O^6,2NO^6Ag$. On peut même faire recristalliser ce sel dans l'eau. Si l'on emploie une quantité de nitrate d'argent moindre que celle qui correspond à la formule précédente, les cristaux qui se déposent sont un mélange de cette combinaison et d'asparagine non combinée.

L'*asparagine chloromercurique*, $C^8H^8N^2O^6,4HgCl$, s'obtient sous la forme de prismes déliés, lorsqu'on fait dissoudre ensemble, à chaud, 1 at. d'asparagine et 4 at. de chlorure mercurique. Si l'on emploie moins de sel mercuriel qu'il n'en correspond à ces proportions, on obtient un mélange de la même combinaison et d'asparagine non combinée.

L'oxyde mercurique se dissout aisément dans une solution chaude d'asparagine; la solution est incolore; lorsqu'elle est concentrée, l'eau y produit un précipité blanc; elle se dessèche en une masse gommeuse, qui s'altère en partie à 100°, en devenant d'un gris foncé.

§ 546. ACIDE ASPARTIQUE, $C^8H^7NO^8$. — Ce composé[1], découvert par Plisson, en 1827, se produit par la métamorphose de l'asparagine sous l'influence des acides et des alcalis; on l'obtient aussi, suivant les expériences de M. Dessaignes, par la transformation des sels ammoniacaux de l'acide malique, de l'acide maléique et de l'acide fumarique, soumis à l'action de la chaleur et traités par l'acide chlorhydrique.

[1] PLISSON (1827), *Ann. de Chim. et de Phys.*, XXXV, 175; XL, 303. — PLISSON et O. HENRY, *ibid.*, XLV, 315. — BOUTRON-CHARLARD et PELOUZE, *ibid.*, LII, 90. — LIEBIG, *Ann. de Poggend.*, XXXI, 222. *Ann. der Chem. u. Pharm.*, XXVI, 125 et 161. — PIRIA, *Ann. de Chim. et de Phys.*, [3] XXII, 160. — DESSAIGNES, *Compt. rend. de l'Acad.*, XXX, 324; XXXI, 432. — PASTEUR, *Ann. de Chim. et de Phys.*, [3] XXXI, 67; XXXIV, 30.

L'acide aspartique qu'on prépare par ces deux procédés présente, d'après M. Pasteur, deux modifications isomères, qui se comportent différemment avec la lumière polarisée : l'acide obtenu avec l'asparagine naturelle jouit de la propriété rotatoire, tandis que l'acide produit par la transformation du bimalate d'ammoniaque et des autres sels ammoniacaux n'exerce aucune action sur le plan de polarisation de la lumière. Ces deux modifications se ressemblent d'ailleurs à un haut degré dans leurs autres propriétés.

Nous distinguerons ces deux acides isomères, en appelant l'un *actif*, l'autre *inactif*.

§ 547. α. *Acide aspartique actif*. On le prépare, suivant Plisson, en faisant bouillir l'asparagine avec de l'eau et de l'oxyde de plomb, jusqu'à ce qu'il ne se dégage plus d'ammoniaque, et en ayant soin de remplacer l'eau à mesure qu'elle s'évapore; on purifie le sel de plomb ainsi obtenu, en le traitant à l'ébullition par l'eau et par l'alcool; on le décompose par l'hydrogène sulfuré, après l'avoir mis en suspension dans l'eau, et l'on évapore à cristallisation le liquide filtré.

MM. Boutron et Pelouze font bouillir l'asparagine avec de l'eau de baryte, jusqu'à cessation du dégagement d'ammoniaque, précipitent la baryte de la liqueur encore chaude par une quantité convenable d'acide sulfurique, et évaporent à cristallisation.

M. Liebig maintient l'asparagine en ébullition avec de la potasse caustique, tant qu'il se dégage de l'ammoniaque, sursature la liqueur par l'acide chlorhydrique, la dessèche par l'évaporation au bain-marie, et reprend le résidu par l'eau froide, qui s'empare du chlorure de potassium, sans dissoudre l'acide aspartique.

La faible solubilité de l'acide aspartique permet aussi de le préparer en faisant bouillir une solution d'asparagine dans l'acide chlorhydrique ou nitrique; si l'on sature ensuite la liqueur froide par du marbre ou du carbonate de magnésie, l'acide aspartique se précipite en petits cristaux.

L'acide aspartique actif cristallise en tables minces, rectangulaires, tronquées sur les angles. Les cristaux, en général trop petits pour des mesures, sont d'un aspect soyeux et micacé; ils appartiennent au système rhombique; leur densité, à 12°,5, est égale à 1,6613. Il est beaucoup moins soluble dans l'eau que l'asparagine : 1 p. exige 364 p. d'eau à 11° pour se dissoudre. Il est plus soluble dans l'eau bouillante. Il est encore moins soluble dans l'alcool que dans l'eau. Il est assez soluble dans les acides chlorhydrique et nitrique, ainsi que dans les alcalis aqueux. Il est sans odeur et d'une saveur aigrelette, avec un arrière-goût de bouillon de viande.

Dissous dans la potasse, la soude ou l'ammoniaque, l'acide aspartique exerce la rotation vers la gauche; il l'exerce, au contraire, vers la droite lorsqu'il est dissous dans les acides. Pouvoir rotatoire de la solution dans l'acide chlorhydrique pour une longueur de 100 millimètres $[\alpha]_j = +27°, 86$.

Soumis à l'action d'une température élevée, l'acide aspartique se boursoufle considérablement, et se charbonne en dégageant de l'ammoniaque, ainsi qu'une odeur qui rappelle celle qu'on observe dans la distillation des matières animales.

L'acide chlorhydrique concentré et l'acide sulfurique dilué ne l'altèrent pas à l'ébullition. L'acide sulfurique concentré le détruit à chaud, en développant du gaz sulfureux.

Lorsqu'on le fait dissoudre dans l'acide nitrique chargé d'acide nitreux, ou dans l'acide nitrique pur dans lequel on fait passer du bioxyde d'azote, l'acide aspartique actif se convertit en acide malique actif (Piria) :

$$\underset{\text{Ac. aspartiq.}}{C^8H^7NO^8} + NO^3 = \underset{\text{Ac. maliq.}}{C^8H^6O^{10}} + N^2 + HO.$$

L'acide nitrique seul est sans effet; toutefois, il détruit l'acide aspartique si on l'évapore à siccité sur ce dernier.

β. *Acide aspartique inactif.* M. Dessaignes l'obtient en chauffant à 200° le bimalate d'ammoniaque, et en faisant bouillir pendant quelques heures le résidu de l'action de la chaleur avec de l'acide chlorhydrique (*voy.* § 573, *Fumarimide*). La solution évaporée fournit, par le refroidissement, du chlorhydrate d'acide aspartique cristallisé. Ce chlorhydrate, dissous dans l'eau, est divisé en deux parties égales, dont l'une, saturée exactement par l'ammoniaque, est ensuite ajoutée à l'autre. On obtient ainsi, par le refroidissement, une abondante cristallisation d'acide aspartique inactif.

La forme de cet acide appartient au système monoclinique. Combinaison ordinaire, $\infty P . 0 P . [P\infty]$. Inclinaison des faces, $\infty P : \infty P$ dans le plan de la diagonale oblique et de l'axe principal, $= 128° 28'$; $0 P : \infty P = 91° 30'$; $[P\infty] : 0 P = 131° 25'$. Les cristaux sont toujours très-petits, et réunis en croûtes étoilées; quelquefois ils prennent une forme lenticulaire. Parfois on observe aussi des hémitropies. La densité des cristaux à 12°,5 est égale à 1,6632.

L'acide aspartique inactif est très-peu soluble dans l'eau ; il y est toutefois beaucoup plus soluble que l'acide actif. 1 p. d'acide inactif exige 208 p. d'eau à 13°,5 pour se dissoudre. Il est fort soluble dans les acides chlorhydrique et nitrique ; la solution ne dévie pas le plan de polarisation des rayons lumineux.

Lorsqu'on fait agir l'acide nitrique nitreux sur l'acide aspartique inactif, la réaction est la même qu'avec l'acide aspartique actif : il se dégage de l'azote, et l'on obtient de l'acide malique inactif, c'est-à-dire dénué de toute propriété rotatoire.

§ 548. *Combinaisons de l'acide aspartique avec les acides*[1]. — *Chlorhydrate*, $C^8H^7NO^8,HCl$. Lorsqu'on dissout les acides aspartiques actif et inactif dans l'acide chlorhydrique et qu'on évapore au bain-marie, on obtient par le refroidissement, ou mieux par le repos et l'évaporation spontanée, des combinaisons de ces acides avec l'acide chlorhydrique. Ces chlorhydrates sont très-solubles. Leur composition chimique est la même, mais leurs formes cristallines diffèrent, et le chlorhydrate fourni par l'acide actif a seul la propriété rotatoire.

α. Chlorhydrate actif. Les cristaux de ce composé appartiennent au système rhombique ; ce sont des prismes d'environ 90°, fortement tronqués sur deux arêtes latérales opposées, et terminés par des facettes inclinées sous un angle d'environ 115° et appartenant à un tétraèdre irrégulier.

Le pouvoir rotatoire de ce chlorhydrate s'exerce vers la droite ; $[\alpha]_j = + 24°,4$.

Le chlorhydrate d'acide aspartique actif se décompose en se dissolvant dans l'eau, et précipite beaucoup d'acide aspartique ; on empêche cette décomposition par l'addition de quelques gouttes d'acide chlorhydrique.

Les cristaux du même composé tombent en déliquescence à l'air, en mettant de l'acide aspartique en liberté.

Sous l'influence de la chaleur, ils émettent de l'eau et de l'acide chlorhydrique, en se transformant en fumarimide.

β. Chlorhydrate inactif. Les cristaux de ce composé appartiennent au système monoclinique, et ont un tout autre aspect que les cristaux du chlorhydrate actif. Combinaison ordinaire, $\infty P . \infty P \infty$.

[1] PLISSON, *loc. cit.* — DESSAIGNES, *Revue scientif.*, janvier 1852. — PASTEUR, *loc. cit.*

— P. o P. + m P ∞. Inclinaison des faces, o P : ∞ P ∞ = 119°45′; ∞ P ∞ : ∞ P = 123°. Les cristaux sont inaltérables à l'air; en été seulement, ils deviennent d'un blanc de lait à la surface, et perdent leur éclat et leur transparence.

Le chlorhydrate inactif se dissout aussi dans l'eau en se décomposant; mais comme l'acide inactif est plus soluble dans l'eau que l'acide actif, il ne se produit pas de précipité; la précipitation est abondante si l'on opère avec de l'eau alcoolisée.

Sous l'influence de la chaleur, le chlorhydrate inactif se comporte comme le chlorhydrate actif.

Sulfate, $C^8H^7NO^8$, 2 (SO^3,HO). Le sulfate d'acide aspartique (actif) se prépare à 50 ou 60°, dans un tube large, avec de l'acide sulfurique concentré, auquel on ajoute peu à peu de l'acide aspartique, jusqu'à ce qu'il cesse de se dissoudre; on abandonne la solution, après avoir bouché le tube. Au bout de quelques jours, on voit alors s'y former de gros prismes agglomérés et plus légers que leur eau mère; on les fait égoutter sur une plaque poreuse, on les lave rapidement avec de l'alcool, et on les sèche sur de l'acide sulfurique.

Nitrate. Il s'obtient en beaux cristaux, comme le chlorhydrate.

§ 549. *Aspartates métalliques*. — L'acide aspartique étant un acide monobasique, la composition des aspartates neutres se représente par la formule générale :

$$C^8H^6MNO^8 = C^8H^6NO^7,MO.$$

On connaît aussi plusieurs sous-aspartates. La composition de ces derniers n'est pas encore définitivement établie.

La plupart des aspartates[1] sont solubles, et possèdent une saveur qui rappelle celle du bouillon de viande. Qu'ils soient obtenus avec l'acide actif ou avec l'acide inactif, ils présentent la même composition et les mêmes propriétés chimiques; il n'y a de différence entre les sels des deux acides aspartiques que dans la solubilité, la forme cristalline et l'existence du pouvoir rotatoire.

§ 550. *Aspartate d'ammoniaque*. — Il cristallise difficilement; il est fort soluble dans l'eau; la solution devient acide par l'évaporation.

Aspartate de potasse, $C^8H^6KNO^8$. — C'est un sel fort soluble;

[1] A moins d'une mention spéciale, les aspartates décrits dans ce paragraphe se rapportent à l'acide actif.

évaporé à consistance de sirop, il donne à la longue des cristaux qu'il est difficile de débarrasser de leur eau mère épaisse.

Aspartate de soude, $C^8H^6NaNO^8 + 2$ aq. — Lorsqu'on ajoute de la soude caustique ou du carbonate de soude aux acides aspartiques jusqu'à neutralisation, et qu'on abandonne les liqueurs à une évaporation lente, elles fournissent des sels parfaitement neutres, l'un α actif, l'autre β inactif, de même composition chimique, et offrant les mêmes réactions; mais leurs formes cristallines sont distinctes et incompatibles.

α. Le sel actif cristallise en aiguilles prismatiques $\infty P . \frac{P}{2}$, dérivant du système rhombique; les faces ∞P des prismes sont toujours striées. Les cristaux sont généralement hémièdres; en effet, les sommets des prismes forment un biseau $\frac{P}{2}$ d'environ 106°, appartenant à un tétraèdre irrégulier; les quatre faces de ce tétraèdre se présentent ordinairement seules, ou, si les cristaux offrent en même temps les quatre faces du tétraèdre inverse, qui, en équilibre avec l'autre tétraèdre, constitue l'octaèdre primitif P, les quatre faces de l'un des tétraèdres se développent toujours beaucoup plus que les quatre faces de l'autre.

L'aspartate de soude actif est un peu plus soluble dans l'eau que le sel inactif. 100 p. d'eau à 12°,2 dissolvent 89,19 p. de sel actif. Pouvoir rotatoire de la solution pour 100 millimètres, $[\alpha]_j = -$ 2° 23', vers la gauche.

Le sel perd, par la dessiccation à 160°, 2 atomes d'eau. Il se boursoufle beaucoup par la calcination.

Lorsqu'on ajoute au sel un équivalent de soude, et qu'on abandonne le mélange sous une cloche avec de la chaux, il refuse de cristalliser.

β. Le sel inactif cristallise dans le système monoclinique. Combinaison ordinaire, $\infty P . \infty P \infty . 0 P . + P$. Inclinaison des faces, $0 P : \infty P \infty = 144° 46'$; $\infty P : \infty P$, dans le plan de la diagonale oblique et de l'axe principal, $= 51° 38'$; $+ P : + P = 112° 53'$. Il y a souvent hémitropie dans ce sel; face de jonction, $\infty P \infty$. 100 p. d'eau dissolvent, à 12°,5, 83,8 p. de sel inactif; celui-ci est donc un peu moins soluble que le sel actif.

§ 551. *Aspartates de baryte.* — L'acide aspartique forme avec la baryte un sel neutre et un sous-sel.

Le *sel neutre* de l'acide actif, $C^8H^6BaNO^8 + 4$ aq., cristallise en aiguilles soyeuses très-fines, solubles dans l'eau. Les cristaux perdent à 160° 14,4 p. c. d'eau. (Dessaignes.) — Le sel neutre de l'acide inactif est incristallisable, et forme une masse gommeuse. (Wolff.)

Le *sous-sel* s'obtient lorsqu'on ajoute peu à peu de l'hydrate de baryte à une solution chaude et un peu concentrée du sel neutre; la liqueur se prend ainsi en une masse cristalline; on ajoute de l'eau, on fait bouillir un instant, et l'on filtre. La solution, refroidie à l'abri de l'acide carbonique de l'air, dépose des prismes brillants et assez gros, qui contiennent $C^8H^6BaNO^8$, BaO + 5 aq.; le sel perd dans le vide 3 aq.; lorsqu'on le chauffe à 160°, il perd 16,40 p. c. d'eau, et renferme alors, suivant M. Dessaignes[1], $C^8H^5Ba^2NO^8$.

Le sous-aspartate de baryte a une forte réaction alcaline; un courant d'acide carbonique en précipite la moitié de la baryte à l'état de carbonate.

Aspartates de chaux. — On connaît un sel neutre et un sous-sel.

Le *sel neutre* de l'acide actif et de l'acide inactif est fort soluble, et se dessèche comme une gomme, sans cristalliser.

Le *sous-sel* s'obtient en ajoutant un léger excès de chaux à la solution du sel précédent; la solution, étant filtrée, donne, par l'évaporation spontanée, de beaux prismes qu'une nouvelle cristallisation débarrasse d'un peu de carbonate de chaux qui les souille. Les cristaux renferment $C^8H^6CaNO^8$, CaO + 7 aq. Il perd de l'eau par la dessiccation à 160°, et paraît alors contenir $C^8H^5Ca^2NO^8$.

L'acide carbonique précipite la moitié de la chaux de ce sous-aspartate.

Aspartates de magnésie. — Il existe un sel neutre et un sous-sel.

Le *sel neutre* s'obtient sous la forme de croûtes cristallines, solubles dans 16 p. environ d'eau bouillante, et insolubles dans l'alcool absolu.

Le *sous-sel* est gommeux, et s'obtient en dissolvant de la magnésie dans le sel précédent.

§ 552. *Aspartate de zinc.* — Sel blanc, non déliquescent.

Aspartate de nickel. — Il s'obtient, par l'évaporation, sous la forme d'une masse verte fendillée.

Aspartates de cuivre. — On connaît un sel neutre et un sous-sel.

[1] Il serait important de vérifier par de nouvelles expériences la composition des sous-aspartates. Il est possible que M. Dessaignes ait obtenu un léger excès de baryte (son analyse a donné 57,05 p. c. pour le sel séché à 160°), et que cet excès provienne d'un léger mélange de carbonate de baryte. La formule $C^8H^6BaNO^8$, BaO (55,0 p. c.) semble plus conforme à la composition ordinaire des sous-sels. Toutefois, les analyses du sous-aspartate d'argent sont entièrement favorables à la formule de M. Dessaignes.

Le *sel neutre* de l'acide actif n'existe qu'en dissolution. Lorsqu'on mélange à chaud une solution de sulfate de cuivre avec une solution d'aspartate neutre de baryte, on obtient une liqueur violette assez foncée, qui se remplit, par le refroidissement, de cristaux soyeux, très-légers et bleu pâle de *sous-sel*, $C^8H^6CuNO^8$, CuO + 9 aq. Ce sel est très-peu soluble dans l'eau. La liqueur surnageante est très-peu colorée, et contient beaucoup d'acide sulfurique libre. Le sous-sel se dissout à chaud dans l'acide aspartique, en donnant une solution violette; quand on le chauffe à 160°, il verdit et dégage 31,78 p. c. d'eau. Le sel desséché paraît contenir, d'après cela, $C^8H^5Cu^2NO^8$; calcul, 31,65 p. c. d'eau. (Dessaignes.)

Le sel d'ammoniaque de l'acide inactif donne avec une solution de cuivre un précipité blanc bleuâtre. (Wolff.)

Aspartate de fer. — L'aspartate neutre de potasse ne précipite pas le chlorure ferrique; mais le sous-aspartate de magnésie donne un précipité, soluble dans un excès de l'un et de l'autre sel.

§ 553. *Aspartates de plomb.* — On connaît un sel neutre et un sous-sel.

Le *sel neutre* renferme $C^8H^6PbNO^8$ à 120°. On l'obtient en précipitant l'aspartate de potasse par l'acétate de plomb; il est soluble dans un excès de l'un et de l'autre sel, ainsi que dans l'acide nitrique.

Le *sous-sel* contient $C^8H^6PbNO^8$, PbO, suivant M. Pasteur[1]. Lorsqu'on mélange l'aspartate de soude inactif avec de l'acétate de plomb ammoniacal, il se produit un précipité caillebotté; la liqueur filtrée, étendue de beaucoup d'eau, dépose en deux ou trois jours des cristaux nacrés réunis en mamelons sphériques, très-durs et de structure radiée; ces cristaux sont anhydres, et présentent la composition indiquée.

L'aspartate de soude actif se comporte avec l'acétate de plomb ammoniacal comme l'aspartate de soude inactif : il se produit également un précipité qui se rassemble en une masse molle, et par le repos on obtient des mamelons durs et radiés; mais ces derniers cristaux ne sont qu'un sous-acétate de plomb, renfermant 65 p. c. d'oxyde de plomb. (Pasteur.)

[1] Cette composition ne s'accorde pas avec les indications de M. Dessaignes relatives aux autres sous-aspartates. Suivant M. Pasteur, le sous-aspartate de plomb est anhydre, et ne perd rien à 100°; il a donné par la calcination 63,88 p. c. d'oxyde; calcul, 64,3 p. c. Si ce sel de plomb avait la composition des sous-aspartates analysés par M. Dessaignes, il eût fallu obtenir 66,1 p. c. d'oxyde de plomb.

Une *combinaison d'aspartate et de nitrate de plomb*[1], $C^8H^6PbNO^8$, NO^6Pb, s'obtient de la manière suivante : on chauffe l'asparagine avec de l'acide nitrique exempt d'acide nitreux, on précipite la liqueur par du nitrate de plomb, et l'on chauffe le mélange de manière à redissoudre le précipité ; on obtient ainsi, par le refroidissement, des prismes aciculaires semblables au formiate de plomb. Ces cristaux sont décomposés par l'eau, surtout à chaud ; ils n'éprouvent aucune perte lorsqu'on les chauffe à 150° dans un courant d'air, mais ils se décomposent par une plus forte chaleur, en produisant une légère déflagration. La préparation de ce sel ne réussit pas toujours ; l'action décomposante que l'eau y exerce paraît indiquer que sa formation est subordonnée au degré de concentration de la liqueur, et probablement aussi à la proportion relative des sels employés pour le produire.

§ 554. *Aspartates d'argent.* — On en connaît deux.

Le *sel neutre*, $C^8H^6AgNO^8$, s'obtient en faisant bouillir une solution d'acide aspartique avec de l'oxyde d'argent ; la liqueur filtrée dépose ce sel sous la forme de cristaux jaunâtres, contenant 45,0 p. c. d'argent. (Dessaignes.)

Le *sous-sel* paraît contenir $C^8H^5Ag^2NO^8$; voici, du moins, les analyses qui en ont été faites[2] :

	Liebig.	Dessaignes.	Wolff.		Pasteur.		Calcul.
					a	b	
Carbone. . . .	14,07	»	»	»	»	»	13,84
Hydrogène. . .	1,47	»	»	»	»	»	1,43
Argent.	62,24	62,19	61,6	62,0	62,1	62,3	62,24

Lorsqu'on dissout l'acide aspartique dans un excès d'ammoniaque, et qu'on ajoute du nitrate d'argent neutre, le précipité de sous-sel qui prend naissance d'abord se redissout ensuite par l'agitation. Il persiste si l'on a ajouté une assez grande quantité de sel d'argent, et que les liqueurs ne soient pas trop étendues. Le précipité est blanc et amorphe. La liqueur filtrée laisse déposer dans vingt-quatre heures des cristaux réunis en petites masses sphériques, et qui ont la même composition que le précipité. L'acide aspartique inactif se comporte exactement dans ces conditions comme l'acide actif.

[1] PIRIA, *Ann. de Chim. et de Phys.*, [3] XXII, 172.

[2] Dans les dosages de M. Pasteur, *a* se rapporte au sel de l'acide actif, et *b* au sel de l'acide inactif. Les dosages de M. Wolff ont été faits sur le sel de l'acide inactif ; ceux de M. Liebig et de M. Dessaignes, sur le sel de l'acide actif.

Les indications précédentes, qui sont de M. Pasteur, ne s'accordent pas tout à fait avec les faits observés par M. Laurent. Lorsqu'on verse de l'aspartate de potasse ou d'ammoniaque, alcalin au papier, dans du nitrate d'argent neutre, il ne se dissout, suivant ce dernier chimiste[1], que de l'aspartate neutre d'argent, tandis qu'il se précipite de l'oxyde brun de ce métal. C'est par l'ébullition seulement que cet oxyde réagit sur l'aspartate neutre d'argent, et se réduit en lui enlevant de l'hydrogène, qui se remplace par de l'argent. Une nouvelle addition d'aspartate alcalin forme une nouvelle quantité d'aspartate neutre d'argent et un précipité d'oxyde, qui disparaît encore par l'ébullition.

Enfin, suivant M. Dessaignes, il se produit par l'addition de l'aspartate d'ammoniaque un peu alcalin au nitrate d'argent un précipité qui disparaît par l'agitation; on trouve ensuite dans la liqueur, au bout de vingt-quatre heures, des cristaux blancs de sous-aspartate, et l'eau mère décantée du sel précédent donne par l'évaporation spontanée des cristaux d'aspartate d'argent neutre.

Aspartate de mercure. — Lorsqu'on fait bouillir de l'acide aspartique avec de l'oxyde de mercure, il se produit une poudre blanche, qui bien lavée à l'eau chaude, et séchée à 100°, contient, suivant M. Dessaignes, $C^8H^6HgNO^8$, HgO. C'est donc un *sous-sel*[2].

Le sous-aspartate de potasse précipite le chlorure mercurique; l'aspartate de potasse précipite le nitrate mercureux. Les deux précipités sont blancs, et se dissolvent dans un excès de l'un ou de l'autre sel.

ACIDE MALÉIQUE ANHYDRE.

Syn. : acide fumarique anhydre.

Composition : $C^8H^2O^6$.

§ 555. Ce corps[3] se produit par l'action de la chaleur sur l'acide maléique et sur l'acide fumarique.

Pour le préparer, on distille rapidement l'acide maléique, jusqu'à ce que le résidu renferme de l'acide fumarique cristallisé; on rectifie le produit distillé, en mettant de côté les premières por-

[1] LAURENT, *Revue Scientif.*, janvier 1842.

[2] Cette composition est anologue à celle du sous-aspartate de plomb analysé par M. Pasteur.

[3] PELOUZE (1834), *Ann. de Chim. et de Phys.*, LVI, 72.

tions, qui sont aqueuses, et l'on répète les rectifications jusqu'à ce que le produit ne donne plus d'eau à la distillation et ne laisse plus d'acide fumarique.

L'acide maléique anhydre fond à 57° et bout à 176°.

Lorsqu'on le chauffe à quelques degrés au-dessus de son point d'ébullition, il se décompose en brunissant, et en développant du gaz.

ACIDE MALÉIQUE et ACIDE FUMARIQUE.

Composition : $C^8H^4O^8 = C^8H^2O^6, 2\,HO$.

§ 556. Lorsque, suivant les expériences de MM. Lassaigne et Pelouze [1], on chauffe l'acide malique, il entre en fusion vers 83° ; à 176°, il se décompose complétement en eau et en deux ou trois produits organiques, sans qu'il se produise la plus légère trace de charbon ni de gaz quelconque. On voit distiller le long de la cornue un liquide incolore, qui ne tarde pas à se transformer en beaux cristaux prismatiques : c'est un mélange d'acide maléique hydraté et d'acide maléique anhydre. Il reste dans la cornue une masse cristalline très-abondante d'acide fumarique hydraté. Au bout de deux heures, si l'on n'a opéré que sur une dizaine de grammes de matière, la transformation est complète. Si, au lieu de chauffer à 170°, on pousse rapidement à 200°, et qu'on maintienne cette température, les mêmes produits prennent naissance, mais l'acide maléique anhydre prédomine; si au contraire on ne va pas au delà de 150°, on n'obtient, pour ainsi dire, que de l'acide fumarique et de l'eau; mais la réaction est alors extrêmement lente.

Ces réactions trouvent leur explication dans les équations suivantes :

$$\underset{\text{Ac. malique.}}{C^8H^6O^{10}} = \underset{\text{Ac. maléiq. et fumariq.}}{C^8H^4O^8} + 2\,HO,$$

$$\underset{\text{Ac. malique.}}{C^8H^6O^{10}} = \underset{\text{Ac. maléiq. et anhydre.}}{C^8H^2O^6} + 4\,HO,$$

D'ailleurs l'acide maléique et l'acide fumarique, isomères l'un de l'autre, se décomposent eux-mêmes en acide maléique anhydre par l'action prolongée de la chaleur.

[1] LASSAIGNE (1819), *Ann. de Chim. et de Phys.*, XI, 93. — PELOUZE, *ibid.*, LVI, 72. — Voy. aussi : VAUQUELIN, *Ann. de Chim. et de Phys.*, VI, 337; BRACONNOT, *ibid.*, VIII, 159.

§ 557. ACIDE MALÉIQUE [1], dit aussi acide pyromalique ou pyrosorbique, $C^8H^4O^8$. — On le prépare par la distillation sèche de l'acide malique. Il faut employer, pour cette opération, une cornue spacieuse, qu'on n'emplit qu'au quart, et pousser vivement la distillation. Il passe d'abord de l'eau, puis de l'acide maléique en vapeurs blanches et acides, qui se condensent dans l'eau. Dès qu'on voit le résidu s'épaissir dans la cornue, on retire le feu; la distillation continue encore d'elle-même pendant quelque temps, et il reste enfin dans la cornue une masse entièrement solidifiée. On peut obtenir une nouvelle quantité d'acide maléique par la distillation de ce résidu, mais le produit est alors coloré et difficile à purifier. On concentre à une douce chaleur la liqueur distillée, pour la faire cristalliser.

L'acide maléique s'obtient en prismes rhomboïdaux obliques, dont les sommets portent ordinairement des faces octaédriques. Il est incolore et sans odeur; sa saveur, d'abord acide, est bientôt suivie d'une sensation nauséabonde très-désagréable. Il est très-soluble dans l'eau et l'alcool; il se dissout également dans l'éther. Sa dissolution aqueuse rougit fortement le tournesol; abandonnée à elle-même dans un vase ouvert, elle grimpe le long des parois, et s'effleurit sous forme de choux-fleurs.

Les cristaux de l'acide maléique, étant soumis à l'action de la chaleur, fondent vers 130° et entrent en ébullition vers 160°. Ils se décomposent alors en eau et en acide maléique anhydre.

Si, au lieu de le chauffer brusquement à 160°, on le fait bouillir dans un tube très-long et étroit, de manière que l'eau qui se dégage soit contrainte de retomber sans cesse, l'acide maléique se convertit en son isomère, l'acide fumarique. La même transformation a lieu dans un tube fermé par les deux bouts, sans que rien ne se dégage ni ne s'absorbe [2].

L'acide maléique ne précipite pas par l'eau de chaux; il forme dans celle de baryte un précipité blanc, qui se change peu à peu en paillettes cristallines; un excès d'eau de baryte ou d'acide maléique

[1] Suivant M. Regnault, l'*acide équisétique*, contenu dans certaines espèces de prêles, serait identique à l'acide maléique; mais d'après les expériences plus récentes de M. Baup (*Compt. rend. de l'Acad.*, XXXI, 387) ces deux acides sont simplement isomères et l'acide équisétique est le même corps que l'acide aconitique. (Voy. *Groupe citrique*, § 654.)

[2] PELOUZE, *loc. cit.*

redissout le précipité, qui n'exige d'ailleurs pas beaucoup d'eau pour disparaître.

L'acétate de plomb versé dans une dissolution très-étendue d'acide maléique y fait naître un précipité blanc, insoluble, qui se change au bout de quelques minutes en de fort jolies lames brillantes, d'un aspect micacé. Quand les dissolutions sont concentrées et le sel de plomb en excès, la liqueur se prend en une masse blanche, tremblotante, ressemblant à l'empois d'amidon. Cette masse conserve pendant longtemps son aspect physique ; mais peu à peu, surtout si l'on y ajoute de l'eau, on y voit naître des cristaux brillants de maléate de plomb, qui finissent par remplacer complétement la masse gélatineuse.

L'acide maléique se convertit en acide succinique lorsqu'on abandonne du maléate de chaux à la fermentation avec du fromage. (Dessaignes.)

§ 558. ACIDE FUMARIQUE, ou paramaléique, $C^8H^4O^8$. — Nous avons dit précédemment comment l'acide malique et l'acide maléique se convertissent en acide fumarique par l'action de là chaleur [1].

L'acide fumarique est assez répandu dans la végétation [2] : il a été découvert par Pfaff dans le lichen d'Islande (de là le nom d'*acide lichénique*, donné par ce chimiste), par Peschier et M. Winckler dans la fumeterre, par M. Probst dans le *glaucium luteum*. M. Demarçay a démontré, en 1834, l'identité de l'acide de la fumeterre et de l'acide obtenu par MM. Lassaigne et Pelouze au moyen de l'acide malique ; M. Schœdler a, de son côté, mis en évidence l'identité de l'acide fumarique et de l'acide lichénique de Pfaff. Plus récemment, M. Bolley a reconnu dans les champignons la présence de l'acide fumarique (*acide bolétique* de M. Braconnot).

Pour préparer l'acide fumarique avec l'acide malique, on maintient celui-ci, dans une cornue, au bain d'huile chauffé à 150°, jusqu'à ce qu'il ne passe plus de vapeurs. Le résidu, dans la cornue, se compose alors d'acide fumarique, qu'on purifie par la cristallisation. Si l'on outre-passe la température indiquée, l'acide fumarique se convertit en acide maléique anhydre, qui distille alors.

[1] LASSAIGNE, *loc. cit.* — PELOUZE, *loc. cit.*

[2] PFAFF, *Journ. f. Chem. u. Phys. von Schweigger.*, XLVII, 426. — WINCKLER, *Repert. f. der Pharm. von Buchner*, XXXIX, 48 et 368 ; XLVIII, 39, et 363. — DEMARÇAY, *Ann. de Chim. et de Phys.*, LVI, 429. — SCHOEDLER, *Ann. der Chem. u. Pharm.*, XVII, 148. — PROBST, *ibid.*, XXXI, 248. — RIECKHER, *ibid.*, XLIX, 31. — BOLLEY, *ibid.*, LXXXVI, 44.

La fumeterre (*fumaria officinalis*) renferme l'acide fumarique à l'état de sel de chaux ; celui-ci se dépose quelquefois sous forme de grains cristallins dans l'extrait de fumeterre longtemps abandonné à lui-même. Voici comment on procède, suivant M. Demarçay, pour l'extraction de l'acide fumarique : on écrase la plante avec un peu d'eau, et on la réduit en une bouillie qu'on exprime. On porte le suc à l'ébullition ; on sépare, par le filtre, l'albumine coagulée, et on précipite la liqueur par l'acétate de plomb. On lave bien le précipité ; on l'agite avec beaucoup d'eau, et on le décompose à chaud par l'hydrogène sulfuré. On fait bouillir la liqueur acide saturée d'hydrogène sulfuré, et on la filtre bouillante : par le refroidissement, l'acide fumarique se dépose en cristaux incolores ; on en obtient une plus grande quantité par l'évaporation de l'eau mère. On le redissout dans l'eau bouillante, et l'on décolore la solution par le charbon animal : par le refroidissement, on obtient alors des cristaux incolores.

Au lieu de purifier l'acide fumarique au moyen du charbon animal, il est préférable de dissoudre l'acide jusqu'à saturation dans de l'acide nitrique bouillant de 1,4 densité, qui détruit la matière colorante ; par le refroidissement, l'acide fumarique cristallise à l'état incolore. Pour le débarrasser de l'acide nitrique qui y reste attaché, on le fait cristalliser de nouveau dans l'eau bouillante.

Le procédé suivant, employé par M. Delffs [1], paraît plus avantageux que la méthode précédente. On précipite le suc de la fumeterre par l'acétate de plomb ; mais, au lieu de décomposer le précipité par l'hydrogène sulfuré, on le laisse sécher à l'air, après l'avoir lavé, et on en fait une bouillie avec de l'acide nitrique. Cette bouillie ayant été abandonnée pendant vingt-quatre heures, on la délaye dans un peu d'eau, on la jette sur un filtre, on lave le résidu avec un peu d'eau, et on l'épuise avec de l'alcool ordinaire bouillant. On évapore ensuite la solution alcoolique ; on dissout le résidu dans l'ammoniaque, on chasse par la chaleur l'ammoniaque excédante, on enlève, s'il y a lieu, le plomb contenu dans la liqueur, et l'on évapore à cristallisation le bifumarate d'ammoniaque. On purifie les cristaux par la presse et par de nouvelles cristallisations, et l'on en précipite l'acide fumarique par un léger excès d'acide nitrique. 10 kilogr. de fumeterre ont donné à M. Delffs, par ce procédé, un peu plus de 20 grammes d'acide fumarique pur.

[1] Delffs, *Ann. de Poggend.*, LXXX, 435.

Pour extraire l'acide fumarique du lichen d'Islande, on coupe d'abord celui-ci en petits morceaux, et on le fait, pendant cinq à six jours, macérer dans un lait de chaux étendu d'eau : la chaux s'empare de l'acide sans dissoudre en même temps l'amidon, qui entraverait beaucoup l'extraction de l'acide fumarique. On exprime la masse, on évapore la liqueur limpide de manière à la réduire à la moitié de son volume, on y ajoute de l'acide acétique, on la porte à l'ébullition, et l'on y verse goutte à goutte de l'acétate de plomb jusqu'à ce que le précipité qui se forme cesse d'être coloré. Ce précipité renferme des matières colorantes et d'autres substances étrangères. Le fumarate de plomb reste dissous dans la liqueur; on la filtre bouillante, et on la mélange encore, au besoin, avec une petite quantité d'acétate de plomb. Par le refroidissement, il se dépose des aiguilles de fumarate de plomb, qu'on décompose par l'acide sulfurique ou par l'hydrogène sulfuré; l'acide fumarique est ainsi mis en liberté; on le décolore au moyen de l'acide nitrique. On pourrait aussi traiter le fumarate de plomb par le procédé de M. Delffs.

Suivant Probst, les parties herbacées du *glaucium luteum* renferment beaucoup d'acide fumarique. On précipite le suc de cette plante par l'ammoniaque, on réduit le liquide par l'évaporation, on aiguise par un peu d'acide nitrique, et on ajoute du nitrate de plomb à la solution chaude; après le refroidissement, on y trouve un abondant dépôt de cristaux de fumarate de plomb.

§ 559. L'acide fumarique cristallise en prismes larges, déliés, difficiles à déterminer, parce qu'ils sont striés. Soumis à l'action de la chaleur, ces cristaux ne fondent qu'avec la plus grande difficulté, et ne se volatilisent qu'à une température supérieure à 200°, en se transformant en partie en eau et en acide maléique anhydre. Ils sont sans odeur, et d'une saveur franchement acide.

Cet acide se distingue de son isomère, l'acide maléique, par sa faible solubilité dans l'eau; en effet, il exige à peu près 200 p. d'eau pour se dissoudre à la température ordinaire, tandis que l'acide maléique disparaît dans son poids environ de ce liquide. Toutefois l'acide fumarique est fort soluble dans l'alcool et dans l'éther. Sa solution aqueuse ne s'altère pas par l'ébullition; elle ne donne pas d'acide malique lorsqu'on la chauffe à 250° dans un tube scellé à la lampe.

Il se dissout aisément dans l'acide nitrique dilué et bouillant, et s'y dépose sans altération par le refroidissement de la solution. Il se dissout aussi dans l'acide sulfurique concentré ; la solution noircit par la chaleur et dégage de l'acide sulfureux.

Lorsqu'on chauffe l'acide fumarique sec avec du peroxyde de plomb, il dégage de l'eau et prend feu, sans dégager l'odeur de l'acide formique. La solution aqueuse de l'acide fumarique ne se décompose pas par l'ébullition ni avec le peroxyde de plomb, ni avec le bichromate de potasse.

La solution de l'acide fumarique n'est pas précipitée par les eaux de chaux, de baryte et de strontiane.

Une partie de cet acide, dissoute dans plus de 200,000 p. d'eau, trouble encore le nitrate d'argent ; le précipité est insoluble dans l'acide nitrique. Cette insolubilité du fumarate d'argent est telle, que les liqueurs filtrées ne produisent plus le plus léger nuage avec l'acide chlorhydrique.

Comme l'acide maléique, l'acide fumarique se convertit par la fermentation en acide succinique. (Dessaignes.)

Dérivés métalliques de l'acide maléique. Maléates.

§ 560. L'acide maléique est un acide bibasique. Les *maléates neutres* se représentent par la formule

$$C^8H^2M^2O^8 = C^8H^2O^6, 2MO.$$

Les *maléates acides* contiennent

$$C^8H^3MO^8 = C^8H^2O^6, \left.\begin{matrix}MO\\HO\end{matrix}\right\}$$

Les maléates ressemblent beaucoup aux fumarates, avec lesquels ils sont isomères. A part les sels à base de plomb, d'argent et de cuivre, les maléates sont en général solubles dans l'eau ; les maléates acides à base d'ammoniaque, de potasse et de soude sont moins solubles dans l'eau que les maléates neutres à mêmes bases.

Les différences de solubilité qui existent entre l'acide maléique et l'acide fumarique permettent de distinguer leurs sels : en effet, les maléates ne sont pas précipités par d'autres acides, tandis que si l'on ajoute un acide minéral à la solution d'un fumarate (assez concentrée et non chauffée), il se produit un précipité d'acide fumarique.

La composition des maléates a particulièrement été étudiée par M. Ph. Buechner [1].

§ 561. *Maléates d'ammoniaque.* — α. *Sel neutre.* Il s'obtient

[1] PH. BUECHNER, *Ann. der Chem. u. Pharm.*, XLIX, 57.

sous la forme d'une gelée cristalline par l'évaporation, dans le vide, d'une solution d'acide maléique sursaturée par de l'ammoniaque. Il est fort déliquescent et insoluble dans l'alcool.

La solution du maléate d'ammoniaque ne paraît pas exercer d'action sur la lumière polarisée. (Pasteur.)

β. *Sel acide*, $C^8H^3(NH^4)O^8$. On neutralise exactement par l'ammoniaque une certaine quantité d'acide maléique, et l'on ajoute ensuite à la liqueur une quantité d'acide maléique égale à celle qu'on a déjà employée. On concentre la solution par l'évaporation à une douce chaleur. Il cristallise alors des lamelles acides, inaltérables à l'air. Ces cristaux ne perdent rien à 100°, et ne dégagent pas d'ammoniaque par l'ébullition de leur solution. Ils sont fort solubles dans l'eau, mais insolubles dans l'alcool.

Lorsqu'on soumet à la distillation sèche le maléate d'ammoniaque acide, on obtient une substance semblable à celle que le bimalate d'ammoniaque donne dans les mêmes circonstances (§ 573), et qui se convertit en acide aspartique par l'action prolongée de l'acide chlorhydrique. (Dessaignes.)

Maléates de potasse. — α. *Sel neutre*, $C^8H^2K^2O^8$ à 100°. On l'obtient en saturant une solution de carbonate de potasse par de l'acide maléique; la solution, évaporée à consistance de sirop, dépose peu à peu des cristaux radiés, qui sont mous comme de la cire, fort solubles dans l'eau et insolubles dans l'alcool. Les cristaux attirent l'humidité. Lorsqu'on ajoute de l'alcool à la solution aqueuse et concentrée du sel, il se précipite sous la forme d'une poudre grenue et cristalline.

β. *Sel acide*, $C^8H^3KO^8 + aq$. Lorsqu'on sature l'acide maléique par une solution de carbonate de potasse, et qu'on ajoute au produit une quantité d'acide maléique égale à celle qu'on a déjà employée, on obtient, par le refroidissement de la liqueur convenablement concentrée, de petits cristaux de bimaléate de potasse. Ce sel est fort soluble dans l'eau; sa solution rougit le tournesol. Il est insoluble dans l'alcool. Il ne perd pas d'eau à 100°.

Lorsqu'on ajoute de l'acide maléique à la solution concentrée du maléate de potasse neutre, le bimaléate de potasse ne se précipite pas immédiatement, mais ce n'est qu'au bout de quelque temps qu'on voit se déposer des cristaux de ce sel.

M. Buechner n'a pas pu obtenir de *maléate d'ammoniaque et de potasse*.

Maléates de soude. — α. *Sel neutre*, $C^8H^2Na^2O^8$. Lorsqu'on sature l'acide maléique par le carbonate de soude, et que l'on concentre la solution aqueuse, on obtient, par le refroidissement, une bouillie composée d'aiguilles. L'alcool précipite le sel de sa solution aqueuse et concentrée sous la forme d'une poudre cristalline.

Le maléate de soude n'est pas déliquescent.

β. *Sel acide*, $C^8H^3NaO^8 + 6$ aq. On le prépare comme le sel de potasse correspondant. Il constitue des prismes rhomboïdaux peu solubles dans l'eau froide, plus solubles dans l'eau bouillante, insolubles dans l'alcool. Leur solution réagit acide. Ils renferment 28,3 p. c. d'eau de cristallisation, qu'ils dégagent à 100°.

Lorsqu'on ajoute de l'acide acétique à une solution concentrée de maléate neutre de soude, ce même sel acide se précipite à l'état cristallin.

Maléate de soude et de potasse, $C^8H^2NaKO^8 + 2$ aq. M. Buechner obtient ce sel double en saturant par du carbonate de soude une solution d'acide maléique, ajoutant à la liqueur une quantité d'acide maléique égale à la quantité déjà employée, et neutralisant par le carbonate de potasse. La liqueur, évaporée presque à consistance de sirop, dépose, par le refroidissement, de petits cristaux assez semblables à ceux du tartrate de chaux; on en obtient davantage en précipitant la liqueur par l'alcool. Le sel est fort déliquescent.

Le sel séché sur l'acide sulfurique perd, à 100°, 9,13 p. c. = 2 atomes d'eau.

Le *maléate de soude et d'ammoniaque* n'a pas pu être obtenu.

§ 562. *Maléates de baryte*. — α. *Sel neutre*, $C^8H^2Ba^2O^8 + 4$ aq. L'acide maléique donne avec l'eau de baryte un précipité blanc et pulvérulent, qui disparaît par l'addition d'une plus grande quantité d'eau, pour reparaître au bout de quelque temps sous la forme d'écailles brillantes. Lorsqu'on sature à chaud la solution de l'acide maléique par du carbonate de baryte et qu'on filtre bouillant, on obtient, par le refroidissement, des aiguilles groupées en étoiles. Les cristaux séchés à l'air perdent, à 100°, 5,62 = 2 at. d'eau. Peu solubles dans l'eau froide, ils se dissolvent aisément dans l'eau bouillante, ainsi que dans l'acide maléique et dans l'acide acétique. Ils se dissolvent aussi dans un excès d'eau de baryte.

L'acide maléique concentré précipite l'acétate de baryte sous la forme d'une poudre grenue et cristalline.

β. *Sel acide*, $C^8H^3BaO^8 + 5$ aq. Pour l'obtenir, on sature l'acide maléique par du maléate de baryte neutre, ou bien on sature à l'ébullition l'acide maléique par du carbonate de baryte, et l'on ajoute à la liqueur filtrée bouillante une quantité d'acide maléique égale à la quantité déjà employée. La liqueur qu'on obtient ainsi ne donne des cristaux confus que par une forte concentration. Les cristaux rougissent le tournesol; ils sont fort solubles dans l'eau et l'alcool, et dégagent, à 100° 19,67 p. c. = 5 atomes d'eau de cristallisation.

Maléates de strontiane. — α. *Sel neutre,* $C^8H^2Sr^2O^8$ + 10 aq. La solution de l'acide maléique saturée à l'ébullition par du carbonate de strontiane donne une liqueur qui dépose, par la concentration, de fines aiguilles soyeuses.

β. *Sel acide,* $C^8H^3SrO^8$ + 8 aq. Il s'obtient comme le sel de baryte correspondant, et cristallise en prismes rectangulaires, limpides, fort acides au tournesol. Ce sel est soluble dans l'eau, insoluble dans l'alcool. Il perd à 100° 31,4 p. c. = 8 at. d'eau de cristallisation.

Maléates de chaux. — α. *Sel neutre,* $C^8H^2Ca^2O^8$ + 2 aq. On l'obtient, suivant M. Buechner, sous la forme de petites aiguilles, fort solubles dans l'eau, insolubles dans l'alcool, en saturant à l'ébullition l'acide maléique par du carbonate de chaux, et en concentrant la liqueur filtrée à une douce chaleur.

Suivant M. Pelouze, une dissolution concentrée de chlorure de calcium ne trouble pas le maléate de potasse neutre; mais si l'on abandonne la liqueur à elle-même, elle laisse déposer, après quelques jours, des aiguilles cristallines, qui une fois formées ne se redissolvent qu'avec la plus grande difficulté, et seulement dans une quantité d'eau très-considérable.

Lorsqu'on expose le maléate de chaux avec du fromage à la température de l'été pendant quelques semaines, il se convertit en succinate. (Dessaignes.)

β. *Sel acide,* $C^8H^3CaO^8$ + 5 aq. On l'obtient en dissolvant le sel neutre dans une quantité d'acide maléique égale à celle qu'il renferme déjà, et en concentrant la liqueur par l'évaporation. Il se dépose alors de longs prismes rhomboïdaux, inaltérables à l'air, et rougissant le tournesol. Ce sel est fort soluble dans l'eau, insoluble dans l'alcool; il perd à 100° 24,1 p. c. = 5 atomes d'eau de cristallisation.

Maléates de magnésie. — α. *Sel neutre,* $C^8H^2Mg^2O^8$ à 100°. La solution aqueuse de l'acide maléique saturée à l'ébullition par le carbonate de magnésie donne une liqueur qui laisse par l'évaporation une masse boursouflée et spongieuse, entièrement soluble dans l'eau. La solution concentrée de ce sel donne par l'alcool un précipité volumineux. Ce précipité n'est pas hygrométrique; il perd à 100° 27,26 p. c. d'eau; il se dissout aisément dans l'eau, ainsi que dans l'alcool aqueux.

β. *Sel acide*, $C^8H^3MgO^8 + 6$ aq. La solution, dans l'eau chaude, d'un mélange de 1 at. de maléate de magnésie neutre et de 1 at. d'acide maléique dépose, par le refroidissement, de petits cristaux rhomboïdaux, limpides, craquant sous la dent, d'une saveur semblable à celle du sulfate de magnésie, fort solubles dans l'eau, insolubles dans l'alcool. Ce bimaléate de magnésie perd à 100° 34,95 p. c. d'eau.

§ 563. *Maléate de zinc.* — *Sel neutre*, $C^8H^2Zn^2O^8 + 4$ aq. Lorsqu'on fait bouillir la solution aqueuse de l'acide maléique avec un excès de carbonate de zinc, qu'on filtre la liqueur, et qu'on évapore à une douce chaleur, il se dépose des flocons gélatineux, qui deviennent entièrement cristallins par le repos. Si l'on chauffe la solution, le sel se dépose sous la forme de croûtes cristallines. Les cristaux n'éprouvent aucune perte à 100°; ils sont fort solubles dans l'eau, insolubles dans l'alcool.

Maléate de nickel. — *Sel neutre*, $C^8H^2Ni^2O^8 + 2$ aq. à 100°. Lorsqu'on fait bouillir la solution de l'acide maléique avec du carbonate de nickel, et qu'on filtre la liqueur, qui est d'un vert foncé et légèrement acide, on obtient un produit visqueux, et finalement de petits cristaux et des croûtes cristallines d'un vert pomme. Ce sel est fort soluble dans l'eau et insoluble dans l'alcool.

Maléate de cuivre. — *Sel neutre*, $C^8H^2Cu^2O^8 + 2$ aq. à 100°. Lorsqu'on fait bouillir le carbonate de cuivre avec une solution aqueuse d'acide maléique, la liqueur filtrée ne renferme en dissolution qu'une très-petite quantité de sel, qui cristallise par l'évaporation; le résidu, sur le filtre, étant traité par l'acide acétique, qui dissout le carbonate et n'attaque que fort peu le maléate de cuivre, celui-ci reste à l'état de cristaux, qu'on lave à l'eau.

Par l'évaporation, à une douce chaleur, d'une solution concentrée d'acétate de cuivre avec une quantité convenable d'acide maléique, il se dégage de l'acide acétique, et le maléate de cuivre se dépose à l'état de cristaux bleu clair. Il est peu soluble dans l'eau, même bouillante; mais il se dissout aisément dans l'ammoniaque aqueuse.

Le *maléate de cuprammonium*, $C^8H^2(NH^3Cu)^2O^8 + 4$ aq., s'obtient sous la forme d'une poudre cristalline d'un bleu d'azur, si l'on concentre par l'évaporation la solution du maléate de cuivre dans l'ammoniaque, et qu'on ajoute de l'alcool au liquide concentré. Il est fort soluble dans l'eau, insoluble dans l'alcool.

Maléate de fer. — Ni l'acide maléique ni le maléate de potasse ne précipitent l'acétate ferrique. Le maléate d'ammoniaque ne précipite pas non plus le chlorure ferrique. La solution bouillante de l'acide maléique dissout l'hydrate ferrique en petite quantité; la solution brunâtre donne par l'évaporation un sirop rouge brun.

§ 564. *Maléate de plomb.* — *Sel neutre*, $C^8H^2Pb^2O^8 + 6$ aq. L'acide maléique libre précipite l'acétate de plomb, mais il ne précipite pas le nitrate à même base. Si les liqueurs sont étendues, le précipité de maléate de plomb se convertit en paillettes micacées.

Lorsqu'on mélange du nitrate de plomb avec une solution de maléate de potasse, il se précipite des flocons blancs ; ceux-ci se convertissent peu à peu en une masse semblable à de l'empois d'amidon, et qui se contracte par les lavages, en se transformant en paillettes nacrées.

Ce sel renferme 16,5 p. c. = 6 atomes d'eau de cristallisation, qui ne s'en vont que difficilement par la dessiccation. Il est soluble dans l'acide nitrique, insoluble dans l'acide acétique.

Maléates d'argent. — α. *Sel neutre*, $C^8H^2Ag^2O^8$. La solution de l'acide maléique ne précipite pas le nitrate d'argent, mais le maléate à base de potasse ou d'ammoniaque donne avec ce sel un précipité blanc de maléate d'argent neutre. Suivant M. Liebig, ce précipité se convertit, dans l'espace d'une ou de deux heures, en gros cristaux limpides ayant l'éclat du diamant.

β. *Sel acide*, $C^8H^3AgO^8$ à 100°. Lorsqu'on évapore à une douce chaleur une solution d'acide maléique avec du nitrate d'argent, on obtient de fines aiguilles incolores de maléate d'argent acide.

Maléate de mercure. — L'acide maléique précipite le nitrate mercureux à l'état de flocons blancs.

Dérivés métalliques de l'acide fumarique. Fumarates.

§ 565. L'acide fumarique est bibasique, comme son isomère l'acide maléique. Les fumarates renferment :

Sels neutres. . . . . . $C^8H^2M^2O^8 = C^8H^2O^6,\ 2\ MO$;

Sels acides. . . . . . . $C^8H^3M\ O^8 = C^8H^2O^6, \left.\begin{matrix} MO \\ HO \end{matrix}\right\}$.

La meilleure manière de préparer ces sels consiste à mêler une solution d'acétate de plomb avec une proportion convenable d'acide fumarique, à y dissoudre cet acide par l'ébullition, et à évaporer la liqueur à l'aide de la chaleur : l'acide acétique ainsi déplacé par l'acide fumarique se volatilise. Lorsque les sels de l'un et de l'autre acide sont également solubles dans l'eau, on peut, lorsqu'on a employé un excès d'acétate, aisément amener le fumarate à cristallisation, en versant de l'alcool sur la solution saline et en l'abandonnant au repos : l'alcool maintient l'acétate en dissolution, tandis que le fumarate cristallise.

Les fumarates sont aisés à distinguer de beaucoup d'autres sels, en ce que l'acide fumarique en est précipité par des acides plus forts. On les reconnaît aussi à la solubilité du précipité plombique dans l'eau bouillante; l'acide fumarique ressemble en cela, il est vrai, à l'acide malique; mais le fumarate de plomb ne fond pas dans l'eau bouillante comme le malate de plomb.

On doit principalement à M. Rieckher la connaissance de la composition des fumarates.

§ 566. *Fumarates d'ammoniaque.* — α. *Sel neutre.* Il est fort soluble dans l'eau, et se transforme par l'évaporation en sel acide.

β. *Sel acide,* $C^8H^3(NH^4)O^8$. Il s'obtient sous la forme de prismes rhomboïdaux obliques, lorsqu'on évapore ou qu'on abandonne sur l'acide sulfurique une solution d'acide fumarique saturée par l'ammoniaque caustique ou carbonatée. Il est fort soluble dans l'eau, insoluble dans l'alcool; on ne peut pas le sublimer sans qu'il se décompose.

Les cristaux du fumarate acide d'ammoniaque appartiennent au système monoclinique[1]. Combinaison ordinaire, $\infty P . \infty P\infty . oP . - P$. Inclinaison des faces, $\infty P : \infty P$, dans le plan de la diagonale droite et de l'axe principal, $= 110°$; $oP : \infty P \infty = 86° 51'$; $-P : -P = 132° 52'$.

La solution de ce sel n'exerce aucune action sur la lumière polarisée.

Lorsqu'on soumet à la distillation sèche le fumarate d'ammoniaque acide, on obtient une substance semblable à celle que le bimalate d'ammoniaque donne dans les mêmes circonstances (§ 573), et qui se convertit en acide aspartique par l'action prolongée de l'acide chlorhydrique. (Dessaignes.)

[1] PASTEUR, *Ann. de Chim. et de Phys.*, [3] XXXI, 91.

Fumarates de potasse. — α. *Sel neutre*, $C^8H^2K^2O^8 + 4$ aq. Lorsqu'on neutralise l'acide fumarique par le carbonate de potasse, et que l'on concentre la liqueur par l'évaporation, on obtient des tables rhomboïdales ou des prismes groupés en étoiles. Les cristaux deviennent opaques à une douce chaleur, et perdent à 100° 17,06 p. c. = 4 atomes d'eau; chauffés plus fort, ils se boursouflent considérablement en se charbonnant. Ils sont fort solubles dans l'eau, insolubles dans l'alcool. La solution aqueuse et concentrée est précipitée par l'alcool; l'acide acétique en précipite le fumarate de potasse acide.

β. *Sel acide*, $C^8H^3KO^8$ à 230°. Il se précipite en aiguilles lorsqu'on ajoute une solution d'acide fumarique à la solution aqueuse et saturée du fumarate de potasse neutre. Il forme des prismes obliques, d'une agréable saveur acide; les cristaux perdent 2 atomes d'eau à 200°, et se décomposent par une plus forte chaleur comme le sel neutre. Ils sont beaucoup moins solubles dans l'eau froide que ce dernier; l'eau bouillante les dissout aisément; l'alcool aqueux les dissout en petite quantité à l'ébullition.

Fumarates de soude. — α. *Sel neutre*, $C^8H^2Na^2O^8 + 2$ aq. et + 6 aq. Lorsqu'on précipite ce sel par l'alcool de sa solution aqueuse, on obtient une poudre cristalline contenant 10,03 p. c. = 2 atomes d'eau. La solution aqueuse cristallise par l'évaporation en prismes contenant 25,12 p. c. = 6 atomes d'eau de cristallisation. Ce sel est très-soluble dans l'eau, insoluble dans l'alcool.

β. *Sel acide*. Il n'a pas pu s'obtenir.

§ 567. *Fumarate de baryte*, $C^8H^2Ba^2O^8$ à 100°. L'acide fumarique libre ne précipite ni l'eau de baryte ni le chlorure de baryum.

On obtient le fumarate de baryte en dissolvant à chaud de l'acide fumarique dans une solution d'acétate de baryte, ou en mêlant ensemble les deux corps en solutions chaudes et concentrées. Le fumarate de baryte se dépose par le refroidissement sous la forme de grains cristallins; le sel ainsi précipité est anhydre. On peut aussi mélanger le fumarate de potasse ou d'ammoniaque avec une solution de chlorure de baryum : le fumarate de baryte se dépose alors peu à peu en petits prismes rhomboïdaux brillants. Il est très-peu soluble dans l'eau et l'alcool; l'acide fumarique et d'autres acides dilués ne le dissolvent pas non plus. Il s'effleurit promptement à l'air, en perdant 15 p. c. d'eau; au bain-marie, cette perte s'élève à 20,81 p. c.

Un fumarate de baryte acide n'a pas pu s'obtenir.

Fumarate de strontiane, $C^8H^2Sr^2O^8 + 6$ aq. — L'acide fumarique aqueux ne précipite pas l'eau de strontiane; mais si l'on ajoute de l'acide fumarique à une solution d'acétate de strontiane, il se précipite une poudre blanche et cristalline de fumarate de strontiane contenant 6 atomes d'eau. Ce sel est très-peu soluble dans l'eau et l'alcool.

Fumarate de chaux, $C^8H^2Ca^2O^8 + 6$ aq. — Ce sel existe naturellement dans la fumeterre.

Le meilleur moyen de l'obtenir consiste à traiter l'acide fumarique par l'acétate de chaux. Par l'évaporation du mélange, le fumarate de chaux se dépose en petits prismes durs, très-brillants, contenant 6 atomes ou 25,8 pour cent d'eau. Une fois déposé, il est bien moins soluble dans l'eau ; il ne se précipite pas par le mélange du chlorure de calcium avec un fumarate alcalin, mais il s'en sépare sous forme de cristaux par une évaporation prolongée. Il est insoluble dans l'alcool.

Lorsqu'on expose le fumarate de chaux avec du fromage aux chaleurs de l'été pendant quelques semaines, il se convertit en succinate. (Dessaignes.)

Fumarate de magnésie, $C^8H^2Mg^2O^8 + 8$ aq. — On n'obtient pas de cristaux en évaporant jusqu'à consistance de sirop une solution d'acétate de magnésie additionnée d'acide fumarique. Le fumarate de magnésie s'obtient à l'état pulvérulent si l'on mélange l'acétate de magnésie avec de l'acide fumarique, qu'on évapore la liqueur jusqu'à disparition de l'odeur acétique, et qu'on traite le résidu par l'alcool. Il renferme 8 atomes ou 34 pour cent d'eau, dont 4 atomes s'en vont à 100°, tandis que les 4 autres ne sont expulsés qu'à 200°.

Fumarate d'alumine. — L'acide fumarique ne paraît pas se combiner avec l'alumine ; les fumarates alcalins ne précipitent pas la solution de l'alun.

§ 568. *Fumarate de zinc*, $C^8H^2Zn^2O^8 + 6$ aq. — Lorsqu'on sature à l'ébullition une solution aqueuse d'acide fumarique par l'oxyde ou par le carbonate de zinc, on obtient, par la concentration, de gros prismes obliques, incolores et d'un éclat vitreux. Ces cristaux sont fort solubles dans l'eau, mais insolubles dans l'alcool. Ils renferment 6 atomes d'eau de cristallisation. Si l'on abandonne la solution du sel à l'évaporation spontanée, dans un lieu frais, on obtient des cristaux contenant 8 atomes (29,06 p. c.) d'eau et qui s'effleurissent à l'air.

On n'a pas pu obtenir un *fumarate de zinc et de potasse.*

Fumarate de nickel, $C^8H^2Ni^2O^8 + 8$ aq. — On l'obtient comme le sel de cobalt. C'est une poudre d'un vert pâle, qui perd par la dessiccation à 100° 6 atomes, et à 200° encore 2 atomes, en tout 8 atomes = 30,61 p. c. d'eau de cristallisation. Le sel se colore déjà à 230°. Il est soluble dans l'eau, dans l'alcool faible et dans l'ammoniaque.

Fumarate de cobalt, $C^8H^2Co^2O^8 + 6$ aq. — Le mélange d'acide fumarique et d'acétate de cobalt ne donne pas de cristaux par l'évaporation; mais si l'on ajoute de l'alcool à la liqueur concentrée, il se dépose un précipité pulvérulent de couleur rose. Ce sel perd à 100° environ 4 atomes, et à 200° encore 2 atomes, en tout 6 atomes = 23,84 p. c. d'eau de cristallisation. Il est très-soluble dans l'eau et l'ammoniaque, mais peu soluble dans l'alcool faible.

Fumarate de cuivre, $C^8H^2Cu^2O^8 + 6$ aq. — Le fumarate de potasse précipite du sulfate de cuivre une poudre cristalline, d'un bleu pâle, soluble dans l'acide chlorhydrique et l'acide nitrique, insoluble dans l'eau et l'alcool. Lorsqu'on fait dissoudre à chaud l'acide fumarique dans l'acétate de cuivre, la liqueur dépose au bout de quelques instants une poudre cristalline, d'un vert bleuâtre. Ce précipité perd à 100° un peu plus de 4 atomes, et à 200° encore 2 atomes, en tout 6 atomes = 23,61 p. c. d'eau de cristallisation. Le sel brunit à 230°, en se décomposant en partie. Il se dissout aisément dans l'acide nitrique en mettant de l'acide fumarique en liberté; il est peu soluble dans l'eau et l'alcool, et insoluble dans l'acide fumarique bouillant.

Le *fumarate de cuprammonium* se dépose sous la forme de petits octaèdres bleu foncé, par l'évaporation de la solution du fumarate de cuivre dans l'ammoniaque. Lorsqu'on ajoute de l'alcool à cette solution, le fumarate de cuprammonium se précipite sous la forme d'aiguilles bleues soyeuses.

Fumarate de fer. — L'hydrate ferrique récemment précipité ne se dissout pas dans une solution d'acide fumarique. Lorsqu'on mélange le fumarate d'ammoniaque ou de soude avec le chlorure ferrique, on obtient un précipité couleur de cannelle, insoluble dans un excès de sel d'ammoniaque, insoluble dans l'ammoniaque caustique, mais soluble dans les acides. Il est fort volumineux et difficile à laver. Desséché à 200°, il a donné à l'analyse 44,08 p. c. d'oxyde ferrique.

Le sulfate ferreux n'est pas précipité par le fumarate d'ammoniaque.

Fumarate de manganèse, $C^8H^2Mn^2O^8 + 6$ aq. — Le fumarate d'ammoniaque précipite ce sel du sulfate manganeux, sous la forme d'une poudre blanche. Lorsqu'on chauffe l'acide fumarique avec une solution d'acétate de manganèse, on obtient une poudre blanche, contenant 6 atomes = 24,7 p. c. d'eau, qu'elle perd à 200°. Ce sel est peu soluble dans l'eau, et insoluble dans l'alcool.

Fumarate de chrome. — On ne l'a pas pu obtenir.

Fumarate d'antimoine. — L'oxyde d'antimoine ne se dissout pas à chaud dans une solution de bifumarate de potasse.

§ 569. *Fumarates de plomb.* — α. *Sel neutre*, $C^8H^2Pb^2O^8$ à 200°. Suivant M. Rieckher, le malate de plomb se convertit à 230° en fumarate de plomb. Lorsqu'on mélange une solution diluée de fumarate de potasse avec de l'acétate de plomb aiguisé d'acide acétique, on obtient une poudre blanche et cristalline, qui se dissout par l'ébullition, et qui, la liqueur étant refroidie, se dépose au bout de quelque temps, sous la forme d'aiguilles brillantes. Ces cristaux renferment 4 atomes d'eau de cristallisation (Rieckher; 6 atomes, Pelouze); ils se dissolvent aisément dans l'acide nitrique, en mettant l'acide fumarique en liberté; à peine solubles dans l'eau froide, ils se dissolvent aisément dans l'eau bouillante; ils se dissolvent aussi avec facilité dans l'acide acétique bouillant, et s'y déposent sans altération par le refroidissement de la solution; ils sont insolubles dans l'alcool.

β. *Sous-sels.* Lorsqu'on précipite le sous-acétate de plomb par le bifumarate de potasse, on obtient un précipité blanc, qui perd toute son eau de cristallisation à 130°; ce précipité contient $C^8H^2Pb^2O^8$, PbO.

Lorsqu'on traite le sel précédent par l'ammoniaque, on obtient un autre sous-sel, paraissant contenir à 230° $C^8H^2Pb^2O^8$, 4 PbO.

Fumarate d'argent, $C^8H^2Ag^2O^8$ à 100°. — L'acide fumarique libre précipite ce sel du nitrate d'argent, sous la forme d'une poudre; les fumarates alcalins précipitent d'une manière complète le nitrate d'argent, même étendu. Le précipité de fumarate d'argent est insoluble dans l'eau; il explosionne par la chaleur, comme la poudre à canon. Il est insoluble dans l'eau; l'acide nitrique le dissout aisément en mettant l'acide fumarique en liberté. Il se dissout aisément aussi dans l'ammoniaque ; la solution donne par l'évaporation de petits prismes brillants, contenant de l'ammoniaque.

Fumarates de mercure. — α. *Sel mercureux*, $C^8H^2Hg^2O^8$. Le nitrate mercureux donne avec l'acide fumarique et avec les fumarates alcalins un précipité blanc et cristallin, qui n'éprouve aucune perte à 100°.

β. *Sel mercurique.* Suivant M. Rieckher, le fumarate de potasse précipite du bichlorure de mercure un mélange d'aiguilles jaunes et d'un sel blanc cristallin. L'acide fumarique ne précipite ni le bichlorure de mercure ni le nitrate mercurique ; il ne dissout pas à chaud l'oxyde mercurique.

Dérivés méthyliques, éthyliques... de l'acide fumarique.

§ 570. *Fumarate d'éthyle* ou éther fumarique, $C^8H^2(C^4H^5)^2O^8$. — Cet éther s'obtient en distillant une solution d'acide fumarique dans l'alcool, saturée par du gaz chlorhydrique. Le fumarate d'éthyle passe avec les dernières portions ; on le dessèche sur du chlorure de calcium [1].

C'est un liquide plus pesant que l'eau, d'une agréable odeur de fruits. Il est un peu soluble dans l'eau.

La potasse le décompose en alcool et en fumarate de potasse. L'ammoniaque aqueuse en précipite, au bout de quelque temps, des paillettes de fumaramide.

AMIDES FUMARIQUES.

§ 571. Les amides qui correspondent aux deux fumarates d'ammoniaque, sont :

$$C^8H^2(NH^4)^2O^8 - 4\,HO = C^8H^6N^2O^4,$$

Fumarate d'amm. neutre. — Fumaramide.

$$C^8H^3(NH^4)\,O^8 - 2HO = C^8H^5N\,O^6.$$

Bifumar. d'ammon. — Ac. fumaramiq.

On ne connaît que la *fumaramide* ; l'acide fumaramique n'a pas encore été obtenu.

[1] HAGEN (1841), *Ann. der Chem. u. Pharm.*, XXXVIII, 274.

Un autre composé amidé, la *fumarimide*, s'obtient par l'action de la chaleur sur le bimalate, le bifumarate et le bimaléate d'ammoniaque ; il contient les éléments de l'acide fumaramique moins de l'eau,

$$C^8H^5NO^6 - 2HO = C^8H^3NO^4.$$

Ac. fumaramiq. Fumarimide.

L'acide chlorhydrique bouillant convertit la fumarimide en acide aspartique (inactif).

§ 572. FUMARAMIDE, $C^8H^6N^2O^4$. — On obtient cette amide[1] en abandonnant l'éther fumarique avec plusieurs fois son volume d'ammoniaque aqueuse : au bout de quelque temps, elle se dépose dans le mélange à l'état de paillettes blanches.

La fumaramide est insoluble dans l'eau froide et dans l'alcool absolu. Elle se dissout dans l'eau bouillante, qui la dépose par le refroidissement, en grande partie sans altération ; toutefois, par un contact prolongé ce liquide la convertit en fumarate d'ammoniaque.

Quand on la chauffe avec un alcali, elle est convertie en fumarate avec dégagement d'ammoniaque.

Soumise à la distillation sèche, elle donne un sublimé cristallin, de l'ammoniaque, ainsi qu'un résidu charbonneux.

Dans l'eau bouillante, elle décolore rapidement l'oxyde de mercure ; on obtient une poudre blanche, qui lavée à l'eau bouillante, et séchée à 100°, contient, suivant M. Dessaignes[2], $C^8H^6N^2O^4$, 2 HgO.

§ 573. FUMARIMIDE[3], $C^8H^3NO^4$ (?). — Lorsque, suivant les expériences de M. Dessaignes, on expose le bimalate d'ammoniaque à la chaleur d'un bain d'huile chauffé à 160° — 200°, il fond, et dégage, en se boursouflant, de l'eau très-peu ammoniacale. Le résidu est une masse rougeâtre, transparente, comme résineuse, qui ne se dissout qu'en très-petite quantité dans l'eau même bouillante. Ce produit, lavé à l'eau chaude, se présente sous la forme d'une poudre amorphe, ayant une couleur de brique pâle et une saveur terreuse. Nous le désignerons sous le nom de *fumarimide*. Dessé-

[1] HAGEN (1841), *loc. cit.*

[2] DESSAIGNES, *Ann. de Chim. et de Phys.*, [3] XXXIV, 145.

[3] DESSAIGNES (1850), *Compt. rend. de l'Acad.*, XXX, 324. — WOLFF, *Ann. der Chem. u. Pharm.*, LXXV, 293. — PASTEUR, *Ann. de Chim. et de Phys.*, [3] XXXIV, 52.

ché à 100°, il paraît contenir $C^8H^3NO^4 + aq. = C^8H^4NO^5$; voici, du moins, les résultats qu'il a donnés à l'analyse :

	Pasteur.	Calcul.
Carbone.	45,57	45,29
Hydrogène.	3,87	3,77
Azote.	13,22	13,20
Oxygène.	37,34	37,74
	100,00	100,00

La fumarimide est un corps fort stable. Elle se dissout à chaud dans les acides concentrés, d'où une addition d'eau la précipite sans altération, même après une ébullition de quelques instants. Mais si on la chauffe cinq ou six heures avec de l'acide chlorhydrique (ou nitrique), et qu'on évapore la solution à siccité, on obtient un résidu cristallin, composé d'une combinaison d'acide chlorhydrique et d'acide aspartique inactif. On a d'ailleurs,

$$\underset{\text{Fumarimide.}}{C^8H^3NO^4} + 4\,HO = \underset{\text{Ac. aspartique.}}{C^8H^7NO^8}.$$

Suivant M. Dessaignes, le bimaléate et le bifumarate d'ammoniaque donnent, à la distillation sèche, une matière fort semblable, pour la plupart des réactions, mais non identique au corps que nous venons de décrire.

Comme dans la distillation sèche du bimalate d'ammoniaque il se dégage un peu d'ammoniaque, une quantité correspondante d'acide malique est également mise en liberté ; aussi, selon M. Pasteur, il se produit en même temps que la matière précédente une certaine quantité d'acide maléique et d'acide fumarique, et l'on trouve dans la partie soluble du résidu de l'acide malique actif et de l'acide malique inactif. Si l'on humecte d'ammoniaque le bimalate avant de le chauffer à 200°, le résidu de l'opération ne cède presque rien à l'eau, et le poids du résidu insoluble ainsi obtenu représente sensiblement la quantité exigée par le calcul.

M. Wolff signale en outre dans la partie soluble du produit de l'action de la chaleur sur le bimalate d'ammoniaque, la présence d'une autre matière, qui se sépare par le refroidissement du liquide aqueux, sous la forme d'une poudre fine, et qui se maintient en suspension dans le liquide; les acides l'en précipitent immédiatement. Dissoute dans l'eau et précipitée à plusieurs reprises, cette matière a donné à l'analyse les nombres suivants :

	Wolff.	Calcul.
Carbone.	50,1	49,5
Hydrogène.	4,1	3,1
Azote.	12,2	14,4
Oxygène.	33,6	33,0
	100,0	100,0

M. Wolff calcule de son analyse la formule $C^8H^3NO^4$, et suppose que la matière analysée avait été rendue impure par un mélange d'acide aspartique. Ce serait donc un isomère de la fumarimide insoluble, si, comme il est probable, cette dernière renferme à 100° encore 1 atome d'eau.

FIN DU PREMIER VOLUME.

TABLE DES MATIÈRES

CONTENUES DANS LE PREMIER VOLUME.

PREMIÈRE PARTIE.

ANALYSE ORGANIQUE.

DEUXIÈME PARTIE.

SÉRIES ORGANIQUES.

SÉRIE FORMIQUE.

I.

GROUPE CARBONIQUE.

II.

GROUPE FORMIQUE.

III.

GROUPE OXALIQUE.

IV.

GROUPE CYANIQUE.

V.

GROUPE URIQUE.

VI.

APPENDICE.

SÉRIE ACÉTIQUE.

I.

GROUPE MÉTHYLIQUE.

II.

GROUPE ACÉTIQUE OU MÉTHYL-FORMIQUE.

III.

GROUPE ACRYLIQUE.

IV.

GROUPE MALIQUE.

FIN DE LA TABLE DU PREMIER VOLUME.

NOUVEAUX DICTIONNAIRES.

CHARMANTES ÉDITIONS.

DICTIONNAIRE DE CHIMIE ET DE PHYSIQUE, par M. Hoefer, docteur en médecine, etc. Un fort vol. à 2 colonnes, contenant la matière de quatre volumes.............................. 4 fr.

Le succès que cet ouvrage a obtenu dès son apparition a permis de l'établir à un prix aussi modique ; c'est le *vade-mecum* de tous les étudiants, de tous les pharmaciens, de tous les chimistes, il est également utile aux gens du monde. On trouvera dans ce Dictionnaire, indépendamment de plusieurs articles très-étendus, des faits qu'on chercherait en vain dans les ouvrages les plus accrédités ; ils ont été extraits des recueils périodiques allemands les plus estimés.

DICTIONNAIRE DE MYTHOLOGIE UNIVERSELLE, ou Biographie mythique des dieux et des personnages fabuleux de la Grèce, de l'Italie, de l'Égypte, de l'Inde, de la Chine, du Japon, de la Scandinavie, de la Gaule, de l'Amérique, de la Polynésie, etc. ; ouvrage composé sur un plan entièrement neuf, par le docteur E. Jacobi, traduit de l'allemand, refondu et complété par Th. Bernard............ 4 fr.

DICTIONNAIRE DE GÉOGRAPHIE ANCIENNE ET MODERNE, par M. Béraud, avec la collaboration de M. Eyriès, membre de l'Institut. Un très-fort volume de 850 pages. Prix.................. 6 fr.

Les meilleurs ouvrages publiés en France, en Allemagne et en Angleterre ont été consultés, ainsi que les voyages les plus récents, afin d'offrir le résumé des connaissances des anciens sur notre globe, l'ensemble des découvertes accomplies par les voyageurs modernes les plus célèbres, et de faire connaître les rectifications qu'ils ont apportées aux notions acquises antérieurement.

DICTIONNAIRE D'AGRICULTURE, par plusieurs agriculteurs, sous la direction de M. le docteur Hoefer, d'après les meilleurs ouvrages publiés en Angleterre, en Allemagne, en Belgique et en France ; ouvrage accompagné de gravures dans le texte. . . . . 6 fr.

BIOGRAPHIE CLASSIQUE ou **DICTIONNAIRE BIOGRAPHIQUE**, par M. Barré, professeur de philosophie ; TROISIÈME ÉDITION, contenant plus de 5000 notices sur tous les principaux personnages du globe, depuis les temps les plus reculés jusqu'à nos jours........... 4 fr.

MÉDECINE PRATIQUE, par M. le docteur Hoefer. *Troisième édition, revue et augmentée.* Ce Dictionnaire, dégagé des termes d'histoire naturelle, de botanique, etc., qui dans les dictionnaires de médecine envahissent en grande partie la place destinée aux maladies et à leur traitement, renferme tout ce qui concerne les maladies et les moyens de les guérir. Cette troisième édition contient un supplément des nouvelles découvertes. Consacré surtout à la pratique, c'est le *vade-mecum* des médecins.. 4 fr.

BOTANIQUE PRATIQUE ET HORTICULTURE, par M. le docteur Hoefer. Dans la nomenclature si nombreuse des plantes indigènes et exotiques dont cet ouvrage donne la description, on s'est appliqué plus particulièrement aux plantes utiles ; les renseignements donnés pour leur culture rendent pratique cet ouvrage. *Seconde édition*.... 5 fr.

www.ingramcontent.com/pod-product-compliance
Ingram Content Group UK Ltd.
Pitfield, Milton Keynes, MK11 3LW, UK
UKHW021836190726
13855UKWH00001B/12

9 782013 408165